施普林格气味手册(中)

Springer Handbook of Odor

〔德〕安德莉亚·比特纳 主编

王 凯 蒋举兴 冯 涛 刘 强 者为 译

科 学 出 版 社

北 京

图字：01-2018-7639 号

内 容 简 介

本套书（上、中、下三册）根据原著 2017 版翻译，分别从气味分子特征及其合成路径、食品和风味、气味分析及感官评价、气味感知和生理效应、气味感知的心理-生理特征、人体气味及其对沟通和行为的影响、语言与文化中的气味等方面对气味和气味物质进行了较全面的介绍。本册共计 26 章，主要阐述了人体嗅觉生理结构和感知机制、气味生理效应、气味感知的生理心理研究、人体气味化学分析、信号交流和行为影响等内容。

本套书可供从事或对日常生活中各种气味感兴趣的读者使用，如气味嗅辨员、感官受体研究人员、生理/心理学家、食品工程师、调香师、香精香料技术人员、化学家、爱好气味的个人和普通读者。

First published in English under the title
Springer Handbook of Odor
edited by Andrea Buettner

Copyright © Springer international publishing Switzerland,2017
This edition has been translated and published under licence from
Springer Nature Switzerland AG.

图书在版编目(CIP)数据

施普林格气味手册. 中/(德)安德莉亚·比特纳(Andrea Buettner)主编；王凯等译. —北京：科学出版社，2020.6
书名原文：Springer Handbook of Odor
ISBN 978-7-03-065265-2

Ⅰ. ①施··· Ⅱ. ①安··· ②王··· Ⅲ. ①气味–手册 Ⅳ. ①TS207.3-62

中国版本图书馆 CIP 数据核字(2020)第 088598 号

责任编辑：张 析 / 责任校对：杜子昂
责任印制：吴兆东 / 封面设计：东方人华

科 学 出 版 社 出版
北京东黄城根北街 16 号
邮政编码：100717
http://www.sciencep.com
北京中科印刷有限公司 印刷
科学出版社发行 各地新华书店经销
*
2020 年 6 月第 一 版 开本：787×1092 1/16
2022 年 3 月第二次印刷 印张：31 1/4 插页：4
字数：740 000
定价：238.00 元
(如有印装质量问题，我社负责调换)

编译委员会

主　编　安德莉亚·比特纳

主　译　王　凯　蒋举兴　冯　涛　刘　强　者　为

副主译　裴　磊　颜欢欢　朱瑞芝　雷　声　余振华

　　　　王明锋　李智宇　冒德寿　段焰青　廖头根

审　校　王　凯　蒋举兴　冯　涛

各章节著、译、译校人员

章节	著者	译者	译校者
原书序	皮埃尔·库尔泽内、莫里斯·鲁塞尔、埃尔韦·蒂斯	王凯	冯涛
原书前言	安德莉亚·比特纳	冯涛	王凯
第22章	海因茨·布里尔、约尔格·弗莱舍尔、约尔格·施特罗特曼	裴磊(华中科技大学)、余振华、段焰青	朱瑞芝
第23章	鲍里斯·希林	裴磊、阴耕云、廖头根	雷声
第24章	迈克尔·雷赫利克	裴磊、肖冬	冯涛
第25章	马克·斯佩尔	裴磊、师健全、董勇	蒋举兴
第26章	托马斯·胡梅尔、巴西勒·兰迪斯、菲利普·隆包	裴磊、朱瑞芝	雷声
第27章	马蒂亚斯·拉斯卡	裴磊、洪平昆	蒋举兴
第28章	索菲·维亭格、汉斯·哈特	裴磊、余振华	冯涛
第29章	克里斯蒂娜·弗里德兰、克里斯蒂安·哈特尼克(已故)	裴磊、王明锋、樊瑛	蒋举兴
第30章	杰西卡·沃克、维罗尼卡·索摩查	裴磊、朱玲超	朱瑞芝
第31章	安德烈斯·纳奇、格雷厄姆·埃利斯	裴磊、王明锋、何靓	蒋举兴
第32章	迈克尔·泰尔	裴磊、龙云红	刘强
第33章	杰西卡·弗雷尔	裴磊、刘亚	王凯
第34章	詹妮娜·舒伯特、克里斯蒂娜·雷根博根、尤特·哈贝尔、约翰·伦德斯特伦	裴磊、余振华、道明辉	朱瑞芝
第35章	西尔文·戴尔普兰奎、热拉尔丁·科平、大卫·桑德	裴磊、张家伟	王凯
第36章	瓦伦蒂娜·帕尔玛、唐纳德·威尔逊、约翰·伦德斯特伦	裴磊、冒德寿、张贵平	刘强
第37章	玛丽亚·拉尔森、阿廷·阿尔沙米安、康奈尔·卡内库尔	裴磊、李智宇、林朴	刘强
第38章	拜诺伊斯特·沙尔	裴磊、李智宇	王凯
第39章	桑内·博斯维尔德	裴磊、王明锋、廖头根	王凯
第40章	奥菲尔·佩尔、阿娜特·阿兹、伊拉纳·海尔斯顿	裴磊、张翼鹏	蒋举兴

章节	著者	译者	译校者
第 41 章	约翰尼斯·弗拉斯内利、西莫娜·曼内斯库	颜欢欢(华中科技大学)、朱瑞芝、刘娟	刘强
第 42 章	汉石·首尔、托马斯·胡梅尔	颜欢欢、雷声、冒德寿	王凯
第 43 章	克里斯汀·斯塔克曼	颜欢欢、付磊	者为
第 44 章	安德烈斯·纳奇	颜欢欢、冒德寿、郭青	者为
第 45 章	简·哈夫利切克、吉特卡·菲亚洛娃、克雷格·罗伯茨	颜欢欢、师健全	者为
第 46 章	瓦伦蒂娜·帕尔玛、艾米·戈登、辛利亚·切切托、安娜奇亚拉·卡瓦扎纳、约翰·伦德斯特伦、马特·奥尔森	颜欢欢、曾熠程	冯涛
第 47 章	贝蒂娜·鲍丝	颜欢欢、李智宇	冯涛

译 者 序

气味不仅可以影响食欲，也能作为疾病检测的预警信号，在我们的日常生活中扮演着重要的角色。嗅觉是感知气味的化学感觉，也是五种感觉(视觉、听觉、触觉、味觉、嗅觉)中最难理解的一种。嗅觉神经(颅神经)与鼻道、神经递质和大脑皮层中的其他神经解剖学结构协调，共同完成气味的复杂化学感知过程。20 世纪后期，G 蛋白偶联受体(G protein-coupled receptor, GPCRs)的发现彻底改变了我们对嗅觉系统的理解。人类的嗅觉与复杂的功能密切相关，比如味觉和无意识记忆的形成，气味可以通过影响嗅觉系统生理以及情绪对人们的身心产生重大影响。人们将气味与过去的经历联系在一起，从这些经历中，人们不由自主地将气味评价为讨人喜欢、不讨人喜欢或无关紧要。完整的嗅觉对于评估可摄入物质的安全性、评估即将发生的危险以及识别社会关系至关重要。感知气味的能力也因人而异，最不敏感的个体和最敏感的个体在灵敏度上的差异超过了一千倍。个体之间的差异部分是由于年龄、吸烟习惯、性别、鼻过敏或头部感冒引起。一般来说，嗅觉的感觉神经从出生时就开始萎缩，到 20 岁时灵敏度仅能保持 82%，60 岁时为 38%，而到 80 岁时则降到 28%。因此，嗅觉敏锐度随着年龄的增长而减少。总之，生理条件下，随着年龄的增长，人们感知和探测气味的能力往往会下降，而在病理情况下，嗅觉的突然变化则可能是潜在疾病的早期表现。

关于气味感知的机理，科学家提出了许多理论来进行描述。大多数理论可以分为两类：物理学理论和化学理论。物理学理论认为，气味分子的形状决定了哪些嗅觉细胞会受到刺激，每个受体细胞都有不同类型的分子受体位点，不同气味分子对不同受体位点的选择和比例也不同。被广泛接受的化学理论认为，气味分子以化学方式与嗅觉纤毛膜上的蛋白质受体结合。每个嗅觉细胞中受体的类型决定了刺激细胞的刺激物的类型。与受体结合间接地在嗅觉细胞中产生感受器电位，感受器电位在嗅觉神经纤维中产生可扩布的动作电位并沿嗅神经传递到达大脑中枢。除了嗅觉系统的生物结构，个人经验、认知水平和环境因素也会影响气味的感知。我们的成长、教育和工作经历，生活和工作的环境，都可以改变嗅觉的轨迹。气味的不同体验和感知反过来又会影响人们的生理状态、精神活动与情绪。

看似简单而神秘的感觉——嗅觉，如今已被逐渐揭示为涉及复杂感受器和通路的生理感知和心理认知过程，这种感知和认知时刻影响着我们先天和后天对化学气味物质的反应。本册将为我们认识气味感知、嗅觉、大脑高级功能以及人类心理和社会行为推开一扇窗，呈现一个精彩纷呈的嗅觉世界。

本册共 26 章，从生物、医学、心理、社会不同层面对气味和嗅觉进行详细介绍，主要内容包括以下部分：人体嗅觉生理结构和感知机制、气味生理效应、气味感知的生理心理研究、人体气味化学分析、信号交流和行为影响。

本书的翻译和出版得到 Springer Nature 出版公司的授权和云南中烟工业有限责任公司的大力支持。我们谨向 Springer Nature 出版公司以及为本书翻译和出版提供帮助的所有人士表达诚挚的感谢。

由于译者水平有限，书中难免有错误和不当之处，敬请读者批评指正。

王　凯　蒋举兴　冯　涛

2020 年 5 月于昆明

原 书 序

我们需要更多的知识！

与气味有关的工作门类很多，但不管是哪一种，当从业者充满激情时，一切都很美好，即使我们身处不同的研究领域，激情也是我们三人的共同点。顺便说一下研究领域，首先需要进行一些分析才能看得更清楚，这样我们才能更明白要为气味王国做什么。

我们三人都认为：伦勃朗(Rembrandt)是一位艺术家，他不是房屋油漆工；另一方面，当房屋油漆工干活时，是不需要夹杂情感的，即使会涉及一些艺术的东西，他或她就是一个技术工人。吸引力是伦勃朗画作最妙不可言之处。

我们并不是说技术比艺术更好，或艺术比技术更好，因为两个领域的评价标准并不相同。我们个人更喜欢艺术甚于技术吗？可能不是，因为有时我们需要给墙刷漆，伦勃朗在这方面就毫无用处，而有时我们需要不同的东西，那么伦勃朗就变得很有趣了。

所有的这些都表明我们的选择须仔细分析，这对气味领域尤为重要，因为于其而言人人皆有偏好。当然，这很容易理解，"它闻起来好"实际上意味着"我就喜欢这种气味"，因此我们可以提出个人偏好的合理性问题，即使这句话是来自调香大师。调香大师的偏好比非专业人士的偏好更重要多少？这是第一个问题……我们建议不回答。我们的目的是：提出问题，希望你能够思索并给出自己的答案。

回到主题，这里提出的假设是考虑到有许多不同的工作，分别涉及艺术、工艺、技术、科学领域。为了避免高下之分，我们按字母顺序给它们排序：艺术、科学、工艺和技术。

有些人，例如调香师 Maurice Roucel，或者法国大厨 Pierre Gagnaire，都不愿自称艺术家，因为他们无意炫耀自己，而觉得实事求是最重要。正如我们之前所说，伦勃朗不是房屋油漆工，他的作品是有感情的，虽然绘画也包括了熟稔的技巧和商业元素。

在艺术方面，人们对"美"充满激情，正如 Pierre Kurzenne 所说，人们对艺术的完美追求永无止境，所以需要培养大量新人。我们苦苦追寻，我们热情工作。激情往往意味着从业者能够发现工作的迷人之处，但就"美"而言，这一话题十分广大。

在厨房里，重点不是看菜品，而是品尝它们。这里的"好"意味着美味可口；如同对于音乐，"好"意味着悦耳动听(我们并不在乎演奏者是否盛装打扮)。人们很容易理解，就气味而言就是要创造出我们期望的美好气味。

于是，"美"成了艺术的主要问题，有趣的是在过去几个世纪中它有数千种定义，但它总是与情感和文化有关。气味也是如此：气味艺术家的作品可以使人欢愉、快乐、愤怒、沉醉……但永远不会让你无动于衷。

对于柏拉图来说，艺术是坏的，因为它(如调配的杧果、橄榄油等气味)意味着与真相的双重脱离，但与此同时，哲学家们无法回避讨论艺术，他们不得不解决这其中的难题，如对完美的迷恋，就像葡萄的油画看起来如此真实以至于鸟儿都受到了诱惑！

无论如何，柏拉图被亚里士多德驳斥了！"所谓的"树莓气味并不存在：任何特定的树莓都有特殊的气味，这意味着期望制造"所谓的"树莓气味是一个失败的努力，我们只能在无限多的树莓气味中制造一种选定的气味。这是现实主义对理想主义的古老争论。

调香师或调味师想要阐释哪种特殊的树莓气味？为什么？这是一个个人问题，也是空间、时间的问题……此外，关于复制，我们必须承认复制品永远都不是原件，这就是为什么 Hervé This 提出新的分子烹饪不应是复制(见下文)，而是创造。音乐合成器也是如此：人们确实可以再现小提琴的乐声，但为什么呢？如果一个人喜欢音乐，为什么不去探寻未知的声音、木材乃至音乐？

现在让我们转向工艺。在这里，由于目标是制造、建造，其涵盖极广。希腊语中的"Techne"意为"去做"。对于工艺的要求是精准地复制、规范和传承。经过几十年对烹饪的研究，我们中一人认为传承技艺是厨师们的最重要之处，因为它意味着通过烹饪食物给予人们快乐，并潜移默化人们的喜好。

这里存在两种情况：一种是重现过去先辈们在不懂现代化学、物理学和生物学情况下所做的东西，另一种是利用现代技术获得的新工艺而创造出的新产品。

对于气味，这些技术可用在各种情况下，如香水、风味剂、护理产品、技术工艺等。但在所有情况下，关键是如何处理气味化合物的混合物(即可以与嗅觉受体关联的化合物)与基质的相互作用，以使气味物质从混合物中按不同的速率被释放。对于香水，这个定义很明确，但对于风味剂呢？事实上，当我们吃树莓时，我们就会感受到这种树莓的风味。根据定义，风味是基于许多不同感知的综合感受，例如稠度、颜色、味道、气味、三叉神经感受等，我们每年发现越来越多的风味，例如长链不饱和脂肪酸或钙离子对味蕾的特有感受，很可能我们还会发现得更多。

气味只是一项因素，食品中气味化合物的存在并不仅仅意味着气味，因为很多食物还有味道和三叉神经感受！气味过去经常被认为是风味中最重要的因素，但事实并非如此，如热土豆灼口后再吃可以很容易地证明：即使气味仍然存在，但所有味道都会消失。我们必须明白，没有必要减少一些其他感受以使某些(气味)感受变得更重要。如果我们认识到这一点，我们将能够更好地理解风味中的气味！

在这里，通过新知识产生新技术的观点，让我们做一下总结。本书的目的是尽可能地提供新知识，这就是本书的重点：新知识等于现代化技术。

"Technology"一词源于 techne 和 logos，而技术的改进问题实际上就是技术的目标。我们中一人出版了一本书，提出有两种技术，一种叫区域化技术(技术人员或其周边的人提出新的更合理的做法)，另一种叫全球化技术，即工程师搜寻科学成果，选择有用的科学技术，并将它们移植到本技术领域。本书各章节由相应领域的专家撰写，为创新奠定了基础。创新，是行业的关键词！

最后我们看看科学。在这里我们需要给出一个解释，因为此处有很多令人困惑的东西。事实上，科学这个词意味着知识，这就是为什么鞋匠科学、厨师科学、调香师科学都是合理的说法。然而，我们在此处讨论的科学大为不同：我们将广义的科学限定为自然科学或自然哲学。

对于自然科学，其目的是利用基于以下方面的科学方法揭示表象的机理：

①观察现象。

②测量并得到大量数据。

③将这些数据规律化(如形成方程式)。

④总结得到理论,即与数据相符的量化解释。

⑤进行理论预测及验证。

科学和艺术之间是否存在联系?纵然艺术家和科学家之间存在密切关系,如存在直觉、自由、好奇心、热情等共同点,我们中一人(Hervé This,一位科学家),历经数十年与 Pierre Gagnaire(当然是艺术家)保持亲密友谊和合作,他会非常肯定的回答:没有。实际上,科学和艺术的目标是不同的(一个是机理,另一个是情感),实现它们的方式(methodon,希腊语,意为方法)也不同。

上面所述的科学方法,对应于艺术则是基于直觉、经验、个人情感、交流欲望等。如果一个科学家想要走向艺术,他或她必须远离科学技术,而想要走进科学的艺术家则须摈弃技艺。艺术与科学之间没有关系,但科学的应用(与科学大大不同)和艺术技能(与艺术大大不同)之间却存在关联。

综上所述,我们三人都同意,我们工作中一个非常重要的部分是正确的思考和用词,并充分注意语义。很多时候,调配气味的年轻艺术家们没有找到准确的词汇,他们无法选择合适的原料,这会产生技术性后果。对于自然科学来说,词汇也是非常重要的,现代化学的奠基者,伟大的化学家 Antoine Laurent de Lavoisier 引用 Condillac 的观点来说明为什么命名法是进步的基础:科学探索现象,为了研究现象我们必须思考;为了思考我们需要词汇。这就是为什么 Lavoisier 说:你不能在不改进词汇的情况下提升科学,反之亦然。

顺便说一下,我们三个人都认为,对于气味或风味,我们期望有更多的科学知识。

想象一下,你没有考虑三叉神经效应而创造了一种气味;想象一下,你在没有胡椒的情况下制作食物:菜肴不会有它应有的味道;想象一下,你不知道气味分子对嗅觉受体的一些特殊的相互作用:结果不会有它应有的气味。这些就如在音乐中,钢琴只有有限的音符。我们需要更多关于气味化合物分子结构及其相互之间关系的知识;我们需要更多关于气味释放的知识,这意味着对基质内外气味扩散的物理和化学的描述,包括超分子缔合;我们需要更多关于气味感受和各种相互作用的知识,然后闻一闻,以更好理解感官的愉悦感受。当然,所有这些都适用于食物!

调香师以现有的技术凭经验取得成功,如用香柠檬调配更浓郁的香草韵,而不是增加香兰素的用量!这就是我们两个人(皮埃尔·库尔泽内和莫里斯·鲁塞尔)头衔的对比,调香师也会使用诸如热辣或闪闪发光之类的比喻词,并且在将来能更好地理解其含义。

关于这些研究,过去已对未来的发展做出了推进:诺贝尔奖被授予气味研究的前沿领域(萜烯、嗅觉受体),但还有很多工作要做!在这一点上,特别是对特定化学结构的气味预测依然遥不可及,并且气味混合物的效用仍是难以捉摸。当然,探索“上帝的商店”很重要,但我们必须认识到,尽管我们的想法很完美,但“自然”远非完美!难道大家没有碰到过瘟疫、火山爆发还有海啸等等吗?我们使用衣服、建筑和香水,那是因为在某种程度上我们正在与自然抗争,因为人类归于文明。

将气味分为有毒和无毒是件奇怪的事,同样奇怪的是,一些有气味的化合物并不像它们应该的那样。为什么铅盐味道甜却有毒?为什么某些苦味(想想啤酒)能被接受,而苦却往往与有毒生物碱有关？一些气味物质也是如此！

让我们最后谈一谈法规监管的问题。很明显，公众应该受到保护，但用什么来保护？首先我们得明白危险(刀是危险的)和风险(刀可以用来杀人，但如果放在封闭的抽屉里，那就没有风险)之间存在很大差异。危险无处不在，但我们可以降低风险。在这方面，了解危险和风险有助于制定法规，但这些规则应该只关注风险，而不是危险。

现在，回到自然/文化问题，应该说香水或香精产业的产品都不是天然的，因为它是生产出来的！让我们记住，未经人类改造的事物才是天然的。如要从花中提取精油，就必须种植花才能提取，这就不再是天然的了，可谁在乎呢？一些文化作品比天然产品要好得多，请记住 Rembrandt、Matthias Grünewald、Zao Wo-Ki、Bach、Mozart、Debussy 等人。

此外，在这方面，分子烹饪学的问题对于气味工业的发展可能非常重要。这种新的烹饪方式是由 Hervé This 于 1994 年首次提出的，它是合成音乐的烹饪等同物。人们不是使用长笛和小提琴，而是使用纯粹的声波来制作声音，之后音乐就会被创作出来。对于烹饪，基本元素不是声波，而是化合物，并且分子烹饪不使用传统佐料(动物的和植物的)，而是使用纯化合物以烹制菜肴。

分子烹饪对于法规监管非常重要，因为它可以消除特定类型添加剂和调味剂的需求：用于制作食品的化合物仅仅是食品中的成分。我们在哪里可以找到所需的化合物？可以提取或合成，当然，我们必须告知公众！不管是提取还是合成，香兰素总是香兰素，水总是水。今天一部分公众对化学有所担心，但实际上，这是因为大家不理解它。避免恐惧的一种方法是让它变得可取、流行、时尚，甚至是被禁止。这就是 Augustin Parmentier 在法国大革命之前成功地让法国人吃土豆的方法：他邀请国王吃掉它们！该策略已用于分子烹饪的推行。

让我们想象一下，我们成功地开发了这种新的烹饪方法，那我们该怎么做饭？如今还在摸索的好方法是先设计外观和质地，然后设计颜色、味道、气味和三叉神经感受的部分，如同我们在传统菜肴中添加香料。由于调味分子与基质的不同组分存在化学和物理作用，调香师必须知道需要什么样的知识来指导调配以获得所需的感受。厨师们必须学习，这意味着他们需要与调香师合作。当然，烹饪者可以靠想象使用调味剂，如同我们使用芳香植物和香料，但使用特定气味的纯溶液(如极低浓度的 1-顺-己烯-3-醇普通油溶液)或气味套件来制作全新的风味(食用香水)难道不会更有趣吗？根据经验，厨师们还没有准备好让调香师在菜肴中占据主导地位，这意味着使用调味溶液可能不是未来的趋势。如果气味套件或纯溶液是未来的发展趋势，那么气味行业必须准备好制造全新的产品。

最后，通过本书的撰写，我们认识到生活之精彩，特别是气味世界令人神魂颠倒。关于艺术、工艺、技术、科学，还有很多悬而未决的问题！这些问题期待我们追寻答案，这使我们充满热情地工作！对气味的热情、对想象力的热情、对情感的热情、对知识的热情……

伟大的数学家 David Hilbert 说：我们必须知道，我们必将知道！

皮埃尔·库尔泽内　莫里斯·鲁塞尔　埃尔韦·蒂斯

原 书 前 言

人类的嗅觉属于感觉范畴，它经常被低估或被完全忽视，人们普遍认为嗅觉在人类感知经验中只起很小的作用。考虑到视觉和听觉在日常交流中的主导地位，并通过触摸来增强与周围环境的相互作用，人们对嗅觉的误解是可理解的。众所周知，那些更为突出的感官模式会对人类产生生理和心理影响(如声音/噪声、光/视觉和温度/气候)，从而对我们的整体健康产生影响。此外，我们的嗅觉通常被认为不如动物的嗅觉；如许多物种能够在很远的距离追踪气味来源，或习惯性地受到挥发性化学物质(如信息素类化合物)的强烈调控，这些化学物质可能在攻击、交配或养育后代方面发挥作用。虽然缺乏科学依据，但并不能排除人类也具有上述这种非凡的能力，不过人们普遍忽视了人类嗅觉的重要性和影响。表面上看，这很可能与原始的、类似动物的行为以及由气味引起的潜在的无法控制的影响和反应有关，这些影响和反应被认为是不理性的，因此，更适用于动物；具有更高智力的智人当然不会屈从于这种原始的行为反应！

然而，人类的嗅觉非常灵敏。突破性的研究发现了越来越多的证据，表明气味在塑造我们的生活中起着至关重要的作用。从出生起，我们就学会了利用嗅觉与环境进行互动。进化过程产生了一种多方面的交流，这种交流被嗅觉所支持，甚至被嗅觉所支配。这个过程可能产生了培育母子关系或影响伴侣选择的气味、造成我们食物偏好的香味，或为我们提供风险预警的气味。

在现代社会中，我们越来越多地接触到我们祖先未曾遇到的气味。这些气味在我们当今的环境中无处不在，充斥于日常生活的每一方面，其来源包括人造材料、工业、运输、居家用品等，几乎无穷无尽。在材料、产品和应用开发中，这一不断演变的过程的结果是，我们已经能够忍受许多现代气味，甚至是尚未意识其存在，尽管这些气味常常弥漫在我们四周，而且性质多样。相比之下，与食品等产品的喜好有关的气味，几十年来一直吸引着人们强烈的研究兴趣，最早的发现可以追溯到化学还处于萌芽阶段时。具体地说，早期的研究重点是诱人的香原料和化合物(如作为体香或室内香水)，通过巨大的努力来获得和富集香气物质，以使能对其分子进行化学分析；在分析技术和相应仪器还不成熟时，这样的努力是非常耗时费力的。如今，我们可以使用一系列方法来解析哪怕是最复杂的气味混合物，并可以在极低浓度下获取单个分子的结构；因此，早期的研究受限于灵敏度和分辨率不足，而目前的气味分析由于获取的信息太多，以至于在其中找出某个气味分子好似大海捞针。

随着生物化学、生物医学和神经科学的不断进步，对嗅觉的研究也随之扩展到气味对人类的影响方面，并引起人们的强烈关注。这一新的方向揭示了气味是如何被感知、处理和记忆的，以及气味会怎样影响我们的日常生活。尽管如此，许多气味的性质以及它们对感知、生理和健康的影响尚不清楚。对于现代气味更是如此，我们每天都会在家里、工作中或是外出时接触这些气味。

　　从古代到现代、从罕见到常见，对于影响我们生活的气味，尚无详尽论述。这本书的目的是弥合这一差距，通过感官-化学-分析技术来表征人类所遇到的气味，揭示气味的形成方式和释放路径，并阐明人类在不同的生命阶段对这些气味的感知特征、行为及生理反应。气味对人类生活具有广泛影响，而该研究领域迄今却被忽视，本书旨在为其奠定基础，鼓励加强跨学科探讨，期望能拓宽读者的视野并得到进一步的发现。

安德莉亚·比特纳

于德国慕尼黑

2016 年 10 月

原书主编简介

安德莉亚·比特纳，于德国慕尼黑路德维希·马克西米利安大学攻读食品化学本科学位，1995～2002 年在德国食品化学研究中心(DFA)和慕尼黑工业大学完成了研究生和博士后研究。2007 年担任教授后，还兼任两个职位，一个是德国弗劳恩霍夫过程工程与包装研究所(Fraunhofer Institute for Process Engineering and Packaging IVV)的创始人兼感官分析部主任，另一个是德国弗里德里希-亚历山大埃尔朗根-纽伦堡大学[Friedrich-Alexander-Universität (FAU) Erlangen-Nürnberg]的气味和香气研究小组组长。Andrea 的研究成果曾获多项荣誉，包括德国化学会食品化学部颁发的 Kurt-Täufel 青年科学家奖(2010 年)、美国化学会食品和农业部颁发的青年学者奖(2011 年)、达能创新奖(与 Caroline Siefarth 共同获得，2012 年)和纽迪希亚科学奖(2013 年)。自 2012 年以来，Andrea 在埃尔朗根的 FAU 担任香气研究教授。

Andrea 的专业方向包括香气、香味和常见气味中主要气味物质的表征，具体而言，Andrea 以鉴别和表征与日常生活相关的典型香气、香料、香水和气味中的主要成分而闻名。Andrea 的工作基于将气味分子的化学分析和人类感官表征相结合，对从食物到现代人造材料的气味进行分离和重建，其专业领域扩展到通过在线监测气味的分散传递过程以实现气味释放的表征。如 Andrea 阐明了食物基质、唾液、黏膜、咀嚼和吞咽对风味释放和感知的综合影响的重要性。基于气味接触和摄取相关的生理过程，Andrea 最近的研究方向为气味物质通过呼吸、尿液、汗液和母乳进行的气味吸入、吸收、生物转化和消除的药代动力学。Andrea 的研究旨在提高对人类生活中气味及其重要性的认识，特别是对日常生活中的气味，其目标是将技术、化学或生理结合起来为气味研究提供新方法。与嗅觉相关的新的或改良的技术、方法、工艺和分析工具是 Andrea 研究更进一步的方向，最终目的是将化学、分析、材料和过程工程科学与社会学、生态学、心理学和生理学联系起来，进行跨学科的交叉研究。

目　录

彩图

第 22 章 气 味 感 知

化学感受是进行环境评价的最重要感知系统之一。与物理感受方式(刺激物具有恒定不变的特性，如光、声)不同，不断变化的气味环境要求化学感知系统能够应付不断变化的情况。这需要大量的气味受体来完成，其中大多数受体由于结合腔的可塑性而具有较宽的识别范围。这种表观上的模糊性对于气味识别的组合模式是必须的，这使得感受器能够感受近乎无限数量的气味，并且具有强大的辨别能力。气味受体在嗅觉神经元(OSN)内的表达遵循神经元与受体一一对应的规则；一千多个受体基因中只有一个基因表达，实际上是来自母系或父系的等位基因。因此，受体类型决定了特定化学感受神经元的感受分子范围。特定受体基因的选择和持续表达被认为应归因于调控过程的各个层级，涉及脱氧核糖核酸(DNA)顺式调控元件、表观遗传学和由受体蛋白本身介导的负反馈机制。OSN 中的电化学传导过程由细胞内级联反应介导，导致产生传递至大脑的动作电位。单个 OSN 将其轴突直接延伸到嗅球中，并与一个独特的球形神经纤维网(丝球体)连接，丝球体在感觉输入和输出神经元以及局部调节中间神经元之间起连接作用。这种连接结构非常精细，以致于只有来自相同类型受体神经元的轴突才能支配特定的丝球体。目前仅发现了一部分在控制轴突寻路、分离和靶向这一复杂过程起决定作用，以使嗅觉系统受体连接具有特异性的分子。

22.1 嗅觉系统的结构

鼻部的结构特点使得被吸入的空气流向位于鼻腔后顶部的嗅上皮。在啮齿类动物中，成对的鼻道高度迂曲，形成多达 4 个软骨结构(鼻甲)突入鼻腔。这些复杂的结构不仅增加了化学感受上皮覆盖的表面积，也会影响鼻腔内的气流[1]。嗅上皮为假复层柱状上皮，由基底细胞、支持细胞和嗅觉神经元(OSN)等不同类型的细胞组成(图 22.1)。基底细胞实际上是能够不断生成新 OSN 的干细胞，使得嗅上皮每 2～4 周再生一次。由于其具有再生能力，吸入有毒烟雾或物理损伤对嗅上皮造成的损伤通常是暂时性的，只有极端情况下才会造成嗅觉丧失的永久性损伤。与神经胶质细胞相似，支持细胞似乎对 OSN 起代谢和物理支持作用，其为顶端带有微绒毛的高柱状细胞。

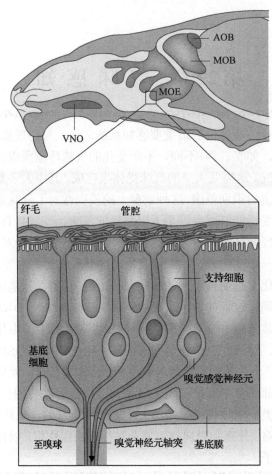

图 22.1　嗅觉系统的结构：啮齿类动物头部矢状示意图

主嗅系统嗅上皮(MOE)、主嗅球(MOB)、包括犁鼻器(VNO)的副嗅系统和副嗅球(AOB)均以高亮显示[2]

22.2　嗅觉感觉神经元

OSN 是双极神经元，其无髓鞘轴突聚集形成嗅神经(颅神经Ⅰ)，穿过筛板并投射到大脑中的靶区域，即嗅球(OB)。所有 OSN 均向鼻腔上皮表面投射一个孤立的树突，鼻腔上皮被固有层中的鲍曼氏腺分泌的黏液覆盖。树突末端膨大呈球状，称为嗅结节，直径为 1~2μm，表面有许多长而不动的纤毛伸入黏液层，从而大大增加了表面积[3]。这种结构具有重要的现实意义，因为纤毛被认为是细胞内特殊的小室，能够与气味分子相互作用，并将化学信号转化为电信号。这一概念最初是基于去纤毛 OSN 不再对气味做出反应的观察结果[4]，此外，只有当气味刺激指向纤毛时才会发生较大的内向电流，而当气味刺激指向胞体时，相同的刺激不能诱发任何电流[5]。后来，人们发现，纤毛上有气味受体(OR)蛋白[6,7]，并且还含有一些信号元件，包括 G 蛋白 α 亚基 G_{olf}、腺苷酸环化酶Ⅲ(ACⅢ)、磷酸二酯酶 PDE1C2 和环核苷酸门控(CNG)通道[6,8-14]。

22.2.1 电化学信号传导

在大多数情况下，当含有气味分子的吸入气流被推动到鼻腔内衬的嗅上皮区时，气味感知过程就开始了。气味化合物随后扩散到黏液中，通常认为这是由于气味结合蛋白（OBP）的作用。气味化合物与适合的化学感受纤毛发生相互作用，触发细胞内的级联反应，将化学刺激转化为电信号。

1. 典型的cAMP级联反应

电化学传导过程由生成第二信使环磷酸腺苷（cAMP）的传导机制介导，其反过来引起感觉细胞去极化[15]（图22.2）。

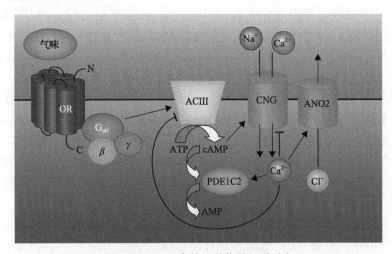

图22.2　OSN中的嗅觉信号级联反应

嗅觉信号传导中的这个被称为经典的cAMP通路的首个证据来自于生物化学方法，证明了气味可诱导嗅觉纤毛形成过程中cAMP的合成[16,17]，并且cAMP的蓄积可在亚秒范围内发生[18]。这与电生理检测结果一致，表明吸入气味和发生电反应之间有几百毫秒的延迟[19]。初级转导过程是基于G蛋白偶联级联反应的这一观点得到了以下发现的证实：特异性抗体对G_{olf}的抑制[20,21]或缺失G_{olf}基因[9]均导致气味诱发的反应大量减少。与G蛋白G_s密切相关的G_{olf}被认为可以激活嗅觉纤毛中的ACIII[10]，因为转基因小鼠中*ACIII*基因的破坏可减弱气味诱发的电反应[22]。作为将高浓度cAMP转化为嗅觉细胞电流的一个要素，CNG通道已被发现存在于嗅觉纤毛中[5,23,24]。OSN的CNG通道是一个由3个不同亚基组成的四聚体：2个CNGA2、1个CNGA4和1个CNGB1b[25-30]。在这个四聚体复合物中，2个CNGA2似乎是与cAMP激活相关的主要通道亚基；亚基CNGA4和CNGB1b发挥调节作用，增加cAMP的敏感性、离子选择性和渗透性，以及负反馈控制[27,31,32]。嗅觉CNG通道不仅允许K^+和Na^+离子通过，也允许Ca^{2+}离子通过[4,25,33,34]。该通道的电导相对较低（≈0.5pS），导致各通道产生的电流<0.05pA[35]。然而，CNG通道中Ca^{2+}的电导导致Ca^{2+}离子从黏液流入纤毛，引起纤毛中的Ca^{2+}浓度迅速增加[36,37]。这一点

尤为重要，因为纤毛膜具有 Ca^{2+} 门控的 Cl^- 通道，该通道可通过胞质中的 Ca^{2+} 浓度增加而直接开放[38]。尽管纤毛中的 Ca^{2+} 扩散似乎有限[39]，而且 Ca^{2+} 离子浓度可被 Ca^{2+} 结合蛋白缓冲[40]，但气味诱发的经 CNG 通道的 Ca^{2+} 内流明显激活了纤毛膜中的 Ca^{2+} 依赖性 Cl^- 通道[41-43]。在生理条件下，Ca^{2+} 激活的 Cl^- 通道的开放可引起去极化内向电流，即 Cl^- 离子外流。这种 Cl^- 离子外流以 OSN 细胞内 Cl^- 浓度的升高为基础，其浓度范围(至少)与纤毛周围黏液中的 Cl^- 浓度相近[44,45]。OSN 内的这种异常高浓度的 Cl^- 被认为是由 Na^+-K^+-$2Cl^-$ 协同转运蛋白 Nkcc1 介导的[46-48]。已发现两种候选蛋白可作为嗅觉纤毛中的 Ca^{2+} 门控 Cl^- 通道，即 bestrophin-2 蛋白和跨膜蛋白 16B(TMEM16B)[anoctamin-2(ANO2)][49-51]。然而，根据最近的研究，bestrophin-2 蛋白的作用已被排除[52]。因此，目前 ANO2 似乎是最有希望的候选蛋白；特别是最近的一项研究表明，在缺乏 ANO2 的 OSN 中未出现 Ca^{2+} 激活的 Cl^- 电流[53]。由于通道电导为 0.5pS[35]，并且在 Ca^{2+} 浓度为 $5\sim20\mu mol/L$[38,54]时达到半数最大激活，由此推测，由纤毛中 Ca^{2+} 激活的 Cl^- 通道介导产生的电流占气味诱导产生的总电流的比例高达 90%[46,55]。事实上，已发现超过 80% 的反应被 Cl^- 通道抑制剂氟尼酸阻断[56]。因此，研究认为，Cl^- 电流可大幅放大 CNG 介导而初步产生的阳离子电流[42]，使其具有比初级信号更高的信噪比[35]。然而，最近的一些研究发现对 Ca^{2+} 诱导的 Cl^- 电流对于嗅觉信号传导至关重要的观点提出了挑战：破坏 ANO2 Cl^- 通道仅使液相嗅电图的响应降低了大约 40%。此外，去除 ANO2 并不影响气相嗅电图，也不会降低完成嗅觉行为任务的能力[53]。因此，该研究作者得出结论：可能不需要 Cl^- 通道的促进作用。

2. 信号传导过程的终止

对于重复性的刺激和时间信息的编码，气味诱导的 OSN 细胞反应必须被迅速终止。嗅觉级联反应的终止主要由 Ca^{2+} 依赖性过程介导。Ca^{2+} 浓度升高时，其与 Ca^{2+}/钙调蛋白结合可使通道关闭，进而使 CNG 通道失活。这显然是由于与 Ca^{2+}/钙调蛋白的结合使该通道对 cAMP 的亲和力降低至 1/20 的结果[57,58]。此外，另一种 Ca^{2+}/钙调蛋白调控的蛋白，即 Ca^{2+}/钙调蛋白依赖性蛋白激酶(CaM 激酶Ⅱ)，似乎在信号转导终止中发挥了作用。Ca^{2+} 浓度增加时，通过 CaM 激酶Ⅱ磷酸化可灭活嗅觉纤毛形成过程中的 ACⅢ[59,60]，从而终止纤毛 cAMP 的生成。同时，OSN 纤毛中存在的钙调蛋白依赖性磷酸二酯酶亚型 PDE1C2 可能有助于信号终止和/或对重复性刺激进行适应[12,61]。由于纤毛中的 Ca^{2+} 浓度对于嗅觉信号传导过程至关重要，因此，快速去除纤毛中的 Ca^{2+} 非常重要。这一过程似乎是由 Na^+/K^+/Ca^{2+}-交换蛋白 4(NCKX4)(SLC24a4)介导的[62]。除 Ca^{2+} 调控过程外，也有人提出，蛋白激酶 A(PKA)和 G 蛋白偶联受体激酶 3(GRK3)介导气味受体(OR)磷酸化参与了 OSN 通过受体脱敏做出的适应和/或嗅觉信号终止的过程[63,64]。然而，还需要开展进一步的研究来更详细地揭示不同激酶介导的受体磷酸化与嗅觉信号终止和适应间的相关性。

22.3 气 味 识 别

对气味的感知是基于人体对环境中无数的外来分子的高灵敏度识别和精准辨别的能力。这项任务与免疫系统对不同抗原的识别过程相似。嗅觉系统以及免疫系统通过许多不同的受体来完成这项艰巨的任务。在免疫系统中，受体是通过恒定和可变的免疫球蛋白链的组合排列产生的，而在嗅觉系统中，则有上千个基因来编码受体库，这些受体共同识别和区分数量似乎无限的气味化合物。

气味受体中可能含有 1 个在嗅上皮中表达的具有 7 个跨膜结构域的 G 蛋白偶联受体（GPCR）的大家族，这一观点导致发现了大鼠的前几个 OR 基因[67]。这一开创性的发现为检测一个完整的 OR 基因家族开辟了道路，在基因组库筛选的基础上，预测该家族在哺乳动物中可能有超过一千个成员[68]。

22.3.1 编码气味受体的基因多样性

最近，对全基因组序列的详细评估发现，OR 基因家族在小鼠中约有 1500 个基因。因此，编码气味受体的多基因家族代表了哺乳动物基因组中最大的基因家族；它们在所有基因中的占比高达 3%。嗅觉亚基因组的总长度估计约为 30Mb，所有 OR 基因约占基因组 DNA 的 2%。随着更多其他种属基因组序列的获得，有可能对不同的嗅觉亚基因组进行比较。事实证明，OR 基因库的大小（表 22.1）在不同种属中差异很大；其原因仍不明确，因为 OR 基因的数量通常与嗅觉表面的重要性无关。虽然人类和其他灵长类动物（如黑猩猩）有约 800 个 OR 基因[69,70]，但因嗅觉敏锐而闻名的犬类约有 970 个 OR[71]。鸡的 OR 库由 554 个基因组成，其中只有 78 个是完整的[72]。低等脊椎动物，如鱼类，只有几十个 OR 基因，河鲀有 40 个 OR 基因而斑马鱼有 98 个[65]。

表 22.1 选定脊椎动物的气味受体（OR）基因库

种属	OR 基因数量	完整的 OR 基因数量
人	851	384
黑猩猩	899	353
犬	971	713
小鼠	1375	1194
大鼠	1576	1284
负鼠	1516	899
鸡	554	78
河鲀 [a]	94	40
斑马鱼 [a]	133	98

a 文献[65, 66]

1. 基因组的构成

每个 OR 均由一个单独的基因表达；编码区是一个约 1 kb 的无内含子单一外显子，这是许多 GPCR 的典型特征[73]。在终止密码子下游有一个 <1kb 的多聚腺苷酸化信号，上游外显子数目可变[74]。5′非翻译区中的非编码外显子可能发生交替剪接，导致形成不同的 mRNA 亚型[75]。在基因组中，OR 基因分布在多个基因簇中，这些基因簇包含 1～100 个基因且分布在不同位点上[66]。在人类中，除了 20 号染色体和 Y 染色体以外，这些基因簇在几乎所有染色体上的 40 多个位点上均有分布[76]（彩图 28）。最大的基因簇位

于 2 号和 7 号染色体上，分别含有 344 个和 267 个 OR 基因。在一个基因簇内，相邻 OR 编码区之间的间距为 5~70kb，非 OR 基因通常被排除在 OR 基因簇之外。一些染色体[1,7,10,12,15,20]包含许多 OR 基因，但 22 号染色体仅含有一个单个的 OR 编码基因。

2. 气味受体假基因

OR 基因家族中有相当一部分已被假基因化；这在人类中尤其引人注目，其中约 55% 的 OR 基因已退化为假基因，仅留下约 350 个明显具有功能的 OR 基因。其他灵长类动物，如黑猩猩，具有相近的假基因比例[77]。啮齿类动物中的比例低得多，其中假基因仅占 OR 基因的 15% 左右[78]。这些结果表明，小鼠具有的完整基因数量是人类的 3 倍之多。尽管 OR 亚型的数量减少，人类嗅觉系统仍保留着识别广谱化学物质的能力；然而，它对相似度非常高的气味化合物的分辨能力可能较差。人类 OR 基因中假基因的比例较高[79]以及单核苷酸多态性(SNP)比例异常高[80]，这表明人群中功能性 OR 基因库存在差异。有趣的是，已发现一些灵长类动物 OR 基因家族的减少与三色视觉的获得相一致，提示更佳的视觉能力使得嗅觉功能在一定程度上变得可有可无[81]。

3. 气味受体基因类别

在对不同种属探索候选 OR 的过程中，发现了两个明确的 OR 亚类。被命名为Ⅰ类 OR 的，这种亚类首先在鱼类[82]和两栖类动物可接触水的鼻腔中被发现[83]，并明显有别于陆生脊椎动物的典型Ⅱ类 OR[84]。后续对基因组数据库的挖掘显示，哺乳动物中确实也存在这两类 OR。根据序列同源性，90% 为Ⅱ类 OR，10% 为Ⅰ类 OR。有趣的是，这 100 多个Ⅰ类 OR 基因在人类 11 号染色体上聚集成一个大簇，也在小鼠 7 号染色体上的共线性区域聚集成一个大簇。哺乳动物的Ⅰ类 OR 最初被认为是进化遗迹；然而，哺乳动物基因组中相对大量的完整Ⅰ类 OR 基因表明其在哺乳动物嗅觉功能中起重要作用[85]。Ⅰ类受体基因中假基因的百分含量明显低于Ⅱ类基因，这一发现支持了该观点[86]。Ⅰ类基因仅在嗅上皮的最背侧区域表达[87,88]，这使得人们推测，它们可能被改变以识别具有中度疏水性的气味。尽管Ⅰ类 OR 在哺乳动物中的功能重要性尚不清楚，但值得注意的是，最近的一项研究表明，背侧区域缺失突变的小鼠缺乏对其厌恶气味的固有反应[89]。

哺乳动物Ⅰ类 OR 与鱼类 OR 具有最大的序列同源性，这一观察结果增加了这一可能性，即Ⅱ类 OR 可能是更近期对陆地生活所作出的适应。与这一观点一致的是，哺乳动物Ⅱ类 OR 在进化过程中出现的时间与两栖动物的共同祖先进化的时间相应。此外，研究发现，在非洲爪蟾中，Ⅰ类 OR 仅在充满水的鼻憩室中表达，而Ⅱ类 OR 在充满空气的憩室中表达[83]。这些观察结果表明，当我们的祖先开始占领陆地上的生态位时，哺乳动物Ⅱ类 OR 库中目前的大多数类别已经出现，并且这些最近进化的 OR 已适应了对空气中(或挥发性)的气味进行识别。

4. 与无脊椎动物的关系：气味受体

无脊椎动物的 OR 首先在蠕虫和果蝇的基因组中被检测出来。结果发现，它们彼此之间或与脊椎动物 OR 之间没有任何序列同源性；果蝇约有 60 个 OR，蚊子约有 80 个

OR[90,91]。秀丽隐杆线虫的化学感受受体库相当庞大，约有800多个功能性OR基因似乎不同于脊椎动物和昆虫的 OR 基因[92]。这些发现显著说明，OR 库的绝对大小与嗅觉驱动行为的复杂性不相关。而且，线虫、昆虫和脊椎动物的 OR 之间缺乏同源性意味着，不同嗅觉能力的进化需求可以通过征集新的基因家族，而不是利用祖先基因组中既存的基因家族来得到满足。

22.3.2　气味受体蛋白的分子结构

1. 序列基序

OR基因对300～350个氨基酸的受体蛋白(无N端信号肽)进行编码。它们包含GPCR的所有典型结构特征，包括 7 个疏水性跨膜(TM)结构域、胞外环 1 和环 2 中保守半胱氨酸之间潜在的二硫键、N-末端区域中的保守糖基化位点以及胞内区域中的潜在磷酸化位点[94]。另外，还有几个共有基序，使得将脊椎动物序列归类为候选 OR 成为可能，尤其是第 3 跨膜区(TM3)末端的氨基酸残基 MAYDRY，被认为是哺乳动物 OR 家族的特征序列[95,96]。而且，第 6 跨膜区(TM6)上的基序 FYVPAIFLSLTHRFGKHVPPLV 似乎是 I 类 OR 的特征序列；基序 MSPRVCVLLVAGSW(细胞内环 2-TM4)和 IFYGTAIFMY(TM6)是 II 类 OR 的标志[71](图 22.3)。TM3、TM4 和 TM5 结构域尤其具有可变性，被认为是高变异区和配体结合口袋的一部分。这一结构域中不同位点的高变异性可能是特定类型 OR 识别高度多样性配体的基础[96]。

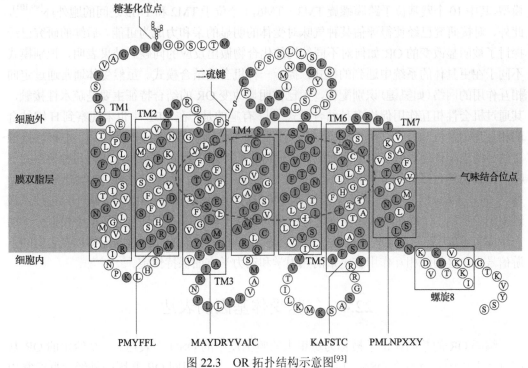

图 22.3　OR 拓扑结构示意图[93]

对一个典型 OR 的氨基酸序列、一些保守序列基序以及糖基化和二硫键位点进行了描述

2. 配体结合机制

探索气味分子与受体蛋白之间的分子间相互作用不仅是了解分子识别和鉴别的基础，也是破解受体激活的分子基础。这是一个特别有趣的任务，因为与大多数其他 GPCR 不同，OR 是由外源性和大多数疏水性分子激活的。此外，不同的受体类型可被多种不同的气味激活，同一气味分子可激活多种不同的 OR[97]。因此，决定某种 OR 对一组独特气味的特异性的分子特征是编码以及最终感知气味的关键参数。然而，由于 OR 蛋白缺乏高分辨率的结构，蛋白结构如何决定其功能仍然未知，即受体蛋白中的哪些氨基酸残基可与气味分子相互作用，以及这种作用如何决定某种 OR 的不同配体特征。7 个 TM 结构域中的 3 个(TM3～TM5)结构域的高度可变残基使人们形成了这些结构域参与形成各种气味结合口袋的观点[98,99]；然而，这一观点的实验证据刚刚出现。虽然尚未发现 OR 配体识别的可靠结构基础，但是在应用计算能力和生物信息学方法进行分子建模方面取得的最新进展已为阐明气味/受体相互作用的分子基础开辟了新的途径。基于已知的其他 GPCR 的三维结构，人们已试图初步了解受体蛋白和气味分子之间的分子间相互作用[100,101]。OR 属于大型 GPCR 超家族的 A 类，目前已了解到该类中少数受体的高分辨率结构，这使得使用视紫红质或 β2-肾上腺素能受体的高分辨率蛋白结构[102]为模板进行同源建模研究以预测 OR 结合口袋的氨基酸残基成为可能[101]。用于预测重要功能性氨基酸的组合计算方法，以及定点突变和功能性评估可以识别 11 个氨基酸残基，这些氨基酸残基似乎是配体结合口袋的一部分，参与受体蛋白与其同源配体的相互作用。根据这些分子模型，其中 10 个残基位于跨膜螺旋 TM3～TM6，1 个位于 TM2 和 TM3 之间的胞外环[99,101]。此外，对接研究已经使得评估某种气味对受体的明显的亲和力成为可能。后续的研究已经探讨了被明显改变的 OR 如何对不同结构的化合物做出反应的问题。结果表明，识别模式不同于在更具体的系统中遇到的模式，提示一种机会性结合模式。虽然受体通常通过定向相互作用的网络(如氢键)识别配体，但已被明显改变 OR 的结合特征主要是疏水性接触，其通过机会性相互作用促进多种结合模式[103]。有趣的是，在 OBP 中也未观察到 H 键结合的相互作用，气味分子在隔绝溶剂的腔内通过疏水接触网络保持稳定[104,105]。非极性接触对结合的支配作用导致了 OR 的适应性，使得它们可以以相同的亲和力结合几种类型的气味，并且仍然可以分辨非常相近的气味[103]。以前用于研究视蛋白[106]和 β2-肾上腺素能受体[107]的分子动力学方法最近已用于模拟气味与适当受体的相互作用[108]。这一先进技术最近得到了扩展，使得在纳秒级别上进行所谓的全原子模拟以在更真实的环境中模拟分子动力学成为可能[108,109]。这些方法可能最终会导致 OR 和它们的同源气味配体以及它们的下游信号蛋白之间的相互作用在定量的热力学和动力学方面保持恒定。

22.4　气味受体基因的表达

编码 OR 的基因在位于被称为鼻甲上的嗅上皮中的 OSN 中表达。一个给定的 OR 基因仅在上皮中几百万个 OSN 中的一小部分中表达；表达相同 OR 基因的神经元群通常由几千个细胞组成。

22.4.1 空间表达方式

在哺乳动物的嗅上皮中，每个受体特异性神经元群被限制在一个被称为相应 OR 基因表达区的区域，形成了上皮内复杂的空间模式[110-112][彩图 29(a)]。表达区呈平行的条纹状，沿鼻腔的前后轴分布。在双侧鼻腔内观察时，这些条纹像半圆形环一样排列在沿鼻腔背侧轴至腹侧轴的明显位置。这些区域中分布着不同 OR 类型的 OSN，并且在一个区域内，具有相同 OR 的 OSN 广泛而随机地分布在此处。不同的区域从背侧至腹侧呈带状连续分布，相邻的区域有较多的重叠[113,114]。OR 基因表达的这种空间分布使得嗅上皮呈镶嵌式分布，各 OSN 群具有不同类型的受体[115][彩图 29(b)]。然而，这一普遍性的原则也有少数例外：表达 OR37 亚家族中一个成员的 OSN 仅分布在鼻甲中心的一小块区域[116,117][彩图 29(a)]。在这里，这些 OSN 集中在一个小区域，其密度远高于其他受体群。在不同种属的哺乳动物中，虽然鼻甲的解剖结构有很大差异，但表达 OR37 型受体的 OSN 位于相似的中心位置[118]。这种跨种属的独特空间分布的保留支持了以下观点，即 OSN 在鼻上皮中的位置对维持嗅觉系统的正常功能具有重要意义。

此外，鼻腔背侧区域被认为在 OR 基因表达方面也具有独特性。在该区域内，没有区域分隔；因此，整个区域通常称为背侧区，区别于腹侧区。而且，背侧区内的大部分感觉神经元表达 I 类 OR(与鱼类 OR 的进化相关)。

OSN 的空间分隔与不同 OR 功能之间的相关性难以捉摸。有人推测，这样的空间分布对于某些带有特定 OR 的神经元沿呼吸气流的分布具有重要意义。这对于根据理化性质(如挥发性和水溶性)对气流通道上拟定的挥发性气味化合物色谱分离进行匹配可能较为重要[119]；但是，文献中关于这方面的内容存在一些争议[120]。此处提示的功能仅在背侧区域获得了实验证据；在该区域，去除所有 OSN 后，小鼠不再对捕食者气味出现固有的回避行为[89]。

22.4.2 神经元与受体一一对应规则

虽然本质上很难证明，但目前大多数可用数据支持这样的观点，即每个 OSN 只表达来自巨大基因库中的 1 个 OR 基因[97,121][图 22.4(a)]；此外，它是该基因的一个等位基因，无论是来自父系或母系[122]。单等位基因表达被认为可阻止 OSN 具有两个序列非常相似的 OR，但其气味反应特征仍可能存在差异。使单个 OSN 仅表达 1 个 OR 基因的机制仍处于被破译的起始阶段。

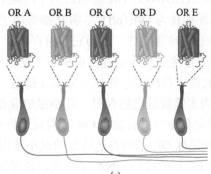

(a)

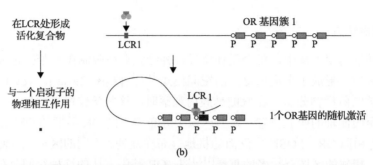

图 22.4　OR 表达的调控[123]

(a) 每种 OSN 仅表达 1 种类型的 OR，超过 1000 个受体基因中仅表达 1 个等位基因； (b) 假定选择性 OR 基因
表达过程由基因簇中的位点控制区 (LCR) 与不同 OR 基因的启动子区域间的相互作用启动

1. 气味受体基因表达的调控机制

表达相同 OR 基因的 OSN 位于嗅上皮的一个限定区域内，而且各个 OSN 均如此，这形成了该情形是由基因决定的观点。这一观点表明，上皮内存在位置线索，在给定区域内选择适合表达的基因亚组时起作用。但仍然未获得此类线索的证据。然而，在这种情况下值得注意的是，在一些小鼠品系中，OR 转基因在其受体特异性区内不表达，而是在上皮中的其他位置表达[124-127]。这种异常空间表达的原因尚不清楚；有人推测，在OR 基因簇附近发生了转基因整合以及基因组位点对转基因产生了显著影响，从而产生了相应的空间表达模式[128]。实验表明，选择不同 OR 基因表达的分子机制并不局限于基因通常表达的区域。而且，最近的研究结果表明，OR 基因可能最初被选择在更广泛的上皮区域中表达，只是在后来才被限制在上皮中的一个限定区域[129]。

DNA-调控元件　DNA 重排可能是每个 OSN 单独表达 1 个 OR 基因原因的这一有趣的可能性已被排除，因为已成功从已经表达了特定基因的 OSN 的细胞核中克隆了小鼠[130,131]。在克隆小鼠中，OR 的表达方式是正常的，这一结果强烈反驳了 DNA 重排假说。

与大多数其他基因相比，这些编码 OR 的基因结构非常紧凑；它们由 1 个单一的编码外显子和几个短的非编码上游外显子组成（见上文）。转录起始位点 (TSS) 已被映射到上游几千个碱基，因此非常接近编码序列[132,133]。生物信息学分析表明，前面的启动子通常是腺嘌呤-胸腺嘧啶 (AT) 富集区域，一些启动子包含一个典型的 TATA 框，其在大多数情况下含有核心 DNA 序列 5′-TATAAA-3′。OR 基因启动子区域的最显著特征是同源结构域 (HD) 转录因子的结合位点和被称为 O/E(olf1/早期 B 细胞因子) 样的位点。认为 O/E 样位点参与了 OSN 中 OR 基因的特异性表达，因为它们也存在于 OSN 中表达的其他基因的启动子中[134,135]。目前尚不清楚这些元件是否真正参与了空间模式的调控；认为这些元件在具有不同表达模式基因的假定启动子中的独特分布支持这一观点[136]。

有关 OR 基因调控机制的实验数据仍然有限。在小鼠中取得的转基因技术使得分析OR 基因位点的几个片段以确定其是否具有复制 OR 基因表达特征的能力成为可能。10 kb 左右的转基因是能密切重现内源性 OR 基因表达特征的最小基因组片段（小基因）[125-127]。已证实，TSS 上游约 150 个碱基对的极短 DNA 元件足以诱导转基因表达。这些元件含有假定的 HD 和 O/E 结合位点,通过定点诱变显示它们对 OR 基因的体内表达很重要[125]。

极短 OR 转基因不能概括完整基因的所有表达特征,这提示,其他位置更远的序列元件参与了 OR 基因表达的调控。事实上,已发现,与典型的启动子相比,这些元件与编码序列的距离要远得多。一个元件(H 元件)位于小鼠 14 号染色体上的 *MOR28* 基因簇附近[137],第二个元件(P 元件)位于含有 *P2* 基因的基因簇内[138]。这些元件的去除会影响来自邻近簇 OR 基因的表达[139,140];因此,认为这些元件是位点控制区(LCR),例如来自珠蛋白基因簇的调控元件[141]。H 元件和 P 元件共享一个保守的 HD 结合位点,该位点与 OR 基因[132]启动子中的位点相似,这一发现引出以下结论,即假定的 LCR 可能通过在这些位点上形成环状与 OR 基因启动子发生物理相互作用[图22.6(b)]。当来自 P 元件(19bp)的多聚化 HD 结合位点被添加到含有 MOR23 编码序列的小基因上游时,转基因可在明显更多的神经元中表达;具有突变 HD 结合位点的元件未出现该效应[142]。根据这些结果,推测 H 元件和 P 元件以及 OR 启动子中的 HD 结合位点影响 OR 基因被选择的可能性。与这一观点相符的是,来自 *MOR28* 基因簇的基因表达频率与其至 H 区的距离相关。目前为止,在 OR 基因区附近只发现了这两个假定的 LCR 元件;因此,它们是否代表了控制其表达的一般性调控规则仍不清楚。

表观遗传学　最近的研究结果表明,表观遗传机制也参与 OR 基因表达的调控。在嗅觉祖细胞中,所有的 OR 基因都与含有抑制性组蛋白甲基化标记 H3K9me3(组蛋白 3 位点 9 溶素的三甲基化酶)的异染色质相关[143],这表明所有的 OR 基因在启动表达前已被抑制,所选择的 OR 基因通过组蛋白去甲基化酶 Lsd1 对 H3K9 的去甲基化进行去抑制[144]。成熟 OSN 中 Lsd1 的下调明显有助于维持与所有其他 OR 基因相关的染色质中的抑制性组蛋白甲基化标记[144]。

气味受体依赖机制　几项研究结果表明,受体本身可能在维持表达的单一性中发挥作用。表达 1 个 OR 假基因的细胞将转而表达另一个 OR 基因[128,137,145]。这样的基因转换保证了每个成熟的 OSN 表达一种功能性受体蛋白。该模型提示,功能性 OR 一旦生成,即有助于压制所有其他 OR 基因的表达,从而阻止其他 OR 基因的表达,并确保每个神经元中单一类型受体的稳定表达。这种效应甚至延伸到随机插入到基因组其他位点的 OR 转基因[146],这意味着这种调控作用中涉及的序列在 OR 基因的转录区域之内或非常接近这一区域[147]。

22.5　嗅觉神经元气味受体特异性传导路径

每个 OSN 将一个没有分支的轴突伸入 OB,OB 是嗅觉信息处理的第一个中继站;因此,嗅觉信息被直接传送到大脑。在 OB 内,轴突末端与不同解剖结构的二级神经元形成突触,称为丝球体。一个明确的丝球体只含有来自 OSN 的轴突,这些轴突表达相同的 OR[148],同时,具有同一个 OR 的 OSN 群通常会投射到两个不同的丝球体,一个位于 OB 内侧,另一个位于 OB 的外侧半球[149]。这种双-丝球体-投射规则的一个特例是表达 OR37 亚家族成员中的一个成员的 OSN;这些细胞仅靶向位于嗅球腹侧区的单个丝球体[116]。OB 中受体特异性丝球体的位置在不同的丝球体间非常相似;然而,这种情况并非固定不变；已观察到大约 20～30 个丝球体区域内存在差异。此外，各丝球体间的位置也可能存在差异；这些局部排列可能导致丝球体的不同分布，在同一个个体中的两个嗅球甚至也是如此[116]。尚不清楚其如何影响输入信息的处理。

在丝球体内，在投射神经元(僧帽细胞和簇状细胞)将信息传递到更高级的大脑中枢之前，OSN 传递的信息由中间神经元网络进行处理。丝球体相关的环路是高度组织化的，不同类型的细胞在每个丝球体中形成柱状结构[150]。两个相关的丝球体下的神经元网络通过簇状细胞介导的一组球内突起相互连接[151]。

22.5.1　嗅觉感觉图的结构

从上皮到 OB 的轴突投射方式构成了嗅觉感觉图的解剖学基础。近年来已对 OSN 沿OB 轴的这种复杂投射方式的形成进行了探索。

1. 丝球体沿嗅球轴的分布

位于嗅上皮背侧的 OSN 将其轴突投射到 OB 背侧区域，而位于上皮腹侧区域的神经元则投射至嗅球腹侧区域；因此，嗅上皮中与受体相关的区域分布保持在 OB 背侧-腹侧区域；区域地形图[114,153]见图 22.5(a)。表达特定受体类型的 OSN 散布在沿背侧-腹侧轴的上皮空间有限但重叠的区域内，并将其轴突投射至嗅球背侧-腹侧区域内相应位置的丝球体。每个丝球体仅由表达相同类型受体的神经元组成。沿背侧-腹侧轴投射的地形图部分由化学排斥性蛋白及其受体(Slits/Robo、Semaphorin/Neuropilin)的互补梯度形成，以阴影条表示。OSN 所在的上皮区域的特异性线索可能有助于轴突靶向的过程，这一观点已被发现的导向因素所证实，这些导向因素确定了特有的背侧-腹侧模式[154-156]。已经证明，成组的排斥性配体/受体分子(尤其是 Slit1/Robo2 和 Neuropilin 2/Semaphorin3F)影响轴突沿背侧-腹侧轴的投射。例如，Robo2 阳性的轴突由于嗅球腹侧区域中的 Robo 配体Slit1 和 Slit3 的排斥作用而被投射到嗅球背侧区域。

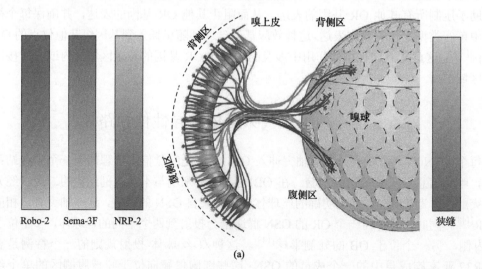

(a)

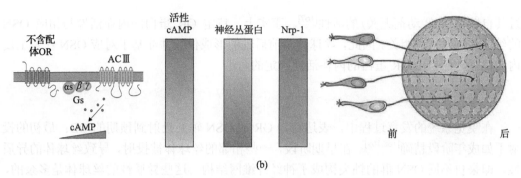

图 22.5 嗅觉系统中的受体特异性连接[152]

轴突投射的第二个维度是向嗅球的内侧或外侧的投射，受体特异性细胞群的丝球体在此处形成（见上文）。虽然目前对轴突投射的了解较少，但已证明，内侧丝球体由嗅上皮内侧区域的 OSN 支配，外侧丝球体由相应的外侧区域的 OSN 支配[157]。最近的研究表明，胰岛素样生长因子（IGF1）在这一过程中发挥作用；在 IGF1 信号转导障碍的小鼠突变体中，已在位于嗅球腹内侧区域的异位位置发现了被认为投射到嗅球外侧区域的轴突[158]。

嗅觉轴突的受体特异的分布方式导致了这样的推测，即受体本身可能在发现向外生长的神经纤维的通路和投射目标的过程中起关键决定作用。这一观点已在实验（一种受体类型的编码序列被另一种受体类型的编码序列取代）中得到验证[159]，这证明了 OSN 通过一种新受体将其轴突投射到新的丝球体上，从而表明该受体确实在丝球体的定位中起到指导性作用。然而，受体如何参与这一过程的准确分子机制尚不清楚。有人提出，OR 可能识别并对轴突导向信号做出反应，因此，不仅其在纤毛膜中起 OR 的作用，而且在轴突膜中也作为导向信号的受体。与该假设一致，受体蛋白实际上存在于 OSN 的轴突末端[7,160]。此外，轴突中甚至存在 OR mRNA[161,162]，表明受体蛋白的局部翻译是可能的[163]。

在探索嗅觉轴突投射的细胞内机制时，cAMP 水平似乎是决定丝球体在 OB 前后（a-p）轴位置的关键因素[164,165][图 22.5(b)]。沿嗅球前后轴的地形投射方式不是由嗅上皮内神经元的位置决定的，而是由某一类 OR 的自发活动决定的。这种非激活剂依赖性活性导致 OSN 中细胞内 cAMP 的浓度具有特征性并与受体相关[高或低，如图 22.5(b)中的阴影条所示]。cAMP 浓度反过来控制特定轴突导向信号的表达，如 Neuropilin1（Nrp1），从而决定轴突对沿投射通路进入 OB 的引导信号的敏感性。表达低自发活性受体的嗅觉神经元在嗅球前部形成丝球体，那些表达高活性受体的嗅觉神经元在嗅球后部形成丝球体。OSN 中 cAMP 信号的减弱导致丝球体位置前移，而 cAMP 信号增强则导致丝球体位置后移[166]。因此，OSN 群产生 cAMP 的能力决定了其目标丝球体沿 a-p 轴分布的位置。这一现象似乎是由于 cAMP 的浓度决定了轴突导向线索信号的水平，如排斥性轴突导向因子3A 受体神经纤毛蛋白 1 抗体（Neuropilin1）。含有高水平神经纤毛蛋白 1 的 OSN 投射到嗅球的后部位置，而神经纤毛蛋白 1 水平低的神经元则投射到前部位置。事实证明，如何控制特定 OSN 群中的 cAMP 水平是一个非常具有挑战性的问题。直到最近才通过有效方法发现，OR 本身决定 cAMP 水平；最有趣的是，不是通过配体诱导的激活，而是通过其自发的(与激动剂无关)的活性[167]。事实上，特定 OR 蛋白的内在活性与相应 OSN 的丝球体位置密切相关。因此，丝球体沿前后轴的形成位置并非基于对应 OSN 在嗅上皮内的位置，而是由 OR 蛋白的内在活性决定的。

2. 发育和再生

在嗅觉系统的发育过程中，表达特定 OR 的 OSN 轴突投射到预期的 OB；最初的投射不如成年阶段精确[168,169]。在早期阶段，一些相邻的丝球体被投射，导致丝球体的异质性，即来自不同 OSN 群的轴突构成了神经纤维网结构。这些异质性的丝球体是多余的，在出生后会随着丝球体分布的完善而消失。如果出生时气味诱发的活动被阻断，例如通过阻塞鼻孔，则异质性丝球体会持续存在[124]；相反，如果在出生后的早期阶段接触浓度较高的气味，则丝球体会加速发育[170,171]。这些观察结果表明，气味诱导的活性参与了神经支配的细化。

OSN 的寿命有限，仅约 90 天；它们在存活过程中不断被位于嗅上皮底部的球状基底细胞即干细胞所替代[172-174]。新生成的细胞逐渐向上层迁移，并分化为能表达适当类型 OR 的成熟 OSN。在正常情况下，新 OSN 的生成是不同步的，在特定时间点只有 1%～2% 的细胞被替代。因为嗅上皮的绝大多数细胞是成熟的 OSN(与它们的靶丝球体相连)，因而推测新生成神经元的轴突可以沿着既定的轨道生长，并且很可能与先前存在的纤毛相关。这可能是基于由 OR 本身或适合的细胞黏附分子介导的 OSN 轴突与同一个 OR 之间的同位吸引。另一种可能是，来自替代神经元的残余纤维片段可能标记途径，例如，通过诱导周围细胞外基质中的分子线索。

除了这种正常情况，即使在嗅上皮发生大范围损伤之后，嗅觉系统也具有显著的重建能力。嗅觉上皮发生大范围损伤的可能原因包括损伤、病毒感染或暴露于可能导致几乎所有 OSN 丧失的毒素。在一段合理的时间范围内，可以再生出一个完整的 OSN 群，被重建的系统在神经元数量和空间分布方面与原来几乎没有差别[113,175]。此外，还会形成新的轴突投射模式。同时，气味探测、气味辨别等基本嗅觉功能也会得到恢复。只有在发生严重事件后，嗅神经元的轴突对丝球体的靶向才会似乎不完善，使人联想起发育过程中的投射。然而，在再生过程中，这些错误显然不会被修复，受体特异性神经元群不会仅仅投射到两个丝球体，而且也会投射到多个已经形成的丝球体[176]。这种靶向错误对气味表征的影响在很大程度上是难以捉摸的；然而，据报道，在人类嗅上皮受到严重创伤后可能仍然存在嗅觉功能障碍。

参 考 文 献

[1] J.S. Kimbell, M.N. Godo, E.A. Gross, D.R. Joyner, R.B. Richardson, K.T. Morgan: Computer simulation of inspiratory airflow in all regions of the F344 rat nasal passages, Toxicol. Appl. Pharmacol. 145, 388-398 (1997)

[2] P. Mombaerts: Genes and ligands for odorant, vomeronasal and taste receptors, Nat. Rev. Neurosci. 5, 263-278 (2004)

[3] B.P. Menco, E.E. Morrison: Morphology of the mammalian olfactory epithelium: Form, finestructure, function, and pathology. In: Handbookof Olfaction and Gustation, ed. by R.L. Doty (Marcel Dekker, Philadelphia 2003) pp. 17-49

[4] T. Kurahashi, T. Shibuya: Ca$^{2(+)}$-dependent adaptive properties in the solitary olfactory receptor cell of the newt, Brain Res. 515, 261-268 (1990)

[5] S. Firestein, G.M. Shepherd: A kinetic model of theodor response in single olfactory receptor neurons, J. Steroid Biochem. Molec. Biol. 39, 615-620(1991)

[6] B.P. Menco, A.M. Cunningham, P. Qasba, N. Levy,R.R. Reed: Putative odour receptors localize in cilia of olfactory receptor cells in rat and mouse: A freeze-substitution ultrastructuralstudy, J. Neurocytol. 26, 691-706 (1997)

[7] J. Strotmann, O. Levai, J. Fleischer, K. Schwarzenbacher, H. Breer: Olfactory receptor proteins in axonal processes of chemosensory neurons,J. Neurosci. 24, 7754-7761 (2004)

[8] D.T. Jones, R.R. Red: Molecular cloning of five GTP-binding protein cDNA species from rat olfactory neuroepithelium, J. Biol. Chem. 262, 14241-14249 (1987)

[9] L. Belluscio, G.H. Gold, A. Nemes, R. Axel: Mice deficient in G(olf) are anosmic, Neuron 20, 69-81 (1998)

[10] H.A. Bakalyar, R.R. Reed: Identification of a specialized adenylyl cyclase that may mediate odorant detection, Science 250, 1403-1406 (1990)

[11] F.F. Borisy, P.N. Hwang, G.V. Ronnett, S.H. Snyder: High-affinity cAMP phosphodiesterase and adenosine localized in sensory organs, Brain Res.610, 199-207 (1993)

[12] C. Yan, A.Z. Zhao, J.K. Bentley, K. Loughney, K. Ferguson, J.A. Beavo: Molecular cloning and characterization of a calmodulin-dependent phosphodiesterase enriched in olfactory sensory neurons, Proc. Natl. Acad. Sci. US 92, 9677-9681(1995)

[13] B.M. Menco, R.C. Bruch, B. Dau, W. Danho: Ultrastructural localization of olfactory transductioncomponents: The G protein subunit Golf alpha and type III adenylyl cyclase, Neuron 8, 441-453(1992)

[14] F.F. Borisy, G.V. Ronnett, A.M. Cunningham,D. Juilfs, J. Beavo, S.H. Snyder: Calcium/calmodulin-activated phosphodiesterase expressed in olfactory receptor neurons, J. Neurosci. 12, 915-923(1992)

[15] S. Pifferi, A. Menini, T. Kurahashi: Signal transduction in vertebrate olfactory cilia. In: The Neurobiolgy of Olfaction, ed. by A. Menini (CRC, BocaRaton 2010)

[16] U. Pace, E. Hanski, Y. Salomon, D. Lancet: Odorant-sensitive adenylate cyclase may mediate olfactory reception, Nature 316, 255-258 (1985)

[17] P.B. Sklar, R.R. Anholt, S.H. Snyder: The odorant-sensitive adenylate cyclase of olfactory receptor cells. Differential stimulation by distinct classes of odorants, J. Biol. Chem. 261, 15538-15543 (1986)

[18] H. Breer, I. Boekhoff, E. Tareilus: Rapid kinetics of second messenger formation in olfactory transduction, Nature 345, 65-68 (1990)

[19] S. Firestein, G.M. Shepherd, F.S. Werblin: Time course of the membrane current underlying sensory transduction in salamander olfactory receptor neurons, J. Physiol. 430, 135-158 (1990)

[20] M. Schandar, K.L. Laugwitz, I. Boekhoff, C. Kroner, T. Gudermann, G. Schultz, H. Breer: Odorants selectively activate distinct G protein subtypes in olfactory cilia, J. Biol. Chem. 273, 16669-16677(1998)

[21] S. Sinnarajah, P.I. Ezeh, S. Pathirana, A.G. Moss, E.E. Morrison, V. Vodyanoy: Inhibition and enhancement of odorant-induced cAMP accumulation in rat olfactory cilia by antibodies directed against G alpha S/olf- and G alpha i-protein subunits, FEBS Lett. 426, 377-380 (1998)

[22] S.T. Wong, K. Trinh, B. Hacker, G.C. Chan, G. Lowe,A. Gaggar, Z. Xia, G.H. Gold, D.R. Storm: Disruption of the type III adenylyl cyclase gene leads to peripheral and behavioral anosmia in transgenic mice, Neuron 27, 487-497 (2000)

[23] T. Nakamura, G.H. Gold: A cyclic nucleotide-gated conductance in olfactory receptor cilia, Nature325, 442-444 (1987)

[24] G. Lowe, G.H. Gold: The spatial distributions of odorant sensitivity and odorant-induced currents in salamander olfactory receptor cells, J. Physiol.442, 147-168 (1991)

[25] R.S. Dhallan, K.W. Yau, K.A. Schrader, R.R. Reed:Primary structure and functional expression of a cyclic nucleotide-activated channel from olfactory neurons, Nature 347, 184-187 (1990)

[26] J. Ludwig, T. Margalit, E. Eismann, D. Lancet,U.B. Kaupp: Primary structure of cAMP-gated channel from bovine olfactory epithelium, FEBS Lett. 270, 24-29 (1990)

[27] W. Bönigk, J. Bradley, F. Müller, F. Sesti,I. Boekhoff, G.V. Ronnett, U.B. Kaupp, S. Frings:The native rat olfactory cyclic nudleotide-gatedchannel is composed of three distinct subunits,J. Neurosci. 19, 5332-5347 (1999)

[28] J. Zheng, W.N. Zagotta: Stoichiometry and assembly of olfactory cyclic nucleotide-gated channels,Neuron 42, 411-421 (2004)

[29] J. Bradley, J. Li, N. Davidson, H.A. Lester, K. Zinn:Heteromeric olfactory cyclic nucleotide-gatedchannels: A subunit that confers increased sensitivity to cAMP, Proc. Natl. Acad. Sci. US 91, 8890-8894 (1994)

[30] E.R. Liman, L.B. Buck: A second subunit of the olfactory cyclic nucleotide-gated channel confers high sensitivity to cAMP, Neuron 13, 611-621 (1994)

[31] A. Sautter, X. Zong, F. Hofmann, M. Biel: An isoform of the rod photoreceptor cyclic nucleotide-gated channel beta subunit expressed in olfactory neurons, Proc. Natl. Acad. Sci. US 95, 4696-4701 (1998)

[32] M.S. Shapiro, W.N. Zagotta: Structural basis for ligand selectivity of heteromeric olfactory cyclicnucleotide-gated channels, Biophys. J. 78, 2307-2320 (2000)

[33] S. Frings, J.W. Lynch, B. Lindemann: Properties of cyclic nucleotide-gated channels mediating olfactory transduction. Activation, selectivity, and blockage, J. Gen. Physiol. 100, 45-67 (1992)

[34] T. Kurahashi: The response induced by intracellular cyclic AMP in isolated olfactory receptor cells of the newt, J. Physiol. 430, 355-371 (1990)

[35] S.J. Kleene: High-gain, low-noise amplification in olfactory transduction, Biophys. J. 73, 1110-1117 (1997)

[36] T. Leinders-Zufall, M.N. Rand, G.M. Shepherd,C.A. Greer, F. Zufall: Calcium entry through cyclicnucleotide-gated channels in individual cilia of olfactory receptor cells: Spatiotemporal dynamics, J. Neurosci. 17, 4136-4148 (1997)

[37] T. Leinders-Zufall, C.A. Greer, G.M. Shepherd,F. Zufall: Imaging odor-induced calcium transients in single olfactory cilia: Specificity of activation and role in transduction, J. Neurosci. 18,5630-5639 (1998)

[38] S.J. Kleene, R.C. Gesteland: Calcium-activatedchloride conductance in frog olfactory cilia,J. Neurosci. 11, 3624-3629 (1991)

[39] H. Takeuchi, T. Kurahashi: Distribution, amplification, and summation of cyclic nucleotide sensitivities within single olfactory sensory cilia,J. Neurosci. 28, 766-775 (2008)

[40] T. Uebi, N. Miwa, S. Kawamura: Comprehensive interaction of dicalcin with annexins in frog olfactory and respiratory cilia, FEBS J. 274, 4863-4876 (2007)

[41] S.J. Kleene: Origin of the chloride current in olfactory transduction, Neuron 11, 123-132 (1993)

[42] G. Lowe, G.H. Gold: Nonlinear amplification by calcium-dependent chloride channels in olfactory receptor cells, Nature 366, 283-286 (1993)

[43] T. Kurahashi, K.W. Yau: Co-existence of cationic and chloride components in odorant-inducedcurrent of vertebrate olfactory receptor cells, Nature 363, 71-74 (1993)

[44] D. Reuter, K. Zierold, W.H. Schroder, S. Frings:A depolarizing chloride current contributes to chemoelectrical transduction in olfactory sensory neurons in situ, J. Neurosci. 18, 6623-6630 (1998)

[45] H. Kaneko, T. Nakamura, B. Lindemann: Noninvasive measurement of chloride concentration in rat olfactory receptor cells with use of a fluorescentdye, Am. J. Physiol. Cell Physiol. 280, C1387-C1393 (2001)

[46] J. Reisert, J. Lai, K.W. Yau, J. Bradley: Mechanismof the excitatory Cl(-) response in mouse olfactory receptor neurons, Neuron 45, 553-561 (2005)

[47] H. Kaneko, I. Putzier, S. Frings, U.B. Kaupp,T. Gensch: Chloride accumulation in mammalian olfactory sensory neurons, J. Neurosci. 24, 7931-7938 (2004)

[48] T. Hengl, H. Kaneko, K. Dauner, K. Vocke, S. Frings,F. Mohrlen: Molecular components of signal amplification in olfactory sensory cilia, Proc. Natl.Acad. Sci. US 107, 6052-6057 (2010)

[49] S. Pifferi, A. Boccaccio, A. Menini: Cyclic nucleotide-gated ion channels in sensory transduction, FEBS Lett. 580, 2853-2859 (2006)

[50] T.T. Yu, J.C. McIntyre, S.C. Bose, D. Hardin,M.C. Owen, T.S. McClintock: Differentially expressed transcripts from phenotypically identified olfactory sensory neurons, J. Comp. Neurol. 483,251-262 (2005)

[51] U. Mayer, A. Kuller, P.C. Daiber, I. Neudorf,U. Warnken, M. Schnolzer, S. Frings, F. Mohrlen:The proteome of rat olfactory sensory cilia, Proteomics 9, 322-334（2009）

[52] S. Pifferi, M. Dibattista, C. Sagheddu, A. Boccaccio,A. Al Qteishat, F. Ghirardi, R. Tirindelli, A. Menini:Calcium-activated chloride currents in olfactory sensory neurons from mice lacking bestrophin-2,J. Physiol. 587, 4265-4279（2009）

[53] G.M. Billig, B. Pal, P. Fidzinski, T.J. Jentsch: Ca^{2+}activated Cl-currents are dispensable for olfaction, Nat. Neurosci. 14, 763-769（2011）

[54] M. Hallani, J.W. Lynch, P.H. Barry: Characterization of calcium-activated chloride channels in patches excised from the dendritic knob of mammalian olfactory receptor neurons, J. Membr. Biol. 161,163-171（1998）

[55] A. Boccaccio, A. Menini: Temporal development of cyclic nucleotide-gated and Ca^{2+}-activated Cl-currents in isolated mouse olfactory sensory neurons, J. Neurophysiol. 98, 153-160（2007）

[56] W.T. Nickell, N.K. Kleene, R.C. Gesteland,S.J. Kleene: Neuronal chloride accumulation in olfactory epithelium of mice lacking NKCC1,J. Neurophysiol. 95, 2003-2006（2006）

[57] T.Y. Chen, K.W. Yau: Direct modulation by Ca$^{(2+)}$/-calmodulin of cyclic nucleotide-activated channel of rat olfactory receptor neurons, Nature 368,545-548（1994）

[58] T. Kurahashi, A. Menini: Mechanism of odorant adaptation in the olfactory receptor cell, Nature385, 725-729（1997）

[59] J. Wei, A.Z. Zhao, G.C. Chan, L.P. Baker, S. Impey,J.A. Beavo, D.R. Storm: Phosphorylation and inhibition of olfactory adenylyl cyclase by CaM kinaseII in neurons: A mechanism for attenuation of olfactory signals, Neuron 21, 495-504（1998）

[60] G.A. Wayman, S. Impey, D.R. Storm: Ca^{2+} inhibition of type III adenylyl cyclase in vivo, J. Biol.Chem. 270, 21480-21486（1995）

[61] K.D. Cygnar, H. Zhao: Phosphodiesterase 1C is dispensable for rapid response termination of olfactory sensory neurons, Nat. Neurosci. 12, 454-462(2009)

[62] A.B. Stephan, S. Tobochnik, M. Dibattista,C.M. Wall, J. Reisert, H. Zhao: The Na$^{(+)}$/Ca$^{(2+)}$exchanger NCKX4 governs termination and adaptation of the mammalian olfactory response,Nat. Neurosci. 15, 131-137（2012）

[63] S. Schleicher, I. Boekhoff, J. Arriza, R.J. Lefowitz,H. Breer: A β-adrenergic receptor kinase-like enzyme is involved in olfactory signal termination,Proc. Natl. Acad. Sci. US 90, 1420-1424（1993）

[64] T.M. Dawson, J.L. Arriza, D.E. Jaworsky, F.F. Borisy,H. Attramadal, R.J. Lefkowitz, G.V. Ronnett: Beta-adrenergic receptor kinase-2 and beta-arrestin-2 as mediators of odorant-induced desensitization, Science 259, 825-829（1993）

[65] Y. Niimura, M. Nei: Evolutionary dynamics of olfactory receptor genes in fishes and tetrapods, Proc. Natl. Acad. Sci. US 102, 6039-6044（2005）

[66] X. Zhang, S. Firestein: Genomics of olfactory receptors, Results Probl. Cell Differ. 47, 25-36（2009）

[67] L. Buck, R. Axel: A novel multigene family may encode odorant receptors: A molecular basis for odor recognition, Cell 65, 175-187（1991）

[68] L.B. Buck: The olfactory multigene family, Curr.Opin. Genet. Dev. 2, 467-473（1992）

[69] G. Glusman, I. Yanai, I. Rubin, D. Lancet: The complete human olfactory subgenome, Genome Res. 11, 685-702（2001）

[70] I. Gaillard, S. Rouquier, D. Giorgi: Olfactory receptors, Cell. Mol. Life Sci. 61, 456-469（2004）

[71] T. Olender, T. Fuchs, C. Linhart, R. Shamir,M. Adams, F. Kalush, M. Khen, D. Lancet: The canine olfactory subgenome, Genomics 83, 361-372(2004)

[72] R. Aloni, T. Olender, D. Lancet: Ancient genomic architecture for mammalian olfactory receptor clusters, Genome Biol. 7, R88（2006）

[73] A.J. Gentles, S. Karlin: Why are human G-protein-coupled receptors predominantly intronless?, Trends Genet. 15, 47-49（1999）

[74] A. Sosinsky, G. Glusman, D. Lancet: The genomic structure of human olfactory receptor genes, Genomics 70, 49-61（2000）

[75] H. Asai, H. Kasai, Y. Matsuda, N. Yamazaki, F. Nagawa, H. Sakano, A. Tsuboi: Genomic structure and transcription of a murine odorant receptor gene: Differential initiation of transcription in the olfactory and testicular cells, Biochem. Biophys.Res. Commun. 221, 240-247 (1996)

[76] G. Glusman, I. Yanai, D. Lancet, T. Piplel: HORDE(The Human Olfactory Data Explorer), http://genome.weizmann.ac.il/horde/

[77] Y. Gilad, O. Man, G. Glusman: A comparison of the human and chimpanzee olfactory receptor gene repertoires, Genome. Res. 15, 224-230 (2005)

[78] X. Zhang, X. Zhang, S. Firestein: Comparative genomics of odorant and pheromone receptor genes in rodents, Genomics 89, 441-450(2007)

[79] S. Rouquier, A. Blancher, D. Giorgi: The olfactory receptor gene repertoire in primates and mouse:Evidence for reduction of the functional fraction in primates, Proc. Natl. Acad. Sci. US 97, 2870-2874(2000)

[80] Y. Gilad, D. Segre, K. Skorecki, M.W. Nachman,D. Lancet, D. Sharon: Dichotomy of single-nucleotide polymorphism haplotypes in olfactory receptor genes and pseudogenes, Nat. Genet. 26,221-224 (2000)

[81] Y. Gilad, V. Wiebe, M. Przeworski, D. Lancet,S. Pääbo: Loss of olfactory receptor genes coincides with the acquisition of full trichromatic vision in primates, PLoS Biol. 2, E5 (2004)

[82] J. Ngai, M.M. Dowling, L. Buck, R. Axel, A. Chess:The family of genes encoding odorant receptors in the channel catfish, Cell 72, 657-666 (1993)

[83] J. Freitag, J. Krieger, J. Strotmann, H. Breer: Two classes of olfactory receptors in Xenopus laevis,Neuron 15, 1383-1392 (1995)

[84] J. Freitag, G. Ludwig, I. Andreini, P. Rossler,H. Breer: Olfactory receptors in aquatic and terrestrial vertebrates, J. Comp. Physiol. A 183, 635-650 (1998)

[85] X. Zhang, S. Firestein: The olfactory receptor gene superfamily of the mouse, Nat. Neurosci. 5, 124-133 (2002)

[86] G. Glusman, A. Sosinsky, E. Ben Asher, N. Avidan, D. Sonkin, A. Bahar, A. Rosenthal, S. Clifton, B. Roe, C. Ferraz, J. Demaille, D. Lancet: Sequence,structure, and evolution of a complete human olfactory receptor gene cluster, Genomics 63, 227-245 (2000)

[87] K. Raming, S. Konzelmann, H. Breer: Identification of a novel G-protein coupled receptor expressed in distinct brain regions and a defined olfactory zone, Receptors Channels 6, 141-151 (1998)

[88] A. Tsuboi, T. Miyazaki, T. Imai, H. Sakano: Olfactory sensory neurons expressing class I odorant receptors converge their axons on an antero-dorsal domain of the olfactory bulb in the mouse,Eur. J. Neurosci. 23, 1436-1444 (2006)

[89] K. Kobayakawa, R. Kobayakawa, H. Matsumoto,Y. Oka, T. Imai, M. Ikawa, M. Okabe, T. Ikeda,S. Itohara, T. Kikusui, K. Mori, H. Sakano: Innate versus learned odour processing in the mouse olfactory bulb, Nature 450, 503-508 (2007)

[90] C.A. Hill, A.N. Fox, R.J. Pitts, L.B. Kent,P.L. Tan, M.A. Chrystal, A. Cravchik, F.H. Collins,H.M. Robertson, L.J. Zwiebel: G protein-coupled receptors in *Anopheles gambiae*, Science 298,176-178 (2002)

[91] H.M. Robertson, C.G. Warr, J.R. Carlson: Molecular evolution of the insect chemoreceptor gene superfamily in *Drosophila melanogaster*, Proc. Natl.Acad. Sci. US 100, 14537-14542 (2003), Suppl 2

[92] C.I. Bargmann: Neurobiology of the caenorhabditis elegans genome, Science 282, 2028-2033(1998)

[93] K. Touhara: Structure, expression, and function of olfactory receptors. In: The Senses: A Comprehensive Reference, ed. by A.I. Basbaum (Elsevier,Amsterdam 2008) pp. 527-544

[94] K.L. Pierce, R.T. Premont, R.J. Lefowitz: Seven-transmembrane receptors, Nat. Rev. Mol. Cell Biol.3, 639-650 (2002)

[95] Y. Pilpel, D. Lancet: The variable and conserved interfaces of modeled olfactory receptor proteins,Protein Sci. 8, 969-977 (1999)

[96] A.H. Liu, X. Zhang, G.A. Stolovitzky, A. Califano,S.J. Firestein: Motif-based construction of a functional map for mammalian olfactory receptors,Genomics 81, 443-456 (2003)

[97] B. Malnic, J. Hirono, T. Sato, L.B. Buck: Combinatorial receptor codes for odors, Cell 96, 713-723(1999)

[98] W.B. Floriano, N. Vaidehi, W.A. Goddard III,M.S. Singer, G.M. Shepherd: Molecular mechanisms underlying differential odor responses of a mouse olfactory receptor, Proc. Natl. Acad. Sci.US 97, 10712-10716 (2000)

[99] S. Katada, T. Hirokawa, Y. Oka, M. Suwa,K. Touhara: Structural basis for a broad but selective ligand spectrum of a mouse olfactory receptor: Mapping the odorant-binding site, J. Neurosci. 25, 1806-1815 (2005)

[100] A. Kato, K. Touhara: Mammalian olfactory receptors: Pharmacology, G protein coupling and desensitization, Cell. Mol. Life Sci. 66, 3743-3753 (2009)

[101] O. Baud, S. Etter, M. Spreafico, L. Bordoli,T. Schwede, H. Vogel, H. Pick: The mouse eugenol odorant receptor: Structural and functional plasticity of a broadly tuned odorant binding pocket,Biochemistry 50, 843-853 (2011)

[102] S.G. Rasmussen, H.J. Choi, D.M. Rosenbaum,T.S. Kobilka, F.S. Thian, P.C. Edwards, M. Burghammer, V.R. Ratnala, R. Sanishvili, R.F. Fischetti,G.F. Schertler, W.I. Weis, B.K. Kobilka: Crystal structure of the human beta2 adrenergic G-protein-coupled receptor, Nature 450, 383-387 (2007)

[103] L. Charlier, J. Topin, C.A. de March, P.C. Lai,C.J. Crasto, J. Golebiowski: Molecular modelling of odorant/olfactory receptor complexes, Meth. Mol.Biol. 1003, 53-65 (2013)

[104] F. Vincent, S. Spinelli, R. Ramoni, S. Grolli,P. Pelosi, C. Cambillau, M. Tegoni: Complexes of porcine odorant binding protein with odorant molecules belonging to different chemical classes, J. Mol. Biol. 300, 127-139 (2000)

[105] J. Golebiowski, S. Antonczak, S. Fiorucci,D. Cabrol-Bass: Mechanistic events underlying odorant binding protein chemoreception,Proteins 67, 448-458 (2007)

[106] V. Lemaitre, P. Yeagle, A. Watts: Molecular dynamics simulations of retinal in rhodopsin: From the dark-adapted state towards lumirhodopsin, Biochemistry 44, 12667-12680 (2005)

[107] T. Huber, S. Menon, T.P. Sakmar: Structural basis for ligand binding and specificity in adrenergic receptors: Implications for GPCR-targeted drug discovery, Biochemistry 47, 11013-11023 (2008)

[108] P.C. Lai, C.J. Crasto: Beyond modeling: All-atom olfactory receptor model simulations, Front. Gen.3, 61 (2012)

[109] P.C. Lai, B. Guida, J. Shi, C.J. Crasto: Preferential binding of an odor within olfactory receptors:A precursor to receptor activation, Chem. Senses39 (2), 107-123 (2014)

[110] K.J. Ressler, S.L. Sullivan, L.B. Buck: A zonal organization of odorant receptor gene expression in the olfactory epithelium, Cell 73, 597-609(1993)

[111] R. Vassar, J. Ngai, R. Axel: Spatial segregation of odorant receptor expression in the mammalian olfactory epithelium, Cell 74, 309-318 (1993)

[112] J. Strotmann, I. Wanner, T. Helfrich, A. Beck,C. Meinken, S. Kubick, H. Breer: Olfactory neurones expressing distinct odorant receptor subtypes are spatially segregated in the nasal neuroepithelium, Cell Tissue Res. 276, 429-438 (1994)

[113] C.L. Iwema, H. Fang, D.B. Kurtz, S.L. Youngentob,J.E. Schwob: Odorant receptor expression patterns are restored in lesion-recovered rat olfactory epithelium, J. Neurosci. 24, 356-369 (2004)

[114] K. Miyamichi, S. Serizawa, H.M. Kimura,H. Sakano: Continuous and overlapping expression domains of odorant receptor genes in the olfactory epithelium determine the dorsal/ventral positioning of glomeruli in theolfactory bulb, J. Neurosci. 25, 3586-3592 (2005)

[115] S.H. Fuss, A. Ray: Mechanisms of odorant receptors gene choice in Drosophila and vertebrates,Mol. Cell Neurosci. 41, 101-112 (2009)

[116] J. Strotmann, I. Wanner, J. Krieger, K. Raming,H. Breer: Expression of odorant receptors in spatially restricted subsets of chemosensory neurones, Neuro Report 3, 1053-1056 (1992)

[117] J. Strotmann, S. Conzelmann, A. Beck, P. Feinstein, H. Breer, P. Mombaerts: Local permutations in the glomerular array of the mouse olfactorybulb, J. Neurosci. 20, 6927-6938 (2000)

[118] J. Strotmann, A. Beck, S. Kubick, H. Breer: Topographic patterns of odorant receptor expression in mammals: A comparative study, J. Comp. Physiol.177, 659-666 (1995)

[119] T.A. Schoenfeld, T.A. Cleland: The anatomical logic of smell, Trends Neurosci. 28, 620-627 (2005)

[120] D.M. Coppola, C.T. Waggener, S.M. Radwani,D.A. Brooks: An electro olfactogram study of odor response patterns from the mouse olfactory epithelium with reference to receptor zones and odor sorptiveness, J. Neurophysiol. 109(8), 2179-2191 (2013)

[121] P. Mombaerts: Odorant receptor gene choice in olfactory sensory neurons: The one receptor-one neuron hypothesis revisited, Curr. Opin. Neurobiol. 14, 31-36 (2004)

[122] A. Chess, I. Simon, H. Cedar, R. Axel: Allelic inactivation regulates olfactory receptor gene expression, Cell 78, 823-834 (1994)

[123] H. Sakano: Neural map formation in the mouse olfactory system, Neuron 67, 530-542 (2010)

[124] H. Nakatani, S. Serizawa, M. Nakajima, T. Imai,H. Sakano: Developmental elimination of ectopic projection sites for the transgenic OR gene thathas lost zone specificity in the olfactory epithelium, Eur. J. Neurosci. 18, 2425-2432 (2003)

[125] A. Rothman, P. Feinstein, J. Hirota, P. Mombaerts:The promoter of the mouse odorant receptor gene M71, Mol. Cell. Neurosci. 28, 535-546 (2005)

[126] A. Vassalli, A. Rothman, P. Feinstein, M. Zapotocky, P. Mombaerts: Minigenes impart odorantreceptor-specific axon guidance in the olfactory bulb, Neuron 35, 681-696 (2002)

[127] Y.Q. Zhang, H. Breer, J. Strotmann: Promotor elements governing the clustered expression pattern of odorant receptor genes, Mol. Cell. Neurosci. 36,95-107 (2007)

[128] B.M. Shykind, S.C. Rohani, S. O'Donnell, A. Nemes,M. Mendelsohn, Y. Sun, R. Axel, G. Barnea: Gene switching and the stability of odorant receptor gene choice, Cell 117, 801-815 (2004)

[129] A. Bader, V. Bautze, D. Haid, H. Breer, J. Strotmann: Gene switching and odor induced activity shape expression of the OR37 family of olfactory receptor genes, Eur. J. Neurosci. 32, 1813-1824 (2010)

[130] K. Eggan, K. Baldwin, M. Tackett, J. Osborne,J. Gogos, A. Chess, R. Axel, R. Jaenisch: Mice cloned from olfactory sensory neurons, Nature428, 44-49 (2004)

[131] J. Li, T. Ishii, P. Feinstein, P. Mombaerts: Odorant receptor gene choice is reset by nuclear transfer from mouse olfactory sensory neurons, Nature428, 393-399 (2004)

[132] C. Plessy, G. Pascarella, N. Bertin, A. Akalin,C. Carrieri, A. Vassalli, D. Lazarevic, J. Severin,C. Vlachouli, R. Simone, G.J. Faulkner, J. Kawai,C.O. Daub, S. Succhelli, Y. Hayashizaki, P. Mombaerts, B. Lenhard, S. Gustincich, P. Carninci:Promoter architecture of mouse olfactory receptor genes, Genome Res. 22, 486-492 (2012)

[133] E.J. Clowney, A. Magklara, B.M. Colquitt,N. Pathak, R.P. Lane, S. Lomvardas: High-throughput mapping of the promoters of the mouse olfactory receptor genes reveals a newtype of mammalian promoter and provides insight into olfactory receptor gene regulation,Genome Res. 21, 1249-1259 (2011)

[134] M.M. Wang, R.R. Reed: Molecular cloning of the olfactory neuronal transcription factor Olf-1 by genetic selection in yeast, Nature 364, 121-126(1993)

[135] K. Kudrycki, C. Stein-Izsak, C. Behn, M. Grillo,R. Akeson, F.L. Margolis: Olf-1-binding site:Characterization of an olfactory neuron-specific promoter motif, Mol. Cell. Biol. 13, 3002-3014(1993)

[136] R. Hoppe, H. Breer, J. Strotmann: Promoter motifs of olfactory receptor genes expressed in distinct topographic patterns, Genomics 87, 711-723 (2006)

[137] S. Serizawa, K. Miyamichi, H. Nakatani, M. Suzuki,M. Saito, Y. Yoshihara, H. Sakano: Negative feedback regulation ensures the one receptor-oneolfactory neuron rule in mouse, Science 302,2088-2094 (2003)

[138] T. Bozza, A. Vassalli, S. Fuss, J.J. Zhang, B. Weiland, R. Pacifco, P. Feinstein, P. Mombaerts:Mapping of class I and class II odorant receptors to glomerular domains by two distinct types of olfactory sensory neurons in the mouse, Neuron61, 220-233 (2009)

[139] H. Nishizumi, K. Kumasaka, N. Inoue,A. Nakashima, H. Sakano: Deletion of the core-H region in mice abolishes the expression of three proximal odorant receptor genes in cis,Proc. Natl. Acad. Sci. US 104, 20067-20072 (2007)

[140] S.H. Fuss, M. Omura, P. Mombaerts: Local and cis effects of the H element on expression of odorant receptor genes in mouse, Cell 130, 373-384 (2007)

[141] P. Fraser, F. Grosveld: Locus control regions, chromatin activation and transcription, Curr. Opin. Cell Biol. 10, 361-365 (1998)

[142] M. Khan, E. Vaes, P. Mombaerts: Regulation of the probability of mouse odorant receptor gene choice, Cell 147, 907-921 (2011)

[143] A. Magklara, A. Yen, B.M. Colquitt, E.J. Clowney, W. Allen, E. Markenscoff-Papadimitriou, Z.A. Evans, P. Kheradpour, G. Mountoufaris, C. Carey, G. Barnea, M. Kellis, S. Lomvardas: An epigenetic signature for monoallelic olfactory receptor expression, Cell 145, 555-570 (2011)

[144] D.B. Lyons, W.E. Allen, T. Goh, L. Tsai, G. Barnea, S. Lomvardas: An epigenetic trap stabilizes singular olfactory receptor expression, Cell 154, 325-336 (2013)

[145] J.W. Lewcock, R.R. Reed: A feedback mechanism regulates monoallelic odorant receptor expression, Proc. Natl. Acad. Sci. US 101, 1069-1074 (2004)

[146] S. Serizawa, T. Ishii, H. Nakatani, A. Tsuboi, F. Nagawa, M. Asano, K. Sudo, J. Sakagami, H. Sakano, T. Ijiri, Y. Matsuda, M. Suzuki, T. Yamamori, Y. Iwakura, H. Sakano: Mutually exclusive expression of odorant receptor transgenes, Nat. Neurosci. 3, 687-693 (2000)

[147] R.R. Reed: Regulating olfactory receptor expression: Controlling globally, acting locally, Nat.Neurosci. 3, 638-639 (2000)

[148] H.B. Treloar, P. Feinstein, P. Mombaerts, C.A. Greer: Specificity of glomerular targeting by olfactory sensory axons, J. Neurosci. 22, 2469-2477 (2002)

[149] P. Mombaerts, F. Wang, C. Dulac, S.K. Chao, A. Nemes, M. Mendelsohn, J. Edmondson, R. Axel: Visualizing an olfactory sensory map, Cell 87, 675-686 (1996)

[150] D.C. Willhite, K.T. Nguyen, A.V. Masurkar, C.A. Greer, G.M. Shepherd, W.R. Chen: Viral tracing identifies distributed columnar organization in the olfactory bulb, Proc. Natl. Acad. Sci.US 103, 12592-12597 (2006)

[151] C. Lodovichi, L. Belluscio, L.C. Katz: Functional topography of connections linking mirror-symmetric maps in the mouse olfactory bulb, Neuron 38, 265-276 (2003)

[152] S. Demaria, J. Ngai: The cell biology of smell, J. Cell Biol. 191, 443-452 (2010)

[153] L. Astic, D. Saucier, A. Holley: Topographical relationships between olfactory receptor cells and glomerular foci in the rat olfactory bulb, BrainRes. 424, 144-152 (1987)

[154] J.H. Cho, M. Lepine, W. Andrews, J. Parnavelas, J.F. Cloutier: Requirement for slit-1 and robo-2 in zonal segregation of olfactory sensory neuron axons in the main olfactory bulb, J. Neurosci. 27, 9094-9104 (2007)

[155] K.T. Nguyen-Ba-Charvet, T. Di Meglio, C. Fouquet, A. Chedotal: Robos and slits control the pathfinding and targeting of mouse olfactory sensory axons, J. Neurosci. 28, 4244-4249 (2008)

[156] H. Takeuchi, K. Inokuchi, M. Aoki, F. Suto, A. Tsuboi, I. Matsuda, M. Suzuki, A. Aiba, S. Serizawa, Y. Yoshihara, H. Fujisawa, H. Sakano: Sequential arrival and graded secretion of Sema3F by olfactory neuron axons specify map topography at the bulb, Cell 141, 1056-1067 (2010)

[157] O. Levai, H. Breer, J. Strotmann: Subzonal organization of olfactory sensory neurons projecting to distinct glomeruli within the mouse olfactory bulb, J. Comp. Neurol. 458, 209-220 (2003)

[158] J.A. Scolnick, K. Cui, C.D. Duggan, S. Xuan, X. Yuan, A. Efstratiadis, J. Ngai: Role of IGF signaling in olfactory sensory map formation and axon guidance, Neuron 57, 847-857 (2008)

[159] F. Wang, A. Nemes, M. Mendelsohn, R. Axel: Odorant receptors govern the formation of a precise topographic map, Cell 93, 47-60 (1998)

[160] G. Barnea, S. O'Donnell, F. Mancia, X. Sun, A. Nemes, M. Mendelsohn, R. Axel: Odorant receptors on axon termini in the brain, Science 304, 1468 (2004)

[161] K.J. Ressler, S.L. Sullivan, L.B. Buck: Information coding in the olfactory system: Evidence for a stereotyped and highly organized epitope map in the olfactory bulb, Cell 79, 1245-1255 (1994)

[162] R. Vassar, S.K. Chao, R. Sitcheran, J.M. Nunez, L.B. Vosshall, R. Axel: Topographic organization of sensory projections to the olfactory bulb, Cell 79, 981-991 (1994)

[163] M. Richard, S. Jamet, C. Fouquet, C. Dubacq, N. Boggetto, F. Pincet, C. Gourier, A. Trembleau: Homotypic and heterotypic adhesion induced by odorant receptors and the beta2-adrenergic receptor, PLoS ONE 8, e80100 (2013)

[164] J.A. Col, T. Matsuo, D.R. Storm, I. Rodriguez: Adenylyl cyclase-dependent axonal targeting in the olfactory system, Development 134, 2481-2489 (2007)

[165] D.J. Zou, A.T. Chesler, C.E. Le Pichon, A. Kuznetsov, X. Pei, E.L. Hwang, S. Firestein: Absence of adenylyl cyclase 3 perturbs peripheral olfactory projections in mice, J. Neurosci. 27, 6675-6683 (2007)

[166] T. Imai, M. Suzuki, H. Sakano: Odorant receptor-derived cAMP signals direct axonal targeting, Science 314, 657-661 (2006)

[167] A. Nakashima, H. Takeuchi, T. Imai, H. Saito, H. Kiyonari, T. Abe, M. Chen, L.-S. Weinstein, C.-R. Yu, D.-R. Storm, H. Nishizumi, H. Sakano: Agonist-independent GPCR activity regulates anterior-posterior targeting of olfactory sensory neurons, Cell 154, 1314-1325 (2013)

[168] S.J. Royal, B. Key: Development of P2 olfactory glomeruli in P2-internal ribosome entry site-tau-LacZ transgenic mice, J. Neurosci. 19, 9856-9864 (1999)

[169] S. Conzelmann, D. Malun, H. Breer, J. Strotmann: Brain targeting and glomerulus formation of two olfactory neuron populations expressing related receptor types, Eur. J. Neurosci. 14, 1623-1632 (2001)

[170] M.A. Kerr, L. Belluscio: Olfactory experience accelerates glomerular refinement in the mammalian olfactory bulb, Nat. Neurosci. 9, 484-486 (2006)

[171] D.J. Zou, P. Feinstein, A.L. Rivers, G.A. Mathews, A. Kim, C.A. Greer, P. Mombaerts, S. Firestein: Postnatal refinement of peripheral olfactory projections, Science 304, 1976-1979 (2004)

[172] P.P.C. Graziadei, G.A. Monti-Graziadei: Continuous nerve cell renewal in the olfactory system. In: Development of Sensory Systems, ed. by M. Jacobsons (Springer, Berlin 1978) pp. 55-82

[173] A. Mackay-Sim, P.W. Kittel: On the life span of olfactory receptor neurons, Eur. J. Neurosci. 3, 209-215 (1991)

[174] M. Caggiano, J.S. Kauer, D.D. Hunter: Globose basal cells are neuronal progenitors in the olfactory epithelium: A lineage analysis using a replication-incompetent retrovirus, Neuron 13, 339-352 (1994)

[175] J.E. Schwob, S.L. Youngentob, G. Ring, C.L. Iwema, R.C. Mezza: Reinnervation of the rat olfactory bulb after methyl bromide-induced lesion: Timing and extent of reinnervation, J. Comp. Neurol. 412, 439-457 (1999)

[176] R.M. Costanzo: Rewiring the olfactory bulb: Changes in odor maps following recovery from nerve transection, Chem. Senses 25, 199-205 (2000)

第 23 章　鼻周围受体的生理机制

我们感知到的气味分子有很多。值得注意的是，我们中的大多数人似乎都有非常相似的气味印象，这些气味来自于特定的刺激，嗅觉在人一生的大部分时间里似乎都很强大。人类感知气味时，嗅觉受体(OR)蛋白在发挥作用，将化学信息翻译成神经元信号，在嗅觉皮层中解码，为我们提供"气味图像"。在 20 世纪中叶被提出，但仅在过去十年中才得以用有趣的实验室数据证实，嗅黏膜中有高水平表达的酶，它们代谢包括气味在内的外源性物质，并产生许多新的化学物质。实例表明，这种周围受体可以改变嗅神经上皮中的受体依赖性激活模式，从而对气味刺激的质量和强度产生影响。如果引入周围受体，可能会使原来似乎不符合模型或假设的结果变得有意义。

我们的感官为我们提供了对外部世界的直接感受，直接影响我们的行为和决策过程。人们普遍认为视觉和声音对我们的生活质量至关重要，与此同时嗅觉的重要作用却往往被人们遗忘，事实上，嗅觉的重要性远不止是对一小滴奢华香水的享受。对香味的感知不可避免地与喜悦、幸福感、情绪、感情、记忆有关联，嗅觉的感受也会影响生理和心理反应。气味的感知、学习、联想、背景以及遗传倾向都有强烈的个体性，这些都参与了嗅觉的独特个性的形成，而其他感官(如视觉和听觉)则观察不到。基于 1935 年纽约市花展期间进行的一项大型感官研究[1]，有证据表明，人们对 β 紫罗兰酮(一种花香和木本气味，具有强烈的小苍兰气味特征)气味的感知存在显著差异。特异性嗅觉丧失这个术语描述了一个事实，即许多人对特定的气味分子是嗅盲。1967 年，Amoore 发表了第一个全面深入的研究结果，描述了对汗液气味物质异戊酸的嗅觉丧失[2]。他将研究扩展到其他气味，还发现特定嗅觉丧失具有基因遗传性[3,4]。如今，众所周知，人们即使对香料成分也存在特定的嗅觉丧失，例如 β 紫罗兰酮、水杨酸酯、麝香和琥珀香味。雄烯酮具有一种有趣的体味，人们将其描述为难闻的/有尿味的/汗味的或愉快的/甜的/花香的或无味的；已有研究表明，某个人类气味受体(OR)的遗传变异是形成气味感知差异的原因[5]。除了单核苷酸多态性，受体基因拷贝数变异是导致气味感知表型差异的可能因素[6]。在人类的衰老过程中，嗅觉功能会有某种程度的下降，但通常不会严重下降，除非是由神经退行性疾病(例如阿尔茨海默病和帕金森病)导致，因为嗅觉受损是其最早期的症状之一[7]。目前尚不清楚老年人探测和辨别气味能力下降的机制；最新的研究表明，其是由多因素导致的，包括神经形成减少、突触分布改变以及初级嗅觉皮层和更高皮层[8]气味感知能力的改变。

许多关于嗅觉的出色研究是在感觉行为实验、心理物理学测量结果以及电生理学和解剖学研究的基础上进行的。《国家地理杂志》1986 年刊登的一篇综述对当时已知的有关嗅觉机制的各个方面进行了精彩的描述，并强调指出，气味分子激活神经元将各种相关的信息传递至大脑的机制仍有待阐明[9]。继 1991 年 Buck 和 Axel[10]发现气味受体蛋白后，嗅觉研究领域出现了爆发式的增长。嗅觉受体基因是人类基因组中最大的基因家族，拥有接近 1000 个基因，散布在大多数染色体中。在人类中，大多数受体基因已经突变为假基因，使我们拥有近 400 个功能基因[5,11-15]。有趣的是，分离的假基因已被识别出来，这表明不同的人在每个功能性嗅觉受体基因的各种等位基因出现的基础上，假基因的数量可能略有不同[16]。研究和了解嗅觉基因在嗅觉感觉神经元中的表达、信号转导、受体激活剂模式、轴突投射至嗅球的丝球体以及嗅觉皮层区中的信号处理是非常吸引人的课题，本书的其他章节对此进行了综述和解释。在大脑的第一级中继站，即嗅球上保存着一张化学地形图[17,18]。沿嗅球向嗅觉皮层区的信息处理涉及多方面的机制，令人惊讶的是，梨状皮层(即下一个嗅觉信息处理中心)的激活模式变得更加复杂。同一皮层的神经元对不同的气味做出反应；似乎气味是由梨状皮层中独特的活跃神经元集合所感受的。当气味刺激从单一气味变为气味混合物时，观察到了强烈的抑制和一些轻微的协同效应，证明梨状皮层对复杂气味的感知并非是源于单个激活模式的整合[19]。此前，Buck 等人提出，当接收到来自多个受体的输入时，皮层神经元可能发挥同步探测器的作用。最近，已有研究完美地证明，来自嗅球的神经元信息被传递到多个皮层中心，其中气味的感受器分布在不同区域。而在梨状皮层中激活的神经元并没有显示出明显的空间顺序，在皮层杏仁核的感受显示出丝球体的投射具有典型的空间特征，这些投射重叠并允许神经元信号进行局部整合[20]。作者提出了一个模型，梨状皮层中激活的神经元集合的感受对于经验性和习惯性嗅觉反应至关重要，而皮层杏仁核中的气味感受则与先天性的行为反应有关。

气味引起的嗅觉系统外周的气味受体激活是嗅觉感知过程中的一个必要步骤。然而，有证据表明，周围受体参与了嗅觉感受器现状的形成，这种理解可能对将受体筛选的体外结果和体内心理物理学研究的比较很重要，如气味检测阈值的测定，以及将气味描述与香料的归属判断。多年来，人们一直推测，呼吸道中的酶，尤其是嗅上皮中的酶，可能会对气味的感知产生影响。60 多年前，来自哈佛大学的化学家 G.B.Kistiakowsky 提出了酶活性(或其抑制作用)影响嗅觉性质的初步假设[21]：

对于气味理论：我无法抗拒这样的诱惑：把关于嗅觉本质的更多假设添加到他人对这个主题的推测中。如果归因于嗅觉器官中所含的某些酶的抑制，这种感觉的几个特征可以在不违反基本物理原理的情况下得以解释[……].

他提出，一系列新陈代谢以及对另一些酶类的抑制，这构成了大量气味分子集合的基础，并决定了气味的复杂性也是由各种酶在不同程度上受到抑制的结果。有趣的是，他还提出，这种酶类的抑制可以改变气味的质量，这个观点将在本章后面再次讨论。大约同时，有人认为分布在兔的味觉和嗅觉器官内和周围(包括嗅黏膜)的酶类，可能在某种程度上与嗅觉和味觉的机制有关[22]。

第六届嗅觉和味觉国际研讨会提供了有关挥发性化合物鼻内代谢的首个证据[23]。科学家们观察到，当氚标记的辛烷流经青蛙的鼻部时，一些被标记的物质变成了水溶性物质，他们由此推测这种化学物质在嗅觉受体位点发生了某种变化(图23.1)。从现今的观点来看，可以推断，非水溶性烷烃可被细胞色素 P450 单加氧酶(CYP)氧化生成水溶性醇。

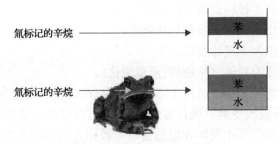

图 23.1　鼻内氧化代谢示意[23]

辛烷可溶于有机溶剂(苯)；但是，在暴露于青蛙的嗅觉组织后，一些氚标记的物质可溶于水，表明存在鼻内氧化代谢机制[23]。

仅仅几年后即证实了多种动物的鼻腔中存在高浓度的 CYP 和其他酶活性[24]。一篇已发表的论文表明，香味物质洋茉莉醛(胡椒醛)可抑制大鼠鼻腔中的 CYP 活性；作者提出以下观点：洋茉莉醛作为一种香料成分的部分有效性可能是由于通过抑制其他气味物质的酶促氧化和降解，而延长这些物质的半衰期和在鼻腔中的停留时间所致[25]。一篇由 Alan Dahl 所做的出色的综述描述了 20 世纪 80 年代进行的一些动物研究，这些研究的目的是研究鼻代谢是否影响吸入物质的生物学代谢终产物和毒性，同时探讨对嗅觉生理学的潜在影响[26]。本综述中报告的选定底物和代谢产物及其引用的参考文献参见图23.2，图中也列举了嗅黏膜酶的原始分类。

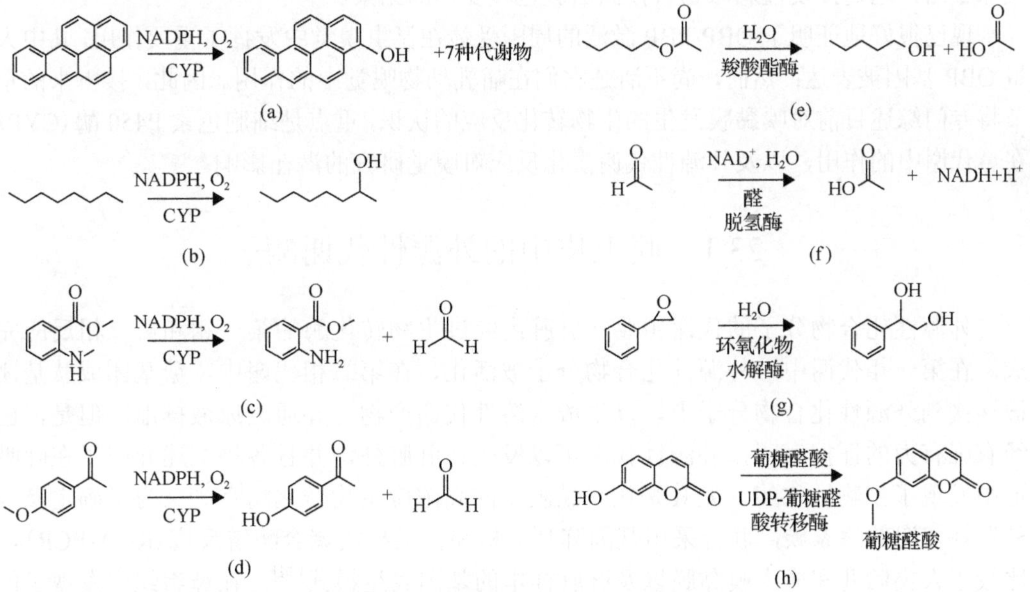

图 23.2　嗅黏膜酶催化的代谢反应[26]

(a)苯并[a]芘的羟基化；(b)辛烷羟基化；(c)N-甲基邻氨基苯甲酸甲酯去甲基化；(d)O-对甲氧基苯乙酮去甲基化；(e)乙酸戊酯水解；(f)乙醛氧化；(g)氧化苯乙烯水解；(h)7-羟基香豆素(伞形酮)的葡糖醛酸化

该综述进一步推测，嗅觉外源性代谢酶可能对化合物的特征气味有影响，作者提供了如何指导研究工作,以提供鼻代谢在嗅觉中作用数据的建议[26],并列举了外源性代谢酶可能影响气味感知的 5 种特定效应:

①将无味物质转化成一种或多种气味物质。

②将气味物质转化为无气味物质。

③将气味物质转化为其他气味物质(质量变化)。

④将亲脂性化合物转化为水溶性更高的化合物(理化性质改变和消除)。

⑤代谢酶抑制(可能改变所有既往效应)。本章将对这些可能性进行详细讨论。

另外一类易在周围受体中发挥作用的蛋白质被称为气味结合蛋白(OBP),它是对挥发性化合物具有结合活性的可溶性小载体蛋白[27]。这些蛋白质属于脂质运载蛋白家族,已知其能在其他体液中转运小配体,但在哺乳动物细胞中的作用尚不清楚。所提出的功能包括从鼻腔气腔穿过黏性和亲水性的黏液层将疏水性分子转运到受体蛋白所在的嗅觉感觉神经元纤毛,同时具有清除过量气味和去除刺激的作用。对外源性表达的嗅觉受体基因的研究清楚地表明它们可在缺乏 OBP 的情况下发挥功能,但仍未发现它们在脊椎动物嗅觉中的作用。关于脂质运载蛋白在昆虫化学感受中的作用,已有更多的证据[28]。最早发现的昆虫 OBP 是丝蛾 *Antheraeapolyphemus*[29]的信息素结合蛋白(PBP),紧接着就发现了第一个哺乳动物的 OBP。随后提供了令人信服的证据:果蝇昆虫的信息素 11-顺-十八碳烯-1-醇乙酸酯需要特异性 OBP 激活信息素感觉神经元[30],并已证明,果蝇信息素的发现是由信息素诱导的构象变化后的 OBP 直接介导的[31]。信息素的结合将无活性的配体转化为信息素感觉神经元的激动剂,这与通常的假设相反,即嗅觉神经元可被挥发性气味激活,这是挥发性刺激物直接激活膜包埋受体的结果。

现已很好地证明了 OBP/PBP 激活的周围受体在昆虫嗅觉中发挥了重要作用,其中大量 OBP 基因被表达;然而,尚不清楚它们在哺乳动物嗅觉中的作用。因此,接下来的章节将专门综述目前对嗅黏膜发生的生物转化反应的认识,重点是细胞色素 P450 酶(CYP)在鼻代谢中的作用,以及外源性代谢生化反应对嗅觉研究的潜在影响。

23.1　嗅上皮中的外源性代谢酶

外源性化合物分子的代谢主要在肝脏内经过生物转化酶的第一相和第二相反应完成。在第一相代谢中,外源性化合物分子被活化,在第二相代谢中,糖基团或肽基团被连接到外源性化合物分子上,以生成水溶性代谢产物,并通过尿液排泄。但是,已经有强有力的证据表明,外源性代谢可以发生在肝脏外,并且各种综述介绍了在呼吸道中发现了生物转化酶,尤其是在嗅黏膜中的高浓度生物转化酶[32,33]。为了确定参与外源性代谢的酶家族,联合采用基因阵列分析和核糖核酸聚合酶链反应(RNA-PCR),比较了人类胎儿和成人嗅黏膜以及肝脏样本的基因表达模式[34]。在鼻组织中发现了的一系列生物转化酶,如表23.1所示。CYP 家族特别重要,因为它们参与了多种不同化学物质的第一相代谢反应。约 12 个 CYP 基因在人嗅黏膜中表达,其中已确定 CYP2A13 在人呼吸道(主要在嗅黏膜)中有特异性表达[35],因此是探索和检测底物或酶抑制剂气味物质的主要候选基因。

表 23.1　人鼻黏膜中表达的代谢酶[43]

酶	参考文献
乙醛脱氢酶（ALDH6）	[34, 36]
乙醛脱氢酶（ALDH7）	[34, 36]
羧基酯酶（CE）	[37, 38]
细胞色素 P450 单加氧酶（CYP1B1）	[34]
细胞色素 P450 单加氧酶（CYP2A6）	[32, 33]
细胞色素 P450 单加氧酶（CYP2A13）	[32, 33, 35]
细胞色素 P450 单加氧酶（CYP2B6）	[33]
细胞色素 P450 单加氧酶（CYP2C）	[33]
细胞色素 P450 单加氧酶（CYP2E1）	[34]
细胞色素 P450 单加氧酶（CYP2F1）	[34]
细胞色素 P450 单加氧酶（CYP2J2）	[33]
细胞色素 P450 单加氧酶（CYP2S1）	[39]
细胞色素 P450 单加氧酶（CYP3A）	[33]
细胞色素 P450 单加氧酶（CYP4B1）	[34]
环氧化物水解酶（EH）	[36, 40]
含黄素的一氧化物酶（FM01）	[34]
谷胱甘肽 S-转移酶（GSTP1）	[34, 36, 40, 41]
烟酰胺腺嘌呤二核苷酸磷酸（NADPH）-细胞色素 P450 还原酶（POR）	[32, 36]
葡糖苷酸基转移酶（UGT2A1）	[34, 36, 42]

　　已知肝代谢酶可在外源性化合物（包括药物）的暴露过程中作为一种反应而上调。然而，对嗅黏膜中外源性代谢酶的调控作用却鲜有研究。一些研究提示，接受化学药物治疗后，特定基因的表达有所增强；一篇近期发表的文献报道，已知调节肝脏基因表达的诱导剂在大鼠嗅黏膜和肝内第一相和第二相反应中也发挥作用，同时，转运蛋白基因均发生上调[44]。

23.2　细胞色素 P450 酶

　　CYP 是外周膜蛋白，通过其氨基端结构域锚定在滑面内质网的双层膜上。亚铁血红素辅助因子存在于催化中心，在此发生适合底物的氧依赖性单氧化反应。完整的催化循环需要两个电子，其通过来自 NADPH-细胞色素 P450 还原酶（POR）的电子转移系统提供，该酶也是膜锚定的，并且非常接近 CYP。NADPH 是最终的电子供体，电子通过POR 中的两种黄素辅助因子[黄素腺嘌呤二核苷酸（FAD）、黄素腺嘌呤单核苷酸（FMN）]被传递至 CYP 的催化中心。总体反应如图23.3所示，并进行了进一步描述（例如后面的综述）[45,46]。

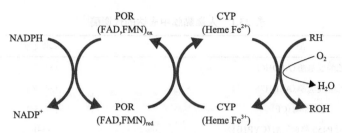

图 23.3　CYP 底物氧化，同时氧还原成水

NADPH 通过存在于 POR 中的两种黄素辅助因子(FAD、FMN)发生电子传递。
亚铁血红素辅助因子是 CYP 中化学氧化的位点

Guengerich[47]在其已发表的文章中对典型的和非常不常见的 CYP 催化反应进行了全面综述。这个酶家族表现出底物特异性较低和频繁产生多种产物。数个人类 CYPs 晶体结构的获得，合理解释了底物和抑制剂的结合位点。

药理代谢研究和 CYP 在化学毒理学中的作用一直是人们关注的领域。多篇精彩的综述描述了代谢研究和安全性检测、药物通过生物转化产生的不良反应以及化学物质的生物活化方面的最新进展。除了鉴定活性药物成分(API)的代谢物和确定药物的遗传药理学和清除率，不同的研究组还研究了 CYP 多态性在癌症发生和进展中的作用以及人 CYP 基因遗传变异性的作用[48-50]。值得注意的是，鼻腔细胞毒性和致癌活性源自全身分布的有机化学品，这证实了鼻黏膜的代谢作用[51]。几篇已发表的文献得出结论，呼吸道 CYP2A 酶，尤其是 CYPA13 在鼻毒物的代谢活化中发挥作用[52]，并参与了烟草特异性亚硝胺的生物激活[35,53-57]。Cyp2a13 的基因多态性可能与肺癌的易感性相关[58-64]，并且有人提出，CYP 酶是使用选择性抑制剂进行肺癌化学预防的潜在靶标(见以下段落)。CYP2A13 的活性位点突变影响定向，导致代谢物形成的动力学改变，这可以通过使用 CYP2A13 晶体结构的对接研究进行合理解释[65]。

23.3　探索嗅觉 P450 酶的底物和抑制剂范围

CYP 家族 2 成员在鼻组织中强烈表达，也已知其可作为底物和抑制剂(包括挥发性气味)与小分子化合物结合。使用各种市售来源的 CYP 进行了研究；但是，选择了呼吸道特异性 CYP2A13 作为进一步研究的主要候选药物，其由草地夜蛾细胞系9(Sf9)昆虫细胞及还原酶"伙伴"POR 产生[66,67]。使用气味分子库鉴别 CYP2A13 的底物。在许多分子中，发现分子量增加[M+16]提示存在单氧化反应(羟基化或环氧化)。此外，观察到甲氧基和 N-甲基基团的去甲基化。几种经 CYP2A13 代谢的气味如图23.4所示。

两个已获得可用气味强度和质量数据的 CYP 底物示例见表23.2。对于甲氧基苯基丁酮(酮)，其代谢物为强效树莓酮，而对于邻氨基苯甲酸二甲酯，代谢物的阈值略低，气味描述中存在明显但较小的差异。根据鼻代谢的程度，人们不会单独闻到底物，而是总会感知到底物和代谢产物的组合，而这可能存在个体差异。

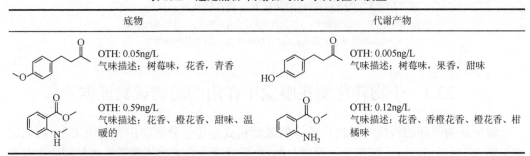

图 23.4　CYP2A13 催化的气味氧化

(a) 2-甲氧基苯乙酮去甲基化；(b) β-紫罗兰酮的烯丙基羟基化；(c) 邻氨基苯甲酸二甲酯的去甲基化；(d) 香豆素的羟基化；
(e) (R)-(+)-胡薄荷酮的氧化和环化为薄荷呋喃并进一步氧化为薄荷内酯；(f) δ-3-蒈烯的环氧化

表 23.2　选定底物-代谢物对的气味阈值和质量

底物	代谢产物
OTH: 0.05ng/L 气味描述：树莓味，花香，青香	OTH: 0.005ng/L 气味描述：树莓味，果香，甜味
OTH: 0.59ng/L 气味描述：花香、橙花香、甜味、温暖的	OTH: 0.12ng/L 气味描述：花香、香橙花香、橙花香、柑橘味

注：OTH 表示气味检测阈值(ng/L 空气)，使用嗅觉计测定

　　针对小分子量化合物的不同化学类别库进行了 CYP2A13、CYP2A6 和 CYP2B6 酶抑制剂的筛选[68-75]。识别出了具有化学多样性的抑制剂以及各种底物，进一步证实呼吸道表达的酶 CYP2A13 和 CYP2A6 能够催化环境分子的解毒以及代谢活化反应，也受到外源性化合物的抑制。CYP2A13 抑制剂的最小半数抑制浓度(IC_{50})值(在较低的微摩尔水平)的示例见图 23.5。最近评估了不同小分子量抑制剂对人 CYP2A 酶的选择性[76-78]。气味通常是一系列可激活 OR 的挥发性分子的混合物。但它们也都可以是代谢酶的底物或抑制剂。同时作为 CYP 抑制剂的气味会降低其他气味的代谢，从而影响气味的强度或质量。

　　最早使用杀虫剂和除草剂证明了鼻的生物活化功能。已知除草剂 2,6-二氯苯甲腈(DCBN)在啮齿类动物的嗅黏膜中可以以非常低的剂量引起组织特异性毒性。在所有检测到异质性表达的 CYP 变异体中，2A 亚家族对 DCBN 表现出很强的活性[79]。最近的研究表明，人鼻黏膜微粒体也可催化 DCBN 的生物活化[80]。该研究使用野生型或 Cyp2a5-缺失小鼠(CYP2A5 是人鼻 CYP2A13/2A6 的小鼠同源基因)平行进行研究，表明全身应用的 DCBN 具有强烈的嗅觉组织特异性和 CYP 依赖性生物活性。在鼻洗液中检测出了代谢产物，这些结果特别令人感兴趣，因为它们表明源自嗅支持细胞代谢的产物被分泌至鼻腔黏液中，代谢产物可在此处作为嗅觉受体蛋白的配体起作用(作为激动剂或拮抗剂)。

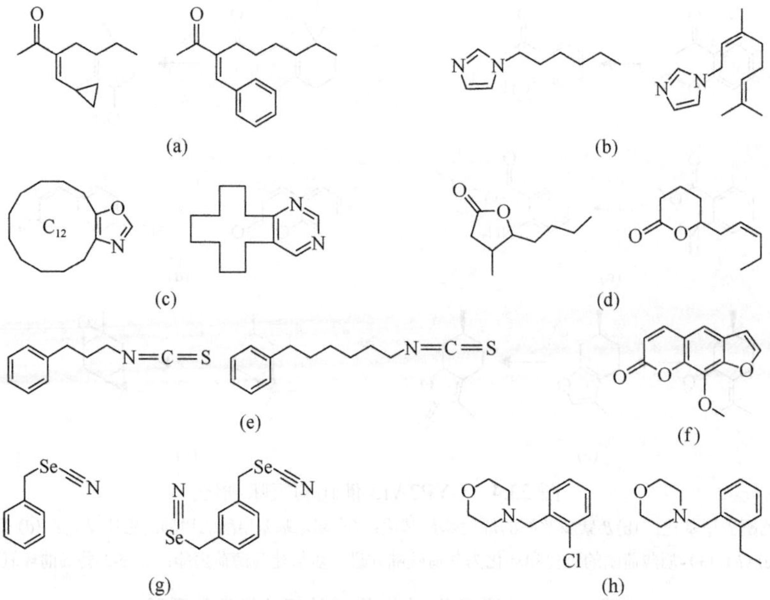

图 23.5　CYP2A13 抑制剂显示 IC$_{50}$ 值在较低的 μmol/L 水平

(a)酮体类型；(b)N-杂环；(c)大环杂环；(d)内酯类；(e)异硫氰酸酯；
(f)8-甲氧基补骨脂素；(g)有机硒类型；(h)苄基吗啉类型

23.4　生物转化酶在嗅觉中作用的动物试验证据

通常认为气味的特性是通过丝球体的激活模式在化学分布图中表现出来的(可同时参见第 22 章)。Touhara 等报道，嗅球(OB)中受体诱导的丝球体激活与体外试验中获得的反应模式之间存在差异[81]。例如，在动物的嗅觉系统暴露于香草醛后，仅在丝球体中观察到小鼠嗅觉受体蛋白(mOR-EG)出现轻微的反应或无反应，虽然这种气味在分离的嗅觉感觉神经元以及表达 mOR-EG 的人胚肾细胞系 293(HEK293)中显示为 mOR-EG 的强效激活剂。最有趣的是，据报道，鼻嗅觉器官的黏液可以影响对一些气味(并非所有气味)的反应，这表明一些代谢酶似乎存在于有气味受体蛋白嵌入的纤毛周围的黏液中。之后，同一研究小组证实，鼻黏液中对气味进行的酶转化同时影响了小鼠的丝球体激活模式和对气味的感知[82]。研究表明，黏液分泌的酶将乙醛氧化成相应的酸和水解酯，其所选择的抑制剂降低了气味物质的代谢。研究发现，周围受体发生的代谢作用可影响嗅球中丝球体反应的模式(通过钙成像监测)。最终的研究旨在证明，黏液中的气味可被酶转化并影响对气味的感知。接受异丁香酚乙酰酯识别训练的小鼠在接受羧酸酯酶抑制剂处理时明显缺乏识别目标气味的能力，而在探索未被代谢的气味时，它们的表现与对照组没有差异[82]。该研究首次阐明了嗅上皮的外周代谢调节在大脑第一级中继站中表现出来，并可影响动物的感知能力和行为。

一项对大鼠进行的研究进一步探讨了外源性代谢酶在嗅黏膜中的作用，包括未分泌至黏液中酶的活性[83]。研究了两种 CYP 底物香豆素和喹啉，以及羧酸酯酶底物乙酸异戊酯。CYP 产生羟基化代谢物，而酯酶的活性导致了异戊醇和乙酸的生成。在嗅上皮上记录嗅电图(EOG)可以确定底物或代谢物对嗅觉感觉神经元的激活作用。当在对照实验中单独检测已被识别的代谢产物时，EOG 响应通常较低且记录到的幅度较弱，表明代谢产物为效率较低的激活剂。为了确定嗅觉系统代谢酶的功能性作用，在存在 CYP 或羧基酯酶特异性抑制剂(体外试验证明可抑制这些酶)的情况下进行了 EOG 研究。有趣的是，在所有情况下，使用特定抑制剂时记录到的 EOG 信号均增加，而在底物和抑制剂没有靶向相同的酶活性的对照中，未观察到效应[83]。这项研究揭示，周围嗅觉反应是由位于支持细胞中的酶调节的。

23.5　人体嗅觉感受器研究

尽管与上述研究相比，人体研究必须是侵袭性较低的方法，但多项研究已证明挥发物的呼吸道特异性代谢较快，可影响气味感知。人嗅黏膜具有极高的代谢活性，特别是 CYP2A13 可氧化广泛的底物，其本身受到小分子化合物的抑制。

两种方法可用于监测体内代谢物的形成[84]。一种情况下，使用质谱仪对呼出的空气进行实时分析。吸入气味剂 2-甲氧基苯乙酮的饱和顶空，使呼出气体进入玻璃漏斗，该漏斗与安装有大气压化学电离(APCI)离子源的四极质谱仪相连。在几分钟内监测呼出气体，在第一个呼气周期中就可以检测到代谢物 2-羟基苯乙酮[67]。第二种方法能够更好地定量代谢物；将呼出气体呼到树脂上，然后进行热解吸，并通过气相色谱-质谱(GC-MS)法进行分析，监测代谢物(例如对于 CYP 底物 2-甲氧基苯乙酮或羧酸酯酶底物乙酸苯乙烯酯)的生成[84]，如图 23.6所示。

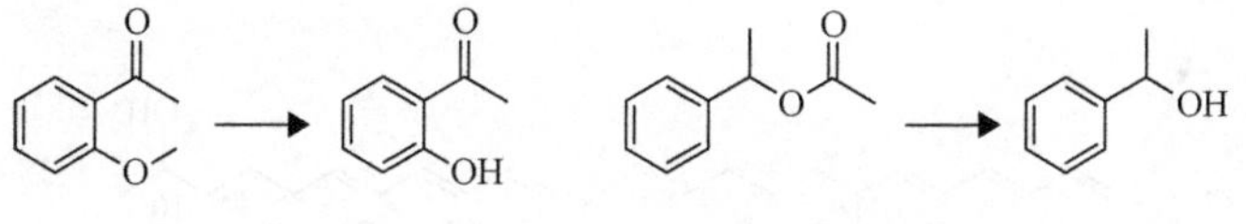

(a) (b)

图 23.6　通过实时质谱仪分析，对吸入和呼出的两种不同气味进行了分析(a)或呼出到树脂上，然后热解吸附，并通过 GC-MS 分析(a,b)

对小组成员来说，强度评级比检测嗅觉特征的变化更具挑战性。虽然前者成功地进行了香味匹配[69]，但后者的证明提供了重要的证据，说明气味在黏膜中的生物转化可以影响对气味的感知。在 CYP2A13 底物筛选期间(见上文)，通过气相色谱-嗅辨仪分析法鉴别出了一种具有强烈、特征性树莓气味的代谢产物，而底物通常被描述为木香、水果香和树莓香。分离了羟基化代谢物，解析其结构，并合成参比物质以确认该分子的树莓味特征(图23.7)。为了确定底物是否确实为木香、水果香、树莓香，或树莓香来自于代谢物的形成，选择了挥发性无气味抑制剂并用于感官实验。在一个通道中存在底物，另一个通道中存在抑制剂的地方使用了微型嗅觉仪，一个小组成员可以通过切换压力控制阀来嗅出有气味的底物、无气味的抑制剂或是两者的组合。大多数小组成员报告，当同时闻到抑制剂和气味刺激物时，树莓香被减弱或完全消除[67,69]。在研究过程中，一些小组成员报告说，他们只能识别出一种木香，而少数人将这种气味描述为水果香/树莓香，但没有任何木香；一个可能的解释是，这些小组成员是对底物的代谢有高有低。这一感官的证明进一步支持了生物转化酶作为周围受体的作用，参与了气味感知过程。

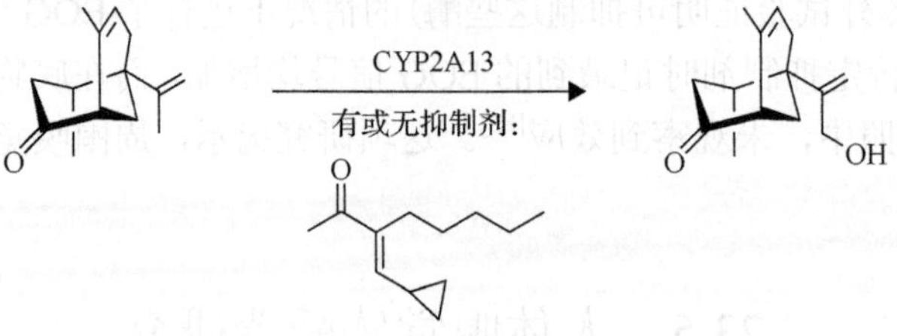

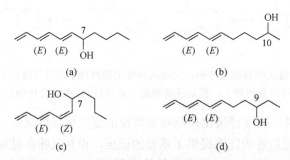

图 23.7　酮底物的气味被描述为木香和树莓香，而羟基化代谢物具有纯树莓的气味

在设计和合成新型气味物质时，香料化学家们正在构建类似于药效团的嗅觉仪模型，问题是在这类研究中需要考虑嗅神经上皮中的代谢到何种程度才能强化模型。上述示例表明，需要了解羟基化酮代谢物，以将该结构与描述为具有树莓气味的其他气味相关联。一个有趣的案例是，从白松香中含有的具明显碳氢化合物气味的 1,3,5-十一碳三烯开始，寻找新的青香和果香气味。多年来合成了一系列分子，并开发了一个嗅觉仪模型，该模型适用于大多数分子，但不适用于缺乏氢键功能的十一碳三烯，它存在于其他原型水果、白松香类气味中；据推测，酶促氧化可能发生在受体相互作用之前[85]。采用十一碳三烯作为底物检测了几种 CYP，特别是在人嗅黏膜中表达的 CYP2E1 产生了多种代谢物，这些代谢物被描述为具有果香、青香和白松香味[67,86]（图23.8）。虽然已识别出的代谢产物更适合白松香嗅觉仪模型，但目前尚无实验证据表明 1,3,5-十一碳三烯不具有这些气味特征。

图 23.8　十一碳三烯的青香气味代谢物，由 CYP2E1 产生

气味描述：(a)青香、花香、金属味；(b)十一碳三烯样味、脂香、青香、金属味；
(c)青香、菠萝味；(d)脂香、青香、十一碳三烯样味、菠萝味、水果味、金属味

23.6　讨　论

乍一看，人们可能会假定，在确定了大约 380 种不同嗅觉受体蛋白(这些蛋白可将气味的化学信息转化为嗅球中的神经元信号和化学地形图)的分子感受范围时，就掌握了破

译嗅觉代码的方法。然而，最近的研究结果清楚地表明，嗅觉系统要比预想的要复杂得多，在未来的许多年里将会是一个引人入胜的研究领域。最近的研究表明，嗅觉皮层神经元激活模式的转换和编码涉及多个因素，并且有人提出，不同的皮层区域参与了学习与固有行为的反应，这提供了另一种科学方法来研究气味感知中的情绪成分[20]。嗅觉受体研究在过去的 20 年中引起了广泛的兴趣，因为它们在 1991 年被发现，并且通常是由于 G 蛋白偶联受体（GPCR）研究中所取得的所有进展（如功能性、异质性表达和越来越多的晶体结构）可用于建模和合理解释受体蛋白的配体结合域中的激活剂和拮抗剂的相互作用。

事实上，外源性代谢酶在嗅黏膜中的浓度很高，这个事实使得科学家们自 20 世纪中叶以来一直在推测它们在嗅觉中的作用。最近的动物研究表明，抑制嗅黏膜中的特定酶活性会改变嗅觉受体反应、嗅球中的激活模式甚至是动物行为[82]。结合本章报道的其他数据，可以得出结论，气味物质在鼻内的生物转化确实可以改变气味刺激的数量（强度）和质量。由于我们通常暴露于复杂的气味中，这样的生物化学反应对我们的气味感知过程几乎没有影响；然而，如果将嗅觉受体反应模式与某种气味引起的快感相关联时，这种周围受体可能很好地发挥作用，而且不应该被忽视；理想情况下，可以包括一个模拟生物转化事件的代谢相互作用。使用受体筛选数据来预测香料工业的新型气味时，对结构–活性和结构–气味关系的扎实理解至关重要；未来在化学信息学和计算机建模方面的进展将有助于进一步确定越来越多的数据集。

到达嗅上皮的外源性物质的代谢终产物可以是多种多样的：受体激活剂和拮抗剂、酶底物和抑制剂、OBP 配体、生物活性化合物的前体和信号传导级联反应中受体、酶和其他靶点的变构调节剂，如暴露于黏液的离子通道。CYP2 家族，尤其是酶的 CYP2A 亚家族对挥发性有机分子显示出很强的活性，不仅可以氧化气味，还参与鼻腔毒物和致癌物的激活，已有人提出将这些酶作为药物靶标。有证据表明嗅觉系统中的生物转化酶浓度可在基因转录水平上受到作为基因表达诱导剂的化学物质的调控。这表明有机会对影响该组织代谢能力的环境进行改变和快速适应。有趣的是，嗅神经上皮是不断再生的，在某种程度上，我们的嗅觉并没有随着时间的变化而发生很大的变化，这是非常值得注意的。

正如科学研究中不可避免地会发生的情况，在解决了一个问题时，又出现了两个问题。在过去的 20 年里，我们对嗅觉的理解有了长足的进步，但仍然有许多需要学习和发现之处。假说，包括本章中述及的假说，将被证明是不完整的，仍然有很大的动力来进一步研究化学感受，特别是嗅觉。

参 考 文 献

[1] A.F. Blakeslee: Demonstration of differences between people in the sense of smell, Sci. Mon. 41, 72-84 (1935)

[2] J.E. Amoore: Specific anosmia: A clue to the olfactory code, Nature 214, 1095-1098 (1967)

[3] J.E. Amoore: Evidence for the chemical olfactory code in man, Ann. NY Acad. Sci. 237, 137-143 (1974)

[4] J.E. Amoore: Specific anosmia and the concept of primary odors, Chem. Senses Flavor 2, 267-281 (1977)

[5] A. Keller, H. Zhuang, Q. Chi, L.B. Vosshall, H. Matsunami: Genetic variation in a human odorant receptor alters odour perception, Nature 449, 468-472 (2007)

[6] Y. Hasin-Brumshtein, D. Lancet, T. Olender: Human olfaction: From genomic variation to phenotypic diversity, Trends Genet. 25, 178-184 (2009)

[7] R.L. Doty: Olfaction in Parkinson's disease and related disorders, Neurobiol. Dis. 46, 527-552 (2012)

[8] A.S. Mobley, D.J. Rodriguez-Gil, F. Imamura, C.A. Greer: Aging in the olfactory system, Trends Neurosci. 37(2), 77-84 (2013)

[9] B. Gibbons: The intimate sense of small, Natl. Geogr. Mag. 170, 324-361 (1986)

[10] L. Buck, R. Axel: A novel multigene family may encode odorant receptors: A molecular basis for odor recognition, Cell 65, 175-187 (1991)

[11] C.H. Wetzel, M. Oles, C. Wellerdieck, M. Kuczkowiak, G. Gisselmann, H. Hatt: Specificity and sensitivity of a human olfactory receptor functionally expressed in human embryonic kidney 293 cells and Xenopus Laevis oocytes, J. Neurosci. 19, 7426-7433 (1999)

[12] M. Spehr, G. Gisselmann, A. Poplawski, J.A. Riffell, C.H. Wetzel, R.K. Zimmer, H. Hatt: Identification of a testicular odorant receptor mediating human sperm chemotaxis, Science 299, 2054-2058 (2003)

[13] G. Sanz, C. Schlegel, J.C. Pernollet, L. Briand: Comparison of odorant specificity of two human olfactory receptors from different phylogenetic classes and evidence for antagonism, Chem. Senses 30, 69-80 (2005)

[14] K. Schmiedeberg, E. Shirokova, H.P. Weber, B. Schilling, W. Meyerhof, D. Krautwurst: Structural determinants of odorant recognition by the human olfactory receptors OR1A1 and OR1A2, J. Struct Biol. 159, 400-412 (2007)

[15] H. Saito, Q. Chi, H. Zhuang, H. Matsunami, J.D. Mainland: Odor coding by a Mammalian receptor repertoire, Sci. Signal 2, ra9 (2009)

[16] I. Menashe, O. Man, D. Lancet, Y. Gilad: Different noses for different people, Nat. Genet. 34, 143-144 (2003)

[17] P. Mombaerts, F. Wang, C. Dulac, S.K. Chao, A. Nemes, M. Mendelsohn, J. Edmondson, R. Axel: Visualizing an olfactory sensory map, Cell 87, 675-686 (1996)

[18] B.A. Johnson, M. Leon: Chemotopic odorant coding in a mammalian olfactory system, J. Comp. Neurol. 503, 1-34 (2007)

[19] D.D. Stettler, R. Axel: Representations of odor in the piriform cortex, Neuron 63, 854-864 (2009)

[20] D.L. Sosulski, M.L. Bloom, T. Cutforth, R. Axel, S.R. Datta: Distinct representations of olfactory information in different cortical centres, Nature 472, 213-216 (2011)

[21] G.B. Kistiakowsky: On the theory of odors, Science 112, 154-155 (1950)

[22] A.F. Baradi, G.H. Bourne: Localization of gustatory and olfactory enzymes in the rabbit, and the problems of taste and smell, Nature 168, 977-979 (1951)

[23] D.E. Hornung, M.M. Mozell: Preliminary data suggesting alteration of odorant molecules by interaction with receptors, Olfact. Taste, Vol. VI, ed. By J. Le Magnen, P. MacLeod (1977) p. 63

[24] A.R. Dahl, W.M. Hadley, F.F. Hahn, J.M. Benson, R.O. McClellan: Cytochrome P-450-dependent monooxygenases in olfactory epithelium of dogs: Possible role in tumorigenicity, Science 216, 57-59 (1982)

[25] A.R. Dahl: The inhibition of rat nasal cytochrome P-450-dependent mono-oxygenase by the essence heliotropin (piperonal), Drug Metab. Dispos. 10, 553-554 (1982)

[26] A.R. Dahl: The effect of cytochrome P450-dependent metabolism and other enzyme activities on olfaction. In: Molecular Neurobiology of the Olfactory System, ed. by F.L. Margolis, T.V. Getchell (Plenum, New York 1988) pp. 51-70

[27] P. Pelosi: The role of perireceptor events in vertebrate olfaction, Cell Mol. Life Sci. 58, 503-509 (2001)

[28] R.G. Vogt: Biochemical diversity of odor detection: OBPs, ODEs and SNMPs. In: Insect Pheromone Biochemistry and Molecular Biology, ed. by G.J. Blomquist, R.G. Vogt (Elsevier, London 2003) pp. 391-446

[29] R.G. Vogt, L.M. Riddiford: Pheromone binding and inactivation by moth antennae, Nature 293, 161-163 (1981)

[30] P. Xu, R. Atkinson, D.N. Jones, D.P. Smith: Drosophila OBP LUSH is required for activity of pheromone-sensitive neurons, Neuron 45, 193-200 (2005)

[31] J.D. Laughlin, T.S. Ha, D.N. Jones, D.P. Smith: Activation of pheromone-sensitive neurons is mediated by conformational activation of pheromone-binding protein, Cell 133, 1255-1265 (2008)

[32] X. Ding, A.R. Dahl: Olfactory mucosa: Composition, enzymatic localization and metabolism. In: Handbook of Olfaction and Gustation, Vol. 2, ed. by R.L. Doty (Marcel Dekker, New York 2003) pp. 51-73

[33] X. Ding, L.S. Kaminsky: Human extrahepatic cytochromes P450: Function in xenobioticmetabolism and tissue-selective chemical toxicity in the respiratory and gastrointestinal tracts,Annu. Rev. Pharmacol. Toxicol. 43, 149-173 (2003)

[34] X. Zhang, Q.Y. Zhang, D. Liu, T. Su, Y. Weng, G. Ling,Y. Chen, J. Gu, B. Schilling, X. Ding: Expression of cytochrome p450 and other biotransformation genes in fetal and adult human nasal mucosa,Drug. Metab. Dispos. 33, 1423-1428 (2005)

[35] T. Su, Z. Bao, Q.Y. Zhang, T.J. Smith, J.Y. Hong,X. Ding: Human cytochrome P450 CYP2A13: Predominant expression in the respiratory tract and its high efficiency metabolic activation of a tobacco-specific carcinogen, 4-(methylnitrosamino)-1-(3-pyridyl)-1-butanone, Cancer Res. 60, 5074-5079 (2000)

[36] P.G. Gervasi, V. Longo, F. Naldi, G. Panattoni,F. Ursino: Xenobiotic-metabolizing enzymes in human respiratory nasal mucosa, Biochem. Pharmacol. 41, 177-184 (1991)

[37] J.L. Lewis, K.J. Nikula, R. Novak, A.R. Dahl: Comparative localization of carboxylesterase in F344 rat,beagle dog, and human nasal tissue, Anat. Rec.239, 55-64 (1994)

[38] M.S. Bogdanffy, M.L. Taylor, D.R. Plowchalk: Metabolism of vinyl acetate by human nasal tissues using a mini vapor uptake technique, Toxicologist15, 6 (1995)

[39] S.T. Saarikoski, H.A. Wikman, G. Smith, C.H. Wolff,K. Husgafvel-Pursiainen: Localization of cytochrome P450 CYP2S1 expression in human tissues by in situ hybridization and immunohistochemistry, J. Histochem. Cytochem. 53, 549-556 (2005)

[40] T. Green, R. Lee, A. Toghill, S. Meadowcroft, V. Lund,J. Foster: The toxicity of styrene to the nasal epithelium of mice and rats: Studies on the mode of action and relevance to humans, Chem. Biol. Interact. 137, 185-202 (2001)

[41] N.S. Krishna, T.V. Getchell, N. Dhooper, Y.C. Awasthi,M.L. Getchell: Age- and gender-related trends in the expression of glutathione S-transferases in human nasal mucosa, Ann. Otol. Rhinol. Laryngol.104, 812-822 (1995)

[42] G. Jedlitschky, A.J. Cassidy, M. Sales, N. Pratt,B. Burchell: Cloning and characterization of a novel human olfactory UDP-glucuronosyltransferase, Biochem. J. 340, 837-843 (1999)

[43] X.X. Ding, M.J. Coon: Induction of cytochrome P-450 isozyme 3a (P-450IIE1) in rabbit olfactory mucosa by ethanol and acetone, Drug Metab. Dispos.18, 742-745 (1990)

[44] N. Thiebaud, M. Sigoillot, J. Chevalier, Y. Artur,J.M. Heydel, A.M. Le Bon: Effects of typical inducers on olfactory xenobiotic-metabolizing enzyme,transporter, and transcription factor expression in rats, Drug Metab. Dispos. 38, 1865-1875 (2010)

[45] B. Meunier, S.P. de Visser, S. Shaik: Mechanism of oxidation reactions catalyzed by cytochrome p450enzymes, Chem. Rev. 104, 3947-3980 (2004)

[46] F.P. Guengerich: Mechanisms of cytochrome P450substrate oxidation: Mini Review, J. Biochem. Mol.Toxicol. 21, 163-168 (2007)

[47] F.P. Guengerich: Common and uncommon cytochrome P450 reactions related to metabolism and chemical toxicity, Chem. Res. Toxicol. 14, 611-650 (2001)

[48] F.P. Guengerich: Cytochrome p450 and chemical toxicology, Chem. Res. Toxicol. 21, 70-83 (2008)

[49] M. Ingelman-Sundberg: Pharmacogenetics of cytochrome P450 and its applications in drug therapy: The past, present and future, Trends Pharmacol. Sci. 25, 193-200 (2004)

[50] U.M. Zanger, M. Schwab: Cytochrome P450 enzymes in drug metabolism: Regulation of gene expression, enzyme activities, and impact of genetic variation, Pharmacol. Ther. 138, 103-141 (2013)

[51] A.M. Jeffrey, M.J. Iatropoulos, G.M. Williams: Nasal cytotoxic and carcinogenic activities of systemicallydistributed organic chemicals, Toxicol. Pathol. 34,827-852 (2006)

[52] C. Liu, X. Zhuo, F.J. Gonzalez, X. Ding: Baculovirus-mediated expression and characterization of rat CYP2A3 and human CYP2a6: role in metabolic activation of nasal toxicants, Mol. Pharmacol. 50,781-788 (1996)

[53] S.S. Hecht, J.B. Hochalter, P.W. Villalta, S.E. Murphy: 2'-Hydroxylation of nicotine by cytochrome P450 2A6 and human liver microsomes: Formation of a lung carcinogen precursor, Proc. Natl. Acad. Sci.USA 97, 12493-12497 (2000)

[54] V. Megaraj, X. Zhou, F. Xie, Z. Liu, W. Yang,X. Ding: Role of CYP2A13 in the bioactivation and lung tumorigenicity of the tobacco-specific lung procarcinogen 4-(methylnitrosamino)-1-(3-pyridyl)-1-butanone: In vivo studies usinga CYP2A13-humanized mouse model, Carcinogenesis 35, 131-137 (2014)

[55] Y. Weng, C. Fang, R.J. Turesky, M. Behr, L.S. Kaminsky, X. Ding: Determination of the role of target tissue metabolism in lung carcinogenesis using conditional cytochrome P450 reductase-null mice,Cancer Res. 67, 7825-7832 (2007)

[56] S.S. Hecht: Progress and challenges in selected areas of tobacco carcinogenesis, Chem. Res. Toxicol.21, 160-171 (2008)

[57] H. Wang, W. Tan, B. Hao, X. Miao, G. Zhou, F. He,D. Lin: Substantial reduction in risk of lung adeno-carcinoma associated with genetic polymorphism in CYP2A13, the most active cytochrome P450 for the metabolic activation of tobacco-specific carcinogen NNK, Cancer Res. 63, 8057-8061 (2003)

[58] X. Zhang, T. Su, Q.Y. Zhang, J. Gu, M. Caggana,H. Li, X. Ding: Genetic polymorphisms of the human CYP2A13 gene: Identification of single-nucleotide polymorphisms and functional characterization of an Arg257Cys variant, J. Pharmacol. Exp. Ther. 302,416-423 (2002)

[59] C. Cauffiez, J.M. Lo-Guidice, S. Quaranta, D. Allorge,D. Chevalier, S. Cenee, R. Hamdan, M. Lhermitte,J.J. Lafitte, C. Libersa, J.F. Colombel, I. Stucker,F. Broly: Genetic polymorphism of the human cy-tochrome CYP2A13 in a French population: Implication in lung cancer susceptibility, Biochem. Biophys. Res. Commun. 317, 662-669 (2004)

[60] K.E. Schlicht, N. Michno, B.D. Smith, E.E. Scott,S.E. Murphy: Functional characterization of CYP2A13 polymorphisms, Xenobiotica 37, 1439-1449 (2007)

[61] X. Zhang, J. D'Agostino, H. Wu, Q.Y. Zhang, L. von Weymarn, S.E. Murphy, X. Ding: CYP2A13: Variable expression and role in human lung microsomal metabolic activation of the tobacco-specific carcinogen 4-(methylnitrosamino)-1-(3-pyridyl)-1-butanone, J. Pharmacol. Exp. Ther. 323,570-578 (2007)

[62] J. D'Agostino, X. Zhang, H. Wu, G. Ling, S. Wang,Q.Y. Zhang, F. Liu, X. Ding: Characterization of CYP2A13*2, a variant cytochrome P450 allele previously found to be associated with decreased incidences of lung adenocarcinoma in smokers, Drug Metab. Dispos. 36, 2316-2323 (2008)

[63] K.E. Schlicht, J.Z. Berg, S.E. Murphy: Effect of CYP2A13 active site mutation N297A on metabolism of coumarin and tobacco-specific nitrosamines,Drug Metab. Dispos. 37, 665-671 (2009)

[64] M.N. Timofeeva, S. Kropp, W. Sauter, L. Beckmann, A. Rosenberger, T. Illig, B. Jager, K. Mittelstrass, H. Dienemann, H. Bartsch, H. Bickeboller, J.C. Chang-Claude, A. Risch, H.E. Wichmann: CYP450 polymorphisms as risk factors for early-on-set lung cancer: Gender-specific differences, Carcinogenesis 30, 1161-1169 (2009)

[65] B.D. Smith, J.L. Sanders, P.R. Porubsky, G.H. Lushington, C.D. Stout, E.E. Scott: Structure of the human lung cytochrome P450 2A13, J. Biol. Chem. 282,17306-17313 (2007)

[66] B. Schilling: Metabolic method to identify compounds, Patent WO 2006/7 751 A3 (2006)

[67] B. Schilling, E. Locher, T. Granier: Smell perception - The role of perireceptor events, Wartburg Symp. Flavour Chem. Biol., ed. by T. Hofmann,W. Meyerhof, P. Schieberle (2010) pp. 55-62

[68] A. Chougnet, W.D. Woggon, E. Locher, B. Schilling:Synthesis and in vitro activity of heterocyclic inhibitors of CYP2A6 and CYP2A13, two cytochrome P450 enzymes present in the respiratory tract,ChemBioChem 10, 1562-1567 (2009)

[69] B. Schilling, T. Granier, G. Fráter, A. Hanhart: Organic compounds, Patent WO 2008/116 338 (2008)

[70] B. Schilling, W.D. Woggon, A. Chougnet, T. Granier,G. Fráter, A. Hanhart: Organic compounds, Patent WO 2008/116 339 (2008)

[71] B. Schilling, T. Granier: Organic compounds, Patent2010/37 244 (2010)

[72] L.B. von Weymarn, J.A. Chun, G.A. Knudsen,P.F. Hollenberg: Effects of eleven isothiocyanates on P450 2A6- and 2A13-catalyzed coumarin 7-hydroxylation, Chem. Res. Toxicol. 20, 1252-1259 (2007)

[73] L.B. von Weymarn, Q.Y. Zhang, X. Ding, P.F. Hollenberg: Effects of 8-methoxypsoralen on cytochrome P450 2A13, Carcinogenesis 26, 621-629 (2005)

[74] T. Shimada, D. Kim, N. Murayama, K. Tanaka, S. Takenaka, L.D. Nagy, L.M. Folkman, M.K. Foroozesh,M. Komori, H. Yamazaki, F.P. Guengerich: Bindingof Diverse Environmental Chemicals with Human Cytochromes P450 2A13, 2A6, and 1B1 and Enzyme Inhibition, Chem. Res. Toxicol. 26(4), 517-528 (2013)

[75] T. Shimada, N. Murayama, K. Tanaka, S. Takenaka, F.P. Guengerich, H. Yamazaki, M. Komori: Spectral modification and catalytic inhibition of human cytochromes P450 1A1, 1A2, 1B1, 2A6, and 2A13 by four chemopreventive organoselenium compounds, Chem. Res. Toxicol. 24, 1327-1337 (2011)

[76] E.S. Stephens, A.A. Walsh, E.E. Scott: Evaluation of inhibition selectivity for human cytochrome P4502A enzymes, Drug Metab. Dispos. 40, 1797-1802 (2012)

[77] N.M. DeVore, K.M. Meneely, A.G. Bart, E.S. Stephens, K.P. Battaile, E.E. Scott: Structural comparison of cytochromes P450 2A6, 2A13, and 2E1 with pilocarpine, FEBS Journal 279, 1621-1631 (2012)

[78] L.C. Blake, A. Roy, D. Neul, F.J. Schoenen, J. Aube,E.E. Scott: Benzylmorpholine analogs as selective inhibitors of lung cytochrome P450 2A13 for the chemoprevention of lung cancer in tobacco users,Pharm. Res. 30, 2290-2302 (2013)

[79] X. Ding, D.C. Spink, J.K. Bhama, J.J. Sheng,A.D. Vaz, M.J. Coon: Metabolic activation of 2,6-dichlorobenzonitrile, an olfactory-specific toxicant, by rat, rabbit, and human cytochromes P450,Mol. Pharmacol. 49, 1113-1121 (1996)

[80] F. Xie, J. D'Agostino, X. Zhou, X. Ding: Bioactivation of the nasal toxicant 2,6-dichlorobenzonitrile: An assessment of metabolic activity in human nasal mucosa and identification of indicators of exposure and potential toxicity, Chem. Res. Toxicol. 26, 388-398 (2013)

[81] Y. Oka, S. Katada, M. Omura, M. Suwa, Y. Yoshihara,K. Touhara: Odorant receptor map in the mouse olfactory bulb: In vivo sensitivity and specificity of receptor-defined glomeruli, Neuron 52, 857-869 (2006)

[82] A. Nagashima, K. Touhara: Enzymatic conversion ofodorants in nasal mucus affects olfactory glomerular activation patterns and odor perception, J. Neurosci. 30, 16391-16398 (2010)

[83] N. Thiebaud, S. Veloso Da Silva, I. Jakob, G. Sicard,J. Chevalier, F. Menetrier, O. Berdeaux, Y. Artur,J.M. Heydel, A.M. Le Bon: Odorant metabolism catalyzed by olfactory mucosal enzymes influences peripheral olfactory responses in rats, PLoS One 8,e59547 (2013)

[84] B. Schilling: Method to identify or evaluate compounds useful in the field of fragrances and aromas, Patent WO 2006/7 752 A1 (2006)

[85] P. Kraft, J.A. Bajgrowicz, C. Denis, G. Frater: Odds and trends: Recent developments in the chemistryof odorants, Angew. Chem. Int. Ed. Engl. 39, 2980-3010 (2000)

[86] T. Granier, B. Schilling: Organic compounds, Patent WO 2009/9 916 (2009)

第 24 章　气味物质在人体内的代谢

本章概述了重要食物气味的代谢及其对生物活性的影响。第一部分描述了代谢的一般途径，包括官能团化(阶段 1)、生物结合(阶段 2)和排泄(阶段 3)。这些途径旨在排泄可被视为外源性物质的化合物。在第二部分详细介绍了一些重要类别的气味物质，即醇和醛、酯、硫醇、萜烯类和苯丙烷类的代谢。在萜烯类化合物中，重点介绍了单环单萜烯碳水化合物香芹酮、单环单萜烯酮类胡薄荷酮、双环单萜烯氧化物 1,8-桉叶素、双环单萜烯酮类侧柏酮以及苯丙烷类化合物中的烯丙基烷氧基苯类甲基胡椒酚、甲基丁香酚和香豆素。同时介绍了最近的研究，并以反应图解逐个描述了每个代谢途径。讨论了每个途径在解毒或中毒中的作用。最后一部分给出了结论和对进一步研究的展望。

通常认为气味生理学过程是气味分子与嗅觉组织中的气味受体相互作用的结果。虽然人们正在对这些配体与受体间的相互作用进行深入的研究[1]，但对气味代谢中气味活性方面却少有涉及。就在最近，Thiebaud 等[2]报道了嗅觉组织中的气味代谢，并推测观察到的反应有助于从配体中清除受体，以避免受体受到永久性刺激。本书(第 23 章)一章中详细讨论了与这些周围受体相关的其他方面。除与嗅觉组织发生相互作用外，气味还与食物和常见营养素一起被摄入体内，会受到常见代谢反应的影响。由于对生物体内潜在的生理功能缺乏深入了解，将气味视为外源性物质，遵循外源性物质代谢的通常机制，即促进排泄，下一章会对此加以解释。这一机制仅有少数例外，例如，短链脂肪酸作为奶酪中的丰富气味来源，富有营养价值，可被转入脂类代谢。

如上所述，除嗅觉外，气味的生理学仍不清楚，但最近关于许多组织中气味受体表达的报道指出其在骨骼肌再生、细胞间黏附和精子迁移中的功能[3]。除了在气味感受中的生物活性，气味活性化合物作为精油的成分还表现出药理学特性。后者显示出抗菌、抗病毒或抗氧化活性，是植物疗法的基本元素。更具体地说，在芳香疗法中，精油被用于治疗多种疾病[4]。这种知识并非只是在过去十年中新发展起来的，而是在不同的文化中已有数百年的应用，已成为民族医学的一个重要组成部分。

在气味药理活性的研究中，人们几乎仅对未经改性的分子进行了研究。然而，新陈代谢的目的是通过将这些化合物转变为结构不同的分子而将它们排泄出体外，目前尚不明确其活性。

24.1　代谢和吸收的基础机制

与其他外源性物质相似，气味可能以不同的途径进入生物体，其中最常见的是经胃肠道吸收。由于气味至少具有部分亲脂性，并且分子量相当低，因此它们从食物中被吸收，随后主要通过被动扩散分布于生物体内。几乎所有的气味都会被识别为外源性物质，因此生物体会尽快将其排出体外。为了实现直接排泄，同时防止这些亲脂性化合物在组织中蓄积，代谢过程的目的在于增加亲水性，以促进经胆汁和肾脏排泄。在这个过程中，可以区分三个不同的阶段，即官能团化(阶段 1)、生物结合(阶段 2)和排泄(阶段 3)。

24.1.1　阶段 1：官能团化

增加亲水性的第一步是引入极性官能团或清除固有官能团。前一种方式是通过将氧原子引入外源性物质或通过氧化/还原反应实现的。引入亲水性官能团使气味物质发生反应的例子：使甲基胡椒酚羟基化为羟基甲基胡椒酚[5]或将 Strecker 醛还原如将 3-甲硫基丙醛还原为甲硫基丙醇[6]。羟基化反应主要由细胞色素 P450 单加氧酶(CYP)催化，这种酶有多种亚型，特异性和催化效率各异。这些酶在所有组织中均有表达，但绝大部分反应发生在肝脏。

清除气味物质官能团的一个例子是酯类的水解，由羧酸酯酶催化。这些酶存在于所有类型的细胞中，最近，在发现乙酸异戊酯被水解成乙酸和异戊醇的过程中，在嗅觉细胞中检测到它们的活性[2]。

关于气味物质的流入和代谢，官能团化从唾液中已经开始；在唾液中发现，酯类被水解，硫醇被降解以及醛与相应的醇发生反应[6,7]。

某些情况下，官能团化会降低气味物质的气味活性。关于气味的常见代谢方式，羟基化萜烯的气味阈值显著高于其非羟基化前体，并且在比较醇类作为相应醛类的代谢物时也是如此[8]。但是，已有人针对各种酶的表达和气味物质报道气味质量的变化，代谢物可能会显示出相近或更低的气味阈值。这方面将在本书的鼻周围受体的生理机制(第 23 章)中详细介绍。

官能团化导致亲水性增加，可能已经足以进行大量排泄。然而，情况并非总是如此。因此，阶段 1 后，气味物质会与高亲水性分子发生结合反应，以进一步增加亲水性并促进排泄。

24.1.2　阶段 2：生物结合

官能团化后，许多代谢物仍然没有达到排泄所需的足够的亲水性，或由于不稳定而显示出毒性增加。以环氧化合物为例，例如香豆素环氧化合物(见下文)，其随后亲核加成到脱氧核糖核酸(DNA)碱基中，可能会诱导遗传毒性。因此，官能团化之后，官能团与亲水性分子如葡糖醛酸、谷胱甘肽、甘氨酸或硫酸酯结合。这些反应主要通过使用结合剂，如尿苷二磷酸(UDP)-α-葡糖醛酸，由转移酶催化进行。例如气味物质呋喃酮，是一种具有草莓和菠萝气味的气味赋予化合物，可被转移至葡糖苷酸中(尿液中可检测到)[9]。与谷胱甘肽结合后进一步代谢为 N-乙酰半胱氨酸结合物，即所谓的硫醚氨酸。

偶联物可通过肾脏进入尿液直接排泄。另一种方式是通过转运蛋白将肝脏中的代谢物主动转运至胆汁中，称为阶段 3。

24.1.3　阶段 3：排泄

偶联物通常具有高度亲水性，不能通过细胞膜被有效排泄。因此，存在这些结合物的转运机制，需要以三磷酸腺苷(ATP)的形式作为分子泵提供能量。阶段 3 期间，未发生进一步代谢。这些蛋白属于 ATP 结合盒(ABC)转运蛋白，在肝脏和肾脏中高表达。除了外源性物质的转运蛋白外，多药耐药(MDR)的转运蛋白也属于这类蛋白[10]。

24.2　重要气味类型的代谢

24.2.1　醇和醛

食物中的气味活性醇类和醛类物质通常来源于氨基酸的 Strecker 反应。个别的醛，即所谓的 Strecker 醛，比各自的醇显示出更低的气味阈值，其中马铃薯样味的甲硫基丙醇显示出最强烈的气味。表 24.1 列出了更多 Strecker 醛类及其前体和气味阈值。由于醇和醛类具有部分亲脂性，摄入后可通过被动扩散吸收。此后，两类化合物均通过高表达的烟酰胺腺嘌呤二核苷酸(NAD^+)/NADH 依赖性酶被氧化成相应的羧酸[11]。其中，醇脱氢酶(ADH)是催化醇氧化为相应醛类的胞质酶。此后，后者被醛脱氢酶(ALDH)氧化为酸。直链、支链脂肪醇和醛类是 ADH 和 ALDH 的良好底物。生成的支链和线型羧酸随后发生脂肪酸的基础代谢过程。

表 24.1　重要 Strecker 醛的结构、气味质量、气味阈值和前体

醛	结构	气味质量	水中的气味阈值[a]/(μg/L)	前体
乙醛		辛辣味	6～25	L-丙氨酸
2-甲基丙醛		麦芽样味	1～10	L-缬氨酸
2-甲基丁醛		麦芽样味	1～3.7	L-异亮氨酸
3-甲基丁醛		麦芽样味	0.4～3.1	L-亮氨酸
甲硫基丙醛		煮土豆样味	0.2～1.8	L-甲硫氨酸
苯乙醛		蜂蜜样味	4	L-苯丙氨酸

a 气味阈值法[8]

24.2.2　酯类

酯类是具有特征性气味的气味物质，特别是在苹果等水果中[12]，并且，由于其具有亲脂性，容易通过被动扩散从食物中吸收。将酯类转化为亲水性化合物的最有效方法是

由羧酸酯酶催化进行酯键水解。

生成的醇和酸进一步代谢。醇类被氧化成如上所述的酸，并被转移到脂肪酸代谢过程。

酯类的水解从唾液中已开始，其中丁酸乙酯、己酸乙酯和辛酸乙酯的气味活性可在10 分钟内最高降解 49%[7]。从构效关系来看，辛酸乙酯的降解效率高于己酸乙酯和丁酸乙酯。

24.2.3 硫醇

硫醇代谢(图 24.1)包括 S-氧化、氧化脱硫和脱烷基化、甲基化以及与谷胱甘肽(GSH)形成二硫化物等多种反应。硫醇的化学反应活性主要是基于它们在生理 pH 条件下容易解离形成硫醇阴离子，这种阴离子具有高度的亲核性。在此基础上，并考虑到硫醇与弱氧化剂的反应性，其通过与内源性硫醇如谷胱甘肽(GSH)或半胱氨酸或与含有巯基的蛋白质发生反应，容易形成混合和非混合的二硫化物。

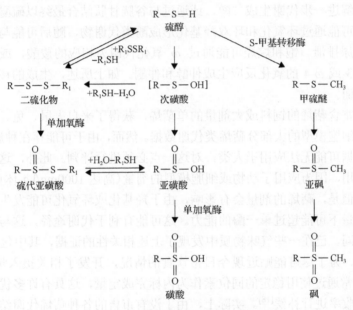

图 24.1 硫醇在人体内的代谢

在 S-氧化过程中，巯基通过酶催化转移到反应性次磺酸(R—S—OH)中，其进一步氧化可生成亚磺酸(R—SO₂H)。或者，次磺酸可与过量的巯基(例如 GSH)反应生成相应的二硫化物。后者可被还原为硫醇(通过巯基转移酶酶促还原或通过与 GSH 或内源性巯基进行化学交换)，也可以被氧化为硫代亚磺酸，水解后生成亚磺酸，并进一步被氧化为磺酸(R—SO₃H)。巯基 S-甲基化作为简单脂肪族和芳香族硫醇的一种特殊共轭形式，在巯基 S-甲基转移酶的催化下，随后的 S-氧化反应可能会生成水溶性的甲基亚砜和/或砜[13]。有研究报道了微粒体[14]和大鼠[15]中甲硫醇这些代谢途径中的一部分，也报道了在啮齿动物中的二乙基二硫化物部分代谢途径[16]。其他反应可从含硫醇药物的药代动力学研究中得以推断。

24.2.4　萜烯类

萜烯类包含了动植物新陈代谢所必需的大量化合物。其结构从含有 10 个碳原子的单萜烯到含有 40 个碳的四萜烯不等。而后者作为天然着色剂、抗氧化剂和维生素的前体具有活性,主要是单萜烯和倍半萜烯类化合物由于具有足够的挥发性而被视为气味物质。萜烯可在其烃主链上带有几个官能团,即单萜醇、酮、酚、酯和氧化物。此外,单萜烯可以无环或含有 1 个环(单环单萜烯)、2 个环(双环单萜烯)或 3 个环(三环单萜烯)。在植物中,萜烯作为昆虫的引诱剂或驱虫剂、防火剂、激素、抗菌剂发挥主要作用,因此,在香料、芳香疗法和作为抗氧化剂的人体使用中也很有吸引力。通常,萜烯类化合物作为亲脂性化合物被认为可在胃肠道大量吸收。代谢通常通过 CYP450 酶氧化为极性更强的代谢物。

这些第 1 阶段的反应涉及环外或环内双键的羟基化或环氧化。羟基化代谢物可能以结合形式或进一步氧化排泄,产生更多极性代谢物,也会被排泄(主要通过尿液)。环氧化物可通过水解进一步代谢生成二醇,或通过与谷胱甘肽结合最终以硫醚氨酸的形式排泄。芳香烃类可能通过环氧化和环双羟基化形成酚类代谢物,随后可能与硫酸酯或葡糖醛酸结合并经尿排泄。饱和烷烃可能通过 ω 氧化代谢为相应的羧酸,或者通过被称为 ω-1、ω-2、ω-3 或 ω-4 的氧化反应生成仲醇和仲酮。如上所述,生成的羧酸可能参与内源性脂肪酸代谢。

通过给予富含萜烯的饲料或大剂量的单萜烯,获得了来自大鼠、兔、负鼠、多种对趾种属生物或细胞模型的大部分萜烯类代谢数据。然而,由于可能存在种属间代谢差异,这些研究的数据可能无法应用于人类,对这一点必须进行评判。此外,这些数据可能仅限于药理学应用,因为应用于动物或细胞模型的剂量(高达 1000mg/kg 体重)远高于正常饮食的剂量。但是,萜烯的剂量会有影响,由于羟基化或环氧化可能发生在不同位点,并且在更高剂量下可能超过单一酶的能力。这可能有利于代谢途径,这与低剂量试验中发生的途径不同。已在一些气味物质中发现了上述相关性的证据,其中包括香芹酮[17]和甲基胡椒酚[5]。为了尽可能贴近现今日常饮食的情况,开发了相关摄入量代谢(MICA)的方法[17]。通常通过使用稳定的同位素作为内标完成定量,这具有许多优点,可以对基质干扰和低回收率进行补偿[18]。实际上,由于没有市售的各种萜烯代谢结合物,所以使用葡糖醛酸苷酶和/或硫酸酯酶对各种结合态和游离态萜烯代谢物进行解离测定总和[5]。

1. 一种单环单萜烯烃——香芹酮

香芹酮是一种单萜烯烃,存在于许多精油中,(S)-(+) 对映异构体是葛缕子油和莳萝籽油的主要成分。但是,(S)-(+) 对映异构体是留兰香油的主要气味化合物,由于其具有清新气味,因此被广泛用作香味化合物,如用于牙膏和其他化妆品。

在一项 MICA 实验中(图24.2),新鉴定出的 S-(+)-香芹酮和 R-(−)-香芹酮的主要体内代谢物为二氢香芹酮酸、香芹酮酸和对薄荷烯-8,9-二醇-6-酮[17]。在两种不同的方法中,作者给予(1)纯香芹酮对映异构体[17]和(2) ^{2}[H]$_2$-香芹酮和 ^{13}[C]$_1$-香芹酮[19],并通过气相色谱-质谱(GC-MS)分析法分析代谢物,以阐明代谢途径。香芹酮酸是香芹酮侧链的甲基碳氧化生成的，而二氢香芹酮酸是在亚甲基位置氧化生成的，推测由中间体香芹酮环氧化物生成。标记实验表明，通过一种非芳香性代谢途径及 NIH 重排生成二氢香芹酮酸。另外，既往研究证明，二氢香芹酮酸的脱氢作用和香芹酮酸的氢化作用为次要代谢途径。在香芹酮的异丙烯基亚甲基碳的氧化生成对薄荷烯-8,9-二醇-6-酮，可能是由推测的香芹酮环氧化物水解形成的。未发现对映异构体 S-(+)-香芹酮和 R-(−)-香芹酮的代谢存在差异。

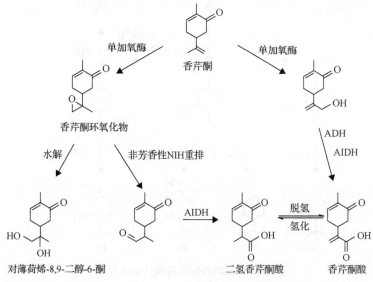

图 24.2　香芹酮在人体中的拟定代谢途径[17,19]

2. 单环单萜烯酮——胡薄荷酮

(R)-(+)-胡薄荷酮是薄荷和薄荷油精油的主要化合物，此外，它还存在于许多其他草本植物，如牛至和茶叶中。其特有的薄荷气味是 (R)-(+)-胡薄荷酮经常作为薄荷味饮料、糖果和口香糖成分使用的原因。然而，由于其在较高剂量下具有肝毒性，欧盟已对食品中的胡薄荷酮的含量设定了上限：一般食品中 25mg/kg；饮料中 100mg/kg；薄荷或薄荷风味饮料中 250mg/kg；以及薄荷糕点和糖果中高至 350mg/kg[20]。可追溯到 1987 年的毒代动力学研究发现，薄荷呋喃是胡薄荷酮的代谢物，大量存在于薄荷油中[21]，推测胡薄荷酮的肝毒性至少部分是由于该代谢物所致[22]。

虽然使用大鼠进行了许多胡薄荷酮的代谢研究，但仅报道了一项人体研究[23]，其结果将在下文中列出。

在 MICA 实验中，胡薄荷酮的两种对映异构体都用于人体。基于 GC-MS 分析法联合合成法和核磁共振(NMR)实验，(S)-(−)-胡薄荷酮在人体内的主要代谢物(图 24.3)被确定为 E-2-(2-羟基-1-甲基亚乙基)-5-甲基环己酮(10-羟基胡薄荷酮，P1)、2-(2-羟基-1-甲基乙基)-5-甲基环己酮(8-羟基薄荷酮，P2)、3-羟基-3-甲基-6-(1-甲基乙基)环己酮(1-羟基薄荷酮，P3)和 3-甲基-6-(1-甲基乙基)环己醇(薄荷脑，P4)。与既往进行的研究相比，未发现薄荷呋喃是胡薄荷酮的主要代谢物。相反，作者假定该化合物是在后处理期间由至少一种代谢物形成的假象(P1)。作者推测 (S)-(−)-胡薄荷酮和 (R)-(+)-胡薄荷酮之间的毒性差异是由于(R)-(+)-胡薄荷酮中双键的酶还原能力的严重减弱所致。因此,推测 10-羟基胡薄荷酮(P1)对反应性 10-胡薄荷酮醛可能发生的进一步的氧化反应能够解释观察到的(R)-(+)-胡薄荷酮在人体中的肝毒性和肺毒性活性。

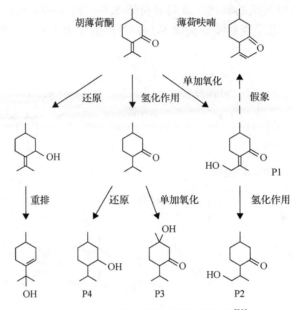

图 24.3　推测的胡薄荷酮代谢途径[23]

3. 一种双环单萜烯氧化物——桉叶素

产自小叶桉树的精油主要成分是单萜烯 1,8-桉叶素(Col),也称为桉油精。除此之外,1,8-桉叶素还存在于许多香料中,如迷迭香、鼠尾草、罗勒和月桂叶。它有特别新鲜和樟脑特有的气味特征,因此被用于多种食物和化妆品的调味。除调味剂的应用外,1,8-桉叶素的药物制剂还可用于治疗咳嗽、肌肉疼痛、神经官能症、风湿病、哮喘和尿结石[4,24,25]。最初,在刷尾负鼠和兔中进行了 1,8-桉叶素的生物转化研究,并在尿液和血浆中检测出了 2α-羟基-Col、2β-羟基-Col、3α-羟基-Col、3β-羟基-Col、7-羟基-Col、9-羟基-Col(图 24.4)和相应的二醇、桉树脑酸和羟基桉树脑酸为阶段 1 中的代谢物[26-28]。关于 1,8-桉叶素的毒性,有报道大鼠急性经口半数致死剂量(LD_{50})为 2480mg/kg 体重[29]。600mg/kg 体重及以上剂量水平在大鼠中显示出亚急性毒性。没有证据表明 1,8-桉叶素具有慢性或遗传毒性作用[30]。对于羟基化代谢物,无可用的毒理学数据。

在模拟正常饮食的实际剂量的模型中,研究了摄入鼠尾草茶(剂量 1.02mg 1,8-桉叶素;19μg/kg 体重)后 1,8-桉叶素的代谢情况[31]。摄入茶后,在 1 例志愿者的血浆和尿液中检测出了代谢物 2-羟基-Col、3-羟基-1,8-Col、9-羟基-Col 和 7-羟基-1,8-Col(图 24.4,实心箭头)。对于这些代谢物和母体化合物的定量,在合成[$^2H_3$]-Col、[9/10-$^2H_3$]-2-羟基-Col 和[$^{13}C,^2H_2$]-9-羟基-Col 作为内标物后,开发出了稳定的同位素稀释试验方法。通过固相微萃取(SPME)GC-MS 法完成 1,8-桉叶素的定量测定,通过液相色谱-串联质谱法(LC-MS/MS)完成志愿者血液和尿液中羟基-1,8-桉叶素的定量测定。

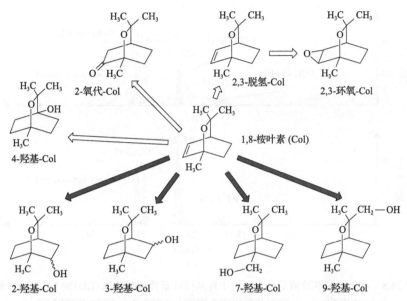

图 24.4　鼠尾草注射液给药后 1,8-桉叶素的代谢(实心箭头)；某种药物给药后，
在人乳汁中检测到代谢物(额外添加空心箭头)

在尿液中，2-羟基-Col 的含量最高，其次是其 9-异构体。在 10 小时排泄的总尿量中，2-羟基-Col、9-异构体、3-异构体和 7-异构体占桉叶素剂量比例分别为 20.9%、17.2%、10.6% 和 3.8%。这些结果不仅是在对尿液进行解离处理后获得的，也是在根据 Königs-Knorr 方法合成参比化合物并通过 LC-MS/MS 法分析后，通过直接分析羟基桉树脑葡糖醛酸酯获得的(图 24.5)。有趣的是，9-羟基-Col 葡糖醛酸酯出现的双峰提示端基差向异构体得到分离。这是直接检测萜烯结合物的罕见示例之一。

在最近的一项药理学研究[32]中，哺乳期母亲摄入含有 1,8-桉叶素的非处方药 (Soledum)后，检测到人乳汁中存在系列 1,8-桉叶素代谢物。除了之前在尿液中发现的代谢物(α-2-羟基-Col、β-2-羟基-Col、α-3-羟基-Col、7-羟基-1,8-Col、9-羟基-Col)之外，目前仅在微生物和昆虫中发现了 3 种代谢物(2-氧代-Col、3-氧代-Col、2,3-脱氢-Col)和另外两种衍生物 2,3-α-环氧-Col 和 4-羟基-Col(既往从未被鉴定为 1,8-桉叶素的代谢物)(图 24.4，空心箭头)。最近的一项研究致力于阐明尿液中代谢物的对映异构体浓度比值[33]。有趣的是，所有代谢物均显示出含有 1 个对映异构体 3-氧代-Col 的浓度非常高，表明几乎全部形成(+)-对映异构体(对映异构体浓度比值为 99.5%)。

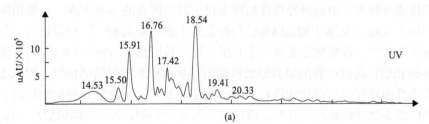

(a)

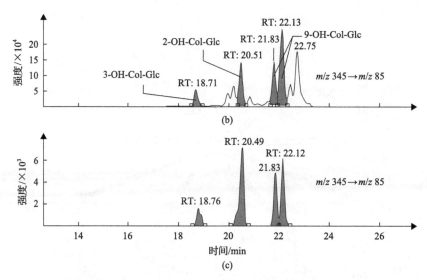

图 24.5　摄入鼠尾草输液后，人尿液中羟基桉叶素葡糖醛酸酯(Glc)的 LC-UV(a)和 LC-MS/MS(b)色谱图及参比化合物混合物的 LC-MS/MS 色谱图(c)

4. 一种双环单萜烯酮——侧柏酮

α-侧柏酮是一种双环单萜烯，与其 C-4 甲基差向异构体(β-侧柏酮)，是草药、精油、食品、香料和饮料[4]中的常见成分。异构体浓度比例是可变的，大侧柏叶精油中 α-侧柏酮和苦艾油中 β-侧柏酮的含量较高[4]。α-侧柏酮被称为翠绿色苦艾酒的活性成分，在 19 世纪和 20 世纪初非常流行，是艺术家和作家(包括文森特·凡·高、亨利·德·图卢兹-罗特列克和夏尔波特莱尔)喜爱的饮品[34]。苦艾酒的滥用常常会引起痉挛和幻觉，有时会导致精神病和自杀，因此在 20 世纪早期许多国家禁止使用苦艾酒。欧盟规定禁止在食品或调味品中添加侧柏酮作为调味剂，仅允许在调味品或天然原料成分来源的食品中使用。一般而言，食品和饮料中的 α-侧柏酮和 β-侧柏酮的含量总和不得超过 0.5mg/kg，但以下情况除外：酒精饮料中的侧柏酮含量不得超过 5mg/kg，酒精含量不得超过 25%；饮料中的侧柏酮含量不得超过 10mg/kg，酒精含量不得超过 25%；含鼠尾草制剂食品中的侧柏酮含量不得超过 25mg/kg，标示为苦味剂的酒精中不得超过 35mg/kg(酒精含量 $\geqslant$40%)[20]。

苦艾的毒性归因于作为配料使用的艾油，其本身是一种草药，可用于治疗消化不良、肝胆疾病和控制胃肠道蠕虫，根据记录，其使用可追溯到古代[35]。通常认为，苦艾油的主要生物活性成分和苦艾中的神经毒性原理来自于其中所含的 α-侧柏酮。α-侧柏酮的急性毒性可归因于其对 γ-氨基丁酸(GABA)门控氯离子通道的阻断[36]。但最近的一些研究表明，食用苦艾后的中毒症状主要是由于其所含的酒精所致。对体外和啮齿类动物中 α-侧柏酮和 β-侧柏酮代谢终产物的研究导致检测出羟基侧柏酮和脱氢侧柏酮，如图 24.6[36,37]所示，其丰度因研究中使用动物属种的不同而存在差异。在给予 α-侧柏酮后的小鼠尿液中，主要检出 2-羟基侧柏酮，其次是微量的 4-羟基侧柏酮、7-羟基侧柏酮和 4,10-脱氢侧柏酮。与此相反，在大鼠中进行的相应实验得到两种主要代谢物，即 4-羟基侧柏酮和 4,10-

脱氢侧柏酮，另外还有少量 7-羟基侧柏酮。未检出 2-羟基侧柏酮。使用人微粒体进行的体外研究表明，7-羟基侧柏酮以及 4-羟基侧柏酮和 7,8-脱氢侧柏酮可能是 α-侧柏酮的人体代谢物。最近合成的 α-侧柏酮的 $^2[H]_6$-同位素标记物及其羟基化主要代谢物[38]，使得未来将能够在含有侧柏酮草药的 MICA 研究中对 α-侧柏酮进行定量检测。

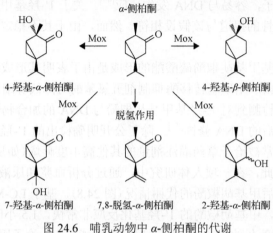

图 24.6 哺乳动物中 α-侧柏酮的代谢

Mox：单加氧化

24.2.5 苯丙烷类

苯丙烷类化合物是丙烷基侧链连接到苯基骨架结构上形成的化合物，其氧化得到氧化化合物时氧化位置变化多样，丙烷基可以连接到多种酚类结构上，羟基和甲氧基也可以连接到苯环多个位置上。这些化合物是几种植物的重要气味物质，源自于氨基酸(如苯丙氨酸或酪氨酸)的代谢。此处列举了苯丙烷类的两个示例：①烯丙基烷氧基苯——甲基胡椒酚和甲基丁香酚(图24.7)；②香豆素。

图 24.7 食品中重要的烯丙基烷氧基苯的结构

1. 烯丙基烷氧基苯——甲基胡椒酚和甲基丁香酚

甲基胡椒酚是龙蒿、罗勒、小茴香、大茴香等数种草药的成分[39-41]。其中，小茴香和大茴香的果实常用于治疗呼吸道黏膜炎和胃肠道疾病。因此，小茴香提取物是预防婴儿肠胃胀气和痉挛的常用药物。

然而，根据报道烯丙基苯环上有取代基的且结构相似的甲基胡椒酚、黄樟素和甲基丁香酚是啮齿类动物的强效致癌物[42]。其具有肝毒性特性的原因是烯丙基苯侧链的特异性 1′-羟基化。因此，认为 1′-羟基甲基胡椒酚与硫酸结合可能导致致癌性，因为硫酸酯很容易分解为亲电阳离子，容易与 DNA 发生反应[43]。关于 1′-羟基甲基胡椒酚显示出比其前体[42]更高的致癌活性的报道与该假设相符。然而，由于其不稳定性，尚未明确证明硫酸酯的特性。

研究指出，1′-羟基甲基胡椒酚硫酸酯的形成是由于表明其形成的清除反应所致[44]，另外一个证据是对大鼠应用磺基转移酶抑制剂五氯苯酚可降低肝细胞癌发生率[45]。不良反应的进一步证据是检测到对 1′-羟基甲基胡椒酚与 DNA 的加合物[46]和磺基转移酶 1A1 介导的碳正离子形成后的 DNA 修饰[47]。除了公开明确检出的 1′-羟基甲基胡椒酚硫酸酯外，甲基胡椒酚与通常被给予草药灌注剂量的其他高丰度萜烯(如反式茴香脑)的代谢相互作用尚未阐明。因此，在一项人体研究中，通过分析血浆和尿液中的代谢产物[5]，研究了人饮用小茴香茶后甲基胡椒酚的代谢情况(图 24.8)。基于 LC-MS/MS 检测法，稳定同位素稀释测定表明，甲基胡椒酚的 1′-羟基化反应非常快，1.5 小时后尿液中结合的 1′-羟基甲基胡椒酚的浓度达到峰值，而 10 小时后不再能检出。给予甲基胡椒酚后，结合的

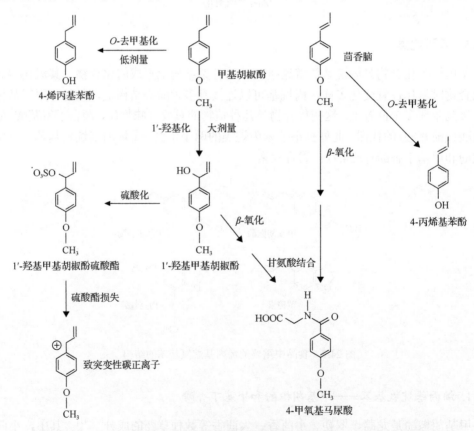

图 24.8　茴香气味物质甲基胡椒酚和茴香脑的代谢显示出拟生成的致突变物质
(1′-羟基甲基胡椒酚硫酸酯分解产生)

1'-羟基甲基胡椒酚的生成率低于 0.41%，此外，甲基胡椒酚生成的进一步代谢物对烯丙基苯酚的百分比更高(17%)。在食用小茴香茶后，在不到 0.75 小时至 2.5 小时的时间内，血浆中也检测到两种代谢物。根据这些结果可以得出结论：过量摄入小茴香气味物质中的主要成分反式茴香脑不会影响甲基胡椒酚的代谢。此外，在这些低剂量下，尿液解离后进行的分析未发现单用葡糖甘糖醛酸糖苷酶处理与采用葡糖醛酸糖苷酶和硫酸酯酶混合物处理间存在差异，因此未发现 1'-甲基胡椒酚硫酸酯的证据。

甲基丁香酚属于烯丙基烷氧基苯，天然存在于各种香料、草药和精油中，例如丁香油、肉豆蔻、胡椒、罗勒、大茴香和肉豆蔻种衣。而且，黑莓、香蕉、黑胡椒、越橘和核桃中也有这种成分[4]。

与甲基胡椒酚类似，甲基丁香酚的遗传毒性归因于 1'-羟基化、硫酸酯化，不稳定的硫酸酯是推定的遗传毒性致癌物质。与甲基胡椒酚类似，羟基甲基丁香酚的对应硫酸酯尚未被直接检测到，但支持该假设的证据也在逐渐增多。最近还发现，甲基丁香酚的 DNA 加合物和磺基转移酶对其形成的影响[48]。难以对遗传毒性化合物(如甲基丁香酚)进行风险评估，因为无法推导剂量-效应关系中的零阈值。在这些情况下，联合国粮农组织/世界卫生组织(FAO/WHO)食品添加剂联合专家委员会(JECFA)和欧洲食品安全局(EFSA)同意采用暴露范围(MoE)方法[49]。在该方法中，MoE 定义为基准剂量[作为无明显不良作用水平(NOAEL)的估计值]与估计暴露量的比值。发现一份对欧洲消费者的相关说明来自香料，尤其是罗勒和使用香料和精油调味的食品。根据基准剂量 10% 置信下限(BMDL10)和暴露数据的建模及暴露估计中使用的假设，计算的 MoE 范围为 100～800[50]。由于假定低于 10000 的 MoE 会对消费者造成相当大的风险，EFSA 认为甲基丁香酚作为食品成分之一，与丙烯酰胺、黄曲霉毒素 B1 和呋喃一样，对消费者具有明显的潜在致癌风险[49]。

2. 香豆素

苯丙烷香豆素是几种香料、相应的精油和其他调味食物，如肉桂(桂皮)、香车叶草、黑香豆和苜蓿种属的成分[51]。香豆素除了天然存在于这些食物中外，由于其甜味和芳香气味，还被广泛用作调味品。然而，自 20 世纪 50 年代早期以来，已发现该气味剂具有肝毒性，并怀疑具有致突变性和致癌性[52]。香豆素的毒性不能归因于母体化合物，而应归因于代谢物和代谢途径，已发现个体间差异显著(图24.9)。尽管香豆素在人体中主要代谢为 7-羟基香豆素[53]，但在亚组人群中发现缺乏这些解毒酶，已确定为 CYP 2A6。据估计，该亚组人群占德国人的 10%。该易感亚组人群将气味物质代谢为 3,4-环氧衍生物，怀疑其可形成 DNA 加合物，并可能与肝毒性的邻羟基苯乙醛发生反应[54]。虽然发现前一个反应不是啮齿类动物致癌作用的原因，但证实后一产品可引起香豆素肝毒性[55]。

基于这些原因，欧盟已将一般食品的最高含量设定为 2mg/kg，将酒精饮料的最高含量设定为 10mg/kg[20]。此外，不允许香豆素用作食品的调味添加剂。

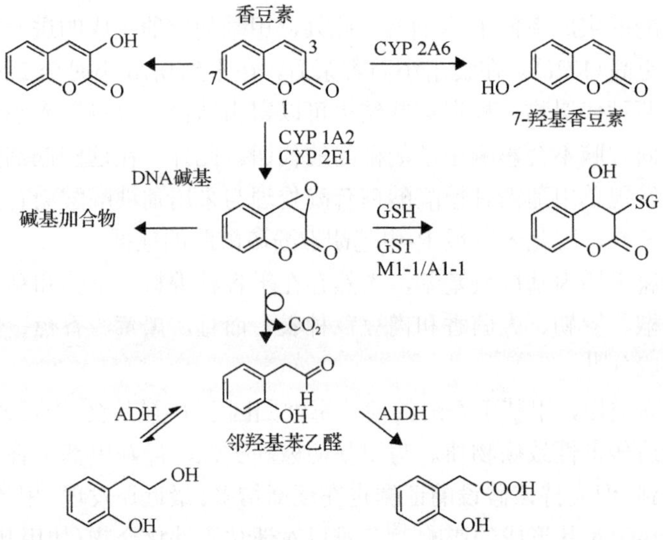

图 24.9　拟定香豆素代谢为具有肝毒性的邻羟基苯乙醛

　　香豆素的肝毒性问题在冬季尤其严重，因为烘焙食品中越来越多地使用桂皮替代真正的肉桂，尤其是在季节性产品如姜饼或肉桂星饼干中。此外，桂皮粉作为治疗 2 型糖尿病的补充剂和治疗方法的适应证[56]增加了西方国家对该香料的使用量。由于食品添加剂、调味剂、加工助剂和与食品接触的材料科学小组(AFC)[57]已确定每日可耐受摄入量为 0.1mg/kg 体重，因此预计长期食用富含桂皮成分的产品会引起肝毒性作用。因此，含桂皮的补充剂已被列为药物。

　　如今，传统的季节性烘焙食品，如姜饼或肉桂星将香豆素的含量限制在 50mg/kg，早餐谷类限制在 20mg/kg，其他精细烘焙面点限制在 15mg/kg，肉桂调味的甜点如甜米限制在 5mg/kg[58]。自 2012 年以来，德国联邦风险评估研究所(Bundesinstitut für Risikobewertung, BfR)建议儿童每日的食用量不要超过 6 颗小肉桂星，并建议成人慎用桂皮作为香料[59]。

24.3　结论和展望

　　根据现有知识，气味物质的代谢一方面可以减少或改变气味物质对气味受体的亲和力，并且从受体中清除后者可以避免受体被阻断。另一方面，代谢的目的是帮助排泄几乎全部不是内源性物质形成的气味物质。对这些反应的后果知之甚少。例如，已证明代谢物的生物活性低于这种气味物质，但在某些情况下，代谢物显示毒性增加(烯丙基烷氧基苯、香豆素)。而且，这些活动的分子机制往往还不清楚，因此，代谢的效应仍在研讨中。

参 考 文 献

[1] J. Reisert, D. Restrepo: Molecular tuning of odorant receptors and its implication for odor signal processing, Chem. Senses 34, 535-545 (2009)

[2] N. Thiebaud, S. Veloso Da Silva, I. Jakob, G. Sicard, J. Chevalier: Odorant metabolism catalyzed by olfactory mucosal enzymes influences peripheral olfactory responses in rats, PLoS ONE 8(3), e59547 (2013)

[3] N. Kang, J. Koo: Olfactory receptors in non- chemosensory tissues, BMB Reports 45, 612-622 (2012)

[4] D. Wabner, C. Beier: Aromatherapie (Elsevier, München 2012)

[5] A. Zeller, K. Horst, M. Rychlik: Study of the metabolism of estragole in humans consuming fennel tea, Chem. Res. Toxicol. 22,1929-1937 (2009)

[6] A. Buettner: Influence of human saliva on odorant concentrations. 2. Aldehydes, Alcohols, 3- Alkyl-2-methoxypyrazines, Methoxyphenols, and 3-Hydroxy-4,5-dimethyl-2(5H)-furanone, J. Agric. Food Chem. 50, 7105-7110 (2002)

[7] A. Buettner: Influence of human saliva on odorant concentrations. 1. esters and thiols, J. Agric. Food Chem. 50, 3283-3289 (2002)

[8] M. Rychlik, P. Schieberle, W. Grosch: Compilation of Odor Thresholds, Odor Qualities and Retention Indices of Key Food Odorants (Deutsche Forschungsanstalt für Lebensmittelchemie, Garching 1998)

[9] R. Roscher, H. Koch, M. Herderich, P. Schreier, W. Schwab: Identification of 2,5-dimethyl-4- hydroxy-3[2H]-furanone β-D-glucuronide as the major metabolite of a strawberry flavour constituent in humans, Food Chem. Toxicol. 35, 777-782 (1997)

[10] H. Lodish, A. Berk, C.A. Kaiser, M. Krieger, M.P. Scott, A. Bretscher: Molecular Cell Biology (Palgrave Macmillan, Houndmills 2012)

[11] A. Parkinson: Biotransformation of xenobiotics. In: Casarret and Doull's Toxicology: The Basic Science of Poisons, 5th edn., ed. by C.D. Klaassen (McGraw- Hill, New York 1996) pp. 113-186

[12] E. Fuhrmann, W. Grosch: Character impact odorants of the apple cultivars elstar and cox orange, Nahrung Food 46,187-193 (2002)

[13] EFSA Panel on Food Contact Materials, Enzymes, Flavourings and Processing Aids: Scientific opinion on flavouring group evaluation 08, revision 5 (FGE.08Rev5): Aliphatic and alicyclic mono-, di-, tri-, and polysulfides with or without additional oxygenated functional groups from chemical groups 20 and 30, EFSA 10(7), 2837-2991 (2012)

[14] J. Bremer, D.M. Greenber: Enzymic methylation of foreign sulfhydryl compounds, Biochim. Biophys. Acta 46, 217-224 (1961)

[15] E.S. Canellakis, H. Tarver: The metabolism of methyl mercaptan in the intact animal, Archives Biochem. Biophys. 42, 446-455 (1953)

[16] G.A. Snow: The metabolism of compounds related to ethanethiol, J. Biol. Chem. 65, 77-82 (1957)

[17] W. Engel: In vivo studies on the metabolism of the monoterpenes S-(+)- and R-(−)-carvone in humans using the metabolism of ingestion-correlated amounts (MICA) approach, J. Agric. Food Chem. 49, 4069-4075 (2001)

[18] M. Rychlik, S. Asam: Stabilisotopenverdün- nungsanalysen zur Quantifizierung organischer Spurenkomponenten in der Lebensmittelanalytik, Umweltwiss. Schadst.-Forsch. 21, 470-782 (2009)

[19] W. Engel: Detection of a nonaromatic NIH shift during in vivo metabolism of the monoterpene carvone in humans, J. Agric. Food Chem. 50,1686-1694 (2002)

[20] Council of the European Communities: Council Directive of 22 June 1988 on the approximation of the laws of the Member States relating to flavourings for use in foodstuffs and to source materials for their production (88/388/EEC) 1988L0388- EN-07.02.1991-001.001-1 (1988), http://ec.europa.eu/food/fs/sfp/addit_flavor/flav09_en.pdf

[21] W.P. Gordon, A.C. Huitric, C.L. Seth, R.H. McClanahan, S.D. Nelson: The metabolism of the aborti- facient terpene, (R)-(+)-pulegone, to a proximate toxin, menthofuran, Drug Metab. Dispos. 15, 589-594 (1987)

[22] EFSA Panel on Food Additives, Flavourings and Processing Aids and Materials in Contact with Foods: Pulegone and menthofuran in flavourings and other food ingredients with flavouring properties, Question number EFSA-Q-2003-119, EFSA J. 298,1-32 (2005)

[23] W. Engel: In vivo studies on the metabolism of the monoterpene pulegone in humans using the metabolism of ingestion-correlated amounts (MICA) approach: Explanation for the toxicity differences between (S)-(-)- and (R)-(+)-pulegone, J. Agric. Food Chem. 51, 6589-6597 (2003)

[24] F.A. Santos, V.S.N. Rao: Antiinflammatory and antinociceptive effects of 1,8-cineole, a terpenoid oxide present in many plant essential oils, Phytother. Res. 14, 240-244 (2000)

[25] M. Ehrnhoefer-Ressler, K. Fricke, M. Pignitter, J.M. Walker, J. Walker, M. Rychlik, V. Somoza: Identification of 1,8-cineole, borneol, camphor, and thujone as anti-inflammatory compounds ina *Salvia officinalis* L. infusion using human gingival fibroblasts, J. Agric. Food Chem. 61, 3451-3459(2013)

[26] R. Boyle, S. McLean, N.W. Davies: Biotransformation of 1,8-cineole in the brushtail possum (*trichosurus vulpecula*), Xenobiotica 30, 915-932 (2000)

[27] R.M. Carman, A.C. Garner: 7,9-dihydroxy-1,3-cineole and 2α, 7-dihydroxy-1,8-cineole: two new possum urinary metabolites, Aust. J. Chem. 49,741-749 (1996)

[28] M. Miyazawa, H. Kameoka, K. Morinaga, K. Negoro,N. Mura: Hydroxycineole: Four new metabolites of 1,8-cineole in rabbits, J. Agric. Food Chem. 37, 222-226 (1989)

[29] P.M. Jenner, E.C. Hagan, J.M. Taylor, E.L. Cook,O.G. Fitzhugh: Food flavorings and compounds of related structure. I. Acute oral toxicity, Food Cosmet. Toxicol. 2, 327-343 (1964)

[30] M. De Vincenzi, M. Silano, A. De Vincenzi, F. Maialetti, B. Scazzocchio: Constituents of aromatic plants: Eucalyptol, Fitoterapia 73, 269-275 (2002)

[31] K. Horst, M. Rychlik: Quantification of 1,8-cineole and of its metabolites in humans using stable isotope dilution assays, Mol. Nutr. Food Res. 54,1515-1529 (2010)

[32] F. Kirsch, K. Horst, W. Röhrig, M. Rychlik, A. Buettner: Tracing metabolite profiles in human milk:Studies on the odorant 1,8-cineole transferred into breast milk after oral intake, Metabolomics 9, 483-496 (2013)

[33] M. Schaffarczyk, T.S. Balaban, M. Rychlik, A. Büttner: Syntheses of chiral 1,8-Cineole Metabolites and determination of their enantiomeric composition in human urine after ingestion of 1,8-Cineole-Containing capsules, ChemPlusChem 78,77-85 (2013)

[34] J. Strang, W.N. Arnold, W.N. Peters, T. Absinthe:What's your poison?, Br. Med. J. 319, 1590-1592(1999)

[35] W.N. Arnold: Absinthe, Sci. Am. 6, 112-117 (1989)

[36] K.M. Höld, N.S. Sirisoma, T. Ikeda, T. Narahashi,J.E.R. Casida: Thujone (the active component ofabsinthe): γ-aminobutyric acid type a receptormodulation and metabolic detoxification, Proc.Natl. Acad. Sci. 97, 3826-3831 (2000)

[37] K.M. Höld, N.S. Sirisoma, J.E. Casida: Detoxificationof α- and β-thujones (the active ingredients of absinthe): Site specificity and species differences in cytochrome P450 oxidation in vitro and in vivo,Chem. Res. Toxicol. 14, 589-595 (2001)

[38] I. Thamm, J.M. Richers, M. Rychlik, K. Tiefenbacher: A six-step total synthesis of α-thujone and d6-α-thujone, enabling facile access to isotopicallylabelled metabolites, Chem. Commun. 52 (2016),submitted

[39] A. Zeller, M. Rychlik: Impact of estragole and other odorants on the flavor of anise and tarragon, Flav. Fragr. J. 22, 105-113 (2007)

[40] A. Zeller, M. Rychlik: Quantitation of estragole by stable isotope dilution assays, LWT-Food Sci. Technol. 42, 717-722 (2009)

[41] A. Zeller, M. Rychlik: Character impact odorants of fennel fruits and fennel tea, J. Agric. Food Chem.54, 3686-3692 (2006)

[42] N.R. Drinkwater, E.C. Miller, J.A. Miller, H.C. Pitot:Hepatocarcinogenicity of estragole (1-allyl-4-methoxybenzene) and 1'-hydroxyestragole in the mouse and mutagenicity of 1'-acetoxyestragole in bacteria, J. Nat. Cancer Inst. 57, 1323-1331(1976)

[43] R.W. Wiseman, T.R. Fennell, J.A. Miller, E.C. Miller:Further characterization of the DNA adducts formed by electrophilic esters of the hepatocarcinogens 1'-hydroxysafrole and 1'-hydroxyestragole in vitro and in mouse liver in vivo, including new adducts at C-8 and N-7 of guanine residues, Cancer Res. 45,3096-3105 (1985)

[44] A. Punt, T. Delatour, G. Scholz, B. Schilter, P.J. Van Bladeren, I.M.C.M. Rietjens: Tandem mass spectrometry analysis of N2-(trans-Isoestragol-3'-yl)-2'-deoxyguanosine as a Strategy to study species differences in sulfotransferase conversion of the proximate carcinogen 1'-Hydroxyestragole, Chem.Res. Toxicol. 20, 991-998 (2007)

[45] R.W. Wiseman, E.C. Miller, J.A. Miller, A. Liem:Structure-activity studies of the hepatocarcinogenicities of alkenylbenzene derivatives related to estragole and safrole on administration to preweanling male C57BL/6J * C3H/HeJ F1 mice, Cancer Res. 47, 2275-2283（1987）

[46] D.H. Phillips, J.A. Miller, E.C. Miller, B. Adams:Structures of the DNA adducts formed in mouse liver after administration of the proximate hepatocarcinogen 1'-hydroxyestragole, Cancer Res. 41,176-186（1981）

[47] Y. Suzuki, T. Umemura, Y. Ishii, D. Hibi, T. Inoue,M. Jin, H. Sakai, Y. Kodama, T. Nohmi, T. Yanai,A. Nishikawa, K. Ogawa: Possible involvement of sulfotransferase 1A1 in estragole-induced DNA modification and carcinogenesis in the livers of female mice, Mutat. Res. 12（749）, 23-28（2012）

[48] K. Herrmann, W. Engst, K.E. Appel, B.H. Monien,H. Glatt: Identification of human and murine sulfotransferases able to activate hydroxylated metabolites of methyleugenol to mutagens in salmonella typhimurium and detection of associated DNA adducts using UPLC-MS/MS methods,Mutagenesis 27, 453-462（2012）

[49] D. Benford, P.M. Bolger, P. Carthew, M. Coulet,M. DiNovi, J.-C. Leblanc, A.G. Renwick, W. Setzer,J. Schlatter, B. Smith, W. Slob, G. Williams, T. Wildemann: Application of the margin of exposure（MoE）approach to substances in food that are genotoxic and carcinogenic, Food Chem. Toxicol. 48, S2-S24（2010）

[50] B. Smith, P. Cadby, J.-C. Leblanc, R. Woodrow Setzer: Application of the margin of exposure（MoE）approach to substances in food that are genotoxic and carcinogenic. Example: Methyleugenol, CASRN:93-15-2, Food Chem. Toxicol. 48, S89-S97 （2010）

[51] M. Rychlik: Quantification of free coumarin and of its liberation from glucosylated precursors by stable isotope dilution assays based on liquid chromatography tandem mass spectrometric detection,J. Agric. Food Chem. 56, 796-801（2008）

[52] D. Cox, R. O'Kennedy, R.D. Thornes: The rarity of liver toxicity in patients treated with coumarin（1,2-benzopyrone）, Hum. Toxicol. 8, 501-506（1989）

[53] W.H. Shilling, R.F. Crampton, R.C. Longland: Metabolism of coumarin in man, Nature 221, 664-665（1969）

[54] S.L. Born, D. Caudill, K.L. Fliter, M.P. Purdon: Identification of the cytochromes P450 that catalyze coumarin 3,4-epoxidation and 3-hydroxylation,Drug Metab. Dispos. 30, 483-487（2002）

[55] S.L. Born, J.K. Hu, L.D. Lehman-Mckeeman: o-Hydroxyphenylacetaldehyde is a hepatotoxic metabolite of coumarin, Drug Metab. Dispos. 28,218-223（2000）

[56] A. Khan, M. Safdar, M.M. Khan, K.N. Khattak,R.A. Anderson: Cinnamon improves glucose and lipids of people with type 2 diabetes, Diabetes Care26, 3218（2003）

[57] AFC: Opinion of the Scientific Panel on Food Additives, Flavourings, Processing Aids and Materials in Contact with Food （AFC）on a request from the commission related to coumarin, EFSA J. 104, 1-36（2004）

[58] European Parliament and the Council of the European Union: REGULATION（EC）No 1334/2008 of 16 December 2008 on flavourings and certain food ingredients with flavouring properties for use in andon foods and amending council regulation （EEC）No 1601/91, regulations（EC）No 2232/96 and（EC）No110/2008 and directive 2000/13/EC, Official J. Eur. Union, L 354/50, 34-50（2005）

[59] Federal Institute for Risk Assessment（BfR）: New insights into coumarin contained in cinnamon, BfR opinion No. 036/2012 （2012）http://www.bfr.bund.de/cm/349/new-insights-into-coumarin-contained-in-cinnamon.pdf

第 25 章　副 嗅 系 统

大量结构多样化的环境化学信号传递了生存、健康和生殖的关键信息。为了应对化学气味令人困惑的结构复杂性、不同的细胞机制，最终副嗅系统已经进化到可以检测和辨别这些多种多样的化学刺激物。哺乳动物副嗅系统可以根据它们检测到的刺激、表达的信号蛋白以及处理这些信息的中枢回路进行分类。本章主要介绍非经典副嗅系统及其周围感觉结构—犁鼻器、Masera 间隔器和 Grüneberg 神经节。

动物，包括人类，可以检出结构多样化的环境化学线索并做出反应。这些化学信号传递了生存、健康和生殖的关键信息：

- 食物类型和质量。
- 毒素的存在(和浓度)。
- 猎物、捕食者、竞争者或潜在同伴的存在。
- 引起定型、基因预编程行为或激素反应的交流线索。

为了应对化学气味物质令人困惑的结构复杂性，动物已进化出不同的分子和细胞机制来检测和区分这些不同的刺激[1,2]。

近年来，越来越清楚的是，哺乳动物嗅觉系统已分化为多个副嗅系统，这些副嗅系统可以根据它们响应的化学刺激物、表达的受体和下游信号蛋白以及处理这些信息的大脑回路进行分类[3-6]。副嗅系统的多样性表现在哺乳动物鼻腔内出现解剖学结构不同的化学感受器结构，以及个体组织内独特的神经元亚群共存。

本章将在下文中重点介绍非典型的化学感受子系统，其中的一部分是最近才获得(重新)了科学界的关注。副嗅系统的实验研究大部分是在小鼠中进行的。由于其遗传适合性允许进行跨分子、细胞和系统水平的综合研究[7]，以下列出的结果主要限于这种模式的生物。

25.1　嗅觉的子系统组织

在啮齿类动物的鼻腔中发现至少 4 种不同的化学感受结构(图 25.1)：

① 主嗅上皮(MOE)。

② Masera 间隔器(SO)。

③ 犁鼻器(VNO)。

④ Grüneberg 神经节(GG)。

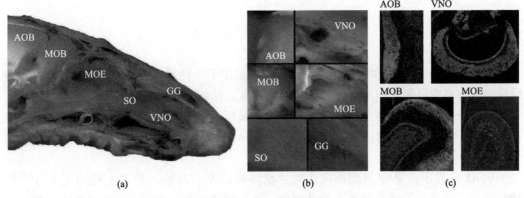

图 25.1　副嗅系统组织

(a)在嗅觉标记蛋白启动子转录控制下表达绿色荧光蛋白(GFP)的小鼠口腔顶壁旁矢状切面；(b)亮视野和落射荧光显微镜照
　　明下的融合正面图像，对不同的副嗅系统及其主要的中心投射区进行了图解；(c)冷冻切片显示嗅觉组织的 GFP 荧光：
　　　　Grüneberg 神经节(GG)、VNO、间隔器(SO)、主嗅上皮(MOE)、主嗅球(MOB)、副嗅球(AOB)

　　副嗅系统，或鼻子内的鼻腔[8]组织概念的新发现来源于分子和细胞机制的显著差异，至少在理论上，赋予每个副嗅系统很大程度的刺激选择性，从而允许每个结构专门在化学感应中发挥特殊作用[9]。当考虑到不同系统使用的化学感受受体基因/蛋白家族库迅速扩大时，高度专向化可能变得最明显。虽然大多数假定的化学感受器基因编码经典气味受体[10]基因家族的成员在大多数哺乳动物中占整个基因组的多达 2%，但致力于编码气味蛋白的非典型化学感受基因也占许多基因组的很大比例[11,12]。已明确的嗅觉及其潜在的嗅觉(副)系统的重要性，与我们目前对许多非典型嗅觉细胞和组织的感觉信号大部分仍处于片面理解形成了鲜明对比。

　　不久之前，人们普遍认为哺乳动物嗅觉系统在解剖和功能方面只分为两部分：一个主嗅系统和一个副嗅系统(犁鼻器)[9,13]。20 世纪 70 年代，基于对主、副系统到不同端脑和间脑核的分离平行投射的解剖学描述建立了双重嗅觉系统的假说[14]。因此认为，主嗅系统主要检测一般环境气味线索，而副嗅系统及其周围感觉结构(VNO)在检测和传导社交化学信号(在同种动物中引起定型的交流和性行为和/或激素反应)方面起关键作用[14,15]。主、副嗅觉系统绝不是同质的[1]。MOE 包含多种感觉神经元亚群，可对不同类型的化学刺激做出反应，表达不同的受体[包括 G 蛋白偶联受体(GPCR)和非 GPCR]并利用各种转导通路。同样，VNO 包含至少 3 组不同的神经元，它们对刺激的选择和传导机制也各不相同。

　　现已明确，嗅觉的组织结构并不遵循严格的解剖和功能区分，而是要复杂得多；目前几个令人兴奋的问题在(化学)感受神经生物学家的研讨中排在前位：

　　①每个不同的感受器组织/细胞群体采用哪些受体结构和信号传导策略？

　　②支持鼻腔中不同副嗅系统解剖学隔离的是什么编码逻辑？

　　③副嗅系统特定的并行信息是如何通过高阶通路流通和汇集的？

　　④每个副嗅系统在调节化学感受依赖行为中的确切作用是什么？

25.2 犁鼻系统

1813 年，丹麦解剖学家 Ludvig L.Jacobson 描述了一种新型哺乳动物器官，位于鼻腔最前端，与鼻中隔紧密相连，位于颌间骨的腭骨延伸部位[16]。他从各种物种的比较研究中得出结论：该器官存在于所有哺乳动物中，最可能作为感觉器官发挥作用，可能对嗅觉有帮助[16]。这种神秘结构最初被命名为 Jacobson 器官，1895 年被(重新)命名为犁鼻器(Jacobsoni)或 VNO。

VNO 是位于前鼻中隔底部的成对管状结构，左右对称，位于上腭的正上方[17,18](图 25.1)。这个盲端器官包覆在骨性囊内，经鼻腭或犁鼻管向前开口于口腔或鼻腔，具体取决于被研究的物种。VNO 腔内充满黏性的外侧腺分泌物[1]，此腔将内侧新月形假复层感觉神经上皮与包含受颈上神经节神经纤维广泛支配的大血管的外侧海绵体组织分隔开[19,20]。感觉上皮主要由基底细胞、支持细胞和成熟的犁鼻感觉神经元(VSN)组成。小的双极性 VSN 各自延伸出一个无分支的顶端树突，到达嗅上皮表面后，微绒毛末端膨大成球状(嗅结节)。在基底细胞内，VSN 延伸出单个不分支的轴突，聚集成神经束，投射到鼻中隔上皮下方，背侧穿过筛板，沿嗅球内侧投射到副嗅球(AOB)的丝球体层[18]。小鼠的 VNO 总共由几十万个 VSN 组成[21]。每个神经元的结构和代谢都来自于上皮层中最表层的支持细胞。即使在老年动物中，VSN 也可不断被位于沿基底上皮层和边缘区[17]的犁鼻器中的成熟多能细胞[22]替换。

如何实现 VNO 刺激摄取？在应激和/或新奇事物诱导觉醒的情况下，交感神经活动触发肾上腺素释放，蠕动血管泵机制导致大量液体进入 VNO。这样，在直接接触尿液沉积物、阴道分泌物、面部腺体分泌物或唾液之后，相对非挥发性的刺激，如肽或蛋白质得以进入 VNO 管腔[23,24]。

在第 12~13 天之间的大鼠胚胎中最初观察到[25]，犁鼻神经上皮在胚胎发育期由嗅基板外突形成。根据嗅觉标记蛋白(OMP)表达的评估结果，小鼠 VSN 在胚胎第 14 天即出现[26]。两侧的血管分布在产前个体发育后期完成，约在胚胎第 18 天[27]。此期间，犁鼻神经似乎发育完全。虽然犁鼻器的所有结构组成似在出生时就已存在[28]，但新生儿和青少年的 VNO 功能仍存在争议[29-31]。

25.2.1 犁鼻器信号传导的分子和细胞学机制

1. 犁鼻器的化学感受器

在大多数哺乳动物中，VNO 显示出结构和功能的区分[31-33]。至少有两个隔离分布的神经元亚群表达不同的受体和其他假定的信号传递分子[34-36]。在嗅上皮的顶层，VSN 表达 G 蛋白 α 亚基 $G_{\alpha i2}$ 以及磷酸二酯酶 4A(PDE4A)和编码 A 类(视紫红质样)GPCR 的多基因家族的成员之一：V1Rs[37-39]。犁鼻器 1 型受体(V1R)仅在 VNO[38]中以点状和非重叠的形式表达。小鼠 *V1r* 基因家族含有超过 150 个潜在功能成员和相似数量的假基因[39,40]。这些基因高度分化并具有多态性。它们共享无内含子开放读码框，这些开放读码框存在于大多数染色体上的一个基因簇中[40,41]。12 个相对独立的 *V1r* 家族中，每个家族均含有 1~30 个成员[39,42]。在给定的 VSN 中，*V1r* 基因选择受到严格控制。单等位基因表达导致每个神经元产生不同的 V1R 化学感受器形态[43]，确保每个 VSN 获得唯一的功能特性。去除所有（除 1 个之外）*V1ra* 和 *V1rb* 家族成员的基因簇表明，VSN 化学反应性关键取决于至少一些 V1R[44]。然而，迄今为止，大多数 *V1r* 的基因产物仍为孤儿受体。值得注意的是，Catherine Dulac 及其同事最近确定了大约 50 个个体 V1R 对多种行为学相关线索的敏感性[45]。他们的数据表明，单个 *V1r* 亚家族可能已经向着识别特定动物群体或行为相关化学结构的方向进化。

单等位基因选择的分子机制即 *V1r* 表达的标志[40,43,46]仍不明确。许多 *V1r* 基因的被扰乱的基因簇不仅反映了多个基因复制事件，还可能允许选择在基因簇水平上进行功能调控[40]。如互斥 OR 基因选择所示[47,48]，非功能性 *V1r* 等位基因的转录触发另一个功能性 *V1r* 基因的共表达。这进而驱动一种负反馈机制以维持单等位基因的表达。值得注意的是，当外源性 OR 基因从 *V1r* 位点表达时，该负反馈也得以维持[41]。这一令人惊奇的发现表明，嗅觉神经元（OSN）和 VSN 中的单等位基因化学感受器转录具有共同机制。

一组不同分子结构的神经元形成了底部 VNO 层。底部 VSN 表达 $G_{\alpha o}$ 和 GPCR 的 V2R 家族成员[49-51]。在小鼠基因组中发现了约 120 个完整的 *V2r* 基因，而大约 160 个其他基因出现了假基因化[52]。V2R 家族的成员是典型的 C 类 GPCR，它们共享一个大的疏水性 N 端胞外域。这种细胞外捕蝇草模型被认为是配体结合的主要位点[12]。尽管与 *V1r* 基因无明显的序列同源性，*V2r* 基因家族成员与代谢型谷氨酸受体、Ca^{2+}-传感受体和 *T1r* 味觉感受器的相关性不大[12,32]。与 *V1r* 类似，*V2r* 基因在许多染色体上多成簇分布。基于序列同源性，鉴别出 4 种不同的 *V2r* 家族：家族 A、B 和 D，以及家族 C（又名 *V2r2*）[52-55]。*V2r* 有 100 多个成员，其中绝大多数是家族 A 基因。相比之下，D 家族中只有 4 个基因。除家族 C 受体以外，*V2r* 基因的单等位基因互斥转录是点状表达的基础。相比之下，家族 C 受体不遵循化学感受器的神经元与受体一一对应的规则[1,5]。七个高度同源（>80%）的家族 C 蛋白存在于大多数（如果不是全部）$G_{\alpha o}$ 阳性的 VSN 中[53]。这不禁使人想起非典型的昆虫嗅觉辅助受体 Orco[56]，*V2r* 基因家族 C 在底部 VSN 中的这种相当不寻常的共表达提示陪伴和/或二聚化作用。然而，这一点是否成立仍有待确定[2]。

H2-Mv（或 *M10*）基因是 9 个非经典 Ib 类主要组织相容性复合体（MHC）基因家族的成员；2003 年，两个研究小组[36,57]同时报道了它们通过 V2R 阳性的底部 VSN 表达。最初认为，H2-Mv 蛋白与 V2Rs 结合，并与 β2 微球蛋白一起作为 V2R 运输和表面表达的重要陪伴分子[32,36]。然而，相当一部分底部 VSN 缺乏 *H2-Mv* 基因表达[34]，而 *H2-Mv* 家族仅存在于啮齿类动物中，其他哺乳动物（如负鼠）表达假定功能的 *V2r* 基因，无完整的 *H2-Mv* 基因[52,58]。此外，最近的一项研究表明，H2-Mv 蛋白对于生理反应的产生并非绝对必要，但对于 VSN 亚群的超灵敏化学检测是必需的[35]。

对于 *V1r*，基因删除研究已提供直接证据，证明至少部分 V2R 介导 VSN 化学信号的传导。敲除 *Vmn2r26*（*V2r1b*）或 *Vmn2r116*（*V2rp5*）基因，分别导致 VSN 对雄性特异性外分泌腺分泌肽 1（ESP1）[59]或 MHC I 类肽配体[60]敏感性的急剧下降。然而，这两种刺激都会在野生型小鼠中触发高度敏感的 VSN 反应。

值得注意的是，近期一项研究报道了重组 V2R 质膜靶向研究取得了有前景的进展[61]，V1R/V2R 在异质性表达系统中的脱孤尝试在很大程度上已失败。我们仍然对 V1R/V2R 细胞表面表达的机制缺乏认识。

2009 年，两个研究小组确定了 5 个假定 VNO 化学感受器的第三个家族[62,63]。这些候选化学感受性 GPCR 编码基因均为甲酰肽受体(FPR)样基因家族的成员(FPR-rs1、rs3、rs4、rs6 和 rs7)。其预测的 7 次跨膜拓扑结构、选择性、点状和单基因犁鼻器表达模式及其在微绒毛树突 VSN 末端中的位点[62,63]强烈提示 FPR 样受体在犁鼻器化学信号传导中的功能性作用。有趣的是，尽管 Fpr-rs1 在底部感觉神经元中与 $G_{\alpha o}$ 共表达，但犁鼻器的其余 Fpr-rs 基因均在 VNO 神经上皮的顶层中与 $G_{\alpha i2}$ 共表达[8]。

FPR1 和 FPR-rs2 这两种典型的 FPR 在免疫细胞(如中性粒细胞和单核细胞)中的功能众所周知[64]。在这里，这两种受体在宿主抵抗病原体的机制中起关键作用[65]。免疫系统 FPR 的一个特征是它们的配体混杂；检测到许多化合物，它们作为白细胞化学引诱物向感染或组织损伤部位发出信号。线粒体编码肽、甲酰化细菌肽 N-甲酰甲硫氨酸-亮氨酸-苯丙氨酸(fMLF)和各种其他抗菌剂/炎性调节剂可激活免疫系统 FPR[66]，表明其具有功能而不是结构确定的配体谱。有趣的是，在 VSN 中既没有发现 FPR1 也没有发现 FPR-rs2 转录[62,63]。

V1/2R 和 OR 与免疫系统 Fprs 或犁鼻器 Fpr-rs 基因并没有共同的显著的序列同源性。Liberles 及同事认为，犁鼻器 Fpr 来自于啮齿类动物谱系中几个最近的基因复制和阳性达尔文选择的进化[62]，因为单个 Fpr-rs 基因簇与一段超过 30 个 V1/2r 基因直接相邻。结合最近从重组 FPR 表达[67]获得的功能性数据，这些理论考虑支持犁鼻 FPR 基因的新功能化。相比之下，VSN 在原位被 fMLF 以及线粒体衍生的甲酰肽激活[68]，异质性表达的 FPR-rs 蛋白保留激动剂谱，其与免疫系统 FPR 具有某些相似性[63]。正如大多数犁鼻器的化学感受器一样，犁鼻器 FPR 的确切生物学作用仍有待确定。

2. 信号传导级联反应和 VSN 的常见生理学机制

深入了解下游 V1R、V2R 或 FPR-rs 受体激活转导机制是了解化学信号如何控制交流和性行为的核心。目前为止，对于任何 VNO 受体与其同源配体之间的化学结合能翻译成大脑可读的有意义的电信号，人们仅仅了解了一部分，VSN 生理学的许多关键方面尚待揭示。接触天然的信息化学物质如尿液、阴道分泌物或唾液时，VSN 会发生去极化，显示动作电位放电率增加，从而导致胞质 Ca^{2+} 浓度一过性增加[62,69-80]。VSN 的生理特征是其输入电阻极高，通常为几吉欧[81-84]。因此，仅有几个皮安的受体电流就会产生强大的动作电位序列。这种被动的膜特性大大有助于增加 VSN 的精细电流敏感性，使犁鼻器神经元成为最敏感的感觉结构。

除了传统 Hodgkin-Huxley 型电压依赖性电导，如 TTX 敏感的 Na^+ 和延迟整流 K^+ 电流[85]，其他几种离子通道形成了 VSN 的电生理输入输出功能。动作电位放电在一定程度上由 L 和 T 型 Ca_v^{2+} 电流驱动(产生低阈值的 Ca^{2+} 峰电位)[82,84]。此外，有人认为，这些 Ca_r^{2+} 电流与大电导 Ca_r^{2+}-敏感 K^+(BK)通道的功能性偶联可维持持续性的峰电位[84]。相比之下，类似的偶联机制被认为是刺激期间通过花生四烯酸依赖性 BK 通道募集的感觉器官适应的基础[86]。另一个 K^+ 通道为 ether-á-go-go(ERG)K^+ 通道,以层特异性和活性依赖性方式表达,通过控制底部 VSN 的输出特性发挥稳态功能[9,81]。ERG 通道表达是为了以使用依赖的方式将 VSN 调整到目标输出范围,从而扩大了神经元刺激-反应功能的动态范围。此外,超极化依赖性 I_h 电流是形成 VSN 兴奋性的另一种电压门控电导[87]。

自从最初报道 V1R 和 V2R 阳性 VSN 树突尖端中分别存在层特异性 $G_{\alpha i2}$ 和 $G_{\alpha o}$ 共表达[37,88,89]以来,关于 G 蛋白 α-亚基分别在顶端和底部信号通路中发挥功能性作用的观点引起了广泛讨论。虽然是一个有吸引力的模型,但支持这一概念的结论性证据是最近才报道的。Chamero 及其同事证实了 VSN 对 MHC I 抗原、MUP、线粒体编码的 FPR-rs1 配体以及 ESP1 产生应答所需的基本 $G_{\alpha o}$ [68]。然而,在 $G_{\alpha o}$ 缺陷小鼠中,神经元对 fMLF(一种显示可激活至少 4 种 $G_{\alpha i2}$ 偶联 FPR 部分的刺激[63])的反应未发生变化[68]。目前缺乏支持 $G_{\alpha i2}$ 在 V1R 介导的信号传导中作用的相似研究。正如对大量混杂信号传导蛋白(如 $G_{\alpha i2}$ 和 $G_{\alpha o}$)进行无条件敲除所预期的,组成性基因缺失模型可能存在一系列表型缺陷。因此,整体 $G_{\alpha i2}$ 和 $G_{\alpha o}$ 缺失无法明确归因于明确的 VNO 依赖性表型[90,91]。

尽管基因缺失的研究还很缺乏,但关于犁鼻器信号传导中磷脂酶 C(PLC)的关键功能已经取得了更多的共识[13]。PLC 活性促进磷脂酰肌醇-4,5-二磷酸(PIP_2)的转换,导致可溶性信使分子 1,4,5-三磷酸肌醇(IP_3)和膜结合二酰甘油(DAG)的浓度升高。而 DAG 直接靶向膜蛋白或代谢为三级多不饱和脂肪酸信号,IP_3 触发细胞内储存细胞器大量释放 Ca^{2+}。多年来,已经提出了一种或所有 PLC 依赖性脂质转换产物的不同功能[73,77,80,92,93]。所有这些模型的共同点是胞质 Ca^{2+} 升高的中心作用以及在 VNO 感觉微绒毛中大量表达的瞬时受体电位(TRP)通道 TRPC2[94]的重要功能,尽管该通道并非不可或缺。毫无疑问,$TrpC2^{-/-}$ 小鼠在各种交流和性行为中表现出严重缺陷[95,96]。然而,当 $TrpC2$ 缺失模型与手术 VNO 消融相比时,存在表型差异[97,98]。此外,正在积累 $TrpC2^{-/-}$ VSN 中(残留)尿诱发活性的证据[73,93,97],为我们当前的犁鼻器信号传导的观点增加了另一层复杂性。有趣的是,最近的一项研究记录了不同年龄小鼠 MOE 中两种以前未识别的 $TrpC2^+$ 神经元类型,从而挑战了传统的以 VNP 为中心的对 $TrpC2$ 基因敲除小鼠行为表型的解释。

多种信号级联蛋白直接或间接受到 Ca^{2+} 依赖性调节。因此,由 TRPC2 依赖性内流[77]和/或 IP_3 介导的储存耗竭[73,93]导致的过性或持续性胞质 Ca^{2+} 升高在 VSN 中发挥了正反馈和负反馈的作用[7]。发现 VSN 感觉适应和获得控制依赖于 Ca^{2+}/钙调素对 TRPC2 的下调[99]。相比之下,相当一部分刺激诱发的犁鼻器活动似乎是由 Ca^{2+} 激活的氯电流(I_{Cl})携带[73,92,93],类似于 OSN 的传导机制[100,101]。犁鼻器 I_{Cl} 可能由 Ca^{2+} 激活的氯离子通道 anoctamin 家族成员介导[102-104]。微绒毛与 TRPC2 共定位表明 anoctamin1 和/或 anoctamin2 均可代表犁鼻器 Ca^{2+} 激活的氯离子通道[92,105-107]。但是,应谨慎解释 VSN 和 OSN 之间的信号级联反应的相似性。与 OSN 类似,I_{Cl} 是否促进去极化或诱导膜超极化仅取决于体内 VSN 微绒毛膜上的氯化物平衡电位。然而,这一生理参数目前尚不清楚。

25.2.2 副嗅系统的解剖结构

与许多其他感觉系统相比,对 VNO 依赖性神经回路的解剖结构和功能的研究很少。一般而言,哺乳动物的感觉信息主要由皮层神经元处理,皮层神经元使得大脑能够联想式学习,并使得在个体内部和个体之间能够发生适应性的刺激反应。相比之下,信息化学依赖性的行为在个体间似乎没有差异并且高度保守。因此,VNO 主要激活非皮层回路。具体来说,信息化学素主要激活利用更多硬连接机制的边缘网络(与皮层相比)[14,18]。此外,认为犁鼻器的刺激处理过程遵循相对简单的逻辑。在感觉输入和输出命令之间,VNO刺激激活的回路包括 3 个主要的中继结构:AOB、杏仁核和下丘脑[108]。犁鼻器对刺激的回路处理(如果有)是否(如何)被调节反馈机制所控制仍有待确定。

1. 副嗅球

VSN 轴突束穿过筛板后靶向作用于 AOB,这是嗅球背侧尾端的一个独特区域(图 25.1)。VSN 轴突的两个功能性亚群投射到两个不同的 AOB 区域,因此将副嗅觉系统的解剖结构一分为二[7]。顶端 V1R 阳性神经元表达嗅觉细胞黏附分子(OCAM),但在口腔侧的 AOB 中投射至 OCAM 阴性二级输出神经元(僧帽细胞),而底部 V2R 阳性的 VSN 缺乏 OCAM 表达,并在尾侧 AOB 中与 OCAM 阳性僧帽细胞形成突触[109,110]。已有在 OSN 轴突亚群和嗅球中主要的僧帽细胞/簇状细胞中发生类似的反向 OCAM 表达的报道[111]。

具有独特的犁鼻器受体(VR)化学形态[43]的 VSN 汇聚到 6~10 个丝球体中的僧帽细胞树突上,这些细胞广泛地分布在 AOB 区域,但根据受体特性,仅限于口侧或尾侧部位[112]。虽然一些丝球体似乎完全由单个 VR 形态的神经元支配[112],但发现其他丝球体与不同的、但密切相关的 VSN 轴突融合[113]。尽管目前仍不清楚 AOB 中调控 VSN 与僧帽细胞连接的确切的分布规则,但丝球体的总体分布可能用于整合传入的感知信息[43,46]。

正如 Dulac 和 Wagner 指出的,尚未对 AOB 生物学的大多数基本性质进行探索。因此,上述主要嗅球回路的功能相似性描述大多是推测性的[114]。不幸的是,从主嗅系统到AOB 的解剖学原理和生理机制的过早外推严重妨碍了对 AOB 神经生物学进行无偏倚评估。早在 1901 年,Ramon y Cajal 就指出了主嗅球和副嗅球之间的几个基本区别[115]:

①AOB 丝球体相对较小,融合性较强而且轮廓不大清晰。

②AOB 中的外丛状层最多为初级。

③AOB 的投射神经元胞体很少为僧帽形状。

事实上,传统丛状层大部分缺失[116]。相反,内外细胞层被侧嗅束的纤维束分隔[115]。此外,AOB 的丝球体确实很小,尽管大小差异很大(直径 10~30μm[117])。它们紧密聚集在一起,仅包覆有少数球周细胞,并由数百个谷氨酸能 VSN 轴突末梢支配[118]。

迄今为止,讨论了用于丝球体信息处理的两种基本僧帽细胞连接模型。同型连接模型表明,仅靶向 VSN 群(具有相同的 VR 型)支配的丝球体,有效形成了二级 AOB 神经元聚集的感觉轴突投射的不同模式[30,112]。根据异质性连接图解,僧帽细胞初级树突特异性靶向表达相同亚家族受体的、由 VSN 支配的丝球体[113],从而形成亚家族特异性结构域的丝球体图谱[114]。

虽然缺乏广泛的侧枝树突树,但 AOB 僧帽细胞形成广泛的分支初级树突。这些树突在多达 12 个不同的丝球体中膨大为多个簇状细胞[19,113,119-121],尽管簇状细胞的大小和形状并不一致。有趣的是,观察到的局部再生簇状细胞棘与胞体棘无关,表明存在局部非线性突触输入整合模式[121]。此外，阈下和阈上兴奋引起的树突递质释放[122]以及来自胞体的钠离子动作电位峰值的主动反向传导[123]增加了 AOB 网络中单个僧帽细胞的计算能力。考虑到其输出，AOB 僧帽细胞的最大放电频率相对较慢，<50Hz[124]。虽然这个上限在某种程度上限制了动态输出范围，但是投射到前部和后部 AOB[115]的轴突侧支的高密度确保了活动将在整个网络中传输，为同步输出提供了理想的电路。

与主嗅球相似，GABA 能颗粒细胞构成了 AOB 的主要中间神经元类型[125]。它们与丝球体层内的和僧帽细胞初级树突近端部分的僧帽细胞形成突触[126]。

虽然在主嗅球中进行了全面分析[127,128]，但在 AOB 中的往复树枝状突触却很少受到关注[129-131]。位于僧帽细胞树突基底段的树枝状 AOB 突触似乎主要提供中继结构样递归的自动抑制反馈，该反馈增强了投射神经元反应的选择性[132]，并且因此在学习和嗅觉记忆形成过程中可能发挥感觉门控的作用[129,133-135]。

25.2.3 信息素

根据定义，信息素(pheromones, pherin=转移和 hormone=兴奋)是同物种的化学信号，在同物种的成员检测到这些信号时可引起特定行为或神经内分泌反应[136]。当这个词被创造出来时，Karlson 和 Lüscher 很可能并没有预见到 50 多年后关于生物学作用，甚至信息素的存在，仍然是一场活跃而有争议的争论[137-139]。关于犁鼻器系统，很明显，VSN 可检测到其他动物发出的与行为学相关的气味。这些包括信息素和其他信息化学物质以及利他素、异种特异性配体，在接收者检测到这些信息素后可为他们带来行为学方面的益处。此外，体外研究还显示，VSN 对非其他动物分泌的、未知生物学功能的气味也会产生反应[7,140,141]。

虽然犁鼻器刺激的化学特性在很大程度上有待揭示，但已确定了不同的假定信息化学物质，大致可分为以下几类：

①主要尿蛋白(MUP)。
②MHC I 类分子多肽配体。
③外分泌腺-分泌肽(ESP)。
④类固醇硫酸酯。
⑤甲酰肽。
⑥挥发性小分子。

MUP、MHC 和 ESP 是通过啮齿类动物谱系中种属特异性基因复制事件进化的肽/小蛋白[142,143]。已经报道了底部 V2R 阳性 VSN 对每个肽/蛋白质类成员的识别[69,76,142,144,145]。硫酸类固醇和其他分泌的小分子似乎可以传导状态/性别特异性的内部生理学信号[78,146]。这些刺激主要通过表达 V1R 受体家族成员的顶端神经元检测[75,147]。有人提出，甲酰肽以及其他促炎或抗炎疾病相关的化合物可以激活 FPR-rs 受体[63]。事实上，这些配体可以激活顶端和底部的 VSN[68]。

小鼠 MUP 家族由 21 个种属特异性基因组成[143,148]。MUP 主要由成年男性以睾酮和生长激素依赖性方式在肝脏中生成[149,150]。作为脂质运载蛋白家族的成员，MUP 折叠成 β 桶状，形成内部结合口袋，从而有效地结合小分子[151]。因此，最初认为 MUP 具有运载小的挥发性配体的功能,以促进其传递至 VNO 腔内并在排泄到环境后延迟其释放[151]。如今,越来越明确的是,每个个体仅含有 4～12 种蛋白类型的特定尿 MUP 排泄物携带一些身份信息。此外,单独的 MUP(无相关小分子)刺激底部 V2R 阳性的 VSN[69,79,145],从而促发不同行为,如雄性领域攻击性[69,145]、雌性条件性的位置偏好[152,153],或如果由不同种属的生物释放,则会引发固有的恐惧[79]。

与甲酰肽有些类似,MHC I 类多肽配体是另一个具有明显免疫系统功能的化学感受信号成分的例子[154]。V2R 阳性的底部 VSN 以及 MOE 神经元均可检出这些分子量相对较小的肽[60,76,155]。MHC 肽是尿液中多肽组的一部分[156],因此,其在整个生命过程中保持稳定分泌,提供了代表个体特征的潜在方法。引人注目的是,MHC I 类多肽配体是第一个也是迄今为止唯一一个显示介导选择性妊娠中断(或 Bruce 效应)的分子的定义化学信号,其与犁鼻器系统形成并维持嗅觉识别记忆相关[76,157]。

共有 38 个小鼠基因编码的 ESP[74]。这些肽类在泪腺、副泪腺和颌下腺分泌物中释放,并在不同性别间和发育过程中存在差异性表达[74,142]。对两种 ESP(ESP1 和 ESP22)进行了详细研究。两者均在雄性泪液中存在,并以高选择性激活底部 VSN[142,144]。而 ESP1 表达具有雄性特异性,ESP22 的表达具有年龄依赖性。这两种肽分别在雌性和雄性中诱导强烈的但非常不同的行为反应:ESP1 刺激脊柱前凸动作(一种接受雌性交配的姿势)[59],而 ESP22 是幼年小鼠释放的、抑制同类成年雄性性行为的信息素[144]。

挥发性尿液富集的、性别特异性的生物活性配体通过气相色谱-质谱法得以识别。在描述的尿液成分中,有几种体外犁鼻器配体,如 2-仲丁基-4,5-二氢噻唑、3,4-脱氢-外-短链咪唑、6-羟基-6-甲基-3-庚酮、α/β 金合欢烯、2-庚酮、异戊胺和其他配体[146,158,159]。有趣的是,这些化合物与 MUP 结合[160],能够在极低浓度下直接激活 VSN[75]并促进行为反应,如雌性青春期加速或延迟发育[161,162]。

25.3　间　隔　器

Masera 间隔器(SO)和 Grüneberg 神经节(见 25.4 节)无疑是哺乳动物鼻部最神秘的副嗅系统。自 1943 年意大利解剖学家 Rodolfo Masera 的首次详细描述[163],已有很久未对化学感受器中 Masera 间隔器进行研究了。相应地,SO 生理学鲜有阐明,关于该器官及其功能相关性的各种基本问题仍未解决。

在小鼠中,SO 是一个小而孤立的感觉神经上皮小片,被覆呼吸道上皮,位于鼻中隔底部两侧,靠近鼻腭管开口(图 25.1)。SO 上皮组织与 MOE 的结构非常相似。但是,通常较薄的神经上皮仅由最多 3 层的有纤毛的、表达 OSN 的双极 OMP 组成(与 MOE 大部分区域的 6～8 层相比)[3]。SO 神经元的轴突通过确定的筛板穿孔进入大脑,仅投射到主嗅球的一小部分,即丝球体[1]。大约 30 个丝球体聚集在嗅球的腹内侧,接受来自 SO 的大量突触输入,其中几个丝球体实际上可能仅由 SO 神经元支配[164]。

SO 中的基因表达谱为在 SO 神经元中表达的典型信号传导机制提供了证据。很小一部分细胞亚群似乎同时表达 GC-D 和 PDE2(见 25.5.2 节),但大多数 SO 感觉神经元表达典型气味受体 $G_{\alpha olf}$ 和腺苷酸环化酶III[165,166]。微阵列分析和大规模反转录聚合酶链反应实验的结果提示，SO 神经元中存在的 OR 并不是全部。相反，在 MOE 和 SO 中均表达一组独特的 50～80OR 基因(不同家族的所有 II 类受体)[167,168]。有趣的是，OR 在 SO 中的表达并不是随机分布的。虽然明显遵循神经元与受体一一对应的规则，但 90% 以上的 SO 神经元仅表达 9 个 OR 中的 1 个[168]。SR1(又称 *mOR256-3*)是迄今为止在大约 50% 的所有 SO 神经元中发现的丰度最大的受体。表达 SR1 的 OSN 对许多结构上不相关的气味物质在较广的浓度范围内有反应,而表达缺乏 SR1 编码序列的基因靶向 SR1 位点的 OSN 则没有表现出这种广泛的反应性[169]。该特异性、丰度最大的 SO 受体的宽调谐曲线可能证实了 SO 对一般气味具有广泛敏感性的早期报道[170]。

SO 发挥何种功能性作用？其在鼻腔中的独特战略性位置引起了人们做出以下推测：在安静呼吸期间，如果呼吸气流未达到整个 MOE 时，可以起警报器的作用[165]。其他人提出，SO 可以检测低挥发性的化合物[24]。无论其确切作用如何，SO 已演变为嗅觉系统的独特前哨，可能涉及特定的化学感受功能。

25.4 Grüneberg 神经节

1973 年，Grüneberg 在鼻腔前端发现了一个功能未知[171]的箭头状神经节[3]。该神经节靠近鼻孔的开口处，分布在鼻中隔前侧和背侧两侧[172](图 25.1)。最初认为 Grüneberg 神经节(GG)是构成神经末梢的一部分，几十年来一直被忽略。然而，缺乏神经末梢标志物表达和最近的解剖学和功能证据表明，GG 代表一个独立的化学感受子系统。自从几年前重新发现神经节以来，神经节的独特解剖结构和难以捉摸的生理机能引发了化学感受神经科学家们的新兴趣。

GG 神经元表达 OMP，并在限定的嗅球区域将轴突突起投射到丝球体[172,173]。然而，GG 神经元缺乏纤毛或微绒毛，这代表了鼻部其他化学感受神经元的特征。此外，光学和扫描电子显微镜检查显示 GG 缺乏直接进入鼻腔的通道[1,174]。这引发了人们对其作为气体或其他高膜渗透刺激检测器功能的猜测[1]。相比之下，有研究报道了 GG 细胞中几种化学感受受体的表达，包括 V2Rs 和 TAARs[175,176]以及环鸟苷 3',5'-单磷酸(cGMP)通路的元件[177]。GG 神经元沿着背侧鼻中隔和内侧嗅球表面投射到邻近 AOB 的背尾区域[172,178]，该区域与项链丝球体所占据的区域有些重叠(见下文)。

基于行为学数据[174]提出了 GG 子系统的感觉功能，随后通过 GG 细胞的生理记录[179-181]以及即早期基因活性测定[182,183]证明了这一点。然而，到目前为止，不同的研究/方法产生了相当有争议的结果。因此，需要进一步的生理学研究来统一我们对 GG 化学信号传导的观点。

25.5 主嗅上皮中的非经典嗅觉信号传导通路

二十多年前，Linda B. Buck 和 Richard Axel 发现了啮齿类动物 OR 基因家族，这标志着化学感受研究分子时代的开启[10]。因此，这个具有里程碑意义的发现是了解嗅觉系统的分水岭事件。然而，自 1991 年以来，许多其他研究大大扩展了与化学感受信号传导有关的受体基因和蛋白的类别。与理解经典嗅觉信号传导的主要进展相比,目前对化学检测机制、信号通路和独立于 OR 的嗅觉中的信息编码规则的了解仍处于起步阶段。我们才刚刚开始揭示非经典化学信号传导的秘密。

25.5.1 表达微量胺相关受体(TAAR)的神经元

考虑到气味物质的巨大维度[184,185],对主嗅系统和副嗅系统平行处理社会相关气味的日益重视[13],以及 VNO 中不同化学受体家族的发现[38,49-51],推测典型的 OR 可能并不代表作为 MOE 化学感受受体的唯一 GPCR 家族。2006 年,Liberles 和 Buck 在富含 OSN 的小鼠 cDNA 样本中检测到微量胺相关受体(TAAR)家族成员的表达[186]。与 OR 相似,TAARs 似乎在稀疏、非重叠的小鼠 OSN 亚群中单等位基因表达,并分布于纤毛、气味检测位点和轴突中,它们可能在其中起引导作用[186,187]。在早期,这些特性强烈提示嗅觉作用。在系统发育中,Taar 基因与其他胺能 GPCR 如代谢型多巴胺和血清素受体相关[188]。虽然约有 25%的 OR 为疑似假基因[189],但仅一个 Taar 基因(Taar7c)出现假基因化,表明在 TAAR 表达的神经元中假基因选择的负担显著降低[187]。此外,哺乳动物在进化过程中保留了 Taar 基因库,从斑马鱼到人类[186,190]等不同脊椎动物基因组中也发现了许多完整的 Taar 基因,进一步证实了一种常见的而不是物种特异性的嗅觉作用(这是更大的典型的 OR 库无法实现的)。

显然,OR 和 TAAR 的表达是相互排斥的,因为荧光原位杂交研究未发现 OSN 共表达两种受体类型[186]。然而,Taar 表达的调控逻辑不同于 OR 基因选择。Taar 基因缺乏 OR 选择的表观遗传特征。此外,敲除特异性 Taar 等位基因可导致另一个 Taar 的频繁表达,并且不会沉默已删除的等位基因[187]。最近的研究结果进一步证实了这些差异。这些研究提示,TAAR 神经元形成的感觉神经元群仅限于在初始受体基因选择之前进行 Taar 表达[191]。

OR 和 TAAR 均通过 G 蛋白和 cAMP 浓度增加的信号传导机制传递化学刺激[1]。正如最初的预测[188],小鼠 TAAR 对生物胺如异戊胺、2-苯乙胺和三甲胺(分别激活 mTAAR3、mTAAR4 和 mTAAR5 蛋白)产生反应。研究发现,TAAR5 介导了对三甲胺的种属特异性吸引反应。有趣的是,相关啮齿类动物的系统发育分析表明,三甲胺生物合成途径的同步进化和气味诱发的行为反应可确保在适合的种属间发生社群交流[192]。Ferrero 及其同事[193]提供了进一步证据,证实嗅觉 TAAR 作为交流和/或行为相关气味的选择性检测器的作用。异质性表达的 TAAR4 可被食肉动物尿液和食肉动物种属尿样中富集的 TAAR4 配体 2-苯乙胺激活。此外,这种来自捕食者的线索可促进固有的回避行为并增加应激激素释放[193]。TAAR4 对 2-苯乙胺的高度敏感性引发了另一种解释(尽管并非相互排斥):这种在系统发育上不同类别的胺能受体仅仅是以高灵敏度检测胺(固有的令人厌恶的气味)所必需的[191]。

大多数 TAAR 神经元在小鼠背侧嗅球中既往确定的 DI 和 DII 区域之间限定的嗅球区域投射到分散的丝球体簇中[191]。该区域的体内丝球体成像证实,背侧 TAAR 丝球体可被低浓度的挥发性胺类选择性激活,并进一步显示以非重复方式表示的对胺类气味的厌恶[194]。

总之，这些最新的发现都有力地提示，TAAR 神经元构成了一个独特的副嗅系统，具有独特的分子和解剖学特征。因此，TAAR 亚群可以在主嗅觉通路中提供固有的、遗传和解剖学上不同的平行输入流，专门用于检测挥发性胺[191]。

25.5.2　表达受体鸟苷酸环化酶-D（GC-D）的神经元

嗅觉受体库并不局限于 GPCR。一小部分 OSN 既不表达 OR 也不表达 TAAR，而是表达一种 D 型受体鸟苷酸环化酶（GC-D）[195]。受体 GC 在多个物种的许多组织中表达。它们包括孤儿受体和肽受体[196]。受体 GC 最初从海胆精子中分离，具有多种功能，包括海洋无脊椎动物的精子趋化性、利尿调节、哺乳动物感光细胞中的传导以及线虫化学感受[196-198]。受体 GC 共享一个进化上保守的结构：一个胞外受体结构域通过单个跨膜螺旋偶联到一个胞内调节结构域（激酶同源性）和一个催化结构域[196,197]。配体与胞外受体结构域的结合（在哺乳动物中，这些配体主要是利尿钠肽）[197]——触发环化酶结构域的活性，从而升高细胞内 cGMP 浓度。

多年来，GC-D 在嗅觉中的功能性作用一直是不解之谜。表达 GC-D 蛋白的 OSN 也表达多种假定的信号蛋白，这些蛋白可能参与 cGMP 依赖性传导级联反应，例如，cGMP 门控环核苷酸依赖性通道亚基 CNGA3 或 cGMP 刺激的磷酸二酯酶 PDE2[199,200]。相比之下，GC-D+神经元缺乏典型嗅觉信号通路的许多组分[198,201]。Gucy2d（GC-D 编码基因）在许多哺乳动物种属中的系统发育保守性表明其具有相同的嗅觉功能。然而，对于大多数犁鼻器受体来说，人类和其他灵长类是一个明显的例外。

GC-D 神经元是否对常规的气味或其他化学刺激物有反应？如果是这样，GC-D 本身就是细胞受体吗？对基因靶向小鼠和异质性表达系统的研究强烈提示，GC-D 神经元对于检测利尿钠肽和/或气体刺激至关重要[202-205]。作为肾脏和肠道中液体平衡的调节剂，尿鸟苷肽和鸟苷肽通过鸟苷酸环化酶 C（GC-C）激活肠道细胞，导致对 Na+/H+交换的 cGMP 依赖性抑制和囊性纤维化跨膜调节剂的激活[206]。这两种肽类激素均可诱导 MOE 中的反应，甚至在 Cnga2 缺失小鼠（通常称为嗅觉缺失，因为这些动物缺乏典型 OSN 信号传导所必需的 CNG 通道亚基）的记录中也是如此。然而，当小鼠缺乏 Gucy2d 或 Cnga3（编码 cGMP 依赖性 CNG 通道亚基的基因）时，这种肽诱导的活性完全消失[204]。来自检测出的 GC-D 神经元的单细胞记录证实了它们对尿鸟苷肽和鸟苷肽以及稀释的尿样的敏感性。引人注目的是，GC-D 神经元表现出高度的肽敏感性，在肽浓度低至 66pmol/L 的刺激下，其神经活动达到最大值的一半。

也证实了小的气体分子可以刺激 GC-D 神经元。最初，有人提出表达 Gucy2d 的嗅觉神经元亚群可作为 CO_2 传感器发挥功能[203]。GC-D 和 II 型碳酸酐酶的共表达表明，碳酸酐酶对 CO_2 的酶促反应可能表征了这种非典型的嗅觉信号通路。几年后，发现另一种气体分子二硫化碳（CS_2）可刺激 GC-D+OSN。Munger 及其同事使用基因靶向小鼠发现，在缺乏 GC-D、CNGA3 或 II 型碳酸酐酶的小鼠中，对 CS_2 和 CS_2 依赖性社交传播食物偏好的化学感受反应均急剧下降[205]。他们的研究结果表明，GC-D+OSN 可通过关联性的嗅觉学习来检测促进食物相关性社群交往的化学信号。

GC-D 神经元不仅表现出独特的信号传导蛋白表达，而且其丝球体投射模式也截然不同。项链丝球体，一种特殊的和仍不太明确的链状丝球体带，分布在主嗅球和副嗅球之间，是 GC-D$^+$OSN 的唯一嗅球靶点[207-209]。与典型 OSN 中丝球体明显均质性的神经支配相反，每个项链丝球体接受来自至少两个感觉神经元群的异质性神经支配，即 GC-D 神经元和 OMP$^+$/GC-D 神经元群[207]。这种不同的功能拓扑结构强调了一个观点，即两个副嗅系统的编码规则极其不同。

25.6　人类副嗅系统？

人类是否存在功能性副嗅系统？关于有人提出的人类信息素的潜在生物学意义，尤其是人类 VNO 的作用，在该领域以及更广泛科学背景下一直广受争议。到目前为止，还没有任何一种人类信息素通过化学方法得以检测[137,139]。原因很多，其中之一是对人类受试者进行试验时，在识别稳健和可重现效应方面存在固有困难[210]。正如 Peter Brennan 最近指出的，这不一定意味着人类信息素不存在，但现代人类社会的复杂性可能会降低其生物学意义，并难以识别一致性的效应[211]。那么，人类信息素在未来是否还能被发现呢？此类化学信号的候选来源是腋窝汗液、哺乳期女性的乳晕分泌物以及泪液[212-214]。例如，人类信息素作为这种复杂的身体分泌物的组成部分的存在，是由气味介导的女性室友的月经同步性所提示的，这在一些研究中被观察到，但在其他的研究中没有观察到[4]。无论此类行为相关化学物质的分子性质和生理功能如何，在人类中指定为信息素可能尤其成问题。或许，正如 Wyatt 提出的，术语特征性气味可能是更有用的分类[138,139]。

如果存在人类特征性气味，它们不会被副嗅系统检测和处理。虽然在人类胚胎发育早期存在有些类似于 VNO 的胚胎结构，但解剖学证据显示，任何被提出作为成人 VNO 的残留结构(犁鼻窝)显然是不具有功能的[215-217]。犁鼻窝是成人鼻中隔中的上皮憩室，其结构或功能与啮齿类动物的 VNO 不相似[157]。犁鼻窝中的细胞不表达 OMP[218]，OMP 是其他哺乳动物成熟嗅/犁鼻神经元的特征性蛋白[219]。此外，虽然犁鼻神经似乎在人类胎儿发育过程中发挥重要作用，即引导 LHRH 神经元迁移至下丘脑[157]，但在成人中没有保留轴突与大脑高级神经中枢的连接[215,216]。大量的分子证据证实了这些解剖学发现。几乎所有编码啮齿类动物犁鼻器受体和 VNO 特异性转导蛋白的基因在人类中都是假基因。除了 5 个 *V1r* 直系同源基因[220]、所有 *V2rs*、犁鼻器 *Fprs*、*H2-Mv* 基因和 *TrpC2*[221]基因外，其他所有基因在人类和旧大陆猴的基因组中均无功能。对 *TrpC2* 基因和可能的其他 VNO 特异性基因的选择压力放松发生在约 2300 万年前，与旧大陆猴和猿猴共同祖先获得三色色觉相符[222]。此外，在啮齿类动物中编码重要犁鼻肽/蛋白刺激的基因家族，如 MUP 和 ESP，在人类基因组中也是缺失的。

人类缺乏副嗅觉系统的更多证据来自中枢神经系统的解剖学研究。尽管在大多数成年非水生哺乳动物中发现了大小和分化程度不同的 AOB，但这种结构在旧大陆猴、猿类和人类中均缺失[223]。与胎儿 VNO 的一过性胚胎发育非常相似，已在人类和猿类中报道了发育良好胎儿的 AOB 在发育后期退化[32]。

虽然我们对 VNO 的人类特征气味和残留结构知之甚少，但目前几乎没有任何证据可以证明(或否定)人类其他副嗅系统的存在。尽管 Grüneberg 在其最初发表的文献中报道在人类胚胎中发现了 Grüneberg 神经节[171]，但该器官在胎儿发育过程中可能退化[210]。同样，尚未发现人体间隔器。对于 OSN 的非典型亚群，很明显，*Taar* 基因家族至少有 5 个成员在人类中具有潜在功能[4]。然而，TAAR 是否在人类嗅上皮的神经元中表达尚不清楚。对于其他主要类型的非典型 OSN，即 GC-D 神经元，已经证明 GC-D 在灵长类动物中也是假基因化的，此外，对人类项链丝球体也未见描述[210]。

25.7　术　语　表

- 副嗅球(accessory olfactory bulb, AOB)：嗅球背侧后区的前脑部结构。所有 VSN 轴突终止于 AOB，与二级僧帽细胞形成突触。

- 动作电位(action potential)：刺激引起的膜电位的短期变化；也称为神经冲动或峰值电位；神经元发生动作电位(或动作电位脉冲序列)通常被称为放电。

- 杏仁核(amygdala)：前脑中的结构，是边缘系统的重要组成部分，在情绪学习中发挥核心作用。

- Anoctamins：膜蛋白的 Anoctamin(TMEM16)家族至少部分是 Ca^{2+} 激活的氯离子通道；由于这些通道具有阴离子选择性并有 8 个跨膜区，故称为 Anoctamin。

- 宽/窄调谐曲线(broad/narrow tuning profile)：感觉神经元对各种不同刺激(宽调谐)或非常精确的亚类刺激(窄调谐)做出响应，从而显著改变其动作电位放电的灵敏度范围。

- Bruce 效应(Bruce effect)：通过化学感受线索终止妊娠(妊娠中断)；当最近被妊娠的小鼠为响应来自不熟悉雄性的化学感受线索而流产时发生。

- 趋化性(chemotopy)：神经元/丝球体在嗅球表面上关于其气味感受野的物理分布。

- 筛板(cribriform plate)：颅前窝和鼻腔之间的筛孔样结构；支撑嗅球的部分筛骨；被嗅神经纤维通道的孔穿孔。

- 树枝状突触(dendrodendritic synapses, MOB/AOB 中)：在两个树突(此处指来自僧帽细胞和颗粒细胞)之间的往复突触；与从轴突扣结极化形成树突的轴-树突触相反。

- 脱孤(deorphanization)：这一过程导致检测出作用于孤儿受体的天然配体。

- 间脑(diencephalon)：前脑的后部，连接中脑和大脑半球；包围第三脑室，并包含丘脑和下丘脑以及相关区域。

- G 蛋白偶联受体(G protein-coupled receptor, GPCR)：具有特征性 7 个跨膜拓扑结构的大型受体超家族；胞外配体结合(或在视蛋白的情况下通过光照激活)激活异三聚体细胞内 G 蛋白信号转导级联反应；典型的 GPCR 是激素、神经递质、视觉和化学感受(嗅觉和味觉)刺激的受体。

- 神经节(ganglion)：位于周围神经系统中的神经细胞簇或一组神经细胞体。

- 基因簇(gene cluster)：由 2 个至数十个基因组成的群(簇)，属于同一基因家族；在小鼠中发现的绝大多数 OR、V1R 和 V2R 基因在整个基因组中成簇分散分布。

- 丝球体(glomerulus)：主嗅球和副嗅球外层中的球形神经纤维网的特异性结构/功能单位；丝球体由 OSN/VSN 轴突与僧帽细胞、簇状细胞和球周细胞的顶树突突触组成；它们分离并确定突触输入，从而形成嗅觉地形图(趋化性)，允许对传递至大脑的化学信号进行解读。

- 异质性表达(heterologous expression)：在宿主细胞或生物体中的基因(或部分基因)表达，但并不是内源性表达。

- 下丘脑(hypothalamus)：由许多具有不同功能的核团组成的复杂脑部结构；通过监测来自自主神经系统的信息、控制垂体以及通过睡眠和食欲来调节内脏器官活动。

- 输入电阻(input resistance)：神经元的输入电阻反映了膜通道打开的程度；其定义为输入电流时引起的相关电压变化(除以输入电流)；输入电阻增加意味着电流响应的膜电位变化更大，从而使神经元更易兴奋。

- 中间神经元(interneurons, MOB/AOB 中)：球周细胞和颗粒细胞、主嗅球和副嗅球的抑制性神经元；两者通过前馈和反馈的往复树枝状突触抑制僧帽细胞。

- 利他素(kairomones)：种属间的化学信号传导(种属间的化学线索)使另一物种的某一成员受益，而不使释放者获益。例如，捕食者的存在可能是由利他素发出的信号。

- 主要组织相容性复合体(major histocompatibility complex, MHC)：编码细胞表面蛋白的基因组，可将内源性和外源性蛋白片段呈递至免疫系统细胞；识别外源性物质引发免疫应答；MHC 蛋白存在于所有高等脊椎动物中；人类 MHC 经常被称为人类白细胞抗原(HLA)系统。

- 单等位基因表达(monoallelic expression)：默认情况下，某个基因的两个等位基因被主动转录(双等位基因表达)；然而，在少数情况下，给定基因的单个等位基因被表达(X 染色体失活导致的女性 X 连锁基因)。

- 单基因表达(monogenic expression)：来自相关基因家族的单个基因(或一对等位基因)的独有表达。

- 嗅板(olfactory placode)：在神经管形成期间通过细胞分裂产生的外胚层增厚；嗅觉系统是一种周围神经系统组分，来自发育过程中的成对感觉神经板；嗅板产生 OSN、支持细胞和嗅上皮基底细胞[224]。

- 个体发育(ontogeny)：从胚胎到成年个体的起源和发育。

- 孤儿受体(orphan receptors)：配体不明的受体。

- 信息素(pheromones)：用于同种属间的化学通讯(种属内的化学线索)。最初由 Karlson 和 Lüscher 定义为某一物种的成员释放的化学物质，可引起同物种其他成员的特定反应[136]。

- 丛状层(plexiform layer)：Meticular 层(视网膜或嗅球)主要由神经细胞突起(神经毡)组成，位于细胞层之间。

- 投射神经元(projection neuron)：MOB 和 AOB 中的僧帽细胞(和/或在主嗅球的情况下为簇状细胞)；这些神经元从 OSN 或 VSN 接收信息，并中继或投射这个信息给大脑高级核团。

- 端脑(telencephalon)：前脑的前部结构，构成大脑半球和相关结构。

- 河鲀毒素(tetrodotoxin, TTX)：在河鲀中发现的一种强效神经毒素；通过结合和阻断电压门控钠通道抑制动作电位的激发。

- 瞬时受体电位(transient receptor potential, TRP)：根据果蝇的光传导通道作用命名的离子通道；哺乳动物 *TrP* 基因由至少 28 个通道亚单位基因编码；通道形成 6 个蛋白家族；一级结构预测 6 个跨膜结构域，其孔结构域在 5～6 个区段之间，推测 C 端和 N 末端位于细胞内[225]。

- 犁鼻感觉神经元(vomeronasal sensory neurons, VSN)：位于 VNO 中嗅上皮的双极感觉神经元。VSN 树突末端变为微绒毛，代表化学感受传导的部位。因此，所有相关的信号传导分子，如 V1/2R 和 FPR 受体以及瞬时受体电位通道 2(TRPC2)均位于微绒毛中。VSN 的轴突终止于 AOB 中的丝球体，并与二级投射神经元(僧帽细胞)形成突触。

参 考 文 献

[1] S.D. Munger, T. Leinders-Zufall, F. Zufall: Subsystem organization of the mammalian sense of smell, Annu. Rev. Physiol. 71, 115-140 (2009)

[2] M. Spehr, S.D. Munger: Olfactory receptors: G protein-coupled receptors and beyond, J. Neurochem. 109, 1570-1583 (2009)

[3] H. Breer, J. Fleischer, J. Strotmann: The sense of smell: Multiple olfactory subsystems, Cell. Mol.Life Sci. 63, 1465-1475 (2006)

[4] S.D. Liberles: Mammalian pheromones, Annu.Rev. Physiol. 76, 151-175 (2013)

[5] P. Mombaerts: Odorant receptor gene choice in olfactory sensory neurons: The one receptor-one neuron hypothesis revisited, Curr. Opin. Neurobiol. 14, 31-36 (2004)

[6] V.N. Murthy: Olfactory maps in the brain, Annu.Rev. Neurosci. 34, 233-258 (2011)

[7] P. Chamero, T. Leinders-Zufall, F. Zufall: From genes to social communication: Molecular sensing by the vomeronasal organ, Trends Neurosci. 2,1-10 (2012)

[8] S.D. Munger: Noses within noses, Nature 459,521-522 (2009)

[9] M. Spehr: Sniffing out social signals, e-Neuroforum 1, 9-16 (2010)

[10] L.B. Buck, R. Axel: A novel multigene family may encode odorant receptors: A molecular basis for odor recognition, Cell 65, 175-187 (1991)

[11] S. Firestein: How the olfactory system makes sense of scents, Nature 413, 211-218 (2001)

[12] P. Mombaerts: Genes and ligands for odorant,vomeronasal and taste receptors, Nat. Rev. Neurosci. 5, 263-278 (2004)

[13] M. Spehr, J. Spehr, K. Ukhanov, K.R. Kelliher,T. Leinders-Zufall, F. Zufall: Parallel processing of social signals by the mammalian main and accessory olfactory systems, Cell. Mol. Life Sci. 63,1476-1484 (2006)

[14] F. Scalia, S.S. Winans: The differential projections of the olfactory bulb and accessory olfactory bulb in mammals, J. Comp. Neurol. 161, 31-55 (1975)

[15] S.S. Winans, F. Scalia: Amygdaloid nucleus: New afferent input from the vomeronasal organ, Science 170, 330-332 (1970)

[16] L. Jacobson, D. Trotier, K.B. Døving: Anatomical description of a new organ in the nose of domesticated animals by Ludvig Jacobson (1813), Chem.Senses 23, 743-754 (1998)

[17] M. Halpern, A. Martinez-Marcos: Structure and function of the vomeronasal system: An update, Prog. Neurobiol. 70, 245-318 (2003)

[18] M. Meredith: Sensory processing in the main and accessory olfactory systems: Comparisons and contrasts, J. Steroid Biochem. Mol. Biol. 39, 601-614 (1991)

[19] Y. Ben-Shaul, L.C. Katz, R. Mooney, C. Dulac: In vivo vomeronasal stimulation reveals sensory encoding of conspecific and allospecific cues by the mouse accessory olfactory bulb, Proc. Natl. Acad.Sci. 107, 5172-5177 (2010)

[20] M. Meredith, R.J. O'Connell: Efferent control ofstimulus access to the hamster vomeronasal organ, J. Physiol. 286, 301-316 (1979)

[21] I. Rodriguez: Pheromone receptors in mammals, Horm. Behav. 46, 219-230 (2004)

[22] J.H. Brann, S. Firestein: Regeneration of new neurons is preserved in aged vomeronasal epithelia,J. Neurosci 30, 15686-15694 (2010)

[23] M. Luo, M.S. Fee, L.C. Katz: Encoding pheromonal signals in the accessory olfactory bulb of behaving mice, Science 299, 1196-1201 (2003)

[24] C.J. Wysocki, J.L. Wellington, G.K. Beauchamp:Access of urinary nonvolatiles to the mammalian vomeronasal organ, Science 207, 781-783(1980)

[25] A. Cuschieri, L.H. Bannister: The development of the olfactory mucosa in the mouse: Light microscopy, J. Anat. 119, 277-286 (1975)

[26] G. Tarozzo, P. Cappello, M. De Andrea, E. Walters,F.L. Margolis, B. Oestreicher, A. Fasolo: Prenatal differentiation of mouse vomeronasal neurones, Eur. J. Neurosci. 10, 392-396 (1998)

[27] K. Szabó, A.S. Mendoza: Developmental studies on the rat vomeronasal organ: Vascular pattern and neuroepithelial differentiation. I. Light microscopy, Brain Res. 467, 253-258 (1988)

[28] P. Giacobini, A. Benedetto, R. Tirindelli, A. Fasolo:Proliferation and migration of receptor neurons in the vomeronasal organ of the adult mouse, Dev.Brain Res. 123, 33-40 (2000)

[29] D.M. Coppola, R.J. O'Connell: Stimulus access to olfactory and vomeronasal receptors in utero, Neurosci. Lett. 106, 241-248 (1989)

[30] K.R. Hovis, R. Ramnath, J.E. Dahlen, A.L. Romanova, G. LaRocca, M.E. Bier, N.N. Urban: Activity regulates functional connectivity from the vomeronasal organ to the accessory olfactory bulb, J. Neurosci. 32, 7907-7916 (2012)

[31] C. Mucignat-Caretta: The rodent accessory olfactory system, J. Comp. Physiol. A. 196, 767-777(2010)

[32] C. Dulac, A.T. Torello: Molecular detection of pheromone signals in mammals: From genes to behaviour, Nat. Rev. Neurosci. 4, 551-562 (2003)

[33] M. Halpern: The organization and function of the vomeronasal organ, Annu. Rev. Neurosci. 10, 325-362 (1987)

[34] T. Ishii, P. Mombaerts: Expression of nonclassical class I major histocompatibility genes defines a tripartite organization of the mouse vomeronasal system, J. Neurosci. 28, 2332-2341(2008)

[35] T. Leinders-Zufall, T. Ishii, P. Chamero, P. Hendrix, L. Oboti, A. Schmid, S. Kircher, M. Pyrski,S. Akiyoshi, M. Khan, E. Vaes, F. Zufall, P. Mombaerts: A family of nonclassical class I MHC genes contributes to ultrasensitive chemodetection by mouse vomeronasal sensory neurons, J. Neurosci.34, 5121-5133 (2014)

[36] J. Loconto, F. Papes, E. Chang, L. Stowers,E.P. Jones, T. Takada, A. Kumánovics, K. Fischer Lindahl, C. Dulac: Functional expression of murine V2R pheromone receptors involves selective association with the M10 and M1 families of MHC class Ib molecules, Cell 112, 607-618 (2003)

[37] A. Berghard, L.B. Buck: Sensory transduction in vomeronasal neurons: Evidence for G alpha o, Galpha i2, and adenylyl cyclase II as major components of a pheromone signaling cascade, J. Neurosci. 16, 909-918 (1996)

[38] C. Dulac, R. Axel: A novel family of genes encoding putative pheromone receptors in mammals, Cell83, 195-206 (1995)

[39] I. Rodriguez, K. Del Punta, A. Rothman, T. Ishii,P. Mombaerts: Multiple new and isolated families within the mouse superfamily of V1r vomeronasalreceptors, Nat. Neurosci. 5, 134-140 (2002)

[40] D. Roppolo, S. Vollery, C.-D. Kan, C. Lüscher, M.-C. Broillet, I. Rodriguez: Gene cluster lock after pheromone receptor gene choice, EMBO J. 26,3423-3430 (2007)

[41] L. Capello, D. Roppolo, V.P. Jungo, P. Feinstein,I. Rodriguez: A common gene exclusion mechanism used by two chemosensory systems, Eur. J. Neurosci. 29, 671-678 (2009)

[42] X. Zhang, I. Rodriguez, P. Mombaerts, S. Firestein:Odorant and vomeronasal receptor genes in two mouse genome assemblies, Genomics 83, 802-811 (2004)

[43] I. Rodriguez, P. Feinstein, P. Mombaerts: Variable patterns of axonal projections of sensory neurons in the mouse vomeronasal system, Cell 97, 199-208 (1999)

[44] K. Del Punta, T. Leinders-Zufall, I. Rodriguez,D. Jukam, C.J. Wysocki, S. Ogawa, F. Zufall, P. Mombaerts: Deficient pheromone responses in mice lacking a cluster of vomeronasal receptor genes, Nature 419, 70-74 (2002)

[45] Y. Isogai, S. Si, L. Pont-Lezica, T. Tan, V. Kapoor,V.N. Murthy, C. Dulac: Molecular organization of vomeronasal chemoreception, Nature 478, 241-245 (2011)

[46] L. Belluscio, G. Koentges, R. Axel, C. Dulac: A map of pheromone receptor activation in the mammalian brain, Cell 97, 209-220 (1999)

[47] J.W. Lewcock, R.R. Reed: A feedback mechanism regulates monoallelic odorant receptor expression, Proc. Natl. Acad. Sci. 101, 1069-1074 (2004)

[48] S. Serizawa, K. Miyamichi, H. Nakatani, M. Suzuki,M. Saito, Y. Yoshihara, H. Sakano: Negative feedback regulation ensures the one receptor-oneolfactory neuron rule in mouse, Science 302,2088-2094 (2003)

[49] G. Herrada, C. Dulac: A novel family of putative pheromone receptors in mammals with a topographically organized and sexually dimorphic distribution, Cell 90, 763-773 (1997)

[50] H. Matsunami, L.B. Buck: A multigene family encoding a diverse array of putative pheromone receptors in mammals, Cell 90, 775-784 (1997)

[51] N.J.P. Ryba, R. Tirindelli: A new multigene family of putative pheromone receptors, Neuron 19, 371-379 (1997)

[52] J.M. Young, B.J. Trask: V2R gene families degenerated in primates, dog and cow, but expanded in opossum, Trends Genet. 23, 209-212 (2007)

[53] S. Martini, L. Silvotti, A. Shirazi, N.J.P. Ryba,R. Tirindelli: Co-expression of putative pheromone receptors in the sensory neurons of the vomeronasal organ, J. Neurosci. 21,843-848 (2001)

[54] L. Silvotti, A. Moiani, R. Gatti, R. Tirindelli: Combinatorial co-expression of pheromone receptors,V2Rs, J. Neurochem. 103, 1753-1763 (2007)

[55] L. Silvotti, E. Cavalca, R. Gatti, R. Percudani,R. Tirindelli: A recent class of chemosensory neurons developed in mouse and rat, PLoS One 6,e24462 (2011)

[56] L.B. Vosshall, B.S. Hansson: A unified nomenclature system for the insect olfactory coreceptor,Chem. Senses 36, 497-498 (2011)

[57] T. Ishii, J. Hirota, P. Mombaerts: Combinatorialcoexpression of neural and immune multigene families in mouse vomeronasal sensory neurons,Curr. Biol. 13, 394-400 (2003)

[58] P. Shi, J. Zhang: Comparative genomic analysis identifies an evolutionary shift of vomeronasal receptor gene repertoires in the vertebrate transition from water to land, Genome Res. 17, 166-174 (2007)

[59] S. Haga, T. Hattori, T. Sato, K. Sato, S. Matsuda, R. Kobayakawa, H. Sakano, Y. Yoshihara, T. Kikusui, K. Touhara: The male mouse pheromone ESP1 enhances female sexual receptive behaviour through a specific vomeronasal receptor, Nature 466, 118-122 (2010)

[60] T. Leinders-Zufall, T. Ishii, P. Mombaerts, F. Zufall,T. Boehm: Structural requirements for the activation of vomeronasal sensory neurons by MHC peptides, Nat. Neurosci. 12, 1551-1558 (2009)

[61] S. Dey, H. Matsunami: Calreticulin chaperones regulate functional expression of vomeronasal type 2 pheromone receptors, Proc. Natl. Acad. Sci.108, 16651-16656 (2011)

[62] S.D. Liberles, L.F. Horowitz, D. Kuang, J.J. Contos, K.L. Wilson, J. Siltberg-Liberles, D.A. Liberles,L.B. Buck: Formyl peptide receptors are candidatechemosensory receptors in the vomeronasal organ, Proc. Natl. Acad. Sci. 106, 9842-9847 (2009)

[63] S. Rivière, L. Challet, D. Fluegge, M. Spehr, I. Rodriguez: Formyl peptide receptor-like proteins are a novel family of vomeronasal chemosensors,Nature 459, 574-577 (2009)

[64] Y. Le, P.M. Murphy, J.M. Wang: Formyl-peptide receptors revisited, Trends Immunol. 23, 541-548 (2002)

[65] O. Soehnlein, L. Lindbom: Phagocyte partnership during the onset and resolution of inflammation,Nat. Rev. Immunol. 10, 427-439 (2010)

[66] E. Kolaczkowska, P. Kubes: Neutrophil recruitment and function in health and inflammation, Nat.Rev. Immunol. 13, 159-175 (2013)

[67] B. Bufe, T. Schumann, F. Zufall: Formyl peptide receptors from immune and vomeronasal system exhibit distinct agonist properties, J. Biol. Chem.287 (40), 33644-33655 (2012)

[68] P. Chamero, V. Katsoulidou, P. Hendrix, B. Bufe,R.W. Roberts, H. Matsunami, J. Abramowitz,L. Birnbaumer, F. Zufall, T. Leinders-Zufall: G protein G(alpha)o is essential for vomeronasal function and aggressive behavior in mice, Proc. Natl.Acad. Sci. 108, 12898-12903 (2011)

[69] P. Chamero, T.F. Marton, D.W. Logan, K.A. Flanagan, J.R. Cruz, A. Saghatelian, B.F. Cravatt,L. Stowers: Identification of protein pheromones that promote aggressive behaviour, Nature 450,899-902 (2007)

[70] K. Inamura, M. Kashiwayanagi: Inward current responses to urinary substances in rat vomeronasal sensory neurons, Eur. J. Neurosci. 12,3529-3536 (2000)

[71] K. Inamura, M. Kashiwayanagi, K. Kurihara:Inositol-1,4,5-trisphosphate induces responses in receptor neurons in rat vomeronasal sensory slices, Chem. Senses 22, 93-103 (1997)

[72] K. Inamura, Y. Matsumoto, M. Kashiwayanagi,K. Kurihara: Laminar distribution of pheromone-receptive neurons in rat vomeronasal epithelium,J. Physiol. 517 (3), 731-739 (1999)

[73] S. Kim, L. Ma, C.R. Yu: Requirement of calcium-activated chloride channels in the activation of mouse vomeronasal neurons, Nat. Commun. 2,365 (2011)

[74] H. Kimoto, K. Sato, F. Nodari, S. Haga, T.E. Holy,K. Touhara: Sex- and strain-specific expression and vomeronasal activity of mouse ESP family peptides, Curr. Biol. 17, 1879-1884 (2007)

[75] T. Leinders-Zufall, A.P. Lane, A.C. Puche, W. Ma,M.V. Novotny, M.T. Shipley, F. Zufall: Ultrasensitive pheromone detection by mammalian vomeronasal neurons, Nature 405, 792-796 (2000)

[76] T. Leinders-Zufall, P.A. Brennan, P. Widmayer,C.S. Prashanth, A. Maul-Pavicic, M. Jäger, X.-H. Li,H. Breer, F. Zufall, T. Boehm: MHC class I peptides as chemosensory signals in the vomeronasal organ, Science 306, 1033-1037 (2004)

[77] P. Lucas, K. Ukhanov, T. Leinders-Zufall, F. Zufall: A diacylglycerol-gated cation channel in vomeronasal neuron dendrites is impaired in TRPC2 mutant mice: Mechanism of pheromonetransduction, Neuron 40, 551-561 (2003)

[78] F. Nodari, F.-F. Hsu, X. Fu, T.F. Holekamp, L.-F. Kao, J. Turk, T.E. Holy: Sulfated steroids as natural ligands of mouse pheromone-sensingneurons, J. Neurosci. 28, 6407-6418 (2008)

[79] F. Papes, D.W. Logan, L. Stowers: The vomeronasal organ mediates interspecies defensive behaviors through detection of protein pheromone homologs, Cell 141, 692-703 (2010)

[80] M. Spehr, H. Hatt, C.H. Wetzel: Arachidonic acid plays a role in rat vomeronasal signal transduction, J. Neurosci. 22, 8429-8437 (2002)

[81] S. Hagendorf, D. Fluegge, C.H. Engelhardt,M. Spehr: Homeostatic control of sensory output in basal vomeronasal neurons: Activity-dependent expression of ether-à-go-go-related gene potassium channels, J. Neurosci. 29, 206-221 (2009)

[82] E.R. Liman, D.P. Corey: Electrophysiological characterization of chemosensory neurons from the mouse vomeronasal organ, J. Neurosci. 16, 4625-4637 (1996)

[83] R. Shimazaki, A. Boccaccio, A. Mazzatenta,G. Pinato, M. Migliore, A. Menini: Electrophysiological properties and modeling of murine vomeronasal sensory neurons in acute slice preparations, Chem. Senses 31, 425-435 (2006)

[84] K. Ukhanov, T. Leinders-zufall, F. Zufall: Patch-clamp analysis of gene-targeted vomeronasal neurons expressing a defined V1r or V2r receptor:Ionic mechanisms underlying persistent firing, J. Neurophysiol. 98, 2357-2369 (2007)

[85] B.P. Bean: The action potential in mammalian central neurons, Nat. Rev. Neurosci. 8, 9579-9967(2007)

[86] P. Zhang, C. Yang, R.J. Delay: Urine stimulation activates BK channels in mouse vomeronasal neurons, J. Neurophysiol. 100, 1824-1834 (2008)

[87] M. Dibattista, A. Mazzatenta, F. Grassi,R. Tirindelli, A. Menini: Hyperpolarizationa-ctivated cyclic nucleotide-gated channels in mouse vomeronasal sensory neurons, J. Neurophysiol. 100, 576-586 (2008)

[88] M. Halpern, L.S. Shapiro, C. Jia: Differential localization of G proteins in the opossum vomeronasal system, Brain Res. 677, 157-161 (1995)

[89] M. Matsuoka, J. Yoshida-Matsuoka, N. Iwasaki,M. Norita, R.M. Costanzo, M. Ichikawa: Immuno-cytochemical study of Gi2alpha and Goalpha on the epithelium surface of the rat vomeronasal organ, Chem. Senses 26, 161-166 (2001)

[90] E.M. Norlin, F. Gussing, A. Berghard: Vomeronasalphenotype and behavioral alterations in Gai2mutant mice, Curr. Biol. 13, 1214-1219 (2003)

[91] M. Tanaka, H.B. Treloar, R.G. Kalb, C.A. Greer,S.M. Strittmatter: G(o) protein-dependent survival of primary accessory olfactory neurons, Proc.Natl. Acad. Sci. 96, 14106-14111 (1999)

[92] M. Dibattista, A. Amjad, D.K. Maurya,C. Sagheddu, G. Montani, R. Tirindelli, A. Menini:Calcium-activated chloride channels in the apical region of mouse vomeronasal sensory neurons,J. Gen. Physiol. 140, 3-15 (2012)

[93] C. Yang, R.J. Delay: Calcium-activated chloride current amplifies the response to urine in mouse vomeronasal sensory neurons, J. Gen. Physiol.135, 3-13 (2010)

[94] E.R. Liman, D.P. Corey, C. Dulac: TRP2: A candidatetransduction channel for mammalian pheromone sensory signaling, Proc. Natl. Acad. Sci. 96, 5791-5796 (1999)

[95] B.G. Leypold, C.R. Yu, T. Leinders-Zufall,M.M. Kim, F. Zufall, R. Axel: Altered sexual and social behaviors in TRP2 mutant mice, Proc.Natl. Acad. Sci. 99, 6376-6381 (2002)

[96] L. Stowers, T.E. Holy, M. Meister, C. Dulac,G. Koentges: Loss of sex discrimination and male-male aggression in mice deficient for TRP2, Science 295, 1493-1500 (2002)

[97] K.R. Kelliher, M. Spehr, X.-H. Li, F. Zufall, T. Leinders-Zufall: Pheromonal recognition memory induced by TRPC2-independent vomeronasal sensing, Eur. J. Neurosci. 23, 3385-3390 (2006)

[98] D.E. Pankevich, M.J. Baum, J.A. Cherry: Olfactory sex discrimination persists, whereas the preference for urinary odorants from estrous females disappears in male mice after vomeronasal organ removal, J. Neurosci. 24, 9451-9457 (2004)

[99] J. Spehr, S. Hagendorf, J. Weiss, M. Spehr,T. Leinders-Zufall, F. Zufall: Ca^{2+}-calmodulin feedback mediates sensory adaptation and inhibits pheromone-sensitive ion channels in the vomeronasal organ, J. Neurosci. 29, 2125-2135(2009)

[100] S. Pifferi, M. Dibattista, C. Sagheddu, A. Boccaccio,A. Al Qteishat, F. Ghirardi, R. Tirindelli, A. Menini: Calcium-activated chloride currents in olfactory sensory neurons from mice lacking bestrophin-2, J. Physiol. 587, 4265-4279 (2009)

[101] A.B. Stephan, E.Y. Shum, S. Hirsh, K.D. Cygnar,J. Reisert, H. Zhao: ANO2 is the cilial calcium-activated chloride channel that may mediate olfactory amplification, Proc. Natl. Acad. Sci. 106,11776-11781 (2009)

[102] A. Caputo, E. Caci, L. Ferrera, N. Pedemonte,C. Barsanti, E. Sondo, U. Pfeffer, R. Ravazzolo, O. Zegarra-Moran, L.J.V. Galietta: TMEM16A,A membrane protein associated with calcium-dependent chloride channel activity, Science 322,590-594 (2008)

[103] B.C. Schroeder, T. Cheng, Y.N. Jan, L.Y. Jan: Expression cloning of TMEM16A as a calcium-activated chloride channel subunit, Cell 134, 1019-1029 (2008)

[104] H. Yang, A. Kim, T. David, T. Palmer, J. Tien,J. Tien, F. Huang, T. Cheng, S.R. Coughlin, Y.N. Jan,L.Y. Jan: TMEM16F forms a Ca^{2+}-activated cation channel required for lipid scrambling in platelets during blood coagulation, Cell 151, 111-122 (2012)

[105] G.M. Billig, B. Pál, P. Fidzinski, T.J. Jentsch: Ca^{2+}-activated Cl- currents are dispensable for olfaction, Nat. Neurosci. 14, 763-769 (2011)

[106] K. Dauner, J. Lißmann, S. Jeridi, S. Frings,F. Möhrlen: Expression patterns of anoctamin 1and anoctamin 2 chloride channels in the mammalian nose, Cell Tissue Res. 347, 327-341 (2012)

[107] S. Rasche, B. Toetter, J. Adler, A. Tschapek,J.F. Doerner, S. Kurtenbach, H. Hatt, H. Meyer,B. Warscheid, E.M. Neuhaus: TMEM16B is specifically expressed in the cilia of olfactory sensory neurons, Chem. Senses 35, 239-245 (2010)

[108] L. Lo, D.J. Anderson: A Cre-dependent, anterograde transsynaptic viral tracer for mapping output pathways of genetically marked neurons,Neuron 72, 938-950 (2011)

[109] C. Jia, M. Halpern: Segregated populations of mitral/tufted cells in the accessory olfactory bulb, Neuroreport 8, 1887-1890 (1997)

[110] K. Mori, H. von Campenhausen, Y. Yoshihara:Zonal organization of the mammalian main and accessory olfactory systems, Philos. Trans. R. Soc.Lond. B. Biol. Sci. 355, 1801-1812 (2000)

[111] H.B. Treloar, D. Gabeau, Y. Yoshihara, K. Mori,C.A. Greer: Inverse expression of olfactory cell adhesion molecule in a subset of olfactory axons and a subset of mitral/tufted cells in the developing rat main olfactory bulb, J. Comp. Neurol. 458,389-403 (2003)

[112] K. Del Punta, A.C. Puche, N.C. Adams, I. Rodriguez, P. Mombaerts: A divergent pattern of sensory axonal projections is rendered convergent by second-order neurons in the accessory olfactory bulb, Neuron 35, 1057-1066 (2002)

[113] S. Wagner, A.L. Gresser, A.T. Torello, C. Dulac:A multireceptor genetic approach uncovers an ordered integration of VNO sensory inputs in the accessory olfactory bulb, Neuron 50, 697-709 (2006)

[114] C. Dulac, S. Wagner: Genetic analysis of brain circuits underlying pheromone signaling, Annu.Rev. Genet. 40, 449-467 (2006)

[115] J. Larriva-Sahd: The accessory olfactory bulb in the adult rat: A cytological study of its cell types,neuropil, neuronal modules, and interactions with the main olfactory system, J. Comp. Neurol.510, 309-350 (2008)

[116] I. Salazar, P. Sanchez-Quinteiro, J.M. Cifuentes,P. Fernandez De Troconiz: General organization of the perinatal and adult accessory olfactory bulb in mice, Anat. Rec. A. Discov. Mol. Cell. Evol. Biol.288, 1009-1025 (2006)

[117] R. Tirindelli, M. Dibattista, S. Pifferi, A. Menini:From Pheromones to Behavior, Physiol. Rev. 89,921-956 (2009)

[118] C.A. Dudley, R.L. Moss: Electrophysiological evidence for glutamate as a vomeronasal receptor cell neurotransmitter, Brain Res. 675, 208-214(1995)

[119] J.P. Meeks, H.A. Arnson, T.E. Holy: Representation and transformation of sensory information in the mouse accessory olfactory system, Nat. Neurosci.13, 723-730 (2010)

[120] S. Takami, P.P. Graziadei: Light microscopic Golgi study of mitral/tufted cells in the accessory olfactory bulb of the adult rat, J. Comp. Neurol. 311,65-83 (1991)

[121] N.N. Urban, J.B. Castro: Tuft calcium spikes in accessory olfactory bulb mitral cells, J. Neurosci. 25,5024-5028 (2005)

[122] J.B. Castro, N.N. Urban: Subthreshold glutamate release from mitral cell dendrites, J. Neurosci. 29,7023-7030 (2009)

[123] J. Ma, G. Lowe: Action potential backpropagation and multiglomerular signaling in the rat vomeronasal system, J. Neurosci. 24, 9341-9352(2004)

[124] S. Zibman, G. Shpak, S. Wagner: Distinct intrinsic membrane properties determine differential information processing between main and accessory olfactory bulb mitral cells, Neuroscience 189,51-67 (2011)

[125] E.B. Keverne, P.A. Brennan: Olfactory recognition memory, J. Physiol. 90, 503-508 (1996)

[126] P.A. Brennan, K.M. Kendrick: Mammalian social odours: Attraction and individual recognition, Philos. Trans. R. Soc. Lond. B. Biol. Sci. 361, 2061-2078 (2006)

[127] J.L. Price, T.P.S. Powell: The synaptology of the granule cells of the olfactory bulb, J. Cell Sci. 7,125-155 (1970)

[128] N.E. Schoppa, N.N. Urban: Dendritic processing within olfactory bulb circuits, Trends Neurosci. 26,501-506 (2003)

[129] Y. Hayashi, A. Momiyama, T. Takahashi, H. Ohishi, R. Ogawa-Meguro, R. Shigemoto, N. Mizuno, S. Nakanishi: Role of metabotropic glutamate receptors in synaptic modulation in the accessory olfactory bulb, Nature 366, 687-690 (1993)

[130] C. Jia, W.R. Chen, G.M. Shepherd: Synaptic organization and neurotransmitters in the rat accessoryolfactory bulb, J. Neurophysiol. 81, 345-355 (1999)

[131] M. Taniguchi, H. Kaba: Properties of reciprocal synapses in the mouse accessory olfactory bulb,Neuroscience 108, 365-370 (2001)

[132] R.C. Hendrickson, S. Krauthamer, J.M. Essenberg,T.E. Holy: Inhibition shapes sex selectivity in the mouse accessory olfactory bulb, J. Neurosci. 28,12523-12534 (2008)

[133] P.A. Brennan, E.B. Keverne: Neural mechanisms of mammalian olfactory learning, Prog. Neurobiol.51, 457-481 (1997)

[134] J.B. Castro, K.R. Hovis, N.N. Urban: Recurrent dendrodendritic inhibition of accessory olfactory bulb mitral cells requires activation of group I metabotropic glutamate receptor, J. Neurosci. 27,5664-5671 (2007)

[135] H. Kaba, Y. Hayashi, S. Nakanishi: Induction of an olfactory memory by the activation of a metabotropic glutamate receptor, Science 265,262-264 (1994)

[136] P. Karlson, M. Lüscher: Pheromones: A new term for a class of biologically active substances, Nature 183, 55-56 (1959)

[137] R.L. Doty: The Great Pheromone Myth (Johns Hopkins University Press, Baltimore 2010)

[138] T.D. Wyatt: Fifty years of pheromones, Nature 457,262-263 (2009)

[139] T.D. Wyatt: Pheromones and Animal Behavior:Chemical Signals and Signatures, 2nd edn. (Cambridge University Press, Cambridge 2014)

[140] M. Sam, S. Vora, B. Malnic, W. Ma, M.V. Novotny,L.B. Buck: Odorants may arouse instinctive behaviours, Nature 412, 142 (2001)

[141] K. Trinh, D.R. Storm: Vomeronasal organ detects odorants in absence of signaling through main olfactory epithelium, Nat. Neurosci. 6, 519-525 (2003)

[142] H. Kimoto, S. Haga, K. Sato, K. Touhara: Sex-specific peptides from exocrine glands stimulate mouse vomeronasal sensory neurons, Nature 437,898-901 (2005)

[143] D.W. Logan, T.F. Marton, L. Stowers: Species specificity in major urinary proteins by parallel evolution, PLoS One 3, 11 (2008)

[144] D.M. Ferrero, L.M. Moeller, T. Osakada, N. Horio, Q. Li, D.S. Roy, A. Cichy, M. Spehr,K. Touhara, S.D. Liberles: A juvenilemouse pheromone inhibits sexual behaviour through the vomeronasal system, Nature 502, 368-371 (2013)

[145] A.W. Kaur, T. Ackels, T.-H. Kuo, A. Cichy, S. Dey,C. Hays, M. Kateri, D.W. Logan, T.F. Marton,M. Spehr, L. Stowers: Murine pheromone proteins constitute a context-dependent combinatorial code governing multiple social behaviors,Cell 157, 676-688 (2014)

[146] M.V. Novotny: Pheromones, binding proteins and receptor responses in rodents, Biochem. Soc.Trans. 31, 117-122 (2003)

[147] J.P. Meeks, T.E. Holy: An ex vivo preparation of the intact mouse vomeronasal organ and accessory olfactory bulb, J. Neurosci. Methods 177, 440-447 (2010)

[148] J.M. Mudge, S.D. Armstrong, K. McLaren, R.J. Beynon, J.L. Hurst, C. Nicholson, D.H. Robertson,L.G. Wilming, J.L. Harrow: Dynamic instability of the major urinary protein gene family revealed by genomic and phenotypic comparisons between C57 and 129 strain mice, Genome Biol. 9, R91 (2008)

[149] J.L. Knopf, J.F. Gallagher, W.A. Held: Differential, multihormonal regulation of the mouse major urinary protein gene family in the liver, Mol. Cell.Biol. 3, 2232-2240 (1983)

[150] P.R. Szoka, K. Paigen: Regulation of the mouse major urinary protein production by the MUP-Agene, Genetics 90, 597-612 (1978)

[151] J.L. Hurst, R.J. Beynon: Scent wars: The chemobiology of competitive signalling in mice, Bioessays26, 1288-1298 (2004)

[152] S.A. Roberts, D.M. Simpson, S.D. Armstrong,A.J. Davidson, D.H. Robertson, L. McLean,R.J. Beynon, J.L. Hurst: Darcin: A male pheromone that stimulates female memory and sexual attraction to an individual male's odour, BMC Biol.8, 75 (2010)

[153] S.A. Roberts, A.J. Davidson, L. McLean,R.J. Beynon, J.L. Hurst: Pheromonal induction of spatial learning in mice, Science 338,1462-1465 (2012)

[154] T. Boehm, F. Zufall: MHC peptides and the sensory evaluation of genotype, Trends Neurosci. 29, 100-107 (2006)

[155] M. Spehr, K.R. Kelliher, X.-H. Li, T. Boehm, T. Leinders-Zufall, F. Zufall: Essential role of the main olfactory system in social recognition of major histocompatibility complex peptide ligands,J. Neurosci. 26, 1961-1970 (2006)

[156] T. Sturm, T. Leinders-Zufall, B. Maček, M. Walzer,S. Jung, B. Pömmerl, S. Stevanović, F. Zufall,P. Overath, H.-G. Rammensee: Mouse urinary peptides provide a molecular basis for genotypediscrimination by nasal sensory neurons, Nat.Commun. 4, 1616 (2013)

[157] P.A. Brennan, F. Zufall: Pheromonal communication in vertebrates, Nature 444, 308-315 (2006)

[158] F. Andreolini, B. Jemiolo, M.V. Novotny: Dynamics of excretion of urinary chemosignals in the house mouse (*Mus musculus*) during the natural estrous cycle, Experientia 43, 998-1002 (1987)

[159] F.J. Schwende, D. Wiesler, M.V. Novotny: Volatile compounds associated with estrus in mouse urine: Potential pheromones, Experientia 40,213-215 (1984)

[160] M.V. Novotny, H.A. Soini, S. Koyama, D. Wiesler,K.E. Bruce, D.J. Penn: Chemical identification of MHC-influenced volatile compounds in mouse urine. I: Quantitative proportions of major chemosignals, J. Chem. Ecol. 33, 417-434 (2007)

[161] B. Jemiolo, M.V. Novotny: Inhibition of sexual maturation in juvenile female and male mice by a chemosignal of female origin, Physiol. Behav. 55, 519-522 (1994)

[162] M.V. Novotny, B. Jemiolo, D. Wiesler, W. Ma,S. Harvey, F. Xu, T.-M. Xie, M. Carmack: A unique urinary constituent, 6-hydroxy-6-methy-3-heptanone, is a pheromone that accelerates puberty in female mice, Chem. Biol. 6, 377-383(1999)

[163] T. Rodolfo-Masera: Su l'esistenza di un particolare organo olfacttivo nel setto nasale della cavia e di altri roditori, Arch. Ital. Anat. Embryol. 48,157-212 (1943)

[164] O. Lèvai, J. Strotmann: Projection pattern of nerve fibers from the septal organ: DiI-tracing studies with transgenic OMP mice, Histochem. Cell Biol.120, 483-492 (2003)

[165] M. Ma, X. Grosmaitre, C.L. Iwema, H. Baker,C.A. Greer, G.M. Shepherd: Olfactory signal transduction in the mouse septal organ, J. Neurosci.23, 317-324 (2003)

[166] A. Walz, P. Feinstein, M. Khan, P. Mombaerts: Axonal wiring of guanylate cyclase-D-expressing olfactory neurons is dependent on neuropilin 2 and semaphorin 3F, Development 134, 4063-4072(2007)

[167] J.F. Kaluza, F. Gussing, S. Bohm, H. Breer, J. Strotmann: Olfactory receptors in the mouse septal organ, J. Neurosci. Res. 76, 442-452 (2004)

[168] H. Tian, M. Ma: Molecular organization of the olfactory septal organ, J. Neurosci. 24, 8383-8390(2004)

[169] X. Grosmaitre, S.H. Fuss, A.C. Lee, K.A. Adipietro,H. Matsunami, P. Mombaerts, M. Ma: SR1, a mouse odorant receptor with an unusually broad response profile, J. Neurosci. 29, 14545-14552 (2009)

[170] D.A. Marshall, J.A. Maruniak: Masera's organ responds to odorants, Brain Res. 366, 329-332(1986)

[171] H. Grüneberg: A ganglion probably belonging to the N. terminalis system in the nasal mucosa of the mouse, Z. Anat. Entwicklungsgesch. 140, 39-52 (1973)

[172] S.H. Fuss, M. Omura, P. Mombaerts: The Grueneberg ganglion of the mouse projects axons to glomeruli in the olfactory bulb, Eur. J. Neurosci. 22, 2649-2654 (2005)

[173] D.S. Koos, S.E. Fraser: The Grueneberg ganglion projects to the olfactory bulb, Neuroreport 16,1929-1932 (2005)

[174] J. Brechbühl, M. Klaey, M.-C. Broillet: Grueneberg ganglion cells mediate alarm pheromone detection in mice, Science 321, 1092-1095 (2008)

[175] J. Fleischer, K. Schwarzenbacher, S. Besser,N. Hass, H. Breer: Olfactory receptors and signalling elements in the Grueneberg ganglion, J. Neurochem. 98, 543-554 (2006)

[176] J. Fleischer, K. Schwarzenbacher, H. Breer: Expression of trace amine-associated receptors in the Grueneberg ganglion, Chem. Senses 32, 623-631(2007)

[177] J. Fleischer, K. Mamasuew, H. Breer: Expression of cGMP signaling elements in the Grueneberg ganglion, Histochem. Cell Biol. 131, 75-88 (2009)

[178] D. Roppolo, V. Ribaud, V.P. Jungo, C. Lüscher,I. Rodriguez: Projection of the Grüneberg ganglion to the mouse olfactory bulb, Eur. J. Neurosci. 23, 2887-2894 (2006)

[179] J. Brechbühl, F. Moine, M. Klaey, M. Nenniger-Tosato, N. Hurni, F. Sporkert, C. Giroud, M.-C. Broillet: Mouse alarm pheromone shares structural similarity with predator scents, Proc. Natl.Acad. Sci. 110, 4762-4767 (2013)

[180] Y.-C. Chao, C.-J. Cheng, H.-T. Hsieh, C.-C. Lin,C.-C. Chen, R.-B. Yang: Guanylate cyclase-G, expressed in the Grueneberg ganglion olfactory subsystem, is activated by bicarbonate, Biochem.J. 432, 267-273 (2010)

[181] A. Schmid, M. Pyrski, M. Biel, T. Leinders-Zufall,F. Zufall: Grueneberg ganglion neurons are finely tuned cold sensors, J. Neurosci. 30, 7563-7568(2010)

[182] K. Mamasuew, N. Hofmann, V. Kretzschmann,M. Biel, R.-B. Yang, H. Breer, J. Fleischer: Chemo- and thermosensory responsiveness of Grueneberg ganglion neurons relies on cyclic guanosine monophosphate signaling elements, Neurosignals 19, 198-209 (2011)

[183] K. Mamasuew, N. Hofmann, H. Breer, J. Fleischer: Grueneberg ganglion neurons are activated by a defined set of odorants, Chem. Senses 36,271-282 (2011)

[184] S. DeMaria, J. Ngai: The cell biology of smell, J. CellBiol. 191, 443-452 (2010)

[185] R.I. Wilson, Z.F. Mainen: Early events in olfactory processing, Annu. Rev. Neurosci. 29, 163-201(2006)

[186] S.D. Liberles, L.B. Buck: A second class of chemosensory receptors in the olfactory epithelium, Nature 442, 645-650 (2006)

[187] M.A. Johnson, L. Tsai, D.S. Roy, D.H. Valenzuela,C.P. Mosley, A. Magklara, S. Lomvardas, S.D. Liberles, G. Barnea: Neurons expressing trace amine-associated receptors project to discrete glomeruli and constitute an olfactory subsystem, Proc. Natl.Acad. Sci. 109(33), 13410-13415 (2012)

[188] B. Borowsky, N. Adham, K.A. Jones, R. Raddatz, R. Artymyshyn, K.L. Ogozalek, M.M. Durkin,P.P. Lakhlani, J.A. Bonini, S. Pathirana, N. Boyle,X. Pu, E. Kouranova, H. Lichtblau, F.Y. Ochoa,T.A. Branchek, C. Gerald: Trace amines: Identification of a family of mammalian G protein-coupledreceptors, Proc. Natl. Acad. Sci. 98, 8966-8971(2001)

[189] M. Nei, Y. Niimura, M. Nozawa: The evolution of animal chemosensory receptor gene repertoires:Roles of chance and necessity, Nat. Rev. Genet. 9,951-963 (2008)

[190] W.E. Grus, J. Zhang: Distinct evolutionary patterns between chemoreceptors of 2 vertebrate olfactory systems and the differential tuning hypothesis,Mol. Biol. Evol. 25, 1593-1601 (2008)

[191] R. Pacifico, A. Dewan, D. Cawley, C. Guo, T. Bozza:An olfactory subsystem that mediates high-sensitivity detection of volatile amines, Cell Rep. 2,76-88 (2012)

[192] Q. Li, W.J. Korzan, D.M. Ferrero, R.B. Chang,D.S. Roy, M. Buchi, J.K. Lemon, A.W. Kaur, L. Stowers, M. Fendt, S.D. Liberles: Synchronous evolution of an odor biosynthesis pathway and behavioral response, Curr. Biol. 23(1), 11-20 (2012)

[193] D.M. Ferrero, J.K. Lemon, D. Fluegge,S.L. Pashkovski, W.J. Korzan, S.R. Datta, M. Spehr,M. Fendt, S.D. Liberles: Detection and avoidance of a carnivore odor by prey, Proc. Natl. Acad. Sci.108, 11235-11240 (2011)

[194] A. Dewan, R. Pacifico, R. Zhan, D. Rinberg,T. Bozza: Non-redundant coding of aversive odours in the main olfactory pathway, Nature 497, 486-489 (2013)

[195] H.-J. Fülle, R. Vassar, D.C. Foster, R.-B. Yang,R. Axel, D.L. Garbers: A receptor guanylyl cyclase expressed specifically in olfactory sensory neurons, Proc. Natl. Acad. Sci. 92, 3571-3575 (1995)

[196] A.D. Gibson, D.L. Garbers: Guanylyl cyclases asa family of putative odorant receptors, Annu. Rev.Neurosci. 23, 417-439 (2000)

[197] M. Kuhn: Function and Dysfunction of Mammalian Membrane Guanylyl Cyclase Receptors:Lessons from Genetic Mouse Models and Implications for Human Diseases. In: cGMP: Generators, Effectors and Therapeutic Implications, Handbook of Experimental Pharmacology, Vol. 191, ed.by H.H.H.W. Schmidt, F. Hofmann, J.-P. Stasch(Springer, Berlin, Heidelberg 2009) pp. 47-69

[198] F. Zufall, S.D. Munger: Receptor guanylyl cyclases in mammalian olfactory function, Mol. Cell.Biochem. 334, 191-197 (2010)

[199] D.M. Juilfs, H.-J. Fülle, A.Z. Zhao, M.D. Houslay, D.L. Garbers, J.A. Beavo: A subset of olfactory neurons that selectively express cGMP-stimulated phosphodiesterase (PDE2) and guanylyl cyclase-D define a unique olfactory signal transduction-pathway, Proc. Natl. Acad. Sci. 94, 3388-3395 (1997)

[200] M.R. Meyer, A. Angele, E. Kremmer, U.B. Kaupp,F. Mu: A cGMP-signaling pathway in a subset of olfactory sensory neurons, Proc. Natl. Acad. Sci.97, 10595-10600 (2000)

[201] M. Luo: The necklace olfactory system in mammals, J. Neurogenet. 22, 229-238 (2008)

[202] T. Duda, R.K. Sharma: ONE-GC membrane guanylate cyclase, a trimodal odorant signal transducer, Biochem. Biophys. Res. Commun. 367, 440-445 (2008)

[203] J. Hu, C. Zhong, C. Ding, Q. Chi, A. Walz, P. Mombaerts, H. Matsunami, M. Luo: Detection of near-atmospheric concentrations of CO_2 by an olfactory subsystem in the mouse, Science 317, 953-957 (2007)

[204] T. Leinders-Zufall, R.E. Cockerham, S. Michalakis, M. Biel, D.L. Garbers, R.R. Reed, F. Zufall,S.D. Munger: Contribution of the receptor guanylyl cyclase GC-D to chemosensory function in the olfactory epithelium, Proc. Natl. Acad. Sci. 104, 14507-14512 (2007)

[205] S.D. Munger, T. Leinders-Zufall, L.M. McDougall,R.E. Cockerham, A. Schmid, P.M. Wandernoth,G. Wennemuth, M. Biel, F. Zufall, K.R. Kelliher: An olfactory subsystem that detects carbon disulfide and mediates food-related social learning,Curr. Biol. 20, 1438-1444 (2010)

[206] A. Sindić, E. Schlatter: Cellular effects of guanylin and uroguanylin, J. Am. Soc. Nephrol. 17, 607-616 (2006)

[207] R.E. Cockerham, A.C. Puche, S.D. Munger: Heterogeneous sensory innervation and extensiveintrabulbar connections of olfactory necklace glomeruli, PLoS One 4, e4657 (2009)

[208] R.E. Cockerham, F.L. Margolis, S.D. Munger: Afferent activity to necklace glomeruli is dependent on external stimuli, BMC Res. Notes 2, 31 (2009)

[209] T. Matsuo, D.A. Rossier, C. Kan, I. Rodriguez: Thewiring of Grueneberg ganglion axons is dependent on neuropilin 1, Development 139, 2783-2791 (2012)

[210] L. Stowers, D.W. Logan: Olfactory mechanisms of stereotyped behavior: On the scent of specialized circuits, Curr. Opin. Neurobiol. 20, 274-280 (2010)

[211] P.A. Brennan: Pheromones and Mammalian Behavior. In: The Neurobiology of Olfaction, ed. by A. Menini (CRC, Boca Raton 2010)

[212] S. Doucet, R. Soussignan, P. Sagot, B. Schaal: The secretion of areolar (Montgomery's) glands from lactating women elicits selective, unconditional responses in neonates, PLoS One 4, e7579 (2009)

[213] S. Gelstein, Y. Yeshurun, L. Rozenkrantz, S. Shushan, I. Frumin, Y. Roth, N. Sobel: Human tears contain a chemosignal, Science 331, 226-230 (2011)

[214] K. Stern, M.K. McClintock: Regulation of ovulation by human pheromones, Nature 392, 177-179 (1998)

[215] D. Trotier, C. Eloit, M. Wassef, G. Talmain, J.L. Bensimon, K.B. Døving, J. Ferrand: The vomeronasal cavity in adult humans, Chem. Senses 25, 369-380 (2000)

[216] M. Witt, T. Hummel: Vomeronasal versus olfactory epithelium: Is there a cellular basis for human vomeronasal perception?, Int. Rev. Cytol. 248,209-259 (2006)

[217] M. Witt, B. Georgiewa, M. Knecht, T. Hummel: Onthe chemosensory nature of the vomeronasal epithelium in adult humans, Histochem. Cell Biol.117, 493-509 (2002)

[218] J.C. Dennis, T.D. Smith, K.P. Bhatnagar, C.J. Bonar,A.M. Burrows, E.E. Morrison: Expression of neuron-specific markers by the vomeronasal neuroepithelium in six species of primates, Anat.Rec. A. Discov. Mol. Cell. Evol. Biol. 281, 1190-1200 (2004)

[219] R.M. Kream, F.L. Margolis: Olfactory marker protein: Turnover and transport in normal and regenerating neurons, J. Neurosci. 4, 868-879 (1984)

[220] I. Rodriguez, C.A. Greer, M.Y. Mok, P. Mombaerts: A putative pheromone receptor gene expressed inhuman olfactory mucosa, Nat. Genet. 26, 18-19 (2000)

[221] E.R. Liman, H. Innan: Relaxed selective pressure on an essential component of pheromone transduction in primate evolution, Proc. Natl. Acad.Sci. 100, 3328-3332（2003）

[222] S. Rouquier, D. Giorgi: Olfactory receptor gene repertoires in mammals, Mutat. Res. 616, 95-102 (2007)

[223] E. Meisami, K.P. Bhatnagar: Structure and diversity in mammalian accessory olfactory bulb, Microsc. Res. Tech. 43, 476-499（1998）

[224] K.E. Whitlock: A new model for olfactory placode development, Brain. Behav. Evol. 64, 126-140 (2004)

[225] D.E. Clapham, D. Julius, C. Montell, G. Schultz: International Union of Pharmacology, XLIX. Nomenclature and structure-function relationships of transient receptor potential channels, Pharmacol.Rev. 57, 427-450（2005）

第 26 章　气味感知障碍

嗅觉丧失较为常见。然而，很少有人在公开场合对此进行抱怨，或者他们甚至没有(完全)意识到这一点。这表明，缺乏嗅觉的生活是可能的，尽管它更危险，更不愉快，食物的味道也不那么诱人。嗅觉丧失最常见的原因是鼻窦疾病(慢性鼻窦炎伴或不伴鼻息肉)、上呼吸道急性感染、头部创伤和神经退行性疾病。对于许多人，嗅觉丧失似乎可归因于衰老的过程。治疗前，嗅觉障碍是根据病因诊断的，病史问询是诊断过程的一个主要部分。嗅觉障碍原则上是可逆的，上呼吸道感染后，嗅觉丧失的自发改善程度相对较高。根据病因进行医学治疗。治疗还包括手术方法以及保守治疗，包括使用皮质类固醇、抗生素或嗅觉训练。如今，嗅觉障碍似乎比前些年受到更多的关注，因此，可以预期今后我们将有更专一性和有效性的治疗选择。

26.1　嗅觉丧失的流行病学

基于人群的嗅觉丧失研究显示，不同年龄段人群的嗅觉障碍患病率分别为 22%(25～75 岁[1])、19%(≥20 岁[2])或 24%(≥53 岁[3])，其中，老年男性的患病率最高。然而，没有意识到嗅觉丧失的情况也较为常见[3-5]。还须记住，嗅觉的完全丧失很少见(3%～10%)[6]。

对于到专科临床中心就诊的患者，嗅觉丧失的最常见病因是病毒性上呼吸道感染(URTI)后(18%～45%)和鼻窦疾病(SND)(7%～56%)，其次是头部创伤(8%～20%)、接触毒素/药物(2%～6%)和先天性嗅觉丧失(0%～4%)[7-15]。德国、奥地利和瑞士的一项调查显示 SND 的患病率较高[16]。

对于定性疾患，患病率相当低。在一般人群中，幻嗅症的患病率估计为 0.8%～2.1%[17]，嗅觉倒错约为 4%[18]。在嗅觉障碍患者中，嗅觉倒错的发生率为 10%～60%[7,19,20]，可能表明嗅觉倒错的发现主要取决于研究者询问嗅觉倒错的方法。

26.2　嗅觉障碍的定义

26.2.1　嗅觉定量障碍

嗅觉正常表示嗅觉没有异常；嗅觉减退表示嗅觉功能减退，嗅觉丧失表示嗅觉缺失。除一般性嗅觉丧失外，还描述了特定的嗅觉丧失，其中仅无法感觉到某些气味，而大多数气味可感知[21]。选择功能性嗅觉丧失这一术语是因为许多重度嗅觉丧失的受试者似乎仍然能够感知一些单个的气味。然而，这些罕见的较弱的嗅觉印象太少，对这些患者的日常生活没有任何帮助。

26.2.2　嗅觉定性障碍

术语嗅觉定性障碍反映了对气味感知发生的质的变化[19,20,22,23]。诊断依赖于患者主诉[23]。其可分为 0～Ⅲ共 4 级［发生频率：每日发生=1 分；强度：非常强烈=1 分；社交/重要其他后果（体重减轻、日常活动变化）=1 分；嗅觉倒错/幻嗅症的程度为各项评分之和］。

嗅觉定性障碍较常见，但不一定与嗅觉定量障碍相关。嗅觉倒错描述了患者在存在气味源时对气味的扭曲感受；气味可触发嗅觉倒错。尤其在 URTI 感染或头部创伤后常发生[24]。通常认为扭曲的气味感觉是令人不快的（尽管似乎存在一些例外情况[25]）。认为嗅觉倒错是周围神经或中枢神经发生变化的结果[26,27]；目前尚不清楚它们的发生机制。可根据以下两种方法诊断嗅觉定性障碍：气味识别试验的评分相对较低[19]；或者与无嗅觉倒错/幻嗅症的患者相比，存在嗅球相对较小的情况[28]。

具有临床意义的是，大多数嗅觉倒错的印象倾向会在数月内减弱，并在数年后最终消失[24]。目前也不完全清楚嗅觉倒错是否是 URTI 后和创伤后嗅觉丧失预后的阳性体征[29]。幻嗅症是指在没有气味源的情况下对气味产生的扭曲感觉。最常见的幻嗅症发生在创伤或 URTI 后[24]，还有报道应激相关幻嗅症[30]。与嗅觉倒错相似，导致幻嗅症的分子修饰的确切解释尚不清楚，其发生部位也仍不清楚。幻嗅症也有一种在多年病程后消失的趋势。

26.3　耳鼻喉科检查

对患者的评估从全面的病史回顾开始[31]。这应包括人口统计学、饮食、饮酒或吸烟习惯、重大疾病和损伤列表、与症状发作相关的用药史、现病史、内分泌疾病信息（甲状腺、糖尿病）、一般鼻腔健康（包括阻塞、鼻溢和嗅觉变化）（图 26.1）。体格检查应至少包括患者的头颈部。有时可能需要神经系统检查。特异性的鼻腔检查应包括鼻内镜检查。放射学评估有助于排除肿瘤或血管畸形的存在[32,33]，有助于判断 OB 的体积[34]、测量嗅沟的深度[35,36]，并有助于检查鼻旁窦。特别是 OB 的体积似乎也提示预后信息——体积越大，恢复可能性越大[37]。

调查问卷： 嗅觉/味觉障碍病史 电话（家庭）： 电话（其他）：	（不干胶标签）
您有什么问题？ （您可以勾选多个选项）	□嗅觉问题 □涉及香味的味觉问题（微妙的味觉感知） □味觉问题，与甜、酸、苦或咸味的感觉有关
您的问题是什么时候开始的？	□少于 3 个月前 □3～24 个月前 □2 年前 □自从我记事时就有 □我不知道

问题是如何开始的？	□缓慢发生 □突然发生 □我一辈子都闻不到气味 □我不知道
病情有变化吗？	□有所改善 □病情没有变化 □情况变得更糟
造成您问题的原因是什么？	□事故　　　　　□感冒/感染 □用药　　　　　□手术 □经鼻呼吸/鼻息肉/鼻窦炎 □口干　　　　　□义齿 □其他(请注明)
您有慢性鼻病吗？	□否 □是-请注明： 流鼻涕、鼻塞、打喷嚏、过敏、鼻息肉、面部疼痛 ＿＿＿＿＿＿＿＿＿＿＿＿＿＿＿＿＿＿＿＿ ＿＿＿＿＿＿＿＿＿＿＿＿＿＿＿＿＿＿＿＿
您的病情是波动的还是稳定的？	□波动 □稳定 □我不知道 □如果波动取决于特定情况：请描述：
问题对您的影响有多大？	□非常糟　　　　　　□严重　　　　　　□中等严重 □轻度　　　　　　　□几乎没有　　　　□完全没有影响
您鼻的通气功能如何？	□非常好 □良好 □差 □非常差 □我根本不能用鼻呼吸

以下问题仅涉及味觉障碍

味觉障碍主要涉及以下感知：	□甜　　　□酸　　　□咸　　　□苦　　　□辣 □以上都没有
您是否经常感到口腔不适？	口腔烧灼感　　□是　　　　□否
	口苦　　　　　□是　　　　□否
	咸味　　　　　□是　　　　□否
	酸味　　　　　□是　　　　□否
	口干　　　　　□是　　　　□否
	有异物感　　　□是　　　　□否

由医生填写

由于疾病导致体重减轻？	□否　　　　□是 ＿＿＿＿kg/＿＿＿＿年
用药？	□否　　　　□是-哪些药物？
慢性病？	□否　　　　□是-哪些疾病？ □糖尿病　　　　　□高血压　　　　　□肿瘤 □其他：＿＿＿＿
头部手术？	□否　　　　□是-哪些手术？ □鼻窦　　　　　□鼻中隔 □鼻息肉　　　　□鼻甲 □腭扁桃体　　　□腺样体 □中耳　　　　　□左　　　　□右 □牙科手术：＿＿＿＿＿＿＿＿＿＿ □其他＿＿＿＿＿＿＿＿＿＿＿＿

流感疫苗？	□否　　　　　□是-何时？
吸烟？	□否　　　　　□是-程度？
饮酒？	□否　　　　　□是-　　□偶尔　　　　　□定期
诊断性影像检查？	CT 扫描　　　　　□否　　　　□是 辐照-鼻窦　　　　□否　　　　□是 MRI　　　　　　　□否　　　　□是 结果：＿＿＿＿＿＿＿＿＿＿＿
职业？	特别暴露于气体、粉末或其他化学物质？□否　　　□是 如果**是**，是哪些？＿＿＿＿＿＿＿＿＿＿＿ 持续时间(年)？＿＿＿＿＿＿＿＿＿＿＿ 每天几小时？＿＿＿＿＿＿＿＿＿＿＿
如果怀疑特发性病因：	亲属中有帕金森病患者　　　　　□否　　　□是 亲属中有阿尔茨海默病患者　　　□否　　　□是
嗅觉倒错□否　　□是 　　　　□左　　□右	□每天　　　　　　　□不是每天 □非常严重　　　　　□轻度 □嗅觉倒错引起的体重减轻　　　□体重未减轻
幻嗅症　　□否　　□是 　　　　□左　　□右	□每天　　　　　　　□不是每天 □非常严重　　　　　□轻度 □幻嗅症引起的体重减轻　　　　□体重未减轻

检查结果　　　　　　　　　　　　　　**鼻检查结果**

"嗅棒法" T: D: I:　　　　　　　　　　鼻中隔偏曲　　　　　　　　　□左　□右　□无

味觉试纸条(x/32)：＿＿＿＿＿　　　　嗅裂可见　　　　　　　　　　□左　□右

味觉喷雾剂(4 喷)：＿＿＿＿＿　　　　鼻息肉　　　　左：　　　　□ 0　□ I　□ II　□ III

鼻后(x/20)：＿＿＿＿＿　　　　　　　　　　　　右：　　　　□ 0　□ I　□ II　□ III

疑似病因：

□创伤后　　　□感染后　　　　　　　检查者(姓名/签名)
□鼻窦　　　　□特发性
□中毒性　　　□先天性
□神经退行性　□其他

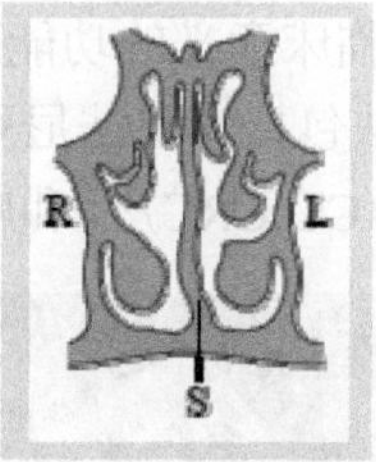

图 26.1　病史问卷

其他诊断性检查可能包括寻找嗅觉障碍的其他基础病因、维生素 A 或 B_{12} 缺乏或甲状腺功能减退。最后，嗅上皮活检可能有助于嗅觉障碍的诊断[27,38,39]。

26.4　调查问卷

为了检测与嗅觉丧失相关的变化，开发了几个调查问卷[40]。鼻腔鼻窦结果测试-16专门针对鼻功能障碍设计[41](也可参见文献[42-46])；它是一项 16 项测量指标，基于是否存在鼻窦炎相关症状来评估鼻窦炎的程度。设计了相对详细的嗅觉障碍问卷(QOD)[47,48]以评估与嗅觉丧失相关的日常生活问题，并已用于多项研究[49,50]。包括 26 个项目，可分为 3 个领域：否定陈述表明患者患有嗅觉损伤和扭曲的气味感觉(嗅觉倒错或幻嗅症)，肯定陈述关于应对疾病，以及社会期望的陈述作为对照。另一个问卷询问了嗅觉在日常生活中的重要性[51]。这个问卷并不关注功能损失，而是询问人们使用嗅觉的频率和情形。

此外，使用问卷测量情绪状态或生活质量(QoL)[52]，36 项简式健康调查量表是标准 QoL 问卷[53]，但可以选择最适合的调查问卷[54,55]。抑郁症状通常使用 Beck 抑郁量表(BDI)问卷[56]或其更新的版本[57]进行评估。然而，必须牢记嗅觉丧失通常容易与伴随疾病混淆。事实上，在慢性鼻窦炎患者中，嗅觉丧失对一般 QoL 的额外影响似乎不是非常大[58]。为了能够追踪患者应对嗅觉障碍的能力，Nordin 等开发了一个有 11 个问题的工具[59]。

26.5　嗅觉测试的心理物理学方法

嗅觉的心理物理测试的基本原理是让患者接触某种气味，并收集对这种接触的反应。患者易于理解这些程序，但重要的是，研究者也易于理解这些程序。询问患者关于其化学感受功能似乎无用，至少并不是对所有患者都有效[60-62]；此外，患者可能混淆味觉和鼻后嗅觉功能(风味)。

目前有许多嗅觉功能测试方法，其中许多是基于气味识别(综述见文献[63])。在日常临床实践中，这些测试可作为嗅觉障碍的快速筛查工具[64]。所有嗅觉测试都应该是可靠和有效的。除筛查工具外，其他测试应分别区分嗅觉丧失、嗅觉减退和嗅觉正常的受试者，这需要获得分别在大样本的健康和患病受试者中获取和验证的标准数据。此外，应该知道哪种测试评分的变化提示具有临床意义的功能变化[65]。大部分要求仅适用于少数嗅觉测试[66-71]。经验证的嗅觉测试方法包括宾夕法尼亚大学嗅觉识别测试(UPSIT)[67]、康涅狄格州化学感受临床研究中心测试(CC-CRC)[72]和嗅棒测试法[68,69](图26.2)。

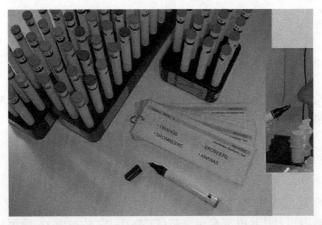

图 26.2　嗅棒测试法以及告诉患者如何使用(由 T. Hummel 提供)

大多数气味识别测试在强制选择模式下进行。受试者必须从描述符列表中识别超出阈值浓度的气味[73,74]。例如，受试者会闻到玫瑰气味，询问他们气味是香蕉、鱼、玫瑰还是咖啡；此类任务对于健康人来说没有问题，但对于嗅觉丧失的人来说非常困难。强制选择程序可以控制患者的反应偏差。测试结果是正确识别项目的总和。气味鉴别测试应用得最广泛[66-71,75]。测试包含的气味越多，测试结果就越可靠[76,77]。鉴别测试必须根据不同的文化习俗进行调整[78,79]，这仅仅是因为并非所有的气味在任何地区都是已知的；例如，许多欧洲人不知道冬青或根汁汽水的气味，而在美国这是众所周知的。

另外两个广泛使用的测试方法是阈值测试和气味辨别测试。阈值测试的理念是使受试者反复暴露于浓度增加和下降的同一气味，并确定该个体气味的最低可检测浓度[80-82]。其他设计基于 logistic 回归模型[83,84]。辨别测试主要包括 3 种可供选择的强制性选择技术[68,85]。两种试验气味相同，一种不同。受试者的任务是找出不同的那一个。气味阈值/气味辨别测试易于重复使用，而气味识别测试则更加困难。

一般而言，认为识别和辨别测试可反映大脑中枢的嗅觉处理功能，而阈值测试可更大程度地反映外周嗅觉功能[86-88]。例如，在慢性鼻窦炎患者中，经常可以观察到阈值评分较低但识别和辨别功能正常[89]。

为了研究鼻后功能，对简单且廉价的风味识别测试进行了研究，以确定其重测可信度及其有效性[90-92]。一项味觉粉末（Schmeckpulver）测试也在多国进行了验证[93]。其他嗅觉功能测试包括瞳孔反射检查[94,95]、瞬目反射[96]、心理流电皮反应[97]或呼吸/嗅觉模式变化[98,99]。

26.6　电生理/影像技术

26.6.1　嗅电图（EOG）

嗅电图（EOG）是嗅上皮在嗅觉刺激下产生的电位。EOG 显示嗅觉感受器神经元（ORN）产生电位的总和[100]。虽然这种技术似乎很有吸引力[101]，如对于确定人类嗅上皮的功能[102]，但只有少数报道在人类中使用 EOG[103-108]。值得注意的是，尚无针对患者研究的结果发表。

26.6.2　化学感受事件相关电位（CSERP）

事件相关电位是脑电图捕捉到的信号。其原因是皮层神经元的激活，产生了电磁场[109]。为了从背景脑电图（EEG）活动中提取事件相关电位（ERP），重复呈现刺激，然后对单个记录取平均值，这提高了信噪比（随机活动会自我抵消；非随机激活仍然保留）。此外，需要在一个单调的环境中起始给予陡峭波形的刺激（<20ms），能够使尽可能多的皮层神经元发生同步活动。嗅觉 ERP 与神经元激活直接相关；其在微秒范围内具有高时间分辨率，且可独立于受试者的反应偏差获得，非常适合医学法律研究[110]。

基于 Kobal[104,111]开发的系统，可通过鼻内给予气味（图26.3）。气味刺激的给予不会产生机械或热感觉，因为气味脉冲嵌入在不断流动的气流中[104,112,113]。ERP 峰值出现得或早或晚。更早的峰如 N1 比其后的峰在更大程度上编码外源性刺激特征（这种刺激的本质是什么？），即所谓的内源性组分（这种刺激的含义是什么？）[114,115]。虽然关于如何记录和分析嗅觉 ERP 有一个非常明确的观点[116,117]，但最近已进行了许多尝试来提高信噪比[118-120]，并从刺激相关的 EEG 中提取额外信息[121,122]。

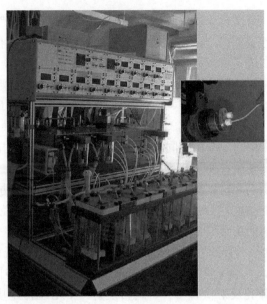

图 26.3　嗅觉测试仪 OMb6（Burghart, Wedel, Germany）及如何进行鼻内刺激（T. Hummel）

使用脑磁图技术[123]，将对 CO_2 三叉神经刺激产生反应的皮层发生器定位在次级躯体感觉皮层[124]，在脑岛的中央前部、岛旁皮层和颞上沟发现对嗅觉刺激产生反应的来源[125-127]。最近基于 EEG[128]的研究表明，人类嗅觉信息首先在同侧刺激鼻孔进行处理，然后依次激活两个半球嗅觉信息处理中的主要中继结构。

其他 EEG 相关测试是基于关联性负变（CNV），其发生是对预期[129,130]或更普遍的 EEG 变化[131]的响应（图 26.4）。

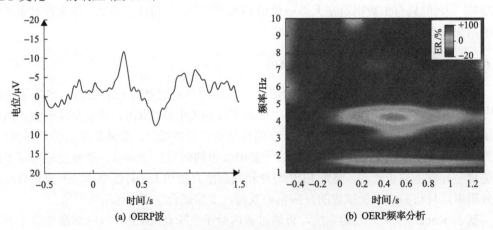

(a) OERP波　　　　　　　　　　(b) OERP频率分析

图 26.4　以时间阈显示的嗅觉事件相关活动

(a) 负性向上或频域；(b) 刺激呈现（苯乙醇：PEA）从时间 0 开始持续 200 ms

26.6.3　功能磁共振成像(fMRI)、正电子发射断层成像(PET)

脑部成像可详细地研究人类嗅觉系统[132-139]。与脑电图（EEG）和脑磁图（MEG）相比，

PET 和 fMRI 在很大程度上反映了血流相关变化。此外，PET 和 fMRI 的时间分辨率相对较低，但其空间分辨率优于 EEG 和 MEG。虽然有一些关于嗅觉丧失患者的 fMRI 和 PET 的可用数据[140-142]，但这些技术似乎难以在个别嗅觉或味觉障碍患者中使用。

26.7　嗅觉障碍的原因和症状

26.7.1　最常见的原因

1. URTI 感染后嗅觉丧失

患者的病史通常从感冒发作开始，在此期间他们失去嗅觉[20,143-147]。一些研究者称嗅觉障碍是由病毒(流感、Ⅲ型副流感病毒、鼻病毒、冠状病毒和 EB 病毒)而非细菌感染引起的[148,149]，并观察到春季和夏季 URTI 后嗅觉障碍的发生率较高[144]。此外，45 岁以上女性的患病比例似乎高于男性[7,10,144]，这提示雌激素的潜在嗅觉保护作用[150]。然而，雌激素对嗅觉功能的影响仍然是一个公开争论的话题[17,151]。告知患者 URTI 后嗅觉丧失发生嗅觉倒错的可能性很重要(见上文)。嗅觉倒错往往发生在 URTI 后 1～3 个月，但有时似乎直接发生在 URTI 后。嗅觉倒错的发生率为 25%[152,153]。

2. 创后嗅觉障碍

创后嗅觉障碍据说发生在枕骨创伤之后。目前的解释是，对冲损伤或嗅丝撕裂导致嗅觉丧失或嗅觉减退。尽管创后嗅觉丧失的现象在 20 世纪末已经被描述过，但就像大多数嗅觉障碍，它很少受到系统的关注[154]。嗅觉丧失似乎与创伤的严重程度相关[155-157]，尽管一些作者指出，就嗅觉结构的易损性而言，存在相当大的个体差异[157,158]。嗅觉系统的损伤部位通常是穿过筛板的嗅丝。然而，还发现眼窝前额皮层和直回等中枢结构也可受到头部创伤的影响[147,155]。与 URTI 后嗅觉损害相似，这些患者在创伤后数月容易发生嗅觉倒错和幻嗅症。临床实践表明，大多数创伤后嗅觉障碍患者对这种改变的意识具有一定的潜伏期[159]。

3. 鼻窦疾病

鼻窦疾病是嗅觉丧失的最常见原因[16]。这是由于鼻腔机械性阻塞(鼻中隔偏曲、鼻息肉、黏膜充血)和/或慢性鼻窦炎的炎症成分所致[160-165]。在其他 SND 患者组(如过敏性和单纯性慢性鼻窦炎)中也发现了轻度嗅觉障碍[147,166,167]。与创伤后和 URTI 后嗅觉功能障碍相比，这些患者很少出现嗅觉倒错或幻嗅症。

4. 神经退行性病因

嗅觉丧失在特发性帕金森病(IPD)患者中较为常见[168-170]。嗅入量缩小似乎增加了嗅觉功能的减退[171]，被动嗅觉刺激的电生理记录明确表明 IPD 中存在嗅觉障碍[172,173]。这种嗅觉缺陷非常可靠，可以作为 IPD 的标志物[170,174]。换言之，如果嗅觉功能正常的患者出现 IPD 症状，则应重新进行诊断。嗅觉丧失发生在运动症状出现之前的 4～6 年[175-177]。

在阿尔茨海默病中也经常观察到嗅觉丧失，在多系统萎缩、亨廷顿病和运动神经元病中发生频率较低/不太明显[178]。

5. 特发性嗅觉丧失

特发性嗅觉丧失似乎反映了对干扰嗅觉的因素缺乏了解[147]。随着深入了解和研究，该百分比应能降低。这些特发性病因中有相当一部分可能是由于 SND、几乎未发现 URTI 后出现的 URTI 后嗅觉障碍或神经退行性疾病[165]。

26.7.2　不常见的病因

糖尿病可能是研究的最深入的嗅觉障碍相关内分泌疾病之一[2,179,180]。大多数研究显示，糖尿病患者存在轻微嗅觉缺陷，尤其是在阈值水平时，表明外周病理机制与可能的糖尿病微血管病或外周多发性神经病变相符。但糖尿病患者的嗅觉损害相对较轻微。最近进行的两项大样本气味识别测试研究中，与健康对照相比，未发现糖尿病患者识别气味能力下降[2,17]；有证据表明，嗅觉丧失在有并发症的 2 型糖尿病中最为明显[181]。已有报道其他几种内分泌疾病如甲状腺功能减退症[182]或肾上腺皮质功能不全症(艾迪生病)[183]可导致嗅觉丧失。

肾脏[184]和肝脏[17,185,186]病变与嗅觉功能下降相关。这些患者的嗅觉障碍具有特殊重要的意义，因为已将其作为营养不良的潜在原因进行讨论[187]。嗅觉丧失可能由药物导致[188]。在这些心血管药物[189]中，抗高血压药物[190,191]、抗生素[192]和化学治疗剂[193]经常被提及。然而，大多数信息是在病例报道的基础上积累的[194,195]。通常情况下，停药后化学感受的副作用会消失。

孤立性先天性嗅觉丧失的发病率似乎约为 1∶8000。只有磁共振(MR)成像才能得出更明确的诊断[35,36,196]。在与眼球切向的额叶成像平面上，可以看到发育不良的嗅球(OLB)(图 26.5)。该平面还可评价嗅沟，在 OLB 缺失或发育不良的情况下，嗅沟变得扁平。这

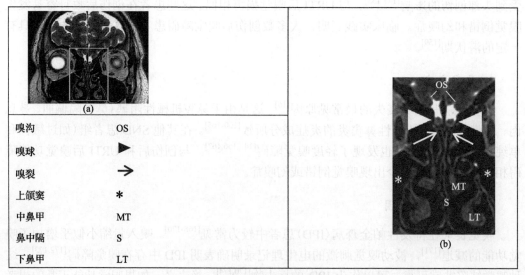

嗅沟	OS
嗅球	▶
嗅裂	→
上颌窦	*
中鼻甲	MT
鼻中隔	S
下鼻甲	LT

图 26.5　包含嗅球的头部冠状截面(MR 扫描)

(a)整个头部的截面；(b)整个头部截面所示的矩形截面的放大

是提示先天性嗅觉丧失的有用指标，特别是因为嗅球并不总是容易识别。先天性/固有的嗅觉丧失症是 Kallmann 综合征的一部分[197,198]——嗅觉功能下降与低促性腺素功能减退症相关，意味着激素（促性腺激素）水平降低导致性腺发育缺失/延迟[199]。

26.8　症状/生活质量

嗅觉障碍患者在食物摄入、安全、个人卫生和性生活方面的功能受到损害[200,201]。最常见的报道是进食困难[202]、食欲减退[8,59]和准备食物/烹饪困难[40]。许多患者难以发现食物变质[203]。然而，有趣的是，这些饮食问题并不会导致通常类型的食物摄入量减少[204]。在 Ferris 和 Duffy 进行的一项研究中，18%的嗅觉障碍患者描述了摄食量增加、20%的患者减少，大多数患者报道摄食量无变化[202]。

与年龄匹配的对照组相比，出生时无嗅觉的患者体重无显著差异，食物偏好也无差异[198]。这也得到以下观察结果的支持：先天嗅觉缺失不会导致明显异常的食物偏好[205]。如同获得性嗅觉障碍患者，先天嗅觉缺失者反映了更加难以识别烧焦食物和变质食物的问题[198]。

另一个常见问题是无法发现火灾、燃气或烟雾[40]。无法发现火灾或烟雾是嗅觉障碍相关的主要风险[59,206]。患者还表达了与个人卫生相关的问题，并且报告社会关系也受到嗅觉障碍的影响[59]。性生活功能受影响的报道不一致[42,207-209]。工作生活中的问题已有不同程度的报道[62]。

嗅觉障碍也会影响 QoL[210]。但是，例如在 SND 中，很难区分嗅觉障碍的影响和鼻通气功能下降的影响。类似的情况也存在于创伤后的嗅觉丧失中，患者不仅表现出嗅觉丧失，而且往往出现更严重的创伤相关疾病。

最后，由于医疗保健专业人员和同业人员通常缺乏嗅觉障碍的任何相关知识，因此大多数患者还存在因未被视为嗅觉失能患者而感觉苦恼的情况。据报道，这种对嗅觉受损者的不识别会使患者产生很多挫折感，这个问题过去一直未被重视[211,212]。

26.9　嗅觉障碍的自发性恢复

年龄相关的嗅觉丧失症似乎不会自发性恢复。鼻窦嗅觉障碍有随时间加重的趋势——典型的表现是嗅觉逐渐丧失。这就导致了一种情况，即整个过程可能不会被注意到，或患者仅主诉鼻前嗅觉丧失，而不是鼻后嗅觉功能丧失。一旦药物摄入中断，毒性和药物诱导的嗅觉障碍可能会恢复[192,193]。

几位作者描述了 URTI 后和创伤后嗅觉障碍的恢复率在第 1 年内最高[20,213-215]。这可能是由于嗅觉神经元具有再生能力[216,217]。与创伤后障碍相比，URTI 后障碍的预后更好，可能（至少部分）原因是它们通常导致嗅觉功能减退而非嗅觉丧失[146]。在大约 5%的病例中可观察到完全恢复，而在随后几年中，高达 60%的所有患者经历了一些嗅觉功能的部分恢复[145]。

自发性恢复的阳性预测因子包括：病程短、年龄小、以病毒感染为病因的嗅觉丧失优于以创伤为病因的嗅觉丧失、存在嗅觉倒错、女性优于男性、嗅觉功能较好(也适用于存在嗅觉/三叉神经 ERP 和 OLB 体积较大的情况)和不吸烟[29,34,146,218]。与嗅觉定量障碍相比，嗅觉定性障碍的自发性消失的预后似乎更好。约 1 年后，嗅觉倒错趋于降低至可承受水平[152]。然而，最近的研究表明，超过 50% 的嗅觉倒错在 2 年后仍然存在[210]。随着时间的推移，嗅觉倒错似乎失去了对 QoL 的毁灭性影响。总而言之，当前对 URTI 后和创伤后嗅觉障碍的最佳治疗建议是对患者以实相告，不要抱有任何康复希望，也不承诺快速和彻底的恢复。患者应按要求接受嗅觉测试。随访研究为医生和患者提供了观察改善的可能性。

26.10　嗅觉障碍的治疗

26.10.1　SND 相关嗅觉丧失的手术治疗

大多数患者接受手术以纠正鼻通气功能降低、鼻部有压迫感或鼻窦部反复感染。很少进行手术专门治疗嗅觉障碍。然而，大多数患者在被询问时都报告了术后嗅觉功能的改善[219-221]。检测嗅觉功能时，出现了不同情况，术前嗅觉减退患者有 25% 和术前嗅觉丧失患者中有 5%[222](比较文献[223])。在嗅觉方面，鼻腔手术在嗜酸性粒细胞增多症和鼻息肉病严重患者中的成功率最高[223]；此外，女性和阿司匹林不耐受患者成功率也较高[224]。年龄、是否患有哮喘以及术前手术干预的次数均未对手术结果产生重大影响[223,224]。内窥镜检查的结果与嗅觉功能的改善无关[225]。虽然鼻腔手术在许多情况下会获益，但也可能会对嗅觉功能造成一定风险(尽管风险较低)[223,226]。

26.10.2　SND 相关嗅觉丧失的保守治疗

1. 抗生素

在慢性化脓性鼻窦炎中，金黄色葡萄球菌和铜绿假单胞菌具有较大意义。只要可能，只有在鉴定出细菌并检测抗生素耐药性后，才能开始抗生素治疗。值得注意的是，在慢性化脓性鼻窦炎中，抗生素治疗并不总是成功的。

2. 类固醇

在许多其他效应中，皮质类固醇作为抗炎药，其效应通过多种不同途径产生，包括通过诱导脂皮质蛋白抑制磷脂酶 A2[227]。它们可以减轻黏膜下水肿和黏膜分泌过多，从而增加鼻通气性。全身给予类固醇对许多 SND 患者有帮助[9,228-232]。除抗炎活性外，推测皮质类固醇可通过对嗅 Na,K-ATP 酶[227]的作用调节 ORN 的功能，从而直接改善嗅觉功能[233,234]。事实上，即使是息肉或明显的炎性改变所致的无鼻塞患者，全身性类固醇用药通常也有帮助[165,231,235]。

类固醇可全身或局部给药。关于特发性嗅觉障碍，通常使用全身给药进行诊断[165]。如果全身性类固醇改善嗅觉功能，通常继续使用局部给予的类固醇治疗[167,228,230,236]；然而，局部类固醇在 SND 相关嗅觉丧失治疗中的作用已受到质疑[165,237,238]。全身性类固醇治疗的疗效高于局部类固醇的一个原因[9,239]可能与喷雾在鼻腔中的沉积有关，仅有少量液滴到达嗅裂[238,240]。事实上，研究显示，仅有少量鼻用药物可到达位于鼻腔有效保护区域的嗅上皮[241-243]。这种情况可以通过使用更长的涂抹器[244]来纠正，这种装置可以进一步伸入鼻腔，以使喷雾可以更有效地到达嗅上皮。

3. 其他治疗

其他治疗包括使用抗白三烯[245,246]、盐水灌洗[247]、饮食改变[248]、针灸[249]、抗过敏免疫治疗[250]或草药治疗[251]。

26.10.3 URTI 后/创伤后嗅觉丧失的保守治疗

URTI 后嗅觉障碍似乎是由于 ORN 功能和数量受损所致[252,253]。虽然已在 URTI 后嗅觉丧失患者中尝试了多种治疗，但目前仍未有明确的药物治疗方法[254-257]。

然而，嗅觉障碍保守治疗的候选药物众多。其中一种是 α-硫辛酸(ALA)，用于治疗糖尿病神经病变[258]。ALA 的作用在实验动物和人体中都得到了很好的描述(综述见文献[259])。已知其可刺激神经生长因子、P 物质和神经肽 Y 的表达[260,261]。它可增强运动神经传导速度以及微循环[262]。此外，ALA 还具有神经保护作用[263]。初步研究表明，其可能有助于 URTI 后的嗅觉丧失[264]。另外，也对 NMDA 拮抗剂卡洛维林(NMDA：N-甲基-D-天冬氨酸)进行了鼓舞人心的初步研究[265]。假设效应的潜在机制包括 NMDA 拮抗作用或谷氨酸盐兴奋毒性作用的拮抗作用导致 OLB 中的反馈抑制降低。

虽然经常提到锌作为一种治疗选择，但对锌治疗嗅觉障碍的研究已经产生了负面结果[254,266]。不过，对于严重缺锌的血液透析患者，这种治疗方法可能具有治疗价值。在对绝经后女性的研究中，已报道雌激素可提供一定的抗嗅觉障碍保护作用[7]。然而，如上所述，最近的研究[151]表明，雌激素可能对嗅觉丧失的治疗无效。最后，尽管经常讨论，口服给予维生素 A[255,267]的潜在治疗用途存在疑问；至少高达 10000 IU 的剂量似乎无效[268]。

嗅觉障碍治疗的另一种方法是检测和治疗基础病因。这种方法也可能涉及替换疑似影响嗅觉的药物[194,269-271]。在非药物治疗中，针灸经常被提到[249,272,273]，但其有效性是一个值得探讨的问题[274]。

几项研究中描述了磷酸二酯酶抑制剂的使用，这些研究均非双盲研究，给结果带来了一些疑问[275-280]。此外，动物研究表明，局部给药后，记录到的嗅上皮反应幅度降低[281]。

许多研究表明，嗅觉训练是有用的，通常需要 12 周或更长时间的训练[282]。患者每天两次暴露于 4 种强烈的气味，苯乙醇(玫瑰)、桉叶素(桉树)、香茅醛(柠檬)、丁香酚(丁香)。来自不同实验室的多项研究[283-285](其中一项研究以盲法进行[286])表明，与未进行此类训练的患者相比，接受气味训练患者的嗅觉功能显著改善。关于训练有效性的一个观点与嗅上皮再生能力的可能刺激有关[287]。

26.11　结束语和展望

嗅觉障碍比前些年受到更多的关注，可能是因为现代社会不仅关注单纯的生存，而且非常关注 QoL。可以预期，很快我们将①更好地了解嗅觉丧失的发病机制。②为嗅觉障碍患者提供更特性和有效的治疗选择。

参 考 文 献

[1] M.M. Vennemann, T. Hummel, K. Berger: The association between smoking and smell and taste impairment in the general population, J. Neurol.255, 1121-1126 (2008)

[2] A. Brämerson, L. Johansson, L. Ek, S. Nordin,M. Bende: Prevalence of olfactory dysfunction:The Skövde population-based study, Laryngoscope 114, 733-737 (2004)

[3] C. Murphy, C.R. Schubert, K.J. Cruickshanks,B.E. Klein, R. Klein, D.M. Nondahl: Prevalence of olfactory impairment in older adults, Jama 288,2307-2312 (2002)

[4] C.H. Shu, T. Hummel, P.L. Lee, C.H. Chiu, S.H. Lin,B.C. Yuan: The proportion of self-rated olfactory dysfunction does not change across the life span,Am. J. Rhinol. Allergy 23, 413-416 (2009)

[5] S. Nordin, A.U. Monsch, C. Murphy: Unawareness of smell loss in normal aging and Alzheimer's disease: Discrepancy between self-reported and diagnosed smell sensitivity, J. Gerontol. 50, 187-192 (1995)

[6] B.N. Landis, T. Hummel: New evidence for high occurrence of olfactory dysfunctions within the population, Am. J. Med. 119, 91-92 (2006)

[7] D.A. Deems, R.L. Doty, R.G. Settle, V. Moore-Gillon, P. Shaman, A.F. Mester, C.P. Kimmelman,V.J. Brightman, J.B.J. Snow: Smell and taste disorders: A study of 750 patients from the University of Pennsylvania Smell and Taste Center, Arch. Otorhinolaryngol. Head Neck Surg. 117, 519-528(1991)

[8] A.F. Temmel, C. Quint, B. Schickinger-Fischer,L. Klimek, E. Stoller, T. Hummel: Characteristics of olfactory disorders in relation to major causes of olfactory loss, Arch. Otolaryngol. Head Neck Surg.128, 635-641 (2002)

[9] A.M. Seiden, H.J. Duncan: The diagnosis of a conductive olfactory loss, Laryngoscope 111, 9-14(2001)

[10] C. Quint, A.F. Temmel, B. Schickinger, S. Pabinger,P. Ramberger, T. Hummel: Patterns of non-conductive olfactory disorders in eastern Austria:A study of 120 patients from the Department of Otorhinolaryngology at the University of Vienna,Wien. Klin. Wochenschr. 113, 52-57 (2001)

[11] J. Mullol, I. Alobid, F. Marino-Sanchez, L. Quinto, J. de Haro, M. Bernal-Sprekelsen, A. Valero, C. Picado, C. Marin: Furthering the understanding of olfaction, prevalence of loss of smell and risk factors: A population-based survey (OLFACAT study), BMJ Open. 2(6), e001256 (2012)

[12] R.I. Henkin, L.M. Levy, A. Fordyce: Taste and smell function in chronic disease: A review of clinical and biochemical evaluations of taste and smell dysfunction in over 5000 patients at The Taste and Smell Clinic in Washington DC, Am. J. Otolaryngol.34, 477-489 (2013)

[13] W.H. Lee, J.H. Wee, D.K. Kim, C. Rhee, C.H. Lee,S. Ahn, J.H. Lee, Y.S. Cho, K.H. Lee, K.S. Kim,S.W. Kim, A. Lee, J.W. Kim: Prevalence of subjective olfactory dysfunction and its risk factors:Korean national health and nutrition examination survey, PLoS One 8, e62725 (2013)

[14] C.R. Schubert, K.J. Cruickshanks, M.E. Fischer,G.H. Huang, B.E. Klein, R. Klein, J.S. Pankow,D.M. Nondahl: Olfactory impairment in an adult population: The Beaver Dam Offspring Study,Chem. Senses 37, 325-334 (2012)

[15] S. Fonteyn, C. Huart, N. Deggouj, S. Collet,P. Eloy, P. Rombaux: Non-sinonasal-related olfactory dysfunction: A cohort of 496 patients, Eur.Ann. Otorhinolaryngol. Head Neck Dis. 131, 87-91(2014)

[16] M. Damm, A. Temmel, A. Welge-Lüssen,H.E. Eckel, M.P. Kreft, J.P. Klussmann, H. Gudziol,K.B. Hüttenbrink, T. Hummel: Epidemiologie und Therapie von Riechstörungen in Deutschland,Österreich und der Schweiz, HNO 52, 112-120(2004), in German

[17] B.N. Landis, C.G. Konnerth, T. Hummel: A study on the frequency of olfactory dysfunction, Laryngoscope 114, 1764-1769 (2004)

[18] S. Nordin, A. Brämerson, E. Millqvist, M. Bende:Prevalence of parosmia: The Skövde population based studies, Rhinology 45, 50-53 (2007)

[19] S. Nordin, C. Murphy, T.M. Davidson, C. Quinonez,A.A. Jalowayski, D.W. Ellison: Prevalence and assessment of qualitative olfactory dysfunction indifferent age groups, Laryngoscope 106, 739-744 (1996)

[20] P. Faulcon, F. Portier, B. Biacabe, P. Bonfiels: Anosmie secondaire à une rhinite aiguë: sémiologie et évolution à propos d'une série de 118 patients,Ann. Otolaryngol. Chir. Cervicofac. 116, 351-357 (1999), in French

[21] J.E. Amoore: Specific anosmias. In: Smell and Taste in Health and Disease, ed. by T.V. Getchell,R.L. Doty, L.M. Bartoshuk, J.B.J. Snow (Raven, NewYork 1991) pp. 655-664

[22] J. Frasnelli, B.N. Landis, S. Heilmann,B. Hauswald, K.B. Huttenbrink, J.S. Lacroix,D.A. Leopold, T. Hummel: Clinical presentation of qualitative olfactory dysfunction, Eur. Arch.Otorhinolaryngol. 11, 11-13 (2003)

[23] D. Leopold: Distortion of olfactory perception: Diagnosis and treatment, Chem. Senses 27, 611-615(2002)

[24] J. Reden, H. Maroldt, A. Fritz, T. Zahnert, T. Hummel: A study on the prognostic significance of qualitative olfactory dysfunction, Eur. Arch.Otorhinolaryngol. 264, 139-144 (2007)

[25] B.N. Landis, J. Frasnelli, T. Hummel: Euosmia:A rare form of parosmia, Acta Otolaryngol. 126,101-103 (2006)

[26] P. Rombaux, A. Mouraux, B. Bertrand, G. Nicolas, T. Duprez, T. Hummel: Olfactory function and olfactory bulb volume in patients with postinfectious olfactory loss, Laryngoscope 116, 436-439(2006)

[27] E. Holbrook, D. Leopold, J. Schwob: Abnormalities of axon growth in human olfactory mucosa,Laryngoscope 115, 2144-2154 (2005)

[28] A. Mueller, A. Rodewald, J. Reden, J. Gerber,R. von Kummer, T. Hummel: Reduced olfactory bulb volume in post-traumatic and post-infectious olfactory dysfunction, Neuroreport 16, 475-478 (2005)

[29] T. Hummel, J. Lötsch: Prognostic factors of olfactory dysfunction, Arch. Otolaryngol. Head Neck Surg. 136, 347-351 (2010)

[30] M.D. Kaufman, K.R. Lassiter, B.V. Shenoy: Paroxysmal unilateral dysosmia: A cured patient, Ann.Neurol. 24, 450-451 (1988)

[31] A. Welge-Luessen, D.A. Leopold, T. Miwa: Smell and taste disorders - Diagnostic and clinical work-up. In: Management of Smell and Taste Disorders: A Practical Guide for Clinicians, ed. by A. Welge-Luessen, T. Hummel (Stuttgart, Thieme2013) pp. 49-57

[32] P.K. Hoekman, J.J. Houlton, A.M. Seiden: The utility of magnetic resonance imaging in the diagnostic evaluation of idiopathic olfactory loss,Laryngoscope 124, 365-368 (2014)

[33] C. Mueller, A.F. Temmel, J. Toth, C. Quint, A. Herneth, T. Hummel: Computed tomography scans in the evaluation of patients with olfactory dysfunction, Am. J. Rhinol. 20, 109-112 (2006)

[34] P. Rombaux, C. Huart, N. Deggouj, T. Duprez,T. Hummel: Prognostic value of olfactory bulb volume measurement for recovery in postinfectious and posttraumatic olfactory loss, Otolaryngol. Head Neck Surg. 147, 1136-1141 (2012)

[35] N.D. Abolmaali, V. Hietschold, T.J. Vogl, K.B. Huttenbrink, T. Hummel: MR evaluation in patients with isolated anosmia since birth or early childhood, AJNR Am. J. Neuroradiol. 23, 157-164 (2002)

[36] C. Huart, T. Meusel, J. Gerber, T. Duprez, P. Rombaux, T. Hummel: The depth of the olfactory sulcus is an indicator of congenital anosmia, AJNR Am. J. Neuroradiol. 32, 1911-1914 (2011)

[37] C. Huart, P. Rombaux, T. Hummel: Plasticity of the human olfactory system: The olfactory bulb, Mol.18, 11586-11600 (2013)

[38] K.K. Yee, E.A. Pribitkin, B.J. Cowart, A.A. Vainius,C.T. Klock, D. Rosen, P. Feng, J. McLean, C.G. Hahn,N.E. Rawson: Neuropathology of the olfactory mucosa in chronic rhinosinusitis, Am. J. Rhinol.Allergy 24, 110-120 (2010)

[39] M. Witt, K. Bormann, V. Gudziol, K. Pehlke,K. Barth, A. Minovi, A. Hahner, H. Reichmann,T. Hummel: Biopsies of olfactory epithelium in patients with Parkinson's disease, Mov Disord. 24,906-914 (2009)

[40] T. Miwa, M. Furukawa, T. Tsukatani, R.M. Costanzo, L.J. DiNardo, E.R. Reiter: Impact of olfactory impairment on quality of life and disability, Arch.Otolaryngol. Head Neck Surg. 127, 497-503 (2001)

[41] E.R. Anderson, M.P. Murphy, E.A.J. Weymuller: Clinimetric evaluation of the sinonasal outcome test-16, Otolaryngol. Head Neck Surg. 121, 702-707(1999)

[42] B. Hufnagl, J. Lehrner, L. Deecke: Development of a questionnaire for the assessment of self reported olfactory functioning, Chem. Senses 28,E27 (2003)

[43] N. de Jong, I. Mulder, C. de Graaf, W.A. van Staveren: Impaired sensory functioning in elders:The relation with its potential determinants and nutritional intake, J. Gerontol. A. Biol. Sci. Med.Sci. 54, B324-331 (1999)

[44] H. Takebayashi, K. Tsuzuki, H. Oka, K. Fukazawa,T. Daimon, M. Sakagami: Clinical availability of a self-administered odor questionnaire for patients with olfactory disorders, Auris Nasus Larynx 38, 65-72 (2011)

[45] E.K. Varga, P.A. Breslin, B.J. Cowart: The impact of chemosensory dysfunction on quality of life,Chem. Senses 25, 654 (2000)

[46] G. Pusswald, D. Moser, A. Gleiss, S. Janzek-Hawlat, E. Auff, P. Dal-Bianco, J. Lehrner: Prevalence of mild cognitive impairment subtypes in patients attending a memory outpatient clinic-comparison of two modes of mild cognitive impairment classification: Results of the Vienna Conversion to Dementia Study, Alzheimers Dement. 9, 366-376 (2013)

[47] J. Frasnelli, T. Hummel: Olfactory dysfunction and daily life, Eur. Arch. Otorhinolaryngol. 262, 231-235 (2005)

[48] C. Neuland, T. Bitter, H. Marschner, H. Gudziol,O. Guntinas-Lichius: Health-related and specific olfaction-related quality of life in patients with chronic functional anosmia or severe hyposmia,Laryngoscope 121, 867-872 (2011)

[49] C.H. Shu, P.O. Lee, M.Y. Lan, Y.L. Lee: Factors affecting the impact of olfactory loss on the quality of life and emotional coping ability, Rhinology 49, 337-341 (2011)

[50] M. Katotomichelakis, E. Simopoulos, N. Zhang,G. Tripsianis, G. Danielides, M. Livaditis,C. Bachert, V. Danielides: Olfactory dysfunction and asthma as risk factors for poor quality of life in upper airway diseases, Am. J. Rhinol. Allergy 27, 293-298 (2013)

[51] I. Croy, D. Buschhuter, H.S. Seo, S. Negoias, T. Hummel: Individual significance of olfaction: Development of a questionnaire, Eur. Arch.Otorhinolaryngol. 267, 67-71 (2010)

[52] M. Bullinger: Assessing health related quality of life in medicine: An overview over concepts,methods and applications in international research, Restor. Neurol. Neurosci. 20, 93-101 (2002)

[53] J.E. Ware Jr.: SF-36 health survey update, Spine 25, 3130-3139 (2000)

[54] L.R. Derogatis: SCL-90: Administration, Scoring and Procedures Manual for the Revised Version(Clinical Psychometric Research, Baltimore 1987)

[55] D.V. Zerssen: Die Befindlichkeitsskala (Beltz, Test,Gottingen 1975), in German

[56] A.T. Beck, C.M. Ward, M. Mendelson, J.E. Mock,J.K. Erbaugh: An inventory for measuring depression, Arch. Gen. Psychiat. 4, 561-571 (1961)

[57] A.T. Beck, R.A. Steer, G.K. Brown: Beck Depression Inventory, 2nd edn. (Psychological Corporation,San Antonio 1996)

[58] J.R. Litvack, J.C. Mace, T.L. Smith: Olfactory function and disease severity in chronic rhinosinusitis, Am. J. Rhinol. Allergy 23, 139-144 (2009)

[59] S. Nordin, E.H. Blomqvist, P. Olsson, P. Stjarne, A. Ehnhage: Effects of smell loss on daily life and adopted coping strategies in patients with nasal polyposis with asthma, Acta. Otolaryngol.131, 826-832 (2011)

[60] B.N. Landis, T. Hummel, M. Hugentobler, R. Giger, J.S. Lacroix: Ratings of overall olfactory function,Chem. Senses 28, 691-694 (2003)

[61] A. Soter, J. Kim, A. Jackman, I. Tourbier, A. Kaul,R.L. Doty: Accuracy of self-report in detecting taste dysfunction, Laryngoscope 118, 611-617(2008)

[62] B.R. Haxel, S. Bertz-Duffy, K. Fruth, S. Letzel,W.J. Mann, A. Muttray: Comparison of subjective olfaction ratings in patients with and without olfactory disorders, J. Laryngol. Otol. 126, 692-697(2012)

[63] R.L. Doty: Office procedures for quantitative assessment of olfactory function, Am. J. Rhinol. 21,460-473 (2007)

[64] T. Hummel, C.G. Konnerth, K. Rosenheim,G. Kobal: Screening of olfactory function with a four-minute odor identification test: Reliability, normative data, and investigations in patients with olfactory loss, Ann. Otol. Rhinol.Laryngol. 110, 976-981 (2001)

[65] V. Gudziol, J. Lotsch, A. Hahner, T. Zahnert,T. Hummel: Clinical significance of results from olfactory testing, Laryngoscope 116, 1858-1863 (2006)

[66] W.S. Cain: Testing olfaction in a clinical setting, Ear Nose Throat J. 68, 321-328 (1989)

[67] R.L. Doty, P. Shaman, C.P. Kimmelman, M.S. Dann:University of Pennsylvania Smell Identification Test: A rapid quantitative olfactory function test for the clinic, Laryngoscope 94, 176-178 (1984)

[68] T. Hummel, B. Sekinger, S.R. Wolf, E. Pauli, G. Kobal: Sniffin sticks: Olfactory performance assessed by the combined testing of odor identification, odor discrimination and olfactory threshold, Chem. Senses 22, 39-52 (1997)

[69] G.K.L. Kobal, M. Wolfensberger, H. Gudziol, A. Temmer, C.M. Owen, H. Seeber, E. Pauli,T. Hummel: Multicenter investigation of 1036 subjects using a standardized method for the assessment of olfactory function combining tests of odor identification, odor discrimination, and olfactory thresholds, Eur. Arch. Otorhinolaryngol. 257, 205-211 (2000)

[70] H. Kondo, T. Matsuda, M. Hashiba, S. Baba:A study of the relationship between the T and T olfactometer and the University of Pennsylvania smell identification test in a Japanese population, Am. J. Rhinol. 12, 353-358 (1998)

[71] A. Cardesin, I. Alobid, P. Benitez, E. Sierra, J. de Haro, M. Bernal-Sprekelsen, C. Picado, J. Mullol:Barcelona Smell Test-24 (BAST-24): Validation and smell characteristics in the healthy Spanish population, Rhinology 44, 83-89 (2006)

[72] W.S. Cain, J.F. Gent, R.B. Goodspeed, G. Leonard:Evaluation of olfactory dysfunction in the Connecticut Chemosensory Clinical Research Center(CCCRC), Laryngoscope 98, 83-88 (1988)

[73] V. Gudziol, T. Hummel: The influence of distractors on odor identification, Arch. Otolaryngol. Head Neck Surg. 135, 143-145 (2009)

[74] S. Negoias, C. Troeger, P. Rombaux, S. Halewyck,T. Hummel: Number of descriptors in cued odor identification tests, Arch. Otolaryngol Head Neck Surg. 136, 296-300 (2010)

[75] H.R. Briner, D. Simmen: Smell diskettes as screening test of olfaction, Rhinology 37, 145-148 (1999)

[76] R.L. Doty, D.A. McKeown, W.W. Lee, P. Shaman:A study of the test-retest reliability of ten olfactory tests, Chem. Senses 20, 645-656 (1995)

[77] A. Haehner, A.M. Mayer, B.N. Landis, I. Pournaras,K. Lill, V. Gudziol, T. Hummel: High test-retest reliability of the extended version of the Sniffin'Sticks test, Chem. Senses 34, 705-711 (2009)

[78] R.L. Doty, A. Marcus, W.W. Lee: Development of the 12-item Cross-Cultural Smell Identification Test (CC-SIT), Laryngoscope 106, 353-356 (1996)

[79] I. Konstantinidis, A. Printza, S. Genetzaki, K. Mamali, G. Kekes, J. Constantinidis: Cultural adaptation of an olfactory identification test: The Greek version of Sniffin' Sticks, Rhinology 46, 292-296(2008)

[80] R.L. Doty, D.G. Laing: Psychophysical measurement of human olfactory function, including odorant mixture assessment. In: Handbook of Olfaction and Gustation, 2nd edn., ed. by R.L. Doty(Marcel Dekker, New York 2003) pp. 203-228

[81] W.H. Ehrenstein, A. Ehrenstein: Psychophysical methods. In: Modern Techniques in Neuroscience Research, ed. by U. Windhorst, H. Johansson(Springer, Berlin 1999) pp. 1211-1241

[82] I. Croy, K. Lange, F. Krone, S. Negoias, H.S. Seo,T. Hummel: Comparison between odor thresholds for phenyl ethyl alcohol and butanol, Chem.Senses 34, 523-527 (2009)

[83] J. Lotsch, C. Lange, T. Hummel: A simple and reliable method for clinical assessment of odor thresholds, Chem. Senses 29, 311-317 (2004)

[84] M.R. Linschoten, L.O. Harvey Jr., P.M. Eller, B.W. Jafek: Fast and accurate measurement of taste and smell thresholds using a maximum-likelihood adaptive staircase procedure, Percept.Psychophys. 63, 1330-1347 (2001)

[85] R. Weierstall, B.M. Pause: Development of a 15-item odour discrimination test (Dusseldorf Odour Discrimination Test), Perception 41, 193-203 (2012)

[86] R.L. Doty, R. Smith, D.A. McKeown, J. Raj: Tests of human olfactory function: Principle component analysis suggests that most measure a common source of variance, Percept. Psychophys. 56, 701-707 (1994)

[87] M. Hedner, M. Larsson, N. Arnold, G.M. Zucco,T. Hummel: Cognitive factors in odor detection, odor discrimination, and odor identification tasks, J. Clin. Exp. Neuropsychol. 30, 1-6 (2010)

[88] J. Lotsch, H. Reichmann, T. Hummel: Different odor tests contribute differently to the evaluation of olfactory loss, Chem. Senses 33, 17-21 (2008)

[89] B. Moll, L. Klimek, G. Eggers, W. Mann: Comparison of olfactory function in patients with seasonal and perennial allergic rhinitis, Allergy 53, 297-301 (1998)

[90] E.A. Leon, F.A. Catalanotto, J.W. Werning:Retronasal and orthonasal olfactory ability after laryngectomy, Arch. Otolaryngol. Head Neck Surg.133, 32-36 (2007)

[91] S. Heilmann, G. Strehle, K. Rosenheim, M. Damm,T. Hummel: Clinical assessment of retronasal olfactory function, Arch. Otorhinolaryngol. Head Neck Surg. 128, 414-418 (2002)

[92] B. Renner, C.A. Mueller, J. Dreier, S. Faulhaber,W. Rascher, G. Kobal: The candy smell test: A new test for retronasal olfactory performance, Laryngoscope 119, 487-495 (2009)

[93] N.E. Rawson: Cell and molecular biology of olfaction, Quintessence Int. Berl. Ger. 30, 335-341 (1999)

[94] R. Sneppe, P. Gonay: Evaluation objective, quantitative et qualitative de l'olfaction, Electrodiagn. Ther. 10, 5-17 (1973)

[95] C.B. Schneider, T. Ziemssen, B. Schuster, H.S. Seo, A. Haehner, T. Hummel: Pupillary responses to intranasal trigeminal and olfactory stimulation, J. Neural Transm. 116, 885-889 (2009)

[96] M. Ichihara, A. Komatsu, F. Ichihara, H. Asaga, K. Hirayoshik: Test of smell based on the wink response, Jibiinkoka 39, 947-953 (1967)

[97] H. Asaka: The studies on the objective olfactory test by galvanic skin response, J. Otorhinolaryn-geal Soc. 68, 100-112 (1965)

[98] H. Gudziol, R. Wächter: Gibt es olfaktorisch evozierte Atemänderungen?, Laryngo-Rhino-Otol. 83, 367-373 (2004), in German

[99] R.A. Frank, M.F. Dulay, K.A. Niergarth, R.C. Gesteland: A comparison of the sniff magnitude test and the University of Pennsylvania smell identification test in children and nonnative English speakers, Physiol. Behav. 81, 475-480 (2004)

[100] D. Ottoson: Analysis of the electrical activity of the olfactory epithelium, Acta Physiol. Scand. 35, 1-83 (1956)

[101] H. Lapid, T. Hummel: Recording odor-evoked response potentials at the human olfactory epithelium, Chem. Senses. 38, 3-17 (2013)

[102] D.A. Leopold, T. Hummel, J.E. Schwob, S.C. Hong, M. Knecht, G. Kobal: Anterior distribution of human olfactory epithelium, Laryngoscope 110, 417-421 (2000)

[103] H. Lapid, S. Shushan, A. Plotkin, H. Voet, Y. Roth,T. Hummel, E. Schneidman, N. Sobel: Neural activity at the human olfactory epithelium reflects olfactory perception, Nat. Neurosci. 14, 1455-1461 (2011)

[104] G. Kobal: Elektrophysiologische Untersuchungen Des Menschlichen Geruchssinns (Thieme, Stuttgart1981), in German

[105] T. Hummel, M. Knecht, S. Wolf, G. Kobal: Recording of electro-olfactograms in man, Chem. Senses 21, 481 (1996)

[106] T. Hummel, J. Mojet, G. Kobal: Electro-olfactograms are present when odorous stimuli have not been perceived, Neurosci. Lett. 397, 224-228 (2006)

[107] H. Lapid, H.S. Seo, B. Schuster, E. Schneidman,Y. Roth, D. Harel, N. Sobel, T. Hummel: Odorant concentration dependence in electroolfactograms recorded from the human olfactory epithelium, J. Neurophysiol. 102, 2121-2130 (2009)

[108] M. Spehr, K. Schwane, S. Heilmann, G. Gisselmann, T. Hummel, H. Hatt: Dual capacity of a human olfactory receptor, Curr. Biol. 14, R832-833(2004)

[109] T.W. Picton, S.A. Hillyard: Endogenous event-related potentials. In: EEG-Handbook, Vol. 3, ed. by T.W. Picton (Elsevier, Amsterdam 1988), pp. 361-426, Revised Series

[110] T. Hummel, G. Kobal: Olfactory event-related potentials. In: Methods and Frontiers in Chemosensory Research, ed. by S.A. Simon, M.A.L. Nicolelis(CRC, Boca Raton 2001) pp. 429-464

[111] G. Kobal, K.H. Plattig: Methodische anmerkungen zur gewinnung olfaktorischer EEG-antworten des wachen menschen (objektive Olfaktometrie),Z EEG-EMG 9, 135-145 (1978), German

[112] C. Murphy, S. Wetter, C.D. Morgan, D.W. Ellison, M.W. Geisler: Age effects on central nervous system activity reflected in the olfactory event-related potential, Evidence for decline in middle age, Ann. N. Y. Acad. Sci. 855, 598-607（1998）

[113] T.S. Lorig, D.C. Matia, J.J. Pezka, D.N. Bryant: The effects of active and passive stimulation on chemosensory event-related potentials, Int. J. Psychophysiol. 23, 199-205（1996）

[114] B.M. Pause, B. Sojka, K. Krauel, R. Ferstl: The nature of the late positive complex within the olfactory event-related potential, Psychophysiology 33, 168-172（1996）

[115] K. Krauel, B.M. Pause, B. Sojka, P. Schott, R. Ferstl: Attentional modulation of central odor processing, Chem. Senses 23, 423-432（1998）

[116] A. Welge-Lussen: Chemosensory evoked potentials: Applications and significance in routine clinical practice, HNO 47, 453-455（1999）, in German

[117] T. Hummel, L. Klimek, A. Welge-Lussen,G. Wolfensberger, H. Gudziol, B. Renner, G. Kobal: Chemosensorisch evozierte Potentiale zur klinischen Diagnostik von Riechstörungen, HNO 48,481-485（2000）, in German

[118] J. Lotsch, T. Hummel: The clinical significance ofelectrophysiological measures of olfactory function, Behav. Brain Res. 170, 78-83（2006）

[119] F. Schaub, M. Damm: A time-saving method for recording chemosensory event-related potentials, Eur. Arch. Otorhinolaryngol. 269, 2209-2217（2012）

[120] P. Rombaux, B. Bertrand, T. Keller, A. Mouraux: Clinical significance of olfactory event-related potentials related to orthonasal and retronasal olfactory testing, Laryngoscope 117, 1096-1101（2007）

[121] C. Huart, V. Legrain, T. Hummel, P. Rombaux, A. Mouraux: Time-frequency analysis of chemosensory event-related potentials to characterize the cortical representation of odors in humans, PLoS One 7, e33221（2012）

[122] S. Boesveldt, A. Haehner, H.W. Berendse, T. Hummel: Signal-to-noise ratio of chemosensory event-related potentials, Clin. Neurophysiol. 118,690-695（2007）

[123] S.J. Williamson, L. Kaufman: Analysis of neuromagnetic signals. In: Handbook of Electroencephalography and Clinical Neurophysiologgy, Methods of Brain Electrical and Magnetical Signals, Vol. 1, ed. by A.S. Gevins, A.A. Rèmond（Elsevier, Amsterdam 1987）pp. 405-448

[124] J. Huttunen, G. Kobal, E. Kaukoronta, R. Hari: Cortical responses to painful CO_2-stimulation of nasal mucosa: A magnetencephalographic study in man, Electroenceph. Clin. Neurophysiol. 64,347-349（1986）

[125] S. Ayabe-Kanamura, H. Endo, T. Kobayakawa,T. Takeda, S. Saito: Measurement of olfactory evoked magnetic fields by a 64-channel whole head SQUID system, Chem. Senses 22, 214-215（1997）

[126] B. Kettenmann, C. Hummel, H. Stefan, G. Kobal: Magnetoencephalographical recordings: Separation of cortical responses to different chemical stimulation in man, Funct. Neurosci.（EEG Suppl.）46, 287-290（1996）

[127] B. Kettenmann, T. Hummel, H. Stefan, G. Kobal: Multiple olfactory activity in the human neocortex identified by magnetic source imaging, Chem.Senses 22, 493-502（1996）

[128] A.M. Lascano, T. Hummel, J.S. Lacroix, B.N. Landis,C.M. Michel: Spatio-temporal dynamics of olfactory processing in the human brain: An event-related source imaging study, Neurosci. 167, 700-708（2010）

[129] T.S. Lorig, M. Roberts: Odor and cognitive alteration of the contingent negative variation, Chem.Senses 15, 537-545（1990）

[130] D. Mrowinski, G. Scholz: Objective olfactometry by recording simultaneously olfactory evoked potentials and contingent negative variation, Chem.Senses 21, 487（1996）

[131] D. Perbellini, R. Scolari: L'elettroencefalo-olfattometria, Ann. Lar. Ot. Rin. Far. 65, 421-429（1966）,in Italian

[132] I. Savic: Imaging of brain activation by odorants in humans, Curr. Opin. Neurobiol. 12, 455-461（2002）

[133] D.H. Zald, J.V. Pardo: Functional neuroimaging of the olfactory system in humans, Int. J. Psychophysiol. 36, 165-181（2000）

[134] N. Sobel, V. Prabhakaran, J.E. Desmond, G.H. Glover, E.V. Sullivan, J.D. Gabrieli: A method for functional magnetic resonance imaging of olfaction, J. Neurosci. Methods 78, 115-123（1997）

[135] T. Hummel, D.M. Yousem, D.C. Alsop, R.J. Geckle,R.L. Doty: Functional MRI of olfactory and intranasal chemosensory trigeminal nerve activation, Soc. Neursci. Abstr. 23, 2076 (1997)

[136] D.M. Small, M. Jones-Gotman, R.J. Zatorre, M. Petrides, A.C. Evans: Flavor processing: More than the sum of its parts, Neuroreport 8, 3913-3917 (1997)

[137] D.A. Kareken, M. Sabri, A.J. Radnovich, E. Claus, B. Foresman, D. Hector, G.D. Hutchins: Olfactory system activation from sniffing: Effects in piriform and orbitofrontal cortex, Neuroimage 22, 456-465 (2004)

[138] I. Savic, H. Berglund: Passive perception of odors and semantic circuits, Hum. Brain Mapp. 21, 271-278 (2004)

[139] A.K. Anderson, K. Christoff, I. Stappen, D. Panitz,D.G. Ghahremani, G. Glover, J.D. Gabrieli, N. Sobel: Dissociated neural representations of intensity and valence in human olfaction, Nat. Neurosci. 6, 196-202 (2003)

[140] R.I. Henkin, L.M. Levy, C.S. Lin: Taste and smell phantoms revealed by brain functional MRI (fMRI), J. Comput. Assist. Tomogr. 24, 106-123 (2000)

[141] E. Iannilli, J. Gerber, J. Frasnelli, T. Hummel: Intranasal trigeminal function in subjects with and without an intact sense of smell, Brain Res. 1139,235-244 (2007)

[142] E. Iannilli, T. Bitter, H. Gudziol, H.P. Burmeister, H.J. Mentzel, A.P. Chopra, T. Hummel: Differences in anosmic and normosmic group in bimodal odorant perception: A functional-MRI study, Rhinology 49, 458-463 (2011)

[143] B.W. Jafek, D. Hartman, P.M. Eller, E.W. Johnson, R.C. Strahan, D.T. Moran: Postviral olfactory dysfunction, Am. J. Rhinol. 4, 91-100 (1990)

[144] M. Sugiura, T. Aiba, J. Mori, Y. Nakai: An epidemiological study of postviral olfactory disorder, Acta Otolaryngol. Suppl. (Stockh.) 538, 191-196 (1998)

[145] H.J. Duncan, A.M. Seiden: Long-term follow-up of olfactory loss secondary to head trauma and upper respiratory tract infection, Arch. Otolaryngol. Head Neck Surg. 121, 1183-1187 (1995)

[146] J. Reden, A. Mueller, C. Mueller, I. Konstantinidis, J. Frasnelli, B.N. Landis, T. Hummel: Recovery of olfactory function following closed head injury or infections of the upper respiratory tract, Arch.Otolaryngol. Head Neck Surg. 132, 265-269 (2006)

[147] T. Fark, T. Hummel: Olfactory disorders: Distribution according to age and gender in 3400 patients, Eur. Arch. Otorhinolaryngol. 270, 777-779 (2013)

[148] I. Konstantinidis, A. Haehner, J. Frasnelli, J. Reden, G. Quante, M. Damm, T. Hummel: Post-infectious olfactory dysfunction exhibits a seasonal pattern, Rhinology 44, 135-139 (2006)

[149] M. Suzuki, K. Saito, W.P. Min, C. Vladau, K. Toida, H. Itoh, S. Murakami: Identification of viruses in patients with postviral olfactory dysfunction,Laryngoscope 117, 272-277 (2007)

[150] H.J. Dhong, S.K. Chung, R.L. Doty: Estrogen protects against 3-methylindole-induced olfactory loss, Brain Res. 824, 312-315 (1999)

[151] L.F. Hughes, M.E. McAsey, C.L. Donathan, T. Smith,P. Coney, R.G. Struble: Effects of hormone replacement therapy on olfactory sensitivity: Cross-sectional and longitudinal studies, Climacteric 5,140-150 (2002)

[152] F. Portier, P. Faulcon, B. Lamblin, P. Bonfils: Sémiologie, étiologie et évolution des parosmies: Àpropos de 84 cas, Ann. Otolaryngol. Chir. Cervicofac. 117, 12-18 (2000), in French

[153] J. Frasnelli, B.N. Landis, S. Heilmann,B. Hauswald, K.B. Huttenbrink, J.S. Lacroix, D.A. Leopold, T. Hummel: Clinical presentation of qualitative olfactory dysfunction, Eur. Arch. Otorhinolaryngol. 261, 411-415 (2004)

[154] J.W. Legg: A case of anosmia following a blow, Lancet 2, 659-660 (1873)

[155] D.M. Yousem, R.J. Geckle, W.B. Bilker, H. Kroger, R.L. Doty: Posttraumatic smell loss: Relationship of psychophysical tests and volumes of the olfactory bulbs and tracts and the temporal lobes,Acad. Radiol. 6, 264-272 (1999)

[156] H. Zusho: Posttraumatic anosmia, Arch. Otolaryngol. 108, 90-92 (1982)

[157] D. Sumner: Post-traumatic anosmia, Brain 87,107-120 (1964)

[158] K.W. Delank, G. Fechner: Zur Pathophysiologie der posttraumatischen Riechstörungen, Laryngol. Rhinol. Otol. 75, 154-159 (1996), in German

[159] V. Gudziol, I. Hoenck, B. Landis, D. Podlesek, M. Bayn, T. Hummel: The impact and prospect of traumatic brain injury on olfactory function: A cross-sectional and prospective study, Eur. Arch.Otorhinolaryngol. 271, 1533-1540 (2014)

[160] A.M. Seiden: Olfactory loss secondary to nasal and sinus pathology. In: Taste and Smell Disorders, ed.by A.M. Seiden (Thieme, New York 1997) pp. 52-71

[161] B.T. Fein, P.B. Kamin, N.N. Fein: The loss of sense of smell in nasal allergy, Ann. Allergy 24, 278-283 (1966)

[162] L. Klimek, T. Hummel, B. Moll, G. Kobal, W.J. Mann: Lateralized and bilateral olfactory function in patients with chronic sinusitis compared with healthy control subjects, Laryngoscope 108, 111-114 (1998)

[163] R.L. Doty, A. Mishra: Olfaction and its alteration by nasal obstruction, rhinitis, and rhinosinusitis,Laryngoscope 111, 409-423 (2001)

[164] W.T. Hotchkiss: Influence of prednisone on nasal polyposis with anosmia, Arch. Otolaryngol. 64(6),478-479 (1956)

[165] S. Heilmann, K.B. Huettenbrink, T. Hummel: Local and systemic administration of corticosteroids in the treatment of olfactory loss, Am. J. Rhinol. 18, 29-33 (2004)

[166] A.J. Apter, A.E. Mott, M.E. Frank, J.M. Clive: Allergic rhinitis and olfactory loss, Ann. Allergy Asthma Immunol. 75, 311-316 (1995)

[167] B.A. Stuck, A. Blum, A.E. Hagner, T. Hummel, L. Klimek, K. Hormann: Mometasone furoate nasal spray improves olfactory performance in seasonal allergic rhinitis, Allergy 58, 1195 (2003)

[168] K.A. Ansari, A. Johnson: Olfactory function in patients with Parkinson's disease, J. Chron. Dis. 28,493-497 (1975)

[169] R.L. Doty, D. Deems, S. Steller: Olfactory dysfunction in Parkinson's disease: A general deficit unrelated to neurologic signs, disease stage, or disease duration, Neurology 38, 1237-1244 (1988)

[170] A. Haehner, S. Boesveldt, H.W. Berendse, A. Mackay-Sim, J. Fleischmann, P.A. Silburn, A.N. Johnston, G.D. Mellick, B. Herting, H. Reichmann, T. Hummel: Prevalence of smell loss in Parkinson's disease a multicenter study, Parkinsonism Relat. Disord. 15, 490-494 (2009)

[171] N. Sobel, M.E. Thomason, I. Stappen, C.M. Tanner, J.W. Tetrud, J.M. Bower, E.V. Sullivan, J.D. Gabrieli: An impairment in sniffing contributes to the olfactory impairment in Parkinson's disease, Proc.Natl. Acad. Sci. 98, 4154-4159 (2001)

[172] S. Barz, T. Hummel, E. Pauli, M. Majer, C.J. Lang, G. Kobal: Chemosensory event-related potentials in response to trigeminal and olfactory stimulation in idiopathic Parkinson's disease, Neurology 49, 1424-1431 (1997)

[173] C.H. Hawkes, B.C. Shephard: Olfactory evoked responses and identification tests in neurological disease, Ann. Acad. Sci. 855, 608-615 (1998)

[174] R.I. Mesholam, P.J. Moberg, R.N. Mahr, R.L. Doty: Olfaction in neurodegenerative disease: A meta-analysis of olfactory functioning in Alzheimer'sand Parkinson's diseases, Arch. Neurol. 55, 84-90 (1998)

[175] M.M. Ponsen, D. Stoffers, J. Booij, B.L. van EckSmit, E.C. Wolters, H.W. Berendse: Idiopathic hyposmia as a preclinical sign of Parkinson's disease, Ann. Neurol. 56, 173-181 (2004)

[176] U. Sommer, T. Hummel, K. Cormann, A. Mueller, J. Frasnelli, J. Kropp, H. Reichmann: Detection of presymptomatic Parkinson's disease: Combination of olfactory tests, transcranial sonography,and 123 I-FP-CIT-SPECT, Movement Disorders 19, 1196-1202 (2004)

[177] G.W. Ross, H. Petrovitch, R.D. Abbott, C.M. Tanner, J. Popper, K. Masaki, L. Launer, L.R. White:Association of olfactory dysfunction with risk for future Parkinson's disease, Ann. Neurol. 63, 167-173 (2008)

[178] C. Hawkes: Olfaction in neurodegenerative disorder, Adv. Otorhinolaryngol. 63, 133-151 (2006)

[179] M.B. Jorgensen, N.H. Buch: Studies on the sense of smell and taste in diabetics, Arch. Otolaryngol.53, 539-545 (1961)

[180] R.S. Weinstock, H.N. Wright, D.U. Smith: Olfactory dysfunction in diabetes mellitus, Physiol. Behav. 53, 17-21 (1993)

[181] A. Naka, M. Riedl, A. Luger, T. Hummel,C.A. Mueller: Clinical significance of smell and taste disorders in patients with diabetes mellitus, Eur. Arch. Otorhinolaryngol. 267, 547-550 (2010)

[182] R.L. Doty: Gender and endocrine-related influences on human olfactory perception. In: Clinical Measurement of Taste and Smell, ed. by R. Meiselman (MacMillan, New York 1986) pp. 377-413

[183] R.I. Henkin, F.C. Bartter: Studies on olfactory thresholds in normal man and in patients with adrenal cortical insufficiency: The role of adrenal cortical steroids and of serum sodium concentration, J. Clin. Invest. 45, 1631-1639 (1966)

[184] J.A. Frasnelli, A.F. Temmel, C. Quint, R. Oberbauer,T. Hummel: Olfactory function in chronic renal failure, Am. J. Rhinol. 16, 275-279 (2002)

[185] R.I. Henkin, F.R. Smith: Hyposmia in acute viral hepatitis, Lancet 1 (7704), 823-826 (1971)

[186] E.G. Kleinschmidt, B. Kramp, A. Schwager: Functional study on the sense of smell in patients with chronic liver disease, Z. Gesamte. Inn. Med. 31, 853-856 (1976)

[187] D. Reaich: Odour perception in chronic renal disease, Lancet 350, 1191 (1997)

[188] J. Lotsch, G. Geisslinger, T. Hummel: Sniffing out pharmacology: Interactions of drugs with human olfaction, Trends Pharmacol. Sci. 33, 193-199 (2012)

[189] R.L. Doty, S. Philip, K. Reddy, K.L. Kerr: Influences of antihypertensive and antihyperlipidemic drugs on the senses of taste and smell: A review, J. Hypertens. 21, 1805-1813 (2003)

[190] S. Kharoubi: Anosmie toxi-médicamenteuse à la nifédipine, Presse Med. 32, 1269-1272 (2003), in French

[191] J.L. Levenson, K. Kennedy: Dysosmia, dysgeusia, and nifedipine, Ann. Intern. Med. 102, 135-136 (1985)

[192] A. Welge-Luessen, M. Wolfensberger: Reversible anosmia after amikacin therapy, Arch. Otolaryngol. Head Neck Surg. 129, 1331-1333 (2003)

[193] S. Steinbach, T. Hummel, C. Bohner, S. Berktold, W. Hundt, M. Kriner, P. Heinrich, H. Sommer, C. Hanusch, A. Prechtl, B. Schmidt, I. Bauerfeind, K. Seck, V.R. Jacobs, B. Schmalfeldt, N. Harbeck: Qualitative and quantitative assessment of taste and smell changes in patients undergoing chemotherapy for breast cancer or gynecologic malignancies, J. Clin. Oncol. 27, 1899-1905 (2009)

[194] B.H. Ackerman, N. Kasbekar: Disturbances of taste and smell induced by drugs, Pharmacotherapy 17,482-496 (1997)

[195] L. Hastings, M.L. Miller: Olfactory loss to toxic exposure. In: Taste and Smell Disorders, ed. by A.M. Seiden (Thieme, New York 1997) pp. 88-106

[196] D.M. Yousem, R.J. Geckle, W. Bilker, D.A. McKeown, R.L. Doty: MR evaluation of patients with congenital hyposmia or anosmia, Am. J. Radiol.166, 439-443 (1996)

[197] F.J. Kallmann, W.A. Schoenfeld, S.E. Barrera: The genetic aspects of primary eunuchoidism, Am. J. Ment. Defic. 48, 203-236 (1944)

[198] I. Croy, S. Negoias, L. Novakova, B.N. Landis, T. Hummel: Learning about the functions of the olfactory system from people without a sense of smell, PLoS One 7, e33365 (2012)

[199] H.G. Karstensen, N. Tommerup: Isolated and syndromic forms of congenital anosmia, Clin. Genet. 81, 210-215 (2012)

[200] H. Tennen, G. Affleck, R. Mendola: Coping with smell and taste disorder. In: Smell and Taste in Health and Disease, ed. by T.V. Getchell, R.L. Doty, L.M. Bartoshuk, J.B. Snow (Raven, New York 1991) pp. 787-802

[201] S. Van Toller: Assessing the impact of anosmia: Review of a questionnaire's findings, Chem.Senses 24, 705-712 (1999)

[202] A.M. Ferris, V.B. Duffy: Effect of olfactory deficits on nutritional status, Ann. N. Y. Acad. Sci. 561,113-123 (1989)

[203] D.V. Santos, E.R. Reiter, L.J. DiNardo, R.M. Costanzo: Hazardous events associated with impaired olfactory function, Arch. Otolaryngol. Head Neck Surg. 130, 317-319 (2004)

[204] K. Aschenbrenner, C. Hummel, K. Teszmer, F. Krone, T. Ishimaru, H.S. Seo, T. Hummel: The influence of olfactory loss on dietary behaviors, Laryngoscope 118, 135-144 (2008)

[205] R.L. Doty: Food preference ratings of congenitally-anosmic humans. In: Chemical Senses and Nutrition II, ed. by M.R. Kare, O. Maller (Academic, New York 1977) pp. 315-325

[206] E.H. Blomqvist, A. Bramerson, P. Stjarne, S. Nordin: Consequences of olfactory loss and adopted coping strategies, Rhinology 42, 189-194 (2004)

[207] A. Brämerson, S. Nordin, M. Bende: Clinical experience with patients with olfactory complaints and their quality of life, Acta Otolaryngol. 127, 167-174 (2007)

[208] V. Gudziol, S. Wolff-Stephan, K. Aschenbrenner, P. Joraschky, T. Hummel: Depression resulting from olfactory dysfunction is associated with reduced sexual appetite - A cross-sectional cohort study, J. Sex Med. 6, 1924-1929 (2009)

[209] I. Croy, V. Bojanowski, T. Hummel: Men without a sense of smell exhibit a strongly reduced number of sexual relationships, women exhibit reduced partnership security - A reanalysis of previously published data, Biol. Psychol. 92, 292-294 (2013)

[210] I. Croy, S. Nordin, T. Hummel: Olfactory disorders and quality of life - An updated review, Chem.Senses. 39, 185-194 (2014)

[211] B.N. Landis, N.W. Stow, J.S. Lacroix, M. Hugentobler, T. Hummel: Olfactory disorders: The patients'view, Rhinology 47, 454-459 (2009)

[212] A. Keller, D. Malaspina: Hidden consequences of olfactory dysfunction: A patient report series, BMC Ear Nose Throat Disord. 13, 8 (2013)

[213] P. Bonfils, F.L. Corre, B. Biacabe: Semiologie et etiologie des anosmies: A propos de 306 patients, Ann. Otolaryngol. Chir. Cervicofac. 116, 198-206 (1999)

[214] R.M. Costanzo, N.D. Zasler: Head trauma. In: Smell and Taste in Health and Disease, ed. by T.V. Getchell, R.L. Doty, L.M. Bartoshuk, J.B.J. Snow (Raven, New York 1991) pp. 711-730

[215] C. Murphy, R.L. Doty, H.J. Duncan: Clinical disorders of olfaction. In: Handbook of Olfaction and Gustation, ed. by R.L. Doty (Marcel Dekker, NewYork 2003) pp. 461-478

[216] L.M. Beidler, R.L. Smallman: Renewal of cells within taste buds, J. Cell Bio. 27, 263-272 (1965)

[217] P.P.C. Gradziadei, G.A. Monti-Graziadei: Continuous nerve cell renewal in the olfactory system.In: Handbook of Sensory Physiology, Vol. IX, ed.by M. Jacobson (Springer, New York 1978) p. 55

[218] P. Rombaux, C. Huart, S. Collet, P. Eloy, S. Negoias, T. Hummel: Presence of olfactory event-related potentials predicts recovery in patients with olfactory loss following upper respiratory tract infection, Laryngoscope 120, 2115-2118 (2010)

[219] Y.G. Min, Y.S. Yun, B.H. Song, Y.S. Cho, K.S. Lee: Recovery of nasal physiology after functional endoscopic sinus surgery: Olfaction and mucociliary transport, ORL J. Otorhinolaryngol. Relat. Spec. 57, 264-268 (1995)

[220] V.J. Lund, G.K. Scadding: Objective assessment of endoscopic sinus surgery in the management of chronic rhinosinusitis: An update, J. Laryngol. Otol. 108, 749-753 (1994)

[221] D. Ophir, R. Gross-Isseroff, D. Lancet, G. Marshak: Changes in olfactory acuity induced by total inferior turbinectomy, Arch. Otolaryngol. Head Neck Surg. 112, 195-197 (1986)

[222] K.W. Delank, W. Stoll: Olfactory function after functional endoscopic sinus surgery for chronic sinusitis, Rhinology 36, 15-19 (1998)

[223] J. Pade, T. Hummel: Olfactory function following nasal surgery, Laryngoscope 118, 1260-1264 (2008)

[224] A. Minovi, T. Hummel, A. Ural, W. Draf, U. Bockmuhl: Predictors of the outcome of nasal surgery in terms of olfactory function, Eur. Arch. Otorhinolaryngol. 265, 57-61 (2008)

[225] W. Hosemann, W. Görtzen, R. Wohlleben, S.R. Wolf, M.E. Wigand: Olfaction after endoscopic endonasal ethmoidectomy, Am. J. Rhinol.7, 11-15 (1993)

[226] C.P. Kimmelman: The risk to olfaction from nasal surgery, Laryngoscope 104, 981-988 (1994)

[227] K.J. Fong, R.C. Kern, J.D. Foster, J.C. Zhao, D.Z. Pitovski: Olfactory secretion and sodium, potassium-adenosine triphosphatase: Regulation by corticosteroids, Laryngoscope 109, 383-388 (1999)

[228] D.G. Golding-Wood, M. Holmstrom, Y. Darby, G.K. Scadding, V.J. Lund: The treatment of hyposmia with intranasal steroids, J. Laryngol. Otol. 110,132-135 (1996)

[229] M. Tos, F. Svendstrup, H. Arndal, S. Orntoft, J. Jakobsen, P. Borum, C. Schrewelius, P.L. Larsen, F. Clement, C. Barfoed, F. Rømeling, T. Tvermosegaard: Efficacy of an aqueous and a powder formulation of nasal budesonide compared in patients with nasal polyps, Am. J. Rhinol. 12, 183-189 (1998)

[230] A.E. Mott, W.S. Cain, D. Lafreniere, G. Leonard, J.F. Gent, M.E. Frank: Topical corticosteroid treatment of anosmia associated with nasal and sinus disease, Arch. Otolaryngol. Head Neck Surg. 123,367-372（1997）

[231] B.W. Jafek, D.T. Moran, P.M. Eller, J.C. Rowley III, T.B. Jafek: Steroid-dependent anosmia, Arch.Otolaryngol. Head Neck Surg. 113, 547-549 (1987)

[232] V.A. Schriever, C. Merkonidis, N. Gupta, C. Hummel, T. Hummel: Treatment of smell loss with systemic methylprednisolone, Rhinology 50, 284-289（2012）

[233] A.E. Mott, D.A. Leopold: Disorders in taste and smell, Med. Clin. North Am. 75, 1321-1353 (1991)

[234] L. Klimek, G. Eggers: Olfactory dysfunction in allergic rhinitis is related to nasal eosinophilc inflammation, J. Allergy Clin. Immunol. 100, 159-164（1997）

[235] M.H. Stevens: Steroid-dependent anosmia, Laryngoscope 111, 200-203（2001）

[236] E.O. Meltzer, A.A. Jalowayski, A. Orgel, A.G. Harris: Subjective and objective assessments in patients with seasonal allergic rhinitis: Effects of therapy with mometasone furoate nasal spray, J. Allergy Clin. Immunol. 102, 39-49 (1998)

[237] E.H. Blomqvist, L. Lundblad, H. Bergstedt, P. Stjarne: Placebo-controlled, randomized, double-blind study evaluating the efficacy of fluticasone propionate nasal spray for the treatment of patients with hyposmia/anosmia, Acta Otolaryngol. 123, 862-868 (2003)

[238] M.S. Benninger, J.A. Hadley, J.D. Osguthorpe, B.F. Marple, D.A. Leopold, M.J. Derebery, M. Hannley: Techniques of intranasal steroid use, Otolaryngol. Head Neck Surg. 130, 5-24 (2004)

[239] K. Ikeda, T. Sakurada, Y. Suzaki, T. Takasaka: Efficacy of systemic corticosteroid treatment for anosmia with nasal and paranasal sinus disease, Rhinology 33, 162-165（1995）

[240] M. Scheibe, C. Bethge, M. Witt, T. Hummel: Intranasal administration of drugs, Arch. Otorhinolaryngol. Head Neck Surg. 134, 643-646 (2008)

[241] J.G. Hardy, S.W. Lee, C.G. Wilson: Intranasal drug delivery by spray and drops, J. Pharmacy Pharmacol. 37, 294-297（1985）

[242] S.P. Newman, F. Moren, S.W. Clarke: Deposition pattern from a nasal pump spray, Rhinology 25, 77-82（1987）

[243] G.W. McGarry, I.R. Swan: Endoscopic photographic comparison of drug delivery by ear-drops and by aerosol spray, Clin. Otolaryngol. 17, 359-360（1992）

[244] C.H. Shu, P.L. Lee, A.S. Shiao, K.T. Chen, M.Y. Lan:Topical corticosteroids applied with a squirt system are more effective than a nasal spray for steroid-dependent olfactory impairment, Laryngoscope 122, 747-750 (2012)

[245] S.M. Parnes, A.V. Chuma: Acute effects of antileukotrienes on sinonasal polyposis and sinusitis, Ear Nose Throat J. 79, 18-20（2000）

[246] S.M. Parnes, A.V. Chuma: Acute effects of antileukotrienes on sinonasal polyposis and sinusitis, Ear Nose Throat J. 79, 24-25（2000）

[247] G. Bachmann, G. Hommel, O. Michel: Effect of irrigation of the nose with isotonic salt solution on adult patients with chronic paranasal sinus disease, Eur. Arch. Otorhinolaryngol. 257, 537-541 (2000)

[248] W. Rundles: Prognosis in the neurologic manifestations of pernicious anemia, Am.Soc. Hematol. 1, 209-219 (1946)

[249] O. Tanaka, Y. Mukaino: The effect of auricular acupuncture on olfactory acuity, Am. J. Chin. Med. 27, 19-24 (1999)

[250] D.D. Stevenson, M.A. Hankammer, D.A. Mathison, S.C. Christiansen, R.A. Simon: Aspirin desensitization treatment of aspirin-sensitive patients with rhinosinusitis-asthma: Long-term outcomes, J. Allergy Clin. Immunol. 98, 751-758 (1996)

[251] J. Reden, D.J. El-Hifnawi, T. Zahnert, T. Hummel: The effect of a herbal combination of primrose, gentian root, vervain, elder flowers, and sorrel on olfactory function in patients with a sinonasal olfactory dysfunction, Rhinology 49, 342-346 (2011)

[252] D.T. Moran, B.W. Jafek, P.M. Eller, J.C. Rowley: Ultrastructural histopathology of human olfactory dysfunction, Microsc. Res. Tech. 23, 103-110 (1992)

[253] M. Yamagishi, M. Fujiwara, H. Nakamura: Olfactory mucosal findings and clinical course in patients with olfactory disorders following upper respiratory viral infection, Rhinology 32, 113-118(1994)

[254] R.I. Henkin, P.J. Schecter, W.T. Friedewald, D.L. Demets, M. Raff: A double-blind study of the effects of zinc sulfate on taste and smell dysfunction, Am. J. Med. Sci. 272, 285-299 (1976)

[255] K.K. Yee, N.E. Rawson: Retinoic acid enhances the rate of olfactory recovery after olfactory nerve transection, Brain Res. Dev. Brain Res. 124, 129-132 (2000)

[256] A.P.J. Hendriks: Olfactory dysfunction, Rhinology 26, 229-251 (1988)

[257] J. Reden, B. Herting, K. Lill, R. Kern: T, Hummel: Treatment of postinfectious olfactory disorders with minocycline: A double-blind, placebo-controlled study, Laryngoscope 121, 679-682 (2011)

[258] M. Reljanovic, G. Reichel, K. Rett, M. Lobisch, K. Schuette, W. Moller, H.J. Tritschler, H. Mehnert: Treatment of diabetic polyneuropathy with the antioxidant thioctic acid (alpha-lipoic acid): A two year multicenter randomized double-blind placebo-controlled trial (ALADIN II). Alpha Lipoic Acid in Diabetic Neuropathy, Free Radic. Res. 31, 171-179 (1999)

[259] L. Packer, K. Kraemer, G. Rimbach: Molecular aspects of lipoic acid in the prevention of diabetes complications, Nutr. 17, 888-895 (2001)

[260] L. Hounsom, D.F. Horrobin, H. Tritschler, R. Corder, D.R. Tomlinson: A lipoic acid-gamma linolenic acid conjugate is effective against multiple indices of experimental diabetic neuropathy, Diabetologia 41, 839-843 (1998)

[261] N.E. Garrett, M. Malcangio, M. Dewhurst, D.R. Tomlinson: Alpha-lipoic acid corrects neuropeptide deficits in diabetic rats via induction of trophic support, Neurosci. Lett. 222, 191-194 (1997)

[262] L.J. Coppey, J.S. Gellett, E.P. Davidson, J.A. Dunlap, D.D. Lund, M.A. Yorek: Effect of antioxidant treatment of streptozotocin-induced diabetic rats on endoneurial blood flow, motor nerve conduction velocity, and vascular reactivity of epineurial arterioles of the sciatic nerve, Diabetes 50, 1927-1937 (2001)

[263] M.A. Lynch: Lipoic acid confers protection against oxidative injury in non-neuronal and neuronal tissue, Nutr. Neurosci. 4, 419-438 (2001)

[264] T. Hummel, S. Heilmann, K.B. Hüttenbrink: Lipoic acid in the treatment of smell dysfunction following viral infection of the upper respiratory tract, Laryngoscope 112, 2076-2080 (2002)

[265] C. Quint, A.F.P. Temmel, T. Hummel, K. Ehrenberger: The quinoxaline derivative caroverine in the treatment of sensorineural smell disorders: A proof of concept study, Acta Otolaryngol. 122, 877-881 (2002)

[266] C. Quint, A.F. Temmel, T. Hummel, K. Ehrenberger: The quinoxaline derivative caroverine in the treatment of sensorineural smell disorders: A proof-of-concept study, Acta Otolaryngol. 122, 877-881 (2002)

[267] M.G. Laster, R.M. Russell, P.F. Jacques: Impairment of taste and olfaction in patients with cirrhosis, the role of vitamin A, Hum. Nutr. Clin. Nutr. 38, 203-214 (1984)

[268] J. Reden, K. Lill, T. Zahnert, A. Haehner, T. Hummel: Olfactory function in patients with postinfectious and posttraumatic smell disorders before and after treatment with vitamin A: A double-blind, placebo-controlled, randomized clinical trial, Laryngoscope 122, 1906-1909 (2012)

[269] S. Schiffman: Drugs influencing taste and smell perception. In: Smell and Taste in Health and Disease, ed. by T.V. Getchell, R.L. Doty, L.M. Bartoshuk, J.B. Snow (Raven, New York 1991) pp. 845-850

[270] R.I. Henkin: Drug-induced taste and smell disorders. Incidence, mechanisms and management related primarily to treatment of sensory receptor dysfunction, Drug Saf. 11, 318-377 (1994)

[271] R.L. Doty, S.M. Bromley: Effects of drugs on olfaction and taste, Otolaryngol. Clin. North Am. 37, 1229-1254 (2004)

[272] W. Michael: Anosmia treated with acupuncture, Acupunct. Med. 21, 153-154 (2003)

[273] J. Vent, D.W. Wang, M. Damm: Effects of traditional Chinese acupuncture in post-viral olfactory dysfunction, Otolaryngol. Head Neck Surg. 142, 505-509 (2010)

[274] J. Silas, R.L. Doty: No evidence for specific benefit of acupuncture over vitamin B complex in treating persons with olfactory dysfunction, Otolaryngol. Head Neck Surg. 143, 603 (2010)

[275] R.I. Henkin, I. Velicu, L. Schmidt: An open-label controlled trial of theophylline for treatment of patients with hyposmia, Am. J. Med. Sci. 337, 396-406 (2009)

[276] R.I. Henkin, I. Velicu, L. Schmidt: Relative resistance to oral theophylline treatment in patients with hyposmia manifested by decreased secretion of nasal mucus cyclic nucleotides, Am. J. Med. Sci. 341, 17-22 (2011)

[277] R.I. Henkin: Comparative monitoring of oral theophylline treatment in blood serum, saliva, and nasal mucus, Ther. Drug Monit. 34, 217-221 (2012)

[278] L.M. Levy, R.I. Henkin, C.S. Lin, A. Hutter, D. Schellinger: Increased brain activation in response to odors in patients with hyposmia after theophylline treatment demonstrated by fMRI, J. Comput. Assist. Tomogr. 22, 760-770 (1998)

[279] L.M. Levy, R.I. Henkin, C.S. Lin, A. Hutter, D. Schellinger: Odor memory induces brain activation as measured by functional MRI, J. Comput. Assist. Tomogr. 23, 487-498 (1999)

[280] V. Gudziol, T. Hummel: Effects of pentoxifylline on olfactory sensitivity: A postmarketing surveillance study, Arch. Otolaryngol. Head Neck Surg. 135, 291-295 (2009)

[281] V. Gudziol, J. Pietsch, M. Witt, T. Hummel: Theophylline induces changes in the electro-olfactogram of the mouse, Eur. Arch. Otorhinolaryngol. 267, 239-243 (2010)

[282] T. Hummel, K. Rissom, A. Hähner, J. Reden, M. Weidenbecher, K.B. Hüttenbrink: Effects of olfactory training in patients with olfactory loss, Laryngoscope 119, 496-499 (2009)

[283] I. Konstantinidis, E. Tsakiropoulou, P. Bekiaridou, C. Kazantzidou, J. Constantinidis: Use of olfactory training in post-traumatic and postinfectious olfactory dysfunction, Laryngoscope 123, 85-90 (2013)

[284] F. Fleiner, L. Lau, O. Goktas: Active olfactory training for the treatment of smelling disorders, Ear Nose Throat J. 91, 198-203 (2012)

[285] K. Geissler, H. Reimann, H. Gudziol, T. Bitter, O. Guntinas-Lichius: Olfactory training for patients with olfactory loss after upper respiratory tract infections, Eur. Arch. Otorhinolaryngol. 271, 1557-1562 (2014)

[286] M. Damm, L.K. Pikart, H. Reimann, S. Burkert, O. Goktas, B. Haxel, S. Frey, I. Charalampakis, A. Beule, B. Renner, T. Hummel, K.B. Hüttenbrink: Olfactory training is helpful in postinfectious olfactory loss-A randomized controlled multicenter study, Laryngoscope 124, 826-831 (2014)

[287] S.L. Youngentob, P.F. Kent: Enhancement of odorant-induced mucosal activity patterns in rats trained on an odorant, Brain Res. 670, 82-88 (1995)

第27章 人和动物的嗅觉能力比较

传统上认为人类嗅觉发育较差，明显不如非人类动物。然而，这种观点主要是基于对神经解剖学和近期遗传学发现的解释，而不是基于生理学或行为学证据。现在越来越多的研究表明，人类的嗅觉比之前认为的要好得多，嗅觉在调节各种各样的人类行为中发挥着重要作用。因此，本章旨在总结目前关于人类嗅觉能力的知识，并将之与动物的嗅觉能力进行比较。

比较物种之间的嗅觉能力并非易事。当试图对不同物种之间嗅觉效率的差异或相似性进行描述时，必须考虑以下几个潜在的混杂因素。

第一，我们发现人类研究的结果之间具有高度变异性。例如，关于嗅觉灵敏度，已发表的给定气味物质的平均阈值变化可能高达6个数量级[1]。这可能（至少部分）是因为用于确定此类阈值的方法不同。然而，有一种明显的趋势，即采用信号检测方法和严格的刺激控制的更复杂的心理物理学方法得出的阈值低于更简单的方法得出的阈值[2]。

第二，绝大多数关于人类嗅觉的心理物理学研究只报道了表现的平均值（通常加上变异的量度），而不报道数值的分布或其范围。这就是问题所在，嗅觉表现的测量因很大的个体差异而颇有争议。两项对嗅觉灵敏度的研究皆是如此，其中使用给定气味的个体阈值在研究人群中通常变化高达3个数量级[3]，对嗅觉辨别能力的研究发现受试者区分给定气味对的能力从偶然到精确分辨变化很大[4]。然而，最近使用最先进的心理物理学方法（由Cain和同事首创）的研究报道了研究人群中最敏感和最不敏感受试者之间的差异范围是相当低的[5]。

第三，不可避免地使用不同的方法和不同种类的动物以评估动物和人类的嗅觉表现。这可能会影响结果的可比性。然而，不同动物种属使用方法之间的差异通常要满足生理学、解剖学和行为需求以及研究种属局限性的必要适应性调整，以成功配合行为试验（换句话说，即使可以对不同物种使用相同的方法，也将很可能使一个物种相比另一个物种占优势，从而使任何比较都无效。因此，最好针对每种研究种属优化出一种检测方法。）。人们普遍认为操作性条件反射程序是动物感觉功能评估方法中的黄金标准[6]，因此本章仅考虑基于此类程序的研究。图27.1~图27.5说明了评估不同种类哺乳动物嗅觉性能的操作性条件反射程序。

最后，动物研究通常仅使用较少数量的个体，有时每个种属仅使用一或两只动物，因此得出的平均值是有争议的，且难以说明该发现在整个种属的代表性。

图 27.1　蜘蛛猴嗅觉操作性条件反射法

(a)蜘蛛猴(*Ateles geoffroyi*)；(b)使用有两个选项的仪器，从侧面观察动物。仪器由两个操作箱组成。一个箱子内有 Kellogg 公司的蜜环诱饵，另一个是空箱，取决于附在盒子上的吸水纸带上的气味剂；(d)蜘蛛猴在有气味的吸水纸带上嗅闻气味(有奖刺激或无奖刺激)；(c)打开相应的操作箱(由 M. Laska 提供)，表明蜘蛛猴在两种气味间做出选择

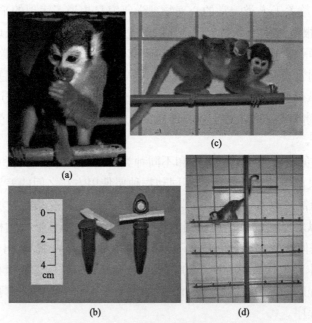

图 27.2　松鼠猴嗅觉操作性条件反射法

(a)松鼠猴(*Saimiri sciureus*)；(b)配备吸水纸条的微量离心杯。使用微量离心杯作为操作对象(人造坚果)，根据应用在吸水纸带上的气味剂不同，选择用或不用花生作为诱饵；(d)实验装置。在人造坚果树上放置大量人造坚果，其中一半添加一颗花生作为诱饵，并带有作为奖励刺激的气味，另一半是空的，带有无奖励刺激的气味；(c)一只松鼠猴查看人造坚果树枝条上的人造坚果(由 M. Laska 提供)

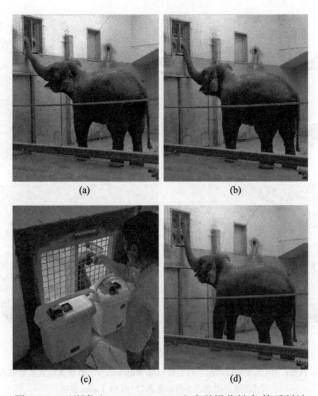

图 27.3　亚洲象（*Elephas maximus*）嗅觉操作性条件反射法

(a) 大象在左侧气味端口嗅闻；(b) 大象在右侧气味端口嗅闻；(d) 大象将其象鼻放在相应气味端口顶部的网格上，表明其在同时存在的两个气味间做出选择；(c) 大象做出正确选择后，会收到胡萝卜作为食物奖励（由 M. Laska 提供）

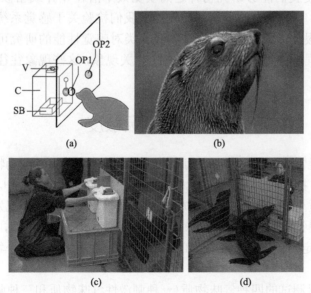

图 27.4　南非毛皮海豹嗅觉操作性条件反射法

(a) 实验装置示意图；C：装有气味刺激物的容器；V：进气气流的通风器；O：出气气流的出口；SB：刺激盒；OP1：气味端口 1；OP2：气味端口 2；(b) 南非毛皮海豹（*Arctocephalus pusillus*）；(c) 同时向毛皮海豹提供两种气味刺激；(d) 海豹嗅闻两个气味端口中的一个（由 M. Laska 提供）

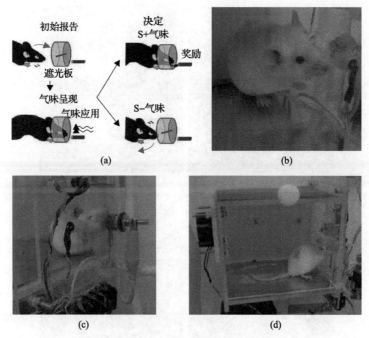

图 27.5　小鼠嗅觉操作性条件反射程序

(a)实验装置示意图；(b)气味端口前的一只小鼠(*Mus musculus*)；(d)小鼠将其头部插入气味端口；

(c)选择正确后，小鼠舔舐水口(由 M. Laska 提供)

尽管困难重重，但仍有几个很好的理由值得比较人类和动物之间的嗅觉能力：首先，这样的比较使我们能够研究物种之间嗅觉效率潜在差异或相似性的神经和/或遗传机制[7]。其次，嗅觉能力的种属间比较能使我们检验关于感觉系统进化和作用于它们的选择压力的假设[8]。最后，整合动物和人类对嗅觉性能的研究可能有助于我们更好地理解老化过程或神经退行性疾病等医学相关现象，这些现象往往伴随着嗅觉功能丧失[9,10]。

27.1　嗅觉灵敏度

嗅觉灵敏度通常由测定嗅觉觉察阈值来评估，即人类受试者或动物能够检测到特定气味的最低浓度。据报道，人类嗅觉觉察阈值约有 3300 个气味物质[1]。相比之下，动物中测试的气味物质总数要低得多。表 27.1 总结了哺乳动物的种类和已发表的使用操作性条件反射程序的嗅觉检测出阈值的气味数量。物种总数为 17(请注意，总共存在约 5500种哺乳动物)，给定物种检测出来的最高气味数量为 81 种。这 17 个物种代表哺乳动物29 目中的 7 种。

除了用于大鼠测试的四种气味物质(一种刺激性气味物质和三种刺激性标签气味物质，即添加到刺激性气味物质中识别其来源)和用小鼠测试的一种气味物质(哒嗪)外，用非人类哺乳动物测定嗅觉觉察阈值的所有 138 种气味也用于人类受试者测试，可直接比较两者表现。

表 27.1　已发表的使用操作性条件反射程序的嗅觉觉察阈值及动物种类和气味数量

序号	通用名称	学名	哺乳动物目	检测的气味数量
1	蜘蛛猴	*Ateles geoffroyi*	灵长类动物	81
2	小鼠	*Mus musculus*	啮齿类动物	72
3	松鼠猴	*Saimiri sciureus*	灵长类动物	61
4	猪尾猕猴	*Macaca nemestrina*	灵长类动物	60
5	大鼠	*Rattus norvegicus*	啮齿类动物	45
6	短尾果蝠	*Carollia perspicillata*	翼手目	18
7	犬	*Canis lupus familiaris*	食肉目	15
8	普通吸血蝙蝠	*Desmodus rotundus*	翼手目	15
9	普通鼠耳蝙蝠	*Myotis myotis*	翼手目	13
10	海獭	*Enhydra lutris*	食肉目	7
11	猪	*Sus scrofa domestica*	偶蹄目	5
12	刺猬	*Erinaceus europaeus*	食虫目	4
13	大食果蝙蝠	*Artibeus lituratus*	翼手目	3
14	苍白矛吻蝠	*Phyllostomus discolor*	翼手目	3
15	普通鼩鼱	*Sorex araneus*	食虫目	3
16	兔	*Oryctolagus cuniculus*	兔形目	1
17	港湾海豹	*Phoca vitulina*	食肉目	1

在图 27.6 中(以及随后的所有其他比较),作者将比较人类受试者中报道的最低平均阈值与给定动物种属中报道的最低个体阈值。这样做的理由如下:

①人体研究很少报道阈值范围,通常只有平均值。

②动物研究通常仅使用少量个体(在某些情况下仅使用一只动物),使得使用平均值存在争议。

③将极佳的个体动物的阈值与一组人类受试者的平均阈值进行比较,可最大程度降低人类意外优于动物的风险。

图 27.6 比较了人与其他哺乳动物物种的脂族羧酸嗅觉觉察阈值。除犬类以外,人类受试者的嗅觉比大多数哺乳动物更灵敏,即嗅觉觉察阈值更低。(请注意,除正庚酸外,犬类的所有数据均来自 Neuhaus[16]研究,该研究仅使用了一只动物。其他研究人员的后期研究[17,57]采用了多只犬和更严格的刺激控制,有趣的是,与 Neuhaus 报道的相比,这些气味获得了明显更高的阈值。)小鼠是另一种以嗅觉敏锐著称的哺乳动物,对7 种正羧酸中仅有 3 种比人类更敏感,而人类在这 7 种气味中有 4 种表现胜过小鼠这种啮齿类动物。

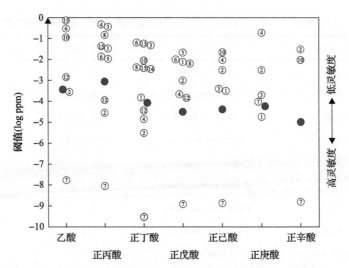

图 27.6　人类受试者脂族羧酸与其他哺乳动物种的嗅觉觉察阈值(表示为气相浓度)比较

人类受试者的数据点(●)代表文献中报道的最低平均阈值,所有动物种属的数据点(带编号圆圈)代表文献中报道的单个动物的最低阈值。圆圈中的数字为表 27.1 各物种对应的序号(人体数据[1];蜘蛛猴数据[11];小鼠数据[12];松鼠猴数据[13];猪尾猕猴数据[11];大鼠数据[14];短尾果蝠数据[15];犬数据[16,17];普通吸血蝙蝠数据[18];海獭数据[19];刺猬数据[20];大食果蝙蝠数据[18];苍白矛吻蝠数据[18];普通鼩鼱数据[21])

　　图 27.7 比较了人与其他哺乳动物种属脂肪族 1-醇的嗅觉觉察阈值。在这里,人类受试者也有一个较高的灵敏度,即有比大多数其他测试物种较低的嗅觉觉察阈值。有趣的是,人类的表现优于老鼠,而老鼠是另一种被认为嗅觉高度发达的哺乳动物,可识别 7种 1-醇。类似地,人类通常比蝙蝠和非人灵长类动物有更低的嗅觉觉察阈值。相比之下,在该种属中检测的两种醇中,猪明显比人类更敏感。

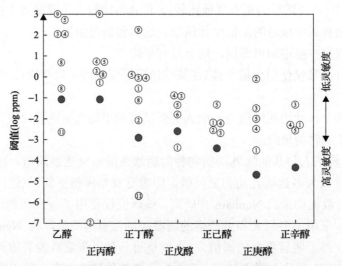

图 27.7　人类受试者的脂肪醇与其他哺乳动物物种的嗅觉觉察阈值(表示为气相浓度)比较

人类受试者的数据点(●)代表文献中报道的最低平均阈值,所有动物种属的数据点(带编号圆圈)代表文献中报道的单个物种的最低阈值。圆圈内的数字表示表 27.1 中各物种的序号(人类数据[1];蜘蛛猴数据[22];小鼠数据[23-25];松鼠猴数据[26];猪尾猕猴数据[26];大鼠数据[27,28];短尾果蝠数据[15];普通吸血蝙蝠数据[18];普通鼠耳蝙蝠数据[29];猪数据[30,31])

图 27.8 比较了人与其他哺乳动物脂肪族乙酸酯的嗅觉觉察阈值。仅有两种例外(蜘蛛猴和松鼠猴对乙酸正丁酯),人类受试者的嗅觉觉察阈值较低,即对这些气味的敏感性高于所有其他测试的哺乳动物物种,包括狗、小鼠和大鼠。除少数例外,人类对脂肪族乙酸酯的敏感性也高于蜘蛛猴、松鼠猴和猪尾猕猴。考虑到这些非人灵长类动物的高度食果性,这一点非常重要,表明这些物种对水果相关气味(如乙酸酯)的嗅觉高度敏感。然而,人类和非人灵长类动物的表现一般都优于谷食性物种如大鼠,虫食性物种如蝙蝠,草食性物种如具有这类气味的兔。

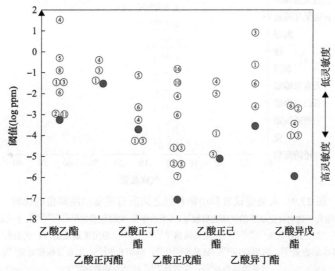

图 27.8 人类受试者的脂肪族乙酸酯嗅觉觉察阈值(表示为气相浓度)与其他哺乳动物物种阈值的比较
人类受试者的数据点(●)代表文献中报道的最低平均阈值,所有动物种属的数据点(带编号圆圈)代表文献中报道的单个动物的最低阈值。圆圈中的数字表示表 27.1 中各物种的序号(人类数据[1];蜘蛛猴数据[32];小鼠数据[33-35];松鼠猴数据[36];猪尾猕猴数据[36];大鼠数据[37-39];短尾果蝠数据[15];犬数据[40];普通吸血蝙蝠数据[18];海獭数据[19];猪数据[31];兔数据[41])

图 27.9 总结了人类和其他哺乳动物之间嗅觉觉察阈值的所有比较。描述了受试人类或给定哺乳动物物种更敏感的气味物质数量。除了犬(以及仅使用一种气味进行测试的港湾海豹),人类受试者具有较低的嗅觉觉察阈值,即与迄今为止测试的所有其他哺乳动物物种相比,人类对大多数气味具有更高的灵敏度。这包括传统上认为嗅觉高度发达的物种,如小鼠、大鼠、刺猬、鼩鼱、猪和兔。

有趣的是,在 15 种气味的 5 种测试中,人类的表现甚至超过犬,通常认为犬类具有动物界无可争议的超级嗅觉。事实上,这 5 种气味包含植物气味成分,如 β-紫罗兰酮和乙酸正戊酯,表明气味的行为相关性而不是神经解剖学或遗传学特征可能对物种的嗅觉敏感性影响更强烈。据报道,犬比人更敏感的 10 种气味中,有 7 种含有羧酸,这是犬猎物气味的典型成分,这一发现进一步支持了上述观点。

因此,基于这些比较,并且与传统典型认知相反,人类在嗅觉灵敏度上与动物相比通常并不逊色。

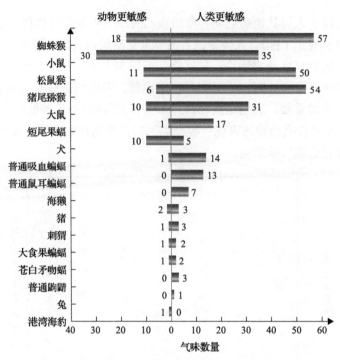

图 27.9　人类受试者和动物种属之间所有嗅觉检测阈值的比较

描述了受试人类或给定哺乳动物物种更敏感的气味物质数量(人类数据[1]; 蜘蛛猴数据[11,22,25,32,42-49]; 小鼠数据[12,23,25,33-35,42-44,50,51]; 松鼠猴数据[13,26,36,45-48]; 猪尾猕猴数据[11,26,36,45-48]; 大鼠数据[14,27,28,37-39,45]; 短尾果蝠数据[15]; 犬数据[16,17,40,52-54]; 普通吸血蝙蝠数据[18]; 普通鼠耳蝙蝠数据[29]; 海獭数据[19]; 猪数据[30,31,55]; 刺猬数据[20]; 大食果蝙蝠数据[18]; 苍白矛吻蝠数据[18]; 普通鼩鼱数据[21]; 兔数据[41]; 港湾海豹数据[56])

27.2　嗅觉辨别能力

　　嗅觉辨别可定义为对两种不同气味的连续呈现做出不同可靠反应的能力。因此,嗅觉辨别通常是通过对重复出现的一对给定的气味做出正确反应的比例来确定。然后可以使用统计标准来确定人类受试者或动物是否能够区分这两种气味。

　　嗅觉辨别能力的人体研究通常采用结构相关的单分子气味(研究气味的结构和感知质量之间的相关性),或商业用途的复杂气味混合物,如香料(香水、身体护理产品)或食物气味(葡萄酒、咖啡、人工香料)。与此相反,绝大多数评估嗅觉辨别能力的动物研究采用的是自然产生的复杂气味混合物,这些混合物在行为上与所研究的物种相关,如同种的体味、该物种典型的食物气味或捕食者气味。因此,在嗅觉辨别的人类和动物研究之间,使用的刺激物只有很少是重叠的。不过,也有研究至少有些动物物种能区分一些与人类测试结构相关的单分子气味的能力。

　　表 27.2 比较了人类和几种动物区分同源脂肪族气味系列的能力。这些气味物质具有相同的含氧官能团(例如醇基或醛基),但碳链长度不同。与松鼠猴、毛皮海豹、蜜蜂、亚洲象和小鼠相比,在这组气味中,人类成功区分出气味对的比例略低。尽管如此,人

类成功区分了结构和性质上都彼此相似的气味对中的 80% 以上。

表 27.2　具有相同官能团但碳链长度不同的脂肪族气味的嗅觉辨别能力的种属间比较

	人类受试者	松鼠猴	亚洲象	毛皮海豹	CD-1 小鼠	蜜蜂
1-醇	+++++–	–ØØ–+Ø	ØØ +Ø++	+++Ø++	++++++	+++++–
正醛类	–++–++	ØØ + Ø ++	ØØ +Ø++	+++Ø++	++++++	++++++
2-酮	–+++++	ØØ + Ø ++	ØØ +Ø++	+++Ø++	++++++	++++++
乙酸酯	–+++++	ØØ + Ø ++	ØØ +Ø++	+++Ø–+	++++++	ØØØØØØ
正羧酸	++++++	+ØØ++Ø	ØØ +Ø++	+++Ø++	++++++	ØØØØØØ
成功率	25/30	13/15	15/15	24/25	30/30	17/18

注："+"表示人类受试者或动物组成功区分了给定的脂肪族气味对，"–"表示未能区分，"Ø"表示未进行该气味对测试。每个表格单元格中的 6 个符号分别是指碳链长度 C_4 与 C_5 的区分、C_4 与 C_6 的区分、C_4 与 C_7 的区分、C_5 与 C_6 的区分、C_5 与 C_7 的区分以及 C_6 与 C_7 的区分。人类数据[58-60]；松鼠猴数据[59,61,62]；亚洲象数据[63,64]；毛皮海豹数据[65]；小鼠数据[66]；蜜蜂数据[67]

表 27.3 比较了人类和几种动物区分具有相同碳链长度但官能团不同的脂肪族气味的能力。在这一组气味中，不仅松鼠猴、小鼠和蜜蜂，人类受试者也成功地区分了测试的所有气味对。

表 27.3　具有相同碳长度但官能团不同的脂肪族气味的嗅觉辨别性能的种属间比较

	人类受试者	松鼠猴	CD-1 小鼠	蜜蜂
1-醇与正醛	+++	+++	+++	+++
1-醇与 2-酮	+++	+++	+++	+++
1-醇与正羧酸	+++	+++	+++	ØØØ
正醛类与 2-酮类	+++	+++	+++	+++
正醛与正羧酸	+++	+++	+++	ØØØ
2-酮与正羧酸	+++	+++	+++	ØØØ
成功率	18/18	18/18	18/18	9/9

注："+"表示人类受试者或动物组成功区分了给定的脂肪族气味对，"–"表示未能区分，"Ø"表示未进行该气味对测试。每个表格单元格中的三个符号分别表示具有 4、6 或 8 个碳原子链长的气味物质的鉴别。人类数据[68]；松鼠猴数据[69]；小鼠数据[66]；蜜蜂数据[67]

表 27.4 比较了人与几种动物区分对映异构体的能力。这些是具有镜像结构的分子对，除光学活性（即偏振光旋转）外，其化学和物理性质相同。它们对于评估嗅觉系统如何编码分子结构特别有用，因为对映体之间的感知差异不是由覆盖嗅上皮的黏液中不同的扩散率或不同的空气-黏液分配系数引起的，一定是源于受体水平的手性选择性[79]。

人类受试者作为一个群体，只能够区分 12 对对映异构体气味中的 5 对，因此表现类似于松鼠猴，12 对中有 6 对成功。相反，亚洲象、小鼠和大鼠的成功率分别为 12/12，11/11，3/3。南非毛皮海豹、猪尾猕猴和蜜蜂能够区分大多数但不是所有这些种属测试过的对映体气味对（表 27.4）。

表 27.4　对映体嗅觉识别性能的种属间比较

	人类受试者	松鼠猴	亚洲象	毛皮海豹	CD-1 小鼠	蜜蜂	猪尾猕猴	SD/LE 大鼠
香芹酮	+	+	+	+	+	+		+
二氢香芹酮	+	+	+	+	+		+	
二氢香芹酚	+	+	+		+		+	
柠檬烯	+	+	+	−	+			
α-蒎烯	+	+	+		+		+	
异胡薄荷醇	+				+			
薄荷脑	−			+	+		+	
β-香茅醇	−		+		+			
玫瑰氧化物	−		+		+			
葑酮	−							+
柠檬烯氧化物	−	−	+	+	+		−	
樟脑	−	−			+			
成功率	5/12	6/12	12/12	8/12	11/11	5/8	5/6	3/3

注："+"表示动物或受试动物组成功辨别了给定的对映体气味对，"−"表示未能区分。人类数据[70,71]；松鼠猴数据[72,73]；亚洲象数据[63]；毛皮海豹数据[74]；小鼠数据[75]；蜜蜂数据[76]；猪尾猕猴数据[73]；大鼠数据[77,78]

　　基于这些比较，与一些物种如老鼠和亚洲象相比，人类的嗅觉辨别能力似乎稍逊。然而，人类在区分结构相关单分子气味方面的表现似乎与松鼠猴、毛皮海豹和蜜蜂相当。

　　嗅觉辨别能力的一个特殊且很少研究的方面是区分给定气味不同浓度的能力。鼻能够可靠地检测到的最小浓度差异通常称为最小可觉差(JND)，通常表示为所谓的韦伯分数(根据韦伯定律，规定两个刺激之间的 JND 与刺激强度成正比：$\Delta I/I=$常数)。例如，韦伯分数为 0.3，表示相对于标准刺激，刺激必须呈现 30%以上的强度，才能可靠地感知为强于标准。

　　已发现人 JND 具有气味依赖性，已报道韦伯分数的范围为 0.09(丁酸正戊酯)、0.16(正戊醇)、0.30(吡啶)、0.35(正丁醇)和 0.47(苯乙醇)[80-82]。唯一一项直接比较不同种属JNDs 的研究发现，大鼠中乙酸正戊酯组的韦伯分数为 0.041，因此远低于该气味剂在人体中发现的 0.315[83]。然而，随后一项研究报道，大鼠对相同气味的韦伯分数为 0.28，与人类相当[84]。

　　关于嗅觉 JNDs 的动物数据极度缺乏的一个可能解释是动物很难理解这样一个概念：两种不同浓度的相同气味应该有不同的奖励值。为了理解这个困难，我们必须知道，在操作性条件反射程序中，动物了解到气味 A 是有奖励的，而气味 B(或空白刺激)是无奖励的。一旦动物成功地了解气味 A 和奖励之间的关联，它就会将这种气味视为奖励刺激，而不管其浓度如何。从生物学的角度来看，这是完全有意义的，因为与动物行为相关的气味几乎不会随着浓度的变化而改变它们的意义：无论在高浓度还是低浓度下，食物气味总是有吸引力的，无论检测到的浓度高低，捕食者气味总是应该避开。因此，需要对动物进行大量的训练，以克服这种对气味学习奖励价值一成不变的认知。

27.3　物种间嗅觉能力的定性比较

除了使用可量化的嗅觉表现指标，如灵敏度和鉴别能力，人们还可以尝试使用定性指标来比较物种之间的嗅觉。在最简单的情况下，这意味着评估一个给定物种是否具有某种能力。为此，不妨先看看已知嗅觉在动物不同行为背景下扮演的角色，然后问问人类受试者是否能够将鼻子用于相同的目的。

27.3.1　收集关于化学环境的信息

收集化学环境信息的能力在动物界几乎无处不在。在大多数动物物种中，检测出有害化学物质，例如，引发适应性行为反应，旨在减少进一步暴露。人类也不例外，当接触有害的挥发性化学物质时，会表现出转头、闭眼、呼吸暂停（暂停呼吸）、打喷嚏、咳嗽等适应行为。尽管这些反射样反应中的一些涉及鼻三叉神经系统，当考虑嗅觉丧失的受试者时，嗅觉系统在这种情况下的意义变得明显：与健康对照相比，无嗅觉功能的人发生煤气中毒[85]和未觉察火灾[86]的风险显著更高。

27.3.2　觅食和食物选择

利用嗅觉发现和选择食物的能力也在动物物种中广泛存在。与其他哺乳动物的后代相似，人类婴儿在出现母亲乳房气味或母乳气味时，已经表现出适应性行为反应，如积极的头部转动和张大的嘴巴运动[87]。尽管现在人类几乎不需要用鼻子觅食，也就是寻找食物，但他们确实拥有追踪食物气味的能力[88]。嗅觉在参与人类食物选择上更为明显：嗅觉丧失受试者的食物中毒风险显著高于嗅觉完整的健康对比者[89]。同样，营养不良风险在嗅觉丧失受试者中显著高于正常对比受试者[90]。毫不奇怪，嗅觉丧失受试者——尤其是那些由于头部创伤而瞬间丧失嗅觉的受试者——经常报告享受食物的生活质量大幅下降[91]。

27.3.3　空间定位

相当多的动物物种依靠嗅觉来进行空间定位。夜间和地下活动的物种尤其如此。有两种基本的机制可以让动物利用嗅觉找到它们的栖息地：它们既可以利用现有发出气味的地标，也可以在它们的栖息地的某些点上自己沉积气味标记。这两种气味源都可以作为动物识别其在空间位置上的导航标志。

尽管拥有完整视觉的人类几乎不需要用鼻子来找路，但他们确实拥有跟踪同类所铺设的气味路径的能力，并且在蒙住眼睛时也具有这种能力[88]。最近的一项研究表明，人类嗅觉系统中存在空间信息加工，因此具有定向嗅觉的潜在能力[92]。此外，有证据表明盲人使用嗅觉标志作为空间定向的感觉线索[93,94]。

27.3.4　社会交往

许多种类的动物已经被证实使用身体散发的气味进行社会交往。这类气味可能传递气味发出者的物种、社会群体、性别、年龄、生殖状况、健康状况、社会地位、个人身份、遗传相关性、饮食习惯和情绪状态等信息。

心理物理学研究证明，人类能够正确地区分性别[95]和年龄差异产生的不同类型体味[96]。同样，研究表明，人类能够正确地将体味与生殖状况[97,98]和健康状况[99,100]相关联。

此外，人类能够区分个体间的体味[101]和亲属与非亲属间的体味[102,103]。这包括母亲与婴儿之间的体味互认[104]。

人类也能够区分素食者和肉食者的体味[105]，因此他们可以嗅出同类的饮食习惯。最近的研究表明，人类也能够通过体味来检测情绪[106,107]。

狗、小鼠和大鼠不仅能够区分单个同种的气味，还能够区分其他物种个体的气味，例如人类个体间的气味。然而，已经证明，人类受试者也能够在其他犬气味样本中正确识别自己宠物犬的气味[108]、正确区分大猩猩个体的体臭样本[109]，并正确区分仅在其主要组织相容性复合体(MHC)基因中彼此存在差异的小鼠品系的体味[110]。

27.3.5 生殖

利用嗅觉线索正确识别潜在配偶生殖状态的能力在哺乳动物中广泛存在。同样，已经证实配偶的选择是基于，或至少在一些哺乳动物物种中受嗅觉线索的影响。人类男性能够区分发情周期不同阶段的女性体味，更喜欢排卵期前后女性发出的体味[97,98,111]。多个证据表明，人类配偶的选择可能受到体味的影响，并且与小鼠的情况一样，MHC基因参与了个体气味特征的形成[112-114]。最近的一项研究发现，先天无嗅觉的男性与正常男性相比，其性关系数量明显减少；与正常女性相比，先天无嗅觉的女性对其浪漫伴侣尤其没安全感[115]。此外，已证明嗅觉丧失相关的抑郁症会降低人类的性欲[116]。

27.3.6 学习与记忆

学习和记忆不可避免地与感觉输入联系在一起。许多种类的动物依靠嗅觉线索来学习它们的环境或情景以及建立和恢复记忆。人类也不例外，因为人类能够快速、稳定地学习食物气味与摄入的阳性或阴性生理结果之间的长期相关性[117]。同样，人类能够快速有效地学习气味和视觉刺激间的食欲与厌恶的关联性[118]。几项研究报道，人类对气味的长期记忆非常好，优于其他感知模式[119]。迄今为止，人类成功识别气味的最长间隔时间为1年[120]，而对气味-名字相关的识别保留时间甚至长达9年[121]。

从嗅觉能力的这些定性比较中，人们一定可以得出这样的结论：在已知动物使用鼻子的所有行为背景下，人类至少具有利用嗅觉的基本能力。

27.4 总　　结

已发表的关于嗅觉性能可量化测量的数据相当有限，这些测量可在人类和动物之间进行直接比较。然而，根据这一有限数据集，可得出以下结论：

人类受试者具有较低的嗅觉觉察阈值，即与迄今为止测试的大多数哺乳动物物种相比，对测试的大多数气味具有更高的灵敏度。这包括传统上认为具有高度发达嗅觉的物种，如小鼠、大鼠、刺猬、鼩鼱、猪和兔。

与老鼠和亚洲象等物种相比，人类受试者的嗅觉辨别能力似乎稍逊。然而，人类在区分结构相关的单分子气味方面的表现似乎与松鼠猴、毛皮海豹和蜜蜂等物种相当。

嗅觉能力的定性比较表明，在已知动物使用鼻子的所有行为背景下，人类受试者至少具有使用嗅觉的基本能力。这包括收集关于化学环境、食物选择、空间定位、社会交往、生殖以及学习和记忆的信息。

总而言之，这些发现表明，人类嗅觉通常并不逊于动物，而且比传统认为的要好得多。

参 考 文 献

[1] L.J. van Gemert: Odour Thresholds. Compilations of Odour Threshold Values in Air, Water and Other Media, 2nd edn. (OPP, Utrecht 2011)

[2] R. Schmidt, W.S. Cain: Making scents: Dynamic olfactometry for threshold measurement, Chem. Senses 35, 109-120 (2010)

[3] J.C. Stevens, W.S. Cain, R.J. Burke: Variability of olfactory thresholds, Chem. Senses 13, 643-653 (1988)

[4] M. Laska, A. Ringh: How big is the gap between olfactory detectin and recognition of aliphatic aldehydes?,Attent. Percept. Psychophys. 72, 806-812 (2010)

[5] J.E. Cometto-Muñiz, M.H. Abraham: Structure-activity relationships on the odor detectability of homologous carboxylic acids by humans, Exp. Brain Res. 207, 75-84 (2010)

[6] J.M. Pearce: Animal Learning and Cognition (Psychology,New York 2008)

[7] B.W. Ache, J.M. Young: Olfaction: Diverse species,conserved principles, Neuron 48, 417-430 (2005)

[8] R.A. Barton: Olfactory evolution and behavioral ecology in primates, Am. J. Primatol. 68, 545-558 (2006)

[9] R.L. Doty, I. Petersen, N. Mensah, K. Christensen: Genetic and environmental influences on odor identification ability in the very old, Psychol. Aging 26, 864-871 (2011)

[10] M. Barresi, R. Ciurleo, S. Giacoppo, V.F. Cuzzola, D. Celi, P. Bramanti, S. Marino: Evaluation of olfactory dysfunction in neurodegenerative diseases,J. Neurol. Sci. 323, 16-24 (2012)

[11] M. Laska, A. Wieser, R.M. Rivas Bautista, L.T. Hernandez Salazar: Olfactory sensitivity for carboxylic acids in spider monkeys and pigtail macaques, Chem. Senses 29, 101-109 (2004)

[12] S.C. Güven, M. Laska: Olfactory sensitivity and odor structure-activity relationships for aliphatic carboxylic acids in CD-1 mice, PLoS ONE 7, e34301 (2012)

[13] M. Laska, A. Seibt, A.Weber: Microsmatic primates revisited-Olfactory sensitivity in the squirrel monkey, Chem. Senses 25, 47-53 (2000)

[14] B.M. Slotnick, G.A. Bell, H. Panhuber, D.G. Laing: Detection and discrimination of propionic acid after removal of its 2-DG identified major focus in the olfactory bulb: A psychophysical analysis, Brain Res. 762, 89-96 (1997)

[15] M. Laska: Olfactory sensitivity to food odor components in the short-tailed fruit bat, *Carollia perspicillata* (Phyllostomatidae, Chiroptera), J. Comp. Physiol. A 166, 395-399 (1990)

[16] W. Neuhaus: Über die Riechschärfe des Hundes für Fettsäuren, Z. Vergl. Physiol. 35, 527-552 (1953)

[17] D.G. Moulton, D.H. Ashton, J.T. Eayrs: Studies in olfactory acuity. 4. Relative detectability of *n*-aliphatic acids by the dog, Anim. Behav. 8, 117-128 (1960)

[18] U. Schmidt: Vergleichende Riechschwellenbes-timmungen bei neotropischen Chiropteren (*Desmodus rotundus, Artibeus lituratus, Phyllostomus discolor*), Z. Säugetierkd. 40, 269-298 (1975)

[19] J. Hammock: Structure, Function and Context: The Impact of Morphometry and Ecology on Olfactory Sensitivity, Ph.D. Thesis (MIT, Cambridge 2005)

[20] H. Bretting: Die Bestimmung der Riechschwellen bei Igeln für Einige Fettsäuren, Z. Säugetierkd. 37, 286-311 (1972)

[21] L. Sigmund, F. Sedlacek: Morphometry of the olfactory organ and olfactory thresholds of some fatty acids in Sorex araneus, Acta Zool. Fennica 173, 249-251 (1985)

[22] M. Laska, R.M. Rivas Bautista, L.T. Hernandez Salazar: Olfactory sensitivity for aliphatic alcohols and aldehydes in spider monkeys, Ateles geoffroyi, Am. J. Phys. Anthropol. 129, 112-120 (2006)

[23] J. Larson, J.S. Hoffman, A. Guidotti, E. Costa: Olfactory discrimination learning in heterozygous reeler mice, Brain Res. 971, 40-46 (2003)

[24] D.W. Smith, S. Thach, E.L. Marshall, M.G. Mendoza, S.J. Kleene: Mice lacking NKCC1 have normal olfactory sensitivity, Physiol. Behav. 93, 44-49 (2008)

[25] P.K. Løtvedt, S.K. Murali, L.T. Hernandez Salazar, M. Laska: Olfactory sensitivity for green odors (aliphatic C6 alcohols and C6 aldehydes)-A comparative study in male CD-1 mice (Mus musculus) and female spider monkeys (Ateles geoffroyi), Pharmacol. Biochem. Behav. 101, 450-457 (2012)

[26] M. Laska, A. Seibt: Olfactory sensitivity for aliphatic alcohols in squirrel monkeys and pigtail macaques, J. Exp. Biol. 205, 1633-1643 (2002)

[27] D.G. Moulton, J.T. Eayrs: Studies in olfactory acuity.2. Relative detectability of n-aliphatic alcohols by the rat, Q. J. Exp. Psychol. 12, 99-109 (1960)

[28] D.G. Laing: A comparative study of the olfactory sensitivity of humans and rats, Chem. Senses Flavor 1, 257-269 (1975)

[29] U. Schmidt, C. Schmidt: Olfactory thresholds in four microchiropteran bat species, Proc. 4th Int.Bat Res. Conf., Nairobi (1978) pp. 7-13

[30] J.B. Jones, C.M. Wathes, K.C. Persaud, R.P. White, R.B. Jones: Acute and chronic exposure to ammonia and olfactory acuity for n-butanol in the pig, Appl. Anim. Behav. Sci. 71, 13-28 (2001)

[31] L.M. Søndergaard, I.E. Holm, M.S. Herskin, F. Dagnaes-Hansen, M.G. Johansen, A.L. Jörgensen, J. Ladewig: Determination of odor detection threshold in the Göttingen minipig, Chem. Senses 35, 727-734 (2010)

[32] L.T. Hernandez Salazar, M. Laska, E. Rodriguez Luna: Olfactory sensitivity for aliphatic esters in spider monkeys, Ateles geoffroyi, Behav. Neurosci.117, 1142-1149 (2003)

[33] V. Vedin, B. Slotnick, A. Berghard: Zonal ablation of the olfactory sensory neuroepithelium of the mouse: Effects on odorant detection, Eur. J. Neurosci.20, 1858-1864 (2004)

[34] J.C. Walker, R.J. O'Connell: Computerized odor psychophysical testing in mice, Chem. Senses 11,439-453 (1986)

[35] A.C. Clevenger, D. Restrepo: Evaluation of the validity of a maximum likelihood adaptive staircase procedure for measurement of olfactory detection threshold in mice, Chem. Senses 31, 9-26 (2006)

[36] M. Laska, A. Seibt: Olfactory sensitivity for aliphatic esters in squirrel monkeys and pigtail macaques, Behav. Brain Res. 134, 165-174 (2002)

[37] S. Krämer, R. Apfelbach: Olfactory sensitivity, learning and cognition in young adult and aged male Wistar rats, Physiol. Behav. 81, 435-442 (2004)

[38] S. Pierson: Conditioned suppression to odorous stimuli in the rat, J. Comp. Physiol. Psychol. 86,708-717 (1974)

[39] R.G. Davis: Olfactory psychophysical parameters in man, rat, dog and pigeon, J. Comp. Physiol.Psychol. 85, 221-232 (1973)

[40] D.B. Walker, J.C. Walker, P.J. Cavnar, J.L. Taylor,D.H. Pickel, S.B. Hall, J.C. Suarez: Naturalistic quantification of canine olfactory sensitivity, Appl. Anim. Behav. Sci. 97, 241-254 (2006)

[41] D.G. Moulton, A. Celebi, R.P. Fink: Olfaction in mammals-two aspects: Proliferation of cells in the olfactory epithelium and sensitivity to odours. In: Ciba Foundation Symposium on Taste and Smell in Vertebrates, ed. by G.E.W. Wolstenholme, J. Knight (Churchill, London 1970)

[42] D. Joshi, M. Völkl, G.M. Shepherd, M. Laska: Olfactory sensitivity for enantiomers and their racemic mixtures-A comparative study in CD-1 mice and spider monkeys, Chem. Senses 31, 655-664 (2006)

[43] M. Laska, O. Persson, L.T. Hernandez Salazar: Olfactory sensitivity for alkylpyrazines-A comparative study in CD-1 mice and spider monkeys, J. Exp. Zool. A 311, 278-288 (2009)

[44] H. Wallén, I. Engström, L.T. Hernandez Salazar, M. Laska: Olfactory sensitivity for six amino acids: A comparative study in CD-1 mice and spider monkeys, Amino Acids 42, 1475-1485 (2012)

[45] M. Laska, M. Fendt, A. Wieser, T. Endres, L.T. Hernandez Salazar, R. Apfelbach: Detecting danger-or just another odorant? Olfactory sensitivity for the fox odor component 2,4,5-trimethyl thiazoline in four species of mammals, Physiol. Behav.84, 211-215 (2005)

[46] M. Laska, A. Wieser, L.T. Hernandez Salazar: Olfactory responsiveness to two odorous steroids in three species of nonhuman primates, Chem.Senses 30, 505-511 (2005)

[47] M. Laska, D. Höfelmann, D. Huber, M. Schumacher: Does the frequency of occurrence of odorants in the chemical environment determine olfactory sensitivity? A study with acyclic monoterpene alcohols in three species of nonhuman primates, J. Chem. Ecol. 32, 1317-1331 (2006)

[48] M. Laska, R.M. Rivas Bautista, D. Höfelmann,V. Sterlemann, L.T. Hernandez Salazar: Olfactory sensitivity for putrefaction-associated thiols and indols in three species of nonhuman primates, J. Exp. Biol. 210, 4169-4178 (2007)

[49] L. Kjeldmand, L.T. Hernandez Salazar, M. Laska: Olfactory sensitivity for sperm-attractant aromatic aldehydes-A comparative study in human subjects and spider monkeys, J. Comp. Physiol. A197, 15-23 (2011)

[50] M. Laska, D. Joshi, G.M. Shepherd: Olfactory sensitivity for aliphatic aldehydes in CD-1 mice, Behav.Brain Res. 167, 349-354 (2006)

[51] L. Larsson, M. Laska: Ultra-high olfactory sensitivity for the human sperm-attractant aromatic aldehyde bourgeonal in CD-1 mice, Neurosci. Res. 71, 355-360 (2011)

[52] W. Neuhaus: Die Riechschwellen des Hundes für Jonon und Äthylmercaptan und ihr Verhältnis zu anderen Riechschwellen bei Hund und Mensch, Z. Naturforsch. 9, 560-567 (1954)

[53] P.I. Ezeh, L.J. Myers, L.A. Hanrahan, R.J. Kemppainen, K.A. Cummins: Effects of steroids on the olfactory function of the dog, Physiol. Behav. 51,1183-1187 (1992)

[54] L.J. Myers, R. Pugh: Threshold of the dog for detection of inhaled eugenol and benzaldehyde determined by electroencephalo-graphic and behavioral olfactometry, Am. J. Vet. Res. 46, 2409-2412 (1985)

[55] K.M. Dorries, E. Adkins-Regan, B.P. Halpern: Olfactory sensitivity to the pheromone androstenone in sexually dimorphic in the pig, Physiol. Behav. 57, 255-259 (1995)

[56] S. Kowalewsky, M. Dambach, B. Mauck, G. Dehnhardt: High olfactory sensitivity for dimethyl sulphide in harbour seal, Biol. Lett. 2, 106-109(2006)

[57] D.A. Marshall, L. Blumer, D.G. Moulton: Odor detection curves for n-pentanoic acid in dogs and humans, Chem. Senses 6, 445-453 (1981)

[58] M. Laska, P. Teubner: Odor structure-activity relationships of carboxylic acids correspond between squirrel monkeys and humans, Am. J. Physiol. 274, R1639-R1645 (1998)

[59] M. Laska, P. Teubner: Olfactory discrimination ability for homologous series of aliphatic alcohols and aldehydes, Chem. Senses 24, 263-270 (1999)

[60] M. Laska, F. Hübener: Olfactory discrimination ability for homologous series of aliphatic ketones and acetic esters, Behav. Brain Res. 119, 193-201 (2001)

[61] M. Laska, S. Trolp, P. Teubner: Odor structure-activity relationships compared in human and nonhuman primates, Behav. Neurosci. 113, 98-1007 (1999)

[62] M. Laska, D. Freyer: Olfactory discrimination ability for aliphatic esters in squirrel monkeys and humans, Chem. Senses 22, 457-465 (1997)

[63] A. Rizvanovic, M. Amundin, M. Laska: Olfactory discrimination ability of Asian elephants (Elephas maximus) for structurally related odorants, Chem. Senses 38, 107-118 (2013)

[64] J. Arvidsson, M. Amundin, M. Laska: Successful acquisition of an olfactory discrimination test by Asian elephants, *Elephas maximus*, Physiol. Behav.105, 809-814 (2012)

[65] M. Laska, E. Lord, S. Selin, M. Amundin: Olfactory discrimination of aliphatic odorants in South African fur seals (*Arctocephalus pusillus*), J. Comp.Psychol. 124, 187-193 (2010)

[66] M. Laska, Å. Rosandher, S. Hommen: Olfactory discrimination of aliphatic odorants at 1 ppm: Too easy for CD-1 mice to show odor structure-activity relationships?, J. Comp. Physiol. A 194, 971-980 (2008)

[67] M. Laska, C.G. Galizia, M. Giurfa, R. Menzel: Olfactory discrimination ability and odor structure-activity relationships in honeybees, Chem. Senses 24, 429-438 (1999)

[68] M. Laska, S. Ayabe-Kanamura, F. Hübener, S. Saito: Olfactory discrimination ability for aliphatic odorants as a function of oxygen moiety, Chem. Senses 25, 189-197 (2000)

[69] M. Pontz: Untersuchung des geruchlichen Unterscheidungsvermögens von Totenkopfaffen (*Saimiri sciureus*) für aliphatische Substanzen mit unterschiedlichen funktionellen Gruppen, Ph.D. Thesis (University of Munich, Munich 2000), German

[70] M. Laska: Olfactory discrimination ability of human subjects for enantiomers with an isopropenyl group at the chiral center, Chem. Senses 29, 143-152 (2004)

[71] M. Laska, P. Teubner: Olfactory discrimination ability of human subjects for ten pairs of enantiomers, Chem. Senses 24, 161-170 (1999)

[72] M. Laska, A. Liesen, P. Teubner: Enantioselectivity of odor perception in squirrel monkeys and humans, Am. J. Physiol. 277, R1098-R1103 (1999)

[73] M. Laska, D. Genzel, A. Wieser: The number of olfactory receptor genes and the relative size of olfactory brain structures are poor predictors of olfactory discrimination performance with enantiomers, Chem. Senses 30, 171-175 (2005)

[74] S. Kim, M. Amundin, M. Laska: Olfactory discrimination ability of South African fur seals (*Arctocephalus pusillus*) for enantiomers, J. Comp.Physiol. A 199, 535-544 (2013)

[75] M. Laska, G.M. Shepherd: Olfactory discrimination ability of CD-1 mice for a large array of enantiomers, Neurosci. 144, 295-301 (2007)

[76] M. Laska, C.G. Galizia: Enantioselectivity of odor perception in honeybees, Behav. Neurosci. 115, 632-639 (2001)

[77] T. Clarin, S. Sandhu, R. Apfelbach: Odor detection and odor discrimination in subadult and adult rats for two enantiomeric odorants supported by c-fos data, Behav. Brain Res. 206, 229-235 (2010)

[78] B.D. Rubin, L.C. Katz: Spatial coding of enantiomers in the rat olfactory bulb, Nat. Neurosci. 4, 355-356 (2001)

[79] K.J. Rossiter: Structure-odor relationships, Chem. Rev. 96, 3201-3240 (1996)

[80] W.S. Cain: Odor magnitude: Coarse versus fine grain, Percept. Psychophys. 22, 545-549 (1977)

[81] W.S. Cain: Differential sensitivity for smell: Noise at the nose, Science 195, 796-798 (1977)

[82] L. Jacquot, J. Hidalgo, G. Brand: Just noticeable difference in olfaction is related to trigeminal component of odorants, Rhinol. 48, 281-284 (2010)

[83] B.M. Slotnick, J.E. Ptak: Olfactory intensity-difference thresholds in rats and humans, Physiol.Behav. 19, 795-802 (1977)

[84] B.M. Slotnick: Olfactory discrimination in rats with anterior amygdala lesions, Behav. Neurosci.99, 956-963 (1985)

[85] P. Bonfils, P. Faulcon, L. Tavernier, N.A. Bonfils, D. Malinvaud: Home accidents associated with anosmia, Presse Med. 37, 742-745 (2008)

[86] D.V. Santos, E.R. Reiter, L.J. DiNardo, R.M. Costanzo: Hazardous events associated with impaired olfactory function, Arch. Otolaryngol.Head Neck Surg. 130, 317-319 (2004)

[87] S. Doucet, R. Soussignan, P. Sagot, B. Schaal: The smellscape of mother's breast: Effects of odor masking and selective unmasking on neonatal arousal, oral, and visual responses, Dev. Psychobiol. 49, 129-138 (2007)

[88] J. Porter, B. Craven, R.M. Khan, S.J. Chang, I. Kang, B. Judkewicz, J. Volpe, G. Settles, N. Sobel: Mechanisms of scent-tracking in humans, Nature Neurosci.10, 27-29 (2007)

[89] I. Croy, S. Negoias, L. Novakova, B.N. Landis, T. Hummel: Learning about the functions of the olfactory system from people without a sense of smell, PLoS ONE 7, e33365（2012）

[90] K. Aschenbrenner, C. Hummel, K. Teszmer, F. Krone, T. Ishimaru, H.S. Seo, T. Hummel: The influence of olfactory loss on dietary behaviors, Laryngoscope 118, 135-144（2008）

[91] T. Hummel, S. Nordin: Olfactory disorders and their consequences for quality of life, Acta. Oto-Laryngol. 125, 116-121（2005）

[92] C. Moessnang, A. Finkelmeyer, A. Vossen, F. Schneider, U. Habel: Assessing implicit odor localization in humans using a cross-modal spatial cueing paradigm, PLoS ONE 6, e29614（2012）

[93] J.D. Porteous: Smellscape, Progr. Phys. Geogr. 9,356-378（1985）

[94] M. Beaulieu-Lefebvre, F.C. Schneider, R. Kupers, M. Ptito: Odor perception and odor awareness in congenital blindness, Brain Res. Bull. 84, 206-209（2011）

[95] R.L. Doty, M.M. Orndorff, J. Leyden, A. Kligman: Communication of gender from human axillary odors: Relationship to perceived intensity and hedonicity, Behav. Biol. 23, 373-380（1978）

[96] S. Mitro, A.R. Gordon, M.J. Olsson, J.N. Lundström: The smell of age: Perception and discrimination of body odors of different ages, PLoS ONE 7, e38110（2012）

[97] D. Singh, P.M. Bronstad: Female body odour is a potential cue to ovulation, Proc. Roy. Soc. B 268, 797-801（2001）

[98] S. Kuukasjärvi, C.J.P. Eriksson, E. Koskela, T. Mappes, K. Nissinen, M.J. Rantala: Attractiveness of women's body odors over the menstrual cycle: The role of oral contraceptives and receiver sex, Behav. Ecol. 15, 579-584（2004）

[99] C.L. Whittle, S. Fakharzadeh, J. Eades, G. Preti: Human breath odors and their use in diagnosis, Ann. N.Y. Acad. Sci. 1098, 252-266（2007）

[100] F. Prugnolle, T. Lefevre, F. Renaud, A.P. Møller, D. Missé, F. Thomas: Infection and body odours:evolutionary and medical perspectives, Infect. Genet. Evol. 9, 1006-1009（2009）

[101] M. Schleidt: Personal odor and nonverbal communication, Ethol. Sociobiol. 1, 225-231（1980）

[102] R.H. Porter: Olfaction and human kin recognition, Genetica 104, 259-263（1999）

[103] G.E. Weisfeld, T. Czilli, K.A. Phillips, J.A. Gall, C.M. Lichtman: Possible olfaction-ased mechanisms in human kin recognition and inbreeding avoidance, J. Exp. Child Psychol. 85, 279-295（2003）

[104] R.H. Porter: Mutual mother-infant recognition in humans. In: Kin Recognition, ed. by P.G. Hepper（Cambridge Univ. Press, Cambridge 1991）pp. 413-432

[105] J. Havlíček, P. Lenochova: The effect of meat consumption on body odor attractiveness, Chem. Senses 31, 747-752（2006）

[106] J. Albrecht, M. Demmel, V. Schopf, A.M. Kleeman, R. Kopietz, J. May, T. Schreder, R. Zernecke, H. Bruckmann, M. Wiesmann: Smelling chemosensory signals of males in anxious versus nonanxious condition increases state anxiety of female subjects, Chem. Senses 36, 19-27（2011）

[107] W. Zhou, D. Chen: Entangled chemosensory emotion and identity: Familiarity enhances detection of chemosensorily encoded emotion, Social Neurosci. 6, 270-276（2011）

[108] D.L. Wells, P.G. Hepper: The discrimination of dog odours by humans, Percept. 29, 111-115（2000）

[109] P.G. Hepper, D.L. Wells: Individually identifiable body odors are produced by the gorilla and discriminated by humans, Chem. Senses 35, 263-268（2010）

[110] A.N. Gilbert, K. Yamazaki, G.K. Beauchamp, L. Thomas: Olfactory discrimination of mouse strains（Mus musculus）and major histocompatibility complex types by humans（Homo sapiens）, J. Comp. Psychol. 100, 262-265（1986）

[111] J. Havlíček, R. Dvořakova, L. Bartos, J. Flegr: Non-advertized does not mean concealed: Body odour changes across the human menstrual cycle,Ethology 112, 81-90（2006）

[112] C. Ober: Studies of HLA, fertility and mate choice in a human isolate, Hum. Reprod. Update 5, 103-107（1999）

[113] R. Chaix, C. Cao, P. Donnelly: Is mate choice in humans MHC-dependent?, PLoS Genet. 4, e1000184（2008）

[114] J. Havlíček, S.C. Roberts: MHC-correlated mate choice in humans: A review, Psychoneuroendocrinology 34, 497-512（2009）

[115] I. Croy, V. Bojanowski, T. Hummel: Men without a sense of smell exhibit a strongly reduced number of sexual relationships, women exhibit reduced partnership security-A reanalysis of previously published data, Biol. Psychol. 92, 292-294（2013）

[116] V. Gudziol, S. Wolff-Stephan, K. Aschenbrenner, P. Joraschky, T. Hummel: Depression resulting from olfactory dysfunction is associated with reduced sexual appetite-A cross-sectional cohort study, J. Sexual Med. 6, 1924-1929（2009）

[117] J.M. Brunstrom: Dietary learning in humans: Directions for future research, Physiol. Behav. 85, 57-65（2005）

[118] J.A. Gottfried, J. O'Doherty, R.J. Dolan: Appetitive and aversive olfactory learning in humans studied using event-related functional magnetic resonance imaging, J. Neurosci. 22, 10829-10837（2002）

[119] D.A. Wilson, R.J. Stevenson: Learning to Smell. Olfactory Perception from Neurobiology to Behavior（Johns Hopkins Univ. Press, Baltimore 2006）

[120] T. Engen, B.M. Ross: Long-term memory of odors with and without verbal descriptions, J. Exp. Psychol. 100, 221-227（1973）

[121] W.P. Goldman, J.G. Seamon: Very long-term memory for odors: Retention of odor-name associations, Am. J. Psychol. 105, 549-563（1992）

第28章 哺乳动物嗅觉受体的异位表达

嗅觉受体(OR)并非仅在嗅上皮中检测到,而是在迄今为止检测的所有其他机体组织,如脑、心、肺、睾丸、肠和皮肤中都有异位表达。在这些组织中都有一个特定的 OR 亚群,其中一些 OR 只在一个特定的非嗅觉组织中表达,而其他的 OR 亚群广泛分布于身体的不同组织。据推测,异位表达的 OR 只是高度特异性的化学传感器,在细胞-细胞识别、迁移和寻路过程中发挥调控作用。此外,由于 OR 在病理组织(例如肿瘤组织)中差异表达,因此它们具有作为诊断和治疗工具的潜力。除了在嗅觉组织中发现的 OR 的典型信号通路外,其他通路在不同的非嗅觉组织中也可以被激活。本章将重点介绍 OR 在鼻嗅上皮以外部位的表达和功能。

嗅觉受体(OR)被首次检测出的标准之一是它们似乎仅在嗅上皮中表达[1]。然而,仅在这个发现 1 年后,就发现了第 1 个在犬睾丸中异位表达的 OR 基因[2]。在过去的 20 年中,我们发现,OR 在迄今为止研究过的每种组织中都有异位表达[3-7]。目前已知的 OR 数量和类型似乎针对相应组织。然而,至今仅发现了一小部分异位表达 OR 的功能。大量证据表明,在非嗅觉细胞中,OR 承担了特定的任务,这可以通过这种巨大的 G 蛋白偶联受体(GPCR)家族的强大的辨别能力来解释。实际上,在灵长类种属中,这个被发现异位表达的 OR 亚群比那些只在嗅上皮中表达的受体具有更高的保守性。这一事实表明,在非神经元组织中存在正选择压力和关键功能[5]。

28.1 异位表达的嗅觉受体的发现

在嗅上皮中发现 OR 基因表达后仅 1 年[1],第一项研究发现犬和人睾丸中有 OR 基因表达[2]。Parmentier 及其同事使用简并引物检测出了分别在犬和人睾丸中表达的 3 个和 21 个转录本。在随后的 10 年间,许多研究证实了这一发现,并在不同种属(包括人、犬、小鼠、仓鼠和大鼠)的睾丸中检测出 OR 转录本[8-18]。应用抗体染色原位杂交法,在发育后期的晚圆形和细长的精子细胞及成熟精子的中段检测出了 OR。然而,尽管推测 OR 可能参与生殖细胞发育、HLA 基因多肽性检测和精子趋化性,但这些早期研究均不能通过实验支持睾丸组织异位表达的功能必要性。

随着转录组分析的进展,进行了微阵列研究,以研究 OR 的差异化表达模式,揭示了几种啮齿类动物、人类和黑猩猩的多种组织中存在 OR 转录本[3,5-7,19]。最近,采用第二代测序(NGS)技术对在多个人体组织中异位表达 OR 进行了第一次全面的 RNA-Seq 表达分析[4]。总之,已在几个种属中研究了约 80 种组织和细胞,所有种属均无一例外地表达至少一种OR(表28.1)。然而,不同研究中发现不同组织表达的OR数量不同,而且也取决于筛选方法和分析的严谨性,表达OR数量最高的是睾丸[3,4]、心肺[7]或脑和胰腺[19]。

　　大多数 OR 在非嗅觉组织中的表达率为低至中度[8]。然而,尚不清楚各组织中的总体表达是否普遍较低或是否仅不同亚型的细胞表达特定OR。除了完整的OR,许多假基因也在非嗅觉组织中表达,并且在大多数组织中超过完整基因的数量[4]。在每种组织中,特异性OR显示高表达[3],并且在大多数情况下,1种或多种OR基因仅在相应的非嗅觉组织中表达[3]。与嗅觉感觉神经元相比(仅表达1种类型的OR)[20],非嗅觉组织中的细胞倾向于表达1个以上的个体OR基因[21-27]。

　　OR 基因的异位表达与其属于特定的结构亚群,或与特定的基因簇或染色体片段无关[3-6]。然而,位于非OR基因附近的OR基因在非嗅觉组织中表达的倾向性高于其他OR基因[3,4]。这表明基因组环境对 OR 表达有影响。研究还表明,OR 基因在 5′-非翻译区(5′-UTR)通过选择性剪接进行翻译后修饰[4,17,28]。在某些情况下,OR 基因甚至可能在嗅上皮和非嗅觉组织中被区分处理[8,15]。然而,这并不是一个普遍现象,因为已发现其他OR利用相同的起始位点在嗅上皮(OE)和其他组织中转录[17,29]。

28.2　异位表达OR的功能性

　　自从异位表达的 OR 被发现以来,对其功能存在相当大的争议。有一点在过去导致了对 OR 在非嗅觉组织中功能的质疑,即直系同源的表达谱并不总是与其他基因家族的表达谱有很好的相关性。在一项研究中,在两种组织中比较了64对人和小鼠OR,发现在相同的组织中只有少数直系同源 OR 成对表达[3]。作者声称,这可能支持中性或接近中性的转录机制,例如调控区域中的小 DNA 序列改变,通过随机漂移固定在种群中,不一定与功能或适应性有关。另一种可能是异位 OR 转录是由于启动子渗漏所致[3,7],因为基因活性与基因功能并不一定相关[30]。在几亿年(相对于漫长的进化过程时间较短)的时间中,人类沉默了存在于其他高等哺乳动物的三分之二的 OR 基因,并将它们转换成无功能的假基因。考虑到这种快速的进化,啮齿类动物和人类之间的遗传差距可能非常大。相比之下,人类和黑猩猩的直系同源 OR 基因在相同的非嗅觉组织中表达的频率高于预期的仅偶然发生的表达[5],这强调了异位表达的 OR 具有其他功能的观点。此外,一些在非嗅觉组织中表现出保守模式的直系同源基因比那些仅在鼻部表达的基因受到更强的进化约束[5]。这再次支持了异位表达的 OR 基因具有功能性的假设。在过去若干年中,许多研究揭示了异位表达的OR的几种不同功能,关于其功能的问题似乎已被阐明。

28.3　嗅觉受体作为细胞间识别分子

　　异位表达的 OR 的功能之一是在发育过程中进行细胞间识别和器官构建[31,32]。与此一致,OR 在心脏[33]和脾脏[34]以及鸡的脊索发育过程中也有表达,提示它们在神经管和体细胞中胚层的正确定位中发挥作用[35]。由此推测,OR 可能是组装胚胎的细胞表面编码中的末位数字[36,37]。根据这一理论推测,细胞迁移和组织装配的精度需要一个复杂的寻址系统。每个细胞将配备编码细胞特性的识别分子的层级库，使细胞能够找到适当的位置和相互作用的伙伴。由于这项任务需要大量的同类分子，OR 的大型超家族被认为是可能的候选者[36]。

28.4　迁移和寻路过程中的嗅觉受体

异位表达的 OR 基因的另一个推测的功能是在迁移和寻路过程中的作用。已有研究表明，轴突 OR 表达对嗅球中的轴突导向和丝球体在嗅球中的正确排列至关重要[38,39]。精子沿 OR 配体(对叔丁基苯丙醛或新铃兰醛)的梯度移动，这对于在女性生殖道中对卵细胞进行定位可能具有重要意义[23,25,26,40]。此外，肌肉再生过程中肌细胞的迁移似乎受到 MOR23 配体新铃兰醛[41]的影响。类似地，有人认为 OR 在原始生殖细胞向发育中的性腺的迁移过程中发挥作用[42]，并参与鸡神经管和体细胞中胚层的正确定位[35]。

28.5　嗅觉受体的诊断和治疗潜力

关于异位表达 OR 的多项研究表明，该受体家族具有重要的诊断和治疗潜力，但其药理学作用一直被低估。人肠道中的肠嗜铬(EC)细胞中 OR 的激活导致食物诱导的 5-羟色胺释放和胞质钙平衡的调节[21,43]。5-羟色胺分泌与病理状态有关，如呕吐、腹泻和肠易激综合征。因此，靶向 EC 细胞的 OR 可作为以下疾病的治疗药物，包括肠易激综合征、由抗肿瘤治疗引起的腹泻伴呕吐等病症以及其他胃肠道疾病[21]。此外，大鼠结肠中表达的 OR 与黏膜的阴离子分泌和对右旋糖酐等物质的渗透性增加有关[44]。当摄入高脂饮食时，肥胖大鼠十二指肠肠上皮细胞中存在的 OR 似乎显著上调[45]。这些受体可能在饮食脂肪的感知和调节中发挥作用，并且可能对肥胖的个体易感性具有重要意义。总之，胃肠道中的 OR 可能是未来肥胖、糖尿病和吸收不良综合征治疗的相对容易实现的目标。

在人类血细胞中也发现了 OR 的进一步功能相关性。外周血单核细胞(PBMC)中 OR 表达下调与创伤性脑损伤相关[27]。下调的程度与脑损伤的严重程度密切相关。PBMC 中两种 OR(OR4M1 和 OR11H1)的组合表达模式为鉴别创伤性脑损伤患者与对照病例提供了可靠标准，具有 90%的准确度和 100%的特异性[27]。

此外，在人类皮肤中，OR 似乎也起着重要作用。OR2AT4 激活可促进细胞增殖和迁移，从而加速人角化细胞的伤口愈合[22]。对人角化细胞进行气味刺激也可诱导三磷酸腺苷(ATP)和细胞因子释放[22,46]。发现爪哇檀香诱导的 ATP 释放可以通过泛连接蛋白激活三叉神经元[46]。

在小鼠肾脏中，OR 在调节肾素分泌和肾小球滤过率中发挥作用[47-49]。*Olfr78* (OR51E2/PSGR 的小鼠种间同源基因)被短链脂肪酸丙酸盐激活后可导致血压呈剂量依赖性下降；*Olfr78* 基因敲除小鼠的血浆肾素水平和基线血压均显著低于同窝野生型小鼠[49]。然而，*Olfr78* 基因敲除小鼠中丙酸盐介导的血压降低加剧，表明 Olfr78 激活可拮抗(而非介导)丙酸盐的急性降压作用[49]。

有趣的是，与相应的正常健康组织相比，在通常似乎更高表达的肿瘤组织中也发现了许多 OR[50-57]。I 类受体 OR51E2 可能是研究最多的受体。最早发现它在前列腺中高表达，因而最初命名为前列腺特异性 G 蛋白偶联受体(PSGR)。后来发现它属于 OR 超家族。与正常前列腺上皮细胞相比，前列腺肿瘤细胞中的 OR51E2 及与其密切相关的 OR51E1(PSGR2)的表达均上调。因此，将这些 OR 作为识别前列腺肿瘤的潜在生物标志物进行了讨论[54-59]。Matsueda 及其同事基于这些发现开发了一种肿瘤免疫治疗的概念：CD8+T 细胞在 OR51E2 肽序列识别上的印记允许靶向消除表达 OR51E2 的肿瘤细胞[60]。最近的研究揭示，OR51E2 在异种移植小鼠模型中的过度表达会促进前列腺瘤和肿瘤的发生[61]。通过其特异性配体 β 紫罗兰酮和类固醇激素 1,4,6-雄甾三烯-3,17-二酮(ADT)激活 OR51E2，可在体外抑制人前列腺肿瘤细胞的增殖[58]。ADT 可抑制雄激素芳香化形成雌激素，已被用作前列腺癌及其他癌症的药物治疗[62]。此外，已知类异戊二烯 β 紫罗兰酮对肿瘤细胞具有抗增殖作用[63-66]，并且该作用很可能至少部分通过 OR51E2 介导。但是，萜烯类 β 紫罗兰酮在体内可能具有额外的作用，因为在异种移植小鼠模型中应用 β 紫罗兰酮似乎促进了诱导的前列腺肿瘤的转移形成[67]。OR51E2 不仅在前列腺中表达，在其他多种人体组织中也有表达[3,4,60,68,69]，但表达率通常较低。尽管如此，OR51E2 的广泛表达可能不支持以 OR51E2 为靶点确立抗肿瘤疗法的观点。OR51E1 还被认为是小肠神经内分泌癌(SI-NEC)细胞和肺癌细胞的生物标志物[50,52,70]。此外，OR1A2 和 OR1A1 在肝细胞癌细胞中表达[24,71]。此外，通过配体(–)-香茅醇激活 OR1A2，抑制了肿瘤细胞的增殖[24]。在一项全基因组关联研究中，发现 OR4F15 是与人类唾液腺癌相关的前几位基因之一[72]。尽管已知在不同类型的肿瘤细胞中存在 OR 的过表达，但关于其功能作用的数据仍然很少。研究显示，OR2A4 和 OR1A2 在人宫颈癌细胞(HeLa 细胞)中表达。RNAi 研究显示它们似乎在胞质分裂中起作用[73]。OR2A4 敲低导致多核细胞数量增加 4～10 倍，可能是通过对肌动蛋白细胞骨架发挥调节作用[73]。

GPCR 及其下游信号级联反应在癌症等疾病的药物治疗中发挥关键作用[74]。多项研究证实，GPCR 在人类肺癌、皮肤癌、肝癌和肠癌中过表达并发挥功能[75-77]。引人注目的是，尽管超过 25% 的药理学工具靶向 GPCR[76]，但相对较少的肿瘤治疗靶向 GPCR[75]。在哺乳动物基因组中，OR 是迄今为止发现的 GPCR 基因超家族中最大的群体。这与在恶性组织中已知某些 OR 调节异常相结合，使 OR 成为肿瘤治疗中有前景的标志物和潜在的治疗靶点。

除已知与肿瘤相关外，异位表达的 OR 还与神经退行性疾病如阿尔茨海默病、克雅氏病、进行性核上性麻痹和帕金森病的发生和发展有关[78,79]。在额叶和内嗅皮层表达的 8 个 OR 有 4 个在阿尔茨海默病中表现出失调，失调程度随着疾病的发展而增加[78]。在帕金森病(PD)中，即使在运动前期，OR 表达也发生改变(主要为下调)，表明 OR 表达可能作为 PD 的早期指标[79]。

尽管异位表达的 OR 在药物治疗的开发中具有明显的潜力，但关于正常组织和病理组织中 OR 功能仍知之甚少。现有的少数研究指出，异位表达的 OR 参与生长过程的调控，尤其与肿瘤形成有关。最近，OR 被确定为麻醉剂氯胺酮的特定靶点[80]。这再次强调了 OR 作为有前景的药物靶标的作用。

表 28.1　在多种非嗅觉组织中表达的嗅觉受体

组织/细胞类型	种属	嗅觉感受器	推测的功能/信号传导	检测方法	参考文献
生殖系统					
睾丸	犬	DTMT (OR1E2)	未确定	反转录-聚合酶链反应 (RT-PCR)，NB，RNA 酶保护试验，免疫细胞化学法 (ICC)	Parmentier 等[2]，Vanderhaeghen 等[12]
睾丸	大鼠	Olr825，Olr1696	未确定	RT-PCR，蛋白质印迹法 (WB)，ICC	Walensky 等[16]
睾丸	小鼠	MOR23 (OR10J5)	未确定	RT-PCR，RNA 酶保护试验	Asai 等[8]
睾丸	人、犬、大鼠、小鼠	多种 OR	未确定	RT-PCR，RNA 酶保护试验	Vanderhaeghen 等[13, 14]
睾丸	人	多种 OR	未确定	RT-PCR，ICC	Ziegler 等[18]
睾丸/精子	人	OR1D2	趋化性	RT-PCR，Ca^{2+} 成像，趋化试验	Spehr 等[40]
睾丸	人	多种 HLA 相关 OR	未确定	RT-PCR	Volz 等[15]
睾丸/精子	小鼠	MOR23 (OR10J5)	趋化性	RT-PCR，原位杂交 (ISH)，Ca^{2+} 成像，TG 小鼠模型	Fukuda 等[23]
睾丸	小鼠	多种 OR	未确定	微阵列	Zhang 等[6]
睾丸(精子细胞和精母细胞)	小鼠	多种 OR	未确定	RT-PCR，ISH	Fukuda 和 Touhara[28]
睾丸	人，小鼠	多种 OR	未确定	微阵列和 EST 数据分析	Feldmesser 等[3]
睾丸	人	多种 OR(83)	未确定	微阵列	Zhang 等[7]
睾丸	黑猩猩	多种 OR(11)	未确定	微阵列	De La Cruz 等[5]
睾丸/精子	人	OR4D1，OR7A5		RT-PCR，Ca^{2+} 成像	Veitinger 等[25, 26]
睾丸	人	多种 OR(55)	未确定	新一代测序 (NGS)	Flegel 等[4]
前列腺，前列腺癌	人	OR51E2 (PSGR)	未确定	NB，RT-PCR，ISH	Xu 等[56]
前列腺，前列腺癌	人	OR51E2 (PSGR)	未确定	NB，RT-PCR	Xia 等[55]
前列腺，前列腺癌	人，小鼠，大鼠	OR51E2 (PSGR)/Olfr78 (MOL2.3)/Ra1c	未确定	NB，RT-PCR	Yuan 等[69]
前列腺，前列腺癌	人	OR51E2 (PSGR)	未确定	RT-PCR，ISH	Weng 等[81, 82]
前列腺，前列腺癌	人	OR51E1 (PSGR2)	未确定	RT-PCR,ISH,NB	Weng 等[54]
前列腺，前列腺癌	人	OR51E2 (PSGR)	未确定	RT-PCR	Cunha 等[68]
前列腺癌，LNCaP	人	OR51E2 (PSGR)	通过 MAPK 通路抑制增殖	Ca^{2+} 成像，RT-PCR，WB，ICC，小干扰 RNA (siRNA)	Neuhaus 等[58]
前列腺癌，LNCaP	人	OR51E2 (PSGR)	Src 激酶依赖性 Ca^{2+} 通过 TRPV6 流入	膜片钳技术，Ca^{2+} 成像，siRNA	Spehr 等[83]
前列腺	人	OR51E2 (PSGR)	未确定	NGS	Flegel 等[4]

续表

组织/细胞 类型	种属	嗅觉感受器	推测的功能/ 信号传导	检测方法	参考文献
生殖系统					
前列腺癌, LNCaP	人	OR51E2(PSGR)	Pyk2、p38&NDGR1 磷酸化	磷酸化蛋白质组学,质谱分析	Wiese 等[84]
原始生殖 细胞	人	HT2, OR1D4, OR7E24	未确定	RT-PCR	Goto 等[42]
胎盘	大鼠	Olr1513, Olr1571, Olr1687, Olr1767	未确定	RT-PCR	Itakura 等[32]
胎盘	小鼠	Olfr154, Olfr433, Olfr520, Olfr1381	未确定	微阵列	Mao 等[85]
子宫	人,小鼠	多种 OR	未确定	微阵列和 EST 数据分析	Feldmesser 等[3]
卵巢	人	多种 OR	未确定	NGS	Flegel 等[4]
乳腺	人	多种 OR	未确定	NGS	Flegel 等[4]
消化系统					
肠嗜铬 细胞	人	OR1A1, OR1G1, OR1E3, OR5D18	血清素分泌	RT-PCR,Ca^{2+}成像,酶联免疫吸 附试验(ELISA),电流分析法	Braun 等[21]
肠嗜铬 细胞	人	OR1G1	血清素分泌	RT-PCR,Ca^{2+}成像,ELISA	Kidd 等[43]
结肠,小肠	人	多种 OR	未确定	微阵列数据分析	Ichimura 等[19]
小肠神经 内分泌 肿瘤	人	多种 OR	未确定	微阵列,RT-PCR	Leja 等[70]
结肠	人,大鼠	OR1G1	TRPA1 介导的 Ca^{2+}内流	RT-PCR,短路电流测量	Kaji 等[44]
小肠神经 内分泌 肿瘤	人	OR51E1	未确定	RT-PCR,ICC	Cui 等[50]
结肠	人	多种 OR	未确定	NGS	Flegel 等[4]
十二指肠 肠细胞	大鼠	Olr1744, Olr50, Olr124, Olr1507	未确定	微阵列	Primeaux 等[45]
胰腺	人,小鼠	多种 OR	未确定	微阵列和 EST 数据分析	Feldmesser 等[3]
α-胰岛 细胞	小鼠	多种 OR(15)	胰高血糖素 分泌调节	微阵列,RT-PCR	Kang 等[86]
胰岛素分泌 细胞系 (MIN6),脾	小鼠	OL2	未确定	RT-PCR	Blache 等[34]
脾	大鼠	Ra1c	未确定	RT-PCR	Raming 等[87]
舌	大鼠	Olr1867	未确定	RT-PCR	Abe 等[88]
舌	人	OR1E1, OR8B8, OR5P3, OR8D1, OR8D2, OR10A5	未确定	RT-PCR	Gaudin 等[89]
舌	人	OR6Q1, OR10A4, OR7A5, OR2K2, OR5P2	未确定	RT-PCR	Durzyński 等[31]
舌	小鼠	Olfr20	未确定	RT-PCR	Gaudin 等[90]

组织/细胞类型	种属	嗅觉感受器	推测的功能/信号传导	检测方法	参考文献
腺体					
甲状腺	人，小鼠	多种 OR	未确定	微阵列和 EST 数据分析	Feldmesser 等[3]
甲状腺	人	多种 OR	未确定	NGS	Flegel 等[4]
甲状腺滤泡旁细胞	小鼠	Olfr544，olfr558，olfr1386，olfr1392，Olfr78，Olfr181，Olfr288	未确定	RT-PCR，ICC，免疫沉淀(IP)，WB	Kang 等[91]
胸腺，肾上腺	人	多种 OR	未确定	微阵列数据分析，RT-PCR	Ichimura 等[19]
胸腺髓质上皮细胞	小鼠	Olfr39，olfr181，Olfr325，Olfr378	未确定	RT-PCR，ICC，IP，WB	Kang 等[91]
肾上腺，淋巴结	人	多种 OR	未确定	NGS	Flegel 等[4]
唾液腺	人，小鼠	多种 OR	未确定	微阵列和 EST 数据分析	Feldmesser 等[3]
唾液腺	人	OR4F15	5 个与 SGC 风险相关的 SNP	基因分型	Xu 等[72]
心血管系统					
心脏	大鼠	Olr1654	未确定	RT-PCR，ISH	Drutel 等[33]
心脏	大鼠	Olr1654	未确定	RT-PCR	Ferrand 等[92]
心脏	小鼠	MOR2.3	未确定	TG 小鼠 MOL2.3-IGITL	Weber 等[93]
心脏	小鼠	多种 OR	未确定	微阵列	Zhang 等[6]
心脏，房室结	人	多种 OR	未确定	微阵列和 EST 数据分析	Feldmesser 等[3]
心脏	人	多种 OR(108)	未确定	微阵列	Zhang 等[7]
心脏	黑猩猩	不同 OR(24)	未确定	微阵列	De La Cruz 等[5]
心脏	人	多种 OR	未确定	NGS	Flegel 等[4]
主动脉，冠状动脉，脐静脉内皮细胞(HUVEC)	人	OR10J5	HUVEC 迁移	Ca^{2+}成像，WB，细胞迁移试验	Kim 等[94]
红系细胞	人，小鼠	OR52A1/鼠同源基因	未确定	RT-PCR，RNA 酶保护试验	Feingold 等[95]
外周血单核细胞(PBMC)	人	OR52N5，OR11H1，OR4D10，OR2M1P，OR51L1，OR2J3，OR4M1，OR4Q3	创伤性脑损伤下调	微阵列，RT-PCR	Zhao 等[27]
白细胞	人	多种 OR	未确定	NGS	Flegel 等[4]
白细胞	人	多种 OR	未确定	RT-PCR	Malki 等[96]

续表

组织/细胞类型	种属	嗅觉感受器	推测的功能/信号传导	检测方法	参考文献
肺系					
肺	小鼠	MOL2.3	未确定	TG 小鼠 MOL2.3-IGITL	Weber 等[93]
肺	小鼠	小鼠 S25/mJCG1 同源基因	未确定	RT-PCR	Gaudin 等[90]
肺	人，小鼠	多种 OR	未确定	微阵列和 EST 数据分析	Feldmesser 等[3]
肺	人	多种 OR	未确定	微阵列数据分析，RT-PCR	Ichimura 等[19]
肺	人	不同 OR(93)	未确定	微阵列	Zhang 等[7]
肺	黑猩猩	多种 OR(6)	未确定	微阵列	De La Cruz 等[5]
肺癌细胞	人	OR51E1	未确定	RT-PCR，ICC	Giandomenico 等[52]
气道组织和肺巨噬细胞	小鼠	OR1014，OR657，OR622，OR568，OR446，OR352，OR272，OR65	增强炎症与宿主防御反应	微阵列，RT-PCR，ICC，细胞迁移试验	Li 等[97]
肺	人	多种 OR	未确定	NGS	Flegel 等[4]
肺神经内分泌细胞(PNEC)，人气管支气管上皮细胞(hTECs)	人	OR2F1，OR2W1，OR2H3 (32 个 OR)	血清素分泌减少，CGRP 释放	微阵列，ICC	Gu 等[98]
肾脏					
肾脏	人，小鼠	多种 OR	未确定	微阵列和 EST 数据分析	Feldmesser 等[3]
肾脏	人	多种 OR	未确定	微阵列数据分析，RT-PCR	Ichimura 等[19]
肾脏(远端肾单位)	小鼠	Olfr78，Olfr90，Olfr1373，Olfr1392，Olfr1393	肾素分泌和肾小球滤过率调节	RT-PCR，WB，ICC	Pluznick 等[48]
肾脏(肾小球旁器)	小鼠	Olfr78(OR1E2 的同源基因)	诱导肾素分泌，控制血压	Olfr78^{-1}-小鼠，RT-PCR	Pluznick 等[49]
肾脏	人	多种 OR	未确定	NGS	Flegel 等[4]
肝脏					
肝脏	小鼠	多种 OR	未确定	微阵列	Zhang 等[6]
肝脏	人，小鼠	多种 OR	未确定	微阵列和 EST 数据分析	Feldmesser 等[3]
肝脏	人	多种 OR	未确定	微阵列数据分析，RT-PCR	Ichimura 等[19]
肝脏	人	不同 OR(58)	未确定	微阵列	Zhang 等[7]
肝脏	黑猩猩	多种 OR(74)	未确定	微阵列	De La Cruz 等[5]
肝脏	人	多种 OR	未确定	NGS	Flegel 等[4]
肝细胞癌细胞系	人	OR1A2，OR8B3	增殖抑制(MAPK 通路，cAMP 依赖性 Ca^{2+}内流)	Ca^{2+}成像，ICC，cAMP 测定，增殖试验，PI 染色，WB，siRNA，RT-PCR	Maßberg 等[24]
肝细胞癌细胞系	人	OR1A1	cAMP 蓄积，PKA 活化	RT-PCR，ICC，Ca^{2+}成像，cAMP/PKA 测定，脂质分析，siRNA	Wu 等[71]

续表

组织/细胞类型	种属	嗅觉感受器	推测的功能/信号传导	检测方法	参考文献
神经系统					
大脑	大鼠	Ra1c(OR51E2)	未确定	ISH，神经母细胞瘤(NB)	Raming 等[87]
延髓	小鼠	MOL2.3，MOL8.17，MOL10.8	未确定	TG 小鼠 MOL2.3-IGITL	Conzelmann 等[99]
自主神经系统	小鼠	MOL2.3	未确定	TG 小鼠 MOL2.3-IGITL	Weber 等[93]
大脑皮层	小鼠	Olfr151，Olfr49，Olfr15	未确定	RT-PCR，ISH	Otaki 等[29]
小脑	小鼠	多种 OR	未确定	微阵列	Zhang 等[6]
脑，脊髓	人，小鼠	多种 OR	未确定	微阵列和 EST 数据分析	Feldmesser 等[3]
大脑	人	多种 OR	未确定	微阵列数据分析，RT-PCR	Ichimura 等[19]
大脑	人	OR11H1，OR4M1，OR52N5	OR4M1：脑外伤后tau 蛋白异常磷酸化减弱	微阵列，RT-PCR，WB	Zhao 等[27]
大脑	人	多种 OR	未确定	NGS	Flegel 等[4]
三叉神经节，背根神经节	小鼠	多种 OR (98 和 33)	未确定	NGS	Manteniotis 等[100]
大脑皮层	人	OR2L13，OR1E1，OR2J3，OR52L1，OR11H1	帕金森病中的失调	RT-PCR，微阵列，ICC，WB，脂筏分离	Garcia-Esparcia 等[79]
内嗅皮层和额叶皮层，小脑	人，小鼠	Olfr110	几种神经退行性疾病中的失调	RT-PCR	Ansoleaga 等[78]
肌肉					
骨骼肌	小鼠	多种 OR	未确定	微阵列	Zhang 等[6]
骨骼肌	人，小鼠	多种 OR	未确定	微阵列和 EST 数据分析	Feldmesser 等[3]
骨骼肌	小鼠	MOR23(12 种其他 OR)	心肌细胞迁移，肌肉再生(cAMP依赖性)	RT-PCR，ICC，cAMP 试验，细胞迁移和黏附试验	Griffin 等[41]
骨骼肌	人	多种 OR	未确定	NGS	Flegel 等[4]
皮肤					
皮肤	人，小鼠	多种 OR	未确定	微阵列和 EST 数据分析	Feldmesser 等[3]
角化细胞，HaCaT	人	OR2AT4(OR6M1，OR5V1，OR11A1，OR6V1)	增殖，迁移和伤口愈合(cAMP依赖性)	RT-PCR，ICC，Ca^{2+}成像，创伤划痕试验，增殖试验，siRNA	Busse 等[22]
膀胱					
膀胱	小鼠	Olfr544，olfr558，olfr1386，olfr1392，Olfr78，Olfr181，Olfr288	未确定	RT-PCR，ICC，IP，WB	Kang 等[91]

28.6　异位表达的嗅觉受体的内源性配体

迄今为止,大多数发现 OR 配体对的研究小组使用了化学库来脱孤[40,67,101-103]。这些配体有很大一部分是人工合成的,并不发生在体液中。当谈到在我们体内异位表达的 OR 时,问题就来了,这些受体的配体是什么,它们如何到达各自的受体? 在我们的食物中,特别是在植物类产品中,含有许多能被嗅上皮(OE)检测到的气味。例如,已知的 OR 配体 β-紫罗兰酮是一种广泛存在于植物和植物产品中的类异戊二烯,是类胡萝卜素的降解产物[104]。已知可激活特定 OR 的香料成分包括百里香中的百里香酚、罗勒中的桉叶素、迷迭香、生姜和其他草药以及丁香酚(丁香和肉豆蔻中的化学成分)。丁香酚和其他气味物质不仅存在于香料中,也是大多数化妆品、香水、洗涤剂、除臭剂、香烟和其他物质的成分。我们不仅通过鼻子,而且直接通过食物摄入以及皮肤和肺接触这些物质。我们已知,气味物质可在几分钟内进入血流[105],并因此被转运至不同组织的作用部位。经皮暴露后约 20 分钟后,芳樟醇和乙酸芳樟酯的血浆浓度分别达到 121ng/mL 和 100ng/mL[105]。摄入桉叶素胶囊(通常作为祛痰处方药物)约 1~5 小时后,可在呼气中检测到桉叶素[106],说明摄入的气味物质可在全身广泛分布。此外,在人乳汁中也检测出了桉叶素代谢物,浓度高达 100~250µg/kg 乳汁[107],表明来自母亲食物的气味及其代谢物可传递给母乳喂养的婴儿。

食用芦笋后,可在尿液中检测出多种气味分子[108]。有趣的是,人类尿液中存在的气味物质的数量和特性似乎取决于个体的健康状况。在健康人的尿液中发现了 14 种不同的气味物质,而在葡糖醛酸糖苷酶处理的样本中可检测到 24 种,表明气味衍生物的进一步 Ⅱ 相代谢很常见[109]。这一发现有可能在未来被用作诊断工具[110]。短链脂肪酸(SCFA)如丙酸盐也是已知的人 OR51E2 和小鼠 Olfr78 的配体[47,102]。有趣的是,SCFA 主要由肠道菌群产生[111],在结肠中浓度高达 100mmol/L。因此可以想象,足量的 SCFA 进入血流并被转运到不同组织的靶受体上。事实上,已经证明 SCFA 的血浆浓度范围为 0.1~10mmol/L[112]。在相似浓度下观察到丙酸盐通过 OR 介导的生理效应[47,48,102]。与此结果一致,二氨基庚二酸是革兰氏阴性细菌细胞壁的成分,也是细菌赖氨酸和肽聚糖生物合成通路的中间体[113],后者最近被确定为 OR 激活剂[114]。这再次证实了一些内源性 OR 配体可被肠道菌群衍生的观点。

除了消化系统,生殖系统的体液中似乎也含有内源性 OR 配体。在尝试使用气相色谱-嗅觉测定法检测吸引精子进入卵泡液的活性物质时,发现 5α-雄甾-16-烯-3-酮和 4-羟基-2,5-二甲基-3(2H)-呋喃酮为内源性生成的 OR 配体,并发现其可诱发人精子中的 Ca^{2+} 信号传导[115]。

此外,一些 OR 如 OR51E2 和 OR7D4 也可被内源性产生的类固醇激素激活[58,116]。在几种体液如汗液[117,118]、唾液[119]、血液[117]、乳汁[120]和精液[121]中检测到类固醇雄烯酮。

28.7　嗅觉受体在非嗅觉组织中的信号传导通路

几项研究调查了典型嗅觉信号传导分子在多种非嗅觉组织中的表达[4,122]。已发现信号传导组分如嗅觉标记蛋白（OMP）、腺苷酸环化酶III和$G_{\alpha olf}$（$GnaI$）在许多组织中表达，如睾丸、卵巢、结肠、脑、白细胞、肾脏、心脏、肝、肺、骨骼肌、皮肤和甲状腺[4,22,41,48,78,79,91]，仅列举了几种，详见表 28.2。然而，尽管典型嗅觉信号组分广泛表达，非嗅觉组织中的一些信号通路似乎涉及完全不同的组分。例如，前列腺细胞中由 PSGR1 活化诱导的具有明显特点的信号通路包括（例如）肉瘤（Src）激酶活化，随后发生瞬时受体电位香草酸 6（TRPV6）介导的 Ca^{2+} 内流[83]。因此，非受体蛋白酪氨酸激酶 2（Pyk2）被磷酸化，进而激活 p38 激酶，抑制肿瘤抑制因子 $N\text{-}myc$ 下游调节基因 1（NDRG1）[84]。同时，PSGR1 还通过未知机制激活质膜中的质子转运蛋白钠/氢交换因子 1（NHE1），导致细胞内 pH 值升高[84]。已发现 OR1G1 在肠嗜铬细胞中可通过 L 型 Ca^{2+} 通道以 PLC-和 IP3 受体依赖性的方式增加细胞内 Ca^{2+} 水平[21]。在人肝细胞癌细胞系中，OR1A1 不会引起细胞内 Ca^{2+} 浓度的增加。相反，其诱导基因表达变化，从而调节肝脏的甘油三酯代谢。具体而言，cAMP 浓度升高导致 cAMP 反应元件结合（CREB）蛋白磷酸化，以及 CREB 反应性基因毛状和分裂增强子（HES）-1，即过氧化物酶体增殖物激活受体-γ（PPAR-γ）的辅抑制因子的上调[71]。

表 28.2　在不同非嗅觉组织中表达的 OR 的典型信号传导分子

组织/细胞类型	种属	信号传导分子	检测方法	参考文献
生殖系统				
睾丸	大鼠，仓鼠，人	视觉抑制蛋白（β-arrestin2）	WB，ICC	Walensky 等[16]
睾丸	小鼠	嗅觉标记蛋白（OMP）	RT-PCR，ICC，WB	Kang 等[91]
睾丸，卵巢，乳腺	人	ACIII、$G_{\alpha olf}$、环核苷酸门控离子通道（CNG）A2	NGS	Flegel 等[4]
睾丸	小鼠	ACIII，OMP，CNGA2	NGS	Kanageswaran 等[122]
胎盘	大鼠	$G_{\alpha olf}$	RT-PCR	Itakura 等[32]
消化系统				
结肠	人	ACIII，$G_{\alpha olf}$	NGS	Flegel 等[4]
胃，十二指肠，脾	小鼠	OMP	RT-PCR，WB	Kang 等[91]
腺体				
甲状腺，肾上腺	人	ACIII，$G_{\alpha olf}$	NGS	Flegel 等[4]
甲状腺	小鼠	ACIII，OMP	RT-PCR，ICC，WB	Kang 等[91]
胸腺	小鼠	ACIII，$G_{\alpha olf}$，OMP	RT-PCR，ICC，WB	Kang 等[91]
胰腺（β 细胞）	大鼠	ACIII，$G_{\alpha olf}$	RT-PCR	Frayon 等[123]
胰腺	小鼠	OMP	RT-PCR，WB	Kang 等[91]
心血管系统				
心脏	大鼠	ACIII，$G_{\alpha olf}$	RT-PCR	Ferrand 等[92]
心脏，白细胞	人	ACIII，$G_{\alpha olf}$	NGS	Flegel 等[4]
心脏	小鼠	ACIII，$G_{\alpha olf}$，OMP	RT-PCR，ICC，WB	Kang 等[91]
肺系				
肺	人	ACIII，$G_{\alpha olf}$	NGS	Flegel 等[4]
肺	小鼠	OMP	RT-PCR，WB	Kang 等[91]

组织/细胞类型	种属	信号传导分子	检测方法	参考文献
肾脏				
远端肾单位/致密斑	小鼠	ACIII, $G_{\alpha olf}$	ICC	Pluznick 等[48]
肾脏	人	ACIII, $G_{\alpha olf}$	NGS	Flegel 等[4]
肝脏				
肝脏	人	ACIII, $G_{\alpha olf}$	NGS	Flegel 等[4]
肝脏	小鼠	OMP	RT-PCR, WB	Kang 等[91]
肝细胞癌细胞(Huh7)	人	ACIII, $G_{\alpha olf}$, CNGA1	RT-PCR	Maßberg 等[24]
肝脏	小鼠	ACIII, OMP	NGS	Kanageswaran 等[122]
神经系统				
基底神经节	大鼠	$G_{\alpha olf}$	WB	Hervé 等[124]
纹状体	小鼠	$G_{\alpha olf}$	WB	Corvol 等[125]
皮层，海马，丘脑，小脑，脑黑质	人	ACIII, $G_{\alpha olf}$, REEP1, UGT1A6	ICC	Garcia-Esparcia 等[79]
大脑皮层	小鼠	ACIII, $G_{\alpha olf}$	RT-PCR	Ansoleaga 等[78]
大脑	小鼠	ACIII, $G_{\alpha olf}$, OMP	NGS	Kanageswaran 等[122]
肌肉				
骨骼肌	小鼠	ACIII, $G_{\alpha olf}$	WB, ICC	Griffin 等[41]
骨骼肌	人	ACIII, $G_{\alpha olf}$	NGS	Flegel 等[4]
骨骼肌	小鼠	OMP	RT-PCR	Kang 等[91]
骨骼肌	小鼠	ACIII, OMP	NGS	Kanageswaran 等[122]
肺动脉平滑肌细胞(PASMC)	大鼠	ACIII	WB	Jourdan 等[126]
皮肤				
脂肪	人	ACIII, $G_{\alpha olf}$	NGS	Flegel 等[4]
淋巴结	人	ACIII, $G_{\alpha olf}$	NGS	Flegel 等[4]
膀胱	小鼠	ACIII, $G_{\alpha olf}$, OMP	RT-PCR, ICC, WB	Kang 等[91]

28.8 真的是异位表达吗?

术语异位源自希腊语"ektopos"，意为不在适当的位置(ex：在外面，topos：位置)，因此这个术语意指某些事物发生在异常的位置或以异常的方式或形式发生。就 OR 而论，这可能是一个误导性的命名，因为它们在大多数类型的细胞中表达，尽管与嗅上皮相比，其多样性要低得多。另一方面，术语 OR 暗示在鼻中的特异性表达，并在嗅觉形成过程中仅作为气味感受器起作用。也许这样 OR 会更易于理解：OR 是属于 GPCR 家族的一种的化学感受器，介导嗅觉是它们的职责范围内的功能之一，并在许多其他组织和细胞中具有多种其他功能。

28.9　异位表达的 OR 研究：挑战和前景

虽然近年来越来越多的研究证实了在不同类型的细胞中异位表达的 OR 具有不同功能，但异位 OR 表达研究仍处于起步阶段。过去，由于无法获得 OR 抗体或其质量差，使得检测 OR 蛋白非常困难。这是由于 OR 之间的高度同源性（40%～90%）。然而，近年来，越来越多的高质量抗体变得可用。这使得更多基于蛋白质检测的高通量研究成为可能[127]。

导致异位 OR 研究进展缓慢的另一个原因是，尽管付出了巨大的努力，但只有一小部分哺乳动物的 OR 被脱孤[102,128-130]。许多异位表达 OR 的研究使用高浓度的配体，可能是因为已知的配体并不是最有效的配体。这增加了研究非特异性效应的可能性。内源性的、假定更有效的配体的发现将极大地促进对不同细胞和组织中假定的 OR 功能的研究。与对激活剂的需求一致，（内源性）拮抗剂的发现将会获益。迄今为止，已发表的文献中仅报道了极少数拮抗剂：十一醛拮抗 OR1D2[40]，氢化肉桂醛、对叔丁基苯丙醛和甲基肉桂醛拮抗 OR3A1（hOR17-40）[131]，α-紫罗兰酮拮抗 OR51E2[58]。甲基异丁香酚被确定为 mOR-EG 的部分激活剂[132]。此外，据报道，大鼠 OR17 可识别辛醛为主要激活剂，而柠檬醛为部分激活剂或拮抗剂[133]。与已知的其他 GPCR 一样，OR 拮抗剂在结构上似乎与激活剂相似[132,134]。一些气味物质具有双重功能：既可作为一种气味的激活剂，也可作为其他气味的拮抗剂。这在受体水平上使得气味混合物的编码机制具有复杂性，因此，也妨碍了使用化学库进行配体筛选。此外，已知一些 OR 具有相当宽的配体谱，而其他 OR 具有更窄的调谐[135]。一个受体可以结合多个配体，一个配体可以激活多个受体，这也使得识别特异性 OR-配体对更具挑战性。

而且，与 GPCR 研究具有相同的特征，建立体外检测系统来研究 OR 被证明是困难的。由于胞内运输不足，异源性表达往往较差。因此，只有极少数细胞的质膜表达 OR，大多数 OR 在细胞内聚集。热激蛋白 Hsc70t 被证明可促进至少一些 OR 的细胞表面表达[136]。Matsunami 的研究小组建立了一个试验系统，共转染了许多已知对嗅上皮（OE）中 OR 表达重要的辅助因子（如 RTP1S 和 REEP1）[137]。这些尝试促进了在质膜上的 OR 定位。然而，尽管有了明显的改进，这种测定系统仍然远远不是最佳的。

在异位表达的 OR 研究中，另一个挑战是序列和功能性 GPCR 性质的明显种属差异，这使得在模型系统（如啮齿类动物）中的基本发现仅为条件性可行，因为其结果可能无法直接转移到人类环境中。这也适用于基因敲除模型。然而，由于基因多态性在某些情况下可导致无功能受体的生成，可能会获得人的基因敲除。OR 属于最具多态性的基因家族之一。最广为人知的选择性嗅觉丧失是由于异戊酸，即 OR11H7 的配体的作用，它是导致令人不快的狐臭的主要成分之一。约有 6%的人无法识别这种物质[138]。然而，这种嗅觉丧失与实际基因缺陷之间的相关性有待证实。另一种已充分描述的多态性是 OR7D4，其对雄烯酮及其衍生物有反应[116]。对于雄烯酮和雄甾二烯酮的气味感知，不同人的感觉千差万别：从令人不快、尿味到汗味，也有木本味甚至愉快的花香或柑橘味，近30%的人声称根本闻不到这些物质的气味[139,140]。对嗅觉丧失深入了解以及发现更多的人类基因敲除可极大地促进我们对非嗅觉组织中 OR 表达的了解。

参 考 文 献

[1] L. Buck, R. Axel: A novel multigene family may encode odorant receptors: A molecular basis for odor recognition, Cell 65, 175-187 (1991)

[2] M. Parmentier, F. Libert, S. Schurmans, S. Schiffmann, A. Lefort, D. Eggerickx, C. Ledent, C. Mollereau, C. Gérard, J. Perret: Expression of members of the putative olfactory receptor gene family in mammalian germ cells, Nature 355, 453-455 (1992)

[3] E. Feldmesser, T. Olender, M. Khen, I. Yanai,R. Ophir, D. Lancet: Widespread ectopic expression of olfactory receptor genes, BMC Genomics 7,121 (2006)

[4] C. Flegel, S. Manteniotis, S. Osthold, H. Hatt,G. Gisselmann: Expression profile of ectopic olfactory receptors determined by deep sequencing, PLoS One 8 (2), e55368 (2013)

[5] O. De La Cruz, R. Blekhman, X. Zhang, D. Nicolae, S. Firestein, Y. Gilad: A signature of evolutionary constraint on a subset of ectopically expressed olfactory receptor genes, Mol. Biol. Evol. 26, 491-494 (2009)

[6] X. Zhang, M. Rogers, H. Tian, X. Zhang, D.-J. Zou, J. Liu, M. Ma, G.M. Shepherd, S.J. Firestein: High-throughput microarray detection of olfactory receptor gene expression in the mouse, Proc. Natl. Acad. Sci. 101, 14168-14173 (2004)

[7] X. Zhang, O. De la Cruz, J.M. Pinto, D. Nicolae, S. Firestein, Y. Gilad: Characterizing the expression of the human olfactory receptor gene family using a novel DNA microarray, Genome Biol. 8, R86 (2007)

[8] H. Asai, H. Kasai, Y. Matsuda, N. Yamazaki, F. Nagawa, H. Sakano, A. Tsuboi: Genomic structure and transcription of a murine odorant receptor gene: Differential initiation of transcription in the olfactory and testicular cells, Biochem. Biophys. Res. Commun. 221, 240-247 (1996)

[9] A. Branscomb, J. Seger, R.L. White: Evolution of odorant receptors expressed in mammalian testes, Genetics 156, 785-797 (2000)

[10] E. Linardopoulou, H.C. Mefford, O. Nguyen, C. Friedman, G. van den Engh, D.G. Farwell,M. Coltrera, B.J. Trask: Transcriptional activity of multiple copies of a subtelomerically located olfactory receptor gene that is polymorphic in number and location, Hum. Mol. Genet. 10, 2373-2383 (2001)

[11] M. Thomas, S. Haines, R.A. Akeson: Chemoreceptors expressed in taste, olfactory and male reproductive tissues, Gene 178, 1-5 (1996)

[12] P. Vanderhaeghen, S. Schurmans, G. Vassart, M. Parmentier: Olfactory receptors are displayed on dog mature sperm cells, J. Cell Biol. 123, 1441-1452 (1993)

[13] P. Vanderhaeghen, S. Schurmans, G. Vassart, M. Parmentier: Specific repertoire of olfactory receptor genes in the male germ cells of several mammalian species, Genomics 39, 239-246 (1997)

[14] P. Vanderhaeghen, S. Schurmans, G. Vassart,M. Parmentier: Molecular cloning and chromosomal mapping of olfactory receptor genes expressed in the male germ line: Evidence for their wide distribution in the human genome, Biochem. Biophys. Res. Commun. 237, 283-287 (1997)

[15] A. Volz, A. Ehlers, R. Younger, S. Forbes, J. Trowsdale, D. Schnorr, S. Beck, A. Ziegle: Complex transcription and splicing of odorant receptor genes, J. Biol. Chem. 278, 19691-19701 (2003)

[16] L.D. Walensky, A.J. Roskams, R.J. Lefkowitz, S.H. Snyder, G.V. Ronnett: Odorant receptors and desensitization proteins colocalize in mammalian sperm, Mol. Med. 1, 130-141 (1995)

[17] L.D. Walensky, M. Ruat, R.E. Bakin, S. Blackshaw,G.V. Ronnett, S.H. Snyder: Two novel odorant receptor families expressed in spermatids undergo 5'- splicing, J. Biol. Chem. 273, 9378-9387 (1998)

[18] A. Ziegler, G. Dohr, B. Uchanska-Ziegler: Possible roles for products of polymorphic MHC and linked olfactory receptor genes during selection processes in reproduction, Am. J. Reprod. Immunol.48, 34-42（2002）

[19] A. Ichimura, T. Kadowaki, K. Narukawa, K. Togiya, A. Hirasawa, G. Tsujimoto: In silico approach to identify the expression of the undiscovered molecules from microarray public database: Identification of odorant receptors expressed in non-olfactory tissues, Naunyn. Schmiedebergs. Arch. Pharmacol. 377, 159-165（2008）

[20] S. Serizawa, K. Miyamichi, H. Sakano: One neuron-one receptor rule in the mouse olfactory system, Trends Genet. 20, 648-653（2004）

[21] T. Braun, P. Voland, L. Kunz, C. Prinz, M. Gratzl: Enterochromaffin cells of the human gut: Sensors for spices and odorants, Gastroenterology 132, 1890-1901（2007）

[22] D. Busse, P. Kudella, N.-M. Grüning, G. Gisselmann,S. Ständer, T. Luger, F. Jacobsen, L. Stein-sträßer, R. Paus, P. Gkogkolou, M. Böhm, H. Hatt, H. Benecke: A synthetic sandalwood odorant induces wound healing processes in human keratinocytes via the olfactory receptor OR2AT4, J. Invest. Dermatol 134（11）, 2823-2832（2014）

[23] N. Fukuda, K. Yomogida, M. Okabe, K. Touhara: Functional characterization of a mouse testicular olfactory receptor and its role in chemosensing and in regulation of sperm motility, J. Cell Sci. 117, 5835-5845（2004）

[24] D. Maßberg, A. Simon, D. Häussinger, V. Keitel,G. Gisselmann, H. Conrad, H. Hatt: Monoterpene（−）-citronellal affects hepatocarcinoma cell signaling via an olfactory receptor, Arch. Biochem. Biophys. 566, 100-109（2015）

[25] S. Veitinger, T. Veitinger, S. Cainarca, D. Fluegge, C.H. Engelhardt, S. Lohmer, H. Hatt, S. Corazza, J. Spehr, E.M. Neuhaus, M. Spehr: Purinergic signaling mobilizes mitochondrial Ca^{2+} in mouse sertoli cells, J. Physiol. 589（21）, 5033-5055（2011）

[26] T. Veitinger, J.R. Riffell, S. Veitinger, J.M. Nascimento, A. Triller, C. Chandsawangbhuwana, K. Schwane, A. Geerts, F. Wunder, M.W. Berns, E.M. Neuhaus, R.K. Zimmer, M. Spehr, H. Hatt: Chemosensory Ca^{2+} dynamics correlate with diverse behavioral phenotypes in human sperm, J. Biol. Chem. 286, 17311-17325（2011）

[27] W. Zhao, L. Ho, M. Varghese, S. Yemul, K. Dams-O'Connor, W. Gordon, L. Knable, D. Freire,V. Haroutunian, G.M. Pasinetti: Decreased level of olfactory receptors in blood cells following traumatic brain injury and potential association with tauopathy, J. Alzheimers Dis. 34, 417-429（2013）

[28] N. Fukuda, K. Touhara: Developmental expression patterns of testicular olfactory receptor genes during mouse spermato-genesis, Genes to Cells 11,71-81（2006）

[29] J.M. Otaki, H. Yamamoto, S. Firestein: Odorant receptor expression in the mouse cerebral cortex, J. Neurobiol. 58, 315-327（2004）

[30] F. Rodríguez-Trelles, R. Tarrío, F.J. Ayala: Is ectopic expression caused by deregulatory mutations or due to gene-regulation leaks with evolutionary potential?, BioEssays 27, 592-601（2005）

[31] Ł. Durzyński, J.C. Gaudin, M. Myga, J. Szydłowski, A. Goździcka-Józefiak, T. Haertlé: Olfactory-like receptor cDNAs are present in human lingual cDNA libraries, Biochem. Biophys. Res. Commun. 333, 264-272（2005）

[32] S. Itakura, K. Ohno, T. Ueki, K. Sato, N. Kanayama: Expression of Golf in the rat placenta: Possible implication in olfactory receptor transduction, Placenta 27, 103-108（2006）

[33] G. Drutel, J. Arrang, J. Diaz, C. Wisnewsky, K. Schwartz, J. Schwartz: Cloning of OL1, a putative olfactory receptor and its expression in the developing rat heart, Recept. Channels 3, 33-40（1995）

[34] P. Blache, L. Gros, G. Salazar, D. Bataille: Cloning and tissue distribution of a new rat olfactory receptor-like（OL2）, Biochem. Biophys. Res. Commun.242, 669-672（1998）

[35] S. Nef, P. Nef: Olfaction: Transient expression of a putative odorant receptor in the avian notochord, Proc. Natl. Acad. Sci. 94, 4766-4771（1997）

[36] W.J. Dreyer: The area code hypothesis revisited: Olfactory receptors and other related transmembrane receptors may function as the last digits in a cell surface code for assembling embryos, Proc. Natl. Acad. Sci. 95, 9072-9077（1998）

[37] W.J. Dreyer, J. Roman-Dreyer: Cell-surface area codes: Mobile-element related gene switches generate precise and heritable cell-surface displays of address molecules that are used for constructing embryos, Genetica 107, 249-259（1999）

[38] P. Mombaerts: Targeting olfaction, Curr. Opin. Neurobiol. 6, 481-486（1996）

[39] P. Mombaerts, F. Wang, C. Dulac, S.K. Chao, A. Nemes, M. Mendelsohn, J. Edmondson, R. Axel: Visualizing an olfactory sensory map, Cell 87, 675-686（1996）

[40] M. Spehr, G. Gisselmann, A. Poplawski, J.A. Riffell, C.H. Wetzel, R.K. Zimmer, H. Hatt: Identification of a testicular odorant receptor mediating human sperm chemotaxis, Science 299, 2054-2058（2003）

[41] C.A. Griffin, K.A. Kafadar, G.K. Pavlath: MOR23 promotes muscle regeneration and regulates cell adhesion and migration, Dev. Cell 17, 649-661（2009）

[42] T. Goto, A. Salpekar, M. Monk: Expression of a testis-specific member of the olfactory receptor gene family in human primordial germ cells, Mol, Hum. Reprod. 7, 553-558（2001）

[43] M. Kidd, I.M. Modlin, B.I. Gustafsson, I. Drozdov, O. Hauso, R. Pfragner: Luminal regulation of normal and neoplastic human EC cell serotonin release is mediated by bile salts, amines, tastants, and olfactants, Am. J. Physiol. Gastrointest. Liver Physiol. 295, G260-G272（2008）

[44] I. Kaji, S. Karaki, A. Kuwahara: Effects of luminal thymol on epithelial transport in human and rat colon, Am. J. Physiol. Gastrointest. Liver Physiol 300, G1132-G1143（2011）

[45] S.D. Primeaux, H.D. Braymer, G.A. Bray: High fat diet differentially regulates the expression of olfactory receptors in the duodenum of obesity-prone and obesity-resistant rats, Dig. Dis. Sci. 58,72-76（2013）

[46] A.C. Sondersorg, D. Busse, J. Kyereme, M. Rothermel, G. Neufang, G. Gisselmann, H. Hatt, H. Conrad: Chemosensory information processing between keratinocytes and trigeminal neurons, J. Biol. Chem. 289, 17529-17540（2014）

[47] J.L. Pluznick: Renal and cardiovascular sensory receptors and blood pressure regulation, Am.J. Physiol. Ren. Physiol. 305, F439-F444（2013）

[48] J.L. Pluznick, D.-J. Zou, X. Zhang, Q. Yan, D.J. Rodriguez-Gil, C. Eisner, E. Wells, C.A. Greer, T.Wang, S. Firestein, J. Schnermann, M.J. Caplan: Functional expression of the olfactory signaling system in the kidney, Proc. Natl. Acad. Sci. 106, 2059-2064（2009）

[49] J.L. Pluznick, R.J. Protzko, H. Gevorgyan, Z. Peterlin, A. Sipos, J. Han: Olfactory receptor responding to gut microbiota-derived signals plays a role in renin secretion and blood pressure regulation, Proc. Natl. Acad. Sci. 110, 4410-4415（2013）

[50] T. Cui, A.V. Tsolakis, S.C. Li, J.L. Cunningham, T. Lind, K. Öberg, V. Giandomenico: Olfactory receptor 51E1 protein as a potential novel tissue biomarker for small intestine neuroendocrine carcinomas, Eur. J. Endocrinol 168, 253-261（2013）

[51] S. Fuessel, B. Weigle, U. Schmidt, G. Baretton, R. Koch, M. Bachmann, E.P. Rieber, M.P. Wirth,A. Meye: Transcript quantification of Dresden G protein-coupled receptor（D-GPCR）in primary prostate cancer tissue pairs, Cancer Lett. 236, 95-104（2006）

[52] V. Giandomenico, T. Cui, L. Grimelius, K. Öberg, G. Pelosi, A.V. Tsolakis: Olfactory receptor 51E1as a novel target for diagnosis in somatostatin receptor-negative lung carcinoids, J. Mol. Endocrinol.51, 277-286（2013）

[53] B. Weigle, S. Fuessel, R. Ebner, A. Temme, M. Schmitz, S. Schwind, A. Kiessling, M.A. Rieger, A. Meye, M. Bachmann, M.P. Wirth, E.P. Rieber: D-GPCR: A novel putative G protein-coupled receptor over expressed in prostate cancer and prostate, Biochem. Biophys. Res. Commun. 322, 239-249（2004）

[54] J. Weng, J. Wang, X. Hu, F. Wang, M. Ittmann, M. Liu: PSGR2, a novel G-protein coupled receptor, is overexpressed in human prostate cancer, Int. J. Cancer 118, 1471-1480（2006）

[55] C. Xia, W. Ma, F. Wang, S. Hua, M. Liu: Identification of a prostate-specific G-protein coupled receptor in prostate cancer, Oncogene 20, 5903-5907（2001）

[56] L.L. Xu, B.G. Stackhouse, K. Florence, W. Zhang, N. Shanmugam, I.A. Sesterhenn, Z. Zou, V. Srikantan, M. Augustus, V. Roschke, K. Carter, D.G. McLeod, J.W. Moul, D. SoppcH, S. Srivastava: PSGR, a novel prostate-specific gene with homology to a G protein-coupled receptor, is overexpressed in prostate cancer receptor, Cancer Res. 60（23）, 6568-6572（2000）

[57] L.L. Xu, C. Sun, G. Petrovics, M. Makarem, B. Furusato,W. Zhang, I.A. Sesterhenn, D.G. McLeod,L. Sun, J.W. Moul, S. Srivastra: Quantitative expression profile of PSGR in prostate cancer, Prostate Cancer Prostatic Dis. 9, 56-61（2006）

[58] E.M. Neuhaus, W. Zhang, L. Gelis, Y. Deng, J. Noldus, H. Hatt: Activation of an olfactory receptor inhibits proliferation of prostate cancer cells, J. Biol. Chem. 284, 16218-16225 (2009)

[59] M. Rigau, J. Morote, M.C. Mir, C. Ballesteros, I. Ortega, A. Sanchez, E. Colás, M. Garcia, A. Ruiz, M. Abal, J. Planas, J. Reventós, A. Doll: PSGR and PCA3 as biomarkers for the detection of prostate cancer in urine, Prostate 70, 1760-1767 (2010)

[60] S. Matsueda, M. Wang, J. Weng, Y. Li, B. Yin, J. Zou, Q. Li, W. Zhao, W. Peng, X. Legras, C. Loo, R.F. Wang, H.Y. Wang: Identification of prostate specific G-protein coupled receptor as a tumor antigen recognized by CD8+ T cells for cancer immunotherapy, PLoS One 7(9), e45756 (2012)

[61] M. Rodriguez, W. Luo, J. Weng, L. Zeng, Z. Yi, S. Siwko, M. Liu: PSGR promotes prostatic intraepithelial neoplasia and prostate cancer xenograft growth through NF-κB, Oncogenesis 3, e114 (2014)

[62] A.M. Brodie, W.M. Garrett, J.R. Hendrickson, C.H. Tsai-Morris, J.G. Williams: 1. Estrogen antagonists. Aromatase inhibitors, their pharmacology and application, J. Steroid Biochem. 19, 53-58(1983)

[63] R.E. Duncan, D. Lau, A. El-Sohemy, M.C. Archer: Geraniol and β-ionone inhibit proliferation, cell cycle progression, and cyclin-dependent kinase 2 activity in MCF-7 breast cancer cells independent of effects on HMG-CoA reductase activity, Biochem. Pharmacol 68, 1739-1747 (2004)

[64] C. Elson, D. Peffley, P. Hentosh, H.Mo: Isoprenoid-mediated inhibition of mevalonate synthesis: Potential application to cancer, Proc. Soc. Exp.Biol. Med. 221, 294-311 (1999)

[65] J.-R. Liu, X.-R. Sun, H.-W. Dong, C.-H. Sun, W.-G. Sun, B.-Q. Chen, Y.-Q. Song, B.-F. Yang: Beta-Ionone suppresses mammary carcinogenesis, proliferative activity and induces apoptosis in the mammary gland of the Sprague-Dawley rat,Int, J, Cancer 122, 2689-2698 (2008)

[66] H. Mo, C.E. Elson: Apoptosis and cell-cycle arrest in human and murine tumor cells are initiated by isoprenoids, J. Nutr. 129, 804-813 (1999)

[67] G. Sanz, I. Leray, A. Dewaele, J. Sobilo, S. Lerondel, S. Bouet, D. Grébert, E. Monnerie, E. Pajot-Augy, L.M. Mir: Promotion of cancer cell invasiveness and metastasis emergence caused by olfactory receptor stimulation, PLoS One 9(1), e85110 (2014)

[68] A.C. Cunha, B. Weigle, A. Kiessling, M. Bachmann, E.P. Rieber: Tissue-specificity of prostate specific antigens: Comparative analysis of transcript levels in prostate and non-prostatic tissues, Cancer Lett. 236, 229-238 (2006)

[69] T.T.T. Yuan, P. Toy, J.A. McClary, R.J. Lin, N.G. Miyamoto, P.J. Kretschmer: Cloning and genetic characterization of an evolutionarily conserved human olfactory receptor that is differentially expressed across species, Gene 278, 41-51 (2001)

[70] J. Leja, A. Essaghir, M. Essand, K. Wester, K. Oberg, T.H. Tötterman, R. Lloyd, G. Vasmatzis, J.-B. Demoulin,V. Giandomenico: Novel markers for enterochromaffin cells and gastrointestinal neuroendocrine carcinomas, Mod. Pathol. 22, 261-272(2009)

[71] C. Wu, Y. Jia, J.H. Lee, Y. Kim, S. Sekharan,V.S. Batista, S.-J. Lee: Activation of OR1A1 suppresses PPAR-γ expression by inducing HES-1 in cultured hepatocytes, Int. J. Biochem. Cell Biol. 64, 75-80 (2015)

[72] L. Xu, H. Tang, D.W. Chen, A.K. El-Naggar, P. Wei, E.M. Sturgis: Genome-wide association study identifies common genetic variants associated with salivary gland carcinoma and its subtypes, Cancer 121(14), 2367-2374 (2015)

[73] X. Zhang, A.V. Bedigian, W. Wang, U.S. Eggert: G protein-coupled receptors participate in cytokinesis, Cytoskeleton 69, 810-818 (2012)

[74] S.W. Edwards, C.M. Tan, L.E. Limbird: Localization of G-protein-coupled receptors in health and disease, Trends Pharmacol. Sci. 21, 304-308(2000)

[75] R. Lappano, M. Maggiolini: GPCRs and cancer, Acta Pharmacol. Sin. 33, 351-362 (2012)

[76] M. O'Hayre, M.S. Degese, J.S. Gutkind: Novel insights into G protein and G protein-coupled receptor signaling in cancer, Curr. Opin. Cell Biol. 27,126-135 (2014)

[77] B.A. Teicher: Targets in small cell lung cancer,Biochem. Pharmacol. 87, 211-219 (2014)

[78] B. Ansoleaga, P. Garcia-Esparcia, F. Llorens,J. Moreno, E. Aso, I. Ferrer: Dysregulation of brain olfactory and taste receptors in AD, PSP and CJD, and AD-related model, Neuroscience 248, 369-382 (2013)

[79] P. Garcia-Esparcia, A. Schlüter, M. Carmona, J. Moreno, B. Ansoleaga, B. Torrejón-Escribano, S. Gustincich, A. Pujol, I. Ferrer: Functional genomics reveals dysregulation of cortical olfactory receptors in Parkinson disease: Novel putative chemoreceptors in the human brain, J. Neuropathol. Exp. Neurol. 72, 524-539 (2013)

[80] J. Ho, J.M. Perez-Aguilar, L. Gao, J.G. Saven, H. Matsunami, R.G. Eckenhoff: Molecular recognition of ketamine by a subset of olfactory G protein-coupled receptors, Sci. Signal 8 (370), ra33 (2015)

[81] J. Weng, W. Ma, D. Mitchell, J. Zhang, M. Liu: Regulation of human prostate-specific G-protein coupled receptor, PSGR, by two distinct promoters and growth factors, J. Cell. Biochem. 96, 1034-1048 (2005)

[82] J. Weng, J. Wang, Y. Cai, L.J. Stafford, D. Mitchell, M. Ittmann, M. Liu: Increased expression of prostate-specific G-protein-coupled receptor inhuman prostate intraepithelial neoplasia and prostate cancers, Int. J. Cancer 113, 811-818 (2005)

[83] J. Spehr, L. Gelis, M. Osterloh, S. Oberland, H. Hatt, M. Spehr, E.M. Neuhaus: G protein-coupled receptor signaling via Src kinase induces endogenous human transient receptor potential vanilloid type 6 (TRPV6) channel activation, J. Biol.Chem. 286, 13184-13192 (2011)

[84] H. Wiese, L. Gelis, S. Wiese, C. Reichenbach, N. Jovancevic, M. Osterloh, H.E. Meyer, E.M. Neuhaus, H.H. Hatt, G. Radziwill, B.Warscheid: Quantitative phosphoproteomics reveals the protein tyrosine kinase Pyk2 as a central effector of olfactory receptor signaling in prostate cancer cells, Biochim. Biophys. Acta - Proteins Proteomics 1854, 632-640 (2015)

[85] J. Mao, X. Zhang, P.T. Sieli, M.T. Falduto, K.E. Torres, C.S. Rosenfeld: Contrasting effects of different maternal diets on sexually dimorphic gene expression in the murine placenta, Proc. Natl. Acad. Sci. 107, 5557-5562 (2010)

[86] N. Kang, Y.Y. Bahk, N. Lee, Y. Jae, Y.H. Cho, C.R. Ku, Y. Byun, E.J. Lee, M.-S. Kim, J. Koo: Olfactory receptor Olfr544 responding to azelaic acid regulates glucagon secretion in α-cells of mouse pancreatic islets, Biochem. Biophys. Res. Commun. 460, 616-621 (2015)

[87] K. Raming, S. Konzelmann, H. Breer: Identification of a novel G-protein coupled receptor expressed in distinct brain regions and a defined olfactory zone, Recept. channels 6, 141-151 (1998)

[88] K. Abe, Y. Kusakabe, K. Tanemura, Y. Emori, S. Arai: Primary structure and cell-type specific expression of a gustatory G protein-coupled receptor related to olfactory receptors, J. Biol. Chem. 268, 12033-12039 (1993)

[89] J.C. Gaudin, L. Breuils, T. Haertlé: New GPCRs from a human lingual cDNA library, Chem. Senses 26, 1157-1166 (2001)

[90] J.C. Gaudin, L. Breuils, T. Haertlé: Mouse orthologs of human olfactory-like receptors expressed in the tongue, Gene 381, 42-48 (2006)

[91] N. Kang, H. Kim, Y. Jae, N. Lee, C.R. Ku, F. Margolis, E.J. Lee, Y.Y. Bahk, M.-S. Kim, J. Koo: Olfactory marker protein expression is an indicator of olfactory receptor-associated events in non-olfactory tissues, PLoS One 10, e0116097 (2015)

[92] N. Ferrand, M. Pessah, S. Frayon, J. Marais, J.M. Garel: Olfactory receptors, Golf alpha and adenylyl cyclase mRNA expressions in the rat heart during ontogenic development, J. Mol. Cell. Cardiol. 31, 1137-1142 (1999)

[93] M. Weber, U. Pehl, H. Breer, J. Strotmann: Olfactory receptor expressed in Ganglia of the autonomic nervous system, J. Neurosci. Res. 68,176-184 (2002)

[94] S.-H. Kim, Y.C. Yoon, A.S. Lee, N. Kang, J. Koo, M.-R. Rhyu, J.-H. Park: Expression of human olfactory receptor 10J5 in heart aorta, coronary artery, and endothelial cells and its functional role in angiogenesis, Biochem. Biophys. Res. Commun. 460, 404-408 (2015)

[95] E.A. Feingold, L.A. Penny, A.W. Nienhuis, B.G. Forget: An olfactory receptor gene is located in the extended human-globin gene cluster and is expressed in erythroid cells, Genomics 61 (1), 15-23 (1999)

[96] A. Malki, J. Fiedler, K. Fricke, I. Ballweg, M.W. Pfaffl, D. Krautwurst: Class I odorant receptors, TAS1R and TAS2R taste receptors, are markers for subpopulations of circulating leukocytes, J. Leukoc. Biol. 97, 533-545 (2015)

[97] J.J. Li, H.L. Tay, M. Plank, A.T. Essilfie, P.M. Hansbro, P.S. Foster, M. Yang: Activation of olfactory receptors on mouse pulmonary macrophages promotes monocyte chemotactic protein-1 production, PLoS One 8 (11), e80148 (2013)

[98] X. Gu, P.H. Karp, S.L. Brody, R.A. Pierce, M.J. Welsh, M.J. Holtzman, Y. Ben-Shahar: Chemosensory functions for pulmonary neuroendocrine cells, Am. J. Respir. Cell Mol. Biol. 50, 637-646 (2014)

[99] S. Conzelmann, O. Levai, B. Bode, U. Eisel, K. Raming, H. Breer, J. Strotmann: A novel brain receptor is expressed in a distinct population of olfactory sensory neurons, Eur. J. Neurosci 12, 3926-3934 (2000)

[100] S. Manteniotis, R. Lehmann, C. Flegel, F. Vogel, A. Hofreuter, B.S.P. Schreiner, J. Altmüller, C. Becker, N. Schöbel, H. Hatt, G. Gisselmann: Comprehensive RNA-Seq expression analysis of sensory ganglia with a focus on ion channels and GPCRs in trigeminal ganglia, PLoS One 8 (11), e79523 (2013)

[101] H. Hatt, G. Gisselmann, C.H. Wetzel: Cloning, functional expression and characterization of a human olfactory receptor, Cell Mol Biol 45, 285-291 (1999)

[102] H. Saito, Q. Chi, H. Zhuang, H. Matsunami, J.D. Mainland: Odor coding by a Mammalian receptor repertoire, Sci. Signal. 2 (60), ra9 (2009)

[103] C.H. Wetzel, M. Oles, C. Wellerdieck, M. Kuczkowiak, G. Gisselmann, H. Hatt: Specificity and sensitivity of a human olfactory receptor functionally expressed in human embryonic kidney 293 cells and *Xenopus laevis* oocytes, J. Neurosci. 19, 7426-7433 (1999)

[104] J.C. Sacchettini, C.D. Poulter: Creating isoprenoid diversity, Sci 277, 1788-1789 (1997)

[105] W. Jäger, G. Buchbauer, M. Jirovetz, M. Fritzer: Percutaneous absorption of lavender oil from a massage oil, J.Soc. Cosmet. Chem. 43, 49-54 (1992)

[106] J. Beauchamp, F. Kirsch, A. Buettner: Real-time breath gas analysis for pharmacokinetics: Monitoring exhaled breath by on-line proton-transfer-reaction mass spectrometry after ingestion of eucalyptol-containing capsules, J. Breath Res. 4 (2), 026006 (2010)

[107] F. Kirsch, A. Buettner: Characterisation of the Metabolites of 1,8-cineole transferred into human milk: Concentrations and ratio of enantiomers,Metabolites 3, 47-71 (2013)

[108] M.L. Pelchat, C. Bykowski, F.F. Duke, D.R. Reed: Excretion and perception of a characteristic odor in urine after asparagus ingestion: A psychophysical and genetic study, Chem. Senses 36, 9-17 (2011)

[109] M. Wagenstaller, A. Buettner: Characterization of odorants in human urine using a combined chemo-analytical and human-sensory approach: A potential diagnostic strategy, Metabolomics 9, 9-20 (2013)

[110] M. Wagenstaller, A. Buettner: Quantitative determination of common urinary odorants and their glucuronide conjugates in human urine, Metabolites 3, 637-657 (2013)

[111] M. Bugaut: Occurrence, absorption and metabolism of short chain fatty acids in the digestive tract of mammals, Comp. Biochem. Physiol. Part B Comp. Biochem. 86, 439-472 (1987)

[112] K.M. Maslowski, A.T. Vieira, A. Ng, J. Kranich, F. Sierro, D. Yu, H.C. Schilter, M.S. Rolph, F. Mackay,D. Artis, R.J. Xavier, M.M. Teixeira, C.R. Mackay: Regulation of inflammatory responses by gut microbiota and chemoattractant receptor GPR43, Nature 461 (7268), 1282-1286 (2009)

[113] T.L. Born, J.S. Blanchard: Structure/function studies on enzymes in the diaminopimelate pathway of bacterial cell wall biosynthesis, Curr. Opin. Chem. Biol. 3, 607-613 (1999)

[114] N. Triballeau, E. Van Name, G. Laslier, D. Cai,G. Paillard, P.W. Sorensen, R. Hoffmann, H.O. Bertrand, J. Ngai, F.C. Acher: High-potency olfactory receptor agonists discovered by virtual high-throughput screening: Molecular probes for receptor structure and olfactory function, Neuron 60, 767-774 (2008)

[115] C. Hartmann, A. Triller, M. Spehr, R. Dittrich, H. Hatt, A. Buettner: Sperm-activating odorous substances in human follicular fluid and vaginal secretion: Identification by gas chromatography-olfactometry and Ca^{2+} imaging, Chempluschem 78, 695-702 (2013)

[116] A. Keller, H. Zhuang, Q. Chi, L.B. Vosshall, H. Matsunami: Genetic variation in a human odorant receptor alters odour perception, Nature 449,468-472 (2007)

[117] R. Claus, W. Alsing: Occurrence of 5-androst-16en-3-one, a boar pheromone, in man and its relationship to testosterone, J. Endocrinol. 68, 483-484 (1976)

[118] D.B. Gower, K.T. Holland, A.L. Mallet, P.J. Rennie,W.J. Watkins: Comparison of 16-androstene steroid concentrations in sterile apocrine sweat and axillary secretions: Interconversions of 16-androstenes by the axillary microflora-A mechanism for axillary odour production in man?, J. Steroid Biochem. Mol. Biol. 48, 409-418 (1994)

[119] S. Bird, D. Gower: Estimation of the odorous steroid 5-alpha-androst-16-en-3-one in human saliva, Experientia 39, 790-792 (1983)

[120] C. Hartmann, F. Mayenzet, J.-P. Larcinese, O.P. Haefliger, A. Buettner, C. Starkenmann: Development of an analytical approach for identification and quantification of 5-α-androst-16-en-3-one in human milk, Steroids 78, 156-160 (2013)

[121] T. Kwan, D. Trafford, H.Makin, A. Mallet, D. Gower: GC-MS studies of 16-androstenes and other C19 steroids in human semen, J. Steroid Biochem. Mol. Biol. 43, 549-556 (1992)

[122] N. Kanageswaran, M. Demond, M. Nagel, B.S.P. Schreiner, S. Baumgart, P. Scholz, J. Altmüller, C. Becker, J.F. Doerner, H. Conrad, S. Oberland, C.H. Wetzel, E.M. Neuhaus, H. Hatt, G. Gisselmann: Deep sequencing of the murine olfactory receptor neuron transcriptome, PLoSOne 10, e0113170 (2015)

[123] S. Frayon, M. Pessah, M.H. Giroix, D. Mercan, C. Boissard, W.J. Malaisse, B. Portha, J.M. Garel: Galphaolf identification by RT-PCR in purified normal pancreatic B cells and in islets from rat models of non-insulin-dependent diabetes, Biochem. Biophys. Res. Commun. 254, 269-272 (1999)

[124] D. Hervé, M. Lévi-Strauss, I. Marey-Semper, C. Verney, J.P. Tassin, J. Glowinski, J.A. Girault: G(olf) and Gs in rat basal ganglia: Possible involvement of G(olf) in the coupling of dopamine D1 receptor with adenylyl cyclase, J. Neurosci. 13, 2237-2248 (1993)

[125] J.C. Corvol, J.M. Studler, J.S. Schonn, J.A. Girault, D. Hervé: Gαolf is necessary for coupling D1 and A2a receptors to adenylyl cyclase in the striatum, J. Neurochem 76, 1585-1588 (2001)

[126] K.B. Jourdan, N.A. Mason, L.U. Long, P.G. Philips, M.R. Wilkins, N.W. Morrell, B. Karen, L. Long, G. Philips: Characterization of adenylyl cyclase isoforms in rat peripheral pulmonary arteries, Am. J. Physiol. Lung Cell Mol. Physiol. 280(6), 1359-1369 (2001)

[127] S.R. Foster, E. Roura, W.G. Thomas: Extrasensory perception: Odorant and taste receptors beyond the nose and mouth, Pharmacol. Ther. 142, 41-61 (2014)

[128] D.C.J.B.P. Gonzalez-Kristeller: do Nascimento, P.A.F. Galante, B. Malnic: Identification of agonists for a group of human odorant receptors, Front. Pharmacol. 6, 35 (2015)

[129] K. Nara, L.R. Saraiva, X. Ye, L.B. Buck: A large scale analysis of odor coding in the olfactory epithelium, J. Neurosci. 31, 9179-9191 (2011)

[130] G. Sanz, C. Schlegel, J.C. Pernollet, L. Briand: Comparison of odorant specificity of two human olfactory receptors from different phylogenetic classes and evidence for antagonism, Chem.Senses 30, 69-80 (2005)

[131] V. Jacquier, H. Pick, H. Vogel: Characterization of an extended receptive ligand repertoire of the human olfactory receptor OR17-40 comprising structurally related compounds, J. Neurochem 97, 537-544 (2006)

[132] Y. Oka, A. Nakamura, H. Watanabe, K. Touhara: An odorant derivative as an antagonist for an olfactory receptor, Chem. Senses 29, 815-822 (2004)

[133] R.C. Araneda, A.D. Kini, S. Firestein: The molecular receptive range of an odorant receptor, Nat.Neurosci. 3, 1248-1255 (2000)

[134] Y. Oka, M. Omura, H. Kataoka, K. Touhara: Olfactory receptor antagonism between odorants, EMBO J. 23, 120-126 (2004)

[135] N. Kang, J. Koo: Olfactory receptors in non-chemosensory tissues, BMB Rep. 45, 612-622 (2012)

[136] E.M. Neuhaus, A. Mashukova, W. Zhang, J. Barbour, H. Hatt: A specific heat shock protein enhances the expression of mammalian olfactory receptor proteins, Chem. Senses 31, 445-452 (2006)

[137] H. Zhuang, H. Matsunami: Evaluating cell-surface expression and measuring activation of mammalian odorant receptors in heterologous cells, Nat. Protoc. 3, 1402-1413 (2008)

[138] J. Vockley, R. Ensenauer: Isovaleric acidemia: New aspects of genetic and phenotypic heterogeneity, Am. J. Med. Genet. C. Semin. Med. Genet. 142C,95-103 (2006)

[139] E.A. Bremner, J.D. Mainland, R.M. Khan, N. Sobel: The prevalence of Androstenone Anosmia, Chem. Senses 28 (5), 423-432 (2003)

[140] C.J. Wysocki, G.K. Beauchamp: Ability to smell androstenone is genetically determined, Proc. Natl.Acad. Sci. 81, 4899-4902 (1984)

第29章 香料和气味物质：TRP 通道的激活剂

　　香料和气味物质是我们日常生活中控制食物摄取、社会交往、好恶等选择过程多样性的重要方面。我们的味觉、嗅觉和化学感受器官对风味和气味化合物进行的检测对于发现和鉴别环境中的化学线索具有重要意义。香料和气味物质通过影响愉悦感和不满情绪、性欲和情绪对食物选择以及社会交往产生影响。大多数香料和气味物质来自香料植物，如辣椒的辣椒素或香草醛(香草的气味来源成分)。它们可激活一大类受体和离子通道。在本章中，我们总结了有关香料和气味物质对瞬时受体通道家族(TRP)活性的影响及其在嗅觉、味觉和化学感受中的潜在作用的最新研究发现。从香料和气味物质在全身摄入后的生物利用度的角度讨论了香料的潜在健康益处。

　　嗅觉和味觉是我们感知气味和味道的能力，它依赖于检测化学信号并将其转化为电活动信号。因此，感官能够发现威胁，在营养选择中起护卫作用，但也有助于人类的社会交往、愉悦感和总体的幸福感[1]。化合物通过多种受体分子如 G 蛋白偶联受体、酶偶联受体或离子通道触发偏好和回避反应。G 蛋白偶联受体作为味觉和气味受体发挥作用，包括甜味、鲜味或苦味的味觉受体和典型的气味受体、微量胺相关受体以及犁鼻器 1 型和 2 型受体[2]。如需获得总结了介导味道、化学感受或气味的所有分子机制的综述，请参见 Roper 等和 Spehr 及 Munger 的描述[2,3]。

　　TRP 通道形成一个非选择性离子通道大家族，参与嗅觉、味觉和化学感受。大体上，植物来源的挥发性或非挥发性化合物，如桉油精、薄荷脑或辣椒素直接激活 TRP 通道(图 29.1)，使各种食品具有独特风味[4]。在接下来的章节中，总结了参与味觉、化学感受和嗅觉的 TRP 通道和植物源性激活剂，并讨论了它们通过除嗅觉、味觉和化学感受之外的 TRP 通道激活在我们体内引起生理效应的潜力。

29.1　TRP 通道——嗅觉、化学感受和味觉

　　在主要讨论嗅觉、化学感受和味觉的背景下，典型 TRP 通道亚家族(TRPC)的 TRP通道(如 TRPC1、TRPC2、TRPC4、TRPC6)，香草精 TRP 亚家族(TRPV)的通道 TRPV1、TRPV3 以及 melastatin 亚家族(TRPM)的通道 TRPM4、TRPM5 和 TRPM8 参与了气味、味道和化学感受的信号转导[5,6]。

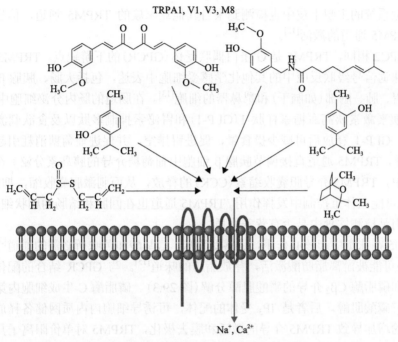

图 29.1　感知植物来源的挥发性和非挥发性化合物的 TRP 通道

　　在直接嗅觉中作用最具特点的 TRP 通道是 TRPC2[5,7-11]。在 TRPC2 缺陷小鼠中，先天的性行为和社会行为会发生改变，包括性别识别能力受损、无法启动对入侵者的进攻性攻击，以及母体攻击性和哺乳行为的降低[7,8]。在人类中，TRPC2 是一种假基因。在啮齿类动物中，TRPC2 在负责信息素(调节先天的性行为和社会行为)感知的犁鼻器的感觉神经元中高表达。同种属动物尿液释放的信息素可被犁鼻器的受体(*Vmn1r/Vmn2r*)感知，并将细胞外信号转导至由 $G_{i/o}$ 家族 G 蛋白启动的细胞内处理。随后，磷酸肌醇的分解导致 TRPC2 介导的钙离子进入通道的激活(图 29.2)并发生后续的神经元活动。其他属于整合在 GPCR 信号中的典型 TRP 通道亚家族的 TRP 通道有 TRPC1 和 TRPC4，以及 TRPC6 通道，它们在嗅觉系统的不同细胞中表达，但在嗅觉中的作用尚不清楚[5]。

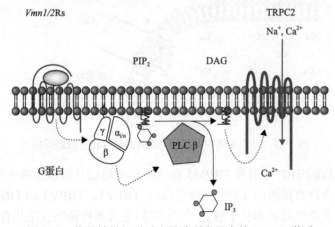

图 29.2　信号转导级联反应导致犁鼻器中的 TRPC2 激活

在嗅觉系统的主嗅上皮中也检测到来自其他亚家族的 TRPM5 通道,信息素可能在此导致 TRPM5 通道的激活[12]。

与 TRPC2 相同,TRPM5 是 G 蛋白偶联受体(GPCR)的下游靶点。TRPM5 在味觉受体细胞和味觉信号级联反应中的其他化学感受细胞中表达,包括大肠、胰腺 β 细胞、十二指肠、胃、肺、脑部(如脑干)和犁鼻器的细胞[13]。在肠道的肠内分泌细胞中,TRPM5 调节肠促胰素激素胰高血糖素样肽-1(GLP-1)和胃泌素抑制多肽以及食欲刺激激素饥饿素的释放。GLP-1 释放后可减少摄食量,促进胃排空,并促进葡萄糖消耗引起的胰岛素释放。此外,TRPM5 通道直接调节胰腺 β 细胞中葡萄糖介导的胰岛素分泌。在小肠的肠嗜铬细胞中,TRPM5 介导胆囊收缩素(CCK)的释放,从而刺激胆囊收缩,抑制饥饿感。TRPM5 也可能在体重控制中发挥作用。TRPM5 通道也在回肠和结肠的刷状细胞中表达,认为其作用是检测饮食中是否有营养物质。

TRPM5 在味觉中起核心作用,是感受甜味、氨基酸和苦味所必需的通道[3,14]。此外,TRPM5 还可能被游离脂肪酸激活,释放脂肪的味道[15]。与 GPCR 结合的配体导致胃转导素激活和磷脂酶 Cβ_2 介导的磷酸肌醇分解(图 29.3)。磷脂酶 C 生成细胞内第二信使甘油二酯和三磷酸肌醇。后者是 IP$_3$ 受体的配体,可诱导细胞内内质网储备释放钙。细胞内钙浓度的增加导致 TRPM5 介导的激活和膜去极化,TRPM5 对单价阳离子具有特异性通透性。

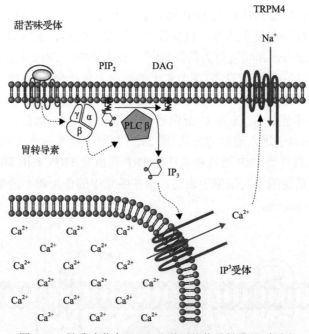

图 29.3　导致味蕾中 TRPM5 激活的信号转导级联反应

与 TRPC 家族的 TRP 通道和 TRPM5 在气味和味道信号级联反应中的整合相反,一些植物来源的化合物直接激活 TRPA1(锚蛋白)、TRPV1、TRPV3 和 TRPM8(图 29.1),其也参与介导三叉神经刺激和化学感觉[13,16]。它们受到多种植物次生化合物成分的激活,详见本章第 2 节的总结。

目前正在讨论 TRPV1 在咸味感知中的作用。TRPV1 基因的多态性(rs8065080，$C>T$，Val585Ile)会改变阈上味觉敏感性，其中 T 等位基因携带者对盐溶液更敏感[17]。然而，也存在有争议的研究(关于全面的总结请阅读文献[3])，例如在 TRPV1 KO(基因敲除)动物中的研究发现两种组分(对咸味感知敏感和不敏感的氨氯吡嗪脒)没有变化[18]。有趣的是，在双胞胎中检测到的 TRPA1 多态性与对罗勒和香菜气味的不同化学感受评分相关[19]。因此，TRPA1 通道可能也参与味觉感知。

重要的是，这些通道不仅在参与嗅觉、味觉和化学感受的器官(如鼻三叉神经元)中表达。每个 TRP 通道都有特定的表达谱。例如，TRPV1 通道被认为在中枢神经系统(CNS)中表达，包括嗅球、小脑以及皮层和基底胶质细胞[13,20]。然而，TRPV1 在大脑中的确切组织表达模式仍在讨论中，因为最近一项使用 TRPV1 报告小鼠的研究仅报道了 TRPV1 在几个 CNS 区域中有最低的表达。在外周组织器官，TRPV1 在肾脏、胰腺、睾丸、子宫、脾脏、胃、小肠、肝脏、肺、膀胱、皮肤、骨骼肌、肥大细胞、巨噬细胞以及白细胞中表达[21]。在本章中，我们重点介绍了香料，它可激活 TRP 通道，并将讨论其生物利用度方面的生理效应(如需综合评述，请阅读文献[13]的优秀文章)。化合物在食品以及非食品基质中的生物利用度存在疑问。然而，这些化合物对胃肠道和呼吸系统的功能有深远的影响，将在下文中讨论。

TRPV1 是检测热刺激和化学刺激物的主要疼痛感受通道之一，也被认为参与内脏痛的感知。在反流性食管炎中 TRPV1 通道表达上调，可能作为主要的酸性物质感受器参与胃灼热的发生[22]。在肠易激综合征、克罗恩病和溃疡性结肠炎患者中，胃肠道中的 TRPV1 免疫反应性也有所增强[23,24]。此外，TRPV1 通道控制食欲、饱腹感、恶心以及腹胀和不适等感觉[25]。然而，在 TRPV1 KO 动物中，发现了体重方面的争议性结果，因此其在代谢中的生理学作用仍存在争议[25]。此外，一些证据表明，啮齿类动物中的 TRPV1 可调节 2 型糖尿病胰岛素抵抗的发生和维持[13,26,27]。TRPV1 野生型(WT)小鼠通过胃管给予辣椒素激活 TRPV1 增加体内 GLP-1 和胰岛素分泌，但 TRPV1 KO 小鼠未见这种效应[26]。此外，野生型小鼠长期食用辣椒素(24 周)不仅改善了葡萄糖耐量和增加胰岛素水平，而且降低了每日血糖水平和增加血浆 GLP-1 水平。在最近的一项研究中，给予 TRPV1 KO 和 WT 小鼠高脂饮食，并进行代谢研究以测定胰岛素和瘦素的作用[28]。高脂饮食后，TRPV1 KO 小鼠比 WT 小鼠更肥胖，可部分归因于 KO 小鼠的能量平衡改变和瘦素抵抗。此外，TRPV1 KO 小鼠的胰岛素抵抗情况更严重。在呼吸系统中，TRPV1 阳性神经纤维支配鼻、喉、上呼吸道的气管、肺实质以及肺泡、平滑肌细胞和血管的活动[29]。然而，其在健康者的呼吸系统中的表达水平似乎相当低。在患有肺气肿[30]、难治性哮喘[31]或其他肺部炎症[30]的疾病状态下，TRPV1 表达增加。有趣的是，TRPV1 通道中的单核苷酸多态性(SNP)与无哮喘受试者的咳嗽相关，并增强了吸烟者咳嗽的易感性[32]。在儿童哮喘中，SNP 被描述为导致 TRPV1 通道活性降低，与目前喘息或咳嗽风险降低相关[33]。有关气道疾病中 TRP 通道功能的完美的综述，请参阅 Grace 等的论述[30]。

TRPV3 在舌、睾丸和皮肤角质细胞中高表达，被认为是皮肤屏障形成和毛发形态发生等不同皮肤功能的必要条件[34]。此外，TRPV3 通道也参与热觉感受。

TRPA1 通道主要在哺乳动物耳蜗的伤害性感受神经元、牙髓以及 Corti 器中表达[35-39]。此外，这些通道在脑、心脏、小肠、肺、皮肤、骨骼肌、膀胱、前列腺、血管内皮细胞、胰腺和味觉细胞中也有广泛表达[13]。TRPA1 通道对于感知食物中的刺激性化合物和空气中的有害刺激物至关重要[30,40]。TRPA1 是重要的伤害感受器，在功能性消化不良引起的上腹痛感知中起作用[41,42]。它们还可能通过释放胃肽胆囊收缩素(CCK)参与调节胃排空(延迟胃排空)[43]、增加饱腹感和抑制食物摄入[44,45]。TRPA1 通道也在迷走神经气道神经元中表达，在豚鼠[46]和健康人中 TRPA1 通道的激活引起咳嗽，表明 TRPA1 通道是肺防御系统的一部分[30]。

冷觉感受器 TRPM8 主要在感觉神经元中表达，但也在膀胱、前列腺、海马、皮肤、褐色脂肪组织、血管平滑肌、巨噬细胞和精子中表达[13,47]。TRPM8 和 TRPA1 共同构成人体的冷觉感受器。TRPA1 介导了伤害性寒冷的感知[48,49]。TRPM8 激活剂通过刺激褐色脂肪组织产热诱导一过性体温升高。因此，这可能是治疗肥胖的一个令人关注的靶点[50]。此外，TRPM8 调节流泪和基础泪液分泌[51]。TRPM8 通道在三叉神经节中表达，但在整个肺组织中表达较少[30,52]。然而，TRPM8 通道在人类支气管上皮细胞中表达[53,54]。尚未探讨 TRPM8 在健康和患病肺中的作用，尽管有一种假说认为冷空气诱发的咳嗽可能是通过激活 TRPM8 通道引起的[30]。

29.2　激活 TRP 通道的植物次生化合物

调味剂和香料的不同成分是 TRPA1、TRPV1、TRPV3 和 TRPM8 通道的强效激活剂[6,13,20,55,56]。然而，几种此类化合物对一个 TRP 通道没有选择性，或者它们甚至激活了其他的分子靶点，例如姜黄素。关于 TRPC1、TRPC4、TRPC6、TRPM4 或 TRPM5，在从香料中分离出的化合物中，至今也未发现能够激活这些通道的化合物。

香料的几种刺鼻气味和刺激性的成分是 TRPA1 的激活剂。它们属于亲电化合物，可诱导 TRPA1 通道的 N-末端半胱氨酸或赖氨酸发生共价修饰。例如，TRPA1 被异硫氰酸烯丙酯[在表达 TRPA1 的 CHO 细胞中 EC_{50} 为 22μmol/L，或在表达 TRPA1 的 HEK293 细胞(HEK：人胚肾细胞)中 EC_{50} 为 2.5μmol/L][35,57]，大蒜素(EC_{50} 2μmol/L)[36]，二烯丙基硫醚(EC_{50} 125μmol/L)[36]、肉桂醛(在表达 TRPA1 的 CHO 细胞中 EC_{50} 为 61μmol/L)或在表达 TRPA1 的 HEK293 细胞中 EC_{50} 为 6.8μmol/L[35,58]、羟基-α-山椒素(EC_{50} 为 69μmol/L)[58]、姜烯酚(EC_{50} 为 11.2μmol/L)[58]、6-姜辣素(EC_{50} 为 10.4μmol/L)[57]、香芹酚(EC_{50} 为 690μmol/L)[59]、姜黄素(30μmol/L 时，在表达 TRPA1 的 HEK293 细胞中显著激活 TRPA1)。异硫氰酸烯丙酯是芥末、萝卜、辣根和芥末辛辣味道的主要来源[55]。大蒜素使大蒜具有特殊的气味。大蒜素是幼嫩大蒜切碎后的转化产物，蒜酶将蒜氨酸转化为大蒜素，大蒜素再被降解为二烯丙基硫醚。肉桂醛是肉桂的主要成分，对肉桂的风味和气味有重要作用。香芹酚是百里酚的同分异构体，是从牛至、百里香、胡椒草或野薄荷中提取油的主要成分。

TRPV1 通道可被激活的物质包括辣椒素(EC_{50} 为 0.037μmol/L)[58]、樟脑(5mmol/L)[60,61]、香芹酚(未确定)、百里酚(EC_{50} 为 100μmol/L)[62]、胡椒碱(EC_{50} 为

38μmol/L)[63]、大蒜素(51μmol/L)、6-姜辣素(EC$_{50}$ 为 3.3μmol/L)[57]、羟基-α-山椒素(EC$_{50}$ 为 1.1μmol/L)[58]、姜烯酚(EC$_{50}$ 为 0.2μmol/L)[58])或丁香酚(EC$_{50}$ 为 10μmol/L)[62](图 29.2)。辣椒的辣味是由辣椒素激活 TRPV1 介导的。樟脑具有浓郁的芳香气味，存在于常绿植物、樟树月桂树、山樟树或迷迭香的干燥叶片中。百里酚存在于百里香和许多其他植物中。胡椒碱是胡椒的主要成分，是使胡椒产生辣味的成分。丁香酚是丁香的有效成分之一。

TRPV3 通道可被丁香酚 (10μmol/L)[62]、香芹酚 (0.5μmol/L)[64]、樟脑 (EC$_{50}$ 为 6μmol/L)[64]、因香酚 (EC$_{50}$ 为 10μmol/L)或百里酚 (EC$_{50}$ 为 0.9μmol/L)[64]激活。

TRPM8 可被薄荷脑 (EC$_{50}$ 为 80μmol/L)[65]、芳樟醇、香叶醇或桉叶油素 (EC$_{50}$ 为 7700μmol/L)[66]激活。

29.3　香料的健康益处

这些化合物大多有刺鼻的气味，甚至可能会导致轻微的疼痛。由此产生的问题是，人类为什么要食用辛辣的调味品，它的进化优势是什么[67]？有几种假设，包括从享乐体验到某些健康获益[67]。这些潜在的健康获益在古代文化中已有发现，并且流传至今。讨论了抗真菌、抗菌作用、抗肿瘤、抗炎、细胞保护、心脏保护以及止痛的作用[67]。辛辣调味品最早在亚热带和热带气候国家使用，在日常食品中添加抗真菌和抗菌调味品是完美的感受。然而，这些作用不是通过激活 TRP 通道介导的。关于所讨论的其他健康获益，重要且尚未解决的问题是，如果气味物质成分与日常食物一起摄入，是否能够达到药理学活性浓度。大多数支持对肿瘤、炎症或心血管系统具有保护性健康效应的数据主要来自于流行病学研究。在流行病学研究中，很难区分摄入某种香料或总体生活方式是否会影响某些疾病的患病率。进一步的支持数据来自使用细胞和动物模型的临床前研究，其中经常使用浓度非常高的相应化合物。日常食用我们食物中的调味品或摄入高浓缩的食物补充剂是否能达到所需浓度，目前尚存在争议。目前只获得了少数化合物的生物利用度数据。姜黄素是研究得最透彻的气味分子之一，它是姜黄中的主要类姜黄素[68]。其生物利用度低；多项临床试验研究了姜黄素以高浓度(8g/d)给药在胰腺癌患者中的抗肿瘤特性，血药浓度达到 85ng/mL[69]。然而，要激活 TRPA1 通道的血药浓度需要比这个浓度高 100 倍。即使我们假定不同器官中可能存在一定的蓄积，但在检测到的血药浓度与激活 TRPA1 通道所需浓度之间的浓度差异似乎过于明显。在每天摄入的食物中，印度咖喱中的姜黄素的摄入量可达 250mg 左右。这种复杂的食物基质还包含脂肪成分和表面活性剂，如卵磷脂，可能会促进姜黄素的吸收[13]。然而，通过每天的食物摄入可能达不到所需的药理学浓度。此外，一些可激活 TRP 的化合物也激活了其他靶点，这也可能会增加对上述疾病的疗效。再次，姜黄素是一个非常好的例子。本文讨论了超过 30 种靶标，仅举几例，如核转录因子 NF-κβ、基质金属蛋白酶、环氧合酶-2 或血管内皮生长因子等[70]。对于大多数气味物质和香料还需要进一步的数据来评估它们在吸入或口服后是否会产生全身效应。

就其对胃肠功能和体重控制的影响而言，最具特色的香料成分是选择性 TRPV1 激活剂辣椒素。辣椒素可以以适中的浓度抑制胃酸分泌，食用辛辣食物可以达到此浓度，并且对胃黏膜具有保护作用[71,72]。然而，较高浓度的辣椒素能够促进胃酸分泌并损伤胃黏膜，这证实了一项旧的毒理学/药理学原则"剂量决定毒性"。辣椒素对幽门螺杆菌也有抗菌作用，幽门螺杆菌是胃溃疡的主要诱因，但其保护作用不是由 TRPV1 激活介导的。也描述了 6-姜辣素(也是一种 TRPV1 激活剂)对胃酸分泌的相似作用和对胃黏膜完整性的保护作用[73]。

此外，在患有内脏高敏感性相关疾病患者的肠黏膜中检测到 TRPV1 受体表达增加，这些部位还包括非糜烂性反流疾病患者的食管和功能性胃肠病(FGID)类的肠易激综合征(IBD)患者的结肠[74]。患有功能性发育不良和 IBD 的患者对单纯口服辣椒素表现出超敏反应，表现是腹痛和烧灼感症状评分较高。这些结果以及其他来自动物实验的结果表明，FGID 患者中 TRPV1 通路的超敏反应可能是低度炎症的结果，并且可能是 FGID 肠道超敏反应、腹痛和腹部烧灼感症状的重要发病机制[74]。

然而，由于辣椒素具有 TRPV1 脱敏作用，长期摄入辣椒素被认为具有不同的作用。在 30 例功能性消化不良患者接受 2.5g/d 红辣椒粉末或安慰剂的小型临床试验中，与安慰剂相比，总体症状评分、上腹痛和恶心得到改善[75,76]。在一项纳入 50 例接受 600mg/d 红辣椒治疗的 IBD 患者的临床试验中，与安慰剂相比，治疗第 6 周时腹痛和腹胀的平均评分值均有所降低[77]。这些结果得到了流行病学调查结果的支持，即与西方国家相比，大量摄入辛辣食物的亚洲国家胃灼热的患病率远低于胃酸反流的患病率[74]。然而，需要进一步的临床试验来证实长期摄入辣椒可能改善 FGID 患者疼痛和烧灼感症状的假设。

一些证据表明 TRPV1 激活剂，特别是辣椒素，触发了对抗肥胖的细胞机制。在一项临床试验中，健康的消瘦个体享受性地接受了 1 次红辣椒(剂量 1g/d)。摄入红辣椒后，受试者的餐后能量消耗增加，核心体温升高，皮肤温度降低[78]。有趣的是，在既往没有经常食用辛辣食物的个体中，对脂肪、咸味和甜味食物的食欲下降得更多。这一发现提示长期摄入辛辣食物的个体发生了脱敏作用。最近的两项荟萃分析概述了一些临床试验的结果，这些试验研究了辣椒素和在 CH-19 甜椒中发现的辣椒素酯这种无刺激性 TRPV1 激活剂的作用[79,80]。作者认为，这些研究为辣椒素和辣椒素酯在体重控制中的作用提供了证据[79,80]。然而，产热和控制食欲效应的程度较低，其长期可持续性尚不确定。经过计算，作者得出以下结果：10 千卡的能量负平衡(可享受性地接受辣椒素的预测值)在 6.5 年中会使一名平均体重的中年男性的体重最终减轻 0.5 公斤；而 50 千卡的能量负平衡(对二氢辣椒素酯胶囊的预测值)可在 8.5 年内使体重总计减少 2.6kg[79]。讨论了几种作用机制，包括参与脂质分解代谢途径的蛋白表达增强和骨骼肌、肝脏或白色脂肪组织的产热机制。还发现辣椒素可以刺激褐色脂肪组织，这种脂肪组织是负责非颤抖性产热的代谢活性组织[13]。

TRPA1 通道在颅、内脏迷走神经元中表达。这些神经元将来自肠道的化学信号传递给参与上述外周饱腹感信号的孤核。TRPA1 激活剂肉桂醛(生姜的活性成分之一)以 250mg/kg BW(每日 3g)的日剂量给药时，可减少肥胖小鼠的累积体重增加并改善葡萄糖耐量，同时不影响胰岛素分泌[81]。这个剂量只能通过食物补充来达到，不可以作为日常食物的享受性调味食物成分。1g 特定斯里兰卡肉桂水醇提取物可使 18 名健康志愿者的餐后血糖降低 21%，且不影响胰岛素分泌[82]。然而，这些初步结果需要在肥胖患者中进行额外的临床试验来支持。

　　有趣的是，在食物中补充 TRPM5 抑制剂奎宁(0.1%，味道苦涩)在喂食常规平衡饲料的小鼠中显示出体重和脂肪量明显增加[83]。但是，尚无支持这些临床前结果的可用临床数据。

　　另一个可达到 TRP 通道激活剂药理学活性浓度的器官是肺。薄荷脑、樟脑以及桉叶油素是维克斯达姆膏的活性成分，传统上作为外用药物用于缓解胸闷或其他上呼吸道疾病症状[84]。有趣的是，许多疗法中含有镇咳作用的薄荷脑。用清醒豚鼠观察薄荷脑、1,8-桉油精和樟脑的镇咳作用。浓度为 10μg/kg 和 3μg/kg 的薄荷脑显示出最佳的活性，分别可使咳嗽频率降低约 28% 和 56%[85]。认为其镇咳作用可增加气道黏膜血流量，缓解支气管收缩以及对引起咳嗽的感觉神经元通路起到直接或间接的作用[66,86,87]。重要的是，在慢性咳嗽患者中，预先吸入薄荷脑可降低气道吸入辣椒素引起的咳嗽敏感性，并增加吸气流量[88]。然而，使用薄荷脑治疗咳嗽的临床试验(起始单次给予辣椒素或柠檬酸)的结果存在争议，有些提示积极治疗作用[89,90]，也有未见镇咳效果[91]。这些差异可能归因于给药途径——薄荷脑吸入似乎比外用更有效。薄荷脑镇咳作用的潜在分子机制似乎是由 TRPM8 通道启动的始于鼻部的反射[92,93]。

　　薄荷脑对呼吸道的刺激作用也用于香烟。在美国销售的 90% 的市售香烟中含有薄荷脑，包括成分中无薄荷脑标识的品牌[94]。流行病学研究表明，含薄荷脑的香烟是年轻吸烟者的首选，因此可能会增加开始吸烟者的人数[95]。此外，与不含薄荷脑的香烟相比，吸含有薄荷脑的香烟似乎与烟碱依赖增加、阻止戒烟和促进复吸有关[96]。薄荷脑对吸烟有哪些影响？香烟烟雾中含有多种刺激化学感受神经的刺激物。Willis 和 Morris[97]在小鼠中研究了 16ppm 薄荷脑[对由丙烯醛、乙酸和环己酮烟雾刺激物引起的小鼠呼吸道感觉刺激反应的影响，这个浓度低于薄荷香烟烟雾中的浓度(200ppm≈8μmol/L)]。重要的是，薄荷脑的吸收率很高，在 65% 或以上，这取决于实验组。薄荷脑和桉叶油素可通过 TRPM8 立即抑制对丙烯醛、乙酸和环己酮的刺激反应，从而对烟雾中的多种成分起到有效的抗刺激作用。薄荷脑的这些作用可能影响烟雾吸入，从而可能改善烟碱成瘾和吸烟相关的疾病，如肺癌。

　　樟脑是热觉敏感通道 TRPV3 的激活剂[60,61]，是 TRPV1 的部分激活剂[60]和损害性冷觉感受器 TRPA1 的拮抗剂[60]。有趣的是，樟脑对 TRPM8 表现出双模式活性，它既能激活 TRPM8，也能抑制对薄荷脑的反应[98]。传统上樟脑也用于治疗咳嗽。最近，Patberg 等提出，樟脑可能通过 TRPV1 通道介导镇咳作用[99]。他们证实樟脑最初刺激 TRPV1，但随后强力使其脱敏。然而，樟脑不是选择性 TRPV1 脱敏剂，但也可抑制 TRPA1 通道，而 TRPA1 通道也参与支气管收缩[60]，还可激活 TRPM8 通道，后者也参与镇咳作用[98]。

29.4　TRP 通道激活剂的负面作用

　　另一个在辣椒素达到药理活性浓度后可以激活 TRPV1 通道的器官是肺。大家都知道吸入红辣椒粉会引起咳嗽。重要的是，辣椒素在肺中缓慢降解，在肺部的代谢失活不完全。在患有咳嗽变异性哮喘以及气道高反应综合征的患者中，辣椒素可引起过度的咳嗽反应[100,101]。因此，这些患者食用辛辣食物要格外慎重。

此外，幼儿或哮喘或慢性阻塞性肺疾病患者应慎用薄荷脑，因为薄荷脑可能引发不受控制的上呼吸道肌肉反射，导致痉挛和严重的呼吸困难[102]。也可能引起过敏反应。

伞桂酮是一种 TRPA1 激活剂，已知是加利福尼亚月桂叶的主要挥发性成分，它也被称为头痛树，因为吸入它的蒸气会引起严重的头痛。吸入伞桂酮会引起鼻黏膜疼痛性冷感。Nassini 等[103]证实，伞桂酮可诱导啮齿动物硬脑膜中的三叉神经末梢部位的降钙素基因相关肽(CGRP)的钙依赖性释放。CGRP 的释放似乎在特定脑部区域和三叉神经血管系统的激活中发挥重要作用。

29.5　结　　论

香料和气味物质几种分子成分是有效的 TRP 通道激活剂。它们不仅与食物的气味、味道或化学感受有关，而且还认为其对一些疾病具有健康获益，包括胃肠道疾病、肿瘤、炎症和疼痛等。多项临床前实验，包括细胞和动物实验以及流行病学数据均支持这一观点。然而，通常嵌入在复杂基质中的分子的生物利用度非常低，无法仔细检测其全身效应。但是，在胃肠道系统和肺部中可达到药理学活性浓度。在这些器官中，香料显示了有益的药理作用，如 TRPV1 激活剂对体重控制的适度作用或由 TRPM8 通道介导的薄荷脑的镇咳作用。需要进一步的研究来阐明几种气味物质和香料在健康和疾病中的潜在作用。此外，尚未对一些气味物质和香料及其代谢物对 TRP 通道的影响进行研究。

参 考 文 献

[1] S. DeMaria, J. Ngai: The cell biology of smell, J. Cell Biol. 191, 443-452 (2010)

[2] M. Spehr, S.D. Munger: Olfactory receptors: G protein-coupled receptors and beyond, J. Neurochem. 109, 1570-1583 (2009)

[3] S.D. Roper: TRPs in taste and chemesthesis. In: Handbook of Experimental Pharmacology, Vol. 223, ed. by W. Rosenthal (Springer, Berlin, Heidelberg 2014) pp. 827-871

[4] S.A. Goff, H.J. Klee: Plant volatile compounds: Sensory cues for health and nutritional value?, Science 311, 815-819 (2006)

[5] F. Zufall: TRPs in Olfaction. In: Handbook of Experimental Pharmacology, Vol. 223, ed. by W. Rosenthal (Springer, Berlin, Heidelberg 2014) pp. 917-933

[6] K. Kiselyov, D.B. van Rossum, R.L. Patterson: TRPC channels in pheromone sensing, Vitam. Horm. 83, 197-213 (2010)

[7] P. Lucas, K. Ukhanov, T. Leinders-Zufall, F. Zufall: A diacylglycerol-gated cation channel in vomeronasal neuron dendrites is impaired in TRPC2 mutant mice: Mechanism of pheromone transduction, Neuron 40, 551-561 (2003)

[8] B.G. Leypold, C.R. Yu, T. Leinders-Zufall, M.M. Kim, F. Zufall, R. Axel: Altered sexual and social behaviors in trp2 mutant mice, Proc. Natl. Acad. Sci. 99, 6376-6381 (2002)

[9] M.K. Jungnickel, H. Marrero, L. Birnbaumer, J.R. Lémos, H.M. Florman: Trp2 regulates entry of Ca^{2+} into mouse sperm triggered by egg ZP3, Nat. Cell Biol. 3, 499-502 (2001)

[10] E. Yildirim, A. Dietrich, L. Birnbaumer: The mouse C-type transient receptor potential 2 (TRPC2) channel: Alternative splicing and calmodulin binding to its N terminus, Proc. Natl. Acad. Sci. 100, 2220-2225 (2003)

[11] T. Hofmann, M. Schaefer, G. Schultz, T. Gudermann: Cloning, expression and subcellular localization of two novel splice variants of mouse transient receptor potential channel 2, Biochem. J. 351, 115-122 (2000)

[12] R. Delgado, R. Lo, J. Bacigalupo, D. Restrepo: Transduction for pheromones in the main olfactory epithelium is mediated by the Ca^{2+}-activated channel TRPM5, J. Neurosci. 34(9), 3268-3278 (2014)

[13] B. Nilius, A. Szallasi: Transient receptor potential channels as drug targets: From the science of basic research to the art of medicine, Pharmacol. Rev. 66, 676-814 (2014)

[14] D. Liu, E.R. Liman: Intracellular Ca^{2+} and the phospholipid PIP2 regulate the taste transduction ion channel TRPM5, Proc. Natl. Acad. Sci. 100, 15160-15165 (2003)

[15] P. Liu, B.P. Shah, S. Croasdell, T.A. Gilbertson: Transient receptor potential channel type M5 is essential for fat taste, J. Neurosci. 31, 8634-8642 (2011)

[16] N. Damann, T. Voets, B. Nilius: TRPs in our senses, Curr. Biol. 18, R880-R889 (2008)

[17] A.G. Dias, D. Rousseau, L. Duizer, M. Cockburn, W. Chiu, D. Nielsen, A. El-Sohemy: Genetic variation in putative salt taste receptors and salt taste perception in humans, Chem. Senses 38, 137-145 (2013)

[18] Y. Treesukosol, V. Lyall, G.L. Heck, J.A. DeSimone, A.C. Spector: A psychophysical and electrophysiological analysis of salt taste in Trpv1 null mice, Am. J. Physiol. Regul. Integr. Comp. Physiol. 292, R1799-R1809 (2007)

[19] A. Knaapila, L.-D. Hwang, A. Lysenko, F.F. Duke, B. Fesi, A. Khoshnevisan, R.S. James, C.J. Wysocki, M. Rhyu, M.G. Tordoff, A.A. Bachmanov, E. Mura, H. Nagai, D.R. Reed: Genetic analysis of chemosensory traits in human twins, Chem. Senses 37, 869-881 (2012)

[20] B. Nilius, T. Bíró, G. Owsianik: TRPV3: Time to decipher a poorly understood family member!, J. Physiol. 592, 295-304 (2014)

[21] A. Szallasi, F. Cruz, P. Geppetti: TRPV1: A therapeutic target for novel analgesic drugs?, Trends Mol. Med. 12, 545-554 (2006)

[22] A. Altomare, M.P.L. Guarino, S. Emerenziani, M. Cicala, A.M. Drewes, A.L. Krarup, C. Brock, C. Lottrup, J.B. Frøkjaer, R.F. Souza, G. Nardone, D. Compare: Gastrointestinal sensitivity and gastroesophageal reflux disease, Ann. N. Y. Acad. Sci. 1300, 80-95 (2013)

[23] M. Neri: Irritable bowel syndrome, inflammatory bowel disease and TRPV1: How to disentangle the bundle, Eur. J. Pain 17, 1263-1264 (2013)

[24] D. Keszthelyi, F.J. Troost, D.M. Jonkers, Z. Helyes, H.M. Hamer, S. Ludidi, S. Vanhoutvin, K. Venema, J. Dekker, J. Szolcsányi, A.A. Masclee: Alterations in mucosal neuropeptides in patients with irritable bowel syndrome and ulcerative colitis in remission: A role in pain symptom generation, Eur. J. Pain 17, 1299-1306 (2013)

[25] R. Brito, S. Sheth, D. Mukherjea, L.P. Rybak, V. Ramkumar: TRPV1: A potential drug target for treating various diseases, Cells 3, 517-545 (2014)

[26] P. Wang, Z. Yan, J. Zhong, J. Chen, Y. Ni, L. Li, L.Ma, Z. Zhao, D. Liu, Z. Zhu: Transient receptor potential vanilloid 1 activation enhances gut glucagon-like epeptide-1 secretion and improves glucose homeostasis,Diabetes 61, 2155-2165 (2012)

[27] D.X. Gram, B. Ahrén, I. Nagy, U.B. Olsen,C.L. Brand, F. Sundler, R. Tabanera, O. Svendsen,R.D. Carr, P. Santha, N. Wierup, A.J. Hansen:Capsaicin-sensitive sensory fibers in the islets of Langerhans contribute to defective insulin secretion in Zucker diabetic rat, an animal model for some aspects of human type 2 diabetes, Eur.J. Neurosci. 25, 213-223 (2007)

[28] E. Lee, D.Y. Jung, J.H. Kim, P.R. Patel, X. Hu, Y. Lee,Y. Azuma, H.F. Wang, N. Tsitsilianos, U. Shafig,J.Y. Kwon, H.J. Lee, K.W. Lee, J.K. Kim: Transient receptor potential vanilloid type-1 channel regulates diet-induced obesity, insulin resistance,and leptin resistance, FASEB J. 29(8), 3182-3192(2015)

[29] N. Watanabe, S. Horie, G.J. Michael, S. Keir,D. Spina, C.P. Page, J.V. Priestley: Immunohistochemical co-localization of transient receptor potential vanilloid (TRPV)1 and sensory neuropeptides in the guinea-pig respiratory system, Neuroscience141, 1533-1543 (2006)

[30] M.S. Grace, M. Baxter, E. Dubuis, M.A. Birrell, M.G. Belvisi: Transient receptor potential (TRP) channels in the airway: Role in airway disease,Br. J. Pharmacol. 171, 2593-2607 (2014)

[31] L.R. Sadofsky, R. Ramachandran, C. Crow,M. Cowen, S.J. Compton, A.H. Morice: Inflammatory stimuli up-regulate transient receptor potential vanilloid-1 expression in human bronchial fibroblasts, Exp. Lung Res. 38, 75-81 (2012)

[32] L.A.M. Smit, M. Kogevinas, J.M. Antó, E. Bouzigon, J.R. González, N. Le Moual, H. Kromhout, A.E. Carsin, I. Pin, D. Jarvis, R. Vermeulen, C. Janson, J. Heinrich, I. Gut, M. Lathrop, M.A. Valverde,F. Demenais, F. Kanftmann: Transient receptor potential genes, smoking, occupational exposures and cough in adults, Respir. Res. 13, 26 (2012)

[33] G. Cantero-Recasens, J.R. Gonzalez, C. Fandos,E. Duran-Tauleria, L.A.M. Smit, F. Kauffmann,J.M. Antó, M.A. Valverde: Loss of function of transient receptor potential vanilloid 1 (TRPV1) genetic variant is associated with lower risk of active childhood asthma, J. Biol. Chem. 285, 27532-27535 (2010)

[34] B. Nilius, T. Bíró: TRPV3: A more than skinny channel,Exp. Dermatol. 22, 447-452 (2013)

[35] M. Bandell, G.M. Story, S.W. Hwang, V. Viswanath,S.R. Eid, M.J. Petrus, T.J. Earley, A. Patapontian:Noxious cold ion channel TRPA1 is activated by pungent compounds and bradykinin, Neuron 41,849-857 (2004)

[36] L.J. Macpherson, B.H. Geierstanger, V. Viswanath,M. Bandell, S.R. Eid, S. Hwang, A. Patapoutian:The pungency of garlic: Activation of TRPA1 and TRPV1 in response to allicin, Curr. Biol. 15, 929-934 (2005)

[37] Y.S. Kim, H.K. Jung, T.K. Kwon, C.S. Kim, J.H. Cho,D.K. Ahn, Y.C. Bae: Expression of transient receptor potential ankyrin 1 in human dental pulp,J. Endod. 38, 1087-1092 (2012)

[38] I.A. El Karim, G.J. Linden, T.M. Curtis, I. About, M.K. McGahon, C.R. Irwin, S.A. Killough, F.T. Lundy: Human dental pulp fibroblasts express the cold-sensing transient receptor potential channels TRPA1 and TRPM8, J. Endod. 37, 473-478 (2011)

[39] D.P. Corey, J. García-Añoveros, J.R. Holt, K.Y. Kwan, S.-Y. Lin, M.A. Vollrath, A. Amalfitano, E.L. Chenng, B.H. Derfler, A. Duggan, G.S. Géleóc, P.A. Gray, M.P. Hoffmann, H.L. Rehm, D. Tamasanskas, D.S. Zhang: TRPA1 is a candidate for the mechanosensitive transduction channel of vertebrate hair cells, Nature 432, 723-730 (2004)

[40] J.C. Rech, W.A. Eckert, M.P. Maher, T. Banke, A. Bhattacharya, A.D. Wickenden: Recent advances in the biology and med. chem. TRPA1, Futur. Med. Chem. 2, 843-858 (2010)

[41] P. Holzer: Transient receptor potential (TRP) channels as drug targets for diseases of the digestive system, Pharmacol. Ther. 131, 142-170 (2011)

[42] P.A. Hughes, A.M. Harrington, J. Castro, T. Liebregts, B. Adam, D.J. Grasby, N.J. Isaacs, L. Maldeniya, C.M. Martin, J. Persson, J.M. Andrews, G. Holtmann, L.A. Blackshaw, S.M. Brierley: Sensory neuro-immune interactions differ between irritable bowel syndrome subtypes, Gut 62, 1456-1465 (2013)

[43] H. Doihara, K. Nozawa, E. Kawabata-Shoda, R. Kojima, T. Yokoyama, H. Ito: TRPA1 agonists delay gastric emptying in rats through serotonergic pathways, Naunyn Schmiedebergs Arch. Pharmacol.380, 353-357 (2009)

[44] M.-J. Choi, Z. Jin, Y.S. Park, Y.K. Rhee, Y.-H. Jin:Transient receptor potential (TRP) A1 activated currents in TRPV1 and cholecystokinin-sensitive cranial visceral afferent neurons, Brain Res. 1383,36-42 (2011)

[45] M.J. Kim, H.J. Son, S.H. Song, M. Jung, Y. Kim, M.R. Rhyu: The TRPA1 agonist, methyl syringate suppresses food intake and gastric emptying, PLoSOne 8, e71603 (2013)

[46] M.A. Birrel, M.G. Belvisi, M. Grace, L. Sadofsky, S. Faruqi, D.J. Hele, S.A. Maher, V. Freund-Michel, A.H. Morice: TRPA1 agonists evoke coughing in guinea pig and human volunteers, Am. J. Respir. Crit. Care Med. 180, 1042-1047 (2009)

[47] L. Almaraz, J.-A. Manenschijn, E. de la Peña, F. Viana: TRPM8. In: Handbook of Experimental Pharmacology, Vol. 222, ed. by W. Rosenthal (Springer, Berlin, Heidelberg 2014) pp. 547-579

[48] K. Talavera, K. Yasumatsu, R. Yoshida, R.F. Margolskee, T. Voets, Y. Ninomiya, B. Nilius: The taste transduction channel TRPM5 is a locus for bittersweet taste interactions, FASEB J. 22, 1343-1355 (2008)

[49] L. Vay, C. Gu, P.A. McNaughton: The thermo-TRP ion channel family: Properties and therapeutic implications, Br. J. Pharmacol. 165, 787-801 (2012)

[50] S. Ma, H. Yu, Z. Zhao, Z. Luo, J. Chen, Y. Ni, R. Jin, L. Ma, P. Wang, L. Li, J. Zhong, D. Lin, B. Nilius, Z. Zhu: Activation of the cold-sensing TRPM8 channel triggers UCP1-dependent thermogenesis and prevents obesity, J. Mol. Cell Biol. 4, 88-96 (2012)

[51] A. Robbins, M. Kurose, B.J. Winterson, I.D. Meng: Menthol activation of corneal cool cells induces TRPM8-mediated lacrimation but not nociceptive responses in rodents, Investig. Ophthalmol. Vis. Sci. 53, 7034-7042 (2012)

[52] Y. Jang, Y. Lee, S.M. Kim, Y.D. Yang, J. Jung, U. Oh: Quantitative analysis of TRP channel genes in mouse organs, Arch. Pharm. Res. 35, 1823-1830 (2012)

[53] A.S. Sabnis, M. Shadid, G.S. Yost, C.A. Reilly: Human lung epithelial cells express a functional cold-sensing TRPM8 variant, Am. J. Respir. Cell Mol. Biol. 39, 466-474 (2008)

[54] M. Li, Q. Li, G. Yang, V.P. Kolosov, J.M. Perelman, X.D. Zhou: Cold temperature induces mucin hypersecretion from normal human bronchial epithelial cells in vitro through a transient receptor potential melastatin 8 (TRPM8)-mediated mechanism, J. Allergy Clin. Immunol. 128, 626-634 (2011), e1-5

[55] L.S. Premkumar: Transient receptor potential channels as targets for phytochemicals, ACS Chem.Neurosci. 5, 1117-1130 (2014)

[56] J. Vriens, G. Appendino, B. Nilius: Pharmacology of vanilloid transient receptor potential cation channels, Mol. Pharmacol. 75, 1262-1279 (2009)

[57] E. Morera, L. De Petrocellis, L. Morera, A.S. Moriello, M. Nalli, V. Di Marzo, G. Ortar: Synthesis and biological evaluation of [6]-gingerol analogues as transient receptor potential channel TRPV1 and TRPA1 modulators, Bioorg. Med. Chem. Lett. 22, 1674-1677 (2012)

[58] C.E. Riera, C. Menozzi-Smarrito, M. Affolter, S. Michlig, C. Munari, F. Robert, H. Vegel, S.A. Simon, J.K. Coutre: Compounds from Sichuan and Melegueta peppers activate, covalently and noncovalently, TRPA1 and TRPV1 channels, Br. J. Pharmacol.157, 1398-1409 (2009)

[59] Q. Luo, T. Fujita, C. Jiang, E. Kumamoto: Carvacrol presynaptically enhances spontaneous excitatory transmission and produces outward current in adult rat spinal substantia gelatinosa neurons, Brain Res. 1592, 44-54 (2014), Elsevier

[60] H. Xu, N.T. Blair, D.E. Clapham: Camphor activates and strongly desensitizes the transient receptor potential vanilloid subtype 1 channel in a vanilloid-independent mechanism, J. Neurosci. 25,8924-8937 (2005)

[61] J. Grandl, H. Hu, M. Bandell, B. Bursulaya, M. Schmidt, M. Petrus, A. Patapoutian: Pore region of TRPV3 ion channel is specifically required for heat activation, Nat. Neurosci. 11, 1007-1013 (2008)

[62] H. Xu, M. Delling, J.C. Jun, D.E. Clapham: Oregano, thyme and clove-derived flavors and skin sensitizers activate specific TRP channels, Nat. Neurosci.9, 628-635 (2006)

[63] F.N. McNamara, A. Randall, M.J. Gunthorpe: Effects of piperine, the pungent component of black pepper, at the human vanilloid receptor (TRPV1), Br. J. Pharmacol. 144, 781-790 (2005)

[64] A.K. Vogt-Eisele, K. Weber, M.A. Sherkheli, G. Vielhaber, J. Panten, G. Gisselmann, H. Hatt: Monoterpenoid agonists of TRPV3, Br. J. Pharmacol.151, 530-540 (2007)

[65] D.D. McKemy, W.M. Neuhausser, D. Julius: Identification of a cold receptor reveals a general role for TRP channels in thermosensation, Nature 416,52-58 (2002)

[66] D.N. Willis, B. Liu, M.A. Ha, S.-E. Jordt, J.B. Morris: Menthol attenuates respiratory irritation responses to multiple cigarette smoke irritants, FASEB J. 25, 4434-4444 (2011)

[67] B. Nilius, G. Appendino: Spices: The savory and beneficial science of pungency, Rev. Physiol. Biochem. Pharmacol. 164, 1-76 (2013)

[68] B.B. Aggarwal, B. Sung: Pharmacological basis for the role of curcumin in chronic diseases: An age-old spice with modern targets, Trends Pharmacol. Sci. 30, 85-94 (2009)

[69] M. Kanai: Therapeutic applications of curcumin for patients with pancreatic cancer, World J. Gastroenterol. 20, 9384-9391 (2014)

[70] A. Deguchi: Curcumin targets in inflammation and cancer, Endocr. Metab. Immun. Disord. Drug Targets 15, 88-96 (2015)

[71] G. Mózsik, A. Vincze, J. Szolcsányi: Four response stages of capsaicin-sensitive primary afferent neurons to capsaicin and its analog: Gastric acid secretion, gastric mucosal damage and protection, J. Gastroenterol. Hepatol. 16, 1093-1097 (2001)

[72] J. Szolcsányi, L. Bartho: Capsaicin-sensitive afferents and their role in gastroprotection: An update, J. Physiol. 95, 181-188 (2001)

[73] H. Okumi, K. Tashima, K. Matsumoto, T. Namiki, K. Terasawa, S. Horie: Dietary agonists of TRPV1 inhibit gastric acid secretion in mice, Planta Med. 78, 1801-1806 (2012)

[74] S. Gonlachanvit: Are rice and spicy diet good for functional gastrointestinal disorders?, J. Neurogastroenterol. Motil. 16, 131-138 (2010)

[75] M. Bortolotti, G. Coccia, G. Grossi: Red pepper and functional dyspepsia, N. Engl. J. Med. 346, 947-948 (2002)

[76] M. Bortolotti, G. Coccia, G. Grossi, M. Miglioli: The treatment of functional dyspepsia with red pepper, Aliment. Pharmacol. Ther. 16, 1075-1082 (2002)

[77] M. Bortolotti, S. Porta: Effect of red pepper on symptoms of irritable bowel syndrome: Preliminary study, Dig. Dis. Sci. 56, 3288-3295 (2011)

[78] M.-J. Ludy, R.D. Mattes: The effects of hedonically acceptable red pepper doses on thermogenesis and appetite, Physiol. Behav. 102, 251-258 (2011)

[79] M.-J. Ludy, G.E. Moore, R.D. Mattes: The effects of capsaicin and capsiate on energy balance: Critical review and meta-analyses of studies in humans, Chem. Senses 37, 103-121 (2012)

[80] S. Whiting, E.J. Derbyshire, B. Tiwari: Could capsaicinoids help to support weight management?: A systematic review and meta-analysis of energy intake data, Appetite 73, 183-188 (2014)

[81] S. Camacho, S. Michlig, C. de Senarclens-Bezençon, J. Meylan, J. Meystre, M. Pezzoli, H. Markram, J.K. Coutre: Anti-Obesity and Anti-Hyperglycemic Effects of Cinnamaldehyde via altered Ghrelin Secretion and Functional impact on Food Intake and Gastric Emptying, Sci. Rep. 5,7919 (2015)

[82] V. Beejmohun, M. Peytavy-Izard, C. Mignon, D. Muscente-Paque, X. Deplanque, C. Ripoll, N. Chapal: Acute effect of Ceylon cinnamon extract on postprandial glycemia: Alpha-amylase inhibition, starch tolerance test in rats, and randomized crossover clinical trial in healthy volunteers, BMC Complement Altern Med. 14, 351 (2014)

[83] P. Cettour-Rose, C. Bezençon, C. Darimont, J. le Coutre, S. Damak: Quinine controls body weight gain without affecting food intake in male C57BL6 mice, BMC Physiology 13, 5 (2013)

[84] J.C. Abanses, S. Arima, B.K. Rubin: Vicks VapoRub induces mucin secretion, decreases ciliary beat frequency, and increases tracheal mucus transport in the ferret trachea, Chest 135, 143-148 (2009)

[85] E.A. Laude, A.H. Morice, T.J. Grattan: The antitussive effects of menthol, camphor and cineole in conscious guinea-pigs, Pulm. Pharmacol. 7, 179-184 (1994)

[86] P.M. Wise, G. Preti, J. Eades, C.J. Wysocki: The effect of menthol vapor on nasal sensitivity to chemical irritation, Nicot. Tob Res. 13, 989-997 (2011)

[87] P.M. Wise, P.A.S. Breslin, P. Dalton: Sweet taste and menthol increase cough reflex thresholds, Pulm. Pharmacol. Ther. 25, 236-241 (2012)

[88] E. Millqvist, E. Ternesten-Hasséus, M. Bende: Inhalation of menthol reduces capsaicin cough sensitivity and influences inspiratory flows in chronic cough, Respir. Med. 107, 433-438 (2013)

[89] A.H. Morice, A.E. Marshall, K.S. Higgins, T.J. Grattan: Effect of inhaled menthol on citric acid induced cough in normal subjects, Thorax 49, 1024-1026 (1994)

[90] M.A. Ha, G.J. Smith, J.A. Cichocki, L. Fan, Y.-S. Liu, A.I. Caceres, S.E. Jordt, J.B. Morris: Menthol attenuates respiratory irritation and elevates blood cotinine in cigarette smoke exposed mice, PLoS One 10, e0117128 (2015)

[91] P. Kenia, T. Houghton, C. Beardsmore: Does inhaling menthol affect nasal patency or cough?, Pediatr. Pulmonol. 43, 532-537 (2008)

[92] J. Plevkova, M. Kollarik, I. Poliacek, M. Brozmanova, L. Surdenikova, M. Tatar, N. Mori, B.J. Canning: The role of trigeminal nasal TRPM8-expressing afferent neurons in the antitussive effects of menthol, J. Appl. Physiol. 115, 268-274 (2013)

[93] T. Buday, M. Brozmanova, Z. Biringerova, S. Gavliakova, I. Poliacek, V. Calkovsky, M.V. Shetthalli, J. Plevkova: Modulation of cough response by sensory inputs from the nose - role of trigeminal TRPA1 versus TRPM8 channels, Cough 8, 11（2012）

[94] K. Klausner: Menthol cigarettes and smoking initiation: A tobacco industry perspective, Tob. Control 20（Suppl. 2）, ii12-ii19 （2011）

[95] J. Nonnemaker, J. Hersey, G. Homsi, A. Busey, J. Allen, D. Vallone: Initiation with menthol cigarettes and youth smoking uptake, Addiction108, 171-178（2013）

[96] S.S. Smith, M.C. Fiore, T.B. Baker: Smoking cessation in smokers who smoke menthol and nonmenthol cigarettes, Addiction 109, 2107-2117（2014）

[97] D.N. Willis, J.B. Morris: Modulation of sensory irritation responsiveness by adenosine and malodorants, Chem. Senses 38（1）, 91-100（2013）

[98] T. Selescu, A.C. Ciobanu, C. Dobre, G. Reid, A. Babes: Camphor activates and sensitizes transient receptor potential melastatin 8（TRPM8）to cooling and icilin, Chem. Senses 38, 563-575（2013）

[99] K.W. Patberg, J.R. de Groot, Y. Blaauw: John Brown's baby had a cough: A central role for TRPV1?, Am. J. Respir. Crit. Care Med. 184, 382（2011）

[100] M. Couto, A. de Diego, M. Perpiñi, L. Delgado, A. Moreira: Cough reflex testing with inhaled capsaicin and TRPV1 activation in asthma and comorbid conditions, J. Investig. Allergol. Clin. Immunol. 23, 289-301（2013）

[101] T. Nakajima, Y. Nishimura, T. Nishiuma, Y. Kotani, H. Nakata, M. Yokoyama: Cough sensitivity in pure cough variant asthma elicited using continuous capsaicin inhalation, Allergol. Int. 55, 149-155（2006）

[102] J.A. Farco, O. Grundmann: Menthol -pharmacology of an important naturally medicinal cool, Mini Rev. Med. Chem. 13,124-131（2013）

[103] R. Nassini, S. Materazzi, J. Vriens, J. Prenen, S. Benemei, G. De Siena, G. la Marca, E. Audré, D. Preti, C. Avouto, L. Sadofsky, V. Di Maszo, L. De Petrocellis, G. Dussor, F. Porreca, O. Taglialatela-Scafati, G. Appendino, B. Nilius, P. Geppetti: The headache tree via umbellulone and TRPA1 activates the trigeminovascular system, Brain 135, 376-390（2012）

第 30 章　气味化合物的抗炎作用

源自食物的气味化合物决定了食物的风味。然而，已知这些挥发性化合物可引发超出其风味功能的生物活性。富含挥发性化合物(如薄荷)的植物已在全世界范围内被用作传统药物，以促进伤口愈合和治疗炎症相关疾病。在本章中，我们重点介绍不同植物精油和个别气味化合物的抗炎活性。本章综述了气味化合物在体外、离体和体内吸收前后模型系统中的抗炎活性。单核细胞、巨噬细胞和成纤维细胞是在先天性免疫应答中发挥重要作用的细胞。这些细胞的体外模型通常用于确定挥发性化合物抗炎活性的作用机制。炎症刺激启动 Toll 样受体介导的信号通路，引起基因表达和进一步的细胞因子释放。因此，通过减少细胞因子信使核糖核酸(mRNA)表达或刺激细胞释放量的方法测定气味化合物的抗炎作用。例如，桉叶素、龙脑和樟脑已被确定为抗炎活性化合物，可用于预防或治疗炎症相关疾病。

30.1　识别抗炎活性气味化合物的意义

生活水平的提高使人口不断老龄化，也使平均体重、肥胖症及肥胖相关疾病的病例数随之上升。这些疾病包括癌症、冠心病和II型糖尿病，它们也与慢性炎症有关[1-3]。慢性炎症疾病患者比例的增加表明疾病的治疗和预防已迫在眉睫。因此，研究集中于通过使用抗炎化合物来治疗炎症。香气活性化合物的抗炎活性研究进展取决于食品分析化学和感官领域、传统中草药文献获取及研究炎症信号传导的生物化学和分子生物学研究方面的技术进步。气味物质是与嗅觉细胞中的化学受体发生相互作用的挥发性小分子，但我们认为这些小分子具有其气味活性以外的生物活性。

30.1.1　气味化合物的化学分析进展

食品和饮料的风味由气味和味觉化合物的成分决定，分别对应于香气和味道。香气由精油中不同化合物的相互作用形成。然而，促成香味的精油成分被称为关键香味化合物。这些关键化合物，可能在数量上不一定占优势，但其香气阈值较低[4,5]。感官分析决定了挥发性化合物的风味阈值，使得我们能够识别食物的风味特征和食品的特性[4]。此外，分析方法的进步在风味化合物的分析中发挥了关键作用。现在，气相色谱-嗅辨法[6]使得我们能够通过色谱法同时检测化合物及其气味。过去几十年中分析化学领域取得的这些进展使得我们能够对不同的天然食物、加工食品[7,8]和饮料[9-11]中的成百上千种香味化合物进行识别和定量。

30.1.2　传统医学中用于治疗炎症的气味化合物

一种鉴别抗炎活性化合物的方法是检索有关传统药物中使用植物治疗疼痛、发热和局部炎症的文献报道并检测其抗炎潜作用。对历史文献的查阅和植物材料传统用途的保存使人们获得了植物和植物制剂用于治疗炎症的知识。

对南美洲和非洲的传统药物所知甚少。在欧洲,历史文献如 Pliny the Elder 撰写的《自然史》记载了植物在疾病治疗中的用途,如使用薄荷治疗头痛、胃病,饮用或吸入薄荷汁治疗鼻塞。如今,薄荷香气不仅广泛用于饮料、滴剂或口香糖中,还用于卫生用品、牙膏或吸入型药物制剂。尽管许多西方国家有替代疗法,但大多数人还是使用药品治疗疾病。相比之下,传统医学在中国仍然得到非常普遍的应用,但文献记载却很少。在药物中使用中药的西式方法是检测单个化合物在不同疾病治疗中的药效。传统中对草药、草药提取物和植物提取物的联合使用,妨碍了活性成分的鉴定,也出现了是否需要联合用药才能获得治愈效果的问题。但是,为了证明潜在的抗炎活性,应同时考虑提取物和单个化合物。

30.1.3　气味化合物的传统应用

传统上,气味化合物不作为单独产品使用,而是以复杂的混合物形式使用,如浸剂、乳剂或药膏。已有包括使用植物来治疗炎症、炎症症状如肿胀或发烧,或炎症相关疾病如牙痛或心血管疾病的报道。一篇综述总结了智利使用的药用植物及其应用,例如炎症疾病的治疗[12]。所述的使用形式包括从咀嚼植物茎部的乳液治疗牙痛到使用叶子和茎用于外敷和浸制。夜来香(*Cestrum parqui*)的茎叶浸提物用于治疗炎症、咳嗽、心脏病和膀胱痛、胃痛,也可用于伤口冲洗[12]。

在非洲医药中,浸剂和煎剂是牛用药物制备的首选形式。植物浸剂可局部应用或作为饮料。对新鲜植物材料的偏好表明了气味化合物的作用[13]。意大利传统药物使用洋甘菊浸剂治疗眼部炎症和皮炎等皮肤病[14]。洋甘菊在德国已被批准为药用植物,用于治疗黏膜和皮肤炎症以及细菌性皮肤病。

总之,含有气味化合物的植物提取物被广泛用于直接治疗炎症症状。图 30.1 总结了

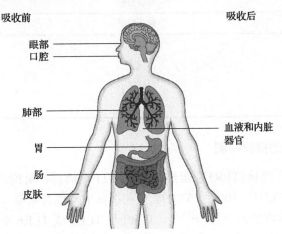

图 30.1　含有气味化合物的植物提取物治疗炎症的目标部位

吸收前和吸收后的炎症部位，其中含有气味化合物的植物提取物对治疗炎症有益。治疗皮肤、眼部、牙龈或胃肠道黏膜组织和肺部的炎症不需要吸收气味化合物。相反，治疗发热和疼痛等症状可能需要吸收气味化合物，包括代谢后结构可能发生变化的化合物。

30.2　抗炎活性的潜在机制

抗炎活性的潜在机制与诱导炎症的机制密切相关。炎症作为先天性免疫应答的一部分，是生物体对病原体(例如病毒或细菌)的一种反应。如果病原体通过机械屏障(表30.1)进入体内，可能会损伤细胞，使外来物质(抗原)进入生物体。抗原可以是蛋白质、毒素或其他具有病原体特异性的外来化学物质。因此，细菌内毒素或丝蛋白鞭毛蛋白或病毒核糖核酸(RNA)是潜在的识别目标。在宿主中，免疫活性细胞可以发现这些抗原并对其做出反应。Toll 样受体在检测来自病毒和细菌的抗原中发挥着至关重要的作用，并通过信号级联反应传递信息。

表 30.1　机械、细胞和体液先天性免疫应答的关键因素

防御类型	屏障	
机械防御	皮肤	发汗
	胃肠道	胃酸
	鼻咽	唾液
	肺部	黏液
	眼部	泪液
细胞防御	上皮细胞	
	成纤维细胞	
	天然杀伤细胞	
	T 细胞	
	吞噬细胞	
体液防御	趋化因子	
	白细胞介素	
	酶	
	黏附因子	
	干扰素	

30.2.1　Toll 样受体的抗原检测

哺乳动物 Toll 样受体(TLR)家族至少可分为 11 个成员，是模式识别受体的一部分。人类拥有功能性的 TLR1～10，而 TLR11 仅在小鼠中发现有功能。Toll 样受体是跨膜蛋白，位于外膜以及胞内的内吞体膜[15,16]。TLR2 与 TLR1 或 TLR6 形成异二聚体，可识别多种模式，而其他 TLR 作为单体或与特定配体的同源二聚体具有活性。配体结合域位于

细胞外区或胞内体。TLR 的胞质 Toll/IL-1 受体(TIR)结构域与衔接蛋白，即髓样分化主要反应基因 88(*MyD88*)或含 TIR 结构域的 β-干扰素(TRIF)相关联[17]。

　　不同类型的 TLR(TLR1～9)识别不同的特定模式，即所谓的病原体相关分子模式(PAMP)[18]。TLR 识别的模式包括二酰基或三酰基脂肽、鞭毛蛋白、脂多糖(LPS)、单链或双链 RNA 或 CpG 脱氧核糖核酸(DNA)，这些都是不同类型的微生物组分。LPS 是最有效的 PAMP 之一，已知可激活 TLR4[19]。然而，有研究表明，来自口腔细菌(牙龈卟啉单胞菌)的 LPS 可被 TLR2 识别，并发挥大肠埃希氏菌 LPS 的不同作用[20]。因此，负责识别 LPS 的 TLR 类型取决于内毒素的来源和结构。配体与 TLR 结合导致信号级联反应和基因表达的发生(图30.2)，取决于被激活 TLR 的种类[17]。

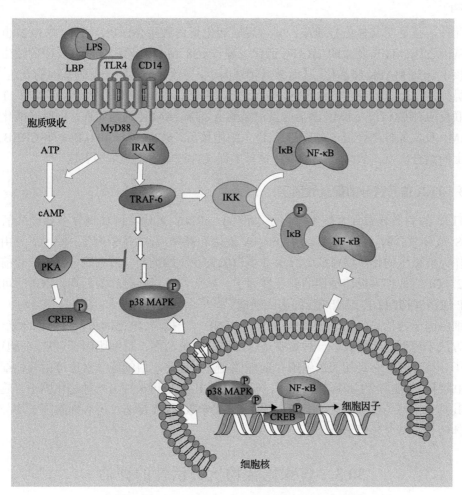

图 30.2　Toll 样受体 4(TLR4)介导的信号转导

脂多糖(LPS)和 LPS 结合蛋白(LBP)激活 TLR4 和 CD14 复合物，导致衔接蛋白 MyD88 募集 IL-1 受体相关激酶(IRAK)。TRAF6 进一步激活抑制性 κB(IκB)激酶(IKK)，后者使 IκB 磷酸化，诱导其从 NF-κB 裂解。TRAF6 还诱导 p38 MAPK 通路的元件，导致 p38 MAPK 磷酸化。在细胞核中，NF-κB 和 pp38 MAPK 均可诱导细胞因子的基因表达。TLR 的诱导也激活 cAMP 介导的信号传导，抑制 MAPK 级联反应

30.2.2 参与炎症的细胞内信号通路

参与炎症的最重要的信号通路是核因子 κB(NF-κB)通路(图30.2)。在免疫活性细胞中，胞质 NF-κB 与抑制性 kappa B(IκB)结合，从而失活。配体与 TLR 结合后，衔接蛋白分子 MyD88 在胞质中募集胞内白细胞介素-1 受体相关激酶(IRAK)，从而激活 TNF 受体相关因子 6(TRAF6)。该信号分子进一步激活 IκB 激酶(IKK)复合物，使 IκB 磷酸化，导致 IκB 和 NF-κB 裂解[21]。游离的 NF-κB 迁移到细胞核中，并与 DNA 中的 NF-κB 结合序列结合，导致早期表达炎性细胞因子，晚期表达干扰素 β(IFN-β)。与 TRIF 连接的 TLR 通过激酶(如 IKK)介导信号传导，导致干扰素调节因子 3(IRF-3)激活和 IFN-β 基因表达[22]。

此外，已证明其他信号通路，即丝裂原活化蛋白激酶(MAPK)通路(图30.2)也参与炎症基因表达。TLR 刺激的 TRAF6 活化也导致 p38 MAPK 磷酸化级联反应的发生。在细胞核中，p38 MAPK 磷酸化，从而激活转录因子，导致促炎性因子编码基因的表达[23,24]。

另外，TLR 非依赖性信号通路，包括环 AMP(cAMP)和钙信号传导，可调节 TLR 信号级联反应(图30.2)。cAMP 激活的蛋白激酶 A 抑制 MAPK 通路元件，同时磷酸化并激活 cAMP 反应元件结合蛋白(CREB)。进入细胞核后，pCREB 与 NF-κB 竞争 CREB 结合蛋白上的结合位点，从而抑制 NF-κB 诱导的促炎性细胞因子的基因表达[22]。

30.2.3 TLR 信号诱导的促炎性因子

TLR 的刺激导致促炎性细胞因子和酶的 mRNA 表达，例如诱导型亚硝酸氧化酶(iNOS)或环氧合酶-2(COX-2)。在 mRNA 表达和翻译后，iNOS 产生 NO，后者由免疫细胞作为抗微生物化合物释放。COX-2 蛋白触发花生四烯酸与前列腺素的反应。前列腺素 E2(PGE2)被称为炎症早期的促炎性因子。然而，在炎症过程的后期，PGE2 可激活 cAMP 通路并抑制 NK 细胞或粒细胞的功能[21,22,25]。

细胞因子包括趋化因子、肿瘤坏死因子(TNF)、干扰素、淋巴因子和白细胞介素(IL)。命名方法未遵循特定模式。一种策略是以产生的部位命名：单细胞因子(单核细胞)、淋巴因子(淋巴细胞)和最初的白细胞介素(白细胞)。但是，白细胞介素也可由其他细胞类型(如成纤维细胞)产生和释放。此外，研究显示 IL-8 也可被视为一种趋化因子。趋化因子因其具有招募免疫细胞到炎症中心的功能(化学吸引)而得名。所有细胞因子均与特异性受体结合，并介导靶信号。

30.3 气味化合物抗炎活性的评估

炎症在防御病原体的过程中发挥着至关重要的作用。在炎症过程中，通过免疫系统的细胞、巨噬细胞或 T 细胞，使用部分组织坏死的方法从感染细胞中去除病原体。已知局部组织细胞(如成纤维细胞)通过释放促炎性细胞因子募集白细胞[26]。如果上皮细胞在对抗病原体之外继续发挥其免疫活性，慢性炎症可能导致炎症性疾病的发生，例如炎症性肠病[27]或哮喘[28]。然而，炎症是先天性免疫应答的重要组成部分，受到机械、细胞和体液免疫防御的控制(表 30.1)。身体对病原体的攻击做出反应,出现以下症状:肿胀、发红、功能丧失和发热。后者也是产生术语炎症的原因,意为着火或燃烧。

为了评估抗炎活性,需要选择免疫活性模型系统。免疫应答的结局标志物是 mRNA 表达和细胞因子释放。因此,表达或释放细胞因子的先天性免疫应答模型系统是抗炎作用研究中最常见的细胞模型。内皮细胞、成纤维细胞、单核细胞、巨噬细胞和外周血单个核细胞(PBMC)提供免疫功能,因此是体外或离体模型系统的首选。但是,体外实验中观察到的效应应在体内进行确认。从伦理上讲,此处可以使用源自食物的气味进行动物研究和人类干预研究。需要使用 LPS 或其他毒素诱导炎症的效应可以在动物模型或体外实验环境中获得。

30.3.1　研究气味抗炎作用的体外细胞模型

体外细胞模型的选择取决于研究的主题和供试化合物如何进入生物体。可以吸入的气味可能通过皮肤渗入,或与食物一起食用。因此,各种内皮细胞、肺、口腔或食管以及连接的成纤维细胞可作为完善的免疫活性模型系统。已知人牙龈成纤维细胞(HGF)可表达 TLR,并对不同类型的 LPS 刺激产生反应[29]。细胞系 HGF-1 在牙龈卟啉单胞菌的 LPS 刺激下表达 mRNA,并释放细胞因子 IL-6 和 IL-8 至少 6 小时[30]。因此,建立了 HGF-1 细胞作为研究食品化合物或口服提取物抗炎作用的细胞培养模型[31]。然而,内皮是口腔阻挡病原体的第一道屏障。因此,口腔内皮细胞系也被用作模型系统来研究食物成分对牙周组织的抗炎特性。这些细胞已显示对来自牙龈卟啉单胞菌(10μg/mL)LPS 刺激产生持续 24 小时的反应,并伴有 IL-6、IL-8 和 CCL-5 的释放增加[32]。

此外,药代动力学研究表明,食用后,可在血浆中检测到挥发性化合物或其代谢物。在大鼠中,经口给予 25mg/kg α-雪松烯,血浆中的检出浓度高达 2.4μmol/L[33]。在摄入 30～40 盎司(1 盎司=2.84×10^{-2}L)柠檬水后的第 1 个小时内,12 名健康志愿者的主要柠檬烯代谢物紫苏酸的血浆峰浓度为 37±24μmol/L[34]。因此,参与先天性免疫应答的血细胞也可作为模型系统。尤其是单核细胞和巨噬细胞被广泛用作细胞模型系统来研究气味化合物及其相应的血浆代谢产物的作用。已经建立了不同动物、小鼠巨噬细胞(RAW 264.7)和人 THP-1 或 U937 细胞系。THP-1 和 U937 细胞均为单核细胞,可使用佛波酯(例如豆蔻酰佛波醇乙酯)分化为巨噬细胞。LPS 刺激导致 THP-1 单核细胞和巨噬细胞中 *iNOS*、*COX-2*、*TNFα* 和不同白细胞介素(*IL-1β*、*IL-6*、*IL-8* 和 *IL10*)的 mRNA 表达。因此,建立了这些细胞系作为模型系统来鉴定食品化合物的抗炎作用[35]。在分化的 U937 细胞中检测到 IL-1α/β、IL-6 和 TNFα 的 mRNA 表达,并确定了红酒成分白藜芦醇及其单硫酸化代谢物的抗炎作用[36]。鼠细胞系 RAW 264.7 的优势是,不需要分化就可以获得巨噬细胞,巨噬细胞也可以被刺激表达促炎性因子[37]。

在实验中,也可以选择不同的方法来确定预防或治疗的效果。为达到预防效果,应对潜在的抗炎化合物进行预孵育处理,然后刺激免疫应答作为实验设置。相反,将化合物与刺激物共同孵育显示出了化合物在特定病原体或内毒素存在情况下的治疗性抗炎潜力。

30.3.2　研究气味物质抗炎作用的体内和体外实验环境

体内研究主要集中在减少与炎症性疾病相关的症状，检测气味化合物在动物模型系统中的平喘[38]、抗结肠炎[39]或促进伤口愈合[40]的作用。相比之下，关于食物成分抗炎作用的人类干预研究很少。尚未收集关于气味化合物体内抗炎作用的结论性数据。扩大信息搜索的范围，包括苦味类黄酮的味觉化合物可被称为芳香活性化合物。黄酮类化合物对 TNFα 和 IL-6 血浆浓度影响的整合分析表明，在随机模型中黄酮类化合物对两个参数均无影响。然而，在摄入黄酮后，通过固定效应模型检测到血浆 TNF-α 水平降低[41]。

体外研究通常使用全血[42]或活检组织[43]刺激机体外的免疫应答。此外，针对口腔抗炎性疾病的研究可以在原代牙龈内皮细胞中进行。在牙科手术中分离到的这些细胞可以用 LPS 体外处理[44]。

30.4　抗炎气味物质的识别

富含精油的食物有水果、药草和香料。对所有这些食物的精油进行了抗炎潜力的研究。然而，在植物的精油中存在多种不同结构的分子。芳香族食物成分可根据其化学结构分为不同的基团，例如醛类、酚类、内酯或萜烯类。既往对气味物质抗炎作用的研究使用了粗制精油，或者使用从精油中进一步提取出的具有抗炎作用的个别化合物。此外，根据作用部位(图 30.1)，必须考虑代谢引起的化合物吸收和结构的变化。预吸收部位(口腔或肺黏膜)直接接触精油，而在血液中，代谢物的浓度可能高于母体气味化合物的浓度。

30.4.1　气味化合物预吸收的抗炎作用

在既往研究中，我们的研究小组已经证明了气味化合物对口腔细胞的抗炎作用。橙汁精油显示可降低口腔细胞中的细胞内 IL-6 浓度[45]。橙汁的挥发性成分 α-松油醇已被确定为抗炎活性化合物，可降低 PMA/离子霉素(PMA：豆蔻酰佛波醇乙酯)刺激下口腔细胞内的 IL-6 浓度[45]。在 HGF-1 细胞中，鼠尾草浸剂抑制了 PMA/离子霉素刺激的 IL-6 和 IL-8 的释放。采用气相色谱-质谱法(GC-MS)分析挥发性组分，鉴别出了 5 种化合物：1,8-桉叶素、龙脑、樟脑及 α-侧柏酮和 β 侧柏酮。这些单个的化合物在鼠尾草浸剂代表性的浓度下具有抗炎特性。此外，使用单个化合物的组合，重构精油可抑制 PMA/离子霉素刺激的 IL-6 和 IL-8 释放，证明挥发性化合物参与了鼠尾草浸剂的抗炎作用[46]。

虽然关于侧柏酮、龙脑和樟脑作为单个化合物的抗炎作用的可用信息有限，但已在体外和体内研究了桉油精(1,8-桉叶素)的抗炎潜力。因此，一个研究小组专注于 1,8-桉叶素在治疗气道感染方面的抗炎活性。在动物模型中，单萜烯降低了结肠炎的生物标志物水平[47]，并通过抑制 TLR4 和 NF-κB 的表达减轻了 LPS 诱导的肺部炎症[48]。此外，在一项双盲安慰剂-对照的人体干预研究中，在 6 个月期间每天 3 次给予 200mg 桉叶素，改善了受试者的哮喘症状、呼吸频率和主观生活质量[49]。Juergens 等[50]进行了类似的研究，他们使用相同剂量的桉叶素，同时研究了该化合物对于哮喘的疗效。干预 12 周后，与安慰剂组患者相比，接受桉叶素的患者可耐受较低剂量的类固醇，并可在较低的类固醇剂量下保持病情稳定的时间更长。

30.4.2 气味化合物吸收后的抗炎活性

已经在吸收后试验系统、单核细胞和巨噬细胞中检测了各种精油和单个气味化合物的抗炎潜力。非洲条纹胡椒精油(传统用于羹汤的调味),被证明具有体外抗炎特性。浓度≥6μg/mL 的精油在 24 小时共孵育后,可抑制 1μg/mL LPS 刺激的 RAW 264.7 巨噬细胞 NO 的生成[51]。在相同的试验系统中,肉桂精油(土肉桂),在浓度分别为 25μg/mL 和 10μg/mL 的肉桂枝精油中,对 LPS 诱导的 NO 生成的抑制率为 69%,对 PGE2 释放的抑制率为 65%[52]。已确定 α-侧柏酮(48.3%)、β-侧柏酮(12.7%)和樟脑(6.7%)为滨艾(韩国和日本用于化妆品香料的植物)精油的主要成分。研究发现,在 LPS 刺激的 RAW 264.7 巨噬细胞中,该植物精油可通过 MAPK 和 NF-κB 通路发挥抑制 NO 和 PGE2 的生成、抑制 iNOS 和 COX-2 mRNA 表达以及细胞因子 mRNA 表达和释放的作用[53]。

此外,用于食物调味的常见药草精油也具有全身抗炎作用[54]。在炎症的不同动物模型系统中,迷迭香(Rosmarinus officinalis L.)精油可抑制白细胞迁移[55,56]。在小鼠巨噬细胞模型中,百里香精油可抑制 iNOS 的 mRNA 表达和 NO 的释放。在 THP-1 细胞中,10μg/mL 鼠尾草(Salvia officinalis L.)和牛至(Origanum vulgare)可减少氧化性 LDL(LDL:低密度脂蛋白)刺激的 TNF-α、IL-6 和 IL-1β 的释放,并增加抗炎性细胞因子 IL-10 的释放[57]。挥发性化合物 1,8-桉叶素、龙脑、樟脑和侧柏酮存在于许多药草精油中。在 THP-1 单核细胞中,1,8-桉叶素抑制 MAPK 激活的转录因子早期生长反应蛋白 1(egr-1)向细胞核的移位,表明其具有抗炎潜力[58]。在 2004 年进行的一项研究中,作者发现 1μmol/L 的 1,8-桉叶素与 PMA/离子霉素联合刺激人单核细胞 20 小时后抑制了 IL-1β、IL-6、IL-8 和 TNF-α 的释放。此外,10μmol/L 的桉油精刺激的淋巴细胞减少了 IL-1β、IL-4、IL-5 和 TNF-α 的释放水平[59]。

在这里引用的大多数报道中,鉴定了精油成分,量化了单个成分,并检测了其抗炎潜力。在不同类型的挥发物中,萜烯已被确定为具有抗炎特性。在萜烯类中,尤其是单萜烯具有抗炎作用[60]。

30.5 风险评估

在德国,桉油精(1,8-桉叶素)是一种获得许可的药物。在一项人体干预研究中,接受 200mg 每日 3 次给药的患者报告了不良反应,例如剧烈头痛、胃灼热或胃炎,均被视为干预的副作用[50]。这就提出了一个问题,即精油和挥发物是否可以安全食用,甚至是大量食用。为了评估挥发性化合物的安全性,需要考虑以下几点:

①体外毒理学数据。

②给药和说明。

③分布。

④代谢。

⑤排泄。

食品和食品添加剂的安全性由美国食品药品监督管理局(FDA)和欧洲食品安全局(EFSA)控制。已知挥发物作为调味化合物添加到食品和化妆品中。因此，挥发物不仅可以通过口服和吸入摄入，还可以通过皮肤吸收(化妆品)。研究表明，樟脑和薄荷脑敷贴8小时后经皮肤吸收，并可在血浆中检出[61]。这里介绍两种挥发性化合物及其潜在毒性和风险评估的例子：①侧柏酮，即苦艾酒的成分。②丁香酚，存在于丁香油、肉豆蔻或月桂叶中。

30.5.1　侧柏酮的毒性

苦艾酒在罗马时代已经被认为是一种精神药品，并在如凡·高、德加和毕加索等艺术家中流行了几个世纪，毕加索饮了苦艾酒并创作出了传世画作《穿绿色衣服的女子》。后来，苦艾酒在欧洲被查禁，直到20世纪90年代才被解禁。使这种饮料具有特征性气味的成分是侧柏酮。但是，目前苦艾酒中的侧柏酮浓度被限定在35mg/kg以下。苦艾酒的滥用和长期摄入可引起刺激、幻觉和抑郁[62]。2012年，一个芬兰研究小组[63]评估了侧柏酮的潜在毒性。关于神经毒性机制的体外数据显示，α-侧柏酮调节了γ-氨基丁酸(GABA)A 门控氯离子通道。侧柏酮的摄入来源是鼠尾草调味的香肠和其他肉类、香草醋、利口酒/苦味饮料和甜食，估计平均每人每天的总摄入量可达到1.175mg。

在不同的动物研究中确定了单次给药的毒性。口服给药时，测量α-侧柏酮和β-侧柏酮混合物的LD_{50}值，大鼠为192mg/kg，小鼠为230mg/kg，豚鼠为396mg/kg。为了确定无明显不良作用水平(NOAEL)，需要进行重复给药毒性实验。1963年，在大鼠中进行了一项研究，灌胃剂量为0、5mg/kg、10mg/kg和20mg/kg，每周6次，持续14周。此外，在小鼠和大鼠中进行了剂量高达100mg/(kg·d)的研究。总之，释放的NOAEL为30mg/(kg·d)。基于人类干预数据和NOAEL，计算出的每日可接受摄入量(ADI)为0.11mg/kg体重[63]。对于正常成年人(体重70kg)，这意味着每日人均摄入量为7.7mg侧柏酮，或考虑到苦艾酒的侧柏酮最大浓度为35mg/kg，每天可饮用220g(约235mL)苦艾酒。

30.5.2　丁香酚及相关化合物的毒性

EFSA于2006年评估了丁香酚及其相关化合物的潜在毒性，并于2008年通过了这一审查。EFSA程序基于食品科学委员会(SCF)的意见，该意见来自粮农组织/世界卫生组织食品添加剂联合专家委员会(JECFA)。JECFA根据源自调查的最大摄入量(MSDI)估计摄入量。然而，更现实的方法考虑了改良的修正理论加权最大日摄入量(mTAMDI)，其基于正常的行业使用剂量。对于丁香酚，基于MSDI模型计算估计摄入量，欧洲每日人均摄入量为0.950mg，美国人均每日摄入量为3.364mg。根据mTAMDI方法，确定人均每日摄入2.3mg异戊酸丁香酚酯。首先，评价了毒理学和遗传毒性数据，即使剂量高达800mg/kg体重(bw)时，丁香酚的体外和体内毒理学通常也无潜在遗传毒性。已确定丁香酚的NOAEL为300mg/kgbw。

除丁香酚外，在同一报告中还评价了典型的挥发性食品化合物，例如百里酚和香芹酚。百里香精油中发现的百里酚在Ames试验中未发现任何遗传毒性潜力。EFSA专家组评价的化合物对于常规食用和正常摄入仍然是安全的。

30.6　总结和展望

总之，已证明食物气味物质在各种模型系统中都具有抗炎潜力。精油中挥发物的复杂混合物和单个化合物(例如 1,8-桉叶素、龙脑或樟脑)，在炎症相关疾病和全身炎症的细胞模型系统中具有抗炎作用。这些抗炎作用抑制了 NF-κB 信号转导通路、介导的 mRNA 表达和细胞因子释放。主要结果指标为 $iNOS$、COX-2、IL-1β、IL-6、IL-8 和 TNF-α 的 mRNA 表达以及被编码的白细胞介素、NO 和 PGE2 的释放，但需要进一步研究以提供更全面的机制数据。此外，食品和化妆品调味/香料化合物和精油的安全性评价和风险评估需要毒理学信息。但是，挥发性食物成分构成了有益的抗炎特性，因此是治疗和预防炎症相关疾病的一类有前景的化合物。

参 考 文 献

[1] G.B. Maru, L. Gandhi, A. Ramchandani, G. Kumar: The role of inflammation in skin cancer, Adv. Exp. Med. Biol. 816, 437-469 (2014)

[2] R. von Kanel, R.H. Carney, S. Zhao, M.A. Whooley: Heart rate variability and biomarkers of systemic inflammation in patients with stable coro nary heart disease: Findings from the heart and soul study, Clin. Res. Cardiol. 100 (3), 241-247 (2011)

[3] C.M. Volpe, L.F. Abreu, P.S. Gomes, R.M. Gouzaga, C.A. Veloso, J.A. Nogueira-Machado: The production of nitric oxide, IL-6, and TNF-alpha in palmitate-stimulated PBMNCs is enhanced through hyperglycemia in diabetes, Oxid. Med. Cell. Longev. 2014, 479-587 (2014)

[4] L.M. Bartoshuk: Comparing sensory experiences across individuals: Recent psychophysical advances illuminate genetic variation in taste perception, Chem. Senses 25 (4), 447-460 (2000)

[5] W. Grosch: Detection of potent odorants in foods by aroma extract dilution analysis, Trends in Food Sci. Technol. 4 (3), 68-73 (1993)

[6] T.E. Acree, J. Barnard, D.G. Cunningham: A procedure for the sensory analysis of gas-chromatographic effluents, Food Chem. 14 (4), 273-286 (1984)

[7] J. Kiefl, C. Cordero, L. Nicolotti, P. Schieberle, S.E. Reichenbach, C. Bicchi: Performance evaluation of non-targeted peak-based cross-sample analysis for comprehensive two-dimensional gas chromatography-mass spectrometry data and application to processed hazelnut profiling, J. Chromatogr. A 1243, 81-90 (2012)

[8] A. Burdack-Freitag, P. Schieberle: Characterization of the key odorants in raw Italian hazelnuts (Corylus avellana L. var. Tonda Romana) and roasted hazel-nut paste by means of molecular sensory science, J. Agri. Food Chem. 60 (20), 5057-5064 (2012)

[9] P. Schieberle, D. Komarek: Changes in key aroma compounds during natural beer aging, Freshness and Shelf Life of Foods 836, 70-79 (2003)

[10] S. Frank, N. Wollmann, P. Schieberle, T. Hofmann: Reconstitution of the flavor signature of Dornfelder red wine on the basis of the natural concentrations of its key aroma and taste compounds, J. Agri. Food Chem. 59 (16), 8866-8874 (2011)

[11] M. Averbeck, P.H. Schieberle: Characterisation of the key aroma compounds in a freshly reconstituted orange juice from concentrate, Eur. Food Res. Technol. 229 (4), 611-622 (2009)

[12] J.S. Martin: Medicinal-plants in central Chile, Econ. Bot. 37 (2), 216-227 (1983)

[13] D. van der Merwe, G.E. Swan, C.J. Botha: Use of ethnoveterinary medicinal plants in cattle by Setswana-speaking people in the Madikwe area ofthe North West Province of South Africa, J. S. Afr. Vet. Assoc.—Tydskri. Suid-Afrik. Vet. Ver. 72 (4), 189-196 (2001)

[14] C.L. Quave, A. Pieroni, B.C. Bennett: Dermatological remedies in the traditional pharmacopoeia of Vulture-Alto Bradano, inland Southern Italy, J. Ethnobiol. Ethnomed. 4, 5 (2008)

[15] A.L. Blasius, B. Beutler: Intracellular toll-like receptors, Immunity 32 (3), 305-315 (2010)

[16] G.M. Barton, J.C. Kagan: A cell biological view of Toll-like receptor function: Regulation through compartmentalization, Nat. Rev. Immunol. 9 (8), 535-542 (2009)

[17] K. Takeda, S. Akira: Toll-like receptors in innate immunity, Int. Immunol. 17 (1), 1-14 (2005)

[18] T. Kawai, S. Akira: The role of pattern-recognition receptors in innate immunity: Update on toll-like receptors, Nat. Immunol. 11 (5), 373-384 (2010)

[19] H. An, Y. Yu, M. Zhang, H. Xu, R. Qi, X. Yan, S. Liu, W. Wang, Z. Guo, J. Guo, Z. Qin, X. Cao: Involvement of ERK, p38 and NF-kappaB signal transduction in regulation of TLR2, TLR4 and TLR9 gene expression induced by lipopolysaccharide in mouse dendritic cells, Immunology 106 (1), 38-45 (2002)

[20] O. Andrukhov, S. Ertlschweiger, A. Morit, H.P. Bantleon, X. Ranser-Fan: Different effects of *P. gingivalis* LPS and *E. coli* LPS on the expression of interleukin-6 in human gingival fibroblasts, Acta Odontol. Scand. 72 (5), 337-345 (2013)

[21] K.H. Lim, L.M. Staudt: Toll-like receptor signaling, Cold Spring Harb. Perspect. Biol. 5 (1), a011247 (2013)

[22] M.J. Berridge: Cell Signalling Biology, http://www.cellsignallingbiology.org (2014), doi:10.1042/csb0001002

[23] A.S. Dhillon, S. Hagan, O. Rath, W. Kolch: MAP kinase signalling pathways in cancer, Oncogene 26 (22), 3279-3290 (2007)

[24] T. Zarubin, J.H. Han: Activation and signaling of the p38 MAP kinase pathway, Cell Res. 15 (1), 11-18 (2005)

[25] P. Kalinski: Regulation of immune responses by prostaglandin E2, J. Immunol. 188 (1), 21-28 (2012)

[26] T. Glaros, M. Larsen, L.W. Li: Macrophages and fibroblasts during inflammation, tissue damage and organ injury, Front. Biosci. 14, 3988-3993 (2009)

[27] B. Eksteen, L.S. Walker, D.H. Adams: Immune regulation and colitis: Suppression of acute inflammation allows the development of chronic inflammatory bowel disease, Gut 54 (1), 4-6 (2005)

[28] T. Polte, L. Fuchs, A.K. Behrendt, G. Hanser: Different role of CD30 in the development of acute and chronic airway inflammation in a murine asthma model, Eur. J. Immunol. 39 (7), 1736-1742 (2009)

[29] R. Mahanonda, N. Sa-ard-lam, P. Montreekachon, E.A. Pimkhaokam, K. Yongvanichit, M.M. Fukada, S. Pichyangkul: IL-8 and IDO expression by human gingival fibroblasts via TLRs, J. Immunol. 178 (2), 1151-1157 (2007)

[30] J.M. Walker, A. Maitra, J. Walker, M.M. Ehrnhoefer-Ressler, T. Inui, V. Somoza: Identification of *Magnolia officinalis* L. bark extract as the most potentanti-inflammatory of four plant extracts, Am.J. Chin. Med. 41 (3), 531-544 (2013)

[31] C. Bodet, F. Chandad, D. Grenier: Cranberry components inhibit interleukin-6, interleukin-8, and prostaglandin E production by lipopolysaccharide-activated gingival fibroblasts, Eur. J. Oral Sci. 115 (1), 64-70 (2007)

[32] L. Zhao, V.D. La, D. Grenier: Antibacterial, antiadherence, antiprotease, and anti-inflammatory activities of various tea extracts: Potential benefits for periodontal diseases, J. Med. Food 16 (5), 428-436 (2013)

[33] J.Y. Hong, S.H. Lee, T.H. Kim, J. Hong, K.M. Lee, S.D. Yoo, H.S. Lee: GC-MS/MS method for the quantification of alpha-cedrene in rat plasma and its pharmacokinetic application, J. Sep. Sci. 36 (21-22), 3558-3562 (2013)

[34] H.H. Chow, D. Salazar, I.A. Hakim: Pharmacokinetics of perillic acid in humans after a single dose administration of a citrus preparation rich in d-limonene content, Cancer Epidemiol. Biomark. Prev. 11 (11), 1472-1476 (2002)

[35] W. Chanput, J. Mes, R.A. Vreeburg, H.F. Savelkoul, H.J. Wichers: Transcription profiles of LPS-stimulated THP-1 monocytes and macrophages: A tool to study inflammation modulating effects of food-derived compounds, Food Funct. 1 (3), 254-261 (2010)

[36] J. Walker, K. Schueller, L.M. Schaefer, M. Pignitter, L. Esefelder, V. Somoza: Resveratrol and its metabolites inhibit pro-inflammatory effects of lipopolysaccharides in U-937 macrophages in plasma-representative concentrations, Food Funct. 5 (1), 74-84 (2014)

[37] E. Jones, I.M. Adcock, B.Y. Ahmed, N.A. Punchard: Modulation of LPS stimulated NF-kappaB mediated Nitric Oxide production by PKCepsilon and JAK2 in RAW macrophages, J. Inflamm. 4, 23 (2007), London

[38] E. Keinan, A. Alt, G. Amir, L. Bentur, H. Bibi, D. Shoseyov: Natural ozone scavenger prevents asthma in sensitized rats, Bioorg. Med. Chem. 13(2), 557-562(2005)

[39] F. Lara-Villoslada, O. de Haro, D. Camuesco, M. Comalada, J. Velasco, A. Zarzuelo, J. Xaus, J. Galvez: Short-chain fructooligosaccharides, in spite of being fermented in the upper part of the large intestine, have anti-inflammatory activity in the TNBS model of colitis, Eur. J. Nutr. 45(7), 418-425 (2006)

[40] I. Tumen, I. Süntar, F.J. Eller, H. Kelezz, E.K. Aikkol: Topical wound-healing effects and phytochemical composition of heartwood essential oils of *Juniperus virginiana* L., *Juniperus occidentalis* Hook., and *Juniperus ashei* J. Buchholz, J. Med. Food 16(1), 48-55(2013)

[41] I. Peluso, A. Raguzzini, M. Serafini: Effect of flavonoids on circulating levels of TNF-alpha and IL-6 in humans: A systematic review and meta-analysis, Mol. Nutr. Food Res. 57(5), 784-801(2013)

[42] M.R. Ritchie, J. Gertsch, P. Klein, R. Schoop: Effects of Echinaforce(R)treatment on ex vivo-stimulated blood cells, Phytomedicine 18(10), 826-831 (2011)

[43] A. Sfakianakis, C.E. Barr, D.L. Kreutzer: Actinobacillus actinomycetemcomitans-induced expression of IL-1alpha and IL-1beta in human gingival epithelial cells: Role in IL-8 expression, Eur. J. Oral Sci. 109(6), 393-401(2001)

[44] R. Spooner, J. DeGuzman, K.L. Lee, O. Yilmaz: Danger signal adenosine via adenosine 2a receptor stimulates growth of Porphyromonas gingivalis in primary gingival epithelial cells, Mol. Oral Microbiol.29(2), 67-78(2014)

[45] S. Held, P. Schieberle, V. Somoza: Characterization of alpha-terpineol as an anti-inflammatory component of orange juice by in vitro studies using oral buccal cells, J. Agric. Food Chem. 55(20), 8040-8046(2007)

[46] M.M. Ehrnhofer-Ressler, K. Fricke, M. Pignitter, J.M. Walker, J. Walker, M. Rychlik, V. Somoza: Identification of 1,8-cineole, borneol, camphor, and thujone as anti-inflammatory compounds in a *Salvia officinalis* L. infusion using human gingival fibroblasts, J. Agric. Food Chem. 61(14), 3451-3459(2013)

[47] F.A. Santos, R.M. Silva, A.R. Campos, R.P. De Araújo, R.C. Lima Júnior, V.S. Rao: 1,8-cineole（eucalyptol）, a monoterpene oxide attenuates the colonic damage in rats on acute TNBS-colitis, Food Chem.Toxicol. 42(4), 579-584 (2004)

[48] C. Zhao, J. Sun, C. Fang, T. Tang: 1,8-cineol attenuates LPS-induced acute pulmonary inflammation in mice, Inflammation 37(2), 566-572 (2014)

[49] H. Worth, U. Dethlefsen: Patients with asthma benefit from concomitant therapy with cineole:A placebo-controlled, double-blind trial, J. Asthma 49(8), 849-853 (2012)

[50] U.R. Juergens, U. Dethlefsen, G. Steinkamp, A. Gillissen, R. Repges, H. Ve Her: Anti-inflammatory activity of 1,8-cineol （eucalyptol）in bronchial asthma: A double-blind placebo-controlled trial, Respir. Med. 97(3), 250-256 (2003)

[51] V. Woguem, H.P. Fogang, F. Maggi, L.A. Tapondjou, H.M.Womwni, L. Quassiuti, M. Bramucci, L.A. Vitali, D. Petrelli, G. Lupidi, F. Papa, S. Vittori, L. Barboui: Volatile oil from striped African pepper (*Xylopia parviflora*, Annonaceae) possesses notable chemo-preventive, anti-inflammatory and antimicrobial potential, Food Chem. 149, 183-189(2014)

[52] Y.T. Tung, M.T. Chua, S.Y. Wang, S.T. Chang: Anti-inflammation activities of essential oil and its constituents from indigenous cinnamon(*Cinnamomum osmophloeum*) twigs, Bioresour. Technol. 99(9), 3908-3913 (2008)

[53] W.J. Yoon, J.Y. Moon, G. Song, Y.K. Lee, M.S. Han, J.S. Lee, B.S. Ihm, W.J. Lee, N.H. Lee, C.G. Hyun: Artemisia fukudo essential oil attenuates LPS-induced inflammation by suppressing NF-kappaB and MAPK activation in RAW 264.7 macrophages, Food Chem. Toxicol. 48(5), 1222-1229(2010)

[54] M.L. Tsai, C.C. Lin, W.C. Lin, C.H. Yang: Antimicrobial, antioxidant, and anti-inflammatory activities of essential oils from five selected herbs, Biosci. Biotechnol. Biochem. 75(10), 1977-1983(2011)

[55] I. Takaki, L.E. Bersni-Amado, A. Vendruscolo, S.M. Sartoretto, S.P. Diniz, C.A. Bersani-Amado, R.K. Cuman: Anti-inflammatory and antinociceptive effects of *Rosmarinus officinalis* L. essential oil in experimental animal models, J. Med. Food 11(4), 741-746(2008)

[56] G.A. Nogueira de Melo, R. Grespn, J.P. Fonseca, T.O. Fariuha, E.L. Silv, A.L. Romero, C.A. Bersani-Amado, R.K. Cuman: *Rosmarinus officinalis* L. essential oil inhibits in vivo and in vitro leukocyte migration, J. Med. Food 14(9), 944-946 (2011)

[57] A. Ocana-Fuentes, E. Arrauz-Guitiérrez, F.J. Señoraus, G. Reglero: Supercritical fluid extraction of oregano (*Origanum vulgare*) essentials oils: Anti-inflammatory properties based on cytokine response on THP-1 macrophages, Food Chem. Toxicol. 48(6), 1568-1575(2010)

[58] J.Y. Zhou, X.F. Wang, F.D. Tang, J.Y. Zhou, G.H. Lu, Y. Wang, R.L. Bian: Inhibitory effect of 1, 8-cineol (eucalyptol) on Egr-1 expression in lipopolysaccharide-stimulated THP-1 cells, Acta Pharmacol. Sin.28(6), 908-912 (2007)

[59] U.R. Juergens, T. Engelen, K. Racké, M. Stöber, A. Gillissen, H. Vetter: Inhibitory activity of 1,8-cineol (eucalyptol) on cytokine production in cultured human lymphocytes and monocytes, Pulm. Pharmacol. Ther. 17(5), 281-287 (2004)

[60] R. de Cassia da Silveira e Sa, L.N. Andrade, D.P. de Sousa: A review on anti-inflammatory activity of monoterpenes, Molecules 18(1), 1227-1254(2013)

[61] D. Martin, J. Valdez, J. Boren, M. Mayersohn: Dermal absorption of camphor, menthol, and methylsalicylate in humans, J. Clin. Pharmacol. 44(10), 1151-1157(2004)

[62] D.W. Lachenmeier, S.G. Walch, S.A. Padosch, L.U. Kröner: Absinthe-A review, Crit. Rev. Food Sci. Nutr. 46(5), 365-377 (2006)

[63] O. Pelkonen, K. Abass, J. Wiesner: Thujone and thujone-containing herbal medicinal and botanical products: Toxicological assessment, Regul. Toxicol. Pharmacol. 65(1), 100-107 (2013)

第31章 气味物质的皮肤致敏作用

许多天然和合成的气味物质具有结构特征，例如醛基或共轭双键，可导致一定的化学反应。这类分子具有固有的修饰皮肤蛋白的能力，如果以过高剂量用于皮肤，可能会触发导致敏感个体发生过敏的免疫反应。在这部分内容中，我们回顾了基本分子机制、致敏气味分子的关键结构类别、识别香味过敏原的预测试验、香味过敏的流行病学以及基于风险评估为避免此类反应而采取的措施。

皮肤致敏物可被定义为具有固有能力（危害）的化学物质，在皮肤充分暴露的情况下，可导致免疫状态改变，即诱导皮肤致敏（临床上称为接触性过敏）。致敏作用（接触性过敏）的诱导是指个体在对特定化学物质过敏时发生的无症状的疾病。一旦致敏，接触性过敏的个体在以后皮肤充分暴露于相同物质时可能会导致皮肤反应（湿疹），也称为变应性接触性皮炎（ACD；图31.1）。因此，安全性评估和风险管理的主要目的必须是避免皮肤致敏物质诱导的接触性过敏。

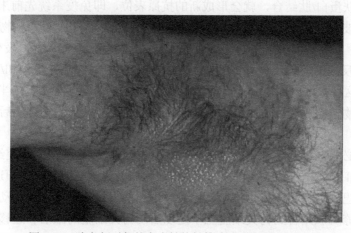

图31.1 除臭剂引起的变应性接触性皮炎（摄影：Gossens）

具有气味特性的物质可以是天然或合成的，包括多种和可变性的化学结构，从而构成了毒理学以及嗅觉特性巨大的多样性[1]。其中一些气味物质可能具有诱导皮肤致敏反应的能力，这可以通过动物、人类或体外和计算机模型预测。

本章描述了皮肤致敏背后的机制，及其与具有潜在致敏特性的不同类别的气味物质之间的关系。还介绍了当前可用于测定某种物质固有的导致皮肤致敏特性（危害性）的方法，以及可用于检测其皮肤致敏能力以采取适当风险管理措施的工具。最后，对气味物质在临床和一般人群中致敏的已知的流行病学信息进行了综述，也讨论了用于管理此类物质安全使用的工具。

31.1　皮肤致敏的分子机制

皮肤致敏是一个复杂的连锁反应，涉及许多化学和生物步骤。它通常分为两个关键阶段：(a)致敏阶段，当有机体首次接触足量的化学物质引发免疫反应(即特异性 T 细胞克隆扩增)；(b)诱发阶段，扩增的 T 细胞克隆识别其相应的抗原并引发皮肤炎症反应，从而导致被称为变应性接触性皮炎的疾病状态。下文中描述的一些分子事件在致敏阶段和诱发阶段都很常见，而其他事件则具有阶段特异性。最近将关键步骤描述为有害结局路径(AOP)[2]。

第一步，外用时分子必须到达活性表皮，因此，认为皮肤渗透或更具体的皮肤生物利用度是皮肤致敏的先决条件。但是，生物利用度似乎不是一个关键的速率决定因素，因为理化性质非常不同的化学物质可能诱发过敏反应[3]。事实上，气味分子足够小并具有亲脂性，若外用则可以进入表皮。

低分子量(MW<500Da)的化学物质太小而不具有免疫原性，不能直接诱发免疫应答。然而，如果这些分子能够改变较大分子，特别是蛋白质的分子构象，它们可以使机体内的内源性蛋白具有免疫原性。因此，在生理条件下能够共价修饰蛋白质的反应性化学物质确实能够在皮肤中生成新的抗原。这类蛋白质修饰的化学物质又称半抗原[4]。一旦半抗原与皮肤蛋白/肽结合，就会形成新的抗原表位，即免疫系统先前未知的新结构。这一新结构可被免疫系统识别为外来物质。因此，在化学水平上，致敏物质大多是亲电子的化学物质，能够与蛋白质中的亲核残基(主要是半胱氨酸和赖氨酸)发生反应。因此，启动皮肤过敏反应的关键步骤是在皮肤致敏物与皮肤中的内源性蛋白和/或肽之间形成共价加合物。这种事件也称为分子启动事件(MiE)[2]。认为某些分子是前半抗原，表明其本身是非致敏物，需要通过皮肤酶进行代谢转化形成反应性代谢物，然后再与蛋白质发生反应[4]。

下一步，必须对修饰肽进行处理，并由朗格汉斯细胞(皮肤中的树突细胞)在其主要组织相容性(MHC)蛋白上呈递，以便被 T 细胞识别。朗格汉斯细胞也必须迁移到淋巴结，因为只有在淋巴结中它们才与 T 细胞接触以呈现新的表位。必须主动启动这种迁移，目前认为，仅将修饰肽结合到树突细胞上不足以启动树突细胞的激活和迁移，但在这一阶段需要第二信号(通常称为危险信号)[5]。危险信号似乎是先天性免疫反应的一部分，它是在缺乏 T 细胞传递的特异性的情况下形成的。最近的研究表明，激活 Toll 样受体(TLR)[6]和炎性小体[7,8]形成白细胞介素(IL-1β 和 IL-18)在危险信号中发挥核心作用。这些通路也参与了针对病原体的固有反应。在分子水平上，致敏物触发 ATP 的释放[9]、透明质酸片段的形成[10]和活性氧类(ROS)的形成[11,12]，这些对于触发化学诱导的 TLR-信号传送和炎症小体的激活显得非常重要。

在危险信号的刺激下，树突细胞成熟并从皮肤迁移到局部淋巴结，最终将半抗原修饰的肽呈递给 T 细胞，刺激特异性 T 细胞克隆的增殖和分化。细胞毒性 CD8+T 细胞是关键的效应细胞。彩图 30 左侧描述的这一完整过程被称为皮肤致敏反应的致敏阶段[4]。

在诱发阶段，特异性扩增的细胞毒性 T 细胞克隆并在识别角化细胞呈递的半抗原修饰肽时，与病原体二次接触时引发皮肤炎症。

总之，根据当前模型，皮肤致敏分子必须能够：①由其反应性形成新的表位。②触发危险信号。由于这两个要求都是必需的，大多数个体的皮肤致敏性仅发生在给定阈值以上。因此，对于每种致敏物，给定剂量都可耐受[13]，并且似乎只有高于特定阈值剂量的致敏物才会触发足够的危险信号，并形成足够的表位来启动致敏阶段。

31.2 重点气味物质的致敏分子结构类别

基于对 MiE 的分子认知，可根据皮肤致敏化学品的化学反应性和它们是否直接发生反应(半抗原)还是需要代谢或氧化活化形成半抗原(前半抗原)对其进行分类。可通过警示结构(反应性官能团)[14]或预测的化学反应途径[15]进行分类。这里我们没有对所有类型的致敏分子进行系统概述，但重点介绍了存在于气味物质中的关键官能团和与其皮肤致敏潜力相关的关键反应途径。更多综述见其他文献[16]。值得注意的是，决定重要天然气味的关键结构特征通常也决定其反应活性，因此，醛、α,β-不饱和醛、α,β-不饱和酮、取代苯酚和芳香醛是主要结构特征(下文会重点介绍)，但这些结构特征也存在于许多精油的关键成分中。我们的嗅觉系统似乎能够适应自然气味的这些结构特征，这使得在没有任何皮肤致敏警示结构的情况下配制吸引人的气味具有挑战性，如果可能的话。下文讨论了关键类别，并在图中描述了典型结构，与局部淋巴结试验(LLNA)的EC3 值相关，以表明其在动物试验中的效力(诱导 3 倍淋巴结细胞增殖的浓度百分比；见下文)。

31.2.1 脂肪醛

支链和无支链脂肪醛(一部分的链中含有环状系统)被广泛用作气味物质，包括天然化合物(如香茅醛)或合成化学品，例如此处以铃兰醛和新铃兰醛为例的铃兰(lily-of-the-valley)醛(图 31.2)。作为醛，它们原则上可以与皮肤蛋白形成席夫碱(图 31.3为推定反应机制的概述)。然而，在生物组织的水性环境中，由于快速逆反应，对于该反应并不有利。这最有可能是该组在动物试验中大多被评定为弱致敏物的原因；尽管得到广泛应用，在人类中发生阳性反应的频率仍然相当低。新铃兰醛是一个例外，它在人体中引起频繁的阳性反应[17]，但目前尚不清楚这是由于大量使用还是由于该分子的一种未知的内在特征。

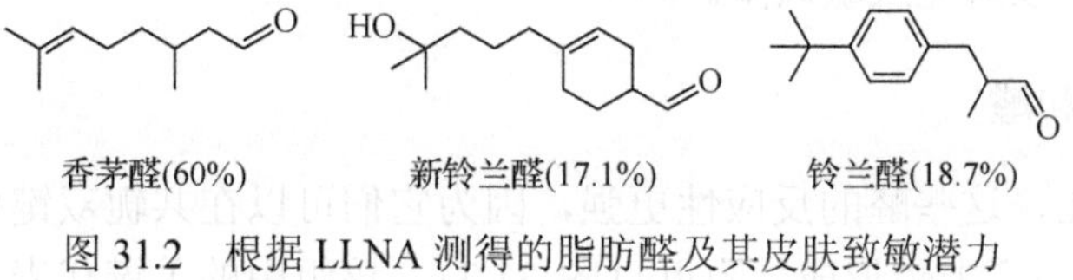

香茅醛(60%)　　新铃兰醛(17.1%)　　铃兰醛(18.7%)

图 31.2 根据 LLNA 测得的脂肪醛及其皮肤致敏潜力

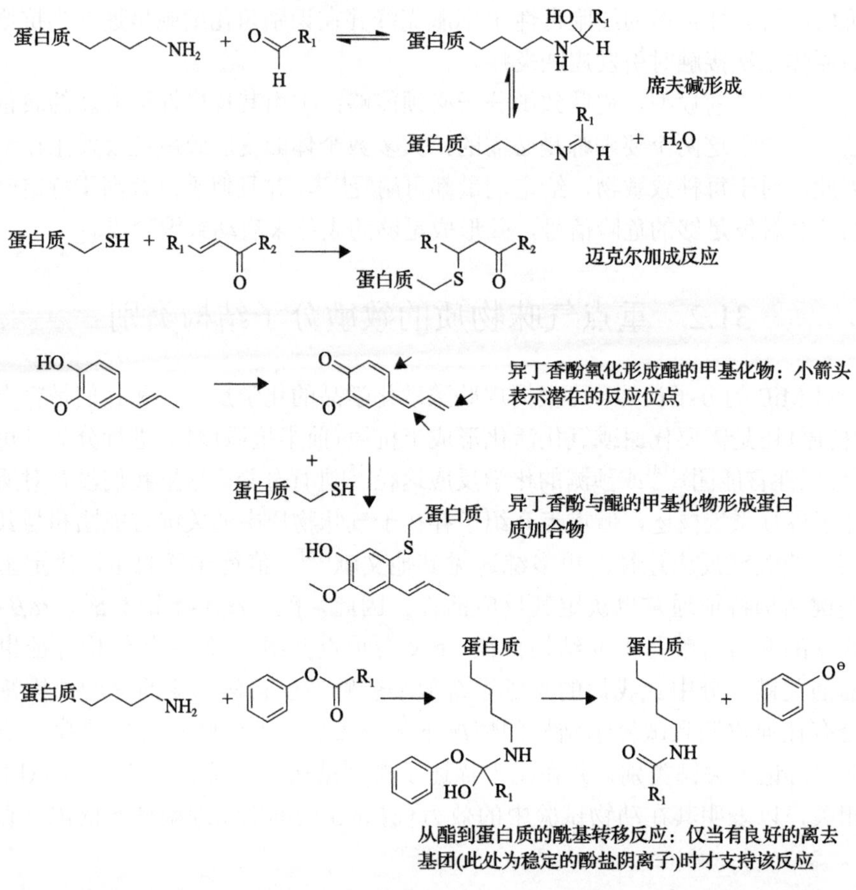

图 31.3 所讨论的各类皮肤致敏物与皮肤蛋白(主要是半胱氨酸和赖氨酸侧链)间的理论反应机制

注：这些机制很大程度上基于化学知识和体外实验——体内实际修饰的蛋白和形成的抗原表位未知

31.2.2 芳香醛

许多芳香醛因其独特的气味而非常重要。最广泛使用的不仅仅是香兰素，苯甲醛和胡椒醛也是关键的香脂气味物质(图 31.4)。除苯甲醛外，这些都是非常弱的致敏物——观察结果可能与这些分子非常低的反应性有关[18]。该结构基团还含有在橡苔提取物中作为次要组分发现的两种醛：苔黑醛和氯化苔黑醛。这两种分子是强效皮肤致敏物[19-21]，并且被发现是导致橡苔高频率致敏的罪魁祸首。其致敏潜力似乎是由于其能够形成席夫碱，后者在水溶液中可被互变异构体稳定[18]。目前，市售橡苔的质量必须遵循这两种化学品的严格限制，以避免致敏风险。

31.2.3 α,β-不饱和醛

与脂肪醛相比，这些醛的反应性更强，因为它们可以在共轭双键处通过迈克尔加成发生反应(在潜在的席夫碱形成处附近)(图 31.3)。该组中的关键代表是肉桂皮精油的主要成分肉桂醛。在 α-碳原子处分支的醛(如 α-己基肉桂醛)或在 β-碳原子处分支的醛(如柠檬醛)反应活性大大降低，同时致敏性降低(图 31.5)。

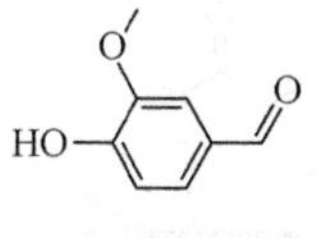
香兰素(>50%)

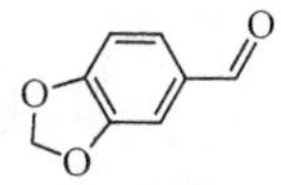
洋茉莉醛(25%)

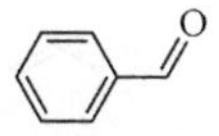
苯甲醛(>25%)；
对人类是弱致敏物

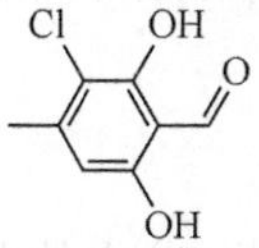
氯化苔黑醛(0.4%)

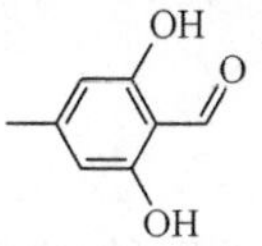
苔黑醛(0.6%)

图 31.4　根据 LLNA 测定的芳香醛及其皮肤致敏潜力

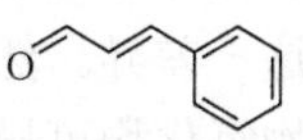
肉桂醛(3.1%)

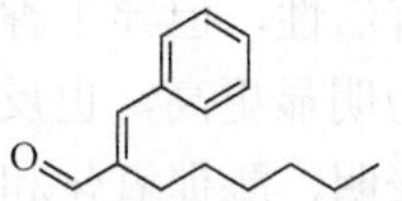
α-己基肉桂醛(11%)

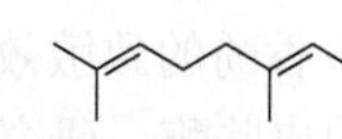
柠檬醛(ca.8%)

图 31.5　*α,β*-不饱和醛及其皮肤致敏潜力(根据 LLNA)

31.2.4　*α,β*-不饱和醇

α,β-不饱和醇为前半抗原，认为其主要被皮肤酶氧化成相应的醛(图 31.6)。这一点通过频繁发生的交叉致敏得以证实：因此，对肉桂醇敏感的患者通常也会对肉桂醛发生反应[22]，并且该观察结果通过肉桂醇在皮肤中的氧化以及致敏个体随后对形成的肉桂醛的反应可得到最恰当的解释。然而，并非所有个体都存在交叉致敏性，因此，提出了替代代谢途径，例如在肉桂醇的双键上形成环氧化物，随后在环氧化物键上进行亲核加成反应[23]。相似的一对是香叶醇和柠檬醛。在这一对中，也经常发生交叉反应，真正的致敏半抗原通常是相同的。

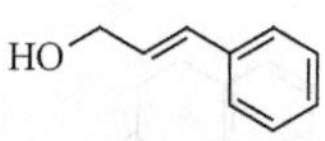
肉桂醇(21%)

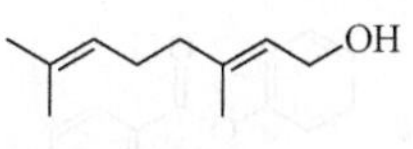
香叶醇(ca.20%)

图 31.6　不饱和醇及其皮肤致敏潜力(根据 LLNA)

31.2.5　*α,β*-不饱和酮

α,β-不饱和醛、*α,β*-不饱和酮(图 31.7)含有一种活化的双键，易发生迈克尔加成反应，特别是通过蛋白质中的游离巯基基团加成。该组包括突厥酮，玫瑰气味的主要成分。对于醛类，取代模式强烈影响其反应性和致敏风险。因此，需要注意一个显著的例子：突厥酮具有高度的肽反应性，而取代的 *α*-甲基紫罗兰酮没有可检测到的反应性，并且即使在人体试验中应用非常高的剂量也未见致敏性。

β-突厥酮(ca.4.5%)　　　　　　　α-甲基-α-紫罗兰酮

图 31.7　α,β-不饱和酮及其皮肤致敏潜力(根据 LLNA)

31.2.6　取代酚

　　这个类别包含其他产品类型(如染发剂和杀菌剂)中的关键过敏原,但只有很少的气味物质属于这一类。该组中最常被引用的气味致敏物是异丁香酚(康乃馨气味的关键成分)和丁香酚(丁香芽和肉桂叶油中的关键成分,这对辛香至关重要)(图 31.8)。丁香酚似乎是半抗原前体,需要代谢活化才具有活性,但异丁香酚似乎在非生物氧化时就已经具有活性(图 31.3)。异丁香酚的致敏效力明显更高,也反映了这一差异。然而,尚不了解可能参与丁香酚活化的皮肤酶。研究表明,酶促氧化和非生物氧化均可导致醌的甲基化物成为高活性中间体,它们可用以修饰皮肤蛋白(图 31.3,推测的机制)。

丁香酚(13%)　　　　　　　　　异丁香酚(1.8%)

图 31.8　酚类及其皮肤致敏潜力(根据 LLNA)

31.2.7　活性酯

　　具有良好离去基团(如酚盐阴离子)的酯容易发生酰基转移反应(图 31.3)。因此,此类化学物质能够通过将酰基转移到皮肤蛋白质上修饰蛋白质,并使其具有免疫原性。这似乎是解释 3,4-二氢香豆素或苯甲酸苯酯潜在致敏性的反应机制(图 31.9)。尽管酯类在香料中的应用非常广泛,但这类苯基酯的使用已基本被淘汰。

苯甲酸苯酯(17.1%)　　　　　　二氢香豆素(5.6%)

图 31.9　反应性酰基转移酯及其皮肤致敏潜力(根据 LLNA)

31.2.8　萜烯类

　　不饱和萜烯类本身无反应活性,在预测性试验中,大多数情况下被评定为非常弱或非致敏性(图 31.10)。然而,研究表明,含有此类分子的精油或某些化学品的纯制剂容易发生自氧化,并且氧化产物确实具有致敏潜力[24]。可通过对原料仔细的质量保证来减少这种风险,但是最近报道了对高浓度的这类氧化产物的频繁反应[25]。目前,尚不清楚这些反应是否具有高度特异性(患者是否仅对选定的氧化产物发生反应,以及敏感性是否确实由暴露于香料中的这些氧化产物诱导)。

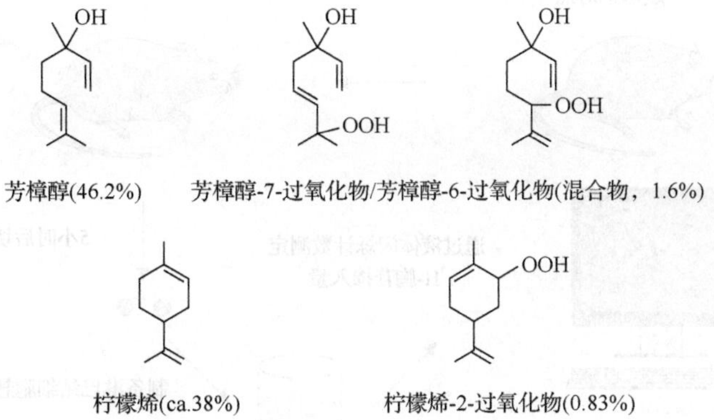

芳樟醇(46.2%)　　芳樟醇-7-过氧化物/芳樟醇-6-过氧化物(混合物，1.6%)

柠檬烯(ca.38%)　　　　柠檬烯-2-过氧化物(0.83%)

图 31.10　不饱和萜烯及其主要氧化产物：皮肤致敏潜力（根据 LLNA）

31.3　皮肤致敏试验

有许多方法可用于测定化学品的皮肤致敏潜力。早期开发依赖于动物研究开发前的人类研究[26]，例如豚鼠最大值试验（GPMT）[27]，其已成为确定皮肤致敏危害的基础。目前，在小鼠体内进行的 LLNA 是所选择的动物模型，因为其提示物质致敏效力，允许将致敏物分为较强和较弱的组并进行风险评估[28]。在过去十年中，在使用体外方法预测皮肤致敏危害方面取得了显著进展，达到了现在可以获得适当的和监管机构批准的非动物替代方法的程度（OECD 试验指导原则 442c、442d 和 442e）。未来几年的挑战将是适应对来自体外方法的信息的理解，以便能够像目前 LLNA 所提供的效力那样，对效力进行可靠预测。计算机模拟工具是一种有力的补充，并且在使用和采用专家判断解读时仍然是最有效的，更好的工具不仅提供了预测信息，还提供了每个预测背后详细的和一定参考价值的依据。最后，使用人体研究，如人类重复性损伤性斑贴试验（HRIPT），来确认从动物研究中观察到的无作用水平在高伦理学标准下仍然是一种有用的工具。临床数据对于提供能够引起人类致敏的物质信息也具有指导意义。

下文中，我们提供了对气味物质致敏作用预测的特定观察结果更常用方法的概述。

31.3.1　动物试验

长期以来，动物研究一直是研究化学物质致敏特性的首选方法。有几种方法使用了 OECD 批准指导原则，GPMT 和 Buehler 试验（OECD 406）以及 LLNA 试验（OECD 429）。

在 LLNA 中，将供试化学品稀释液涂抹于小鼠耳部，连续给药 3 天。休息两天后，向小鼠尾静脉注射放射性标记的胸苷（也可使用非放射性标记物），5 小时后处死动物，切取耳部引流的局部淋巴结。然后评价淋巴结细胞池中是否含有标记的胸苷（因此含有活性 DNA 合成）。该指标与局部淋巴结中细胞的主动增殖相关，因此提供了致敏期的定量指标（图 31.11）。

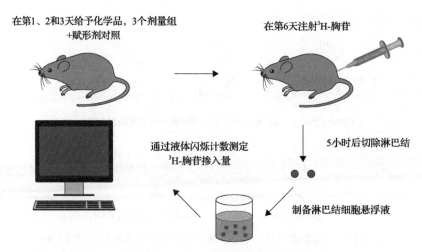

图 31.11　LLNA 实验步骤的示意图

　　LLNA 是近年来最常用的分析气味化学物质的方法，并且已经发表了包括许多气味化学物质的大型信息数据集[29,30]。已证明 LLNA 最有助于定量评估致敏潜力，并将物质的致敏性分为极强、中等、弱和极弱或非致敏物。这是基于报告的 EC3 值，即诱导阈值阳性反应所需的浓度[31]。已证实 EC3 值通常与人体致敏试验的无明显作用水平(NOEL)有良好的相关性，该试验设计用于确认无诱导[31-36]，因此将其用于风险评估。对于气味物质，已观察到使用 LLNA 的一些限制。例如，与其他动物研究和人体数据相比，某些类别的成分显示其致敏效力存在较强的过度预测趋势。水杨酸酯是一类重要的气味物质，通常在 LLNA 中被过度预测为中度致敏物，而人类经验和其他动物数据表明，它们没有致敏作用或致敏作用非常弱，但造成这种差异的原因尚不清楚。相反，一些物质，尤其是具有高挥发性的物质，其致敏效力可能被 LLNA 低估。两个例子为苯甲醛和 2-己烯醛，其在闭塞条件下对人体显示出致敏潜力，但在 LLNA 中开放应用后并未观察到。对于有气味的物质，避免刺激引起的 LLNA 假阳性结果也是一个重要因素，进行研究时，除了目视观察刺激之外，测量耳重量和厚度也是重要指标。对于气味混合物，如精油，已尝试确定 LLNA 提示的致敏潜力[37]。同时，观察到含有一种主要组分的简单混合物的 EC3 值与该主要化合物的 EC3 值之间具有良好的相关性，但对于更复杂的混合物，则未观察到这种相关性。值得注意的是，在验证过程中，未对精油等复杂混合物(未包括在化学验证组中)进行 LLNA 试验，因此对此类物质进行研究的价值仍存在疑问。

　　其他方法，如 GPMT，目前已不常用，但存在大量历史数据，可提供重要信息。虽然 GPMT 主要用于致敏危害预测，但在风险评估中可能会获得一些效价信息。动物中的其他佐剂试验，如弗氏完全佐剂试验(FCAT)、小鼠耳肿胀试验(MEST)和非佐剂试验，如 Buehler 试验、开放表皮试验(OET)和封闭表皮试验(CET)可用于为效价评估提供信息[38]。

31.3.2　人体试验——预测性和诊断性试验

　　最常进行的预测性试验是人类重复性损伤性斑贴试验(HRIPT)[39]。HRIPT 是最可靠的试验方法，可通过该方法获得确证性的人体数据，用于临床前研究后的风险评估。该试验增加了消费品正常使用的暴露量，并可用于确认动物研究(如 LLNA)确定的安全水平。Politano 和 Api[40]描述了气味物质所用的标准 HRIPT 方案的详细信息。标准 HRIPT 方案包括 3 周诱导期(第 1~3 周)、14~17 天的休息期(第 4 周和第 5 周)和 1 周激发(诱导)期(第 6 周)。在诱导阶段，贴剂贴敷 24 小时，每周 3 次，共 9 次。之后是一段休息期，这为产生任何免疫应答留出时间，在再次应用刺激物检测之前，也可以使诱导部位之前发生的任何反应得以消退。将激发贴片贴敷于原始贴敷部位和未经处理的替代部位 24 小时。在贴片贴敷后 48 小时和 96 小时，对这些部位的皮肤反应进行目测分级，但可能需要进行中等或更长时间才能获得读数。此阶段用于评估迟发型皮肤反应，可能提示接触性致敏。可在初始激发阶段后 4~12 周进行再激发，以提供关于可疑反应的更多信息。每项检测通常需要 100 多名小组成员进行。

所有研究必须遵循《药物临床试验质量管理规范》(GCP)，其中包括研究前安全性评估、知情同意和机构审查委员会(IRB)或伦理委员会审查的要求。HRIPT 因伦理问题受到批评，特别是在欧洲，但仍然是一种有用的工具；遵循 GCP 时在伦理上是可接受的，并在美国和其他主要地区常规进行。伦理情况审查[41]的结论是，如果存在检测的具体依据，例如证实致敏化学品的无作用水平或确保基质效应不会对致敏效力产生非预期影响，则严格的独立审查可以确认 HRIPT 是符合伦理和科学要求的。但是，在志愿者中诱导致敏的可能性表明，HRIPT 不应经常实施，并且在这种情况下，受益远远超过风险。如今，对于气味物质，基于临床前数据，在预期不会诱导人体的剂量下仅作为确认试验进行 HRIPT。

1895 年，Josef Jadassohn 首次开发了使用斑贴试验诊断变应性接触性皮炎的方法[42]。在诊断性斑贴试验中，使用多种物质(分为所谓的基线系列)对具有变应性接触性皮炎症状的患者进行试验。将物质以封闭性贴片贴敷在背部 2 天，3~7 天后对症状进展进行目测评分。斑贴试验可提示患者是否对特定物质或一组物质发生接触性过敏反应。虽然斑贴试验仍然是诊断 ACD 的金标准，但实际程序涉及几个步骤，通常在专科门诊进行。选择合适的系列变应原需要医生对众多的变应原有足够的了解，并在其诊所中即可提供。获得患者在家中和工作中的暴露史对于决定贴片试验的适当物质至关重要。斑贴试验板的制备可能耗时，但可提前完成，香料的标准系列可在市场买到。患者需要预约检查以及采集第一次和第二次读数。在读取斑贴试验结果时，正确识别阳性过敏反应与刺激反应要求检验者有经验和技能。当斑贴试验完成时，确定患者环境中阳性过敏原的临床意义需要检测工作和患者教育。所有这些因素可能导致皮肤科医生决定不在他或她的办公室进行斑贴试验[43]。然而，斑贴试验仍然是一个非常有用的工具。未来开发体外和原位诊断工具来补充斑贴试验并快速测定接触过敏和病原体已被公认为是一种需要，开发这些方法可能会在未来产生补充性的诊断工具[44]。

来自临床研究的信息，例如在专业皮肤病诊所进行的诊断性斑贴试验，可能为气味物质的风险管理提供信息，特别是已获得过敏与特异性暴露(产品或职业)的因果性信息。已有人提出了一种识别芳香族产品过敏原因的方案[45]。然而，因果性信息通常无法获得，需要皮肤科医生和行业之间进行更密切的合作，以使诊断性斑贴试验信息的价值最大化，以便用于适当的风险管理决策。

最后，激发使用试验(PUT)或重复性开放应用试验(ROAT)等应用试验用于更好地了解斑贴试验结果的临床意义。重复性开放应用试验(ROAT)是一种有用的工具,可确定阳性斑贴试验结果是否有意义,以及在正常使用产品时是否可观察到皮肤反应[46]。ROAT方案可能因受试产品类型而异,但通常需要在前臂掌侧反复涂抹产品(原液或使用时稀释)每日 1 次或 2 次,持续几周,并在每次涂抹期间检查是否有刺激性或变应性接触性皮炎反应。ROAT 是一种有价值的工具,可提供管理常见过敏原风险的信息,已经对香味成分进行了研究。例如,Schnuch 等[47]研究表明,90%(50%)对气味物质羟基异己基-3-环己烯甲醛(HICC)过敏的人可以使用以下方法获得保护:将产品中的浓度限制在 0.009%~0.027%(0.18%~0.34%),具体取决于产品类型。最近一项模拟日常使用的 ROAT 研究表明,在目前国际香精协会(IFRA)标准允许的水平下使用时,弱致敏物丁香酚在丁香酚斑贴试验阳性患者中不会引起反应[48]。

31.3.3 体外/计算机模型评估

对于化妆品成分,欧盟已于 2013 年开始实施动物试验禁令。因此,仅用于美容目的的化学物质不应再进行预测性动物试验。这项立法是近期重大研究举措的主要推动力,目的是寻找替代检测策略。基本上,AOP 中形式化的机制的不同步骤(总结在第 31.1 节中)可在隔离的体外试验中进行检测。因此,提出了许多不同的肽反应性试验,以评估与模型肽的反应性[49-51]。反应程度,尤其是反应动力学,确实与致敏潜力相关,并且至少可用于一些结构类别内进行预测[52-54]。这类反应性试验又称 in chemico 试验。开发了一种代号为 DPRA(直接多肽反应性试验[55])的标准化方案,并在欧洲动物试验替代方法验证中心(ECVAM)进行了验证。测量反应性显然是最直接的方法,反应性是关键 MiE,也很可能是致敏反应中的限速步骤。

另一种方法重点研究树突细胞的激活。研究发现,接触性过敏原会引发体外培养的树突细胞表型变化和胞内信号通路。识别出的关键表型标志物包括:树突细胞表面标志物 CD86 和 CD54 的上调、白介素-8 的释放和丝裂原活化激酶 p38 的激活[56]。基于这些结果,开发了树突细胞活化的预测试验(h-Clat,人细胞系活化试验[57]),并进行了 ECVAM验证。除表型变化外,还详细研究了致敏物引起的转录水平变化。在几项研究中发现的由致敏物触发的一个共同通路是涉及传感器蛋白 Keapl、转录因子 Nrf2 及其同源结合位点 EpRE/ARE(亲电/抗氧化反应元件)的亲电-感应通路,存在于许多细胞保护基因的启动子区域。该通路对大多数亲电皮肤致敏物有反应。一种基于该途径(KeratinoSens)的试验方法也得到了 ECVAM[58]验证。

这三种测定化学反应性和细胞反应的试验不能直接测定免疫原性;然而,这些试验的组合可能足以识别大多数皮肤致敏化学物质[59,60]。更有意义的试验是用混合淋巴细胞反应直接离体测定特异性半抗原特异性 T 细胞克隆的克隆扩增。这种方法目前对于非常强效的致敏物是可行的[61,62],但用于较弱致敏物的方法尚未进行充分开发。

有几种计算机模拟工具可用于预测皮肤致敏性,其中最有用的商用工具为预测提供了机制方面的解释,如 DEREK 和 TIMES-SS[63,64]。这些工具最好仍由知识渊博的人使用,将专家判断和来自其他方法(体外和体内)的信息结合使用时,可对致敏危害和物质效力提供理解并为预测提供大量证据。

目前存在的主要障碍是致敏效力的量化：正如前面所讨论的，不可能总是在没有任何化学警示的情况下产生气味进行致敏，因此需要进行仔细的风险评估，以保持远远低于产品应用中的致敏阈值。作为风险评估的出发点，定量数据是一项关键要求；到目前为止，这些数据主要是在动物试验中生成的。

31.4　气味过敏的流行病学

31.4.1　皮肤病患者的香精过敏

皮肤病患者代表了患有变应性接触性皮炎的一般人群的一个亚群，他们到专门的皮肤病诊所接受评估和诊断。从全球不同地区获得了有关气味物质接触性过敏的大量数据，可使用标准的斑贴试验系列辅助诊断过程。通常，香精混合物Ⅰ(FMⅠ)是一种常见香精物质的混合物，用于疑似香精过敏的患者[65]，香精混合物Ⅱ(FMⅡ)和羟基异己基-3-环己烯甲醛(HICC)[66]也已被引入欧洲基线系列。据报告，在全球范围内，6%～14%出现变应性接触性皮炎的患者对FMⅠ有反应，对FMⅡ的反应较低(0.6%～9.3%的患者)，对HICC的阳性反应报告率为0.4%～2.4%[67]。在美国和南欧，与北欧和中欧相比，观察到患者对香精过敏的地域差异，尤其是患者对HICC的地域差异，具有发生率较低的一般趋势(尽管存在差异)。与欧洲相比，美国的HICC反应率显著降低，最近的一份报告显示，可能是由于行业对该物质的使用限制更加严格之后，欧盟的反应率下降[68]。具有临床相关性数据，即证实患者的斑贴试验反应与目前所患疾病(变应性接触性皮炎)相关的数据是混合的。Frosch等研究了临床或目前的相关性[69,70]，根据相关性是否被分类为确定、很可能或可能，他们估计2%～55%的FMⅠ反应具有相关性。其他香味成分的数据和同一组随后的研究显示了相似的范围。

该领域有大量可用信息，为获得广泛的信息来源，请读者查阅近期欧洲消费者安全科学委员会关于香精过敏原报告中的相关章节[67]。

31.4.2　一般人群的香精过敏

早期数据专门针对患者人群。到目前为止，在一般人群中最全面的研究是最近由国际日用香料研究所赞助的欧洲皮肤病流行病学网络(EDEN)进行的[71]。这项研究从欧洲6个中心募集了12000多人，对3000名受试者的随机样本进行了斑贴试验[72]。总体而言，对FMⅠ、FMⅡ和单一物质的斑贴试验阳性反应的粗发生率为1.0%～2.4%。当考虑到临床相关性的保守估计时，其为0.4%～1.1%。对FMⅠ和FMⅡ中个别物质的反应，除了HICC，均≤0.5%，再次解释了终生临床相关性。该数据与SCC相似，后者报告1%～3%的一般人群对香精接触过敏(斑贴试验阳性反应)。关于一般人群中由于气味物质引起的变应性接触性皮炎的实际病例的数据缺失，因此必须根据上述情况进行外推；然而，从消费者报告的不良反应中收集的数据在这方面可能是有用的。

31.4.3　控制皮肤致敏的风险评估和管理

近年来，由于获得了更好的暴露数据以及LLNA和HRIPT的使用，使得使用定量方法(相较既往的更多定性的评估方法)能够确定皮肤致敏物的安全使用水平，从而在皮肤致敏性风险评估方面取得了重大进展。现在广泛使用定量风险评估(QRA)方法[73]来评估和设定香料的风险管理措施。自 2008 年引入 QRA 以来，国际日用香精香料协会(IFRA)逐渐推出了香料成分使用的标准设定限量，目前有超过 100 种物质被限制使用。QRA 方法遵循一般毒理学风险评定原则，其中定义了致敏的无作用水平(即所谓的无致敏诱导水平，即 NESIL)，并应用一系列考虑个体间、赋形剂/产品基质效应以及产品使用因素的安全系数，以推导消费品的安全使用水平。使用 QRA，可以为每种类型的产品定义安全使用水平，前提是需要有充分地暴露、使用和产品配方信息可用。在实施安全使用水平时，IFRA 采用了 11 个类别，其中对超过 50 种常见消费品进行了定义。对于具有潜在致敏性的香味成分，每个类别都被指定一个特定的最大使用剂量，以确保不会发生该物质的致敏反应[74]。更多信息和指南可参见 IFRA 网站[75]。香料工业应用的 QRA 目前仅限于消费品范围。芳香剂行业方法和 IFRA 标准未涵盖职业暴露、药品、芳香疗法和按摩油、自然暴露和其他未受监管的领域，这可能仍然说明在消费者安全风险管理和预防过敏方法仍存在很大差距。与所有毒理学风险评估方法一样，未来无疑将进行进一步的研究和完善，以确保方法的不断改进。

参 考 文 献

[1] D.R. Bickers, P. Calow, H.A. Greim, J.M. Hanifin, A.E. Rogers, J.H. Saurat, I. Glenn Sipes, R.L. Smith, H. Tagami: The safety assessment of fragrance materials, Regul. Toxicol. Pharmacol. 37, 218-273 (2003)

[2] OECD: The adverse outcome pathway for skin sensitization initiated by covalent binding to proteins, Part 1: Scientific evidence. In: OECD Environment, Health and Safety Publications, Ser. Testing and Assessment No. 168 (OECD, Paris 2012)

[3] D.W. Roberts, A.O. Aptula: Determinants of skin sensitisation potential, J. Appl. Toxicol. 28, 377-387 (2008)

[4] A.T. Karlberg, M.A. Bergstrom, A. Borje, K. Luthman, J.L. Nilsson: Allergic contact dermatitis-formation, structural requirements, and reactivity of skin sensitizers, Chem. Res. Toxicol. 21, 53-69 (2008)

[5] H. Watanabe, S. Gehrke, E. Contassot, S. Roques, J. Tschopp, P.S. Friedmann, L.E. French, O. Gaide: Danger signaling through the inflammasome acts as a master switch between tolerance and sensitization, J. Immunol. 180, 5826-5832 (2008)

[6] S.F. Martin, J.C. Dudda, E. Bachtanian, A. Lembo, S. Liller, C. Durr, M.M. Heimesaat, S. Bereswill, G. Fejer, R. Vassileva, T. Jakob, N. Freudenberg, C.C. Termeer, C. Johner, C. Galanos, M.A. Freudenberg: Toll-like receptor and IL-12 signaling control susceptibility to contact hypersensitivity, J. Exp. Med. 205, 2151-2162 (2008)

[7] H. Watanabe, O. Gaide, V. Petrilli, F. Martinon, E. Contassot, S. Roques, J.A. Kummer, J. Tschopp, L.E. French: Activation of the IL-1beta-processing inflammasome is involved in contact hypersensitivity, J. Invest. Dermatol. 127, 1956-1963 (2007)

[8] C. Antonopoulos, M. Cumberbatch, J.B. Mee, R.J. Dearman, X.Q. Wei, F.Y. Liew, I. Kimber, R.W. Groves: IL-18 is a key proximal mediator of contact hypersensitivity and allergen-induced Langerhans cell migration in murine epidermis, J. Leukoc. Biol. 83, 361-367 (2008)

[9] F.C. Weber, P.R. Esser, T. Muller, J. Ganesan, P. Pellegatti, M.M. Simon, R. Zeiser, M. Idzko, T. Jakob, S.F. Martin: Lack of the purinergic receptor P2X(7) results in resistance to contact hypersensitivity, J. Exp. Med. 207, 2609-2619 (2010)

[10] P.R. Esser, U. Wolfle, C. Durr, F.D. von Loewenich, C.M. Schempp, M.A. Freudenberg, T. Jakob, S.F. Martin: Contact sensitizers induce skin inflammation via ROS production and hyaluronic acid degradation, PLoS ONE 7, e41340 (2012)

[11] J. Tschopp, K. Schroder: NLRP3 inflammasome activation: The convergence of multiple signaling pathways on ROS production?, Nat. Rev. Immunol. 10, 210-215 (2010)

[12] F. Martinon: Signaling by ROS drives inflammasome activation, Eur. J. Immunol. 40, 616-619 (2010)

[13] I. Kimber, R.J. Dearman, D.A. Basketter, C.A. Ryan, G.F. Gerberick, P.M. McNamee, J. Lalko, A.M. Api: Dose metrics in the acquisition of skin sensitization: Thresholds and importance of dose per unit area, Regul. Toxicol. Pharmacol. 52, 39-45 (2008)

[14] D.M. Sanderson, C.G. Earnshaw: Computer prediction of possible toxic action from chemical structure; The DEREK system, Human Exp. Toxicol. 10, 261-273 (1991)

[15] D.W. Roberts, A.O. Aptula, G. Patlewicz: Electrophilic chemistry related to skin sensitization. Reaction mechanistic applicability domain classification for a published data set of 106 chemicals tested in the mouse local lymph node assay, Chem. Res. Toxicol. 20, 44-60 (2007)

[16] D.W. Roberts, G. Patlewicz, P.S. Kern, F. Gerberick, I. Kimber, R.J. Dearman, C.A. Ryan, D.A. Basketter, A.O. Aptula: Mechanistic applicability domain classification of a local lymph node assay dataset for skin sensitization, Chem. Research Toxicol. 20, 1019-1030 (2007)

[17] P.J. Frosch, J.D. Johansen, T. Menne, S.C. Rastogi, M. Bruze, K.E. Andersen, J.P. Lepoittevin, E. Gimenez Arnau, C. Pirker, A. Goossens, I.R. White: Lyral is an important sensitizer in patients sensitive to fragrances, Br. J. Dermatol. 141, 1076-1083 (1999)

[18] A. Natsch, H. Gfeller, T. Haupt, G. Brunner: Chemical reactivity and skin sensitization potential for benzaldehydes: Can Schiff base formation explain everything?, Chem. Res. Toxicol. 25, 2203-2215 (2012)

[19] C. Ehret, P. Maupetit, M. Petrzilka, G. Klecak: Preparation of an oakmoss absolute with reduced allergenic potential, Int. J. Cosmet. Sci. 14, 121-130 (1992)

[20] G. Bernard, E. Gimenez-Arnau, S.C. Rastogi, S. Heydorn, J.D. Johansen, T. Menne, A. Goossens, K. Andersen, J.P. Lepoittevin: Contact allergy to oakmoss: Search for sensitizing molecules using combined bioassay-guided chemical fractionation, GC-MS, and structure-activity relationship analysis, Arch. Dermatol. Res. 295, 229-235 (2003)

[21] J.D. Johansen, K.E. Andersen, C. Svedman, M. Bruze, G. Bernard, E. Gimenez-Arnau, S.C. Rastogi, J.P. Lepoittevin, T. Menne: Chloroatranol, an extremely potent allergen hidden in perfumes: A dose-response elicitation study, Contact Dermat. 49, 180-184 (2003)

[22] D.A. Buckley, D.A. Basketter, C.K. Smith Pease, R.J.G. Rycroft, I.R. White, J.P. McFadden: Simultaneous sensitivity to fragrances, Br. J. Dermatol. 154, 885-888 (2006)

[23] I.B. Niklasson, T. Delaine, M.N. Islam, R. Karlsson, K. Luthman, A.T. Karlberg: Cinnamyl alcohol oxidizes rapidly upon air exposure, Contact Dermat. 68, 129-138 (2013)

[24] J.B. Christensson, M. Matura, C. Bäcktorp, A. Börje, J.L.G. Nilsson, A.T. Karlberg: Hydroperoxides form specific antigens in contact allergy, Contact Dermat. 55, 230-237 (2006)

[25] J.B. Christensson, M. Matura, B. Gruvberger, M. Bruze, A.T. Karlberg: Linalool-a significant contact sensitizer after air exposure, Contact Dermat. 62, 32-41 (2010)

[26] A.M. Kligman: The identification of contact allergens by human assay. 3. The maximization test: A procedure for screening and rating contact sensitizers, J. Invest. Dermatol. 47, 393-409 (1966)

[27] B. Magnusson, A.M. Kligman: The identification of contact allergens by animal assay. The guinea pig maximization test, J. Invest. Dermatol. 52, 268-276 (1969)

[28] G.F. Gerberick, M.K. Robinson, S.P. Felter, I.R. White, D.A. Basketter: Understanding fragrance allergy using an exposure-based risk assessment approach, Contact Dermat. 45, 333-340 (2001)

[29] G.F. Gerberick, C.A. Ryan, P.S. Kern, H. Schlatter, R.J. Dearman, I. Kimber, G.Y. Patlewicz, D.A. Basketter: Compilation of historical local lymph node data for evaluation of skin sensitization alternative methods, Dermatitis 16, 157-202 (2005)

[30] P.S. Kern, G.F. Gerberick, C.A. Ryan, I. Kimber, A. Aptula, D.A. Basketter: Local lymph node data for the evaluation of skin sensitization alternatives: A second compilation, Dermatitis 21, 8-32 (2010)

[31] D.A. Basketter, L.J. Lea, A. Dickens, D. Briggs, I. Pate, R.J. Dearman, I. Kimber: A comparison of statistical approaches to the derivation of EC3 values from local lymph node assay dose responses, J. Appl.Toxicol. 19, 261-266 (1999)

[32] D.A. Basketter, L. Blaikie, R.J. Dearman, I. Kimber, C.A. Ryan, G.F. Gerberick, P. Harvey, P. Evans, I.R. White, R.J.G. Rycroft: Use of the local lymph node assay for the estimation of relative contact allergenic potency, Contact Dermat. 42, 344-348 (2000)

[33] G.F. Gerberick, M.K. Robinson, C.A. Ryan, R.J. Dearman, I. Kimber, D.A. Basketter, Z. Wright, J.G. Marks: Contact allergenic potency: Correlation of human and local lymph node assay data, Am. J. Contact Dermat. 12, 156-161 (2001)

[34] P. Griem, C. Goebel, H. Scheffler: Proposal for a risk assessment methodology for skin sensitization based on sensitization potency data, Regul. Toxicol. Pharmacol. 38, 269-290 (2003)

[35] K. Schneider, Z. Akkan: Quantitative relationship between the local lymph node assay and human skin sensitization assays, Regul. Toxicol. Pharmacol. 39, 245-255 (2004)

[36] G.F. Gerberick, C.A. Ryan, P.S. Kern, R.J. Dearman, I. Kimber, G.Y. Patlewicz, D.A. Basketter: A chemical dataset for evaluation of alternative approaches to skin-sensitization testing, Contact Dermat. 50, 274-288 (2004)

[37] J. Lalko, A.M. Api: Investigation of the dermal sensitization potential of various essential oils in the local lymph node assay, Food Chem. Toxicol. 44, 739-746 (2006)

[38] ECETOC: Contact Sensitisation: Classification According to Potency, ECETOC Technical Report No. 87 (ECETOC, Auderghem 2003)

[39] P.M. McNamee, A.M. Api, D.A. Basketter, G. Frank Gerberick, D.A. Gilpin, B.M. Hall, I. Jowsey, M.K. Robinson: A review of critical factors in the conduct and interpretation of the human repeat insult patch test, Regul. Toxicol. Pharmacol. 52, 24-34 (2008)

[40] V.T. Politano, A.M. Api: The Research Institute for Fragrance Materials' human repeated insult patch test protocol, Regul. Toxicol. Pharmacol. 52, 35-38 (2008)

[41] D.A. Basketter: The human repeated insult patch test in the 21st century: A commentary, Cutan. Ocul. Toxicol. 28, 49-53 (2009)

[42] D.E. Cohen: Contact dermatitis: A quarter century perspective, J. Am. Acad. Dermatol. 51, 60-63 (2004)

[43] J.L. Nelson, C.M. Mowad: Allergic contact dermatitis: Patch testing beyond the TRUE test, J. Clin. Aesthet. Dermatol. 3, 36-41 (2010)

[44] A. Nosbaum, M. Vocanson, A. Rozieres, A. Hennino, J.F. Nicolas: Allergic and irritant contact dermatitis, Eur. J. Dermatol. 19, 325-332 (2009)

[45] P. Cadby, G. Ellis, B. Hall, C. Surot, M. Vey: Identification of the causes of an allergic reaction to a fragranced consumer product, Flavour Fragr. J. 26, 2-6 (2011)

[46] T. Nakada, J.J. Hostynek, H.I. Maibach: Use tests: ROAT (repeated open application test) /PUT (provocative use test): An overview, Contact Dermat. 43, 1-3 (2000)

[47] A. Schnuch, W. Uter, H. Dickel, C. Szliska, S. Schliemann, R. Eben, F. Rueff, A. Gimenez-Arnau, H. Loffler, W. Aberer, Y. Frambach, M. Worm, M. Niebuhr, U. Hillen, V. Martin, U. Jappe, P.J. Frosch, V. Mahler: Quantitative patch and repeated open application testing in hydroxyisohexyl 3-cyclohexene carboxaldehyde sensitive-patients, Contact Dermat. 61, 152-162 (2009)

[48] C. Svedman, M. Engfeldt, A.M. Api, V.T. Politano, D.V. Belsito, B. Gruvberger, M. Bruze: Does the new standard for eugenol designed to protect against contact sensitization protect those sensitized from elicitation of the reaction?, Dermatitis 23, 32-38 (2012)

[49] G.F. Gerberick, J.D. Vassallo, R.E. Bailey, J.G. Chaney, S.W. Morrall, J.P. Lepoittevin: Development of a peptide reactivity assay for screening contact allergens, Toxicol. Sci. 81, 332-343 (2004)

[50] A. Natsch, H. Gfeller: LC-MS-based characterization of the peptide reactivity of chemicals to improve the in vitro prediction of the skin sensitization potential, Toxicol. Sci. 106, 464-478 (2008)

[51] M. Aleksic, E. Thain, D. Roger, O. Saib, M. Davies, J. Li, A. Aptula, R. Zazzeroni: Reactivity profiling: Covalent modification of single nucleophile peptides for skin sensitization risk assessment, Toxicol. Sci. 108, 401-411 (2009)

[52] T. Delaine, L. Hagvall, J. Rudback, K. Luthman, A.T. Karlberg: Skin sensitization of epoxyaldehydes: Importance of conjugation, Chem. Res. Toxicol. 26, 674-684（2013）

[53] A. Natsch, T. Haupt, H. Laue: Relating skin sensitizing potency to chemical reactivity: Reactive Michael acceptors inhibit NF-kappaB signaling and are less sensitizing than S（N）Ar- and S（N）2-reactive chemicals,Chem. Res. Toxicol. 24, 2018-2027（2011）

[54] D.W. Roberts, A.O. Aptula, G. Patlewicz, C. Pease: Chemical reactivity indices and mechanism-based read-across for non-animal based assessment of skin sensitisation potential, J. Appl. Toxicol. 28, 443-454（2008）

[55] G.F. Gerberick, J.D. Vassallo, L.M. Foertsch, B.B. Price, J.G. Chaney, J.P. Lepoittevin: Quantification of chemical peptide reactivity for screening contact allergens: A classification tree model approach, Toxicol. Sci. 97, 417-427（2007）

[56] B.M. Neves, M. Goncalo, A. Figueiredo, C.B. Duarte, M.C. Lopes, M.T. Cruz: Signal transduction profile of chemical sensitisers in dendritic cells: An endpoint to be included in a cell-based in vitro alternative approach to hazard identification?, Toxicol. Appl. Pharmacol. 250, 87-95（2011）

[57] H. Sakaguchi, T. Ashikaga, M. Miyazawa, Y. Yoshida, Y. Ito, K. Yoneyama, M. Hirota, H. Itagaki, H. Toyoda, H. Suzuki: Development of an in vitro skin sensitization test using human cell lines; human Cell Line Activation Test（h-CLAT）II. An inter-laboratory study of the h-CLAT, Toxicol. In Vitro 20, 774-784（2006）

[58] A. Natsch, C. Bauch, L. Foertsch, F. Gerberick, K. Normann, A. Hilberer, H. Inglis, R. Landsiedel, S. Onken, H. Reuter, A. Schepky, R. Emter: The intra-and inter-laboratory reproducibility and predictivity of the KeratinoSens assay to predict skin sensitizers in vitro: Results of a ring-study in five laboratories, Toxicol. In Vitro 25, 733-744（2011）

[59] C. Bauch, S.N. Kolle, T. Ramirez, T. Eltze, E. Fabian, A. Mehling, W. Teubner, B. van Ravenzwaay, R. Landsiedel: Putting the parts together: Combining in vitro methods to test for skin sensitizing potentials, Regul. Toxicol. Pharmacol. 63, 489-504（2012）

[60] A. Natsch, C.A. Ryan, L. Foertsch, R. Emter, J. Jaworska, F. Gerberick, P. Kern: A dataset on 145 chemicals tested in alternative assays for skin sensitization undergoing prevalidation, J. Appl. Toxicol. 33（11）, 1337-1352（2013）

[61] M. Vocanson, M. Cluzel-Tailhardat, G. Poyet, M. Valeyrie, C. Chavagnac, B. Levarlet, P. Courtellemont, A. Rozieres, A. Hennino, J.F. Nicolas: Depletion of human peripheral blood lymphocytes in CD25+cells allows for the sensitive in vitro screening of contact allergens, J. Invest. Dermatol. 128, 2119-2122（2008）

[62] L. Dietz, P.R. Esser, S.S. Schmucker, I. Goette, A. Richter, M. Schnolzer, S.F. Martin, H.J. Thierse: Tracking human contact allergens: From mass spectrometric identification of peptide-bound reactive small chemicals to chemical-specific naive human T-cell priming, Toxicol. Sci. 117, 336-347（2010）

[63] G. Patlewicz, A.O. Aptula, E. Uriarte, D.W. Roberts, P.S. Kern, G.F. Gerberick, I. Kimber, R.J. Dearman, C.A. Ryan, D.A. Basketter: An evaluation of selected global（Q）SARs/expert systems for the prediction of skin sensitisation potential, SAR QSAR Environ. Res.18, 515-541（2007）

[64] G. Patlewicz, S.D. Dimitrov, L.K. Low, P.S. Kern, G.D. Dimitrova, M.I. Comber, A.O. Aptula, R.D. Phillips, J. Niemela, C. Madsen, E.B. Wedebye, D.W. Roberts, P.T. Bailey, O.G. Mekenyan: TIMES-SS-a promising tool for the assessment of skin sensitization hazard. A characterization with respect to the OECD validation principles for（Q）SARs and an external evaluation for predictivity, Regul.Toxicol. Pharmacol. 48, 225-239（2007）

[65] J.D. Johansen, T. Menne: The fragrance mix and its constituents: A 14-year material, Contact Dermat. 32, 18-23（1995）

[66] M. Bruze, K.E. Andersen, A. Goossens: Recommendation to include fragrance mix 2 and hydroxyisohexyl 3-cyclohexene carboxaldehyde（Lyral）in the European baseline patch test series, Contact Dermat. 58, 129-133（2008）

[67] SCCS: Opinion on fragrance allergens in cosmetic products, Eur. Com. SCCS/1459/11（2012）http://ec.europa.eu/health/ scientific_committees/consumer_safety/docs/sccs_o_073.pdf, last visited 14.6.2016

[68] A. Nardelli, A. Carbonez, J. Drieghe, A. Goossens: Results of patch testing with fragrance mix 1, fragrance mix 2, and their ingredients, and *Myroxylon pereirae* and colophonium, over a 21-year period, Contact Dermat. 68, 307-313（2013）

[69] P.J. Frosch, J.D. Johansen, T. Menne, C. Pirker, S.C. Rastogi, K.E. Andersen, M. Bruze, A. Goossens, J.P. Lepoittevin, I.R. White: Further important sensitizers in patients sensitive to fragrances, Contact Dermat. 47, 279-287 (2002)

[70] P.J. Frosch, C. Pirker, S.C. Rastogi, K.E. Andersen, M. Bruze, C. Svedman, A. Goossens, I.R. White, W. Uter, E.G. Arnau, J.P. Lepoittevin, T. Menne, J.D. Johansen: Patch testing with a new fragrance mix detects additional patients sensitive to perfumes and missed by the current fragrance mix, Contact Dermat. 52, 207-215 (2005)

[71] T.L. Diepgen, R.F. Ofenloch, M. Bruze, P. Bertuccio, S. Cazzaniga, P.-J. Coenraads, P. Elsner, M. Goncalo, A. Svensson, L. Naldi: Prevalence of contact allergy in the general population in different European regions, Br. J. Dermatol. (2016), Article in press, doi:10.1111/bjd.14167

[72] M. Rossi, P.J. Coenraads, T. Diepgen, A. Svensson, P. Elsner, M. Goncalo, M. Bruze, L. Naldi: Design and feasibility of an international study assessing the prevalence of contact allergy to fragrances in the general population: The European Dermato-Epidemiology Network Fragrance Study, Dermatology 221, 267-275 (2010)

[73] A.M. Api, D.A. Basketter, P.A. Cadby, M.F. Cano, G. Ellis, G.F. Gerberick, P. Griem, P.M. McNamee, C.A. Ryan, R. Safford: Dermal sensitization quantitative risk assessment (QRA) for fragrance ingredients, Regul. Toxicol. Pharmacol. 52, 3-23 (2008)

[74] A.M. Api, M. Vey: Implementation of the dermal sensitization Quantitative Risk Assessment (QRA) for fragrance ingredients, Regul. Toxicol. Pharmacol.52, 53-61 (2008)

[75] International Fragrance Association (IFRA): IFRA RIFM QRA Information Booklet Version 7.1 (2015), http://www.ifraorg. org

第32章 新生儿芳香疗法

芳香疗法已成为儿科补充和替代疗法中公认的一部分,主要是因为该疗法已为许多家长所接受和期待。然而,这些方法的几种科学基础往往相互矛盾。本章概述了新生儿芳香疗法的数据,并试图解释其生理学机制。

在过去的 25 年里,早产儿和重病新生儿的预后有了很大的改善。为了减少或避免抗生素或机械通气等常规治疗的不良反应,已多次尝试温和医学实践,包括补充和替代方法。

该领域的一些工具,如袋鼠式护理[1,2]、葡萄糖[3]、母乳[4,5]或按摩[6,7],在这一改善中发挥了关键作用。其目的往往是减轻疼痛,但也有保持生命体征参数(如血氧饱和度、心率和血压)稳定和增进亲子关系的作用。从这个角度看,非常重要的一个方面是发育护理,这是新生儿学整体护理方法中固有和几乎天然的部分[8]。

然而,这些方法的确切途径并不总是明确的。例如,接受葡萄糖的婴儿疼痛评分较低是一种常见的假设。但最近的发现表明,实际上并不是疼痛本身受到了葡萄糖的影响,而是面部表情的变化与测量的疼痛相吻合。因此,证据的有效性最终取决于实际测量了什么[9]。

此外,使用补充和替代方法时并不总是基于证据。例如,虽然有一些关于音乐治疗的重要数据,但没有像其他方法那样广为传播[10]。顺势疗法等一些疗法也是如此,使用时没有或只有少量评价或证据[11]。新生儿中存在应用针灸的理论方法,但同样,可用的数据非常少[12,13]。

图 32.1 显示了新生儿医学中一些补充和替代医学(CAM)疗法的应用和基于证据的差异。

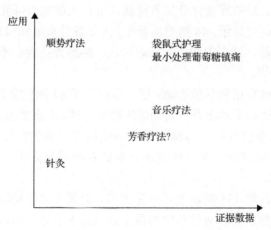

图 32.1 新生儿科一些补充和替代疗法的应用和基于证据的差异

尽管新生儿植物疗法的系统综述显示了芳香疗法的一些令人鼓舞的方面[14]，但其在早产儿护理中仍不太常见。以下章节概述了关于该话题的现有文献，并提出了所观察到效用的可能解释。

32.1　新生儿芳香疗法数据

32.1.1　新生儿芳香疗法和疼痛数据

疼痛对早产儿发育有巨大影响。为了改善新生儿科的镇痛管理，已经进行了许多补充和替代尝试，如葡萄糖、音乐治疗、按摩、母乳或袋鼠式护理。

最常见的痛苦过程可能是给孩子抽血。因此，实施了大量的非药理学疼痛缓解干预措施，并对其进行了评价，包括襁褓法、握持、皮肤接触安抚、奶嘴、甜味溶液和哺乳[15]。

有几项关于芳香疗法研究的结果建议至少将其作为减轻疼痛和应激的额外手段，从而改善早产儿的预后。

香兰素

在一项研究中，将31名健康早产儿(胎龄32周，平均出生体重1730 g，年龄6天)分为三组。第1组患儿于手静脉穿刺前或足跟毛细血管穿刺前接触香兰素香味，第2组患儿首次闻到香兰素香味，第3组患儿在穿刺过程中无气味暴露。静脉穿刺前、穿刺过程中和穿刺后采用独立视频评分评估早产儿的反应。暴露意味着将含有10滴香兰素溶液的药签置于培养箱中10分钟。如果婴儿躺在开放床上，则将其放在靠近头部的位置。新生儿患者静脉穿刺前如果熟悉香兰素气味，则其疼痛评分会明显降低。这项研究在得出主要结果外还有一个有趣的偶然发现，足跟针刺比静脉穿刺更疼痛[16]。

另一项44例健康新生儿的试验和结果与这项研究非常相似：比较婴儿母亲乳汁的气味、香兰素气味、陌生气味和无气味。有熟悉气味(如香兰素和母乳)的儿童中，常规足跟针刺之前、期间和之后的疼痛评分显著降低。所有儿童均为母乳喂养[17]。

一项非常相似的研究显示，44例健康新生儿中，香兰素组和母乳组的疼痛评分降低。同样，在静脉穿刺之前、过程中和之后，对母乳、熟悉香兰素、不熟悉香兰素和无气味组的反应进行了比较[18]。

为了区分香兰素的作用和其他影响，进一步研究了44例健康新生儿(胎龄39周，平均出生体重3440g)。比较了熟悉香兰素的卧床静脉穿刺、不熟悉香兰素的卧床静脉穿刺、不熟悉香兰素的母亲手臂环抱时静脉穿刺和不使用香兰素的静脉穿刺，再次测量静脉穿刺前、中、后的疼痛评分。在该研究中，静脉穿刺前暴露于香兰素组的疼痛评分显著降低[19]。

在另一项研究中，将135例新生儿分为3组。对婴儿进行动脉穿刺。第一组先在香兰素中暴露一整夜，然后在疼痛过程中暴露于香兰素下。第二组以前没有暴露在香兰素中，但在动脉穿刺过程中暴露在香兰素下，而第三组任何时候都不接触香兰素。在过程前和过程期间暴露于香兰素的婴儿中观察到哭闹减少和氧饱和度波动减少——可能表明疼痛减轻。这些发现被解释为香兰素的止痛效果，尤其是当婴儿熟悉这种气味时。焦点放在了对一种非母体但熟悉气味的评估上。通过在婴儿头部附近的保温箱中放置气味纱布垫达到了熟悉的目的，平均持续时间为 8.65 小时。另一个与其他研究的区别是，已知动脉穿刺比静脉穿刺或足跟针刺更疼痛。因此，关于新生儿对疼痛的反应，该研究的结果表明，即使具有更强的疼痛触发因素，使用香兰素也有获益[20]。

所有的研究表明，香兰素有助于减轻新生儿的疼痛，特别是当孩子在经历痛苦的过程之前已经接触过该气味时。

结果如表 32.1 所示。

表 32.1　香兰素对新生儿疼痛影响的研究比较

	患者	干预	结果
Goubet 等[16]	31 例健康早产儿	• 静脉穿刺前和穿刺期间暴露于香兰素 • 静脉穿刺前未暴露于香兰素而穿刺期间暴露 • 静脉穿刺前和穿刺过程中均不暴露于香兰素	静脉穿刺前熟悉香兰素时疼痛评分显著降低
Rattaz 等[17]	44 例健康新生儿	• 足跟针刺时暴露于母乳气味 • 足跟针刺之前没有暴露于香兰素而针刺期间暴露 • 足跟针刺时有不熟悉的气味 • 足跟针刺时无气味	当对气味即香兰素和母乳熟悉时，足跟针刺之前、期间和之后疼痛评分显著降低
Williams 等[18]	44 例健康新生儿	• 足跟针刺时暴露于母乳气味 • 足跟针刺之前和期间暴露于香兰素 • 足跟针刺之前没有暴露于香兰素而针刺期间暴露 • 足跟针刺前和针刺过程中无气味	香兰素组和母乳组疼痛评分降低
Goubet 等[19]	44 例健康新生儿	• 静脉穿刺前和穿刺期间暴露于香兰素 • 静脉穿刺前和穿刺期间未暴露于香兰素 • 静脉穿刺时无气味	术前暴露于香兰素中可显著降低疼痛评分
Sadathosseini 等[20]	135 例早产儿和新生儿	• 动脉穿刺前和穿刺期间暴露于香兰素 • 动脉穿刺前未暴露于香兰素但动脉穿刺期间暴露 • 动脉穿刺前或穿刺期间无气味	在术前和术中暴露于香兰素时，哭闹少，血氧饱和度波动小

32.1.2　新生儿应激的芳香疗法

应激是比疼痛更普遍的参数，但用于测量应激和疼痛的工具非常相似。动物研究表明，气质的遗传差异可能决定了薰衣草精油如何影响焦虑[23]。

薰衣草

一项已发表的研究试图评估薰衣草对孩子应激参数的影响，也包括对母亲应激参数的影响。

在这项研究中，30 对健康的母亲-新生儿暴露于薰衣草，与无气味和暴露于薰衣草并附带给母亲提供薰衣草对她和她的婴儿有积极影响的信息对比。结果表明薰衣草组的行为、睡眠时间和唾液皮质醇水平的应激参数降低。因提供关于薰衣草积极作用的额外信息，无法证实是否为安慰剂假性效应。但是，该研究的结果并不显著[24]。

32.1.3　芳香疗法与新生儿呼吸暂停-心动过缓综合征

由于脑干发育不成熟引起的呼吸暂停和心动过缓是新生儿护理中的严重问题。心率低于 80 次/分时，可观察到脑血流量减少。但对远期神经系统发育的影响尚不明确。

香兰素

有一项研究评估了特定气味对高危早产儿的影响。14 例婴儿，胎龄 24～28 周，尽管使用咖啡因和/或多沙普仑进行催眠治疗，仍患有严重呼吸暂停，这也是该研究的一部分。研究第 1 天，呼吸暂停计为基线，第 2 天，婴儿暴露于香兰素，第 3 天，香兰素暴露停止。婴儿第 2 天的呼吸暂停次数显著减少[21]。

针对相同的问题，进行了另一项包含 36 例早产儿的研究。与上述研究相反，婴儿不属于高风险组。干预组婴儿的平均出生体重为 1936 g，对照组为 1848 g。其胎龄为 33 周和 32 周。研究从婴儿出生后第 2 天开始。每 12 小时，将 2 mL 2%香兰素溶液滴在置于培养箱中的棉签上，同时测量重要参数。5 天后干预组中呼吸暂停的例数明显少于对照组。两组的血氧饱和度和心率也有显著差异[22]。

值得注意的是，高风险早产儿和晚期早产儿似乎均能从呼吸暂停和心动过缓相关的香兰素暴露中获益。

比较结果见表 32.2。

表 32.2　香兰素对早产儿呼吸暂停影响的研究比较

	患者	干预	结果
Marlier 等[21]	14 例极端早产儿，孕周 24～28 周，接受强化治疗，有重度呼吸暂停	第 1 天：标准治疗 第 2 天：加香兰素 第 3 天：标准治疗	添加香兰素可减轻呼吸暂停
Edraki 等[22]	36 例早产儿，孕周 32～33 周，无呼吸暂停	对照(标准治疗)与香兰素，5 天	香兰素显著降低呼吸暂停、心动过缓和血氧饱和度波动

32.1.4　新生儿芳香疗法和能量消耗

基于气味物质通过营养和内分泌途径对代谢系统产生影响的假设，人们试图评估这种相关性。已观察到多种因素影响早产儿和新生儿暴露于牛奶时的反应，例如是否饥饿[25]。

香兰素

在发表的唯一一项新生儿研究中，20 例健康早产儿暴露于香兰素，并通过间接热量测定法测量能量消耗。未观察到香兰素对能量消耗的影响[26]。

32.1.5　研究的缺陷

不幸的是，疼痛评分不够精确。因此，很难区分疼痛和应激或仅仅是不适。客观的测量工具会有帮助[27]。

此外，皮质醇不是一个专性应激参数。已知鼻内吸引术对于早产儿来说是痛苦的。然而，研究显示，手术期间皮质醇水平无显著变化[28]。

32.2　可能的解释

32.2.1　从生理学角度考虑

嗅脑和边缘系统是人脑发育和个体发育中古老的部分。嗅觉信号由嗅球传递，然后到达丘脑和下丘脑的结构，这解释了植物神经反应以及对内分泌功能的影响。杏仁核和边缘系统将这些感觉与眶-基底、额-基底和颞叶皮层联系起来，调节对意识的嗅觉反应。

近红外光谱研究表明，这种理论背景也存在于新生儿的生理学中。他们发现，嗅觉刺激后，新生儿的嗅觉皮层会发生反应[29,30]，甚至可以相对精确地辨别气味[31]。此外，已知胎儿能够闻到气味，母亲的食物也会影响胎儿[32-35]。

在系统发育中，嗅觉是一种观察危险的机制。这种行为模式可以通过几种机制转移到我们的长期记忆中。因此，它仍然反映在我们对特定嗅觉刺激的反应中：一种不舒服的气味之后往往是屏住呼吸、逃离或呕吐。通过记住导致不舒服情况的气味，仅气味本身也会引起这样的反应。例如，食用了变酸的牛奶或腐烂的鱼后，这种特殊气味甚至在数年后也能引起病痛的感觉。对许多人来说，呕吐物的气味足以诱发疾病。但另一方面，气味也可以与愉悦的情况联系在一起，并作为一种触发器无意识地回忆这种情况[36,37]。

32.2.2　与成人研究相比对

上述新生儿中的结果得到了成人研究各种结果的支持。

1. 发展和退化

据了解，早期嗅觉发育始于孕早期。随着年龄的增长，大脑功能、记忆、情绪和认知能力的连接越来越多[38]。但当我们达到更大的年龄时，这种发展可以逆转。这种逆转的最极端形式之一是痴呆。这就引发了一个问题，芳香疗法是否也可以作为一种有用的工具治疗痴呆这种病理状态，事实上，已经显示出治疗痴呆相关疾病的益处[39]。

这些阳性结果可以通过与上述新生儿相似或甚至相同的途径来解释。然而，有关芳香疗法的结果仍不明确[40]。

2. 疼痛

芳香疗法用于成人的另一种临床状况是疼痛。在使用动静脉瘘进行血液透析的患者中，一项研究的作者表示，当在针插入的过程中使用薰衣草香精能减轻疼痛[41]。

3. 生命体征

与对婴儿的研究结果相似，最近的一项研究测试了吸入薰衣草油不仅会影响患者的生命体征，而且会影响过渡监护治疗病房患者的睡眠感知质量。与新生儿研究一样，该研究的基本目的是降低镇静药物的使用。观察到对生命体征有影响，也与上述关于婴儿的研究非常相似(第 32.1.2 节,薰衣草)[24],薰衣草香气治疗下睡眠质量改善。该差异无显著性[42]。

32.2.3 本质

对于新生儿的芳香疗法,数据库较小。然而,已发表的数据令人鼓舞,可以提出新的假设。例如,袋鼠式护理的积极效果可以部分用母亲的气味来解释。未报告不良反应。尽管早期暴露于某些气味的影响众所周知[43,44],但由于缺乏数据,无法估计芳香疗法,即应用气味进行治疗的长期影响[43,44]。

因此,可以得出如下结论:该理论似乎是可信的,但还不够精确。在提出一般性建议之前,还需要进一步研究。

32.3 新生儿学相关研究和芳香疗法

在 20 世纪 80 年代的现代新生儿学中,插管是治疗未成熟肺最常见的方法。在 20 世纪 90 年代,应用表面活性剂补充了插管,有力地改善了早产儿的预后。从 21 世纪初开始,表面活性物质的应用不一定是在气管插管之后,而是通过持续气道正压通气(CPAP)这种无创通气的方法。

新生儿管理的历史发展还包括对 pH、pCO_2、pO_2、血压和氧饱和度的耐受性增强。所有这一切都伴随着一种普遍的见解,即儿童不是小大人,而且,早产儿也不仅仅是小孩子。

历史变化从最大处理、少量镇痛、有创通气的实践开始,并进展为最小处理、充分镇痛以及母婴同室、袋鼠式护理、普遍减压、母乳喂养、使用葡萄糖镇痛和普遍意识发育护理。音乐治疗和芳香疗法的数据可能引发更顺利的新生儿医学,如芳香疗法的补充方法有其循证的地方。我们走得越远,简单的原则就越有意义:抚摸,即通过袋鼠式护理或按摩接触身体,葡萄糖(至少部分)作为味觉刺激,音乐治疗作为听觉刺激以及芳香疗法作为嗅觉刺激——所有这些方法都是基于系统发育和个体发育的旧机制,但同时也是简单、基本的工具,有越来越多的证据可证明其有效性。此外,这些疗法廉价且易于操作。

参 考 文 献

[1] C. Johnston, M. Campbell-Yeo, A. Fernandes, D. Inglis, D. Streiner, R. Zee: Skin-to-skin care for procedural pain in neonates, Cochrane Database Syst. Rev. 1, CD008435 (2014)

[2] M. Thiel, A. Längler, T. Ostermann: Kangarooing in German neonatology departments: Results of a nationwide survey, BMC Complement. Altern. Med. 12 (Suppl. 1), 381 (2012)

[3] D. Harrison, S. Beggs, B. Stevens: Sucrose for procedural pain management in infants, Pediatrics 130 (5), 918-925 (2012)

[4] Z. Badiee, M. Asghari, M. Mohammadizadeh: The calming effect of maternal breast milk odor on premature infants, Pediatr. Neonatol. 54 (5), 322-325 (2013)

[5] P.S. Shah, C. Herbozo, L.L. Aliwalas, V.S. Shah: Breastfeeding or breast milk for procedural pain in neonates, Cochrane Database Syst. Rev. 12, CD004950 (2012)

[6] B. Abdallah, L.K. Badr, M. Hawwari: The efficacy of massage on short and long term outcomes in preterm infants, Infant Behav. Dev. 36 (4), 662-669 (2013)

[7] S. Jain, P. Kumar, D.D. McMillan: Prior leg massage decreases pain responses to heel stick in preterm babies, J. Paediatr. Child Health 42 (9), 505-508 (2006)

[8] A. Symington, J. Pinelli: Developmental care for promoting development and preventing morbidity in preterm infants, Cochrane Database Syst. Rev. 2, CD001814 (2006)

[9] S. Beken, I.M. Hirfanoğlu, K. Gücüyener, E. Ergenekon, O. Turan, S. Unal, N. Altuntaş, E. Kazancı, F. Kulalı, C. Turkyı Imaz, Y. Atalay: Cerebral hemo-dynamic changes and pain perception during venipuncture: Is glucose really effective?, J. Child Neurol. 29 (5), 617-622 (2014)

[10] M. Thiel, B. Findeisen, A. Längler: Music therapy as part of integrative neonatology, Forsch. Komplementärmed.18 (1), 31-35 (2011)

[11] M. Thiel, B. Baltacis: Homöopathie in der Neonatologie. Gibt es eine Evidenz?, Pädiatr. Prax. 82, 17-24 (2014), German

[12] M. Thiel, K. Stockert: Acupuncture and neonatology, J. Chin. Med. 97, 50-53 (2011)

[13] M. Thiel, K. Stockert: Acupuncture in neonates-Old experience or new evidence?, J. Neonatal Biol. 2, 114 (2013)

[14] M. Thiel, A. Längler, T. Ostermann: Systematic review on phytotherapy in neonatology. Forsch, Komplementärmed. 18 (6), 335-344 (2011)

[15] C. McNair, M. Campbell Yeo, C. Johnston, A. Taddio: Nonpharmacological management of pain during common needle puncture procedures in infants: Current research evidence and practical considerations, Clin. Perinatol. 40 (3), 493-508 (2013)

[16] N. Goubet, C. Rattaz, V. Pierrat, A. Bullinger, P. Lequien: Olfactory experience mediates response to pain in preterm newborns, Dev. Psychobiol. 42 (2), 171-180 (2003)

[17] C. Rattaz, N. Goubet, A. Bullinger: The calming effect of a familiar odor on full-term newborns, J. Dev. Behav. Pediatr. 26 (2), 86-92 (2005)

[18] M. Williams: Soothe babies with familiar smells, J. Dev. Behav. Pediatr. 26 (2), 86-92 (2005)

[19] N. Goubet, K. Strasbaugh, J. Chesney: Soothing effect of a familiar odor on full-term newborns, J. Dev. Behav. Pediatr. 28 (3), 189-194 (2007)

[20] A.S. Sadathosseini, R. Negarandeh, Z. Movahedi: The effect of a familiar scent on the behavioral and physiological pain responses in neonates, Pain. Manag. Nurs. 14 (4), 196-203 (2013)

[21] L. Marlier, C. Gaugler, J. Messer: Olfactory stimulation prevents apnea in premature newborns, Pediatrics 115 (1), 83-88 (2005)

[22] M. Edraki, H. Pourpulad, M. Kargar, N. Pishva, N. Zare, H. Montaseri: Olfactory stimulation by vanillin prevents apnea in premature newborn infants, Iran. J. Pediatr. 23 (3), 261-268 (2013)

[23] P.A. Hawken, C. Fiol, D. Blache: Genetic differences in termperament determine wether lavender oil alleviates or exacerbates anxiety in sheep, Physiol. Behav. 105 (5), 1117-1123 (2012)

[24] T. Field, C. Cullen, S. Largie, M. Diego, S. Schanberg, C. Kuhn: Lavender bath oil reduces stress and crying and enhances sleep in very young infants, Early Hum. Dev. 84 (6), 399-401 (2008)

[25] R. Soussignan, B. Schaal, L. Marlier: Olfactory alli-esthesiain human neonates: Prandial state modulates facial and autonomic responses to milk odors, Dev. Psychobiol. 35, 3-14 (1999)

[26] R.R. Marom, T. Shedlisker-Kening, F.B. Mimouni, R. Lubetzky, S. Dollberg, I. Berger, D. Mandel: The effect of olfacory stimulation on energy expenditure in growing preterm infants, Acta Paediatr. 101 (1), 11-14 (2012)

[27] J. Munsters, L. Wallström, J. Agren, T. Norsted, R. Sindelar: Skin conductance measurements as pain assessment in newborn infants born at 22-27 weeks gestational age at different postnatal age, Early Hum. Dev. 88 (1), 21-26 (2012)

[28] K. Ivars, N. Nelson, O. Finnström, E. Mörelius: Nasopharyngeal suctioning does not produce a salivary cortisol reaction in preterm infants, Acta Paediatr.101 (12), 1206-1210 (2012)

[29] M. Bartocci, J. Winberg, C. Ruggiero, L.L. Bergqvist, G. Serra, H. Lagercrantz: Activation of olfactory cortex in newborn infants after odor stimulation: A functional near-infrared spectroscopy study, Pediatr. Res. 48(1), 18-23 (2000)

[30] S. Aoyama, T. Toshima, Y. Saito, N. Konishi, K. Motoshige, N. Ishikawa, K. Nakamura, M. Kobayashi: Maternal breast milk odor induces frontal lobe activation in neonates: A NIRS study, Early Hum. Dev. 86(9), 541-545 (2010)

[31] R. Soussignan, B. Schaal, L. Marlier, T. Jiang: Facial and autonomic responses to biological and artificial olfactory stimuli in human neonates: Reexamining early hedonic discrimination of odors, Physiol. Behav. 62, 745-758 (1997)

[32] P.G. Hepper: Human fetal olfactory learning, Int.J. Prenatal Perinatal Psychol. 7, 147-151 (1995)

[33] J.A. Menella, A. Johnson, G.K. Beauchamp: Garlic ingestion by pregnant women alters the odor of amniotic fluid, Chem. Senses 20, 207-209(1995)

[34] J.A. Menella, C.P. Jagnow, G.K. Beauchamp: Prenatal and postnatal flavor learning by human infants, Pediatrics 107, 1-6 (2001)

[35] B. Schaal, P. Orgeur, R. Rognon: Odor sensing in the human fetus: Anatomical, functional and chemo-ecological bases. In: Prenatal Development, A Psychobiological Perspective, ed. by J.P. Lecanuet, N.A. Krasnegor, W.A. Fifer, W. Smotherman (Lawrence Erlbaum, Hillsdale 1995)

[36] C. Johnston, A.M. Fernandes, M. Campbell-Yeo:Procedural pain management with non-pharmacological interventions. In: Neonatology, ed. by G. Buonocore, R. Bracci, M. Weindling (Springer, Milan 2012)pp. 206-209

[37] D. Schacter: Implicit memory: History and current status, J. Exp. Psychol. Learn. Memory Cogn. 13, 501-518(1987)

[38] R.L. Doty, P. Shaman, S.L. Applebaum, R. Giberson, L. Sikorski, L. Rosenberg: Smell identification ability: Changes with age, Science 226, 1441-1443(1984)

[39] A.J. Bianchi, H. Guépet-Sordet, P. Manckoundia: Changes in olfaction during ageing and in certain neurodegenerative diseases: Up-to-date, Rev. Med. Interne 36(1), 31-37 (2015), in French

[40] L.T. Forrester, N. Maayan, M. Orrell, A.E. Spector, L.D. Buchan, K. Soares-Weiser: Aroma therapy for dementia, Cochrane Database Syst. Rev. 25(2), CD003150(2014)

[41] M. Bagheri-Nesami, F. Espahbodi, A. Nikkhah, S.A. Shorofi, J.Y. Charati: The effects of lavender aromatherapy on pain following needle insertion into a fistula in hemodialysis patients, Complement. Ther. Clin. Pract. 20(1), 1-4(2014)

[42] J. Lytle, C. Mwatha, K.K. Davis: Effect of lavender aroma therapy on vital signs and perceived quality of sleep in the intermediate care unit: A pilot study, Am. J. Crit. Care 23(1), 24-29(2014)

[43] R. Haller, C. Rummel, S. Henneberg, U. Pollmer, E.P. Köster: The effect of early experience with vanillin on food preference later in life, Chem.Senses 24, 465-467(1999)

[44] P.G. Hepper, D.L.Wells, J.C. Dornan, C. Lynch: Long-term flavor recognition in humans with prenatal garlic experience, Dev. Psychobiol. 55(5), 568-574(2012)

第33章 皮层嗅觉处理

嗅觉行为是由非常古老的进化的嗅觉系统介导的基本感知过程。气味可影响与生存状态密切相关的人类行为，例如食物消耗、危险回避、性欲和生殖。因此，嗅觉刺激具有较高的生态意义，其在系统进化较古老的大脑区域中进行处理。与其他在神经影像学方法帮助下可完美检查的感觉系统相比，这种解剖学偏差导致负责嗅觉处理的网络的皮层组织发生变化。

本章论述了关于周围和中枢嗅觉结构的解剖学见解，并解释作为嗅觉基础的生理学过程。追踪从嗅到分子开始并与嗅上皮中的受体结合，向嗅球的信息传输以及向嗅觉皮层区域的信息传输的嗅觉信息处理方式。与此同时，还将论及嗅觉的临床意义。

33.1 嗅　　觉

嗅闻或将空气吸入鼻子是嗅觉的生理前提。嗅闻定义为化学物质(刺激物或气味)引起的反射。该嗅觉运动活动导致负责将气味运输至位于鼻腔上部的嗅上皮的鼻孔中产生一定水平的湍流。传统上认为，嗅闻是一种简单的携带气味至受体的运输机制；然而，与视觉中眼球的运动相比，它也可视为嗅觉的初期阶段[1]。嗅闻不仅影响嗅觉强度，还影响气味身份或质量感觉，并且个体之间的嗅闻模式可能相当不同，并且取决于任务[2,3]。根据形状不同，气味分子在黏膜上具有不同的吸附率，高吸附率的气味高速嗅闻时被更好地感知，反之亦然[4-6]。这具有特殊意义，因为人类鼻子构成了一个鼻循环，在此期间，黏膜从一个鼻孔向另一个鼻孔交替充血和减充血，导致低速和高速嗅闻空气[7]。换言之，在给定时间内，我们发现充血的鼻孔中的流速较低，并且较好地吸收了低吸附率的气味，而去充血鼻孔中则相反。因此，在某一特定时间，每个鼻孔都会产生不同的嗅觉[5]。

自然的嗅闻提供了最佳的化学感知[8]，嗅闻幅度主要与嗅觉舒适感相关——与好闻气味相比，对于难闻的气味人嗅闻反应的强度较小[8,9]。此外，嗅觉感知和嗅觉意象期间的呼吸模式相似[10]，与难闻的气味相比，甚至好闻的气味意象也会诱发更大强度的嗅闻[11-13]。嗅闻幅度不仅是对于感兴趣的常见气味，还由化学感觉情感暗示引起。有证据表明，嗅闻幅度在恐惧出汗时增加，在厌恶出汗后降低。将此现象解释为感觉获取和排斥行为[14]。

如前所述，气味的有意识感知需要嗅闻；但是，无意识的气味感知期间也会出现嗅闻反应的调整。因此，嗅闻反应的测量提供了一个很好的机会来检查意识中未觉察到的刺激的处理[15]，并反映可能的内隐测量，例如在睡眠期间[16]。

嗅闻行为的另一值得关注的方面是，人类无意中模拟了其同类的嗅觉获取行为：Arzi等用电影《香水》表明，一旦电影中的人物角色开始嗅闻时观察者立即开始嗅闻。当受试者听到嗅闻声但未见发出气味的物体时，这种反射嗅闻反应最为强烈。将反射嗅闻解释为一种模仿、传染性行为，如大笑或打哈欠，或一种定向反应[17]。

对于大脑区域的激活，单独嗅闻无味空气导致嗅球[18]以及梨状皮层和眶额皮层[19,20]激活。可能典型嗅觉脑区的激活与鼻孔中的气流有关，并为嗅觉信息的计算提供重要提示。换言之，嗅闻负责使嗅觉皮层网准备接收化学感觉信息。此外，海马和小脑被认为是嗅觉运动反应的神经控制中心。海马接受来自内嗅皮层的嗅觉信息并投射到呼吸中枢[1,21]。将嗅知觉期间小脑的激活解释为一种根据气味浓度调整呼吸量的反馈机制[22]。

由于嗅闻对于气味感知是必要的，伴有嗅觉功能障碍的神经或精神疾病可能与嗅闻受损有关[1]。在患有帕金森病的患者中证实了至少部分与嗅觉受损有关的嗅觉缺陷[23]。此外，与发育正常的儿童相比，孤独症谱系障碍儿童显示出嗅觉反应改变，并且未调整与气味愉悦性相关的嗅闻幅度[24]。因此，可以认为嗅闻反应的测量是几种神经系统和精神疾病的新型诊断工具和生物标志。更进一步讲，嗅闻也是急诊医学中一种有用的工具：在严重残疾患者中，嗅闻能够促进沟通和环境控制。在一项简洁的研究中，Plotkin 及其同事[25]证实，在闭锁综合征的患者中，嗅闻提供了写入文本和驾驶电子轮椅的控制界面。

33.2　嗅　上　皮

嗅闻的分子到达位于鼻腔上部的嗅上皮。嗅上皮位于筛板正下方的黏膜和上鼻甲黏膜，内有嗅觉受体、G 蛋白偶联受体[26]。人类大约拥有 340～400 个不同的功能性嗅觉受体基因，编码嗅觉受体[27-29]。气味分子保留了激活不同受体的不同官能团。换言之，嗅觉受体是检测气味分子特征的单位[30]。一项基于能够激活受体的气味愉悦性研究，首次揭示了上皮中嗅觉受体的区域性组织[31]。

嗅觉受体细胞是双极细胞；它们的顶端位于鼻黏膜（气味物质与受体结合的部位）。这会导致动作电位沿接收细胞(嗅神经丝，归类为嗅觉神经——颅神经 I)的长轴突通过筛板直接进入嗅球[26]。关于气味感知的更多详细信息，请参见第 22 章。

通过组合编码，可能识别出数千个不同的气味分子，其中受体数量相对较少[32]。在过去几十年的科学文献中，假设了人类能感知约 10000 种不同的气味。最近，心理测试被用于评估可辨别气味的实际数量。与现有文献相反，作者估计人类可以通过其气味区分超过万亿个不同的物质[33]，因此提供证据表明，在身体不同的可感知刺激数量方面，嗅觉系统优于其他感觉系统。

尽管人类能够区分出大量的气味，但对于命名熟悉的嗅觉印象，他们的表现之差出乎意料[34]。语言与嗅知觉之间的相互作用是复杂的(另见本书下册)。一方面，与用文字描述任何其他感官感受相比，用文字描述嗅觉感觉更困难。假设这一不足之处基于嗅觉系统的早期发展与语言系统在进化过程中发展相对较晚有关[35]。另一方面，嗅觉刺激可在无任何语言参与的情况下进行处理——嗅闻未识别气味，可导致情景回忆和强烈的情感反应。有争议的是，如果同时出现一个单词和一种气味，并因此彼此联系，与任何其他感觉模式的刺激相比，单词和语言环境是更强大的嗅觉信息调节器[36]。最近的研究确立了嗅觉-语言整合网络，由用于气味对象编码和语义整合的眶额皮层和前颞叶/颞极和用于嗅觉命名和表达的额下回所组成[37-39]。对于嗅觉识别过程可能重要的另一个区域是嗅球。在一项基于体素的形态学研究中，受试者的嗅球体积预测了嗅觉识别试验中的行为表现——嗅觉球部越大，人类识别气味的能力越佳[40]。在此前描述的大脑区域网络中，气味与其名称相关联，并识别气味。

33.3　嗅　　球

将嗅球视为嗅觉系统中的第一个中继站。在嗅球的小球中，嗅觉信息从初级神经元（嗅觉接收细胞）传输到次级神经元（僧帽细胞）。小球对一系列具有特定分子特征模式的不同气味做出反应。此外，接受类似分子范围组相关输入的小球结合在一起，在球部形成分子特征簇[30]。因此，受体的气味特异性激活转化为嗅球中典型的空间激活模式[41,42]。在该阶段，我们发现数千个神经元收敛到了几个小球上。

嗅球内还包含小球周围神经元和向邻近小球以及对侧嗅球内传输抑制信号的中间神经元。这些细胞还接受来自更高级别大脑区域的逆行抑制信号。这些细胞的功能重要性在于增强嗅觉刺激与背景噪声之间的对比，从而增加系统的辨识度和敏感度。

直到最近，嗅球在其功能和重要性方面很大程度上被低估了。现在，已认识到嗅球能完成与其他初级感觉皮层相当的任务。在嗅球中，信号被压缩和放大，发生基本认知处理。虽然传统上将梨状皮层（pirC）称为初级嗅觉皮层，但由于发现了 pirC 的复杂功能（见下文），这一概念并不成立。因此，嗅球作为初级嗅觉皮层，编码气味物质的化学特征并以空间模式进行组织[43-46]。

嗅觉系统的解剖学偏差之一是嗅觉信息可在无丘脑传达的情况下传递至皮层区[47]。因此气味具有忽略注意门控过程的能力。迄今嗅球也可视为嗅觉丘脑[48]。这是合理的，因为对于皮层前信息处理，嗅球具有一个有关信息处理的限制和相关过滤功能，与丘脑在处理其他感觉刺激中的功能相当。

33.4　中枢嗅觉通路和网络

气味的化学结构信息从嗅球通过外侧嗅束传输至一组小结构：pirC、内嗅皮层、杏仁核和肌周-齿状核皮层、嗅结节和前嗅核。关于嗅觉通路和网络的概述可参见图 33.1。

pirC 是皮层嗅觉系统的关键节点之一。最近一项嗅觉脑成像数据的荟萃分析表明，所有纳入的功能成像研究中，pirC 的激活一致性最高（彩图 31）[50]。pirC 在解剖学上分为两个部分，负责不同的任务。pirC 的前部或额部与气味的初始神经表征及其分子特征编码有关[51]，而 pirC 的后部或颞部负责整体气味对象形成、愉悦质量编码和分类[52,53]。在 pirC 中，气味的知觉质量受注意力[54]、预期[55-57]、学习[58]、识别和记忆[59]以及价值依赖性反应[60]的影响。因此，可认为 pirC 是连接嗅知觉与行为、认知和情景信息的相关皮层[43,46]。

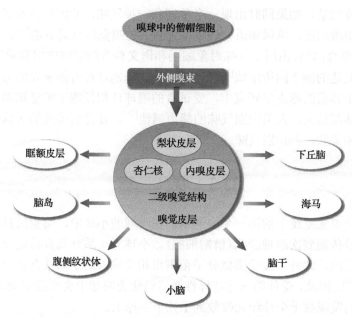

图 33.1　涉及嗅觉处理的脑区[49]

　　嗅球和 pirC 将投射信号发送至内嗅皮层，提供通往海马的通路，负责记忆过程[61]。根据啮齿类动物研究，表明内嗅皮层重新投射至 pirC 和嗅球，因此作为嗅觉皮层功能和气味感知的一种强大的自上而下的调节器[62]。内嗅皮层，尤其是横内鼻区是阿尔茨海默病患者最早表现出神经病理的脑区之一[63,64]，因此是阿尔茨海默病患者早期嗅觉缺陷的原因。有关嗅知觉障碍的更多信息，请参见第 26 章。

　　杏仁核和杏仁核周围皮层接受来自嗅球和 pirC 的信号输入，并负责对嗅觉信号输入进行认知评估。最近的一项关于杏仁核激活预测因素的荟萃分析表明，与其他感觉模式相比，嗅觉和味觉刺激具有最高的杏仁核激活概率[65]。传统上，认为杏仁核是气味愉悦性分配的神经基质[66,67]。最近，有证据表明，杏仁核是负责嗅觉强度编码的区域，但仅在认为气味好闻或难闻时进行编码。换言之，在杏仁核中进行情绪或行为编码[68]，而在眶额皮层中编码气味愉悦度或效价[69]。关于嗅觉效价的详细综述，请参见第 34 章。在使用化学感觉刺激的研究中，杏仁核反应与 pirC、眶额皮层和脑岛中的反应相关，暗示负责化学感觉处理的区域网络[70]。

　　Jonas Olofsson 尝试描述气味感觉时间模式为嗅觉的级联模型。该模型指出，气味检测是第一且最快的步骤，其次是直接测定气味效价。间接途径通过识别气味对象将气味检测与气味效价联系起来。最慢的知觉过程是对气味的可食性评级[71]。因此，嗅觉感知基于嗅觉系统的分层和部分平行组织[72]。

　　在这个更小的大脑区域中，嗅觉信息不是传递到嗅觉处理所特定的大脑区域，而是传达与以下气味感觉部位相关的认知过程：眶额皮层(OFC)、脑岛、海马、丘脑、下丘脑、腹侧纹状体、扣带回皮层和小脑。

　　此处，OFC 被认为是嗅觉系统的关键节点和认知气味处理的至关重要的中心。在

OFC 中，更高级的过程形成来自 pirC 的气味信号，并产生最终的有意识气味感知。而嗅球体积可预测健康受试者的嗅觉识别，OFC 体积却可预测阈值评分和嗅觉辨别能力[40]。因此，OFC 介导了与嗅觉敏感度和辨别任务相关的过程。此外，在 OFC 中计算信号的体验-依赖性调节以及情感编码(如前所述)。众所周知，OFC 是大脑的一个区域，在该区域中将嗅觉信息与其他感觉模式[73]和语言系统[39]的信息整合。关于食物气味的气味感觉，OFC 参与奖赏分配机制[74]。因此，OFC 并不专门处理气味信息，而是参与对人类知觉决策和分辨感觉不确定性等重要的过程。

脑岛传统上被认为是初级味觉皮层[75]；然而，显示出频繁激活作为对气味的反应。它不仅接收来自 pirC 和杏仁核的输入，还接收来自 OFC[76]的输入。有证据表明前脑岛在整合化学感觉信息中发挥作用，尤其是关于食物[45]产生综合的味觉感知[77]。此外，前脑岛对诱发回避行为很重要，因此不仅与嗅觉或三叉神经刺激的消极感觉相关[78]，而且也与多感觉负性刺激组合相关[79]。而且脑岛还参与调节自主神经内感受。在脑岛与 pirC、杏仁核和 OFC 之间存在强烈联系的背景下，可以表明化学感受性影响了内感受，而内感受过程在该网络中受到调节[70]。

感觉信息只通过两个突触传递并到达涉及情绪和记忆处理的大脑区域，在这个意义上嗅觉系统是唯一的。海马负责传达与气味相关的记忆过程。气味确实能引起非常清晰和情绪性的记忆。在时间线中，与图片或语言相比，气味能引起对生命早期的回忆——气味能提醒我们较早发生的事件[80]。有关嗅觉记忆过程的更详细描述，请参见第 37 章。海马似乎进一步参与嗅觉与其他感觉刺激的整合[73]。

如前所述，嗅觉信息处理的主要直接途径为从嗅球和 pirC 至新皮层；但是，也存在通过背内侧丘脑至新皮层的间接途径。认为丘脑背内侧核(MDT)是丘脑的一部分，负责气味处理，因为它接受来自 pirC、杏仁核、内嗅皮层的传入神经，并投射至 OFC[81,82]。在一项简洁的研究中，Plailly 及其同事[83]证实，对气味的关注加强了 MDT 与新皮层(OFC)之间的连接。如前所述，在嗅觉中，OB 和 pirC 遗传初级感觉丘脑控制功能，包括感觉编码、增益控制和状态依赖性调节。因此，可能将 MDT 视为高阶嗅觉丘脑[82]。

传统上，扣带回皮层，尤其是前扣带回参与了气味-味觉的整合，因此被认为是味觉网络的一部分[84]。扣带回皮层属于边缘系统，在嗅觉刺激后也经常发现其激活，因此可能参与与嗅觉相关的注意过程。特别是前扣带回负责检测注意冲突[85]。

如前所述，小脑对嗅觉处理的参与确定是作为一种调节中心，可根据气味浓度调节嗅闻幅度[22]。存在小脑病灶的患者对气味浓度的嗅闻保持不变，因此嗅觉识别受损。作者提出嗅觉小脑通路对于识别气味很重要[86]。

33.5 结 论

总之，嗅觉系统涉及三个解剖学的不同位置。第一，嗅觉输入的主要中心门为嗅球，在此我们找到气味表征的局部图像。嗅觉信息不能通过丘脑从受体传递到新皮层，这可能是许多无意识过程涉及嗅知觉的原因。第二，嗅觉信息首先在旧皮层(嗅球，pirC)处理，然后传递到新皮层，而其他模式的感觉信息主要在新皮层处理。第三，嗅觉系统与边缘系统紧密相连，导致对气味产生强烈的情绪反应，并与记忆处理具有稳固的相关性。嗅觉皮层系统的这些特征构成了气味感觉的基础，也使得嗅觉在其他感觉知觉中具有独特性。

参 考 文 献

[1] J. Mainland, N. Sobel: The sniff is part of the olfactory percept, Chem. Senses 31, 181-196 (2005)

[2] A. Buettner, J. Beauchamp: Chemical input-Sensory output: Diverse modes of physiology-flavour interaction, Food Qual. Prefer. 21, 915-924 (2010)

[3] J. Beauchamp, M. Scheibe, T. Hummel, A. Buettner: Intranasal odorant concentrations in relation to sniff behavior, Chem. Biodivers. 11, 619-638 (2014)

[4] M.M. Mozell, P.F. Kent, S.J. Murphy: The effect of flow rate upon the magnitude of the olfactory response differs for different odorants, Chem. Senses 16, 631-649 (1991)

[5] N. Sobel, R.M. Khan, A. Saltman, E.V. Sullivan, J.D. Gabrieli: The world smells different to each nostril, Nature 402, 35 (1999)

[6] A. Buettner, S. Otto, A. Beer, M. Mestres, P. Schieberle, T. Hummel: Dynamics of retronasal aroma perception during consumption: Crosslinking on-line breath analysis with medico- analytical tools to elucidate a complex process, Food Chem. 108, 1234-1246 (2008)

[7] M. Hasegawa, E.B. Kern: The human nasal cycle, Mayo Clin. Proc. 52, 28-34 (1977)

[8] D.G Laing: Natural sniffing gives optimum odour perception for humans, Perception 12, 99-117 (1983)

[9] R.A. Frank, M.F. Dulay, R.C. Gesteland: Assessment of the sniff magnitude test as a clinical test of olfactory function, Physiol. Behav. 78, 195-204 (2003)

[10] A.M. Kleemann, R. Kopietz, J. Albrecht, V. Schöpf, O. Pollatos, T. Schreder, J. May, J. Linn, H. Brück-mann, M. Wiesmann: Investigation of breathing parameters during odor perception and olfactory imagery, Chem. Senses 34, 1-9 (2008)

[11] M. Bensafi, J. Porter, S. Pouliot, J. Mainland, B. Johnson, C. Zelano, N. Young, E. Bremner, D. Aframian, R. Khan, N. Sobel: Olfactomotor activity during imagery mimics that during perception, Nat. Neurosci. 6,1142-1144 (2003)

[12] M. Bensafi, S. Pouliot, N. Sobel: Odorant-specific patterns of sniffing during imagery distinguish "bad" and "good" olfactory imagers, Chem. Senses 30, 521-529 (2005)

[13] M. Bensafi, N. Sobel, R.M. Khan: Hedonic-specific activity in piriform cortex during odor imagery mimics that during odor perception, J. Neurophysiol. 98, 3254-3262 (2007)

[14] J.B.H. de Groot, M.A.M. Smeets, A. Kaldewaij, M. J.A. Duijndam, G.R. Semin: Chemosignals communicate human emotions, Psychol. Sci. 23 (11), 1417-1424 (2012)

[15] A. Arzi, L. Rozenkrantz, Y. Holtzman, L. Secundo, N. Sobel: Sniffing patterns uncover implicit memory for undetected odors, Curr. Biol. 24, R263-R264 (2014)

[16] A. Arzi, L. Shedlesky, M. Ben-Shaul, K. Nasser, A. Oksenberg, I.S. Hairston, N. Sobel: Humans can learn new information during sleep, Nat. Neurosci. 15, 1460-1465 (2012)

[17] A. Arzi, L. Shedlesky, L. Secundo, N. Sobel: Mirror sniffing: Humans mimic olfactory sampling behavior, Chem. Senses 39, 277-281 (2014)

[18] J.R. Hughes, D.E. Hendrix, N. Wetzel, J.W. Johnston: Correlations between electrophysiological activity from the human olfactory bulb and the subjective response to odoriferous stimuli, Electroencephalogr. Clin. Neurophysiol. 28, 97-98 (1970)

[19] N. Sobel, V. Prabhakaran, J.E. Desmond, G.H. Glover, R.L. Goode, E.V. Sullivan, J.D. Gabrieli: Sniffing and smelling: Separate subsystems in the human olfactory cortex, Nature 392, 282-286 (1998)

[20] D.A. Kareken, M. Sabri, A.J. Radnovich, E. Claus, B. Foresman, D. Hector, G.D. Hutchins: Olfactory system activation from sniffing: Effects in piriform and orbitofrontal cortex, Neuroimage 22, 456-465 (2004)

[21] A. Kepecs, N. Uchida, Z.F. Mainen: The sniff as a unit of olfactory processing, Chem. Senses 31 (2), 167-179 (2005)

[22] N. Sobel, V. Prabhakaran, C.A. Hartley, J.E. Desmond, Z. Zhao, G.H. Glover, J.D.E. Gabrieli, E.V. Sullivan: Odorant-induced and sniff-induced activation in the cerebellum of the human, J. Neurosci. 18, 8990-9001 (1998)

[23] N. Sobel, M.E. Thomason, I. Stappen, C.M. Tanner, J.W. Tetrud, J.M. Bower, E.V. Sullivan, J.D. Gabrieli: An impairment in sniffing contributes to the olfactory impairment in Parkinson's disease, Proc. Natl. Acad. Sci. U.S.A. 98, 4154-4159 (2001)

[24] L. Rozenkrantz, D. Zachor, I. Heller, A. Plotkin, A. Weissbrod, K. Snitz, L. Secundo, N. Sobel: A mechanistic link between olfaction and autism spectrum disorder, Curr. Biol. 25, 1904-1910 (2015)

[25] A. Plotkin, L. Sela, A. Weissbrod, R. Kahana, L. Haviv, Y. Yeshurun, N. Soroker, N. Sobel: Sniffing enables communication and environmental control for the severely disabled, Proc. Natl. Acad. Sci. U.S.A. 107, 14413-14418 (2010)

[26] J. Albrecht, M. Wiesmann: Das olfaktorische System des Menschen, Nervenarzt 77 (8), 931-939 (2006), in German

[27] B. Malnic, P.A. Godfrey, L.B. Buck: The human olfactory receptor gene family, Proc. Natl. Acad. Sci.U.S.A. 101, 2584-2589 (2004)

[28] Y. Niimura, M. Nei: Evolutionary changes of the number of olfactory receptor genes in the human and mouse lineages, Gene 346, 23-28 (2005)

[29] T. Olender, D. Lancet, D.W. Nebert: Update on the olfactory receptor (OR) gene superfamily, Hum. Genomics 3, 87-97 (2008)

[30] K. Mori: Maps of odorant molecular features in the mammalian olfactory bulb, Physiol. Rev. 86, 409-433 (2006)

[31] H. Lapid, S. Shushan, A. Plotkin, H. Voet, Y. Roth, T. Hummel, E. Schneidman, N. Sobel: Neural activity at the human olfactory epithelium reflects olfactory perception, Nat. Neurosci. 14, 1455-1461 (2011)

[32] B. Malnic, J. Hirono, T. Sato, L.B. Buck: Combinatorial receptor codes for odors, Cell 96, 713-723 (1999)

[33] C. Bushdid, M.O. Magnasco, L.B. Vosshall, A. Keller: Humans can discriminate more than 1 trillion olfactory stimuli, Science 343, 1370-1372 (2014)

[34] R.J. Stevenson, T.I. Case, M. Mahmut: Difficulty in evoking odor images: The role of odor naming, Mem. Cognit. 35, 578-589 (2007)

[35] R.S. Herz: The unique interaction between language and olfactory perception and cognition. In: Trends in Experimental Research, ed. by D.T. Rosen (Nova Publishing, London 2005) pp. 91-99

[36] I.E. de Araujo, E.T. Rolls, M.I. Velazco, C. Margot, I. Cayeux: Cognitive modulation of olfactory processing, Neuron 46, 671-679 (2005)

[37] J.K. Olofsson, E. Rogalski, T. Harrison, M.-M. Mesulam, J.A. Gottfried: A cortical pathway to olfactory naming: Evidence from primary progressive aphasia, Brain 136, 1245-1259 (2013)

[38] J.K. Olofsson, R.S. Hurley, N.E. Bowman, X. Bao, M.-M. Mesulam, J.A. Gottfried: A designated odor-language integration system in the human brain, J. Neurosci. 34, 14864-14873 (2014)

[39] J.K. Olofsson, J.A. Gottfried: The muted sense: Neurocognitive limitations of olfactory language, Trends Cogn. Sci. 19, 314-321 (2015)

[40] J. Seubert, J. Freiherr, J. Frasnelli, T. Hummel, J.N. Lundstrom: Orbitofrontal cortex and olfactory bulb volume predict distinct aspects of olfactory performance in healthy subjects, Cereb. Cortex 23, 2448-2456 (2013)

[41] B.A. Johnson, M. Leon: Modular representations of odorants in the glomerular layer of the rat olfactory bulb and the effects of stimulus concentration, J. Comp. Neurol. 422, 496-509 (2000)

[42] F. Xu, N. Liu, I. Kida, D.L. Rothman, F. Hyder, G.M. Shepherd: Odor maps of aldehydes and esters revealed by functional MRI in the glomerular layer of the mouse olfactory bulb, Proc. Natl. Acad. Sci. U.S.A. 100, 11029-11034 (2003)

[43] L.B. Haberly: Parallel-distributed processing in olfactory cortex: New insights from morphological and physiological analysis of neuronal circuitry, Chem. Senses 26, 1-26 (2001)

[44] T.A. Cleland, C. Linster: Computation in the olfactory system, Chem. Senses 30, 801-813 (2005)

[45] J.N. Lundström, S. Boesveldt, J. Albrecht: Central processing of the chemical senses: An overview, ACS Chem. Neurosci. 2, 5-16 (2011)

[46] T. Weiss, N. Sobel: What's primary about primary olfactory cortex?, Nat. Neurosci. 15, 10-12 (2012)

[47] J.A. Gottfried: Smell: Central nervous processing, Adv. Oto-Rhino-Laryngol. 63, 44-69 (2006)

[48] L.M. Kay, S.M. Sherman: An argument for an olfactory thalamus, Trends Neurosci. 30, 47-53 (2007)

[49] J. Albrecht, M. Wiesmann, M. Witt: Functional anatomy of the olfactory system II: Central relays, pathways and their function. In: Management of Smell and Taste Disorders: A Practical Guide for Clinicians, ed. by A. Welge-Lüssen, T. Hummel (Thieme, Stuttgart 2013) pp. 27-38

[50] J. Seubert, J. Freiherr, J. Djordjevic, J.N. Lundström: Statistical localization of human olfactory cortex, Neuroimage 66, 1-10 (2010)

[51] I.G. Davison, M.D. Ehlers: Neural circuit mechanisms for pattern detection and feature combination in olfactory cortex, Neuron 70, 82-94 (2011)

[52] J.A. Gottfried, J.S. Winston, R.J. Dolan: Dissociable codes of odor quality and odorant structure in human piriform cortex, Neuron 49, 467-479 (2006)

[53] J.D. Howard, J. Plailly, M. Grues chow, J.D. Haynes, J.A. Gottfried: Odor quality coding and categorization in human posterior piriform cortex, Nat. Neurosci. 12, 932-938 (2009)

[54] C. Zelano, M. Bensafi, J. Porter, J. Mainland, B. Johnson, E. Bremner, C. Telles, R. Khan, N. Sobel: Attentional modulation in human primary olfactory cortex, Nat. Neurosci. 8, 114-120 (2004)

[55] M.G. Veldhuizen, D.M. Small: Modality-specific neural effects of selective attention to taste and odor, Chem. Senses 36, 747-760 (2011)

[56] C. Zelano, A. Mohanty, J.A. Gottfried: Olfactory predictive codes and stimulus templates in piriform cortex, Neuron 72, 178-187 (2011)

[57] J. Seubert, J. Freiherr, J. Djordjevic, J.N. Lundstrom: Statistical localization of human olfactory cortex, Neuroimage 66C, 333-342 (2012)

[58] J. Chapuis, D.A. Wilson: Bidirectional plasticity of cortical pattern recognition and behavioral sensory acuity, Nat. Neurosci. 15, 155-161 (2011)

[59] C. Zelano, J. Montag, R. Khan, N. Sobel: A specialized odor memory buffer in primary olfactory cortex, PLoS One 4, e4965 (2009)

[60] C. Zelano, J. Montag, B. Johnson, R. Khan, N. Sobel: Dissociated representations of irritation and valence in human primary olfactory cortex, J. Neurophysiol. 97, 1969-1976 (2007)

[61] R. Insausti, P. Marcos, M.M. Arroyo-Jiménez, X. Blaizot, A. Martínez-Marcos: Comparative aspects of the olfactory portion of the entorhinal cortex and its projection to the hippocampus in rodents, nonhuman primates, and the human brain, Brain Res. Bull. 57, 557-560 (2002)

[62] J. Chapuis, Y. Cohen, X. He, Z. Zhang, S. Jin, F. Xu, D.A. Wilson: Lateral entorhinal modulation of piriform cortical activity and fine odor discrimination, J. Neurosci. 33, 13449-13459 (2013)

[63] H. Braak, E. Braak: The human entorhinal cortex: Normal morphology and lamina-specific pathology in various diseases, Neurosci. Res. 15, 6-31 (1992)

[64] H. Braak, D.R. Thal, E. Ghebremedhin, K. Del Tredici: Stages of the pathologic process in alzheimer disease: Age categories from 1 to 100 years, J. Neuropathol. Exp. Neurol. 70, 960-969 (2011)

[65] S.G. Costafreda, M.J. Brammer, A.S. David, C.H.Y. Fu: Predictors of amygdala activation during the processing of emotional stimuli: A meta-analysis of 385 PET and fMRI studies, Brain Res. Rev. 58, 57-70 (2008)

[66] D.H. Zald, J.V. Pardo: Emotion, olfaction, and the human amygdala: Amygdala activation during aversive olfactory stimulation, Proc. Natl. Acad. Sci.U.S.A. 94, 4119-4124 (1997)

[67] J.P. Royet, J. Hudry, D.H. Zald, D. Godinot, M.C. Gregoire, F. Lavenne, N. Costes, A. Holley: Functional neuroanatomy of different olfactory judgments, Neuroimage 13, 506-519 (2001)

[68] J.S. Winston, J.A. Gottfried, J.M. Kilner, R.J. Dolan: Integrated neural representations of odor intensity and affective valence in human amygdala, J. Neurosci. 25, 8903-8907 (2005)

[69] F. Grabenhorst, E.T. Rolls, C. Margot, M.A.A.P. da Silva, M.I. Velazco: How pleasant and unpleasant stimuli combine in different brain regions: Odor mixtures, J. Neurosci. 27, 13532-13540 (2007)

[70] A. Patin, B.M. Pause: Human amygdala activations during nasal chemoreception, Neuropsychologia 78, 171-194 (2015)

[71] J.K. Olofsson: Time to smell: A cascade model of human olfactory perception based on responsetime (RT) measurement, Front Psychol. 5, 33 (2014)

[72] I. Savic, B. Gulyas, M. Larsson, P. Roland: Olfactory functions are mediated by parallel and hierarchical processing, Neuron 26, 735-745 (2000)

[73] J.A. Gottfried, R.J. Dolan: The nose smells what the eye sees: Crossmodal visual facilitation of human olfactory perception, Neuron 39, 375-386 (2003)

[74] J.D. Howard, J.A. Gottfried, P.N. Tobler, T. Kahnt:Identity-specific coding of future rewards in the human orbitofrontal cortex, PNAS 112 (16), 5195-5200 (2015)

[75] M.G. Veldhuizen, J. Albrecht, C. Zelano, S. Boesveldt, P. Breslin, J.N. Lundstrom: Identification of human gustatory cortex by activation likelihood estimation, Hum. Brain Mapp. 32, 2256-2266 (2011)

[76] S.T. Carmichael, M.C. Clugnet, J.L. Price: Central olfactory connections in the macaque monkey, J. Comp. Neurol. 346, 403-434 (1994)

[77] J. Seubert, K. Ohla, Y. Yokomukai, T. Kellermann, J.N. Lundström: Superadditive opercular activation to food flavor is mediated by enhanced temporal and limbic coupling, Hum. Brain. Mapp. 36, 1662-1676 (2015)

[78] J. Albrecht, R. Kopietz, J. Frasnelli, M. Wiesmann, T. Hummel, J.N. Lundstrom: The neuronal correlates of intranasal trigeminal function-an ALE meta-analysis of human functional brain imaging data, Brain Res. Rev. 62, 183-196 (2010)

[79] J. Seubert, T. Kellermann, J. Loughead, F. Boers, C. Brensinger, F. Schneider, U. Habel: Processing of disgusted faces is facilitated by odor primes: A functional MRI study, Neuroimage 53, 746-756 (2010)

[80] M. Larsson, J. Willander: Autobiographical odor memory, Ann. N. Y. Acad. Sci. 1170, 318-323 (2009)

[81] E. Courtiol, D.A. Wilson: Thalamic olfaction: Characterizing odor processing in the mediodorsal thalamus of the rat, J. Neurophysiol. 111, 1274-1285 (2014)

[82] E. Courtiol, D.A. Wilson: The olfactory thalamus: Unanswered questions about the role of the mediodorsal thalamic nucleus in olfaction, Front Neural Circuits 9, 49 (2015)

[83] J. Plailly, J.D. Howard, D.R. Gitelman, J.A. Gottfried: Attention to odor modulates thalamocortical connectivity in the human brain, J. Neurosci. 28, 5257-5267 (2008)

[84] D.M. Small, J. Prescott: Odor/taste integration and the perception of flavor, Exp. Brain Res. 166, 345-357 (2005)

[85] Y. Soudry, C. Lemogne, D. Malinvaud, S.-M. Consoli, P. Bonfils: Olfactory system and emotion: Common substrates, Eur. Ann. Otorhinolaryngol. Head Neck Dis. 128, 18-23 (2011)

[86] J.D. Mainland, B.N. Johnson, R. Khan, R.B. Ivry, N. Sobel: Olfactory impairments in patients with unilateral cerebellar lesions are selective to inputs from the contralesional nostril, J. Neurosci. 25, 6362-6371 (2005)

第 34 章　气味效价感知的行为和神经决定因素

本章将作为我们当前对刺激驱动和体验驱动机制的简介，它们可促进对气味的情感评价。我们将从关注快速引发对气味的情感反应的潜在进化获益开始，并描述可用于实验环境中量化这些经历的模式和方法的概述。然后，我们将论述有利于刺激驱动和体验或学习驱动的气味效价感知解释的证据，这代表了两种流行的理论。最后，我们概述了支持气味效价分配的皮层网络。

一种气味的愉悦性或非愉悦性（常称为其效价）通常为其最普遍的感觉特性。这在 Marcel Prousts 的著作《追忆逝水年华》（Vol. I, Swann's Way, 1913）的玛德琳一节（主人公在享受一块法式小蛋糕时经历的无意识记忆事件的著名描述）中进行了充分介绍。这些对气味的情绪反应（无论它们发生在食物芳香或爱人香水的环境中），不仅使情境的情绪评价有颜色，而且也构成了人类文化重要组成部分的许多传统的基础：例如，共享熟悉的食物，或在灵性聚会时使用香料如熏香或广藿香[1,2]。与视觉信息不同，在视觉信息中，对物体的有意识识别通常先于诱导性接近或回避反应，即使对气味的识别或来源没有任何了解，也可能发生对气味的情感反应。正是这种直接性提供了独特的能力，使嗅觉能够不自主、深度地改变我们感觉环境的情感体验，从而支持效价（而不是质量）可能构成嗅知觉的主要维度的普遍概念[3-5]。对气味的情绪评价范围从强烈的食欲（例如可能是新鲜割草气味）到强烈的厌恶感（例如闻起来像一双脏袜子）不等。虽然这种效价归因似乎自然发生，显然不是通过有意识的努力，但对气味产生正面或负面反应的机制远不是微不足道的：而气味就像新鲜割草气味或脏袜子被视为整体物体，它们由复杂的混合物形成，甚至可能在许多有气味的化合物中重叠。有时，气味分子组分的部分可对其评价产生根本差异，例如区分烤鱼和腐鱼时。观察的情绪反应随时间推移相当不稳定，并容易根据对散发物体的额外了解而发生改变，这使问题变得更为复杂：发现美味的法式芝士实际释放了脏袜的恶心气味，导致对气味进行了重新评估，该气味现在被视为具有食欲并且可食用，不再引发厌恶和退缩倾向[6]。尽管效价对于气味知觉有基本的重要性，但我们对其形成、调节和处理的理解仍然很少。

34.1　气味效价和行为

34.1.1　气味效价感知与适应行为的相关性

情绪体验通常按两个主轴进行分类：效价和唤醒[7]。效价通常被认为是构成更复杂的由气味引发感受的主要维度[3]（对这些内容进行深入讨论，参见本书第 19 章）。形成动机的核心元素[8]，效价描述了一种体验的内在吸引力或厌恶[9]，而唤醒（更详细地讨论见下文)量化了生理或心理反应性的量。

效价量也形成了许多进化上适应性行为反应的基础,该反应由嗅知觉体验直接产生。这些反应分为两大类:通过引发退缩冲动促进行为警报机制的反应(回避反应[10,11])和有助于引发食欲的反应(有助于维持健康)。其中包括,例如,引发人们对进食的食欲,或对潜在的伴侣和社会团体的亲和行为(接近反应)。

在最近的概述中,Stevenson[12]进一步将气味效价感知的演变功能分为接近/回避维度平行的三大类领域:摄入、风险回避和社会沟通。摄入在此特指对与食物摄入相关的气味做出的反应,包括引发对熟悉的可食性食物的食欲反应,但也包括通过状态依赖性引发接近或回避行为对其进行的食欲调节:虽然巧克力土豆饼通常为可食性物体,但我们在刚吃完布朗尼后可能不会感觉到对其香味的强烈偏好。另一方面,风险回避描述了有助于嗅觉警报系统的厌恶反应。这种基于嗅觉的警告反应有助于检测如烟雾和烟气等环境危险(通过引发恐惧,如在检测气体泄漏的气味时),以及防止过期食物(通过引起厌恶,如在检测腐肉气味时)。最后,社会沟通包括与身体气味感觉相关的食欲方面[13],可能有助于情绪沟通和健康检测[14,15],但也包括回避方面,如对身体气味的明显负面反应信号高度遗传重叠以避免近亲繁殖[16],以及对疾病气味的厌恶反应[17]。

考虑到气味效价评价可以忽略对象身份识别,而对象身份识别通常位于其他感觉模式的效价属性之前,因此可以认为它们作为警报信号的作用非常重要。例如,当涉及吐出变质食物或排出有毒烟气时,快速和反射性负面情绪反应至关重要。

相应地,归因无法识别气味(不知闻到了什么)的效价,通常会受到负面偏见的影响,因为其通常比归因于熟悉的气味更负面[18]。例如,当按其化学名称呈现时,人们经常报告 1-辛烯-3-酮的气味难闻;然而,当按菌类气味呈现时,相同的气味却能得出正面效价评级。该反应模式符合错误管理理论提出的行为警报系统标准[19]:任何设计用于自我保护的系统都应该(怀疑)有引发警报反应的偏差,因为错误的反应失败可能导致致命性后果[11]。嗅觉受损所造成的健康影响进一步证实了这些对气味的即刻回避反应对生存状态的重要性:嗅觉功能下降或完全丧失(例如,在老年期间)导致无法引发退缩反应,从而增加危险事件,例如失火或气体泄漏[20],以及降低腐烂食物的排斥阈值[21]。一项近期的回顾性队列研究表明,发生此类危险事件的概率从嗅觉完好个体的 18% 增至嗅觉丧失患者的 39.2%[22]。

然而,即刻排斥反应当然不是气味效价分配的唯一途径;我们在日常生活中遇到的许多气味都是愉快情感体验的来源。认为这些正面情绪反应更强烈地受所感知对象的身份而驱动。通常,这些过程被标记为从上到下的过程,以区分上文解释的刺激驱动的或从下到上的负面评价。这些更为认知、从上到下的受控属性与所谓的高度嗅知觉相关,这意味着在归因于嗅知觉出现有意识效价之前,对象表现激活了下游情绪反应[23]1209。

丧失能够感知气味的正面情感特性,同样会导致严重后果:在老年人中,认为嗅觉功能丧失是导致食欲丧失的关键因素,因此,在该人群中观察到营养不良的发生[24,25]。

34.1.2　在实验环境中评估气味效价感知

气味效价评价的定性和定量指标主要通过研究参与者的感知体验来评估,如通过刺激评级或对某些刺激的反应次数所观察到的。情绪体验的其他维度(其唤醒值[26])，往往不能被行为指标可靠地捕获，但是，更常见的特征是中枢和外周神经系统对刺激材料的反应测量值。

1. 行为指标

自行报告的刺激评级和反应次数是常用方法，为实验者提供参与者主观气味感觉和评价的整体图(图 34.1)。

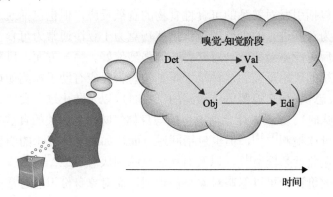

图 34.1　嗅知觉的级联模型(经文献[27]许可)

在嗅觉特性自行报告的典型实验设置中，直接询问参与者，以评价气味的感觉属性(以对照方式提供)。该演示文稿通过由实验者打开和盖上的玻璃罐或通过空气输送设备(如嗅觉仪[28])进行人工操作(详细描述见本书第 20 章)。

大多数研究通过评级程序来评估刺激效价，在该程序中，每种气味的愉悦性根据在非常好闻和非常难闻之间的一个连续量表(数字模拟量表[29])或通过两个替代性强制选择任务来评估的，其可产生好闻或难闻的评级结果[23]。根据研究的问题，列出的气味的特性或者向参与者公开[6]，或者对其隐瞒[30]。对气味的熟悉程度可能偏向于从上到下或从下到上的效价评价，因此构成了该背景下关注的额外变量。熟悉度可在实验过程中改变，因此也可用作实验操作来研究先前不熟悉的气味对效价感觉的识别影响[31]。

受试者的反应次数是另一种正面和负面气味效价差异影响的指标，并显示受到效价方向的影响[2]。此外，所提出的刺激(尤其是与食物摄入有关的刺激[32])的生理学相关性，影响了情感评价的速度。例如，由 Boesveldt 及其同事[10]开展的一项研究表明，与好闻食物的气味相比，对难闻的食物气味检测更快、更准确，强化了嗅觉系统偏好处理构成生态学相关警报信号(比如腐烂食物气味)的想法。其他研究使用可食性作为捕获气味动机方面(接近 vs 回避)的测量指标[23]。在效价范围的另一方面，希望的概念捕获了气味的激励价值、突出性和引起消耗的倾向，而不仅仅是喜爱[33]。希望趋势与个人饱腹感状态相比发生变化，而喜欢程度不受影响。

2. 神经生理指标

唤醒的生理指标(如出汗的手掌或心跳加快)是情绪事件体验的显著特征。同样，其为研究气味情感特征的体验强度提供了一个独特的窗口[34]，这支持效价评估。生理指标进一步为心理构建的生物学基础提供了有价值的见解：潜在情感气味感觉和相关情绪反应的演化相关性[35]。在神经系统周围记录自主和中枢神经系统活动的变化，通常与参与者的意识状态无关。

Alaoui-Ismaïli 及其同事[30]首先将生理标志物纳入气味喜好评级任务中。这些标志物包括皮肤电位和阻力、皮肤血流量和温度以及瞬时呼吸频率和心率。作者显示，气味的呈现涉及这些自主标志物中的几种，表明气味携带的情绪负荷与情绪听觉或视觉信号的呈现相当。研究进一步表明，皮肤电导和心率测量值与参与者情绪体验的强度显著相关，表明这些自主测量指标与主观情绪体验直接相关（然而，注意有证据表明额颞叶病变可导致自主反应损害，但不影响主观评级，限制了这两者的相互依赖性[36]）。此外，皮肤电位数据显示基于是否呈现好闻或难闻气味而存在差异，表明该活性另外受效价方向的调节。

神经生理脑成像技术[如脑电图（EEG）测量]，提供了一种通过头皮记录大型神经元集的突触后电位变化来捕获中枢神经系统活动的间接方法。EEG 信号（皮层活动或唤醒的指标）中的 α 带状活动去同步[37]，一直以来被证明对气味刺激敏感[38]。Brauchli 及其同事[39]对这种气味的自主反应的效价依赖性进行了研究，发现在刺激呈现难闻气味后 8s 内 EEG 的上部 α 带状活动显著降低（9.75～12.5Hz）。另一方面，好闻气味条件不会导致 α 带活动变化，因此表明观察到的由 α 去同步捕获的皮层唤醒变化可能针对负面效价气味。与上述研究相似，作者观察到对负面气味的皮肤电导振幅增加，然而，并非由上部 α 带状活动的降幅介导。这表明中枢和外周生理反应可能捕获独立过程。由 Schupp 及其同事[40]进行的另一项 EEG 研究确定了嗅觉刺激呈递后 EEG 信号的时间过程，并发现了晚期正事件相关电位（LPP）随气味变化的幅度（作为效价的一个函数）。LPP 是在刺激开始后约 400～500ms 出现的正电位，通常涉及编码情感内容和动机相关性。因此，LPP 变化幅度与不同气味效价之间的相关性表明，晚期事件相关电位在感受到的气味愉悦性信号中发挥重要作用[41,42]。

上述研究通过呈现不同的气味来控制气味效价感知，因此无法区分观察到的影响是直接由感知质量引起，还是由气味的不同化学成分的特定影响引起。最近一项由 Lundström 及其同事[43]进行的研究通过使用雄烯酮解决了这一问题，雄烯酮是一种常见的遗传多态性导致产生了完全不同知觉体验的气味。根据个人嗅觉受体 OR7D4 的遗传变异[44]，该气味或者被认为是尿味（因此负面）或花香（因此好闻）[43]。将另一部分对气味完全嗅觉丧失的人群从研究中排除。在正面和负面效价感知受试者之间，大脑处理的雄烯酮气味的主要差异专门针对 LPP 振幅峰值；因此证明了其与气味效价处理[43]和遗传组成的个体差异[44]的明确关联。

我们将在此讨论的气味效价实验评估的最后一个方面，涉及其与情感信息的社会沟通的相关性。人的面部含有超过 100 条肌肉，在某些组合中，这些肌肉表达了快乐、愤怒、厌恶、恐惧和悲伤的基本情绪，但也能传达更细微和文化依赖性的情绪状态和感觉。使用肌电图（EMG）[45,46]测量面部肌肉活动：小的表面电极特此贴附在特定肌肉上方的面部皮肤上，并测量其与刺激呈现相关的肌电图活动。通过基线与反应水平之间的振幅变化定量肌电图活动。Jäncke 及其同事实施的一项特定研究[47]，评估了面部对好闻和难闻气味的 EMG 反应,并证实了在最高气味浓度下对恶心诱发刺激的较高 EMG 活性;然而,未观察到与气味效价评级的直接相关性。一项额外的实验操作研究了出现气味的社会环境的影响:个体在私人环境中或在其他人(实验者)存在的情况下闻到不同的气味。与预期相同,通过 EMG 反应测量,当实验者在场时,对难闻气味显示的面部情绪明显比参与者在孤立状态下测试时强,表明面部反应是由社会因素驱动,而不是直接由口腔-面部反射驱动(讨论见文献[48])。因此,认为伴随气味效价感知的面部肌肉活动嵌入了环境依赖性高阶调节中,并且与自主神经系统活动(如皮肤电导变化)产生的外周神经反应无关。相反,好闻气味和评级正面的气味与面部反应(参与者微笑)无关。这表明,由气味诱发的情绪沟通可能主要发挥了向我们的同类传达危险或污染的进化功能,而不是快乐和满足。

34.2　气味效价的决定因素

尽管上述证据清楚地表明,气味效价决定了我们的行为和生理反应,但是,决定一种气味是否好闻或难闻的感知过程一直难以实现。正如我们在下文中所阐述的,可以确定两条不同的研究线,一方面侧重于气味的分子特性与其感知效价之间的关系,另一方面侧重于认知机制,其在皮层水平上产生情感效价感知。这两个因素都需要考虑到,以掌握具有不同效价特征的气味感知的构建。

34.2.1　分子特征对气味效价感知的影响

与组成视觉场景的颜色、边缘或空间频数相似,单一分子的挥发性化学物质(如乙醇和乙醛)构成了所有气味的最小感觉单位。这些结构可以被视为构成我们感知的嗅觉对象的基本特征,因此,它们对气味感知质量的影响对于理解最终气味感知的愉悦性或非愉悦性具有重要意义。研究重点关注对个体化合物的可能先天性接近或回避反应的识别,这些可能有助于上文列出的气味效价感知的进化自适应功能。事实上,啮齿类动物的研究有力地表明,检测特定的挥发性化合物可引发硬连接的情绪反应,这可能构成了威胁检测背景下的进化优势。例如,实验室大鼠终生从未接触猫时,当接触猫臭时仍然表现出强烈的回避反应,暴露于猫气味相对于其同类暴露于对照气味,其在隐藏框中耗费明显更多的时间,并假设为独特的防御相关体位[49]。免疫反应性模式进一步表明,这些效应并非来自副嗅球活动(其通常参与啮齿类动物的反射性适应行为),而是来自主嗅球。这强调了不同物种之间可能存在类似机制的可能性。更具体地说,由 Kobayakawa 及其同事[50]实施的一项后期研究确定了在背嗅球中先天性气味引发恐惧反应的位点,表明一个不同的受体子集可能负责这些反应。尽管对特定化学成分的不良反应的精确编码机制尚不清楚,但 Dias 和 Ressler[51]的近期工作表明,至少部分小鼠对气味的厌恶反应可能由表观遗传机制产生。在亲代中发现创伤性气味暴露延续至下一代、未暴露动物中,两代显示神经解剖和遗传修饰有助于对条件性气味敏感性增加的行为表现。

然而,在人类中,对气味固有性行为反应的确凿证据仍然很少。通过证明新生儿对气味的面部表达差异，早期的工作认为人类对特定的气味存在固有偏好[52]。但是，最近的数据表明，早期嗅觉偏好与喂养方式[53]，以及产前暴露于食物香味(通过新生儿母亲妊娠饮食的途径)间的相关性[54]。这些发现挑战了以下观点：产后行为为早期气味偏好的生物学基础提供了确凿的证据，并且提出了一种可能性，即甚至早期嗅觉偏好也可能是妊娠期间和幼年出现的学习机制的结果。

一种用于天然气味偏好评估的替代性方法(最近已获得了广泛使用)，在大型基于人群的数据集的辅助下，探索了人类中气味的化学组成与嗅知觉空间之间的关系：这些允许识别人类心理物理评估与结构分子特征之间的稳定相关性[55-58]。参与者间知觉评级和分子结构之间的稳定相关性在此被解释为情感评估、分子结构和受体表达的个体变异性之间存在系统性和潜在内在关系的证据。

在迄今为止最全面的此类研究之一中，Khan 及其同事[59]进行了两步程序。首先，他们将主成分分析应用于现有的感知气味特征数据库，以降低感知描述词的维数。在该分析中出现的具有最高因素负荷的部分(作者标记为愉悦性)占解释知觉特征空间中变化的30%，从而为效价作为嗅知觉的主要维度这一观点提供了大量支持，如上所述。其次，他们对相同气味的分子和物理描述物采用了相同的方法；在此，出现了一个由分子量和分子量范围属性固定的主轴。对知觉和分子空间中各个主要部分中每种气味的级别进行比较，结果表明这些因素之间存在高度重叠。这表明，在缺乏任何背景信息的情况下，某些化学物质被简单地视为较其他更好闻。但是，需重点强调的是，研究仅在所有气味的同等强度浓度下进行。鉴于已知强度知觉与愉悦性知觉之间存在相互影响，未来的研究将需要纳入强度调节以反映这种复杂性。

虽然这项工作支持化学特性和情感价值之间基本固定的相关性观点，与个体学习体验无关，但基于人群的模型无法解释知觉体验中个体间变异性的影响，这使得相当大比例的变异性无法解释。在探索这种感觉编码水平上的其余变异性的解释时，研究强调了个体间的嗅觉-受体表达差异对气味现象学体验的影响。如上文对气味雄烯酮示例的解释，气味受体表达的遗传二态性与小球对不同气味的活性差异相关，因此，导致感知的气味质量差异和由此产生情感效价归因[44,58,60]。此类差异的普遍示例包括不喜欢某些食物，这与编码其香味的独特气味成分的受体的二态性有关，导致一些人在香菜中感觉到有肥皂味而其他人可能感觉不到；以及在芹菜中感觉到有出汗和尿味，而其他人感觉到有甜味和花香[61,62]。

为了在更大范围内努力掌握这种变异性，Mainland 及其同事[58]识别了 18 种不同气味受体的激活剂，并证明其中 63%的多态性与其体外反应模式的差异相关。为了评估这种遗传变异的功能性后果，这些模式与 DNA 群体数据库中的受体表达有关，表明平均而言，这些功能性嗅觉多态性中约 30%存在个体间差异，地理因素可预测观察到的个体间遗传重叠的量[彩图 32(a)]。最后，为了证明这种个体间变异性的行为相关性，作者单独指出了一种受体(嗅觉受体 10G4；OR10G4 有四种等位基因变异在一般人群中发生率高)，用于全面的行为测试[彩图 32(b)]。他们发现拥有等位基因 3 或 4 导致其激活剂愈创木酚的感知效价显著增加。两种其他激活剂以及 63 种其他已知不与 OR10G4 结合的气味[彩图 32(c)]的感知效价不受影响。

这些实验表明，受体结合模式不仅可能在预测气味的感知效价中发挥重要作用，而且这些受体表达的群体内变异也会显著构成个体间气味偏好的变异性。

34.2.2　对气味效价感知的背景影响

正如在本章开始部分的解释，任何关于气味效价感知的理论都需要考虑效价评价的变化，这些变化通常发生在一种特定的气味与预期的正面或负面结果相关联时。个体和背景之间存在高度变异性，认为这种从上到下的对照评价解释了在个体间观察到的较大比例的气味效价分配差异。关于认知调节对愉悦性影响的印象，只需再次回顾上文提到的以新鲜磨碎的干酪味呈现的奶酪味示例：其可能刺激食欲，并可能感觉好闻，晚餐时间之前相比结束用餐后更好闻。但是，当标签上注明呕吐物或穿过的多汗的袜子时，相同的气味可能会引起恶心和排斥。已在实验环境中证实了相似的作用，并可扩展至许多气味[6,63,64]。

在没有其他提示的情况下难以为气味分配标签；气味目标表征的不稳定性使我们易受认知介导的效价分配变化的影响。在大多数现实生活背景中无先验知识，或根据气味质量鉴定的标准化测试(嗅棒，参见第 26 章，宾夕法尼亚大学嗅觉识别测试，UPSIT)没有提出反应替代解释时，要求人说出气味时表现极差[5,65,66]，但对自己识别气味的准确性过度有信心[67]。事实上，对于任何其他感官形式来说，难以想象干酪味与多汗的袜子之间存在令人惊讶的常见混淆。气味混合物的高维度可能在这种识别缺陷中起重要作用。大量具有特定受体结合模式的不同化学分子意味着人类能够区分接近无穷的不同气味[55]。与声音和图像相比，任何可能的刺激都可以根据两个维度(物理波形的频率和振幅)进行描述，对一个人一生中可能遇到的每种气味进行准确的记忆提取需要储藏接近无穷大的独特的不同受体激活模式。此外，不同来源的气味之间分子大部分重叠意味着，将当前知觉印象与此前遇到的气味的记忆相匹配可能会产生一种对象来源的多种、同样合理的反应替代，所有这些反应可能在其情感属性上差别很大。

若干作者提出，气味识别的皮层区处理通过将气味与基于对象的模板相匹配来解决这些问题，最终允许系统使用与在其他感觉模式中观察到的相似的模式识别、完成和分离机制[68-70]。该机制通过匹配噪声知觉输入与离散记忆模板来降低嗅觉刺激的高维度，而离散记忆模板均与特定对象属性和情感含义相关。在该模型中，多感觉或记忆线索将有助于获取特定对象记忆模板[69,71]，反过来，将导致特定身份分配和诱发相关的情感反应。换言之，认知介导的效价分配并不直接源自气味本身的感觉特性，而是源于学习的嗅觉记忆痕迹的情感特性。

与该观点一致，心理物理学证据表明，认知控制的识别过程可能先于有意识地出现气味效价分配。一项由 Olofsson 及其同事[23]开展的行为研究对身份和效价评估期间的反应时间进行了中介分析，以证明气味效价可能仅部分由分子特征和情感反应之间的直接前向关系所导致。同一性判断的反应时间早于愉悦性评价，基于推定的潜在来源的对象特性，倾向于间接途径进行气味愉悦性评价。

其他作者的工作表明，这种认知介导的效价分配可能与确定正面效价属性特别相关；

评定为喜欢的气味倾向于比不喜欢的气味处理速度更慢[72]，表明认知处理负荷更高。与此观点一致，命名一种气味并由此赋予其身份，会影响对中性气味的喜好判断，使其可能被视为更好闻[73]。另一方面，负面对象标签与中性或正面名称相比，导致刺激被评定为更强烈和难闻[6]。

Li 等[74]研究了经典恐惧调节后通过气味知觉变化获得的气味效价反应。将气味作为条件刺激(CS)与电休克(非条件刺激，US)偶联后，受试者能够区分该气味和已作为CS–(即未偶联至 US)呈现之前无法区分的气味。气味偏好也可受到正相关学习的影响[75]。根据提供给受试者的情感图片的效价，中性嗅觉的评级不同[76]：将其识别为在负面图片呈现后更强烈和难闻，而在正面图片之后的中性嗅觉则诱导了更大的气味愉悦性。对来自不同文化背景的人群进行的研究，利用种族群体之间现有的食物对象知识差异，证明了学习联想对气味效价感知的系统影响。Distel 及其同事[77]向日本和德国受试者提供了针对日本或德国文化(如发酵大豆、干鱼、绿茶对比奶酪、香肠、香料)或两组都熟悉的气味样品(如巧克力、花生、啤酒)。不熟悉气味，因此无法使用正相关的对象标签，导致该气味被评定为更难闻[18,77]。这些发现与上述观点一致，即缺乏身份信息有利于负面效价评价。

对气味知觉的从上到下的控制不仅有助于理解效价分配中的语境和个体间差异，还可能促成其随时间推移产生波动；最常见的是，这种效应是在代谢变化的背景下描述的，饥饿可增强对食物气味的正面评价，而饱腹感则可使其减弱[78,79]。

嗅知觉中的这些状态依赖性效价分配与热知觉中的类似现象有关，其中感觉温度的愉悦性是相对于自我进行评估的(当一个人冷时会感觉更喜欢温暖，而在热时则会感觉更喜欢冷)。标示为饥饿环境[78]，根据内环境、内部信号(包括体温)或者在化学感受异常的情况下(通过饱腹状态)确定对象的食欲数值。重要的是，饥饿环境描述了一种可推广至与所讨论的特定内部状态相关的所有刺激的现象：在嗅知觉的情况下，对所有食物相关气味的效价评定，在饥饿状态下增加，而在饱腹状态下降低。一种被称为感官特异性饱腹感的相关但明显不同的概念描述了状态依赖性效价影响一种不同的感觉刺激的现象：特定食物的香气在反复暴露被认为不再可口，然而，并不一定会引起其他食物气味的效价变化的普遍存在。通常，这种现象可在自助式膳食期间发生，并视为暴饮暴食的潜在原因[80]：由于可用的感觉体验的多样性，食物调味剂(其气味和味道的组合)的继发效价在更长时间的食物摄入期间得以保持，而调味相对单调的单菜的情感反应迅速下降。其他已知可改变感觉特异性饱腹感发生的因素包括食物的营养成分、质感和视觉印象[79]。

综上所述，上述知觉现象证实，化学感受感知与嗅觉对象身份之间的关系，以及这些对象身份与情感和动机特征之间的关系高度可变，并根据其感知的个人相关性发生持续变化。因此，气味知觉的皮层编码期间的嗅觉效价评价的作用不仅应视为线性处理级联的一步，而且应视为包括分子特性、受体库、学习经验(如与威胁的关联)和内部状态(如饥饿)之间的各种反馈回路的动态过程。本章的下一小节将说明我们当前对这些过程在皮层和外周神经编码气味过程中如何整合的了解，以获得嗅觉体验。

34.3　人类大脑中的效价编码

如上所述，气味效价感知不是一个统一的概念，而是通过相关分子特征的自下向上过程与对象身份的自上而下学习分配的整合而构建的，反过来可引起情感特征的特定分配。这些情感评估可以通过不同的认知指标采集，如可食性判断或激励显著，并可能与周围神经活动的特征性调整相关。考虑到驱动气味效价感知因素的多维性，需要从这个多维性角度同等考虑促进情感知觉属性出现的神经激活。

在下文中，我们将首先讨论嗅觉处理和情绪大脑网络直接整合为嗅觉系统的一种独特解剖属性的作用，这可能为在缺乏认知评价的情况下情感属性出现的高自动性提供结构基础。然后，我们将通过识别独特的气味对象身份，提供已知有助于情感特征意识分配的皮层下和皮层结构的扩展网络概述。最后，我们将讨论阐述调节气味效价感知的网络活动如何作为语境特征和相关经验的函数而发生改变的数据。

34.3.1　气味的皮层下和边缘处理——自动威胁检测的途径?

在灵长类动物的嗅知觉中，气味分子与其嗅上皮中的主要感觉细胞(位于鼻腔顶部)结合。之后，所有表达相同受体的神经元轴突汇集到嗅球中相同的两个空间位置，生成组织模式，这些模式以趋化性方式分布[81-83]。由气味诱发的延髓模式之间的相似性与知觉相似性的经验相关联[84,85]，因此代表具有不同情感质量的可分离感觉经验的关键早期阶段。重要的是，在奖励学习或厌恶性条件反射期间形成的行为相关刺激认知，可导致增强在该早期处理阶段就已存在的相似气味激活模式之间的可分性，这是由于在小球内的侧向抑制[86-88]，以及受体放电模式的改变所致。因此，严格意义上说，早期的趋化气味表征从未对我们的化学感受感知环境表现出照相机样的图像。相反，其作为选择性稀疏或增强型编码到达皮层和皮层下的处理阶段，反映了目前刺激的演化意义，因此包含了与后续效价分配相关的信息。

单突触投射将嗅觉信号直接从嗅球向杏仁核和海马传递[89,90]，这是嗅觉系统的一种独特的解剖学特征，被认为与嗅觉效价分配的速度和自动性具有关键相关性。这种低路通路缺乏强制性丘脑传递，即在进入涉及情感处理的皮层下淋巴结[91]之前，门控来自其他模式的信息，在通过外周的初始处理步骤后，允许嗅觉信息在缺乏认知调节的情况下直接与记忆和情绪过程相互作用。

数项研究通过将活性变化分离为气味效价和强度的独立操作，探索了杏仁核参与情绪体验的情况。Anderson 等[92]首先将功能磁共振成像(fMRI)测量的血氧水平依赖性(BOLD)信号变化与好闻和难闻嗅觉刺激进行比较，结果发现两者均可引起杏仁核的激活增加，而在眶额皮层(OFC)发现了按刺激效价分类的可分离模式。重要的是，Winston及其同事[93]扩展了该工作，证明了杏仁核并非对气味刺激的情绪价值无反应，而是以更复杂的交互式方式将其考虑在内；即通过纳入另一种具有中性效价的气味，Winston 等证实杏仁核的反应强度随着情感相关的气味强度的增加而增加(Anderson 等证实)，但与之相反，当气味为情感中性时，仍对强度变化无反应。因此，对嗅觉刺激的杏仁核激活可能代表了强度和效价信息的合并体现，作为感知情绪值的总体指标。这种杏仁核反应模式与当前关于其在情绪感知中作用的理论密切相关，其假设基于使用视觉刺激物质进行的研究，该研究同样表明，正面和负面效价刺激体验可激活该区域[94]。虽然早期模型假设了杏仁核在恐惧知觉中的具体作用，但现在认为其可能在唤醒和生物学意义方面对效价非特异性显著检测做出更普遍的反应[95]。在缺乏认知控制过程的情况下，气味的自动杏仁核激活实际上可能对当前刺激的负面情感反应产生偏倚，因此在上述基于气味的威胁检测机制中发挥关键作用[12]。另一方面，当对象被认定为能激发情感，但认知评估为无威胁时[96]，这种自动杏仁核反应被认为可通过认知重新评估过程抵消。这些过程下调了在这种情况下构成不必要和资源消耗回避反应的诱发因素。与此观点一致，焦虑诱导使个体对潜在的威胁容易警觉，已证实该诱导嗅觉网络连接性的变化，对杏仁核影响皮层的气味处理形成更强偏倚[97]。

对气味厌恶反应的诱发通常伴随着内脏和自主神经反应，它们不仅限于对威胁的检测，还可能调节恶心或恶心的感觉以及行为退缩的冲动[98]。许多研究表明，除了杏仁核激活以外，这种对气味的感觉也来自腹侧前脑岛皮层[99-101]。作为构成包括气味、味道和化学刺激在内的所有化学感受感知途径核心部分的结上区域，该区域也与识别厌恶的面部表达有关[102,103]。同时整合了厌恶的视觉印象和负面嗅觉刺激物质[2,104]的研究提供了证据，表明厌恶的刺激物质与脑岛中的一种结上共同神经基质共享，并强化了脑岛作为行为免疫系统中的一个关键淋巴结的想法[105]，这允许个体自动从事疾病预防行为，因此，应被视为形成了嗅觉刺激效价表现的延伸网络的一部分。

34.3.2　皮层对象处理对气味效价感知的作用

认为皮层下的气味效价感知通路允许对气味价和化学威胁做出迅速和高度自动化的、几乎类似反射的反应。另一方面，在情感评价的高路中，皮层编码的气味属性构成了情感质量的基础，允许呈现与刺激同一性相关的复杂情绪。前额皮层是大脑中产生气味物质的理解对象，它为我们有意识地体验到的气味所引起的好闻或难闻感觉提供了神经基础。

如第 33 章所述，在过去十年中，皮层机制将复杂的趋化小球编码转换为整体同一性和具有不同效价的基于体验的气味物体表征，一直是强力研究的主题。因此，特别关注了梨状皮层的作用，及其与眶额皮层(OFC)嗅觉部分的紧密相互联系。

梨状皮层接受来自嗅球的最大部分的神经投射，常被标记为初级嗅觉皮层，并分为前部(位于额叶)和后部(形成颞叶的一部分)。将嗅觉系统的主要次级处理区域(人嗅觉OFC)准确地置于非人灵长类动物的口侧类似区域，位于眶内侧沟和眶横沟交点，以视觉、味觉和体感区域为边界[1,106]。

来自动物文献的证据表明，梨状皮层将外周嗅觉信号的趋化性转换为分散的激活模式[107,108]，这有助于建立气味行为相关性的表征[109]。人类中类似机制的存在得到了功能性神经影像学研究的支持：对梨状皮层中气味 MRI 信号的模式分析显示，根据外部世界的感知质量或行为相关性，将气味归为相似的活动模式[110]。即使对于化学结构存在显著差异的气味，也会出现这种分组模式，表明除了嗅球的趋化编码模式以外的额外处理步骤，其将知觉处理转移至对感知对象身份的表现。

研究一致显示, 梨状皮层前部和 OFC 的嗅觉投射区受到气味-效价特征的调节[73,111,112]。通过相互联系而形成强烈连接[111,113], 这些区域被认为形成了嗅觉刺激特性行为相关性评估的核心网络。最有力的证据是, 在嗅觉 OFC 中报告了好闻和难闻刺激的不同激活模式(较高的活动水平往往对应于较高的厌恶度水平)[111,114-116], 病变研究[74]和 fMRI 研究[117]涉及这一区域, 该区域对气味表现成意识至关重要。这些结果表明, 尽管有证据表明通过外周感知的效价进行早期感觉调节, 但该区域可能在情感特征进入意识知觉中起到必要的作用。

在 OFC 中, 一些报道主张解剖区分做出正面和负面效价反应的部分, 中间额骨部分编码对应刺激的奖励, 背外侧部分优先对应厌恶反应[114]。研究这些空间上可分离的分段与最终气味知觉形成的相关性, Grabenhorst 及其同事[118]向受试者呈现纯粹好闻和纯粹难闻的气味, 以及难闻和好闻气味的混合物。通过将 BOLD 信号与愉悦性和非愉悦性的主观评级相关联, 它们不仅能够将 OFC 的分段分离, 优先对愉悦性和非愉悦性做出反应, 而且还能够显示混合气味, 尽管感觉上评定为好闻, 但同时激活了两个分段。发现好闻和难闻的效价关联同时在高级皮层区域中呈现可能对自上而下控制的效价归因变化有重要影响: 后者可能偏倚意识知觉偏向一个或另一个, 取决于感知刺激的背景。

Grabenhorst 和 Rolls[119]进一步表明 OFC 中刺激值的连续表现与背外侧前额皮层中二分法/回避决定之间存在差异。这与经济学决策文献中关于前额叶功能的观点有关, 在该文献中, 认为一方面在奖励编码与另一方面回避法决定的转换中发挥重要作用[120]。反映这些影响, 最近将嗅知觉中的眶额相关模型扩展至以效价的线性表示作为固定属性的概念之外: 相反, 对出现喜欢或不喜欢的感觉越来越多地视为实际与预测间的评估结果, 这些预测结果随后与信号奖励值(结果优于预测, 呈现正面效价分配)或惩罚(结果差于预测, 呈现负面效价分配)相结合。

虽然目前还缺乏在效价感知灵活调整的背景下考察这些问题的研究, 但是, 最近由 Zelano 及同事[121]研究了 OFC 中实际与预期气味结果的编码, 从而为嗅觉皮层网络中主观值的潜在编码机制提供了神经基础。作者通过比较两种气味的神经反应来测试嗅觉系统中真实的和预测的结果, 同时关注一种或另一种(而知觉体验相同时, 气味 A 有时会被表示为"是, 气味 A", 其他时间会被表示为"否, 不是气味 B")。这种调节导致 OFC 两种条件下的激活及其在前梨状皮层的投射区域存在显著差异。两个区域中的神经反应受到感觉事件是否匹配预测事件的强烈影响, 代表预期而不是实际刺激, 因此作为固有比较任务, 为 OFC 中气味评价的理念提供了支持。此外, Rudebeck 及其同事[122]最近的工作能够通过单神经元记录的方法, 在猴模型中更直接地证明 OFC 参与嗅觉刺激——结局体验, 获得的首个证据表明, 灵活的 OFC 反应可能有助于重新评价依赖于当前动机状态的气味刺激。

然而, 还需要进一步的研究来构建一个嗅觉效价感知中 OFC 功能的统一模型, 这些结果表明, 嗅觉皮层中的效价表示可能是一种多维概念, 而不是对抽象的奖励值的明确局部线性表示。由于 OFC 位于各种感觉系统、认知和情感网络的交叉点, OFC 似乎在这种统一的知觉体验中形成了重要的接力功能。随着效价以真实或预期结果的激励值形式表示, OFC 保持灵活性, 以便根据内部和外部状态变化所提出的不同要求调整该表示。

这些状态很可能包括学习到的具有正面和负面结果的意外事件以及多重感官影响，例如与正确的主要奖励的相关性，例如糖和盐的味道；因此，这些状态可能促成了 21 世纪一些最大的公共健康挑战，需要加强研究工作。

作为整合真实值与预期结果相关的区域，OFC 和前梨状皮层在效价感知中的作用重组也提供了一个重新评价后梨状皮层在效价编码中作用的机会，尽管其在基于身份的知觉质量、气味学习和记忆的形成中至关重要[110,123]，但传统上认为与效价编码无关。Zelano及同事[121]的上述研究直接比较了除 OFC 活性以外的两种梨状分段之间的反应模式，并证实后梨状皮层保持了刺激的状态独立呈现，而前梨状皮层活性受到预期结果的调节。鉴于这种功能分离，完全忽略后梨状皮层在愉悦性知觉中作用的皮层效价表示模型可能无法提供一个完整的图像：高路效价感知途径一方面依赖于预期值的整合，另一方面依赖于知觉证据的识别。因此，可以推测，在情绪和记忆网络交集时，后梨状皮层可能构成了将知觉输入与对象特异性气味记忆联系起来的一个重要的传递者，它携带了关于行为相关性的信息[113]。换言之，后梨状皮层可能在嗅觉记忆提取中起关键作用，对照当前精神状态产生的这些记忆对比预期评价构成了情感效价感知的关键子过程。未来的工作将显示该模型是否对产生气味效价表示的皮层过程提供了合理的近似法。此外，还需要确定可能通过多感觉（包括其中嗅觉结节[124]和内嗅皮层[125, 126]）对嗅觉效价编码产生影响的其他皮层支持结构的作用。

34.4　结　　论

如上所述，效价感知或感知嗅觉输入为好闻或难闻的能力不仅是气味知觉体验最基本和直观的特征之一，这种情绪体验也是与我们化学感受感知环境最常见相互作用的基本原理，包括快速拒绝污染物质或熟悉食物引起的食欲。因此，对气味的效价感知是一种大大有助于维持人类健康的机制。

考虑到气味效价感知的这种直接和明显的单维关系，促成其出现的神经过程的复杂性，以及我们持续寻找一些甚至最基本问题的答案（例如什么使气味好闻）仍然令人困惑。然而，正如我们在这里回顾的那样，从所有可能的角度处理对气味的情绪反应的表现，从人类和动物的行为研究、生理和皮层反应到早期受体编码模式的标准，过去几年中已经取得了巨大进展。最近尝试将这些不同标准的分析结合起来，开始展示一个复杂的系统，在高速下，这个系统不仅可以捕捉到临近刺激物的化学组成，同时还可以尝试识别可能的来源、评价其潜在的行为相关性、并引发适当的内脏反应，在负面评价的情况下，这对防止受污染的食物进入我们的消化系统至关重要。

综合考虑，回顾上述研究显示，人类大脑中的气味效价编码是一个多水平过程，涉及早期外周调节以及快速行为反应和意识认知评价的皮层下机制。考虑到由功能失调和对化学感受感知刺激（尤其是在食物摄入期间）的回避行为引起的不断增长的公众健康问题，了解对某些气味自发引起我们垂涎的分子和神经机制，而其他气味使得我们的胃部不适，这很可能证明对抵消这种功能效价属性的方法开发至关重要，因此，值得我们继续努力研究。

参 考 文 献

[1] J. Seubert, J. Freiherr, J. Frasnelli, T. Hummel, J.N. Lundstrom: Orbitofrontal cortex and olfactory bulb volume predict distinct aspects of olfactory performance in healthy subjects, Cereb. Cortex 23 (10), 2448-2456 (2013)

[2] J. Seubert, T. Kellermann, J. Loughead, F. Boers, C. Brensinger, F. Schneider, U. Habel: Processing of disgusted faces is facilitated by odor primes: A functional MRI study, Neuroimage 53 (2), 746-756 (2010)

[3] J.T. Richardson, G.M. Zucco: Cognition and olfaction: A review, Psychol. Bull. 105 (3), 352-360 (1989)

[4] S.S. Schiffman: Physicochemical correlates of olfactory quality, Science 185 (4146), 112-117 (1974)

[5] Y. Yeshurun, N. Sobel: An odor is not worth a thousand words: From multidimensional odors to unidimensional odor objects, Annu. Rev. Psychol. 61 (219-241), 211-215 (2010)

[6] J. Djordjevic, J.N. Lundstrom, F. Clement, J.A. Boyle, S. Pouliot, M. Jones-Gotman: A rose by any other name: Would it smell as sweet?, J. Neurophysiol. 99 (1), 386-393 (2008)

[7] H. Schlosberg: Three dimensions of emotion, Psychol. Rev. 61 (2), 81-88 (1954)

[8] K. Lewin, T. Dembo, L. Festinger, P.S. Sears: Level of aspiration. In: Personality and the Behavior Disorders, Vol. I, ed. by J. McV. Hunt (Ronald, New York 1994) pp. 333-378

[9] N.H. Frijda: The Emotions (Cambridge Univ. Press, New York 1986)

[10] S. Boesveldt, J. Frasnelli, A.R. Gordon, J.N. Lundstrom: The fish is bad: Negative food odors elicit faster and more accurate reactions than other odors, Biol. Psychol. 84 (2), 313-317 (2010)

[11] M. Oaten, R.J. Stevenson, T.I. Case: Disgust as a disease-avoidance mechanism, Psychol. Bull. 135 (2), 303-321 (2009)

[12] R.J. Stevenson: An initial evaluation of the functions of human olfaction, Chem. Senses 35 (1), 3-20 (2010)

[13] J.N. Lundstrom, M.J. Olsson: Functional neuronal processing of human body odors, Vitam. Horm. 83, 1-23 (2010)

[14] J.H. de Groot, M.A. Smeets, A. Kaldewaij, M.J. Duijndam, G.R. Semin: Chemosignals communicate human emotions, Psychol. Sci. 23 (11), 1417-1424 (2012)

[15] A. Prehn-Kristensen, C. Wiesner, T.O. Bergmann, S. Wolff, O. Jansen, H.M. Mehdorn, R. Ferstl, B.M. Pause: Induction of empathy by the smell of anxiety, PLoS One 4 (6), e5987 (2009)

[16] J.N. Lundstrom, J.A. Boyle, R.J. Zatorre, M. Jones- Gotman: The neuronal substrates of human olfactory based kin recognition, Hum. Brain Mapp. 30 (8), 2571-2580 (2009)

[17] M.J. Olsson, J.N. Lundström, B.A. Kimball, A.R. Gordon, B. Karshikoff, N. Hosseini, K. Sorjonen, C.O. Höglund, C. Solares, A. Soop, J. Axelsson, M. Lekander: The scent of disease: Human body odor contains an early chemosensory cue of sickness, Psychol. Sci. 25 (3), 817-823 (2014)

[18] R.J. Stevenson, M.K. Mahmut: Familiarity influences odor memory stability, Psychon. Bull. Rev. 20 (4), 754-759 (2013)

[19] M.G. Haselton, D. Nettle: The paranoid optimist: An integrative evolutionary model of cognitive biases, Pers. Soc. Psychol. Rev. 10 (1), 47-66 (2006)

[20] D.V. Santos, E.R. Reiter, L.J. DiNardo, R.M. Costanzo: Hazardous events associated with impaired olfactory function, Arch. Otolaryngol. Head Neck Surg. 130 (3), 317-319 (2004)

[21] A.F. Temmel, C. Quint, B. Schickinger-Fischer, L. Klimek, E. Stoller, T. Hummel: Characteristics of olfactory disorders in relation to major causes of olfactory loss, Arch. Otolaryngol. Head Neck Surg. 128 (6), 635-641 (2002)

[22] T.S. Pence, E.R. Reiter, L.J. DiNardo, R.M. Costanzo: Risk factors for hazardous events in olfactory-impaired patients, JAMA Otolaryngol. Head Neck Surg. 140 (10), 951-955 (2014)

[23] J.K. Olofsson, N.E. Bowman, J.A. Gottfried: High and low roads to odor valence? A choice response-time study, J. Exp. Psychol. Hum. Percept. Perform. 39 (5), 1205-1211 (2013)

[24] S. Boesveldt, S.T. Lindau, M.K. McClintock, T. Hummel, J.N. Lundstrom: Gustatory and olfactory dysfunction in older adults: A national probability study, Rhinology 49 (3), 324-330 (2011)

[25] N.P. Hays, S.B. Roberts: The anorexia of aging in humans, Physiol. Behav. 88 (3), 257-266 (2006)

[26] C. Lithari, C.A. Frantzidis, C. Papadelis, A.B. Vivas, M.A. Klados, C. Kourtidou-Papadeli, C. Pappas, A.A. Ioannides, P.D. Bamidis: Are females more responsive to emotional stimuli? A neurophysiological study across arousal and valence dimensions, Brain Topogr. 23(1), 27-40 (2010)

[27] J.K. Olofsson: Time to smell: A cascade model of human olfactory perception based on response-time(RT) measurement, Front. Psychol. 5, 33(2014)

[28] J.N. Lundstrom, A.R. Gordon, E.C. Alden, S. Boesveldt, J. Albrecht: Methods for building an inexpensive computer-controlled olfactometer for temporally-precise experiments, Int. J. Psychophysiol. 78(2), 179-189 (2010)

[29] J. Seubert, K.M. Gregory, J. Chamberland, J.M. Dessirier, J.N. Lundstrom: Odor valence linearly modulates attractiveness, but not age assessment, of invariant facial features ina memory-based rating task, PLoS One 9(5), e98347 (2014)

[30] O. Alaoui-Ismaïli, E. Vernet-Maury, A. Dittmar, G. Delhomme, J. Chanel: Odor hedonics: Connection with emotional response estimated by autonomic parameters, Chem. Senses 22(3), 237-248 (1997)

[31] A.L. Saive, J.P. Royet, N. Ravel, M. Thevenet, S. Garcia, J. Plailly: A unique memory process modulated by emotion underpins successful odor recognition and episodic retrieval in humans, Front. Behav. Neurosci. 8, 203 (2014)

[32] M. Bensafi, C. Rouby, V. Farget, M. Vigouroux, A. Holley: Asymmetry of pleasant vs. unpleasant odor processing during affective judgment in humans, Neurosci. Lett. 328(3), 309-313 (2002)

[33] R.C. Havermans: "You Say it's Liking, I Say it's Wanting...". On the difficulty of disentangling food reward in man, Appetite 57(1), 286-294 (2011)

[34] P.J. Lang, M.K. Greenwald, M.M. Bradley, A.O. Hamm: Looking at pictures: Affective, facial, visceral, and behavioral reactions, Psychophysiology 30(3), 261-273 (1993)

[35] M.E. Dawson, A.M. Schell, D.L. Filion: The electrodermal system. In: Handbook of Psychophysiology, ed. by J.T.J.T. Cacioppo, L.G. Tassinary, G.G. Berntson (Cambridge Univ. Press, Cambridge 2007) pp. 159-181

[36] R. Soussignan, N. Ehrle, A. Henry, B. Schaal, S. Bakchine: Dissociation of emotional processes in response to visual and olfactory stimuli following frontotemporal damage, Neurocase 11(2), 114-128 (2005)

[37] M. Benedek, S. Bergner, T. Konen, A. Fink, A.C. Neubauer: EEG alpha synchronization is related to top-down processing in convergent and divergent thinking, Neuropsychologia 49(12), 3505-3511 (2011)

[38] S. Van Toller, J. Behan, P. Howells, M. Kendal-Reed, A. Richardson: The Warwick Human Chemoreception Research Group (WHCRG): Ananalysis of spontaneous human cortical EEG activity to odours, Chem. Senses 18(1), 1-16(1993)

[39] P. Brauchli, P.B. Rüegg, F. Etzweiler, H. Zeier: Electrocortical and autonomic alteration by administration of a pleasant and an unpleasant odor, Chem. Senses 20(5), 505-515 (1995)

[40] H.T. Schupp, B.N. Cuthbert, M.M. Bradley, J.T. Cacioppo, T. Ito, P.J. Lang: Affective picture processing: The late positive potential is modulated by motivational relevance, Psychophysiology 37(2), 257-261 (2000)

[41] G. Kobal, T. Hummel, S. Van Toller: Differences in human chemosensory evoked potentials to olfactory and somatosensory chemical stimuli presented to left and right nostrils, Chem. Senses 17(3), 233-244 (1992)

[42] B.M. Pause, K. Krauel: Chemosensory event-related potentials (CSERP) as a key to the psychology of odors, Int. J. Psychophysiol. 36(2), 105-122 (2000)

[43] J.N. Lundstrom, S. Seven, M.J. Olsson, B. Schaal, T. Hummel: Olfactory event-related potentials reflect individual differences in odor valence perception, Chem. Senses 31(8), 705-711 (2006)

[44] A. Keller, H. Zhuang, Q. Chi, L.B. Vosshall, H. Matsunami: Genetic variation in a human odorant receptor alters odour perception, Nature 449(7161), 468-472 (2007)

[45] P. Ekman, W.V. Friesen: Facial Action Coding System(FACS): A Technique for the Measurement of Facial Action (Consulting Psychologists, Palo Alto 1978)

[46] A. van Boxtel: Facial EMG as a tool for inferring affective states, Proc. Meas. Behav., ed. by A.J. Spink, F. Grieco, O. Krips, L. Loijens, L. Noldus, P. Zimmerman (Noldus Information Technology, Wageningen 2010) pp. 104-108

[47] L. Jäncke, N. Kaufmann: Facial EMG responses to odors in solitude and with an audience, Chem. Senses 19(2), 99-111 (1994)

[48] B. Parkinson: Do facial movements express emotions or communicate motives?. Personal. Soc. Psychol. Rev. 9(4), 278-311 (2005)

[49] R.A. Dielenberg, G.E. Hunt, I.S. McGregor: "When a rat smells a cat": The distribution of Fos immunoreactivity in rat brain following exposure to a predatory odor, Neuroscience 104(4), 1085-1097(2001)

[50] K. Kobayakawa, R. Kobayakawa, H. Matsumoto, Y. Oka, T. Imai, M. Ikawa, M. Okabe, T. Ikeda, S. Itohara, T. Kikusui, K. Mori, H. Sakano: Innate versus learned odour processing in the mouse olfactory bulb, Nature 450(7169), 503-508 (2007)

[51] B.G. Dias, K.J. Ressler: Experimental evidence needed to demonstrate inter- and trans-generational effects of ancestral experiences in mammals, Bioessays 36(10), 919-923 (2014)

[52] J.E. Steiner: Discussion paper: Innate, discriminative human facial expressions to taste and smell stimulation, Ann. N.Y. Acad. Sci. 237(0), 229-233(1974)

[53] R. Soussignan, B. Schaal, L.Marlier, T. Jiang: Facial and autonomic responses to biological and artificial olfactory stimuli in human neonates: Reexamining early hedonic discrimination of odors, Physiol. Behav. 62(4), 745-758 (1997)

[54] B. Schaal, L. Marlier, R. Soussignan: Human foetuses learn odours from their pregnant mother's diet, Chem. Senses 25(6), 729-737 (2000)

[55] C. Bushdid, M.O. Magnasco, L.B. Vosshall, A. Keller: Humans can discriminate more than 1 trillion olfactory stimuli, Science 343(6177), 1370-1372 (2014)

[56] R.M. Khan, N. Sobel: Neural processing at the speed of smell, Neuron 44(5), 744-747 (2004)

[57] A.A. Koulakov, B.E. Kolterman, A.G. Enikolopov, D. Rinberg: In search of the structure of human olfactory space, Front. Syst. Neurosci. 5, 65 (2011)

[58] J.D. Mainland, A. Keller, Y.R. Li, T. Zhou, C. Trimmer, L.L. Snyder, A.H. Moberly, K.A. Adipietro, W.L.L. Liu, H. Zhuang, S. Zhan, S.S. Lee, A. Liu, H. Matsunami: The missense of smell: Functional variability in the human odorant receptor repertoire, Nat. Neurosci. 17(1), 114-120(2014)

[59] R.M. Khan, C.H. Luk, A. Flinker, A. Aggarwal, H. Lapid, R. Haddad, N. Sobel: Predicting odor pleasantness from odorant structure: Pleasantness as a reflection of the physical world, J. Neurosci. 27(37), 10015-10023(2007)

[60] I. Menashe, T. Abaffy, Y. Hasin, S. Goshen, V. Yahalom, C.W. Luetje, D. Lancet: Genetic elucidation of human hyperosmia to isovaleric acid, PLoS Biology 5(11), e284(2007)

[61] N. Eriksson, S. Wu, C. Do, A. Kiefer, J. Tung, J. Mountain, D.A. Hinds, U. Francke: A genetic variant near olfactory receptor genes influences cilantro preference, Flavour 1(1), 22(2012)

[62] C.J. Wysocki, K.M. Dorries, G.K. Beauchamp: Ability to perceive androstenone can be acquired by ostensibly anosmic people, Proc. Natl. Acad. Sci. U.S.A. 86(20), 7976-7978 (1989)

[63] R.S. Herz: Verbal coding in olfactory versus nonolfactory cognition, Mem. Cogn. 28(6), 957-964(2000)

[64] R.S. Herz, J. von Clef: The influence of verbal labeling on the perception of odors: Evidence for olfactory illusions?, Perception 30(3), 381-391(2001)

[65] W.S. Cain, R. de Wijk, C. Lulejian, F. Schiet, L.C. See: Odor identification: Perceptual and semantic dimensions, Chem. Senses 23(3), 309-326(1998)

[66] F.U. Jonsson, A. Tchekhova, P. Lonner, M.J. Olsson:A metamemory perspective on odor naming and identification, Chem. Senses 30(4), 353-365(2005)

[67] F.U. Jonsson, H. Olsson, M.J. Olsson: Odor emotionality affects the confidence in odor naming, Chem. Senses 30(1), 29-35 (2005)

[68] L.B. Haberly: Parallel-distributed processing in olfactory cortex: New insights from morphological and physiological analysis of neuronal circuitry, Chem. Senses 26(5), 551-576(2001)

[69] R.J. Stevenson, T.I. Case, R.A. Boakes: Smelling what was there: Acquired olfactory percepts are resistant to further modification, Learn. Motiv.34(2), 185-202(2003)

[70] R.J. Stevenson, D.A. Wilson: Odour perception: An object-recognition approach, Perception 36(12), 1821-1833 (2007)

[71] Y. Yeshurun, Y. Dudai, N. Sobel: Working memory across nostrils, Behav. Neurosci. 122(5), 1031-1037(2008)

[72] M. Bensafi, A. Pierson, C. Rouby, V. Farget, B. Bertrand, M. Vigouroux, R. Jouvent, A. Holley: Modulation of visual event-related potentials by emotional olfactory stimuli, Neurophysiol. Clin. 32(6), 335-342(2002)

[73] M. Bensafi, F. Rinck, B. Schaal, C. Rouby: Verbal cues modulate hedonic perception of odors in 5-year-old children as well as in adults, Chem. Senses 32(9), 855-862 (2007)

[74] W. Li, L. Lopez, J. Osher, J.D. Howard, T.B. Parrish, J.A. Gottfried: Right orbitofrontal cortex mediates conscious olfactory perception, Psychol. Sci. 21(10), 1454-1463(2010)

[75] S. Barkat, J. Poncelet, B.N. Landis, C. Rouby, M. Bensafi: Improved smell pleasantness after odor-taste associative learning in humans, Neurosci. Lett. 434(1), 108-112 (2008)

[76] O. Pollatos, R. Kopietz, J. Linn, J. Albrecht, V. Sakar, A. Anzinger, R. Schandry, M. Wiesmann: Emotional stimulation alters olfactory sensitivity and odor judgment, Chem. Senses 32(6), 583-589(2007)

[77] H. Distel, S. Ayabe-Kanamura, M. Martínez-Gómez, I. Schicker, T. Kobayakawa, S. Saito, R. Hudson: Perception of everyday odors — Correlation between intensity, familiarity and strength of hedonic judgement, Chem. Senses 24(2), 191-199(1999)

[78] M. Cabanac: Physiological role of pleasure, Science 173(4002), 1103-1107(1971)

[79] B.J. Rolls, E.T. Rolls, E.A. Rowe, K. Sweeney: Sensory specific satiety in man, Physiol. Behav. 27(1), 137-142(1981)

[80] H.A. Raynor, L.H. Epstein: Dietary variety, energy regulation, and obesity, Psychol. Bull. 127(3), 325-341(2001)

[81] H. Sakano: Neural map formation in the mouse olfactory system, Neuron 67(4), 530-542(2010)

[82] G.M. Shepherd: Smell images and the flavour system in the human brain, Nature 444(7117), 316-321(2006)

[83] F. Xu, N. Liu, I. Kida, D.L. Rothman, F. Hyder, G.M. Shepherd: Odor maps of aldehydes and esters revealed by functional MRI in the glomerular layer of the mouse olfactory bulb, Proc. Natl. Acad. Sci. U.S.A. 100(19), 11029-11034(2003)

[84] T.A. Cleland, A. Morse, E.L. Yue, C. Linster: Behavioral models of odor similarity, Behav. Neurosci. 116(2), 222-231(2002)

[85] C. Linster, B.A. Johnson, E. Yue, A. Morse, Z. Xu, E.E. Hingco, Y. Choi, M. Choi, A. Messiha, M. Leon: Perceptual correlates of neural representations evoked by odorant enantiomers, J. Neurosci. 21(24), 9837-9843(2001)

[86] W. Doucette, D. Restrepo: Profound context-dependent plasticity of mitral cell responses in olfactory bulb, PLoS Biology 6(10), e258(2008)

[87] M.L. Fletcher: Olfactory aversive conditioning alters olfactory bulb mitral/tufted cell glomerular odor responses, Front. Syst. Neurosci. 6, 16(2012)

[88] M.L. Fletcher, D.A. Wilson: Olfactory bulb mitral-tufted cell plasticity: Odorant-specific tuning reflects previous odorant exposure, J. Neurosci. 23(17), 6946-6955(2003)

[89] S.T. Carmichael, M.C. Clugnet, J.L. Price: Central olfactory connections in the macaque monkey, J. Comp. Neurol. 346(3), 403-434(1994)

[90] J.L. Price: Beyond the primary olfactory cortex: Olfactory-related areas in the neocortex, thalamus and hypothalamus, Chem. Senses 10(2), 239-258(1985)

[91] D. Öngür, J.L. Price: The organization of networks within the orbital and medial prefrontal cortex of rats, monkeys and humans, Cereb. Cortex 10(3), 206-219(2000)

[92] A.K. Anderson, K. Christoff, I. Stappen, D. Panitz, D.G. Ghahremani, G. Glover, J.D. Gabrieli, N. Sobel: Dissociated neural representations of intensity and valence in human olfaction, Nat. Neurosci. 6(2), 196-202(2003)

[93] J.S. Winston, J.A. Gottfried, J.M. Kilner, R.J. Dolan: Integrated neural representations of odor intensity and affective valence in human amygdala, J. Neurosci. 25(39), 8903-8907(2005)

[94] M.A.Williams, A.P. Morris, F. McGlone, D.F. Abbott, J.B. Mattingley: Amygdala responses to fearful and happy facial expressions under conditions of binocular suppression, J. Neurosci. 24(12), 2898-2904(2004)

[95] L. Pessoa, R. Adolphs: Emotion processing and the amygdala: From a low road to many roads of evaluating biological significance, Nat. Rev. Neurosci. 11 (11), 773-783 (2010)

[96] A. Ohman: The role of the amygdala in human fear: Automatic detection of threat, Psychoneuroendocrinology 30 (10), 953-958 (2005)

[97] E.A. Krusemark, L.R. Novak, D.R. Gitelman, W. Li: When the sense of smell meets emotion: Anxiety-state-dependent olfactory processing and neural circuitry adaptation, J. Neurosci. 33 (39), 15324-15332 (2013)

[98] P. Rozin, J. Haidt, C.R.McCauley: Disgust: The body and soul emotion in the 21st century. In: Disgust and Its Disorders, ed. by B.O. Olatunji, D.M. McKay (American Psychological Association, Washington, D.C. 2008) pp. 9-29

[99] J.P. Royet, J. Plailly, C. Delon-Martin, D.A. Kareken, C. Segebarth: fMRI of emotional responses to odors: Influence of hedonic valence and judgment, handedness, and gender, Neuroimage 20 (2), 713-728 (2003)

[100] D.M. Small, M.D. Gregory, Y.E. Mak, D. Gitelman, M.M. Mesulam, T. Parrish: Dissociation of neural representation of intensity and affective valuation in human gustation, Neuron 39 (4), 701-711 (2003)

[101] D.H. Zald, J.V. Pardo: Functional neuroimaging of the olfactory system in humans, Int. J. Psychophysiol. 36 (2), 165-181 (2000)

[102] P. Krolak-Salmon, M.A. Henaff, A. Vighetto, O. Bertrand, F. Mauguiere: Early amygdala reaction to fear spreading in occipital, temporal, and frontal cortex: A depth electrode ERP study in human, Neuron 42 (4), 665-676 (2004)

[103] M.L. Phillips, A.W. Young, C. Senior, M. Brammer, C. Andrew, A.J. Calder, E.T. Bullmore, D.I. Perrett, D. Rowland, S.C. Williams, J.A. Gray, A.S. David: A specific neural substrate for perceiving facial expressions of disgust, Nature 389 (6650), 495-498 (1997)

[104] B. Wicker, C. Keysers, J. Plailly, J.P. Royet, V. Gallese, G. Rizzolatti: Both of us disgusted in Myinsula: The common neural basis of seeing and feeling disgust, Neuron 40 (3), 655-664 (2003)

[105] M. Schaller, J.H. Park: The behavioral immune system (and why it matters), Curr. Dir. Psychol. Sci. 20 (2), 99-103 (2011)

[106] J.A. Gottfried, D.H. Zald: On the scent of human olfactory orbitofrontal cortex: Meta-analysis and comparison to non-human primates, Brain Res. Brain Res. Rev. 50 (2), 287-304 (2005)

[107] K.R. Illig, L.B. Haberly: Odor-evoked activity is spatially distributed in piriform cortex, J. Comp. Neurol. 457 (4), 361-373 (2003)

[108] D.D. Stettler, R. Axel: Representations of odor in the piriform cortex, Neuron 63 (6), 854-864 (2009)

[109] I.G. Davison, M.D. Ehlers: Neural circuit mechanisms for pattern detection and feature combination in olfactory cortex, Neuron 70 (1), 82-94 (2011)

[110] J.D. Howard, J. Plailly, M. Grueschow, J.D. Haynes, J.A. Gottfried: Odor quality coding and categorization in human posterior piriform cortex, Nat .Neurosci. 12 (7), 932-938 (2009)

[111] J.A. Gottfried, R. Deichmann, J.S. Winston, R.J. Dolan: Functional heterogeneity in human olfactory cortex: An event-related functional magnetic resonance imaging study, J. Neurosci. 22 (24), 10819-10828 (2002)

[112] C. Zelano, J. Montag, B. Johnson, R. Khan, N. Sobel: Dissociated representations of irritation and valence in human primary olfactory cortex, J. Neurophysiol. 97 (3), 1969-1976 (2007)

[113] A. Mohanty, J.A. Gottfried: Examining emotionpe rception and elicitation via olfaction. In: The Cambridge Handbook of Human Affective Neuroscience, ed. by J. Armony, P. Vuilleumier (Cambridge Univ. Press, Cambridge 2013)

[114] E.T. Rolls, M.L. Kringelbach, I.E. de Araujo: Different representations of pleasant and unpleasant odours in the human brain, Eur. J. Neurosci. 18 (3), 695-703 (2003)

[115] D.H. Zald, J.V. Pardo: Emotion, olfaction, and the human amygdala: Amygdala activation during aversive olfactory stimulation, Proc. Natl. Acad. Sci. U.S.A. 94 (8), 4119-4124 (1997)

[116] R.J. Zatorre, M. Jones-Gotman, C. Rouby: Neural mechanisms involved in odor pleasantness and intensity judgments, Neuroreport 11 (12), 2711-2716 (2000)

[117] N.E. Bowman, K.P. Kording, J.A. Gottfried: Temporal integration of olfactory perceptual evidence in human orbitofrontal cortex, Neuron 75(5), 916-927(2012)

[118] F. Grabenhorst, E.T. Rolls, C. Margot, M.A. da Silva, M.I. Velazco: How pleasant and unpleasant stimuli combine in different brain regions: Odor mixtures, J. Neurosci. 27(49), 13532-13540(2007)

[119] F. Grabenhorst, E.T. Rolls: Value, pleasure and choice in the ventral prefrontal cortex, Trends Cogn. Sci. 15(2), 56-67(2011)

[120] C. Padoa-Schioppa, X. Cai: The orbitofrontal cortex and the computation of subjective value: Consolidated concepts and new perspectives, Ann. N.Y. Acad. Sci. 1239, 130-137(2011)

[121] C. Zelano, A. Mohanty, J.A. Gottfried: Olfactory predictive codes and stimulus templates in piriform cortex, Neuron 72(1), 178-187(2011)

[122] P.H. Rudebeck, A.R. Mitz, R.V. Chacko, E.A. Murray: Effects of amygdala lesions on reward-value coding in orbital and medial prefrontal cortex, Neuron 80(6), 1519-1531(2013)

[123] J. Gottfried: Smell: Central nervous processing, Adv. Otorhinolaryngol. 63, 44-69(2006)

[124] D.W. Wesson, D.A. Wilson: Sniffing out the contributions of the olfactory tubercle to the sense of smell: Hedonics, sensory integration, and more?, Neurosci. Biobehav. Rev. 35(3), 655-668(2011)

[125] J.K. Olofsson, E. Rogalski, T. Harrison, M.M. Mesulam, J.A. Gottfried: A cortical pathway to olfactory naming: Evidence from primary progressive aphasia, Brain 136, 1245-1259(2013)

[126] J. Seubert, K. Ohla, Y. Yokomukai, T. Kellermann, J.N. Lundström: Superadditive opercular activation to food flavor is mediated by enhanced temporal and limbic coupling, Hum. Brain Mapp. 36(5), 1662-1676(2015)

第35章 气味和情绪

本章提倡采用一种理论和实验方法,在对气味的情绪反应中超出效价的使用为其最有趣的方面。

虽然效价是气味感觉的主要维度,但将情绪反应描述限制为正面 vs 负面(效价)和激活 vs 平静(唤醒)的感觉可能被过度简化,不适合综合考虑气味相关影响。同样不恰当的是基本情绪,它通常定义为六种状态(恐惧、愤怒、悲伤、惊讶、快乐或幸福和厌恶),以特定的神经、生理、表达和感觉部分为特征。在此,我们提出了一种情绪评估方法作为合理的替代方法。这种方法协调了在气味感觉中观察到的先验不兼容特征,如化学感受偏好的不变性和灵活性。通过近期文献中的几项研究在这方面进行了举例说明并着重强调感觉。我们提供了一个经验证明,即感觉比效价更广泛,并且在不同文化中都是既稳定又可变。我们认为,这种方法提供了情绪过程的一种生态模型,在该模型中,考虑到其功能作用,对情绪过程进行理解,即调整或解决与嗅觉相关的生存关联问题。

在不同的文化中,通常认为气味是情绪的强烈诱导因素[1,2]。在过去几十年中,越来越多的科学文献已经开始为这一说法提供证据[3-5],一系列发现甚至支持与其他感觉相比,气味和情绪之间存在特有的联系。例如,有研究可靠地表明,嗅觉体验的一个重要方面是体验一种让人感到好闻或难闻的气味(其快乐情调)[6]。相应地,气味可影响情绪——好闻气味倾向于诱发正面情绪,而难闻的气味倾向于诱发负面情绪[7-9]。嗅觉诱导的生理参数变化,如心率或皮肤电导,对应于情绪刺激诱发的典型情绪反应[10-19]。多项实验的结果表明,气味以类似于其他感觉模式中情绪刺激的方式,影响着认知和行为[20-26]。对记忆的这种影响进行了特别的研究:气味可引起强烈的和被认为是被遗忘的自传式记忆[27]。这些影响通常被解释为在重叠的神经系统中嗅觉和情绪的相互依赖性[28]。与之相应,最近的神经成像数据表明,在焦虑诱导后大脑网络处理嗅觉刺激和回路处理主观快乐评价的调节方式相似[29]。

本章在提出了情绪的定义后,我们旨在展示对情绪的两种主要心理方法的概述——即基本情绪理论和维度理论——因为它们已被用作研究嗅觉与情绪之间联系的主要框架。我们将强调这两种方法的优点和局限性,然后,引入情绪评估模型,可用作研究气味引起的情绪的替代模型。这些理论反映了情绪研究中的第三种方法,只是这种方法很少被用作嗅觉研究的基本方法。不管怎样,该方法值得进行更多考量,因为我们认为它有可能导致嗅觉研究的显著改善,下文我们将描述其原因。

35.1　情绪是一种多元现象

在情绪的几乎所有理论方法中，都存在明确的共识：情绪构成了一种多元现象。

术语"情绪"通常定义为，在一段时期内数个功能性构件相互耦合或同步，产生一个对事件的适应性反应，该适应性反应被认为对个体健康产生重要影响[30-32]。例如，根据构件处理模型[33]，这些构件包括：

①负责情况评估和情绪确定的认知系统。

②负责机体调节和生理支持的自主神经系统。

③负责表达方面、反应沟通和行为意向的运动系统。

④负责准备和行动指示的激励系统(接近/回避)。

⑤监控系统，负责主观感受。

与一般的情绪文献相似，情绪和嗅觉子领域的实验集中关注其中一个或两个组成部分(主观感觉和/或生理反应)，主要是出于实际原因。因此，重要的是要记住，仅基于其中一个部分(快乐分级)的情绪差异可能不能充分反映该现象的复杂性。例如，在主观水平获得的任何推测情绪反应需要与认知、行为或生理水平的伴随反应相关，这样才能被视为真实情绪反应(关于该问题的讨论参见文献[34])。因此，采用源自多元法(见下文描述)的方法(包括同时测量对气味的行为、生理、大脑和主观反应)是极有价值的研究途径。

尽管对情感的多元性质已达成广泛共识，但其理论和机制基础的问题缺乏这种共识。考察嗅觉和情绪之间关系的大部分研究都是在情绪研究的两个主要方法之一的框架内进行：基本情绪理论和维度模型。

35.2　基　本　情　绪

基本情绪理论假定存在少量的所谓基本情绪，如愤怒、厌恶、恐惧、快乐/幸福、悲伤和惊讶[35]。基本情绪应具有一组共同特征，包括特定的神经、身体、表达和感觉部分[35,36]。

在嗅觉文献中，关于由气味引起的基本情绪的种类数尚无共识。当作者赋予上文描述的基本情绪严格定义时，其最小数字似乎是6(愤怒、厌恶、恐惧、悲伤、惊讶、幸福)[10,37]。更广泛的定义可以使人们列举多达22种不同的基本情绪(尴尬、嫉妒、恐惧、愤怒、悲伤、自尊、希望、解脱、厌倦、轻视、尊重、厌恶、愿望、沮丧、爱、不满、娱乐、刺激、满足、难闻的惊讶、快乐和好闻的惊讶)[38,39]。

根据这种方法的原则，基本情绪基于系统发生稳定的神经运动程序，并以特定情感反应模式为特征[40-42]。在该框架中，将通过本质上的数据库查找，自动评价感知事件。与特定储存方案的绝对匹配将自动触发典型情感程序，其中包括特定的作用趋势、生理反应模式、运动表达和感觉状态。该评价过程或评估的特征为即时、自愿、不透明、无意识和自动[35][70])。

采用基本情绪理论框架的嗅觉研究侧重于反应模式，即尝试确定特定的气味是否引起一组特定的生理反应的特定基本情绪[10,11,19,37,43,44]。据我们所知，该研究趋势从未探索情绪引发潜在差异的因果机制。因此，根据该理论，对粪便气味的感觉可能与情绪模式数据库中的污染模式匹配，触发了厌恶情绪[35]70。

但是，许多研究强调，对气味反应的情绪、状态或描述不匹配基本情绪类别，如愤怒、恐惧或悲伤[1,2,10,11,14,19,38,39,45-50]。假设通过学习和整个生命周期[35]无法调整基本情绪系统，这也很难与根据经验观察到的巨大快乐可塑性一致。对气味的快乐感觉会随着相关学习背景[51]、感知强度[52]和熟悉度[15,53]的变化而变化。其也受到感知者生理和心理状态以及感知背景的调节。例如，语言标签可极大地影响对不明确气味(如奶酪 vs 脚臭)的快乐感觉[54]。嗅觉偏好还受到个体需求、目标、价值观和决策过程的调节[55]。总之，大量的经验数据表明，气味的情绪感觉远非固定，使得难以根据固定的检索数据库对基本情绪引发进行任何解释。

即使在基本情绪可被嗅觉线索可靠触发的情况下，我们仍然认为基本情绪叙述可能描绘了一张不完整的图片。尤其是很少提及气味引发反应的环境。如果基本情绪的选择取决于其他环境线索而非气味本身，那么这可能存在问题[38]。然而，在关于嗅觉与情绪之间关系的研究中，在评估参与者对气味反应的感觉或生理反应时，通常不会向参与者提供具体情况。基本情绪需要通过气味引发适当(可能的激励或社会)环境的可能性仍有待于测试。但是，如果将气味呈现语境化，那么不能排除情绪还是由情境因素而不是仅由气味引起。如果情境因素起作用，那么这会质疑该理论所主张的从气味向基本情绪映射的独特性。未来的研究可以通过控制气味引发的情绪出现的背景来阐明这些问题。例如，一个关键问题是考察分娩背景的操作对特定生理和主观反应模式的影响程度。

化学感受研究的最新趋势(通过社会情绪化学信号考察人类沟通技能[56])也渗透到基本情绪理论的概念中。这条研究线围绕以下问题演变：人类是否能够通过身体气味表达情感信息？如果是，哪种情感信息由身体气味传达：具体情绪或效价？尽管其中许多研究关注可能释放的焦虑或应激相关化学信号[57-63]，其他研究提出更多特定的基本情绪相关化学信号可能与诱导的幸福、恐惧、悲伤和厌恶情绪相关[64-68]。总体而言，这种方法表明，发射体感觉到的某些基本情绪与特定化学信号的释放相关，其反过来可被接收者感知。在这一新兴领域，另一种思维方式可能更倾向于询问信号所传达的情绪部分，而非信号是否对应于特定的基本情绪。例如，情绪相关化学信号是否反映了信号发射体所经历的感觉(即厌恶或快乐)或任何行动倾向(接近或回避)？接收者是否表达了与发射体相同的感觉或行动倾向(即模仿和/或情绪传染)或适应该情况方面的任何互补？

35.3 维 度 方 法

维度方法假定，所有情感现象主要通过一个二维效价-唤醒空间中的位置来描述，或有时通过一个包括优势或效价额外维度的三维空间来描述[69-74]。作者采纳了该嗅觉表征个体感觉的方法，主要使用了快乐、唤醒和优势(PAD)问卷。在这种情况下，选择情感术语用于描述基础 2 个或 3 个双极维度的极端(快乐/不快乐、兴奋/平静、强大/没有动力)[12-14,17,18,20,75-80]。

该模型是嗅觉研究中最常用的模型之一,因为如果气味不是嗅觉的主要感觉维度,那么愉悦性是嗅觉的重要维度之一[6,81]。此外,许多研究强调了气味强度与主观和/或生理唤醒之间的关系。对气味感觉的强度和唤醒维度是否独立仍有争议(关于该问题的近期讨论见文献[28])。历史上,唤醒定义为兴奋过程的短期加强,导致行为或生理活动增加,主要与交感神经系统的活动有关[82,83]。该定义强调了唤醒维度的生理学方面[84]。同样,使用维度模型的嗅觉研究考察了与口头报告的愉快性和由气味产生的唤醒相关的生理学差异[12,13],以及与这些维度相关的原有大脑结构[28]。

在实验应用中,采用三维方法具有实际吸引力,因为在愉悦性和唤醒量表上报告情绪易于执行,并允许使用连续测量进行数据分析。

但是,这种方法对于产生效价和唤醒感觉的引发和差异方面有何影响?不幸的是,通常维度理论在很大程度上仍不清楚情绪引发和差异的基本过程[85]。嗅觉研究也不例外。根据维度理论的原理,对事件(实际或想象的气味)的感觉导致原始的核心情感,由效价和唤醒构成,在此基础上,参与者将构建情感含义。产生的感觉同时取决于情境和社会文化因素。但是,该理论未提出核心情感起源的特定产生机制。

嗅觉方面的一些工作假定,快乐/效价编码在性质上可能(至少部分)是先天性的,即气味是好闻还是难闻的概率取决于其理化性质(分子复杂性[86])。这些特性使人工鼻能够根据愉悦性对气味进行分类,具有较高的准确度[87]。这些描述提示了核心情感引发中效价测定的潜在直接机制。然而,这无法解释观察到的气味效价感觉变异性较高,除非接受这种预先基本固定机制的高度灵活性。成像技术显示,在人类气味处理过程的早期阶段(在前梨状皮层)有不同的效价激活[28]。然而,神经成像技术不具有细纹时间分辨率,后者需要区分这些差异是来自效价的从下到上的过程还是来自高阶结构的从上到下的影响。

总之,迄今为止,大多数研究导致气味引发情绪的神经和认知机制的嗅觉工作采用三维方法。不幸的是,这些方法未提出明确的效价或唤醒测定的诱发机制。

35.4 超出效价:感觉的情况

在任何一项情绪与嗅觉关系的实验中,情绪、主观情感体验或感觉的监测部分的测量都受到研究者所采用的理论模型选择的约束。在大多数情况下,要求参与者使用目测类比评分法描述他们对气味的快乐/效价感觉,范围从不愉快/不喜欢/负面到愉快/喜欢/正面。最近,一些结果严重质疑了将感觉描述限定为效价、喜好、愉悦性或可接受性的独特量表的理论基础[1,2,7,39,45,48,80,88]。这些研究的基本假设不是质疑效价作为气味感觉的基本方面。相反地,有人认为,以一维效价(或二维效价-唤醒或三维效价-唤醒-优势)描述气味引发的感觉描述,在不同类型气味的情感反应间,丧失大部分重要定性差异。即使每一种感觉都可以放在一维、二维或三维的情感空间中(因为可能是与基本情绪相关的感觉),使用这些简单的展示不足以回答与嗅觉相关的问题[47]。Rétiveau 等特别强调了这一点[7]。Rétiveau 等观察到当参与者使用几种情绪形容词评价时,通过激活空间在效价中评价相似的一些香味明显不同[50]。

　　这也是开发建立一个系统性、经验性衍生的嗅觉诱导感觉分类方法的原因。例如，考虑到文化对气味快乐感觉的强烈影响，我们在 6 个不同的国家进行了一系列研究(瑞士法语区[45]；英国和新加坡[48]；美国、中国和巴西[2])。该项目的两个主要目的是：①识别气味引发感觉的文化不变量和差异。②考察这些感觉是否能通过维度和基本情绪理论很好地预测。在每个国家，当参与者暴露于一组气味样品时，对描述气味诱导情感感觉相关的选定术语列表进行了评估。提交数据进行一系列探索性和确证性因素分析，以将变量集减少至较小的汇总量表集，并获得气味引发情感感觉差异的体验。每个国家采用方法的独创性分三部分[45]：

　　①最初的情感术语列表包括(尤其是)愉快/唤醒/优势问卷的不同版本术语，以及适用于嗅觉的基本情绪方法中获得的最详尽的术语列表。

　　②相关感觉术语的选择基于回答者评价得出的数据驱动方法；作者在选择相关术语时没有强加一个强大的理论框架。

　　③选择的气味涵盖了易于反映不同气味相关环境的大量日常气味(56 种不同的气味：甜芳香、咸味芳香、普通化妆品味、木瓜味、水果味、花味、辛辣味、动物味和药味)。

　　这些气味是复杂的混合物，不是单分子化合物，并非特别选择极端效价，而是熟悉并尽可能引起多的关联。在这方面，这条研究线不受制于 Mohanty 和 Gottfried 所强调的问题[28]，这就是为什么很多研究可能更倾向于维度模型的原因，因为所使用的刺激被取样为效价量表中的极端值。

　　这些研究[1]得出的情感状况表现为在所有研究国家中反复出现的几种情感类别：厌恶/刺激、幸福/健康、性欲/愿望、精力，但也包括舒缓/平静和饥饿/口渴。实际上，创建了一组新的量表并自由分配(情绪和气味量表：EOS[89])。每一类感觉由三个代表性相关情感术语表征，并在感觉强度量表(范围从无经历或无强度至强烈经历或强度[45,50])的帮助下进行评估。值得一提的是，由气味引发感觉的相似性和差异受到地理接近程度的影响(国家越接近，一组气味引发的感觉就越相似)。此外，还出现了文化特定感觉类别[2]。最后两项结果再次反映了文化因素对气味引发感觉的强烈影响。但该研究路线的主要结果是，许多不同文化中观察到的情绪类别远远超出了适用于嗅觉的传统基本情绪或维度方法所描述的类别。

　　这条研究路线也允许对这些术语集(即来源于基本情绪、维度或 EOS 方法)中的那些最适合口头测量与气味感知相关的感觉进行正式评估。在 EOS 构建的每个步骤(文献[45]中表 5)和补充验证研究[47]中对这一点进行了统计学检验。心理测量学方法显示，通过使用按唤醒(按优势)维度的效价，可以错过在气味引发感觉中重要的定性差异。例如，Porcherot 及其同事[50]已经证明，在性欲/愿望感方面，对效价无差异的精香料进行了不同的评价[7,80]。

　　因此，使用口头报告的效价或更复杂感觉的研究应该承认，它不能捕获整个情绪现象(尽管回答关注的问题时并不一定需要这样做)。研究者应仔细考虑所选情感术语代表或捕获真实情绪的意义，以及所选框架在其研究问题背景中的有用性。这很复杂，事实上尽管存在情绪具有多维性的共识(即情绪由主观感觉、行动倾向、生理唤醒、评估过程和表达组成)，但对于情绪的确切定义尚无公认的一致意见[90]。因此，当使用一组特定术语描述对气味的情绪反应时，研究者目前只能声称他们使用潜在情绪，因为感觉水平的差异需要通过认知、行为或生理水平的差异来确认，这样才能被视为真实情绪[34]。

35.5　从传统模型到评估

考虑到上述两种经典情绪模型的局限性，我们认为可能需要另一种情绪理论模型来更好地预测更广泛的嗅觉现象。我们认为，基于评估理论[91]的情绪理论模型可能更适合解释和预测（一种理论的两个主要功能），一般情况下情绪引发的基本过程和特殊情况下通过嗅觉刺激。

评估理论的基本前提是，引发和区分情绪是由评价决定的，后者是对事件的连续、递归评价。这些评估可以在不同信息处理水平下进行，即感觉运动、图式和概念[92]，它们对应于情绪的认知部分。评估不应完全视为高水平和有意识的概念过程，因为它们包括自动、低水平和无意识[93]，可通过神经-科学技术进行研究[16,94-96]。

尽管在理论家中就评估类别的确切数量存在一些轻微争议，他们认为在情绪引发和区分中最重要，但这些分歧涉及细节，与通常所持有概念的广泛重叠相比还小。评估可分为生物体需要处理的主要信息类型或类别，以对重大事件做出适应性反应[31,33,93]。这些信息的类型为：

①事件的相关性（该气味与我的相关性如何？）。

②事件的意义（这种气味的影响或后果是什么？这些如何影响我的健康以及我的直接或长期目标？）。

③处理潜力（我如何处理或调整该事件的结果？）。

④事件的规范意义（这种气味对我的自我概念、社会规范和价值观的意义是什么？）。

这 4 类评估本身在子评价中的组织程度更高。例如，相关性评价包括新检测、内在愉悦性和目标/需要相关性评估（作为子评价）。对不同评估模型中的所有评价和子评价的完整描述超出了本章的范围（欲了解完整情况，请参考文献[85,91-93]）。评估模型提出，情绪引发和区分是由这些不同评价的时间展开及其产生的价值和结果所致。一旦评价完成，结局将改变所有其他情绪部分的状态。此外，后续评价还可修改先前评价结果所产生的变化。这些评估标准的独特联合决定了引发的具体情绪和强度[33]。最近的工作直接研究了认知评估的展开[95,97]及其对外周反应的影响[16,94]。综合起来，他们以该顺序显示了新奇、愉悦和目标一致性评估的序列影响。

最近一篇调查主要评估处理的神经成像研究综述[96]强调，许多评估机制（例如，新奇性检测、内在愉悦性或目标相关性）是认知和情感神经科学中大量经验研究的焦点，但通常与情绪引发无直接关联[84]。随着越来越多的研究[94,95,98-100]，我们希望强调使用评估理论作为研究框架的实用性。更具体地说，基于评估的方法包括实验性操作不同的评估标准（即新奇性、目标相关性、处理潜力……），并测量它们随时间推移的传出反应和对不同情绪部分产生的结果（例如，用问卷测量报告的感觉，或用生理指标测量自主支持）。通过直接处理情绪引发和区分的假定过程，该方法允许我们更精确地描述任何过程在对气味的反应中的关键程度[16]。

应用于嗅觉研究的评估模型还可同时满足文献[28,55]中报告的气味快乐的不变性和灵活性。让我们再次考虑相关性检测。生物体不断扫描其外部和内部环境，以了解是否发生需要进一步信息处理的事件(或缺乏预期事件)，并最终采用适应性反应。在此相关性检测过程中，第一个子评价与新奇性检测相关——持续流动处理刺激的任何变化可能需要关注和进一步处理(新奇性评价)。在第二步中，在遗传固定模式或过度学习相关性的帮助下，生物体会评价一个刺激事件是否可能导致愉悦或疼痛(内在愉悦性评价)。评估文献中描述的遗传固定模式，是指嗅觉文献中提出的特征编码的本性——通过气味分子的物理化学结构[86,87]。相反，根据评估模型，这种内在愉悦性也可能是过度学习相关性的产物，这为学习、暴露、语境和文化因素的影响敞开了大门。如前所述，与这些因素相关的特征变异性是嗅觉感知的关键特征[28,55]。

评估模型尚未广泛应用于嗅觉研究，但我们感觉，与传统不同的情感或维度理论相比，评估模型可以提供高度区分和灵活的框架，可以从动态的角度解释引发和反应模式。此外，它们可以解释情绪体验的可变性和高定性差异性，以及情绪反应的个体差异。

35.6　情绪在嗅觉中的功能

情绪被视为可调节环境输入至自适应输出的智能接口[101]。认为情绪允许调整或解决生存相关问题，如形成依附、维持合作关系或避免身体威胁(关于情绪功能的综述见文献[102])。以这种方式，情绪促使微生物以适当的方式进行反应。无论采用的是哪种理论观点，但是基于绝大多数基本情绪理论学家[35]采用的演化观点到维度理论拥护者多数采用的建构论观点[85]，该观点均被广泛接受。

如上所述，情绪促使微生物根据变化情况调整其行为[103]。这些激励状态的最基本形式是接近/回避趋势[104]。这些状态与气味引发情绪的二维观点一致，对此报告的愉悦性感觉被假定为与接近趋势相关。相反，认为难闻与回避倾向相关。然而，与单纯的接近或回避相比，激励状态可能与更多的行动倾向相关[105]。其包含各种意图行为，包括在许多其他行为中的身体僵硬、攻击、照料或探索[105]。更为复杂的方法(EOS[1])描述的气味引发的感觉可以解释这种行为趋势的变化。EOS描述的感觉类别(厌恶/刺激、幸福/健康、性欲/愿望、精力、舒缓/平静……)可能代表回答者的感觉与不同的嗅觉功能相关。我们声称，经历这些感觉会激发个体对气味感觉做出最适合的反应。

在一篇关于人类嗅觉功能的综述中，Stevenson[106] 3 定义了与摄入、避免环境危害和社会沟通相关的3个主要功能类别，摄入包括摄入前检测/识别、检测预期违背、食欲调节、母乳喂养和喂养，避免环境危害包括恐惧相关和厌恶相关，社会沟通包括生育(避免近亲、事先伴侣的健康检测)和情绪传染性(恐惧传染、应激缓冲)。在这方面，在称为恶心刺激的感觉 EOS 类别下收集的大多数术语可以反映与检测预期违背或环境危害相关的难闻主观情感体验，描述为嗅觉的关键功能。例如，这些难闻感觉可能会激发退缩行为。健康-幸福分类中的术语可能反映了与满足预期或食物摄入相关的感觉。我们还可以提及，在性欲类别中收集的术语可以反映与社会沟通的许多情况相关的感觉。在"活力-清爽"和"舒缓-平静"类别中收集的术语可以描述与许多嗅觉功能相关的激发反应的感觉，例如在摄入前活跃以增强对食物的寻找，或在闻到伴侣的已知气味后感到放松。

总之，虽然采用按唤醒空间分类的效价作为感觉的表现不能完全解释许多由气味引发反应的趋势，但更复杂的感觉表现（如 EOS 提出的一样）构成了个体调整以解决与嗅觉有关的生存相关问题的一张更好的图，代表了情绪的一个关键功能[2,45,47]。

35.7　结　论

在本章中，我们介绍了情绪的主要心理理论及其在嗅觉研究中的当前应用。该领域由对应于基本情绪理论和维度方法的二种经典方法主导。尽管在嗅觉研究中被广泛使用，但这些经典模型在解释对嗅觉的情绪反应的下述两个主要特征方面存在困难：①解释由气味之间内在化学感受质量差异导致的细纹生理、运动、动机、认知反应模式和感觉状态。②解释由偏好、需求、在特定时间点的个体目标以及语境和社会文化条件决定的反应的高度灵活性。在本章中，我们试图强调，需要在情绪过程的环境和理论上合理的模型中建立基础研究活动。作为嗅觉研究中的一种替代模型，我们已经介绍了有可能克服该领域中普遍理论观点的情绪评估模型。该模型需要设计特定的实验方法，以使用多元方法（包括测量对这些气味的行为、主观、生理和大脑反应）更好地理解不同水平（无意识处理、主观感觉和口头表达）下嗅觉情绪引发。

参 考 文 献

[1] C. Ferdenzi, S. Delplanque, P. Barbosa, K. Court, J.X. Guinard, T. Guo, S. Craig Roberts, A. Schirmer, C. Porcherot, I. Cayeux, D. Sander, D. Grandjean: Affective semantic space of scents: Towards a universal scale to measure self-reported odour- related feelings, Food Qual. Prefer. 30, 128-138 (2013)

[2] C. Ferdenzi, S.C. Roberts, A. Schirmer, S. Delplanque, S. Cekic, C. Porcherot, I. Cayeux, D. Sander, D. Grandjean: Variability of affective responses to odours: Culture, gender, and olfactory knowledge, Chem. Sens. 38, 175-186 (2013)

[3] H. Ehrlichman, L. Bastone: Olfaction and emotion. In: Science of Olfaction, ed. by M.J. Serby, K. L. Chobor (Springer, New York 1992)

[4] R.S. Herz: Influences of odors on mood and affective cognition. In: Olfaction, Taste, and Cognition, ed. by C. Rouby, B. Schaal, D. Dubois, R. Gervais, A. Holley (Cambridge Univ. Press, Cambridge 2002)

[5] M. Kadohisa: Effects of odour on emotion, with implications, Front. Syst. Neurosci. (2013), doi:10.33897fnsys.2013.00066

[6] Y. Yeshurun, N. Sobel: An odour is not worth a thousand words: From multidimensional odours to unidimensional odour objects, Annu. Rev. Psychol. 61, 219-241 (2010)

[7] A.N. Rétiveau, I.V.E. Chambers, G.A. Milliken: Common and specific effects of fine fragrances on the mood of women, J. Sens. Stud. 19, 373-394 (2004)

[8] S.S. Schiffman, E.A. Miller, M.S. Suggs, B.G. Graham: The effect of environmental odors emanating from commercial swine operations on the mood of nearby residents, Brain Res. Bull. 37, 369-375 (1995)

[9] S.S. Schiffman, E.A. Sattely-Miller, M.S. Suggs, B.G. Graham: The effect of pleasant odors and hormone status on mood of women at midlife, Brain Res. Bull. 36, 19-29 (1995)

[10] O. Alaoui-Ismaili, O. Robin, H. Rada, A. Dittmar, E. Vernet-Maury: Basic emotions evoked by odorants: Comparison between autonomic responses and self-evaluation, Physiol. Behav. 62, 713-720 (1997)

[11] O. Alaoui-Ismaili, E. Vernet-Maury, A. Dittmar, G. Delhomme, J. Chanel: Odor hedonics: Connection with emotional response estimated by autonomic parameters, Chem. Sens. 22, 237-248 (1997)

[12] M. Bensafi, C. Rouby, V. Farget, B. Bertrand, M. Vigouroux, A. Holley: Autonomic nervous system responses to odors: The role of pleasantness and arousal, Chem. Sens. 27, 703-709 (2002)

[13] M. Bensafi, C. Rouby, V. Farget, B. Bertrand, M. Vigouroux, A. Holley: Influence of affective and cognitive judgments on autonomic parameters during inhalation of pleasant and unpleasant odours in humans, Neurosci. Lett. 319, 162-166 (2002)

[14] M. Bensafi, C. Rouby, V. Farget, B. Bertrand, M. Vigouroux, A. Holley: Psychophysiological correlates of affects in human olfaction, Neurophysiol.Clin. 32, 326-332 (2002)

[15] S. Delplanque, D. Grandjean, C. Chrea, L. Aymard, I. Cayeux, B. Le Calvé, M.I. Velazco, K.R. Scherer, D. Sander: Emotional processing of odours: Evidence for a non-linear relation between pleasantness and familiarity evaluations, Chem. Sens. 33, 469-479 (2008)

[16] S. Delplanque, D. Grandjean, C. Chrea, G. Coppin, L. Aymard, I. Cayeux, C. Margot, M.I. Velazco, D. Sander, K.R. Scherer: Sequential unfolding of novelty and pleasantness appraisals of odors: Evidence from facial electromyography and autonomic reactions, Emotion 9, 316-328 (2009)

[17] E. Heuberger, T. Hongratanaworakit, C. Bohm, R. Weber, G. Buchbauer: Effects of chiral fragrances on human autonomic nervous system parameters and self-evaluation, Chem. Sens. 263, 281-292 (2001)

[18] P. Pössel, S. Ahrens, M. Hautzinger: Influence of cosmetics on emotional, autonomous, endocrinological, and immune reactions, Int. J. Cosmet. Sci. 27, 343-349 (2005)

[19] O. Robin, O. Alaoui-Ismaili, A. Dittmar, E. Vernet-Maury: Basic emotions evoked by eugenol odor differ according to the dental experience: A neurovegetative analysis, Chem. Sens. 243, 327-335 (1999)

[20] J.C. Chebat, R. Michon: Impact of ambient odors on mall shoppers' emotions, cognition, and spending: A test of competitive causal theories, J. Bus. Res. 56, 529-539 (2003)

[21] J. Degel, E.P. Köster: Odors: implicit memory and performance effects, Chem. Sens. 24, 317-325 (1999)

[22] G. Epple, R.S. Herz: Ambient odors associated to failure influence cognitive performance in children, Dev. Psychobiol. 35, 103-107 (1999)

[23] J. Ilmberger, E. Heuberger, C.Mahrhofer, H. Dessovic, D. Kowarik, G. Buchbauer: The influence of essential oils on human attention. I: Alertness, Chem. Sens. 26, 239-245 (2001)

[24] H.W. Ludvigson, T.R. Rottman: Effects of ambient odors of lavender and cloves on cognition, memory, affect and mood, Chem. Sens. 14, 525-536 (1989)

[25] J. Millot, G. Brand: Effects of pleasant and unpleasant ambient odors on human voice pitch, Neurosci. Lett. 297, 61-63 (2001)

[26] J.L. Millot, G. Brand, N. Morand: Effects of ambient odors on reaction time in humans, Neurosci. Lett. 322, 79-82 (2002)

[27] S. Chu, J.J. Downes: Odour-evoked autobiographical memories: Psychological investigations of proustian phenomena, Chem. Sens. 25, 111-116 (2000)

[28] A. Mohanty, J.A. Gottfried: Examining emotion perception and elicitation via olfaction. In: The Cambridge Handbook of Human Affective Neuroscience, ed. by J. Armony, P. Vuilleumier (Cambridge Univ. Press, Cambridge 2013)

[29] E.A. Krusemark, L.R. Novak, D.R. Gitelman, W. Li: When the sense of smell meets emotion: Anxiety-state-dependent olfactory processing and neural circuitry adaptation, J. Neurosci. 25, 15324-15332 (2013)

[30] P.R. Kleinginna, A.M. Kleinginna: A categorized list of emotion definitions with suggestions for a consensual definition, Motiv. Emot. 5, 345-379 (1981)

[31] K.R. Scherer: On the nature and function of emotion: A component process approach. In: Approaches to Emotion, ed. by K.R. Scherer, P. Ekman (Lawrence Erlbaum Assoc., Hillsdale 1984)

[32] D. Sander: Models of emotion. In: The Cambridge Handbook of Human Affective Neuroscience, ed.by J. Armony, P. Vuilleumier (Cambridge Univ. Press, Cambridge 2013)

[33] K.R. Scherer: Appraisal considered as a process of multi-level sequential checking. In: Appraisal Processes in Emotion: Theory, Methods, Research, ed. by K.R. Scherer, A. Schorr, T. Johnstone (Oxford Univ. Press, New York 2001)

[34] M.R. Zentner, D. Grandjean, K.R. Scherer: Emotions evoked by the sound of music: Characterization, classification, and measurement, Emotion 8, 494-521 (2008)

[35] D. Matsumoto, P. Ekman: Basic emotions. In: Oxford Companion to Emotion and the Affective Sciences, ed. by D. Sander, K.R. Scherer (Oxford Univ. Press., Oxford 2009)

[36] C.E. Izard, K.A. King: Differential emotions theory. In: Oxford Companion to Emotion and the Affective Sciences, ed. by D. Sander, K.R. Scherer (Oxford Univ. Press, Oxford 2009)

[37] E. Vernet-Maury, O. Alaoui-Ismaili, A. Dittmar, G. Delhomme, J. Chanel: Basic emotions induced by odorants: A new approach based on autonomic pattern results, J. Auton. Nerv. Syst. 75, 176-183 (1999)

[38] P.M.A. Desmet: Typology of fragrance emotions, Proc. Fragr. Res. Conf. (ESOMAR, Amsterdam 2005) pp. 1-14

[39] P.M.A. Desmet, H.N.J. Schifferstein: Sources of positive and negative emotions in food experience, Appetite 50, 290-301 (2008)

[40] P. Ekman: Expression and the nature of emotion. In: Approaches to Emotion, ed. by K.R. Scherer, P. Ekman (Lawrence Erlbaum Assoc., Hillsdale 1984)

[41] C.E. Izard: Four systems for emotion activation: Cognitive and noncognitive processes, Psychol. Rev. 100, 68-90 (1993)

[42] S.S. Tomkins: Affect theory. In: Approaches to Emotion, ed. by K.R. Scherer, P. Ekman (Lawrence Erlbaum Assoc., Hillsdale 1984)

[43] C. Collet, E. Vernet-Maury, G. Delhomme, A. Dittmar: Autonomic nervous system response patterns specificity to basic emotions, J. Auton. Nerv. Syst. 62, 45-57 (1997)

[44] O. Robin, O. Alaoui-Ismaili, A. Dittmar, E. Vernet-Maury: Emotional responses evoked by dental odors: An evaluation from autonomic parameters, J. Dent. Res. 77, 1638-1646 (1998)

[45] C. Chrea, D. Grandjean, S. Delplanque, I. Cayeux, B. Le Calvé, L. Aymard, M.I. Velazco, D. Sander, K.R. Scherer: Mapping the semantic space for the subjective experience of emotional responses to odors, Chem. Sens. 34, 49-62 (2009)

[46] I. Croy, S. Olgun, P. Joraschky: Basic emotions elicited by odours and pictures, Emotion 11, 1331-1335 (2011)

[47] S. Delplanque, C. Chrea, D. Grandjean, C. Ferdenzi, I. Cayeux, C. Porcherot, B. Le Calvé, D. Sander, K.R. Scherer: How to map the affective semantic space of scents, Cogn. Emot. 26, 885-898 (2012)

[48] C. Ferdenzi, A. Schirmer, S.C. Roberts, S. Delplanque, C. Porcherot, I. Cayeux, M.I. Velazco, D. Sander, K.R. Scherer, D. Grandjean: Affective dimensions of odour perception: A comparison between Swiss, British, and Singaporean populations, Emotion 11, 1168-1181 (2011)

[49] S.T. Glass, E. Lingg, E. Heuberger: Do ambient urban odors evoke basic emotions?, Front. Psychol. (2014), doi:10.3389/fpsyg.2014.00340

[50] C. Porcherot, S. Delplanque, S. Raviot-Derrien, B. Le Calvé, C. Chrea, N. Gaudreau, I. Cayeux: How do you feel when you smell this? Optimization of a verbal measurement of odor-elicited emotions, Food Qual. Preference 21, 938-947 (2010)

[51] E.R. Pool, S. Delplanque, C. Porcherot, T. Jenkins, I. Cayeux, D. Sander: Sweet reward increases implicit discrimination of similar odors, Front. Behav. Neurosci. 8, 158 (2014)

[52] R.L. Doty, M. Ford, G. Preti, G.R. Huggins: Changes in the intensity and pleasantness of human vaginal odors during the menstrual cycle, Science 190, 1316-1318 (1975)

[53] W.S. Cain, F. Johnson Jr.: Lability of odor pleasantness: influence of mere exposure, Perception 7, 459-465 (1978)

[54] I.E. de Araujo, E.T. Rolls, M.I. Velazco, C. Margot, I. Cayeux: Cognitive modulation of olfactory processing, Neuron 46, 671-679 (2005)

[55] G. Coppin, D. Sander: The flexibility of chemosensory preferences. In: The Neuroscience of Preference and Choice, ed. by R.J. Dolan, T. Sharot (Elsevier, Amsterdam 2012)

[56] B.M. Pause: Processing of body odor signals by the human brain, Chemosens. Percept. 5, 55-63 (2012)

[57] J. Albrecht, M. Demmel, V. Schöpf, A.M. Kleemann,R. Kopietz, J. May, T. Schreder, R. Zernecke, H. Brückmann, M. Wiesmann: Smelling chemosensory signals of males in anxious versus nonanxious condition increases state anxiety of female subjects, Chem. Sens. 36, 19-27 (2011)

[58] K. Haegler, R. Zernecke, A.M. Kleemann, J. Albrecht, O. Pollatos, H. Brückmann, M. Wiesmann: No fear no risk! Human risk behavior is affected by chemosensory anxiety signals, Neuropsychologia 48, 3901-3908 (2010)

[59] L.R. Mujica-Parodi, H.H. Strey, B. Frederick, R. Savoy, D. Cox, Y. Botanov, D. Tolkunov, D. Rubin, J. Weber: Chemosensory cues to conspecific emotional stress activate amygdala in humans, PLoS One 4, e6415 (2009)

[60] B.M. Pause, D. Adolph, A. Prehn-Kristensen, R. Ferstl: Startle response potentiation to chemosensory anxiety signals in socially anxious individuals, Int. J. Psychophysiol. 74, 88-92 (2009)

[61] B.M. Pause, K. Lübke, J.H. Laudien, R. Ferstl: Intensified neuronal investment in the processing of chemosensory anxiety signals in non-socially anxious and socially anxious individuals, PLoS One 5, e10342 (2010)

[62] A. Prehn, A. Ohrt, B. Sojka, R. Ferstl, B.M. Pause: Chemosensory anxiety signals augment the startle reflex in humans, Neurosci. Lett. 394, 127-130 (2006)

[63] A. Prehn-Kristensen, C. Wiesner, T.O. Bergmann, S. Wolff, O. Jansen, H.M. Mehdorn, R. Ferstl, B.M. Pause: Induction of empathy by the smell of anxiety, PLoS One 4, e5987 (2009)

[64] K. Ackerl, M. Atzmueller, K. Grammer: The scent offear, Neuroendocrinol. Lett. 23, 79-84 (2002)

[65] D. Chen, J. Haviland-Jones: Human olfactory communication of emotion, Percept. Motor Skills 91, 771-781 (2000)

[66] D. Chen, A. Katdare, N. Lucas: Chemosignals of fear enhance cognitive performance in humans, Chem. Sens. 31, 415-423 (2006)

[67] J.H. de Groot, M.A. Smeets, A. Kaldewaij, M.J. Duijndam, G.R. Semin: Chemosignals communicate human emotions, Psychol. Sci. 23, 1417-1424 (2012)

[68] S. Gelstein, Y. Yeshurun, L. Rozenkrantz, S. Shushan, I. Frumin, Y. Roth, N. Sobel: Human tears contain a chemosignal, Science 331, 226-230 (2011)

[69] L.F. Barrett, J.A. Russell: Circumplex models. In: Oxford Companion to Emotion and the Affective Sciences, ed. by D. Sander, K.R. Scherer (Oxford University Press, Oxford 2009)

[70] P.J. Lang, M.K. Greenwald, M.M. Bradley, A.O. Hamm: Looking at pictures: Affective, facial, visceral, and behavioral reactions, Psychophysiology 30, 261-273 (1993)

[71] A. Mehrabian, J.A. Russell: An Approach to Environmental Psychology (MIT Press, Cambridge 1974)

[72] J.A. Russell: A circumplex model of affect, J. Personal. Soc. Psychol. 39, 1161-1178 (1980)

[73] J.A. Russell, A. Mehrabian: Evidence for a three factor theory of emotions, J. Res. Personal. 11, 273-294 (1977)

[74] W. Wundt: Grundriss der Psychologie. Achte Auflage [Outlines of Psychology] (Engelmann, Leipzig 1909), german

[75] R.S. Herz, J. Eliassen, S. Beland, T. Souza: Neuroimaging evidence for the emotional potency of odor-evoked memory, Neuropsychologia 423, 371-378 (2004)

[76] F.U. Jonsson, H. Olsson, M.J. Olsson: Odor emotionality affects the confidence in odor naming, Chem. Sens. 301, 29-35 (2005)

[77] M. Morrin, S. Ratneshwar: The impact of ambient scent on evaluation, attention and memory for familiar and unfamiliar brands, J. Bus. Res. 49, 157-165 (2000)

[78] H.N. Schifferstein, I. Tanudjaja: Visualising fragrances through colours: The mediating role of emotions, Perception 3310, 1249-1266 (2004)

[79] E.R. Spangenberg, A.E. Crowley, P.W. Henderson: Improving the store environment: Do olfactory cues affect evaluations and behaviors?, J. Market. 60, 67-80 (1996)

[80] S. Warrenburg: Effects of fragrance on emotions: Moods and physiology, Chem. Sens. 30, i248-i249 (2005)

[81] C. Rouby, M. Bensafi: Is there a hedonic dimension to odours? In: Olfaction, Taste, and Cognition, ed. by C. Rouby, B. Schaal, D. Dubois, R. Gervais, A. Holley (Cambridge University Press, Cambridge 2002)

[82] E. Duffy: The psychological significance of the concept of 'arousal' or 'activation', Psychol. Rev. 64, 265-275 (1957)

[83] D.C. Fowles: Arousal. In: Oxford Companion to Emotion and the Affective Sciences, ed. by D. Sander, K.R. Scherer (Oxford Univ. Press, Oxford 2009)

[84] D. Sander: The role of the amygdala in the appraising brain [commentary], Behav. Brain Sci. 35, 161 (2012)

[85] K.R. Scherer: Emotion theories and concepts (psychological perspectives). In: Oxford Companion to Emotion and the Affective Sciences, ed. by D. Sander, K.R. Scherer (Oxford Univ. Press, Oxford 2009)

[86] R.M. Khan, C.H. Luk, A. Flinker, A. Aggarwal, H. Lapid, R. Haddad, N. Sobel: Predicting odor pleasantness from odorant structure: Pleasantness as a reflection of the physical world, J. Neurosci. 27, 10015-10023 (2007)

[87] R. Haddad, A. Medhanie, Y. Roth, D. Harel, N. Sobel: Predicting odour pleasantness with an electronic nose, PLoS Comput. Biol. 6, e1000740 (2010)

[88] S.C. King, H.L. Meiselman: Development of a method to measure consumer emotions associated with foods, Food Qual. Preference 21, 168-177 (2009)

[89] Swiss Center for Affective Sciences, Univ. Geneva: http://www.affective-sciences.org/eos

[90] N.H. Frijda, K.R. Scherer: Emotion definitions (psychological perspectives). In: Oxford Companion to Emotion and the Affective Sciences, ed. by D. Sander, K.R. Scherer (Oxford Univ. Press, Oxford 2009)

[91] A. Moors, P. Ellsworth, K.R. Scherer, N.H. Frijda: Appraisal theories of emotion: State of the art and future development, Emot. Rev. 5, 119-124 (2013)

[92] D. Sander, D. Grandjean, K.R. Scherer: A systems approach to appraisal mechanisms in emotion, Neural Netw. 18, 317-352 (2005)

[93] P.C. Ellsworth, K.R. Scherer: Appraisal processes in emotion. In: Handbook of Affective Sciences, ed. by R. Davidson, K.R. Scherer, H.H. Goldsmith (Oxford Univ. Press, New York 2003)

[94] T. Aue, A. Flykt, K.R. Scherer: First evidence for differential and sequential efferent effects of goal relevance and goal conduciveness appraisal, Biol. Psychol. 74, 347-357 (2007)

[95] D. Grandjean, K.R. Scherer: Unpacking the cognitive architecture of emotion processes, Emotion 8, 341-351 (2008)

[96] T. Brosch, D. Sander: The appraising brain: Towards a neuro-cognitive model of appraisal processes in emotion, Emotion Rev. 5, 163-168 (2013)

[97] J.M. van Peer, D. Grandjean, K.R. Scherer: Sequential unfolding of appraisals: EEG evidence for the interaction of novelty and pleasantness, Emotion 14, 51-63 (2014)

[98] N. Lanctôt, U. Hess: The timing of appraisals, Emotion 7, 207-212 (2007)

[99] C.A. Smith, H.S. Scott: A componential approach to the meaning of facial expressions. In: The Psychology of Facial Expression, ed. by J.A. Russell, J.M. Fernández-Dols (Cambridge Univ. Press, New York 1997)

[100] C. van Reekum, T. Johnstone, R. Banse, A. Etter, T. Wehrle, K.R. Scherer: Psychophysiological responses to appraisal dimensions in a computer game, Cogn. Emot. 18, 663-688 (2004)

[101] K.R. Scherer: Emotions serve to decouple stimulus and response. In: The Nature of Emotion: Fundamental Questions, ed. by P. Ekman, R.J. Davidson (Oxford Univ. Press, New York 1994)

[102] D. Keltner, J.J. Gross: Functional accounts of emotions, Cogn. Emot. 13, 467-480 (1999)

[103] N.H. Frijda: The Emotions (Cambridge Univ. Press, Cambridge 1986)

[104] N.H. Frijda: Emotions, cognitive structures and action tendency, Cogn. Emot. 1, 115-143 (1987)

[105] N.H. Frijda: The Laws of Emotion (Lawrence Erlbaum Assoc., London 2007)

[106] R.J. Stevenson: An initial evaluation of the functions of human olfaction, Chem. Sens. 35, 3-20 (2010)

第 36 章　厌恶性嗅觉条件反射

哺乳动物的嗅觉系统与大脑的情绪和记忆中枢交织在一起，为研究处于知觉、情绪和认知交点的基于嗅觉的恐惧条件反射提供了一个理想的模型。本章中，我们首先概述了嗅觉系统的解剖学结构，然后确定了厌恶性嗅觉条件反射所诱导的结构和功能变化，重点关注啮齿类动物和人类模型。具体而言，我们讨论了嗅觉通路各层级的厌恶体验依赖性调节，并对数对试验性(电击)和自然产生的厌恶(中毒)进行了区分。已尽可能报告发育轨迹。厌恶性嗅觉条件反射机制的相关描述最终用于提供对以厌恶性气味记忆为特征的精神和医疗状况的见解，进而可能发掘未来开发新型治疗方案的可能性。

正如当下的快乐是巨大的推进因素，当下的痛苦是任何促使行为的巨大抑制因素，快乐和痛苦是最具冲动和抑制力的思想之一。 James[1]550

效价(以喜好为中心的情感评价)可能是嗅觉感知的主导维度[2,3]。虽然近来有人建议将嗅觉效价硬编码到其化学性质中[4]，但一般认为嗅觉效价主要来自与接触气味的情绪背景的已知关联[5-7]。情绪背景可能与积极和消极的经历有关，区分二者的能力是一种促进生殖适合度的适应特性[8]。事实上，能够正确区分安全与危险刺激的微生物可以更有策略地引导对环境的感知和关注，并因此可预见和规避不利事件[9]。

对于从暴露到环境中事件之间的关系的各类学习，巴甫洛夫条件反射是一种典型形式[10]103。微生物主要通过此类学习来表现微生物世界的结构[11]。这是在物种(从无脊椎动物到人类)以及物种内和所有个体中表达的一种基本的学习形式[12]。

厌恶性嗅觉条件反射是一种特定的巴甫洛夫学习形式，涉及不论何种训练(无条件)均可产生强烈负面反应的不愉快的无条件刺激(US)，以及作为条件刺激(CS)的中性线索[13]。CS 是最初仅诱导轻度定向反应的刺激。但为了能够预测 US 的发生而与 US 可能发生关联之后，CS 本身变成厌恶刺激，并引起厌恶性条件反应(CR)。想象一只大鼠在鼠笼中移动，突然足部遭电击。由于先前未暴露于这种厌恶刺激，大鼠身体僵硬。在许多捕食动物中，身体僵硬对应于急性应激反应，这是衡量啮齿类动物无条件反应(UR)的典型指标。如果同一只大鼠暴露于中性效价的刺激，如彩色灯、声调、触觉刺激、调味溶液或某种气味，预期不会出现负面无条件反应(不会身体僵硬)。但是，如果中性刺激(如玫瑰花)与足部电击配合，使两个事件之间建立明确关联，则中性刺激会变成厌恶刺激。换言之，配合一定数量的玫瑰花刺激与足部电击后，仅玫瑰花气味就会触发大鼠身体僵硬反应。在此情况下，玫瑰花气味成为一种条件刺激，通过与应激事件(足部电击)

的反复配合而产生厌恶刺激反应。但由于丰富的情感含义，气味还可以发挥 US 的作用。如果让人明显不愉快(例如，人嗅到恶臭的鸡蛋)，则气味可作为一种厌恶刺激。

巴甫洛夫厌恶性嗅觉条件反射是一种独特的信息来源，用于揭示基于多种原因的感觉介导的学习过程的潜在规则和功能。例如，从系统发育的角度来看，嗅觉是个体发育过程中最早出现的感觉，也是最早的感观信息来源[14,15]。正因为如此，嗅觉演变为一种复杂且高度敏感的器官功能[16]。在所有脊椎动物中，嗅觉信息迅速分布于多个中枢靶区，这些靶区局限于前内侧颞叶和后眶额叶，而不是广泛分布在整个大脑中[17,18]。事实上，第一个处理气味的中枢大脑区域与嗅觉受体之间仅有一个突触的距离，这是介于外周与大脑中枢感觉系统之间的独特短通路[17]。此外，与我们其他的感觉模式一样，嗅觉信息不一定要通过丘脑由外周向皮层传递[19]。此外，虽然嗅觉很早出现，但被认为最具动态性。嗅上皮中的神经元每月经历一次独特再生[20]，在通路的许多不同阶段都发现了成人嗅觉系统的体验依赖性形态学和功能变化[21,22]。这种灵活性对于维持大脑中高度复杂且多样化的嗅觉表达至关重要[22]。

如第 33 章和其他部分所述[23]，颞下和额叶中的脑区与低级和高级情绪和记忆过程相关，也与嗅觉处理密切相关。这里只需提及著名的 Proustian 效应：气味能够释放大量的情感记忆，这几乎存在于每个正常个体的生活中[24]。事实上，不同效价的嗅觉神经表征在同样参与情感处理的嗅觉结构中是可分开的，这增加了嗅觉-情绪关联的生物学可信度[25]。该结构特征的性质使得嗅觉成为一种区别于其他形态的特殊感觉，引发了关于嗅觉介导性厌恶学习的独特性的有趣问题。

嗅觉是唯一一种在出生前后都持续存在的感觉，支持宫内适应性行为和神经机制的发育[26-28]。出生前嗅觉学习有利于适应出生后环境以及支持这种学习的神经结构的发育。非常重要的一点是，在出生后早期阶段，如果晚成雏的新生动物完全依赖从母体获得食物、温暖和保护，嗅觉学习在很大程度上偏向于产生一种对母体气味的吸引，无论母体是否引起幼仔疼痛[29,30]。因此，在早期发育的关键时期需要抑制厌恶性嗅觉条件反射，以防止幼仔对其赖以生存的气味产生厌恶。

此外，仅嗅觉能够让受体获得双重的独特刺激感受。一方面，动物和人类经鼻前通路嗅到气味时，都能够在距离来源一定的位置辨别出这种气味。在厌恶背景下，系统的这种远端特征便于执行更有效避开威胁的操作。另一方面，食物气味可通过其他同样以内部(或近端)刺激评价为特点的途径(鼻后通路)进入系统。人将这种鼻后味道嗅成一种气味。两种途径的知觉和神经基础并不完全重叠，因此对嗅觉学习机制的作用不同[31-33]。

嗅觉功能作用在哺乳动物的不同系统发育阶段具有不同表达。尽管已证实人类的气味敏感度高于许多非人类物种[34]，但某些动物(如啮齿类动物)在很大程度上依赖于嗅觉信息探索世界，而人类虽然可能更擅长鼻侧嗅觉，但对鼻侧嗅觉线索的依赖性较低[35]。从比较的角度可以研究这种厌恶性嗅觉信息在整个行为背景中的影响，并解释这种只在物种内发现的变异性。例如，动物模型对于确定厌恶性嗅觉条件反射的分子和生理机制至关重要，而人类有可能直接评估参与者如何评价附近刺激[3]。一方面，确定小鼠如何使用单细胞记录将香蕉的味道与胃部不适配对，有助于我们确定厌恶性嗅觉学习的神经元机制[36]，但要获取有关动物对所述气味偏好的口头报告是相当困难的。另一方面，可以只要求人类参与者获得关于气味愉悦性的信息，但如果要使用相同的胃部不适范例来获取小鼠的单神经元信息，可能会遭到大多数伦理委员会的否决。

理论上讲，确定特定嗅觉记忆是如何产生和储存的，就有机会更好地定义啮齿类动物模型(表现出令人印象深刻的基于气味的记忆能力)的认知[37]。从临床(人类)角度来看，厌恶性嗅觉条件反射是揭示促进和维持某些病理机制的关键所在，例如创伤后应激障碍(PTSD)[38,39]、多发性化学物质过敏(MSC)[40]和治疗前化疗恶心[41]。以往，科学界主要依靠动物模型来揭示恐惧和恐慌症的病因遗传和维持机制。但考虑到人在某些情况下容易对气味做出行为反应，须及时验证人类嗅觉和嗅觉记忆的功能剖析，以揭示厌恶性嗅觉条件反射在嗅觉可能起到关键作用的人类恐惧相关病症的病因分析和治疗中的作用[42]。

考虑到嗅觉系统的结构性质及其与情绪和记忆大脑中枢的紧密剖析联系，我们认为，嗅觉让我们能够以最还原和自然化的方式来研究厌恶性条件反射过程。但值得注意的是，这一观测不应解释成是从奥卡姆剃刀原理推导而来。如奥卡姆剃刀原理所述，在竞争方案缺乏确定性的情况下，应选择假设最少的方案，也称为最简方案。但复杂性的内在价值在于，具有多项假设的替代方案可能最终证明是正确的。事实上，嗅觉系统是一个简单而重要的系统。特点在于其复杂程度，我们需要加以重视和控制，以拓展对这一仍未充分意识潜力的系统的实际认知。厌恶性嗅觉条件反射特别有趣的点在于，它让我们能够加入感观、认知和情绪信息，为研究这些信息片段的编码位置和方式，以及重要的大脑整合方式提供有效的模型。

为了更好地解释有关嗅觉厌恶体验的整体观点，在下面的章节中，我们将首先概括性地描述哺乳动物的嗅觉系统剖析和已知的恐惧回路。然后，我们将根据不同功能的厌恶性嗅觉条件反射，检查嗅觉通路上的每个结构如何基于体验依赖性动态塑性改变信号。我们接下来将综述这种可塑性系统的重要方面与年龄相关。因此，为了完整起见，我们将纳入发育方面的观点。

36.1　关于参与哺乳动物厌恶性嗅觉条件反射的神经回路剖析

纵观整个动物王国，嗅觉系统的功能和组织结构都很保守[43]。这是因同源所致，还是反映因类似限制引起的单独进化，有待进一步说明。但是，组织和结构的相似性让我们有机会探索不同物种间厌恶性嗅觉条件反射的神经元过程。本节并非全面综述参与嗅知觉和厌恶性条件反射的神经系统，而是概述影响嗅觉依赖性厌恶性条件反射的主要因素。欲知更多完整综述，请参见第 33 章。

如图 36.1 所示，嗅知觉起始于嗅觉系统的外周，挥发性气味分子与主嗅上皮(MOE)中的嗅觉感觉神经元(OSN)纤毛上表达的受体之间发生交互作用。单嗅觉感觉神经元表达嗅觉受体蛋白编码基因大家族的单嗅觉受体基因。这些双极神经元的轴突投射到嗅球(OB)的单个丝球体或模块。每个丝球体都具有气味受体特异性，可接受表达相同受体基因的嗅觉感觉神经元的信号输入。这在 OB 中创建了与视觉或体感系统中相似的原位空间组织[43,44]。数十个僧帽细胞/簇状(M/T)细胞构成二级投射，可经外侧嗅束(LOT)将信息传输到初级嗅觉皮层。这组皮层主要由梨状皮层[按结构和功能分为前梨状皮层(APC)和后梨状皮层(PPC)区域]组成,嗅结节、前嗅觉核(AO)、海马、前外侧和后外侧杏仁核、杏仁核周围皮层和内侧皮层(EC)作为补充。嗅觉信息随后在眶额皮层(OFC)、无颗粒状脑岛、中间丘脑和下丘脑等其他区域被处理[23,45]。

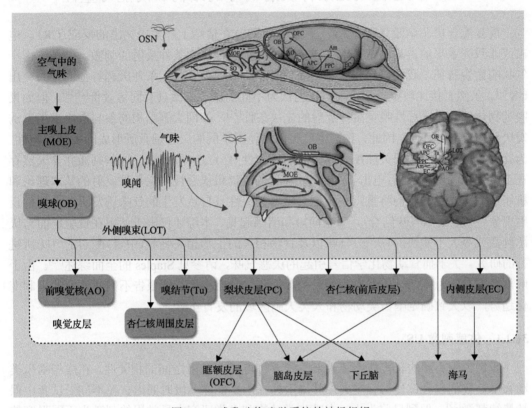

图 36.1　哺乳动物嗅觉系统的神经组织

所示分别为小鼠(上图)和人类(下图)的哺乳动物主要嗅觉系统的感觉通路。挥发性气味分子由于阶段性嗅闻而进入鼻道,与主嗅上皮(MOE)中的嗅觉感觉神经元(OSN)相互作用。OSN 投射到嗅球(OB)。表达相同受体的 OSN 靶向 OB 中离散的丝球体集,形成原位空间图。数十个僧帽细胞/簇状(M/T)细胞从每个丝球体投射到外侧嗅束(LOT),后者将信息分布到嗅觉皮层。主要的 OB 输入接收皮层包括梨状皮层(PC)[包括前梨状皮层(APC)和后梨状皮层(PPC)分区]、嗅结节(Tu)、前嗅觉核(AO)、海马、杏仁核、杏仁核周围皮层和内侧皮层(EC)。气味信息由此传递至高级中枢,例如眶额皮层(OFC)、无颗粒状脑岛和下丘脑。根据文献[44],经准许后改编

　　该系统是模拟恐惧的功能性神经回路的强大工具。事实上,嗅觉感觉输入的地形表征距离杏仁核(被认为是允许厌恶性条件反射的关键结构)仅有一个突触。主嗅球直接靶向杏仁核的皮层核,皮层核反过来靶向基底外侧杏仁核(BLA)[46]。杏仁核的中央核(CeA)通过靶向诱发和控制恐惧表达或威胁反应(如身体僵硬)的中脑和脑干结构,对恐惧反应进行输出调节。该神经回路已确定为下丘脑内侧防御回路[47,48]。虽然该回路本身并不参与线索恐惧条件反射,但海马是参与成人情境厌恶性嗅觉条件反射的一种基本边缘结构[49]。

　　本章中,我们将仅考量在厌恶性嗅觉条件反射背景下处理的表达出对学习至关重要

的结构。为便于进行跨物种比较，我们假设大脑中的结构变化存在功能相关性，无论是行为相关性还是生理相关性。

36.2　厌恶性嗅觉条件反射诱导的结构和功能可塑性

反复配合厌恶刺激(US)之后，中性刺激(CS)在情绪上产生更突出的反应(CR)。电击或非致死水平的毒素通常是人工或自然诱发厌恶性嗅觉条件反射的刺激。但是，由于气味的愉悦特征，我们已经将厌恶气味(和促味剂)作为具有无条件厌恶特征的行为突出US[50]。虽然直接比较报告很少，但我们认为不同的厌恶刺激具有同等效价[25,50]。但如果嗅觉物体感知是厌恶性嗅觉条件反射的先决条件[51]，不同大脑结构的参与取决于用于诱发厌恶性反应的任务。因此，我们将单独探讨使用不同的厌恶刺激所形成的神经可塑性。为此，我们首先将主要关注配合或关联的试验性(任意选择)刺激，这些刺激并非天然存在于微生物的生态位中(电击-气味结合)，目的是提供厌恶性嗅觉条件反射的基本理论和机制原理。之后，我们将重点关注更具生态相关性且自然发生的气味诱发厌恶性条件反射现象(毒素效应-气味结合)。为了简短和清晰起见，本综述仅限于使用在试验层面与厌恶刺激或令人不愉快的(厌恶)气味以及食物相关的生物相关刺激(中毒)配对的气味所进行的研究。关于捕食动物化学信号引起的厌恶气味，请参见 Staples 的全面综述[52]。由于解剖发育并不总是与功能发育相配[53,54]，因此，我们将尽可能报告不同成熟期的机制变化趋势，以大致确定啮齿类动物和人类大脑区域的发育年龄。

36.2.1　体感刺激 US

我们使用不同的有害体感刺激来诱导威胁与气味(CS)之间的相关性。在成年啮齿类动物中，我们曾尝试使用强尾夹，其局限性在于不能在一段时间内、在不同受试者中保持持续刺激[55]。但到目前为止，在啮齿类动物和人类研究中最常用的刺激为不同强度的电击[56-59]。

在下面的章节中，我们将从不同级别的嗅觉系统考量厌恶性嗅觉条件反射诱导的可塑性，由外周开始，一直到更为中央的大脑基质。

1. 嗅觉感觉神经元

嗅觉感觉神经元构成了嗅觉系统的一级突触，代表着环境与中枢神经系统之间的接口。早在小鼠的早期发育阶段[60]和成年期[61,62]，就已经在该水平发现了体验依赖性结构可塑性。

例如，在恐惧条件反射范例中使用气味苯乙酮[一种专门激活 M71 嗅觉受体(M71OR)的气味剂]作为 CS 训练小鼠，证实了成年小鼠嗅上皮内 M71 特定感觉神经元的数量增加，且 OB 内靶向丝球体体积变大[61]。在未经训练的小鼠、接受非 M71 活化气味训练的小鼠或暴露于非关联性苯乙酮配对的小鼠中，未表现这种厌恶性学习可塑性，据此确认与厌恶性体验之间的关联。我们使用其他气味验证了这一假设，证实嗅觉-电击条件反射会调节嗅觉感觉神经元(OSN)的突触输出[62]。换言之，在受体神经元水平已发生厌恶性学习依赖性调节作用。

此外,与厌恶性嗅觉条件反射相关的新生动物苯乙酮暴露促进丝球体细化,表明了体验依赖性结构变化以及丝球体发育速度调节[60]。目前,尚未最终确定 CS+和 US 之间的关联是否在上皮内,或者是否由自上而下的联系所致。如 Kawai 及其同事所证实[63],嗅上皮中肾上腺素的瞬时增加(归因于 US)可能介导受体活性增加。

虽然假定人脑能够在厌恶体验后以类似的方式调整其结构,但到目前为止,重重技术挑战使我们不能对该假设进行经验性验证,尤其是在嗅觉系统的初始水平。但是,嗅觉神经元的终生再生[64]能够支持增强的嗅觉体验,这似乎是合理的。

2. 嗅球

轴突投射起于嗅觉感觉神经元,止于 OB 的特定丝球体内,并与 M/T 细胞和球旁中间神经元形成突触[65-67]。考虑到每个丝球体代表单个嗅觉受体的输入,OB 的丝球体和 M/T 层构成受体验影响的嗅觉受体图[68]。啮齿类动物研究表明,在出生后早期发育阶段,每日反复暴露于嗅觉-电击会诱导幼仔的恐惧反应。此外,此类暴露还会增强 CS+气味诱发的大脑活动,这可以根据 OB 丝球体层局部葡萄糖(2-脱氧-D-葡萄糖,简称"2-DG")摄取增加以及 M/T 细胞反应的变化进行衡量[69]。在成年大鼠中,单次气味剂暴露与电击配合也会导致后续 CS 诱发的身体僵硬,以及 OB 丝球体内气味诱发的 2-DG 摄取增加[70]。

这些厌恶性嗅觉条件反射诱导的 OB 对 CS 的反应变化可能是由嗅球内的长期强化机制[71,72],以及嗅觉感觉神经元输入的获得性变化[61,62]介导的。重要的是,嗅球内的抑制性颗粒细胞在整个生命期内持续神经形成,一些研究已证明,这些新生神经元与 OB 回路的整合受嗅觉体验和学习的影响,且这些新神经元的纳入会显著促进嗅觉记忆[22,73,74]。该效应对于食欲性气味条件反射和厌恶性嗅觉条件反射均适用[75]。虽然厌恶性条件反射不会导致丝球体表达重组,但在特定嗅觉表征中,暴露于嗅觉-电击的小鼠表明丝球体体积变大[61,76]。此外,最初仅通过 CS 预训练弱活化的丝球体在条件反射后,活化作用增强[76]。这些数据表明,即便是在未成熟的动物中,厌恶性嗅觉条件反射也有助于调整嗅球以增加对 CS 气味的特异性表达。调整后的表达在丝球体层空间活性模式和 M/T 输出活性水平表达,还表现神经解剖学变化,如局部颗粒细胞增加。

目前,可应用于人体研究的非侵入性神经成像技术无法在厌恶性嗅觉条件反射范例中描述 OB 的功能可塑性。但是,人在厌恶性嗅觉条件反射之后表现出某种学习依赖性 OB 可塑性,这似乎是合理的。该领域值得进一步研究。

3. 梨状皮层

二级投射通过外侧嗅束(LOT)将 OB 中的信息桥接到初级嗅觉皮层[77]。相比于在 OB 中表达的气味特定空间图,嗅觉皮层联系[78,79]和气味诱发活动都分布在梨状皮层[80-82],表明存在分散投射和内部长联合纤维系统。换言之,根据 Haberly 的理论[83],嗅觉皮层作为按内容访问存储器,系统中的每个部位都包含整个输入的信息。前梨状皮层(APC)接受 M/T 神经元的强传入神经信号,并假设在嗅觉中发挥初级感觉皮层的作用[84-87],以及在嗅觉的记忆中发挥某些功能。例如,单个单位记录显示,清醒大鼠[87-90]在 APC 水平下表现出条件反射后变化[91,92]。在接受过特定气味恐惧训练(CS+)和类似气味非恐惧训练(CS−)的动物中(未配合电击),APC 对嗅觉编码的选择性更强。相比之下,接受广义行为恐惧反应训练的大鼠在 APC 单个单位水平表现出气味辨别能力受损[92]。

与 APC 相反的是,后梨状皮层(PPC)的解剖结构和功能与高阶相关区域相似,负责嗅质和嗅觉分类。PPC 接受来自基底外侧杏仁核的相对强的信号输入,APC 则不能[93,94]。根据 Li 的假设[95],这可能是人类嗅觉厌恶刺激的主要表达位点。自早期发育阶段开始,即出生后(PN)第 7~8 天,嗅觉厌恶学习与 PPC 活动相关[96]。在断奶日龄(PN 第 12~13 天),使用不同强度的电击(0.5 mA 和 1.2 mA),这种状况得到维持。已经通过不同的技术反复证明了该领域的条件反射后可塑性。接受嗅觉-电击条件反射训练的动物表现出局部场电位增强[97,98],突触可塑性增强[通过表达脑源性神经元营养因子(BDNF)[99]测定],且 γ-氨基丁酸(GABA)和谷氨酸盐浓度升高并持续约 30 分钟[100]。此外,训练后 1 个月在联合嗅觉皮层(包括 PPC)出现的病变排除了 CR[101]。综上,这表明梨状皮层是长期储存和检索与气味相对威胁的一个基本结构。换言之,梨状皮层的合成功能整体是对在嗅觉系统(OB)之前阶段发现的精化特异性的补充,并促进更全面且稳定的表达,为嗅觉物体的整体感知体验提供了良好基础[102]。此外,在厌恶性嗅觉条件反射范例下进行的慢波睡眠(SWS)活动研究也都证实了该陈述。即使在 SWS 期间 PC 通常对气味无反应,在条件反射之后,其活性增强,并与随后的记忆能力显著相关[91]。换言之,PC 反应性可能在SWS 期间降低,表明存在一种优先机制,可以促进相关信息(威胁)的记忆巩固,外部噪声则始终不处理[91]。

与啮齿类动物相关资料中的结果一致的是,人梨状皮层已确定是厌恶性嗅觉条件反射的关键结构。PPC(而非 APC)表现出与嗅觉相匹配的特定可塑性[103],这似乎是基于长时间暴露于气味后的反应增强[104]。非常重要的一点是,即便无法将嗅觉和电击配合(CS+)与嗅觉和电击不配合(CS−)时的初始神经(和知觉)表达区分开来,条件反射后的 PPC 嗅觉可塑性也很明显[103]。将两个对映体中的其中一个(化学非重叠镜像气味)与电击关联,可以显著提高对配对气味的辨别能力[103]。这清楚地表明,人类厌恶性嗅觉条件反射是基于感觉增强过程,与关注无关[103]。上述研究表明在系统的早期阶段已存在厌恶性嗅觉条件反射可塑性,Ähs 及其同事[105]根据这些研究在人类参与者中证实,在厌恶性嗅觉条件反射后,辨别能力提高是基于绝对敏感性的嗅觉依赖性转变,而不是辨别能力本身的变化。有趣的是,记录的与厌恶性嗅觉条件反射相关的敏感度增加在 8 周后结束[106]。这表明,这些快速可塑性的影响可能是短暂的,而不是永久性的。

目前,尽管厌恶性嗅觉条件反射诱发的变化可发生在整个梨状皮层(尤其在啮齿类动物中),但从解剖学角度,威胁信号和嗅觉 CS 之间最可能在后梨状皮层部位聚合。因此,PPC 是人体中最可靠地证明嗅觉-电击诱导可塑性的结构。

4. 海马

海马对哺乳动物的记忆形成和存储非常重要[106]。海马被认为负责获取刺激之间的联系,以及在刺激和厌恶性嗅觉条件反射期间呈现的背景之间的联系[106]。非常重要的一点是,海马发育导致出现厌恶性嗅觉条件反射,后者在 PN24 而非大鼠幼仔发育阶段之前出现[49]。神经和免疫组织化学关联表明在厌恶性嗅觉条件反射后，在海马结构的几个亚区域，如海马角(CA)1、CA3 和齿状回(DG)，CS 气味诱发的活性增加。学习到的气味诱发活动可能反映了这样的事实，即 DG 从脑内皮层接收到了较强的传入神经输入，该皮层是高度多感觉皮层，包括作为嗅球和梨状皮层的直接单突触靶(图 36.1)[49]。DG 转而投射到 CA3。

将 GABA_A 激动剂蝇蕈醇输注入海马，使海马不活动，防止大鼠幼仔连续表达环境中的刺激，从而抑制情境厌恶性嗅觉条件反射[49]。这些结果与大多数关于成人情境厌恶性嗅觉条件反射的文献一致。

在人类参与者中，已经证明了物体表达因海马参与而完全统一[107]。在厌恶性嗅觉条件反射中，感觉(梨状)皮层在支持表达的长期存储中起到了关键作用[108]，在其他感觉模式(听觉)中也是如此[109]。最新数据还表明，睡眠可改变厌恶性嗅觉条件反射记忆的强度和精确度[110,111]。在睡眠期，将成人参与者再次暴露于与先前清醒状态中威胁相关的气味，引发刺激特异性消除所产生的海马活动减少(以及杏仁核中神经模式的重组)。因此，睡觉时有利于消除恐惧的气味，同时避免创伤性意识再次暴露于威胁气味[110]。

5. 杏仁核

以往一直认为杏仁核是诱发和控制恐惧反应的关键结构。但最近的数据表明，杏仁核对感觉刺激的生物学意义、强度或显著性提供了编码[112,113]。该系统能够将输出信号传输至感觉皮层，从而能够对具有潜在威胁的刺激进行知觉分析[112,114]。虽然这不是唯一能够感知威胁的通路[115]，但鉴于其在情绪、记忆和嗅觉过程中的作用，杏仁核仍是厌恶性嗅觉条件反射的中心区。

在杏仁核中，基底外侧复合体(BLA)(包括外侧、基底和副基底核)是与厌恶性嗅觉条件反射联系最紧密的区域[116]。考虑到棘波放电增加和长时增强，外侧核被认为是获取和整合厌恶性记忆的主要部位[117]。早在最初的发育阶段[96]，就专门针对厌恶性嗅觉条件反射[118]证实了这一点。BLA 中的学习相关变化受电击强度的影响，但仅在 PN23～24 天时 BLA 在所有电击强度(0.5～1.2mA)都参与的情况下，才是如此[96]。免疫组织化学指标进一步证实了杏仁核参与关键性介导了 PN10 天时的厌恶性嗅觉条件反射的发展[119-123]。该结构虽然在敏感时期充分成熟，对厌恶气味刺激产生反应[124]，但它参与了与皮质酮水平交互作用的机制[119,121,125-127]。此外，厌恶性嗅觉条件反射在成年阶段减弱，已证明与杏仁核和 PPC 皮层核中 CS 气味诱发的 2-DG 摄取不足相关，这种影响与通过电生理技术评估的局部抑制减弱有关[128]。换言之，出生后早期发生的嗅觉-电击配对可诱导除幼仔学习所涉及区域以外的功能变化，并且偶然性增强[128]。

在成年大鼠中，杏仁核对威胁获取和整合至关重要。训练前 BLA 病变或药理学灭活或抑制以及训练后病变可防止完全形成 CS 配对的气味厌恶感[129-131]。在受过训练的啮齿类动物中，BDNF 表达增加[99]以及 GABA 和谷氨酸盐浓度升高[100]是厌恶性嗅觉条件反射后 BLA 突触可塑性的生物标志物。

在人类研究中还显示了杏仁核的学习依赖性反应，表明时间依赖性条件反射后的可塑性。换言之，在早期条件反射试验中，杏仁核反应最大，随后可观察到该区域的活动逐渐衰减[103]。这一发现与使用电击相关的视觉刺激成像研究中观察到的活性呈指数式衰减是一致的[132,133]，并指示厌恶体验如何形成感知。最近，还发现与疼痛(三叉神经)刺激(二氧化碳，CO_2)相配的气味可在条件反射过程中引发杏仁核功能性活动增强[134]。

总体而言，在人和啮齿类动物中，杏仁核(尤其是 BLA)在很大程度上参与了厌恶性嗅觉条件反射。BLA 表达了网络功能的局部变化，导致储存的记忆和之后的 CR 行为。此外，输出至靶区域(如 PPC)的 BLA 可能有助于直接促进感觉皮层内的学习变化，该机制可能导致气味诱发的恐惧。

6. 眶额皮层

在非人类和人类动物中，眶额皮层(OFC)都是神经嗅觉网络的重要部分。在啮齿类动物中，它通过与梨状皮层的相互联系[135]和通过来自内侧背丘脑的投射接受嗅觉信号[136,137]。OFC 对气味多感官整合[138,139]以及嗅觉奖励评估和嗅觉导向的行为都很重要[140]。OFC 及其与初级嗅觉区的连接[135]证明了体验依赖性可塑性[141,142]，这可能促进学习嗅觉行为。对于这一讨论，前额皮层(包括前额叶)也是杏仁核活动的强调节因素，并且参与情绪调节和焦虑[143]。但据我们所知，在人类或非人类动物中，关注 OFC 对厌恶性嗅觉条件反射的范例很少。

36.2.2　化学感受刺激

与前一章相比，在厌恶性嗅觉条件反射范例中使用化学感受刺激作为 US 的文献很少。因此，我们提出了更综合的观点，并合并了我们对所涉及的各种神经结构的讨论。在啮齿类动物中，虽然在背景条件反射范例中可以使用捕食动物的气味作为 US [144,145]，但我们尚不清楚任何已发表的嗅觉 US——嗅觉 CS 条件反射数据。在啮齿类动物中，证明跨代嗅觉恐惧的最新研究是关于此类研究的最接近的示例[146]。雌性大鼠在条件反射(嗅觉-电击)后恐惧气味。随后进行饲养，并允许产仔。如果母鼠在其幼仔在场的情况下暴露于 CS 气味，其对 CS 的恐惧反应会诱导其幼仔产生特定气味的恐惧。母鼠因为对 CS 恐惧做出反应而发出的报警气味，本身足以训练其幼仔对 CS 产生恐惧[146]。这种跨代的气味恐惧形式与杏仁核相关[147,148]。

在人体中，使用厌恶气味作为厌恶刺激，以产生与依赖于电击的反应相当(尽管不完全相同)的厌恶反应[25,50,147]。例如，气味是刺激，可诱导更接近恶心而不是恐惧的情绪反应。事实上，单纯的气味暴露不会诱发相同的大脑活动，如中性视觉刺激和厌恶性嗅觉所示[50]。Gottfried 及其合作者[50]使用中性面孔作为 CS，并将其展示的一半与 4-甲基戊酸相配，前者为类似奶酪的刺激性气味(作为 US)，一致评定为令人不快。功能性磁共振成像限制了我们在空间聚焦任务相关激活的范围，因此不允许在信息到达梨状皮层之前评估学习依赖性可塑性，也不允许分析皮层下结构内的单个核。然而，PPC 似乎在突出的关联活动中发挥了关键作用，因此证实了使用另一种不同类型的 US，不能认为该区域是严格的单峰皮层，而是大脑的一个关联中心[50]。但是，尚未报告杏仁核反应[50]。缺乏杏仁核活动可能归因于令人不快的气味导致的唤醒不足[149]，其中有些可能触发了恶心而不是恐惧[150]。

此外，在眶额皮层(OFC)中证实了一种有趣的厌恶性嗅觉条件反射依赖效应，该区域已归因于高阶复合处理，且有些人将其标记为二级嗅觉皮层[149]。该皮层的内侧和外侧部分与学习依赖性计算有关，优于简单的气味处理[50]。换言之，OFC 对建立可用于组织以气味为导向的行为的刺激-奖励关联有重要作用。

36.2.3　自然发生的 CS-US 关联

事实上，环境中物体学习的普及使其成为识别自然 CS-US 配对的有用启发式方法[51]。条件性嗅觉厌恶(COA)是一个值得关注的案例。COA 是一种可靠且持久的嗅觉关联，摄入无味溶液(CS)以及随后的中毒(US)的偶然关联导致回避嗅觉刺激[151]。COA 是一种存在于子宫内和整个发育过程中的现象[70,152-161]。虽然有人提出，COA 学习仅依赖于味觉方式[162]，现在很明显，鼻后嗅觉对进食后结局有显著影响[36,163]。事实上，通过食物的气味对食物进行远端探查，可获取进食时感官体验的预估值[36]。

在以下的章节中，我们将报告与嗅觉诱发不适相关的神经活动的表征，之后将描述嗅觉通路。值得重申的是，对于许多其他范例，尚未在人类参与者中进行嗅觉等级较低水平的研究。处理该研究的研究者正在调整当前技术或开发新工具，以解决问题，阻止 OSN 和嗅球的在线神经成像。然而，由于必须通过实验诱导与嗅觉刺激相对应的不适，通常难以对人类与非人类动物文献进行直接比较；由于长期的厌恶结果，伦理上在人类中进行这种实践很困难[164]。因此，本章将重点关注来自非人类动物实验的知识。下章将提供与特殊情况下的气味-不适相关性有关的观察信息，说明在临床条件下厌恶性嗅觉学习的作用。据我们所知，尚未探索自然产生的嗅觉 CS-US 关联对嗅觉感觉神经元的影响。因此，我们将在嗅球级别着手阶层式报告。

1. 嗅球

在啮齿类动物中，认为在胎仔中就有可能诱发 COA[70,152,157-161,165-169]，其依赖于 OB 的作用，至少在幼仔接近断奶年龄时。但是，在大龄幼仔和成年大鼠中收集的数据[170]表明，与第一发育阶段相比，OB 的可塑性降低。非常重要的一点是，在 COA 范例中，OB 的作用持续时间长于涉及电击的厌恶性嗅觉条件反射范例[49,158,171]。考虑到 COA 依赖于对食物的鼻后嗅觉刺激，动物的营养状态是调节 OB 活动的关键变量。例如，单细胞记录表明，当动物有饱腹感时，二尖瓣细胞的活性增加，并接收到此前与不适相配的气味[172]。综上，这些结果表明，OB 中的活性反映了通过自然暴露诱导的刺激的条件相关性编码。

2. 梨状皮层

尽管相对未开展研究，但在早期发育期间，嗅觉-不适学习似乎对 APC 的影响不大，而 PPC 似乎起到了关键作用[96]。通过利用 Fos 样免疫反应，允许对应激和疼痛后激活的神经元进行定量分析(通过可视化 c-Fos 蛋白产物的表达)，很明显，在恢复味觉强化气味厌恶感(TPOA)期间，气味诱发的跨突触神经元活动增加[173,174]。根据这一证据，Chapuis 等[36]证明，COA 学习明显修改了反映大范围神经集合中同步活动的瞬态振荡。具体而言，在 PPC 水平显示的局部场电位 β 频率(大鼠为 15～40Hz)方面，气味诱导的快速振荡预示着在 OB、OFC 和 BLA 中出现强烈的 β 振荡活动时对气味的厌恶行为。综上，这些证据似乎支持这样的观点，即 PPC 中的特定神经元集群对与厌恶刺激相配的气味做出应答，并具有更强的时间连贯性，允许对获得厌恶感的方式具有经验依赖性的气味表征[36]。

3. 杏仁核

在大鼠幼仔断奶后，杏仁核对 COA 发挥作用[96,158]，且在成年期内得以维持[175]。尤其是 BLA，被描述为采集、整合和检索 COA 的关键结构[170,176-179]。Chapuis 及其同事还提供了 BLA 对气味反应的振荡活性的经验依赖性调节的证据[36]。根据该结构整合了化学感受刺激的情感显著性的观点[180,181]，它似乎在嗅觉信号的总体厌恶含义的表征中发挥作用。

4. 脑岛

脑岛也被认为是味觉信息的主要处理部位[182]，在很大程度上参与涉及促味剂的厌恶范例[183]。关于 COA 范例，更偏腹侧的脑岛无颗粒区(有些人将其标记为初级味觉皮层的区域)是初级嗅觉区的一个特别投射靶区[184,185]。Chapuis 等[36]描述了在学习嗅觉线索的反应下，而仅在动物出现不适前摄取时，如何调节岛叶皮层的颗粒分区和非颗粒分区的 β 振荡活动模式。这表示支持动物体验所致的气味表征的网络特征[36]。

5. 眶额皮层

众所周知，OFC 能够整合各种食物相关感觉刺激的输入，并被认为在啮齿类动物和人类的味觉中发挥重要作用[139,186,187]。Dardou 及其合作者已证实，嗅觉和味觉线索在味觉强化的气味厌恶恢复期间激活该结构[174]。几项研究表明，PC、BLA 和 OFC 之间同时存在解剖和功能连接[135,188]，并且这些通路具有学习依赖性可塑性[141,142]。因此，该网络是整合关于食物气味线索的感觉和情感信号的有力候选。

有人提出，在调节味觉或味觉神经编码方面，鼻后刺激比鼻前刺激更有效。例如，De Araujo 及其同事[138]测量了大脑对鼻后气味和味觉的反应，并证实了 OFC 前部区域的选择活性，表明该区域在味觉和嗅觉的整合方面很重要。此外，Small 及其同事[187]认为，先前经历的调节(未考虑其效价)以及脑岛和前扣带回皮层可影响 OFC。

36.3　临床适用性

到目前为止，我们已经审查了在嗅觉通路的不同阶段和特定发育年龄与厌恶性嗅觉条件反射相关的神经变化。这些变化对个体生理机能(非人类动物或人类)和所表现出的行为相关性具有显著影响。与考虑的感觉模式无关，恐惧-条件反射范例已被证明是一种更多产和有价值的实验模型，可用于评估与异常增强的恐惧、焦虑和其他功能障碍行为相关的人类精神疾病[189-196]。对感觉线索的自然反应、厌恶性记忆的获得和已获得的恐惧记忆的消除是厌恶性嗅觉记忆研究的特征，并为解释一系列病理和精神病理学特征奠定了基础。除了病因解释以外，行为治疗还使用了厌恶性嗅觉条件反射，以减少各种功能障碍或非预期的行为[197]。下文中，我们将分析一些最相关的应用。

36.3.1　焦虑和创伤相关疾病

恐惧的范围是无法评估的，有些明显带有嗅觉成分。除了由动物的气味引起的恐惧（例如，犬科动物气味引起恐犬病）以外[198]，创伤后应激障碍（PTSD）具有很强的嗅觉含义[192]。PTSD 是一种精神性后遗症，可发生于创伤性事件之后，如战争、攻击或自然灾害[199]。在实验上，文献中报道的研究使用了不同感官模式中的对抗相关刺激。一直以来，在临床操作规范中已观察到气味具有很强的情绪和记忆成分，似乎可促使或触发个体再次体验创伤事件[200]。厌恶性嗅觉条件反射机制的特征构成了一种威胁感知和反应的模型，可用于解释这些类型的恐惧相关临床问题的一般原则。杏仁核和海马都是上述机制的核心，是焦虑和情绪障碍神经模型中都包含的结构[201]。针对 PTSD，一项正电子发射断层成像研究显示，其杏仁核的脑血流量发生了较大变化，嗅觉线索可获取更多关于生活事件的记忆[39]。此外，厌恶性嗅觉条件反射可诱导特定于刺激的恐惧（对 CS 具有选择性）或普遍的嗅觉恐惧，取决于在条件反射期间发生的事件（在 CS−和 CS+的情况下[92]）以及在这些恐惧嗅觉记忆巩固期间的体验（在训练后 SWS 期间[110,111]）。厌恶性嗅觉条件反射体验的这些不同特征可改变嗅觉系统编码学习气味的精确度。未能对我们所学到的恐惧进行精确的刺激控制，可能会促发 PTSD 和其他恐惧相关疾病。因此，了解创伤事件如何影响感觉编码本身将显著帮助我们理解这些疾病，并开辟扩展治疗方案的可能性。

针对特定恐慌症[202]和 PTSD[203]的确立治疗是基于暴露的行为策略，涉及在无危险的受控环境中对恐惧的物体或情况的体验。暴露疗法促使对恐惧相关刺激的系统性对抗，目标是减少患者的恐惧反应[204]。外部（恐惧的物体、活动、情况）或内部恐惧刺激（恐惧的想法、身体感觉）的对抗可能存在于想象中或体内[202-205]。然而，积极的治疗结果主要取决于恐惧记忆的情感参与[206]，患者通常会主动比较重现的记忆[206]。气味能够自动促发某种情绪，是增加情感参与的有力候选[207]，并且可以降低由气味触发的焦虑、回想和分离的频率和强度。尝试通过减少副作用来提高暴露疗法的易用性和依从性。例如，技术进步使得患者暴露于丰富的感观虚拟现实（VR）环境中，提供了控制气味呈现的机会[208,209]。又如，有人提出了在意识模糊状态下重现创伤事件的技术。除了有助于催眠患者与创伤事件形成新的（积极）嗅觉联系的催眠治疗性嗅觉条件反射的证据不足[210]之外，Hauner 和同事的研究也指出了值得关注的潜力[110]。作者使参与者在存在嗅觉背景的情况下暴露于人脸图像和电击。午睡期间，重新提出了与厌恶性关联相配的嗅觉线索。在随后的觉醒期间，对于恐惧面部，微觉醒杏仁核和海马活动减少。换言之，这些结果表明，气味是能够靶向睡眠期间可以重新激活的记忆的感觉线索，有利于恐惧消除。虽然这些结果是在一组健康年轻成人中报道的，但它们追踪了包括焦虑症患者在内的研究途径，且在一般情况下，每个人都希望消除不必要的恐惧。

36.3.2　多发性化学物质过敏

多发性化学物质过敏（MCS）也是在很大程度上依赖于基于嗅觉的条件反射问题的病

理学因素[211]，是指特发性环境不耐受[40]。MCS 合并了一系列慢性多症状性疾病，其中报道低水平的常见环境化学物质(杀虫剂、溶剂等)可导致患者出现残疾问题。与情感障碍的高度共病[212]以及动物文献中的结果与点燃(或神经源性致敏)机制相关，支持以下观点：基于嗅觉的条件反射和/或致敏机制可能是疾病的基础。除了不适应性认知产物(即信仰、期望)以外，多种厌恶反应(例如，心理生理、运动)与较低水平的吸入和摄入化学物质之间的反复关联，可能对厌恶反应症状产生条件反射[40,213]。事实上，已经证明暴露于与 CO_2 相关的无害气味(如丁酸)的健康受试者表现出躯体条件反射后症状，如呼吸行为改变，可在典型的巴甫洛夫消除模式中减少[214]。

上文描述的嗅觉-边缘系统机制，尤其是使用气味(US)和嗅觉-不适的模式，是提供可验证假设的机制，我们鼓励对其进行探索，以更好地描述这种仍有争议的综合征的特征[215]。此外，在啮齿类动物中，据报道，唤醒反应释放的去甲肾上腺素可防止形成习惯和/或诱导改掉气味诱发的神经反应[90]和行为反应[216]的习惯。因此，认知因素可通过升高去甲肾上腺素水平维持或增强倾向于 MCS 的个体对气味的嗅觉反应。这应该是未来研究的目标。

36.3.3　治疗前化疗恶心

嗅觉-不适状况类型是用来解释癌症化疗患者预期恶心现象的最佳模型。许多癌症化疗药物引起恶心并刺激反射性催吐[217]，导致约 25%的患者发生预期性恶心和呕吐事件[218]。引起治疗前恶心最常见的原因为患者与临床环境相关的气味或之前与呕吐经历相关的气味[219]。考虑到与治疗和呕吐事件的反复厌恶性关联，患者可能拒绝或经历令人不适的治疗。因此，患者的治疗依从性(对恢复过程至关重要)受到影响，且生活质量下降[40]。目前，主要使用作用于神经化学控制呕吐的止吐药治疗化疗恶心[220]。然而，有些类型的给药(如肌内给药)会产生疼痛感，并产生大量副作用(如药物吸收不稳定、无菌脓肿形成、组织纤维化等[221])。因此，理解条件性反应的学习机制，有可能提出行为建议[218,222]。

假设恐惧和放松不能同时存在，系统脱敏过程中可以将对预期恶心和呕吐的不适应性学习反应与放松进行比较[205]。该过程经常存在于想象中，有助于对功能障碍行为产生其他反应。特别是对于预期的恶心和呕吐，与化疗期相关的嗅觉刺激可让患者达到深度放松的阶段，促进对非预期反应的对抗条件反射。这种行为方法已被证明比咨询[223]和放松[224]等其他单独的治疗方法更行之有效。

36.3.4　成瘾和物质相关性病症

如前所述，可以使用包含嗅觉刺激的调节机制来减少恶心和呕吐，但这些调节机制经常被用于产生反应，以避免其他类型的非预期行为。一般而言，厌恶疗法是减少酗酒者过量饮酒的有效方法[225]。将酒精气味与电击进行配对(US)是手段之一[226]，不过并非最成功的手段。事实上，化学厌恶，将酒精气味(或味道)与其他化学因素(如氨样味盐[227])或呕吐药物[225]适当相配，可更持久避免酗酒。厌恶治疗在 20 世纪 40~50 年代比较盛行，随后逐渐衰落。最近，很少或没有使用该技术的报道[228]。

基于气味的厌恶治疗不仅限于酗酒问题，还可用于缓解其他类型的成瘾问题[228,229]。

例如，在内隐致敏(对非预期行为进行心理复述)期间提供异戊酸(一种恶臭的奶酪味或汗味)，有助于减少吸烟和吸食大麻以及吸食胶毒[230]。它成功减少了显性和隐性行为(想法)[230]。在吸烟妊娠女性中描述了一种自然发生的厌恶治疗，在将香烟气味与恶心反应关联后，可暂时性和自发性停止吸烟[229]。有趣的是，Arzi 及其同事[231]为更大数量的吸烟者提供了一个机会。在一组想戒烟的烟碱成瘾者中，Arzi 等[231]在短波睡眠过程中，将香烟的气味与两种非唤起但令人恶心的气味(硫酸铵和腐鱼)相配。在接下来的觉醒阶段，在自然睡眠期间暴露于负面条件反射的参与者报告吸烟的数量减少(与基线相比)，而没有任何额外帮助。戒烟持续一周。这些有前景的发现为今后充分了解生理学过程和评价睡眠学习作为一种治疗方法的可行性奠定了基础。

36.3.5 嗅觉厌恶条件反射的低效治疗

除了关于嗅觉厌恶条件反射有助于理解和治疗各种心理健康疾病的重要见解外，在尝试使用嗅觉刺激进行厌恶疗法的病例中并不总是成功的。与酗酒一样，暴饮暴食是一种功能障碍行为，常通过涉及嗅觉刺激的厌恶疗法进行治疗。Cole 和 Bond[232]在一组肥胖患者中，将食物与有毒气味配对，并暂时促进体重减轻。他们还证实，在 8 周项目结束时，与两个未暴露于恶臭气体的对照组(安慰剂和等待组)相比，嗅觉厌恶疗法的减重效果最好[232]。然而，在 8 周随访时的测量显示，与治疗前的体重水平无差异，因此表明嗅觉厌恶疗法对长期靶向肥胖无效[232]。

即使考虑在一系列功能失调行为中通过嗅觉厌恶治疗获得动力，这种技术被广泛用于限制非典型性行为，也非常让人吃惊[197]。至于虐待性兴奋[233]和同性性行为[234]，行为治疗师在进行治疗时通常将非预期行为与厌恶嗅觉刺激，如氨或含硫化合物(臭鸡蛋味)关联起来。在这些研究中，治疗均未取得短期或长期效果。只有在关于儿童攻击行为倾向的单个病例研究中，嗅觉诱导的厌恶与同时提出的其他方法配合，减少了功能障碍行为[235]。

36.4 结 论

此处报道的综合证据使我们得出结论，啮齿类动物和人类的嗅觉系统在所有(可测试的)嗅觉系统水平均受到动态调节，从出生前发育开始，并在成年期持续存在。事实上，初步证据甚至表明，厌恶性嗅觉学习通过表观遗传调节实现跨代[148]。

同一核心大脑区域(PPC、杏仁核)负责所有类型的基于嗅觉的厌恶性学习机制，以介导气味与负面情绪体验之间的关联。厌恶体验在梨状皮层诱导的变化对较大的大脑区域网络具有级联影响，包括向 OB 的相互上升连接和来自 OFC 的下降连接[188]。因此，丰富的体验依赖性和可塑反应能够将记忆与情感内容关联。正如 Li 最近所提出的那样[95]，基于感觉-皮层的威胁感知模型将解释厌恶性体验的构成。生活经验将形成负面的气味-威胁关联，该关联将首先储存在嗅觉皮层水平，早在感觉处理的初始阶段就能够编码威胁线索。随后，随着气味-威胁关联的表征在杏仁核和其他部位得到巩固，梨状皮层可能发生快速且长期的可塑性改变，最终导致该联系的神经反应模式发生改变。遗憾的是，现有方法和伦理标准的可用性有限，无法将该模型扩展至人类嗅觉通路的较低水平，如嗅觉感觉神经元。此外，正如我们在上文强调的，无论与威胁相关的刺激（电击或毒素）在鼻前或是鼻后，都会对动物和人类神经网络体验产生不同的影响。

　　从发育的角度看，文献表明，不同的条件反射方法触发了厌恶气味学习的不同神经通路，且各自表现出不同的发展轨迹[96]。杏仁核是对所涉及的特定学习方案高度敏感的一个结构（与嗅觉-不适关系相比，厌恶性电击），并被分配强化条件。遗憾的是，目前缺乏对人类厌恶性嗅觉条件反射发展轨迹的见解。

　　最后，对厌恶性嗅觉条件反射机制的全面表征构成了一种威胁感知模型，可用于解释多种心理健康疾病及其治疗的一般原则。具体而言，对这些机制的详细了解对于解决各种精神和医疗状况中由气味触发的与记忆相关的问题至关重要，从而为开发新的疗法带来可能性，甚至是直接涉及厌恶性嗅觉条件反射。考虑到基于气味的厌恶性学习机制的独特性，这是一种具有高度生物学相关性的实验模型，我们认为，当务之急是充分揭示行为心理生理和神经方面的基础厌恶性嗅觉条件反射，在不久的将来会在该领域有重大发现。

参 考 文 献

[1] W. James: 1950. The principles of psychology (Dover Publications, New York 1890)

[2] S.S. Shiffman: Physicochemical correlates of olfactory quality, Science 185 (4146), 112-117 (1974)

[3] C. Zelano, N. Sobel: Humans as an animal model for systems-level organization of olfaction, Neuron 48, 431-454 (2005)

[4] R.M. Khan, C.-H. Luk, A. Flinker, A. Aggarwal, H. Lapid, R. Haddad, N. Sobel: Predicting odor pleasantness from odorant structure: Pleasantness as a reflection of the physical world, J. Neurosci. 27, 10015-10023 (2007)

[5] T. Engen: The acquisition of odour hedonics. In: Perfumery, ed. by S. van Toller, G.H. Dodd (Springer, Dordrecht 1988)

[6] T. Engen: Odor Sensation and Memory (Greenwood Publishing Group, Westport 1991)

[7] R.S. Herz: Influences of odors on mood and affective cognition. In: Olfaction, Taste, and Cognition, ed. by C. Rouby, B. Schaal, D. Dubois, R. Gervais, A. Holley (Cambridge Univ. Press, Cambridge 2002)

[8] M. Domjan: Pavlovian conditioning: A functional perspective, Annu. Rev. Psychol. 56, 179-206 (2005)

[9] P.J. Lang, M.M. Bradley, B.N. Cuthbert: Emotion, motivation, and anxiety: Brain mechanisms and psychophysiology, Biol. Psychiatry 44, 1248-1263 (1998)

[10] J.E. Staddon: Adaptive Behaviour and Learning (CUP Archive, Cambridge 1983)

[11] R.A. Rescorla: Pavlovian conditioning: It's not what you think it is, Am. Psychol. 43, 151 (1988)

[12] J.S. Turkkan: Classical conditioning: The new hegemony, Behav. Brain Sci. 12, 121-137 (1989)

[13] W.H. Gantt: Conditional or conditioned, reflex or response?, Cond. Reflex 1 (2), 69-73 (1966)

[14] H. Eisthen: Evolution of vertebrate olfactory systems, Brain Behav. Evol. 50, 222-233 (1997)

[15] A. Menini, H.B. Treloar, A.M. Miller, A. Ray, C.A. Greer: Development of the Olfactory System. In: The Neurobiology of Olfaction, ed. by A. Menini (CRC Press, Boca Raton 2010)

[16] S. Firestein: How the olfactory system makes sense of scents, Nature 413, 211-218 (2001)

[17] R.L. Davis: Olfactory learning, Neuron 44, 31-48 (2004)

[18] P.J. Eslinger, A.R. Damasio, G.W. Van Hoesen: Olfactory dysfunction in man: Anatomical and behavioral aspects, Brain Cogn. 1, 259-285 (1982)

[19] L.M. Kay, S.M. Sherman: An argument for an olfactory thalamus, Trends Neurosci. 30, 47-53 (2007)

[20] P. Graziadei, G.M. Graziadei: Neurogenesis and neuron regeneration in the olfactory system of mammals. I. Morphological aspects of differentiation and structural organization of the olfactory sensory neurons, J. Neurocytol. 8, 1-18 (1979)

[21] P.-M. Lledo, G. Gheusi: Olfactory processing in a changing brain, Neuroreport 14, 1655-1663 (2003)

[22] P.-M. Lledo, A. Saghatelyan: Integrating new neurons into the adult olfactory bulb: joining the network, life-death decisions, and the effects of sensory experience, Trends Neurosci. 28, 248-254 (2005)

[23] J.N. Lundström, S. Boesveldt, J. Albrecht: Central processing of the chemical senses: An overview, ACS Chem. Neurosci. 2, 5-16 (2010)

[24] S. Chu, J.J. Downes: Proust nose best: Odors are better cues of autobiographical memory, Mem. Cogn. 30, 511-518 (2002)

[25] J.A. Gottfried, R. Deichmann, J.S. Winston, R.J. Dolan: Functional heterogeneity in human olfactory cortex: An event-related functional magnetic resonance imaging study, J. Neurosci. 22, 10819-10828 (2002)

[26] J.A. Mennella, C.P. Jagnow, G.K. Beauchamp: Prenatal and postnatal flavor learning by human infants, Pediatrics 107, E88 (2001)

[27] B. Schaal, G. Coureaud, S. Doucet, M. Delaunay-El Allam, A.S. Moncomble, D. Montigny, B. Patris, A. Holley: Mammary olfactory signalization in females and odor processing in neonates:Ways evolved by rabbits and humans, Behav. Brain Res. 200, 346-358 (2009)

[28] R.M. Sullivan, S. Taborsky-Barba, R. Mendoza, A. Itano, M. Leon, C.W. Cotman, T.F. Payne, I. Lott: Olfactory classical conditioning in neonates, Pediatrics 87, 511-518 (1991)

[29] R.M. Sullivan, M. Landers, B. Yeaman, D.A. Wilson: Good memories of bad events in infancy, Nature 407, 38-39 (2000)

[30] S. Moriceau, T.L. Roth, R.M. Sullivan: Rodent model of infant attachment learning and stress, Dev. Psychobiol. 52, 651-660 (2010)

[31] J. Chapuis, B. Messaoudi, G. Ferreira, N. Ravel: Importance of retronasal and orthonasal olfaction for odor aversion memory in rats, Behav. Neurosci.121, 1383 (2007)

[32] T. Hummel, S. Heilmann, B.N. Landis, J. Reden, J. Frasnelli, D.M. Small, J. Gerber: Perceptual differences between chemical stimuli presented through the ortho-or retronasal route, Flavour Fragr. J. 21, 42-47 (2006)

[33] D.M. Small, J.C. Gerber, Y.E. Mak, T. Hummel: Differential neural responses evoked by orthonasal versus retronasal odorant perception in humans, Neuron 21, 593-605 (2005)

[34] A. Sarrafchi, A.M.E. Odhammer, L.T.H. Salazar, M. Laska: Olfactory sensitivity for six predator odorants in CD-1 mice, human subjects, and spider monkeys, PloS One 8, e80621 (2013)

[35] M. Laska, M. Fendt, A. Wieser, T. Endres, L.T. Hernandez Salazar, R. Apfelbach: Detecting danger-Or just another odorant? Olfactory sensitivity for the fox odor component 2, 4, 5-trimethylthiazoline in four species of mammals, Physiol. Behav. 84, 211-215 (2005)

[36] J. Chapuis, S. Garcia, B. Messaoudi, M. Thevenet, G. Ferreira, R. Gervais, N. Ravel: The way an odor is experienced during aversive conditioning determines the extent of the network recruited during retrieval: a multisite electrophysiological study in rats, J. Neurosci. 29, 10287-10298 (2009)

[37] B. Slotnick: Animal cognition and the rat olfactory system, Trends Cognit. Sci. 5, 216-222 (2001)

[38] B.J.E.T.W. Robbins: Neural systems of reinforcement for drug addiction: From actions to habits to compulsion, Nat. Neurosci. 8, 1481-1489 (2005)

[39] E. Vermetten, C. Schmahl, S.M. Southwick, J.D. Bremner: A positron tomographic emission study of olfactory induced emotional recall in veterans with and without combat-related post-traumatic stress disorder, Psychopharmacol. Bull.40, 8 (2007)

[40] J. Das-Munshi, G.J. Rubin, S. Wessely: Multiple chemical sensitivities: Review, Curr. Opin. Otolaryngol. Head Neck Surg. 15, 274-280 (2007)

[41] L. Cohen, C.A. de Moor, P. Eisenberg, E.E. Ming, H. Hu: Chemotherapy-induced nausea and vomiting-Incidence and impact on patient quality of life at community oncology settings, Support. Care Cancer 15, 497-503 (2007)

[42] G.C. Davey: Classical conditioning and the acquisition of human fears and phobias: A review and synthesis of the literature, Adv. Behav. Res. Ther. 14, 29-66 (1992)

[43] P.-M. Lledo, G. Gheusi, J.-D. Vincent: Information processing in the mammalian olfactory system, Physiol. Rev. 85, 281-317 (2005)

[44] J.D. Mainland, J.N. Lundström, J. Reisert, G. Lowe: From molecule to mind: An integrative perspective on odor intensity, Trends Neurosci. 37, 443-454 (2014)

[45] J. Seubert, J. Freiherr, J. Djordjevic, J.N. Lundström: Statistical localization of human olfactory cortex, Neuroimage 66, 333-342 (2013)

[46] M. Meredith: Vomeronasal, olfactory, hormonal convergence in the brain. Cooperation or coincidence?, Ann. N.Y. Acad. Sci. 855, 349-361 (1998)

[47] N.S. Canteras: The medial hypothalamic defensive system: Hodological organization and functional implications, Pharmacol. Biochem. Behav. 71, 481-491 (2002)

[48] J.E. LeDoux: Coming to terms with fear, Proc. Natl. Acad. Sci. 111, 2871-2878 (2014)

[49] C. Raineki, P.J. Holman, J. Debiec, M. Bugg, A. Beasley, R.M. Sullivan: Functional emergence of the hippocampus in context fear learning in infant rats, Hippocampus 20, 1037-1046 (2010)

[50] J.A. Gottfried, J. O'Doherty, R.J. Dolan: Appetitive and aversive olfactory learning in humans studied using event-related functional magnetic resonance imaging, J. Neurosci. 22, 10829-10837 (2002)

[51] D.A. Wilson, R.J. Stevenson: Learning to Smell (Johns Hopkins UP, Baltimore 2006)

[52] L.G. Staples: Predator odor avoidance as a rodent model of anxiety: Learning-mediated consequences beyond the initial exposure, Neurobiol. Learn. Mem. 94, 435-445 (2010)

[53] M.H. Johnson: Functional brain development in infants: Elements of an interactive specialization framework, Child Dev. 71, 75-81 (2000)

[54] M.H. Johnson: Functional brain development in humans, Nature Rev. Neurosci. 2, 475-483 (2001)

[55] F. Bermúdez-Rattoni, K.L. Coburn, J. Fernández, A. Chávez, J. Garcia: Potentiation of odor by taste and odor aversions in rats are regulated by cholinergic activity of dorsal hippocampus, Pharmacol. Biochem. Behav. 26, 553-559 (1987)

[56] C. Herzog, T. Otto: Odor-guided fear conditioning in rats: 2. Lesions of the anterior perirhinal cortex disrupt fear conditioned to the explicit conditioned stimulus but not to the training context, Behav. Neurosci. 111 (6), 1265-1272 (1997)

[57] T. Otto, G. Cousens, C. Herzog: Behavioral and neuropsychological foundations of olfactory fear conditioning, Behav. Brain Res. 110, 119-128 (2000)

[58] T. Otto, G. Cousens, K. Rajewski: Odor-guided fear conditioning in rats: 1. Acquisition, retention, and latent inhibition, Behav. Neurosci. 111, 1257 (1997)

[59] J. De Houwer, S. Thomas, F. Baeyens: Association learning of likes and dislikes: A review of 25 years of research on human evaluative conditioning, Psychol. Bull. 127, 853 (2001)

[60] M.A. Kerr, L. Belluscio: Olfactory experience accelerates glomerular refinement in the mammalian olfactory bulb, Nat. Neurosci. 9, 484-486 (2006)

[61] S.V. Jones, D.C. Choi, M. Davis, K.J. Ressler: Learning-dependent structural plasticity in the adult olfactory pathway, J. Neurosci. 28, 13106-13111 (2008)

[62] M.D. Kass, M.C. Rosenthal, J. Pottackal, J.P. McGann: Fear learning enhances neural responses to threat-predictive sensory stimuli, Science 342, 1389-1392 (2013)

[63] F. Kawai, T. Kurahashi, A. Kaneko: Adrenaline enhances odorant contrast by modulating signal encoding in olfactory receptor cells, Nat. Neurosci. 2, 133-138 (1999)

[64] L. Dryer, P. Graziadei: Influence of the olfactory organ on brain development, Perspect. Dev. Neurobiol. 2, 163-174 (1993)

[65] L. Buck, R. Axel: A novel multigene family may encode odorant receptors: A molecular basis for odor recognition, Cell 65, 175-187 (1991)

[66] E. Kiyokage, Y.-Z. Pan, Z. Shao, K. Kobayashi, G. Szabo, Y. Yanagawa, K. Obata, H. Okano, K. Toida, A.C. Puche, M.T. Shipley: Molecular identity of periglomerular and short axon cells, J. Neurosci. 30, 1185-1196 (2010)

[67] K.J. Ressler, S.L. Sullivan, L.B. Buck: Information coding in the olfactory system: Evidence for a stereotyped and highly organized epitope map in the olfactory bulb, Cell 79, 1245-1255 (1994)

[68] K. Mori, Y.K. Takahashi, K.M. Igarashi, M. Yamaguchi: Maps of odorant molecular features in the mammalian olfactory bulb, Physiol. Rev. 86, 409-433 (2006)

[69] R.M. Sullivan, D.A. Wilson: Neural correlates of conditioned odor avoidance in infant rats, Behav. Neurosci. 105, 307-312 (1991)

[70] R. Coopersmith, S. Lee, M. Leon: Olfactory bulb responses after odor aversion learning by young rats, Dev. Brain Res. 24, 271-277 (1986)

[71] J. Zhang, F. Okutani, G. Huang, M. Taniguchi, Y. Murata, H. Kaba: Common properties between synaptic plasticity in the main olfactory bulb and olfactory learning in young rats, Neurosci. 170, 259-267 (2010)

[72] D.A. Wilson, A.R. Best, R.M. Sullivan: Plasticity in the olfactory system: Lessons for the neurobiology of memory, Neuroscientist 10, 513-524 (2004)

[73] M. Sakamoto, N. Ieki, G. Miyoshi, D. Mochimaru, H. Miyachi, T. Imura, M. Yamaguchi, G. Fishell, K. Mori, R. Kageyama, I. Imayoshi: Continuous postnatal neurogenesis contributes to formation of the olfactory bulb neural circuits and flexible olfactory associative learning, J. Neurosci. 34, 5788-5799 (2014)

[74] N. Mandairon, S. Sultan, M. Nouvian, J. Sacquet, A. Didier: Involvement of newborn neurons in olfactory associative learning? The operant or nonoperant component of the task makes all the difference, J. Neurosci. 31, 12455-12460 (2011)

[75] M.T. Valley, T.R. Mullen, L.C. Schultz, B.T. Sagdullaev, S. Firestein: Ablation of mouse adult neurogenesis alters olfactory bulb structure and olfactory fear conditioning, Front. Neurosci. 3, 51 (2009)

[76] M.L. Fletcher: Olfactory aversive conditioning alters olfactory bulb mitral/tufted cell glomerular odor responses, Front. Syst. Neurosci. 6, 1-9 (2012)

[77] J.W. Scott, R.L. McBride, S.P. Schneider: The organization of projections from the olfactory bulb to the piriform cortex and olfactory tubercle in the rat, J. Comp. Neurol. 194, 519-534 (1980)

[78] D.L. Sosulski, M.L. Bloom, T. Cutforth, R. Axel, S.R. Datta: Distinct representations of olfactory information in different cortical centres, Nature 472, 213-216 (2011)

[79] K.M. Igarashi, N. Ieki, M. An, Y. Yamaguchi, S. Nagayama, K. Kobayakawa, R. Kobayakawa, M. Tanifuji, H. Sakano, W.R. Chen, K. Mori: Parallel mitral and tufted cell pathways route distinct odor information to different targets in the olfactory cortex, J. Neurosci. 32, 7970-7985 (2012)

[80] F.R. Sharp, J.S. Kauer, G.M. Shepherd: Laminar analysis of 2-deoxyglucose uptake in olfactory bulb and olfactory cortex of rabbit and rat, J. Neurophysiol 40, 800-813 (1977)

[81] D.D. Stettler, R. Axel: Representations of odor in the piriform cortex, Neuron 63, 854-864 (2009)

[82] R.L. Rennaker, C.F. Chen, A.M. Ruyle, A.M. Sloan, D.A. Wilson: Spatial and temporal distribution of odorant-evoked activity in the piriform cortex, J. Neurosci. 27, 1534-1542 (2007)

[83] L.B. Haberly: Neuronal circuitry in olfactory cortex: Anatomy and functional implications, Chem. Sens. 10(2), 219-238 (1985)

[84] A. Menini, G.M. Shepherd: New Perspectives on Olfactory Processing and Human Smell. In: The Neurobiology of Olfaction, ed. by A. Menini (CRC Press, Boca Raton 2010)

[85] J.A. Gottfried: Central mechanisms of odour object perception, Nat. Rev. Neurosci. 11, 628-641 (2010)

[86] K. Mori, H. Sakano: How is the olfactory map formed and interpreted in the mammalian brain?, Annu. Rev. Neurosci. 34, 467-499 (2011)

[87] D.A. Wilson, R.M. Sullivan: Cortical processing of odor objects, Neuron 72, 506-519 (2011)

[88] M.W. Jung, J. Larson, G. Lynch: Long-term potentiation of monosynaptic EPSPS in rat piriform cortex in vitro, Synapse 6, 279-283 (1990)

[89] M.R. Roesch, T.A. Stalnaker, G. Schoenbaum: Associative encoding in anterior piriform cortex versus orbitofrontal cortex during odor discrimination and reversal learning, Cereb. Cortex 17, 643-652 (2007)

[90] A.R. Best, D.A. Wilson: Coordinate synaptic mechanisms contributing to olfactory cortical adaptation, J. Neurosci. 24, 652-660 (2004)

[91] D.C. Barnes, J. Chapuis, D. Chaudhury, D.A. Wilson: Odor fear conditioning modifies piriform cortex local field potentials both during conditioning and during post-conditioning sleep, PLoS One 6, e18130 (2011)

[92] C.-F.F. Chen, D.C. Barnes, D.A. Wilson: Generalized vs. stimulus-specific learned fear differentially modifies stimulus encoding in primary sensory cortex of awake rats, J. Neurophysiol. 106, 3136-3144 (2011)

[93] K. Majak, S. Ronkko, S. Kemppainen, A. Pitkanen: Projections from the amygdaloid complex to the piriform cortex: A PHA-L study in the rat, J. Comp. Neurol. 476, 414-428 (2004)

[94] V.M. Luna, A. Morozov: Input-specific excitation of olfactory cortex microcircuits, Front. Neural Circuits 6 (69), 1-7 (2012)

[95] W. Li: Learning to smell danger: Acquired associative representation of threat in the olfactory cortex, Front. Behav. Neurosci. 8 (98), 48-55 (2014), doi:10.3389/fnbeh.2014.00098

[96] C. Raineki, K. Shionoya, K. Sander, R.M. Sullivan: Ontogeny of odor-LiCl vs. odor-shock learning: Similar behaviors but divergent ages of functional amygdala emergence, Learn. Mem. 16, 114-121 (2009)

[97] P. Litaudon, A.M. Mouly, R. Sullivan, R. Gervais, M. Cattarelli: Learning-induced changes in rat piriform cortex activity mapped using multisite recording with voltage sensitive dye, Eur. J. Neurosci. 9, 1593-1602 (1997)

[98] Y. Sevelinges, R. Gervais, B. Messaoudi, L. Granjon, A.-M. Mouly: Olfactory fear conditioning induces field potential potentiation in rat olfactory cortex and amygdala, Learn. Mem. 11, 761-769 (2004)

[99] S.V. Jones, L. Stanek-Rattiner, M. Davis, K.J. Ressler: Differential regional expression of brain-derived neurotrophic factor following olfactory fear learning, Learn. Mem. 14, 816-820 (2007)

[100] C. Hegoburu, Y. Sevelinges, M. Thévenet, R. Gervais, S. Parrot, A.-M. Mouly: Differential dynamics of amino acid release in the amygdala and olfactory cortex during odor fear acquisition as revealed with simultaneous high temporal resolution microdialysis, Learn. Mem. 16, 687-697 (2009)

[101] T. Sacco, B. Sacchetti: Role of secondary sensory cortices in emotional memory storage and retrieval in rats, Science 329, 649-656 (2010)

[102] D.C. Barnes, R.D. Hofacer, A.R. Zaman, R.L. Rennaker, D.A. Wilson: Olfactory perceptual stability and discrimination, Nat. Neurosci. 11, 1378-1380 (2008)

[103] W. Li, J.D. Howard, T.B. Parrish, J.A. Gottfried: Aversive learning enhances perceptual and cortical discrimination of indiscriminable odor cues, Science 319, 1842-1845 (2008)

[104] W. Li, E. Luxenberg, T. Parrish, J.A. Gottfried: Learning to smell the roses: Experience-dependent neural plasticity in human piriform and orbitofrontal cortices, Neuron 52, 1097-1108 (2006)

[105] F. Åhs, S.S. Miller, A.R. Gordon, J.N. Lundström: Aversive learning increases sensory detection sensitivity, Biol. Psychol. 92, 135-141 (2013)

[106] H. Eichenbaum, T. Otto, N.J. Cohen: The hippocampus-What does it do?, Behav. Neural Biol. 57, 2-36 (1992)

[107] N.J. Cohen, L.R. Squire: Preserved learning and retention of pattern-analyzing skill in amnesia: Dissociation of knowing how and knowing that, Science 210, 207-210 (1980)

[108] L.B. Haberly, J.M. Bower: Olfactory cortex: model circuit for study of associative memory?, Trends Neurosci. 12, 258-264 (1989)

[109] L.R. Squire, J.T. Wixted: The cognitive neuroscience of human memory since HM, Annu. Rev. Neurosci. 34, 259 (2011)

[110] K.K. Hauner, J.D. Howard, C. Zelano, J.A. Gottfried: Stimulus-specific enhancement of fear extinction during slow-wave sleep, Nat. Neurosci. 16, 1553-1555 (2013)

[111] D.C. Barnes, D.A. Wilson: Slow-wave sleep-imposed replay modulates both strength and precision of memory, J. Neurosci. 34, 5134-5142 (2014)

[112] P. Vuilleumier, G. Pourtois: Distributed and interactive brain mechanisms during emotion face perception: evidence from functional neuroimaging, Neuropsychologia 45, 174-194 (2007)

[113] A.K. Anderson, K. Christoff, I. Stappen, D. Panitz, D.G. Ghahremani, G. Glover, J.D. Gabrieli, N. Sobel: Dissociated neural representations of intensity and valence in human olfaction, Nat. Neurosci. 6, 196-202 (2003)

[114] E.A. Phelps, J.E. LeDoux: Contributions of the amygdala to emotion processing: from animal models to human behavior, Neuron 48, 175-187 (2005)

[115] L. Pessoa, R. Adolphs: Emotion processing and the amygdala: From a'low road' to 'many roads' of evaluating biological significance, Nat. Rev. Neurosci. 11, 773-783 (2010)

[116] P. Sah, E. Faber, M.L. De Armentia, J. Power: The amygdaloid complex: Anatomy and physiology, Physiol. Rev. 83, 803-834 (2003)

[117] J. LeDoux: Rethinking the emotional brain, Neuron 73, 653-676 (2012)

[118] J.A. Rosenkranz, A.A. Grace: Dopamine-mediated modulation of odour-evoked amygdala potentials during pavlovian conditioning, Nature 417, 282-287 (2002)

[119] S. Moriceau, R.M. Sullivan: Maternal presence serves as a switch between learning fear and attraction in infancy, Nat. Neurosci. 9, 1004-1006 (2006)

[120] T.L. Roth, R.M. Sullivan: Memory of early maltreatment: neonatal behavioral and neural correlates of maternal maltreatment within the context of classical conditioning, Biol. Psychiatry 57, 823-831 (2005)

[121] R.M. Sullivan, M. Landers, B. Yeaman, D.A. Wilson: Neurophysiology: Good memories of bad events in infancy, Nature 407, 38-39 (2000)

[122] R.M. Sullivan, D.A. Wilson: Role of the amygdala complex in early olfactory associative learning, Behav. Neurosci. 107, 254-263 (1993)

[123] R.M. Sullivan, D.A. Wilson: Molecular biology of early olfactory memory, Learn. Mem. 10, 1-4 (2003)

[124] J.V. Thompson, R.M. Sullivan, D.A. Wilson: Developmental emergence of fear learning corresponds with changes in amygdala synaptic plasticity, Brain Res. 1200, 58-65 (2008)

[125] S. Moriceau, D.A. Wilson, S. Levine: R. M. Sullivan: Dual circuitry for odor-shock conditioning during infancy: Corticosterone switches between fear and attraction via amygdala, J. Neurosci. 26, 6737-6748 (2006)

[126] K. Shionoya, S. Moriceau, P. Bradstock, R.M. Sullivan: Maternal attenuation of hypothalamic paraventricular nucleus norepinephrine switches avoidance learning to preference learning in preweanling rat pups, Horm. Behav. 52, 391-400 (2007)

[127] R.M. Sullivan, P.J. Holman: Transitions in sensitive period attachment learning in infancy: The role of corticosterone, Neurosci. Biobehav. Rev. 34, 835-844 (2010)

[128] Y. Sevelinges, R.M. Sullivan, B. Messaoudi, A.-M. Mouly: Neonatal odor-shock conditioning alters the neural network involved in odor fear learning at adulthood, Learn. Mem. 15, 649-656 (2008)

[129] G. Cousens, T. Otto: Both pre-and posttraining excitotoxic lesions of the basolateral amygdala abolish the expression of olfactory and contextual fear conditioning, Behav. Neurosci. 112, 1092 (1998)

[130] L. Kilpatrick, L. Cahill: Modulation of memory consolidation for olfactory learning by reversible inactivation of the basolateral amygdala, Behav. Neurosci. 117, 184 (2003)

[131] D.L. Walker, G.Y. Paschall, M. Davis: Glutamate receptor antagonist infusions into the basolateral and medial amygdala reveal differential contributions to olfactory vs. context fear conditioning and expression, Learn. Mem. 12, 120-129 (2005)

[132] C. Büchel, J. Morris, R.J. Dolan, K.J. Friston: Brain systems mediating aversive conditioning: An event-related fMRI study, Neuron 20, 947-957 (1998)

[133] K.S. LaBar, J.C. Gatenby, J.C. Gore, J.E. LeDoux, E.A. Phelps: Human amygdala activation during conditioned fear acquisition and extinction: A mixed-trial fMRI study, Neuron 20, 937-945 (1998)

[134] C. Moessnang, K. Pauly, T. Kellermann, J. Krämer, A. Finkelmeyer, T. Hummel, S.J. Siegel, F. Schneider, U. Habel: The scent of salience - Is there olfactory-trigeminal conditioning in humans?, Neuroimage 77, 93-104 (2013)

[135] K.R. Illig: Projections from orbitofrontal cortex to anterior piriform cortex in the rat suggest a role in olfactory information processing, J. Comp. Neurol. 488, 224-231 (2005)

[136] J.E. Krettek, J.L. Price: The cortical projections of the mediodorsal nucleus and adjacent thalamic nuclei in the rat, J. Comp. Neurol. 171, 157-191 (1977)

[137] D.H. Zald, S.W. Kim: Anatomy and function of the orbital frontal cortex, I: anatomy, neurocircuitry; and obsessive-compulsive disorder, J. Neuropsychiatry Clin. Neurosci. 8, 125-138 (1996)

[138] I.E. De Araujo, E.T. Rolls, M.L. Kringelbach, F. McGlone, N. Phillips: Taste-olfactory convergence, and the representation of the pleasantness of flavour, in the human brain, Eur. J. Neurosci. 18, 2059-2068 (2003)

[139] E.T. Rolls, L.L. Baylis: Gustatory, olfactory, and visual convergence within the primate orbitofrontal cortex, J. Neurosci. 14, 5437-5452 (1994)

[140] G. Schoenbaum, M.R. Roesch, T.A. Stalnaker, Y.K. Takahashi: A new perspective on the role of the orbitofrontal cortex in adaptive behaviour, Nat. Rev. Neurosci. 10, 885-892 (2009)

[141] Y. Cohen, I. Reuveni, E. Barkai, M. Maroun: Olfactory learning-induced long-lasting enhancement of descending and ascending synaptic transmission to the piriform cortex, J. Neurosci. 28, 6664-6669 (2008)

[142] Y. Cohen, D.A. Wilson, E. Barkai: Differential modifications of synaptic weights during odor rule learning: Dynamics of interaction between the piriform cortex with lower and higher brain areas, Cereb. Cortex 25 (1), 180-191 (2013)

[143] N.L. Rempel-Clower: Role of orbitofrontal cortex connections in emotion, Ann. N.Y. Acad. Sci. 1121, 72-86 (2007)

[144] D.C. Blanchard, C. Markham, M. Yang, D. Hubbard, E. Madarang, R.J. Blanchard: Failure to produce conditioning with low-dose trimethylthiazoline or cat feces as unconditioned stimuli, Behav. Neurosci. 117, 360-368 (2003)

[145] K.J. Wallace, J.B. Rosen: Predator odor as an unconditioned fear stimulus in rats: Elicitation of freezing by trimethylthiazoline, a component of fox feces, Behav. Neurosci. 114, 912-922 (2000)

[146] J. Debiec, R.M. Sullivan: Maternal alarm odor mediates intergenerational transfer of emotional trauma, Biol. Psychiatry 71, 30S (2012)

[147] J. Resnik, N. Sobel, R. Paz: Auditory aversive learning increases discrimination thresholds, Nat. Neurosci. 14, 791-796 (2011)

[148] J. Debiec, R.M. Sullivan: Intergenerational transmission of emotional trauma through amygdala-dependent mother-to-infant transfer of specific fear, Proc. Natl. Acad. Sci. (USA) 111, 12222-12227 (2014)

[149] J. O'Doherty, E.T. Rolls, S. Francis, R. Bowtell, F. McGlone, G. Kobal, B. Renner, G. Ahne: Sensory-specific satiety-related olfactory activation of the human orbitofrontal cortex, Neuroreport 11,893-897 (2000)

[150] B. Wicker, C. Keysers, J. Plailly, J.-P. Royet,V. Gallese, G. Rizzolatti: Both of us disgusted in my insula: The common neural basis of seeing and feeling disgust, Neuron 40, 655-664 (2003)

[151] M. Miranda, B. Ferry, G. Ferreira: Basolateral amygdala noradrenergic activity is involved in the acquisition of conditioned odor aversion in the rat, Neurobiol. Learn. Mem. 88, 260-263 (2007)

[152] E. Alleva, G. Calamandrei: Odor-aversion learning and retention span in neonatal mouse pups, Behav. Neural Biol. 46, 348-357 (1986)

[153] J.W. Hennessy, W.P. Smotherman, S. Levine: Conditioned taste aversion and the pituitary-adrenal system, Behav. Biol. 16, 413-424 (1976)

[154] H. Hoffmann, P. Hunt, N.E. Spear: Ontogenetic differences in the association of gustatory and tactile cues with lithium chloride and footshock, Behav. Neural Biol. 53, 441-450 (1990)

[155] H. Hoffmann, J.C. Molina, D. Kucharski, N.E. Spear: Further examination of ontogenetic limitations on conditioned taste aversion, Dev. Psychobiol. 20, 455-463 (1987)

[156] J.W. Rudy, M.D. Cheatle: Odor-aversion learning in neonatal rats, Science 198, 845-846 (1977)

[157] J.W. Rudy, M.D. Cheatle: Odor-aversion learning by rats following LiCl exposure: Ontogenetic influences, Dev. Psychobiol. 16, 13-22 (1983)

[158] K. Shionoya, S. Moriceau, L. Lunday, C. Miner, T.L. Roth, R.M. Sullivan: Development switch in neural circuitry underlying odor-malaise learning, Learn. Mem. 13, 801-808 (2006)

[159] W.P. Smotherman, S.R. Robinson: The rat fetus in its environment: Behavioral adjustments to novel, familiar, aversive, and conditioned stimuli presented in utero, Behav. Neurosci. 99, 521-530 (1985)

[160] W.P. Smotherman: Odor aversion learning by the rat fetus, Physiol. Behav. 29, 769-771 (1982)

[161] G. Stickrod, D.P. Kimble, W.P. Smotherman: In utero taste/odor aversion conditioning in the rat, Physiol. Behav. 28, 5-7 (1982)

[162] J. Garcia, R.A. Koelling: Relation of cue to consequence in avoidance learning, Psychon. Sci. 4, 123-124 (1966)

[163] M.I. Miranda: Taste and odor recognition memory: The emotional flavor of life, Rev. Neurosci. 23 (5/6), 481-499 (2012)

[164] J.-S. Grigoleit, J.S. Kullmann, A. Winkelhaus, H. Engler, A. Wegner, F. Hammes, R. Oberbeck, M. Schedlowski: Single-trial conditioning in a human taste-endotoxin paradigm induces conditioned odor aversion but not cytokine responses, Brain Behav. Immun. 26, 234-238 (2012)

[165] N. Gruest, P. Richer, B. Hars: Emergence of long-term memory for conditioned aversion in the rat fetus, Dev. Psychobiol. 44, 189-198 (2004)

[166] V. Haroutunian, B.A. Campbell: Emergence of interoceptive and exteroceptive control of behavior in rats, Science 205, 927-929 (1979)

[167] J.S. Miller, J.C. Molina, N.E. Spear: Ontogenetic differences in the expression of odor-aversion learning in 4- and 8-day-old rats, Dev. Psychobiol. 23, 319-330 (1990)

[168] R. Richardson, G.P. McNally: Effects of an odor paired with illness on startle, freezing, and analgesia in rats, Physiol. Behav. 78, 213-219 (2003)

[169] W.P. Smotherman, S.R. Robinson: The prenatal origins of behavioral organization, Psychol. Sci. 1, 97-106 (1990)

[170] Y. Sevelinges, B. Desgranges, G. Ferreira: The basolateral amygdala is necessary for the encoding and the expression of odor memory, Learn. Mem. 16, 235-242 (2009)

[171] S. Moriceau, T.L. Roth, T. Okotoghaide, R.M. Sullivan: Corticosterone controls the developmental emergence of fear and amygdala function to predator odors in infant rat pups, Int. J. Dev. Neurosci. 22, 415-422 (2004)

[172] J. Pager, J.-P. Royet: Some effects of conditioned aversion on food intake and olfactory bulb electrical responses in the rat, J. Comp. Physiol. Psychol. 90, 67 (1976)

[173] D. Dardou, F. Datiche, M. Cattarelli: Fos and Egr1 expression in the rat brain in response to olfactory cue after taste-potentiated odor aversion retrieval, Learn. Mem. 13, 150-160 (2006)

[174] D. Dardou, F. Datiche, M. Cattarelli: Does taste or odor activate the same brain networks after retrieval of taste potentiated odor aversion?, Neurobiol. Learn. Mem. 88, 186-197 (2007)

[175] K. Touzani, A. Sclafani: Critical role of amygdale in flavor but not taste preference learning in rats, Eur. J. Neurosci. 22, 1767-1774 (2005)

[176] F. Bermúdez-Rattoni, C.V. Grijalva, S.W. Kiefer, J. Garcia: Flavor-illness aversions: The role of the amygdala in the acquisition of taste-potentiated odor aversions, Physiol. Behav. 38, 503-508 (1986)

[177] B. Desgranges, F. Lévy, G. Ferreira: Anisomycin infusion in amygdala impairs consolidation of odor aversion memory, Brain Res. 1236, 166-175 (2008)

[178] B. Ferry, G. Di Scala: Bicuculline administration into basolateral amygdala facilitates trace conditioning of odor aversion in the rat, Neurobiol. Learn. Mem. 67, 80-83 (1997)

[179] M. Miranda, R. LaLumiere, T. Buen, F. Bermudez-Rattoni, J. McGaugh: Blockade of noradrenergic receptors in the basolateral amygdala impairs taste memory, Eur. J. Neurosci. 18, 2605-2610 (2003)

[180] H. Nishijo, T. Uwano, R. Tamura, T. Ono: Gustatory and multimodal neuronal responses in the amygdala during licking and discrimination of sensory stimuli in awake rats, J. Neurophysiol. 79, 21-36 (1998)

[181] J.S. Winston, J.A. Gottfried, J.M. Kilner, R.J. Dolan: Integrated neural representations of odor intensity and affective valence in human amygdala, J. Neurosci. 25, 8903-8907 (2005)

[182] M.G. Veldhuizen, J. Albrecht, C. Zelano, S. Boesveldt, P. Breslin, J.N. Lundström: Identification of human gustatory cortex by activation likelihood estimation, Human Brain Mapp. 32, 2256-2266 (2011)

[183] D.A. Yarmolinsky, C.S. Zuker, N.J. Ryba: Common sense about taste: From mammals to insects, Cell1 39, 234-244 (2009)

[184] M.T. Shipley, Y. Geinisman: Anatomical evidence for convergence of olfactory, gustatory, and visceral afferent pathways in mouse cerebral cortex, Brain Res. Bull. 12, 221-226 (1984)

[185] L.A. Krushel, D. van Der Kooy: Visceral cortex: Integration of the mucosal senses with limbic information in the rat agranular insular cortex, J. Comp. Neurol. 270, 39-54 (1988)

[186] R. Schul, B.M. Slotnick, Y. Dudai: Flavor and the frontal cortex, Behav. Neurosci. 110, 760 (1996)

[187] D.M. Small, J. Voss, Y.E. Mak, K.B. Simmons, T. Parrish, D. Gitelman: Experience-dependent neural integration of taste and smell in the human brain, J. Neurophysiol. 92, 1892-1903 (2004)

[188] M.X. Cohen, C.E. Elger, B. Weber: Amygdala tractography predicts functional connectivity and learning during feedback-guided decision-making, Neuroimage 39, 1396-1407 (2008)

[189] J. Debiec, J.E. LeDoux: Noradrenergic signaling in the amygdala contributes to the reconsolidation of fear memory: Treatment implications for PTSD, Ann. N.Y. Acad. Sci. 1071, 521-524 (2006)

[190] E.D. Jackson, J.D. Payne, L. Nadel, W.J. Jacobs: Stress differentially modulates fear conditioning in healthy men and women, Biol. Psychiatry 59, 516-522 (2006)

[191] J. LeDoux: Fear and the brain: Where have we been, and where are we going?, Biol. Psychiatry 44, 1229-1238 (1998)

[192] S. Lissek, A.S. Powers, E.B. McClure, E.A. Phelps, G. Woldehawariat, C. Grillon, D.S. Pine: Classical fear conditioning in the anxiety disorders: A meta-analysis, Behav. Res. Ther. 43, 1391-1424 (2005)

[193] S. Mineka, K. Oehlberg: The relevance of recent developments in classical conditioning to understanding the etiology and maintenance of anxiety disorders, Acta Psychol. 127, 567-580 (2008)

[194] J.E. Dunsmoor, F. Åhs, K.S. LaBar: Neurocognitive mechanisms of fear conditioning and vulnerability to anxiety, Front. Human Neurosci. 5 (35), 1-3 (2011), doi:10.3389/fnhum.2011.00035

[195] F. Åhs, A. Pissiota, Å. Michelgård, Ö. Frans, T. Furmark, L. Appel, M. Fredrikson: Disentangling the web of fear: Amygdala reactivity and functional connectivity in spider and snake phobia, Psychiatry Res. Neuroimaging 172, 103-108 (2009)

[196] F. Åhs, Ö. Frans, B. Tibblin, E. Kumlien, M. Fredrikson: The effects of medial temporal lobe resections on verbal threat and fear conditioning, Biol. Psychol. 83, 41-46 (2010)

[197] J.M. Grossberg: Behavior therapy: A review, Psychol. Bull. 62, 73 (1964)

[198] J.B. Rosen, J.H. Pagani, K.L.G. Rolla, C. Davis: Analysis of behavioral constraints and the neuroanatomy of fear to the predator odor trimethylthiazoline: A model for animal phobias, Neurosci. Biobehav. Rev. 32, 1267-1276 (2008)

[199] C.R. Brewin, R.A. Lanius, A. Novac, U. Schnyder, S. Galea: Reformulating PTSD for DSM-V: Life after Criterion A, J. Trauma. Stress 22, 366-373 (2009)

[200] E. Vermetten, J.D. Bremner: Olfaction as a traumatic reminder in posttraumatic stress disorder: Case reports and review, J. Clin. Psychiatry 64 (2), 202-207 (2003)

[201] M. Davis: The role of the amygdala in fear and anxiety, Ann. Rev. Neurosci. 15, 353-375 (1992)

[202] P.J. Norton, E.C. Price: A meta-analytic review of adult cognitive-behavioral treatment outcome across the anxiety disorders, J. Nerv. Mental Disease 195, 521-531 (2007)

[203] E.B. Foa, T.M. Keane, M.J. Friedman, J.A. Cohen: Effective Treatments for PTSD: Practice Guidelines from the International Society for Traumatic Stress Studies (Guilford Press, New York 2008)

[204] R.J. McNally: Mechanisms of exposure therapy: How neuroscience can improve psychological treatments for anxiety disorders, Clin. Psychol. Rev. 27, 750-759 (2007)

[205] J. Wolpe: Psychotherapy by Reciprocal Inhibition (Stanford University Press, Stanford 1958)

[206] J. Difede, J. Cukor, N. Jayasinghe, I. Patt, S. Jedel, L. Spielman, C. Giosan, H.G. Hoffman: Virtual reality exposure therapy for the treatment of post-traumatic stress disorder following September 11, 2001, J. Clin. Psychiatry 68, 1639-1647 (2007)

[207] G.M. Reger, G.A. Gahm: Virtual reality exposure therapy for active duty soldiers, J. Clin. Psychol. 64, 940-946 (2008)

[208] D.A. Bowman, R.P. McMahan: Virtual reality: How much immersion is enough?, Computer 40, 36-43 (2007)

[209] Y. Chen: Olfactory display: Development and application in virtual reality therapy, Proc. 16th Int. Conf. Artif. Real. Telexistence-Workshops ICAT'06 (2006) pp. 580-584

[210] E.G. Abramowitz, P. Lichtenberg: A new hypnotic technique for treating combat-related posttraumatic stress disorder: A prospective open study, Intl. J. Clin. Exp. Hypn. 58, 316-328 (2010)

[211] I.R. Bell, C.S. Miller, G.E. Schwartz: An olfactorylimbic model of multiple chemical sensitivity syndrome: Possible relationships to kindling and affective spectrum disorders, Biol. Psychiatry 32, 218-242 (1992)

[212] E. Caccappolo-van Vliet, K. Kelly-McNeil, B. Natelson, H. Kipen, N. Fiedler: Anxiety sensitivity and depression in multiple chemical sensitivities and asthma, J. Occup. Env. Med. 44, 890-901 (2002)

[213] S. Devriese, W. Winters, K. Stegen, I. Van Diest, H. Veulemans, B. Nemery, P. Eelen, K. Van de Woestijne, O. Van den Bergh: Generalization of acquired somatic symptoms in response to odors: A pavlovian perspective on multiple chemical sensitivity, Psychosom. Med. 62, 751-759 (2000)

[214] O. Van den Bergh, K. Stegen, I. Van Diest, C. Raes, P. Stulens, P. Eelen, H. Veulemans, K.P. Van de Woestijne, B. Nemery: Acquisition and extinction of somatic symptoms in response to odours: A Pavlovian paradigm relevant to multiple chemical sensitivity, Occup. Env. Med. 56, 295-301 (1999)

[215] I.R. Bell, C.M. Baldwin, M. Fernandez, G.E. Schwartz: Neural sensitization model for multiple chemical sensitivity: Overview of theory and empirical evidence, Toxicol. Ind.Health 15, 295-304 (1999)

[216] J.J. Smith, K. Shionoya, R.M. Sullivan, D.A. Wilson: Auditory stimulation dishabituates olfactory responses via noradrenergic cortical modulation, Neural Plast. 2009, 754014 (2009)

[217] C. Moertel, R. Reitemeier: Controlled clinical studies of orally administered antiemetic drugs, Gastroenterology 57, 262-268 (1969)

[218] G.R. Morrow, P.L. Dobkin: Anticipatory nausea and vomiting in cancer patients undergoing chemotherapy treatment: Prevalence, etiology, and behavioral interventions, Clin. Psychol. Rev. 8, 517-556 (1988)

[219] R.M. Nesse, T. Carli, G.C. Curtis, P.D. Kleinman: Pretreatment nausea in cancer chemotherapy: A conditioned response?, Psychosom. Med. 42, 33-36 (1980)

[220] L.X. Cubeddu, I.S. Hoffmann, N.T. Fuenmayor, J.J. Malave: Changes in serotonin metabolism in cancer patients: Its relationship to nausea and vomiting induced by chemotherapeutic drugs, Br. J. Cancer 66, 198-203 (1992)

[221] I.N. Olver, M. Wolf, C. Laidlaw, J.F. Bishop, I.A. Cooper, J. Matthews, R. Smith, L. Buchanan: A randomised double-blind study of high-dose intravenous prochlorperazine versus high-dose metoclopramide as antiemetics for cancer chemotherapy, Eur. J. Cancer 28, 1798-1802 (1992)

[222] G.R. Morrow, S.N. Rosenthal: Models, mechanisms and management of anticipatory nausea and emesis, Oncology 53, 4-7 (1996)

[223] G.R. Morrow, C. Morrell: Behavioral treatment for the anticipatory nausea and vomiting induced by cancer chemotherapy, N. Engl. J. Med. 307, 1476-1480 (1982)

[224] G.R. Morrow: Effect of the cognitive hierarchy in the systematic desensitization treatment of anticipatory nausea in cancer patients: A component comparison with relaxation only, counseling, and no treatment, Cogn. Ther. Res. 10, 421-446 (1986)

[225] D.S. Cannon, T.B. Baker, C.K. Wehl: Emetic and electric shock alcohol aversion therapy: Six-and twelve-month follow-up, J. Consult. Clin. Psychol. 49, 360-368 (1981)

[226] G.T. Wilson, G.C. Davison: Aversion techniques in behavior therapy: Some theoretical and metatheoretical considerations, J. Consult. Clin. Psychol. 33, 327 (1969)

[227] A.A. Lazarus: Aversion therapy and sensory modalities: Clinical impressions, Percept. Mot. Skills 27 (1), 178 (1968)

[228] B.S. McCrady, M.D. Owens, A.Z. Borders, J.M. Brovko: Psychosocial approaches to alcohol use disorders since 1940: A review, J. Stud. Alcohol Drugs 75, 68-78 (2014), suppl. 1

[229] P. Pletsch, A. Thornton Kratz: Why do women stop smoking during pregnancy? Cigarettes taste and smell bad, Health Care Women Int. 25, 671-679 (2004)

[230] B.M. Maletzky: Assisted covert sensitization for drug abuse, Subst. Use Misuse 9, 411-429 (1974)

[231] A. Arzi, Y. Holtzman, P. Samnon, N. Eshel, E. Harel, N. Sobel: Olfactory aversive conditioning during sleep reduces cigarette-smoking behavior, J. Neurosci. 34, 15382-15393 (2014)

[232] A.D. Cole, N.W. Bond: Olfactory aversion conditioning and overeating: A review and some data, Percept. Mot. Skills 57, 667-678 (1983)

[233] D.R. Laws, J. Meyer, M.L. Holmen: Reduction of sadistic sexual arousal by olfactory aversion: A case study, Behav. Res. Ther. 16, 281-285 (1978)

[234] C.E. Colson: Olfactory aversion therapy for homosexual behavior, J. Behav. Ther. Exp. Psychiatry 3, 185-187 (1972)

[235] W.L. Marshall: Olfactory aversion and directed masturbation in the modification of deviant preferences. A case study of a child molester, Clin. Case Stud. 5, 3-14 (2006)

第 37 章　依赖性记忆中气味线索的作用

尽管很少考量，但所有环境空间都包含气味信息。有人提出，最佳记忆可能并非情节嗅觉记忆的前提条件。例如，环境嗅觉信息经常不被注意到，很少引起人类注意，语义激活作为最佳情节记忆功能的先决条件通常是受限的。同样，嗅觉信息很可能成为与特定事件相关的记忆表征的一部分。这意味着与事件一致的气味暴露可能触发所有或部分的记忆片段。事实上，现有证据表明，气味可能让人想起过往经历。这一点得到了探索气味诱发的自传体记忆性质的研究和对照实验范例的证实，其中，气味被嵌入到了学习环境中，并在之后的检索中恢复，通常可以观察到重拾更多对目标信息的记忆。这些观察结果都表明，气味记忆会保留很长时间。

在本章中，我们将强调记忆的嗅觉线索，以及气味如何让人忆起最近和很久以前的事件。

37.1　基于气味的背景依赖性记忆

我们对事件的记忆通常是因为在物质环境中的经历。记忆科学家已经证明，增加记忆信息获取的一个方法是恢复最初的学习环境，即最大限度地提高检索与获取期间主要条件之间的一致性[1]。情节记忆包含许多不同类型的信息（空间、时间），这些信息来源于几种不同的感觉。这些特征可作为原始学习事件的记忆线索或触发因素，最终促进目标信息的提取。背景依赖性记忆（编码特异性原理[2]）是指当编码（学习）和检索时存在的背景相同时，特定事件或信息的检索得到改善。因此，假设在学习过程中环境特征（例如，周围的气味）与目标信息融合，并且测试时存在的相同气味作为目标事件的又一检索线索。相关的理论观点是迁移恰当加工[3]，该理论指出提取是根据测试所需的认知过程与编码时发生的认知过程重叠的程度介导的。如上所述，环境背景依赖性记忆和相关概念的研究获得了使用了一系列不同环境和环境背景的研究的经验支持[1]。例如，背景音乐[4-6]、噪声[7]和地点[8,9]的背景效应均有记录。但是，应当注意的是，背景恢复后的积极检索效果并非是一种规律[10]。许多研究均未表现背景对检索能力的有利影响[1]。下文将突出描述缺乏背景影响的可能原因。

嗅觉刺激可以作为回忆或识别最近或很久以前遇到信息的有效背景线索。虽然现有证据很少，但总体结果模式表明，恢复学习阶段存在的嗅觉背景信息会影响原始信息的提取。已在多种不同的学习范例中观察到基于气味的背景效应，包括回忆、识别和再学习能力。针对偶然的语言学习，Schab[11]列出了常见形容词列表，要求在有或没有巧克力气味的情况下写出每个单词的反义词。参与者并不知道，次日将测试他们是否记得所写的单词。那些在编码和检索时均暴露于巧克力的个体，回忆的单词数量多于仅在学习时暴露、仅回忆或根本没有暴露于任何气味的参与者。为了研究气味效价是否会影响背景效果，使用樟脑丸气味进行了一项跟踪实验。该研究的结果与从巧克力中获得的结果相似，表明气味愉悦性对嗅觉背景依赖性记忆不太重要。与此相似，Pointer 和 Bond[12]使用背景依赖性记忆范例测量了回忆散文的能力。大学生在存在视觉或嗅觉刺激的情况下学习一段散文。散文段落显示在散发薄荷香的纸上或黄色纸上。经过短暂的干扰任务后，要求参与者根据恢复或未恢复的原始背景回忆文本内容。结果表明，背景依赖性效应使得在嗅觉恢复之后文章回忆的选择性较高，而在视觉一致的情况下没有观察到记忆获益。Smith 等[13]使用重复学习节约技术作为记忆指标，并报告在相同的气味环境中重新学习能可靠地改善记忆表现。此外，使用识别范例，Cann 和 Ross[14]在周围有气味的情况下，向一组较年轻的成人展示面孔。2 天后进行新旧面孔识别测试，测试中存在相同或不同的周围气味。结果表明，在编码和测试时都存在相同气味的情况下，识别能力高于使用不同气味的情况。

众所周知，处理情绪、记忆和嗅觉信息的大脑结构之间存在快速且牢固的联系[15,16]。考虑到嗅觉是一种情绪系统，研究嗅觉是否比其他模式线索更有效地提醒情绪信息具有特殊意义。Herz[17]检查了在情感状态(检查前状态)而不是中性状态下，周围的气味是否能更有效地作为语言信息的提取线索。结果表明，在情绪化个体中，气味线索比中性状态更容易让人回忆起单词。结论是，在编码过程中高度兴奋的情绪可增强将气味作为记忆线索的有效性。众所周知，压力影响学习和记忆过程。应激诱导下丘脑-垂体-肾上腺(HPA)轴活化，导致释放糖皮质激素，主要作用于海马、杏仁核和前额叶区域，是情绪记忆过程的关键结构[18]。Toffolo 等[19]以这种方式让参与者在接触到嗅觉(黑醋栗味)、听觉(音乐)或视觉信息(彩色灯)时观看一部让人产生厌恶感的电影。选择黑醋栗味作为嗅觉信息是因为它的气味可能比较中性。一周后，按其中一个触发因素以评估参与者的记忆。结果表明，对于厌恶事件，气味诱发的记忆比听觉线索激发的记忆更详细、更令人不愉快和更有唤起性。然而，未观察到嗅觉和视觉线索之间的差异。最近的一项研究探索了嗅觉信息是否可以作为应激事件记忆的有效提取线索[20]。应激条件涉及在委员会前执行一项公开演讲任务，对照组暴露于良好相配但无应激条件的环境。两种情况下均存在气味(苯甲酸甲酯)，且在实验室中设置一组与应激源结合且在中心(委员会；例如铅笔、秒表)或外周的视觉物体(例如灰尘)。总体而言，对中心细节的记忆优于外周，与非应激组相比，提供相同气味线索结合应激导致记忆表现增强。暴露于不同气味(乙酸龙脑酯)在应激组和对照组之间未产生任何表现差异。因此，在包含气味的应激事件中，恢复嗅觉源有助于检索信息。

与通过处理嗅觉背景探索对语言和视觉信息的影响研究相比，近期的一项研究分析了情节气味识别记忆是否可能受到物理背景的影响[21]。在这项研究中，参与者编码气味和单词，然后在相同或不同位置[光的颜色不同(中性与红色)]评估识别记忆和单词回忆。结果表明，背景变化对气味和单词的识别记忆或单词回忆没有影响。如上所述，背景经常对记忆表现没有影响[22,23]。在荟萃分析中，Smith 和 Vela[11]指出，在促进抑制受试者周围环境的任务中，背景不太可能产生影响。例如，在很大程度上需要关注或建立关联(学习一组新的气味)的学习范例最终会降低背景(见下文)对记忆回忆的作用。

在实验室外研究了有气味情况下的背景依赖性记忆。Aggleton 和 Waskett[24]调查了一组年轻人回忆大约 7 年前参观博物馆时的详细情况。博物馆中分散着与维京人生活有关的七种独特气味,例如焦木、苹果、土壤。与新的气味(如咖啡、薄荷、玫瑰)或无气味相比,当参与者回忆在最初参观期间出现的、与博物馆中相同的独特气味时,对展品的回忆更准确。在实验环境中,以瓶装的形式呈现气味,参与者可以在希望的时间内嗅闻这些气味。因此,对于在现实世界中偶然获取的信息来说,博物馆气味似乎是有效的检索线索。相比之下,一项近期研究未发现基于气味的背景影响的证据。Roos af Hjelmsäter 等[25]研究了现实世界中恢复身体气味对一组儿童记忆的影响。在这项研究中,孩子们在有香荚兰气味的环境中体验了一场魔术表演。在魔术表演 1 周和 6 个月后,就事件记忆对儿童进行了访谈。访谈期间,一半儿童回忆时暴露于香荚兰气味。相比于之前的成人研究,未观察到气味恢复作用。具体而言,在访谈期间未再次嗅到香荚兰气味的儿童回忆了相同数量的信息,并且与再次体验到该气味的儿童一样准确。相比于在事件发生后 1 周所观察的能力,儿童在 6 个月后也能回忆起相关信息,但准确性和信息量有所下降。与假设相矛盾的是,一半受试者在 6 个月随访时重新嗅闻香荚兰气味,回忆的信息量和准确性均未受到影响。

有人提出,缺乏背景恢复效应可能与背景线索相对于其他线索的状态有关。根据掩蔽假说[1,26],如果未检索到更好的线索,背景信息可以作为记忆线索。如果存在其他更强的线索(认可而非回忆范例通常是这种情况),则背景线索可以完全被掩蔽,表明线索不会帮助回忆起任何更多的信息。此外,在遮蔽假说中,Smith 和 Vela[1]认为,如果在编码时抑制背景线索,例如,高度关注要记住的信息,则背景恢复不太可能奏效。因此,Roos af Hjelmsäter 等[25]认为,之所以缺少背景效应,可能是由于访谈问题提供了足够的记忆提示,因此香荚兰气味的提示是多余的。另外,儿童可能觉得魔术表演比气味更令人兴奋。

总体而言,试验性良好对照结果的总体模式显示,嗅觉信号可为最近事件提供重要线索。此外,一些证据表明,嗅觉线索可能特别容易触发情绪加载的信息。

37.2　自传体嗅觉记忆

如上所述,大多数靶向基于气味的背景依赖性记忆研究是在实验室高度受控的编码和检索条件下进行的。在针对自传体记忆(AM)的相关研究中,恢复学习事件中存在的背景信息也使用典型方法。AM 是时空中的个人经历事件[27]。在这方面,最常见的线索程序是 Galton-Crovitz 方法,即对个体进行单峰线索(例如,文字、图片或声音),并要求个体根据每个线索检索任何 AM[28]。成功检索后,简要描述事件并对回忆起的事件的经验因素(例如,诱发记忆的生动性、情感性)进行评定。通常在所有线索都已提供的情况下,要求参与者回忆每个诱发事件并注明日期(例如,指示事件发生时的年龄)。因此,与基于实验室的背景依赖性记忆评估相比,对检索记忆的真实性缺乏控制[29]。尚且不清楚气味在多大程度上容易产生错误记忆。

AM 研究的中心主题是在整个生命期内记忆的年龄分布。言语和视觉信息激发的记忆的年龄分布符合特定模式，涉及 3 个组成部分：童年失忆、记忆隆起和近因效应[30]。童年失忆是指童年早期报道的记忆明显下降。相比之下，人在 10～30 岁能够回忆大量的事件，这一现象被称为记忆隆起。近因效应反映了很好的保留了对过去 10 年所发生事件的记忆[31]。记忆隆起的常见解释是，讨论中的年龄范围为 10～30 岁，通常涉及重要的生活经历(身份信息)，其与功能性强的神经系统一起促进了对事件的精细化和独特编码[32,33]。但是，与我们的最初感觉形成鲜明对比的是，通过气味线索获得的 AM 起源于 10 岁以前[34-36]，而不是成年早期。因此，联合嗅觉学习从生命初期就已经开始，之后随着年龄增长，可通过暴露与事件一致的嗅觉信息获得。Arshamian 等[37]在一组年轻人中探索了嗅觉诱发的 AM 的神经相关因素。当比较儿童期(3～10 岁)和成年早期(11～20 岁)诱发的 AM 之间的脑活动时，观察到差异。具体而言，儿童期集聚的气味记忆与次级嗅觉皮层(即眶额皮层)中更强的活性有关，而成年早期的气味记忆与左额下回中更明显的活性有关，该大脑区域支持语义记忆处理。暂时可以假设，童年早期的嗅觉表征可能更具直观性和想象基础，最终会随着年龄增长而转变为更多语义驱动的巩固。

　　气味诱发的 AM 现象也存在差异。例如，嗅觉诱发的记忆被描述为比口头和视觉诱发的记忆更富情感[38-40](但结局不同[19,36])。而且据报道，这类记忆更生动[35]，且伴随着强烈地被带回事件发生场景的感觉[36]。此外，它们出现的频率较低，这很可能与我们难以想象和再现大脑中的嗅觉信息有关[41,42]。气味诱发的 AM 的关键特征可用 LOVER 字母缩写来汇总，包括边缘的、旧的、生动的、情感的和罕有的[43]。

　　目前尚不清楚嗅觉巩固的性质，以及为什么我们基于气味的个人记忆在儿童期表现出不同的集群。我们在日常生活中经常暴露于气味(例如，橘子、咖啡、汽油)，但是当我们识别气味的不同 AM 时，似乎我们会回忆在记忆中编码气味的首个相关事件，而不是处理特定气味的任何后续事件。有人提出可通过嗅觉系统抗干扰来理解气味记忆的保留时间。逆向干扰是指当新的学习信息阻碍既往学习信息的检索时发生的现象，并且是为什么视觉和听觉信息经常被遗忘的常见原因[44]。关于气味记忆的干扰我们知之甚少，尽管一项早期研究报道指出，经过两周的保持期之后，对与气味相关的两个事件中的第一个事件的记忆保留得更好[45]。同样，Dempsey 和 Stevenson[46]让个人学习同一组气味的新词关联时，结果表明，新学习并不影响先前所学材料的记忆保留。与这些结果相比，Köster 等[47]报道了对气味记忆的逆向干扰证据，但仅见于无法说出目标气味名称的个体中。最近的一项研究表明，气味愉悦性也会影响其对干扰的持久性，因此，对厌恶气味的干扰较少[48]。总体而言，现有数据表明，一旦获得气味关联，很难对其进行改变，尽管气味知识和嗅觉信息的情感效价可在抗干扰度方面发挥调节作用。

　　值得注意的是，大部分关于气味诱发的 AM 的知识都是基于单峰式线索(即线索与一种模式有关)。单峰检索程序要求将不同模式的感觉信息作为独立的实体，而不是作为综合多峰表示的组成部分。但是，在日常生活中，我们所处的是一个多峰环境，尚未知在何种程度上感觉模式的相对效率改变，以触发对自传体信息的回忆[49]。在最近的一项研究中，Willander 等[50]将受试者随机分配至 3 个单峰条件(图片、声音、气味)和 1 个多峰条件(图片+声音+气味)。为了最大限度提高生态有效性，在多峰条件中同时呈现三种单峰条件，而在单峰条件中，分别呈现线索。选择单峰线索以便能够将其结合到多峰自然背景中。例如，室内游泳馆的背景可以用游泳馆照片、溅水声、笑声以及氯气味表示。AM 的单峰式线索与此前的研究结果一致，表明到十岁前气味记忆的显著集群，而在提供视觉和听觉线索后记忆在成年早期达到峰值[51]。但是，向个体呈现多峰信息时，年龄分布集中在成年早期，表明多峰检索主要由视觉和听觉信息驱动，而在较小程度上由嗅觉信息驱动。同样，通过对检索到的记忆的语义内容建模，Karlsson 等[49]发现多峰内容与气味诱发的内容不同，但与视觉内容相同，与听觉诱发的事件稍有差别。该结果表明在多峰线索信息中代表的感官模式间存在分层，嗅觉所起的从属作用可能解释为什么气味诱发 AM 很少发生。此外，结果支持在多峰背景中视觉线索占主导的概念。

综上所述，总体的研究结果表明，气味可为最近和很久以前的事件提供重要提示。在学习背景中嵌入嗅觉刺激并随后在检索时重新恢复，通常会增加对目标信息的回忆。同样，在成年期和老年期如果接触与事件一致的嗅觉信息，就能够回忆在十岁之前经历的个人事件。

致　　谢

这项工作得到了瑞典研究委员会(421-2011-1792)的资助，并得到了瑞典人文科学和社会学基金会(M14-0375:1)对 Maria Larsson 的支持。有关本章的信函，请寄往：Dr Maria Larsson, Gösta Ekman Laboratory, Department of Psychology, Stockholm University, Frescati Hagväg 9A, 106 91 Stockholm, Sweden。电子邮件：marlar@psychology.su.se。

参 考 文 献

[1] S.M. Smith, E. Vela: Environmental context-dependent memory: A review and meta-analysis, Psychon. Bull. Rev. 8, 203-220 (2001)

[2] E. Tulving, D.M. Thompson: Encoding specificity and retrieval processes in episodic memory, Psychol. Rev. 80, 352-373 (1973)

[3] H.L.I.I.I. Roediger, D.A. Gallo, L. Geraci: Processing approaches to cognition: The impetus from the lev-els-of-processing framework, Memory 10, 319-332 (2002)

[4] W.R. Balch, K. Bowman, L.A. Mohler: Music-dependent memory in immediate and delayed word recall, Memory Cogn. 20, 21-28 (1992)

[5] K.M. Mead, L.J. Ball: Music tonality and context-dependent recall: The influence of key change and mood mediation, Eur. J. Cogn. Psychol. 19, 59-79 (2007)

[6] S.M. Smith: Background music and context-dependent memory, The Am. J. Psychol. 98, 591-603 (1985)

[7] P.A. Bell, S. Hess, E. Hill, S.L. Kukas, R.W. Richards, D. Sargent: Noise and context-dependent memory, Bull. Psychon. Soc. 22, 99-100 (1984)

[8] P. Dalton: The role of stimulus familiarity in context-dependent recognition, Memory Cogn. 21, 223-234 (1993)

[9] T. Isarida, T.K. Isarida: Effects of environmental context manipulated by the combination of place and task on free recall, Memory 12, 376-384 (2004)

[10] A. Fernandez, A.M. Glenberg: Changing environmental context does not reliably affect memory, Memory Cogn. 7, 95-112 (1985)

[11] F.R. Schab: Odors and the remembrance of things past, J. Exp. Psychol.: Learn. Memory Cogn. 16, 648-655 (1990)

[12] S.C. Pointer, N.W. Bond: Context dependent memory: Colour versus odour, Chem. Senses 23, 359-362 (1998)

[13] D.G. Smith, L. Standing, A. de Man: Verbal memory elicited by an ambient odor, Percept. Motor Skills 74, 339-343 (1992)

[14] A. Cann, D.A. Ross: Olfactory stimuli as context cues in human memory, Am. J. Psychol. 102, 91-102 (1989)

[15] L.B. Buck: Smell and taste: The chemical senses, Princ. Neural Sci. 4, 625-647 (2000)

[16] M. Moscovitch, L. Nadel, G. Winocur, A. Gilboa, R.S. Rosenbaum: The cognitive neuroscience of remote episodic, semantic and spatial memory, Curr. Opin. Neurobiol. 16, 179-190 (2006)

[17] R.S. Herz: The effects of cue distinctiveness on odor-based context dependent memory, Memory Cogn. 25, 375-380 (1997)

[18] Y.M. Ulrich-Lai, J.P. Herman: Neural regulation of endocrine and autonomic responses, Nat. Rev. Neurosci. 10, 397-409 (2009)

[19] M.B.J. Toffolo, M.A.M. Smeets, M.A. van den Hout: Proust revisited: Odours as triggers of aversive memories, Cogn. Emot. 26, 83-92 (2012)

[20] U.S. Wiemers, M.M. Sauvage, O.T. Wolf: Odors as effective retrieval cues for stressful episodes, Neurobiol. Learn. Memory 112, 230-236 (2014)

[21] S. Cornell Kärnekull, U. Jönsson, J. Willander, M. Larsson: Context independent memory for odors and words, XXIVth Int. Conf. Eur. Chemorecept. Res. Organ. (Dijon, France 2014)

[22] J.E. Eich: Context, memory, and integrated item/context imagery, J. Exp. Psychol.: Learn. Memory Cogn. 11, 764-770 (1985)

[23] W.H. Saufley, S.R. Otaka, J.L. Bavaresco: Context effects: Classroom tests and contextual independence, Memory Cogn. 13, 522-528 (1985)

[24] J.P. Aggleton, L. Waskett: The ability of odours to serve as state-dependent cues for real-world memories: Can Viking smells aid the recall of Vi ki ng experiences?, Br. J. Psychol. 90, 1-7 (1999)

[25] E. Roos af Hjelmsäter, S. Landström, M. Larsson, P-A. Granhag: The ability of odours to serve as state-dependent cues for real-world memories: Can Viking smells aid the recall of Viking experiences?, Psychol. Crime Law 21 (5), 471-481 (1999)

[26] S.M. Smith: Environmental context-dependent memory. In: Memory in Context: Context in Memory, ed. by G. Davies, D. Thomson (Wiley, Oxford 1988) pp. 13-34

[27] M.A. Conway, C.W. Pleydell-Pearce: The construction of autobiographical memories in the self-memory system, Psychol. Rev. 107, 261-288 (2000)

[28] H.F. Crovitz, H. Schiffman: Frequency of episodic memories as a function of their age, Bull. Psychon. Soc. 4, 517-518 (1974)

[29] D.C. Rubin: Autobiographical memory tasks in cognitive research. In: Cognitive Methods and Their Application in Clinical Research, ed. by A. Wenzel, D.C. Rubin (American Psychological Association, Washington DC 2005) pp. 219-241

[30] D.C. Rubin, M.D. Schulkind: Distribution of important and word-cued autobiographical memories in 20-, 35-, and 70-year-old adults, Psychol. Aging 12, 524-535 (1997)

[31] D.C. Rubin: On the retention function for autobiographical memory, J. Verbal Learn. Verbal Behav. 21, 21-38 (1982)

[32] D. Berntsen, D.C. Rubin: Cultural life scripts structure recall from autobiographical memory, Memory. Cogn. 32, 427-442 (2004)

[33] D.C. Rubin, T.A. Rahhal, L.W. Poon: Things learned in early adulthood are remembered best, Memory Cogn. 26, 3-19 (1998)

[34] S. Chu, J.J. Downes: Odour-evoked autobiographical memories: Psychological investigations of proustian phenomena, Chem. Senses 25, 111-116 (2000)

[35] S. Chu, J.J. Downes: Proust nose best: Odors are better cues of autobiographical memory, Memory Cogn. 30, 511-518 (2002)

[36] J. Willander, M. Larsson: Smell your way back to childhood: Autobiographical odor memory, Psychon. Bull. Rev. 13, 240-244 (2006)

[37] A. Arshamian, E. Iannilli, J.C. Gerber, J. Willander, J. Persson, H.S. Seo, T. Hummel, M. Larsson: The functional neuroanatomy of odor evoked autobiographical memories cued by odors and words, Neuropsychologia 51, 123-131 (2013)

[38] R.S. Herz, G.C. Cupchik: An experimental characterization of odor-evoked memories in humans, Chem. Senses 17, 519-528 (1992)

[39] J. Willander, M. Larsson: Olfaction and emotion: The case of autobiographical memory, Memory Cogn. 35, 1659-1663 (2007)

[40] R.S. Herz, J. Eliassen, S. Beland, T. Souza: Neuroimaging evidence for the emotional potency of odor-evoked memory, Neuropsychologia 42, 371-378 (2004)

[41] A. Arshamian, M. Larsson: Same same but different: The case of olfactory imagery, Front. Psychol. 5, 34 (2014)

[42] D.C. Rubin, E. Groth, D.J. Goldsmith: Olfactory cuing of autobiographical memory, Am. J. Psychol. 97 (4), 493-507 (1984)

[43] M. Larsson, J. Willander, K. Karlsson, A. Arshamian: Olfactory LOVER: Behavioral and neural correlates of autobiographical memory, Front. Psychol. 5, 312 (2014)

[44] B.J. Underwood: Interference and forgetting, Psychol.Rev. 64, 49-60 (1957)

[45] H.T. Lawless, W.S. Cain: Recognition memory of odors, Chem. Senses Flavour 1, 331-337 (1975)

[46] R.A. Dempsey, R.J. Stevenson: Gender differences in the retention of Swahili names for unfamiliar odors, Chem. Senses 27, 681-689 (2002)

[47] E.P. Köster, J. Degel, D. Piper: Proactive and retroactive interference in implicit odor memory, Chem.Senses 27, 191-206 (2002)

[48] Y. Yeshurun, H. Lapid, Y. Dudai, N. Sobel: The privileged brain representation of first olfactory associations, Curr. Biol. 19, 1869-1874 (2009)

[49] K. Karlsson, S. Sikström, J. Willander: The semantic representation of event information depends on the cue modality: An instance of meaning-based retrieval, PLoS One 8 (10), e73378 (2013)

[50] J. Willander, S. Sikström, K. Karlsson: Multimodal retrieval of autobiographical memories: Sensory information contributes differently to the recollection of events, Front. Psychol. 6, 1681 (2015)

[51] M. Larsson, J. Willander: Autobiographical odor memory, Ann. NY Acad. Sci. 1170, 318-323 (2009)

第38章 婴儿和儿童对气味的识别

本章总结了人类嗅觉能力发展方面的研究，即分析依靠气味传达出的不同线索，如气味特性、强度、在空间中的位置、陌生/熟悉度和愉悦度。对人类这些早期能力的感觉、神经和心理维度研究较少，但可以肯定的是，婴儿以前非不利接触过的任何微弱气味都比新气味具有更高的增强值。气味辨别和辨别的发育差异肯定具有因果关系，可能取决于一般或嗅觉特异性认知因素，可归因于出生前或新生儿嗅觉暴露效应。但由于遗传或表观遗传因素，一些气味也可能从出生开始即引发人类无条件地吸引或厌恶。

基于几个基本的和应用的原因，加强对新生儿、婴儿期和儿童期嗅觉发育的系统研究非常重要。首先，研究可以阐明人类感知的生物、心理、生态和社会机制的一般问题。其次，研究结果表明，婴儿的特定气味体验可终生影响感知能力。早期化学感受经验的这些长期效应与一些概念相关，例如敏感性时期、脑可塑性和记忆，同时也与早期食物喜好、成瘾习惯和亲和选择模式化相关。

对成年人的研究已经反复表明，气味能够介导大量信息线索，这些线索依赖于刺激（感知质量和强度、复杂性、多样性等）、感知个体（性别、生理状态、心理年龄、动机状态）或感知主体之前与刺激的互动[对其暴露率（熟悉/陌生）、专业知识、愉悦度（愉悦/不愉悦）或由其传达的启示（可食性、可佩戴性如香水、毒性）、空间位置]。然而，这些特性是互相依赖的，其处理依赖于感知者的认知和语义能力，语言能力能促进某些方面的感知，但也可能导致其他方面（记忆）欠佳。例如，气味特性的感知与气味强度的感知息息相关，气味-强度检测有利于分析空间中气味的位置、与强度和/或熟悉度相关的愉悦度[1-4]。

这些线索在多大程度上是由与早期形成的相关的气味知觉传达的？如何从气味本身或环境产生的无数感觉中提取其意义，如何将其分为已知与未知、愉悦与不愉悦、可食用与不可食用、水果与肉类等嵌套类别，以帮助尚在发育的大脑采取适当的行动？为了综合一些关于人类嗅觉发育的研究，我们将评估上述涉及胎儿、新生儿、婴儿和儿童处理的一些维度。

38.1 胎儿鼻腔化学感受

最近被公认的事实是，嗅觉功能可追溯至胎儿期。很久以前，解剖学知识已经表明，在早期胚胎发生期间，鼻的化学感受性结构就已经分化，并达到似乎与出生前功能相提并论的阶段（表38.1；在文献[5,6]中综述）。随后可在外周清楚观察到人体鼻腔化学接收的三个子系统：

①妊娠第 11 周时，主要嗅觉系统显示成人样纤毛神经受体。

②妊娠第 4 周时在鼻黏膜中可见游离神经末梢的三叉神经系统，第 7 周时对触觉刺激有反应。

③最后，组成犁鼻器官周围的副嗅觉系统在妊娠 5~8 周时开始发育，并于 20 周时在中央投射区（副嗅球）达到最大发育程度，但随后似乎下降或重组[7]。

最新的神经解剖学和脑成像证据表明，主要嗅觉系统和三叉神经系统的外周结构在功能上与大脑中更高的结构相关联[8-11]。尽管这些化学感受束的所有水平在解剖学均已早熟，但由于鼻道被黏液栓阻塞或充满液体，人们长期认为此时不可能进行鼻化学感受。William P. Smotherman 小组[12,13]发现了大鼠幼崽可保留仅在子宫内暴露或仅限子宫内存在的气味，才改变了这些观点。随后的研究证明了其在包括人类在内的脊椎动物中的普遍性，即胚胎和胎儿能够对羊膜腔内输注的气味产生急性反应，或者能够感知和记住产前环境中的气味[14,15]。

表 38.1 人体鼻化学感受子系统产前发育的解剖学和功能研究结果

孕龄（排卵周）	结构和功能事件
3.5~5	嗅基板的形成
4~14	呼吸道黏膜（包括嗅觉黏膜）中的三叉神经末梢
4.5~6	鼻沟形成
7~8	间叶细胞增殖形成了含两个鼻腔的微型鼻，有前鼻孔和后鼻孔
4.5~7	嗅觉神经的形成
5~8	犁鼻沟的形成
5~13	犁鼻区域出现感觉细胞
5.5~7.5	鼻表面触摸反应（由三叉神经上颌支配的感受野）
5~8	终末犁鼻通道分化
6~6.5	主嗅球形成（MOB）
6.5	副嗅球形成（AOB）
7.5~9.5	三叉神经分化（眼和颌分开）
8~10	对主嗅觉黏膜（由三叉神经眼科神经所支配的感受野）的触摸反应
8.5~18.5	可清晰定位 AOB，但在此期间发生退化或重组变化，导致较大胎儿结构退化
11	证据表明存在纤毛嗅觉神经受体细胞
11~18.5	MRI 可视化 MOB。明确界定了 MOB 中的二尖瓣细胞层
25	对混合性嗅觉-三叉神经刺激的不稳定和不稳定运动反应（在 25~28 周的早产新生儿中）
29	对混合性嗅觉-三叉神经刺激的可重复运动反应（在 29~36 周的早产新生儿中）
30	对纯嗅觉刺激的辨别性运动和大脑（NIRS）应答（在 29~36 周的早产新生儿中）
32~35	嗅觉神经上皮、嗅觉神经和 MOB 内丝球体层中的嗅觉标志蛋白（功能成熟度标志物）

注：参考文献详见[5,6]

38.1.1　羊水气味

羊水是介导胎儿化学刺激的最明显底物。由于母体/胎儿对其合成的贡献比例发生变化，以及由于胎儿摄取和排出液体导致其持续转换，因此其组成随妊娠而变化。由于胎儿频繁的吸入和吞咽活动，接触鼻化学感受器官的液体会不断替换。因为血流可能从邻近嗅觉感觉神经元的毛细血管中通过，随血液流动的气味也可刺激胎儿鼻化学感受器官。但到目前为止，仅在成人中通过实验确定了这种血液刺激途径。

羊水成分随妊娠进展而变化，在妊娠后期，其成分强烈依赖于胎儿排尿和母体摄入食物或任何其他气味或有味制剂。胎盘渗透性的妊娠增量可提高饮食中气味的胎盘传递率。助产士深知，母亲在分娩前不久摄入的食物可使羊水带有相应的气味[16]。事实上，在动物[17]或人类妊娠[18-20]时，多种食物的气味都被转移到了胎儿体内，包括大蒜、小茴香、大茴香、胡萝卜、薄荷、葫芦巴或咖喱。气味活性代谢物可快速通过胎盘转移至羊水中。例如，在母羊中，母体动物静脉注射小茴香提取物 30 分钟后，就能在胎仔膀胱中检测到小茴香气味[21]。但观察到化合物(如烟碱或各种药物)在胎盘中转运时间要短很多，因此，不排除某些气味在母体摄入、吸入或经皮吸收后可迅速传递给胎儿。

38.1.2　胎儿化学感受

从妊娠晚期开始，鼻部的所有化学感受系统功能准备就绪：鼻孔通畅，鼻腔通过胎儿的假呼吸活动，在鼻腔通道内传递羊水刺激流。迄今为止，在人类种属中尚无直接的胎儿嗅觉刺激反应。但是，动物模型研究表明，这种反应明显有效[15]。例如，在胎鼠和羊中，鼻内输注气味剂可诱导明显的心率变化，而对照溶液无此影响。此外，不同性质的气味可引起相反的自主反应，表明胎仔能分辨气味性质[14,22]。

人类胎儿嗅觉功能的间接论证是通过对早期婴儿的检测获得的。有研究筛查了年龄范围为 28 周至 36 周胎龄的婴儿对薄荷气味的反应[23]。在胎龄范围<29 周、29～32 周和 32～36 周时，分别有 16%(n=6)、73%(n=11)和 100%(n=15)的婴儿有应答。32～36 周早产儿组的受试者应答率与足月新生儿组无差异。因此，至少在妊娠的最后一周，鼻化学感受器官能感觉到气味，例如薄荷味，同时具有嗅觉和三叉神经的特性。对早产婴儿的后续测试显示，其他缺少三叉神经作用的气体(壬酸、茴香脑、香兰素)在高浓度和低浓度下均能产生有效刺激[24-26]。因此，通过出生后即刻接受气动条件下测试的早产婴儿的嗅觉能力可预测相同胎龄胎儿的相似能力。

人类胎儿嗅觉的另一证据来源来自足月儿对刺激的反应研究，这些刺激仅可能在子宫内发生。例如，抗羊水气味的选择试验在熟悉度方面存在差异(自身 vs 外来液体)，对照气味(水)指明婴儿对任何羊水的反应为正向。但当同时暴露于自身羊水和另一胎儿羊水的气味时，他们偏好最熟悉的刺激[27,28]。因此，不同个体的羊水具有特异气味特性，3 日龄的新生儿可以选择性处理，表明其在妊娠晚期有知觉(或其在出生后迅速编码)。

调节新生儿这些反应的产前气味线索的本质尚不确定。羊水的特殊气味可以编码为一种独特的、暂时显性的气味特性，作为产生独特气味混合物的一种复杂的化学感受模式，作为特定强度的化学感受，或者同时编码为这些可能性中的几种。这些气味可能来自多种来源的母体或胎儿代谢，例如母亲的饮食、吸入的芳香族化合物或经皮肤转移的化合物、基因测定的气味类型或胎儿对应激的急性反应(通常诱导胎儿排尿)。一个确认的影响是，通过怀孕母体的饮食引入胎儿隔室的气味影响了随后新生儿的气味反应。例如，妊娠期间母体饮酒的频率与 1～2 日龄的婴儿出现酒精气味时运动激活增加相关[30,31]。同样，在妊娠最后 10 天期间，母体摄入茴香味食物能诱导出生后 3 小时的新生儿检测出对稀释的茴香脑气味产生明显的接受反应[29]。然而，从未摄入茴香的母亲所产下的 3 小时大的婴儿表现出对该气味的排斥反应。出生后第 4 天复查时，宫内暴露在茴香下的婴儿在选择试验中表现出明显的茴香脑偏好，而未暴露于茴香脑的婴儿在这些条件下的行为没有差别(图38.1)。当母体在妊娠期间吃大蒜时，发现了产后收敛效应[32]。因此，给予胎儿气味物质可以促进新生儿的选择性气味反应，表明胎儿嗅觉编码很活跃，且与出生后至少几天内的稳定记忆相关(见下文，胎儿对更长时间的气味体验回忆)。

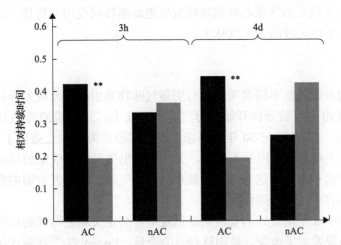

图 38.1　根据母体在妊娠最后 10 天食用(AC)或未食用(nAC)含茴香的(不含酒精)食物(n=12/组；**：$P<0.01$[29])，同时选择茴香脑(茴香)气味(黑色条)和对照刺激(灰色条)暴露 3 小时(3h)和 4 天(4d)的新生儿头部(鼻)定向相对持续时间

总之，上述结果表明化学感受确实支持气味的定性鉴别：

①在子宫内或子宫外检测的胎仔中(最好通过动物研究[14]确定)。

②在妊娠足月前 2 个月内早产的婴儿中。

③在既往暴露于出生前经历过此气味的足月出生婴儿中。

对动物模型(大鼠、羊)的研究也证明了早期已形成了区分气味强度和/或三叉神经效能的能力[14,22]。仅在羊水中引入气味似乎会增加其知觉显著性，通常是为了降低其厌恶感或增加其强化作用。但是，该熟悉-种类-偏好原则也存在例外。最近一项关于新生儿对雄烯酮(在羊水中检测到的一种有气味的类固醇)应答的研究表明，即使在羊水测量的浓度范围内，应答也确实显示负向[33]。因此，对新生儿来说，纯的、高度稀释的雄烯酮气味呈负效价，与大多数成人相同，因为其具有刺激作用和/或引起内在不适。在羊水中，可能无法单独感知雄烯酮，而是混合成一种混合物，其感知效应与其基本化合物的感知存在定性差异。因此，纯化合物的气味有时可被处理为性质上与原始混合物中携带的气味不同，从而能以新的反应接收其独立的感知，因此，倾向于传达负愉悦效价。综上所述，上述数据显示，胎儿的鼻腔化学感受器或可进行复杂的感知。

38.2　新 生 儿

在 19 世纪中叶人们对婴儿嗅觉开始感兴趣时，就错误地认为在婴儿第一次呼吸时前其嗅觉并未被激发，胎儿的大脑在气味体验方面是块白板。然后开始了对新生儿嗅觉以及其他感官的研究，以追踪人类心理和意识的原始状态[34]。该研究最初从成人形态分析问题开展，使用了旨在确立婴儿何时在灵敏度和辨识度方面达到成人水平的方法和非周期性刺激。但最近，在欧洲行为学和美国发育心理生物学的推动下，在培养针对正常发育早期挑战的适应性反应方面，认为婴儿嗅觉研究具有自身价值[5,20,35,36]。因此，先前基于人类新生儿缺乏效度的气味心理物理研究兴趣逐渐转向使用与母体生物体相关的生物气味或奖励条件下经历过的人工气味上。

38.2.1　性质

通过给予的水或其他不同参考气味与明显气味物质引起的反应差异比对，认为鼻部化学感受器可从出生后数分钟开始区分气味。事实上，这种检测能力是婴儿嗅觉首次研究的核心问题。自 19 世纪 50 年代以来，许多试验者为新生儿提供了 80 多种不同的气味[34,37-39]，由于对刺激的控制不满意，无法确定出生后人类嗅觉的功能状态。通常，确实会未经稀释给予新生儿这些带有辛辣和刺激的气味，并引发普遍的假设，即新生儿大多对这些刺激有三叉神经副作用反应。

当试验心理学家使用更好的受控刺激以及更好的定义和更客观的反应来调查新生儿知觉时，这种情况发生了改变。使用这些目的变量，Engen 等[40]在两次试验中，用棉签让婴儿在睡眠时嗅闻气味，监测了 20 名 32～68 小时的新生儿的身体和腿部运动(将婴儿床转为一种测动器)以及呼吸节律的变化。从第一个试验表明乙酸比苯乙醇更具有反应原性开始，他们假设三叉神经的行为效力更强或这些刺激令人不快。在第二项试验中，同一批的研究者还使用了茴香和阿魏胶的气味，这是(成人)三叉神经传感器的两种弱刺激物，可增强新生儿的反应。但是后一种刺激能比前者更强效地刺激婴儿，证实一种令人不适的气味似乎比一种愉悦的气味更有效地引起新生儿应答。Engen 等[40]表明，新生儿可以区分三叉神经与非三叉神经兴奋物质，因为新生儿对前者(乙酸和苯乙醇)的反应速率和强度与对后者的反应不同。在随后的一项研究中，Self 等[41]使用推测无三叉神经作用的复杂气味，如茴香、薰衣草、缬草或阿魏提取物，用水作为对照，检测了出生后 3 天内的婴儿。记录的反应依赖于呼吸速率的变化以及面部和身体的各种运动反应。从第 1 天开始，三分之二的婴儿对大多数气味有反应，但也对水刺激有反应(第 1 天和第 2 天接近 70%)。这些婴儿对气味的反应在 3 天内增加，而对对照刺激的反应降低，表明气味反应性发生了快速的发育变化(也可见文献[42]，在第 1 天至第 4 天期间纵向随访的新生儿嗅觉反应性增加)。有趣的是，在这些研究中，新生儿已经分类为低、中和高应答者，但尚无对这种早期个体差异进一步因果关系的认识。

Self 等因新生儿对无气味水刺激的高应答率感到惊讶，在随后的两项研究中对该案例进行了评估。他们首先发现，睡眠中的 3 日龄新生儿对以茴香、阿魏、薰衣草、缬草和水作为对照的原位气味的反应无差异[例如，在浅睡眠状态下，新生儿(n=36)对水的反应(54%)与对缬草和茴香气味(各 54%)的反应相同，且多于对阿魏气味(27%)的反应[43]]。在第二项研究中，3 日龄的新生儿适应蒸馏水，直至连续 2 项试验中停止任何应答；随后，他们对添加了茴香、薰衣草、缬草、水的水表现出不适应答。受试者对这些刺激的应答率分别为 30%、17%、22%和25%[44]，再次表明无味潮湿的棉签能有效诱发应答，甚至比在明确的阈值以上给予的某些气味更有效。该结果引起了研究者对新生儿嗅觉功能的质疑。或者，可能是某些未注意到的伴随刺激条件仍在继续影响试验(潮湿的棉花或试验者的手释放出无法控制的气味；与试验者运动相关的噪声或气流)，或是新生儿对吸入空气湿度的敏感。在出生后的前 3 天，婴儿确实处于相对脱水状态，因为他们的生理性体重减轻高达其体重的 10%，他们可能相应地表现出对传递湿度刺激的化学反应增加。在新生儿中进行水感知的可能性还需要进一步研究，尽管使用近红外光谱(NIRS)的最新数据未发现 6 小时～8 天新生儿的眶额皮层活化与水相关[45]。但这不能排除嗅觉和/或三叉神经束外周水平对水蒸气的不同反应。

与上述 Self 等人相比，Engen 和 Lipsitt[46]证实了在对气味混合物及其组分使用习惯范例的过程中，新生儿能辨别气味的质量。他们首先将呼吸中断归因于茴香和阿魏的混合物，然后显示对阿魏的初始应答恢复，但未显示对茴香的初始应答恢复。一项与成人相似性的评估表明，该混合物中以茴香化合物为主，因此他们推断，新生儿无法将其与混合物的全部气味区分开来。然后，他们使用气味与其组分不同的混合物(庚烷-乙酸戊酯)重复相同的适应测试。在这种情况下，两种组分均能有效消除婴儿的呼吸中断，但每种化合物导致的不适程度与其与混合物的差异成正比。Engen 和 Lipsitt 得出的结论是，3 日龄的新生儿不仅能够辨别气味，而且还能够像成人一样检测到不同气味之间的相似性。随后对关注气味偏好(见下文)的研究进一步证实了新生儿区分气味性质的能力。这些研究通常表明在婴儿和成人中进行收敛气味-性质评估，尽管一些研究报道了显著差异[47]。

一些心理生理研究也支持这一观点，即在出生后的第一天即能辨别气味，甚至早于早产儿反应证明。尽管一些早期研究表明，出生不足 6 天的婴儿可以对咖啡、柠檬酸盐、香兰素和吡啶的气味产生无差别脑电波图响应[48]，但其他研究发现新生儿对橙子气味与母乳气味的 EEG 反应存在差异[49]。在近期使用 NIRS 成像的研究中，香荚兰味和母乳味显示左侧眶额区域含氧血红蛋白(提示局部血管激活)的模式在大小和时间上不同[45]。一项相关的 NIRS 研究显示，由母乳和配方奶气味引起的眶额皮层含氧血红蛋白差异，前者的平均应答大于后者[50]。

38.2.2 强度

迄今为止，针对处理来自气味刺激的强度线索的早期能力(即区分刺激引起的较弱的气味感觉和触发强烈气味感觉的刺激)的研究结果并不一致。Rovee[51]认为 3 日龄婴儿可能存在强度反应，因为随鼻前给予的脂肪醇浓度升高，他们的运动应答幅度增强。由三叉神经化学感受器募集增加导致的防御反应增多(负向定向、烦躁不安和哭闹增多)很可能是造成这一影响的原因(见文献[52]中的综述)。但在另一项研究中,香荚兰(一种被认为无三叉神经作用的气味[53])或丁酸(浓度水平较低)浓度的增加不会显著影响新生儿呼吸或面部反应的潜伏期、幅度或持续时间[47]。因此,在此只能提出,在解释化学刺激的早期过程中,还需要进行更多关于婴儿对气味强度的感知以及三叉神经和嗅觉子系统相互作用的研究。

38.2.3　空间位置

长期以来一直认为鼻化学感受器感知空间线索的能力是通过嗅觉[54]或三叉神经刺激[55]的鼻内时间差异发生的。Kobal 等表明,例如具有三叉神经作用的气味可以横向定位,但缺乏三叉神经作用的气味不能。在新生儿中观察到了三叉神经介导的定向,通常来说,它从刺激性的氨蒸气中转移过来的[56]。但当左侧出现氨气味时,更容易引发这种负向头部转向,即,氨的刺激性/厌恶性与新生儿头部转向的强烈右侧偏倚相对应。另一项关于气味引起的新生儿头部转向的研究使用了非三叉神经气味,选择为愉悦度正向或负向(由成人确定)。当将其送至左鼻孔时,与送至右鼻孔时相比,香荚兰和杏仁味导致的头部转向正向显著多于负向[57]。对于臭鸡蛋或酸牛奶的气味,也观察到了类似的负向趋势。因此,气味的性质与鼻子(和大脑)受刺激的一侧相互作用决定了婴儿的反应。

在考虑整个生物体运动的实验条件下,通过沿气味轨迹的双侧采样行为(主动吸气),成年人能够沿着留在地面上的这个轨迹追踪其来源[58]。通过采样行为,例如新生儿向乳头方向的双侧翻找行为所涉及的采样行为,同样可促进婴儿对局部气味强度梯度的表现。但尚不清楚主动嗅探是否与新生儿翻找行为同时发生。如前所述,这些婴儿将头部(进而鼻子)转向天然气味的能力在很大程度上被用于检查他们的不适和愉悦表现。

38.2.4　熟悉/陌生

对熟悉度或陌生度的检测越来越被认为是参与嗅觉分析知觉序列的第一个维度,其至发生在对刺激的愉悦筛选(期)之前[59,60]。感受熟悉/陌生气味刺激的能力取决于检测的功能和从编码到检索的所有记忆步骤。在成人中,熟悉气味显著增加了其可检测性和可区分性[61],类似的操作可能在早期开发中运行。但在早期开发阶段,几乎没有对该主题开展研究。

但是,从新生儿期以后,已经报道了熟悉度效应,因为婴儿保留与母亲加强互动时令适应或嘴巴朝向先前遇到的刺激[62-64]或仅将其作为背景线索。但事实上,只要扩散到睡眠环境中几个小时,气味就可被新生儿记忆为熟悉[65]。即使是早产儿也可以编码并保有保育箱内空气中散发的气味[26],熟悉气体的嗅觉可能会更早地发生在胎儿期(见早期)。上述新生儿研究表明,与不熟悉的羊水气味相比,新生儿更容易受到熟悉的羊水气味吸引,这两种刺激都比水更具有吸引力。

通过在日常或实验环境(包括给既定环境/物体除臭或加臭,即破坏婴儿对嗅觉连续性的预期)充分说明了熟悉效应。例如,当在母亲乳房的天然气味中掺入一种新的气味物质时,新生儿拒绝咬住具有奇怪气味的乳头,通常会变得烦躁不安和哭闹,而他们立即接受另一个未加气味物质的乳头[38,66]。同样,乳房的气味被无味的食品级塑料膜覆盖后，3 日龄新生儿表现出口腔运动频率降低[67]。因此，新生儿能对与母亲习惯相关以及可能与更广泛环境(尤其是睡眠环境或食物)相关的气味线索的侵入做出反应。但新生儿在这些条件下也具有高度可预测性，因为他们能够快速了解在其环境中引入的新气味线索[64,68]，尤其是当这些新气味与熟悉的气味背景和其他感官的感觉输入相结合时[69]。

新生儿的嗅觉熟悉有多种途径，包括非关联过程，例如重复暴露(习惯化)及或多或少长时间的单一暴露(我们称之为熟悉)和关联过程，例如评价性、典型性或操作条件性、社交学习或个体学习(试错)。大脑获取熟悉或知晓气味的过程，在某些条件下(例如，乳房哺乳时)或在发育的某些时间点(定义为所谓的敏感性阶段)可能更容易操作。例如，出生后 30 分钟的暴露足以将气味从陌生变为熟悉，但是当出生 12 小时后进行 30 分钟暴露时，这种变化无效，气味并不特别有吸引力[70]。该结果已知见于其他种属的新生儿[71]，与正常分娩过程相关的特殊神经化学阶段有关，该阶段能让气味更容易编码和/或保留。因此，知觉研究，尤其是早期发育中的知觉研究，应始终位于生物体先前或同时存在的生理或情感状态的背景中。

38.2.5 愉悦效价

许多研究试图确定气味是否具有内在情感价值，并认为通过测试新生儿可以解决这个问题，因为新生儿被认为没有任何既往气味体验。此外，除了后一个错误的假设以外，新生儿测试主要是与成人的能力进行比较，这就导致评估新生儿对气味的应答时使用可引起成人愉悦或不适的已知气味。从出生后第 1 小时开始，确实报告了成年人喜欢的气味(例如橘子、天竺葵)能够引起婴儿食欲性口腔激活，而报道指出的成年人不喜欢的气味(例如阿魏)能够引起面部和口腔厌恶表达，并能引起头部转向[72]。Canestrini[39]和后来的 Pratt 等[73]确定了气味(乙酸、缬草和丁香)可在 1～11 日龄婴儿中引发面部、口腔和吮吸反应。Stirnimann[74]还确定了新生儿(包括 6 个月胎龄出生的早产儿)在对气味的应答(对成人是愉悦的或不愉悦的)中引发的口腔面部表达差异。

Steiner[75,76]系统化了这些初步研究，在出生后经验形成前，将出生时间小于 12 小时的新生儿暴露于浸有引起愉悦(香蕉、香荚兰、乳汁)或不适(虾腥味、臭鸡蛋)气味的棉签下。这些刺激通过鼻通道高浓度呈现，同时在婴儿上方拍摄其面部反应。之后，由一个成人评判小组对婴儿面部应答的图像进行评估，该小组成员忽略所呈现气味的性质，并猜测其是否让人感到愉悦、不愉悦或无感。一般情况下，成人认为舒适的气味可引起面部反应，表现为愉悦和接受(面部肌肉松弛、嘴角抬高、舔和吸吮)，而不适的气味则引起反映不喜欢和厌恶(嘴角降低、唇舌突出、嘴巴张开)的表现(图38.2)。Steiner 假设新生儿和成人的面部表达形态学相似，可以表示相同的潜在情感功能，因此新生儿和成人一样，对新生儿来说，某些气味比其他气味更能引起愉悦。他提出新生儿对气味的反应取决于他使用的一个硬连线的愉悦监测器，在测试了一名缺乏大脑皮层的婴儿后，他发现该婴儿对香蕉、鱼腥和臭鸡蛋气味的反应位于脑干中，其面部表情与正常婴儿相似。他认为嗅觉面部反射为先天性[76]。但是，该研究使用高强度刺激[76]274，其中一些刺激带攻击性，因此三叉神经知觉可部分解释这些反应。此外，需要得出关于气味固有愉悦效价的肯定结论，以确保从未在子宫内接触过此类气味。最后，"反应"这个术语表示应答高度自动性以及个体间和个体内重复性，很难从单张图像上一次采集到应答推断。

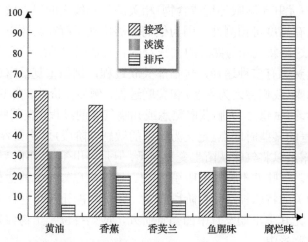

图 38.2　暴露于棉签所载的 5 种未稀释的气味刺激物的婴儿(n=25)面部反应照片，
由 6 名成人判定(接受、淡漠或排斥)的喜好分布(以%表示)。检测时，
婴儿的年龄小于 12 小时，出生后没有相关气体的摄入经验[76]

为了重复和扩展 Steiner 的研究，Soussignan 等[47]使用了高度稀释的气味强度，并将其(通过成人鼻子)与婴儿在日常生活中遇到的几种生物底物(如羊水、母乳和婴儿配方奶)的天然气味相匹配。在记录呼吸频率的同时记录婴儿的面部-口部反应。3 日龄的新生儿(处于不同的唤醒状态)暴露于 12 种刺激下，包括 4 种不熟悉的生物气味(羊水、母乳和两种婴儿配方奶)，4 种香兰素和丁酸稀释液(这些生物气味剂的强度与成人相匹配)和 4 种无味对照。然后使用定量编码系统(无任何先前愉悦解释)对婴儿的口-面反应进行视频解码，Ekman 和 Friesen[77]的面部运动编码系统可以逐条记录 44 个面部肌肉活动。然后使用暴露于已知情感效价刺激的新生儿和婴儿的既往数据解释新生儿对气味刺激的应答模式(有时是其他感觉模式，如味觉，其中与刺激相关的愉悦反应更明确)。在这种情况下，对不同气味的新生儿面部行为在不同个体间具有高度变异性，因此不能像 Steiner 的嗅觉-面部反射模型所预测的那样，视为自动行为。然而，作为气味物质愉悦度功能的婴儿的面部反应是可以区分(与对照引发的反应相比)，但其实现方式是非对称的。尽管与香兰素气味相比，令人感到不适的丁酸气味引起了更多负向效价反应，但是，香兰素令成人愉悦的气味并未引起比丁酸更多的正向面部反应。两种气味的强度均非常低，并且主观强度相当(至少对成人鼻子来说)；负向应答只能是由于新生儿检测到气味中的定性和/或兴奋线索，因此部分证实了 Steiner 的观点。尽管成人明显不愉悦，但不熟悉的婴儿配方奶气味在新生儿中不会引起负向面部反应。因此，至少在这些情况下，新生儿和成人在气味中检测到的愉悦线索似乎没有重叠。

气味可影响自主神经系统控制的各种反应(即心率和呼吸速率、消化道内分泌和外分泌分泌物的释放)。相反，代谢状态(饥饿/饱腹感)影响对气味的愉悦反应，这种感官反应的从下到上的调节已在新生儿中发生。当 3 日龄奶瓶喂养婴儿在喂养前 1 小时暴露于其通常配方奶的气味时，预期会显示正向面部反应。但是，在喂食后 1 小时进行相同的测试时，当婴儿感到饱胀时，他们的面部表现出明显的负向反应[78]。婴儿对食物相关气味的愉悦反应的波动与成人描述的负向感觉异常现象相似。因此，即使在几日龄的新生儿中，参与者的动机状态也是嗅觉性能测试中需要考虑的重要变异因素。

涉及两种成对气味间活性选择应答的研究更有力的证实新生儿的愉悦处理。当婴儿同时面对两种具有吸引力的气味时，他们能够通过头(鼻)转向和对一种刺激的张口动作(多于对另一种)表达他们最喜欢的一种。Macfarlane[62]首次使用双选模式中此类行为指数来推断新生儿的嗅觉辨识和偏好。他对仰卧的新生儿进行了录像，同时让他们都暴露于悬挂在脸颊侧的两个有气味的纱布垫中。在一项试验中，使用婴儿母亲乳房的气味与其他哺乳期女性乳房的气味配对，2 日龄新生儿对两种刺激的鼻子反应相同，但 6 日龄新生儿对母亲乳房气味的转向明显更长，表明因为第一周的奖励效应，婴儿已经学会识别母亲乳房的个体气味。然而，另一项研究使用难度较低的辨别指标(即只是头部和手臂运动减少)表明，这种辨别可能从出生后 2 天开始有效[63]。随后的一系列实验表明，即使母亲和新生儿无亲属关系，哺乳期女性的乳房也会发出对新生儿有吸引力的气味因素[79]。

同样，人乳表达的气味因素对任何新生儿均有吸引力[80]，尽管与不熟悉的母体乳汁气味相比，母乳喂养的婴儿更喜欢其母亲的乳汁气味[81]。因此，母乳传达多种气味线索，既适合新生儿自己的母亲，也常见于所有产妇和哺乳期母亲，似乎新生儿可以在这些线索之间做出区分。泌乳乳腺的气味化合物或人乳汁的气味化合物引起的偏好反应似乎不依赖于先前对乳腺或乳汁的直接暴露，因为从出生开始专门喂养配方奶(基于牛乳)的婴儿也有此类表现。但是，不能排除这些生物气味对新生儿的积极行为影响取决于(至少部分)他们曾暴露于羊水中类似气味化合物中。

这些结果引发了一个问题，即某些生物来源的气味化合物在早期发育中是否具有特殊意义，例如，有利于在新生儿中不附加条件地表达出吸引力、食欲或抚慰[82,83]。如上所述，在哺乳期，同种乳汁或乳房的气味可能会释放出这些固有反应原性化合物。乳汁和乳腺常见的潜在来源是蒙哥马利乳晕腺的分泌物，在哺乳期间增大，并能发出一种由乳汁和皮脂组成的渐隐液体[84,85]。当这种蒙哥马利分泌物在睡眠的新生婴儿的鼻子下单独呈现时，能急剧引发口腔反应并刺激呼吸，即使这些婴儿在试验前从未进行母乳喂养[86]。蒙哥马利分泌物可能在哺乳期乳房对婴儿吸引力、口腔协调和呼吸活动中起着特殊的作用[87]。

38.3 从语前婴儿至青春期前儿童

除了在出生后一个月内的新生儿期以外，婴儿和儿童还经历了生理、心理和社会生态的变化，其范围和深度显然相当大。他们的身体，尤其是大脑，增长了若干量级，他们的感知也越多越丰富，并体现在活动上(尽管这些感觉形成于新生儿时期；参考文献[69])，他们的进食模式和消化过程从排他性变为杂食性，情绪方式在情绪表现型中趋于稳定，认知变得越来越依赖语言，从而扩展了他们的语义和符号处理能力，从最初的选择性依从到主要护理人员，他们融入越来越复杂的社会网络中。所有感觉系统随着儿童期阶段继续其成熟进程，并在青春期结束(注：青春期的嗅觉相关特征超出了本章的范围)。在看护、教育和当地文化的体验背景下，这些感觉系统的认知普遍表现为由基因-脑-环境相互作用形成[88]。尽管我们对其在特定时间和不同情况下的运行情况所知甚少，但嗅觉肯定对发育的所有方面都有贡献。在发生改变和暴露于多种复杂经历的基本背景下，原则上，婴儿和儿童从其气味世界提取不同含义的能力应发展极快。但是，与新生儿一样，气味体验的感官影响和延迟后果在整个发育过程中并不是线性的，并且在个体间似乎也大不相同。

38.3.1　性质

　　一些证据表明，幼儿和儿童的反应相当敏感，并对气味性质有辨别能力。首先，行为测量表明，不同的气味(无论是作为物体或背景特征)对语前幼儿的影响不同。当按照适龄规程出现与年龄相适应物体的气味时(毛绒玩具、拨浪鼓、牙环、瓶子)，婴儿或多或少都会对其做出反应。例如，9 月龄的婴儿在连续面对愉悦、不快或中性(对于成人)的气味，未能在初看时得到行为辨别方面的结论性数据，但相关录像的深入系统解读表明，婴儿能够敏锐地分辨受处理物体的气味差别[89]，尤其是女孩，她们索要有气味的玩具多过无气味玩具[90]。然而，在一项对 8~22 月龄随访的婴儿食物气味辨别(以瓶子呈现)的研究中，这一气味注意力的性别差异并不明显[91]。

　　人体本身是其天然体味或人工气味(香水)或其混合物产生气味的生物载体，婴儿和儿童显然能注意到这些气体的性质。婴儿和儿童确实能够准确识别天然气味特征，表现为他们能识别出母亲(3.5~4.5 岁的儿童[63])、兄弟姐妹(3~7 岁的儿童[92])或者其他同年龄组穿干扰 T 恤衫儿童(4~5 岁的儿童[93,94]，9 岁的儿童[95])中不相干的朋友穿过的 T 恤衫。儿童也能够准确地区分出不同性别的体味(9 岁儿童[95])。他们还可以进一步识别其母亲使用的香水：在小瓶装的 6 种气味刺激物中包括 4 种香水(其中，母亲用过的那 1 种是悄悄引入的)和 2 种对照，要求 5 岁的孩子对每种香水刺激的偏好评级，说出自己将会使用哪种香水，最后识别出他们母亲用过的香水。尽管在这些条件下，这些儿童未能表达对其母亲香水的可靠偏好，但他们更愿意将其用于自身，并在参考刺激物中准确识别了其母亲的香水[96]。

　　刚学会走路的婴儿及低龄儿童也会对环境的气味做出反应。例如[97]，在 1~2 岁的婴儿聚精会神地在桌子上玩游戏时，将他们暴露在薰衣草、乙酸异戊酯、丁酸和二甲基二硫化物(以及水作为对照物)的气味中。尽管超过 48% 的刺激未导致任何明显的面部反应，其余反应表明对气味的反应不同(Bloom 研究的更多细节见下节中关于愉悦反应的描述)。在另一系列令人感兴趣的研究中，3 月龄的新生儿进行了 Carolyn Rovee-Collier 操作性条件反射测试：婴儿意识到移动自己的腿可以使上方用绳子悬挂的物品动起来。存在气味的情况下将踢腿和移动物品进行关联时，并且当在 1 天、3 天和 5 天后给予该气味以评估持续性保留时，再次暴露于相同气味的婴儿对条件性应答很好地做出了反应。相反，无气味暴露的对照组受试者仅表现出部分回忆，而有新气味暴露的受试者未表现出任何回忆[98-100]。因此，环境气味由婴儿检测和编码，在后续场合中，他们将气味用于记忆提取是有差异的。当婴儿在采集阶段再次暴露于其面临的气味时，对这种条件作用的回忆更佳，可能是由于缺乏陌生的嗅觉背景所引起的情绪和/或注意力干扰[60]。

在婴儿和儿童中评估大脑对气味应答的研究中提出了另一个支持婴儿对气味性质认知的论点。但是，到目前为止，这种方法仍然不一致，它强调了刺激和记录条件对揭示大脑反应的决定性。尽管一些研究报道了苏醒婴儿对食物气味的未分化 EEG 反应[101]，而其他研究显示对不同性质气味的不同大脑活动。例如，用空气稀释嗅辨仪记录了对3.5～5 岁儿童直接给予气味的嗅觉诱发响应电位(OERP)。OERP 延迟正峰值的潜伏期随年龄增加，这种变化被暂时解释为反映了与年幼儿童相比，年长儿童的更深度认知和语义处理[102]。但还需要对婴儿和儿童进行更多的心理生理研究。

曾尝试对低幼儿童的嗅觉心理物理测试制定标准。但是，这些努力通常是基于测试大龄儿童或成人的方法设计，并且在用于 4～5 岁之前的儿童时，发现存在总体不足[102]。当语言掌握足以充分理解测试程序时(尝试为 3 岁儿童设计嗅觉测试[103])，可以在 4 岁至5 岁以上儿童中更多应用心理物理方法。几种测试方法被用于定量评估儿童的嗅觉，首先用于临床目的[例如，宾夕法尼亚大学气味识别试验(UPSIT)[104]；匹配对照品的气味鉴别试验[105]，嗅觉灵敏度试验[106]，Biolfa 试验[107]，圣地亚哥气味识别试验[108]，悉尼儿童医院气味鉴定试验[109]，嗅棒试验[102]，里昂临床嗅觉试验[110]和 NIH 工具箱儿童气味识别试验[103]]。这些检测均有其优势和局限性(更多详情见文献[111])。

在大多数儿童研究中，基于个体对气味源准确同一性的认识，通常会形成嗅觉-品性知觉。相关研究在儿童中使用涉及阈值上识别和命名的不同任务[112-115]。在语言作用不重要的简单刺激识别任务中，5～8 岁儿童的表现接近成人的表现(在相似性判断中[116])，或略低于成人的表现(气味测试[117])。但当需要对气味进行语言识别时，与成人相比，儿童明显较低，这一劣势的程度取决于任务、儿童的年龄/性别和对气味刺激的熟悉程度。已实施了一些规范试验，以描述较大年龄范围内气味识别的发生过程。例如，宾夕法尼亚大学气味识别测试(UPSIT)由 40 种阈值上气味组成，每一种都通过 4 种应答替代项(如单词或图标)提示，以减少年龄/个人记忆熟练程度的差异，该测试是在整个过程中交叉排列的。气味识别性能呈 n 形曲线，5～9 岁儿童平均识别评分与 17～18 岁的成人相当，此时嗅觉能力呈现剧烈下降趋势(图 38.3)。但在 10～19 岁时，儿童的 UPSIT 评分达到成人的最高表现水平[104]。另外，在 6～21 岁年龄范围内，女性的 UPSIT 识别评分优于男性[104]，表明女性在敏感性、与语言或记忆相关的认知能力或熟悉气味方面具有优势。尽管这种规范化方法可以建立嗅觉性能规范，在临床环境中可能具有一定效度的，但肯定会低估婴儿和儿童(甚至成人)在日常生活中的嗅觉能力。

在识别需要指出气味性质的真实来源方面，年幼儿童明显处于劣势，一些研究人员从更广泛的类别或材料的用途(例如，可食性、作为香水的可施用性)方面研究了气味性质识别[113,118]。这一方法表明，即使在不利于嗅觉训练和教学的文化条件下(如西方或西式生活方式)，儿童拥有比人们以往认为要更敏锐的嗅觉认知。例如，当 8～14 岁的美国儿童须分辨出 17 种气味，以及它们是否属于可食用/不可食用类别时，预计他们在准确指出气味源方面低于年轻成人，但与之对应的可食性标准方面两者相当[113]。一项相关研究要求法国 5～6 岁儿童根据标准对 12 种气味进行分类，标准如下：来源(室内/户外、天然/人工、植物/动物)和主观功能(可食性、人体施用性)[119]。尽管这些儿童能准确地进行气味可食性归类，且进行可施用性归类的准确度为中等，但他们不能使用更空泛(或不

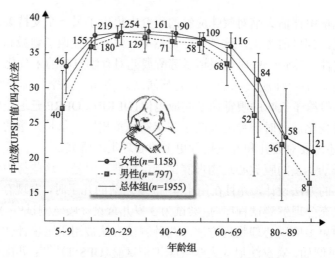

图 38.3　在宾夕法尼亚大学气味识别测试(UPSIT)中，
按年龄(数十年)和性别分组[104]提交的不同受试者组的嗅觉评分

实用)的分类标准。另一项重要的研究要求4~11岁法国儿童和成人按照典型性、熟悉性、喜爱和可食性对6种水果和6种花的气味进行分级，并将其归类到水果或花两种类别中[118]。结果表明，该系列中某些气味从5岁开始分类的一致性就很高。但是，值得关注的是，这些儿童在语义(水果与花)和愉悦分类上没有重叠，表明在处理气味时，幼儿可以将语义与情感作用区分开来。从8岁开始，大多数气味被系统地分类在预期类别中，并以正确的语义类别分配了名称。最后，当要求儿童按颜色分配气味(从图表中的几种颜色中选择)时，他们做出了反映气味来源的颜色基本知识的非随机的气味-颜色关系[120,121]。因此，在准确命名气味来源的能力获得之前相当长的一段时间内，婴幼儿认知中就存在将气味归为以自我为中心的功能或语义意义的能力。

38.3.2　强度

如上文新生儿中所述，我们对儿童感觉到的主观性气味强度的理解有限。我们知道，儿童表达对气味的定量判断能力和成人一样准确。当6~94岁的参与者对丙醇的7个稀释阶段的主观强度进行评价时，以简单手势(指数-拇指距离)表示其评估强度，所有年龄段的心理生理功能均稳定[122]。此外，与成人一样，7岁儿童的强度判断与许多气味的偏好判断呈负相关[1]。但是，其他研究表明，儿童可能在强度判断上与成人不同。例如，将5~6岁法国儿童与一组年轻成人进行比较，评价一组6种气味的主观强度，儿童对气味的感知强度的评价高于成人。这可以通过儿童嗅觉敏感性较高或评定量表使用的年龄相关差异来解释[123]。因此，感受气味强度的线索是深入研究嗅觉发展的重要前景。

38.3.3　熟悉/陌生

婴儿和儿童显然能够从气味印象中提取熟悉或陌生的信息，这些能力是他们完成嗅觉注意、吸引或回避反应的基础。所谓的普鲁斯特效应就是有能力在较长时间(有时是终生)获得和保留熟悉的特定环境、食物或人的气味，或特定内部状态的气味印记的极端证明。例如，Mennella 和 Beauchamp[124]和 Delaunay-El Allam 等[125]评估了婴儿(分别为 6～13 月龄和 5～23 月龄)在处理携带不同气味的相同物体时的行为，其中一个与母亲的乳房有关。这些婴儿对携带他们此前熟悉气味的物体表现出更加积极的面部和身体反应。另一项研究[126]在 7～15 月龄的婴儿中引入陌生气味，以评估气味检测；在孩子与有气味或无气味的视觉/触觉相似吸引力玩具首次玩耍时进行连续录像，这些婴儿玩或咬不熟悉的有味玩具的时间更少，持续时间更短(与无气味玩具相比)，表明相对于所有其他高度吸引人的物体的特征，孩子会回避嗅觉相对陌生的物体。

从广义上说，熟悉的概念意味着，一个人认可此前曾遇到过，但不清楚确切的内容和接触的时间：我已经闻到了！相反，婴儿和儿童会对引入熟悉环境中的陌生气味有反应，这种情形在嗅觉发育研究中很少被探究。例如，有研究观测到在西方文化中，1.5～2 岁的幼儿离开母亲时，通常会携带软物(毯、衣服、绒球等)并将其作为建立安全感的基础[127,128]。但对此类依恋物体的使用远远超出了幼儿时期。最近在 6～10 岁法国儿童中进行的一项调查显示，96%的儿童拥有或仍然拥有一个此类物体，研究时发现 82%的儿童(6 岁时)和 52%的儿童(10 岁时)仍然喜欢这些物体，尤其是上面带有自己或是母亲气味的物体[129]。在这些儿童中，27%报告对洗涤后附着物体的气味变化有反应，有些是负向的，有些是正向的。在婴儿和幼儿中，此类依恋物体上不变的气味可能比在年长儿童中更重要，但是，许多行为科学家或临床医生已经认识到它们作为过渡对象[130]在管理母婴分离造成的障碍方面的重要性[5,128,131-133]。婴儿和儿童也很容易识别情绪唤起事件的情境嗅觉副作用，并根据情境的情绪性质，以负向或正向术语隐含标示(见下文)。当随后重新接触到这些气味线索时，他们可以重新回忆摄入气体时的情感状态[134,135]。

更为严格地说，熟悉的概念通常应用在准确命名一个对象、人或背景的能力方面，或在它们可能属于的类别方面(见上文)。大量研究试图评估不同年龄段儿童的气味识别和命名[104,110,112,113,117,119,136-139]。在这些研究中，识别气味的任务各不相同，通常是基于对准确名字的自由回忆，或者是基于从 4 或 5 个替代词语或图像选项中选出一个，以便于进行记忆。在这些条件下，幼儿的辨识和命名能力通常低于年长的儿童和成人，幼儿自己准确命名气味来源物体的能力通常也较低。当通过名称/图片语义开始儿童对气味的识别时，与成人的差异趋于减弱，表明气味识别记忆的早期限制可能取决于产生/记住气味与语言之间明确的联系[60]。

年龄的总体效果进一步与性别相互作用，女孩在气味识别和命名方面通常优于男孩。这种年龄与性别的交互作用常被解释为女性语言流畅性更优或气味相关语义知识更广泛，甚至从幼年开始就是如此[110,129]。但这种明显的性别偏倚可能来自于与明确或隐含的性别角色教育相关的既往文化因素。提示主动寻求对食物、人和环境的气味的意识和情感反应的自评问卷调查研究表明，在法国 6～10 岁儿童中女孩与男孩相比，确实更有气味导向倾向，特别是在与身体相关的日常生活领域、一般环境中的气味线索，以及实际上作为自我安慰的气味方面[129]。根据相同的问卷方法，在捷克和南非儿童中证实了性别偏倚[140]。

38.3.4　愉悦效价

在婴儿期和儿童期，基于气味的偏好会发生波动，直至它们趋于稳定并与周围的成人文化或多或少重叠。婴儿和儿童对气味的愉悦反应以及与成人偏好的一致性，一直(且仍然)是引发关于嗅觉偏好如何出现并保持长期稳定的理论争论的来源[1,83,141]。

早期研究报道了幼儿对成人排斥的气味的相对耐受性[141]。例如，根据匈牙利1个月至16岁受试者(住院)对香藜油、三甲胺或阿魏恶臭的行为反应或描述，Peto[142]明确指出5岁为气味兴奋评估的转折点；在该年龄之前，仅3%的受试者产生负向反应，而在该年龄以后，72%的受试者表示不满。在3~14岁年龄组[143]抽样的美国儿童中发现了对果味(乙酸异戊酯)、汗液和粪便气味的会聚模式：报道称3~4岁儿童发现所有的刺激都令人喜欢，而较大的儿童则从汗液和粪便气味中辨别出了果味，并明显排斥汗液和粪便气味。正如Peto和Stein等做出的心理服从分析，他们将结果解释为肛门期消退的知觉相关因素。使用更好的对照方法，Engen和Katz[144]后来发现，4岁和5~6岁期间对丁酸这一令人不悦气味的喜爱应答急剧下降，而对愉悦气味的喜爱程度则保持稳定。为了阐明对5岁左右儿童气味的爱好评估的这种明显转变，Engen[1]建议，在婴儿受到不熟悉的实验者提问的情况下，应引入与年龄相关非特异性应答偏倚，而不是用过多的心理分析解释来判定。他的研究表明，4岁时，美国儿童对嗅闻不悦气味回答肯定的频率高于否定，对"告诉我是否好闻/……难闻"这样的问题回答也一样。经过5~6岁后，这一趋势急剧下降，前几个问题的回答分别为"否"和"是"。因此，主导成人实验者的默认趋势可以最好地解释为什么较年幼的儿童报告对负向气味有正向反应。当记录面部对气味的反应时，也得出了类似的结论；仅仅是成人实验者向儿童参与者呈现气味刺激，就会使其愉悦、情绪的沟通发生了偏倚，女孩中的偏倚程度大于男孩[145](见下文)。

一项研究中美国或英国6岁以上儿童对一系列气味的舒适性进行评级，结果发现这些儿童的舒适性大致类似于成人[141,146]。但是，儿童对带有粪便味气味的不快程度低于成人[141]，表明在不同年龄以不同方式使用评定量表，或者通过相对判断(排序或成对比较)评估偏好更容易发生年龄相关变化[147]。最后，一项研究比较了来自魁北克、叙利亚和印度尼西亚文化背景的6~12岁儿童(仅男性)，他们对14种气味在愉悦量表上的得分分布从非常不愉悦到非常愉悦[148]。不同文化群体对最不排斥气味的回答一致(尽管组间存在差异)，而不同文化群体对最偏好气味的回答差别很大，反映出认可气味的地域性。因此，婴儿和儿童对愉悦和不愉悦气味的语言反应似乎不一样，与愉悦的刺激相比，不愉悦的刺激通常会引发更多的共识反应(新生儿已经注意到这一点)。

仅基于行为变量(无任何言语声明)的测量是否提供了关于气味偏好的更可靠的发展趋势？在上文提到Bloom[97]的研究中，将愉悦(薰衣草、乙酸异戊酯)和令人不快的气味(丁酸、二甲基二硫化物)喷在正在桌子上玩耍的1~2岁儿童面前。在这些条件下，他们的面部反应罕见，因为大多数气味喷雾无法有效引起隐藏观察者可检测到的应答。但是，当分析仅限于有效引发面部应答的刺激时，愉悦的气味触发的正性面部表情多于负性面部表情，而不适气味的触发结果与之相反。来自1岁和2岁儿童这些数据的愉悦顺序与成人评级的预测值一致，即从最愉悦至最不愉悦的顺序，薰衣草＞乙酸戊酯＞丁酸＞二甲基二硫化物。当给予 3 岁、4 岁和 5 岁的儿童这些相同的气味时，他们的面部反应产生的愉悦顺序相同。因此，至少对于这四种气味，1 岁和 2 岁儿童开始出现有序偏好，并稳定存在至 5 岁[97]。但更早之前，在 9 月龄时，美国婴儿对成人中的相同气味（分别使用水杨酸甲酯和丁酸）表现不同，或表现完全不同（矿物油）[89]。一些婴儿表现出可靠的面部愉悦表情，而其他人似乎忽略了有气味的物体。7 月龄和 21 月龄婴儿的类似测试结果更积极（据实验对象口腔反应衡量），而出生后第 1 周内，哺乳时婴儿对遇到气味的反应更消极[125]。最后，给出生后 8 月龄、12 月龄和 22 月龄的婴儿瓶装的 8 种气味物质（4 种喜欢，4 种不喜欢），根据实验记录，他们对不喜欢的气味物质（成人不喜欢）表现较大共识[91]。在 3 个年龄段，女孩和男孩的张口持续时间类似，气味难闻的瓶子比气味愉悦的瓶子张口持续时间短。根据该研究和早期的研究[19,76,125,149,150]，可以做出一个更加普遍的假设，对于成人观察者来说，婴儿负向反应的沟通价值似乎比正向反应更明确。

但是，回到评估气味偏好时行为反应是否比陈述更可靠的问题上，我们可以强调，这两种类型的反应均可受到实验社会背景的强烈偏倚。通过夸大或抑制面部反应的社会语境，可降低揭示婴儿或儿童愉悦体验的面部线索的准确度[145]。例如，与儿童自己进行气味刺激时相比，当一名不熟悉的成人提出气味刺激时，5～12 岁儿童对愉悦的气味反应更积极，而对令人不愉悦气味的反应没那么消极（女孩对社会环境的敏感性甚至高于男孩）。肌电图（EMG）技术是在体内或视频中检测面部反应时的一种高效的替代选择，即在任何视觉可检测的应答之前记录面部肌肉的电活动。EMG 技术已成功用于暴露于愉悦与不愉悦气味的 7 岁儿童测试中[151]。但是，EMG 反应还远未完全消除社会制约的影响[152]。

另一种评估嗅觉中愉悦过程的方法依赖于受试者将气味中的愉悦判断转化为视觉刺激的能力，可引起明显的效价判断。例如，在 Strickland 等[153]的研究中，3～5 岁的儿童吸入愉悦的对比气味物质，并做出二分类决定，用微笑来展示对比的愉悦反应。在这些情况下，宜人的（对成年人）苯甲醛和令人不快的二甲基二硫化物分别更多归类到微笑和哭闹的表情，但是 3 岁幼儿的归类与 4～5 岁的幼儿相比更不明确。在进一步的研究中，3 岁的儿童和成人须将 9 个气味瓶选送于美国儿童所熟知的电视节目《芝麻街》中两个角色中的一个，大鸟是最受欢迎的人物，而爱发牢骚的奥斯卡则是最不喜欢的人物[154]。两个年龄组在偏好模式上表现出总体一致性，尽管对于某些气味的喜好分配存在差异。这些研究证实，处于语言采集和教育边缘的幼儿可以有意识地接受和区分愉悦意义的气味刺激，并且在做出判断时与成人相对一致。

38.4　结论和展望

此处总结的研究明确确立了新生儿、婴儿和儿童参与、检测、区分和分类不同线索下嗅觉刺激的能力。最重要的是他们通过言语或非言语手段将嗅觉环境细分为熟悉/陌生和区分吸引/排斥刺激的能力。人类对这些早期偏好的感觉和心理维度仍知之甚少，但可以肯定的是，以前未受到不良影响的婴儿所闻到的任何微弱气味，都会比任何新的气味具有更高的增强值。然而，这项一般原则也有例外。例如，感觉特异性饱腹感、感觉错乱或烦闷效应可诱发对熟悉气味刺激的偶然厌恶[78,155,156]，甚至引发对陌生嗅觉的吸引。

其他例外是气味刺激(如雄烯酮),尽管出现在新生儿的发育环境中,仍然可能让新生儿保持相矛盾的厌恶[33],是不受经验影响(或影响极小)的化学感受特殊化(见文献[83]中的讨论)。但是,总体而言,对熟悉的气味会产生偏好(或较低的厌恶感)这一原则得到了大量验证,而且,在偏好领域以外,儿童的气味辨别、识别或分类能力也强烈依赖于其既往气味体验的广度和深度。暴露确实使我们熟悉了物体或背景的一些特征,可能增强了这些特征的知觉显著性,并增强了(有意识或无意识)感知其变化或分析跟踪它们的能力。

气味辨别和欣赏的发展差异肯定受多因素影响。可能涉及嗅觉运动和感觉变化,例如嗅觉取样能力的变化(2~3 岁后出现主动的、意向性嗅觉[5,157])或因嗅觉结构和过程的特性不同而产生的嗅觉灵敏度的变化。这种发育差异可能取决于整体或嗅觉特定的认知因素。扩大气味体验不仅可以在无须与语言能力联系的情况下增强与气味相关的语义储存,还可以增强口头标记气味刺激的能力[123,139,158-160]、更长的工作记忆间隔[136]或更好的认知记忆[139,161]。此外还经常引入随后的心理因素来解释早期的性别差异。年龄稍长的婴儿或儿童的气味辨别和偏好可以追溯至围产期[19,125,162]和出生前嗅觉暴露影响[163],或在敏感期间可能有助于编码气味的出生后窗口期[164]。在整个婴儿期和儿童期,都可以监测和稳定记录特定环境下的感觉线索。例如,5~10 岁时,成长在父母经常借酒浇愁家庭中的孩子与成长在父母仅是饮酒取乐的孩子相比,前者更不喜欢酒精相关的气味[165,166]。同样,母亲为了舒缓压力才吸烟的儿童比母亲因其他原因吸烟的儿童相比,更不喜欢烟草气味[167]。早期暴露于食物的情绪状态是另一种极为有效地获得持续性气味喜爱和不喜爱的情感环境[168]。总之,儿童依靠气味来区分与依恋对象有关的物体、人物或环境,或引发(负面或正面地)挑战性的情绪状况。

但是,有些气味可能是无条件的(即不需要直接暴露),从出生开始即具有吸引力或令人厌恶。迄今为止,常见于几种哺乳动物(兔[169];小鼠[170])中,但尚未在人类中出现(尽管有报道称从出生后,雄烯酮的气味就令人厌恶[33])。可以得出这样的假设,遗传和发育机制能特异影响这些哺乳动物在特定的气味配体、嗅觉受体和反应之间的功能循环。最近,有研究在不存在直接暴露的情况下,提出了小鼠选择性嗅觉反应的另一种非遗传方法[171],即训练雄鼠或雌鼠惧怕苯乙酮气味的反应,结果显示尽管小鼠的后代从未直接暴露于该气味,仍会对该气味产生最高持续两代的恐惧反应。该研究强调了父母辈或祖父母辈气味相关情绪体验带来的嗅觉系统(部分)结构的非预期途径。同时结合父母的受孕前经验,评估母亲妊娠在胎儿嗅觉形成中的作用。在未来几十年内,从祖代经验获得的这种感觉能力和偏好的跨代遗传证据可能会增加[172]。

基于几个基本的和应用的原因,加强对新生儿、婴儿期和儿童期嗅觉发育的系统研究非常重要。首先,此类研究可以阐述人体感知的生物、心理、环境和社会机制的一般问题:感知是如何随着时间顺序、生物成长和心理年龄变化而变化的?哪一种生理、心理或社会-文化过程可调节与气味相关的偏好和认知(有意识和无意识的注意、歧视、归类、记忆)变化?是否有特定的早期化学感受能力可由专门训练得来,以优化对早期过渡期(出生、断奶、青春期)的适应性反应?其次,一些罕见的发现表明,婴儿对特定气味的体验可能会导致终生知觉能力和随后态度的形成[162,163,168,173,174]。早期化学感受经历的长期效应与概念相关,例如敏感性时期、脑可塑性和记忆,同时也与早期食物喜好、成瘾习惯和亲和选择模式化相关。

总体而言，本章强调了研发方法对理解人类嗅觉机制和功能的重要性。在单学科研究中纵向整合人类个体发育过程中化学感受器官性能的生物、心理和环境决定因素，将对未来的研究计划构成有益的挑战。但应该设计研究嗅觉功能和运行的新方法，为此目的，应考虑 Köster、Møller 和 Mojet 的将研究方法转向更多生态学范式的建议[60]7：

……气味是……不一定要确定，但应该……提供者应该在安全和舒适的环境下，短暂出现且不引起注意，除非其未知、非预期或位置不当，否则我们可能需要花更多时间去研究气味相关的情绪效应和探索偶然习得的情境气味记忆，而不是在实验室条件下用瓶子或嗅觉仪中气味，研究气味对象是怎样通过气味-气味和气味-味觉知识形成和改变的。

致　谢

本章专以致敬 Gerald Turkewitz 教授，他是伟大的智慧启迪之源。本章的撰写受法国国家科研中心、法国国家科研署（"Colostrum"和"Milkodor"资助）、勃艮第产区委员会（PARI 资助）和欧洲共同体（FEDER 资助）的支持。

参 考 文 献

[1] T. Engen: Method and theory in the study of odor preferences. In: Human Responses to Environmental Odors, ed. by I.W. Johnson, D.G. Moulton, A. Türk (Academic Press, London 1974)

[2] T. Engen: The Perception of Odors (Academic Press, New York 1982)

[3] W.S. Cain, F. Johnson: Lability of odor pleasantness: Influence of mere exposure, Perception 7, 459-465 (1978)

[4] S. Delplanque, D. Grandjean, C. Chrea, L. Aymard, I. Cayeux, B. Le Calvé, M.I. Velazco, K.R. Scherer, D. Sander: Emotional processing of odors: Evidence for nonlinear relation between pleasantness and familiarity evaluations, Chem. Senses 33, 469-479 (2008)

[5] B. Schaal: Olfaction in infants and children: Developmental and functional perspectives, Chem. Senses 13, 145-190 (1988)

[6] B. Schaal, P. Orgeur, R. Rognon: Odor sensing in the human fetus: Anatomical, functional and chemo-ecological bases. In: Prenatal Development. A Psychobiological Perspective, ed. by J.P. Lecanuet, N.A. Krasnegor, W.A. Fifer, W. Smotherman (Lawrence Erlbaum, Hillsdale 1995)

[7] T. Humphrey: The development of the olfactory and the accessory formations in human embryos and fetuses, J. Com. Neurol. 73, 431-478 (1940)

[8] G. Macchi: The ontogenetic development of the olfactory telencephalon in man, J. Comp. Neurol. 95, 245-305 (1951)

[9] T. Humphrey: The development of the human amygdala during early embryonic life, J. Comp. Neurol. 132, 135-165 (1968)

[10] J.F. Schneider, F. Floemer: Maturation of olfactory bulbs: MR imaging findings, Am. J. Neuroradiol. 30, 1149-1152 (2009)

[11] M. Bartocci, J. Winberg, G. Papendieck, T. Mustica, G. Serra, H. Lagercrantz: Cerebral hemodynamic response to unpleasant odors in the preterm newborn measured by near-infrared spectroscopy, Pediatr. Res. 50, 324-330 (2001)

[12] W.P. Smotherman: Odor aversion learning by the rat fetus, Physiol. Behav. 29, 769-771 (1982)

[13] G. Stickrod, D.P. Kimble, W.P. Smotherman: In utero taste/odor aversion conditioning in the rat, Physiol. Behav. 28, 5-7 (1982)

[14] W.P. Smotherman, S.R. Robinson: Psychobiology of fetal experience in the rat. In: Perinatal Development. A Psychobiological Perspective, ed. by N.E. Krasnegor, E.M. Blass, M.A. Hofer, W.P. Smotherman (Academic Press, Orlando 1987)

[15] B. Schaal, P. Orgeur: Olfaction in utero: Can the rodent model be generalized?, Quart. J. Exp. Psychol. B. Comp. Physiol. Psychol. 44B, 245-278 (1992)

[16] G.J. Hauser, D. Chitayat, L. Berns, D. Braver, B. Muhlhauser: Peculiar odors in newborns and maternal prenatal ingestion of spicy foods, Eur.J. Pediatr. 144, 403 (1985)

[17] D.L. Nolte, F.D. Provenza, R. Callan, K.E. Panter: Garlic in the ovine fetal environment, Physiol. Behav. 52, 1091-1093 (1992)

[18] J.A. Mennella, A. Johnson, G.K. Beauchamp: Garlic ingestion by pregnant women alters the odor of amniotic fluid, Chem Senses 20, 207-209 (1995)

[19] J.A. Mennella, C.P. Jagnow, G.K. Beauchamp: Prenatal and postnatal flavor learning by human infants, Pediatrics 107, 1-6 (2001)

[20] B. Schaal: From amnion to colostrum to milk: Odour bridging in early developmental transitions. In: Prenatal Development of Postnatal Functions, ed. by B. Hopkins, S. Johnson (Praeger, Westport 2005)

[21] M. Desage, J.L. Brazier and B. Schaal, unpublished results

[22] B. Schaal, P. Orgeur, J.P. Lecanuet, P. Poindron, A. Locatelli: In utero nasal chemoreception: Preliminary experiments in the fetal sheep, C.R. Acad. Sci. Paris, (Série III) 313, 319-325 (1991)

[23] H.B. Sarnat: Olfactory reflexes in the newborn infant, J. Pediatr. 92, 624-626 (1978)

[24] S. Pihet, B. Schaal, A. Bullinger, D. Mellier: An investigation of olfactory responsiveness in premature newborns, Infant Behav. Dev. 19 (1), 676 (1996)

[25] S. Pihet, D. Mellier, A. Bullinger, B. Schaal: La compétence olfactive du nouveau-né prématuré: Une étude préliminaire. In: L'Odorat chezl'Enfant, Perspectives Croisées, ed. by B. Schaal (Presses Universitaires de France, Paris 1997)

[26] N. Goubet, C. Rattaz, V. Pierrat, V. Alléman, A. Bullinger, A. Lequien: Olfactory familiarisation and discrimination in preterm and full-term newborns, Infancy 3, 53-75 (2002)

[27] B. Schaal, L. Marlier, R. Soussignan: Neonatal responsiveness to the odour of amniotic fluid, Biol. Neonate 67, 397-406 (1995)

[28] B. Schaal, L. Marlier, R. Soussignan: Olfactory function in the human fetus: Evidence from selective neonatal responsiveness to the odor of amniotic fluid, Behav. Neurosci. 112, 1438-1449 (1998)

[29] B. Schaal, L. Marlier, R. Soussignan: Human foetuses learn odours from their pregnant mother's diet, Chem. Senses 25, 729-737 (2000)

[30] A.E. Faas, E.D. Sponton, P.R. Moya, J.C. Molina: Differential responsiveness to alcohol odor in human neonates. Effects of maternal consumption during gestation, Alcohol 22, 7-17 (2000)

[31] A.E. Faas, C.F. Resino, P.R. Moya: Neonatal responsiveness to the odor of amniotic fluid, Arch. Argent. Pediatr. 111, 105-109 (2013)

[32] P.G. Hepper: Human fetal 'olfactory' learning, Int. J. Prenatal Perinatal Psychol. Med. 7, 147-151 (1995)

[33] H. Loos, S. Doucet, R. Soussignan, C. Hartmann, K. Durand, R. Dittrich, P. Sagot, A. Buettner, B. Schaal: Responsiveness of human neonates to the odor of 5α-androst-16-en-3-one: A behavioral paradox?, Chem. Senses 39 (8), 693-703 (2014)

[34] W. Preyer: Die Seele des Kindes (Grieben, Leipzig 1882)

[35] J.S. Rosenblatt: Olfaction mediates developmental transitions in the altricial newborn of selected species of mammals, Dev. Psychobiol. 16, 347-375 (1983)

[36] J.R. Alberts: Early learning and ontogenetic adaptation. In: Perinatal Development. A Psychobiological Perspective, ed. by N.A. Krasnegor, E.M. Blass, M.A. Hofer, W.P. Smotherman (Academic Press, Orlando 1987) pp. 11-37

[37] A. Kussmaul: Untersuchungen über das Seelenleben des neugeborenen Menschen (Morer, Tübingen 1859)

[38] A. Garbini: Evoluzione del senso olfattivo nella infanzia, Arch. Antropolog. Etnolog. Firenze 26, 339-386 (1896)

[39] S. Canestrini: über das Seelenleben des Neugeborenen (Springer, Berlin 1913)

[40] T. Engen, L.P. Lipsitt, H. Kaye: Olfactory response and adaptation in the human neonate, J. Comp. Physiol. Psychol. 56, 73-77 (1963)

[41] P.A. Self, F.D. Horowitz, L.Y. Paden: Olfaction in newborn infants, Dev. Psychol. 7, 349-363 (1972)

[42] L.P. Lipsitt, T. Engen, H. Kaye: Developmental changes in the olfactory threshold of the neonate, Child Dev. 34, 371-376 (1963)

[43] A.W. Guillory, P.A. Self, P. Francis, L.Y. Paden: Odor perception in newborns, Annu. Meet. South-West. Psychol. Assoc. (San Antonio) (1979)

[44] A.W. Guillory, P.A. Self, P. Francis, L.Y. Paden: Habituation in studies of neonatal olfaction, Bienn. Meet. South-West. Soc. Res. Human Dev. (Lawrence) (1980)

[45] M. Bartocci, J. Winberg, C. Ruggiero, L.L. Bergqvist, G. Serra, H. Lagercrantz: Activation of olfactory cortex in newborn infants after odor stimulation: A functional near-infrared spectroscopy study, Pediatr. Res 48, 18-23 (2000)

[46] T. Engen, L.P. Lipsitt: Decrement and recovery of responses to olfactory stimuli in the human neonate, J. Comp. Physiol. Psychol. 59, 312-316 (1965)

[47] R. Soussignan, B. Schaal, L. Marlier, T. Jiang: Facial and autonomic responses to biological and artificial olfactory stimuli in human neonates: Reexamining early hedonic discrimination of odors, Physiol. Behav. 62, 745-758 (1997)

[48] C. Fusari, C. Pardelli: L'olfattometria elettroencefalografica nel lattante, Boll. Mal. Orechio Gola Naso 80, 719-734 (1962)

[49] K. Yasumatsu, S. Uchida, H. Sugano, T. Suzuki: The effect of the odour of mother's milk and orange on the spectral power of EEG in infants, J. UOEH 16, 71-83 (1994)

[50] S. Ayoama, T. Toshima, Y. Saito, N. Konishi, K. Motoshige, N. Ishikawa, K. Nakamura, M. Kobayashi: Maternal breast milk odour induces frontal lobe activation in neonates: A NIRS study, Early Hum. Dev. 86, 541-545 (2010)

[51] C.K. Rovee: Psychophysical scaling of olfactory response to the aliphatic alcohols in human neonates, J. Exp. Child Psychol. 7, 245-254 (1969)

[52] L.P. Lipsitt, C. Rovee-Collier: The psychophysics of olfaction in the human newborn: Habituation and cross-adaptation. In: Olfactory Cognition, ed. by G.M. Zucco, R. Herz, B. Schaal (John Benjamins, Amsterdam 2012)

[53] R.L. Doty, W.E. Brugger, P.C. Jurs, M.A. Orndorff, P.J. Snyder, L.D. Lowry: Intranasal trigeminal stimulation from odorous volatiles: Psychometric responses from anosmic and normal humans, Physiol. Behav. 20, 175-185 (1978)

[54] G. Von Békésy: Olfactory analogue to directional hearing, J. Appl. Physiol. 19, 369-373 (1964)

[55] G. Kobal, T. Van Toller, T. Hummel: Is there directional smelling?, Experientia 45, 130-132 (1989)

[56] J. Rieser, A. Yonas, K. Wilkner: Radial localization of odors by human newborns, Child Dev. 47, 856-859 (1976)

[57] C. Olko, G. Turkewitz: Cerebral asymmetry of emotion and its relationship to olfaction in infancy, Laterality 6, 29-37 (2001)

[58] J. Porter, B. Craven, R.M. Khan, S. Chang, I. Kang, B. Judewitz, J. Volpe, G. Settles, N. Sobel: Mechanisms of scent-tracking in humans, Nature Neurosci.10, 27-29 (2007)

[59] S. Delplanque, C. Chrea, K. Scherrer: Quelles émotions sont provoquées par les odeurs? Quels sont les mécanismes sous-jacents? Et comment peuton les mesurer? In: Odeurs et Emotions, ed. by B. Schaal, C. Ferdenzi, O. Wathelet (Editions Universitaires de Dijon, Dijon 2013) pp. 85-113

[60] E.P. Köster, P. Møller, J. Mojet: A misfit theory of spontaneous conscious odor perception (MITSCOP): Reflections on the role and function of odor memory in everyday life, Front. Psychol. 5, 64 (2014), doi:10.3389/fpsyg.2014.00064

[61] M.D. Rabin: Experience facilitates olfactory quality discrimination, Percept. Psychophys. 44, 532-540 (1988)

[62] A. Macfarlane: Olfaction in the development of social preferences in the human neonate, Ciba Found. Symp. 33, 103-113 (1975)

[63] B. Schaal, H. Montagner, E. Hertling, D. Bolzoni, R. Moyse, R. Quichon: Les stimulations olfactives dans les relations entre l'enfant et la mère, Reprod. Nutr. Dév. 20, 843-858 (1980)

[64] M. Delaunay-El Allam, L. Marlier, B. Schaal: Learning at the breast: Preference formation for an artificial scent and its attraction against the odor of maternal milk, Infant Behav. Dev. 29, 308-321 (2006)

[65] R.D. Balogh, R.H. Porter: Olfactory preferences resulting from mere exposure in human neonates, Infant Behav. Dev 9, 395-401 (1986)

[66] T. Kroner: Über Sinnesempfindungen des Neugeborenen, Dt. Med. Wochenschrift 8 (20), 282-283 (1882)

[67] S. Doucet, R. Soussignan, P. Sagot, B. Schaal: The 'smellscape' of the human mother's breast: Effects of odour masking and selective unmasking on neonatal arousal, oral and visual responses, Dev. Psychobiol. 49, 129-138 (2007)

[68] M. Schleidt, C. Genzel: The significance of mother's perfume for infants in the first weeks of their life, Ethol. Sociobiol. 11, 145-154 (1990)

[69] B. Schaal, K. Durand: The role of olfaction in human multisensory development. In: Multisensory Development, ed. by A. Bremner, D. Lewkowicz, C. Spence (Oxford University Press, Oxford 2012)

[70] O. Romantshik, R.H. Porter, V. Tillmann, H. Varendi: Preliminary evidence of a sensitive period for olfactory learning by human newborn, Acta Paediatr. 96, 372-376 (2007)

[71] M. Leon: Neuroethology of olfactory preference development, J. Neurobiol. 23, 1557-1573 (1992)

[72] F. Peterson, L.H. Rayney: The beginnings of mind in the newborn, Bull. Lying-In Hosp. NY City 7, 99-122 (1911)

[73] K.C. Pratt, A.K. Nelson, K.H. Sun: The behavior of the newborn infant, Ohio Sate University Studies, Contrib. Psychol. 10, 125-143 (1930)

[74] F. Stirnimann: Versuche über Geschmack und Geruch am ersten Lebenstag (S. Karger, Basel 1936)

[75] J.E. Steiner: Facial expressions of the neonate infant indicating the hedonics of food-related stimuli. In: Taste and Development. The Genesis of Sweet Preference, ed. by J.M. Weiffenbach (NIHDHEW, Bethesda 1977)

[76] J.E. Steiner: Human facial expressions in response to taste and smell stimulations, Adv. Child Dev. 13, 257-295 (1979)

[77] P. Ekman, W.V. Friesen: Facial Action Coding System (Consulting Psychologists, Palo Alto 1978)

[78] R. Soussignan, B. Schaal, L. Marlier: Olfactory alliesthesia in human neonates: Prandial state modulates facial and autonomic responses to milk odors, Dev. Psychobiol. 35, 3-14 (1999)

[79] R. Porter, J.W. Makin, L.B. Davis, K.M. Christensen: An assessment of the salient olfactory environment of formula-fed infants, Physiol. Behav. 50, 907-911 (1991)

[80] L. Marlier, B. Schaal: Human newborns prefer human milk: Conspecific milk odor is attractive without postnatal exposure, Child Dev. 76, 155-168 (2005)

[81] L. Marlier, B. Schaal: Familiarité et discrimination olfactive chez le nouveau-né: Influence différentielle du mode d'alimentation? In: L'Odorat chezl'Enfant, Perspectives Croisées, ed. by B. Schaal (Presses Universitaires de France, Paris 1997)

[82] B. Schaal: Mammary odor cues and pheromones: Mammalian infant-directed communication about maternal state, mammae, and milk, Vit. Horm. 83, 81-134 (2010)

[83] B. Schaal: Emerging chemosensory preferences: Another playground for the innate-acquired dichotomy in human cognition. In: Olfactory Cognition, ed. by G.M. Zucco, R. Herz, B. Schaal (John Benjamins, Amsterdam 2012)

[84] B. Schaal, S. Doucet, P. Sagot, E. Hertling, R. Soussignan: Human breast areolae as scent organs: Morphological data and possible involvement in maternal-neonatal co-adaptation, Dev. Psychobiol. 48, 100-110 (2006)

[85] S. Doucet, R. Soussignan, P. Sagot, B. Schaal: An overlooked aspect of the human breast: Areolar glands in relation with breastfeeding pattern, neonatal weight gain, and dynamics of lactation, Early Hum. Dev. 8, 119-128 (2012)

[86] S. Doucet, R. Soussignan, P. Sagot, B. Schaal: The secretion of areolar (Montgomery's) glands from lactating women elicits selective, unconditional responses in neonates, PLoS One 4, e7579 (2009)

[87] B. Schaal, S. Doucet, R. Soussignan, M. Rietdorf, G. Weibchen, W. Francke: The human breast as a scent organ: Exocrine structures, secretions, volatile components, and possible function in breastfeeding interactions. In: Chemical signals in vertebrates 11, ed. by J.L. Hurst, R.J. Beynon, S.C. Roberts, T.D. Wyatt (New York, Springer 2008)

[88] M. Konner: The Evolution of Childhood: Relationships, Emotion, Mind (Belknap Press-Harvard University Press, Cambridge 2010)

[89] H.J. Schmidt, G.K. Beauchamp: Adult-like hedonic responses to odors in 9-month-old infants, Chem. Senses 15, 634 (1990)

[90] H.J. Schmidt, G.K. Beauchamp: Sex differences in responsiveness to odors in 9-month-old infants, Chem. Senses 14, 744 (1989)

[91] S. Wagner, S. Issanchou, C. Chabanet, L. Marlier, B. Schaal, S. Monnery-Patris: Early hedonic responsiveness to food odours: A longitudinal study from 8 to 22 months, Flavour 2, 19 (2013)

[92] R.H. Porter, J.D. Moore: Human kin recognition by olfactory cues, Physiol. Behav. 27, 493-495 (1981)

[93] H. Verron, C. Gaultier: Processus olfactifs et structures relationnelles, Psychol. Franç. 21, 205-209 (1976)

[94] S.B. Olsson, J. Barnard, L. Turri: Olfaction and identification of unrelated individuals, J. Chem. Ecol. 32, 1635-1645 (2006)

[95] P. Mallet, B. Schaal: Rating and recognition of peer's personal odours in nine-year-old children: An exploratory study, J. General Psychol.125, 47-64 (1998)

[96] K. Durand, B. Schaal: Are young children knowledgeable about perfumes? Implications for social odour learning and preferences, 12th Meet. Chem. Sig. Vertebr. (Berlin) (2011)

[97] S.J. Bloom: Olfaction in Children One to Five Years of Age, Master Thesis (Brown University, Providence 1975)

[98] G.B. Rubin, J.W. Fagen, M.H. Carroll: Olfactory context and memory retrieval in 3-month-old infants, Infant Behav. Dev. 21, 641-658 (1998)

[99] M. Schroers, J. Prigot, J. Fagen: The effect of a salient odor context on memory retrieval in young infants, Infant Behav. Dev. 30, 685-689 (2007)

[100] C. Suss, S. Gaylord, J. Fagen: Odor as a contextual cue in memory reactivation in young infants, Inf. Behav. Dev. 35, 580-583 (2012)

[101] M. Kendal-Reed, S. Van Toller: Brain electrical activity mapping: An exploratory study of infant response to odours, Chem Senses 17, 765-777 (1992)

[102] T. Hummel, M. Bensafi, J. Nikolaus, M. Knecht, D.G. Laing, B. Schaal: Olfactory function in children assessed with psychophysical and electrophysiological techniques, Behav. Brain Res. 180,133-138 (2007)

[103] P. Dalton, J. Mennella, C. Maute, S. Castor, A. Silva-Garcia, J. Slotkin, C.R. Grindle, W. Parkes, E.A. Pribitkin, J.S. Reilly: Development of a test to evaluate olfactory function in a pediatric population, Laryngoscope 121, 1843-1850 (2011)

[104] R.L. Doty, P. Shaman, S.L. Applebaum, R. Giberson, L. Sikorski, L. Rosenberg: Smell identification ability: Changes with age, Science 226, 1441-1443 (1984)

[105] R.A. Richman, K. Wallace, P.R. Sheehe: Assessment of an abbreviated odorant identification task for children: A rapid screening device for schools and clinics, Acta Paediatr. 84, 434-437 (1995)

[106] R.A. Frank, M.F. Dulay, K.A. Niergarth, R.C. Gesteland:A comparison of the sniff magnitude test and the University of Pennsylvania Smell Identification Test in children and nonnative English speakers, Physiol. Behav. 81, 475-480 (2004)

[107] C. Chalouhi, P. Faulcon, C. Le Bihan, L. Hertz-Pannier, P. Bonfils, V. Abadie: Olfactory evaluation in children: Application to the CHARGE syndrome, Pediatrics 116, e81-e88 (2005)

[108] A.A. Sandford, T. Davidson, N. Herrera, P. Gilbert, A.E. Magit, K. Haug, D. Gutglass, C. Murphy: Olfactory dysfunction: A sequela of pediatric blunt head trauma, Int. J. Pediatr. Otolaryngol. 70,1015-1025 (2006)

[109] J.E. Armstrong, D.G. Laing, F.J. Wilkes, O.N. Laing: Olfactory function in Australian Aboriginal children and chronic otitis media, Chem. Senses 33, 503-507 (2008)

[110] S.M. Patris, C. Rouby, S. Nicklaus, S. Issanchou: Development of olfactory ability in children: Sensitivity and identification, Dev. Psychobiol. 51, 268-276 (2009)

[111] D.G. Laing, B. Schaal: Chemosensory function in infants and children. In: Management of Smell and Taste Disorders: A Practical Guide for Clinicians, ed. by A. Welge-Lüssen, T. Hummel (Thieme, Stuttgart 2012)

[112] W.S. Cain, J.C. Stevens, C. Nickou, A. Giles, I. Johnston, M.R. Garcia-Medina: Life-span development of odor identification, learning, and olfactory sensitivity, Perception 24, 1457-1472 (1995)

[113] R.A. de Wijk, W.S. Cain: Odor identification by name and by edibility: Life-span development and safety, Hum. Factors 36, 182-187 (1994)

[114] J.P. Lehrner, P. Walla, M. Laska, L. Deecke: Different forms of human memory: A developmental study, Neurosci. Lett. 272, 17-20 (1999)

[115] J.P. Lehrner, J. Gluck, M. Laska: Odor identification, consistency of label use, olfactory threshold and their relationships to odor memory over the human lifespan, Chem. Senses 24, 337-346 (1999)

[116] A.M. Thomas, F.S. Murray: Taste perception in young children, Food Technol. 2, 38-41 (1980)

[117] R.J. Stevenson, M. Mahmut, N. Sundqvist: Age-related changes in odor discrimination, Dev. Psychol. 43, 253-260 (2007)

[118] D. Valentin, L. Chanquoy: Olfactory categorization: A developmental study, J. Exp. Child Psychol. 113, 337-352 (2012), doi:10.1016/j.jecp.2012.05.007

[119] C. Rouby, G. Chevalier, B. Gautier, D. Dubois: Connaissance et reconnaissance d'une série olfactive chez l'enfant préscolaire. In: L'Odorat chez l'Enfant, Perspectives Croisées, ed. by B. Schaal (Presses Universitaires de France, Paris 1997)

[120] K. Durand, N. Goubet, D. McCall, B. Schaal: Seeing odors in color: Cross-modal associations in 5-to 10-year-old children, 16th Eur. Conf. Dev. Psychol. (Lausanne) (2013)

[121] N. Goubet, D. McCall, K. Durand, B. Schaal: Seeing odors in color: Cross-modal associations in 5-to 10-year-old children from two cultures, 23th Congr. Eur. Chemorecept. Org. (Dijon) (2014)

[122] C.K. Rovee-Collier, R.Y. Cohen, W. Shlapack: Life-span stability in olfactory sensitivity, Dev. Psychol.11, 311-318 (1975)

[123] M. Bensafi, F. Rinck, B. Schaal, C. Rouby: Verbal cues modulate hedonic perception of odors in 5-year-old children as well as in adults, Chem. Senses 32 (9), 855-862 (2007), doi:10.1093/chemse/bjm055

[124] J.A. Mennella, G.K. Beauchamp: Infants' exploration of scented toys: Effects of prior experience, Chem Senses 23, 11-17 (1998)

[125] M. Delaunay-El Allam, R. Soussignan, B. Patris, L. Marlier, B. Schaal: Long lasting memory for an odor acquired at mother's breast, Dev. Sci. 13, 849-863 (2010)

[126] K. Durand, G. Baudon, L. Freydefont, B. Schaal: Odorization of a novel object can influence infant's exploratory behavior in unexpected ways, Infant Behav. Dev. 31, 629-636 (2008)

[127] R.H. Passmann, I. Halonen: A developmental survey of young children's attachment to inanimate objects, J. Genet. Psychol. 134, 165-178 (1979)

[128] P.A. Mahalski: The incidence of attachment objects and oral habits at bedtime in two longitudinal samples of children aged 1.5-7 years, J. Child Psychol. Psychiatr. 24, 284-295 (1983)

[129] C. Ferdenzi, G. Coureaud, V. Camos, B. Schaal: Human awareness and uses of odor cues in everyday life: Results from a questionnaire study in children, Int. J. Behav. Dev. 32, 422-431 (2008)

[130] D.W. Winnicott: Transitional objects and transitional phenomena, Int. J. Psycho.-Anal. 34, 89-97 (1953)

[131] O. Stevenson: The first treasured possession, a study of the part played by specially loved objects and toys in the lives of certain children, Psychoanal. Stud. Child 9, 199-217 (1954)

[132] M. Schleidt, B. Hold: Human odor and identity. In: Olfaction and Endocrine Regulation, ed. by W. Breipohl (IRL Press, London 1982)

[133] M.J. Russell: Human olfactory communications. In: Chemical Signals in Vertebrates, Vol. 3, ed.by R.M. Siverstein, D. Müller-Schwarze (Plenum,New York 1983)

[134] G. Epple, R. Herz: Ambient odors associated to failure influence cognitive performance in children, Dev. Psychobiol. 35, 103-107 (1999)

[135] S. Chu: Olfactory conditioning of positive performance in humans, Chem. Senses 33, 65-71 (2008)

[136] K. Larjola, J. von Wright: Memory of odors: Developmental data, Percept. Motor Skills 42, 1138 (1976)

[137] R.A. Richman, E.M. Post, P.R. Sheehe, H.N. Wright: Olfactory performance during childhood: I. Development of an odorant identification test for children, J. Pediatr. 121, 908-911 (1992)

[138] C. Jehl, C. Murphy: Developmental effects on odor learning and memory in children, Ann. NY Acad.Sci. 855, 632-634 (1998)

[139] R.A. Frank, M. Brearton, K. Rybalsky, T. Cessna, S. Howe: Consistent flavor naming predicts recognition memory in children and young adults, Food Qual. Pref. 22, 173-178 (2011)

[140] T.K. Saxton, L.M. Novakova, R. Jash, A. Sandova, D. Plotena, J. Havlicek: Sex differences in olfactory behavior in Namibian and Czech children, Chem. Percept. 7 (3/4), 117-125 (2014), doi:10.1007/s12078-014-9172-5

[141] R.W. Moncrieff: Odour Preferences (Wiley, NewYork 1966)

[142] E. Peto: Contribution to the development of smell feeling, Br. J. Med. Psychol. 15, 314-320 (1936)

[143] M. Stein, P. Ottenberg, N. Roulet: A study of the development of olfactory preferences, Am. Med. Assoc. Arch. Neurol. Psychiatr. 80, 264-266 (1958)

[144] T. Engen, H.I. Katz: Odor Responses and Response Bias in Young Children (Brown University, Providence 1968)

[145] R. Soussignan, B. Schaal: Children's facial responsiveness to odors: Influences of hedonic valence of odor, gender, age and social presence, Dev. Psychol. 32, 367-379 (1996)

[146] H.H. Kniep, W.L. Morgan, P.T. Young: Studies in affective psychology. XI. Individual differences in affective reaction to odors, Am. J. Psychol. 43, 406-421 (1931)

[147] J.X. Guinard: Sensory and consumer testing with children, Trends Food Sci. Technol. 11, 273-283 (2001)

[148] B. Schaal, R. Soussignan, L. Marlier, F. Kontar, I.S. Karimah, R.E. Tremblay: Variability and invariants in early odor preferences: Comparative data from children belonging to three cultures, Chem. Senses 22, 212 (1996)

[149] G. Zeinstra, M. Koelen, D. Colindres, F. Kok, C. de Graaf: Facial expressions of school-aged children are good indicators of 'dislikes', but not of 'likes', Food Qual. Pref. 20, 620-624 (2009)

[150] D.A. Booth, S. Higgs, J. Schneider, I. Klinkenberg: Learned liking versus inborn delight. Can sweetness give sensual pleasure or is it just motivating?, Psychol. Sci. 21, 1656-1663 (2010)

[151] J.E. Armstrong, I. Hutchinson, D.G. Laing, A.L. Jinks: Facial electromyography: Responses of children to odours and taste stimuli, Chem. Senses 32 (6), 611-621 (2007), doi:10.1093/chemse/bjm029

[152] L. Jäncke, N. Kaufmann: Facial EMG responses to odors in solitude and with an audience, Chem. Senses 19, 99-111 (1994)

[153] M. Strickland, P. Jessee, E.E. Filsinger: A procedure for obtaining young children's reports of olfactory stimuli, Percept. Psychophys. 44, 379-382 (1988)

[154] H.J. Schmidt, G.K. Beauchamp: Adult-like odor preferences and aversions in 3-year-old children, Child Dev. 59, 1136-1143 (1988)

[155] J.A. Mennella, G.K. Beauchamp: Experience with a flavor in mother's milk modifies the infants acceptance of flavored cereal, Dev. Psychobiol. 35, 197-203 (1999)

[156] H. Hausner, S. Nicklaus, S. Issanchou, C. Møgaard, P. Møller: Breastfeeding facilitates acceptance of a novel dietary flavour compound, Clin. Nutr. 29, 141-148 (2010)

[157] J.A. Mennella, G.K. Beauchamp: Developmental changes in nasal airflow patterns, Acta Otolaryngol. 112, 1025-1031 (1992)

[158] T. Engen, E.A. Engen: Relationship between development of odor perception and language. In: L'Odorat chez l'Enfant, Perspectives Croisées, ed. by B. Schaal (Presses Universitaires de France, Paris 1997)

[159] J. Lumeng, M. Zuckerman, T. Cardinal, N. Kaciroti: The association between flavor labeling and flavor recall ability in children, Chem. Senses 30, 565-574 (2005)

[160] F. Rinck, M. Barkat-Defradas, A. Chakirian, P. Joussain, F. Bourgeat, C. Thévenet, C. Rouby, M. Bensafi: Ontogeny of odor liking during childhood and its relation to language development, Chem. Senses 36, 83-91 (2011)

[161] L. Hvastja, L. Zanuttini: Odour memory and odour hedonics in children, Perception 18, 391-396 (1989)

[162] R. Haller, C. Rummel, S. Henneberg, U. Pollmer, E.P. Köster: The effect of early experience with vanillin on food preference later in life, Chem. Senses 24, 465-467 (1999)

[163] P.G. Hepper, D.L. Wells, J.C. Dornan, C. Lynch: Long-term flavor recognition in humans with prenatal garlic experience, Dev. Psychobiol. 55 (5), 568-574 (2013), doi:10.1002/dev.21059

[164] J.A. Mennella, S.M. Castor: Sensitive period in flavor learning: Effects of duration of exposure to formula flavors on food likes during infancy, Clin.Nutr. 3, 1022-1025 (2012)

[165] J.A. Mennella, P.L. Garcia: Children's hedonic response to the smell of alcohol: Effects of parental drinking habits, Alcohol Clin. Exp. Res. 24, 1167-1171 (2000)

[166] J.A. Mennella, C.A. Forestell: Children's hedonic responses to the odors of alcoholic beverages: A window to emotions, Alcohol 42, 249-260 (2008)

[167] C.A. Forestell, J.A. Mennella: Children's hedonic judgment of cigarette smoke odor: Effect of parental smoking and maternal mood, Psychol. Addict. Behav. 19, 423-432 (2005)

[168] W.R. Batsell, A.S. Brown, M. Ansfield, G. Paschall:'You will eat all of that!' A retrospective analysis of forced consumption episodes, Appetite 38, 211-219 (2002)

[169] B. Schaal, G. Coureaud, D. Langlois, C. Ginies, E. Sémon, G. Perrier: Chemical and behavioural characterization of the mammary pheromone of the rabbit, Nature 424, 68-72 (2003)

[170] R. Hacquemand, G. Pourié, L. Jacquot, G. Brand:Postnatal exposure to synthetic predator odor (TMT) induces quantitative modification in fear-related behavior during adulthood without change in corticosterone level, Behav. Brain Res. 215, 58-62 (2010)

[171] G.B. Dias, K.J. Ressler: Parental olfactory experience influences behavior and neural structure in subsequent generations, Nature Neurosci. 17, 89-96 (2014)

[172] D.H. Ho, W.W. Burggren: Epigenetics and transgenerational transfer: A physiological perspective, J. Exp. Physiol. 213, 3-16 (2010)

[173] J.L. Garb, A.J. Stunkart: Taste aversion in man, Am. J. Psychiatr. 131, 1204-1207 (1974)

[174] J. Poncelet, F. Rinck, F. Bourgeat, B. Schaal, C. Rouby, M. Bensafi, T. Hummel: The effect of early experience on odor perception in humans: Psychological and physiological correlates, Behav. Brain Res. 208, 458-465 (2010)

第 39 章　嗅觉和进食行为

嗅觉在食物和味觉以及我们的饮食行为中起着重要作用。本章概述了该领域研究的现状，描述了嗅觉功能的子域（检测灵敏度、愉悦性；鼻前和鼻后气味暴露）与进食行为（食欲、食物选择、摄入）各方面之间的双向关系，并讨论了此类研究中遇到的困难。总的结果表明，代谢状态可能影响气味的感知，反之亦然，气味暴露可能影响食欲。通过气味线索的确定和预测食物类型，可使身体状态适应于预期食物的特定常量营养素成分。但是，这不会自动引发随后的特定食物摄入。进食行为是一种复杂的现象，不仅仅是单纯的喜欢或想要食物（由嗅觉线索诱导），还需要更多的研究来更好地理解其基础和相互作用机制，以便最终能够根据个体需求定制营养。

当进食或饮水时，我们所感知的味道是不同感觉的组合。整合了主要来自嗅觉和味觉的感受，以及来自鼻部和口腔的质感或口感和刺激。所有这些结合在一起，形成了食品或饮料的独特味道。因为味觉只包含五种主要的性质（甜味、咸味、酸味、苦味和鲜味），因此嗅觉在食物和味道的知觉以及我们的饮食行为中发挥着重要作用。此外，气味不仅在进食的消耗阶段（通过鼻腔嗅觉产生的味觉）起作用，而且通过调整食物的选择、进食量和增加食欲（即使在没有生理饥饿的情况下），表明鼻侧嗅觉也会影响我们的预期行为。一个日常的例子就是面包店的食物气味或新鲜面包气味足以让你感到饥饿，甚至会让你走进面包店购买一些面包。另一方面，当你感冒时，鼻子堵塞，由于嗅觉部分缺失，食物味道就不再那么好了，也不再能享受美食了。此外，早期暴露于母乳或配方奶中的挥发性调味品会影响我们在以后生活中的食物偏好[1]。

即便这显然是一个重要的研究领域，但迄今为止，还没有进行大量工作来探索（单独）气味对食物预期和消耗的影响。本章将概述该领域的研究现状。

与味觉不同，一般认为嗅觉难以归类为基本性质[2,3]。然而，从功能的角度上看，嗅觉可以区分食物相关气味和非食物的相关气味。虽然是否是食物可由文化确定[4]，并且可能会发生改变，但是一些行为研究表明，人类对食物和对非食物气味的反应不同。例如，人类对食物气味的识别比非食物气味更准确[5,6]。此外，从生态视角来看，将气味分类为食物或非食物类可能非常重要。反应速度通常被视为刺激生物相关性的测量指标：认为大脑优先考虑威胁刺激，以更快准备好做出抵抗或逃走行为[7-9]。这种快速应答不仅适用于负向刺激[7-11]，也适用于其他生物学相关刺激[12]。更重要的是，研究发现人体对食物气味（鱼和橘子）的反应比感知相似的非食物气味（脏袜子和玫瑰）更快、更准确，而不考虑气味的愉悦性[13]，表明食物气味包括在单独一类气味中，这对我们具有生态重要性。

39.1　代谢对气味感知的影响

从 20 世纪初开始,人们就对将能量平衡与嗅觉灵敏度相关联的尝试产生了极大的兴趣。事实上,在能量缺乏状态下食物的气味、信号传导更灵敏是一个直观且具吸引力的概念。然而,尽管自 1928 年第一项科学工作以来进行了许多研究,该假设仍存在一些争议[14]。在该研究中,通过使用 Zwaardemaker 嗅觉仪测定,Glaze 报道了 2 个禁食 5～10 天的受试者(包括他自己)在此期间对各种气味灵敏度增加的情况。另外一项试验中,受试者在饭前对气味的灵敏度高于饭后,再现了这一结果[14]。同时,约 20 年后,Goetz等使用喷吹技术的研究支持此类观点,并显示嗅觉灵敏度的昼夜变化与进食相关:进食前一段时期内嗅觉灵敏度增加,进食后一段时期内嗅觉灵敏度降低[15,16]。但是,同一时间,Janowitz 等使用相同的方法,未能发现一天中时间或午餐能对气味(识别)阈值产生任何影响[17]。此后,文献报道了更多的不同结果,从饥饿时的嗅觉灵敏度增加[18-21]到嗅觉灵敏度无变化[22-27],甚至午餐后嗅觉灵敏度也有增加[28]。无法直接对这些研究进行相互比较,因为它们使用了不同的测量技术(嗅觉仪、喷吹技术、嗅觉跟随记忆、持续刺激方法)、不同的气味(包括食物和非食物:咖啡、柠檬酸盐、丁醇、乙酸异戊酯等)、不同的禁食持续时间(范围从午餐后数小时至 3 个月)和不同类型的膳食(可能引起感官特定饱腹感,见后文)。在经历了一段沉寂后,近年来有关该主题的研究活动再次引起了关注。尽管这些研究使用的部分方法相似(正丁醇的嗅棒检测阈值[29]),食物和非食物气味均有考虑,但是得出的结果却相互矛盾[30-32]。

前面提到的文献中结果的不一致,可视为影响程度或相关性的反映:饥饿对嗅觉灵敏度的影响可能较小,对检测和随后摄入食物或调节人类能量摄入可能不太重要。

尽管饥饿或饱腹感对嗅觉灵敏度的影响尚待确定,但食物摄入对气味愉悦感的影响更为明显。B.J. Rolls 和 E.T. Rolls 于 1981 年首次提出了"感官特定饱腹感"这一术语[33],并将其描述为

相对于进餐后食用的其他食物,一种食物进食至饱腹感时,该食物产生的愉悦感降低,且对该食物的需求量减少。

这种现象可能不是由后遗效应驱使的,而更多地是由诸如食物的感官特性等外部因素造成的。因为人类是杂食性动物,所以我们需要多样化的饮食。通常,膳食的感官特征(味道、气味)反映了其主要营养素含量[34,35]。如前所述,感官特定饱腹感的定义不仅包括食物摄入量的变化,还包括食物的愉悦性及其感觉信号的变化。例如,随意食用香蕉后,香蕉以及香蕉气味的愉悦感评分显著低于其他气味的愉悦感;鸡肉也出现相同的结果[36]。同样,在摄入含香蕉的早餐后,发现乙酸异戊酯(香蕉气味)而非正丁醇的愉悦感降低[30]。此外,在与奖励处理相关的大脑区域中可显示这些感官特定饱腹感的影响:通过功能磁共振成像(fMRI),已证实在进食饱腹感食物的刺激下,眶额皮层中的活性降低[37]。

在感官特定饱腹感中发生的愉悦感变化不应与感觉异常混淆，即给定刺激的愉悦感或奖励价值取决于受试者的内部状态[38]，这是一种更普遍的效应。几项研究表明，进食后，食物气味的愉悦感下降（感觉减退），而非食物气味的愉悦感保持稳定[39-41]。此外，高能量密度食物气味的这种效应更明显；饱食时脂肪性食物气味对食欲和喜好的降低比非脂肪性食物气味更大[40,41]。

总而言之，代谢状态似乎主要影响对气味的喜好评估，并且似乎具有摄取特异性，即感官特定饱腹感，因此可以指导我们的饮食行为，以适应营养摄入的变化。饥饿对嗅觉灵敏度的影响可能较小，对调节能量平衡无重要意义。另一方面，气味暴露可对食物偏好形成和饮食行为调节产生深远影响，这将在下一节阐述。

39.2　气味暴露的预期影响

尽管代谢状况可影响嗅觉感知，反之亦然。存在食物的情况下，任何摄入之前均能感觉到嗅觉（和视觉）线索，并可能引起预期的头期反应，为身体摄取和消化食物做准备（详细的嗅觉与食欲激素之间关系，见文献[42]）。

认为愉悦或喜爱在食物选择和偏好中发挥重要作用，如果气味暴露影响（食物）愉悦感，则预计气味也能以相似方式调节食欲、食物偏好和饮食行为。B.J. Rolls 和 E.T. Rolls 在报道中不仅描述了感官特定饱腹感，还描述了（部分）香味特定饱腹感；与其他（食物）气味的愉悦感相比，气味的愉悦感在嗅闻该气味一段时间后降低（大约进餐期间在口腔中停留 5 分钟）。气味的强度未改变，表明这不是外周感觉适应的作用[36]。尽管没有评估患者对所讨论的特定食物的需求或食欲，但对后续的研究进行了评估。然而，大多数关于食物线索反应的研究都集中在食物的视觉线索[44,45]，或嗅觉和视觉刺激的结合[46-48]中。食物线索暴露似乎会导致食欲增加或特别是对线索食物的需求增加[43-49]，在仅考虑到气味的几项研究中也观察到相似的作用[43,49]。这一现象被称为感觉特定食欲，即线索/气味暴露对相同食欲的特定影响。此外，这种效应似乎会泄露给其他具有共同最高特性的相似食物，如味觉类别。例如，暴露于香蕉气味后，不仅对香蕉的特定食欲增幅最大，而且也会刺激人们对其他甜食的食欲，如巧克力方块蛋糕。此外，暴露于食物气味不仅增加了对相同食物的食欲，也降低了对不一致食物的食欲（如暴露于香蕉气味后，对土豆汤的食欲；图 39.1）[43]。

因此，食物气味传播含有相关食物营养成分的信息[35]，引发头期反应，帮助身体准备摄取和消化该特定食物/常量营养素，使食用与线索食物差别很大的食物令人不悦[43]。但气味暴露对一般食欲或饥饿感的影响尚不清楚，这也许并不奇怪。一些研究表明，气味暴露期间，饥饿感增加[43,46]，而另一些研究发现，受试者食欲下降，在闻到食物气味后饱腹感增强[50]。

同样，气味暴露对后续食物选择和偏好的影响也不一致；一些研究表明，在随后的自助食物期间，暴露于有水果气味（柑橘、梨）的环境中增加了对相同食物的选择概率[51,52]，而对于其他气味，未发现这种暴露效应，也未使用不同的方法测量食物偏好[51,53,54]。

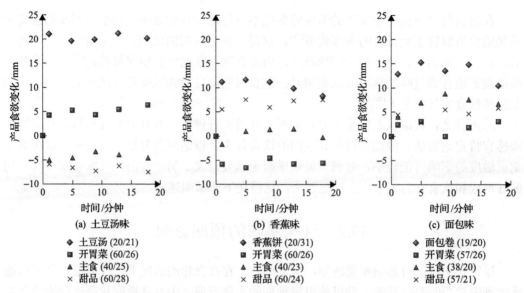

图 39.1　暴露于土豆汤味(a)、香蕉味(b)和面包味(c)期间，使用 100mm VAS
(视觉模拟量表)测量的特定气味和特定类别食物的食欲平均变化[43]

括号中的数字代表(观察次数/平均 s.d.)

　　总之，气味对进食行为具有预期功能，能够产生食欲，特别是对线索食物的食欲，
但不能持续增加整体食欲。气味暴露对愉悦性评级的影响可能归因于不同的潜在机制，
包括感觉刺激并导致一种习惯形式。食物线索和食欲随后如何影响进食行为(食物选择和
实际摄入量都可能依赖于更多的认知推理)仍有待研究。

39.3　消　　耗

　　迄今为止描述的研究主要使用主观评级法研究对食物(气味)的行为反应[36,43,48,55]。虽
然主观的饥饿感和食欲评定经常预测食物摄入量[56]，但是不能直接外推；人们表示他们
想吃的食物类型和数量并不一定等于他们最终吃掉这些食物[57-60]。事实上，文献报道展
示了进食(食欲评定，偏好)和实际食物摄入量之间的差异，导致了线索暴露对后续食物
摄入的影响，所得结果相互矛盾，分别为增加[44,46,49,61-64]、降低[46,61,65]或无影响[48,54,64,66]。
当将焦点明确限制为作为食物线索的气味时，结果仍然不一致。Fedoroff 等[62]以及最近
Larsen 等[64]的研究显示了气味暴露后，线索的食物摄入量增加，但令人惊讶的是，这种
增加仅分别针对进食受限或低冲动性参与者。另一方面，Coelho 等[65]发现暴露于巧克力
饼干气味会导致受限人群进食量下降，但不受限人群未受影响。最后，Zoon 等[54]观察到
暴露于指示不同类型食物(高能量密度和低能量密度)气味与非食物对照气味后，无论总
食物摄入量，还是与气味线索一致的特定食物的摄入量均无差异。这些结果表明，进食
行为、实际消耗的研究并非易事，个人性格和个体特质可产生较大影响。其他内部因素，
如饥饿或饱腹感[54,67-69]，也包括体重状态[46,54]，对气味线索的关注或察觉[64]以及气味线
索与所摄取食物之间的相似性(一般与特定[43,49,65])可影响研究结果。尽管有报道一般饥

饿或对特定食物的需求，但不应将其作为受试者准备食用这些食物的直接指标。实际食物的选择和摄入量受多种因素的影响，而不仅是喜欢或想要食物；尽管气味暴露诱发了食欲，情境背景、认知评估或专注于如健康或体重顾虑的长期目标仍可影响当前的饮食行为。

之前所述的大多数研究都是针对实验性干预的短期效应，以研究嗅觉对进食行为的影响。如果嗅觉确实在我们日常生活的饮食选择中发挥了重要作用，这可能会产生长期影响，例如体重和 BMI（体重指数）的变化。此外，进食障碍（神经性厌食症或暴食症）患者可能表现出化学感受功能改变；或者，发生嗅觉功能障碍（老年患者、嗅觉丧失症）的特定亚组可能显示食物偏好和摄入量差异。可以认为，嗅觉功能下降可能导致食物摄入量减少（通过负向影响食物愉悦产生），或食物摄入量增加（为获得相似的感觉体验）。早期，Thompson 等[70]报道了体重正常和肥胖的受试者对嗅觉刺激的强度评分或快乐反应无差异，而随后对（病态）肥胖成人和儿童进行的研究显示嗅觉功能受损，且更可能出现嗅觉丧失[71,72]。Boesveldt 等在美国一个大型全国性老年人样本中检查了嗅觉功能与 BMI 之间的相关性，发现较高 BMI 与较高的气味识别任务评分相关[6]。然而，这只是一项横断面研究，从这项研究中很难得出关于因果关系或结果的结论，也无法得出该效应是否由相关的基础代谢过程介导的结论。此外，体重状态或 BMI 是进食行为的粗略、近端指标，可能不受嗅觉（dys）功能的直接影响。例如，一些研究表明，嗅觉下降与食欲不振、对食物相关活动的兴趣降低或食物偏好和饮食模式改变有关[73-78]，但并不一定与低能量摄入或低 BMI 有关[73,74,76]。此外，研究表明嗅觉功能（丧失）与喜欢（味道增强）食物[79,80]或感官特定饱腹感程度（通过测定愉悦性[81]或摄入量[36]的变化测量）之间没有相关性，表明嗅觉性能的变化可以但不会自动导致饮食模式改变。因此，当嗅觉丧失时，为了补偿嗅觉损失，食物刺激的愉悦性会根据其余可用的感觉属性（视觉线索或味觉）来判断，但是也可能基于食物概念，借助此前获得的愉悦性心理意象，来判断食物刺激的愉悦性[80,82,83]。

患有神经性厌食症或暴食症的患者表现出了进食行为紊乱，然而，尚不清楚是否与他们的化学感受知觉，即其嗅觉的改变有关。几项研究显示，厌食症患者的嗅觉测试评分低于健康的正常体重者，但在不同的嗅觉功能的子测试中，这种模式并不一致。Schreder 等[84]，Roessner 等[85]和 Dazzi 等[86]发现嗅觉辨别分数降低，而 Rapps 等[87]和 Schreder 等[84]发现气味识别的评分较低，Roessner 等[85]发现厌食症患者的嗅觉灵敏度降低。针对暴食症患者的研究较少[86,88]，但也未显示与嗅觉功能有明确相关性。患者的异质性（年龄、体重）和样本量较小似乎导致了这些研究结果的差异性。然而，更重要的是，与正常健康受试者一样，嗅觉对进食行为的影响可能并非基于（改变）嗅觉灵敏度或知觉，而是通过（食物）气味刺激的愉悦度评价，导致奖励反应差异，随后可能改变进食行为。

39.4　鼻腔气味对进食行为的影响

如前所述，嗅觉通过改变食欲和偏好，对我们的饮食行为具有重要作用。然而，气味不仅有助于进食的预期阶段，而且认为鼻腔嗅觉是进食过程中味觉的基本部分。通过咀嚼、口腔分解食物和吞咽，挥发性分子释放到口腔中，在呼气过程中通过鼻咽部，随后刺激鼻内嗅上皮上的受体[89]。与鼻正侧位的嗅觉相同，信号随后通过颅神经Ⅰ传递至嗅球，再从那里传递到梨状皮层和眶额皮层及其他结构中[90]。不同于用于识别外部环境对象的鼻嗅，鼻后气味指的是体内对象，因此主要与食物相关[91,92]。

　　针对鼻后气味和进食行为领域的研究显著少于鼻嗅，最可能的原因是刺激呈递的困难性。通常，进食期间鼻后气味的释放程度似乎是人的生理特征，并依赖于食物的物理结构[93]。对于在实验环境中经鼻腔给药的气味，必须经鼻将导管插入口腔后部，以便将气味物质输送到鼻咽[94](图39.2)。

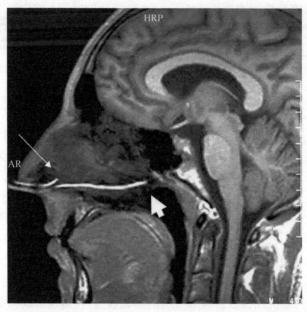

图 39.2　将用于鼻前和鼻后刺激报告的导管插入鼻腔后，对受试者头部进行磁共振成像(MRI)
两个导管的远端位于咽上(白箭头)，其他管末端位于鼻腔窦(细白箭头)；对于 MRI 扫描，管中已填充造影剂[94]

　　研究发现，表现出的鼻后气味刺激增加了口中液体(牛奶)的稠度和奶油味的强度[96]。由此可以推断，可使用增强的鼻后气味刺激来诱导进食期间的饱腹感，并最终导致食物摄入量减少。实际上，Ruijschop 等[97]表明，如果受试者在食用(甜)牛奶期间受到较长的鼻后气味特征刺激，则受试者饱腹感显著增加，进食相同(甜)食物的欲望降低。但是，在该研究中，鼻后气味暴露对随后的牛奶摄入没有影响，而随后的一项研究明确显示，与其他较低浓度或较短暴露持续时间的状况相比，受试者暴露于较高的鼻后状态时，食物摄入减少了 9%[98]。这些结果表明，通过浓度和暴露时间释放的鼻后气味的变化可能影响饱腹感和食物摄入量，但并非在所有情况下或适用于所有参与者。如前所述，由于口腔处理、流涎或进食速度的差异，受试者的鼻后气味程度不同[99,100]，这可能是造成饱腹感和摄入差异的原因。例如，正常体重和肥胖受试者之间唾液的微生物群组成可能不同，并可能影响食物中挥发物的鼻后释放[100]，改变其知觉，随后可导致饮食行为的改变。口中食物的感官暴露时间较长与食物摄入量低一致；进食时的感觉信号与代谢后果相关，需要时间告知大脑和胃肠道营养物质的流入[95,101](图39.3)。

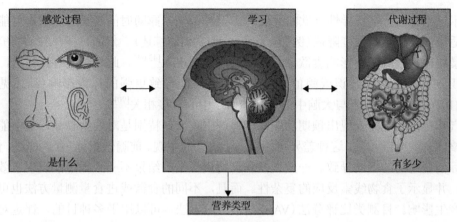

图 39.3　影响进食行为的因素[95]

进食速度与随意摄入呈正相关；流体食物的摄入速度通常快于固体食物[102]，各种液体食物和固体食物之间的鼻后气味释放持续时间也不同[97]。事实上，在受控的实验室环境中，较高的鼻后气味强度导致撕咬幅度明显较小[103]。相应地，更长或更高的鼻后气味释放可帮助人体将来自食物的感觉信号与它们的代谢结果联系起来，从而可能减少能量消耗并最终减轻体重。尽管如此，Zijlstra 等[104]未能在研究中证实这一观点，未观察到正常体重和超重受试者之间鼻后气味物释放、自由摄取或进食速率的明显差异，也未观察到进食行为与鼻后气味物释放程度之间的关联。

与鼻腔暴露相似，鼻后气味的影响似乎主要在主观领域；其中鼻腔气味影响食物的愉悦度评价和特定食欲，但其对实际食物摄入量的影响仍有限，鼻后暴露同样能够改变饱腹感的主观感觉，但不会自动导致食物消耗减少。

39.5　方法学考量

从早期提供的信息可以看出，结合嗅觉和进食行为是一个引人注目的研究领域，在这个领域还有许多工作要做，以便理解它们之间的复杂关系。尽管从直觉上吸引人的是，气味可影响食欲和食物摄取，反之亦然，代谢状态可影响嗅觉，但试验研究的结果有时并不一致。可以理解的是，方法的因素可能是部分原因；下一步将讨论嗅觉或饮食行为研究中常见的少数因素。

由于难以将气味归类为基本性质，其主要知觉维度是效价或愉悦性[105,106]（有关气味效价感受的更多信息，请参阅第 34 章）。不仅是愉悦感，气味浓度也会在其引起的反应中发挥作用。进食行为研究中使用的大多数气味与食物相关或具有可食性，通常喜欢程度较高[5,6]，从而限制了愉悦感的可能作用。尽管如此，气味线索的适口性可能取决于它所代表的食物类别，甜味/咸味或高/低热量食物，与无脂食物气味相比，食欲和对脂肪食物气味的喜爱似乎更容易发生内部状态的变化[40,41]。

此外，气味的感觉和知觉部分取决于嗅觉行为[107]。主动嗅觉可能导致鼻内挥发性分子的浓度升高，对气味的察觉能力更强，因此可能影响研究的(程度)结果。但是，Ramaekers 等使用相似的程序进行研究，除了气味呈现方式、主动嗅觉或被动环境暴露，并显示这不影响感觉特异性食欲的发展[43]。另外，当暴露随时间延长增加时，可能发生气味适应，导致感知强度降低（例如，参阅文献[108]的综述）。然而，在单独的研究中，气味暴露的持续时间不影响食欲评级或随后的食物摄入[43,64]。此外，已有人提出，与我们意识到的相比，下意识或阈值下的气味暴露可能导致更强的行为影响（综述见文献[109,110]），可能是由于与大脑中的记忆和情绪中心直接相关[90]。

气味对进食行为表现出预期功能；能够产生食欲，特别是对线索食品，但不能持续增加整体食欲或摄入量。这种差异可能是由于进食的主观、前瞻性指标（食欲评级、偏好）与实际消耗之间的不同导致。一般食欲和食物摄入量的结果不一致很可能反映了效应量较小，并显示了食物线索反应的复杂性。而且，不同的食欲或进食量测量方法也可能对结果产生影响。目测类比评分法（VAS）是常用的方法，可以用于多种目的，评定对气味的喜欢程度、对物品的喜欢程度、总体食欲、饥饿程度、预期消耗、饮食欲望、对特定产品的食欲等[43,46,50,111]。参与者有时难以区分与不同的基本结构（喜欢和愉悦相对欲望和食欲[112]）相关的各种问题，显然这可能产生不同的结果或解释。当应用食物偏好工作时，应该同样谨慎，在该工作中，参与者必须在列出的两种食品中选择，并指出在该特定时刻最希望吃的食品；对一种食品的偏好可能意味着拒绝另一种食品。

最后，当研究食物线索反应性时，重要的是要考虑个人特征，如限制进食、冲动或体重状态和体内状态[46,62,64,67,68,113]，这可能影响人们对食物气味的反应方式或大小。此外，研究嗅觉系统对进食行为的（细微）影响需要对实验条件进行严格控制，在动物研究中更容易实现，并且可以解释人体研究中有时较小或相互矛盾的结果。

39.6 结 论

尽管嗅觉对食物和味觉来说显然至关重要，并且观察性证据和个人经验表明气味暴露对食物的预期和食用具有重要作用，但实验数据有限，有时还不一致。代谢状态似乎主要影响对气味的愉悦评价，而不是灵敏度，并且似乎具有摄取特异性，即感官特定饱腹感，从而可以指导我们的饮食行为，使其对营养摄入的变化有反应。反过来也是如此，气味对进食行为具有预期功能，能够产生食欲，特别是对线索食物。食物线索和食欲如何影响随后的饮食行为、实际食用情况仍有待探索，可能受更多因素的影响，而不是食物的喜好（由气味暴露诱导）。然而，气味不仅有助于进食的预期阶段，还被认为是食物食用过程中鼻后嗅觉的基础部分。与鼻前气味暴露相似，鼻后气味的影响似乎主要在主观领域，能够改变饱腹感的主观感受，但不会自动导致进食减少。

嗅觉与进食行为之间的关系是复杂的，不仅仅是普通的喜欢或希望通过气味线索获得食物，还需要更多的研究来更好地理解潜在的和相互作用的机制，以最终指导人们向更好的饮食模式转变。

参 考 文 献

[1] G.K. Beauchamp, J.A. Mennella: Flavor perception in human infants: Development and functional significance, Digestion 83(Suppl 1), 1-6(2011)

[2] J.B. Castro, A. Ramanathan, C.S. Chennubhotla: Categorical dimensions of human odor descriptor space revealed by non-negative matrix factorization, PLoS One 8 (9), e73289 (2013)

[3] K. Kaeppler, F. Mueller: Odor classification: A review of factors influencing perception-based odor arrangements, Chem. Sens. 38 (3), 189-209 (2013)

[4] S. Ayabe-Kanamura, I. Schicker, M. Laska, R. Hudson, H. Distel, T. Kobayakawa, S. Saito: Differences in perception of everyday odors: A Japanese-German cross-cultural study, Chem. Sens. 23 (1), 31-38 (1998)

[5] A. Fusari, S. Ballesteros: Identification of odors of edible and nonedible stimuli as affected by age and gender, Behav. Res. Methods 40 (3), 752-759 (2008)

[6] S. Boesveldt, S.T. Lindau, M.K. McClintock, T. Hummel, J.N. Lundstrom: Gustatory and olfactory dysfunction in older adults: A national probability study, Rhinology 49 (3), 324-330 (2011)

[7] C.H. Hansen, R.D. Hansen: Finding the face in the crowd: An anger superiority effect, J. Pers. Soc. Psychol. 54 (6), 917-924 (1988)

[8] A. Ohman, A. Flykt, F. Esteves: Emotion drives attention: Detecting the snake in the grass, J. Exp. Psychol. Gen. 130 (3), 466-478 (2001)

[9] S. Mineka, A. Ohman: Phobias and preparedness: The selective, automatic, and encapsulated nature of fear, Biol. Psychiatry 52 (10), 927-937 (2002)

[10] M. Bensafi, C. Rouby, V. Farget, M. Vigouroux, A. Holley: Asymmetry of pleasant vs. unpleasant odor processing during affective judgment in humans, Neurosci. Lett. 328 (3), 309-313 (2002)

[11] T.J. Jacob, L. Wang: A new method for measuring reaction times for odour detection at iso-intensity: Comparison between an unpleasant and pleasant odour, Physiol. Behav. 87 (3), 500-505 (2006)

[12] J.N. Lundstrom, M.J. Olsson, B. Schaal, T. Hummel: A putative social chemosignal elicits faster cortical responses than perceptually similar odorants, Neuroimage 30 (4), 1340-1346 (2006)

[13] S. Boesveldt, J. Frasnelli, A.R. Gordon, J.N. Lundstrom: The fish is bad: Negative food odors elicit faster and more accurate reactions than other odors, Biol. Psychol. 84, 313-317 (2010)

[14] J.A. Glaze: Sensitivity to odors and other phenomena during a fast, Am. J. Psychol. 40 (4), 569-575 (1928)

[15] F.R. Goetzl, F. Stone: Diurnal variations in acuity of olfaction and food intake, Gastroenterology 9 (4), 444-453 (1947)

[16] F.R. Goetzl, M.S. Abel, A.J. Ahokas: Occurrence in normal individuals of diurnal variations in olfactory acuity, J. Appl. Physiol. 2 (10), 553-562 (1950)

[17] H.D. Janowitz, M.I. Grossman: Gustoolfactory thresholds in relation to appetite and hunger sensations, J. Appl. Physiol. 2 (4), 217-222 (1949)

[18] F.J. Hammer: The relation of odor, taste and flicker-fusion thresholds to food intake, J. Comp. Physiol. Psychol. 44 (5), 403-411 (1951)

[19] R.A. Schneider, S. Wolf: Olfactory perception thresholds for citral utilizing a new type olfactorium, J. Appl. Physiol. 8 (3), 337-342 (1955)

[20] A.A. Guild: Olfactory acuity in normal and obese human subjects: Diurnal variations and the effect of d-amphetamine sulphate, J. Laryngol. Otol. 70 (7), 408-414 (1956)

[21] G. Kittel, U. Reitberger: Changing effects of olfactory nerve threshold and food intake, Arch. Klin. Exp. Ohren Nasen Kehlkopfheilkd. 196 (2), 381-384 (1970), in German

[22] K. Zilstorff-Pederson: Olfactory threshold determinations in relation to food intake, Acta Otolaryngol. 45 (1), 86-90 (1955)

[23] E. Furchtgott, M.P. Friedman: The effects of hunger on taste and odor RLs, J. Comp. Physiol. Psychol. 53, 576-581 (1960)

[24] P. Turner: Smell threshold as a test of central nervous function, Acta Otolaryngol. 62 (2), 146-156 (1966)

[25] E. Crumpton, D.B. Wine, E.J. Drenick: Effect of prolonged fasting on olfactory threshold, Psychol. Rep. 21 (2), 692 (1967)

[26] R. Fikentscher, S. Kielwagen, I. Laukner, B. Roseburg: Kurzzeitige Schwankungen der Geruchsund Geschmacksempfindlichkeit des Menschen, Wiss. Z. Univ. Halle 26, 93-98 (1977)

[27] H.S. Koelega: Diurnal variations in olfactory sensitivity and the relationship to food intake, Percept. Mot. Skills 78(1), 215-226(1994)

[28] H.W. Berg, R.M. Pangborn, E.B. Roessler, A.D. Webb: Influence of hunger on olfactory acuity, Nature 197, 108(1963)

[29] T. Hummel, G. Kobal, H. Gudziol, A. Mackay-Sim: Normative data for the "Sniffin' Sticks" including tests of odor identification, odor discrimination, and olfactory thresholds: An upgrade based on a group of more than 3,000 subjects, Eur. Arch. Oto-Rhino-Laryngol. 264, 237-243(2007)

[30] J. Albrecht, T. Schreder, A.M. Kleemann, V. Schopf, R. Kopietz, A. Anzinger, M. Demmel, J. Linn, B. Kettenmann, M. Wiesmann: Olfactory detection thresholds and pleasantness of a food-related and a non-food odour in hunger and satiety, Rhinology 47(2), 160-165(2009)

[31] L.D. Stafford, K. Welbeck: High hunger state increases olfactory sensitivity to neutral but not food odors, Chem. Sens. 36(2), 189-198(2011)

[32] J.D. Cameron, G.S. Goldfield, E. Doucet: Fasting for 24 h improves nasal chemosensory performance and food palatability in a related manner, Appetite 58(3), 978-981(2012)

[33] B.J. Rolls, E.T. Rolls, E.A. Rowe, K. Sweeney: Sensory specific satiety in man, Physiol. Behav. 27(1), 137-142(1981)

[34] M.V. van Dongen, M.C. van den Berg, N. Vink, F.J. Kok, C. de Graaf: Taste-nutrient relationships in commonly consumed foods, Br. J. Nutr. 108(1), 140-147(2012)

[35] S. Boesveldt, J.N. Lundstrom: Detecting fat content of food from a distance: Olfactory-based fat discrimination in humans, PLoS One 9(1), e85977(2014)

[36] E.T. Rolls, J.H. Rolls: Olfactory sensory-specific satiety in humans, Physiol. Behav. 61(3), 461-473(1997)

[37] J. O'Doherty, E.T. Rolls, S. Francis, R. Bowtell, F. McGlone, G. Kobal, B. Renner, G. Ahne: Sensory-specific satiety-related olfactory activation of the human orbitofrontal cortex, Neuroreport 11(4), 893-897(2000)

[38] M. Cabanac: Physiological role of pleasure, Science 173(4002), 1103-1107(1971)

[39] R. Duclaux, J. Feisthauer, M. Cabanac: Effects of a meal on the pleasantness of food and nonfood odors in man, Physiol. Behav. 10(6), 1029-1033(1973), in French

[40] T. Jiang, R. Soussignan, D. Rigaud, S. Martin, J.P. Royet, L. Brondel, B. Schaal: Alliesthesia to food cues: Heterogeneity across stimuli and sensory modalities, Physiol. Behav. 95(3), 464-470(2008)

[41] J. Plailly, N. Luangraj, S. Nicklaus, S. Issanchou, J.P. Royet, C. Sulmont-Rosse: Alliesthesia is greater for odors of fatty foods than of non-fat foods, Appetite 57(3), 615-622(2011)

[42] B. Palouzier-Paulignan, M.C. Lacroix, P. Aime, C. Baly, M. Caillol, P. Congar, A.K. Julliard, K. Tucker, D.A. Fadool: Olfaction under metabolic influences, Chem. Sens. 37(9), 769-797(2012)

[43] M.G. Ramaekers, S. Boesveldt, C.M. Lakemond, M.A. van Boekel, P.A. Luning: Odors: Appetizing or satiating? Development of appetite during odor exposure over time, Int. J. Obes. (Lond.)38(5), 650-656(2014)

[44] C.E. Cornell, J. Rodin, H. Weingarten: Stimulus induced eating when satiated, Physiol. Behav. 45(4), 695-704(1989)

[45] M.E. Oakes, C.S. Slotterback: Self-reported measures of appetite in relation to verbal cues about many foods, Current Psychol. 19(2), 137-142(2000)

[46] A. Jansen, N. Theunissen, K. Slechten, C. Nederkoorn, B. Boon, S. Mulkens, A. Roefs: Over-weight children overeat after exposure to food cues, Eat. Behav. 4(2), 197-209(2003)

[47] A.C. Tetley, J.M. Brunstrom, P.L. Griffiths: The role of sensitivity to reward and impulsivity in food-cue reactivity, Eat. Behav. 11(3), 138-143(2010)

[48] D. Ferriday, J.M. Brunstrom: 'I just can't help myself': Effects of food-cue exposure in overweight and lean individuals, Int. J. Obes. (Lond.)35(1), 142-149(2011)

[49] I. Fedoroff, J. Polivy, C.P. Herman: The specificity of restrained versus unrestrained eaters'responses to food cues: General desire to eat, or craving for the cued food?, Appetite 41(1), 7-13(2003)

[50] E.T. Massolt, P.M. van Haard, J.F. Rehfeld, E.F. Posthuma, E. van der Veer, D.H. Schweitzer: Appetite suppression through smelling of dark chocolate correlates with changes in ghrelin in young women, Regul. Pept. 161(1-3), 81-86(2010)

[51] R.A. de Wijk, S.M. Zijlstra: Differential effects of exposure to ambient vanilla and citrus aromas on mood, arousal and food choice, Flavour 1(24), 605-609(2012)

[52] M. Gaillet-Torrent, C. Sulmont-Rosse, S. Issanchou, C. Chabanet, S. Chambaron: Impact of a non-attentively perceived odour on subsequent food choices, Appetite 76, 17-22(2014)

[53] M. Gaillet, C. Sulmont-Rosse, S. Issanchou, C. Chabanet, S. Chambaron: Priming effects of an olfactory food cue on subsequent food-related behaviour, Food Qual. Pref. 30(2), 274-281(2013)

[54] H.F.A. Zoon, W. He, R.A. de Wijk, C. De Graaf, S. Boesveldt: Food preference and intake in response to ambient odours in overweight and normal-weight females, Physiol. Behav. 133, 190-196(2014)

[55] A. Tetley, J. Brunstrom, P. Griffiths: Individual differences in food-cue reactivity. The role of BMI and everyday portion-size selections, Appetite 52(3), 614-620(2009)

[56] C. de Graaf, W.A. Blom, P.A. Smeets, A. Stafleu, H.F. Hendriks: Biomarkers of satiation and satiety, Am. J. Clin. Nutr. 79(6), 946-961(2004)

[57] R. Mattes: Hunger ratings are not a valid proxy measure of reported food intake in humans, Appetite 15(2), 103-113(1990)

[58] R.J. Stubbs, D.A. Hughes, A.M. Johnstone, E. Rowley, C. Reid, M. Elia, R. Stratton, H. Delargy, N. King, J.E. Blundell: The use of visual analogue scales to assess motivation to eat in human subjects: A review of their reliability and validity with an evaluation of new hand-held computerized systems for temporal tracking of appetite ratings, Br. J. Nutr. 84, 405-415(2000)

[59] B.A. Parker, K. Sturm, C. MacIntosh, C. Feinle, M. Horowitz, I.M. Chapman: Relation between food intake and visual analogue scale ratings of appetite and other sensations in healthy older and young subjects, Eur. J. Clin. Nutr. 58(2), 212-218 (2004)

[60] V. Drapeau, N. King, M. Hetherington, E. Doucet, J. Blundell, A. Tremblay: Appetite sensations and satiety quotient: Predictors of energy intake and weight loss, Appetite 48(2), 159-166(2007)

[61] A. Jansen, M. van den Hout: On being led into temptation: 'counterregulation' of dieters after smelling a 'preload', Addict. Behav. 16(5), 247-253(1991)

[62] I.C. Fedoroff, J. Polivy, C.P. Herman: The effect of pre-exposure to food cues on the eating behavior of restrained and unrestrained eaters, Appetite28(1), 33-47(1997)

[63] D. Ferriday, J.M. Brunstrom: How does food-cue exposure lead to larger meal sizes?, Br. J. Nutr.100(6), 1325-1332(2008)

[64] J.K. Larsen, R.C. Hermans, R.C. Engels: Food intake in response to food-cue exposure. Examining the influence of duration of the cue exposure and trait impulsivity, Appetite 58(3), 907-913(2012)

[65] J.S. Coelho, J. Polivy, C.P. Herman, P. Pliner: Wake up and smell the cookies. Effects of olfactory food-cue exposure in restrained and unrestrained eaters, Appetite 52(2), 517-520(2009)

[66] C. Nederkoorn, A. Jansen: Cue reactivity and regulation of food intake, Eat. Behav. 3(1), 61-72(2002)

[67] M.A. Cornier, S.S. Von Kaenel, D.H. Bessesen, J.R. Tregellas: Effects of overfeeding on the neuronal response to visual food cues, Am. J. Clin.Nutr. 86(4), 965-971(2007)

[68] R.M. Piech, M.T. Pastorino, D.H. Zald: All I saw was the cake. Hunger effects on attentional capture by visual food cues, Appetite 54(3), 579-582(2010)

[69] S. Loeber, M. Grosshans, S. Herpertz, F. Kiefer, S.C. Herpertz: Hunger modulates behavioral disinhibition and attention allocation to food-associated cues in normal-weight controls, Appetite 71, 32-39(2013)

[70] D.A. Thompson, H.R. Moskowitz, R.G. Campbell: Taste and olfaction in human obesity, Physiol. Behav. 19(2), 335-337 (1977)

[71] A. Obrebowski, Z. Obrebowska-Karsznia, M. Gawlinski: Smell and taste in children with simple obesity, Int. J. Pediatr. Otorhinolaryngol. 55(3), 191-196(2000)

[72] B.E. Richardson, E.A. Vander Woude, R. Sudan, J.S. Thompson, D.A. Leopold: Altered olfactory acuity in the morbidly obese, Obes. Surg. 14 (7), 967-969 (2004)

[73] R.D. Mattes, B.J. Cowart, M.A. Schiavo, C. Arnold, B. Garrison, M.R. Kare, L.D. Lowry: Dietary evaluation of patients with smell and/or taste disorders, Am. J. Clin. Nutr. 51 (2), 233-240 (1990)

[74] V.B. Duffy, J.R. Backstrand, A.M. Ferris: Olfactory dysfunction and related nutritional risk in freeliving, elderly women, J. Am. Diet. Assoc. 95 (8), 879-884 (1995), quiz 885-876.

[75] M.M. Hetherington: Taste and appetite regulation in the elderly, Proc. Nutr. Soc. 57 (4), 625-631 (1998)

[76] N. de Jong, I. Mulder, C. De Graaf, W.A. Van Staveren: Impaired sensory functioning in elders: The relation with its potential determinants and nutritional intake, J. Gerontol. A. Biol. Sci. Med.Sci. 54 (8), B324-331 (1999)

[77] M. Hickson: Malnutrition and ageing, Postgrad. Med. J. 82 (963), 2-8 (2006)

[78] K. Aschenbrenner, C. Hummel, K. Teszmer, F. Krone, T. Ishimaru, H.-S. Seo, T. Hummel: The influence of olfactory loss on dietary behaviors, Laryngoscope 118 (1), 135-144 (2008)

[79] S. Kremer, J.H. Bult, J. Mojet, J.H. Kroeze: Compensation for age-associated chemosensory losses and its effect on the pleasantness of a custard dessert and a tomato drink, Appetite 48 (1), 96-103 (2007)

[80] S. Kremer, N.T.E. Holthuysen, S. Boesveldt: The influence of olfactory impairment in vital, independent living elderly on their eating behavior and food liking, Food Qual. Pref. 38, 30-39 (2014)

[81] R.C. Havermans, J. Hermanns, A. Jansen: Eating without a nose: Olfactory dysfunction and sensory-specific satiety, Chem. Sens. 35 (8), 735-741 (2010)

[82] J. Mojet, E. Christ-Hazelhof, J. Heidema: Taste perception with age: Pleasantness and its relationships with threshold sensitivity and suprathreshold intensity of five taste qualities, Food Qual. Pref. 16, 413-423 (2005)

[83] L. Novakova, V. Bojanowski, J. Havlicek, I. Croy: Differential patterns of food appreciation during consumption of a simple food in congenitally anosmic individuals: An explorative study, PLoSOne 7 (4), e33921 (2012)

[84] T. Schreder, J. Albrecht, A.M. Kleemann, V. Schopf, R. Kopietz, A. Anzinger, M. Demmel, J. Linn, O. Pollatos, M. Wiesmann: Olfactory performance of patients with anorexia nervosa and healthy subjects in hunger and satiety, Rhinology 46 (3), 175-183 (2008)

[85] V. Roessner, S. Bleich, T. Banaschewski, A. Rothenberger: Olfactory deficits in anorexia nervosa, Eur. Arch. Psychiatry Clin. Neurosci. 255 (1), 6-9 (2005)

[86] F. Dazzi, S.D. Nitto, G. Zambetti, C. Loriedo, A. Ciofalo: Alterations of the olfactory-gustatory functions in patients with eating disorders, Eur. Eat. Disord. Rev. 21 (5), 382-385 (2013)

[87] N. Rapps, K.E. Giel, E. Sohngen, A. Salini, P. Enck, S.C. Bischoff, S. Zipfel: Olfactory deficits in patients with anorexia nervosa, Eur. Eat. Disord. Rev. 18, 385-389 (2010)

[88] K. Aschenbrenner, N. Scholze, P. Joraschky, T. Hummel: Gustatory and olfactory sensitivity in patients with anorexia and bulimia in the course of treatment, J Psychiatr. Res. 43, 129-137 (2009)

[89] D.M. Small, B.G. Green: A Proposed Model of a Flavor Modality. In: The Neural Bases of Multisensory Processes, ed. by M.M. Murray, M.T. Wallace (CRC, Boca Raton 2012)

[90] J.N. Lundstrom, S. Boesveldt, J. Albrecht: Central processing of the chemical senses: An overview, ACS Chem. Neurosci. 2 (1), 5-16 (2011)

[91] D.M. Small, J. Prescott: Odor/taste integration and the perception of flavor, Exp. Brain. Res. 166 (3/4), 345-357 (2005)

[92] G. Bender, T. Hummel, S. Negoias, D.M. Small: Separate signals for orthonasal vs. retronasal perception of food but not nonfood odors, Behav.Neurosci. 123 (3), 481-489 (2009)

[93] R.M. Ruijschop, A.E. Boelrijk, C. de Graaf, M.S. Westerterp-Plantenga: Retronasal aroma release and satiation: A review, J. Agric. Food. Chem. 57 (21), 9888-9894 (2009)

[94] S. Heilmann, T. Hummel: A new method for comparing orthonasal and retronasal olfaction, Behav. Neurosci. 118 (2), 412-419 (2004)

[95] C. de Graaf, F.J. Kok: Slow food, fast food and the control of food intake, Nat. Rev. Endocrinol. 6(5), 290-293(2010)

[96] H. Bult, R.A. de Wijk, T. Hummel: Investigations on multimodal sensory integration: Texture, taste, and ortho-and retronasal olfactory stimuli in concert, Neurosci. Lett. 411, 6-10(2007)

[97] R.M. Ruijschop, A.E. Boelrijk, J.A. de Ru, C. de Graaf, M.S. Westerterp-Plantenga: Effects of retro-nasal aroma release on satiation, Br. J. Nutr. 99(5), 1140-1148(2008)

[98] M.G. Ramaekers, P.A. Luning, R.M. Ruijschop, C.M. Lakemond, J.H. Bult, G. Gort, M.A. van Boekel: Aroma exposure time and aroma concentration in relation to satiation, Br. J. Nutr. 111(3), 554-562(2014)

[99] R.M. Ruijschop, M.J. Burgering, M.A. Jacobs, A.E. Boelrijk: Retro-nasal aroma release depends on both subject and product differences: A link to food intake regulation?, Chem. Sens. 34(5), 395-403(2009)

[100] P. Piombino, A. Genovese, S. Esposito, L. Moio, P.P. Cutolo, A. Chambery, V. Severino, E. Moneta, D.P. Smith, S.M. Owens, J.A. Gilbert, D. Ercolini: Saliva from obese individuals suppresses the release of aroma compounds from wine, PLoS One 9(1), e85611(2014)

[101] C. de Graaf: Why liquid energy results in overconsumption, Proc. Nutr. Soc. 70(2), 162-170(2011)

[102] M. Viskaal-van Dongen, F.J. Kok, C. de Graaf: Eating rate of commonly consumed foods promotes food and energy intake, Appetite 56(1), 25-31(2011)

[103] R.A. de Wijk, I.A. Polet, W. Boek, S. Coenraad, J.H.F. Bult: Food aroma affects bite size, Flavour 1(1), 3-8(2012)

[104] N. Zijlstra, A.J. Bukman, M. Mars, A. Stafleu, R.M. Ruijschop, C. de Graaf: Eating behaviour and retro-nasal aroma release in normal-weight and overweight adults: A pilot study, Br. J. Nutr. 106(2), 297-306(2011)

[105] S.S. Schiffman: Physicochemical correlates of olfactory quality, Science 185(4146), 112-117(1974)

[106] R. Haddad, T. Weiss, R. Khan, B. Nadler, N. Mandairon, M. Bensafi, E. Schneidman, N. Sobel:Global features of neural activity in the olfactory system form a parallel code that predicts olfactory behavior and perception, J. Neurosci. 30(27), 9017-9026(2010)

[107] N. Sobel, V. Prabhakaran, J.E. Desmond, G.H. Glover, R.L. Goode, E.V. Sullivan, J.D. Gabrieli: Sniffing and smelling: Separate subsystems in the human olfactory cortex, Nature 392(6673), 282-286(1998)

[108] P. Dalton: Psychophysical and behavioral characteristics of olfactory adaptation, Chem. Sens. 25(4), 487-492(2000)

[109] E.P. Koster, P. Moller, J. Mojet: A "Misfit" theory of spontaneous conscious odor perception(MITSCOP): Reflections on the role and function of odor memory in everyday life, Front. Psychol. 5, 64(2014)

[110] M.A. Smeets, G.B. Dijksterhuis: Smelly primes-When olfactory primes do or do not work, Front. Psychol. 5, 96(2014)

[111] J. Blundell, C. de Graaf, T. Hulshof, S. Jebb, B. Livingstone, A. Lluch, D. Mela, S. Salah, E. Schuring, H. van der Knaap, M. Westerterp: Appetite control: Methodological aspects of the evaluation of foods, Obes. Rev. 11(3), 251-270(2010)

[112] K.C. Berridge: 'Liking' and 'wanting' food rewards: Brain substrates and roles in eating disorders, Physiol. Behav. 97(5), 537-550(2009)

[113] J.S. Coelho, A. Jansen, A. Roefs, C. Nederkoorn: Eating behavior in response to food-cue exposure: Examining the cue-reactivity and counteractive-control models, Psychol. Addict. Behav. 23(1), 131-139(2009)

第 40 章　嗅觉与睡眠

据我所知，我们需要睡眠唯一的真正原因是：我们会困倦。来自当代睡眠研究先驱者之一 William C. Dement 的这一陈述将睡眠描述为一个神经生物学的"黑匣子"。探索这种"黑匣子"的最好方法之一是通过例外的事物；嗅觉作为一种特殊的感官系统，在睡眠中的作用尤为突出。具体而言，尽管睡眠期间的感觉刺激通常会导致觉醒，但气味刺激却并非如此。事实上，气味可能会促进睡眠。反过来，睡眠中的大脑也会继续处理这些信号，为了解睡眠中的大脑能力提供了一个窗口。在此，我们先简要回顾一下睡眠的生理基础，然后再详细介绍多个以人类研究为重点、有关睡眠中嗅觉的文献。我们推测，睡眠与气味间有着独特的相互作用，即大脑在睡眠时处理气味信号而不引起觉醒，这反映出嗅觉神经生理学的独特之处，尤其是外周感受器无须通过丘脑中继即可直接投射到皮层。最后，虽然目前尚不清楚大脑在睡眠过程中进行气味处理而不引起觉醒的机制，但这一现象本身有助于将嗅觉作为了解睡眠期间心理活动的一个窗口。这种方法揭示了睡眠期间学习和记忆的几个方面。我们回顾了研究人员在这些方面所做的努力，并详细讨论了它们在疾病治疗中的应用潜力。

40.1　睡眠：结构和测量

对于观察者来说，睡眠似乎是一种或多或少连续的静息状态。这一过程可被眼球明显的左右快速转动（在闭合的眼睑下）的阶段所打断，这一睡眠阶段因此被称为快速眼动（REM）睡眠。但是，只有借助生理信号测量技术才能明显观察到睡眠中存在明显不同的状态，这些状态在夜间以循环方式交替出现。这些非 REM（NREM）的睡眠状态统称为NREM。睡眠期间测量的生理信号主要是脑电图（EEG）、眼电图（EOG）、肌电图（EMG）以及体位和呼吸指标，统称为多导睡眠记录（图 40.1）。多导睡眠记录的主要内容包括记录大脑活动（EEG）、眼球运动（EOG）和肌张力（EMG）。当研究需要或用于诊断目的时，也可对呼吸、心率、血氧饱和度、肢体运动、体位和鼾声进行测量。请注意，在此背景下，为了嗅觉研究的目的，可以使用鼻面罩从较远的嗅觉测试仪中传递嗅觉刺激。面罩上配有一根真空管，可从鼻周围的环境中抽出空气，以确保气味刺激能准确到达，并在各次试验之间保持空气清洁。

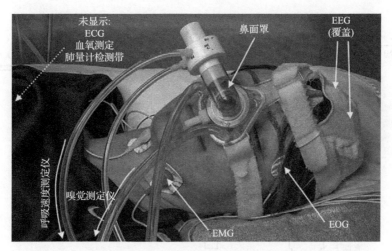

图 40.1　嗅觉多导睡眠记录仪的设计 (摄影：Michal Cooper) ◀

40.1.1　NREM

　　多导睡眠记录显示，人类大部分的睡眠时间为 NREM 期。根据现代睡眠评分方法，以 EEG 标准将 NREM 进一步细分为 3 个阶段[2]。这些阶段在某种程度上代表了一个深度睡眠的连续状态，其中的觉醒阈值通常在 1 期睡眠时最低[图 40.2(b)]。此外，随着睡眠阶段的进展，神经元活动逐渐变得更同步。夜间睡眠遵循或多或少恒定的结构，通常称为睡眠结构。睡眠阶段以循环方式在夜间有序循环，每个周期持续约 80～120 分钟。注意：正常的入睡以 NREM 睡眠开始。但是，随着夜越来越深，基于 3 期和 4 期慢波睡眠 (SWS) 的 REM 时间逐渐增加。

40.1.2　睡眠 1 期 (N1)

　　睡眠 1 期是指从清醒到入睡的阶段。当睡眠开始时，清醒期间主导大脑活动的 α 节律 (8～13Hz) 减弱至低于 50%，并常混杂有 θ 波 (4～7Hz) 和 β 波 (13～30Hz)。睡眠 1 期较轻，因此容易受到环境信号的干扰，使睡眠中的大脑恢复不眠状态。由于它与清醒状态相似，睡眠 1 期在某种程度上很难进行量化或控制。

40.1.3　睡眠 2 期 (N2)

　　睡眠 1 期仅持续几分钟，然后快速进入睡眠 2 期。睡眠 2 期的主要特征是出现睡眠纺锤波、11～16Hz 短暂的爆发波以及 K 复合波 (KC)[图 40.2(a)]。KC 是类似于高幅慢波明显的单一节律波形，由 Loomis 等在 20 世纪 30 年代末首先描述[3]。KC 出现在 NREM 睡眠 2 期中，既可以是自发波也可由感觉刺激诱发[4]。KCs 可能具有睡眠保护功能，因为它们在感觉刺激后出现，可防止出现特征性的觉醒脑电图[5]。睡眠 2 期中的感觉阈值升高，因此需要更强烈的刺激才能引起觉醒反应。在睡眠 1 期中引起觉醒反应的相同刺激通常可诱发 KC，但在睡眠 2 期中不会引起觉醒[6]。

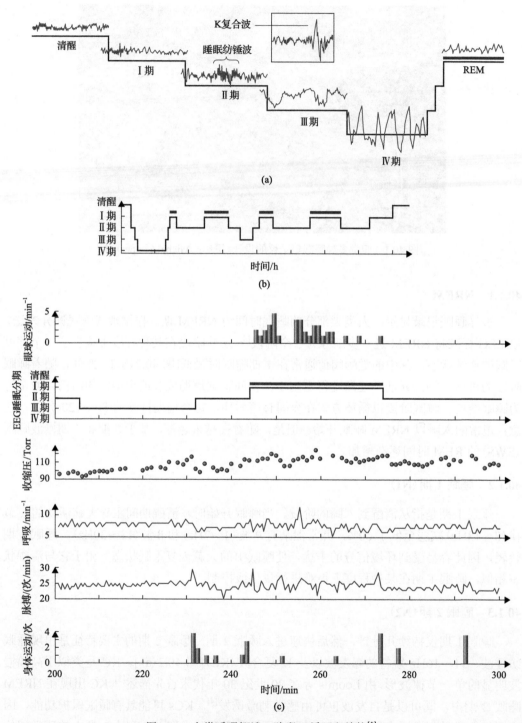

图 40.2　人类睡眠概述：阶段、循环和结构[1]

(a)根据 EEG 脑活动将睡眠分为多个阶段；(b)夜间睡眠的动态变化；(c)睡眠期间明显的生理和行为现象

注：1Torr=1.33322×10²Pa

40.1.4　慢波睡眠（SWS 或 N3）

这个最深度的睡眠期以慢节律 δ 波（0.5～4Hz）为特征，被称为慢波睡眠（SWS）期。在新版美国睡眠医学会（AASM）睡眠分期手册中，SWS 取代了最初由 Rechtschaffen 和 Kales 制订的评分标准中的 3 期和 4 期睡眠。δ 波振荡反映了神经元膜电位的同步波动，在去极化上升状态和超极化下降状态之间转换。它们同时来自丘脑皮层和皮层内区域。成年女性的 δ 波波幅高于成年男性，且以大脑右半球为主[7-9]。通过协调节律振荡的连贯性，慢波被认为在睡眠期间参与促成了皮层的感觉传入神经阻滞，从而增加睡眠的连续性和深度[6]。在 SWS 期，GABA 能投射的活性较高。丘脑皮层环路有助于形成较浅的 NREM 睡眠。随着 NREM 睡眠加深，EEG 上会出现慢波振荡，肌张力降低。慢波活动期间皮层神经元反应性降低的实验结果验证了该模型[10]。出于这个原因，与从睡眠 1 期到 2 期的阈值升高情况相同，与从较轻的睡眠中觉醒所需要的刺激强度相比，从 SWS 中觉醒需要更强的刺激。第一个 SWS 期通常持续 20～40 分钟，在短暂的睡眠 2 期后进入 REM 期。

40.1.5　REM（R）

NREM 睡眠可被称为大脑活动的节能模式，而 REM 睡眠则完全相反。REM 睡眠的产生是由脑干中的多组 REM 启动细胞共同调节的。下丘脑和基底前脑睡眠启动细胞以及谷氨酸能细胞在 REM 期间处于活跃状态。肌张力降低是通过尾状核的投射实现的。脑干胆碱能的活化导致出现与不眠状态相似的去同步化脑电波。REM 睡眠期间，EMG 信号较低，但可能发生。REM 较为明显。除了产生眼球快速转动的 REM 睡眠的典型表现（REM 睡眠因此得名）外，这些脑干神经核还会导致颈部肌张力下降[彩图 33（c）]。REM 睡眠期间的大脑活动与觉醒期间记录到的大脑活动相似：REM 期间的脑电波由低幅 β 波（13～30Hz）组成，并混有 θ 波（4～7Hz）和 α 波（8～13Hz）。同样，REM 期间的脑代谢可达到与不眠时相同的水平[11]。因此，REM 睡眠有时被称为异常睡眠。尽管 REM 睡眠期间的皮层看似活跃，但其觉醒阈值与其他睡眠阶段一样高。在研究中，根据是否存在眼球快速转动，将 REM 睡眠细分为持续性睡眠期和位相性睡眠。在健康成年人中，REM 睡眠占总睡眠时间的 20%～25%。当受试者从 REM 睡眠中醒来时，通常梦境情况会历历在目[12]（第 40.7.3 节）。

40.1.6　觉醒和不眠（W）

典型的睡眠周期有时因周期之间短暂的觉醒而结束。觉醒（仍未睁开眼睛）与睡眠的区别在于前者存在 3 秒或更长时间的 α 节律性活动。如果这种觉醒持续 15 秒以上，次日早晨很可能会记住，称为不眠状态。不眠期间，多个系统为活跃状态，并通过丘脑和皮层投射促进脑电波去同步化。下视丘分泌素细胞能兴奋单胺能神经元。肌张力（EMG）波为高幅变异波，可以反映肌肉的活动。但是，持续 15 秒以下的短暂性睡眠暂停称为微觉醒，最可能不被记住。

40.2　睡眠的生理机制

　　睡眠期间不同的脑电波是多个脑部区域之间相互作用的结果(彩图 33[13])。清醒时,高频的去同步化神经活动是以下觉醒信号共同作用的结果: 来自脑干单胺能神经元(尤其是中缝核的 5-羟色胺能神经元和蓝斑核的去甲肾上腺素能神经元)投射至间脑和皮层的觉醒信号,来自脑桥网状结构和基底前脑的胆碱能神经元投射的信号以及包括下视丘分泌素/食欲素及组胺在内的来自下丘脑的觉醒信号。在 NREM 睡眠期间,这些系统受到下丘脑腹外侧视前区(VLPO)GABA 能神经元的抑制而基本处于静止状态。这种抑制作用有助于皮层脱离外部刺激,从而形成上文提到的慢波振荡。REM睡眠期间,脑桥和前脑胆碱能系统均重新参与其中。这将导致皮层回路激活,表现为高频去同步化活动。同时,增强了对脑干单胺能系统的抑制,以在睡眠期间保持肌肉放松。胺类和胆碱能系统的相互作用导致 NREM 和 REM 睡眠出现节律性交替,每个睡眠周期约持续 80～120 分钟[14]。最后,通过脑干、下丘脑和丘脑网状结构共同作用的机制产生睡眠觉醒信号(见图 40.3[15])。

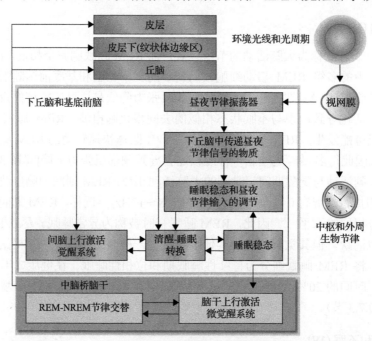

图 40.3　调节睡眠的神经回路[1]

40.2.1　动物为什么会睡觉?

　　睡眠作为一种行为是普遍存在的[16]。大多数哺乳动物一生中的大部分时间都在睡眠中度过,人类也不例外。睡眠最重要的意义可由睡眠剥夺实验证实: 睡眠被剥夺时,原本规律睡眠的生物体无法发挥正常功能,甚至会导致死亡[13,17,18]。尽管睡眠表面上看起来是必不可少的,而且人们在脑科学、遗传通路分析和神经成像学方面已取得诸多进展,但睡眠的功能性作用尚不明确。

以生态学为中心的假设认为,睡眠提供了一种保存能量的状态,以便在条件(温度或日光)不理想时减少能量需求。这种代谢观点进一步提示,睡眠的目的可能使得被耗尽的生物学相关大分子得以进行生物合成[19]。确实,有证据支持,睡眠可调控内分泌(特别是生长)、免疫和损伤后组织再生过程中相关基因表达的时间[20,21]。但是,鉴于某些睡眠阶段的代谢活动与不眠状态相似,这一假设本身可能无法为睡眠提供全面的解释[16,22]。从神经生物学角度看,皮层功能,如认知、注意力和记忆能力迅速受到睡眠剥夺的影响,而随后的睡眠会改善睡眠剥夺。因此,睡眠对大脑可塑性机制可能很重要,而大脑可塑性是增强学习和记忆能力的基础[13,23,24]。研究睡眠在突触可塑性中所起作用的一个模型提出,睡眠为维持突触稳态的目的而发挥突触减弱的作用,以此纠正清醒期间累积增加的突触总强度[25]。

40.3　不同于大多数形式的感官刺激:嗅觉刺激不会干扰睡眠

睡眠期间给予阈上感觉刺激通常会导致觉醒(即使仅是短暂、通常不会忆起的微觉醒)或 EEG 上出现 K 复合波。采用体感刺激(如触摸、疼痛或热觉感知)的研究已经反复证实,明显的感觉刺激通过诱导觉醒和破坏规律的睡眠周期而干扰睡眠[26]。术语显著意味着睡眠中的大脑能够区分重复刺激、习惯性刺激和新的刺激。但是,尽管有习惯机制,持续或反复的感觉刺激仍可影响睡眠质量。例如,当引入持续的环境声音刺激时,总睡眠时间会明显缩短,尤其是 SWS,受试者报告频繁回到不眠状态[27,28]。

虽然大多数证据支持不同特征的感觉刺激干扰睡眠的观点,但也存在一些例外情况。一种特殊的例外情况是,频率 0.8Hz 的节奏性声音刺激(该频率完全属于固有的慢波活动范围内的频率)可有效增强成年人睡眠期间的慢波振荡活动[29]。更广泛的例外情况则是嗅觉刺激。

40.3.1　纯嗅觉气味和轻微的三叉神经气味物质不会引起清醒

根据气味的探测和转导机制可将气味分为两大类:第一类包括纯气味物质,之所以如此命名是因为它们仅选择性地激活嗅上皮中的嗅觉受体[30]。此类纯气味物质的例子为硫化氢(H_2S)、香兰素和苯乙醇(PEA)[30,31,34]。第二类包括三叉神经气味物质,之所以如此命名是因为这些气味会同时激活三叉神经末端的受体以及嗅觉受体[32]。大量证据表明,睡眠过程中暴露于纯气味物质(与三叉神经感觉刺激相反)不会导致觉醒或清醒[33,34,36](图 40.4)。一些研究表明,这一通用的观点也可推广到轻微的三叉神经气味物质[34,35,37]。

Carskadon 和 Herz 开展的一项研究首先探讨了嗅觉刺激是否可引起从睡眠中清醒的问题,其重点研究了听觉和嗅觉信号处理之间的差异。作者使用了两种气味,每种气味有 4 种浓度,具有相似的三叉神经强度,但一种令人愉快,另一种则令人厌恶:薄荷味(通常被认为是愉快的)和吡啶味(高浓度下令人厌恶)。受试者在清醒状态下很容易检测到气味,随后在夜间再次暴露,并按指示报告检测到的气味。在行为学方面,在睡眠 1 期中进行的试验中总反应率约为 90%,但在睡眠 2 期、REM 和 SWS 中进行检测时,对吡啶

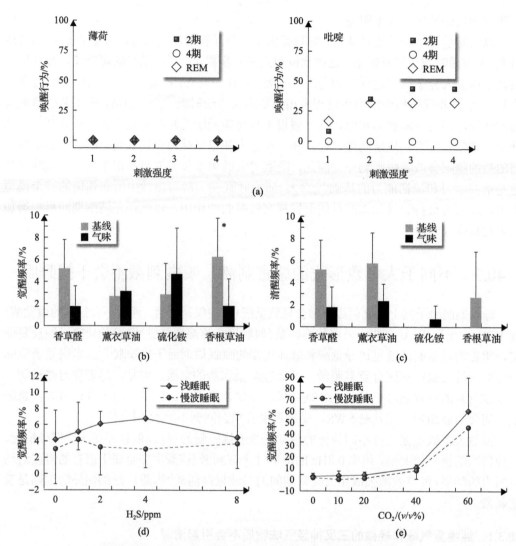

图 40.4　给予纯的嗅觉气味引起最少的生理觉醒和唤醒行为

(a)在不同睡眠期暴露于强度不断增加的薄荷(左)和吡啶(右)刺激后的唤醒行为[34]；与气味相关的觉醒(b)和
清醒(c)频率(与暴露于清洁空气的基线相比)[35]；在浅睡眠和慢波睡眠期间暴露于不同浓度的 H_2S (d)和
三叉神经 CO_2 (e)刺激后的觉醒频率[36]

暴露的反应率分别下降至 45%、33%和 0。在相同的睡眠阶段进行但使用薄荷的试验完全未引起清醒。与此相反，对听觉刺激的反应率在所有睡眠阶段均高于 75%[图 40.4(a)]。这种差异在文章的标题"为什么气味警报对人类不起作用" [34]中得到了有趣的呼应。考虑到这一点，更有趣的是，另一个研究组恰好进行了这一设计，即为耳聋患者设计了能发出气味的火警警报。然而，这一设计并不相互矛盾，因为火警警报使用的是带有高度三叉神经气味的芥末酱[38]。

　　嗅觉刺激无法导致清醒的观点在一系列研究中得到了进一步确认。在一项研究中，受试者在睡眠中暴露于 4 种浓度的无味三叉神经刺激物二氧化碳(CO_2)或暴露于 4 种浓度的纯嗅觉气味物质硫化氢(H_2S)。尽管暴露于 CO_2 导致提示短暂觉醒的 EEG 频率增加，但 H_2S 即使在高浓度下也未产生这种效应[图 40.4(d)][36]。第二项研究评估了嗅觉刺激后觉醒的潜伏期。作者报告，仅有三叉神经气味的觉醒频率和潜伏期呈浓度依赖性增加[33]。此外，虽然联合给予三叉神经气味和嗅觉气味增加了浅睡眠中的觉醒频率，但未观察到对 REM 或 SWS 的影响[39]。上述研究的中期结论是，在睡眠较深阶段暴露于纯气味物质和轻微的三叉神经气味物质不会引起觉醒。

40.4　气味可起到助眠作用：从芳香疗法到神经科学

在前一段中，我们回顾了表明睡眠期间的气味暴露不会导致清醒的证据。虽然目前正在研究这种现象背后的神经生物学机制，但支持这种现象的潜在应用价值的证据早在千年前就已经存在。

芳香疗法是指在皮肤表面涂抹精油或通过嗅觉系统吸入精油进行治疗的疗法。这是一种古老的疗法，据称有明显的生理和心理效果，尤其是对睡眠。虽然埃及人、中国人和罗马人在古代既已开始使用芳香疗法，但这一术语直到 20 世纪 20 年代末才被法国化学家 Rene-Maurice Gattefosse 命名[40]。入睡前施用特定气味的精油(如薰衣草或茉莉精油)以促进睡眠的疗法仍被广泛使用。

通常认为薰衣草(薰衣草属)油能够改善睡眠效率参数(例如，睡眠期间的清醒时间和睡眠总时间)，无论对于健康个体还是需要特殊护理的个体均有效[41-43]。暴露于薰衣草油 3 分钟可提升相对 REM 时间的 SWS 期和睡眠 2 期时间的百分比。这一结果可通过次日早晨受试者自述精力更加充沛获得支持[44]。薰衣草油不仅可以改善正常的睡眠，其改善睡眠障碍的效果不亚于药物。室内使用薰衣草气味可使停药 2 周的失眠患者的总睡眠时间恢复到用药期间的水平[45]。

薰衣草并不是唯一已知可影响睡眠的气味物质。香柏提取物可缩短人类日间小睡期间 NREM 睡眠 2 期的潜伏期，会增加大鼠 NREM 睡眠的持续时间[46]。在成年大鼠的特定夜间时段，植物来源的气味(例如 α-蒎烯)会增加异相睡眠(PS)的持续时间[47]。吸入缬草(Valeriana officinalis)缩短了大鼠的睡眠潜伏期，延长了总睡眠时间；缬草和玫瑰花气味延长了戊巴比妥诱导的睡眠时间[48]。

并非所有芳香族提取物均可促进睡眠：一些对睡眠无影响，而其他一些特定气味可能会干扰睡眠；在未考虑主观因素的情况下，睡前给予薄荷精油不影响人类的夜间睡眠[49]，并减少了日间嗜睡[50]。同样，吸入柠檬气味会增加大鼠的睡眠潜伏期[48]。

除了拥有嗅觉气味，许多精油还含有具有药理效果的挥发性化学物质；这些效果在讨论其助眠作用时不能忽略。这些挥发性物质被呼吸道黏膜吸收后，很容易通过血流到达中枢神经系统。例如，在薰衣草和缬草精油中发现的物质可与 γ-氨基丁酸(GABA)受体相互作用，诱导全身镇静和抗焦虑的效果[51-53]。

特殊气味物质促进睡眠效应的另一方面是认知。与认为薄荷气味具有中等强度的受试者相比，在那些认为其气味非常强烈的受试者中，薄荷气味增加了 SWS 和总睡眠时间。

此外，觉得薄荷气味具有刺激性的受试者其 NREM 睡眠时间更长、REM 睡眠时间更短，而认为薄荷味具有镇静作用的受试者需要更长时间才能达到 SWS[54]。可以推测，与熟悉的背景或正面体验相关的气味物质也可发挥抗焦虑作用，这可能是通过降低交感神经张力的机制实现的。

最后，美国国家睡眠基金会于 2013 年开展的一项国际卧室调查显示，卧室气味在睡眠卫生中起到了核心作用。绝大多数受访者表示，如果自己的卧室有新鲜、愉快的气味，他们就会感到更加放松，并言称他们会采取措施确保自己的卧室具有这样的气味。报告对睡眠质量有最不利影响的异味因民族而异，但通常可疑气味为霉味、体味或宠物的气味以及浑浊的空气[55]。

汇总以上结果，吸入芳香族物质可在缩短睡眠潜伏期和影响睡眠结构方面促进睡眠。尽管一些归因于芳香疗法的效应可能通过药理学方式得以发挥，其他一些则更为特异，因为它们受被感知气味特征的调节。反过来，气味可能促进睡眠的推测也在动物研究中得以验证。例如，对猫嗅结节的高频刺激可引发睡眠，在各方面均与生理性睡眠相似，并增加了 SWS 的时间[56]。损毁研究进一步支持了嗅结节在睡眠生理机制中的作用，有研究报道了嗅结节损毁后睡眠时间缩短[57]。综上所述，这些发现表明气味除了不会引起清醒，实际上还可能促进睡眠。

40.5　睡眠中嗅觉信息的处理

尽管联合使用基础科学和芳香疗法表明气味不会引起清醒，但睡眠中的大脑仍可处理气味信号。例如，在给予其他形式的感觉刺激后，检测到啮齿类动物的嗅球出现有节律的活动[58]。另外，在大鼠睡眠期间给予具有生物学意义的狐臭气味可诱导嗅觉系统中的 Fos(一种即刻早期基因，其表达为神经活动的间接标志物)表达增加[59]。在对人类睡眠期间的皮层化学感受事件相关电位(ERP)进行初步评估时，在一部分(并非全部)受试者中检测到了嗅觉和三叉神经 ERP。与其他感官模式一致，与不眠状态相比，NREM 睡眠期间的嗅觉 ERP 潜伏期更长、振幅更大[60]。在一项独立研究中，接受全面监测的受试者重复吸入清新空气或薄荷气味，每次 3 分钟。在少数受试者中，发现气味可以调节心率以及 EEG 和 EMG 表现[37]。最后，嗅闻反应是鼻腔气流中的气味特异性变化，在这个气流中，愉快或轻微的气味会驱动更强烈的气味，而不愉快或强烈的气味会驱动更弱的气味[62,63]。因此，嗅闻反应是嗅觉信号处理的一种非言语的、隐含的检测方法。睡眠期间的嗅闻反应始终是保守的[35]。例如，在睡眠期间，愉快的气味以愉悦效价依赖的方式改变了随后的吸入量(图 40.5)[61]。总之，气味不会引起清醒，甚至可能促进睡眠，但它们仍然由睡眠中的大脑进行信号处理。鉴于此，嗅觉不同于其他通常会引起清醒的感官模式。是什么原因使得睡眠与气味之间存在这种特殊关系？虽然我们尚未了解这个问题背后的生理机制，但是我们推测，答案就在于嗅觉神经生理学的独特性，因为它们与睡眠神经生理学相关。在此，我们将详细描述这些独特的嗅觉特征。

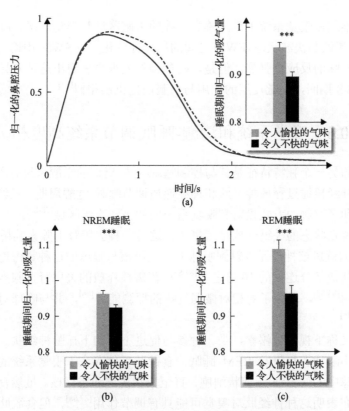

图 40.5　嗅闻反应，即鼻腔气流中的气味特异性变化(a)；
在睡眠期间正常进行，包括 NREM 睡眠(b)和 REM 睡眠(c)[61]

40.5.1　嗅觉神经生理学的独特性可能是睡眠与嗅觉之间独特相互作用的基础

嗅觉信号从嗅上皮投射至嗅球，并从嗅球直接投射至颞叶腹侧的嗅觉皮层[64]。这与其他感觉系统通过丘脑将信息传递给初级皮层区相反。推测在 SWS 期间出现的明显的同步化丘脑-皮层振荡活动有助于减弱睡眠期间的感觉信号处理过程[65-70]。鉴于嗅觉信息直接到达嗅觉皮层，不受这种潜在的减弱机制的影响(注意：嗅觉信息确实通过丘脑的中继站向下游传递信号[71])。也就是说，睡眠期间的嗅觉信号处理与清醒时有所不同，可能有另一种门控机制在起作用。这种感官门控的两种可能的候选底物是嗅球和嗅觉皮层。嗅球和丘脑核的结构大体相似，并且都受相似神经元回路的调节[72]。除了解剖结构上的相似性，嗅球的电生理特性也支持其作为感觉门控机制的候选部位。嗅球可发生快速的电生理活动(30～40Hz)，但在睡眠期间会减弱[73]。在不同的不眠状态、生理性睡眠以及因中枢麻醉或脑干病变引起的无意识状态期间，嗅球的电生理活动模式各不相同[58]。啮齿类动物的嗅觉系统产生慢波活动，在睡眠和麻醉状态下与呼吸紧密结合[74,75]。嗅球和皮层之间这些振荡与 SWS 期间丘脑和皮层之间的振荡具有相同特征。据推测，周期性呼吸节律，尤其是空气进入鼻腔后产生的感觉信号是导致嗅球中出现类似睡眠期间的振荡驱动因素。这种呼吸诱导的振荡能够在啮齿类动物大脑中进一步传播，从而导致整体的慢波活动[76]。

另一个被推测在嗅觉系统中作为感觉门控的大脑区域是嗅觉皮层。麻醉大鼠的新皮层 EEG 显示了慢波和快波状态(FWS)之间的周期性变化。与 SWS 相比，FWS 期间嗅觉皮层神经元对气味的反应更强烈。但是，嗅球神经元很少表现出这种差异。作者因此得出结论，在 SWS 期间，嗅觉皮层的作用与丘脑门控机制相似[77]。

40.6　嗅觉系统和清醒-睡眠调节系统高度相关

嗅觉系统的另一个独特特征是其与控制睡眠-觉醒周期的觉醒系统有着广泛的联系。脑干中的一组神经核通过释放神经肽和神经递质调节睡眠-觉醒周期。已经确定，这些神经核以单突触和多突触的方式投射到嗅觉系统的初级和次级区域[78-80]。

诱导觉醒警觉状态的关键结构是蓝斑核，这是一种去甲肾上腺素脑桥核[81]。在大鼠中，大约 40%的蓝斑核神经元投射到嗅球上。蓝斑核与嗅球的这种紧密连接几乎是其与大脑皮层任何其他部分连接的 10 倍之多[82,83]。蓝斑核释放的去甲肾上腺素对嗅球神经元具有去抑制作用[84,85]，增强了对相对微弱气味的探测能力[86]，并与嗅球对习得气味的神经反应有关[86-88]。

食欲肽，又称下视丘分泌素，是一种参与促进不眠的下丘脑神经肽。食欲肽缺乏会导致难以维持不眠状态和引发 REM 睡眠。食欲肽受体存在于嗅觉系统的不同区域——从嗅上皮至嗅球中的僧帽细胞-簇状细胞，直至梨状皮层和杏仁核。虽然食欲肽在嗅觉系统中的广泛分布表明这种神经肽对嗅觉可能具有调节作用[87,88]，但食欲肽对嗅觉的作用可能与其调节进食行为作用的关联更紧密(相对于其对于睡眠的作用)[89]。尽管如此，食欲肽诱导了嗅球细胞的超极化[90]，并减少了僧帽细胞放电，而未改变嗅球对气味的反应性。其他研究报道了食欲肽对嗅球作用的相反证据；在一项研究中，食欲肽显著增加了放电频率[91]，在另一项研究中增加了嗅觉灵敏度[89]。即使结果相互矛盾，上述发现也支持食欲肽在调节嗅觉方面的作用，并为嗅觉与清醒-睡眠周期之间的机制性关联提供了依据。

虽然已明确嗅觉功能由脑干和下丘脑觉醒信号调节，有证据表明，嗅觉对觉醒具有相互或互补作用。位于下丘脑前部的视交叉上核(SCN)被认为是主要的昼夜节律的启动者，对生理功能和行为的时间控制进行协调[92](图 40.3)。SCN 接收来自不同系统(包括嗅觉区域)的输入，以使内部时钟适应外部条件[93]。因 SCN 损毁导致的自由运行的活动昼夜节律消失，可通过节律性地给予气味物质得到部分恢复[94]。而且，在恒定的暗室中观察到嗅球出现香柏油诱导的 c-Fos 昼夜节律，也在待于恒定暗室小鼠的梨状皮层中观察到这种节律[95]。综上所述，这些结果提示，嗅觉刺激可作为昼夜节律时间线索调节昼夜节律行为。

40.7　嗅觉在睡眠期间心理活动中作用的研究

到目前为止，我们已经确定气味不会引起清醒并可能促进睡眠。然而，睡眠中的大脑会处理气味信息。我们推测，这种独特的相互作用与大脑中气味信息的独特通路相关，可在无丘脑中继的情况下到达皮层靶点。尽管对睡眠与嗅觉之间的相互作用尚缺乏详细的生理机制解释，但这种相互作用为睡眠和清醒状态下的心理活动研究打开了一扇独特的窗口。

40.7.1　气味作为记忆和巩固研究的线索

普遍认为睡眠在促进学习中发挥核心作用。越来越多的证据表明，上一次清醒期间获得的并随后在睡眠期间巩固的记忆，可在睡眠期间后得到更好的回忆。作为巩固过程的一部分，睡眠期间记忆强化的现象取决于记忆类型和不同的睡眠分期[96-98]。有多项研究报道了在上一次清醒期间被激活的神经元模式可自发性地再激活[99,100]。从啮齿类动物脑部海马中的位置细胞可对在近期习得的路径中发生的激活顺序进行重现[101,102]，到黄莺的幼鸟尝试掌握其"导师"的曲谱[103]，再到人类大脑显示出睡眠和前一次清醒激活模式之间的相关性[104-107]。

睡眠期间特定记忆的实验性再激活，有时称为靶向记忆激活(TMR)，是研究睡眠在记忆过程中作用的一种方法。跨越从科学研究到日常生活的边界，一个引人注目的观点是，一个人可以仅仅通过睡觉就可以实现这种记忆自我强化。

纯嗅觉气味信号可以只被处理而不诱发清醒的独特能力使其成为研究睡眠在学习、记忆，尤其是记忆巩固机制中的作用的一种备受关注的工具。气味可作为一种优雅而隐蔽的线索激活或改变在睡眠之前经历或学习的心理过程，甚至在某种程度上，可以在睡眠期间学习新的信息。例如，在人类既往的学习过程研究中，给予气味线索可以提高工作效率；志愿者在气味存在的情况下学习到视觉空间物体定位的任务。随后，在 SWS或 REM 期间再次给予这种气味，以选择性地重新激活相关记忆。在 SWS 期间(而不是REM 期间)再次暴露于气味改善了物体位置的保留时间。功能性磁共振成像(fMRI)显示，在 SWS 期间，海马对给予的气味出现了激活的反应，这与行为结果相符[108]。另一项研究强调了记忆再激活的广泛状态依赖性。在清醒状态下，不稳定的记忆可被气味线索再次激活；但是，在 SWS 期间给予气味刺激可立即使记忆保持稳定。旨在捕获造成这一现象的差异性大脑激活 fMRI 扫描结果表明，SWS 期间的再激活主要激活海马和后皮层区，而不眠期间的再激活主要激活了前额叶皮层区[109]。后续研究发现，气味对于既往获得记忆的再激活起到线索作用，这一次是在短时睡眠而不是整夜睡眠的框架内。在 40 分钟的睡眠期间，气味线索的外部再激活增强了记忆稳定性，达到了与 90 分钟睡眠(无气味线索再激活)相同的程度，这进一步支持了气味为记忆再激活的强效线索[110]。采用相似的视觉空间记忆研究，作者还探讨了气味特异性在记忆再激活中的作用，即气味诱导的记忆激活在学习和随后的睡眠期间是否需要相同的气味。在清醒和睡眠期间给予相同气味时，睡眠期间再次暴露于气味能够显著增强记忆。但是，当给予一种新的气味或无味溶剂时，则不会出现上述情况(图 40.6)[111]。

如同记忆强化的情况，怀疑睡眠对创造性，尤其是对创造性的洞察力有益。虽然这种令人惊异的发现背后的机制尚不明确，但有人提出，睡眠期间的再激活得益于睡眠状态下的认知灵活性，其使得远距离联想变为可能[112,113]。在一项由 Ritter 等开展的研究中，在给予环境气味时，要求受试者解决一项需要有创造性方案的问题。在随后的睡眠期间

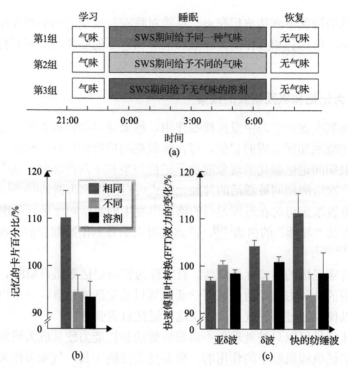

图 40.6　流程：受试者在存在特定气味的情况下练习物体定位任务(a)；随后，在 SWS 期间给予同一
　　　　种气味(相同)、新的气味(不同)或无味刺激(溶剂)。次日早晨在无气味情况下恢复，与睡前阶段相应
　　　　的睡眠后记忆的卡片数量百分比(b)和气味诱发的 δ 脑电波提示记忆得到强化(c)[111]

给予相同气味，出现的结果是，次日早晨受试者面对同一个问题时，其创造性评分有所
增加[114]。这些结果表明，与记忆强化相似，创造性过程也依赖于夜间再激活，这可以使
用嗅觉线索进行隐匿性提示。

40.7.2　在睡眠中学习新的嗅觉关联

　　到目前为止，我们回顾了使用嗅觉线索对先前在清醒期间获得的记忆具有强化作用。
但是，我们在熟睡时是否能够习得新的信息？重点关注受试者的研究多次表明，除非在
提供信息时发生觉醒，否则在随后清醒时将无法重新获得这个信息。一项最近的研究借
助嗅觉线索再次回顾了睡眠期间对新信息的学习。利用部分强化的痕迹性条件反射，在
睡眠期间将令人愉快和令人不快的气味(分别为洗发水/香水和臭鱼或腐肉)与两种不同
的音调进行配对。将呼吸监测作为完整多导睡眠监测的一部分，并重点关注给予气味刺
激后发生的嗅闻反应(见 40.5 节)。根据睡眠中配对气味的快感值，对单纯给予音调刺激
后的嗅闻反应进行调节。特别地，与之前单独与令人不快的气味匹配的音调相比，之前
单独与令人愉快的气味匹配的音调会产生更大的吸入量。这意味着在音调和气味之间形
成了一种新的关联，并在睡眠中得以巩固。值得注意的是，这种习得的行为会一直持续
到随后的清醒期，受试者并不知晓学习过程。声调在夜间对嗅闻反应产生的影响在 REM
期要强于 NREM 期；但是，只有在 NREM 期间发生的条件反射才能成功地持续至清醒
状态。该研究表明，单纯的学习形式如联想式的条件反射可在睡眠中被激活[61]。

对于可以在睡眠中习得新信息这一观点，一项针对记忆消失(遗忘的过程)或重新学习关联性的研究提供了进一步的支持。受试者在清醒状态下经历情境式恐惧条件反射，其中面部图像与电击相关，同时隐蔽性地引入一种特定的气味。在短暂的午睡期间再次给予这种气味不会增强恐惧记忆。相反，其减少了特定气味相关联的面部图像引起的恐惧反应(相对于其他面部图像)，意味着刺激特异性的恐惧感已消失。生理性恐惧反应得到了同时出现的海马活动减少和杏仁核再次激活的验证[115]。当将气味用作气味-电休克恐惧条件反射的条件性刺激，而不是作为背景时，睡眠期间给予的气味在随后的清醒状态下进行测试时可增强恐惧反应。在小鼠记忆激活后，向其杏仁核中注射蛋白合成抑制剂可减弱在随后清醒状态时对之前的条件性恐惧的反应[116]。尽管在方法学方面存在一些差异，并且可能得出了矛盾的结果，但是这两项研究均证明，睡眠期间的嗅觉刺激是消除疼痛或不适应记忆的潜在有力工具。这些方法为可能导致恐惧症或创伤后应激障碍(PTSD)的创伤记忆提供了潜在的治疗方法[116,117]。

40.7.3　气味刺激对梦境的影响

做梦是人类体验中的重要组成部分。它是一种意识状态，导致人类经历了自身产生并无法控制的感官-运动刺激。梦境是由复杂的、通常充满情绪性的经历组成的混合体，被交织成难以理解的情节。尽管梦境很重要，但我们对这种每晚都会在每个人(也许包括宠物)的头脑中发生的现象却几乎没有明确的了解。我们对于做梦功能的了解甚至不如对于睡眠总体功能的了解更明确。

最初认为梦境仅与 REM 睡眠有关，因为梦境回忆更常出现在 REM 的觉醒时。但是，普遍认为 NREM 睡眠期间也会发生梦境[118,119]。因为梦是一种变化了的意识状态，所以对梦境进行系统的定量研究是一项艰巨的任务。由于存在记忆-重现机制、文字描述困难或自我审查，梦的记忆是缥缈的、被快速遗忘的而且通常会在回忆时被无意地扭曲[120]。

大部分读者可能赞同，普通的梦境具有丰富的视觉和听觉体验，但嗅觉或味觉体验相对较少。根据一项基于问卷调查的大范围研究，在所有分析的梦境中只有大约 1%报告了包含嗅觉或味觉体验。大多数嗅觉报告来自女性，作者将这一结果归因于女性的嗅觉意识更强。夜间嗅觉体验的总体普遍率较低，这与人类生成嗅觉想象的能力通常较差有关[121]。虽然睡梦中的大脑参与了梦境的形成，但外界刺激会影响梦境的内容。外界刺激可能会对梦境和主题产生影响，某些情况下甚至会直接融入梦境中(例如，试验性地给皮肤喷水时，受试者报告了在梦中感到被浸湿的体验)。在一项调查此类影响的标准流程中，在受试者的 REM 睡眠过程中给予刺激。随后，将受试者唤醒，以便询问他或她的梦境内容，证实声调、话语、摇床、躯体感觉，甚至疼痛均可偶尔被纳入梦境中[122]。

最初关于梦境中气味作用的轶事报告来自 19 世纪法国梦理学家(研究梦的专家)Hervey de Saint-Denys 开展的一次聪明的自我研究。在持续数周的旅行中，他使用了一种新的香水，并在开始回家的旅程前密封了香水瓶的瓶盖。几个月后，de Saint-Denys 让其随从在他的枕头上滴几滴香水，并不要告诉他具体在哪个晚上。十天后，Hervey de Saint-Denys 突然梦到他旅行期间去过的地方，而且也正是随从在他枕头上滴香水的那个晚上。这样的结果使他假设，梦境由关联性事物指引，或者根据他的定义就是心理亲和性[123]。

　　大约一个世纪后，一项小规模研究通过受试者的主观报告评估了多种嗅觉刺激(令人愉快和不快的)对梦境内容的影响。报告嗅觉刺激影响百分数为19%[124]。20年后，再次回顾了嗅觉刺激对梦境内容影响的问题。考虑到嗅觉通路和杏仁核之间的直接联系，作者推测，最强的效应将是对梦境情绪的影响，而不是直接将刺激融入梦境。使用空气稀释嗅觉测量仪，研究人员给予了两种具有相反愉悦值的纯气味物质：令人愉快的苯乙醇味(玫瑰花味)和令人厌恶的H_2S味(臭鸡蛋味)。将气味嵌入到恒定的气流中以防止出现额外的躯体感觉刺激，同时提供无味刺激作为对照。对给予气味刺激后获得的报告进行现实和梦境情绪的评分。事实上，嗅觉刺激对梦的情绪氛围有显著影响，例如，积极的刺激会产生更积极的梦境，而消极的刺激会导致更消极的梦境。但是，并没有将气味刺激直接融入梦境(对所给予气味物质的感知)的报告。作者建议，可将这一结果用于临床治疗反复梦魇(一种常见的儿童睡眠障碍)[122]。

40.8　嗅觉和睡眠障碍

　　睡眠障碍会对生活质量造成巨大的生理、行为和心理影响。它们不仅影响我们的睡眠，还影响我们在清醒时感知世界的方式。

　　发作性睡病是一种以无法调节睡眠-清醒周期为特征的慢性睡眠障碍。发作性睡病患者表现出持续性日间嗜睡、REM潜伏期异常缩短、睡眠瘫痪和猝倒，以及由强烈情绪反应触发的突然睡眠发作[125,126]。食欲肽是一种神经肽，对维持不眠和调节睡眠和清醒状态间的转换至关重要，其与发作性睡病有关[127]。在最近的一项研究中，对食欲肽缺乏的小鼠给予增进食欲的气味和令人厌恶的气味，结果发现均显著增加了发作性睡病的发作次数。这为气味与情绪系统之间的紧密关联提供了进一步的支持[128]。此外，在发作性睡病患者中观察到了嗅觉功能障碍，表现为嗅觉试验得分相较对照组较低，以及嗅觉阈值显著较高和嗅觉识别功能受损[129]。最后，鼻内给予食欲肽提高了对PEA气味的嗅觉阈值[130]。

　　REM睡眠行为障碍(RBD)的特征是REM睡眠期间骨骼肌丧失正常的肌张力，伴随明显的运动活动和梦境。RBD可与神经退行性疾病(如帕金森病或路易体痴呆)相关，表现为与任何并发症无关的特发性RBD(iRBD)[131,132]。嗅觉功能的评估结果显示，与年龄和性别匹配的对照相比，iRBD患者的嗅觉阈值更高、对气味的辨别和识别分数更低[131,133-136]。

40.8.1　睡眠中施用气味治疗睡眠呼吸障碍

　　睡眠呼吸暂停是一种普遍的睡眠呼吸障碍性疾病，其特征为睡眠期间反复出现呼吸中断，导致短暂的微觉醒。这种扰乱正常睡眠结构所带来的临床后果包括多种代谢、神经认知和心血管疾病。大部分睡眠呼吸暂停是由于上气道软组织阻塞所致[137,138]。睡眠呼吸暂停也与嗅觉功能减退有关。睡眠呼吸暂停诊断和严重程度根据呼吸暂停低通气指数(AHI)[2](即每小时的呼吸暂停事件发生率)进行评估。在一项近期开展的、对嗅觉功能进行综合评估的研究中，报告了AHI和嗅觉试验评分之间的相关性，这描述了嗅觉功能随着呼吸暂停严重程度的增加而变得越来越差。此外,左、右嗅球的体积均与 AHI 负相关[139]。

在婴儿枕头周围给予香兰素(一种纯粹的令人愉快的气味)在对标准药物治疗无反应早产儿中,可改善伴有心动过缓早产儿的呼吸暂停[140](图 40.7)。最近,香兰素对早产儿呼吸暂停的有益作用又在另一项研究中得到重现和扩展[141]。

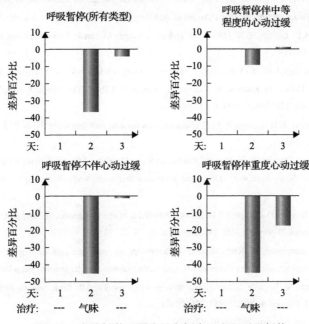

图 40.7 嗅觉刺激可预防早产新生儿出现呼吸暂停
香兰素暴露过程(第 2 天)和暴露后(第 3 天)与基线(第 1 天)
相比[140],不同类型的呼吸暂停发作次数的平均差异百分比

这种治疗模式是一种通过嗅觉刺激来影响呼吸模式而不诱发觉醒或清醒的治疗方法,尝试将其在早产相关性呼吸暂停(在清醒和睡眠中均可发生)的应用推及成年人睡眠呼吸暂停的治疗。作者提出了一种用嗅觉刺激治疗睡眠呼吸暂停的可行性试验方法。在睡眠呼吸模式改变期间引入气味(令人愉快的和令人不快的),以此减少经鼻吸入的气流并增加经鼻呼出的气流。这些结果为使用嗅觉刺激控制睡眠期间的呼吸模式提供了证据[35]。

40.9 结 束 语

本章中回顾的证据表明,纯嗅觉气味不会在睡眠中引起清醒或觉醒。反过来,睡眠中的大脑可以明确地处理这些刺激信号,它们继续影响睡眠期间的嗅觉的感觉-运动回路,即嗅闻功能。这种组合使得可以在研究睡眠期间的心理状况时使用气味。气味的这种用途表明,睡眠中给予的气味可巩固清醒期间形成的对相关事件的记忆。此外,还可以习得睡眠期间新气味与新信息的关联,并且这种关联可以影响随后清醒期间的行为。综上所述,嗅觉不会引起清醒的这些特征已经揭示了睡眠心理活动中不为人知的方面;我们推测这些特征将继续用于睡眠神经生理和嗅觉神经生理的研究。

参 考 文 献

[1] J.A. Hobson, E.F. Pace-Schott: The cognitive neuroscience of sleep: Neuronal systems, consciousness and learning, Nat. Rev. Neurosci. 3 (9), 679693 (2002)

[2] C. Iber, S. Ancoli-Israel, A.L. Chesson Jr., S.F. Quan (Eds.): The AASM Manual for the Scoring of Sleep and Associated Events: Rules, Terminology and Technical Specifications (American Academy of Sleep Medicine, Westchester 2007)

[3] H. Davis, P.A. Davis, A.L. Loomis, E.N. Harvey, G. Hobart: Changes in human brain potentials during the onset of sleep, Science 86 (2237), 448-450 (1937)

[4] S.S. Cash, E. Halgren, N. Dehghani, A.O. Rossetti, T. Thesen, C. Wang, O. Devinsky, R. Kuzniecky, W. Doyle, J.R. Madsen, E. Bromfield, L. Eross, P. Halász, G. Karmos, R. Csercsa, L. Wittner, I. Ulbert: The human K-complex represents an isolated cortical down-state, Science 324 (5930), 1084-1087 (2009)

[5] C.H. Bastien, C. Ladouceur, K.B. Campbell: EEG characteristics prior to and following the evoked K-Complex, Can. J. Exp. Psychol. 54 (4), 255-265 (2000)

[6] M.H. Kryger, T. Roth, W.C. Dement: Principles and Practice of Sleep Medicine, 5th edn. (Saunders/Elsevier, Philadelphia 2011)

[7] C.L. Ehlers, D.J. Kupfer: Slow-wave sleep: Do young adult men and women age differently?, J. Sleep Res. 6 (3), 211-215 (1997)

[8] J. Carrier, S. Land, D.J. Buysse, D.J. Kupfer, T.H. Monk: The effects of age and gender on sleep EEG power spectral density in the middle years of life (ages 20-60 years old), Psychophysiology 38 (2), 232-242 (2001)

[9] R.E. Mistlberger, B.M. Bergmann, A. Rechtschaffen: Relationships among wake episode lengths, contiguous sleep episode lengths, and electroencephalographic delta waves in rats with suprachiasmatic nuclei lesions, Sleep 10 (1), 12-24 (1987)

[10] I. Timofeev, D. Contreras, M. Steriade: Synaptic responsiveness of cortical and thalamic neurons during various phases of slow sleep oscillation incat, J. Physiol. 494 (Pt1), 265-278 (1996)

[11] J.M. Siegel: Why we sleep, Sci. Am. 289 (5), 92-97 (2003)

[12] D. Foulkes: Dream research: 1953-1993, Sleep 19 (8), 609-624 (1996)

[13] E. Mignot: Why we sleep: The temporal organization of recovery, PLoS Biol. 6 (4), e106 (2008)

[14] I. Hairston: Sleep and Addictions: Linking sleep regulation with the genesis of addictive behavior. In: Modulation of Sleep by Obesity, Diabetes, Age, and Diet, ed. by R.R. Watson (Academic Press, London 2014)

[15] B.E. Jones: Arousal systems, Front. Biosci. 8, 438-451 (2003)

[16] H. Zeplin, J. Siegel, I. Tobler: Mammalian sleep. In: Principles and Practice of Sleep Medicine, ed. by M. Kryger, T. Roth, W.C. Dement (Elsevier Saunders, St. Louis. 2005)

[17] H.A. Kamphuisen, B. Kemp, C.G. Kramer, J. Duijvestijn, L. Ras, J. Steens: Long-term sleep deprivation as a game. The wear and tear of wakefulness, Clin. Neurol. Neurosurg. Suppl. 94, S96-S99 (1992)

[18] A. Rechtschaffen, B.M. Bergmann, C.A. Everson, C.A. Kushida, M.A. Gilliland: Sleep deprivation in the rat: X. Integration and discussion of the findings, Sleep 12 (1), 68-87 (1989)

[19] M. Mackiewicz, K.R. Shockley, M.A. Romer, R.J. Galante, J.E. Zimmerman, N. Naidoo, D.A. Baldwin, S.T. Jensen, G.A. Churchill, A.I. Pack: Macromolecule biosynthesis: A key function of sleep, Physiol. Genomics 31 (3), 441-457 (2007)

[20] C.A. Landis, J.D. Whitney: Effects of 72 hours sleep deprivation on wound healing in the rat, Res. Nurs. Health 20 (3), 259-267 (1997)

[21] K. Adam, I. Oswald: Sleep helps healing, Br. Med. J. (Clin. Res. Ed) 289 (6456), 1400-1401 (1984)

[22] I. Tobler: Phylogeny of sleep regulation. In: Principles and Practice of Sleep Medicine, ed. by M. Kryger, T. Roth, W.C. Dement (Elsevier Saunders, St. Louis 2005)

[23] J. Born, B. Rasch, S. Gais: Sleep to remember, Neuroscientist 12 (5), 410-424 (2006)

[24] R. Stickgold: Sleep-dependent memory consolidation, Nature 437 (7063), 1272-1278 (2005)

[25] G. Tononi, C. Cirelli: Sleep function and synaptic homeostasis, Sleep Med. Rev. 10 (1), 49-62 (2006)

[26] R.A. Velluti: Interactions between sleep and sensory physiology, J. Sleep Res. 6(2), 61-77(1997)

[27] M. Vallet, J. Mouret: Sleep disturbance due to transportation noise: Ear plugs vs oral drugs, Experientia 40(5), 429-437(1984)

[28] M.G. Terzano, L. Parrino, G. Fioriti, B. Orofiamma, H. Depoortere: Modifications of sleep structure induced by increasing levels of acoustic perturbation in normal subjects, Electroencephalogr. Clin. Neurophysiol. 76(1), 29-38(1990)

[29] H.V. Ngo, J.C. Claussen, J. Born, M. Mölle: Induction of slow oscillations by rhythmic acoustic stimulation, J. Sleep Res. 22(1), 22-31(2013)

[30] R.L. Doty, W.E. Brugger, P.C. Jurs, M.A. Orndorff, P.J. Snyder, L.D. Lowry: Intranasal trigeminal stimulation from odorous volatiles: Psychometric responses from anosmic and normal humans, Physiol. Behav. 20(2), 175-185(1978)

[31] T. Hummel, H. Pietsch, G. Kobal: Kallmann's syndrome and chemosensory evoked potentials, Eur. Arch. Otorhinolaryngol. 248(5), 311-312(1991)

[32] E.B. Keverne, C.L. Murphy, W.L. Silver, C.J. Wysocki, M. Meredith: Non-olfactory chemoreceptors of the nose: Recent advances in understanding the vomeronasal and trigeminal systems, Chem. Senses 11, 119-133(1986)

[33] K. Grupp, J.T. Maurer, K. Hörmann, T. Hummel, B.A. Stuck: Chemosensory induced arousals during sleep in premenopausal women, Neurosci. Lett. 444(1), 22-26(2008)

[34] M.A. Carskadon, R.S. Herz: Minimal olfactory perception during sleep: Why odor alarms will not work for humans, Sleep 27(3), 402-405(2004)

[35] A. Arzi, L. Sela, A. Green, G. Givaty, Y. Dagan, N. Sobel: The influence of odorants on respiratory patterns in sleep, Chem. Senses 35(1), 31-40(2010)

[36] B.A. Stuck, K. Stieber, S. Frey, C. Freiburg, K. Hörmann, J.T. Maurer, T. Hummel: Arousal responses to olfactory or trigeminal stimulation during sleep, Sleep 30(4), 506-510(2007)

[37] P. Badia, N. Wesensten, W. Lammers, J. Culpepper, J. Harsh: Responsiveness to olfactory stimuli presented in sleep, Physiol. Behav. 48(1), 87-90(1990)

[38] G. Hideaki, S. Tomo, M. Koichiro, T. Yukinobu, I. Makoto: Odor generation alarm and method for informing unusual situation, US Patent Application No. 12/735,639, US20100308995 A1, Published Dec. 9(2010)

[39] B.A. Stuck, J. Baja, F. Lenz, R.M. Herr, C. Heiser: Co-stimulation with an olfactory stimulus increases arousal responses to trigeminal stimulation, Neuroscience 176, 442-446(2011)

[40] R.S. Herz: Aromatherapy facts and fictions: A scientific analysis of olfactory effects on mood, physiology and behavior, Int. J. Neurosci. 119(2), 263-290(2009)

[41] N. Wolfe, J. Herzberg: Can aromatherapy oils promote sleep in severely demented patients?, Int. J. Geriatr. Psychiatry 11, 926-927(1996)

[42] M. Hardy: Sweet scented dreams, Int. J. Aromather. 3(1), 12-14(1991)

[43] B. Johannessen: Nurses experience of aromatherapy use with dementia patients experiencing disturbed sleep patterns. An action research project, Complement. Ther. Clin. Pract. 19(4), 209-213(2013)

[44] N. Goel, H. Kim, R.P. Lao: An olfactory stimulus modifies nighttime sleep in young men and women, Chronobiol. Int. 22(5), 889-904(2005)

[45] M. Hardy, M.D. Kirk-Smith, D.D. Stretch: Replacement of drug treatment for insomnia by ambient odour, Lancet 346(8976), 701(1995)

[46] A. Sano, H. Sei, H. Seno, Y. Morita, H. Moritoki: Influence of cedar essence on spontaneous activity and sleep of rats and human daytime nap, Psychiatry Clin. Neurosci. 52(2), 133-135(1998)

[47] S. Yamaoka, T. Tomita, Y. Imaizumi, K. Watanabe, A. Hatanaka: Effects of plant-derived odors on sleep-wakefulness and circadian rhythmicity in rats, Chem. Senses 30(Suppl. 1), i264-i265(2005)

[48] T. Komori, T. Matsumoto, E. Motomura, T. Shiroyama: The sleep-enhancing effect of valerian inhalation and sleep-shortening effect of lemon inhalation, Chem. Senses 31(8), 731-737(2006)

[49] N. Goel, H. Kim, R.P. Lao: Gender differences in polysomnographic sleep in young healthy sleepers, Chronobiol. Int. 22(5), 905-915(2005)

[50] M.I. Norrish, K.L. Dwyer: Preliminary investigation of the effect of peppermint oil on an objective measure of daytime sleepiness, Int. J. Psychophysiol. 55(3), 291-298(2005)

[51] T. Mennini, P. Bernasconi, E. Bombardelli, P. Morazzoni: In vitro study in the interaction of extracts and pure compounds from *Valerian officinalis* roots with GABA, benzodiazepine and barbiturate receptors in rat brain, Fitoterapia 64, 291-300(1993)

[52] L.R. Chioca, M.M. Ferro, I.P. Baretta, S.M. Oliveira, C.R. Silva, J. Ferreira, E.M. Losso, R. Andreatini: Anxiolytic-like effect of lavender essential oil inhalation in mice: Participation of serotonergic but not GABAA/benzodiazepine neurotransmission, J. Ethnopharmacol. 147(2), 412-418(2013)

[53] O.A. Sergeeva, O. Kletke, A. Kragler, A. Poppek, W. Fleischer, S.R. Schubring, B. Görg, H.L. Haas, X.R. Zhu, H. Lübbert, G. Gisselmann, H. Hatt: Fragrant dioxane derivatives identify beta1-subunit-containing GABAA receptors, J. Biol. Chem. 285(31), 23985-23993(2010)

[54] N. Goel, R.P. Lao: Sleep changes vary by odor perception in young adults, Biol. Psychol. 71(3),-341-349(2006)

[55] National Sleep Foundation: 2013 International Bedroom Poll(National Sleep Foundation, Arlington 2013) http://sleepfoundation. org/sites/default/files/RPT495a.pdf

[56] G. Benedek, F. Obál Jr., G. Rubicsek, F. Obál: Sleep elicited by olfactory tubercle stimulation and the effect of atropine, Behav. Brain Res. 2(1), 23-32(1981)

[57] F. Obal Jr., G. Benedek, G. Réti, F. Obál: Tonic hypnogenic effect of the olfactory tubercle, Exp. Neurol. 69(1), 202-208(1980)

[58] R. Hernandez-Peon, A. Lavin, C. Alcocer-Cuaron, J.P. Marcelin: Electrical activity of the olfactory bulb during wakefulness and sleep, Electroencephalogr. Clin. Neurophysiol. 12, 41-58(1960)

[59] D. Funk, S. Amir: Circadian modulation of fos responses to odor of the red fox, a rodent predator, in the rat olfactory system, Brain Res. 866(1/2), 262-267(2000)

[60] B.A. Stuck, H. Weitz, K. Hörmann, J.T. Maurer, T. Hummel: Chemosensory event-related potentials during sleep-A pilot study, Neurosci. Lett. 406(3), 222-226(2006)

[61] A. Arzi, L. Shedlesky, M. Ben-Shaul, K. Nasser, A. Oksenberg, I.S. Hairston, N. Sobel: Humans can learn new information during sleep, Nat. Neurosci.15(10), 1460-1465(2012)

[62] J. Mainland, N. Sobel: The sniff is part of the olfactory percept, Chem. Senses 31(2), 181-196(2006)

[63] M. Bensafi, N. Sobel, R.M. Khan: Hedonic-specific activity in piriform cortex during odor imagery mimics that during odor perception, J. Neurophysiol 98(6), 3254-3262(2007)

[64] L.B. Haberly, J.L. Price: The axonal projection patterns of the mitral and tufted cells of the olfactory bulb in the rat, Brain Res. 129(1), 152-157(1977)

[65] A.M. Coenen, A.J. Vendrik: Determination of the transfer ratio of cat's geniculate neurons through quasi-intracellular recordings and the relation with the level of alertness, Exp. Brain Res. 14(3), 227-242(1972)

[66] J.M. Edeline, Y. Manunta, E. Hennevin: Auditory thalamus neurons during sleep: Changes in frequency selectivity, threshold, and receptive field size, J. Neurophysiol. 84(2), 934-952(2000)

[67] M.S. Livingstone, D.H. Hubel: Effects of sleep and arousal on the processing of visual information in the cat, Nature 291(5816), 554-561(1981)

[68] M. Steriade, R.C. Dossi, A. Nunez: Network modulation of a slow intrinsic oscillation of cat thalamocortical neurons implicated in sleep delta waves: Cortically induced synchronization and brainstem cholinergic suppression, J. Neurosci. 11(10), 3200-3217(1991)

[69] M. Massimini, M. Rosanova, M. Mariotti: EEG slow(approximately 1Hz)waves are associated with nonstationarity of thalamo-cortical sensory processing in the sleeping human, J. Neurophysiol. 89(3), 1205-1213(2003)

[70] B. Libet: How does conscious experience arise? The neural time factor, Brain Res. Bull. 50(5/6), 339-340(1999)

[71] E. Courtiol, D.A. Wilson: Thalamic olfaction: Characterizing odor processing in the mediodorsal thalamus of the rat, J. Neurophysiol. 111 (6), 1274-1285 (2014)

[72] L.M. Kay, S.M. Sherman: An argument for an olfactory thalamus, Trends Neurosci. 30 (2), 47-53 (2007)

[73] A. Lavin, C. Alcocer-Cuaron, R. Hernandez-Peon: Centrifugal arousal in the olfactory bulb, Science 129 (3345), 332-333 (1959)

[74] W.J. Freeman: Distribution in time and space of prepyriform electrical activity, J. Neurophysiol. 22, 644-665 (1959)

[75] D.A. Wilson: Habituation of odor responses in the rat anterior piriform cortex, J. Neurophysiol. 79 (3), 1425-1440 (1998)

[76] A. Fontanini, J.M. Bower: Slow-waves in the olfactory system: An olfactory perspective on cortical rhythms, Trends Neurosci. 29 (8), 429-437 (2006)

[77] M. Murakami, H. Kashiwadani, Y. Kirino, K. Mori: State-dependent sensory gating in olfactory cortex, Neuron 46 (2), 285-296 (2005)

[78] R. Guevara-Aguilar, H.U. Aguilar-Baturoni, H. Aréchiga, C. Alcocer-Cuarón: Efferent evoked responses in the olfactory pathway of the cat, Electroencephalogr. Clin. Neurophysiol. 34 (1), 23-32 (1973)

[79] P. Bobillier, S. Seguin, F. Petitjean, D. Salvert, M. Touret, M. Jouvet: The raphe nuclei of the cat brain stem: A topographical atlas of their efferent projections as revealed by autoradiography, Brain Res. 113 (3), 449-486 (1976)

[80] R.D. Broadwell, D.M. Jacobowitz: Olfactory relationships of the telencephalon and diencephalons in the rabbit. III. The ipsilateral centrifugal fibers to the olfactory bulbar and retrobulbar formations, J. Comp. Neurol. 170 (3), 321-345 (1976)

[81] C.W. Berridge, B.E. Schmeichel, R.A. Espana: Noradrenergic modulation of wakefulness/arousal, Sleep Med. Rev. 16 (2), 187-197 (2012)

[82] M.T. Shipley, F.J. Halloran, J. de la Torre: Surprisingly rich projection from locus coeruleus to the olfactory bulb in the rat, Brain Res. 329 (1/2), 294-299 (1985)

[83] J.H. McLean, M.T. Shipley, W.T. Nickell, G. Aston-Jones, C.K. Reyher: Chemoanatomical organization of the noradrenergic input from locus coeruleus to the olfactory bulb of the adult rat, J. Comp. Neurol. 285 (3), 339-349 (1989)

[84] C.E. Jahr, R.A. Nicoll: Noradrenergic modulation of dendrodendritic inhibition in the olfactory bulb, Nature 297 (5863), 227-229 (1982)

[85] P.Q. Trombley, G.M. Shepherd: Noradrenergic inhibition of synaptic transmission between mitral and granule cells in mammalian olfactory bulb cultures, J. Neurosci. 12 (10), 3985-3991 (1992)

[86] M. Jiang, E.R. Griff, M. Ennis, L.A. Zimmer, M.T. Shipley: Activation of locus coeruleus enhances the responses of olfactory bulb mitral cells to weak olfactory nerve input, J. Neurosci. 16 (19), 6319-6329 (1996)

[87] M. Caillol, J. Aïoun, C. Baly, M.A. Persuy, R. Salesse: Localization of orexins and their receptors in the rat olfactory system: Possible modulation of olfactory perception by a neuropeptide synthetized centrally or locally, Brain Res. 960 (1/2), 48-61 (2003)

[88] C. Peyron, D.K. Tighe, A.N. van den Pol, L. de Lecea, H.C. Heller, J.G. Sutcliffe, T.S. Kilduff: Neurons containing hypocretin (orexin) project to multiple neuronal systems, J. Neurosci. 18 (23), 9996-10015 (1998)

[89] A.K. Julliard, M.A. Chaput, A. Apelbaum, P. Aimé, M. Mahfouz, P. Duchamp-Viret: Changes in rat olfactory detection performance induced by orexin and leptin mimicking fasting and satiation, Behav. Brain Res. 183 (2), 123-129 (2007)

[90] A.B. Hardy, J. Aïoun, C. Baly, K.A. Julliard, M. Caillol, R. Salesse, P. Duchamp-Viret: Orexin A modulates mitral cell activity in the rat olfactory bulb: Patch-clamp study on slices and immune cytochemical localization of orexin receptors, Endocrinology 146 (9), 4042-4053 (2005)

[91] A.F. Apelbaum, A. Perrut, M. Chaput: Orexin A effects on the olfactory bulb spontaneous activity and odor responsiveness in freely breathing rats, Regul. Pept. 129 (1-3), 49-61 (2005)

[92] V. Reghunandanan, R. Reghunandanan: Neurotransmitters of the suprachiasmatic nuclei, J. Circadian Rhythms 4, 2 (2006)

[93] K.E. Krout, J. Kawano, T.C. Mettenleiter, A.D. Loewy: CNS inputs to the suprachiasmatic nucleus of the rat, Neuroscience 110 (1), 73-92 (2002)

[94] U. Abraham, M. Saleh, A. Kramer: Odor is a time cue for circadian behavior, J. Biol. Rhythms 28(1), 26-37(2013)

[95] D. Granados-Fuentes, A. Tseng, E.D. Herzog: A circadian clock in the olfactory bulb controls olfactory responsivity, J. Neurosci. 26(47), 12219-12225(2006)

[96] D. Oudiette, K.A. Paller: Upgrading the sleeping brain with targeted memory reactivation, Trends Cogn. Sci. 17(3), 142-149 (2013)

[97] R. Stickgold, J.A. Hobson, R. Fosse, M. Fosse: Sleep, learning, and dreams: Off-line memory reprocessing, Science 294(5544), 1052-1057(2001)

[98] S. Diekelmann, J. Born: The memory function of sleep, Nat. Rev. Neurosci. 11(2), 114-126(2010)

[99] L. Buhry, A.H. Azizi, S. Cheng: Reactivation, replay, and preplay: How it might all fit together, Neural Plast. 2011, 203462 (2011)

[100] P.A. Lewis, S.J. Durrant: Overlapping memory replay during sleep builds cognitive schemata, Trends Cogn. Sci. 15(8), 343-351(2011)

[101] C. Pavlides, J. Winson: Influences of hippocampal place cell firing in the awake state on the activity of these cells during subsequent sleep episodes, J. Neurosci. 9(8), 2907-2918(1989)

[102] M.A. Wilson, B.L. McNaughton: Reactivation of hippocampal ensemble memories during sleep, Science 265(5172), 676-679 (1994)

[103] S.S. Shank, D. Margoliash: Sleep and sensorimotor integration during early vocal learning in a songbird, Nature 458(7234), 73-77(2009)

[104] P. Maquet: A role for sleep in the processing of memory traces. Contribution of functional neuroimaging in humans, Bull. Mem. Acad. R. Med. Belg. 159(Pt 2), 167-170(2004)

[105] P. Peigneux, S. Laureys, S. Fuchs, F. Collette, F. Perrin, J. Reggers, C. Phillips, C. Degueldre, G. Del Fiore, J. Aerts, A. Luxen, P. Maquet: Are spatial memories strengthened in the human hippocampus during slow wave sleep?, Neuron 44(3), 535-545 (2004)

[106] M. Ramot, L. Fisch, I. Davidesco, M. Harel, S. Kipervasser, F. Andelman, M.Y. Neufeld, U. Kramer, I. Fried, R. Malach: Emergence of sensory patterns during sleep highlights differential dynamics of REM and non-REM sleep stages, J. Neurosci. 33(37), 14715-14728(2013)

[107] L. Deuker, J. Olligs, J. Fell, T.A. Kranz, F. Mormann, C. Montag, M. Reuter, C.E. Elger, N. Axmacher: Memory consolidation by replay of stimulus-specific neural activity, J. Neurosci. 33(49), 19373-19383(2013)

[108] B. Rasch, C. Büchel, S. Gais, J. Born: Odor cues during slow-wave sleep prompt declarative memory consolidation, Science 315(5817), 1426-1429(2007)

[109] S. Diekelmann, C. Büchel, J. Born, B. Rasch: Labile or stable: Opposing consequences for memory when reactivated during waking and sleep, Nat. Neurosci. 14(3), 381-386(2011)

[110] S. Diekelmann, S. Biggel, B. Rasch, J. Born: Offline consolidation of memory varies with time in slow wave sleep and can be accelerated by cuing memory reactivations, Neurobiol. Learn. Mem. 98(2), 103-111(2012)

[111] J.S. Rihm, S. Diekelmann, J. Born, B. Rasch: Reactivating memories during sleep by odors: Odor specificity and associated changes in sleep oscillations, J. Cogn. Neurosci. 26(8), 1806-1818(2014)

[112] P. Mazzarello: What dreams may come?, Nature 408(6812), 523(2000)

[113] M.P. Walker, C. Liston, J.A. Hobson, R. Stickgold: Cognitive flexibility across the sleep-wake cycle: REM-sleep enhancement of anagram problem solving, Brain Res. Cogn. Brain. Res. 14(3), 317-324(2002)

[114] S.M. Ritter, M. Strick, M.W. Bos, R.B. van Baaren, A. Dijksterhuis: Good morning creativity: Task reactivation during sleep enhances beneficial effect of sleep on creative performance, J. Sleep Res. 21(6), 643-647(2012)

[115] K.K. Hauner, J.D. Howard, C. Zelano, J.A. Gottfried: Stimulus-specific enhancement of fear extinction during slow-wave sleep, Nat. Neurosci. 16(11), 1553-1555(2013)

[116] D. Oudiette, J.W. Antony, K.A. Paller: Fear not: Manipulating sleep might help you forget, Trends Cogn. Sci. 18(1), 3-4 (2014)

[117] A. Rolls, M. Makam, D. Kroeger, D. Colas, L. de Lecea, H. Craig Heller: Sleep to forget: Interference of fear memories during sleep, Mol. Psychiatry18(11), 1166-1170(2013)

[118] W. Dement, N. Kleitman: The relation of eye movements during sleep to dream activity: An objective method for the study of dreaming, J. Exp. Psychol. 53(5), 339-346(1957)

[119] W.D. Foulkes: Dream reports from different stages of sleep, J. Abnorm. Soc. Psychol. 65, 14-25(1962)

[120] S. Schwartz, P. Maquet: Sleep imaging and the neuro-psychological assessment of dreams, Trends Cogn. Sci. 6(1), 23-30 (2002)

[121] A.L. Zadra, T.A. Nielsen, D.C. Donderi: Prevalence of auditory, olfactory, and gustatory experiences in home dreams, Percept. Mot. Skills 87(3 Pt 1), 819-826(1998)

[122] M. Schredl, D. Atanasova, K. Hörmann, J.T. Maurer, T. Hummel, B.A. Stuck: Information processing during sleep: The effect of olfactory stimuli on dream content and dream emotions, J. Sleep Res.18(3), 285-290(2009)

[123] M. Desseilles, T.T. Dang-Vu, V. Sterpenich, S. Schwartz: Cognitive and emotional processes during dreaming: A neuroimaging view, Conscious Cogn. 20(4), 998-1008(2011)

[124] K. Trotter, K. Dallas, P. Verdone: Olfactory stimuli and their effects on REM dreams, Psychiatry J. Univ. Ott. 13(2), 94-96 (1988)

[125] C.R. Burgess, T.E. Scammell: Narcolepsy: Neural mechanisms of sleepiness and cataplexy, J. Neurosci. 32(36), 12305-12311 (2012)

[126] T.E. Scammell: The neurobiology, diagnosis, and treatment of narcolepsy, Ann. Neurol. 53(2), 154-166(2003)

[127] R.M. Chemelli, J.T. Willie, C.M. Sinton, J.K. Elmquist, T. Scammell, C. Lee, J.A. Richardson, S.C. Williams, Y. Xiong, Y. Kisanuki, T.E. Fitch, M. Nakazato, R.E. Hammer, C.B. Saper, M. Yanagisawa: Narcolepsy in orexin knockout mice: Molecular genetics of sleep regulation, Cell 98(4), 437-451(1999)

[128] M. Morawska, M. Buchi, M. Fendt: Narcoleptic episodes in orexin-deficient mice are increased by both attractive and aversive odors, Behav. Brain Res. 222(2), 397-400(2011)

[129] J. Buskova, J. Klaschka, K. Sonka, S. Nevsimalova: Olfactory dysfunction in narcolepsy with and without cataplexy, Sleep Med. 11(6), 558-561(2010)

[130] P.C. Baier, S.L. Weinhold, V. Huth, B. Gottwald, R. Ferstl, D. Hinze-Selch: Olfactory dysfunction in patients with narcolepsy with cataplexy is restored by intranasal Orexin A(Hypocretin-1), Brain131(Pt 10), 2734-2741(2008)

[131] I. Arnulf: REM sleep behavior disorder: Motor manifestations and pathophysiology, Mov. Disord. 27(6), 677-689(2012)

[132] A. Iranzo, E. Tolosa, E. Gelpi, J.L. Molinuevo, F. Valldeoriola, M. Serradell, R. Sanchez-Valle, I. Vilaseca, F. Lomeña, D. Vilas, A. Lladó, C. Gaig, J. Santamaria: Neurodegenerative disease status and post-mortem pathology in idiopathic rapid-eye-movement sleep behaviour disorder: An observational cohort study, Lancet Neurol. 12(5), 443-453(2013)

[133] A. Iranzo, M. Serradell, I. Vilaseca, F. Valldeoriola, M. Salamero, C. Molina, J. Santamaria, E. Tolosa: Longitudinal assessment of olfactory function inidiopathic REM sleep behavior disorder, Parkinsonism Relat. Disord. 19(6), 600-604 (2013)

[134] H.Y. Shin, E.Y. Joo, S.T. Kim, H.J. Dhong, J.W. Cho: Comparison study of olfactory function and substantia nigra hyperechogenicity in idiopathic REM sleep behavior disorder, Parkinson's disease andnormal control, Neurol. Sci. 34(6), 935-940(2013)

[135] T. Miyamoto, M. Miyamoto, M. Iwanami, K. Suzuki, Y. Inoue, K. Hirata: Odor identification test as an indicator of idiopathic REM sleep behavior disorder, Mov. Disord. 24(2), 268-273(2009)

[136] T. Miyamoto, M. Miyamoto, M. Iwanami, K. Hirata, M. Kobayashi, M. Nakamura, Y. Inoue: Olfactory dysfunction in idiopathic REM sleep behavior disorder, Sleep Med. 11(5), 458-461(2010)

[137] S.F. Quan, J.C. Gillin, M.R. Littner, J.W. Shepard: Sleep-related breathing disorders in adults: Recommendations for syndrome definition and measurement techniques in clinical research. The Report of an American Academy of Sleep Medicine Task Force, Sleep 22 (5), 662-689 (1999)

[138] M. Friedman: Sleep Apnea and Snoring: Surgical and Non-Surgical Therapy (Saunders, Edinburgh 2009)

[139] M. Salihoglu, M.T. Kendirli, A. Altundağ, H. Tekeli, M. Sağlam, M. Çayönü, M.G. Şenol, F. Özdağ: The effect of obstructive sleep apnea on olfactory functions, Laryngoscope 124 (9), 2190-2194 (2014)

[140] L. Marlier, C. Gaugler, J. Messer: Olfactory stimulation prevents apnea in premature newborns, Pediatrics 115 (1), 83-88 (2005)

[141] M. Edraki, H. Pourpulad, M. Kargar, N. Pishva, N. Zare, H. Montaseri: Olfactory stimulation by vanillin prevents apnea in premature newborn infants, Iran. J. Pediatr. 23 (3), 261-268 (2013)

第41章 鼻内三叉神经系统

三叉神经是第5对脑神经，也是最粗大的一对脑神经，它不仅负责面部感觉和运动功能，还负责化学感受感觉。三叉神经除了支配面部皮肤外，还支配口鼻黏膜。这里，化学感受感觉始于不同受体的激活，最重要和最广为人知的受体是瞬时受体电位(TRP)通道，可产生烧灼感、温觉、凉觉、冷觉和痛觉。三叉神经化学感受信息从黏膜开始，通过三叉神经节传送至脑干内的丘脑核；神经纤维从此处投射至大脑的躯体感觉皮层和化学感受区。

大部分气味除了刺激嗅觉系统以外，还会刺激三叉神经系统，尤其是在较高浓度时。但是，这两种感觉系统之间的重叠不限于刺激强度的水平，因为它们在外周(黏膜)和中枢(大脑)水平上也会发生相互作用。因此，嗅觉功能减退的受试者三叉神经敏感度较低，而三叉神经敏感度较低的受试者嗅觉激活的水平较低。

可以使用不同的技术来评估三叉神经系统的状态和功能。此类技术包括通过测试受试者的嗅觉功能减退(以排除嗅觉干扰)以及给予不同类型的刺激(纯气味剂、单纯的三叉神经气味，或两者的组合)来进行行为评估。更客观的测量包括电生理法，分别通过黏膜负电位(NMP)评估外周激活和三叉神经事件相关电位(ERP)评估中枢的激活，还包括功能性磁共振成像以及在较小程度上使用正电子发射断层扫描(PET)。

三叉神经负责面部感觉(触觉和痛觉)以及少量的运动功能(咀嚼)。此外，三叉神经还能传递来自口鼻黏膜的化学感受信息，如进食辛辣食物时的辣味味觉。尽管为数不多的研究重点探讨了在三叉神经系统的化学感受功能，本章旨在概述三叉神经系统的关键知识。特别讨论了三叉神经系统的解剖结构、不同通路、研究该系统的多种方法、嗅觉与三叉神经系统间的相互作用以及一个系统功能丧失对另一系统的影响。

41.1 三叉神经系统的神经解剖结构概略

三叉神经为第5对脑神经(CN Ⅴ)。它是12条脑神经中最粗大的一条；名称源于它有3个主要分支。这三大分支为眼神经(CN Ⅴ1)、上颌神经(CN Ⅴ2)和下颌神经(CN Ⅴ3)。三叉神经主要为感觉神经，同时具有一定的运动功能。

41.1.1 三叉神经节，三叉神经核

来自三大分支的感觉信息汇集于三叉神经节(Gasserian 神经节、半月神经节)；输入感觉纤维的细胞体位于此处。三叉神经节的特征与脊髓的背根神经节相似。神经元的细

胞体虽然位于三叉神经节中，但没有突触，因此神经元被称为假单极神经元。保存了3大分支的躯体感觉信息[1]，这意味着3大分支的相对位置在三叉神经节内保持了相同的位置。为方便图示说明，将眼神经的分支按照人类面部分布情况放在下颌神经分支的上方。从此处开始，传入神经纤维沿脑桥与小脑中脚之间的角度进入脑干[2]。传入神经在脑干处延伸至三叉神经核，三叉神经核由中脑(中脑核)到脑桥(主要的三叉神经感觉核)和脊髓的吻侧部分(三叉神经脊束核)排列而成。值得注意的是，三叉神经的纤维仍按躯体特定区分布[3]。三叉神经通路的分布情况概述详见彩图34。

41.1.2 中枢神经系统信号处理的解剖结构

第一级突触中继站位于脑干的三叉神经核结构中。信息在此处被传递给投射到丘脑中的第二级中继站的神经元，丘脑负责调节意识和警觉。具体而言，三叉神经传递的信息被传递至丘脑的外侧核(腹侧)和中央核(中央内侧核和束旁核)。第三级神经元投射从此处将信息发送至躯体感觉皮层，该区域是负责感觉(如触觉、痛觉或热觉)的大脑区域。在人类中，视觉的皮层投射区位于中央后回下部，而来自下颌神经的信息则在中央沟的更高级区域中进行处理[4,5]。因此，三叉神经通路的所有部分(从三叉神经节至躯体感觉皮层)均保留了三叉神经三大分支的相对分布位置。

41.2 化学感受三叉神经的神经解剖结构

除支配面部皮肤外，CNV的不同分支也支配口鼻黏膜。具体而言，来自眼神经的筛骨神经和来自上颌神经的鼻神经和部分牙槽神经支配鼻黏膜；此外，上颌神经的其他分支与舌神经、颊神经和下颌神经的牙槽神经共同支配口腔黏膜。三叉神经的神经末梢能够在黏膜中通过特定的化学感受器检测躯体感觉信息和化学感受信息。

41.2.1 外周结构和受体

在受体水平上，化学刺激物激活三叉神经的特异性受体，其中大部分为瞬时受体电位(TRP)受体亚家族的离子通道，它们近期才被发现。本书第29章对此进行了详细讨论。它们的主要特征之一是可被特定范围的温度和化学刺激(如辣椒素、薄荷脑、樟脑油等)激活。

除了TRP通道，也有证据表明存在非TRP受体。这些受体可被烟碱(烟碱乙酰胆碱受体)[6]和酸(质子门控离子通道)[7-10]激活。此外，除游离三叉神经末梢上的这些受体外，鼻腔中也发现了孤立的化学感受器细胞，但尚未在人类中发现[11]。这些细胞可通过特异性受体被苦味物质激活，并到达鼻上皮表面，与三叉神经传入神经纤维形成突触联系。这些苦味物质可能成为激活鼻内三叉神经系统的化合物家族中的新成员。

41.2.2 中枢神经信息处理的结构

化学感受信息与这种典型的躯体感觉通路共享信息处理单元。但是，三叉神经化学感受刺激除可激活这些躯体感觉结构外，还可激活脑部区域，如脑岛、眶额叶皮层和梨状皮层[12-14]。通常，这些额外的区域被认为是调节嗅觉和味觉区域。为了包括三叉神经信息处理区域,已有人提出使用化学感受区这个术语将这些区域作为一个整体进行描述。尽管大多数三叉神经刺激也能引起气味感觉,即产生气味[15],但尚不清楚化学感受区的激活通路——究竟是通过嗅觉通路(三叉神经刺激刺激嗅觉受体,导致嗅觉神经被激活),还是在躯体感觉通路和化学感受处理区之间有一条直接的化学感受特异性的连接通路,但至今尚不清楚其确切的神经解剖结构。后一种假设得到以下事实的支持:即便是无味的三叉神经刺激物二氧化碳也会激活化学感受脑区[12]。事实上,也有一些三叉神经的分支在嗅上皮终止;有些甚至再次进入中枢神经系统并终止于嗅球内[16]。虽然这些纤维的确切功能尚不清楚,但它们可能提供了三叉神经与嗅觉系统相互作用的一种连接。

41.3　三叉神经感觉

与嗅觉神经相比,三叉神经系统内的化学感受相对无特异性。但是,由三叉神经化学感受引起的感觉远不只是简单的痛觉,因为三叉神经刺激可能导致多种不同的感觉,如冷觉、烧灼感、刺痛或麻刺感。TRP 通道受体在三叉神经知觉中发挥关键作用。

41.3.1　受体和知觉

第一个被发现并被详细描述的 TRP 受体是 TRPV1 受体。它可被 43℃[17]以上的有毒热气以及多种化学刺激激活,包括辣椒素(辣椒的辛辣成分)[17]、丁香酚(丁香油的主要化合物)[36]和酸[33]。TRPV1 受体的激活导致麻刺感的感觉,在较高强度下,麻刺感会变成锐痛、烧灼感和痛感[44]。还有其他几种 TRPV,如 TRPV3。这种受体可在≥39℃的较低温度下被激活[45,46]。这种受体也具有化学敏感度,因为不同化合物,如百里香酚(牛至和百里香等香料的主要成分)[24,26]均可作为激活剂。TRPV3 的激活与温觉相关[26]。

在生理温度范围的另一端,我们发现了 TRPM8 受体。这种特定受体可被≤39℃的低温激活[27],还可以被化学物质如薄荷脑(薄荷的主要成分)[27]和桉叶油素[47]激活。刺激该受体可产生凉觉,而不会引起特别的痛觉。在更低温度下可激活有害性的冷觉感受的是 TRPA1 通道,它可在 17℃以下的低温被激活[25,33]。同样,这种受体具有化学敏感性,因为异硫氰酸烯丙酯(芥末油)[25,33]可作为激活剂。激活 TRPA1 产生钝痛。这 4 种受体的激活温度范围概述见图41.1。值得注意的是,许多刺激物都是香料和草药的成分,例如:辣椒、丁香花、牛至草、百里香、桉树、薄荷和芥末等。关于本章中提到的激活四种 TRP 受体的不同刺激物详见表 41.1。

当人类在室温下正常呼吸时,吸入的空气在鼻腔内被加热至平均 28~32℃[48,49]。这个温度范围既介于 TRPM8/TRPA1 激活的温度范围,又介于 TRPV3/TRPV1 激活的温度范围。因此,当我们在室温下吸入清洁的空气时,这些受体均不应被激活。但是,在室温下更用力地吸入空气时,TRPM8 受体可能会由于鼻内温度降低而被激活[49]。此外,空气温度的变化可诱发受体电位,从而引起冷觉、凉觉、温觉或热觉。同样,存在多种三叉神经刺激中的一种时,即使没有实际的温度变化,也可能根据感觉诱发受体电位。事实上,吸入薄荷脑确实会使人感觉凉爽,同样也会使鼻腔感觉更通畅。然而,对鼻腔内的气流温度和鼻腔通畅度的主观测量结果显示,吸入薄荷脑并不影响这两种指标[48]。

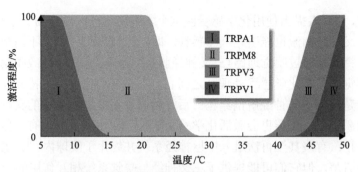

图 41.1　4 种鼻内 TRP 受体的可接受温度范围

白色区域表示鼻咽部的生理温度，即鼻腔调节吸入气体的温度[49]

表 41.1　不同的刺激激活不同的 TRP 受体

物质	受体				文献
	TRPA1	TRPM8	TRPV3	TRPV1	
乙酰胆碱				□	[17]
三磷酸腺苷				□	[17]
乙酸戊酯	■			□	[18, 19]
大蒜素	■			■	[20-22]
苯甲醛	■			◨	[18, 19, 23]
冰片			■		[24]
缓激肽	■			□	[17, 25]
6-叔丁基间甲酚			■		[24]
樟脑油	▨	◨	▨	■	[24, 26-32]
大麻类	■				[21, 33, 34]
辣椒素			▨	■	[17, 19, 26, 33]
辣椒平				▨	[17]
香芹酚		□	■	□	[24, 26]
香芹醇			■		[24]
L-香芹酮		■			[25]
肉桂醛	■	▨	▨	□	[25, 28]
柠檬醛	■	■	■		[35]
烯丙基硫醚	■				[20]
二氢香芹醇			■		[24]
桉叶油素		■	■		[27, 31]
丁香酚	■	■		▨	[23, 25, 26, 36]

续表

物质	受体 TRPA1	TRPM8	TRPV3	TRPV1	文献
福尔马林	■				[21, 37, 38]
香叶醛	▨	▨	▨	▨	[35]
香叶醇	□	▨	▨	▨	[35, 39]
姜辣素	□	■		■	[25]
谷氨酸				□	[17]
HC-030031	▨				[37]
新洋茉莉醛	■	■		■	[39]
异丙基丙酮	■	■		■	[39]
环己醇		□			[27]
环己酮				■	[19, 23]
组胺				□	[17]
4-羟基壬烯醛	■			□	[21, 38, 40]
高渗生理盐水				□	[17]
Icilin		■			[27]
因香酚乙酸酯			■		[41]
异胡薄荷醇		■			[25]
爪哇檀香	■	□	□	□	[39]
柠檬烯				□	[19]
顺-对薄荷基-3,8-二醇		■			[25]
反-对薄荷基-3,8-二醇		■			[25]
薄荷脑	▨	■	■		[25, 27, 28, 42]
薄荷酮		▨			[27]
乳酸薄荷酯		■			[25]
水杨酸甲酯	■			▨	[25]
芥末油	■	□		□	[25, 33, 37]
柠檬醛	▨	▨	▨	▨	[35]
橙花醇	▨	▨	▨	▨	[35]
(−)-烟碱				□	[19]
苯乙醇	■	□	□	□	[39]
腐胺				■	[43]

续表

物质	受体				文献
	TRPA1	TRPM8	TRPV3	TRPV1	
质子				▨	[17]
树脂毒素			■		[17]
人造檀香	■	□	□	□	[39]
衫菊醇	■	□	□		[39]
羟色胺				□	[17]
P 物质				□	[17]
亚精胺				■	[43]
精胺				■	[43]
松油醇	■				[18]
甲苯	■			□	[18, 19]
百里酚			■		[24, 26]
香草醛	■	■		■	[39]
WS23		■			[25]
WS3		■			[25]

注：(1) 每行图形自左至右依次对应受体 TRPA1、TRPM8、TRPV3、TRPV1；

(2) ■ 和 ▨ 表示：激活剂；
　　 ◣ 和 ◺ 表示：拮抗剂；
　　 ▨ 和 ▨ 表示：部分激活剂；
　　 □ 和 □ 表示：无效应；

空白区表示：未检测

　　我们尚不清楚不同的三叉神经受体在鼻腔上皮内的分布情况。从这个角度看，值得注意的是，三种不同的三叉神经刺激很可能与不同的受体结合，进而在鼻腔上皮内的不同部位引起类似激活模式[50]。因此，鼻腔内的不同区域似乎具有不同的受体浓度，但不同受体之间的浓度比值在整个鼻腔中似乎是稳定的。

41.4　三叉神经系统的评估

　　评估人体内三叉神经系统敏感度的方法有多种。研究者面临的一个挑战是嗅觉和三叉神经系统密切相关。具体而言，大多数三叉神经刺激除了能够激活三叉神经系统外，还能激活嗅觉系统，并且在较低浓度时即可激活[51]。因此，尽管三叉神经感觉的强度通常高于嗅觉，但通常存在来自嗅觉输入的某种形式的干扰。已经使用了几种方法来克服这一问题，每种方法都各有优缺点。

41.4.1　行为学方法

可以使用不同的方法通过行为学检测来评估三叉神经系统的敏感度。为了避免嗅觉干扰的影响，可以对嗅觉丧失的受试者(即缺乏嗅觉感觉)进行测试，也可以只采用或多或少仅依赖三叉神经感觉的检测方法。

1. 嗅觉丧失的行为学检测方法

嗅觉丧失这种获得性或先天性嗅觉功能缺乏是一种相对常见的疾病，在一般人群中的患病率为 1/20[52,53]。当然，嗅觉丧失的患者不会感知到混合三叉神经气味刺激中的气味成分；因而可将嗅觉干扰的程度降至最低。事实上，嗅觉丧失患者只能通过检测化合物中的三叉神经气味成分来探测混合性三叉神经气味刺激。这一点可用于评估某种物质对三叉神经的影响，因为探测到刺激的嗅觉丧失受试者的百分比与刺激对三叉神经的影响相关[15,54]。在嗅觉功能正常的人群中评估嗅觉阈值的典型方法是，要求受试者在几个无味的空白对照物中探测出不同浓度的气味物质。如果在嗅觉丧失的受试者中使用了相同模式的相同刺激，则所产生的阈值将基于三叉神经的感觉[55,56]，从而提供了一种评估三叉神经阈值的方法。

但是，将嗅觉丧失患者的结果推广至一般人群时，必须谨慎。我们知道，嗅觉丧失与三叉神经敏感度降低相关[57-60]。嗅觉丧失的受试者与嗅觉正常的受试者之间的三叉神经敏感度差异可能较小，因此，这种差异仅在对少量受试者进行研究时无法检测到[55,56,61]，但这是该方法的一种明确的缺陷。

2. 检测方法取决于三叉神经刺激

除了检测不能感知嗅觉信息的受试者外，这些仅依赖于三叉神经感知的检测方法还可排除嗅觉的干扰。一种典型的方法是执行单侧化任务，要求受试者识别出被给予刺激的鼻孔(单侧化任务)。这种任务是基于以下事实：人类无法对单纯的气味进行定位[62,63]，但对于激活三叉神经系统的刺激，即混合性嗅觉/三叉神经刺激则可以定位。根据对三叉神经的不同影响[44]，这种刺激可被非常准确地定位[51,62,64-67]。利用这一事实可以执行两项不同的任务：首先，可以在给定人群中检测三叉神经系统的敏感度或比较两组受试者之间的敏感度[66,68]；其次，可以测定不同化合物对三叉神经的影响程度[44,56]。因此，通过使用单侧化检测，可以通过使用阶梯程序法确定给定物质的阈值[51]。这种程序通常被用作实验设计，通过降低或增加任务难度来评估阈值，直至我们找到受试者可能准确做出反应的最低强度刺激。或者，也可以在半定量筛选方案中使用具有较强三叉神经刺激作用的单一浓度供试化合物。在这种方法中，正确识别的总和将用于进一步统计分析。后一种方法主要用于临床。单侧化检测方法会较为烦琐，这是因为在每次刺激之间必须保持至少 40 秒的间隔以避免对刺激产生适应[69]。另一种方法是单侧化任务中记录反应时间[70]，其优点是开展更少的试验即可提供参数数据，从而缩短了检测时间。

作为一种替代方案，有些研究小组利用了眼角膜和结膜也受三叉神经支配的事实。

事实上，这些部位的上皮细胞使得人们能够感知痛觉，但对单纯的嗅觉刺激没有反应。因此，能够引起角膜烧灼感或刺痛感的蒸气相化学刺激可用于评估眼部的三叉神经刺激阈值。但是，必须小心避免对鼻子和嗅觉系统的共同刺激。角膜阈值可用作三叉神经敏感度的估计指标，因为在眼部和鼻腔中获得的刺激阈值显著相关[71]。

另一种方法是指导嗅觉功能正常的受试者辨别嗅觉和三叉神经的感觉。因此，在接受针对三叉神经感觉的训练后，受试者学会了忽略同时产生的嗅觉。通常情况下，受试者会收到一些指示，例如您是否感觉到烧灼感、刺痛、冷觉或瘙痒感？通过使用这种方法，可以评估三叉神经感觉阈值[58,72-74]。但是，需要注意的是，可能会发生嗅觉干扰，可能会在不知不觉中影响受试者的反应，这限制了这种方法的应用。

另一种方法通过使用单纯的三叉神经刺激排除了嗅觉干扰，这种刺激仅激活三叉神经系统。然而，很难排除可能伴随的嗅觉刺激。在该类别中只有几种刺激是可用的；包括 CO_2 或辣椒素。这里需要注意的是，CO_2 仅在极高浓度(>10 万 ppm)时才可作为三叉神经刺激物[75]，这可能危及受试者的安全。因此，CO_2 作为鼻腔内的三叉神经刺激物只能短暂地(<3s)使用才安全，也可以在张口呼吸和腭咽闭合(隔离鼻腔)时使用。

41.4.2 电生理方法

与行为学检测方法相反，电生理学检测方法对受试者的反应和配合程度要求不高。因此它们能更客观地评估对三叉神经的敏感度。但仍然难以避免嗅觉干扰的问题。

1. 事件相关电位

三叉神经的 ERP 是在头皮表面获得的脑电图(EEG)多相信号[76]，这种信号的产生是皮层神经元激活进而形成电磁场的结果。换言之，三叉神经 ERP 是中枢神经对三叉神经介导的感觉进行处理的表征。EEG 是包含许多皮层神经元活动的噪声信号；因此，必须从背景活动中提取出 ERP；这可以通过对减少随机背景噪声的单一刺激的反应进行平均来完成[77]。同样，单一刺激必须通过相对较长的刺激间间隔(至少 30～40s)进行分隔，以避免适应的效应[69]。而且，为了获得可接受信噪比的有意义的平均值，至少需要记录 10 个单一刺激的反应以获得 45 分钟至 2 小时的 ERP。这需要受试者执行简单的任务(比如紧盯电脑屏幕)以使他们的警觉性保持稳定[78]。ERP 的主要优点是时间分辨率非常高，可以达到毫秒。但是，这伴随着相对较低的空间分辨率。此外，ERP 容易受多种人为因素影响；因此成功的 ERP 记录需要使用嗅觉检测仪，这种检测装置允许以下述方式输送刺激：

① 突然发生。

② 确切定义的持续时间。

③ 不伴随机械协同刺激。

④ 不伴随热协同刺激[76]。

三叉神经 ERP 反应的命名遵循其他感觉区域的命名规则；小的第一个正峰值(P_1)通常在晚于 200ms 的潜伏期出现，随后是第一个主要的负峰(N_1；大约 400ms)和晚期的正复合波(P_2 或 P_2/P_3；大约 650ms)[77,78]（参见图 41.2 的概述）。中央和侧壁的电极获得了最强反应；关注的指标通常是主峰的振幅和潜伏期。ERP 主要用于研究环境，因为它们需要投入更多的成本和时间。此外，关于嗅觉干扰的讨论也适用于三叉神经 ERP：由于大多数三叉神经刺激也会激活嗅觉系统，因此，大多数情况下，三叉神经 ERP 还将包含来自嗅觉处理区的信号。

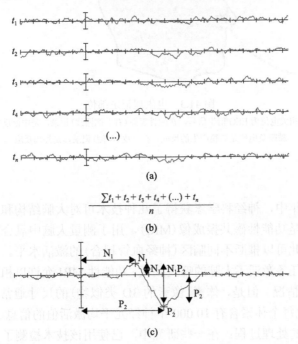

图 41.2　三叉神经 ERP 记录程序

(a) 对 200ms 刺激（阴影区域表示刺激）产生反应的单次 EEG 记录。注意，刺激引起的反应与大脑的随机活动相重叠。为了提取特异性反应，记录了几项试验的结果($t_1 \sim t_n$)；(b) 对 EEG 的反应计算平均值。平均后可见 (c) 事件相关电位。最重要的波峰 N_1 和 P_2 以交叉箭头表示。对于每个波峰，可以分析潜伏期(N_1 和 P_2)和振幅

（基线至峰振幅：N_1 和 P_2；峰间振幅：N_1P_2）

2. 黏膜负电位（NMP）

另一种电生理检测程序受嗅觉的干扰相对较小：在鼻黏膜水平测量 NMP，从而测量三叉神经系统的外周反应[79-83]。NMP 是三叉神经化学感受器受体电位的总和[84]，因此与鼻呼吸道上皮的三叉神经激活具有电生理学相关性[79-83]。因此它不依赖于嗅觉刺激。通过安放在呼吸道黏膜上的电极记录 NMP[85]；应在内镜下安放电极[86]。同样，信号被平均，但由于背景噪声较低，需要较少的记录即可获得有意义的 NMP。事实上，一个单一的记录可能足以用于解读。与 ERP 相似，NMP 记录需要使用嗅觉检测仪给予刺激，以确保刺激程度较为剧烈和确切定义的持续时间，以及避免同时进行机械刺激和热刺激。NMP 由慢负波组成，潜伏期约为 1000ms[87]。最大的 NMP 提示在鼻中隔的敏感度最高，鼻底部和嗅裂的敏感度最低[50,88]。电生理记录部位的概述见图 41.3。

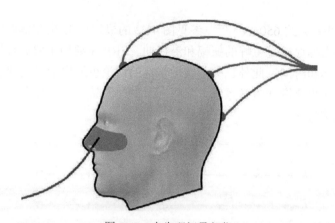

图 41.3　电生理记录部位

事件相关电位为 EEG 衍生信号，在颅骨表面(右上侧四线)记录，是中枢反应；
黏膜负电位是黏膜产生的反应，在上皮(左侧)记录，是外周反应

41.4.3　脑部成像

在过去的 30 年中，神经科学家获得了几种技术可对大脑结构和脑功能进行体内研究。最常用的技术是功能性磁共振成像(MRI)，用于测量大脑中氧合血红蛋白与去氧血红蛋白的比值。由此可以推断不同脑区(神经血管耦合)的激活水平。具体而言，研究人员可以观察不同的任务激活了大脑的哪些区域。功能性 MRI 允许以相对较高的空间分辨率检查大脑激活的情况。但是，体素(像素的 3D 类似物)的尺寸通常为 $27mm^3$($3mm\times$ $3mm\times3mm$)；因此每个体素含有 10 000 个神经元平均激活值的信息。功能性 MRI 已被用于探索感觉信息的处理过程；在一些研究中，已使用该技术检测了三叉神经系统。功能性 MRI 提示，化学感受三叉神经刺激所导致的激活模式仅与躯体感觉刺激部分重叠[脑干[14]、丘脑[13]、SI(初级躯体感觉皮层)/SII(次级躯体感觉皮层)[89]及前扣带回[14]]。但是，化学感受三叉神经刺激也会激活嗅觉区域、梨状皮层、眶额皮层和岛叶皮层[12,14,90]。值得一提的是，特别是眶额区由于邻近鼻窦，容易在 MRI 中出现图像变形，使得对该化学感受区进行检查变得有些困难。

其他脑成像技术可用于检查三叉神经系统，但迄今为止仅在少数研究中使用。在这些技术中，PET 可评估放射性标志物的浓度。重要的是，它能够对大脑眶额区进行无变形的成像；然而，与功能性 MRI 相比，其空间和时间分辨率更低。基于 PET 的实验报告了由于三叉神经化学感受刺激而导致的杏仁核、屏状核和外侧下丘脑的额外激活[91]。

41.5　嗅觉与三叉神经系统间的相互作用

如前所述，大多数刺激会激活三叉神经系统以及嗅觉系统[51,92,93]。此外，心理物理和电生理研究结果表明，这两个系统通过互相抑制和增强[92,94-98]而相互作用[93]。推测这种相互作用在三个水平发生：

①在刺激水平。

②外周(黏膜)。

③在中枢水平(大脑;彩图 35)[92]。

为了理解这种相互作用,有必要对两种感觉系统分别进行评价。然而,它们通常同时被激活的事实对于方法论提出了一个严峻的挑战。克服这一问题的一种可能性是对无嗅觉受试者的三叉神经功能进行研究[93]。

41.5.1 刺激

嗅觉丧失的受试者虽然缺乏嗅觉神经的功能,但仍能够检测到多种挥发性化学物质,表明刺激感觉由三叉神经进行处理[15]。此外,嗅觉功能障碍患者同时表现出三叉神经敏感度降低,这强调了两个系统的相互依赖性[99,100]。此外,健康受试者的三叉神经阈值高于嗅觉丧失的受试者,这表明,与嗅觉神经相比,刺激三叉神经所需的嗅觉物质浓度较高[51]。因此,大多数气味也会激活三叉神经系统。然而,应当指出的是,尽管大多数气味同时激活了三叉神经和嗅觉神经,也有一些例外。例如,CO_2 可在很少或没有同时嗅觉刺激的情况下激活三叉神经系统[101-103]。另一方面,仅有几种气味选择性激活嗅觉神经,而对三叉神经几乎没有激活作用[15],如香草醛、癸酸[15]、硫化氢(H_2S)[104]和苯乙醇(PEA)[51,63]。

此外,刺激三叉神经系统的大多数刺激物也能激活嗅觉系统。这已得到间接提示,因为三叉神经刺激激活了嗅觉处理过程中涉及的典型相关区域,如梨状皮层[12,105]、前眶额皮层[12,106-108]、岛叶吻侧[12,109]和颞上回[12,110]。此外,CO_2 通常被认为是一种选择性三叉神经刺激,可在低浓度下招募嗅觉通路[111]。此外,约 10%的梨状皮层神经元对嗅觉和三叉神经刺激均有反应,进一步强调了两种系统之间的重叠。总之,这些研究表明,两种感觉系统均显示了在刺激水平上的很大程度的混杂。

41.5.2 间接相互作用

在刺激水平的相互作用之上,三叉神经与嗅觉系统之间也存在间接相互作用。例如,由于腺体和分泌细胞的刺激,三叉神经反射导致了鼻腔通畅度、呼吸以及上皮被覆黏液的变化[112]。此外,电生理研究表明,嗅觉可以通过局部轴突反射改变嗅觉受体细胞的自发活动,触发释放不同的肽以及三叉神经纤维的镇痛作用,因为三叉神经支配嗅上皮,导致嗅觉感觉的改变[113-115]。总之,这些研究表明,其他物质可影响嗅觉和三叉神经系统[93]。

41.5.3 外周相互作用

采用行为学检测方法进行评估时,除了完全丧失嗅觉的受试者,嗅觉丧失受试者的三叉神经功能也有所降低[93,100,103,116,117]。但是,在外周水平,嗅觉丧失受试者的 NMP 更高,表明外周敏感性增加[68,87]。因此,有人提出了具有混合感觉适应/补偿的模型,以解释在外周水平上两种系统之间的相互作用。一些神经解剖学研究为这些相互作用提供了基础。例如,三叉神经的轴突再次进入中枢神经系统(CNS),在嗅球的丝球体层终止[16,118]。它们可被功能正常的嗅觉丝球体内的外侧兴奋网络性激活[119],这与外周反应性降低有关[74]。然而,在嗅觉丧失的情况下,这一兴奋性网络不再被激活;因此,嗅球内的三叉神经分支发生去抑制，导致外周水平的三叉神经系统激活增加[93]。换言之，嗅觉系统缺少功能使嗅球内的三叉神经分支去抑制，从而导致更高的 NMP 激活。在味觉系统中也发现了这种类型的机制：来自鼓索神经的输入抑制了来自舌咽神经的输入。鼓索神经的损伤消除了这种抑制作用，因而增加了来自舌咽神经支配区的输入[120]。

41.5.4　中枢水平的相互作用

对嗅觉丧失患者进行的研究也显示了中枢水平下两种系统的相互作用。当在中枢水平评估这种相互作用时，电生理检测尤其有用。三叉神经事件相关电位(tERP)是皮层产生的电生理学反应。与对照组相比，获得性嗅觉丧失受试者的 tERP 较小[87]，而先天性嗅觉丧失受试者的 tERP 激活与对照组相似[68]。此外，较低浓度的乙酸异戊酯(具有三叉神经气味组分的气味)在小鼠的梨状皮层中触发了气味样反应，而在高浓度时触发了三叉神经样反应，这支持了以下事实，即梨状皮层的一些神经元可被调节以对两种类型的刺激产生反应[121]。此外，嗅觉障碍的持续时间和 tERP 振幅呈正相关[59]，表明嗅觉丧失引起的三叉神经敏感度降低可能随时间推移而得到改善。因此，这些研究一方面提倡功能完全的三叉神经系统依赖于嗅觉系统的功能[58-60,68,122,123]，另一方面，嗅觉丧失的时间越长，适应机制越好。FMRI 研究为嗅觉和三叉神经刺激之间在中枢水平的相互作用的关键区域提供了进一步证据[12,90]。尽管每个感觉系统都有独特的中枢处理区，但它们共享大量的中枢处理区。例如，在三叉神经刺激后通常观察到脑干、丘脑腹外侧后部、前扣带回、前中央回和躯体感觉区的激活，但在暴露于气味后未观察到[14]。反之，杏仁核和腹壳核的激活是嗅觉的典型特征，但并不是非致痛性三叉神经刺激的典型特征[124]。但是，三叉神经和嗅觉刺激均可激活梨状皮层、眶额皮层和岛叶吻侧[14,124]。因此，这些是探索三叉神经与嗅觉系统之间相互作用区域的主要候选部位。事实上，与对照组相比，嗅觉丧失患者眶额皮层和脑岛以及初级躯体感觉皮层比其他区域的激活较少[89]。这可能有助于解释该受试者组中 tERP 振幅较小，三叉神经阈值较高[93]。在健康受试者中，CO_2(三叉神经刺激)和 PEA(纯气味)的混合物导致的激活高于在化学感受区(眶额皮层)和多感觉整合中心(顶骨沟)中独立存在的 CO_2 和 PEA 激活的总和[125]。

总之，这些成像学研究表明，两种化学感受之间存在很大的重叠，强调了两种系统之间的紧密关联。

41.6　三叉神经系统的临床方面

不同因素可能影响三叉神经的敏感度。其中最显著的因素是年龄，因为老年人的三叉神经敏感度均较低[83,123]。此外，不同的疾病和嗅觉功能障碍也会影响三叉神经功能[59]。如前所述，嗅觉和三叉神经系统在不同水平相互作用，因此，在患者人群中检查嗅觉和三叉神经功能障碍有助于了解两个系统间的相互依赖性。

41.6.1　嗅觉功能障碍和三叉神经感觉

嗅觉减退(嗅觉功能下降)和嗅觉丧失在健康人群中相对常见。据估计，人群中约有

15%的人表现出嗅觉减退，5%的人患有嗅觉丧失[52,53]。通常情况下，嗅觉减退和嗅觉丧失的典型病因包括鼻窦疾病、头部创伤、上呼吸道感染或神经退行性疾病，而先天性嗅觉丧失在嗅觉丧失患者中的比例仅为 2%[126-128]。用几种不同的技术检测时，嗅觉丧失和嗅觉减退与三叉神经敏感度较低相关。具体而言，嗅觉丧失的受试者在吸入空气中的化学物质时，其呼吸模式的变化较小[122,129]，三叉神经刺激的强度评级较低[60]，对刺激物的阈值较高[58,130]，并且在单侧化任务测试中的正确答案较少[62,123]。三叉神经化学敏感度降低似乎是获得性嗅觉丧失的总体特征，与其病因无关[123]，而先天性嗅觉丧失与获得性嗅觉丧失在某种程度上有所不同。事实上，与对照组相同，先天性嗅觉丧失与类似的三叉神经敏感度行为指标相关[68]。值得关注的是，躯体感觉指标(如对触摸的反应)不受嗅觉功能障碍的影响[57]。此外，嗅觉丧失(先天性或获得性)患者的外周敏感性似乎更高，这与中枢和行为指标的结果形成鲜明对照[93]。

嗅觉丧失和三叉神经系统之间的相互作用随时间推移似乎并不稳定：嗅觉丧失的持续时间与三叉神经系统的功能相关，因为随时间推移后者会逐渐改善[87]。此外，10%~30%[131]表现出嗅觉功能恢复的嗅觉丧失患者实际上比未恢复的患者表现出更大的外周反应[87]，表明还发生了其他复杂的机制。综上所述，这些研究显示，获得性嗅觉丧失与三叉神经敏感度降低相关，而嗅觉丧失总体上与三叉神经系统外周反应性的增加相关。

41.6.2　三叉神经功能障碍与嗅觉感觉

如前所述，三叉神经是最粗大的一对脑神经；与嗅觉神经相比，它对抗创伤的能力更强[87]。因此，三叉神经受损的病例很少。在一项实验中，中鼻道局部麻醉导致正丁醇检测阈值升高，表明阻滞三叉神经系统导致嗅觉功能降低[132]。在另一份报告中，2 例因切除听神经瘤而导致三叉神经单侧完全损伤的受试者报告的气味强度评级低于三叉神经功能正常的对照组[133]。在另一项病例研究中，1 例由于脑膜瘤导致左侧三叉神经功能丧失的女性患者显示出患侧嗅觉功能较低[103]。具体而言，与右侧三叉神经相比，左侧的 NMP 反应、tERP 对 H_2S(纯气味)以及 CO_2(三叉神经刺激物)的反应降低。此外，左侧纯气味检测阈值比右侧高 64 倍。综上所述，受损的三叉神经系统可能对嗅觉感觉产生影响，这再次突出显示了两个系统在不同水平的气味处理具有相互依赖性。

致　谢

感谢 Cristian Petrescu 提供插图。Johannes Frasnelli 由蒙特利尔 Sacré-Coeur 医院研究中心、魁北克大学(Trois-Rivières)、魁北克医学研究基金会和加拿大自然科学和工程研究委员会提供支持；Simona Manescu 的工作由加拿大自然科学与工程技术研究理事会提供资助。

参 考 文 献

[1] D. Borsook, A.F. DaSilva, A. Ploghaus, L. Becerra: Specific and somatotopic functional magnetic resonance imaging activation in the trigeminal ganglion by brush and noxious heat, J. Neurosci. 23, 7897-7903 (2003)

[2] A. Waldeyer, A. Mayet, D. Keyserling: Anatomie des Menschen (Walter de Gruyter, Berlin, New York 1993)

[3] W. Firbas, H. Gruber, R. Mayr, M. Tschabitscher: Neuroanatomie (Wilhelm Maudrich, Wien, München, Berlin 1988)

[4] D. Borsook, R. Burstein, L. Becerra: Functional imaging of the human trigeminal system: Opportunities for new insights into pain processing in health and disease, J. Neurobiol. 61, 107-125 (2004)

[5] A.F. DaSilva, L. Becerra, N. Makris, A.M. Strassman, R.G. Gonzalez, N. Geatrakis, D. Borsook: Somatotopic activation in the human trigeminal pain pathway, J. Neurosci. 22, 8183-8192 (2002)

[6] N. Thuerauf, M. Kaegler, R. Dietz, A. Barocka, G. Kobal: Dose-dependent stereoselective activation of the trigeminal sensory system by nicotine in man, Psychopharmacology (Berl) 142, 236-243 (1999)

[7] R. Waldmann, G. Champigny, F. Bassilana, C. Heurteaux, M. Lazdunski: A proton-gated cation channel involved in acid-sensing, Nature 386, 173-177 (1997)

[8] C.C. Chen, S. England, A.N. Akopian, J.N. Wood: A sensory neuron-specific, proton-gated ion channel, Proc. Natl. Acad. Sci. USA 95, 10240-10245 (1998)

[9] J.R. de Weille, F. Bassilana, M. Lazdunski, R. Waldmann: Identification, functional expression and chromosomal localisation of a sustained human proton-gated cation channel, FEBS Letter 433, 257-260 (1998)

[10] K. Babinski, K.T. Le, P. Seguela: Molecular cloning and regional distribution of a human proton receptor subunit with biphasic functional properties, J. Neurochem. 72, 51-57 (1999)

[11] T.E. Finger, B. Böttger, A. Hansen, K.T. Anderson, H. Alimohammadi, W.L. Silver: Solitary chemoreceptor cells in the nasal cavity serve as sentinels of respiration, Proc. Natl. Acad. Sci. USA 100, 8981-8986 (2003)

[12] J.A. Boyle, M. Heinke, J. Gerber, J. Frasnelli, T. Hummel: Cerebral activation to intranasal chemosensory trigeminal stimulation, Chem. Senses 32, 343-353 (2007)

[13] E. Iannilli, C. Del Gratta, J.C. Gerber, G.L. Romani, T. Hummel: Trigeminal activation using chemical, electrical, and mechanical stimuli, Pain 139, 376-388 (2008)

[14] J. Albrecht, R. Kopietz, J. Frasnelli, M. Wiesmann, T. Hummel, J.N. Lundstörm: The neuronal correlates of intranasal trigeminal function-an ALE meta-analysis of human functional brain imaging data, Brain Res. Rev. 62, 183-196 (2010)

[15] R.L. Doty, W.P.E. Brugger, P.C. Jurs, M.A. Orndorff, P.J. Snyder, L.D. Lowry: Intranasal trigeminal stimulation from odorous volatiles: Psychometric responses from anosmic and normal humans, Physiol. Behav. 20, 175-185 (1978)

[16] M.L. Schaefer, B. Bottger, W.L. Silver, T.E. Finger: Trigeminal collaterals in the nasal epithelium and olfactory bulb: A potential route for direct modulation of olfactory information by trigeminal stimuli, J. Comp. Neurol. 444, 221-226 (2002)

[17] M.J. Caterina, M.A. Schumacher, M. Tominaga, T.A. Rosen, J.D. Levine, D. Julius: The capsaicin receptor: A heat-activated ion channel in the pain pathway, Nature 389, 816-824 (1997)

[18] P.M. Richards, E.C. Johnson, W.L. Silver: Four irritating odorants target the trigeminal chemoreceptor TRPA1, Chemosens. Percept. 3, 190-199 (2010)

[19] W.L. Silver, T.R. Clapp, L.M. Stone, S.C. Kinnamon: TRPV1 receptors and nasal trigeminal chemesthesis, Chem. Senses 31, 807-812 (2006)

[20] D.M. Bautista, P. Movahed, A. Hinman, H.E. Axelsson, O. Sterner, E.D. Högestätt, D. Julius, S.E. Jordt, P.M. Zygmunt: Pungent products from garlic activate the sensory ion channel TRPA1, Proc. Natl. Acad. Sci. USA 102, 12248-12252 (2005)

[21] M.M. Salas, K.M. Hargreaves, A.N. Akopian: TRPA1-mediated responses in trigeminal sensory neurons: Interaction between TRPA1 and TRPV1, Eur. J. Neurosci. 29, 1568-1578 (2009)

[22] L.J. Macpherson, B.H. Geierstanger, V. Viswanath, M. Bandell, S.R. Eid, S. Huang, A. Patapoutian: The pungency of garlic: Activation of TRPA1 and TRPV1 in response to allicin, Curr. Biol. 15, 929-934 (2005)

[23] C. Saunders, W.Y. Li, T.D. Patel, J.A. Muday, W.L. Silver: Dissecting the role of TRPV1 in detecting multiple trigeminal irritants in three behavioral assays for sensory irritation, F1000Res. (2013), eCollection 2013 doi:10.12688/f1000research. 2-74.v1

[24] A.K. Vogt-Eisele, K. Weber, M.A. Sherkheli, G. Vielhaber, J. Panten, G. Gisselmann, H. Hatt: Monoterpenoid agonists of TRPV3, Br. J. Pharmacol.151, 530-540 (2007)

[25] M. Bandell, G.M. Story, S.W. Hwang, V. Viswanath, S.R. Eid, M.J. Petrus, T.J. Earley, A. Patapoutian: Noxious cold ion channel TRPA1 is activated by pungent compounds and bradykinin, Neuron 41, 849-857 (2004)

[26] H. Xu, M. Delling, J.C. Jun, D.E. Clapham: Oregano, thyme and clove-derived flavors and skin sensitizers activate specific TRP channels, Nat. Neurosci. 9, 628-635 (2006)

[27] D.D. McKemy, W.M. Neuhausser, D. Julius: Identification of a cold receptor reveals a general role for TRP channels in thermosensation, Nature 416, 52-58 (2002)

[28] L.J. Macpherson, S.W. Hwang, T. Miyamoto, A.E. Dubin, A. Patapoutian, G.M. Story: More than cool: Promiscuous relationships of menthol and other sensory compounds, Mol. Cell Neurosci. 32, 335-343 (2006)

[29] H.X. Xu, N.T. Blair, D.E. Clapham: Camphor activates and strongly desensitizes the transient receptor potential vanilloid subtype 1 channel in a vanilloid-independent mechanism, J. Neurosci. 25, 8924-8937 (2005)

[30] T. Selescu, A.C. Ciobanu, C. Dobre, G. Reid, A. Babes: Camphor activates and sensitizes transient receptor potential melastatin 8 (TRPM8) to cooling and icilin, Chem. Senses 38, 563-575 (2013)

[31] M.A. Sherkheli, H. Benecke, J.F. Doerner, O. Kletke, A.K. Vogt-Eisele, G. Gisselmann, H. Hatt: Monoterpenoids induce agonist-specific desensitization of transient receptor potential vanilloid-3 (TRPV3) ion channels, J. Pharm.Pharm. Sci. 12, 116-128 (2009)

[32] A. Moqrich, S.W. Hwang, T.J. Earley, M.J. Petrus, A.N. Murray, K.S. Spencer, M. Andahazy, G.M. Story, A. Patapoutian: Impaired thermosensation in mice lacking TRPV3, a heat and camphor sensor in the skin, Science 307, 1468-1472 (2005)

[33] S.E. Jordt, D.M. Bautista, H.H. Chuang, D.D. McKemy, P.M. Zygmunt, E.D. Högestätt, I.D. Meng, D. Julius: Mustard oils and cannabinoids excite sensory nerve fibres through the TRP channel ANKTM1, Nature 427, 260-265 (2004)

[34] A.N. Akopian, N.B. Ruparel, N.A. Jeske, A. Patwardhan, K.M. Hargreaves: Role of ionotropic cannabinoid receptors in peripheral antinociception and antihyperalgesia, Trends Pharmacol. Sci.30, 79-84 (2009)

[35] S.C. Stotz, J. Vriens, D. Martyn, J. Clardy, D.E. Clapham: Citral sensing by transient [corrected] receptor potential channels in dorsal root ganglion neurons, PLoS One 3, e2082 (2008)

[36] B.H. Yang, Z.G. Piao, Y.B. Kim, C.H. Lee, J.K. Lee, K. Park, J.S. Kim, S.B. Oh: Activation of vanilloid receptor 1 (VR1) by eugenol, J. Dent. Res. 82, 781-785 (2003)

[37] C.R. McNamara, J. Mandel-Brehm, D.M. Bautista, J. Siemens, K.L. Deranian, M. Zhao, N.J. Hayward, J.A. Chong, D. Julius, M.M. Moran, C.M. Fanger: TRPA1 mediates formalin-induced pain, Proc. Natl. Acad. Sci. USA 104, 13525-13530 (2007)

[38] L.J. Macpherson, B. Xiao, K.Y. Kwan, M.J. Petrus, A.E. Dubin, S. Hwang, B. Cravatt, D.P. Corey, A. Patapoutian: An ion channel essential for sensing chemical damage, J. Neurosci. 27, 11412-11415 (2007)

[39] M. Lubbert, J. Kyereme, N. Schobel, L. Beltran, C.H. Wetzel, H. Hatt: Transient receptor potential channels encode volatile chemicals sensed by rat trigeminal ganglion neurons, PLoS One 8, e77998 (2013)

[40] M. Trevisani, J. Siemens, S. Materazzi, D.M. Bautista, R. Nassini, B. Campi, N. Imamachi, E. Andrè, R. Patacchini, G.S. Cottrell, R. Gatti, A.I. Basbaum, N.W. Bunnett, D. Julius, P. Geppetti: 4-Hydroxynonenal, an endogenous aldehyde, causes pain and neurogenic inflammation through activation of the irritant receptor TRPA1, Proc. Natl. Acad. Sci. USA 104, 13519-13524 (2007)

[41] A. Moussaieff, N. Rimmerman, T. Bregman, A. Straiker, C.C. Felder, S. Shoham, Y. Kashman, S.M. Huang, H. Lee, E. Shohami, K. Mackie, M.J. Caterina, J.M.Walker, E. Fride, R.Mechoulam: Incensole acetate, an incense component, elicits psychoactivity by activating TRPV3 channels in the brain, FASEB Journal 22, 3024-3034 (2008)

[42] Y. Karashima, N. Damann, J. Prenen, K. Talavera, A. Segal, T. Voets, B. Nilius: Bimodal action of menthol on the transient receptor potential channel TRPA1, J. Neurosci. 27, 9874-9884 (2007)

[43] G.P. Ahern, X.B. Wang, R.L. Miyares: Polyamines are potent ligands for the capsaicin receptor TRPV1, J. Biol. Chem. 281, 8991-8995 (2006)

[44] J. Frasnelli, J. Albrecht, B. Bryant, J.N. Lundstrom: Perception of specific trigeminal chemosensory agonists, Neuroscience 189, 377-383 (2011)

[45] G.D. Smith, J. Gunthorpe, R.E. Kelsell, P.D. Hayes, P. Reilly, P. Facer, J.E.Wright, J.C. Jerman, J.P.Walhin, L. Ooi, J. Egerton, K.J. Charles, D. Smart, A.D. Randall, P. Anand, J.B. Davis: TRPV3 is a temperature-sensitive vanilloid receptor-like protein, Nature 418, 186-190 (2002)

[46] A.M. Peier, A.J. Reeve, D.A. Andersson, A. Moqrich, T.J. Earley, A.C. Hergarden, G.M. Story, S. Colley, J.B. Hogenesch, P. McIntyre, S. Bevan, A. Patapoutian: A heat-sensitive TRP channel expressed in keratinocytes, Science 296, 2046-2049 (2002)

[47] H.J. Behrendt, T. Germann, C. Gillen, H. Hatt, R. Jostock: Characterization of the mouse cold-menthol receptor TRPM8 and vanilloid receptor type-1 VR1 using a fluorometric imaging plater eader (FLIPR) assay, Br. J. Pharmacol. 141, 737-745 (2004)

[48] J. Lindemann, E. Tsakiropoulou, M.O. Scheithauer, I. Konstantinidis, K.M. Wiesmiller: Impact of menthol inhalation on nasal mucosal temperature and nasal patency, Am. J. Rhinol. 22, 402-405 (2008)

[49] P. Rouadi, F.M. Baroody, D. Abbott, E. Naureckas, J. Solway, R.M. Naclerio: A technique to measure the ability of the human nose to warm and humidify air, J. Appl. Physiol. 87 (1999), 400-406 (1985)

[50] M. Scheibe, C. van Thriel, T. Hummel: Responses to trigeminal irritants at different locations of the human nasal mucosa, Laryngoscope 118, 152-155 (2008)

[51] C.J. Wysocki, B.J. Cowart, T. Radil: Nasal trigeminal chemosensitivity across the adult life span, Percept. Psychophys. 65, 115-122 (2003)

[52] A. Bramerson, L. Johansson, L. Ek, S. Nordin, M. Bende: Prevalence of olfactory dysfunction: The skovde population-based study, Laryngoscope 114, 733-737 (2004)

[53] B.N. Landis, C.G. Konnerth, T. Hummel: A study on the frequency of olfactory dysfunction, Laryngoscope 114, 1764-1769 (2004)

[54] J. Frasnelli, T. Hummel, J. Berg, G. Huang, R.L. Doty: Intranasal localizability of odorants: Influence of stimulus volume, Chem. Senses 36, 405-410 (2011)

[55] J.E. Cometto-Muniz, W.S. Cain, M.H. Abraham, R. Kumarsingh: Trigeminal and olfactory chemosensory impact of selected terpenes, Pharmacol. Biochem. Behav. 60, 765-770 (1998)

[56] J.E. Cometto-Muniz, W.S. Cain: Trigeminal and olfactory sensitivity: Comparison of modalities and methods of measurement, Int. Arch. Occup. Environ. Health 71, 105-110 (1998)

[57] J. Frasnelli, B. Schuster, T. Zahnert, T. Hummel: Chemosensory specific reduction of trigeminal sensitivity in subjects with olfactory dysfunction, Neuroscience 142, 541-546 (2006)

[58] H. Gudziol, M. Schubert, T. Hummel: Decreased trigeminal sensitivity in anosmia, J. Otorhinolaryngol. Relat. Spec. 63, 72-75 (2001)

[59] T. Hummel, S. Barz, J. Lotsch, S. Roscher, B. Kettenmann, G. Kobal: Loss of olfactory function leads to a decrease of trigeminal sensitivity, Chem. Senses 21, 75-79 (1996)

[60] M. Kendal-Reed, J.C. Walker, W.T. Morgan, M. LaMacchio, R.W. Lutz: Human responses to propionic acid. I. Quantification of within-and between-participant variation in perception by normosmics and anosmics, Chem. Senses 23, 71-82 (1998)

[61] L. Cui, W.J. Evans: Olfactory event-related potentials to amyl acetate in congenital anosmia, Electroenceph. Clin. Neurophysiol. 102, 303-306 (1997)

[62] G. Kobal, S. Van Toller, T. Hummel: Is there directional smelling?, Experientia 45, 130-132 (1989)

[63] J. Frasnelli, G. Charbonneau, O. Collignon, F. Lepore: Odor localization and sniffing, Chem. Senses 34, 139-144 (2009)

[64] E. von Skramlik: Über die Lokalisation der Empfindungen bei den niederen Sinnen, Z. Sinnesphysiol. 56, 69 (1924)

[65] G. von Békésy: Olfactory analogue to directional hearing, J. Appl. Physiol. 19, 369-373 (1964)

[66] T. Hummel, T. Futschik, J. Frasnelli, K.B. Huttenbrink: Effects of olfactory function, age, and gender on trigeminally mediated sensations: A study based on the lateralization of chemosensory stimuli, Toxicol. Lett. 140-141, 273-280 (2003)

[67] J. Porter, T. Anand, B. Johnson, R.M. Khan, N. Sobel: Brain mechanisms for extracting spatial information from smell, Neuron 47, 581-592 (2005)

[68] J. Frasnelli, B. Schuster, T. Hummel: Subjects with congenital anosmia have larger peripheral but similar central trigeminal responses, Cereb. Cortex17, 370-377 (2007)

[69] T. Hummel, G. Kobal: Chemosensory event-related potentials to trigeminal stimuli change in relation to the interval between repetitive stimulation of the nasal mucosa, Eur. Arch. Otorhinolaryngol. 256, 16-21 (1999)

[70] L. Keita, J. Frasnelli, V. La Buissonniere-Ariza, F. Lepore: Response times and response accuracy for odor localization and identification, Neuroscience 238, 82-86 (2013)

[71] J.E. Cometto-Muniz, W.S. Cain, H.K. Hudnell: Agonistic effects of airborne chemicals in mixtures: Odor, nasal pungency, and eye irritation, Percept. Psychophys. 59, 665-674 (1997)

[72] J. Frasnelli, T. Hummel: Intranasal trigeminal threshold in healthy subjects, Environ. Toxicol. Pharmacol. 9, 575-580 (2005)

[73] M.A. Smeets, P.J. Bulsing, S. Van Rooden, R. Steinmann, J.A. De Ru, N.W. Ogink, C. van Thriel, P.H. Dalton: Odor and irritation thresholds for ammonia: A comparison between static and dynamic olfactometry, Chem. Senses 32, 11-20 (2007)

[74] P. Dalton, D. Dilks, T. Hummel: Effects of long-term exposure to volatile irritants on sensory thresholds, negative mucosal potentials, and event-related potentials, Behav. Neurosci. 120,180-187 (2006)

[75] D. Shusterman, J. Balmes: Measurement of nasal irritant sensitivity to pulsed carbon dioxide: A pilot study, Arch. Environ. Health 52, 334-340 (1997)

[76] G. Kobal: Elektrophysiologische Untersuchungen des menschlichen Geruchssinns (Thieme, Stuttgart 1981)

[77] T. Hummel, G. Kobal: Chemosensory evoked potentials. In: Chemical Signals in Vertebrates VI, ed.by R.L. Doty, D. Müller-Schwarze (Plenum, NewYork 1992) pp. 565-569

[78] J. Frasnelli, J. Lotsch, T. Hummel: Event-related potentials to intranasal trigeminal stimuli change in relation to stimulus concentration and stimulus duration, J. Clin. Neurophysiol. 20, 80-86 (2003)

[79] G. Kobal: Pain-related electrical potentials of the human nasal mucosa elicited by chemical stimulation, Pain 22, 151-163 (1985)

[80] J. Lötsch, T. Hummel, H.G. Kraetsch, G. Kobal: The negative mucosal potential: Separating central and peripheral effects of NSAIDs in man, Eur. J. Clin. Pharmacol. 52, 359-364 (1997)

[81] N. Thürauf, T. Hummel, B. Kettenmann, G. Kobal: Nociceptive and reflexive responses recorded from the human nasal mucosa, Brain Res. 629, 293-299 (1993)

[82] N. Thürauf, I. Friedel, C. Hummel, G. Kobal: The mucosal potential elicited by noxious chemical stimuli: Is it a peripheral nociceptive event, Neurosci. Lett. 128, 297-300 (1991)

[83] J. Frasnelli, T. Hummel: Age-related decline of intranasal trigeminal sensitivity: Is it a peripheral event?, Brain Res. 987, 201-206 (2003)

[84] T. Hummel, C. Schiessl, J. Wendler, G. Kobal: Peripheral electrophysiological responses decrease in response to repetitive painful stimulation of the human nasal mucosa, Neurosci. Lett. 212, 37-40 (1996)

[85] D. Ottoson: Analysis of the electrical activity of the olfactory epithelium, Acta Physiol. Scand. 35, 1-83 (1956)

[86] D.A. Leopold, T. Hummel, J.E. Schwob, S.C. Hong, M. Knecht, G. Kobal: Anterior distribution of human olfactory epithelium, Laryngoscope 110, 417-421 (2000)

[87] J. Frasnelli, B. Schuster, T. Hummel: Interactions between olfaction and the trigeminal system: What can be learned from olfactory loss, Cereb. Cortex 17, 2268-2275 (2007)

[88] M. Scheibe, T. Zahnert, T. Hummel: Topographical differences in the trigeminal sensitivity of the human nasal mucosa, Neuroreport 17, 1417-1420 (2006)

[89] E. Iannilli, J. Gerber, J. Frasnelli, T. Hummel: Intranasal trigeminal function in subjects with and without an intact sense of smell, Brain Res. 1139, 235-244 (2007)

[90] T. Hummel, R.L. Doty, D.M. Yousem: Functional MRI of intranasal chemosensory trigeminal activation, Chem. Senses 30, i205-i206(2005)

[91] I. Savic, B. Gulyas, H. Berglund: Odorant differentiated pattern of cerebral activation: Comparison of acetone and vanillin, Hum. Brain Mapp. 17, 17-27(2002)

[92] T. Hummel, A. Livermore: Intranasal chemosensory function of the trigeminal nerve and aspects of its relation to olfaction, Int. Arch. Occup. Environ. Health 75, 305–313(2002)

[93] J. Frasnelli, T. Hummel: Interactions between the chemical senses: Trigeminal function in patients with olfactory loss, Int. J. Psychophysiol. 65, 177-181(2007)

[94] W.S. Cain, C.L. Murphy: Interaction between chemoreceptive modalities of odour and irritation, Nature 284, 255-257(1980)

[95] L. Cashion, A. Livermore, T. Hummel: Odour suppression in binary mixtures, Biol. Psychol. 73, 288-297(2006)

[96] T. Hummel, A. Livermore, C. Hummel, G. Kobal: Chemosensory event-related potentials in man: Relation to olfactory and painful sensations elicited by nicotine, Electroencephalogr. Clin. Neurophysiol. 84, 192-195(1992)

[97] A. Livermore, T. Hummel: The influence of training on chemosensory event-related potentials and interactions between the olfactory and trigeminal systems, Chem. Senses 29, 41-51(2004)

[98] L. Jacquot, J. Monnin, G. Brand: Influence of nasal trigeminal stimuli on olfactory sensitivity, C. R. Biol. 327, 305-311(2004)

[99] C.J. Wysocki, B.J. Cowart, E. Varga: Nasal-trigeminal sensitivity in normal aging and clinical populations, Chem. Senses 22, 826(1997)

[100] J. Frasnelli, B. Schuster, T. Hummel: Olfactory dysfunction affects thresholds to trigeminal chemosensory sensations, Neurosci. Lett. 468, 259-263(2010)

[101] W.S. Cain: Olfaction and the common chemical sense: Some psychophysical contrasts, Sens. Process.1, 57-67(1976)

[102] E.L. Coates: Olfactory CO(2) chemoreceptors, Respir. Physiol. 129, 219-229(2001)

[103] A. Husner, J. Frasnelli, A. Welge-Lussen, G. Reiss, T. Zahnert, T. Hummel: Loss of trigeminal sensitivity reduces olfactory function, Laryngoscope 116, 1520-1522(2006)

[104] B. Kettenmann, C. Hummel, H. Stefan, G. Kobal: Multiple olfactory activity in the human neocortex identified by magnetic source imaging, Chem. Senses 22, 493-502(1997)

[105] R.J. Zatorre, M. Jones-Gotman, A.C. Evans, E. Meyer: Functional localization and lateralization of human olfactory cortex, Nature 360, 339-340(1992)

[106] E.T. Rolls, H.D. Critchley, A. Treves: Representation of olfactory information in the primate orbitofrontal cortex, J. Neurophysiol. 75, 1982-1996(1996)

[107] D.A. Kareken, M. Sabri, A.J. Radnovich, E. Claus, B. Foresman, D. Hector, G.D. Hutchins: Olfactory system activation from sniffing: Effects in piriform and orbitofrontal cortex, Neuroimage 22, 456-465(2004)

[108] D.H. Zald, J.V. Pardo: Emotion, olfaction, and the human amygdala: Amygdala activation during aversive olfactory stimulation, Proc. Natl. Acad. Sci. USA 15, 4119-4124(1997)

[109] I. Savic, B. Gulyas, M. Larsson, P. Roland: Olfactory functions are mediated by parallel and hierarchical processing, Neuron 26, 735-745(2000)

[110] B. Kettenmann, V. Jousmaki, K. Portin, R. Salmelin, G. Kobal, R. Hari: Odorants activate the human superior temporal sulcus, Neurosci. Lett. 203, 143-145(1996)

[111] Q. Chevy, E. Klingler: Odorless trigeminal stimulus CO_2 triggers response in the olfactory cortex, J. Neurosci. 34, 341-342 (2014)

[112] T.E. Finger, M.L. Getchell, T.V. Getchell, J.C. Kinnamon: Affector and effector functions of peptidergic innervation of the nasal cavity. In: Chemical Senses: Irritation, ed. by B.G. Green, J.R. Mason, M.R. Kare(Marcel Dekker, New York 1990) pp. 1-20

[113] G. Brand: Olfactory/trigeminal interactions in nasal chemoreception, Neurosci. Biobehav. Rev. 30, 908-917(2006)

[114] J.F. Bouvet, J.C. Delaleu, A. Holley: The activity of olfactory receptor cells is affected by acetylcholine and substance P, Neurosci. Res. 5, 214-223 (1988)

[115] I. Kratskin, T. Hummel, L. Hastings, R. Doty: 3-Methylindole alters both olfactory and trigeminal nasal mucosal potentials in rats, Neuroreport 11, 2195-2197 (2000)

[116] G. Kobal, C. Hummel: Cerebral chemosensory evoked potentials elicited by chemical stimulation of the human olfactory and respiratory nasal mucosa, Electroencephalogr. Clin. Neurophysiol. 71, 241-250 (1988)

[117] T. Hummel, E. Iannilli, J. Frasnelli, J. Boyle, J. Gerber: Central processing of trigeminal activation in humans, Ann. NY Acad. Sci. 1170, 190-195 (2009)

[118] T.E. Finger, B. Bottger: Peripheral peptidergic fibers of the trigeminal nerve in the olfactory bulb of the rat, J. Comp. Neurol. 334, 117-124 (1993)

[119] J.M. Christie, G.L. Westbrook: Lateral excitation within the olfactory bulb, J. Neurosci. 26, 2269-2277 (2006)

[120] B.P. Halpern, L.M. Nelson: Bulbar gustatory responses to anterior and to posterior tongue stimulation in the rat, Am. J. Physiol. 209, 105-110 (1965)

[121] K.S. Carlson, C.Z. Xia, D.W. Wesson: Encoding and representation of intranasal CO_2 in the mouse olfactory cortex, J. Neurosci. 33, 13873-13881 (2013)

[122] J.C. Walker, M. Kendal-Reed, S.B. Hall, W.T. Morgan, V.V. Polyakov, R.W. Lutz: Human responses to propionic acid. II. Quantification of breathing responses and their relationship to perception, Chem. Senses 26, 351-358 (2001)

[123] T. Hummel, T. Futschik, J. Frasnelli, K.B. Huttenbrink: Effects of olfactory function, age, and gender, on trigeminally mediated sensations: A study based on the lateralization of chemosensory stimuli, Toxicol. Lett. 140, 273-280 (2003)

[124] J. Seubert, J. Freiherr, J. Djordjevic, J.N. Lundstrom: Statistical localization of human olfactory cortex, Neuroimage 66C, 333-342 (2012)

[125] J.A. Boyle, J. Frasnelli, J. Gerber, M. Heinke, T. Hummel: Cross-modal integration of intranasal stimuli: A functional magnetic resonance imaging study, Neuroscience 149, 223-231 (2007)

[126] A.F. Temmel, C. Quint, B. Schickinger-Fischer, L. Klimek, E. Stoller, T. Hummel: Characteristics of olfactory disorders in relation to major causes of olfactory loss, Arch. Otolaryngol. Head Neck Surg. 128, 635-641 (2002)

[127] H.W. Berendse, M.M. Ponsen: Detection of preclinical Parkinson's disease along the olfactory tract, J. Neural Transm. Suppl. 70, 321-325 (2006)

[128] A. Mackay-Sim, A.N. Johnston, C. Owen, T.H. Burne: Olfactory ability in the healthy population: Reassessing presbyosmia, Chem. Senses 31, 763-771 (2006)

[129] J.C. Walker, M. Kendal-Reed, M.J. Utell, W.S. Cain: Human breathing and eye blink rate responses to airborne chemicals, Environ. Health Perspect. 109 (Suppl 4), 507-512 (2001)

[130] R.L. Doty: Intranasal trigeminal detection of chemical vapors by humans, Physiol. Behav. 14, 855-859 (1975)

[131] J. Reden, A. Mueller, C. Mueller, I. Konstantinidis, J. Frasnelli, B.N. Landis, T. Hummel: Recovery of olfactory function following closed head injury or infections of the upper respiratory tract, Arch. Otolaryngol. Head Neck Surg. 132, 265-269 (2006)

[132] A. Welge-Lussen, C. Wille, B. Renner, G. Kobal: Anesthesia affects olfaction and chemosensory event-related potentials, Clin. Neurophysiol. 115, 1384-1391 (2004)

[133] W.S. Cain: Contribution of the trigeminal nerve to perceived odor magnitude, Ann. NY Acad. Sci. 237, 28-34 (1974)

第 42 章　嗅觉感觉中的交叉模式整合

　　在日常生活中，气味感觉是一种多种感觉的体验。换言之，气味可在其他感觉系统(如视觉、味觉、听觉和触觉系统)输入之前、期间或之后被感知。因此，应假定嗅觉线索的多感觉处理是对气味感觉的实际刺激。

　　感知气味的两个主要通路是：鼻前通路和鼻后通路；而且，气味处理的方式与不同通路有关。因此，在评价其他感官线索对嗅觉感觉的影响前，我们将从心理物理、皮层电生理和神经解剖的水平讨论鼻前通路和鼻后通路系统。

　　本章介绍了嗅觉线索与其他感觉线索之间的交叉模式对应关系；另外还介绍了其他感觉输入线索(如视觉、味觉、听觉、三叉神经和触觉)对嗅觉感觉的影响，重点讨论了交叉模式整合中的关键调节因子。

　　总体而言，嗅觉和其他感觉线索之间的大部分交叉模式整合似乎发生在中枢神经水平。许多研究强调了双模式线索之间的一致性在交叉模式整合中的作用。已发现一致性的调节作用受到诸多因素的影响，如气味呈递通路(鼻前通路和鼻后通路)、选择性注意、经验(关联式学习)、文化背景、既定任务类型(分析与合成)和既定刺激的特征。

　　在没有其他感官线索的情况下，气味极少会被感受到。例如，当我们吃炸薯片时，我们会在视觉(形状和颜色)、味觉(味道)、触觉(质感)和听觉(咀嚼炸薯片的声音)线索的作用下感知到炸薯片的气味。这个例子提示，嗅觉感觉受制于多种感觉输入的共同作用。换言之，不同的感觉输入可能会改变对某种气味(如咖啡气味)的感知强度或愉悦性。例如，我们假设，要求一个人描述一种人工处理为红色的白葡萄酒的气味质量。这个人是否能将其识别为白葡萄酒？有趣的是，Morrot 等[1]的试验结果显示，红色的白葡萄酒被品尝者鉴定为红酒，这表明气味知觉可通过视觉输入被改变。

　　本章由三个主要部分组成：

①鼻前嗅觉和鼻后嗅觉。

②嗅觉和其他感觉线索之间的交叉模式对应。

③不同感觉输入对嗅觉感觉的影响。

　　对芳香族挥发性化合物的感知存在差异，取决于它们是通过鼻腔或口腔感知。这样，进食和饮水后，与通过鼻部的感觉相比，通过口腔感觉到的气味与其他特定感觉线索(如味觉、躯体感觉和触觉刺激)同时出现的频率更高。这一点表明，嗅觉线索的交叉模式整合方式可能不同，取决于是通过鼻腔还是口腔感知气味。因此，本书将在心理物理、皮层电生理和神经解剖学水平对双重嗅觉系统[2]的概念进行阐述。之后将回顾有关交叉模式对应概念的早期研究。最后，本章将重点关注不同感觉线索对嗅觉感觉的影响。

42.1　鼻前嗅觉和鼻后嗅觉

芳香族挥发性化合物通过两种主要途径到达嗅上皮：鼻腔和口腔(双重嗅觉系统[2])。

42.1.1　概念定义

通过吸入或嗅闻，空气中的挥发性化合物进入嗅上皮(例如，嗅闻烤咖啡豆的气味)，这种通路被称为鼻前嗅觉[2]。通过鼻前通路感知到的气味提供了与可食用性、可接受性、毒性和危险/威胁相关的外界信息[2-5]。众所周知，体味含有情绪状态信息[5,6]、年龄相关信息[7]、个体身份[8]或社交的信息[9]。这样，与嗅觉功能正常的人相比，失去嗅觉的人倾向于更易暴露于食欲差[10]、食物中毒[11,12]、气体泄漏和烟雾[11,12]的风险，而且也更容易暴露于社交关系减少[13]的风险。

当人们摄入食物和饮料时，通过咀嚼和吞咽从食物基质中释放出芳香族挥发性化合物[14]。然后，释放出的挥发性物质从口腔后部被泵出，通过鼻咽进入嗅上皮[15,16]。该嗅觉通路被称为鼻后嗅觉[2]。

人类是否能够区分芳香族挥发性物质的来源？是的，人类能做到这一点。有实验性证据表明，人类受试者可以确定气味是来自鼻腔前部还是鼻腔后部/口腔[17,18]。值得注意的一点是，由于鼻后嗅觉发生在口腔，所以人们通常将鼻后嗅觉称为味觉；这被称为嗅觉-味觉混乱[2,19,20]。例如，当食用的食物可口时，人们通常将其描述为味道好而不是气味好。此外，在某些语言，如瑞士德语中，有大量表达味觉的词汇，但嗅觉却并非如此[18]。

42.1.2　鼻前嗅觉与鼻后嗅觉的比较

如表 42.1 中所总结，在气味通路、气味敏感性和识别、气味相关信息和气味激活的大脑区域方面，鼻前嗅觉和鼻后嗅觉存在差异。

表 42.1　鼻前嗅觉和鼻后嗅觉的比较

	鼻前嗅觉	鼻后嗅觉
呈递通路	通过外鼻孔	从口腔后部经鼻咽
信息	外界	摄入的物质(例如食物)
气味敏感度	鼻前嗅觉＞鼻后嗅觉 在阈上水平，鼻前感知的气味更强烈	
气味识别	浓度较低时，鼻前嗅觉更为准确 浓度较高时，差异很小或没有差异	
神经激活方面	预期阶段(例如食物可获得性)	完成/回报阶段(例如，食物被吃掉)

1. 心理生理水平

通常而言，当人类通过鼻腔(鼻前通路)而不是通过口腔(鼻后通路)闻气味时，嗅觉更敏感(探测/识别阈值较低)[21,22]。在阈上水平时，当气味通过鼻前通路呈递时，人类感觉到的气味比鼻后通路更强烈[17,22-25]。从咽部流到嗅上皮的气流可能与在鼻前刺激下观察到的气流模式不同，导致到达嗅裂的气味浓度较低，这一事实可能是对鼻后嗅觉敏感度相对较低的合理解释[18]。此外，由于人类对鼻后气味的感知需要其他感官属性的配合[味觉和触觉成分、机械运动(咀嚼和舌运动)和口腔分泌唾液的参与][14,15](综述参见文献[27])。人类对鼻后气味的关注可能会减少[28,29]，从而导致对鼻后气味的敏感度降低(表 42.1)。

在正常呼吸过程中，人类通过鼻前通路(并非经鼻后通路)感知气味时能更正确识别芳香族挥发性物质[30-32]。但是，当受试者接受浓度相对较高的气味或深呼吸时，未观察到气味呈递通路对气味识别的影响[32]。

2. 皮层电生理水平

使用嗅觉事件相关电位(OERP)的临床研究表明，鼻前和鼻后刺激可产生不同的皮层电生理反应[26]。Landis 等[26]观察到，当刺激经鼻前通路呈递(并非经鼻后通路)时，患者表现出嗅觉丧失。图42.1为 1 名 54 岁女性的记录，其在上呼吸道感染后丧失嗅觉的时间超过 10 年。虽然 H_2S 鼻前刺激(A)未出现可检测到的 OERP，但鼻后刺激产生了明显的激活作用(B)。该结果与她测量鼻前或鼻后嗅觉功能的心理物理测试结果一致。换言之，与 OERP 产生的差异相应，这名患者正确识别的鼻后感知气味的比例为 35%，而正确识别的鼻前感知气味的比例仅为 12%。这些临床观察结果表明，鼻后嗅觉功能可能是一种单独的化学感受个体[26]。

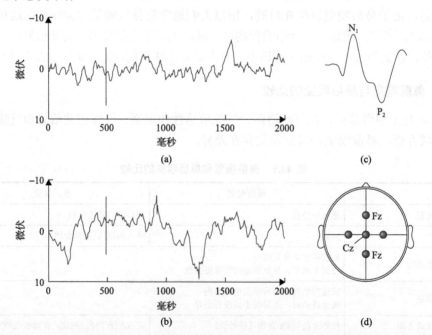

图 42.1　1例女性患者在上呼吸道感染后丧失了鼻前嗅觉后的嗅觉事件相关电位(OERP)
硫化氢(H_2S，4ppm)鼻前刺激(a)和鼻后刺激(b)引起的 OERP[记录体位，Cz；记录部位示意图，见(d)]。
显示了 OERP 示意图(c)和记录部位(d)的电极示意图[26]

在健康人群中，与鼻后刺激相比，鼻前刺激产生的嗅觉事件相关电位似乎峰值振幅更大、潜伏期更短[22,33]。但是，当非食物气味经鼻后呈递时(通常是经鼻腔吸入)，这种不熟悉的刺激可能会使受试者感到惊讶，导致 OERP 峰值振幅增高(尤其是晚期正峰 P_2)[25]。通常而言，如图 42.1(c)所示，虽然 N_1 峰值与刺激特征(如强度和质量)相关，但晚期正峰 P_2 与嗅觉信息的认知处理强烈相关[34,35]。

3. 神经解剖学水平

脑成像研究表明，在对鼻前和鼻后气味的刺激下，脑激活的模式相似但不同[17,36,37]。Cerf-Ducastel 和 Murphy[36]证实了利用水溶液呈递的气味进行鼻后刺激时，产生反应的大脑区域。经鼻后刺激激活的大脑区域，如梨状皮层、眶额皮层(OFC)、海马、杏仁核和脑岛，被称为鼻前刺激激活的脑区。换言之，大脑中的一些区域与鼻前和鼻后气味刺激相关[36]。De Araujo 等[37]的研究还表明，脑岛腹前侧可被鼻前和鼻后气味刺激激活。

在随后的一项研究中，Small 及其同事[17]通过鼻前和鼻后通路提供了 4 种不同的气味(食物和非食物气味)，并使用功能性磁共振成像(fMRI)技术测量了大脑反应。在较早期的研究中[36,37]，通过口腔呈递鼻后气味，但这也可能激活其他感官属性，如热觉刺激、机械刺激和/或味觉刺激[18]。为了检查不伴其他感官影响的鼻后刺激的单一效应，Small 等[17]使用了一种气味呈递技术，可将气味刺激直接传送至软腭上方的咽上部[22]，如图42.2所示。相同的气味在大脑区域(例如，中央沟底部的中央沟盖区域)产生更多的神经激活，这种激活通常对经口腔呈递(经鼻后通路而非鼻前通路)的刺激发生反应[17]。这一结果表明，对鼻后呈递的气味，受试者感觉其来自于口腔[17,19]。此外，在他们的研究中[17]，尽管鼻前感觉到的巧克力味在脑岛、沟盖区、丘脑、海马、杏仁核/梨状皮层和尾外侧 OFC 中表现出更大的神经活性，鼻后感觉到的巧克力味在扣带回膝部、后扣带回、内侧 OFC 和颞上回表现出更大的活性。但是，在非食物气味中未发现这些差异。鼻前和鼻后气味刺激神经反应的不同模式似乎与关联性学习(体验)和/或奖励背景(预期阶段与完成阶段)有关[17]。例如，由于食物气味(而不是非食物气味)通过鼻后通路(口腔)感受，只有食物气味(即巧克力味)可导致鼻前和鼻后气味刺激之间的神经反应差异。此外，由鼻前感知气味激活的大脑区域与预期奖励(即食物可获得性)相关，而对鼻后气味优先做出反应

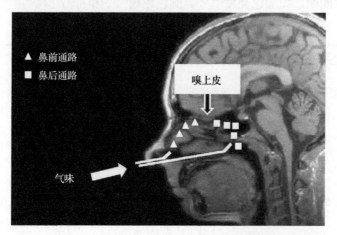

图 42.2　文献[22]中设计的提供鼻后刺激的模型

该模型允许气味刺激以大致相同的浓度和时间经鼻前或鼻后通路到达嗅上皮

的区域与完成性奖励(即食物被吃掉)相关[17]。由于鼻前和鼻后气味主要是在进食前和进食过程中被感受到的，所以这些结果可以理解。

42.2　嗅觉和其他感觉线索间的交叉模式对应

术语通感、通感对应或通感关联的特征为[38]36,[39-41]:

在相似的条件下，大多数人不会产生的对系统诱导性感觉属性的有意识的体验。

换言之，通感是指一种现象，即一种感觉线索可以在某些个体中特异性地诱导对另一种感觉线索的有意识的体验；例如，对疼痛反应时看到一些颜色[42]。Martino 和 Marks[42] 将这种形式的通感称为强烈的通感，这种情况很少被观察到(2 000 人中约有 1 人)[43]。

相比之下，交叉模式对应或交叉模式关联并不意味着一种感觉线索必然会诱导对另一种感觉线索的有意识体验[44]。"交叉模式对应"或"交叉模式关联"的术语参见文献 [45]973 和[42,46]:

不同感觉模式(无论是否多余)中刺激的属性或维度(即对象或事件)之间的相容性效应。

许多个体似乎具有相同的交叉模式对应关系(通常具有普遍性)，并存在于所有可能的感觉模式匹配之间[45]。交叉模式对应是先天性的，它们是通过知觉学习形成的[47]。交叉模式对应似乎被视为一种强度较弱的通感形式，其特征如下[42]61:

在信息处理过程中，通过语言、知觉相似性和知觉互动表达的交叉感觉对应。

但对这一观点仍有争议[44];因此，需要进一步澄清。

下文报告了嗅觉线索与其他感觉线索之间的交叉模式对应关系。

42.2.1　嗅觉和视觉线索间的交叉模式对应

表 42.2 显示了嗅觉和视觉线索之间交叉模式对应的实例。据报道，某些气味可以与特定的视觉线索匹配，如颜色亮度[48-51]、颜色色调[46,52]和符号/形状[53,54]。

表 42.2　显示嗅觉和视觉线索间交叉模式对应关系的研究列表

嗅觉线索	视觉线索	参考文献
鼻前气味		
香水/食物气味	颜色亮度	[48]
香水	颜色亮度	[50]
香水/食物气味	颜色亮度	[51]
香水	颜色亮度	[47]
香水/食物气味	颜色色调(Munsell 颜色系统)	[46]
香水/食物气味	颜色色调(色块)	[52]
男士香水/女士香水	颜色色调	[55]
香水	颜色色调	[56]
香水/食物气味	符号/形状	[53]
香水/食物气味(葡萄酒)	角形和圆形	[54]

1. 颜色亮度

Von Hornbostel[48]提供了不同程度的颜色、色调和气味的亮度之间的交叉模式对应关系的实验性证据。可根据相似的亮度特征将高音调和较淡的气味(如柠檬味)匹配[48,49]。此外,还发现气味强度与颜色亮度的匹配呈负相关。例如,强烈的气味似乎与较深的颜色匹配[51]。

2. 颜色色调

Gilbert 及其同事[46]要求受试者在依次嗅闻 20 种香味后,选择一种最能代表每种气味的彩色纸片。受试者可以将某些气味与特定的彩色纸片相匹配。例如,他们将肉桂醛的气味与红色匹配;这一搭配关系似乎是由一个流行的肉桂味糖果的常见名称——Red Hots 引起的[46]。在其他研究中也观察到相似的结果[52]:例如,草莓气味和粉红色搭配;绿薄荷味和青绿色搭配。使用内隐联结测试(IAT)发现,对于能够对关联性做出隐含反应的受试者,颜色-气味关联性足够强,而无须依赖明确的交叉模式匹配[52]。相较不相容的匹配(例如,留兰香气味和粉色),受试者对相容性匹配(例如,草莓气味和粉色)的指示反应比更为准确和迅速。此外,在 2 年的时间间隔后,发现颜色-气味关联的测试-再测试相关性较高(0.53)[46],表明颜色和气味的交叉模式对应关系稳定且可重现。

3. 符号/形状

几项研究已显示了气味和抽象的符号/形状之间的交叉模式对应的实验性示例[53,54]。Seo 等[53]要求受试者将 8 种气味与 19 种不同的抽象符号相匹配。如图 42.3 所示,令人愉快的气味(如香蕉、哈密瓜、薄荷、香草和紫罗兰的气味)与圆形或曲线形状的符号匹配,而令人不快的气味(如帕玛森乳酪、胡椒粉和松露的气味)与角形或方形的符号匹配,提示双模式线索之间的情绪相似性可能介导符号/形状和气味的交叉模式对应。在最近的一

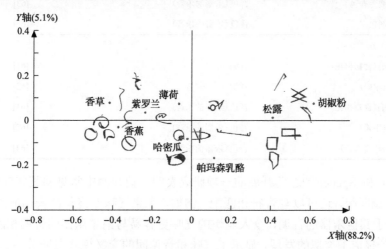

图 42.3　抽象符号与气味间的交叉模式关联

对应分析表明,某些气味可以与特定的形状匹配。总体而言,
令人愉快的气味与圆形或曲线形相匹配,而令人不快的气味与角形或方形相匹配[53]

项研究中[54]，要求受试者对 20 种单个气味与角形或圆形的相关程度进行评级。角形与更强烈的、酸味和令人不快的气味(例如，柠檬和胡椒粉气味)相匹配，而圆形与更细微的、甜味和令人愉快的气味(例如，树莓和香草味)最匹配。

42.2.2　嗅觉和味觉线索间的交叉模式对应

由于摄入食物和饮品，味觉线索通常可与嗅觉线索同时被感知(尤其是鼻后气味)。因此，人们往往将口腔中同时出现的嗅觉和味觉线索混淆为一种感觉[2,57]。因此，当人们嗅闻气味时，他们通常将刺激描述为味觉样感觉[58,59]，并习惯于将某些芳香/香精与特定的味道匹配。例如，焦糖或香草的香味/香精通常与甜味相匹配，而柠檬芳香剂/香精则经常与酸味相匹配。

42.2.3　嗅觉和听觉线索间的交叉模式对应

既往的心理物理研究显示了嗅觉和听觉线索间的交叉模式对应实例[60-65]。如表 42.3 所示，人们将某些通过鼻前通路感知的气味(气味、芳香或香味)与特定的音调相匹配[60,66]。例如，在一项早期研究中，受试者可以根据气味质量的线索(而不是气味强度的线索)，始终将某些听觉音调(例如，200Hz 和 1 000Hz)与特定的芳香气味相匹配[60]。

表 42.3　显示嗅觉和听觉线索间交叉模式对应关系的研究列表

嗅觉线索	听觉线索	参考文献
鼻前气味		
精油	音调	[66]
香水和精油	音调(200Hz 和 1000Hz)	[60]
葡萄酒芳香包	音调	[63]
芳香剂包	音调	[65]
葡萄酒芳香包	音色(乐器的乐音)	[63]
芳香剂包	音色(乐器的乐音)	[65]
鼻后气味(香精)		
调味剂(食物和花)	音调	[61]
香精(牛奶)	音调	[62]
调味剂(食物和花)	音色(乐器的乐音)	[61]
香精(牛奶)	音色(乐器的乐音)	[62]
香精(巧克力味)	音色(乐器的乐音)	[64]

Crisinel 和 Spence[63]近期开展的一项研究表明，葡萄酒中常见的某些气味不仅可以与特定的音调匹配，还可以与音符相匹配。例如，水果气味始终与高音调的声音相匹配。此外，相比于其他乐器的音调，令人愉快的气味更容易与钢琴乐器的音调相匹配。最近，Crisinel 等[65]报道了类似的发现，显示了气味和音调间的交叉模式对应关系。由于被人们判定为更快乐、更甜、更明亮和更愉快(例如：鸢尾花味和橘红色糖果味)的气味，它们与较高音调的乐器声音(例如：钢琴的乐音)匹配良好。

表 42.3 显示，患者可将鼻后感觉的气味(香味)与乐音的特定音色相匹配[61,62,64]。还发现香精可与乐音的特定音色相匹配[61,62]。但是，与和音色的相关性相比，味觉和音调的交叉模式相关性似乎相对较弱[61,64]。换言之，既往研究尚未一致地观察到味觉(鼻后气味)和音调间的相关性[61,64]。虽然味觉与音色的交叉模式对应似乎是由主观愉悦效价(例如，愉快 vs 不愉快)介导，但与乐音音调的对应似乎是由其他因素驱使，如双模式线索的强度(强烈 vs 微弱)和活性(主动 vs 被动)[61,64]。

Deroy 等[67]提出的三个假设解释了嗅觉和听觉线索间的交叉模式对应关系。首先，听觉和嗅觉可能共有相同的非模式维度，如空间(非模式假设)。其次，另一个独立的维度，例如双模式线索的情绪相似性(例如，愉快或不愉快)，可能介导嗅觉和听觉间的关联(间接假设)。例如，嗅觉和听觉线索可以匹配，因为它们都是令人愉快的。最后，基于统计学(或非统计学)的同时发生(传递假设)，可形成感觉线索(或维度)之间的交叉模式对应网络。此外，这些假设也适用于嗅觉线索与其他感觉(视觉或味觉线索)间的交叉模式对应。

42.3　视觉线索对嗅觉感觉的影响

已发现嗅觉感觉可受其他感觉线索的影响，如视觉、味觉、躯体感觉、听觉和触觉，如下所述。在此介绍嗅觉和视觉线索间的交叉模式整合，重点介绍个体整合中的关键性调节因素。

42.3.1　双模式线索间的一致性

双模式线索间的一致性是很多关于嗅觉的交叉模式整合的研究中最常使用的概念。因此，在介绍一致性视觉线索对嗅觉感觉的影响之前，先阐述一致性的概念。

在使用嗅觉和味觉线索的交叉模式研究中，Schifferstein 和 Verlegh[68]将一致性定义为两种刺激在某种食品中适合组合的程度。然而，由于嗅觉线索与其他感觉线索的交叉模式整合不仅限于食品，在本章中，一致性的特征为根据文献[69]6 修改的"双模式刺激适合日常生活组合的程度"。提出了三种类型的一致性：通感一致性、时空一致性和语义一致性[45,70]。通感一致性是指不同模式中更基本的刺激特征(例如，声调、亮度、大小)之间的对应关系[45]972。上文提到的交叉模式对应的实例接近通感一致性。时空一致性是指在时间和空间的两个单一的感觉事件之间的接近性[70]992，它是视觉和听觉线索多种感觉整合的主题。最后，语义一致性是指在单一感觉组分刺激的同一性或含义方面的交叉模式匹配(相对于不匹配)[70]992。通感一致性(或交叉模式对应)主要发生在更基本的(低水平)线索之间，而语义一致性存在于更复杂的(高水平)线索之间[45]。例如，高声调的乐音可以与明亮的颜色(相对于深色)存在通感一致性，而它可以与小提琴的乐音(相对于大提琴)存在语义一致性。

1. 一致性视觉线索对气味探测、辨别和识别的影响

即使是日常气味，如果没有语言描述语/标签，人们也很难识别这些气味[71]。但是，

大多数人并不知道他们识别气味的能力很差，因为他们通常借助视觉线索识别气味[72]。例如，当人们看盛放在杯子中的咖啡时，通常能闻到咖啡的香味。另一个例子是，人们往往根据饮料的颜色预料某种饮料的特定味道[73,74]。根据 Shankar 及其同事的研究[74]，超过一半的英国受试者在看黄色饮料时，都预料到柠檬味。同样，基于经验和联想性的学习，视觉线索可能导致人们预料到与视觉输入相关的特定气味/香精。

一致的视觉线索，如颜色和图片，有助于气味的检测[53,75]、辨别[76]和识别[75,77-80]。例如，与不一致的视觉线索相比，当人们接受语义一致的视觉线索(颜色或图像)时，可以更快、更正确地检测到鼻前气味[53,75,77,78]。另一方面，当未观察到气味的颜色(明显的气味)或不适合的颜色时(例如香蕉气味的红色)，人们在识别气味时往往更慢而且缺乏准确性[72]。

在视觉线索和鼻后气味间的交叉模式整合中也发现了一致的视觉线索对气味识别准确度的增强效应[73,81-83]。例如，Blackwell[83]发现，当溶液呈现正确的颜色时，分别有 79%和 92%的受试者能够正确识别柑橘和黑加仑溶液的气味。然而，当未呈现出正确的颜色时，识别柑橘和黑加仑溶液的正确率分别降低至 31%和 29%。

当嗅觉线索更为熟悉时，一致的视觉线索(尤其是颜色)对气味识别的增强作用更明显[77]。例如，如果一些个体每天都食用香蕉，但每年仅食用 1 次柠檬，预计其对黄色与香蕉气味(并非与柠檬气味)有更强烈的相关性。因此，当这些个体暴露于黄色时，他们更可能想到香蕉的图像，而非柠檬。由此，黄色可帮助个体检测、辨别和识别香蕉气味。同样，一致的视觉线索可以提高识别相应气味的速度以及识别气味的正确率[72]。

在此，有人可能会提出一个问题。红色溶液是否能增强对所有红色食物和饮料(如草莓、苹果、西红柿)的识别能力？回答为是或否。如上所述，一致的视觉线索的效果似乎取决于颜色-气味关联的强度。Zampini 等[73]报道指出，仅当颜色和气味的关联足够强烈时，不适当的颜色才会破坏识别气味的能力。此外，一致性效应受到个体对气味的预期与对该气味实际感知之间不一致程度的调节。基于同化-对比理论[84-86]，只要差异程度小到个体可以承认颜色和气味的组合具有一致性，那么颜色线索就会有助于识别味道。相比之下，如果差异大到个体不认为颜色和气味的组合具有一致性，则颜色线索可能会降低个体识别气味的能力[74,80,87]。这一观点反映了如下事实，即在认知水平上由一种自上而下的过程介导的一致性视觉线索对气味感知的作用，这一观点得到了大量的心理物理学[1,74,88,89]和神经解剖学[75,90]实验性证据的支持。如前所述，当使用一种红色染料人为地给白葡萄酒染色时，品酒师会使用与红酒相关的描述词描述其感官属性[1]。也就是说，视觉输入不仅会改变嗅觉预期，而且会改变嗅觉感觉。

2. 一致性视觉线索对气味愉悦度的影响

同样，一致的视觉线索帮助人们识别和熟悉接收到的气味，这可能会增加气味的愉悦度。人们通常认为，与接收到不一致(或不适当)的视觉线索和/或无额外的视觉线索时相比，人们更喜欢与视觉线索一致(或适当)的气味[78,91]。但是，应该注意的是，一致的视觉线索并不总是能够增强气味的愉悦度[53,87]。当气味的快感值为令人不快时，一致的视觉线索可以增加气味的不愉快程度[53,87]。Seo 等[53]已证实，一致的符号不仅可以增加令人愉快的气味(2-苯乙醇)的愉悦度，也可以使得令人不快的气味(1-丁醇)更加令人不快。换言之，一致的视觉线索似乎可以增强气味的愉悦效价。

此外，不一致(或不适当)的视觉线索会降低气味的愉悦度，这可能是由于正确识别与不一致(或不适当)视觉线索匹配的气味的能力降低[72,78]。尤其是在 Zellner 及其同事实施的研究中[78]，正确识别的气味总是比错误识别的气味更令人愉悦，即使与气味匹配的颜色并不适当。这一结果表明，气味识别在调节视觉线索对气味愉悦度的作用中发挥关键作用。此外，这些结果支持上述观点，即一致的视觉线索有助于识别气味，从而增强气味的愉悦度。

3. 一致性视觉线索对气味强度的影响

一致的视觉线索(尤其是颜色)对鼻前和鼻后气味感觉强度的影响尚不清楚，因为既往关于颜色影响的研究并未获得一致性的结果[53,73,91-93](综述见文献[94])。

颜色似乎以一种不同的方式根据气味给予途径(鼻前通路与鼻后通路)影响所感知的气味强度。总体而言，鼻孔嗅闻到气味时，颜色线索会增强对气味的感知强度[23,92,93,95]。Christensen[95]发现，当受试者嗅闻到经过适当颜色处理的奶酪气味时，他们感觉到的气味比颜色不适当的(例如，亮蓝色)彩色奶酪时更加强烈。Zellner 和 Kautz[93]还发现，与无色溶液相比，溶液呈适当颜色(例如，红色)时，香精溶液(例如，草莓香精)的鼻前气味更强烈；然而，颜色诱导的气味增强并非由某些颜色-气味组合导致。换言之，颜色线索对鼻前气味感觉强度的影响不是通过双模式线索之间的一致性来调节，而是通过内在的颜色线索来调节。无论颜色是否与气味适合，鼻前气味的强度似乎受到颜色强度的影响。与浅色溶液相比，深色溶液中可感觉到的鼻前气味通常更强烈。此外，无色溶液中的气味浓度通常被评定为最低。但是，颜色和气味强度之间的相关性并非始终如此[92,93]。

与颜色引起的鼻前气味强度相比，当气味通过口腔吸入时，颜色线索往往对气味强度没有影响，甚至会降低气味强度[23,73,95]。在颜色对气味感知强度的影响方面，造成鼻前和鼻后气味的差异是什么？Zellner[72]认为，颜色增强的鼻前气味强度可能是以下两种因素共同作用的结果：①实际的气味体验。②与既往对颜色和气味匹配相关的体验诱发的颜色诱导条件性感觉。例如，看到红色溶液后产生的气味感觉可能是个体此前体验到的红色食物和饮料的混合气味[72]。此外，Zellner[72]认为，颜色导致的鼻后气味强度的降低可能由以下因素导致：①相对较少的可见颜色线索。②鼻前与鼻后气味强度之间的显著差异。例如，当受试者尝试品尝有色的气味溶液时，他们首先会看到有色溶液，从而使得颜色能够增强这种溶液的鼻前气味强度。随后，当将有色溶液放入受试者口中以判断其鼻后气味强度时，颜色线索不再可用。因此，受试者在无颜色线索的情况下感知到鼻后气味，因此可能感知鼻后气味比鼻前气味的强度更弱，导致鼻前气味与鼻后气味之间的强度形成明显差异。鉴于此，颜色线索可能会对气味产生不同的影响，取决于气味递送通路[72]。

与颜色的影响相比，对其他视觉线索(如图像)对气味强度影响的研究相对较少。据报道，视觉图像(如图片和符号)也会调节气味强度[53,91]。Sakai 等[91]发现，鼻前气味如与适当的图片同时给予可增强鼻前气味(相对于与不适当的图片同时给予)。Seo 等[53]采用嗅觉事件相关电位(OERP)的研究表明,对于苯乙醇(PEA)气味,与不一致的符号相比,一致的符号显著增强了与刺激强度相关的 N1 波峰的振幅。基于既往的研究结果,一致的视觉线索对气味强度的影响似乎在意象-气味关联中比在颜色-气味关联中更强。与颜色-气味的关联相比,视觉图像可能与气味有更强的联系。基于这一点,与颜色诱导的条件性感觉相比,视觉图像引发的条件性感觉可以更显著,因此视觉图像线索对气味强度的影响可能比颜色线索更大。

4. 一致的视觉线索对气味感觉影响的神经成像学证据

既往的神经成像学研究发现,左侧眶额皮层(OFC)主要参与视觉和嗅觉线索之间的交叉模式整合[75,96],而右侧 OFC 更多参与气味感觉[97]。Österbauer 等[96]采用 fMRI 研究发现,OFC 对一致性的颜色-气味匹配表现出超加性的神经激活(一致性的颜色-气味对大于气味与颜色的组合)。同时,左侧 OFC 对一致性颜色-气味组合刺激的神经激活比不一致的组合或单纯气味刺激的反应更活跃。另外,Gottfried 和 Dolan[75]发现,当向受试者提供与语义一致图片的气味时,受试者能更快、更准确地检测到气味。此外,神经成像学检查显示,对一致性图像诱导的气味进行检测和识别主要与前海马体和前内侧OFC相关。

42.3.2 文化背景

正如很多研究所示,嗅觉和其他感觉线索间的交叉模式相互作用取决于体验和关联学习[98,99]。这一观点得到了一些研究的支持,这些研究发现了文化背景对嗅觉和视觉线索间交叉模式整合的影响[74,100]。Shankar 等[74]依次向英国和中国台湾受试者展示了 7 种不同颜色的饮料,并要求他们仅根据饮料的颜色写下第一个出现在他们脑海中的味道或饮料。有趣的是,大部分(70%)英国受试者将棕色饮料与可乐的气味关联(没有人想到是葡萄香精的气味),而几乎一半(49%)的中国台湾受试者将相同颜色的饮料与葡萄的气味关联(没有人想到是可乐的气味)。该结果似乎是由于英国和中国台湾受试者在本国对棕色饮料的不同体验所致。例如,可乐是英国最常见的棕色饮料,而葡萄汁或葡萄饮料是中国台湾常见的棕色饮料[72]。Wan 等[100]的研究也表明美国和中国成年人对颜色-气味的关联存在这种文化差异。例如,许多美国受试者会将红色饮料与樱桃气味相关联,而中国受试者则将这种饮料与西瓜气味相关联。

这些结果表明,同一种颜色对嗅觉感觉的影响可因为文化背景的差异而有所不同。假设要求英国和中国台湾的受试者识别棕色溶液的味道,包括可乐和葡萄味的混合物。根据上述结果[74],可以预期,与中国台湾受试者相比,英国受试者可以更快、更准确地从溶液中检测并识别出可乐味,因为他们容易判断棕色与可乐味具有一致性,因为棕色和可乐味因其体验而强烈相关;然而,需要进一步研究来验证这一假设。

42.4 味觉线索对嗅觉感觉的影响

当人们摄入食物和饮料时,气味与口中发生的味觉刺激同时被感知。因此,经常观察到丧失嗅觉的患者在诊所主诉味觉异常,尽管他们的味觉正常(称为味觉障碍)[101,102]。

到目前为止，大多数关于嗅觉和味觉线索间交叉模式整合的研究重点讨论了嗅觉刺激对味觉的影响[68,103-109]（综述见文献[29], [99], [110]～[112]）。例如，已发现，一致的气味可增加味觉刺激的感知强度，尽管在早期研究中未一致性地获得增强效应[113,114]。

本章将更着重讨论味觉线索对嗅觉感觉的影响。

42.4.1　双模式线索间的一致性

嗅觉和味觉线索间的一致性是二者间相互作用的关键调节因素。如下文述，已发现相同的味觉线索会影响气味的定位、强度和愉悦性。

1. 一致性味觉线索对气味定位的影响

几项研究使用上述技术（图 42.2）发现，受试者能够辨别气味刺激来自鼻腔顶部还是口腔后部[17,22]。这些结果表明，通过嗅上皮的鼻腔气流方向（鼻前递送与鼻后递送）可能足以对气味刺激进行口腔定位[17,22,115]。

Von Békésy[116]要求受试者在通过鼻子递送气味之前、期间或之后向口腔给予味觉刺激时，定位气味刺激的部位。当受试者同时接受气味和味觉刺激（如丁香花气味和酸溶液）时，他们感觉到它们是口腔中发生的单一感觉。基于 von Békésy[116]的结果，鼻腔气流方向似乎不是必要条件，因为尽管气味通过鼻前通路给予，但受试者可能够感受到口腔中的定位[117]。Murphy 和 Cain[20]提示，在进食过程中，三叉神经系统可能将嗅觉和味觉系统整合为单一的感觉系统。也就是说，预期口内的触觉（躯体感觉）或三叉神经刺激可捕获味觉[20,118]，从而诱导口腔内的气味定位。在近期的一项研究中，Stevenson 等[117]证明，当受试者在口中无躯体感觉或味觉刺激的情况下嗅闻一种气味刺激时，他们准确地定位了气味的位置（位于鼻腔）。但是，当口腔中存在味觉刺激时，受试者定位到了从鼻前通路给予口腔的气味。Stevenson 等[117]提出，味觉刺激可能诱导受试者对味觉刺激的注意，导致选择性注意某种气味刺激的能力受损。与 Murphy 和 Cain[20]以及 Green[118]的结果相反，当嗅闻到刺激时，单纯的躯体感觉刺激不是形成口腔定位的充分条件[117]。与味觉刺激相反，在不自主吞咽、呼吸和说话期间，口腔的躯体感觉刺激持续存在于口腔内[117]。由于这种频繁发生的情况，口腔躯体感觉刺激似乎无法捕获对此的选择性注意[117]。因此，尽管最低的躯体感觉刺激水平可能是一个必要条件，但单纯的躯体感觉刺激在引发口腔定位方面相对无效[117]。

Lim 和 Johnson[119,120]以及 Lim 等[121]证实了对鼻后气味的口腔内定位（鼻后气味转移）。具体而言，Lim 和 Johnson[119]要求受试者在口中存在或不存在味觉刺激（水或各种味觉溶液）的情况下，通过吸管吸入有食物气味并通过鼻子呼气时，对有气味的刺激物进行定位。当香草和酱油的气味与蔗糖和氯化钠溶液同时给予时，受试者报告这些气味存在于舌部。这一结果表明，是否能将鼻后气味转移至舌部取决于味觉是否一致[119]。在更自然的食物条件下（例如，调味的明胶样品）也获得了这种效果（即，一致的味觉诱导的舌部/口腔气味定位）[120]。然而，单纯的触觉刺激并不是促进鼻后气味转移的充分条件。

2. 一致性味觉线索对气味敏感性和强度的影响

如前所述，为探索一致性的味道是否会增加嗅觉感觉这一问题而进行的研究相对较少。Dalton 及其同事[122]发现，味觉刺激增强了对鼻前气味的敏感性。例如，在分别摄入10mL 相应溶液，比如糖精、味精(MSG)或去离子水后，受试者嗅闻阈下水平的苯甲醛气味(樱桃/杏仁味)。口腔中存在一致的味道(即糖精)时，受试者对气味的敏感度增加，而当口腔中存在不一致的味道(即味精)或去离子水时，其气味敏感度降低。

最近的研究表明，味觉物质(尤其是蔗糖溶液)可增强鼻后气味的感觉强度[121,123,124]。在一项近期由 Lim 及其同事开展的研究中[121]，受试者分别评定了三种味觉物质(蔗糖、柠檬酸和咖啡因)以及两种鼻后气味(柠檬醛和咖啡的气味)的感知强度，均为单一组分和味道混合物。受试者还评定了味觉和嗅觉刺激所有组合的一致程度。在三对味道-气味对中，柠檬醛气味和蔗糖这对气味被认为最一致。此外，当咖啡与蔗糖或咖啡因溶液搭配时，咖啡气味被认为是最一致的。也就是说，受试者判定蔗糖溶液与柠檬醛和咖啡气味一致。与其他味觉溶液或单纯的鼻后气味相比，蔗糖溶液显著增强了与其一致的气味(即柑橘类和咖啡气味)的感知强度。此外，Welge-Lüssen 等[33]使用嗅觉 ERP 证实，与存在不一致的味觉刺激物(酸味溶液)相比，在存在其一致的味觉刺激物(甜味溶液)的情况下，香草醛气味的鼻前或鼻后刺激导致 P_2 峰的潜伏期缩短，这表明一致的味觉有助于鼻后嗅觉信息的处理。与此类似，与不一致的味觉刺激(酸味溶液)相比，一致性的味觉刺激(甜味溶液)导致鼻前给予香草味的 P_1 峰和 N_1 峰的潜伏期缩短[125]。

42.5　听觉线索对嗅觉感觉的影响

近期的动物研究发现，嗅觉和听觉的感觉输入信号在哺乳动物的大脑皮层汇集[126-130]。Wesson 和 Wilson[128]证实：嗅结节的单个单位可被声调和气味激活[128]。此外，29%的嗅结节中的单个单位在嗅觉和听觉同步刺激下显示出激活增强或抑制，表明嗅结节可能在影响嗅觉和听觉线索间的交叉模式相互作用中起主要作用。此外，Plailly 等[131]显示，在人类大脑左半球中，与熟悉音乐片段或气味相关的区域相重叠：特别是额上回、额下回、角回、楔前叶、海马和海马旁回。基于这些结果，本章将讨论听觉线索对嗅觉感觉的影响，重点关注双模式线索与背景噪声之间的一致性。

42.5.1　双模式线索间的一致性

几项研究已证明，嗅觉和听觉线索间的一致性在其相互作用中发挥重要作用，尤其是在调节气味愉悦性方面[132,133]。也就是说，与不一致的声音相比，一致的声音可增加气味的愉悦度。例如，当食物气味(例如，炸薯片的气味)与匹配的声音(例如，吃炸薯片的声音)同时存在时，相较同时给予的不匹配的声音(例如，喝咖啡的声音)，受试者评定为更令人愉快[132]。此外，由于受试者将气味和声音刺激的组合评定为更一致，他们将气味评定为更令人愉快。最近，Seo 等[133]证实了一致的声音可增强气味的愉悦性。例如，受试者根据以往的经验，即在圣诞节期间流行吃肉桂味的食物/饮料和使用装饰品，将肉桂的气味评定为与圣诞颂歌(《铃儿响叮当》)一致。与存在不一致的声音(流行音乐)相比，在存在一致声音的情况下(圣诞颂歌)，受试者能够更强烈地感受到肉桂的气味。在嗅觉线索的其他交叉模式整合中，一致的视觉或味觉刺激可以帮助受试者识别给予的气味并熟悉它们，从而增强气味的愉悦度[75,78,87,134,135]。同样，一致性的声音可增强肉桂气味的愉悦度，这是由气味识别的能力增加引起的，参见图 42.4[133]。

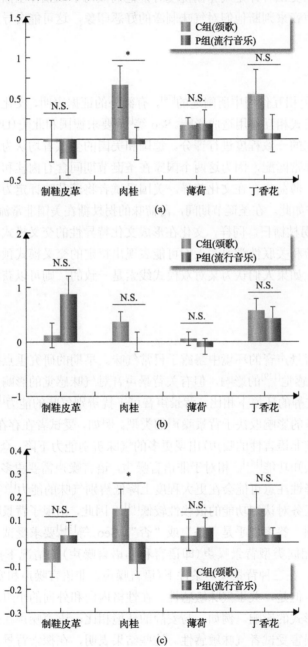

图 42.4　C 组和 P 组之间在以下方面均值评分的比较[133]

(a)声音诱导的气味愉悦度；(b)声音诱导的气味熟悉度；(c)声音诱导的气味识别

与气味的愉悦度不同，气味强度并不受一致性(或不一致)的声音调节[132,133]。此外，未报告一致性程度和气味感受强度之间存在显著相关性[132,133]。对气味强度缺乏显著影响可以用强度评级的分析特征来解释。即受试者在评定气味强度时，可能会注意到气味刺激的强度。因此，对背景声音的关注相对较少，这可能会减少背景声音对气味强度的影响。与此相反，当受试者评定气味愉悦度时，他们倾向于以整体全面的方式，考虑测试期间给予的背景声音来判断他们对气味刺激的好恶印象，这可能会导致背景声音的影响增大[133]。

42.5.2　文化背景

正如气味-颜色相互作用中所阐述的[74]，有额外的证据表明，文化背景可对嗅觉和听觉线索间的交叉模式相互作用造成影响。Seo 等[133]要求德国和北美(US)受试者对背景声音和鼻前气味之间的一致程度进行评分。德国和美国的受试者均认为，肉桂和丁香花的气味与圣诞颂歌非常匹配，因为这两个国家在圣诞节期间含有肉桂和丁香的食物和饮料非常常见。但是，薄荷味存在文化差异。美国受试者将薄荷味评定为与圣诞颂歌一致，但德国受试者并非如此。在圣诞节期间，薄荷味的拐杖糖在美国非常流行。尤其是 12 月 26 日被称为全国拐杖糖日。同样，文化在形成文化特异性的交叉模式相互作用中发挥重要作用。基于体验和关联性学习，人们可能表现出特定的交叉模式预期，以确定双模式线索对是否匹配。如果人们认为某对双模式线索是一致的，则可以获得一致性声音对嗅觉的影响。

42.5.3　背景声音

人们在各种背景声音的环境中暴露于日常气味。早期的研究重点探讨了背景声音对味觉[136-138]或质地感觉[139]的影响，但有关背景声音对气味感觉的影响知之甚少。

据报道，与安静的环境下相比，背景声音可干扰辨别气味的能力[140]。此外，背景噪声对气味辨别任务的影响取决于背景噪声的类型。例如，受试者在存在语言噪声(有声读物)的环境中(相较非语言性的噪声)出现更多的气味辨别能力下降。众所周知，气味辨别任务高度依赖于认知功能[141]。相对于非语言噪声，语言噪声需要更多的认知负荷，所以对背景噪声的选择性注意可能会在更大程度上降低辨别气味的能力[140]。

嗅觉敏感性任务对认知功能的依赖性较低[141]。因此，出现了背景噪声是否不会干扰嗅觉灵敏度的问题。答案似乎是"是"或"否"。Seo 等[142]要求受试者在存在或不存在前述研究所用的相同类型背景噪声(即语言和非语言噪声)的情况下执行气味敏感性任务[140]。总体而言，在三种背景噪声条件下(语言噪声、非语言噪声和安静环境中)，气味敏感性没有差异。但是，关于气味敏感性，在性格内向和外向的小组之间观察到语言背景噪声具有不同形式的影响。例如，与安静的环境相比，语言噪声在外向或内向小组中分别可以改善或损害受试者气味敏感性。这些结果表明，在探索背景声音对气味感觉的影响时，应考虑背景噪声的类型和外向程度。

42.6　三叉神经线索对嗅觉感觉的影响

人们在摄入辛辣食物或碳酸饮料时，会接触到具有三叉神经刺激的气味/香料，其特征为刺激、瘙痒或烧灼感。已报道嗅觉和三叉神经线索间的交叉模式整合，其重点讨论了：①双模式线索间的一致性。②由三叉神经感觉引起的气味定位。

42.6.1　双模式线索间的一致性

目前尚不清楚对于嗅觉和三叉神经线索的某些组合是否可以被判定为一致。最近，Bensafi 及其同事[143]提供了实验性证据，表明三叉神经感觉可以与一种特定的气味相匹配。例如，受试者判定柑橘的气味与鼻内二氧化碳(CO_2)刺激一致，而他们判定玫瑰的气味与二氧化碳刺激不一致。该结果似乎是由于受试者暴露于苏打水中的柑橘味和二氧化碳的混合物所致[143]。与此相反，玫瑰气味和二氧化碳的不一致混合在日常生活中并不常见。

嗅觉和三叉神经线索的一致性混合物(柑橘气味和 CO_2 刺激)的感觉比不一致性混合物(玫瑰气味和 CO_2 刺激)更愉快[143]。此外，神经成像学(fMRI)检查显示，由一致性增加的愉悦感与海马和前扣带回的神经活动增加有关[143]。

42.6.2　三叉神经线索诱导的气味定位

通常认为，从右侧或左侧鼻孔给予气味刺激时，人们难以单纯将嗅觉刺激进行单侧化[144-147](文献[148]例外)。但是，众所周知，对三叉神经刺激物如二氧化碳进行单侧化可达到较高的准确度[145,147]。值得注意的是，除嗅觉外，大多数已知气味可在较高浓度下引起三叉神经介导的感觉[149,150]。Doty 等[149]报道，嗅觉丧失但三叉神经功能正常的受试者在 47 种气味中仅无法检测到 2 种气味(即香草醛和癸酸)。因为人鼻黏膜中不仅含有嗅觉受体，而且还含有可对机械、热或伤害性刺激产生反应的细胞[147,151,152]，可对能引起三叉神经感觉的气味进行定位[144-147,153]。Kleemann 等[147]证实，受试者不能对仅刺激嗅觉系统的气味(与其浓度无关)进行定位，但经右侧或左侧鼻孔给予气味时，他们能够对同时激活嗅觉和三叉神经系统的气味进行定位。

42.6.3　三叉神经线索诱导的嗅觉感觉

在几个部位观察到嗅觉和三叉神经刺激间的交叉模式整合[154]：例如，在中枢神经部位如丘脑的背内侧核(嗅觉和三叉神经传入神经信息在此汇集)[155,156]；在嗅球部[157]；在嗅上皮[158]；以及通过鼻三叉神经反射间接进行整合[159]。

据报道，当同时给予两种刺激时，三叉神经刺激(辛辣或刺激性)可抑制鼻前气味的强度[160-163]。Cain 和 Murphy[160]还研究了给予气味刺激(丁酸戊酯)之前连续给予三叉神经刺激(CO_2)是否可以改变嗅觉抑制的模式。三叉神经刺激降低了随后给予气味的感知强度，但与同时给予刺激的影响相比，其影响不太明显。与此相反，Jacquot 等[158]发现三叉神经先行激活可导致嗅觉灵敏度增加。这些不一致的结果提示：嗅觉和三叉神经刺激的时间和强度均可调节两种双模式线索间的交叉模式整合[156]。

　　也有人在食物基质中研究了三叉神经线索对气味感知的影响。三叉神经刺激，如碳酸化作用、刺激和辛辣感，似乎可降低对香味和/或香精的感觉强度[164,165]。相反，也有报道称三叉神经感觉增强了芳香气味或香精的强度[166-168]。Saint-Eve 等[167]发现，与非碳酸饮料相比，含碳酸的饮料增强了鼻后气味的感知强度。此外，在食物基质中未观察到三叉神经刺激对鼻后气味强度的显著影响[165,169,170]。

　　同样，在解释三叉神经刺激对气味感知的影响时，应考虑以下关键因素：例如，刺激类型、刺激浓度、刺激持续时间、刺激间隔和环境温度[156,165]。

42.7　触觉线索对嗅觉感觉的影响

　　进食和饮水时，触觉刺激与嗅觉线索(尤其是鼻后气味)会发生动态的相互作用。然而，很少有人关注嗅觉感觉中的嗅觉和触觉线索间一致性的影响。特别是，使用两种触觉线索，即黏度和硬性(或硬度)研究嗅觉和触觉线索间的交叉模式整合。

42.7.1　双模式线索间的一致性

　　仅有少数研究报道了嗅觉和触觉线索间一致性对嗅觉感觉的影响。研究发现一些特定的芳香气味可以和口感匹配[171]。例如，Harthoorn 等[171]要求受试者对无香味的奶油蛋奶沙司与 7 种芳香气味(香草、柠檬、草莓、巧克力、黄油、橡胶和薰衣草)之间的一致程度进行评分。奶油蛋奶沙司与香草和黄油芳香气味的一致性评分较高，但它与橡胶、巧克力和薰衣草香味的一致性评分较低。总体而言，存在奶油蛋奶沙司时，优先考虑一致性的气味(香草和黄油)，而不认可不一致的气味(橡胶和巧克力)。换言之，此项研究表明，质地线索可增强其一致性气味的愉悦度。

42.7.2　黏度和硬度的影响

　　人们通常会观察到，在不同的液体基质中，黏度增加会降低鼻后气味(味道)的感觉强度：例如果汁[172]、咖啡[172]和增稠的调味溶液[173-175]。

　　许多对半固体和固体基质的研究都重点探讨了硬性(或硬度)对气味强度的影响。总体而言，早期研究表明，半固体和固体基质，如凝胶[24,176-180]、蛋奶沙司[24]、牛奶[181]和糖果[182]的硬度增加时，感觉到的气味强度降低。

　　黏度和硬度对感受到的气味强度的调节作用可以通过以下因素进行解释：①样品基质中挥发性物质的理化相互作用。②触觉、线索诱导的选择性注意。首先，理化性质，如空气/样品分割、扩散系数和样本的化学结合可能影响气味强度[182,183]。由于样品的黏度或硬度不同，既往研究中使用了结构剂，如凝胶和明胶。这些结构剂与样品中的挥发性物质相互作用，导致气体释放量和速率存在差异[176,180,182-184]。这样，由于某份样品中含有较高浓度的结构剂(明胶)，该样品的结构剂可将更多的挥发性物质包封在基质中，从而降低可感受的气味强度。但是，该观点似乎不足以解释黏度/硬度和气味强度之间的关系，因为：①结构剂不能结合所有类型的挥发物[178,182]。②结构剂的浓度与感觉到的气味强度以及气味释放量之间并非呈线性相关[178,182]。当比较不同硬度/黏度的样品在体内条件下释放的气味量时，样品中释放出的气味/香精的量并无差异，而气味/香精的感觉强度降低[185,186]。黏度/硬度对感受到的气味强度的调节作用的另一个合理解释是触觉线索诱导的选择性注意。口腔运动(啃咬、咀嚼和吞咽的力度、频率和持续时间)各不相同，具体取决于口腔内样品质地的首次感知[182,186,187]。例如，与吃软质饼干相比，吃硬质饼干需要更大的咬合力和更长的咀嚼持续时间，这可能导致消费者更关注触觉线索而不是芳香/味道线索。如前所述，当消费者高度注意其他感觉线索或任务时，其嗅觉功能可能会降低(气味强度和辨别能力降低)[99,109,142,188]。因此，可以认为某些触觉线索可能更具独特性(例如，非常硬或非常黏稠)，这可能引起对触觉线索的更多关注，从而降低了硬质地样本或黏稠样品中的感觉气味/味道强度[183,187]。

42.8　结　　论

在本章中，我们回顾了嗅觉与其他感觉线索间的交叉模式整合。由于气味经常与其他伴随的感觉线索(如视觉、味觉、听觉、三叉神经和/或触觉刺激)同时被体验，嗅觉不仅应被理解为单一感觉输入的结果，而且还是多种感觉相互作用的结果。

本章显示，双模式线索间的一致性在调节气味线索与视觉、味觉、听觉、三叉神经或触觉线索的交叉模式整合中发挥重要作用。此外，一致性对嗅觉感觉的调节作用受诸多因素的影响，包括给定刺激的气味递送途径(鼻前通路和鼻后通路)、对特定感觉线索的选择性注意、体验(联想性学习)、文化背景、给定任务的类型(分析 vs 综合感觉)和特征(快乐程度和强度)。

参 考 文 献

[1] G. Morrot, F. Brochet, D. Dubourdieu: The color of odors, Brain Lang. 79, 309-320 (2001)

[2] P. Rozin: "Taste-smell confusion" and the duality of the olfactory sense, Percept. Psychophys. 31, 397-401 (1982)

[3] R.L. Doty: Odor-guided behavior in mammals, Experientia 42, 257-271 (1986)

[4] G.M. Shepherd: Smell images and the flavour system in the human brain, Nature 444, 316-321 (2006)

[5] P. Dalton, C. Mauté, C. Jaén, T. Wilson: Chemosignals of stress influence social judgments, PLoS One 8, e77144 (2013)

[6] D. Chen, J. Haviland-Jones: Human olfactory communication of emotion, Percept. Mot. Skills 91, 771-781 (2000)

[7] S. Mitro, A.R. Gordon, M.J. Olsson, J.N. Lundström:The smell of age: Perception and discrimination of body odors of different ages, PLoS ONE 7, e38110 (2012)

[8] J.N. Lundström, J.A. Boyle, R.J. Zatorre, M. Jones-Gotman: Functional neuronal processing of body odors differs from that of similar common odors, Cereb. Cortex 18, 1466-1474 (2008)

[9] K.T. Lübke, M. Hoenen, B.M. Pause: Differential processing of social chemosignals obtained from potential partners in regards to gender and sexual orientation, Behav. Brain Res. 228, 375-387 (2012)

[10] K. Aschenbrenner, C. Hummel, K. Teszmer, F. Krone, T. Ishimaru, H.S. Seo, T. Hummel: The influence of olfactory less on dietary behaviors, Laryngoscope 118, 135-144 (2008)

[11] T. Miwa, M. Furukawa, T. Tsukatani, R.M. Costanzo, L.J. DiNardo, E.R. Reiter: Impact of olfactory impairment on quality of life and disability, Arch. Otolaryngol. Head Neck Surg. 127, 497-503 (2001)

[12] D.V. Santos, E.R. Reiter, L.J. DiNardo, R.M. Costanzo: Hazardous events associated with impaired olfactory function, Arch. Otolaryngol. Head Neck Surg. 130, 317-319 (2004)

[13] I. Croy, V. Bojanowski, T. Hummel: Men without a sense of smell exhibit a strongly reduced number of sexual relationships, women exhibit reduced partnership security-A reanalysis of previously published data, Biol. Psychol. 92, 292-294 (2013)

[14] A. Buettner, P. Schieberle: Influence of mastication on the concentrations of aroma volatiles-Some aspects of flavour release and flavour perception, Food Chem. 71, 347-354 (2000)

[15] A. Buettner, A. Beer, C. Hanning, M. Settles: Observation of the swallowing process by application of videofluoroscopy and real-time magnetic resonance imaging-Consequences for retronasal aroma stimulation, Chem. Senses 26, 1211-1219 (2001)

[16] S.R. Negoias, A. Visschers, A. Boelrijk, T. Hummel: New ways to understand aroma perception, Food Chem. 108, 1247-1254 (2008)

[17] D.M. Small, J.C. Gerber, Y.E. Mak, T. Hummel: Differential neural responses evoked by orthonasal versus retronasal odorant perception in humans, Neuron 48, 593-605 (2005)

[18] T. Hummel: Retronasal perception of odors, Chem. Biodivers. 5, 853-861 (2008)

[19] C. Murphy, W.S. Cain, L.M. Bartoshuk: Mutual action of taste and olfaction, Sens. Process. 1, 204-211 (1977)

[20] C. Murphy, W.S. Cain: Taste and olfaction: Independence vs. interaction, Physiol. Behav. 24, 601-605 (1980)

[21] E. Voirol, N. Daget: Comparative study of nasal and retronasal olfactory perception, Lebens.-Wiss. Technol. 19, 316-319 (1986)

[22] S. Heilmann, T. Hummel: A new method for comparing orthonasal and retronasal olfaction, Behav. Neurosci. 118, 412-419 (2004)

[23] B.J. Koza, A. Cilmi, M. Dolese, D.A. Zellner: Color enhances orthonasal olfactory intensity and reduces retronasal olfactory intensity, Chem. Senses 30, 643-649 (2005)

[24] R.W. Visschers, M.A. Jacobs, J. Fasnelli, T. Hummel, M. Burgering, A.E.M. Boelrijk: Cross-modality of texture and aroma perception is independent of orthonasal or retronasal stimulation, J. Agric. Food Chem. 54, 5509-5515 (2006)

[25] A. Ishii, N. Roudnitzky, N. Béno, M. Bensafi, T. Hummel, C. Rouby, T. Thomas-Danguin: Synergy and masking in odor mixtures: An electrophysiological study of orthonasal vs. retronasal perception, Chem. Senses 33, 553-561 (2008)

[26] B.N. Landis, J. Frasnelli, J. Reden, J.S. Lacroix, T. Hummel: Differences between orthonasal and retronasal olfactory functions in patients with loss of the sense of smell, Arch. Otolaryngol. Head Neck Surg. 131, 977-981 (2005)

[27] A. Buettner, J. Beauchamp: Chemical input-Sensory output: Diverse modes of physiology-flavour interaction, Food Qual. Pref. 21, 915-924 (2010)

[28] K.J. Burdach, R.L. Doty: The effects of mouth movements, swallowing, and spitting on retronasal odor perception, Physiol. Behav. 41, 353-356 (1987)

[29] H.S. Seo, T. Hummel: Smell, taste, and flavor. In: Food Flavors-Chemical, Sensory and Technological Properties, ed. by H. Jeleń (CRC, Boca Raton 2012)

[30] J. Pierce, B.P. Halpern: Orthonasal and retronasal odorant identification based upon vapor phase input from common substances, Chem. Senses 21, 529-543 (1996)

[31] B.P. Halpern: Retronasal and orthonasal smelling, Chemosense 6, 1-7 (2004)

[32] B.P. Halpern: Retronasal olfaction. In: Encyclopedia of Neuroscience, ed. by L.R. Squire (Academic, Oxford 2009)

[33] A. Welge-Lüssen, A. Husner, M. Wolfensberger, T. Hummel: Influence of simultaneous gustatory stimuli on orthonasal and retronasal olfaction, Neurosci. Lett. 454, 124-128 (2009)

[34] B.M. Pause, K. Krauel: Chemosensory event-related potentials (CSERP) as a key to the psychology of odors, Int. J. Psychophysiol. 36, 105-122 (2000)

[35] T. Hummel, G. Kobal: Olfactory event-related potentials. In: Methods in Chemosensory Research, ed. by S.A. Simon, M.A.L. Nicolelis (CRC, New York 2002)

[36] B. Cerf-Ducastel, C. Murphy: fMRI activation in response to odorants orally delivered in aqueous solutions, Chem. Sense 26, 625-637 (2001)

[37] I.E. De Araujo, E.T. Rolls, M.L. Kringelbach, F. McGlone, N. Phillips: Taste-olfactory convergence, and the representation of the pleasantness of flavour, in the human brain, Eur. J. Neurosci. 18, 2059-2068 (2003)

[38] P.G. Grossenbacher, C.T. Lovelace: Mechanisms of synesthesia: Cognitive and physiological constraints, Trends Cogn. Neurosci. 5, 36-41 (2001)

[39] G. Martino, L.E. Marks: Cross-modal interaction between vision and touch: The role of synesthetic correspondence, Perception 29, 745-754 (2000)

[40] C.V. Parise, C. Spence: 'When birds of a feather flock together': Synesthetic correspondences modulate audiovisual integration in nonsynesthetes, PLoS One 4, e5664 (2009)

[41] J.Wagner, K.R. Dobkins: Synaesthetic associations decrease during infancy, Psychol. Sci. 22, 1067-1072 (2011)

[42] G. Martino, L.E. Marks: Synesthesia: Strong and weak, Curr. Direct. Psychol. Sci. 10, 61-65 (2001)

[43] S. Baron-Cohen, M.A. Wyke, C. Binnie: Hearing words and seeing colours: An experimental investigation of a case of synesthesia, Perception 16, 761-767 (1987)

[44] O. Deroy, C. Spence: Why we are not all synesthetes (not even weakly so), Psychon. Bull. Rev. 20, 643-664 (2013)

[45] C. Spence: Crossmodal correspondences: A tutorial review, Atten. Percept. Psychophys. 73, 971-975 (2011)

[46] A.N. Gilbert, R. Martin, S.E. Kemp: Cross-modal correspondence between vision and olfaction: The color of smells, Am. J. Psychol. 109, 335-351 (1996)

[47] H.N.J. Schifferstein, I. Tanudjaja: Visualising fragrances through colours: The mediating role of emotions, Perception 33, 1249-1266 (2004)

[48] E.M. Von Hornbostel: Über Geruchshelligkeit. Pflügers Archiv für die gesamte Physiologie des Menschen und der Tiere, Eur. J. Physiol. 227, 517-538 (1931)

[49] P. Schiller: Interrelation of different senses in perception, Br. J. Psychol. 25, 465-469 (1935)

[50] A.M. Fiore: Multisensory integration of visual, tactile, and olfactory aesthetic cues of appearance, Cloth. Test. Res. J. 11, 45-52 (1993)

[51] S.E. Kemp, A.N. Gilbert: Odor intensity and color lightness are correlated sensory dimensions, Am. J. Psychol. 110, 35-46 (1997)

[52] M.L. Demattè, D. Sanabria, C. Spence: Crossmodal associations between odors and colors, Chem. Senses 31, 531-538 (2006)

[53] H.S. Seo, A. Arshamian, K. Schemmer, I. Scheer, T. Sander, G. Ritter, T. Hummel: Cross-modal integration between odors and abstract symbols, Neurosci. Lett. 478, 175-178 (2010)

[54] G. Hanson-Vaux, A.S. Crisinel, C. Spence: Smelling shapes: Crossmodal correspondences between odors and shapes, Chem. Senses 38, 161-166 (2013)

[55] D.A. Zellner, A.M. McGarry, R. Mattern-McClory, D. Abreu: Masculinity/femininity of fine fragrances affects color-odor correspondences: A case for cognitions influencing cross-modal correspondences, Chem. Senses 33, 211-222 (2008)

[56] Y.J. Kim: Can eyes smell? Cross-modal correspondences between color hue-tone and fragrance family, Color Res. Appl. 38, 139-156 (2013)

[57] R.J. Stevenson, R.A. Boakes: Sweet and sour smells: Learned synesthesia between the senses of taste and smell. In: The Handbook of Multisensory Processing, ed. by G.A. Calvert, C. Spence, B.E. Stein (MIT Press, Cambridge 2004), Chap. 5

[58] R. Harper, D. Land, N.M. Griffiths, E.C. Bate-Smith: Odour qualities: A glossary of usage, Br. J. Psychol. 59, 231-252 (1968)

[59] R.J. Stevenson, A. Rich, A. Russell: The nature and origin of cross-modal associations to odours, Perception 41, 606-619 (2012)

[60] K. Belkin, R. Martin, S. Kemp, A.N. Gilbert: Auditory pitch as a perceptual analogue to odor quality, Psychol. Sci. 8, 340-342 (1997)

[61] A.S. Crisinel, C. Spence: As bitter as a trombone: Synesthetic correspondences in nonsynesthetes between tastes/flavors and musical notes, Atten. Percept. Psychophys. 72, 1994-2002 (2010)

[62] A.S. Crisinel, C. Spence: Crossmodal associations between flavoured milk solutions and musical notes, Acta Psychol. 138, 155-161 (2011)

[63] A.S. Crisinel, C. Spence: A fruity note: Crossmodal associations between odors and musical notes, Chem. Senses 37, 151-158 (2012)

[64] A.S. Crisinel, C. Spence: The impact of pleasantness ratings on crossmodal associations between food samples and musical notes, Food Qual. Pref. 24, 136-140 (2012)

[65] A.S. Crisinel, C. Jacquier, O. Deroy, C. Spence: Composing with cross-modal correspondences: Music and odors in concert, Chem. Percept. 6, 45-52 (2013)

[66] M.M. Macdermott: Vowel Sounds in Poetry: Their Music and Tone-Colour (Kegan Paul, London 1940)

[67] O. Deroy, A.S. Crisinel, C. Spence: Crossmodal correspondences between odors and contingent features: Odors, musical notes, and geometrical shapes, Psychon. Bull. Rev. 20, 878-896 (2013)

[68] H.N.J. Schifferstein, P.W.J. Verlegh: The role of congruency and pleasantness in odor-induced taste enhancement, Acta Psychol. 94, 87-105 (1996)

[69] H.S. Seo: Multimodal Integration in Smell and Taste Perception, Dissertation (Technical University of Dresden, Dresden 2011)

[70] K. Knöferle, C. Spence: Crossmodal correspondences between sounds and tastes, Psychon. Bull. Rev. 19, 992-1006 (2012)

[71] H. Lawless, T. Engen: Associations to odors: Interference, mnemonics, and verbal labeling, J. Exp. Psychol. Hum. Learn. 3, 52-59 (1977)

[72] D.A. Zellner: Color-odor interactions: A review and model, Chem. Percept. 6, 155-169 (2013)

[73] M. Zampini, D. Sanabria, N. Phillips, C. Spence: The multisensory perception of flavor: Assessing the influence of color cues on flavor discrimination responses, Food Qual. Pref. 18, 975-984 (2007)

[74] M.U. Shankar, C.A. Levitan, C. Spence: Grape expectations: The role of cognitive influences in color-flavor interactions, Conscious Cogn. 19, 380-390 (2010)

[75] J.A. Gottfried, R.J. Dolan: The nose smells what the eye sees: Crossmodal visual facilitation of human olfactory perception, Neuron 39, 375-386 (2003)

[76] R.J. Stevenson, M. Oaten: The effect of appropriate and inappropriate stimulus color on odor discrimination, Percept. Psychophys. 70, 640-646 (2008)

[77] R.G. Davis: The role of nonolfactory context cues in odor identification, Percept. Psychophys. 30, 83-89 (1981)

[78] D.A. Zellner, A.M. Bartoli, R. Eckard: Influence of color on odor identification and liking ratings, Am. J. Psychol. 104, 547-561 (1991)

[79] L. Demattè, D. Sanabria, C. Spence: Olfactory discrimination: When vision matters?, Chem. Senses 34, 103-109 (2009)

[80] M. Shankar, C. Simons, B. Shiv, S. McClure, C.A. Levitan, C. Spence: An expectations-based approach to explaining the cross-modal influence of color on orthonasal olfactory identification: The influence of the degree of discrepancy, Atten. Percept. Psychophys. 72, 1981-1993 (2010)

[81] C.N. DuBose, A.V. Cardello, O. Maller: Effects of colorants and flavorants on identification, perceived flavor intensity, and hedonic quality of fruit-flavored beverages and cake, J. Food Sci. 45, 1393-1399 (1980)

[82] J.A. Stillman: Color influences flavor identification in fruit-flavored beverages, J. Food Sci. 58, 810-812 (1993)

[83] L. Blackwell: Visual cues and their effects on odour assessment, Nutr. Food Sci. 95, 24-28 (1995)

[84] C.I. Hovland, O.J. Harvey, M. Sherif: Assimilation and contrast effects in reactions to communication and attitude change, J. Abnorm. Psychol. 55, 244-252 (1957)

[85] M. Sherif, D. Taub, C.I. Hovland: Assimilation and contrast effects of anchoring stimuli on judgments, J. Exp. Psychol. 55, 150-155 (1958)

[86] R.E. Anderson: Consumer dissatisfaction: The effect of disconfirmed expectancy on perceived product performance, J. Mark. Res. 10, 38-44 (1973)

[87] H.S. Seo, D. Buschhüter, T. Hummel: Contextual influences on the relationship between familiarity and hedonicity of odors, J. Food Sci. 73, S273-S278 (2008)

[88] T. Engen: The effect of expectations on judgments of odor, Acta Psychol. 36, 450-458 (1972)

[89] R.S. Herz, J. von Clef: The influence of verbal labeling on the perception of odors: Evidence for olfactory illusions?, Perception 30, 381-391 (2001)

[90] I.E. De Arajuo, E.T. Rolls, M.I. Velazco, C. Margot,I. Cayeux: Cognitive modulation of olfactory processing, Neuron 46, 671-679 (2005)

[91] N. Sakai, S. Imada, S. Saito, T. Kobayakawa, Y. Deguchi: The effect of visual images on perception of odors, Chem. Senses 30, i244-i245 (2005)

[92] D.A. Zellner, L.A. Whitten: The effect of color intensity and appropriateness on color-induced odor enhancement, Am. J. Psychol. 112, 585-604 (1999)

[93] D.A. Zellner, M.A. Kautz: Color affects perceived odor intensity, J. Exp. Psychol. Hum. Percept. Perform. 16, 391-397 (1990)

[94] C. Spence, C.A. Levitan, M.U. Shankar, M. Zampini: Does food color influences taste and flavor perception in humans?, Chem. Percept. 3, 68-84 (2010)

[95] C.M. Christensen: Effects of color on aroma, flavor and texture judgments of foods, J. Food Sci. 48, 787-790 (1983)

[96] R.A. Österbauer, P.M. Mattews, M. Jenkinson, C.F. Beckmann, P.C. Hansen, G.A. Calvert: Color of scents: Chromatic stimuli modulate odor responses in the human brain, J. Neurophysiol. 93, 3434-3441 (2005)

[97] D.H. Zald, J.V. Pardo: Functional neuroimaging of the olfactory system in humans, Int. J. Psychophysiol. 36, 165-181 (2000)

[98] D.M. Small, J. Voss, Y.E. Mak, K.B. Simmons, T. Parrish, D. Gitelman: Experience-dependent neural integration of taste and smell in the human brain, J. Neurophysiol. 92, 1892-1903 (2004)

[99] D.M. Small, J. Prescott: Odor/taste integration and the perception of flavor, Exp. Brain Res. 166, 345-357 (2005)

[100] X. Wan, C. Velasco, C. Michel, B. Mu, A.T. Woods, C. Spence: Does the type of receptacle influence the crossmodal association between colour and flavour? A cross-cultural comparison, Flavour 3, 3 (2014)

[101] D.A. Deems, R.L. Doty, R.G. Settle, P. Moore-Gillon, P. Shaman, A.F. Mester, C.P. Kimmelman, V.J. Brightman, J.B. Snow Jr.: Smell and taste disorders, a study of 750 patients from the University of Pennsylvania smell and taste center, Arch. Otolaryngol. Head Neck Surg. 117, 519-528 (1991)

[102] M. Fujii, K. Fukazawa, Y. Hashimoto, S. Takayasu, M. Umemoto, A. Negoro, M. Sakagami: Clinical study of flavor disturbance, Acta Otolaryngol. Suppl. 553, 109-112 (2004)

[103] R.A. Frank, J. Byram: Taste-smell interactions are tastant and odorant dependent, Chem. Senses 13, 445-455 (1988)

[104] C.C. Clark, H.T. Lawless: Limiting response alternatives in time-intensity scaling: An examination of the halo-dumping effect, Chem. Senses 19, 583-594 (1994)

[105] J. Djordjevic, R.J. Zatorre, M. Jones-Gotman: Odor-induced changes in taste perception, Exp. Brain Res. 159, 405-408 (2004)

[106] T.L. White, J. Prescott: Chemosensory cross-modal stroop effects: Congruent odors facilitate taste identification, Chem. Sense 32, 337-341 (2007)

[107] D.M. Small, M.G. Veldhuizen, J. Felsted, Y.E. Mak, F. McGlone: Separable substrates for anticipatory and consummatory food chemosensation, Neuron 57, 786-797 (2008)

[108] G. Lawrence, C. Salles, C. Septier, J. Busch, T. Thomas-Danguin: Odour-taste interactions: A way to enhance saltiness in low-salt content solutions, Food Qual. Pref. 20, 241-248 (2009)

[109] H.S. Seo, E. Iannilli, C. Hummel, Y. Okazaki, D. Buschhüter, J. Gerber, G.E. Krammer, B. van Lengerich, T. Hummel: A salty-congruent odor enhances saltiness: Functional magnetic resonance imaging study, Hum. Brain Mapp. 34, 62-76 (2013)

[110] J. Delwiche: The impact of perceptual interactions on perceived flavor, Food Qual. Pref. 15, 137-146 (2004)

[111] J.V. Verhagen, L. Engelen: The neurocognitive bases of human multimodal food perception: Sensory integration, Neurosci. Biobehav. Rev. 30, 613-650 (2006)

[112] D.M. Small: Flavor is in the brain, Physiol. Behav.107, 540-552 (2012)

[113] A.F. Bingham, G.G. Birch, C. de Graaf, J.M. Behan, K.D. Perring: Sensory studies with sucrose-maltol mixtures, Chem. Senses 15, 447-456 (1990)

[114] R.A. Frank, N.J. van der Klaauw, H.N.J. Schifferstein: Both perceptual and conceptual factors influence taste-odor and taste-taste interactions, Percept. Psychophys. 54, 343-354 (1993)

[115] M.M. Mozell: Evidence for a chromatographic model of olfaction, J. Gen. Physiol. 56, 46-63 (1970)

[116] G. Von Békésy: Olfactory analogue to directional hearing, J. Appl. Physiol. 19, 369-373 (1964)

[117] R.J. Stevenson, M.J. Oaten, M.K. Mahmut: The role of taste and oral somatosensation in olfactory localization, Q. J. Exp. Psychol. 64, 224-240 (2011)

[118] B.G. Green: Studying taste as a cutaneous sense, Food Qual. Pref. 14, 99-109 (2002)

[119] J. Lim, M.B. Johnson: Potential mechanisms of retronasal odor referral to the mouth, Chem. Senses 36, 283-289 (2011)

[120] J. Lim, M.B. Johnson: The role of congruency in retronasal odor referral to the mouth, Chem. Senses 37, 515-521 (2012)

[121] J. Lim, T. Fujimaru, T.D. Linscott: The role of congruency in taste-odor interactions, Food Qual. Pref. 34, 5-13 (2014)

[122] P. Dalton, N. Doolittle, H. Nagata, P.A. Breslin: The merging of the senses: Integration of subthreshold taste and smell, Nat. Neurosci. 3, 431-432 (2000)

[123] B.G. Green, D. Nachtigal, S. Hammond, J. Lim: Enhancement of retronasal odors by taste, Chem. Senses 37, 77-86 (2012)

[124] T. Fujimaru, J. Lim: Effects of stimulus intensity on odor enhancement by taste, Chem. Percept. 6, 1-7 (2013)

[125] A. Welge-Lüssen, J. Drago, M. Wolfensberger, T. Hummel: Gustatory stimulation influences the processing of intranasal stimuli, Brain Res. 1038, 69-75 (2005)

[126] E. Budinger, P. Heil, A. Hess, H. Scheich: Multisensory processing via early cortical stages: Connections of the primary auditory cortical field with other sensory systems, Neuroscience 143, 1065-1083 (2006)

[127] E. Budinger, H. Scheich: Anatomical connections suitable for the direct processing of neuronal information of different modalities via the rodent primary auditory cortex, Hear. Res. 258, 16-27 (2009)

[128] D.W. Wesson, D.A. Wilson: Smelling sounds: Olfactory-auditory sensory convergence in the olfactory tubercle, J. Neurosci. 30, 3013-3021 (2010)

[129] L. Cohen, G. Rothschild, A. Mizrahi: Multisensory integration of natural odors and sounds in the auditory cortex, Neuron 72, 357-369 (2011)

[130] A.G. Varga, D.W. Wesson: Distributed auditory sensory input within the mouse olfactory cortex, Eur. J. Neurosci. 37, 564-571 (2013)

[131] J. Plailly, B. Tilmann, J.P. Royet: The feeling of familiarity of music and odors: The same neural signature?, Cereb. Cortex 17, 2650-2658 (2007)

[132] H.S. Seo, T. Hummel: Auditory-olfactory integration: Congruent or pleasant sounds amplify odor pleasantness, Chem. Senses 36, 301-309 (2011)

[133] H.S. Seo, F. Lohse, C.R. Luckett, T. Hummel: Congruent sound can modulate odor pleasantness, Chem. Senses 39, 215-228 (2014)

[134] S. Ayabe-Kanamura, I. Schicker, M. Laska, R. Hudson, H. Distel, T. Kobayakawa, S. Saito: Differences in perception of everyday odors: A Japanese-German cross-cultural study, Chem. Senses 23, 31-38 (1998)

[135] H. Distel, S. Ayabe-Kanamura, M. Martínez-Gómez, I. Schicker, T. Kobayakawa, S. Saito, R. Hudson: Perception of everyday odors-correlation between intensity, familiarity, and strength of hedonic judgement, Chem. Senses 24, 191-199 (1999)

[136] A.T. Woods, E. Poliakoff, D.M. Lloyd, J. Kuenzel, R. Hodson, H. Gonda, J. Batchelor, G.B. Dijksterhuis, A. Thomas: Effect of background noise on food perception, Food Qual. Pref. 22, 42-47 (2011)

[137] L.D. Stafford, M. Fernandes, E. Agobiani: Effects of noise and distraction on alcohol perception, Food Qual. Pref. 24, 218-224 (2012)

[138] L.D. Stafford, E. Agobiani, M. Fernandes: Perception of alcohol strength impaired by low and high volume distraction, Food Qual. Pref. 28, 470-474 (2013)

[139] M. Zampini, C. Spence: The role of auditory cues in modulating the perceived crispness and staleness of potato chips, J. Sens. Stud. 19, 347-363 (2004)

[140] H.S. Seo, V. Gudziol, A. Hähner, T. Hummel: Background sound modulates the performance of odor discrimination task, Exp. Brain Res. 212, 305-314 (2011)

[141] M. Hedner, M. Larsson, N. Arnold, G.M. Zucco, T. Hummel: Cognitive factors in odor detection, odor discrimination, and odor identification tasks, J. Clin. Exp. Neuropsychol. 32, 1062-1067 (2010)

[142] H.S. Seo, A. Hähner, V. Gudziol, M. Scheibe, T. Hummel: Influence of background noise on the performance in the odor sensitivity task: Effects of noise type and extraversion, Exp. Brain Res. 222, 89-97 (2012)

[143] M. Bensafi, E. Iannilli, V.A. Schriever, J. Poncelet, H.S. Seo, J. Gerber, C. Rouby, T. Hummel: Crossmodal integration of emotions in the chemical senses, Front. Hum. Neurosci. 7, 883 (2013)

[144] R.A. Schneider, C.E. Schmidt: Dependency of olfactory localization on non-olfactory cues, Physiol. Behav. 2, 305-309 (1967)

[145] G. Kobal, S. Van Toller, T. Hummel: Is there directional smelling?, Experientia 45, 130-132 (1989)

[146] J. Frasnelli, G. Charbonneau, O. Collignon, F. Lepore: Odor localization and sniffing, Chem. Senses 34, 139-144 (2009)

[147] A.M. Kleemann, J. Albrecht, V. Schöpf, K. Haegler, R. Kopietz, J.M. Hempel, J. Linn, V.L. Flanagin, G. Fesl, M. Wiesmann: Trigeminal perception is necessary to localize odors, Physiol. Behav. 97, 401-405 (2009)

[148] S. Negoias, O. Aszmann, I. Croy, T. Hummel: Localization of odors can be learned, Chem. Senses 38, 553-562 (2013)

[149] R.L. Doty, W.P.E. Brugger, P.C. Jurs, M.A. Orndorff, P.J. Snyder, L.D. Lowry: Intranasal trigeminal stimulation from odorous volatiles: Psychometric responses from anosmic and normal humans, Physiol. Behav. 20, 175-185 (1978)

[150] T. Hummel, A. Livermore: Intranasal chemosensory function of the trigeminal nerve and aspects of its relation to olfaction, Int. Arch. Occup. Environ. Health 75, 305-313 (2002)

[151] J. Frasnelli, S. Heilmann, T. Hummel: Responsiveness of human nasal mucosa to trigeminal stimuli depends on the site of stimulation, Neurosci. Lett. 13, 65-69 (2004)

[152] B.B. Wrobel, D.A. Leopold: Olfactory and sensory attributes of the nose, Otolaryngol. Clin. North Am. 38, 1163-1170 (2005)

[153] J. Frasnelli, T. Hummel, J. Berg, G. Huang, R.L. Doty: Intranasal localizability of odorants: Influence of stimulus volume, Chem. Senses 36, 405-410 (2011)

[154] J. Frasnelli, T. Hummel: Interactions between the chemical senses: Trigeminal function in patients with olfactory loss, Int. J. Psychophysiol. 65, 177-181 (2007)

[155] A. Inokuchi, C.P. Kimmelman, J.B. Snow Jr.: Convergence of olfactory and nasotrigeminal inputs and possible trigeminal contributions to olfactory responses in the rat thalamus, Eur. Arch. Otorhinolaryngol. 249, 473-477 (1993)

[156] G. Brand: Olfactory/trigeminal interactions in nasal chemoreception, Neurosci. Biobehav. Rev. 30, 908-917 (2006)

[157] M.L. Schaefer, B. Böttger, W.L. Silver, T.E. Finger: Trigeminal collaterals in the nasal epithelium and olfactory bulb: A potential route for direct modulation of olfactory information by trigeminal stimuli, J. Comp. Neurol. 444, 221-226 (2002)

[158] L. Jacquot, J. Monnin, G. Brand: Influence of nasal trigeminal stimuli on olfactory sensitivity, C. R. Biol. 327, 305-311 (2004)

[159] T.E. Finger, M.L. Getchell, T.V. Getchell, J.C. Kinnamon: Affector and effector functions of peptidergic innervation of the nasal cavity. In: Chemical Senses: Irritation, ed. by B.G. Green, J.R. Mason, M.R. Kare (Marcel Dekker, New York 1990)

[160] W.S. Cain, C.L. Murphy: Interaction between chemoreceptive modalities of odour and irritation, Nature 284, 255-257 (1980)

[161] G. Kobal, C. Hummel: Cerebral chemosensory evoked potentials elicited by chemical stimulation of the human olfactory and respiratory nasal mucosa, Electroenceph. Clin. Neurophysiol. 71, 241-250 (1988)

[162] J.E. Cometto-Muñiz, S.M. Hernández: Odorous and pungent attributes of mixed and unmixed odorants, Percept. Psychophys. 47, 391-399 (1990)

[163] T. Hummel, A. Livermore, C. Hummel, G. Kobal: Chemosensory event-related potentials: Relation to olfactory and painful sensations elicited by nicotine, Electroenceph. Clin. Neurophysiol. 84, 192-195 (1992)

[164] C.L. Lederer, F.W. Bodyfelt, M.R. McDaniel: The effect of carbonation level on the sensory properties of flavored milk beverages, J. Dairy Sci. 74, 2100-2108 (1991)

[165] J. Prescott, R.J. Stevenson: Effects of chemical irritation on tastes and flavors in frequent and infrequent users of chili, Physiol. Behav. 58, 1117-1127 (1995)

[166] N.J.N. Yau, M.R. McDaniel, F.W. Bodyfelt: Sensory evaluation of sweetened flavored carbonated milk beverages, J. Dairy Sci. 72, 367-377 (1989)

[167] A. Saint-Eve, I. Déléris, E. Aubin, E. Semon, G. Feron, J.M. Rabillier, D. Ibarra, E. Guichard, I. Souchon: Influence of composition (CO$_2$ and sugar) on aroma release and perception of mint-flavored carbonated beverages, J. Agric. Food Chem. 57, 5891-5898 (2009)

[168] A. Saint-Eve, I. Déléris, G. Feron, D. Ibarra, E. Guichard, I. Souchon: How trigeminal, taste and aroma perceptions are affected in mint-flavored carbonated beverages, Food Qual. Pref. 21, 1026-1033 (2010)

[169] B.G. Green: Chemesthesis: Pungency as a component of flavor, Trend. Food Sci. Technol. 7, 415-420 (1996)

[170] Y. Karagül-Yüceer, P.C. Coggins, J.C. Wilson, C.H. White: Carbonated yogurt-sensory properties and consumer acceptance, J. Dairy Sci. 82, 1394-1398 (1999)

[171] L.F. Harthoorn, R.M.A.J. Ruijschop, F. Weinbreck, M.J. Burgering, R.A. de Wijk, C.T. Ponne, J.H.F. Bult: Effects of aroma-texture congruency within dairy custard on satiation and food intake, Food Qual. Pref. 19, 644-650 (2008)

[172] R.M. Pangborn, Z.M. Gibbs, C. Tassan: Effect of hydrocolloids on apparent viscosity and sensory properties of selected beverages, J. Texture Stud. 9, 415-436 (1978)

[173] R.M. Pangborn, A.S. Szczesniak: Effect of hydrocolloids and viscosity on flavor and odor intensities of aromatic flavor compounds, J. Texture Stud. 4, 467-482 (1974)

[174] Z.V. Baines, E.R. Morris: Flavour/taste perception in thickened systems: The effect of guar gum above and below c, Food Hydrocoll. 1, 197-205 (1987)

[175] T.A. Hollowood, R.S.T. Linforth, A.J. Taylor: The effect of viscosity on the perception of flavour, Chem. Senses 27, 583-591 (2002)

[176] J.X. Guinard, C. Marty: Time-intensity measurement of flavor release from a model gel system: Effect of gelling agent type and concentration, J. Food Sci. 60, 727-730 (1995)

[177] C.E. Wilson, W.E. Brown: Influence of food matrix structure and oral breakdown during mastication on temporal perception of flavor, J. Sens. Stud. 21, 69-86 (1997)

[178] I. Baek, R.S.T. Linforth, A. Blake, A.J. Taylor: Sensory perception is related to the rate of change of volatile concentration in-nose during eating of model gels, Chem. Senses 24, 155-160 (1999)

[179] M. Mestres, N. Moran, A. Jordan, A. Buettner: Aroma release and retronasal perception during and after consumption of flavored whey protein gels with different textures. 1. In vivo release analysis, J. Agric. Food Chem. 53, 403-409 (2005)

[180] M. Mestres, R. Kieffer, A. Buettner: Release and perception of ethyl butanoate during and after consumption of whey protein gels: Relation between textural and physiological parameters, J. Agric. Food Chem. 54, 1814-1821 (2006)

[181] J.H.F. Bult, R.A. de Wijk, T. Hummel: Investigations on multimodal sensory integration: Texture, taste, and ortho-and retronasal olfactory stimuli in concert, Neurosci. Lett. 411, 6-10 (2007)

[182] A. Saint-Eve, I. Déléris, M. Panouillé, F. Dakowski, S. Cordelle, P. Schlich, I. Souchon: How texture influences aroma and taste perception over time in candies, Chem. Percept. 4, 32-41 (2011)

[183] P. Poinot, G. Arvisenet, J. Ledauphin, J.L. Gaillard, C. Prost: How can aroma-related cross-modal-interactions be analysed? A review of current methodologies, Food Qual. Pref. 28, 304-316 (2013)

[184] A.B. Boland, K. Buhr, P. Giannouli, S.M. van Ruth: Influence of gelatin, starch, pectin and artificial saliva on the release of 11 flavour compounds from model gel systems, Food Chem. 86, 401-411 (2004)

[185] K.G.C. Weel, A.E.M. Boerlrijk, A.C. Alting, P.J.J.M. van Mil, J.J. Burger, H. Gruppen, A.G.J. Voragen, G. Smit: Flavor release and perception of flavored whey protein gels: Perception is determined by texture rather than by release, J. Agric. Food Chem. 50, 5149-5155 (2002)

[186] I. Déléris, A. Saint-Eve, F. Dakowski, E. Sémon, J.L. Le Quéré, H. Guillemin, I. Souchon: The dynamics of aroma release during the consumption of candies with different structures and relationship with temporal perception, Food Chem. 127, 1615-1624 (2011)

[187] I. Gierczynski, H. Laboure, E. Guichard: In vivo aroma release of milk gels of different hardness: Inter-individual differences and their consequences on aroma perception, J. Agric. Food Chem. 56, 1697-1703 (2008)

[188] D.M. Small, M. Jones-Gotman, R.J. Zatorre, M. Petrides, A.C. Evans: Flavor processing: More than the sum of its parts, Neuroreport 8, 3913-3917 (1997)

第43章 人体气味的分析和化学

现在几乎任何实验室都可以使用气相色谱-质谱(GC-MS)分析挥发性有机化合物(VOC)。目前质谱图库中收集了数以千计的已鉴定分子的结构信息，因此在大多数情况下，结构解析不再是难事。二维 GC×GC-MS 和高分辨率 MS 系统有助于 VOC 分析的解析和准确性(第 17 章)。样品制备技术也显著改善。VOC 提取可使用高分子吸附剂进行，但缺点是基质和高分子之间 VOC 平衡可能反映了不符合现实的分析特征。本章重点介绍人体气味、人尿液气味和粪便气味中的常见 VOC 特征，讨论了分析方法。这些 VOC 按化学功能分类，并详细讨论了它们对气味的重要性。

43.1 人体汗液

人体被小汗腺和皮脂腺覆盖，其对体温调节、皮肤保护和其他有益功能具有重要作用。它们在全身的分布并不相同，这将影响皮肤微生物群的构成。皮肤细菌会将皮脂腺中的脂类或小汗腺中的氨基酸转化为短链羧酸。所有身体部位也会产生氨和乳酸[1]。个人习惯、卫生、疾病和生活条件可改变总体体味[2]。根据腺体分布、在人体中的密度以及对身体不同部位微生物群落的了解，我们就可以推测人体不同部位的气味图谱[3]。但在运动室或公共交通工具上，我们能闻出的典型的人体汗味，只是由大汗腺和细菌产生的。

大汗腺大量存在于腋下区域，但也可见于耳道、眼睛、乳头和耻骨区(图 43.1)。这些腺体仅在青春期才会活跃；它们分泌含有一些人类独有的化合物。除携带隐性 *ABCC11* 基因变异的人(大分泌腺无活性)外，人类的气味独特(第 44 章)。应激条件下，刺激大汗腺，产生更强的腋下臭味。

图 43.1 整个人体上的大汗腺分布(黑色)[1]

43.1.1 人体腋下气味的分析

自 1953 年以来，已知新鲜、无菌腋汗无味，细菌可将水溶性化学前体转化为具有气味的挥发性有机化合物(VOC)[4]。此发现后不久，1963 年发表了一篇关于使用抗菌物质预防臭味形成的报道[5]。

样本制备对无偏倚分析至关重要。在早期研究中，通过使用在腋窝机械旋转的沟槽橡胶刷收集汗液。显然，该程序中度不适[5]。这种气味被描述为腐臭，是由于来自糜烂皮肤的角质层微生物降解所致；因此，可以得出结论，该程序未导致代表人体腋下气味的真实还原。此外，大多数关于人体异味的研究是在穿 T 恤或在腋窝区穿棉绒垫 5～7 天并用有机溶剂提取的情况下进行的[6,7][图 43.2(a)]，这使得微生物群落有足够的时间进行充足的转化和发生化学反应。这些 T 恤的溶剂萃取产生了背景污染，主要来自织物，以及由于不可逆吸附在织物上而损失的微量硫化物。这是一个重要的限制。为了进一步避免使用溶剂提取法，单个受试者坐在或躺在玻璃小室中，收集在气流中通过小室时的顶空气体[8][图 43.2(b)]。在这些研究中，检测到超过 300～400 种个体化合物，其中 135 种已定性确定，但无法证明任何一种化合物与腋下气味相关[9]。有人描述了通过聚乙烯材质的装置收集活体腋下 VOC 的研究，但未给出这些 VOC 分子是否是造成腋下臭味的明确答案[8][图 43.2(c)]。还使用了搅拌转子吸附萃取结合热脱附气相色谱-质谱(GC-MS)分析 197 例成人的体液。共选择了 373 种化合物进行个体识别，如 N-甲基邻氨基苯甲酸甲酯、α-紫罗兰酮和其他化合物[10]；但是，这些化合物不能代表真实的人体腋下气味，而是代表总体人体散味。换言之，吸烟或从油炸食品场所回来的受试者的气味与刚淋浴和穿新的干净衣服的受试者的气味不同。训练有素的狗可能会在这些分子中进行选择，以建立用于跟踪受试者的嗅觉印象。

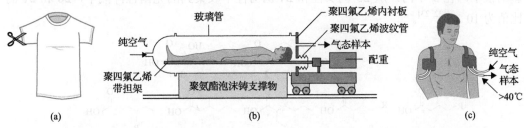

图 43.2　对腋下区域的 T 恤通过溶剂进行提取，进行多份腋下臭味采样(a)；
(b) 和 (c) 是 Dravnieks 等[8]描述的两个顶空采样装置实例，经许可复印

关于导致腋下气味的最相关化合物的争议主要来自采样方法[11, 12]。目前对皮肤微生物群在体味产生中的作用有了更好的了解，主要是由于对非挥发性前体的生化有了一个较为成熟的了解，下文将对此进行解释[13, 14]。

43.1.2　羧酸

首次在精神分裂症患者的汗液中阐明了(E)-3-甲基-2-己烯酸 1 的结构；截至 1969 年，研究者报告在腋汗中这种酸的浓度为 0.1μg/mL[15]。讨论了(Z)-3-甲基-2-己烯酸 2[占 (E)-1 异构体的 10%]的出现以及男性和女性之间 E/Z 比值的潜在差异[16]。1975 年首次提及 (R/S)-3-羟基-3-甲基己酸 3 作为抗惊厥药[17]，但 2003 年报告了在发酵人腋下汗液中明确分析出 3 的存在[18]。

对腋汗中排泄的有机酸的了解分两个阶段。第一阶段包括在 T 恤或缝合到 T 恤的棉垫上采集腋汗[图 43.2(a)]，然后进行溶剂提取。第二阶段基于对生化途径的理解。

在第一阶段，发现了主要的酸 1，以及直链脂肪酸 4～7 和 C₂ 化合物 8～12、C₃ 化合物 13 和 C₄ 位置 14～18 的支链酸。还观察到 7-辛烯酸 18 和其他末端不饱和同系物 19

的出现[19]。在第一阶段,由于从 T 恤中提取的污染物,背景噪声非常重要。彩图 36 给出了一个示例,我们可以看到空白中的背景噪声和个体排泄酸的差异。即使该研究仅在 4 例受试者中进行,也得出了一些非常有意义的结论。受试者 A 和 D 表现出一致的酸谱。4 例受试者的相对酸浓度存在差异,例如,受试者 A 产生了约 30% 的 **1**,他的 T 恤被描述为最有人体汗味,而受试者 Joe 的 T 恤不太典型,其气味更像脏臭味,因此酸谱影响体味。

　　第二阶段侧重于了解酸形成的生物学途径。无菌汗无味,仅由非挥发性水溶性化合物组成。对无菌汗液的分析发现了 N^α-3-羟基-3-甲基己酰-L-谷氨酰胺和 N^α-3-甲基-2-己烯酰基-L-谷氨酰胺[18]。无味的无菌汗被细菌酶转化成有气味的挥发性化合物。从纹带棒状杆菌 Ax20(存在于腋下区域)开始,可以表征一种金属依赖性二肽酶,N^α-乙酰谷氨酰胺氨酰酶。该酶裂解酸基团与谷氨酰胺之间的酰胺键。在大肠埃希氏菌中克隆了该酶的结构基因,用于功能酶的异源表达[18,20]。由于酶的可用性,有可能培养无菌汗并发现一系列新的羟基酸和不饱和酸,如 **16**、**22**~**32**(图 43.3)[21]。酸的相对丰度证实,在发酵味汗液中主要酸为 **3** [21]。酸 **16**、**22**~**32**、**36**~**38** 的浓度远低于 **3**,表明它们对总体气味的影响很小。在 3 年内,从 25 例女性和 24 例男性中收集到的无菌性汗液中,**20** 和 **21** 的比值为 10:1[22,23]。

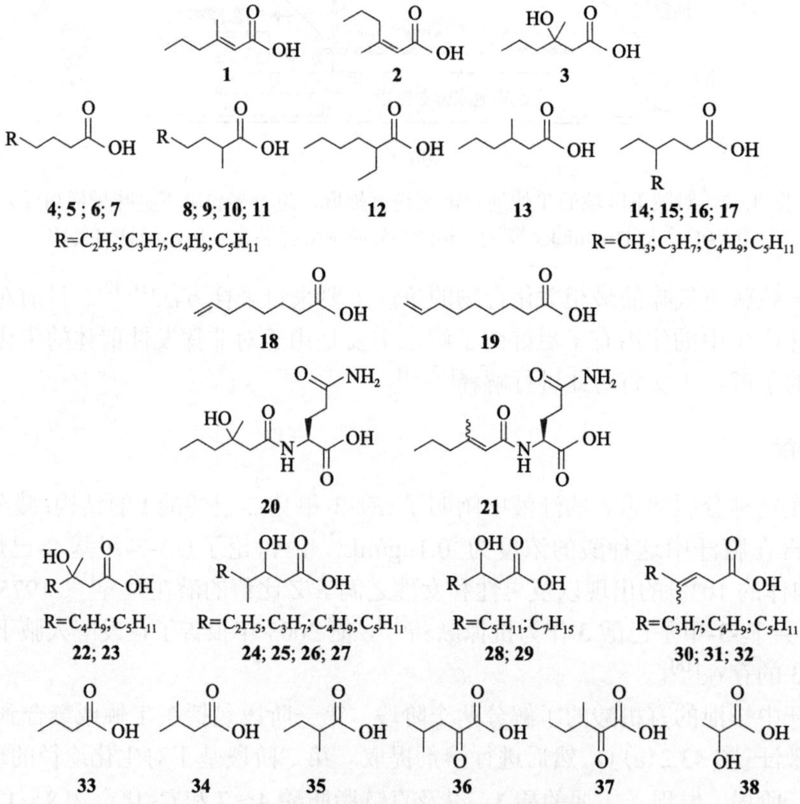

图 43.3　人体腋下腺汗中检出的羧酸

当在不知道前体生化的情况下分析气味性汗液时，未发现化合物 **3**。合理的解释可能是 GC 上的化合物 **3** 洗脱模式较差[24]，或化合物 **3** 在 GC 进样口不稳定。它可被脱水或发生逆羟醛缩合反应，导致形成 2-戊酮和乙酸。这一点未得到验证，因为合成物 **3** 在进样口高达 280℃ 是稳定的。另一种解释可能来自细菌。纹带棒状杆菌 DSM 20668 在体外培养人工合成的 **20** 和 **21** 混合物仅产生 **1** 和 **2** 的混合物，而 **20** 仍在溶液中。化合物 **20** 和 **21** 具有不同的反应动力学：**3** 比 **1** 和 **2** 更容易被微生物降解，且极性更强。此外，可以预测它的分析回收率不太理想；总体而言，这可能解释了 Natsch 等在 2003 年之前未发现 **3** 的原因[18]。

手性 GC 分析显示 **3** 为 (S)/(R)-异构体的 72：28 混合物。描述了 R-3 和 S-3 对映异构体之间的气味差异，S-3 描述为更辛辣（表 43.1）。辛辣气味被描述为与香豆素（孜然）种子或白色胡椒相关的气味，尽管这些香料不一定含有完全相同的化合物，R-3 对映异构体被描述为弱动物香。

表 43.1　汗味化合物的气味觉察阈值[23,25-27]

有机羧酸	缩略语	气味觉察阈值/(ng/L 空气)
3-甲基丁酸	**34**	0.2
(E/Z)-3-甲基-2-己烯酸	**1** 和 **2**	0.1
(E)-3-甲基-2-己烯酸	**1**	0.7
(Z)-3-甲基-2-己烯酸	**2**	0.7
(R/S)-3-羟基-3-甲基己烯酸	**3**	0.2
(S)-3-羟基-3-甲基己烯酸	S-3	0.08
(R)-3-羟基-3-甲基己烯酸	R-3	0.2
(R/S)-4-乙基辛酸	(R/S)-16	0.1
(S)-1-甲氧基己基-3-硫醇	S-40	4×10^{-5}
(R)-1-甲氧基己基-3-硫醇	R-40	1.09×10^{-3}
(R/S)-1-甲氧基己基-3-硫醇	(R/S)-40	3.6×10^{-4}
(R/S)-3-甲基-3-巯基-己烷-1-醇	(R/S)-41	2×10^{-3}

43.1.3　硫化物

2000 年，所有腋下臭味领域的研究者均怀疑硫化物在腋下臭味中也起到了重要作用。不幸的是，这些化合物不容易分离，有两个原因：浓度非常低，并且游离的硫醇会吸附在如棉质衣物或金属表面。对于酸来说，一粒食糖大小就足以让奥运会游泳池散发出异味。对于硫化合物来说，同样一粒食糖大小足以让 100 个奥运会游泳池散发出异味。

在我们的实验室中，在汗液中发现的硫醇气味也分两个阶段。香水师注意到鼠尾草 (Salvia Sclarea L.)［图 43.4(a)］以及叙利亚芸香［图 43.4(b)］盛开可引发独特的排斥嗅觉信号，在某种程度上让人记起人腋下出汗[26,27]。从 300kg 的鼠尾草蒸馏中获取植物的硫化合物，提纯成 15g 组分。通过亲和层析对含硫化合物进行浓缩。然后通过气相色谱串联质谱和一个嗅闻口 (GC-MS-O) 阐明了大多数强效硫化物的化学结构。两种花的提取物均含有许多硫化合物,例如 3-巯基-己烷-1-醇(**39**)和 1-甲氧基己基-3-硫醇(**40**)。手性分析表明,*S*-**40** 具有硫磺味、洋葱味,并产生了人腋下出汗的气味。*R*-**40** 具有硫磺味、草药味和洋葱样味,但通过嗅觉测定(GC-MS-O)汗液提取物中检测到的主要硫化物与叙利亚芸香或鼠尾草中既往发现的任何硫化物均不对应(图 43.4)[26, 27]。

图 43.4 花中发现化合物 **39** 和 **40** 的化学结构,在人类中发现化合物 **39**、**41** 和 **42** 的化学结构

(a)普罗旺斯(法国)的鼠尾草(图片 Mrs V. Gervason);(b)叙利亚芸香的图片拍摄于五渔村(意大利);(c)人体腋下

因此,我们决定收集足够多的人无菌汗进行培养。在健身房配备了稳固的自行车并在我们研究中心的地下室安装桑拿浴。要求志愿者运动至少 45min+桑拿浴 15min。使用塑料杯擦洗腋下区域,使用无菌过滤器过滤并冷冻。平均男性每个周期可提供 12mL,女性每个周期可提供 2mL(图 43.5)。合并用于发现硫化物和其他分析物的汗液池代表男

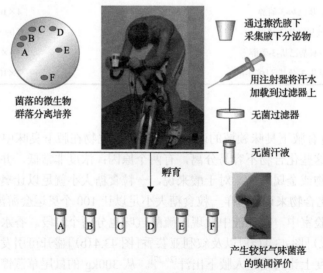

图 43.5 腋下臭味形成的生化分析方法

对微生物群落进行了分析。将无味的无菌汗液与分离出的腋下细菌菌落一起培养,
通过嗅闻发酵的汗液,检测到最有效的气味形成细菌[22]

性流汗 191h 和女性流汗 113h，分别提供约 2.5L 男性的汗液和 0.2L 女性的汗液。此外，我们培养了腋下细菌，然后将每个菌落与无菌汗液一起培养。我们首先发现，汗液中的硫磺味更强烈，是由一种特定的培养腋下细菌菌株培养后所产生，即溶血性葡萄球菌。然后在 300mL 无菌男性汗液中重复培养，经过纯化和浓缩后，最终鉴定为 3-甲基-3-巯基-己烷-1-醇 (**41**)（外消旋螺内酯，transpirol）的结构。三组同时发现了这种化合物[28-30]。在相同级分下，化合物 **39** 和有气味的 2-甲基-3-巯基-戊烷-1-醇 (**42**)（图 43.6），嗅闻到的主要是新鲜洋葱的气味[31]。

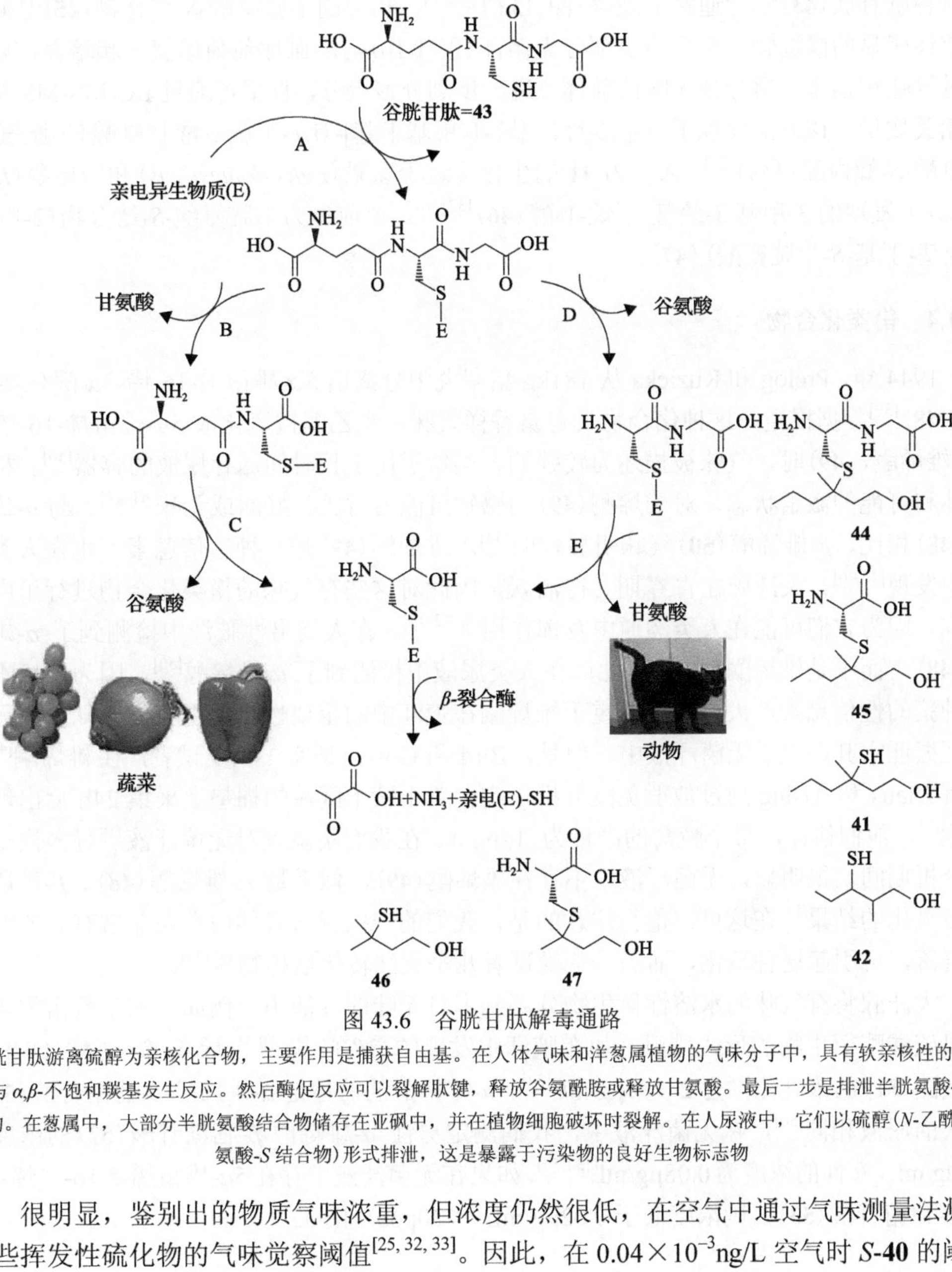

图 43.6 谷胱甘肽解毒通路

谷胱甘肽游离硫醇为亲核化合物，主要作用是捕获自由基。在人体气味和洋葱属植物的气味分子中，具有软亲核性的硫原子与 α,β-不饱和羰基发生反应。然后酶促反应可以裂解肽键，释放谷氨酰胺或释放甘氨酸。最后一步是排泄半胱氨酸-S 结合物。在葱属中，大部分半胱氨酸结合物储存在亚砜中，并在植物细胞破坏时裂解。在人尿液中，它们以硫醇 (N-乙酰半胱氨酸-S 结合物) 形式排泄，这是暴露于污染物的良好生物标志物

很明显，鉴别出的物质气味浓重，但浓度仍然很低，在空气中通过气味测量法测量这些挥发性硫化物的气味觉察阈值[25, 32, 33]。因此，在 0.04×10^{-3}ng/L 空气时 S-**40** 的阈值

比 R-**39**(1.09×10^{-3}ng/L 空气)低 25 倍。外消旋硫醇(R/S)-**40** 的气味觉察阈值为 0.36×10^{-3}ng/L 空气[23, 25]。在 2×10^{-6}µg/L 空气下测量了外消旋螺内酯(transpirol)(**41**)的气味觉察阈值。此外，女性似乎比男性的敏感性略高，如 15 例男性受试者和 15 例女性受试者的测量值所示，但这需要进一步研究证实(表43.1)[23]。

所有活的生物体都有生物系统来保护它们免受化学物质的侵袭。一个由 γ-谷氨酸、半胱氨酸和甘氨酸组成的三肽，被称为谷胱甘肽(**43**)，可与自由基或任何外源性物质发生反应，防止其损伤细胞功能。谷胱甘肽是多种活细胞的一种重要有害物质捕获剂。根据对谷胱甘肽(**43**)解毒通路的理解(图 43.6)[35,36]，相应的半胱氨酸-S 结合物(**45**)是硫化物前体明显的候选物。然后将少部分无菌汗(仅 1/10)与溶血性葡萄球菌一起培养，以便通过气味识别哪一组分是无味的前体。进一步划分该组分，直至可通过 LC-MS-MS 检测到相关质量。该方法发现了 1-[(2-羟乙基)-1-甲基丁基]-(L)-半胱氨酸甘氨酸(半胱氨酸-甘氨酸-S-螺内酯)(**44**)[22]。人体内 **41** 的生化接近于家猫(*Felis domesticus*)和短尾猫(*Lynx rufus*)中发现的 3-甲基 3-巯基-丁烷-1-醇(**46**)[37, 38]。该前体为半胱氨酸-S-结合物(2-甲基-3-羟基-丁基-S-半胱氨酸)(**47**)。

43.1.4 甾类化合物

1944 年，Prelog 和 Ruzicka 从 181kg 猪睾丸中分离出 5α-雄甾烯-16-烯-3α-醇(α-雄烯醇，**48**)[39]。据报道，这种化合物具有麝香样气味。当乙醇被氧化成 5α-雄甾烯-16-烯-3-酮(雄烯酮，**49**)时，气味被描述为较强的、类似于用于长时间储存尿液的容器[40]。根据个体和可能的激素状态，对雄烯酮(**49**)的感知可能为讨厌、好闻或无味[41-43]。与 α-雄烯醇(**48**)相比，β-雄烯醇(**50**)气味明显较弱[44]。雄烯酮(**49**)是一种猪信息素，也在人类腋窝中发现[45,46]。大汗腺在青春期变得活跃，因此对这些有气味的甾类化合物进行了广泛研究，因为它们可能在人类沟通中发挥作用[7, 47-49]。在人类男性腋汗中检测到了 α-雄烯醇(**48**)，而不是雄烯酮(**49**)[6]。此前在人类尿液中检测到了 α-雄烯醇[50]。因为雄烯酮是一种猪的性信息素，大量文献着重于雄烯酮在腋汗中的重要性，但据我们所知，尚无确凿证据证实其产生于无菌汗液中。但是，Bird 和 Gower 证实 1 例受试者产生雄烯酮[46]，并且 Claus 和 Alsing 通过放射免疫分析证实在置于腋下区域的棉垫上采集 24h 后出现雄烯酮[7]。他们估计，每个腋窝的产量为 14ng/h。在我们实验室对无菌汗液进行多次培养和分析期间，很明显，无菌汗液中不存在雄烯酮(**49**)，似乎是 α-雄烯醇(**48**)、β-雄烯醇(**50**)氧化的结果。在这里，值得注意的是，我们的一些受试者体内存在非常有效的微生物群落，可引起这种氧化，而另一些受试者几乎无法转化这种物质[34]。

大汗腺将有气味的水溶性衍生物分泌到本身无味的汗液中。例如，大多数甾类化合物以硫酸酯衍生物的形式排泄，如在腋汗中发现的 3β-羟基-雄甾烯-5-烯-17-酮(DHEA)硫酸酯(**51**)的浓度范围为 2～90µg/mL[34]。α-雄烯醇的前体是 α-雄烯醇-β-葡糖苷酸(**52**)，与人的尿液相同[50]，在无菌汗液中，我们测定男性 α-雄烯醇-β-葡糖苷酸(**52**)的浓度为 0.2µg/mL，女性的浓度为 0.08µg/mL[34,50]。如果在无菌汗液中存在 5α-雄甾烯-5,16-二烯-3α-醇-β-葡糖苷酸(**53**)，则浓度低于 0.02µg/mL(<20ppb)(图 43.7)。

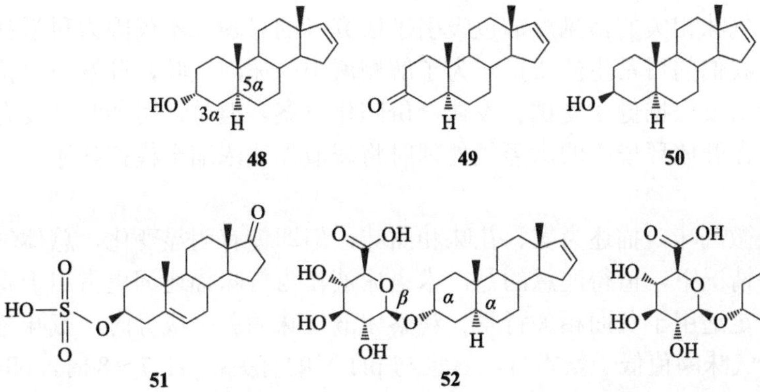

图 43.7　在腋汗中发现的主要有气味的甾类化合物及其各自的前体[34]

　　Gilbert 和 Wysoski[51]发布了一份被称为气味调查(1987)的调查问卷，他们得到了 26200 个回复，发现与其他气味相比，雄烯酮更难识别，70%的女性能够闻出其气味，而仅 63%的男性能够闻出其气味[51]。基于该观察结果，研究了人类受体 OR7D4 处个体间气味感觉差异的遗传基础，以及相关的个体间遗传变异；该比较的主要发现是 OR7D4 的基因型变异与 α-雄烯二酮的知觉相关[52,53]。

　　总之，成人后，大汗腺开始发挥作用。它们分泌的酸 1～3 具有人类所特有的结构。硫醇 41 也是人类所独有的。猫中与 46 相关的生化相似，猫体内异常氨基酸 47 被认为是一种信息化合物，但尚未证明其作为信息素的作用[53]。人也可分泌雄烯酮(49)(一种猪信息素)，主要以 β-葡糖苷酸结合物 52 形式分泌 α-雄烯醇(48)，然后其被氧化为雄烯酮(49)。这种分泌始于青春期。总之，这些事实表明，化合物 1～3、41(人特有)、48、49 是人的气味信号传导化合物。

43.2　人尿液中的挥发性有机化合物

　　尿液的气味众所周知，尤其是尿液不再新鲜时的气味。但是，新鲜尿液的气味主要来自高挥发性化合物，如甲硫醇和尿素降解产生的氨基化合物。之后形成更多的分子，进而产生馊尿气味。与此过程相关，我们现在更好地理解了带来这些气味的微生物的作用和化学反应及其在人类中的相关厌恶反应。据报道，猫科动物尿的气味主要由含硫化物 46[54]引起，而不适用于人类。

43.2.1　人尿液气味的分析

　　每个人有时在商业区、偏远的地方或在火车站附近都可能会经历过典型的馊尿味。与此相反，新鲜尿液几乎没有气味。此外，饮食的影响可以改变尿液的气味；最明显的情况是，食用芦笋后，尿液具有典型的硫磺气味[55-57]。已证实饮食对尿液气味的调节作用[58-60]。已进行关于尿液特异性 VOC 成分的研究，其中大部分研究与尿路感染[61]和与特定疾病相关的尿液气味变化[62-66]有关。也有对人体尿液及其挥发性和气味组分结合物进行了其他研究，以了解常见的排泄过程[63,67]。

　　但是，与尿液气味相关的常见烦恼也吸引了研究者的兴趣，不仅因为科学狂热，还因为这能真正提高我们的日常生活质量。为了解厕所中的尿液气味，开发出对抗这种烦恼的工具，研究者需要根据健康受试者设计一份陈化方案。但是，可能几乎没有选择：在现场收集气味、在开放环境中的水蒸气处理时将尿液加热浓缩至模拟陈尿，或者用微生物使尿液陈化。

　　新鲜尿液有轻微气味，描述为氨、花味和甜味，但即使有明显变化，总体气味描述仍为尿液。在这种情况下，值得注意的是，术语尿液作为气味描述词更常用于香水师而非调香师，而不一定适用于负面相关背景。观察尿液气味的单个成分时，氨味是因为存在三甲胺[65,66]，其气味阈值低于氨本身，这也与 pH 影响有关：pH 7~8 时，NH_4OH 的水溶液无气味，但在相同 pH 下，Et_3N 的溶液(1mg/L)有气味。

　　浓缩的尿液有机提取物具有尿液的气味，但是有更多的糖浆味、药味和烹饪食物味，这些都是来自 Maillard 型降解产物(第 5 章)如吡嗪类、糖降解产物如麦芽糖醇[3-羟基-2-甲基-4(4H)-吡喃酮]、呋喃醇[4-羟基-2,5-二甲基-3(2H)-呋喃酮]和 2-羟基-3,4-二甲基-2-环戊烯-1-酮。通过 GC-MS-O 观察到热生成的气味分子的出现(第 17 章)[67]。

　　相比之下，经过发酵的尿液有机提取物的气味与真实馊尿味相似，具有刺激性，与浓缩的尿液相比，更能代表馊尿味，这种气味在尿液变脏时很明显。为了获得该样本，我们在夏季将无菌新鲜尿液在空气中放置了 5 天。尿液被细菌自发性污染。从该陈尿中，73 个细菌菌落分离株分别与无菌尿液共同培养。仅有 13 个菌落产生强烈的令人排斥的尿液气味，由此识别出 5 种能够产生气味的细菌：摩氏摩根菌、费格森埃希菌、粪肠球菌、柯氏柠檬酸杆菌和无乳链球菌。将无菌尿液与摩氏摩根菌共同培养时，pH 升高至 9，氨、三甲胺和二甲基二硫化物引起的鱼臭味令人排斥[67]。

　　下面将更详细地讨论在陈尿中检测到的相应化合物。

43.2.2　羧酸

　　新鲜和陈化尿液中存在的羧酸不会构成其气味[68-71]。当我们使用气相色谱-嗅辨法(GC-O)时，汗液背景回忆下的气味引起了我们的兴趣，经过特定的酸碱提取并分析后，我们证实了存在痕量的 **3**。通过 GC-O 始终能很好地检测到酸 **16**(山羊主要的气味化合物)，其可能促成了气味描述词动物。

43.2.3　硫化物

　　尿中似乎未报道硫化氢(**54**)，但甲硫醇(**55**)是一种关键的气味剂。二甲基硫醚(**56**)、二甲基二硫醚(**57**，闻起来像大蒜和橡胶)和二甲基三硫醚(**58**，闻起来更像污水)是其他导致尿味的重要参与体。在尿液提取物的所有 GC-O 分析中均检测到 2-甲基-3-硫酰基呋喃(**59**，主要来自调味食物的强烈肉味)；在 GC-O 评价中，在发酵的尿液中所有小组成员均检测到 3-甲硫基-丙醛(甲硫基丙醛)(**60**，甲硫氨酸的 Strecker 醛，具有煮熟土豆味)[67]，并且是尿液中的一种强烈气味。

　　当尿液供者食用大蒜或洋葱时，在分析中检测到 1-丙烯基硫醇、2-丙烯基硫醇或相应的多硫化物 **62**，并可影响尿液洋葱样味、硫磺味(图 43.8)。

54　55　56　57　58　59　60　62

n=1; 2; 3;
R=甲基；丙基；
1-丙烯基；2-丙烯基

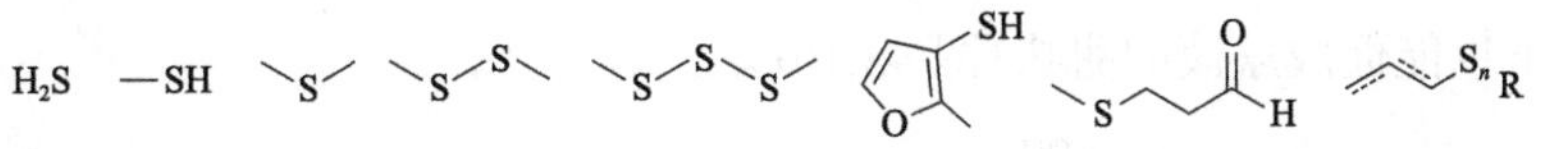

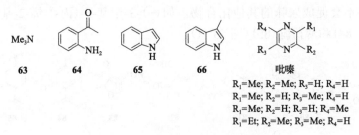

图 43.8　食物产生的尿液和粪便中的常见硫化物

43.2.4　含氮化合物

低 pH 可影响氨基化合物。pH＜9 的氨溶液无味，其气味在顶空(溶液上方的空气)中的浓度非常低，因为其以质子化形式存在。三甲胺(**63**)也受 pH 的影响，但影响程度较小，因为与氮连接的碳使其更具疏水性。三甲胺对尿液气味有非常重要的贡献，其气味觉察阈值比氨低上千倍，但其气味更有鱼味。2-氨基苯乙酮(**64**)具有花香味(一种类似康科德葡萄的气味)，可通过 GC-O 进行检测，具有高于 50%的鼻影响因子(NIF)[67]。对于具有典型气味的新鲜、陈化或浓缩的尿液，吲哚(**65**)是一种重要的参与体。吲哚具有好闻的气味，如果不使用吲哚，则无法产生良好的茉莉香味。但存在其他化合物的情况下，吲哚可能引起臭味。尿液中存在的粪臭素(**66**)[60,64]为粪便气味，也具有樟脑丸气味，其浓度过低，不足以成为典型影响尿液的气味。浓缩尿含有许多吡嗪衍生物，来源于阻碍糖降解产物产生的二羰基化合物的氨缩合[60]。很少报道尿液中本身存在吡嗪的情况(图 43.9)[70-74]。

63　64　65　66

吡嗪

R_1=Me; R_2=Me; R_3=H; R_4=H
R_1=Me; R_2=H; R_3=Me; R_4=H
R_1=Me; R_2=H; R_3=H; R_4=Me
R_1=Et; R_2=Me; R_3=Me; R_4=H

图 43.9　尿液和粪便中的含氮化合物

43.2.5　酚类

在新鲜尿液中，存在苯酚衍生物，由于源自微生物的酶作用，其浓度和对尿液气味的影响甚至随时间推移而增加。核心物质苯酚(**67**)本身具有药味或墨汁样味[60, 62, 72]。但是，对尿液气味最重要的参与体是对甲酚(**68**)，具有马厩味和粪便味。在新鲜尿液中也鉴定出了 4-乙烯基苯酚(**69**)，其气味与尿液、皮革相似。除此之外，当新鲜尿液与柯氏柠檬酸杆菌共同培养时，有烟味的愈创木酚(**70**)的浓度升高[67]。另外，甲基愈创木酚(**71,72**)具有烟味，丁香味、烟味与 4-乙烯基愈创木酚(**73**)和 5-乙烯基愈创木酚(**74**)或 4-烯丙基-2-甲氧基苯酚(丁香酚)(**75**)的辛辣气味共同促成尿液气味[61, 67]。在新鲜和浓缩的尿液(NIF=75%)中检测到 2-乙酰基酚(**76**)，其气味被描述为陈尿，代表了与香草酮(**77**)相同的气味印象。当 GC-O 分析从色谱柱洗脱这些化合物时，在强烈气味印象方面令人印象深刻(NIF＞75%)，但在 1%和 pH 7 的水中，其气味影响很弱。除此之外，香草醛(**78**)

在某些情况下也能促成尿液的甜味(图 43.10)。

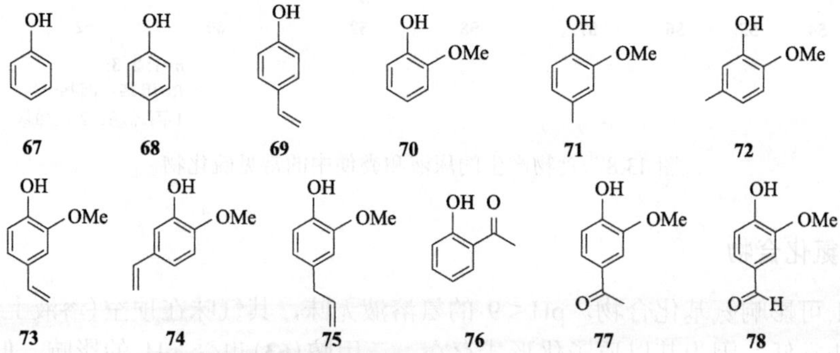

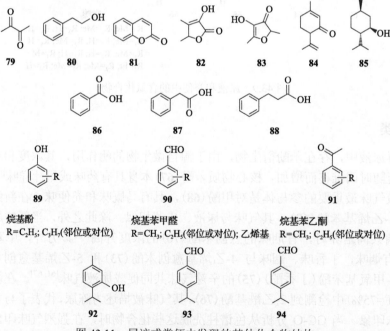

图 43.10　尿液、粪便和坑厕污泥中的酚类化合物

43.2.6　其他气味化合物

尿液中挥发性气味有机化合物的数量高于粪便中的挥发性化合物。二乙酰(**79**)会导致尿液出现黄油味[61, 69, 71]。2-苯基乙醇(**80**)也是尿液呈现蜂蜜和花味的重要参与体；它是微生物陈化后形成的[67]。影响尿液气味的其他化合物也常见于食物，包括 2*H*-色烯-2-酮(香豆素，**81**)、3-羟基-4,5-二甲基-2(5*H*)呋喃酮(葫芦巴内酯，**82**)和 4-羟基 2,5-二甲基-3(2*H*)-呋喃酮(呋喃醇，**83**)[61, 69, 71]。

尿液中存在的单烯类化合物通常不会对其气味有贡献，尿液中经常出现与食物相关的酮类和许多不会促成尿味的其他化合物，如(+)-3-甲基-6-(丙-1-烯-2-基)环己烯-2-酮(异胡椒烯酮，**84**)和薄荷脑(**85**)(图 43.11)。

图 43.11　尿液或粪便中发现的其他化合物结构

α-雄烯醇(**48**)以 α-雄烯醇-β-葡糖苷酸[50]结合物形式排泄,裂解后形成馊尿气味[44, 71]。然后氧化为雄烯酮,描述为具有尿液气味[72]。无乳链球菌含有一种有效的葡糖苷酸酶,可释放 α-雄烯醇(**48**)以及薄荷脑[65]。另一方面,α-雄烯醇在尿液沸腾过程中不会释放,因为葡糖苷酸结合物在热处理下明显很稳定[67]。

总之,尿液的气味受到微生物群落的影响,在尿液降解的早期,pH 升高,氨味占主导,主要是由于存在三甲胺。在数小时后,尿液缓慢恢复至中性,然后更多的分子,如对甲酚、吲哚、雄烯醇及其转化产物雄烯酮,将新鲜尿液的气味变为馊尿味。总体而言,与腋窝体味或粪便气味相比,尿液气味是更复杂的系统。这主要是因为气味和挥发性物质的尿液排泄与食物中外源和内源化合物的主要消除途径强烈相关,粪便的气味来自纤维、糖和蛋白质、基本食物成分的进一步微生物生物降解,将在下文中讨论。

43.3　人粪便和坑厕中的挥发性有机化合物

了解粪便的气味不是一个新的主题:19 世纪时,文献显示科学家已经很好地了解了哪些化合物对粪便的气味很重要[78]。在中世纪,粪便气味明显是一种经常耐受且是日常生活不可分割的一部分,例如,在早期城市中,排泄物在街道上被简单清除。如今,粪便的气味以及目前对各种气味化合物的分析越来越多,因为现代人类越来越不耐受这种人类排泄物。粪便的气味被评为令人排斥,但就其分子组成而言,相对简单,尤其是与尿液相比时。单一组分(酸、硫化物和含氮化合物如吲哚、粪臭素和酚类化合物)的重要性将在下文中讨论。

43.3.1　粪便气味分析

分析人粪便中的挥发性化合物主要是为了了解肠道菌群与食物摄入量之间的关系。很少有人开发出了解人粪便中恶臭化合物成分的方法,而且主要动机也难以理解。使用 Tenax 捕集器对顶空分析进行了最相关的分析。在 1 例病例中,使用连接采样袋的泵在粪便排出期间吸入气味,然后将袋中的气相推至 Tenax 捕集器[75][图 43.12(a)]。更为常见的是,将粪便置于 Erlenmeyer 瓶中,利用温和的气流推动 Tenax 捕集器中的顶空[76][图 43.12(b)]。直接提取分析一次粪便具有挑战性,因为数天后,即使进行离心,也难以消除和丢弃细微的残余混悬液。在存在有机溶剂的情况下,将悬浮液酸化可形成稳定的凝胶,从而对从此类样本中提取挥发性物质构成另一障碍。顶空分析是一种很好的替代方法,但必须仔细设计方法验证[79-85]。使用内标物,通过 SPME 分析非洲坑厕中的粪便污泥[图 43.12(c)][77]。局限性为纤维上某些化合物的稳定性。使用 Tenax 药瓶的动态顶空是 SPME 的良好替代选择,但由于体积的局限性,我们必须选择是捕获高挥发性化合物还是捕获较重的化合物。这意味着,在短时间内(约 1h)泵入的坑厕顶空中,甲硫醇可良好检出,但未检出吲哚和粪臭素。使用静态顶空的优点是,我们可以将设备放置在现场过夜,并且可以轻易地隐藏在坑厕的通风孔中。在我们进行非洲坑厕分析时,使用了一种有机聚合物(Porapak Q),该聚合物在我们的实验室中进行了调整,并分装于许多小玻璃瓶中。现场将聚合物装载于通常用于有机化学过滤的过滤器中。将圆盘暴露于顶空，然后将聚合物装回容量瓶，用冰袋装运回实验室[图 43.12(d)][77]。聚合物的溶剂提取允许获得可闻到和多次进样的提取物，但高挥发性或不稳定化合物[如甲硫醇(**55**)]逸失。

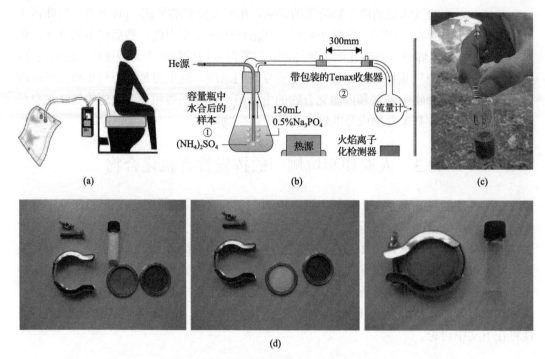

图 43.12　用于采集粪便臭味的分析设备

(a)分析直接气味，改编自文献[75]；　(b)动态顶空采样示例[76]；　(c)SPME 坑厕污泥采样示例[77]；
(d)用于现场过夜分析坑厕气味的设备[77][经文献[77]许可转载(c)和(d)。版权(2013)美国化学学会]

43.3.2　羧酸

短链脂肪酸是大肠中微生物寡糖分解的主要产物，这一途径不仅可形成为肠道细胞提供能量的产物，还可产生具有气味的化合物。已经在体外和体内研究了来自玉米、大米和小麦的与这些寡糖或阿拉伯糖代谢相关的个体酸的形成程度[86, 87]。因此，乙酸、丙酸和丁酸(**33**)是含量最丰富的酸。使用[U^{13}C$_6$]葡萄糖的同位素标记研究显示，^{13}C$_2$和 ^{13}C$_4$ 酸是葡萄糖发酵生成的，主要标记物是各种丁酸类，以[^{13}C$_2$]乙酸乙酰辅酶 A 作为中间体[88, 89]。

具体而言，丁酸是导致粪便异味的重要因素。空气中丁酸的气味觉察阈值<0.1μg/L，但在水或污泥中，pH 影响其在空气中的分配。总体而言，在中性条件下，所有有机酸的影响减弱。此外，组成或酸浓度之间的比例也在产生的气味中起作用。例如，**33** 和 **34** 的比值为 2∶1 的粪便与比值为 10∶1 的粪便存在显著差异。其他酸促成粪便气味，例如苯甲酸(**86**)、苯乙酸(**87**，气味觉察阈值 1μg/L)和 3-苯基丙酸(**88**)。众所周知，腹泻患

者的粪便主要由酸组成，这也是呕吐物有气味的原因。随着时间的推移，粪便中腐臭奶酪和呕吐物的气味越来越少；这是因为：与酚类化合物的细菌分解代谢速度较慢相比，酸的细菌代谢速度更快[77]。

43.3.3　硫化物

H_2S(**54**)和甲硫醇(**55**)主要产生与口腔异味、粪便、肠胃气胀和废水相关的气味。二甲基硫醚(**56**)、二甲基二硫醚(**57**)和二甲基三硫醚(**58**)是对蛋腥味、废水、卷心菜气味的第二大促成因素[86]。硫原子来自蛋白质和日常所摄入的蔬菜，例如洋葱或大蒜。鸡蛋中白蛋白的消耗增加了甲硫醇的形成[87]。来源于废弃物的厌氧条件和营养底物中的发酵均有利于硫化物的形成，例如 **54** 和 **55**，以产生典型的废水、鸡蛋样气味[86,88-92]。

43.3.4　含氮化合物

1878 年，一名来自伯尔尼医院的瑞士医生(Brieger[78])提取了健康男性 50 kg 粪便。他只选择了事故后住院且未罹患任何其他疾病的患者。在这些研究过程中，他发现了粪臭素(**66**)，并描述了其对粪便气味的作用。他还提到了丁酸(**33**)、支链 C_5 酸、苯酚(**67**)和吲哚(**65**)。与尿液一样，粪便气味分析目前主要在医学科学中进行，作为检测特定疾病的诊断工具。

1984 年对人粪便进行了首次 GC-MS-O 分析[93]。将约 25g 粪便置于 Erlenmeyer 瓶中，配制成 Na_3PO_4 缓冲液和 $(NH_4)_2SO_4$ 悬浮液。在进行动态顶空采样前储存 24h，将气味捕获在 Tenax 收集器中[图 43.12(b)][76,93]。然后将 Tenax 吸收剂通过 GC-火焰离子化检测器(FID)偶联至嗅觉口或 GC-MS 进行热解吸附。未显示 pH，但溶液的 pH 必须>8。这些条件有利于含氮化合物的分析，在该 pH 下不具有强质子化。吲哚(**65**)和粪臭素(**66**)可被充分检出，并被描述为樟脑丸和萘样味，但认为对粪便的恶臭并不重要。也未检测到鱼臭(挥发性胺类的特征)，作者得出结论，三甲胺对粪便气味并不重要[93]。这些观察结果今天仍然有效，近期研究也证实了该结果。

43.3.5　酚类

粪便中主要的酚臭物质为对甲酚，以及一定程度的间甲酚。苯酚也总是能检测到，但其绷带气味并不是粪便气味的典型属性。间位和对位位置(图 43.12)的乙基和丙基酚 **89** 始终由 GC-O 检测到，并将粪便气味变得更像马厩味，与户外味相关。虽然可能存在愈创木酚(**70**)，但在一次粪便中没有检测到，可排除导致产生人粪便气味(图 43.11)[77]。

总之，粪便气味主要来源于短链脂肪酸、对甲酚、硫化物、吲哚和粪臭素。与尿液相比，气味特征更简单，因为这些化合物是由蛋白质和纤维产生，而不是由解毒途径产生，尿液中排泄的是气味分子的可溶性分子。只有在极端情况下，当受试者吃了调味很重的食物时，才能在粪便中检测到甾体类化合物。

43.3.6　其他气味化合物

含甲基、乙基或乙烯基残基的苯甲醛 **90** 和取代苯醛类以及苯乙酮衍生物 **91** 可能在较小程度上导致粪便气味，且常被 GC-O 检测到。来自印度的粪便中发现并鉴定出百里酚(**92**)以及 4-异丙基苯甲醛(枯茗醛，**93**)、1,4-对薄荷二烯-7-醛(水芹烯醛，**94**)和乙烯基愈创木酚(**73**)，它们比对甲酚(**68**)含量更高，气味辛辣和酸味，非典型粪便物质。这一观察反映了富含辛辣的食物可影响印度粪便的气味(图 43.11)[83]。

43.4　结　　论

由于化合物 1、2、3、41 的存在，人体腋汗具有独特的气味，目前尚未在任何其他自然物种中发现。这是成年人气味的特征。尿液气味主要源于三甲胺、氨、二甲基二硫醚、吲哚和粪臭素。但是在尿液中，许多来自食物的其他有机化合物以可溶形式排泄，如葡糖醛酸苷或硫酸酯。α-雄烯醇(**48**)及其氧化产物 **49**；**48** 也存在于腋下区，当在青春期变得活跃时，可通过大汗腺排出。粪便气味主要来源于酸 33、34、35，苯酚(**67**)，对甲酚(**68**)，加上吲哚(**65**)和粪臭素(**66**)。食物的类型对粪便气味具有重要作用。食用大蒜、洋葱或卷心菜会产生大量强效挥发性硫化物。

微生物菌群对产生异味非常重要，它们可使分子的可溶性部分与疏水部分之间的化学键断裂，例如 α-雄烯醇(**48**)的葡糖苷酸、酸 1~3 的谷氨酰胺结合物或硫化合物(如 **41**)的半胱氨酸-甘氨酸结合物。自然之美在于调控气味产生的能力；如果大汗腺对排泄 α-雄烯醇葡糖苷酸(**52**)非常活跃，则微生物必须包括产生正确的 α-葡糖苷酸酶以释放气味分子的细菌。了解这种化学途径是非常重要的，以开发不干扰微生物群的情况下预防恶臭形成的方法。对肠道菌群的描述，如 Zimmer 所报道[94]；对皮肤微生物也有效。

一个世纪以来，医生一直在向细菌发起挑战，抗生素为其武器。但是这种关系正在发生变化，因为科学家越来越熟悉以我们为宿主的 100 万亿微生物——统称为微生物菌群。

参 考 文 献

[1] R.C. Smallegange, N.O. Verhulst, W. Takken: Sweaty skin: An invitation to bite, Trends Parasitol. 27, 143-148 (2011)

[2] Y. Xu, S.J. Dixon, R.G. Brereton, H.A. Soini, M.V. Novotny, K. Trebesius, I. Bergmaier, E. Oberzaucher, K. Grammer, D.J. Penn: Comparison of human axillary odour profiles obtained by gas chromatography mass spectrometry and skin microbial profiles obtained by denaturing gradient gel electrophoresis using multivariate pattern recognition, Metabolomics 3, 427-437 (2007)

[3] N.O. Verhulst, W. Takken, M. Dicke, G. Schraa, R.C. Smallegange: Chemical ecology of interactions between human skin microbiota and mosquitoes, FEMS Microbiol. Ecol. 74, 1-9 (2010)

[4] W.B. Shelley, H.J. Hurley, A.C. Nichols: Axillary odor, Arch. Derm. Syphilol. 68, 430-446 (1953)

[5] N.H. Shehadeh, A.M. Kligman: The effect of topical antibacterial agents on the bacterial flora of the axilla, J. Invest. Dermatol. 40, 61-71 (1963)

[6] B.W. Brooksbank, R. Brown, J.A. Gustafsson: The detection of 5 α-androst-16-en-3-ol in human male axillary sweat, Experientia 30, 864-865 (1974)

[7] R. Claus, W.J. Alsing: Occurrence of 5 α-androst-16-en-3-one, a boar pheromone, in man and its relationship to testosterone, J. Endocrinol. 68, 483-484 (1976)

[8] A. Dravnieks: Evaluation of human body odors: Methods and interpretations, J. Soc. Cosmet. Chem. 26, 551-571 (1975)

[9] J.N. Labows: Human odors, what can they tell us?, Perfum. Flavorist 4, 12-17 (1979)

[10] D.J. Penn, E. Oberzaucher, K. Grammer, G. Fischer, H.A. Soini, D. Wiesler, M.V. Novotny, S.J. Dixon, Y. Xu, R.G. Brereton: Individual and gender fingerprints in human body odour, J. R. Soc. Interface 4, 331-340（2007）

[11] A.M. Curran, S.I. Rabin, P.A. Prada, K.G. Furton: Comparison of the volatile organic compounds present in human odor using SPME-GC/MS, J. Chem. Ecol. 31, 1607-1619（2005）

[12] L. Dormont, J.-M. Bessiere, A. Cohuet: Human skin volatiles: A review, J. Chem. Ecol. 39, 569-578（2013）

[13] H. Barzantny, J. Schröder, J. Strotmeier, E. Fredrich, I. Brune, A. Tauch: The transcriptional regulatory network of *Corynebacterium jeikeium* K411 and its interaction with metabolic routes contributing to human body odor formation, J. Biotechnol. 159, 235-248（2012）

[14] J.A. Gordon, C.J. Austin, D.S. Cox, D. Taylor, R. Calvert: Microbiological and biochemical origins of human axillary odour, FEMS Microbiol. Ecol. 83, 527-540（2013）

[15] K. Smith, G.F. Thomson, H.D. Koster: Sweat in schizophrenic patients: Identification of the odorous substance, Science 166, 398-399（1969）

[16] X.-N. Zeng, J.J. Leyden, A.I. Spielman, G. Preti: Analysis of characteristic human female axillary odors: Qualitative comparison to males, J. Chem.Ecol. 22, 237-257（1996）

[17] G. Taillandier, J.L. Benoit-Guyod, A. Boucherle, M. Broll, P. Eymard: Dipropylacetic series. XII. Anticonvulsant branched aliphatic acids and alcohols, Eur. J. Med. Chem. 10, 453-462（1975）

[18] A. Natsch, H. Gfeller, P. Gygax, J. Schmid, G. Acuna: A specific bacterial aminoacylase cleaves odorant precursors secreted in the human axilla, J. Biol. Chem. 278, 5718-5727（2003）

[19] X.N. Zeng, J.J. Leyden, H.J. Lawley, K. Sawano, I. Nohara, G. Preti: Analysis of characteristic odors from human male axillae, J. Chem. Ecol. 17, 1469-1492（1991）

[20] A. Natsch, H. Gfeller, P. Gygax, J. Schmid: Isolation of a bacterial enzyme releasing axillary malodor and its use as a screening target for novel deodorant formulation, Int. J. Cosmet. Sci. 27, 115-122（2005）

[21] A. Natsch, S. Derrer, F. Flachsmann, J. Schmid: A broad diversity of volatile carboxylic acids, released by a bacterial aminoacylase from axilla secretions, as candidate molecules for the determination of human-body odor type, Chem. Biodiv.3, 1-20（2006）

[22] C. Starkenmann, Y. Niclass, M. Troccaz, A.J. Clark: Identification of the precursor of (*S*)-3-methyl-3-sulfanylhexan-1-ol, the sulfury malodour of human axilla sweat, Chem. Biodiv. 2, 705-715（2005）

[23] M. Troccaz, G. Borchard, C. Vuilleumier, S. Raviot-Derrien, Y. Niclass, S. Beccucci, C. Starkenmann: Gender-specific differences between the concentrations of nonvolatile(*R*)/(*S*)-3-methyl-3-sulfanylhexan-1-ol and(*R*)/(*S*)-3-hydroxy-3-methyl-hexanoic acid odor precursors in axillary secretions, Chem. Senses 34, 203-210（2009）

[24] K. Takeuchi, M. Yabuki, Y. Hasegawa: Review of odorants in human axillary odour and laundry malodour: The importance of branched C7 chain analogues in malodours perceived by humans, Flavour Fragr. J. 28, 223-230（2013）

[25] C. Vuilleumier, M. van de Waal, H. Fontannaz, I. Cayeux, P.A. Rebetez: Multidimensional visualization of physical and perceptual data leading to a creative approach in fragrance development, Perfum. Flavorist 33, 54-61（2008）

[26] M. van de Waal, Y. van Niclass, R.L. Snowden, G. Bernardinelli, S. Escher: 1-Methoxyhexane-3-thiol, a powerful odorant of clary sage（*Salvia sclarea* L.）, Helv. Chim. Acta 85, 1246-1260（2002）

[27] S. Escher, Y. Niclass, M. van de Waal, C. Starkenmann: Combinatorial synthesis by nature: Volatile organic sulfur-containing constituents of *Ruta chalepensis* L, Chem. Biodivers. 3, 943-957（2006）

[28] M. Troccaz, C. Starkenmann, Y. Niclass, M. Van de Waal: 3-Methyl-3-sulfanylhexan-1-ol as a major descriptor for the human axilla-sweat odour profile, Chem. Biodivers. 1, 1022-1035（2004）

[29] A. Natsch, J. Schmid, F. Flachsmann: Identification of odoriferous sulfanylalkanols in human axilla secretions and formation through cleavage of cysteine precursors by a C-S lyase isolated from axilla bacteria, Chem. Biodivers. 1, 1058-1072（2004）

[30] Y. Hasegawa, M. Yabuki, M. Matsukane: Identification of new odoriferous compounds in human axillary sweat, Chem. Biodivers. 1, 2042-2050（2004）

[31] S. Widder, C. Sabater Lüntzel, T. Dittner, W. Pickenhagen: 3-Mercapto-2-methylpentan-1-ol, a new powerful aroma compound, J. Agric. Food Chem. 48, 418-423 (2000)

[32] L.F. Wünsche, C. Vuilleumier, U. Keller, M.P. Byfield, I.P. May, M.J. Kearney: Scent characterization: From human perception to electronic noses. In: Proceedings of 13th International Congress of Flavours, Fragrances and Essential Oils: 15-19 October 1995, Istanbul, Turkey, Vol. 3, ed. by K.H.C. Başer (AREP Publ, Istanbul 1995) p. 295

[33] C. Vermeulen, L. Gisj, S. Collin: Sensorial contribution and formation pathways of thiols in foods: A review, Food Rev. Int. 21, 69-137 (2005)

[34] C. Starkenmann, F. Mayenzet, R. Brauchli, M. Troccaz: 5α-Androst-16-en-3α-ol-β-d-glucuronide, precursor of 5α-androst-16-en-3α-ol in human sweat, Chem. Biodivers. 10, 2197-2208 (2013)

[35] A.J.L. Cooper, J.T. Pinto: Cysteine S-conjugate β-lyases, Amino Acids 30, 1-15 (2006)

[36] G.L. Lamoureux, D.G. Rusness: The role of glutathione and glutathione S-transferases in pesticide matabolism, selectivity and mode of action in plants and insects. In: Glutathione Chemical, Biochemical and Medical Aspects, IIB edn., ed. by D. Dolphin, R. Poulson, O. Avramovic (Wiley, New York 1989) pp. 154-193

[37] R.G. Westall: The amino acids and other ampholytes of urine. 2. The isolation of a new sulphur-containing amino acid from cat urine, Biochem. J. 55, 244-248 (1953)

[38] W. Hendriks, A. Woolhouse, M. Tarttelin, P. Moughan: Synthesis of felinine, 2-amino-7-hydroxy-5,5-dimethyl-4-thiaheptanoic acid, Bioorg. Chem. 23, 89-100 (1995)

[39] V. Prelog, L. Ruzicka: Untersuchungen über Organextrakte. Über zwei moschusartig riechende Steroide aus Scehweinetestes-Extrakten, Helv. Chim. Acta 27, 61-66 (1944)

[40] V. Prelog, L. Ruzicka, P. Wieland: Steroide und Sexualhormone. Über die Herstellung der beiden moschusartig riechenden Δ16-Androstenole- (3) und verwandter Verbindungen, Helv. Chim. Acta 27, 66-71 (1944)

[41] C.J. Wysocki, G.K. Beauchamp: Ability to smell androstenone is genetically determined, Proc. Natl. Acad. Sci. USA 81, 4899-4902 (1984)

[42] D.B. Gower, A. Nixon, A.I. Mallet: The significance of odorous steroids in axillary odour. In: Perfumery, ed. by S. Van Toller, G.H. Dodd (Chapman and Hall, London 1988) pp. 47-75

[43] E.A. Bremner, J.D. Mainland, R.M. Khan, N. Sobel: The prevalence of androstenone anosmia, Chem. Senses 28, 423-432 (2003)

[44] G. Ohloff, B. Maurer, B. Winter, W. Giersch: Structural and configurational dependence of the sensory process in steroids, Helv. Chim. Acta 66, 192-217 (1983)

[45] D.B. Gower: 16-Unsaturated C19 steroids: A review of their chemistry, biochemistry and possible physiological role, J. Steroid Biochem. 3, 45-103 (1972)

[46] S. Bird, D.B. Gower: The validation and use of radioimmunoassay for 5α-androst-16-en-3-one in human axillary collections, J. Steroid Biochem. 14, 213-219 (1981)

[47] J.J. Cowley, A.L. Johnson, B.W.L. Brooksbank: The effect of two odorous compounds on performance in an assessment-of-people test, Psychoneuroendocrinology 2, 159-172 (1977)

[48] M. Kirk-Smith, D.A. Booth, D. Carroll, P. Davies: Human social attitudes affected by androstenol, Res. Commun. Psychol. Psychiatr. Behav. 3, 379-384 (1978)

[49] J. Havlicek, A.K. Murray, T.K. Saxton, S.C. Roberts: Current issues in the study of androstenes in human chemosignaling, Vitam. Horm. 83, 47-81 (2012)

[50] B.W.L. Brooksbank, G.A.D. Haslewood: The estimation of androst-16-en-3α-ol in human urine: Partial synthesis of androstenol and of its β-glucosiduronic acid, Biochem. J. 80, 488-496 (1961)

[51] A.N. Gilbert, C.J. Wysoski: The smell survey results, Nat. Geogr. 172, 514-525 (1987)

[52] A. Keller, H. Zhuang, Q. Chi, L.B. Vosshall, H. Matsunami: Genetic variation in a human odorant receptor alters odour perception, Nature 449, 468-472 (2007)

[53] H. Zhuang, M.-S. Chien, H. Matsunami: Dynamic functional evolution of an odorant receptor for sex-steroid-derived odors in primate, Proc. Natl.Acad. Sci. USA 106, 21247-21251（2009）

[54] W.H. Hendriks, D.R.K. Harding, K.J. Rutherford Markwick: Isolation and characterisation of renal metabolites of γ-glutamylfelinylglycine in the urine of the domestic cat（*Felis catus*）, Comp.Biochem. Physiol. B 139, 245-251（2004）

[55] S.C. Mitchell: Food idiosyncrasies: Beetroot and asparagus, Drug Metab. Dispos. 29, 539-543（2001）

[56] M.L. Pelchat, C. Bykowski, F.F. Duke, D.R. Reed: Excretion and perception of a characteristic odor in urine after asparagus ingestion: A psychophysical and genetic study, Chem. Senses 36, 9-17（2011）

[57] R.H. White: Occurrence of *S*-methyl thioesters in urines of humans after they have eaten asparagus, Science 189, 810-811（1975）

[58] R. Roscher, H. Koch, M. Herderich, P. Schreier, W. Schwab: Identification of 2,5-dimethyl-4-hydroxy-3[2*H*]-furanone β-d-glucuronide as the major metabolite of a strawberry flavour constituent in humans, Food Chem. Toxicol. 35, 777-782（1997）

[59] W. Engel: In vivo studies on the metabolism of the monoterpenes *S*-（+）- and *R*-（−）-carvone in humans using the metabolism of ingestion-correlated amounts（MICA）approach, J. Agric. Food Chem. 49, 4069-4075（2001）

[60] M. Wagenstaller, A. Buettner: Coffee aroma constituents and odorant metabolites in human urine, Metabolomics 10, 225-240（2014）, doi:10.1007/s11306-013-0581-2

[61] M.K. Storer, K. Hibbard-Melles, B. Davis, J. Scotter: Detection of volatile compounds produced by microbial growth in urine by selected ion flow tube mass spectrometry（SIFT-MS）, J. Microbiol. Methods 87, 111-113（2011）

[62] M. Shirasu, K. Touhara: The scent of disease: Volatile organic compounds of the human body related to disease and disorder, J. Biochem. 150, 257-266（2011）

[63] M. Wagenstaller, A. Buettner: Characterization of odorants in human urine using a combined chemo-analytical and human-sensory approach: A potential diagnostic strategy, Metabolomics 9, 9-20（2013）

[64] H. Kataoka, K. Saito, H. Kato, K. Masuda: Noninvasive analysis of volatile biomarkers in human emanations for health and early disease diagnosis, Bioanalysis 5, 1443-1459（2013）

[65] A.Q. Zhang, S.C. Mitchell, R. Ayesh, R.L. Smith: Determination of trimethylamine and related aliphatic amines in human urine by head-space gas chromatography, J. Chromatogr. 584, 141-145（1992）

[66] S.C. Mitchell, R.L. Smith: Trimethylaminuria: The fish malodor syndrome, Drug Metab. Dispos. 29（4, Pt. 2）, 517-521（2001）

[67] M. Troccaz, Y. Niclass, P. Anziani, C. Starkenmann: The influence of thermal reaction and microbial transformation on the odour of human urine, Flavor Fragr. J. 28, 200-211（2012）

[68] R.A. Chalmers, S. Bickle, R.W.E. Watts: A method for the determination of volatile organic acids in aqueous solutions and urine, and results obtained in propionic acidemia, β-methylcrotonylglycinuria and methylmalonic aciduria, Clin. Chim. Acta 52, 31-41（1974）

[69] B. Chamberlin, C. Sweeley: Metabolic profiles of urinary organic acids recovered from absorbent filter paper, Clin. Chem. 33, 572-576（1987）

[70] T.C. Chung, M.C. Chao, H.L. Wu: A sensitive liquid chromatographic method for the analysis of isovaleric and valeric acids in urine as fluorescent derivatives, J. Chromatogr. A 1156, 259-263（2007）

[71] S. Smith, H. Burden, R. Persad, K. Whittington, B. de Lacy Costello, N.M. Ratcliffe, C.S. Probert: A comparative study of the analysis of human urine headspace using gas chromatography-mass spectrometry, J. Breath Res. 2, 1-10（2008）

[72] C. Debonneville, B. Orsier, I. Flament, A. Chaintreau: Improved hardware and software for quick gas chromatography-olfactometry using CHARM and GC-"SNIF" analysis, Anal. Chem. 74, 2345-2351（2002）

[73] K.E. Matsumoto, D.H. Partridge, A.B. Robinson, L. Pauling, R.A. Flath, T.R. Mon, R. Teranishi: The identification of volatile compounds in human urine, J. Chromatogr. 85, 31-34（1973）

[74] S.D. Sastry, K.T. Buck, J. Janak, M. Dressler, G. Preti: Volatiles emitted by humans. In: Biochemical Applications of Mass Spectrometry, ed. by G.R. Walker, O.C. Dermer（Wiley, New York 1980）pp. 1085-1129

[75] H. Sato, H. Morimatsu, T. Kimura, Y. Moriyama, T. Yamashita, Y. Nakashima: Analysis of malodorous substances of human feces, J. Health Sci. 48, 179-185 (2002)

[76] J.G. Moore, L.D. Jessop, D.N. Osborne: Gas-chromatographic and mass-spectrometric analysis of the odor of human feces, Gastroenterology 93, 1321-1329 (1987)

[77] J. Lin, J. Aoll, Y. Niclass, M. Inés Velazco, L. Wünsche, J. Pika, C. Starkenmann: Qualitative and quantitative analysis of volatile constituents from latrines, Environ. Sci. Technol. 47, 7876-7882 (2013)

[78] L. Brieger: Ueber die flüchtigen Bestandtheile der menschlichen Excremente, J. Prakt. Chem. 179, 124-138 (1878), in German

[79] B. Tienpont, F. David, K. Desmet, P. Sandra: Stir bar sorptive extraction-thermal desorption-capillary GC-MS applied to biological fluids, Anal. Bioanal. Chem. 373, 46-55 (2002)

[80] J. Pawliszyn: Sample preparation: Quo vadis?, Anal. Chem. 75, 2543-2558 (2003)

[81] X. Li, G. Ouyang, H. Lord, J. Pawliszyn: Theory and validation of solid-phase microextraction and needle trap devices for aerosol sample, Anal. Chem. 82, 9521-9527 (2010)

[82] E.A. Souza Silva, S. Risticevic, J. Pawliszyn: Recent trends in SPME concerning sorbent materials, configurations and in vivo applications, Trends Anal. Chem. 43, 24-36 (2013)

[83] Y. Saito, I. Ueta, K. Kotera, M. Ogawa, H. Wada, K. Jinno: In-needle extraction device designed for gas chromatographic analysis of volatile organic compounds, J. Chromatogr. A 1106, 190-195 (2006)

[84] R. Garcıa-Villalba, J.A. Gimenez-Bastida, M.T. Garcia-Conesa, F.A. Tomas-Barberan, J.C. Espin, M. Larrosa: Alternative method for gas chromatography-mass spectrometry analysis of short-chain fatty acids in faecal samples, J. Sep. Sci. 35, 1906-1913 (2012)

[85] V. De Preter, G. Van Staeyen, D. Esser, P. Rutgeerts, K. Verbeke: Development of a screening method to determine the pattern of fermentation metabolites in faecal samples using on-line purge-and-trap gas chromatographic-mass spectrometric analysis, J. Chromatogr. A 1216, 1476-1483 (2009)

[86] B. Geypens, D. Claus, P. Evenepoel, M. Hiele, B. Maes, M. Peeters, P. Rutgeerts, Y. Ghoos: Influence of dietary protein supplements on the formation of bacterial metabolites in the colon, Gut 41, 70-76 (1997)

[87] J.H. Cummings, G.T. Macfarlane, H.N. Englyst: Prebiotic digestion and fermentation, Am. J. Clin. Nutr. 73, 415S-420S (2001)

[88] D.J. Rose, J.A. Patterson, B. Hamaker: Structural differences among alkali-soluble arabinoxylans from maize (Zea mays), rice (Oryza sativa), and wheat (Triticum aestivum) brans influence human fecal fermentation profiles, J. Agric. Food Chem. 58, 493-499 (2010)

[89] D. Morrison, W.G. Mackay, C.A. Edwards, T. Preston, B. Dodson, L.T. Weaver: Butyrate production from oligofructose fermentation by the human faecal flora: What is the contribution of extracellular acetate and lactate, Br. J. Nutr. 96, 570-577 (2006)

[90] P. Gostelow, S.A. Parsons, R.M. Stuetz: Odour measurements for sewage treatment works, Water Res. 35, 579-597 (2001)

[91] M. Hiele, G.Y. Rutgeerts, G. Vantrappen, D. Schoorens: Influence of nutritional substrates on the formation of volatiles by the fecal flora, Gastroenterology 100, 1597-1602 (1991)

[92] L.D.J. Bos, P.J. Sterk, M.J. Schultz: Volatile metabolites of pathogens: A systematic review, PLoS Pathog. 9, e1003311 (2013)

[93] J.G. Moore, B.K. Krotoszynski, H.J. O'Neill: Fecal odorgrams: A method for partial reconstruction of ancient and modern diets, Dig. Dis. Sci. 29, 907-911 (1984)

[94] C. Zimmer: Tending the body's microbial garden, New York Times 18.06.2012, http://www.nytimes.com/2012/06/19/science/studies-of-human-microbiome-yield-new-insights.html

第44章　人体腋下气味的生化和遗传

人体腋下气味只有在皮肤分泌物接触皮肤微生物后才会形成。因此，腋下气味是皮肤细菌和腋腺分泌物之间复杂相互作用的产物。腋下细菌群主要为葡萄球菌和棒状杆菌。气味形成的程度与专门小组成员皮肤上棒状杆菌的种群密度相关。

近年来，氨基酸结合物被确认为关键的分泌性气味前体：不同的气味酸作为谷氨酰胺结合物被分泌，而硫的挥发物则来自谷胱甘肽相关结合物的细菌降解。在棒状杆菌中发现了特定的酶，它们将这些氨基酸结合物裂解，从而释放出气味。

基于这种分子理解，可以询问关于这些气味的进化意义的问题。分泌的气味前体模式似乎在个体内保持稳定，并且与一项双胞胎研究的结果一致，由基因决定。基于行为研究，有人提出了腋下气味与人类白细胞抗原(HLA)基因型之间的相关性，但潜在的 HLA 相关性体味的化学性质仍未清楚。对具有相同 HLA 基因的兄弟姐妹进行的家族研究无法确定谷氨酰胺结合物的遗传模式与 HLA 分型之间的关联。

中东地区的相当一部分人群基本没有腋下气味。这与 ABCC11 基因中的单核苷酸多态性(SNP)相关。实际上，缺乏功能性 ABCC11 等位基因的人类受试者不能分泌关键气味剂的氨基酸结合物，这证实了在过去十年中发现的这些气味形成的生化机制的相关性。

44.1　细菌在气味形成中的重要性

人体腋下覆盖特别密集的分泌腺。主要分为两种类型：小汗腺分泌含有盐的水溶液以及乳酸和氨基酸等水溶性组分。与毛囊相关的大分泌通道分泌更为疏水的混合物，含有脂肪、类固醇和脂质运载蛋白家族蛋白。脂质运载蛋白是与多种疏水配体结合的小蛋白。包括小鼠的主要尿蛋白(MUP)(可结合小鼠尿液中的气味)以及人类和其他脊椎动物的气味结合蛋白(OBP)(可结合各种脂质和气味)。人体汗液中的主要脂质运载蛋白是载脂蛋白 D。除了上述两种主要腺体类型，大汗腺被讨论为第三种类型，在腋窝区域的丰度较高[1]。这些腺体提供的分泌物是许多菌种的理想生长培养基，加上腋窝解剖部位提供的部分阻塞和毛发的密集覆盖(延缓水分蒸发，从而有助于提供湿润的环境)，腋窝几乎是细菌定植的完美场所。因此，早期发现腋窝区域的菌群密度特别高[2]，并且该细菌环境与大多数其他皮肤部位的干燥表面存在强烈差异。这些近期汇总于声明中[3]：

湿润的腋下距离平滑干燥的前臂较短，但这两个凹陷在环境方面的差异可能分别与热带雨林和沙漠相类似。

在观察腋下细菌群高密度的同时，发现细菌和体味形成直接相关。发现新鲜的大汗腺分泌物无臭，但如果与皮肤细菌接触，会产生典型的刺激性腋下气味[4]。最初的研究设定的情景旨在寻找体味形成的机制，这只能通过关注皮肤微生物菌群和腋下分泌物来理解，以最终理解两种因子之间的相互作用。

44.2　腋下定植形成特殊气味的细菌群

在早期研究中，通过培养方法研究了细菌群。对专门小组成员进行了测试，以了解气味形成的强度以及特定菌种的存在和丰度。这一方法得出结论，腋下的两个主要菌属是葡萄球菌和棒状杆菌，并且气味形成特别与亲脂性棒状杆菌的群体密度有关[2,5]。在这些开创性研究中，不仅表明棒状杆菌密度与异味形成之间存在相关性，而且作者还直接将细菌与大汗腺分泌物一起孵育，并能表明仅棒状杆菌能够释放异味。这一结论后来得到了详细的气味强度与特定细菌群丰度之间的相关性分析的证实，再次观察到了棒状杆菌的群体密度与气味形成之间的最强相关性[6]。最近的研究没有关注气味形成，但生成了不同皮肤部位存在的细菌种属整体目录。这些研究应用了更先进的培养非依赖性分子方法和编码16s-RNA(核糖核酸)的脱氧核糖核酸(DNA)的高通量测序。在9名专门小组成员中，通过这些培养独立的技术发现其中7名成员的人群由葡萄球菌和棒状杆菌占主导地位，而其余2名的人群由β-变形菌类占主导地位[3]。丙酸杆菌属在一些专门小组成员中也发现显著密度。在对5名专门小组成员混合样本进行的一项16s-RNA序列研究中发现了相似的结果[7]。一项针对三名专门小组成员的研究还表明，该人群由葡萄球菌占主导地位，棒状杆菌与丙酸杆菌属为第二多的种类[8]。同样，在最近的一项研究中，发现葡萄球菌、棒状杆菌和丙酸杆菌属形成了典型的腋生菌群，在这种情况下，另外还发现了大量与链球菌聚集的序列[9]。总体而言，使用最新高通量测序技术的这些近期研究证实了30年前基于培养的方法获得的分类观点，并增加了有关个体间细菌多样性的一些更多细节。然而，他们并未增加关于不同细菌群体对气味形成重要性的更多信息，因为他们仅提供了序列和推定种属的清单，并未提出任何功能性问题；因此，棒状杆菌仍然是首要怀疑菌。

44.3　人腋下分泌的特异性气味前体

鉴于对细菌群体的了解及其在气味形成中的重要性，很长一段时间内缺失的关键环节是通过细菌作用将腺体分泌物中何种成分转化成气味的原理。过去十年间，通过使用液相色谱-质谱(LC-MS)技术，该领域取得了显著进展，但在该分析工具之后，成功分离气味前体的研究必须将化学分析与前体的靶向降解(通过水解或细菌溶解)结合起来，然后进行感官分析。

44.3.1 酸的前体

两种结构上紧密相关的关键气味酸被描述为汗液酸性组分中的典型体味：3-甲基-2-己烯酸(3M2H)[10]和 3-羟基-3-甲基己酸(HMHA)[11]。对 3M2H 潜在前体的寻找研究开始较早。一项开创性研究显示，该化合物与水溶性前体结合，可通过 NaOH 催化的水解或棒状杆菌分离物的细菌溶解作用从其中释放出来[12]。由于大汗腺分泌物中的蛋白质含量高，因此认为 3M2H 可能通过共价键或非共价键与蛋白结合。在这些早期研究之后，提出的后一种假设的证据表明，载脂蛋白 D 与 3M2H 之间似乎存在非共价键连接[13]。然而，无法提出假设，棒状杆菌将如何解离这些非共价键结合以释放气味。最近提出了与载脂蛋白 D 末端谷氨酰胺的共价连接[14]，但该观察结果的相关性受到质疑，因为随着小酸和大蛋白之间的这种 1:1 关联，需要极高的载脂蛋白 D 水平来解释观察到的可从腋下样本中释放的大量气味酸[15]。

使用体积排阻色谱法结合 LC-MS，进行汗液各组分的水解和感官分析，显示腋下分泌物中含有大量的谷氨酰胺结合物，其中酸 3M2H 和 HMHA 共价连接到谷氨酰胺的 N_α-原子上(图44.1)[11]。在对 49 名志愿者进行为期 3 年的纵向研究中，通过一个量化 HMHA-Gln 结合物的独立实验室证实了这一观察结果[16]。男性腋汗样本平均含有 794μg HMHA-Gln 结合物，而女性样本含有 365μg。基于所有现有证据，这些谷氨酰胺结合物似乎是气味酸的关键前体，近期已经放弃了形成气味酸的替代方案[15,17]。

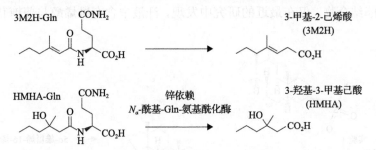

图 44.1 两种关键气味酸前体的结构和执行前体裂解的棒状杆菌 Ax20 中的酶活性

44.3.2 巯基烷醇的前体

在酸之后，巯基烷醇在同一年被 3 个实验室鉴定为体味的主要促成因素[18-20]，详情请参见本书(第 43 章)。最初我们提出巯基烷醇以半胱氨酸结合物的形式分泌，这是基于以下发现：①从腋下分离出的棒状杆菌可从此类半胱氨酸结合物中释放气味。②胱硫醚-β-裂合酶(来自棒状杆菌菌株)可以从合成的半胱氨酸结合物和真实的汗液中释放气味。然而，随后的研究显示，数量上主导的前体是半胱氨酸-甘氨酸结合物(图44.2)[21]。本实验室[22]和随后的群体研究[16,23]证实了这一结果。然后，对少量拟定的半胱氨酸结合物也进行了分析检测[22]，但尚不清楚该化合物是由腺体直接分泌还是由细菌肽酶活性在皮肤上形成的中间体。

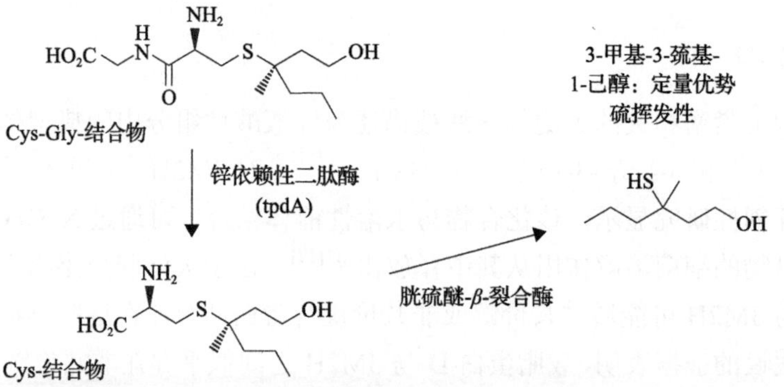

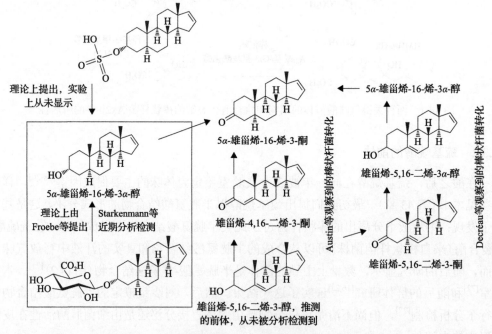

图 44.2　气味巯基烷醇的关键前体结构以及从参与气味释放的棒状杆菌 Ax20 中分离出的两种酶

44.3.3　类固醇的前体

气味类固醇雄烯醇和雄烯酮被确定为第一种人腋下异味[24,25]，因为它们被描述为猪中的关键气味剂和信息素。但是，人体汗液中可检测到的含量水平极低，最近提出它们对腋下气味的作用比最初认为的要小得多[15]。同时，关于这些类固醇分泌前体的分析信息非常少。

基于与人体中其他类固醇的可溶、转运形式的类比，提出雄烯醇可作为硫酸酯或葡糖苷酸加合物分泌[26]，但在首次提出该假设时，尚未在汗液中分析检测到这些前体。实际上，后来发现棒状杆菌分离株能够裂解某些合成类固醇硫酸酯[27]，但在汗液中从未检出硫酸酯结合物。仅在最近的研究中发现，汗液中含有雄烯醇与葡糖苷酸的结合物（第 43 章）。

图 44.3　气味类固醇假定前体的结构和相关生物转化反应

另一种假设提出从其他无气味类固醇(不与载体分子结合)中形成有气味的类固醇[28,29]。确实有证据表明，腋下细菌可造成类固醇氧化和减少[29,30]，但这些研究并未检测到腋下分泌物中有潜在无味前体雄甾烯-5,16-二烯-3-醇，该前体可通过所提出的机制转化为气味成分。这些可供选择的路径总结于图44.3。这些路径当前看起来似乎不太可能。

44.4　腋下细菌中的臭味释放酶及相应基因

虽然很久以前就知道细菌的重要性和特定分类群对于气味形成的作用，但只有在分析鉴定出气味前体并且可以制备这些化合物的合成样本后，才能开始寻找识别气味释放酶的方法。使用这种合成参比物，我们能够识别可裂解结合物的特殊菌株。选择一种具有强烈气味形成的菌株(棒状杆菌属 Ax20)[11]作为模型微生物。根据近期对 16s 核糖体RNA 编码 DNA 的序列分析，其与灰绿棒状杆菌最接近[15]。

44.4.1　酸释放酶

第一个焦点是解释最主要的气味羧酸的释放。使用经典的生化工具，将参与谷氨酰胺结合物裂解的单一 Ax20 酶纯化至均质，然后用于氨基酸序列分析。相应基因可在大肠埃希氏菌中克隆和表达[11]。该重组酶(从生化上讲)是 N_α-酰基-谷氨酰胺氨基酰化酶，它裂解了合成的前体物质，并从腋下分泌物中释放酸[31]，从而验证了其在气味释放中的作用(图 44.1)。这种酶也被称为 AMRE(腋下臭味释放酶)[32]。它对底物中的谷氨酰胺残基具有极高的特异性，不接受其他氨基酸残基。因此，它对腋下分泌的谷氨酰胺结合物具有高度特异性。同时对不同酰基侧链耐受性高。如下文所述，在腋下区确实存在许多不同的酰基-谷氨酰胺结合物，但未发现其他氨基酸的结合物。因此，该酶的底物特异性(对 Gln 具有高特异性，但对底物的酰基部分无特异性)完全适用于现有底物，并且提供了皮肤细菌与人宿主共同进化的令人关注的实例。细菌的直接进化获益则是利用释放的谷氨酰胺作为营养来源。

44.4.2　释放巯基烷醇的酶

基于巯基烷醇可能以分泌形式与半胱氨酸结合的假设，首先合成半胱氨酸结合物。它们确实被相同的细菌分离株 Ax20 裂解。半胱氨酸的硫醚经常被胱硫醚-β-裂合酶裂解，在许多细菌中由 metC 基因编码。因此，可以用遗传学方法从 Ax20 中克隆相应的酶，而不是烦人的经典酶纯化生化方法：分离出了补充大肠埃希氏菌 metC 突变体的 Ax20 染色体片段。这些片段含有共同的开放读码框，在大肠埃希氏菌中表达，并纯化重组蛋白。该实验方法的示意图见图44.4。

这种酶随后被证实可以裂解两种合成的半胱氨酸结合物，并能够从汗液中释放巯基烷醇(图44.4)[18]。系统发育相关的胱硫醚-β-裂合酶，其也能够从半胱氨酸结合物中释放巯基烷醇，后来从杰氏棒杆菌 K411 中克隆出裂合酶[15]，表明该酶活性存在于多种棒状杆菌中。在后面的细菌分离株中，还对调节机制进行了详细分析，并克隆了一个抑制蛋白，在蛋氨酸浓度较高时抑制 β-裂合酶基因表达[33]。这表明该酶的主要生物学功能仍然是蛋氨酸的生物合成(而不是半胱氨酸结合物的裂解，这是次要功能)，其产生受到细菌对蛋氨酸需求的调节。另一方面，详细分析溶血葡萄球菌导致 *metC* 基因的克隆，胱硫醚-β-裂合酶重新编码。然而，这种酶对半胱氨酸和 Cys-Gly 结合物的活性极低，不能从天然汗液中释放气味。因此得出结论，该酶不是该菌株中气味释放的关键酶，或者需要多种酶的协同作用[34]。

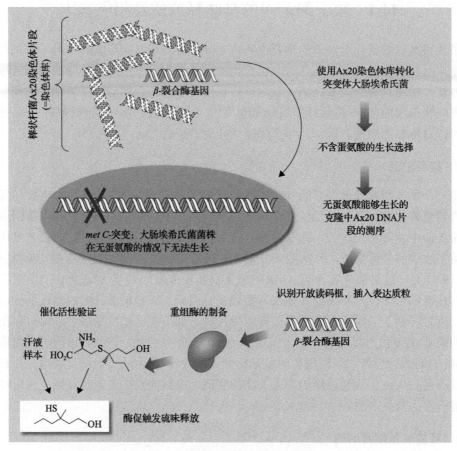

图 44.4　从 Ax20 中分离 β-裂合酶基因的实验方法并确认其参与
半胱氨酸结合物中释放有气味的巯基烷醇

　　根据报道，巯基烷醇的关键前体为 Cys-Gly 结合物，而不是简单的半胱氨酸结合物，提出了这一新化合物是否可通过 Ax20 中相同的 β-裂合酶进行裂解，但事实并非如此。事实上，Ax20 的完整酶提取物能够从 Cys-Gly 结合物中释放气味，但在提取物分馏后，这种能力立即丧失，表明至少两种酶参与其中。实际上，如果细菌裂解物的所有单个组分均用重组 β-裂合酶补充，则仅发现能够释放 Cys-Gly 结合物气味的部分。这表明需要第二种酶才能首先释放甘氨酸残基。这一结论证明是正确的，并导致通过经典纯化和活性分析分离出一种名为 tpdA 的新型二肽酶，其将甘氨酸从 Cys-Gly 结合物中裂解下来。然后，该酶生成此前识别的 β-裂合酶的底物，需要两种酶的连续作用才能释放气味[22]。这些结果总结于图 44.2。

44.4.3　类固醇形成

关于气味类固醇激素的形成和转化，迄今为止，在腋下细菌中没有分离和表征任何酶，它们将催化如图 44.3 所示的假设途径。因此，为了推进这一领域，现在有必要研究腋下细菌中葡糖醛酸糖苷酶的活性，以验证最近发现的气味前体的裂解。然而，目前在文献中还没有关于这个备受关注的主题的报道。

44.5　人类个体中释放的气味指纹

目前识别出三种关键、数量上最主要的气味前体，如图 44.1 和 44.2 所示。这些可以在前面引用的纵向研究的所有人类个体中确定[16]。但是，人类个体具有不同的气味，只有三种化学物质不能解释这种个体间变异。随着重组酶的使用，有可能更详细地研究从天然汗液中释放的挥发性物质，可以表明相同的 N_α-酰基谷氨酰胺氨基酰化酶可以释放出各种不同的酸[31]。然后更详细地研究了这些不同酸的模式变异性。需要咨询的一个关键问题是该气味是否在个体中遗传且稳定，从而为每个人提供其特定的气味印记。这可以通过双胞胎研究解决。双生基因相同的双胞胎贡献了汗样本，然后用氨基酰化酶处理，并用综合 2-D（二维）气相色谱法分析释放的气味模式。通过这种方法，可排除微生物群体的影响，因为实际上已对从释放的气味前体模式中产生的指纹进行了评估。事实上，可以表明，单卵双生双胞胎的酸性前体模式高度相似，并且这些模式在不同天之间以及左侧和右侧腋窝样本之间的个体内是稳定的，但是在非相关个体之间存在高度变异性（彩图 37，文献 35）。不需要标准化饮食来观察这些稳定的气味，表明饮食对这些典型的腋下气味有轻微的影响。该研究首次显示了在分析水平[35]人类个体特异性气味的遗传模式，尽管此前在感觉研究中显示了双胞胎的遗传性气味[36]。众所周知，大汗腺以及体味仅在青春期形成[1]，但目前尚无关于体味是否随年龄或激素变化（如绝经期）而变化的信息。

44.6　人类白细胞抗原（HLA）对前体释放是否有影响？

在小鼠中，尿液气味似乎受到主要组织相容性位点（MHC）基因的影响。不同 MHC-基因型小鼠尿液样本可以通过训练的小鼠加以区分[37]。这似乎对交配选择、亲子识别[38]和近交回避[39]有重要影响。之后，还报道了人类白细胞抗原（HLA）相关身体气味在人体中的证据[40]（HLA 是 MHC 的人类表示物）。但是，最近的一项研究没有重复相同的结果[41]。尽管如此，我们想知道在双胞胎中发现的气味酸前体的遗传模式是否与个体的 HLA 基因型相关。因此，招募了有 4 个相同性别的兄弟姐妹的家庭，检测其 HLA 基因型和汗液中释放酸的模式。兄弟姐妹有 25%的机会表现相同的 HLA 基因型，因此在这些较大的家族中，可以鉴别出许多具有相同 HLA-基因型的配对，鉴于人类 HLA 区域的高度多样性，这在一般人群中很罕见。同样，如果在不同日期采样，个体释放酸的模式相似，因此验证了酸前体的稳定模式。但是，无论两个兄弟姐妹无共享、共享一种或两种 HLA 单倍型，对其气味模式的相似性没有显著影响（图 44.5）。因此，我们不能证明

HLA 基因型对气味酸分泌模式的明确影响[42]。另一方面，出于以下原因，这些酸是此类 HLA 依赖性效应最可能的已知候选者：

①在小鼠中，可以从尿液的酸性有机组分中分离出 HLA 依赖性信号[43]。

②该部分不含 MHC 特异性酸，而是常见酸的 MHC 依赖性模式。

③酸是唯一的人类气味，既往证明具有高度多样性和个体特异性基因遗传模式。鉴于该研究中的不利结果，仍存在开放性问题，即是否可从人体分泌物中分离出其他基因和 HLA 鉴定的气味，或者在人体中潜在的 HLA-相关身体气味是否仍是一个虚假事件，因为其化学性质无法通过当前的分析手段解决。

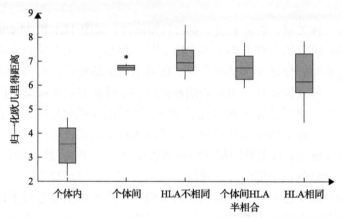

图 44.5　共同拥有一个或两个 HLA 单倍型的无血缘关系个体或兄弟姐妹的气味指纹的相似性[42]

在最近的一份报告中，提出了人体气味中一种新的潜在 HLA 依赖性气味原理。基于早期在小鼠中的发现，即具有与 MHC 受体结合的特定基序的合成肽可触发小鼠嗅觉神经元的反应[44]，推测人类也可感知非肽，被称为 HLA 配体。因此，在一项行为研究和一项神经成像学研究中对这种合成肽进行了检测。在统计学上，两种方法获得的结果显著不同，取决于接受者的 HLA 基因型，由此得出结论，此类 HLA 结合肽确实是人体分泌物中的 HLA 依赖性体味[45]。但是，该研究留下了许多问题未回答，因为既没有对汗液中此类肽的 HLA 依赖性存在进行分析验证，也没有人类小组成员意识检测的证据——针对前述人体气味物质确立的所有参数。最后，非挥发性九肽如何到达人类嗅上皮这一问题目前仍未得到解答[46]。

44.7　对气味形成和 *ABCC11* 多态性的种族影响

关于体味是否受种族起源影响的分析证据很少。但是有一个例外。已知有很大一部分远东人群产生干性白色耵聍，这与其余全球人群中占大多数的明显黄色湿性耵聍相反。据报道，干性白色表型的个体没有典型的腋下气味[47,48]。该表型可能与编码外排泵蛋白 ABCC11 的基因的单核苷酸多态性(SNP)相关[49]。因此，我们怀疑该 SNP 是否也影响气味前体的分泌，因为其影响黄色耵聍表型的形成。因此，根据 *ABCC11* 基因型对中东种族起源的专门小组成员进行了分型，并对其腋下分泌物采样，用 LC-MS 分析气味前体的含量[23]。*ABCC11* 基因的一个功能等位基因与图 44.1 和 44.2 所描述的气味前体显示存在100%的相关性，表明这种外排蛋白直接参与了这些前体在大汗腺的分泌。此外，气味表型和分泌这些气味前体的能力之间的强烈相关性非常明确地表明，早期审查的生化和感官分析结果相关，因为气味基因型和表型与这些前体的存在密切相关。此外，许多类固醇的量也受 ABCC11 表型的影响。但是，使用特异性抗体检测这些类固醇，因此与通过质谱法获得的气味前体结果相比，这些分析物确切结构的分析证据不太有力。

观察该 SNP 的演变背景也可能有价值。基于详细分析，可以得出结论，在所有个体中均作为特异性延伸单倍型存在[49]，即在该突变附近存在其他完全关联的 SNP。这表明①该突变在人类进化中相对年轻，因为这些连锁 SNP 之间未发生交叉。②该突变仅发生一次，所有携带者从该单一突变事件遗传了该相同等位基因。鉴于在若干人群中等位基因频率接近 100%，因此其中之一必须推测显性隐性遗传 ABCC11 阴性表型存在强烈的正选择压力(图 44.6)。在伴侣选择中是否存在针对该无气味表型的积极的气味依赖性选择，或者 ABCC11 阴性表型是否促成了另一种积极的选择优势，是一个颇具挑战性的问题。

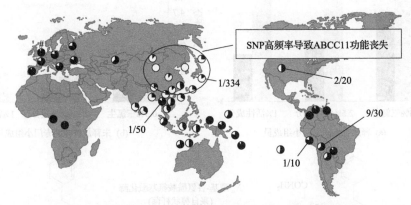

图 44.6　人群中 538G⇨*ABCC11* 基因中的等位基因的全球频率

灰色表示突变等位基因的频率。两种染色体上携带功能丧失突变的个体已完全丧失了分泌如图 44.1 和图 44.2 所示的气味前体的能力，而这些化合物在所有携带一个或两个功能性 G-等位基因的个体中均可检测到[49]

44.8　展望：更有针对性的香体剂

详细的生化研究确实具有实际意义，因为目前有可能开发出针对本章中描述的三种主要的臭味释放酶中的任何一种的特异性化学物质。鉴于经典的腋下产品试图减少汗液的分泌(止汗作用方式)或减少皮肤上的菌群生长(祛味作用方式)，现已可以尝试针对酶进行更特异的干预。我们实验室开发了一类此类分子——根据发现结果，N_α-酰基-谷氨酰胺氨基酰化酶对 Gln 具有高特异性，但对底物酰基部分具有高耐受性，我们设计了结合物，在细菌作用下释放一种芳香分子，而不是一种臭味分子。在体外研究中对此类可供选择性底物进行了测试，结果显示其可通过竞争性抑制该酶来减少细菌孵育中的臭味释放[32]。然后进一步将一种底物用于不含典型除臭原理的除臭制剂的临床试验。值得关注的是，该底物确实减少了体内臭味形成，并且该效应在臭味评分较高的个体中最为显著，值得注意的是，这些小组成员也具有较高的 N_α-酰基-谷氨酰胺氨基酰化酶活性(由体内替代底物中芳香剂原理的明显释放[50]确定)(图 44.7)。图中所示为使用含经典三氯生或以下所示新活性成分的除臭剂后 8h 的臭味评分。根据评估者是可感觉到香味的人和未释放香味的人的评估结果，专门小组成员被分开。消极专门小组成员的气味水平较低，推测未携带具有高氨基酰化酶活性的细菌群[图 44.7(b)]。同时，在这些专门小组成员中也未观察到臭味进一步减轻，但在携带高气味和能够裂解底物的微生物菌群的个体中观察到了明显的臭味减轻作用[图 44.7(a)]。除了上文描述的 ABCC11 研究以外，该观察结果进一步证实了之前发现的生物化学途径与气味的相关性：气味强度明显与能够裂解 Gln 结合物的细菌的存在相关。因此，基本遗传研究和所应用的除臭研究获得了早期进行的生物化学研究的体内证据。

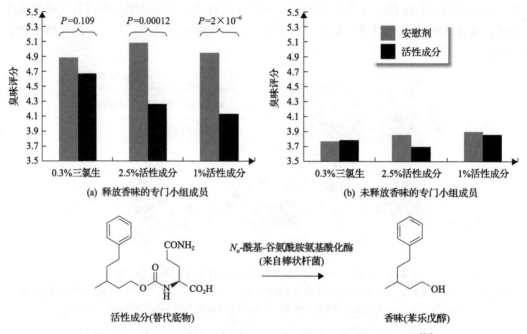

图 44.7　针对 N_α-酰基-谷氨酰胺氨基酰化酶的替代底物体内试验[50]

参 考 文 献

[1] K. Wilke, A. Martin, L. Terstegen, S.S. Biel: A short history of sweat gland biology, Int. J. Cosmet. Sci. 29, 169-179 (2007)

[2] J.J. Leyden, K.J. McGinley, E. Holzle: The microbiology of the human axilla and its relationship to axillary odor, J. Investig. Dermatol. 77, 413-416 (1981)

[3] E.A. Grice, H.H. Kong, S. Conlan, C.B. Deming, J. Davis, A.C. Young, G.G. Bouffard, R.W. Blakesley, P.R. Murray, E.D. Green, M.L. Turner, J.A. Segre: Topographical and temporal diversity of the human skin microbiome, Science 324, 1190-1192 (2009)

[4] W.B. Shelley, H.J. Hurley, A.C. Nichols: Axillary odor, AMA Arch. Derm. Syphilol. 68, 430-446 (1953)

[5] N. Shehadeh, A.M. Kligman: The bacteria responsible for axillary odor. II, J. Investig. Dermatol. 41, 39-43 (1963)

[6] D. Taylor, A. Daulby, S. Grimshaw, G. James, J. Mercer, S. Vaziri: Characterization of the microflora of the human axilla, Int. J. Cosmet. Sci. 25, 137-145 (2003)

[7] E.K. Costello, C.L. Lauber, M. Hamady, N. Fierer, J.I. Gordon, R. Knight: Bacterial community variation in human body habitats across space and time, Science 326, 1694-1697 (2009)

[8] M. Egert, I. Schmidt, H.M. Hohne, T. Lachnit, R.A. Schmitz, R. Breves: rRNA-based profiling of bacteria in the axilla of healthy males suggests right-left asymmetry in bacterial activity, FEMS Microbiol. Ecol. 77, 146-153 (2011)

[9] Z. Gao, G.I. Perez-Perez, Y. Chen, M.J. Blaser: Quantitation of major human cutaneous bacterial and fungal populations, J. Clin. Microbiol. 48, 3575-3581 (2010)

[10] X.N. Zeng, J.J. Leyden, H.J. Lawley, K. Sawano, I. Nohara, G. Preti: Analysis of characteristic odors from human male axillae, J. Chem. Ecol. 17, 1469-1492 (1991)

[11] A. Natsch, H. Gfeller, P. Gygax, J. Schmid, G. Acuna: A specific bacterial aminoacylase cleaves odorant precursors secreted in the human axilla, J. Biol. Chem. 278, 5718-5727 (2003)

[12] X.N. Zeng, J.J. Leyden, J.G. Brand, A.I. Spielman, K.J. McGinley, G. Preti: An investigation of human apocrine gland secretion for axillary odor precursors, J. Chem. Ecol. 18, 1039-1055 (1992)

[13] C. Zeng, A.I. Spielman, B.R. Vowels, J.J. Leyden, K. Biemann, G. Preti: A human axillary odorant is carried by apolipoprotein D, Proc. Natl. Acad. Sci. USA 93, 6626-6630 (1996)

[14] S. Akiba, N. Arai, H. Kusuoku, Y. Takagi, T. Hagura, K. Takeuchi, A. Fuji: The N-terminal amino acid of apolipoprotein D is putatively covalently bound to 3-hydroxy-3-methyl hexanoic acid, a key odour compound in axillary sweat, Int. J. Cosmet. Sci. 33, 283-286 (2011)

[15] A.G. James, C.J. Austin, D.S. Cox, D. Taylor, R. Calvert: Microbiological and biochemical origins of human axillary odour, FEMS Microbiol. Ecol. 83, 527-540 (2013)

[16] M.Troccaz, G.Borchard, C.Vuilleumier, S.Raviot-Derrien, Y.Niclass, S.Beccucci, C.Starkenmann: Gender-specific differences between the concentrations of nonvolatile $(R)/(S)$-3-methyl-3-sulfanylhexan-1-ol and $(R)/(S)$-3-hydroxy-3-methyl- hexanoic acid odor precursors in axillary secretions, Chem. Senses 34, 203-210 (2009)

[17] A.G. James, J. Casey, D. Hyliands, G. Mycock: Fatty acid metabolism by cutaneous bacteria and its role in axillary malodour, World J. Microbiol. Biotechnol. 20, 787-793 (2004)

[18] A. Natsch, J. Schmid, F. Flachsmann: Identification of odoriferous sulfanylalkanols in human axilla secretions and their formation through cleavage of cysteine precursors by a C-S lyase isolated from axilla bacteria, Chem. Biodivers. 1, 1058-1072 (2004)

[19] M. Troccaz, C. Starkenmann, Y. Niclass, M. van de Waal, A.J. Clark: 3-Methyl-3-sulfanylhexan-1-ol as a major descriptor for the human axilla-sweat odour profile, Chem. Biodivers. 1, 1022-1035 (2004)

[20] Y. Hasegawa, M. Yabuki, M. Matsukane: Identification of new odoriferous compounds in human axillary sweat, Chem. Biodivers. 1, 2042-2050 (2004)

[21] C. Starkenmann, Y. Niclass, M. Troccaz, A.J. Clark: Identification of the precursor of (S)-3-methyl-3-sulfanylhexan-1-ol, the sulfury malodour of human axilla sweat, Chem. Biodivers. 2, 705-716 (2005)

[22] R. Emter, A. Natsch: The sequential action of a dipeptidase and a β-lyase is required for the release of the human body odorant 3-methyl-3-sulfanylhexan-1-ol from a secreted Cys-Gly-(S) conjugate by Corynebacteria, J. Biol. Chem. 283, 20645-20652 (2008)

[23] A. Martin, M. Saathoff, F. Kuhn, H. Max, L. Terstegen, A. Natsch: A functional ABCC11 allele is essential in the biochemical formation of human axillary odor, J. Investig. Dermatol. 130, 529-540 (2010)

[24] D.B. Gower: 16-Unsaturated C 19 steroids. A review of their chemistry, biochemistry and possible physiological role, J. Steroid Biochem. 3, 45-103 (1972)

[25] B.W. Brooksbank, R. Brown, J.A. Gustafsson: The detection of 5α-androst-16-en-3α-ol in human male axillary sweat, Experientia 30, 864-865 (1974)

[26] C. Froebe, A. Simone, A. Charig, E. Eigen: Axillary malodor production: A new mechanism, J. Soc. Cosmet. Chem. 41, 173-185 (1990)

[27] D.B. Gower, A.I. Mallet, W.J. Watkins, L.M. Wallace, J.P. Calame: Capillary gas chromatography with chemical ionization negative ion mass spectrometry in the identification of odorous steroids formed in metabolic studies of the sulphates of androsterone, DHA and 5α-androst-16-en-3β-ol with human axillary bacterial isolates, J. Steroid Biochem. Mol. Biol. 63, 81-89（1997）

[28] P.J. Rennie, K.T. Holland, A.I. Mallet, W.J. Watkins, D.B. Gower: Testosterone metabolism by human axillary bacteria, Biochem. Soc. Trans. 17, 1017-1018（1989）

[29] C. Austin, J. Ellis: Microbial pathways leading to steroidal malodour in the axilla, J. Steroid Biochem. Mol. Biol. 87, 105-110（2003）

[30] R.A. Decreau, C.M. Marson, K.E. Smith, J.M. Behan: Production of malodorous steroids from androsta-5,16-dienes and androsta-4,16-dienes by Corynebacteria and other human axillary bacteria, J. Steroid Biochem. Mol. Biol. 87, 327-336（2003）

[31] A. Natsch, S. Derrer, F. Flachsmann, J. Schmid: A broad diversity of volatile carboxylic acids, released by a bacterial aminoacylase from axilla secretions, as candicate molecules for the determination of human-body odor type, Chem. Biodivers. 3, 1-20（2006）

[32] A. Natsch, H. Gfeller, P. Gygax, J. Schmid: Isolation of a bacterial enzyme releasing axillary malodor and its use as a screening target for novel deodorant formulations, Int. J. Cosmet. Sci. 27, 115-122（2005）

[33] I. Brune, H. Barzantny, M. Klotzel, J. Jones, G. James, A. Tauch: Identification of McbR as transcription regulator of *aecD* and genes involved in methionine and cysteine biosynthesis in *Corynebacterium jeikeium* K411, J. Biotechnol. 151, 22-29（2011）

[34] M. Troccaz, F. Benattia, G. Borchard, A.J. Clark: Properties of recombinant *Staphylococcus haemolyticus* cystathionine β-lyase（metC）and its potential role in the generation of volatile thiols in axillary malodor, Chem. Biodivers. 5, 2372-2385（2008）

[35] F. Kuhn, A. Natsch: Body odour of monozygotic human twins: A common pattern of odorant carboxylic acids released by a bacterial aminoacylase from axilla secretions contributing to an inherited body odour type, J. R. Soc. Interface 6, 377-392（2009）

[36] S.C. Roberts, L.M. Gosling, T.D. Spector, P. Miller, D.J. Penn, M. Petrie: Body odor similarity in non-cohabiting twins, Chem. Senses 30, 651-656（2005）

[37] M. Yamaguchi, K. Yamazaki, G.K. Beauchamp: Distinctive urinary odors governed by the major histocompatibility locus of the mouse, Proc. Natl. Acad. Sci. USA 78, 5817-5820（1981）

[38] K. Yamazaki, G.K. Beauchamp, M. Curran, J. Bard, E.A. Boyse: Parent-progeny recognition as a function of MHC odortype identity, Proc. Natl. Acad. Sci. USA 97, 10500-10502（2000）

[39] K. Yamazaki, G.K. Beauchamp: Genetic basis for MHC-dependent mate choice, Adv. Genet. 59, 129-145（2007）

[40] C. Wedekind, T. Seebeck, F. Bettens, A.J. Paepke: MHC-dependent mate preferences in humans, Proc. R. Soc. B: Biol. Sci. 260, 245-249（1995）

[41] S.C. Roberts, L.M. Gosling, V. Carter, M. Petrie: MHC-correlated odour preferences in humans and the use of oral contraceptives, Proc. Biol. Sci. 275, 2715-2722（2008）

[42] A. Natsch, F. Kuhn, J.M. Tiercy: Lack of evidence for HLA-linked patterns of odorous carboxylic acids released from glutamine conjugates secreted in the human axilla, J. Chem. Ecol. 36, 837-846（2010）

[43] A.G. Singer, G.K. Beauchamp, K. Yamazaki: Volatile signals of the major histocompatibility complex in male mouse urine, Proc. Natl. Acad. Sci. USA 94, 2210-2214（1997）

[44] M. Spehr, K.R. Kelliher, X.H. Li, T. Boehm, T. Leinders-Zufall, F. Zufall: Essential role of the main olfactory system in social recognition of major histocompatibility complex peptide ligands, J. Neurosci. 26, 1961-1970（2006）

[45] M. Milinski, I. Croy, T. Hummel, T. Boehm: Major histocompatibility complex peptide ligands as olfactory cues in human body odour assessment, Proc. Biol. Sci. 280, 2012889（2013）

[46] A. Natsch: A human chemosensory modality to detect peptides in the nose?, Proc. R. Soc. B 281, 20131678（2014）

[47] Y. Toyoda, A. Sakurai, Y. Mitani, M. Nakashima, K. Yoshiura, H. Nakagawa, Y. Sakai, I. Ota, A. Lezhava, Y. Hayashizaki, N. Niikawa, T. Ishikawa: Earwax, osmidrosis, and breast cancer: Why does one SNP (538G>A) in the human ABC transporter *ABCC11* gene determine earwax type?, FASEB Journal 23, 2001-2013 (2009)

[48] M. Nakano, N. Miwa, A. Hirano, K. Yoshiura, N. Niikawa: A strong association of axillary osmidrosis with the wet earwax type determined by genotyping of the *ABCC11* gene, BMC Genetics. 10, 42 (2009)

[49] K. Yoshiura, A. Kinoshita, T. Ishida, A. Ninokata, T. Ishikawa, T. Kaname, M. Bannai, K. Tokunaga, S. Sonoda, R. Komaki, M. Ihara, V.A. Saenko, G.K. Alipov, I. Sekine, K. Komatsu, H. Takahashi, M. Nakashima, N. Sosonkina, C.K. Mapendano, M. Ghadami, M. Nomura, D.S. Liang, N. Miwa, D.K. Kim, A. Garidkhuu, N. Natsume, T. Ohta, H. Tomita, A. Kaneko, M. Kikuchi, G. Russomando, K. Hirayama, M. Ishibashi, A. Takahashi, N. Saitou, J.C. Murray, S. Saito, Y. Nakamura, N. Niikawa: A SNP in the *ABCC11* gene is the determinant of human earwax type, Nat. Genet. 38, 324-330 (2006)

[50] A. Natsch, C. Joubert, M. Cella, F. Flachsmann, C. Geffroy: Validation of a malodour-forming enzyme as a target for deodorant actives: in vivo testing of a glutamine conjugate targeting a corynebacterial N_α-acyl-glutamine-aminoacylase, Flavour Fragr. J. 28, 262-268 (2013)

第45章 个体间体味差异

人体不同部位通过代谢过程直接产生，或通过常驻微生物群落的代谢间接产生多种挥发性化合物。体味因人而异，部分原因是个体之间遗传差异，但由于环境因素的影响，同一个体在不同时间的体味也会不同。我们讨论了某些个性特征和性取向似乎至少受到了部分的基因影响。接着，我们从个体内在变异方面进行了现状综述，包括内在因素的影响，如激素和环境因素(即饮食和某些疾病)对体味的影响。其中一些变化可被其他个体感知，因此可能提供指示当前动机、营养和健康状况的社交线索。最后，我们还讨论了特殊气味特征与某些感染性疾病和代谢紊乱之间的关联，并讨论了如何将其作为一种经济有效的医学筛查手段。

　　与其他动物一样，人体不断产生大量可被他人感知的挥发性化学物质。这些化合物大多为身体代谢的直接副产物，或为共生菌或致病微生物群落的代谢产物。人体气味从身体的各个部位散发出来，尤其是从口腔、肛门生殖器区域、头皮和腋下。在健康成人中，腋窝的气味似乎最为独特，因为这部位的小汗腺和大汗腺较为集中。有趣的是，大汗腺分泌的新鲜汗液中大多数化合物没有气味，但在常驻细菌性微生物群落的作用下转化为有气味的分子(第43章)。体味因人而异且相对稳定[1]，这可能归因于遗传影响。这是基于以下三条证据：

　　①单卵双生双胞胎的体味具有高度相似性[2]。

　　②素不相识的个体可以单凭体味匹配亲属，例如后代和父母[3]。

　　③人往往表现出与主要组织相容性复合体基因相关的气味偏好[4]。

　　此外，人还能根据体味来辨别他人(关于此类证据的详细信息，请参见第46章)。除了遗传影响，还有许多内在和外在因素促成了人体气味的个体差异。在此方面，我们首先综述了两种导致个体间气味变化的因素，即人格因素和性取向。然后，我们将注意力转向个体内体味变化的内在因素，即激素影响(与情绪相关的体味波动另行综述；见第44章)和环境因素(如饮食和疾病影响)。

45.1 人　　格

　　人往往只根据他人的外表或部分行为，自发性地给他们贴上各种各样的心理特征标签。至少在某些特征方面，这些属性标签在一定程度上是准确的，它们与目标的个性特征相关。这些属性标签有一部分是对的[5, 6]。虽然并非众所周知，但体味也可能让人根据第一印象贴上此类属性标签，因为一些个性特征与社会对体味的感知相关。例如，月经周期中，育龄期女性会认为相对强势的男性的腋香更具吸引力[7]，且最近一系列研究表明，陌生人可以单凭腋香准确辨识他人的神经质和强势程度，其中女性比男性的判断更为准确[8, 9]。此外，青春期前儿童可准确判断神经质程度[10]。尚不清楚导致个性特征与腋香特性之间相关性的确切机制。在表现出强势的情况下，这两者可能因睾酮水平得以加强。在表现出神经质的情况下，情况可能更为复杂，但观察到的一种潜在迹象是，某些情绪状态(焦虑)可对嗅质产生影响，并转而影响暴露于此类气味的其他人[11, 12]；由于神经质个体往往会经常感到苦恼，这也可能影响到他们的体味。

45.2　性　取　向

　　一个人性取向的影响不仅仅限于其首选性伴侣的性别。有确凿证据表明，性取向还影响各种心理特征(如语言流畅度[13])和形态特征(如第 2 与第 4 分位数之比，被认为是产前暴露于睾酮的标志[14])，这可能归因于共同的生物机制，如产前暴露于不同水平的雄激素[15]。几项研究随后检测了性取向是否也对体味特性有影响，不过这些研究的结果有些不一致。一项研究采集了异性恋和同性恋男女的嗅觉样本，并按异性恋和同性恋男女分组判断愉悦性。组间差异表现一种复杂的显著模式，不过出现了一种相对一致的模式，即除同性恋男性之外的所有组对于同性恋男性的气味偏好程度较低[16]。而另一项仅分析异性恋女性偏好的研究报告称，他们发现相比于异性恋男性，同性恋男性的气味对异性恋女性的吸引力不减反增[17]。因此，我们还需要进行进一步研究，以便得出关于这个主题的明确结论。此外，目前尚不清楚将性取向与体味特性关联的潜在机制。

45.3　激　素　影　响

　　内分泌系统控制着非常广泛的生理过程，且对激励机制有影响。因此，激素作用也会影响体味特性，无论是作为激素代谢的副产物，还是通过受影响组织的代谢。此外，激素作用也可能靶向大汗腺，进而直接向其他个体传达动机状态。关于内分泌对体味影响的研究主要集中在类固醇激素方面。

　　例如，有相对强有力的证据表明，女性腋香的吸引力(根据男性评分)在不同月经周期各不相同，峰值出现在卵泡期，此时的受孕概率最高[18, 19]。在采用激素避孕的女性中未观察到此类变化，表明此效应为类固醇激素依赖性[20]，推测是雌激素和孕酮的量或比改变的结果。一项早期研究还发现，在月经周期内的卵泡期，阴道气味的愉悦性显著较高[21]。尽管这些周期性变化的程度远低于个体女性中的气味吸引力差异[22]，但是，这些变化仍然是可感知的，并且可能在协调性活动中发挥作用。与此观点一致的是，暴露于女性周期内育龄期采集的腋香样本的男性的睾酮水平升高[23, 24]，但另一项研究未能获得相同结果[25]。在女性育龄期采集的外阴气味样本同样引起睾酮和皮质醇水平升高[26]。在一系列后续研究中，发现暴露于女性育龄期采集的腋香可以特定刺激男性的交配相关意识(例如，产生更多的带有性色彩的词语)，增加其对女性性兴奋的判断，并导致做出更冒险的决定(通过计算机化 21 点纸牌游戏评估)[23]。此外，女性似乎对育龄期相关气味也有类似的反应，因为女性在暴露后睾酮水平升高，但研究者推测这是因为同性竞争而非吸引力[27]。

根据在此期间的特定激素特征，预计与妊娠相关的体味也会发生变化。此类变化包括妊娠初期人绒毛膜促性腺激素水平升高，以及妊娠期间孕酮和雌激素水平持续升高。在一项研究中，在从妊娠女性采集的腋窝和乳晕样本中检测到几种特异性化合物。其中一些化合物也见于分娩后的哺乳期女性，但未在对照组的非妊娠女性中发现。鉴别出的两种化合物，即1-十二烷醇和双辛烷，在妊娠期表现出全身性波动[28]。此外，使用电子鼻发现了妊娠女性的呼吸挥发性物质的变化，尽管未发现与妊娠相关的特异性化合物[29]。这些分析结果也得到主观评分的支持，例如，男性认为妊娠中期女性的腋香最令人愉悦[30]。最后，几项关于人体气味对蚊虫的吸引力的研究表明，蚊虫叮咬率在妊娠期女性中更高[31-33]。有趣的是，体味对蚊虫的吸引力似乎受到短链脂肪酸水平的影响，这可能解释了为什么在妊娠女性中观察到叮咬率更高[34]。

相比之下，对体味特性与其他激素水平之间潜在关联的研究得出更多不一致的结果。一项研究发现，腋香吸引力与皮质醇水平呈正相关，但与睾酮水平无相关性[35]。另一项基于较大样本量的气味供体和评定者的研究显示，在认为气味样本具有吸引力的男性中，睾酮水平升高，而非皮质醇[36]。最后，另一项研究发现腋香吸引力与皮质醇水平呈负相关[37]。因此，目前显然难以得出关于这些类固醇激素与气味之间关系的任何可靠结论，需要进一步研究导致这些不一致结果的潜在调节因素。

45.4　饮　　　食

有些作者认为，人食用了大量带气味的食物，因此饮食是影响体味的最显著环境因素[38]。呼气时，散发出几种挥发性化合物。此外，只有在经消化系统代谢后，食物中的某些组分才会产生挥发性化合物。由于挥发性分子相对较小，它们可穿过上皮细胞，随血流分布于全身，进而影响腋香或排泄物气味。关于饮食影响的研究汇总于表45.1。

动物研究的证据表明，饮食可能是体味的显著调节因素，且在一些物种中，雌性动物可以使用气味线索，通过摄入食物的数量和质量评估潜在伴侣的特性。Pierce和Ferkin[49]研究了食物缺乏对雌性草原田鼠(*Microtus pennsylvanicus*)气味的影响。结果表明，与自由进食的个体动物相比，饥饿动物的气味吸引力较小。恢复喂食后48h，这种影响消失。关键营养因素不仅在于食物的可获得性，还包括食物的质量，如饲料蛋白质含量。研究发现，雄性和雌性草原田鼠更喜欢摄取高蛋白饮食的异性动物的气味，对摄取低蛋白饮食的动物的气味不太感兴趣[50]。同样，尿液气味的吸引力与豚鼠(*Cavia porcellus*)的高质量饮食呈正相关[51]。雌性红背蝾螈(*Plethodon cinereus*)同样通过嗅闻雄性动物粪球来评估地域质量，且偏好摄取高质量食物的个体动物的粪球[52]。其他社交互动也可能受饮食影响。例如，刺毛鼠(*Acomys cahirinus*)幼仔在出生后早期形成偏好，之后会偏好与母鼠摄取相同食物的雌性动物的气味[53]。

表 45.1 关于饮食对人体气味影响的研究汇总

作者	食物	气味源	气味特性/愉悦感	挥发性化合物
Fialová 等[39]	大蒜	腋下	吸引力、愉悦性增加，强度下降	
Hauser 等[40]	Amba（杧果、藏红花、咖喱）	皮肤，羊水	恶臭，咖喱味	
Hauser 等[40]	Khilba（葫芦巴）	皮肤	葫芦巴	
Hauser 等[40]	Shug（小茴香、大蒜、盐、油、胡椒）	皮肤	小茴香	
Havlíček 和 Lenochova [41]	红肉	腋下	吸引力、愉悦性增加，强度下降	
Korman 等[42]	Hilbe（葫芦巴）	皮肤，尿液	枫糖浆味	3-羟基-4,5-二甲基-2(5H)-呋喃酮（葫芦巴内酯）
Lefèvre 等[43]	啤酒	皮肤	对疟蚊（冈比亚按蚊）的吸引力增加	
Pelchat 等[44]	芦笋	尿液	硫磺，熟卷心菜	甲硫醇、二硫化碳、二甲基二硫醚、二甲基硫醚、二甲基砜、二甲基三硫醚、S-甲基-2-硫化丙烯酸
Suarez 等[45]	斑豆，乳果糖	肠胃气	臭鸡蛋，腐烂的蔬菜，甜食	硫化氢、甲硫醇、二甲基硫醚
Suarez 等[46]	大蒜	呼吸	大蒜	硫化氢、甲硫醇、烯丙基硫醇、烯丙基甲基硫醚、烯丙基甲基二硫醚、烯丙基二硫醚
Tamaki 等[47]	大蒜	呼吸	大蒜	甲硫醇、二甲基硫醚、烯丙基硫醇、烯丙基甲基硫醚、二甲基二硫醚、甲基丙基硫醚、二烯丙基二硫醚、3-(烯丙硫基)丙酸
Yalcin 等[48]	葫芦巴	皮肤，尿液	枫糖浆味	3-羟基-4,5-二甲基-2(5H)-呋喃酮（葫芦巴内酯）

双胞胎研究首次证明了饮食对人体气味的影响。人能够分辨摄取不同食物的单卵双生双胞胎的手部气味，但在评估摄取相同食物的双胞胎的气味时表现差强人意，可能只能靠运气[54]。即使受过训练的犬也很难完成这项任务。受过训练的犬能够成功地分辨摄取不同食物的异卵双生和单卵双生双胞胎的气味，却分辨不出摄取相同食物的单卵双生双胞胎的气味[55]。

可以预见的是，体味主要来源于呼吸气味(受饮食影响)。呼吸异味可能对日常社交互动产生深远影响[56]，这是因为在口腔咀嚼和胃部消化过程中，摄取的食物散发大量的挥发性物质。然而，仅部分食物会散发特定的气味。大蒜味就是典型的例子。研究表明，与食用熟大蒜相比，在生食大蒜后呼出的大蒜气味通常更强烈[47]。这种特殊气味中含有独特的含硫化合物，比如大蒜素、一硫化物、二硫化物和三硫化物、大蒜烯和乙烯基二噻英。此外，即使保持口腔卫生，由于在肠道中存在特别衍生的烯丙基甲基硫化物，这种气味也能持续数小时。因此，大蒜味最初起始于口腔，之后来自肠道[46]。

体味也来自消化系统。细菌作用于内源性因素，在消化系统中产生气体[57]。这些气体最终形成肠胃气，其中含有诸如氧气、氮气、二氧化碳、氢气和甲烷等无气味化合物，以及含硫的有气味化合物，这些气体的产生可能会受到饮食习惯的影响[45]。一些面包、水果干、芥菜和大豆粉中的硫含量较高。在一项研究中，受试者因食用斑豆和乳果糖导致肠胃气胀增加，研究发现肠胃气异味与硫化氢(让人想到恶臭的鸡蛋)和甲硫醇(让人想到腐烂的蔬菜)浓度相关[58]。同样，刚食用芦笋不久的人的尿液有一种类似于熟卷心菜的硫磺异味[44]。

几项病例研究表明，母体饮食也可能影响新生儿的体味。例如，在一例病例中，一名新生儿有体味且尿液中带有枫糖浆味。这名新生儿疑患有枫糖浆综合征，但后续实验室检查未证实该诊断。研究随后发现，在分娩前，母体食用了导致这种独特气味的葫芦巴味食物[42, 48]。近期，研究者对食用葫芦巴后出现的枫糖浆味进行了分析，在人的汗液中发现了几种可能导致这种独特气味的化合物[59]。相同的气味也可能源于母体皮肤，并且可通过母体乳汁传递给婴儿[42]。在其他案例下，如果母体食用 shug(一碟含有小茴香、大蒜、盐、油和胡椒的食物)，在婴儿身上会闻到小茴香味。同样，如果母体食用 Amba(一种含有杧果、藏红花、咖喱的食物)，新生儿身上及羊水呈淡黄色，且散发咖喱味[40]。

关于饮食对腋香影响的证据相对有限。一项研究[41]分析了食用红肉是否会影响人体气味，因为一些以素食为主的素食主义者认为，食肉者因为食用红肉，身上有种难闻的味道。研究结果显示，与食用含肉类食物的个体相比(每天至少一份肉类，持续 2 周)，食用不含肉类食物的相同个体的腋香更有吸引力、更让人愉悦且不那么强烈。这些结果似乎与直觉相反，因为食肉被认为在人类进化中起重要作用，而且这些结果可能与有关高蛋白饮食对啮齿类动物影响的研究不一致(见上文)。可能的解释是，在 Havlicek 和 Lenochova 的实验中，当代人群的食肉量可能高于传统或祖代社会的正常食肉量。在此方面，大量食肉后出现的体味变化实际上可能类似于代谢性疾病[41]。我们从一系列分析食用大蒜对腋香影响的研究中获得了又一令人惊讶的发现。在实验条件(大量食用大蒜)和对照条件下，研究者采集相同个体的体味样本。受试者在食用大蒜后，腋香更有吸引力、更让人愉悦且不那么强烈(图 45.1)。相比于大蒜对呼吸气味的影响，食用大蒜带来的长期健康获益可以解释对腋香的有利影响，包括抗氧化作用和抗菌活性[39](图 45.2)。

图 45.1　气味样本(由 J. Fialová 提供)评定阶段

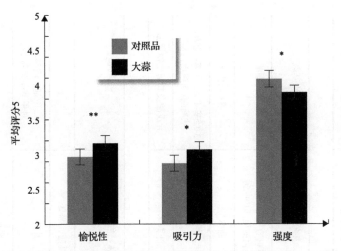

图 45.2　在实验(大蒜)条件(黑色条形)和对照(对照品)条件(灰色条形)下，40 例女性根据愉悦性、
吸引力和强度对于 16 种配对腋香的平均评分(±SE)

评定采用 7 分量表(1 分表示让人非常不愉悦，7 分表示让人非常愉悦)。*号表示配对 t 检验的显著性水平。
*$P<0.05$ 水平；**$P<0.01$ 水平(根据 Fialová 等[39])

有趣的是，饮食影响也可能影响人体气味对吸血昆虫的吸引力。Lefèvre 等[43]发现，饮用啤酒使人类对疟蚊(冈比亚按蚊)的吸引力增加。如暴露于饮用啤酒的受试者的体味，蚊虫活动(起飞和逆风飞行)和定向(嗅着志愿者的气味飞行)增加。

45.5　疾病和障碍

在人体气味中发现的挥发性化合物的特征可能受到健康和疾病的影响。这一点得到了 Hippocrates、Galen 和 Ibn Sina 等古医学权威的认可，他们提倡在医学诊断中使用嗅觉。最新技术进步和高灵敏度技术的可用性，例如气相色谱法-质谱(GC-MS)联用，使得挥发性化合物成为早期疾病诊断中越来越显著的一部分。通常，体味的变化可能是代谢变化和/或感染性病原体直接影响的结果。鉴于此，我们在下面的段落中分别对代谢性疾病和感染性疾病进行了综述，并且列举了一些关于疾病对体味影响的代表性实例(表 45.2)。

45.5.1　代谢性疾病

代谢性疾病主要是由于酶或转运系统缺乏所致。这种缺乏通常会导致特异性代谢物蓄积，在某些疾病中，促使代谢物进一步转化为其他化合物。如果这些代谢物或其产物具有挥发性，可能赋予受影响个体典型的气味特征。这些代谢性疾病通常是简单孟德尔遗传的结果。

1. 异戊酸血症

该疾病是参与亮氨酸代谢的异戊酰基-CoA 脱氢酶缺乏所致。由于该疾病，异戊酸在组织中蓄积并导致严重酮症酸中毒，随后可能导致昏迷[83]。异戊酸血症患者的体液和尿液中产生高水平的异戊酸，表现为散发独特的汗脚臭味[64]。

表 45.2　疾病相关体味研究汇总

作者	疾病障碍(病原体)	病理学/症状	气味源	气味特性	挥发性化合物
	代谢性疾病				
Chalmers 等[60]	三甲基胺尿症	含黄素单氧化酶3下降	呼气、汗液、尿液	臭鱼味	三甲基胺
Cone[61]	苯丙酮尿症	苯丙氨酸羟化酶下降	汗液、尿液	霉味、类似狼的气味、牲圈味、储物柜内的擦汗巾味道	苯丙酮酸
Laffel[62]	糖尿病	胰岛素分泌下降	呼吸	甜味	酮体(丙酮)
Podebrad 等[63]	枫糖尿症	2-含氧酸脱氢酶降低	皮肤、尿液	枫糖浆味、相对让人愉悦	3-羟基-4,5-二甲基-2(5H)-呋喃酮(葫芦巴内酯)
Tanaka 等[64]	异戊酸血症	异戊酰基-CoA脱氢酶降低	尿液	汗脚味	异戊酸及其衍生物增加
	感染性疾病				
Anderson 等[65] Landers 等[66] Wolrath 等[67]	细菌性阴道病(革兰氏阴性菌——阴道加德纳菌、支原体)	异常阴道分泌物(颜色、量、黏稠度)、瘙痒、灼热、排尿困难	阴道	干酪样味、鱼腥味、恶臭	三甲基胺
Finlay 等[68]	皮肤溃疡(拟杆菌属、丙酸杆菌属)	皮肤病变	皮肤	难闻、恶臭	
Garner 等[69]	霍乱(霍乱弧菌)	水样腹泻、呕吐、脱水	粪便	甜味	二甲基二硫醚、对甲基-1-烯-8-醇
Honig 等[70]	猩红热(酿脓链球菌)	身体出现红色皮疹、咽喉痛和发热	皮肤、呼吸	恶臭	
Liddell[71]	伤寒(伤寒沙门氏菌)	高热、大汗淋漓、胃肠炎	皮肤	烤黑面包味	

续表

作者	疾病/障碍(病原体)	病理学/症状	气味源	气味特性	挥发性化合物
	感染性疾病				
Phillips 等[72]、Syhre 和 Chambers 等[73]、Syhre 等[74]	结核病 (结核分枝杆菌)	咳嗽、胸痛、体重减轻、发热、盗汗	呼吸	恶臭	烟酸甲酯、苯乙酸甲酯、茴香酸甲酯、邻苯基茴香醚、环己烷、苯衍生物、癸烷、庚烷
Shirasu 和 Touhara[75]	白喉 (白喉棒状杆菌)	咽喉痛、发热、呼吸困难	呼吸	甜味、恶臭	
	肿瘤				
Jobu 等[76]	膀胱		尿液		乙苯、壬酰氯、十二醛、(Z)-2-壬烯醛、5-二甲基-3(2H)-异噁唑酮
Phillips 等[77]	肺		呼吸		烷烃、烷烃和苯衍生物、异戊二烯、苯
Phillips 等[78]	乳腺		呼吸		2-丙醇、2,3-二氢-1-苯基-4(1H)-喹唑啉酮、1-苯基乙酮、庚醛、肉豆蔻酸异丙酯
	精神疾病				
DiNatale 等[79]、Phillips 等[80]、Phillips 等[81]、Smith 等[82]	精神分裂症	幻觉、妄想、认知缺陷	呼吸	特殊气味，让人不愉快	反-3-甲基-2-己烯酸、二硫化碳、戊烷

2. 枫糖尿症

这是一种由 2-氧酸脱氢酶复合物缺乏引起的常染色体隐性遗传病，可导致支链氨基酸蓄积，如组织和体液中的亮氨酸蓄积[84]。如果未在出生后及早发现，且未通过无支链氨基酸饮食治疗，该疾病可致智力迟钝。受影响个体的体味和尿液味类似枫糖浆味，嗅闻起来让人相对愉悦。葫芦巴内酯[3-羟基-4,5-二甲基-2(5H)-呋喃酮]似乎是导致该气味的化合物[63]。

3. 苯丙酮尿症

这种疾病是编码苯丙氨酸羟化酶的基因隐性突变引起的。这种酶在肝组织中表达，并将苯丙氨酸转化为酪氨酸。由于苯丙氨酸羟化酶缺乏，苯丙氨酸转化为苯丙酸和苯乙酸酯，经汗液和尿液排出。苯乙酸酯让受影响的个体闻起来有一股霉味，类似于满是汗味的储物柜[61]。

4. 三甲基胺尿症

这种疾病表现为含黄素单氧化酶 3 缺乏，该酶可将三甲基胺转化为氧化三甲基胺。富含胆碱的食物(如鸡蛋或豆类)经肠道细菌产生三甲基胺。在未受影响的个体中，大多数有气味的三甲基胺在肝组织中转化为无味的氧化三甲基胺。但是，三甲基胺尿症人群的呼吸、汗液和尿液中散发三甲基胺气味，类似于臭鱼的气味[60]。

5. 糖尿病

糖尿病是一种代谢性疾病，其病因涉及多基因和环境因素(例如，饮食习惯)。Ⅰ型糖尿病的特征是胰岛素分泌不足，胰岛素缺乏导致血液中酮体(包括丙酮)水平升高。因此，酮体水平升高的糖尿病患者会通过呼气产生丙酮，并散发出特有的甜味[62]。

45.5.2　感染性疾病

许多感染性病原体具有致病活性，导致经皮肤、呼吸、汗液、阴道分泌物、尿液和粪便散发各种挥发性化合物。如前所述，产生气味的代谢性疾病通常特征是具有独特气味的特异性挥发性分子，而对感染性疾病患者的气味影响更为复杂，因此描述起来更为困难。这主要归因于三个原因：

①单菌株/物种的细菌可代谢不同的底物，产生复杂的挥发性化合物混合物。

②不同的细菌在其产生的特定挥发化合物中重叠。

③一些疾病通常表现为多重感染，可能导致较少的特征性气味。

多种消化系统感染表现为独特的粪便气味。这涉及霍乱弧菌感染，可引起急性水样腹泻，散发独特的甜味。导致气味的挥发性化合物经鉴定为对甲基-1-烯-8-醇和二甲基二硫醚[69]。

呼吸系统感染通常会影响呼吸气味。例如，据报道，结核分枝杆菌感染性肺结核患者呼气时有异味。据报道，感染性疾病患者在呼气时产生特定的挥发性化合物混合物，且在体外培养物中发现了相似的挥发性特征[73]。结核感染生物标志物提议为烟酸、环己烷和部分苯衍生物[72, 74]。同样，感染白喉棒状杆菌的个体表现为呼气时带有甜味和腐臭味，这是由白喉致病菌对上呼吸道系统的影响所致，还可产生其他症状，包括咽喉痛和扁桃体肿大[75]。

阴道是成年女性体味的主要来源。这里有着大量的在气味产生中发挥作用的常驻微生物群落。阴道气味的变化可能反映了病理性病原体的感染，妇科医生在鉴别诊断中通常会参考此项[65]。例如，细菌性阴道病通常伴奶酪样、鱼腥味，这是因为产生的三甲基胺气味很重[67]。根据主诉，经诊断感染原生生物滴虫性阴道炎的女性还经常有恶臭气味[66]。

可能最常见的是感染引起的皮肤气味变化。这些感染可能源于身体其他部位的感染，如伤寒沙门氏菌(伤寒的病原体)导致的肠道感染。据称，伤寒患者身上有烤面包味[71]。直接累及皮肤的感染包括酿脓链球菌引起的猩红热。这种疾病的临床表现为皮疹、草莓色舌和发热，但经患者皮肤和呼吸也会发出独特的恶臭味[70]。厌氧菌感染(例如，拟杆菌属，丙酸杆菌属)也可导致皮肤溃疡，进而发出难闻的味道。患者常主诉强烈的气味，经皮涂抹甲硝唑可显著降低气味[68]。

45.5.3　肿瘤

肿瘤疾病的特征是细胞生长异常，主要是由控制细胞生长和分裂的基因(或表观生长因子)突变引起的。然而，瘤变可能由多种基因引起，进一步发展取决于受累组织。尽管如此，受影响的细胞可能会表现出特殊的代谢变化(部分归因于氧化应激)，并形成独特的挥发性分子模式。对不同癌症患者体内各种物质的分析，近来引发了越来越多的关注。肺癌患者呼气形成了独特的挥发性分子模式，此类挥发性分子包括烷烃、烷烃衍生物和苯衍生物[77]。同样，确诊乳腺癌的患者在呼气时也会产生大量的挥发性物质。已检出 5 种乳腺癌生物标志物，包括 2-丙醇、庚醛和肉豆蔻酸异丙酯[78]。此外，研究者还对膀胱癌和前列腺癌患者的尿液进行了分析。报道与膀胱癌相关的挥发性代谢产物包括十二烷醇、2-壬烯酸和乙苯[76]。使用癌症探测犬的研究已经证实与几种癌症相关的特殊气味特征。受训犬可分辨从肺癌、膀胱癌和前列腺癌患者中采集的呼气或尿液气味样本[85]。

45.5.4　精神疾病

精神病院工作人员很久前就注意到，某些精神疾病(尤其是引发最多关注的精神分裂症)可能与特殊气味相联系。早期研究认为，反-3-甲基-2-己烯酸是精神分裂症相关气味的可靠标记物[82]。这些结果随后遭到质疑[86]，但另一项研究发现，这种化合物水平在精神分裂症患者中可能确实会升高[79]。关于呼气挥发性物质的最新分析表明，二硫化碳、戊烷等几种其他挥发性物质可能与精神分裂症有联系[80, 81]。有趣的是，其他接受抗精神病药治疗的患者并未表现相同的挥发性物质模式。这表明与精神分裂症相关的化合物不是药物治疗的副产物，但还需要进一步研究。

越来越多的证据表明，一些情感状态(例如，焦虑)会影响腋香(综述见文献[11])。据此可以推测，某些情感障碍(例如，重度抑郁)也与体味变化相关。据我们所知，尚未对该问题进行系统性研究。

45.6　结　论

从不同角度看，人体气味涉及一种高度复杂的生物系统。第一，气味来源广泛，如腋窝、皮肤、口、足、肛门生殖器区域和头皮。这些气味源都含有数十种甚至数百种不同的挥发性化合物。第二，大部分挥发性化合物不是由人体直接产生的，而主要是常驻或病原性细菌代谢活性所致。第三，每个人都具有独特的气味特征，部分原因是受遗传影响。这种气味特征在生命周期内相对稳定，有助于个体嗅觉分辨，并可能影响社交互动。另一方面，各种内在和外在因素也可导致个体体味改变。

本章的主要目的是综述导致个体间和个体内体味变化的特定因素。我们首先关注与个体间人格和性取向差异相关的体味差异[其他变化源于主要组织相容性复合体的基因型等因素(第44章)]。接着，我们描述了因激素影响造成的个体内体味变化，在此方面体味似乎与激素水平波动密切相关，但必须指出的是，大多数研究关注类固醇激素，如雌激素或睾酮。值得注意的是，其他人可以感觉到与激素相关的体味变化。从这方面而言，气味可能提供重要的社交线索，特别是与生殖相关的线索，如实际或潜在的生育能力。然而，引起激素相关效应的化学物质目前大多尚未确定，有待进一步研究。

食物中含有各种带气味的化学物质(多为植物源性)，被认为是对体味特性的主要影响因素之一。正如预期，食物中的各种挥发性物质会影响呼吸和粪便气味。但是，一些化合物也可能经皮肤表面呈现，或者可通过几种可能的机制间接影响体味，包括氧化代谢、营养状况和抗菌作用。由于消化食物与个体基因组成之间的相互作用，饮食的影响也可能表现出特殊模式。遗憾的是，目前对这些相互作用知之甚少。

最后，各种障碍和疾病通常伴有特殊气味，这些特殊气味已经在临床诊断中频繁应用，或至少在将来会越来越多地作为一种诊断手段。这在遗传性代谢疾病病例中较为明显，这类疾病通常导致产生异常挥发性物质或其代谢产物。已知多种癌症(如肺癌或膀胱癌)与产生的挥发性物质的变化有关，在早期筛查中可以参考这些挥发性物质的变化。一些感染性疾病具有更复杂的气味特征。在不久的将来，在筛查中使用这些变化的可能性会增加。

致　谢

Jan Havlíček 得到捷克科学基金会资助(GAČR 14-02290S)，Jitka Fialová 得到 Charles University Grant Agency 资助(资助编号918214)，在此致以感谢。

参 考 文 献

[1] S.C. Roberts, J. Havlíček, M. Petrie: Repeatability of odour preferences across time, Flavour Frag. J. 28(4), 245-250 (2013)

[2] S.C. Roberts, L.M. Gosling, T.D. Spector, P. Miller, D.J. Penn, M. Petrie: Body odor similarity in noncohabiting twins, Chem. Senses 30(8), 651-656 (2005)

[3] R.H. Porter, J.M. Cernoch, R.D. Balogh: Odor signatures and kin recognition, Physiol. Behav. 34(3), 445-448 (1985)

[4] J. Havlíček, S.C. Roberts: MHC-correlated mate choice in humans: A review, Psychoneuroendocrino. 34(4), 497-512 (2009)

[5] D.S. Berry: Taking people at face value-evidence for the kernel of truth hypothesis, Soc. Cognition 8(4), 343-361 (1990)

[6] A. Rubesova, J. Havlíček: Facial appearance and personality judgments. In: Social Psychological Dynamics, ed. by D. Chadee, A. Kostic (University of the West Indies, Kingston 2011) pp. 113-144

[7] J. Havlíček, S.C. Roberts, J. Flegr: Women's preference for dominant male odour: Effects of menstrual cycle and relationship status, Biol. Lett. 1(3), 256-259 (2005)

[8] A. Sorokowska, P. Sorokowski, A. Szmajke: Does personality smell? Accuracy of personality assessments based on body odour, Eur. J. Personal. 26(5), 496-503 (2012)

[9] A. Sorokowska: Seeing or smelling? Assessing personality on the basis of different stimuli, Pers. Indivd. Differ. 55(2), 175-179 (2013)

[10] A. Sorokowska: Assessing personality using body odor: Differences between children and adults, J. Nonverbal Behav. 37(3), 153-163 (2013)

[11] J. Fialová, J. Havlíček: Perception of emotion-related odours in humans, Anthropologie (Brno) 50(1), 95-110 (2012)

[12] J. Albrecht, M. Demmel, V. Schopf, A.M. Kleemann R. Kopietz, J. May, T. Schreder, R. Zernecke, H. Bruckmann, M. Wiesmann: Smelling chemosensory signals of males in anxious versus nonanxious condition increases state anxiety of female subjects, Chem. Senses 36(1), 19-27 (2011)

[13] Q. Rahman, S. Abrahams, G.D. Wilson: Sexual-orientation-related differences in verbal fluency, Neuropsychology 17(2), 240-246(2003)

[14] S.J. Robinson, J.T. Manning: The ratio of 2nd to 4th digit length and male homosexuality, Evol. Hum. Behav. 21(5), 333-345 (2000)

[15] Q. Rahman, G.D. Wilson: Born gay?: The psychobiology of human sexual orientation, Pers. Indivd. Differ. 34(8), 1337-1382 (2003)

[16] Y. Martins, G. Preti, C.R. Crabtree, A.A. Vainius, C.J. Wysocki: Preference for human body odors is influenced by gender and sexual orientation, Psychol. Sci. 16(9), 694-701 (2005)

[17] M.J.T. Sergeant, T.E. Dickins, M.N.O. Davies, M.D. Griffiths: Women's hedonic ratings of body odor of heterosexual and homosexual men, Arch. Sex. Behav. 36(3), 395-401 (2007)

[18] D. Singh, P.M. Bronstad: Female body odour is a potential cue to ovulation, P. Roy. Soc. Lond. B Bio. 268(1469), 797-801 (2001)

[19] K.A. Gildersleeve, M.G. Haselton, C.M. Larson, E.G. Pillsworth: Body odor attractiveness as a cue of impending ovulation in women: Evidence from a study using hormone-confirmed ovulation, Hormon. Behav. 61(2), 157-166 (2012)

[20] S. Kuukasjarvi, C.J.P. Eriksson, E. Koskela, T. Mappes, K. Nissinen, M.J. Rantala: Attractiveness of women's body odors over the menstrual cycle: The role of oral contraceptives and receiver sex, Behav. Ecol. 15(4), 579-584 (2004)

[21] R.L. Doty, M. Ford, G. Preti, G.R. Huggins: Changes in the intensity and pleasantness of human vaginal odors during the menstrual cycle, Science 190(4221), 1316-1317 (1975)

[22] J. Havlíček, L. Bartos, R. Dvorakova, J. Flegr: Non-advertised does not mean concealed. Body odour changes across the human menstrual cycle, Ethology 112(1), 81-90 (2006)

[23] S.L. Miller, J.K. Maner: Ovulation as a male mating prime: Subtle signs of women's fertility influence men's mating cognition and behavior, J. Pers. Soc. Psychol. 100(2), 295 (2011)

[24] S.L. Miller, J.K. Maner: Scent of a woman: Men's testosterone responses to olfactory ovulation cues, Psychol. Sci. 21(2), 276-283 (2010)

[25] J.R. Roney, Z.L. Simmons: Men smelling women: Null effects of exposure to ovulatory sweat on men's testosterone, Evol. Psychol. 10(4), 703-713 (2012)

[26] A.L. Cerda-Molina, L. Hernández-López, C.E.O. de la Rodriguez, R. Chavira-Ramírez, R. Mondragón- Ceballos: Changes in men's salivary testosterone and cortisol levels, and in sexual desire after smelling female axillary and vulvar scents, Front. Endocrinol. 4, 159 (2013)

[27] J.K. Maner, J.K. McNulty: Attunement to the fertility status of same-sex rivals: Women's testosterone responses to olfactory ovulation cues, Evol. Hum. Behav. 34 (6), 412-418 (2013)

[28] S. Vaglio, P. Minicozzi, E. Bonometti, G. Mello, B. Chiarelli: Volatile signals during pregnancy: A possible chemical basis for mother-infant recognition, J. Chem. Ecol. 35 (1), 131-139 (2009)

[29] A. Bikov, J. Pako, D. Kovacs, L. Tamasi, Z. Lazar, J. Rigo, G. Losonczy, I. Horvath: Exhaled breath volatile alterations in pregnancy assessed with electronic nose, Biomarkers 16 (6), 476-484 (2011)

[30] P. Lenochová, J. Havlíček: Fragrant expectations -Changes of female body odour quality during pregnancy and after delivery, Proc. VIth Eur. Human Behav. Evolution Assoc. Conf., Giessen 2011 (2011)

[31] Y.T. Qiu, R.C. Smallegange, J.J.A. Van Loon, C.J.F. Ter Braak, W. Takken: Interindividual variation in the attractiveness of human odours to the malaria mosquito *Anopheles gambiae* s. s, Med. Vet. Entomol. 20 (3), 280-287 (2006)

[32] S. Lindsay, J. Ansell, C. Selman, V. Cox, K. Hamilton, G. Walraven: Effect of pregnancy on exposure to malaria mosquitoes, Lancet 355 (9219), 1972-1975 (2000)

[33] J. Ansell, K.A. Hamilton, M. Pinder, G.E.L.Walraven, S.W. Lindsay: Short-range attractiveness of pregnant women to *Anopheles gambiae* mosquitoes, Trans. R. Soc. Trop. Med. Hyg. 96 (2), 113-116 (2002)

[34] R. Smallegange, Y. Qiu, G. Bukovinszkiné-Kiss, J.A. Loon, W. Takken: The effect of aliphatic carboxylic acids on olfaction-based host-seeking of the malaria mosquito *Anopheles gambiae* sensu stricto, J. Chem. Ecol. 35 (8), 933-943 (2009)

[35] M.J. Rantala, C.J.P. Enksson, A. Vainikka, R. Kortet: Male steroid hormones and female preference for male body odor, Evol. Hum. Behav. 27 (4), 259-269 (2006)

[36] R. Thornhill, J.F. Chapman, S.W. Gangestad: Women's preferences for men's scents associated with testosterone and cortisol levels: Patterns across the ovulatory cycle, Evol. Hum. Behav. 34 (3), 216-221 (2013)

[37] M.L. Butovskaya, E.V. Veselovskaya, V.V. Rostovtseva, N.B. Selverova, I.V. Ermakova: Mechanisms of reproductive behavior in humans: Olfactory markers of males' attractiveness, Zh. Obshch. Biol. 73 (4), 302-317 (2012)

[38] J. Havlíček, P. Lenochova: Environmental effects on human body odour. In: Chemical Signals in Vertebrates, Vol. 11, ed. by J.L. Hurst, R.J. Beynon, S.C. Roberts, T.D. Wyatt (Springer, New York 2008)

[39] J. Fialová, S.C. Roberts, J. Havlíček: Consumption of garlic positively affects hedonic perception of axillary body odour, Appetite 97, 8-15 (2016)

[40] G.J. Hauser, D. Chitayat, L. Berns, D. Braver, B. Muhlbauer: Peculiar odors in newborns and maternal prenatal ingestion of spicy food, Eur. J. Pediatr. 144 (4), 403 (1985)

[41] J. Havlíček, P. Lenochova: The effect of meat consumption on body odour attractiveness, Chem. Senses 31 (8), 747-752 (2006)

[42] S.H. Korman, E. Cohen, A. Preminger: Pseudomaple syrup urine disease due to maternal prenatal ingestion of fenugreek, J. Paediatr. Child Health 37 (4), 403-404 (2001)

[43] T. Lefèvre, L.-C. Gouagna, K.R. Dabiré, E. Elguero, D. Fontenille, F. Renaud, C. Costantini, F. Thomas: Beer consumption increases human attractiveness to malaria mosquitoes, PloS One 5 (3), e9546 (2010)

[44] M.L. Pelchat, C. Bykowski, F.F. Duke, D.R. Reed: Excretion and perception of a characteristic odor in urine after asparagus ingestion: A psychophysical and genetic study, Chem. Senses 36 (1), 9-17 (2011)

[45] F.L. Suarez, J. Springfield, M.D. Levitt: Identification of gases responsible for the odour of human flatus and evaluation of a device purported to reduce this odour, Gut 43 (1), 100-104 (1998)

[46] F. Suarez, J. Springfield, J. Furne, M. Levitt: Differentiation of mouth versus gut as site of origin of odoriferous breath gases after garlic ingestion, Am. J. Physiol.-Gastrointest. Liver Physiol. 276 (2), G425-G430 (1999)

[47] K. Tamaki, S. Sonoki, T. Tamaki, K. Ehara: Measurement of odour after in vitro or in vivo ingestion of raw or heated garlic, using electronic nose, gas chromatography and sensory analysis, Int. J. Food Sci. Tech. 43(1), 130-139 (2008)

[48] S.S. Yalcin, G. Tekinalp, I. Ozalp: Peculiar odor of traditional food and maple syrup urine disease, Pediatr. Int. 41(1), 108-109 (1999)

[49] A.A. Pierce, M.H. Ferkin: Re-feeding and the restoration of odor attractivity, odor preference and sexual receptivity in food-deprived female meadow voles, Physiol. Behav. 84(4), 553-561 (2005)

[50] M.H. Ferkin, E.S. Sorokin, R.E. Johnston, C.J. Lee: Attractiveness of scents varies with protein content of the diet in meadow voles, Anim. Behav. 53(1), 133-141 (1997)

[51] G.K. Beauchamp: Diet influences attractiveness of urine in guinea-pigs, Nature 263(5578), 587-588 (1976)

[52] S.C. Walls, A. Mathis, R.G. Jaeger, W.F. Gergits: Male salamanders with high-quality diets have feces attractive to females, Anim. Behav. 38(3), 546-548 (1989)

[53] R.H. Porter, H.M. Doane: Dietary-dependent cross-species similarities in maternal chemical cues, Physiol. Behav. 19(1), 129-131 (1977)

[54] P. Wallace: Individual discrimination of human by odor, Physiol. Behav. 19(4), 577-579 (1977)

[55] P.G. Hepper: The discrimination of human odor by the dog, Perception 17(4), 549-554 (1988)

[56] M. Morita, H.L. Wang: Association between oral malodor and adult periodontitis: A review, J. Clin. Periodontol. 28(9), 813-819 (2001)

[57] F. Suarez, J. Furne, J. Springfield, M. Levitt: Insights into human colonic physiology obtained from the study of flatus composition, Am. J. Physiol.-Gastrointest. Liver Physiol. 35(5), G1028-G1033 (1997)

[58] T. Florin, G. Neale, G.R. Gibson, S.U. Christl, J.H. Cummings: Metabolism of dietary sulfate-absorption and excretion in humans, Gut 32(7), 766-773 (1991)

[59] R. Mebazaa, A. Mahmoudi, B. Rega, C.R. Ben, V. Camel: Analysis of human male armpit sweat after fenugreek ingestion: Instrumental and sensory optimisation of the extraction method, Food Chem. 120(3), 771-782 (2010)

[60] R.A. Chalmers, M.D. Bain, H. Michelakakis, J. Zschocke, R.A. Iles: Diagnosis and management of trimethylaminuria (FMO3 deficiency) in children, J. Inherit. Metab. Dis. 29(1), 162-172 (2006)

[61] T.E. Cone: Diagnosis and treatment - Some diseases syndromes and conditions associated with an unusual odor, Pediatrics 41(5), 993-995 (1968)

[62] L. Laffel: Ketone bodies: A review of physiology, pathophysiology and application of monitoring to diabetes, Diabetes Metab. Res. 15(6), 412-426 (1999)

[63] F. Podebrad, M. Heil, S. Reichert, A. Mosandl, A.C. Sewell, H. Bohles: 4,5-dimethyl-3-hydroxy- 2[5H]-furanone (sotolone) - The odour of maple syrup urine disease, J. Inherit. Metab. Dis. 22(2), 107-114 (1999)

[64] K. Tanaka, J. Orr, K. Isselbacher: Identification of β-hydroxyisovaleric acid in the urine of a patient with isovaleric acidemia, BBA-Lipid Lipid Metab. 152(3), 638-641 (1968)

[65] M.R. Anderson, K. Klink, A. Cohrssen: Evaluation of vaginal complaints, JAMA 291(11), 1368-1379 (2004)

[66] D.V. Landers, H.C. Wiesenfeld, R.P. Heine, M.A. Krohn, S.L. Hillier: Predictive value of the clinical diagnosis of lower genital tract infection in women, Am. J. Obstet. Gynecol. 190(4), 1004-1008 (2004)

[67] H. Wolrath, B. Stahlbom, A. Hallen, U. Forsum: Trimethylamine and trimethylamine oxide levels in normal women and women with bacterial vaginosis reflect a local metabolism in vaginal secretion as compared to urine, Apmis 113(7-8), 513-516 (2005)

[68] I.G. Finlay, J. Bowszyc, C. Ramlau, Z. Gwiezdzinski: The effect of topical 0.75% metronidazole gel on malodorous cutaneous ulcers, J. Pain Symptom Manag. 11(3), 158-162 (1996)

[69] C.E. Garner, S. Smith, P.K. Bardhan, N.M. Ratcliffe, C.S.J. Probert: A pilot study of faecal volatile organic compounds in faeces from cholera patients in Bangladesh to determine their utility in disease diagnosis, Trans. Roy. Soc. Trop. Med. Hyg. 103(11), 1171-1173 (2009)

[70] P.J. Honig, I.J. Frieden, H.J. Kim, A.C. Yan: Streptococcal intertrigo: An underrecognized condition in children, Pediatrics 112(6), 1427-1429 (2003)

[71] K. Liddell: Smell as a diagnostic marker, Postgrad. Med. J. 52(605), 136-138 (1976)

[72] M. Phillips, V. Basa-Dalay, G. Bothamley, R.N. Cataneo, P.K. Lam, M.P.R. Natividad, P. Schmitt, J. Wai: Breath biomarkers of active pulmonary tuberculosis, Tuberculosis 90(2), 145-151 (2010)

[73] M. Syhre, S.T. Chambers: The scent of *Mycobacterium tuberculosis*, Tuberculosis 88(4), 317-323 (2008)

[74] M. Syhre, L. Manning, S. Phuanukoonnon, P. Harino, S.T. Chambers: The scent of *Mycobacterium tuberculosis* - Part II breath, Tuberculosis 89(4), 263-266 (2009)

[75] M. Shirasu, K. Touhara: The scent of disease: Volatile organic compounds of the human body related to disease and disorder, J. Biochem. 150(3), 257-266 (2011)

[76] K. Jobu, C. Sun, S. Yoshioka, J. Yokota, M. Onogawa, C. Kawada, K. Inoue, T. Shuin, T. Sendo, M. Miyamura: Metabolomics study on the biochemical profiles of odor elements in urine of human with bladder cancer, Biol. Pharm. Bull. 35(4), 639-642 (2012)

[77] M. Phillips, K. Gleeson, J.M.B. Hughes, J. Greenberg, R.N. Cataneo, L. Baker, W.P. McVay: Volatile organic compounds in breath as markers of lung cancer: A cross-sectional study, Lancet 353(9168), 1930-1933 (1999)

[78] M. Phillips, R. Cataneo, B. Ditkoff, P. Fisher, J. Greenberg, R. Gunawardena, C.S. Kwon, O. Tietje, C. Wong: Prediction of breast cancer using volatile biomarkers in the breath, Breast Cancer Res. Treat. 99(1), 19-21 (2006)

[79] C. DiNatale, R. Paollese, G. D'Arcangelo, P. Comandini, G. Pennazza, E. Martinelli, S. Rullo, M.C. Roscioni, C. Roscioni, A. Finazzi-Agrò, A. D'Amico: Identification of schizophrenic patients by examination of body odor using gas chromatography-mass spectrometry and a crossselective gas sensor array, Med. Sci. Monit. 11(8), 375 (2005)

[80] M. Phillips, G.A. Erickson, M. Sabas, J.P. Smith, J. Greenberg: Volatile organic compounds in the breath of patients with schizophrenia, J. Clin. Pathol. 48(5), 466-469 (1995)

[81] M. Phillips, M. Sabas, J. Greenberg: Increased pentane and carbon disulfide in the breath of patients with schizophrenia, J. Clin. Pathol. 46(9), 861-864 (1993)

[82] K. Smith, G.F. Thompson, H.D. Koster: Sweat in schizophrenic patients: Identification of the odorous substance, Science 166(3903), 398-399 (1969)

[83] W.J. Rhead, K. Tanaka: Demonstration of a specific mitochondrial isovaleryl-CoA dehydrogenase deficiency in fibroblasts from patients with isovaleric acidemia, Proc. Nat. Acad. Sci. 77(1), 580-583 (1980)

[84] J.H. Menkes: Maple syrup disease: Isolation and identification of organic acids in the urine, Pediatrics 23(2), 348-353 (1959)

[85] E. Moser, M. McCulloch: Canine scent detection of human cancers: A review of methods and accuracy, J. Vet. Behav. 5(3), 145-152 (2010)

[86] S.G. Gordon, K. Smith, J.L. Rabinowitz, P.R. Vagelos: Studies of trans-3-methyl-2-hexenoic acid in normal and schizophrenic humans, J. Lipid. Res. 14(4), 495-503 (1973)

第 46 章　人体气味的处理

人类化学感受信号能够将广泛的社会信息传递给同种个体。在多种遗传和生理过程(例如代谢、免疫、神经)的相互作用下,每个个体产生独特的气味特征。同种个体对此类化学信号进行的中枢处理可改变其生理、行为和心理反应。为了说明这种交流方式的重要性,我们描述了人类如何产生和解码警告化学信号以及如何对这些信号做出反应。本章将讨论凸显体味交流的认知和情绪结果的行为学证据。还将特别关注当前对人体气味神经处理的理解。在对该主题进行概述后,我们讨论了社会化学信号在我们的日常生活中对健康和疾病可能具有的作用。

社会交流是动物和人类生活的核心。尽管人们对社会信息在人与人之间的传播进行了大量研究[1],但这种传播的多感觉特征常被误解。大多数人类研究文献的特征为源自视觉和听觉模式的证据,揭示了面部表达或身体姿势以及语言特征(例如韵律)如何影响社会交流[2]。尽管在不同物种中广泛使用嗅觉进行社会交流[3],但对人体内的化学感受交流却鲜有关注。鉴于这种交流形式固有的独特优势,这更加令人惊讶。例如,化学信号很容易摆脱由物理和时间屏障所施加的限制,化学分子能够在空气或水中自由扩散,因此可以长距离传输,并在数天内保持信号。根据分子的物理特征,尤其是挥发性,化学信号交流的持续时间可能比发送者(低挥发性分子)存在的时间更长,或快速溶解并促使信息快速传递(高挥发性分子)[4]。在几种远距离感觉中,嗅觉可在视觉和听觉无法使用时(例如,在暗室和嘈杂的环境中)以及即使同时存在多种化学感受刺激时仍发挥功能。例如,尽管西方文化中试图用香水掩盖体味[5],但化学感受交流仍有可能发生[6]。

化学信号除了具有可穿越时空传递并在感觉超负荷的环境中持续存在的能力,化学感受交流对于发送者而言毫不费力,因为产生和释放化学信号所需的能量较低[3]。解码过程中必需的能量投入也有限,因为接收者通常在自觉意识时对信息进行解读[7-9]。

交流的特异性进一步增加了这一系列优势。化学信号可以传递与稳定性和短暂性状态相关的详细社会信息。化学信号交流能够成功地传达有关个人身份[10-14]、家族[15-17]、伴侣[11,12,18]、亲属[15,17,19,20]和朋友的信息[15]。而且,年龄[21]、性别[21,22]和个人倾向[23]也可以通过人类化学信号收集。此外,人类通过化学信号传递短暂性的信息,如健康状况[24]、性的可获得性[25]和情绪[26-39]。这一累积证据表明,嗅觉模式是人类进行社会交流的一种可靠媒介。

在下文中,第一,将首先简要介绍在整个章节中使用的术语的基本原理。第二,我们将讨论常被提及的(尽管值得怀疑)人类作为嗅觉不敏感个体的观点,并尝试回顾这种观点的基础,以及研究和数据解释的结果。第三,我们将回顾人类化学信号的产生过程,以及收集期间使用的实验方法。第四，我们将讨论化学信号传递在接收者中的影响，其中会重点介绍中枢神经处理过程。由于这些神经基础还不完全和/或未被解释，我们将提出推测性的但基于事实的论点，以期促进将来的讨论和研究。第五，在所有类型由嗅觉诱导的信息中，我们将重点关注有利于避免伤害的化学信号传递，因为其提供了重要的生存获益。请注意，在本章中使用"信号"这一词汇时，我们并未对其是否有利于信号发送者进行区分。最后，还将重点讨论该领域存在的挑战以及需要进一步研究的突出问题。

46.1 嗅觉不敏感的谬论

多年来，外行和科学家均错误地认为人类是嗅觉不敏感的动物(第 27 章)。嗅觉不敏感这一术语最先用于灵长类动物，然后扩展至人类，可追溯到 Turner 的研究[40]，其描述了动物种属的嗅觉功能差异，范围从嗅觉敏锐的动物(如犬)至无嗅觉系统的种属，即嗅觉丧失的动物，如海豚。随后，基于形态学方面，许多作者将灵长类动物和人类描述为嗅觉不敏感的动物，因为人们越来越重视视觉的使用[41-43]。经常强调的是，与其他种属相比，灵长类动物中嗅上皮和嗅球的相对面积和体积较小[44,45]。通过对夜行性灵长类动物嗅觉能力的研究，已经收集到了与视觉的直接比较。与白天活动的灵长类动物相比，夜行性灵长类动物无法依赖视觉线索，它们的主嗅系统的外周和中心结构所占的比例更大[46]。联合使用这种形态学方法与视觉和嗅觉的直接比较，得出了一个错误结论：主要依赖于视觉的动物显示出嗅觉功能较差。以最早发现大脑语言中枢(后来以其名字命名该脑区)闻名的 Pierre Paul Broca 将这一概念推广至人类。根据现有的嗅觉系统相对面积和体积的测量结果和对日常生活中嗅觉中心性的估计，Broca 和 Pozzi[47]认为人类(与其他哺乳动物一样)的嗅觉不敏感。在随后数年中借助更准确的技术收集到的数据，认为这个分类系统已相当过时。Keverne[48-50]对于仅根据嗅觉受体数量减少即可解释嗅觉不敏感的观点提出了挑战。每个受体都是组合编码的一部分，后者可以对不同的气味做出反应，甚至数量有限的受体也可以形成许多不同的模式[51]。在遗传学方面，人类基因组中最大的基因家族负责嗅觉功能，约有 400 个嗅觉受体[52]。除了功能性基因，现代技术还发现，与其他物种(包括嗅觉敏感的种属)相比，人的嗅觉假基因数量较多[53-55]。这一观点常被用于支持人类嗅觉不敏感的论点，但其并未考虑到最新的研究发现，即这些非编码区域在基因调控和核糖核酸(RNA)转录中起着重要作用[56]。尚不清楚具有更多假基因是否有利。

另外，在人类或其他被研究的种属中均无法发现嗅觉结构形态(例如，解剖结构的大小)、表达的嗅觉基因百分比和嗅觉功能之间的直接相关性[57-61]。对人类嗅觉进行的直接行为学测试的多项研究也反复驳斥了有关人类嗅觉不敏感的观点：已发现人类拥有超敏锐的嗅觉[62,63]，这一点已在评估觉察阈值和气味辨别功能的研究中得到证实[58-60]。例如，乙基硫醇(乙硫醇)是一种可使无味气体(如丙烷)被感知的添加剂，其在浓度低于 1ppb (十亿分之一)甚至低至 0.2ppb 时可被未经培训的人检测到[64]。Yeshurun 和 Sobel 将这种能力直接转化为现实生活中的例子[65]：面对两个奥运会规模的大游泳池，其中一个含 3

滴乙硫醇，人即可借此将其辨别开来。只要化学感受信息具有足够的相关性，人类似乎就能检测到非常细微的嗅觉线索[57]。

气味确实对我们很重要，对此观点的最后一个证明是，西方国家的大部分商业利益都与化妆品、香水和食品工业有关。利用气味的情感优势来唤起记忆和情感转移（第 34 章），香水行业 2015 年的全球年销售收入预计可达约 290 亿美元[66]，几乎相当于巴拉圭 2014 年的国内生产总值（GDP），以美元市场价格计算。

总之，这些事实表明，人类的嗅觉功能不应被视为不敏感。事实上，Zelano 和 Sobel[63] 甚至表明，人类是研究嗅觉系统的理想模型，可提供动物研究中无法获取的内省信息。

在下一节中，我们将提供证据，证明人类行为，尤其是社会行为，如果没有对嗅觉功能的良好认识，是无法被完全理解的。

46.2　人体的化学信号

社会交流中的化学信号通常由复杂的分子混合物组成，其中一些具有挥发性并产生气味[3]。这些化学物质被解释为一种信号，可主动传递来自发送者的信息，并可能影响接收者的行为；它不是一种线索，一种可为观察者提供信息的被动的生物特征[67]。鉴于关于人类传递社会信息的化学信号是否应进入信息素领域的争论仍未解决[3,68]，我们将在本章中交替使用"化学感受信号"、"社会化学信号"或"身体气味"这三个术语（第 47 章）。这种信号由人体产生，使个体成为信息的发送者。它们由化学物质组成，部分具有气味物质的特征，并含有社会信息。这些化学信息可以传递给人类接收者，后者对这些信息进行解码，并使用这些信息调节他/她在环境中的反应。

46.3　人类发送者如何产生化学信号？

人体的多个系统可产生具有交流潜力的挥发性气味化学信号。在此，我们简要介绍一些已知的化学途径，这些途径被认为与人类社会信息的交流有关。有关人体气味的化学组成和产生的更详细概述，请参阅第 44 章。

46.3.1　腋窝区的腺体系统

迄今为止，大多数关于人体气味的研究都是使用腋窝区的分泌物进行的，仅有几个明显的例外[69-75]。除了增加实验的可行性以外，这种腋窝区的分泌物被过多使用的生物学原因是腋窝区的腺体系统有助于分泌物的持续分泌。

文献中提到的大多数社会交流被认为是源于顶泌汗腺（大汗腺）的分泌，这些腺体分布在肛生殖区和腋窝区或是其特殊的变态腺体，其中包括乳腺（分泌乳汁）、眼睑中的睫毛腺（摩尔腺，负责泪液分泌）和耵聍腺（产生耳屎）[76]。大汗腺数量的变化与其所检出的特定身体部位相关。但是，腺体的数量似乎与产生社会相关信息信号的能力无关。在皮肤腺体中，大汗腺数量最多的区域为腋窝[76]。除大汗腺外，腋窝处的皮肤中还含有外泌汗腺（小汗腺）、大小汗腺和皮脂腺。由于腺体种类的多样性，腋窝区的腺体系统构成了一个不同于大多数其他身体部位的特殊环境，因为此处含有附着皮脂腺的毛囊并且汗腺的密度也比较高[77]。

大汗腺的分泌在青春期前并不活跃，它会在激素作用下逐渐增大体积并开始发挥功能[78]。大汗腺的特征性分泌物是乳白色的无味溶液，含有电解质、类固醇、蛋白质、维生素和多种脂质化合物[71,73-75]。在人体感觉紧张和痛苦的情况下，大汗腺的分泌活动会增加，在进行不会引起情绪波动的体育运动时则会减少[79]。

外泌汗腺分布于全身各处，仅有少数例外[76]。在腋窝区域，它们与大汗腺共存。与大汗腺相比，外泌汗腺产生的透明分泌物较少，主要由来自血浆的水分和电解质以及氯化钠组成[76]。出汗量取决于功能性腺体的数量和皮肤表面开口的大小。分泌物的总量受神经和激素调节。当所有外泌汗腺的分泌量均达到最大时，人体出汗速率可能超过3L/h[80]。

大小汗腺占所有腋窝腺体的50%，正如其名称所示，同时具有大汗腺和小汗腺的特征。与大汗腺和小汗腺相比，它们可产生更多的水样分泌物，因此在腋窝汗液分泌中起主要作用[81]。

皮脂腺负责排出油性、蜡样的物质(皮脂)，主要参与人体皮肤的防水和润滑作用[82]。

总之，这些腺体以其自身的活性参与水基分泌物的生成，参与体温调节过程和皮肤保护[77,83]。这种分泌物最初几乎无味，其特征性的汗味是定植在腋窝中的细菌繁殖后的产物[84-88]。

46.3.2　腋窝微生物群

腋窝区腺体分泌物所形成的潮湿环境代表了一个适度多样化的小生境，其中寄生着特异性适应的生物体，从而构建了一个独特的微生物群[89]。毛囊和皮脂形成了一个较为封闭的环境，该环境中在促进细菌定植的温度下，营养素易于获得[85]。主要的常居菌包括棒状杆菌、葡萄球菌、链球菌和b族变形杆菌[85,89-93]。所有这些细菌负责将人体腋窝分泌的营养物质进行微生物转化[94,95]。具体而言，腋下棒状杆菌和球菌(如表皮葡萄球菌)是产生气味物质的主要原因，例如雄激素类固醇[96]和脂肪酸(如异戊酸[97])就属于这类气味物质。此外，这些菌群还参与将气味较弱的类固醇(雄烯二酮)转化为气味更加强烈的带有尿液和麝香气味的雄甾烯类(分别为雄烯酮和雄烯醇[98,99])。

虽然已公认微生物的活性是引起人体气味形成的原因，但尚不明确其活性代谢过程[100]。获取腋窝宏转录组学对于确定内源性特征(例如，性别、年龄、用手习惯、种族和个体宿主因素)与外源性特征(使用化妆品、洗涤剂等)如何参与个体化学信号的定义，从而以个体化的方式深入了解人体的气味非常必要。

46.3.3　化学信号中有哪些组分？

个体化的腋窝微生物群[100]与供者(或化学信号的发送者)的外源性和内源性因素共同作用，产生独特的代谢终产物，从而形成个体化的体味；这种终产物验证了每名个体拥有气味印记的观点[22,101](第45章)。(请勿将"气味印记"这个术语与新造词嗅觉指纹[102]相混淆；前者与个体识别的生物标志物相关，后者与个体嗅觉感觉的特征相关。)

允许如此高程度的个体化所需的高度化学变异性并不一定依赖不同的化合物形成此特征。相反，这似乎更依赖于终产物中类似化合物数量方面的差异，从而生成一个含有各个单独组分表征的化学组分和数量的复杂编码[103]。研究一致发现有 4 类化合物与腋窝分泌物的特征性汗液气味相关[104]：不饱和或羟基化的支链脂肪酸、硫醇、短链脂肪酸和挥发性类固醇。有关化学组分的更具体概述参见第 44 章。

腋窝体味产生过程中的其他差异与性别分化相关，而性别分化与基因组成、内分泌系统、免疫系统、菌群特征和饮食密切相关。男女两性在腺体系统方面存在动态的结构和功能方面的差异。如上所述，在青春期，大汗腺逐渐发育成熟[105]，小汗腺的分泌量逐渐增加[106-108]；腋窝微生物群的增殖和分化存在性别差异[109-111]。这导致男性和女性腋窝汗液的气味特征存在显著差异，例如，与女性相比，在男性气味样本中，脂肪酸(例如，3M2H)、异构体(例如，Z-异构体)、硫醇和酸性物质的前体[86,95]以及雄激素类固醇的浓度存在差异[99,112]。此外，基因组成中的差异会改变体味的气味特征。在此，我们以基因(*ABCC11*)和基因簇的作用为例进行说明：主要组织相容性复合体(MHC)或人类白细胞抗原(HLA)系统。*ABCC11* 基因的纯合子变异体由大汗腺表达，并产生非常轻微的体味[113]，是由于异味气体分子的生成量减少所致[114]。MHC/HLA 是免疫学个体差异的主要决定因素，可能参与各种气味印记独特性的形成[115,116]。例如，移植研究也表明，供体和受体之间 MHC/HLA 多态性的差异会增加器官排斥反应的发生率。当 MHC/HLA 相似性较高时，如亲属之间进行的移植，这一比率会降低[117]。

气味变异性也受到环境因素的影响，如健康状况[24,118]和饮食特征[119]。对接收者的气味偏好进行的分析获得了体味组成变化的间接证据。通过注射脂多糖激活健康个体的固有免疫系统可在数小时内产生相较对照组更令人厌恶的体味[24]。同样，摄入红肉似乎对体味引起的愉悦感有负面影响[120]。

综上所述，发送者内内源性和外源性因素的结合会对腺体系统和腋窝微生物群的活性产生动态影响，决定了体味产生的独特而复杂的嗅觉结果。此类嗅觉特征是包含社会相关性信息的复杂信息，反映了发送者体内具体参与体味产生过程的所有系统的活动。特征性气味包含关于特定个体的信息，同时，由于对这些信息的处理，它们可以显著地调节感知者不同系统的活动，以及他/她的感知、生理和神经生理状态和行为。另外，气味特征促成的结局反映了体味生成的高度变异性的特征，在接收者中形成了一种复杂和动态的多模式的变化。

46.4 用于实验的人体腋窝化学信号

最近的数据表明，人类通过采用一种可被视为直觉式采样的方法，不由自主地从自身中与陌生人发生紧密接触的身体部位采集化学信号。个体在与其他同种个体握手之后的一段时间内(相对于缺乏此类接触的相似时间段内)，更加频繁地嗅闻自己的手[121]。但是，在时间表征较为重要的实验性环境中，通常会采用控制性更强的采样方法，如下文所述。不幸的是，尽管不同的采样方法对获得的结果可能会产生显著的影响，但该领域仍缺乏有关气味刺激采集方式的明确的方法学体系,这意味着在各项研究之间进行直接比较非常困难。

我们通过扩展 Lenochova 等提出的框架,确定了采样和保存身体气味的方法步骤[122]。这些步骤中的每一步均可影响所捐献的化学信号的质量,进而影响对目标的实验性测量:

①对体味供者的限制。

②采样介质。

③采样类型。

④采样的时间点和采样时长。

⑤样本保存。

46.4.1　对体味供者的限制

在体味采样之前和/或期间,进行与卫生、饮食和行为问题相关的常见生活方式限制。这些限制的严谨性在不同的研究和研究小组间存在很大差异,但其原理始终是由于体味样本的外界因素导致变异性降低。可以去除此类外界因素(例如,含香料的身体产品、食物和饮料等)或对其进行标准化(例如,对所有捐献者均提供相同的无味产品)。由于任何外源性物质与采样区域的接触都可能成为污染源,离开最严格的实验室环境几乎不可能采集到未被污染的样本。因此,假如实验设计允许(例如,有计划的对比),对不可避免的污染源进行标准化可能是一种有价值的方法。

由于卫生方面的限制,无法使用那些通常在体味采样区域使用的香料产品和与这些区域接触的材料。那些平时在采样区域,通常为腋窝或邻近的部位(例如躯干、面部和手部)使用的产品(例如,香体剂、止汗剂和香水等)通常会被去除。对与采样区域接触的任何材料(例如衣服、寝具)通常需要进行选择,以尽量减少被外源性化学物质污染的可能性。考虑到淋浴产品多样性的问题,可以向捐献者提供标准的无气味沐浴液和香波[21],某些情况下还可以使用香体剂。通常在采样期开始前实施卫生方面的限制,至少在采样前的1~2天,或长达10天(尤其是在进行化学分析的情况下[123])。仅在极少数情况下需要考虑刮除腋毛。实验证据表明,尽管相对于刮除腋毛的腋窝,未刮除腋毛的腋窝对气味的偏好会增加[124],但是这种差异很小,并且存在也是短暂性的[125]。

最常见的限制类型为饮食限制,包括限制一系列代谢后可在体液中有微量残留的食物。大蒜、水果和芦笋就是几个例子[126-128];然而,许多其他相关的报告或是轶事报告,或是由实验者主观确定的,因而这方面缺乏对照研究。尽管仍然缺乏酒精对体味感知的影响研究,但在取样前和取样期间通常需要禁酒。目前为止,关于饮食对皮肤分泌物调节作用的少数对照研究之一是一项探索富含红肉饮食的气味微量物质的研究[120]。

行为限制是旨在消除外源性污染的一类全面的非卫生和非饮食性的规定。禁止偶尔吸烟、社交性吸烟以及吸二手烟,因为香烟造成污染的可能性较大。通常需要限制体育运动和暴露于高水平的情绪状态,尤其是在检测情绪性化学信号的研究中。在夜间采集样本的研究中,在取样前和取样期间通常也需要禁止性生活和与他人和/或宠物同睡一张床。对于女性捐献者，通常需要记录基于激素的避孕措施和月经期(如果未进行主动控制)，以检测或避免其对体味感知的影响[129,130]。

确定每份样本是否可用的最常见方法是由受过培训的人组成一个小组(例如，2～3名)来确定是否存在未受污染的体味。尽管化学分析(例如，气相色谱-质谱法)是一种可检测和量化事先确定的污染物的方法，但成本和可行性问题的障碍通常使其无法进行。

46.4.2　采样介质

只穿 T 恤衫，或将棉垫缝到 T 恤衫的腋下处[131]，是采集腋窝区体味样本的最常用方法。通常将这些 T 恤衫(无论是否缝入棉垫)直接穿在裸露的皮肤上，之后脱下以进行嗅觉评级或其他分析[13]。如果未将 T 恤的腋下区域或棉垫剪下使之与 T 恤衫的其他部分分离，则评定的结果可能被来自腋窝区以外(如躯干)的气味相混淆[130]。在使用前使用相同的无味洗涤剂清洗 T 恤衫并以相同的方式储存衣物直至使用，以此来消除因 T 恤衫引起的差异。如果在白天未按照补偿性策略穿上 T 恤衫，或在任何时候穿着用非标准的或加香洗涤剂清洗的 T 恤衫，则会显著增加汗液样本的气味变异性。经过适当准备的 T 恤衫——将棉垫缝到 T 恤衫上或通过其他方式固定在腋下区域——可以屏蔽外界的化学物质。棉垫也可以单独使用，用手术胶带固定在腋下[16,130,132]。这有助于将采样介质固定在采集部位，并在整个采样期间保持其位置不变。

采样介质和流程的巨大差异也引起了广泛的质疑。一个常见的问题涉及使用胶带将棉垫固定在腋下，因为在胶带材料及其黏合剂中存在的化合物有污染的风险。另一个问题是使用棉质材料作为采样介质，当使用棉垫和/或 T 恤进行收集时，它可以捕获腋窝气味中的硫化物[133]，从特征性气味中去除硫化物[95]。这些问题以及其他类似的问题很重要，因为任何系统性改变体味采集的采样方法都会妨碍研究对特征性体味进行完整的评估。但是，这些问题也必须通过可行性的考虑加以平衡。以棉质材料作为采样介质的情况下，找到一种可在日常生活中采集样本并保留样本中硫化物的替代方法是非常具有挑战性的。此外，曾经在极低浓度下检测到了硫化物；当受试者在桑拿浴中锻炼时，需要用玻璃瓶收集数百毫升的汗液才能进行检测[95]。因此，虽然通过气味感知试验(如大多数行为学和神经成像学研究进行的试验)可感知到这些气味，但是，这些分子由于其自身的化学性质，在从棉质介质中浸提和单独进行化学定量时往往会消失。气味物质的理化性质、采样介质的材料和形式以及潜在的相互作用都是未来研究中需要进行系统评估的问题。

46.4.3　采样类型

另一个很少被纳入实验设计作为实验性变异来源的因素是在收集过程中对不同活动的直接比较。近期关于体味信息对情绪影响的研究提出了这一问题。一些实验者使用了具有特定情绪内容的视频短片(例如，恐怖片以引起恐惧/焦虑、暴力凶杀片用于引起厌恶以及快乐的短片用于引起幸福感[26-28])来诱导对短暂情绪状态的替代体验。其他的实验者更喜欢与生态环境相关的条件，在重大考试[134]、第一次跳伞比赛[33]或在高空绳索课程中，收集急性应激反应的情绪化学信号[30]。作为情绪诱导的腋下分泌物的对照条件，研究组在受试者静息时或进行有氧或无氧体育运动期间收集其汗液。由于体育运动时小汗腺的分泌物增加(与大汗腺相反)以使身体降温，采取体育运动在实验上可能存在问题。缺乏对这些对照条件之间的差异进行描述的、已发表的化学分析证据[135]。

46.4.4　采样的时间点和采样时长

不同的研究在一天中的不同时间点对体味进行采样，有些是在日间，另一些是在夜间，还有一些不分昼夜。考虑到在清醒状态下和睡眠期间身体许多系统活动(皮肤微生物群、代谢、免疫、自主活动和中枢神经活动)的水平存在差异[136]，这些差异可能反映在样本的体味中。然而，目前还没有已发表的对白天和夜间采样进行比较的实验证据。此外，无论采样时间点(日期)如何，体味样本都会受到采集时间长短的影响。已有各项研究间的采样持续时间差异较大的报告，范围从 20 分钟[26]至 7 晚[11]。同时考虑采样时间和持续时间，日间持续较长时间采集的样本可能受情绪的影响较大，并且可能包含更多夜间样本中不存在的外源性污染化合物。尽管日间供者进行的活动控制有限，但根据我们自身的经验，日间采集的样本气味更强烈。除了噩梦和其他情绪上栩栩如生的梦境的干扰，认为夜间样本的差异性较小，这是由于受试者的情绪和身体状况的变化较小，以及对采样条件的更多限制。为达到阈上检测水平，通常使用在多个夜晚采集的样本或在白天严格控制采样条件的样本。确定样本量的方法之一是对采集期间使用的棉垫称量，并将质量与未使用的棉垫进行比较[26-28]。这种方法对于确定在短时间内是否采集到化学信号尤其有用。这些在采集时间点和持续采集时间方面的差异可能不仅会导致化学信号强度的差异，还会导致同时变化的气味愉悦度的差异[132,137,138]。

46.4.5　样本保存

采集后的处理方法是影响体味样品保存的另一个关键变量。采样后，采样介质中的细菌将继续使样本代谢，从而随着时间推移不断改变化学底物。为了减少这种混杂，一些小组在每次评定时使用新鲜采集的样本[132,139-141]。这种方法妨碍了我们研究特定嗅觉信号的纵向效应。最常用的保存方法是冷冻[21,142-144]，虽然其与采样方法的许多其他方面一样存在很大程度的变异性；在各项研究和研究小组中，样本在不同类型的容器中、在不同温度下冷冻不同的时间，并在不同类型的容器中解冻(并再次冷冻，以供再次使用)的次数不同。Lenochova 等开展的一项研究表明，在–32℃(使用常规冰箱可达到的最低温度)下冷冻相对长的时间(长达 4 个月)和反复冷冻-融化不会影响体味样品的感觉评级[122]。但是，与其他类型的身体分泌物一样，冷冻温度与保持化学信号的完整性有关。在大约–20℃的温度下储存牛奶，几个月后牛奶会变质，而将样本保存在–80℃不会改变其化学性质[145,146]。其他参数，例如是在储存容器(例如拉链袋)内还是在运输容器(例如玻璃瓶或塑料罐)内进行解冻，仍未进行测试。未来的研究必须考虑到储存和运输容器的吸收性和渗透性，以减少因这两种情况导致的挥发性物质的损失以及造成外源性污染。

最后，值得注意的是，上述实验仅评估了这些冷冻参数对体味刺激的感觉特性的影响，而未评估对化学结构或组成的影响，因此化学信号本身可能已发生改变。此外，尚不清楚感觉评级与化学感受信号强度之间的关联。

46.5　人类化学信号的中枢性处理

自 20 多年前首次嗅觉神经成像学研究结果发表以来[147]，已有大量研究证实一系列大脑区域参与了气味刺激的处理。这些研究一致报告了参与气味处理过程的大脑区域为梨状皮层、杏仁核、嗅皮层、海马、下丘脑、丘脑、眶额皮层和脑岛[148]。有关大脑对嗅觉刺激的处理过程的详细概述，请参阅第 33 章。

以其他感觉模式，如视觉[149-151]和听觉[152]给予的环境相关性刺激通过主感觉系统以外的专门的大脑通路进行处理。上述一系列行为研究支持这样的观点，即人类的化学信号与视觉和听觉刺激一样，是其他个体信息的显著载体。Lundström 等开展的一项研究证实了上述观点的经验性验证[131]。为了评估人类的体味是否会受到非嗅觉处理过程的影响而需要一种有别于其他常见气味的单独的神经网络进行传导，Lundström 等[131]将气味接收者暴露于不同的体味以及假的体味中，即感知特征与真实社会化学信号相似的常见气味（包括小茴香油、茴香油和吲哚）的混合物。对两种感知特征相似的刺激（真正的体味和假的体味）的神经处理过程进行直接比较，结果证明，真正的体味选择性地激活了大多位于主嗅系统以外脑区的神经网络，包括枕叶皮层、角回以及前（后）扣带回皮层（彩图 38[131]）。

46.5.1　枕叶皮层

枕回是初级视觉皮层内的一个区域，负责视觉信息的处理。暴露于体味后，枕回的激活表明该区域具有多感觉模式的特征。事实上，这个脑区并不是在受到单纯的视觉刺激时激活，而是对以不同模式呈现的社会相关性刺激做出应答[153]。既往的研究已证明，嗅觉线索能够在没有视觉刺激的情况下激活视觉处理区域[154-158]，高度相关的情绪刺激可增强初级视觉皮层的激活[159]。在 Lundström 等开展的研究中[131]，在无法辨别真假体味的受试者中检测到主要视觉区域的激活。这与在嗅觉神经成像学研究中通常发现枕叶皮层激活的事实相符[145-149]，这一现象表明，观察到的激活不能完全归因于化学信号中含有的社会内容。换言之，嗅觉刺激以一种独立于其社会意义的方式激活了该视觉区域。因此，这一结果被解释为表明了一种准备机制[131]。气味（以及图像），无论是否与环境相关，均提示临近区域有某种物体存在，并可能引起视觉系统针对进入视野中的刺激物做好准备，因此需要特别的注意。

46.5.2　角回

角回位于顶下小叶后部，可对与人体有关的信息做出反应而活化。实际上，角回的功能性作用与多种任务相关，包括那些涉及社会认知[160]和多感觉整合（如果也包括顶内沟处的重叠区域）。请参见彩图 38[161]。总体而言，最近的荟萃分析证据表明，角回参与任务执行期间的概念处理，这个过程需要感知/识别和行动同步发生[160]。具体而言，该区域的病变可以改变（或完全损害）对自身和其他个体身体的感知能力[162-165]；有证据表明，角回起到交叉模式枢纽的作用，可对该区域汇集的多感觉信息进行组合和整合，包括那些与身体表征相关的信息[165]。鉴于其多感觉的性质，不能孤立地理解角回在化学感受中的作用，需要同时考虑其连接脑区的共同作用。

46.5.3　前(后)扣带回皮层

与常见气味相比，体味刺激可增加前扣带回皮层(ACC)和后扣带回皮层(PCC)的激活，它们分别与注意力、记忆模板[166-168]、情绪调节[169,170]和情绪行为调节[171,172]有关。而且，最近的一项荟萃分析发现，ACC 和 PCC 与自身反射过程密切相关[173]。PCC 不仅能详细解读自身相关的信息，还在评价和决策某种刺激是否适用于自身的过程中发挥作用，因此与自传体记忆的机制相符[173]。相反，ACC 的活化是处理自身相关信息的情感方面的基础[174]，并且参与了与其他反射过程的比较，以表明自身的特异性[173]。

虽然目前尚未确定体味交流的确切机制，但与常见气味相比，体味可能由于其信号的意义而得到优先处理[131]。从进化角度来看，携带重要信息(例如与威胁相关的信息)的信号，可能会被进化压力选择性地接受优先处理(即情感和注意力优先)。

46.6　避免危害的人体化学信号

除了常见气味和体味在神经处理过程中的一般性差异外，有关体味研究的文献还重点探讨了处理不同社会相关性信息的神经基础的特征。通过化学信号进行社会交流的这些特定领域可以划分为两个宏观领域：与生殖有关的化学信号和涉及避免危害的化学信号。关于生殖有关的化学信号的分析，我们将参考 Lübke 和 Pause[104]所做的出色的综述；本章重点讨论涉及避免危害的化学信号。

避免危害是一个总称，是指因应激事件而进行的所有调整，这类事件涉及严苛的环境和/或危险的个体[90]。应激是基于生物体稳态受到干扰后发生的打斗、逃避或结成好友等行为的反应[175]。如果应激需要进行长时间的剧烈调整，例如长期应激，生物体将面临崩溃并最终死亡[176]。考虑到压力具有威胁生命的力量，毫不奇怪，在进化过程中，避免伤害的机制受到了青睐，目前绝大多数动物种属[3]和植物都使用了这种机制[177]。化学感受信号具有作为有效警报信号的所有特征，如本章前言所述。下文中，我们将回顾化学感受危害的避免机制，包括以下策略：利用自我-其他个体识别，对不同类型的其他个体进行辨别以及识别与危害相关的瞬间信号。

46.6.1　自我-其他个体的识别

确定什么是安全的以及什么具有潜在的危害的第一步是识别与自己不同的事物。处理一个能够区分自己和他人的系统可能需要利用对与威胁相关的社会信息(包括来自体味的信息)进行解码。一种自我参照机制，例如啮齿类动物所使用的、被称为腋窝效应[178]的机制，被认为是人们通过嗅闻识别自身体味的基础[179]。但是，Pause 等[180]在用自己和他人的气味对男性和女性进行测试时，未发现相似的结果模式。作者认为，识别气味的准确性较低可能是由于气味浓度较低所致。或者，这可能表明，区分微弱体味的能力并不一定需要有意识的处理过程[131]。

46.6.2　不同类型的其他个体：从亲属到陌生人

识别一个信号是否与自己相似或相异同样是一个二元决策。但是，对"其他个体"可以以多种方式归类。其他个体可能是亲属，接收者与其具有共同的基因特征；这个个体可能是与化学信号供者无基因关联的朋友，只是由于暴露于该个体而变得熟悉；个体可能是陌生人，没有基因或学习得到的关联，并且由于缺乏气味以外的其他信息而被视为具有潜在的威胁。

通过化学信号识别亲属是生命早期即具有的一个重要机制。由于出生前后化学感受体验的连续性[69]，体味被认为是防止应激情况发生的第一个信号。在极脆弱的情况下，例如在新生儿完全依赖母亲的照护才能生存的生命早期[181]，母亲和新生儿的嗅觉线索成为父母-婴儿互动的基础，它们构成了亲子关系发展和安全依附的基础[182,183]。除了新生儿能够识别并偏好母亲的羊水气味和乳房的体味外，母亲由于具有主动保护其后代免受应激和伤害的本能也能够辨别和偏好亲生婴儿的气味[139,184,185]。

但是，如上所述，经验能够影响人类社会化学信号的处理。Lundström 等[131]进行的研究支持了这一观点，他们要求受试者嗅闻非常熟悉的个体，如老朋友的气味。值得关注的是，与右枕颞皮层的神经活动相关的友谊持续时间并未增加受试者对亲属体味识别的比率或识别的信心，这支持了社会化学信号交流主要由无意识过程介导的观点。这种对熟悉体味产生的特定反应及其与友谊持续时间的关系的观点表明，在长期积极体验的背景下，暴露于特定体味会对社交化学信号交流产生特定的影响。该研究还使用了一些姐妹的体味[131]。与朋友的体味相比，未发现在体味识别方面的差异，这表明学习得到的线索和遗传因素之间存在复杂的相互作用。在小鼠中也发现了相同的证据：一种既往与母鼠的照护和保护产生关联的共同气味（例如薄荷味）可与同类气味（即母鼠气味）引发相同的社交行为[181]。

体味的来源如何调节化学信号交流？如在 Lundström 等开展的研究中收集到的知觉评级所示，这种高度相关的刺激似乎嵌入了某种威胁性的信息[131]。与对亲属体味的评级结果相比，受试者对陌生个体的体味评定为更强烈和更令人不快，这表明体味来源者与评定者间的关系（而非气味的化学组成）是引起不同情况下感知存在差异的原因。

46.6.3　与短暂性危害相关的化学信号：行为学证据

除了稳定的特征外，更多与危害情形相关的短暂信息可以通过体味传达。例如，Shirasu 和 Touhara[118]对与挥发性有机化合物（和/或多少带有些特异气味的化合物）相关的感染性疾病以及代谢紊乱、毒素和毒物进行了研究。Olsson 等[24]最近已经证明，健康个体会使用化学感受线索来评价其周围个体的健康状况。事实上，与暴露于安慰剂供者的体味相比，经脂多糖注射诱导固有免疫反应的供者的体味被评定为更强烈、令人不快和不健康（换言之，令人厌恶）。这一发现与个体感知到令人厌恶的气味会促进避免行为的观点一致[28]，表明嗅觉在降低传染病感染风险中发挥重要作用，从而维持个体的健康状况。这一点与以下观点相符：行为避免是疾病预防中的第一道防线；当然比调动生物体的免疫系统更具成本效益。

其他类型的情境式危险也可通过化学信号交流。当个体面对打斗或逃避反应的需求从而经历应激状态时，向周围的潜在同种个体发出正在发生重大事件的警告非常有价值。一系列研究最近探索了使用腋下汗液样本通过化学感受交流应激状态的情况。应激是一种复杂的反应，其特征是与各种情绪体验相关的生理唤起水平的上升，这些情绪包括与良性应激相关的情绪(例如兴奋和惊喜)以及与痛苦相关的情绪(例如恐惧和厌恶)[186]。有关应激的化学感受交流的文献包括在多种情景下收集的化学信号，这些情形可能会影响体味捐赠者腋下汗液样本的数量和质量。应激程度较小的采样条件包括体味捐赠者在观看带有一名主要的情绪化人物的电影以间接体验影片中呈现的情景时进行体味采样。虽然这种方法可诱导相对较弱的应激反应，但其优点是可非常准确地描述供体经历的情绪，并且可通过化学信号介导给受体，包括焦虑和恶心[27,28,37,187](有关积极描述参见文献[26])。为了尝试使体味捐赠者的情绪特异性保持稳定，并尤其重点地采集高度焦虑状态下的化学信号，从而增加这种信号强度，Pause 等[134,188]从即将参加学位考试的供者中采集体味。其他组的供者通过采集在极端条件下，比如第一次跳伞[31]和第一次参加高空绳索课程[30,38]的体味样本，在忽略情绪特异性的情况下来增加应激反应的强度。随后将这些化学信号呈现给接收者，并对暴露的影响进行定量分析。各项研究可靠地表明，化学感受出汗刺激难以检测知觉[33,134,188]，因此，受试者难以可靠地口头报告采集期间汗液供体经历的情绪[31,32,37,187]。但是，越来越多的证据表明，成人(尤其是女性)能够更准确地识别供者在样本采集期间的情绪状态[37,187]，她们还可以依靠化学感受的先天优势通过目视来评估供者的面部表情[32]以及辨别情绪性的表情，尤其是当体味样本来自于有恐惧体验的供者时[31]。这些数据共同表明，感知者在很大程度上并不知晓化学感受应激信号的作用，而且具有社会信息特异性的感觉敏锐度机制正在发挥作用。事实上，对安全性信号(例如，积极情绪[38,134])的检测减少，从而有利于检测正在逐渐增多的威胁刺激[31,32]。这与来自经历恐惧个体的体味通过其传达的高度相关的信息会优先得到处理的观点相一致[189,190]。事实上，焦虑的化学信号，而不是情绪中性的身体气味，会影响听觉惊跳反射[36]，这是一种由刺激的情感和相关值调节的诱发前注意反射[191]。

此外，中性体味和危险环境之间的相关性可促进对体味信号的处理。Alho 等[192]验证了这一观点：与目击者列队辨认嫌犯一样，可以只通过嫌犯的体味对嫌犯进行辨认。参与者可以做得相当好。研究还表明，当体味的编码与同时呈现的威胁信息(例如，真实的犯罪活动和唤起犯罪活动的视频)相关时，这些体味被识别出的比率远远高于体味列队检测的比率，并且大大优于与中性视频相关的体味。换言之，个体对危险的陌生人的体味的记忆明显强于无危险者的体味。

迄今为止，有证据表明，个体对威胁性的体味做出的反应与对恐惧刺激诱发的自动和无意识的反应一致[193]。与此观点相反，Chen 等[35]发现，在与词汇有关的任务中，嗅闻到威胁性的体味刺激会增加参与者在处理带有恐惧内容的词汇时的反应时间和反应准确性。这一发现可解释为体味调节认知过程的能力，可视为反直觉。与仔细考虑但不及时做出反应的情况相反，对危险情形做出迅速和自动的反应可增加生存的机会。换言之，与精确而缓慢的信号处理过程相比，强化快速检测威胁的机制(假阳性率可能很高)将使生存率达到最大化。如既往研究对恐惧性的多模式刺激所证实的，威胁性刺激通常以降低准确性为代价来提高反应速度(即缩短反应时间)[189,194-196]。由于很少有研究探讨受试者在面对威胁性体味时如何进行速度和准确性间的权衡，因此，现在断言这些化学信号的检测是否受威胁性的视觉信号之外的其他信号处理机制的调控为时过早。

除了影响体味交流的认知后果，对情绪信息的处理也会受到影响。有证据表明，威胁性的体味足以诱导(尤其是在女性接受者中)[31]对体味发送者情绪状态的反应[28,197]。对于恐惧相关的气味尤其如此，已经证明这些气味能够快速建立(并维持)发送者和接收者之间的同步性。在交感-肾上腺髓质系统参与下产生的汗液的样本中含独有的特征(其化学特征尚未明确)，能够引起接收者出现恐惧的面部表情(即皱眉肌和正中的额肌同时收缩)和警觉行为(对面部表情分类时反应时间更快)[27]。

当存在令人厌恶的化学信号时，也会发生情绪的同步化[28]。事实上，对嗅觉模式和面部肌电图的分析显示，一个人在观看令人恶心的电影时产生的体味将诱导接收者出现恶心的体验[198]。de Groot[28]等开展的研究表明，不同类型危害的化学信号交流具有特异性，因此可以进行区分。一方面，恐惧的化学信号会产生恐惧的面部表情并促进感知形成(嗅闻量和眼睛的注视时间增加)；另一方面，令人厌恶的化学信号会引起厌恶的面部表情和感觉排斥(嗅闻量减少、对目标的检测灵敏度降低和眼睛注视时间缩短)[28]。

有多种理论可以解释气味发送者通过化学信号传递给接收者的效应，其中的一种理论涉及情绪传染的观点，情绪传染是一种促进想法和行为一致、相互理解和人际关系亲密的基本机制[199,200]。但是，如其他类型的社交互动所证实[201]，对社会感知的简单模拟并不是唯一可能发生的适应性反应。实际上，这还可以触发互补状态。当一个人的情绪引起其他人产生不同(但相对应)的情绪时，就会发生互补性的情绪。一个典型的例子是，一个人的痛苦可引起另一个人的同情[202]。在避免危害的社交化学信号领域，情绪互补可以具有不同的意义。我们来想象某个个体，他/她在参与以愤怒为特征的攻击性行为的过程中捐献了自己的体味。不同于情绪传染机制的作用，即社交化学信号在接收者中引发了的愤怒情绪，接收者还可能经历恐惧反应。这符合这一事实，即愤怒的表情被视为具有威胁性[203,204]而且已知会在观察者中引发适应性的行为[205]。目前对攻击行为的化学信号的了解有限，这是因为大多是通过间接的测量方法(例如，竞争性和优势[23,206])或仅限于一种气味化合物(例如，雄烯二酮)而不是有更复杂气味特征的气味化合物[4]，这些缺陷会在将来的研究中得到扩展，因而会加深对这个问题的了解。

46.7　对涉及避免危害的人类化学信号的中枢处理

行为学和心理生理学数据表明，人类可优先处理涉及避免危害的化学信号。为了进一步说明这个观点，下文将对这种体味交流的神经基础进行探讨。

46.7.1　自身体味可激活自我-他人识别系统中的区域

Lundström 等[15]揭示了化学信号介导的人体自我识别的神经机制，这与腋窝效应相一致[178]。他们将自己的体味与熟悉的友好个体的体味进行比较，结果未发现大脑活动存在任何差异。他们认为,如同啮齿类动物一样,人类使用自己的体味作为模板来评估另一个体的身份[178]。对这种解释的进一步支持似乎来自于与常见气味对比时由体味引起的神经基础。如前所述,PCC 以自我为参照系,通过与 ACC 的相互作用来处理情绪刺激[173]。此外,角回的活动也参与了自我参照效应的形成。事实上,已发现在大脑角回中有癫痫病灶的患者会报告"灵魂出窍"的经历或对他人身体的感知发生扭曲[164,165]。自我参照背后的机制与利用化学感受事件相关电位的研究结果一致。化学感受事件相关电位是一种基于化学感受刺激引起的脑电图平均时段的具有时间特异性的技术[180,207]。这些研究表明,人类大脑能够辨别不同来源的体味,无论对这种差异的感知是否为自觉意识的行为。具体而言,与他人的体味相比,自身的体味的辨别和处理速度更快[180]。进一步的证据显示,处理与自身体味更相似的体味(例如,具有相似的 HLA)需要更多的神经信号处理过程参与[207],这表明人体会对与自身匹配的化学信号优先进行神经信号处理。在与化学信号自我-他人识别相关的行为和神经处理过程均存在自觉意识缺乏[15,18],这可以用嗅觉系统的独特解剖学特征来解释。嗅觉是唯一一种缺乏强制性的丘脑中继作用的感觉,这意味着嗅觉受体直接投射到嗅球和初级嗅觉皮层区[208]。鉴于在自觉意识中已发现丘脑的处理过程[209],丘脑在嗅觉感觉过程中的参与似乎可能使其与有意识的处理过程的相关性更弱。然而,目前尚不清楚丘脑在有意识和无意识的嗅觉感觉中的作用[210]。

46.7.2　人体对他人体味熟悉程度的神经编码

人类利用气味对他人进行识别的机会最早始于母体子宫中的胎儿期[69]。在神经系统水平上也反映出婴儿对母亲的气味和父母对婴儿气味的行为偏好的证据。事实上,母亲和孩子的气味均受到优先处理,这种策略在进化上有利于个体和种属的生存。母亲接触到新生儿(包括自己所生的婴儿)的体味时,丘脑[211]和眶额皮层[212]会出现选择性激活。值得关注的是,当已生育过的女性和未生育过的女性嗅闻到来自男性的体味时,眶额皮层均出现激活[212]。此外,如 Lundström 等[211]证明,当已生育过的女性和未生育过的女性暴露于不熟悉的婴儿体味时,会出现奖励系统中神经元活动的反应。作者根据进化论解释了这一发现,该理论认为,婴儿化学感受线索通常具有的提示成年女性进行爱护的能力有助于促进他们照护婴儿,这表明了依恋关系的机制在发挥作用[213]。尽管未经测试,但父亲也能够识别婴儿羊水的气味,并判断其与他们的婴儿和母亲的体味具有相似的性质[214],这表明父亲体内也具有处理体味的特定神经通路。

个体进行学习的历史似乎能够调节信号的处理,尤其是在具有社交功能的脑区[215]。嗅闻朋友的体味[15]会激活之前参与过处理熟悉的面孔和声音的脑区,包括枕叶皮层(包括压后皮层的后部)[216]。此外,朋友关系的持续时间(对体味熟悉程度的间接指标)与纹外体区域的局部脑血流量增加显著相关,该区域与人体相关信息的多模式处理有关[217,218]。换言之,体味越熟悉,神经元对身体相关信息的参与程度就越高[15]。

对于未知个体,Lundström 等[15]证实,嗅闻到陌生个体的体味可引起皮层(即额下回和杏仁核)激活,这种激活与观察到负面刺激所产生的激活相似[219-221],负面刺激包括戴面具的令人恐惧的面孔[220]。这支持了以下观点:之前从未遇到过的体味与任何其他高度相关(且具有潜在危险)的刺激相似[222],并与感觉上相似的常见气味不同。

与陌生人的体味会传递一种威胁的观点一致，社交化学信号是脑岛的激活，与不愉快的化学感受刺激[223]以及令人恐惧和恶心的物体的识别有关[150]。杏仁核和脑岛这两个彼此高度相关的脑区的同时激活[224]提示陌生人的体味可诱导单独但相关的恐惧感和厌恶感[222]。然而，这种反应并不只是针对体味，所有新奇和突然出现的刺激均会引起这种反应[225]。

此外，陌生人的体味可在脑部的辅助运动区和运动前区(恰低于显著性阈值)诱发活化[15]。已知这些结构是参与运动行为适应和优化的层级执行网络的一部分[226]。此类网络的参与表明，陌生人的体味通过传递恐惧或厌恶的信息使接收者能对附近区域可能存在的陌生人做出反应。此类的准备活动涉及打斗或避免反应，这些反应是与个体生存过程密切相关的基本反应。

46.7.3　威胁性体味及其神经相关性

与提示威胁或危害的化学信号可得到优先处理的观点一致，嗅闻供者处于焦虑状态下采集的体味会增加额脑内侧区的神经元处理(P_3 振幅增大)[188]。这种效应在女性中更明显，这与女性对社交情绪刺激[227]和较弱的威胁刺激[228]表现出处理优势的发现相符。大脑将早期注意资源分配给威胁性刺激[229]和不明确的刺激(例如，中性面部表情[29])，从这一点也可推断优先处理。

研究发现，使用从焦虑状态下的个体中采集的体味样本可激活涉及处理社交情绪刺激(梭状回)和调节移情作用(脑岛、楔前叶、扣带回皮层[33])的脑区。该证据可用于支持以下观点：与恐惧相关的化学信号可导致情绪传染[28]，并使接受者的情境焦虑水平升高[30]。

使用扫描仪发现，当接收者嗅闻到高度紧张(不论其是良性刺激或痛苦，例如跳伞)的供者的汗液气味时[31]，激活区主要在杏仁核内；杏仁核是以非特异性方式编码情境相关性和刺激的一个中心。这确实与恐惧的负面作用有关。虽然早已确知杏仁核可处理消极情绪的刺激[150,220,221]，包括威胁[230]，但这是一种非选择性的过程[231]。在小鼠中，杏仁核被特别认定为是与威胁相关的内源性情绪的主要处理中心[232]。这可能表明这一事实：杏仁核也应参与人类与威胁相关的嗅觉刺激的检测，而不是参与对恐惧本身的处理[230]。如 Pause 等所建议[188]，女性的杏仁核激活比男性更显著[233]，这表明压力相关的化学感受线索与女性更相关。

然而，并非所有证据都支持具有危险性的人类化学信号受到优先处理。事实上，由威胁性的体味激发的认知调节表明，嗅闻到焦虑性的化学信号使接收者在使用该信息时更准确更慢[31,32,35]，从而提出了在处理威胁性刺激时的不同模式间的差异问题。一方面，如果威胁性的视觉和听觉刺激的处理速度较快[195,196]，这与嗅觉系统通常的工作机制不符。实际上，与视觉或听觉刺激相比，化学感受刺激需要的处理时间更长[234]。此外，视觉刺激的首次感知和首次认知过程开始之间的时间差约为 200ms，而嗅觉刺激的这一时间差约为视觉刺激 2 倍[235,236]。这一证据突出显示了嗅觉作为一种警报信号的缺点：嗅觉信号的中枢处理过程较慢，这可能会延迟对警示性气味刺激的早期检测。然而，在关键情况下(例如，丧失远处视觉和听觉功能)使用这种机制的可能性，使嗅觉警报系统成为

"生存工具包"机制的一个很好的补充，其允许化学感受刺激形成较慢和更有意的处理过程，而不是初始和更快速的检测过程[35]。

值得关注的是，在已发表的功能性神经成像学研究中，包括在其范例中涉及的威胁性体味，均未报道初级或次级嗅觉皮层水平的激活[15,31,33]。当扩大检索范围(包括纳入任何类型体味的研究)时[15,34]，剩余两项试验中仅有一项试验显示在外侧眶额皮层水平的激活。Zhou 和 Chen[32]的研究发现，当受试者嗅闻从观看色情视频的供者身上采集的体味时，该皮层中的神经活动增加。由于 Zhou 和 Chen[34]的研究是通过对比体味与常见气味，如苯乙醇(PEA)，检测到了外侧眶额皮层的激活，但当受试者辨别混合物中各种气味物质时也获得了相似的激活[228]，因此，外侧眶额皮层的活动是否清楚表明了差异性的体味处理仍有待研究。然而，可以得出的可靠的结论是，5 项纳入了不同类型体味并由独立的实验室进行的神经成像学研究，未检测到位于嗅觉皮层中的激活，尽管参与者被给予了明显可感知的气味。这一现象可能有一系列解释，但均缺乏直接的实验证据。可能是由于对这些脑区适应性的高度敏感，对体味的有意识感知过于短暂，以至于无法在嗅觉皮层水平上检测到[237,238]，因此，仅在具有社交功能的大脑中的适应性较小的区域中检测到了活化[239]。如果这是真的，非内源性的对照气味(即假的体味)应该不会在嗅觉皮层产生明显的激活[15,18]。有人可能还会争论，嗅觉感觉激活的缺乏取决于所使用的神经成像学分析方法，后者仅校正了假阳性误差，但无法解释假阴性误差。因此，在神经成像学研究中缺乏显著活性不能作为特定领域不参与任务执行这一假设的证据。然而，如果嗅觉皮层中缺乏活化是由于认知过程所致，则在真假体味间应无差异的结果[131]。最后，5 项独立的神经成像学研究不太可能产生五组具有相似假阴性误差的结果。

46.8　人体化学信号的临床前景

关于如何通过体味将社交信号从发送者传递给接收者的研究主要以健康的人类受试者为观察对象。但是，健康状况和心理问题会改变大脑的感觉处理和体验[240](第 45 章)。考虑到体味交流的社会学意义，根据基本的社交技能，对这些信号的处理存在差异是可以预料的。仅有少数几项研究实验性地检验了这一假设，同时证明了善于社交和不善于社交的个体在使用体味信息方面存在差异。例如，情绪能力有助于识别熟悉的体味[32]，社交能力强和自信的个体在中枢神经系统的奖励系统以及参与社会认知和同步化过程的脑区(额下回)中同时对体味进行处理[241]。换言之，较高的社交情绪能力有助于社交情绪信息通过化学信号进行传递。化学感受刺激的这种强大特征，以及对这些刺激的自动处理，可能为社交能力降低的个体提供了机会。该假设已在一组患有孤独症谱系障碍(ASD)的儿童中得到了验证，这种疾病是以社会信息处理核心缺陷为特征的一组障碍[242]。当这些儿童暴露于母亲的体味时，其中功能较强的儿童很容易开始并结束基本的社交行为[243,244]。就避免危害而言，严重社交焦虑的个体能够对来自焦虑个体的体味进行快速的分析，但随后的注意过程可能被阻断，这可能反映了感知的防御机制[188]。此外，严重社交焦虑的个体在暴露于焦虑个体的化学信号时表现出的惊跳反应大于暴露于中性化学信号时[245]，并且对这种化学感受背景信息的敏感性增强[229]。

　　近期在啮齿类动物中进行的研究表明，单个受体参与了警报性化学信号的传递，而且当被阻断时，警报性信号(捕食者的气味)即丧失了威胁力[246]。如果在人体中证实了相似的机制，则可将其用作社交焦虑患者的治疗策略。

　　总体而言，这些结果表明，通过化学信号介导的社交情绪技能和人际间的交流在本质上是相互交织的。相关的化学感受社交信息能够使个体敏感地检测、准确地处理和并做出适当的反应，鉴于此，有理由认为，化学信号交流对社会团体的形成和维持起关键作用[247]，这是人类进化的基本条件。

46.9　结　　论

　　本章中综述的证据表明，人类确实将化学信号作为一种社交方式而使用[248]。传递社交信息的化学感受信号由维持发送者体内稳态的系统共同激活而产生。在健康个体中，遗传、免疫系统、代谢、激素以及自主神经系统和中枢神经系统协同工作以确定身体分泌物的化学组分。对于腋下分泌的汗液，这些系统可影响大汗腺和大小汗腺的分泌。这些分泌物将由腋窝中的常居菌转化为产物联合体。这些由发送者通过空气中的分子传达给接收者的化学信号携带多种信息，其中就包括增加生存机会的信息。迄今为止的研究表明，化学信号可以传递自我-他人的信息(如亲属识别)、情绪信息(如焦虑情绪的化学信号)，以及那些提示接收者其环境中存在潜在威胁的信息(存在一个陌生或患病的个体)。如 Lübke 和 Pause[104]的研究所示，接收者的反应是社交化学信号交流过程中唯一非特异性的步骤，如本章所述。这将与接收者对存在挑战生存的情况做出适应性反应的需求相符。如果通过不同的感觉模式感知到危险，则需要相同类型的打斗、逃避行为或示好的反应来处理这种威胁。重要的是，接收者可以在自觉意识中(未意识到自己已经嗅闻到了这种化学信号)做出这些反应[131]。

　　在方法学方面，研究人员还没有就体味收集的指导方法达成一致，从而降低了数据库之间的可比性。在这方面，值得注意的是，实验对照条件的选择至关重要。为避免感知者的反应中存在混杂因素，应在不同条件下对相同腺体的分泌物进行采样。严格的控制条件可以单独解释几个重要的因素，最好纳入常见气味，以进一步揭示各嗅觉功能子系统之间的差别和相似性。然而，收集可使用的体味所需时间较长，以及中枢系统对嗅觉刺激的快速适应性[237]均限制了单项实验中可能纳入的嗅觉条件的数量和进行试验的次数。

　　传递技术也是限制对该领域进行探索的主要原因之一。事实上，嗅觉测定仪这种专门用于检测嗅觉并能快速发起和结束刺激释放的计算机控制的传递系统，还未得到广泛商业化应用，而且售价相对昂贵。但是，它们对于研究时间方面的动态变化和体味交流的神经基础是必要的。

　　关于社交化学信号交流的神经基础，未来的研究应集中于对社交化学信号交流神经基础进行深入了解，以及进一步了解处理常见气味和体味的通路间的功能性区别。此外，应纳入具有不同情绪特征的化学信号的神经基础，以评估情绪特异性的差异。这将展开关于情绪性化学信号使用的沟通策略的讨论。

最后，深入了解生活中的社交方面是如何通过化学感受刺激进行传递的机制，可以为社交信息处理障碍的患病人群(例如 ASD、精神分裂症、社交恐惧症)提供更多的启示。

参 考 文 献

[1] G.R. Semin, G. Echterhoff (Eds.): Grounding Sociality: Neurons, Mind, and Culture (Psychology, New York 2011)

[2] M. Knapp, J. Hall, T. Horgan: Nonverbal Communication in Human Interaction (Cengage Learning, Boston 2013)

[3] T.D. Wyatt: Pheromones and Animal Behavior: Chemical Signals and Signatures (Cambridge Univ. Press, Cambridge 2014)

[4] K.T. Lübke, B.M. Pause: Sex-hormone dependent perception of androstenone suggests its involvement in communicating competition and aggression, Physiol. behav. 123, 136-141 (2014)

[5] S.C. Roberts, J. Havlicek: Evolutionary psychology and perfume design. In: Applied Evolutionary Psychology, ed. by S.C. Roberts (Oxford Univ. Press, Oxford 2012) pp. 330-348

[6] T.K. Saxton, A. Lyndon, A.C. Little, S.C. Roberts: Evidence that androstadienone, a putative human chemosignal, modulates women's attributions of men's attractiveness, Horm. Behav. 54, 597-601 (2008)

[7] J.N. Lundström, M.J. Olsson: Chapter one-functional neuronal processing of human body odors, Vitam. Horm. 83, 1-23 (2010)

[8] B.M. Pause: Processing of body odor signals by the human brain, Chemosens. Percept. 5, 55-63 (2012)

[9] G.R. Semin, J.H.B. De Groot: The chemical bases of human sociality, Trends in Cognitive Sci. 17, 427-429 (2013)

[10] M.J. Russell: Human olfactory communication, Nature 260, 520-522 (1976)

[11] M. Schleidt, B. Hold, G. Attili: A cross-cultural study on the attitude towards personal odors, J. Chem. Ecol. 7, 19-31 (1981)

[12] M. Schleidt: Personal odor and nonverbal communication, Ethol. Sociobiol. 1, 225-231 (1980)

[13] B. Hold, M. Schleidt: The importance of human odour in non-verbal communication, Z. für Tierpsychol. 43, 225-238 (1977)

[14] S.M. Platek, R.L. Burch, G.G. Gallup: Sex differences in olfactory self-recognition, Physiol. Behav. 73, 635-640 (2001)

[15] J.N. Lundström, J.A. Boyle, R.J. Zatorre, M. Jones-Gotman: The neuronal substrates of human olfactory based kin recognition, Hum. brain mapp. 30, 2571-2580 (2009)

[16] S.C. Roberts, L.M. Gosling, T.D. Spector, P. Miller, D.J. Penn, M. Petrie: Body odor similarity in noncohabiting twins, Chem. Senses 30, 651-656 (2005)

[17] R.H. Porter, J.D. Moore: Human kin recognition by olfactory cues, Physiol. Behav. 27, 493-495 (1981)

[18] J.N. Lundström, M. Jones-Gotman: Romantic love modulates women's identification of men's body odors, Horm. Behav. 55, 280-284 (2009)

[19] R.H. Porter, R.D. Balogh, J.M. Cernoch, C. Franchi: Recognition of kin through characteristic body odors, Chem. Senses 11, 389-395 (1986)

[20] R.H. Porter, J.M. Cernoch, R.D. Balogh: Odor signatures and kin recognition, Physiol. Behav. 34, 445-448 (1985)

[21] S. Mitro, A.R. Gordon, M.J. Olsson, J.N. Lundström: The smell of age: Perception and discrimination of body odors of different ages, PloS one 7, e38110 (2012)

[22] D.J. Penn, E. Oberzaucher, K. Grammer, G. Fischer, H.A. Soini, D. Wiesler, M.V. Novotny, S.J. Dixon, Y. Xu, R.G. Brereton: Individual and gender fingerprints in human body odour, J. R. Soc. Interface 4, 331-340 (2007)

[23] A. Sorokowska, P. Sorokowski, A. Szmajke: Does personality smell? Accuracy of personality assessments based on body odour, Eur. J. Personal. 26, 496-503 (2012)

[24] M.J. Olsson, J.N. Lundström, B.A. Kimball, A.R. Gordon, B. Karshikoff, N. Hosseini, V. Sorjonen, C.O. Höglund, C. Solaks, A. Soop, J. Axelsson, M. Lekander: The scent of disease human body odor contains an early chemosensory cue of sickness, Psychol. Sci. 25(3), 817-823 (2014)

[25] K.A. Gildersleeve, M.G. Haselton, C.M. Larson, E.G. Pillsworth: Body odor attractiveness as a cue of impending ovulation in women: Evidence from a study using hormone-confirmed ovulation, Horm. Behav. 61, 157-166 (2012)

[26] J.H.B. de Groot, M.A.M. Smeets, M.J. Rowson, P.J. Bulsing, C.G. Blonk, J.E. Wilkinson, G.R. Semin: A sniff of happiness, Psychol. Sci. 26 (6), 684-700 (2015)

[27] J.H.B. de Groot, M.A.M. Smeets, G.R. Semin: Rapid stress system drives chemical transfer of fear from sender to receiver, PLoS one 10, e0118211 (2015)

[28] J.H.B. de Groot, M.A.M. Smeets, A. Kaldewaij, M.J.A. Duijndam, G.R. Semin: Chemosignals communicate human emotions, Psychol. Sci. 23, 1417-1424 (2012)

[29] D. Rubin, Y. Botanov, G. Hajcak, L.R. Mujica-Parodi: Second-hand stress: Inhalation of stress sweat enhances neural response to neutral faces, Soc. Cognitive Affect. Neurosci. 7, 208-212 (2012)

[30] J. Albrecht, M. Demmel, V. Schöpf, A.M. Kleemann, R. Kopietz, J. May, T. Schreder, R. Zernecke, H. Brükmann, M. Wiesmann: Smelling chemosensory signals of males in anxious versus nonanxious condition increases state anxiety of female subjects, Chem. Senses 36, 19-27 (2011)

[31] L.R. Mujica-Parodi, H.H. Strey, B. Frederick, R. Savoy, D. Cox, Y. Botanov, D. Tolkunov, D. Rubin, J. Weber: Chemosensory cues to conspecific emotional stress activate amygdala in humans, PLoS One 4, e6415 (2009)

[32] W. Zhou, D. Chen: Sociochemosensory and emotional functions behavioral evidence for shared mechanisms, Psychol. Sci. 20, 1118-1124 (2009)

[33] A. Prehn-Kristensen, C. Wiesner, T.O. Bergmann, S. Wolff, O. Jansen, H.M. Mehdorn, R. Ferstl, B.M. Pause: Induction of empathy by the smell of anxiety, PLoS One 4, e5987 (2009)

[34] W. Zhou, D. Chen: Encoding human sexual chemosensory cues in the orbitofrontal and fusiform cortices, J. Neurosci. 28, 14416-14421 (2008)

[35] D. Chen, A. Katdare, N. Lucas: Chemosignals of fear enhance cognitive performance in humans, Chem. Senses 31, 415-423 (2006)

[36] A. Prehn, A. Ohrt, B. Sojka, R. Ferstl, B.M. Pause: Chemosensory anxiety signals augment the startle reflex in humans, Neurosci. lett. 394, 127-130 (2006)

[37] D. Chen, J. Haviland-Jones: Human olfactory communication of emotion, Percept. Motor Skills 91, 771-781 (2000)

[38] R. Zernecke, K. Haegler, A.M. Kleemann, J. Albrecht, T. Frank, J. Linn, H. Brückmann, M. Wiesmann: Effects of male anxiety chemosignals on the evaluation of happy facial expressions, J. Psychophysiol. 25, 116 (2011)

[39] K. Haegler, R. Zernecke, A.M. Kleemann, J. Albrecht, O. Pollatos, H. Brückmann, M. Wiesmann: No fear no risk! Human risk behavior is affected by chemosensory anxiety signals, Neuropsychol. 48, 3901-3908 (2010)

[40] W. Turner: The convolutions of the brain: A study in comparative anatomy, J. Anatomy Physiol. 25, 105-153 (1890)

[41] D. Liebetanz, M. Nitsche, C. Fromm, C.K. Reyher: Central olfactory connections in the microsmatic marmoset monkey (Callithrix jacchus), Cells, Tissues, Organs 172, 53-69 (2001)

[42] G. Elliot Smith: The Evolution of Man (Oxford Univ. Press, New York 1927)

[43] A.J.E. Cave: The primate nasal fossa, Biol. J. Linn. Soc. 5, 377-387 (1973)

[44] W.E. Le Gros Clark: The Antecedents of Man (Edinburgh Univ. Press, Edinburgh 1959)

[45] G. Baron, H.D. Frahm, K.P. Bhatnagar, H. Stephan: Comparison of brain structure volumes in Insectivora and Primates. III. Main olfactory bulb (MOB), J. fur Hirnforsch. 24, 551-568 (1982)

[46] R.D. Martin, A.-E. Martin: Primate Origins and Evolution: A Phylogenetic Reconstruction (Chapman Hall, London 1990)

[47] P. Broca, S. Pozzi: Mémoires sur le cerveau de l'homme et des primates (C. Reinwald, Paris 1888), French

[48] E.B. Keverne: Chemical communication in primate reproduction. In: Pheromones and Reproduction in Mammals, ed. by J. Vandenbergh (Academic, New York 1983) pp. 79-92

[49] E.B. Keverne: Olfaction and the reproductive behavior of nonhuman primates. In: Primate Communication, ed. by C.T. Snowdon, C.H. Brown (Cambridge Univ. Press, Cambridge 1982) pp. 396-412

[50] E.B. Keverne: Olfaction in the behaviour of nonhuman primates, Symp. Zool. Soc. Lond. 45, 313-327 (1980)

[51] B. Malnic, J. Hirono, T. Sato, L.B. Buck: Combinatoria receptor codes for odors, Cell 96, 713-723 (1999)

[52] L. Buck, R. Axel: A novel multigene family may encode odorant receptors: A molecular basis for odor recognition, Cell 65, 175-187 (1991)

[53] G. Glusman, I. Yanai, I. Rubin, D. Lancet: The complete human olfactory subgenome, Genome Res. 11, 685-702 (2001)

[54] S. Rouquier, A. Blancher, D. Giorgi: The olfactory receptor gene repertoire in primates and mouse: Evidence for reduction of the functional fraction in primates, Proc. Nat. Aca. Sci. 97, 2870-2874 (2000)

[55] J.M. Young, C. Friedman, E.M. Williams, J.A. Ross, L. Tonnes-Priddy, B.J. Trask: Different evolutionary processes shaped the mouse and human olfactory receptor gene families, Hum. Molecular Genetics 11, 535-546 (2002)

[56] Y. Tutar: Pseudogenes, Comparative Functional Genomics 2012, 424526 (2012)

[57] M. Laska, A. Wieser, L.T.H. Salazar: Olfactory responsiveness to two odorous steroids in three species of nonhuman primates, Chem. Senses 30, 505-511 (2005)

[58] M. Laska, P. Teubner: Olfactory discrimination ability for homologous series of aliphatic alcohols and aldehydes, Chem. Senses 24, 263-270 (1999)

[59] M. Laska, P. Teubner: Olfactory discrimination ability of human subjects for ten pairs of enantiomers, Chem. Senses 24, 161-170 (1999)

[60] M. Laska, D. Freyer: Olfactory discrimination ability for aliphatic esters in squirrel monkeys and humans, Chem. Senses 22, 457-465 (1997)

[61] M. Laska, P. Teubner: Odor structure-activity relationships of carboxylic acids correspond between squirrel monkeys and humans, Am. J. Physiol.-Regul, Integrat. Comparat. Physiol. 274, R1639-R1645 (1998)

[62] G.M. Shepherd: The human sense of smell: Are we better than we think?, PLoS Biol. 2, e146 (2004)

[63] C. Zelano, N. Sobel: Humans as an animal model for systems-level organization of olfaction, Neuron 48, 431-454 (2005)

[64] M.L. Whisman, J.W. Goetzinger, F.O. Cotton, D.W. Brinkman: Odorant evaluation: A study of ethanethiol and tetrahydrothiophene as warning agents in propane, Environ. Sci. Technol. 12, 1285-1288 (1978)

[65] Y. Yeshurun, N. Sobel: An odor is not worth a thousand words: From multidimensional odors to unidimensional odor objects, Annual Rev. Psychol. 61, 219-241 (2010)

[66] Statistic Brain: Perfume Industry Statistics, http://www.statisticbrain.com/perfume-industry-statistics/

[67] J.M. Smith, D. Harper: Animal Signals (Oxford Univ. Press, Oxford 2003)

[68] R.L. Doty: The Great Pheromone Myth (JHU Press, Baltimore 2010)

[69] B. Schaal, L. Marlier, R. Soussignan: Olfactory function in the human fetus: Evidence from selective neonatal responsiveness to the odor of amniotic fluid, Behav. Neurosci. 112, 1438 (1998)

[70] H. Varendi, R.H. Porter, J. Winberg: Natural odour preferences of newborn infants change over time, Acta Paediatr. 86, 985-990 (1997)

[71] L. Marlier, B. Schaal, R. Soussignan: Bottle-fed neonates prefer an odor experienced in utero to an odor experienced postnatally in the feeding context, Dev. Psychobiol. 33, 133-145 (1998)

[72] R.H. Porter: The biological significance of skin-to-skin contact and maternal odours, Acta Paediatr. 93, 1560-1562 (2004)

[73] H. Varendi, R.H. Porter: Breast odour as the only maternal stimulus elicits crawling towards the odour source, Acta Paediatr. 90, 372-375 (2001)

[74] R.M. Sullivan, P. Toubas: Clinical usefulness of maternal odor in newborns: Soothing and feeding preparatory responses, Biol. Neonate 74, 402 (1998)

[75] S. Gelstein, Y. Yeshurun, L. Rozenkrantz, S. Shushan, I. Frumin, Y. Roth: Human tears contain a chemosignal, Science 331, 226-230 (2011)

[76] H.J. Hurley: The Eccrine Sweat Glands: Structure and Function, The Biology of the Skin (The Parthenon Publishing Group, New York 2001) pp. 47-76

[77] F. Noël, C. Piérard-Franchimont, G.E. Piérard, P. Quatresooz: Sweaty skin, background and assessments, Int. J. Dermatol. 51, 647-655 (2012)

[78] R.J. Auchus, W.E. Rainey: Adrenarche-physiology, biochemistry and human disease, Clin. Endocrinol. 60, 288-296 (2004)

[79] W. Montagna, P.F. Parakkal: The Structure and Function of Skin 3E, 3rd edn. (Academic, New York 1974)

[80] K. Sato: The mechanism of eccrine sweat secretion, Perspect. Exercise Sci. Sports Medicine 6, 85-118 (1993)

[81] K. Sato, F. Sato: Sweat secretion by human axillary apoeccrine sweat gland in vitro, Am. J. Physiol.-Regulat, Integrat. Comparat. Physiol. 252, R181-R187 (1987)

[82] A.J. Thody, S. Shuster: Control and function of sebaceous glands, Physiol. Rev. 69, 383-416 (1989)

[83] C.J. Harvey, R.F. LeBouf, A.B. Stefaniak: Formulation and stability of a novel artificial human sweat under conditions of storage and use, Toxicol. in vitro 24, 1790-1796 (2010)

[84] J.N. Labows, K.J. McGinley, A.M. Kligman: Perspectives on axillary odor, J. Soc. Cosmet. Chem. 34, 193-202 (1982)

[85] J.J. Leyden, K.J. McGinley, E. Hölzle, J.N. Labows, A.M. Kligman: The microbiology of the human axilla and its relationship to axillary odor, J. Invest. Dermatol. 77, 413-416 (1981)

[86] X.-N. Zeng, J.J. Leyden, A.I. Spielman, G. Preti: Analysis of characteristic human female axillary odors: Qualitative comparison to males, J. Chem. Ecol. 22, 237-257 (1996)

[87] C. Zeng, A.I. Spielman, B.R. Vowels, J.J. Leyden, K. Biemann, G. Preti: A human axillary odorant is carried by apolipoprotein D, Proc. Nat. Aca. Sci. 93, 6626-6630 (1996)

[88] X.-N. Zeng, J.J. Leyden, J.G. Brand, A.I. Spielman, K.J. McGinley, G. Preti: An investigation of human apocrine gland secretion for axillary odor precursors, J. Chem. Ecol. 18, 1039-1055 (1992)

[89] E.A. Grice, J.A. Segre: The skin microbiome, Nature Rev. Microbiol. 9, 244-253 (2011)

[90] D. Taylor, A. Daulby, S. Grimshaw, G. James, J. Mercer, S. Vaziri: Characterization of the microflora of the human axilla, Int. J. Cos. Sci. 25, 137-145 (2003)

[91] E.K. Costello, C.L. Lauber, M. Hamady, N. Fierer, J.I. Gordon, R. Knight: Bacterial community variation in human body habitats across space and time, Science 326, 1694-1697 (2009)

[92] Z. Gao, G.I. Perez-Perez, Y. Chen, M.J. Blaser: Quantitation of major human cutaneous bacterial and fungal populations, J. Clin. Microbiol. 48, 3575-3581 (2010)

[93] E.A. Grice, H.H. Kong, S. Conlan, C.B. Deming, J. Davis, A.C. Young, C.G. Bouffard, R.W. Blakesley, P.R. Murray, E.D. Green, M.L. Turner, J.A. Segre: NISC comp. seq. program: Topographical and temporal diversity of the human skin microbiome, Science 324, 1190-1192 (2009)

[94] A. Natsch, S. Derrer, F. Flachsmann, J. Schmid: A broad diversity of volatile carboxylic acids, released by a bacterial aminoacylase from axilla secretions, as candidate molecules for the determination of human-body odor type, Chem. Biodivers. 3, 1-20 (2006)

[95] M. Troccaz, G. Borchard, C. Vuilleumier, S. Raviot-Derrien, Y. Niclass, S. Beccucci, C. Starkenmann: Gender-specific differences between the concentrations of nonvolatile $(R)/(S)$-3-methyl-3-sulfanylhexan-1-Ol and $(R)/(S)$-3-hydroxy-3-methyl-hexanoic acid odor precursors in axillary secretions, Chem. Senses 34, 203-210 (2009)

[96] A.I. Mallet, K.T. Holland, P.J. Rennie, W.J. Watkins, D.B. Gower: Applications of gas chromatography-mass spectrometry in the study of androgen and odorous 16-androstene metabolism by human axillary bacteria, J. Chromatogra. B: Biomed. Sci. Appl. 562, 647-658 (1991)

[97] J.N. Labows: Odor detection, generation and etiology in the axilla. In: Antiperspirants and Deodorants, ed. by C. Felger, K. Laden (Marcell Dekker, New York 1988) pp. 321-343

[98] C. Austin, J. Ellis: Microbial pathways leading to steroidal malodour in the axilla, J. Steroid Biochem. Molecular Biol. 87, 105-110 (2003)

[99] D.B. Gower, K.T. Holland, A.I. Mallet, P.J. Rennie, W.J. Watkins: Comparison of 16-androstene steroid concentrations in sterile apocrine sweat and axillary secretions: Interconversions of 16-androstenes by the axillary microflora - a mechanism for axillary odour production in man?, J. Steroid Biochem. Molecular Biol. 48, 409-418 (1994)

[100] E. Fredrich, H. Barzantny, I. Brune, A. Tauch: Daily battle against body odor: Towards the activity of the axillary microbiota, Trends in Microbiol. 21, 305-312 (2013)

[101] C. Wedekind, T. Seebeck, F. Bettens, A.J. Paepke: The intensity of human body odors and the MHC: Should we expect a link?, Evolutionary Psychol. 4, 85-94 (2006)

[102] L. Secundo, K. Snitz, K. Weissler, L. Pinchover, Y. Shoenfeld, R. Loewenthal, N. Agmon-Levin, I. Frumin, D. Bar-Zvi, S. Shushan, N. Sobel: Individual olfactory perception reveals meaningful nonolfactory genetic information, Proc. Nat. Aca. Sci. US (2015), doi:10.1073/pnas.1424826112

[103] X.-N. Zeng, J.J. Leyden, H.J. Lawley, K. Sawano, I. Nohara, G. Preti: Analysis of characteristic odors from human male axillae, J. Chem. Ecol. 17, 1469-1492 (1991)

[104] K.T. Lübke, B.M. Pause: Always follow your nose: The functional significance of social chemosignals in human reproduction and survival, Horm. Behav. 68, 134-144 (2015)

[105] H.J. Hurley, W.B. Shelley: The Human Apocrine Sweat Gland in Health and Disease, American Lecture, Vol. 376 (C.C. Thomas, Springfield 1960)

[106] A. Kawahata: Sex differences in sweating. In: Essential Problems in Climatic Physiology, ed. by H. Yoshimura, S. Itoh, Y. Kuno, K. Ogato (Nankodi, Kyoto 1960) pp. 169-184

[107] R.A. McCance: Individual variations in response to high temperatures and to the production of experimental salt deficiency, The Lancet 232, 190-191 (1938)

[108] J. Rees, S. Shuster: Pubertal induction of sweat gland activity, Clin. Sci. 60, 689-692 (1981)

[109] R. Marples: The normal flora of different sites in the young adult, Curr. Med. Res. Opin. 7, 67 (1982)

[110] D.A. Somerville: The normal flora of the skin in different age groups, Br. J. Dermatol. 81, 248-258 (1969)

[111] P.J.H. Jackman, W.C. Noble: Normal axillary skin in various populations, Clin. Exp. Dermatol. 8, 259-268 (1983)

[112] G. Preti, W.B. Cutler, C.M. Christensen, H. Lawley, G.R. Huggins, C.-R. Garcia: Human axillary extracts: Analysis of compounds from samples which influence menstrual timing, J. Chem. Ecol. 13, 717-731 (1987)

[113] G. Preti, J.J. Leyden: Genetic influences on human body odor: From genes to the axillae, J. Invest. Dermatol. 130, 344-346 (2010)

[114] A. Martin, M. Saathoff, F. Kuhn, H. Max, L. Terstegen, A. Natsch: A functional ABCC11 allele is essential in the biochemical formation of human axillary odor, J. Invest. Dermatol. 130, 529-540 (2010)

[115] P.B. Singh: Chemosensation and genetic individuality, Reproduction 121, 529-539 (2001)

[116] K. Yamazaki, G.K. Beauchamp, A. Singer, J. Bard, E.A. Boyse: Odortypes: Their origin and composition, Proc. Nat. Aca. Sci. 96, 1522-1525 (1999)

[117] J.L. Tiwari, P.I. Terasaki: HLA and Disease Associations (Springer, New York 1985)

[118] M. Shirasu, K. Touhara: The scent of disease: Volatile organic compounds of the human body related to disease and disorder, J. Biochem. 150, 257-266 (2011)

[119] B. Palouzier-Paulignan, M.-C. Lacroix, P. Aimé, C. Baly, M. Caillol, P. Congar, A.K. Julliard, K. Tucker, D.A. Fadool: Olfaction under metabolic influences, Chem. Senses 37, 769-797 (2012)

[120] J. Havlicek, P. Lenochova: The effect of meat consumption on body odor attractiveness, Chem. Senses 31, 747-752 (2006)

[121] I. Frumin, O. Perl, Y. Endevelt-Shapira, A. Eisen, N. Eshel, I. Heller, M. Shemesh, A. Rvia, L. Sela, A. Arzi, N. Sobel: A social chemosignaling function for human handshaking, eLife 4, e05154 (2015)

[122] P. Lenochova, S.C. Roberts, J. Havlicek: Methods of human body odor sampling: The effect of freezing, Chem. Senses 34, 127-138 (2009)

[123] K.A. Prokop-Prigge, C.J. Mansfield, M.R. Parker, E. Thaler, E.A. Grice, C.J. Wysocki, G. Preti: Ethnic/racial and genetic influences on cerumen odorant profiles, J. Chem. Ecol. 41(1), 67-74 (2015)

[124] W.B. Shelley, H.J. Hurley, A.C. Nichols: Axillary odor: Experimental study of the role of bacteria, apocrine sweat, and deodorants, AMA Arch. Dermatol. Syphilol. 68, 430-446 (1953)

[125] D. Kohoutová, A. Rubešová, J. Havlíček: Shaving of axillary hair has only a transient effect on perceived body odor pleasantness, Behav. Ecol. Sociobiol. 66, 569-581 (2012)

[126] C. Starkenmann, B. Le Calvé, Y. Niclass, I. Cayeux, S. Beccucci, M. Troccaz: Olfactory perception of cysteine-S-conjugates from fruits and vegetables, J. Agric. Food Chem. 56, 9575-9580 (2008)

[127] M.L. Pelchat, C. Bykowski, F.F. Duke, D.R. Reed: Excretion and perception of a characteristic odor in urine after asparagus ingestion: A psychophysical and genetic study, Chem. Senses 836, 9-17 (2010), doi:10.1093/chemse/bjq081

[128] J.A. Mennella, A. Johnson, G.K. Beauchamp: Garlic ingestion by pregnant women alters the odor of amniotic fluid, Chem. Senses 20, 207-209 (1995)

[129] S. Kuukasjärvi, C.J.P. Eriksson, E. Koskela, T. Mappes, K. Nissinen, M.J. Rantala: Attractiveness of women's body odors over the menstrual cycle: The role of oral contraceptives and receiver sex, Behav. Ecol. 15, 579-584 (2004)

[130] J. Havlíček, R. Dvořáková, L. Bartoš, J. Flegr: Non-advertized does not mean concealed: Body odour changes across the human menstrual cycle, Ethol. 112, 81-90 (2006)

[131] J.N. Lundström, J.A. Boyle, R.J. Zatorre, M. Jones-Gotman: Functional neuronal processing of body odors differs from that of similar common odors, Cerebral Cortex 18, 1466-1474 (2008)

[132] J. Havlicek, S.C. Roberts, J. Flegr: Women's preference for dominant male odour: Effects of menstrual cycle and relationship status, Biol. Lett. 1, 256-259 (2005)

[133] C. Starkenmann, N. Yvan: Enzyme-and microorganism-guided discovery of natural sulfur compound precursors, Flavour Science: Proc. XIII Weurman Flavour Res. Symp. (2013) p. 307

[134] B.M. Pause, A. Ohrt, A. Prehn, R. Ferstl: Positive emotional priming of facial affect perception in females is diminished by chemosensory anxiety signals, Chem. Senses 29, 797-805 (2004)

[135] P. Dalton, C. Mauté, C. Jaén, T. Wilson: Chemosignals of stress influence social judgments, PLoS One 8, e77144 (2013)

[136] K. Spiegel, R. Leproult, E. Van Cauter: Impact of sleep debt on metabolic and endocrine function, The Lancet 354, 1435-1439 (1999)

[137] R.L. Doty, P.A. Green, C. Ram, S.L. Yankell: Communication of gender from human breath odors: Relationship to perceived intensity and pleasantness, Horm. Behav. 16, 13-22 (1982)

[138] R.L. Doty, M.M. Orndorff, J. Leyden, A. Kligman: Communication of gender from human axillary odors: Relationship to perceived intensity and hedonicity, Behav. Biol. 23, 373-380 (1978)

[139] R.H. Porter, J.M. Cernoch, F.J. McLaughlin: Maternal recognition of neonates through olfactory cues, Physiol. Behav. 30, 151-154 (1983)

[140] C. Wedekind, S. Füri: Body odour preferences in men and women: Do they aim for specific MHC combinations or simply heterozygosity?, Proc. R. Soc. Lond. Series B: Biol. Sci. 264, 1471-1479 (1997)

[141] C. Wedekind, T. Seebeck, F. Bettens, A.J. Paepke: MHC-dependent mate preferences in humans, Proc. R. Soc. Lond. Series B: Biol. Sci. 260, 245-249 (1995)

[142] S.C. Roberts, L.M. Gosling, V. Carter, M. Petrie: MHC-correlated odour preferences in humans and the use of oral contraceptives, Proc. R. Soc. B: Biol. Sci. 275, 2715-2722 (2008)

[143] A. Rikowski, K. Grammer: Human body odour, symmetry and attractiveness, Proc. R. Soc. Lond. B: Biol. Sci. 266, 869-874 (1999)

[144] D. Singh, P.M. Bronstad: Female body odour is a potential cue to ovulation, Proc. R. Soc. Lond. B: Biol. Sci. 268, 797-801 (2001)

[145] S. Sandgruber, D. Much, U. Amann-Gassner, H. Hauner, A. Buettner: Sensory and molecular characterisation of the protective effect of storage at −80℃ on the odour profiles of human milk, Food Chem. 130, 236-242 (2012)

[146] J. Spitzer, A. Buettner: Characterization of aroma changes in human milk during storage at −19℃, Food Chem. 120, 240-246 (2010)

[147] R.J. Zatorre, M. Jones-Gotman, A.C. Evans, E. Meyer: Functional Localization and Lateralization of Human Olfactory Cortex, Nature 360 (6402), 339-340 (1992)

[148] J. Seubert, J. Freiherr, J. Djordjevic, J.N. Lundström: Statistical localization of human olfactory cortex, Neuroimage 66, 333-342 (2013)

[149] U. Dimberg, A. Öhman: The effects of directional facial cues on electrodermal conditioning to facial stimuli, Psychophysiol. 20, 160-167 (1983)

[150] J.S. Morris, A. Öhman, R.J. Dolan: A subcortical pathway to the right amygdale mediating unseen fear, Proc. Nat. Aca. Sci. 96, 1680-1685 (1999)

[151] H.T. Schupp, A. Öhman, M. Junghöfer, A.I. Weike, J. Stockburger, A.O. Hamm: The facilitated processing of threatening faces: An ERP analysis, Emotion 4, 189 (2004)

[152] P. Belin, S. Fecteau, C. Bedard: Thinking the voice: Neural correlates of voice perception, Trends in Cognitive Sci. 8, 129-135 (2004)

[153] J.V. Haxby, E.A. Hoffman, M.I. Gobbini: Human neural systems for face recognition and social communication, Biol. Psychiatry 51, 59-67 (2002)

[154] J. Djordjevic, R.J. Zatorre, M. Petrides, J.A. Boyle, M. Jones-Gotman: Functional neuroimaging of odor imagery, Neuroimage 24, 791-801 (2005)

[155] J.A. Gottfried, A.P.R. Smith, M.D. Rugg, R.J. Dolan: Remembrance of odors past: Human olfactory cortex in cross-modal recognition memory, Neuron 42, 687-695 (2004)

[156] J.P. Royet, J. Hudry, D.H. Zald, D. Godinot, M.C. Grégoire, F. Lavenne, N. Costes, A. Holey: Functional neuroanatomy of different olfactory judgments, Neuroimage 13, 506-519 (2001)

[157] J.-P. Royet, O. Koenig, M.-C. Gregoire, L. Cinotti, F. Lavenne, D. Le Bars, N. Costes, M. Vigouroux, V. Farget, G. Sicrd: A. holeey, F. Mauguière, D. Comar, J.C. Fromemt: Functional anatomy of perceptual and semantic processing for odors, J. Cognitive Neurosci. 11, 94-109 (1999)

[158] R.J. Zatorre, M. Jones-Gotman, C. Rouby: Neural mechanisms involved in odor pleasantness and intensity judgments, Neuroreport 11, 2711-2716 (2000)

[159] S. Dilger, T. Straube, H.-J. Mentzel, C. Fitzek, J.R. Reichenbach, H. Hecht, S. Krieschel, I. Gutberlet, W.H. Mittner: Brain activation to phobia-related pictures in spider phobic humans: An event-related functional magnetic resonance imaging study, Neurosci. Lett. 348, 29-32 (2003)

[160] M.L. Seghier: The angular gyrus multiple functions and multiple subdivisions, The Neuroscientist 19, 43-61 (2013)

[161] J. Driver, T. Noesselt: Multisensory interplay reveals crossmodal influences on sensory-specific brain regions, neural responses, and judgments, Neuron 57, 11-23 (2008)

[162] S. Arzy, G. Thut, C. Mohr, C.M. Michel, O. Blanke: Neural basis of embodiment: Distinct contributions of temporoparietal junction and extrastriate body area, J. Neurosci. 26, 8074-8081 (2006)

[163] O. Blanke, C. Mohr, C.M. Michel, A. Pascual-Leone, P. Brugger, M. Seeck, T. Landis, G. Thut: Linking out-of-body experience and self processing to mental own-body imagery at the temporoparietal junction, J. Neurosci. 25, 550-557 (2005)

[164] O. Blanke, T. Landis, L. Spinelli, M. Seeck: Out-of-body experience and autoscopy of neurological origin, Brain 127, 243-258 (2004)

[165] O. Blanke, S. Ortigue, T. Landis, M. Seeck: Neuropsychology: Stimulating illusory own-body perceptions, Nature 419, 269-270 (2002)

[166] R. Desimone, J. Duncan: Neural mechanisms of selective visual attention, Annual Rev. Neurosci. 18, 193-222 (1995)

[167] C.N.L. Olivers, J. Peters, R. Houtkamp, P.R. Roelfsema: Different states in visual working memory: When it guides attention and when it does not, Trends in Cognitive Sci. 15, 327-334 (2011)

[168] S.M. Polyn, K.A. Norman, M.J. Kahana: A context maintenance and retrieval model of organizational processes in free recall, Psychol. Rev. 116, 129 (2009)

[169] M. Johns, M. Inzlicht, T. Schmader: Stereotype threat and executive resource depletion: Examining the influence of emotion regulation, J. Exp. Psychol.: Gen. 137, 691 (2008)

[170] S.M. McClure, M.M. Botvinick, N. Yeung, J.D. Greene, J.D. Cohen: Conflict monitoring in cognition-emotion competition. In: Handbook of Emotion Regulation, ed. by J.J. Gross (Taylor Francis, New York 2007) pp. 204-226

[171] M.A. Cato, B. Crosson, D. Gökçay, D. Soltysik, C. Wierenga, K. Gopinath, N. Hime, H. Belanger, R.M. Baner, I.S. Fischler, L. Gonzales- Rothi, R.W. Briggs: Processing words with emotional connotation: An FMRI study of time course and laterality in rostral frontal and retrosplenial cortices, J. Cognitive Neurosci. 16, 167-177 (2004)

[172] S.D. Vann, J.P. Aggleton, E.A. Maguire: What does the retrosplenial cortex do?, Nature Rev. Neurosci. 10, 792-802 (2009)

[173] L. van der Meer, S. Costafreda, A. Aleman, A.S. David: Self-reflection and the brain: A theoretical review and meta-analysis of neuroimaging studies with implications for schizophrenia, Neurosci. Biobehav. Rev. 34, 935-946 (2010)

[174] G. Northoff, A. Heinzel, M. de Greck, F. Bermpohl, H. Dobrowolny, J. Panksepp: Self-referential processing in our brain - A meta-analysis of imaging studies on the self, Neuroimage 31, 440-457 (2006)

[175] B.S. McEwen: Physiology and neurobiology of stress and adaptation: Central role of the brain, Physiol. Rev. 87, 873-904 (2007)

[176] H. Selye: The stress concept, Can. Med. Assoc. J. 115, 718 (1976)

[177] M. Dicke, R.M.P. van Poecke, J.G. de Boer: Inducible indirect defence of plants: From mechanisms to ecological functions, Basic and Appl, Ecology 4, 27-42 (2003)

[178] J.M. Mateo, R.E. Johnston: Kin recognition and the armpit effect: Evidence of self-referent phenotype matching, Proc. R. Soc. Lond. Series B: Biol. Sci. 267, 695-700 (2000)

[179] T. Lord, M. Kasprzak: Identification of self through olfaction, Percept. motor skills 69, 219-224 (1989)

[180] B.M. Pause, K. Krauel, B. Sojka, R. Ferstl: Body odor evoked potentials: A new method to study the chemosensory perception of self and non-self in humans, Genetica 104, 285-294 (1998)

[181] R.M. Sullivan: Developing a sense of safety, Annals N. Y. Academy Sci. 1008, 122-131 (2003)

[182] J. Bowlby: Attachment and Loss, Volume I: Attachment (Basic Books, New York 1969)

[183] M.S. Ainsworth: Infant-mother attachment, Am. Psycholog. 34, 932 (1979)

[184] M. Kaitz, A. Good, A.M. Rokem, A.I. Eidelman: Mothers' recognition of their newborns by olfactory cues, Dev. Psychobiol. 20, 587-591 (1987)

[185] M.J. Russell, T. Mendelson, H.V.S. Peek: Mother's identification of their infant's odors, Ethol. Sociobiol. 4, 29-31 (1983)

[186] H. Selye: Stress in Health and Disease (Butterworth-Heinemann, Boston 1976)

[187] K. Ackerl, M. Atzmueller, K. Grammer: The scent of fear, Neuroendocrinol. Lett. 23, 79-84 (2002)

[188] B.M. Pause, K. Lübke, J.H. Laudien, R. Ferstl: Intensified neuronal investment in the processing of chemosensory anxiety signals in non-socially anxious and socially anxious individuals, PLoS One 5, e10342 (2010)

[189] A. Öhman, S. Mineka: Fears, phobias, and preparedness: Toward an evolved module of fear and fear learning, Psychol. Rev. 108, 483 (2001)

[190] J. Tooby, L. Cosmides: The past explains the present: Emotional adaptations and the structure of ancestral environments, Ethol. Sociobiol. 11, 375-424 (1990)

[191] W.K. Berg, M.T. Balaban: Startle elicitation: Stimulus parameters, recording techniques, and quantification. In: Startle Modification: Implications for Neuroscience, Cognitive Science, and Clinical Science, (Cambridge Univ. Press, New York 1999) pp. 21-50

[192] L. Alho, S.C. Soares, J. Ferreira,M. Rocha, C.F. Silva, M.J. Olsson: Nosewitness identification: Effects of negative emotion, PloS one 10(3), e0121012 (2015)

[193] S. Mineka, A. Öhman: Phobias and preparedness: The selective, automatic, and encapsulated nature of fear, Biol. Psychiatry 52, 927-937 (2002)

[194] A. Flykt: Preparedness for action: Responding to the snake in the grass, Am. J. Psychol. 119(1), 29-43 (2006)

[195] A. Öhman, A. Flykt, F. Esteves: Emotion drives attention: Detecting the snake in the grass, J. Experiment. Psychol.: Gen. 130, 466 (2001)

[196] D.R. Bach, H. Schächinger, J.G. Neuhoff, F. Esposito, F. Di Salle, C. Lehmann, M. Herdener, K. Scheffler, E. Seifritz: Rising sound intensity: An intrinsic warning cue activating the amygdala, Cerebral Cortex 18, 145-150 (2008)

[197] J.H.B. De Groot, G.R. Semin, M.A.M. Smeets: I can see, hear, and smell your fear: Comparing olfactory and audiovisual media in fear communication, J. Experiment. Psychol.: Gen. 143, 825 (2014)

[198] J.M. Susskind, D.H. Lee, A. Cusi, R. Feiman, W. Grabski, A.K. Anderson: Expressing fear enhances sensory acquisition, Nature Neurosci. 11, 843-850 (2008)

[199] E. Hatfield, J.T. Cacioppo, R.L. Rapson: Emotional Contagion: Studies in Emotion and Social Interaction (Cambridge Univ. Press, New York 1994)

[200] D. Keltner, A.M. Kring: Emotion, social function, and psychopathology, Rev. Gen. Psycholo. 2, 320 (1998)

[201] L. Sartori, S. Betti, U. Castiello: When mirroring is not enough: That is, when only a complementary action will do (the trick), Neuroreport 24, 601-604 (2013)

[202] T. Singer, C. Lamm: The social neuroscience of empathy, Annals N. Y. Acad. Sci. 1156, 81-96 (2009)

[203] U. Dimberg: Facial expressions as excitatory and inhibitory stimuli for conditioned autonomic responses, Biol. Psychol. 22, 37-57 (1986)

[204] M.M. Strauss, N. Makris, I. Aharon, M.G. Vangel, J. Goodman, D.N. Kennedy, G.P. Gasic, H.C. Brieter: fMRI of sensitization to angry faces, Neuroimage 26, 389-413 (2005)

[205] N.H. Frijda: The Emotions (Cambridge Univ. Press, Cambridge 1986)

[206] D. Adolph, S. Schlösser, M. Hawighorst, B.M. Pause: Chemosensory signals of competition increase the skin conductance response in humans, Physiol. Behav. 101, 666-671 (2010)

[207] B.M. Pause, K. Krauel, C. Schrader, B. Sojka, E. Westphal, W. Müller-Ruchholtz, R. Ferstl: The human brain is a detector of chemosensorily transmitted HLA-class I-similarity in same-and opposite-sex relations, Proc. R. Soc. B: Biol. Sci. 273, 471-478 (2006)

[208] S.T. Carmichael, M.C. Clugnet, J.L. Price: Central olfactory connections in the macaque monkey, J. Comparat. Neurol. 346, 403-434 (1994)

[209] K. McAlonan, J. Cavanaugh, R.H. Wurtz: Guarding the gateway to cortex with attention in visual thalamus, Nature 456, 391-394 (2008)

[210] J. Plailly, J.D. Howard, D.R. Gitelman, J.A. Gottfried: Attention to odor modulates thalamocortical connectivity in the human brain, J. Neurosci. 28, 5257-5267 (2008)

[211] J.N. Lundström, A. Mathe, B. Schaal, J. Frasnelli, K. Nitzsche, J. Gerber, T. Hummel: Maternal status regulates cortical responses to the body odor of newborns, Front. Psychol. 4, 597 (2013)

[212] S. Nishitani, S. Kuwamoto, A. Takahira, T. Miyamura, K. Shinohara: Maternal prefrontal cortex activation by newborn infant odors, Chem. Senses 39, 195-202 (2014)

[213] C. Darwin: The Expression of Emotions in Animals and Man (Murray, London 1872)

[214] B. Schaal, L. Marlier: Maternal and paternal perception of individual odor signatures in human amniotic fluid-potential role in early bonding?, Biol. Neonate 74, 266-273 (1998)

[215] J. LeDoux: Rethinking the emotional brain, Neuron 73, 653-676 (2012)

[216] N.J. Shah, J.C. Marshall, O. Zafiris, A. Schwab, K. Zilles, H.J. Markowitsch, G.R. Fink: The neural correlates of person familiarity A functional magnetic resonance imaging study with clinical implications, Brain 124, 804-815 (2001)

[217] P.E. Downing, Y. Jiang, M. Shuman, N. Kanwisher: A cortical area selective for visual processing of the human body, Science 293, 2470-2473 (2001)

[218] M. Fiorio, P. Haggard: Viewing the body prepares the brain for touch: Effects of TMS over somatosensory cortex, Eur. J. Neurosci. 22, 773-777 (2005)

[219] J.S. Morris, A. Öhman, R.J. Dolan: Conscious and unconscious emotional learning in the human amygdala, Nature 393, 467-470（1998）

[220] P.J. Whalen, S.L. Rauch, N.L. Etcoff, S.C. McInerney, M.B. Lee, M.A. Jenike: Masked presentations of emotional facial expressions modulate amygdala activity without explicit knowledge, J. Neurosci. 18, 411-418（1998）

[221] H. Yamasaki, K.S. LaBar, G. McCarthy: Dissociable prefrontal brain systems for attention and emotion, Proc. Nat. Aca. Sci. 99, 11447-11451（2002）

[222] A.J. Calder, A.D. Lawrence, A.W. Young: Neuropsychology of fear and loathing, Nature Rev, Neurosci 2, 352-363（2001）

[223] B. Wicker, C. Keysers, J. Plailly, J.-P. Royet, V. Gallese, G. Rizzolatti: Both of us disgusted in my insula: The common neural basis of seeing and feeling disgust, Neuron 40, 655-664（2003）

[224] V. Baur, J. Hänggi, N. Langer, L. Jäncke: Resting-state functional and structural connectivity within an insula - Amygdala route specifically index state and trait anxiety, Biol. Psychiatry 73, 85-92（2013）

[225] P.J. Lang, M. Davis: Emotion, motivation, and the brain: Reflex foundations in animal and human research, Prog. brain res. 156, 3-29（2006）

[226] F. Bonini, B. Burle, C. Liégeois-Chauvel, J. Régis, P. Chauvel, F. Vidal: Action monitoring and medial frontal cortex: Leading role of supplementary motor area, Sci. 343, 888-891（2014）

[227] A.M. Proverbio, A. Zani, R. Adorni: Neural markers of a greater female responsiveness to social stimuli, BMC Neurosci. 9, 56（2008）

[228] W. Li, J.D. Howard, T.B. Parrish, J.A. Gottfried: Aversive learning enhances perceptual and cortical discrimination of indiscriminable odor cues, Sci. 319, 1842-1845（2008）

[229] D. Adolph, L.Meister, B.M. Pause: Context counts!, social anxiety modulates the processing of fearful faces in the context of chemosensory anxiety signals, Front. Human Neurosci. 7, 283（2013）

[230] J.E. LeDoux: Coming to terms with fear, Proc. Natl. Acad. Sci. 111, 2871-2878（2014）

[231] D. Sander, J. Grafman, T. Zalla: The human amygdala: An evolved system for relevance detection, Revi. Neurosci. 14, 303-316（2003）

[232] A. Vyas, S.-K. Kim, N. Giacomini, J.C. Boothroyd, R.M. Sapolsky: Behavioral changes induced by Toxoplasma infection of rodents are highly specific to aversion of cat odors, Proc. Natl. Acad. Sci. 104 6442-6447（2007）

[233] A.R. Radulescu, L.R. Mujica-Parodi: Human gender differences in the perception of conspecific alarm chemosensory cues, PLoS one 8, e68485（2013）

[234] S. Wetter, J. Polich, C. Murphy: Olfactory, auditory, and visual ERPs from single trials: No evidence for habituation, Int. J. Psychophysiol. 54, 263-272（2004）

[235] J.K. Olofsson, E. Ericsson, S. Nordin: Comparison of chemosensory, auditory and visual event-related potential amplitudes, Scand. J. Psychol. 49, 231-237（2008）

[236] B.M. Pause, K. Krauel: Chemosensory event-related potentials（CSERP）as a key to the psychology of odors, Int. J. Psychophysiol. 36, 105-122（2000）

[237] A. Poellinger, R. Thomas, P. Lio, A. Lee, N. Makris, B.R. Rosen, K.K. Kwong: Activation and habituation in olfaction-an fMRI study, Neuroimage 13, 547-560（2001）

[238] D.A. Wilson: Odor specificity of habituation in the rat anterior piriform cortex, J. Neurophysiol. 83, 139-145（2000）

[239] R.A. Cohen, R.F. Kaplan, M.-E. Meadows, H. Wilkinson: Habituation and sensitization of the orienting response following bilateral anterior cingulotomy, Neuropsychol 32, 609-617（1994）

[240] D.P. Kennedy, R. Adolphs: The social brain in psychiatric and neurological disorders, Trends in Cognitive Sci. 16, 559-572（2012）

[241] K.T. Lübke, I. Croy, M. Hoenen, J. Gerber, B.M. Pause, T. Hummel: Does human body odor represent a significant and rewarding social signal to individuals high in social openness?, PLoS One 9, e94314（2014）

[242] American Psychiatric Association: Diagnostic and Statistical Manual of Mental Disorders, Fifth Edition（DSM-5）edn. （ManMag, Arlington 2003）

[243] V. Parma, M. Bulgheroni, R. Tirindelli, U. Castiello: Facilitation of action planning in children with autism: The contribution of the maternal body odor, Brain and Cognition 88, 73-82 (2014)

[244] V. Parma, M. Bulgheroni, R. Tirindelli, U. Castiello: Body odors promote automatic imitation in autism, Biol. Psychiatry 74, 220-226 (2013)

[245] B.M. Pause, D. Adolph, A. Prehn-Kristensen, R. Ferstl: Startle response potentiation to chemosensory anxiety signals in socially anxious individuals, Int. J. Psychophysiol. 74, 88-92 (2009)

[246] K. Kobayakawa, R. Kobayakawa, H. Matsumoto, Y. Oka, T. Imai, M. Ikawa, M. Okabe, T. Ikeda, S. Itohara, T. Kikusi, U. Mori, H. Sakano: Innate versus learned odour processing in the mouse olfactory bulb, Nature 450, 503-508 (2007)

[247] R.I.M. Dunbar, S. Shultz: Evolution in the social brain, Sci. 317, 1344-1347 (2007)

[248] C.J. Wysocki, G. Preti: Facts, fallacies, fears, and frustrations with human pheromones, The Anatomical Record Part A: Discoveries in Molecular, Cellular, and Evolutionary, Biol 281, 1201-1211 (2004)

第 47 章　人体化学感受交流

社会交流是人类的一种基本需求，研究结果持续表明，人类可通过化学信号传达多种社交信息。简言之，本章将介绍通过体液传送的化学物质以及处理社交化学信号的感知系统。然后，介绍人类尚未发现的信息素。通常在人体中进行认定的信息素研究，不考虑化学交流的生物学基础，研究人员似乎是在无任何理论背景的情况下，随机研究挥发性物质。但是，研究将提供证据表明，使用天然体液（例如，汗）作为化学信号的来源，已经能充分阐述化学感受交流。人类可以解码关于免疫遗传图谱的信息，并从其他个体汗液的挥发物中感知性激素水平。研究者认为这些化学信号会影响配偶的选择。但是，对信号接收也取决于感知者的性取向。此外，近亲和母婴之间交流的识别包括化学信号的释放和解码。这两种现象都是形成社交联系和危害保护的重要前提。最后，将列出人的应激和焦虑交流，作为化学信号传播情绪状态的例子。本章结束时，我们将探讨化学感受交流是否是一种保护我们免于某些精神障碍的技能。

47.1　个体间交流

47.1.1　社交交流

与大多数哺乳动物一样，人类在本质上具有社交性。社交隔离和孤独是人类死亡的主要风险因素[1,2]。社交隔离对人类健康的影响与高血压、肥胖或吸烟的影响相当[3]5。社交排斥会导致认知能力下降和智力思维减弱[4]，在人类大脑中的处理方式类似于身体疼痛[5-7]。在社交隔离的成年小鼠中，前额皮层（PFC）少突胶质细胞的髓鞘形成受损[8]。因此，避免孤独似乎是人类的基本驱动力，而群体生活可能是系统发育生存的强制性因素。事实上，社会性大脑假说假设捕食风险（通过群外成员或捕食动物）是灵长类动物群体生活的最终原因[9]。反过来，社会复杂性（例如，群体大小、梳理集团大小、联盟频率和社交集会的盛行）可能是类人猿灵长类大脑皮层容量发展的主要推动者[10]。社会富裕需要发展行为灵活性，这反过来又是形成稳定的社会纽带所必需的。在类人灵长类动物中，关系包括一种形式的结合，这种结合只在其他地方的生殖配对结合中才能找到。除此之外，长期友谊的形成是人类和其他类人灵长类动物所独有的，并且与我们新皮层的大小有着内在的联系。

与复杂的社会信息的处理需要更大的大脑的考虑一致的是，专门的神经网络的发育可以负责社会信息的处理[11]。已有研究表明，对其他人面部表情的感知不同于对普通视觉对象（梭形脸部区域[12,13]）的感知，而且对面孔的记忆是专门化的、整体性的、不依赖于海马的[14]。此外，社交接触可能也被处理为一种独特的社交信号[15,16]。最后，像同情这样的社交情感需要特殊的神经元转接来处理，这与普通的非社会情感不同[17]。

47.1.2　化学感受交流

成功的社交交流基于感觉信号的发出和处理，包括语言、触摸、生物运动、面部表情和化学感受信号。其中，人类对化学感受交流所知最少，通常是通过提及其他一些物种可能有着比人类更敏锐的嗅觉这一事实来论证的。然而，最近的研究可以证明，在人类种属中，嗅觉的分辨率可能高于视觉或听觉[18]。人类能够辨识多达 700 万种颜色和约 34 万种音调，但是，他们能够辨识至少一万亿(10^{12})种气味。因此，人类的化学感受远远比视觉或听觉更灵敏。

与其他感觉相比，化学感受交流具有若干优势[19]。化学感受信号可以在黑暗中使用，并且很容易穿过障碍。根据分子的挥发性，化学感受信号可以在非常长的距离上传递信息。相比之下，尽管释放者已经消失，低挥发性分子仍可保留与释放时相同的信息[20]。此外，由于社交化学信号通常会基于特定的分子混合物，因此，社交信号的潜在数量极高。

由于通过化学信号进行交流有着这些优势，哺乳动物可能在大约 2 亿年前就形成了高识别度的嗅觉。特别是对那些早期夜间活动以避免被肉食动物(恐龙)吞食的哺乳动物来说，在黑暗环境中使用嗅觉就具有特别重要的意义[21]。分析和处理复杂嗅觉环境能力的提高被认为是哺乳动物独特大脑形成的最终驱动力(通过哺乳动物头骨 X 射线计算机断层扫描评估)[22]957：

...起初，原始哺乳动物的大脑与其最接近的已消失同类的具体区别在于其高度灵敏的嗅觉，因为这种能力探索了一个由气体和气味主导的信息世界，其复杂程度之高无与伦比。

令人惊讶的是，智人的最终大脑形成期可以以相似的方式进行解释：根据对颅内形态的三维几何形态测定分析，据报告与 H.尼安德特人相比，现代人类表现出较大的嗅球，相对较宽的眶额皮层和较多的颞叶[23]。根据作者的观点，智人的进化可能倾向于嗅觉相关神经元回路的进化。化学感受技能对于社交的最佳策略发展(例如，交流与生殖相关的情绪或信息)特别重要，反过来又支持了现代人类的生存。因此，人类化学感受交流中，似乎纳入了大脑尺寸的两个主要促进剂(社交和化学感受信号)。

下文将对与人体化学感受交流有关的结果进行回顾。将避免使用术语信息素，因为对其含义尚未达成广泛的共识[19,24]。相反，首选中性的术语：体味信号或化学信号。信号可以定义为由发送者生成、发出并携带给接收者消息的刺激。与可能携带或不携带相关信息的纯刺激相反，社交信号总是能在两个个体之间传达特定的信息。

47.2　人体中化学物质的释放

鉴于已经有许多优秀的综述类文章总结了人类社交化学信号的潜在来源(第 46 章)，此处仅对当前的认识状态进行简要总结。

通常认为人类的社交化学信号具有挥发性，但也有可能存在例外[26]。挥发性分子的来源是任何类型的体液[27]（例如，汗、尿、阴道分泌物、精液和泪液）。人体大多数研究集中在腋下大汗腺和顶泌汗腺的分泌物上[28]。能导致明显的典型腋味产生的物质有四类。第一类包括不饱和或羟基化的支链脂肪酸，如 (E)-3-甲基-2-己烯酸（3M2H），构成了典型腋味的主成分[29]。3M2H 通过大汗腺分泌的气味结合蛋白携带至皮肤表面，然后由腋下细菌降解产生[30]。第二类主要气味成分为硫醇，如 3-甲基-3-巯基-1-己醇（3M3SH），是具有高挥发性和极低觉察阈值的分子[31-33]。第三类包括短链脂肪酸，如丙酸、丁酸和异戊酸[34]。异戊酸由微球菌和革兰氏阴性细菌降解产生，可能导致汗样气味[35]。

第四组化合物是代表麝香或尿样气味的雄激素类固醇[34]，如 5α-雄甾烯-16-烯-3-酮（雄烯酮）、$5\alpha(\beta)$-雄甾烯-16-烯-3α-醇（雄烯醇）和 4,16-雄二烯-3-酮（雄烯二酮）。在人体睾丸以及人体腋下，雄烯醇由雄烯酮代谢，雄烯酮又由雄烯二酮代谢[36]。由于无臭睾酮见于大汗腺分泌物中，雄激素类固醇（16-雄烯二酮）可能源于睾酮代谢。然而，腋下细菌（如需氧棒状体）仅将睾酮直接转化为双氢睾酮、雄烷二酮和雄烯二酮，而不能直接转化为 16-雄烯二酮。因此，研究者认为有气味的雄激素类固醇的代谢相当复杂，涉及许多相互转化[37]。女性中，16-雄甾烯的来源很可能是肾上腺和卵巢[34]。不同个体大汗腺分泌的汗液中 16-雄甾烯的量存在相当大的差异[38]。然而，雄烯酮和雄烯醇在男性体内的浓度高于女性[34,39]。

综上所述，腋汗内单个化合物混合物由以下因素决定：①大汗腺和顶泌汗腺释放的单个分子的量，这在某种程度上又依赖于激素（例如，性腺和肾上腺中）作为前体的形成。②腋窝菌群的组成，负责将无味的前体分子代谢为有气味的分子（例如，16-雄甾烯）。③转运长链脂肪酸的载体蛋白的可用性（例如，3M2H）。④*ABCC11* 基因中的一种特异性突变[40]。*ABCC11* 基因单核苷酸多态性（SNP）538G→A 为纯合子的个体，酸性腋臭明显减少[41]。ABCC11 蛋白在大汗腺中表达并定位，似乎参与形成谷氨酰胺（腋臭的前体）。

47.3　人类对社交化学信号的感知

由于本手册有几个章节详细描述了人类对环境化学物质的感知系统，此处我将简要介绍社交化学信号是否可能通过非嗅觉系统处理。

寻找负责社交化学信号传导的化学感受器时，应该考虑 4 个不同的系统：初级嗅觉系统、三叉神经系统、格吕内贝格（grueneberg）神经节（GG）细胞和痕量胺相关受体（TAARs）。前两个系统为非特异性系统，处理或是有气味的（嗅觉系统）或是凉的、辛辣的或刺激性的（三叉神经系统）挥发性化学物质，后两个系统可特异性处理社交化学信号。犁鼻器（VNO）在成人中没有已证实的功能。

尽管汗液中含有许多能够激活三叉神经系统的物质（脂肪酸、乳酸和尿酸），但复杂的社交化学信号（体味）似乎并非主要由三叉神经系统处理[42,43]。

然而，嗅觉系统很可能参与了身体气味的处理。主嗅觉系统可细分为感觉神经元级、嗅球和嗅觉皮层。研究者认为每个嗅觉感觉神经元（OSN）仅表达一种类型的嗅觉受体，对某些分子特征具有高度特异性，但也耐受其他分子特征[44]。主嗅球是嗅觉通路的第一个中继站，在此过程中，感觉神经元的轴突与被称为丝球体结构内的二级神经元(僧帽细胞和簇状细胞)和中间神经元(丝球体周围细胞)的树突形成突触。从嗅球开始，嗅觉信息传递到初级嗅觉皮层的结构(前嗅觉核、梨状皮层、嗅觉结节、内嗅皮层、杏仁核)[45-47]。神经形成是嗅觉系统的核心特征[48-50]。OSN 通过局部祖细胞处于恒定更新状态。此外，成年哺乳动物的两个大脑区域，侧脑室的室下区(SVZ)和海马的颗粒下区(SGZ)连续发生神经形成。SVZ 生成的神经元迁移至嗅球内，而在 SGZ 生成的神经元迁移至齿状回内。

小鼠特异性 OSNs 和延髓丝球体对具有生物学意义的气味(污损食物和捕食气味)有本能反应[51]。此外，小鼠对捕食者(fox)气味的回避反应需要 SGZ 和 SVZ 神经元的持续性神经形成[52]。这种神经形成似乎也是物种内部化学交流所必需的，因为在缺乏神经形成的小鼠中，嗅觉依赖性和内在程序化(例如，雄性攻击行为、雌性妊娠和哺乳行为)的性别特异性反应严重受损[52]。

已在多种哺乳动物(包括啮齿类动物、食肉动物和人类)中观察到另一种化学感受系统——GG，可能特别涉及社交化学感受知觉。在小鼠中，GG 位于鼻尖，接近鼻孔入口。感觉神经元的轴突在主嗅球中投射到一组特殊的丝球体——系带丝球体[53]，该组丝球体不同于通常由 OSNs 神经支配的丝球体。在小鼠中，GG 受体对应激特异性释放的警报信息素敏感[54]。最近的研究表明，小鼠 GG 也对捕食者的气味有反应，这种气味代表了与小鼠警报信息素相似的化学特征[54]。作者得出结论，GG 可能代表危险处理的化学感受的子系统。

已在小鼠[55]和人嗅上皮[56,57]中检测到 TAARs，但据表述也能在 GG 细胞上表达[58]。小鼠中，TAARs 对同类食肉动物的气味和从尿液中释放的挥发性胺类产生应答，并触发回避相关的运动行为[59]。因此，TAAR 也可能在人体中处理重要的社交信号。

在包括哺乳动物在内的许多脊椎动物中，VNO 参与了社交化学信号的检测[60]。20 世纪 90 年代，一个工作组报道借助许多所谓的犁骨外激素(vomeropherins)能激活人的 VNO[61-63]。据报道，这些物质(如雄烯二酮、雌四烯醇、雌四烯醇乙酸酯和妊娠二酮)能以性别特异性方式改变情绪以及内分泌和生理状态。由于这些出版物表明人体内确实存在信息素[64]，许多研究人员开始研究这些物质对人体的可能信息素效应。然而，无法证实人 VNO 是一种功能性感觉器官。寻找人体中的 VNO 显示，不存在感觉细胞、功能受体、与大脑的连接和副嗅球，在这些神经中，犁鼻神经将终止[19,25,65,66]。已发现一个 VNO 受体基因在人类嗅上皮中表达[67]，但其功能意义受到强烈质疑[19]。但是，VNO 并非哺乳动物社交交流所必需的，已证实社交化学信号对同类行为和生理的某些影响依赖主嗅觉系统[68,69]。此外，由于 VNO 还处理非社交气味[70]，其功能仍有待了解[71]。迄今为止仍存在的主要问题是，尽管尚未证明犁骨外激素能够刺激信息素检测器官，但仍在对其进行研究。

总之，社交化学信号似乎至少部分在特殊的神经系统中处理，与其他模式的社交信号相似。GG 细胞和 TAARs 是处理社交化学信号方面很有前景的候选物。

47.4　单分子的化学感受交流

1959 年，引入了术语信息素，以增进对昆虫交流的了解[72]。此后，通常认为信息素是单分子物质，在同类中释放以引发固定行为或生理机能。但是，同时大量的研究已经证明，在包括昆虫在内的各门之间，信息素通常是分子混合物，很少是单一物质[19]。因此，很难理解仅在人体中发挥信息素作用的物质是单分子的。然而，已发表了大量关于推定的人类信息素的论文。下文将对这些研究进行总结，这些研究是结果和结论存在巨大不一致的例子。

47.4.1　男性体液相关物质

在男性中，16-雄甾烯类物质的信息素作用被广泛研究，特别是雄烯酮、雄烯醇及其前体雄烯二酮。寻找男性信息素可分为两个阶段。20 世纪 70 年代和 80 年代，研究集中在雄烯酮和雄烯醇上。自 20 世纪 90 年代末以来，大多数研究调查了雄烯二酮是否发挥信息素样作用。

1. 雄烯酮和雄烯醇

雄烯酮是猪中一个强大的化学信号。当公猪被性唤起或攻击时，会产生有气味的唾液，包括类固醇化合物的混合物。雄烯酮是该混合物的主要成分，其气味对母猪有吸引力，可诱导发情雌猪的交配姿势(脊柱前凸)[73,74]。由于在人类男性体液中也检测到雄烯酮[34]，突然之间，许多研究调查了雄烯酮在人类中是否也具有信息素样作用。或许影响最大的一项研究，是黄色报刊(指夸张渲染、言过其实、甚至歪曲事实以引起轰动效应的报刊)公布的一项研究，该研究调查了牙医候诊室中的女性是否偏好喷有雄烯酮喷雾的椅子[75]。在该研究中，将雄烯酮以 3 种不同浓度涂抹在特定椅子上，观察与未经处理的椅子相比，男性或女性是否偏好雄烯酮处理过的椅子。根据研究，女性首选雄烯酮浓度较高和较低的椅子，而男性会避开雄烯酮浓度较高的椅子。尽管其在公众中很有知名度，但其研究方法在许多方面受到非议[76]。特别是，行为效应的出现与低浓度和高浓度相关，而与中间浓度无关，这点强烈违背了生物学效应。此外，研究表明[76]，雄烯酮对显性行为的影响可能是因为共同的气味作用而不是信息素作用。事实上，最初研究的作者自己也质疑社交化学刺激能否对行为产生直接影响[77]。相反，他们指出，气味的行为影响通常取决于通过个体学习获得的气味暴露背景以及气味含义。

除了行为观察，还研究了雄烯酮暴露期间的情绪。但是，与预期相反，雄烯酮暴露导致女性描述自己[78]和他人(男性和女性[79])性感程度降低，并导致男性描述自己和其他男性的性感程度降低[79]。在女性中，雄烯酮的气味本身被认为无吸引力和令人不快，但是，月经周期中，在排卵前后，雄烯酮的气味变得更为中性，但未被视为能触发积极情绪[80]。在人类大脑中，雄烯酮在(眶)额皮层中被处理成非社交气味(玫瑰花)[81]。

两项研究调查了雄烯醇是否对社交行为产生影响。第一项研究[82]显示，男性会避开喷有雄烯醇的洗手间。但是，在这项研究中，女性的选择没有受到雄烯醇的影响。在另一项研究中[83]，要求参与者佩戴喷有雄烯醇的领带 17 小时，随后要求参与者回忆自己的社交关系。在这里，女性参与者报告与男性的联系加强(根据联系次数、联系的情感深度和联系持续时间)。但是，雄烯醇暴露未影响男性的社交行为。

由于两项关于雄烯醇对人类行为影响的研究显示了相互不兼容的结果，类似的不一致给雄烯醇相关情绪研究带来了阴影。一项研究表明，在女性月经周期的排卵期间，暴露于雄烯醇的女性感觉服从性更高(与月经周期期间的 12 次测量相比，排卵时间开始和结束时的效应显著，但排卵期中间并不显著[84])。但是，其他 4 个情绪量表(如，性感/不性感)的评分未受到雄烯醇的影响。之后，即使女性在色情背景(阅读色情文章)下使用雄烯醇，也不能确认这种作用[85]。在该研究中，雄烯醇暴露对 9 项情绪指标均无影响。该结果与更近期的研究一致，也无法证实雄烯醇对女性或男性的情绪(积极和消极情绪以及警觉性)有任何影响[86]。

除了行为和情绪测量以外，还研究了雄烯醇对其他男性和女性的感知是否有影响[79]。闻到雄烯醇气味时，男性认为其他男性变得更性感，而女性却没有更性感，自身则没那么性感，女性则认为其他男性的性吸引力降低。

尽管报告的雄烯醇结果高度不一致，但一项最近的研究[87]重新描述了雄烯醇可能具有信息素效应，因为该研究认为雄烯醇可激活女性的下丘脑结构。在该研究中，雄烯醇以结晶形式存在，因此其浓度目前已超过汗液中雄烯醇的生理浓度。

总而言之，雄烯酮和雄烯醇均未对人类行为或情绪产生任何一致性影响。研究结果极度相互矛盾，表明显著结果是偶然出现的。由于大多数研究对统计学 α 误差纠正不足，因此可以预期，某些测量变量可能会显示统计学显著性结果(见方法建议一节)。这些研究结果的意外性变得明显，综合其结果：女性不喜欢雄烯酮的气味，在暴露于该气味时，她们声称自己和他人性感程度降低。但是，在极低浓度或极高浓度下，她们似乎(在无意识的情况下)靠近这种气味。暴露于雄烯醇时，女性似乎表述男性性感程度降低，但认为与男性的接触更频繁。另一方面，男性应该描述其他男性在吸入雄烯醇时具有更高的性吸引力，但似乎避免去有雄烯醇气味的洗手间。

因此，声称在人体内发挥信息素样作用的雄烯酮和雄烯醇等单分子研究受到强烈批评[25,88,89]。重要的是，已说明人类的化学交流受经验、文化以及社交和非社交环境的影响。1995 年，Kirk-Smith 称[90]：

雄烯酮和雄烯醇实验得出的模式不一致，因此，很少有理由得出男性产生的气味与其他种属的性引诱物直接相似这一结论。

事实上，在 20 世纪 90 年代，对雄烯酮和雄烯醇可能具有信息素特性的关注就迅速消退。但是，因为据报道单个分子会激活人 VNO，所以又开始了对人信息素的研究[61]。这些分子是雄烯二酮(假定雄性信息素)、雌四烯醇和雌四烯醇乙酸酯(假定雌性信息素)。

2. 雄烯二酮

为了在人类中发现性吸引物，研究者广泛研究了雄烯二酮对情绪、生理和行为的影响。但是，与雄烯酮和雄烯醇一样，各项研究中雄烯二酮的作用高度相反。

　　许多研究考察了雄烯二酮对情绪产生的可能影响。根据 Jacob 和 McClintock[91]的研究，雄烯二酮增加了女性的积极情绪，但未改变负面情绪或警觉性。然而，根据 Lundström 等[92]的研究，女性在雄烯二酮暴露后感觉更专注，但未显示总体情绪变化。另外几项研究没有发现单纯暴露于雄烯二酮对女性情绪有任何影响[93-98]。在男性中，仅 1 项研究表明雄烯二酮感知降低了积极情绪[91]；但是，大多数研究未观察到雄烯二酮暴露对男性的影响[94,96,97]。

　　根据上述研究，很明显，单纯的雄烯二酮暴露对男性或女性均未产生(可预测的)情绪影响。因此，一些作者认为，发生有效的情绪影响可能需要适当的背景。因此，只要测试人是异性(参与者是异性)，雄烯二酮就能影响情绪。根据这些研究，雄烯二酮可增加女性的积极情绪，但仅在男性测试人员在场的情况下[94,95]。然而，有些作者发现这些效应仅在气味暴露后直接发生(6 分钟[91,94])，其他作者报告了这些效应，甚至在气味暴露后约 30 分钟仍会发生[92,95]。在男性或女性测试员在场的情况下，男性均未观察到雄烯二酮对情绪的影响[94]。

　　在另一个实验环境中，参与者被要求在闻着雄烯二酮的气味时看色情电影[98]。此时，据报告，雄烯二酮暴露后，女性的情绪变得更加积极，女性感觉更容易性兴奋。在一项类似背景电影的类似研究中，雄烯二酮增加了女性参与者的性兴奋感[97]。但是，雄烯二酮不能改变积极和消极的情绪变化。相反，在观察相同的色情电影时，发现雄烯二酮还可增加男性参与者的性兴奋[97]。

　　总结有关情绪影响的雄烯二酮研究，不同研究没有出现一致性结果。尚不清楚在女性中，雄烯二酮是单独起作用还是仅在社交或色情背景中发挥作用。尚不清楚其是否对积极或消极情绪或警觉性和性唤起有任何影响。最后，尚不清楚雄烯二酮是否降低男性的积极情绪或增加性唤起。

　　除了情绪以外，许多研究还调查了雄烯二酮是否影响男性和女性的生理唤起(通过测量自主神经系统的活性评估)。不幸的是，与情绪研究相似，自主觉醒的指标在研究间存在强烈差异。因此，一些研究表明在有异性试验者在场的情况下暴露于雄烯二酮可影响生理唤起，而另一些研究则表明发生这些效应的必要条件是特定的性欲环境。根据 Jacob 等[94]的研究，在男性试验者在场的情况下，雄烯二酮增加了女性自主神经系统的活性(降低了皮肤温度并增加了皮肤电导)。Lundström and Olsson[95](通过指脉和皮肤温度测量的自主觉醒)；报告了和 Bensafi 等相似的结果[96](将 8 个生理参数结合为生理唤起指数：皮肤电导反应、心电图、指脉、耳脉、血压、皮肤温度、腹式呼吸和胸式呼吸)。然而，另一项研究报告，即使有异性试验者在场，雄烯二酮暴露无反应[97](7 个自主神经系统参数的单独检验)。在该研究中，在色情背景下(色情片)给予雄烯二酮时，观察到女性生理唤起水平(皮肤温度升高)降低。

　　此外，一些研究还检测了雄烯二酮暴露对男性自主神经系统的影响：雄烯二酮降低了男性自主神经系统的活性(升高了皮肤温度)，与检测者的性别无关[94]。Bensafi 等通过计算生理唤起指数，报告了相似的结果[96]。但是，在第三项研究中，仅在色情背景下使用雄烯二酮时才会对男性产生生理影响[97]。

只有很少的研究调查雄烯二酮是否影响感知体的内分泌系统。Wyart 等[98]在播放色情视频片段的背景下，让一名男性测试人员向女性提供雄烯二酮。这些作者可展示，刺激暴露后自主神经系统活性的增加与应激激素皮质醇的增加相关。然而，最近的一项研究未在男性中证实该效应[99]。此时，在社交互动中出现的雄烯二酮并未改变男性的皮质醇水平。

总之，一些研究表明暴露于雄烯二酮后，女性的生理唤起水平升高，而一些研究则表明暴露于雄烯二酮后，女性的生理唤起水平降低。此外，一项研究表明，女性中应激激素(皮质醇)释放出雄烯二酮气味。这些影响有时在男性测试员在场的情况下发生，有时只能在色情背景下观察到。男性中，雄烯二酮暴露似乎会降低生理唤起，然而，未指明产生该作用的必要背景条件。

关于雄烯二酮的另一领域研究与对社交感知可能产生的影响相关。观察到雄烯二酮不影响女性对男性面部(图片)吸引力的分级[95]，此外，雄烯二酮不改变男性和女性参与者对男性和女性面部的关注[93]。尽管雄烯二酮似乎不会改变面部感知，但其感知可能在本质上与男性(而非女性)的感知相关。相应地，与吸入对照液体的女性相比，暴露于雄烯二酮的女性倾向于将动态光点显示屏上性别模糊的路人归为更像男性的那组[100]。

据作者所知，两项研究评估了雄烯二酮是否直接影响人类的社交行为。Saxton 等[101]报告称，与暴露于清水相比，暴露于雄烯二酮的女性在速配约会时会更多地选择男性，以便再次约会。但是，3 项研究仅 1 项选择率增加，且未超过暴露于丁香油的女性的选择率。在经济交流背景下，与暴露于对照物质(干酵母)的男性相比，暴露于雄烯二酮的男性付出金钱更多，索取金钱更少，因此男性在暴露于雄烯二酮时表现得更慷慨[99]。

观察到多个脑簇可以被雄烯二酮激活。在女性中，与情绪处理(前额皮层、扣带回皮层、杏仁核和下丘脑)、注意系统(视觉皮层、顶叶皮层、丘脑、基底节、运动前区皮层、小脑)和嗅觉系统(颞下叶、海马、杏仁核、丘脑)相关的脑区似乎处理雄烯二酮[102]。然而，由于雄烯二酮稀释于丁香油中，气味与对照品(不含雄烯二酮的丁香油)相似，令人惊讶的是，试验溶液以不同于对照溶液的方式激活了注意系统和嗅觉系统。同年，另一个工作组提出了浓度高得多的相同物质(晶体形式)，发现女性(下丘脑)中与雄烯二酮处理有关的区域少得多，在男性中无显著激活[103]。将雄烯二酮感知与纯空气感知进行比较时，负责注意力特征处理的其他大脑区域均未显著激活，这是意料之外的事情。后来，来自同一工作组在一项研究中将雄烯二酮诱发的大脑激活与由中性、正向和负向气味诱发的大脑激活进行了比较[104]。此时，观察到女性处理雄烯二酮的区域是常认为与社交认知有关的两个大的大脑簇(在侧前额皮层和颞上皮层内)。总之，功能性脑成像研究显示的结果再次高度不一致。此外，因其比较了雄烯二酮这种不能经化学感受感知但可激活大脑大面积的物质[102]和一些本身具有独特气味但可激活极小的皮层下或大脑大面积新皮层物质[103,104]的作用，这些研究的有效性受到高度质疑。

47.4.2　女性体液相关物质

1. 雌性性诱引剂

自 20 世纪 60 年代末以来，研究者已开始在女性体液中寻找可作为化学引诱剂的分子。其中一项可能的候补物质就是 copulin(性诱引剂)，似乎来自雌性恒河猴的阴道分泌物。据报告，这些分泌物刺激了男性的性兴趣和性行为(插入和射精[105])，分泌物由 6 种酸组成：乙酸、丙酸、异丁酸、丁酸、异戊酸和异己酸[106]。据报告，人类阴道分泌物中也出现了类似的短链脂肪酸混合物[107]。因此，人们推测这些 copulin 是否对人类性交有影响[108]。然而，后来证明 copulin 行为效应的所有实验都是基于仅从 6 只恒河猴中获得的数据，这些猴被预先选作阳性应答者。此外，其中 2 只猴子所提供的数据超过 50%[109]。相应地，在一个独立实验室进行的一系列严格对照实验中，恒河猴阴道分泌物的气味或假设的脂肪酸混合物对雄性恒河猴的行为均无任何影响[110]。在对信息素的早期综述中，明确阐述了对灵长类和人类 copulin 试验的评论[88,111,112]，20 世纪 70 年代，科学界对这些雌性化学引诱物的兴趣急剧下降。一段时间后，仅有一项研究检测了短链脂肪酸对男性和女性社交行为的化学感受效应，但并未发现任何影响[83]。

2. 雌四烯醇和雌四烯醇乙酸酯

关于女性体液释放的单个分子(应对男性起到化学引诱物作用)的第二批文献与雌激素相关分子——雌四烯醇和雌四烯醇乙酸酯，自 20 世纪 90 年代初 Monti-Bloch 和 Grosser 发表以来，认为这两种分子均能激活人 VNO，并且是纯信息素[61,62]。然而，据报告在人体体液中仅可检测到雌四烯醇，即在妊娠晚期女性的尿液中检测到[113]。

在第一项研究中[91]，以 14 个不同的量表评估情绪，通过因素分析将其合并为 3 个情绪维度(积极刺激情绪、警觉性情绪、消极烦恼情绪)。雌四烯醇仅在暴露后立即(6 分钟)影响情绪，而在初始暴露后 2 小时、4 小时和 9 小时不会影响情绪。在首次情绪测定期间，女性在暴露于雌四烯醇时，积极情绪比男性更强。然而，消极情绪和警觉性情绪不受雌四烯醇影响。在第二项研究中[94]，情绪在 17 个不同的量表上进行评估，通过因素分析(警觉性、双相情绪、放松/开放)分为三个主要情绪维度。在暴露于丁香油遮盖的雌四烯醇前和暴露后(6 分钟)收集评级数据。此外，还分析了检测者的性别是否影响雌四烯醇的作用。但是，在两种情况下，雌四烯醇均不能影响情绪。在同一研究中[94]，还考察了雌四烯醇是否对自主神经系统的活性有影响。在男性中，雌四烯醇升高了手掌皮肤温度和皮肤电导水平；然而，这与检测者的性别无关。在女性中，暴露于雌四烯醇时，皮肤电导水平在男性检测员存在的情况下升高。两种情况下，女性的手掌皮肤温度均不受雌四烯醇暴露的影响。

在一项后期研究中[96]，从 16 项情绪描述中提取了 2 个情绪维度(积极情绪、消极情绪)，并在雌四烯醇暴露后(暴露后 10 分钟、20 分钟、30 分钟、40 分钟)测量了 4 次情绪。然而，无论在何时测量，雌四烯醇均不影响男性或女性的积极或消极情绪或性唤起。此外，通过 8 个参数(皮肤电导反应、心电图、指脉、耳脉、血压、皮肤温度、腹式呼吸和胸式呼吸)测量自主神经系统的活动,将数字化数据分为 4 个测量值,与情绪评级平行对照。无论是男性还是女性,在任一时间点,感知到雌四烯醇均不影响任何生理指标。同一个工作组使用相同的刺激给药和数据记录方法(除了不测量血压)开展了第二项研究[97],但是在呈现雌四烯醇时添加了三个不同的情景(播放快乐、悲伤或引发性唤起的电影)。在任一情景下,雌四烯醇均不影响任何生理参数,无论男性或女性,也不影响积极或消极的情绪,但在色情背景下增加了男性和女性的性唤起。

随后的研究[114]使用了类似于 Jacob 等[94]的设计,但着重于雌四烯醇对男性的影响,并增加了研究参与者的数量(文献[94]中 $N=$男性 21 名;文献[114]中 $N=$男性 80 名)。该研究中,刺激暴露 20 分钟后,在男性或女性测试员在场的情况下测试情绪(将 8 个描述通过因素分析划分为积极和消极情绪)和生理唤起(皮肤电导水平、心率)。雌四烯醇对生理参数无影响,但在女性测试者存在的情况下消极情绪增加,在男性测试者存在的情况下消极情绪减少。

在一项 PET 实验中研究了因暴露于雌四烯醇而导致的大脑激活[103]。呈现纯、未溶解的结晶形式的雌四烯醇,其感知质量评定与雄烯二酮相似,无性别差异。雌四烯醇可激活男性和女性的嗅觉皮层(杏仁核、梨状皮层和岛叶皮层,在女性中表现显著,在男性中也有此趋势)。此外,仅在男性中,雌四烯醇气味可激活下丘脑。由于下丘脑释放能够激活性激素发育的激素,因此可以得出结论,雌四烯醇在男性中具有信息素样作用。

一项研究通过 fMRI 分析研究了 8 名男性志愿者大脑对雌四烯醇乙酸酯的反应[115]。在矿物油中稀释雌四烯醇乙酸酯,并以高浓度和低浓度呈现。由于在偶然水平下检测到了较低浓度,因此认为其低于阈值水平。但是,很大程度上与浓度无关,雌四烯醇乙酸酯诱发了前内侧丘脑和额下回内的激活。

总结雌激素相关化合物的研究,各研究间无一致的作用。在 2 项研究中观察到雌四烯醇影响情绪[91,114],但其他 3 项研究未能证实[94,96,97]。此外,观察到的情绪影响与雌四烯醇对男性具有吸引力的假设不一致:观察到与女性相比[91],雌四烯醇诱导男性积极情绪降低,更可能表明男性回避该信号。此外,研究发现,雌四烯醇会增加男性的消极情绪,尤其是当存在女性(测试员)时[114],表明如果女性在附近,男性的回避刺激更强烈。

此外,尚不清楚雌四烯醇是否对性唤起和警觉性有影响。两项研究发现雌四烯醇对自我报告的性唤起无影响[91,94],与三项研究发现雌四烯醇不影响生理指标相似[96,97,114]。然而,一项研究[94]表明男性和女性的交感神经活性增加。

一项研究报告雌四烯醇暴露可增加自我报告的性唤起[97]。但是,由于这种效应在男性和女性感知者中相似,因此其环境相关性受到强烈质疑。根据这项研究,女性和男性被雌性信息素吸引的程度相同。

脑成像研究也未显示这些结果的直接总结。在 PET 研究[103]中,雌四烯醇的浓度极高(药理学),目前已超出生理浓度范围。关于雌四烯醇乙酸酯[115]的 fMRI 研究发现了阈下知觉(无意识)对注意系统(丘脑)的影响。但是,根据定义,注意系统取决于意识刺激过程,并与警觉性、反应选择和有限的处理能力内在相关[116,117],而丘脑是这些注意相关过程的主要接替者[118]。因此,阈下刺激似乎不需要通常与意识刺激处理相关的神经元能力。

47.4.3　方法学建议

雄甾烯作为雄性信息素和雌四烯酚作为雌性信息素的研究未显示任何一致性结果。这是由许多方法学缺陷造成的，具体相关内容如下：

①对人类和动物化学交流的生物学基础的误解。

②对实验和统计方法的理解错误。

③能够解释这些结果的理论缺失。

将详细列出这三个缺乏研究策略的领域。

1. 化学通信的生物基础

通过化学信号传达的信息总是取决于化学物质的浓度，通常仅在特定时间范围内有效。此外，通常是由分子混合物(而非单一物质)建立信号，预期化学物质传达的信息因内部和外部环境差异而不同。

化学信号的浓度　追溯到帕拉塞尔苏斯(1493～1541 年)时期，一般规律指出，所有物质的影响始终取决于其浓度[*dosis sola facit venenum*，导致中毒的剂量(单独)]。因此，人类 500 年前就知道环境物质对人体(受体)细胞的影响依赖于其浓度。在这种意义上，认为迄今为止发现的所有动物中的化学信息交流均具有浓度依赖性[19]。例如，若其他蚂蚁释放的挥发性化合物浓度足够高，蚂蚁会对几乎所有挥发性化合物产生警戒反应[119]。在线虫病和白尘螨中，同物种间产生的化学信号的意义随着浓度的变化而变化[19]54。在哺乳动物中，已发现兔乳腺信息素的效力浓度范围非常窄[120]：新生兔仅在非常严格的浓度范围内对乳腺信息素产生头部搜索和经口获取反应。然而，尽管该基本原则似乎在所有生理系统中均有效，但单一物质在人体中的有效性研究似乎根本不关心有效浓度范围的界定。男性的腋毛平均含有约 200pmol 雄烯二酮，已发现人血浆雄烯二酮浓度约为 50μg/100mL[34,38]。考察雄烯二酮在人体中的信息素效应的研究通常使用 250μmol[91-95,101,102]、500μmol[100]、6250μmol[121]或使用结晶形式的雄烯二酮(文献[103]中 200mg；文献[96,97]中 50mg；文献[98,99]中 30mg)。因此，各项研究中，研究的浓度超过人体体液浓度约 100 万倍(10^6)。因此，在这些研究中，几乎不可能描述信息素的有效性。

信号有效性的持续时间　化学信号的有效性主要取决于其挥发性和分子量。用作信号的混合物中单个分子的挥发性越高，信号的扩散速度和衰减速度越快。根据信息的含义，信号分子具有不同的效应持续时间。用于告知潜在危害的警报信息素通常具有高度挥发性，以便在即时长距离传播该信息。性信息素通常由大分子组成，具有更高的特异性。标记或跟踪信息素通常表现出非常低的挥发性，可能持续数月或数年[19]。此外，在复杂体液(例如，人尿液)中，负责信号形成(例如，与身份相关)的小分子(<250D)不断从大分子重构[20]。因此，化学信号可以随时间改变其传递的信息。然而，尚不清楚雄烯二酮的可能作用持续时间，但报告了不同的作用时间(作用峰值延迟实例：几秒钟内[103]，少于 20 分钟[91,94]，20～40 分钟[95,96,121]，1～2 小时[101,102])。只要对雄烯二酮预期效果的时间范围没有达成一致，就极有可能无法确认可靠的效果。

单个分子或分子混合物 Doty[24]和 Wyatt[19]指出一个事实，即大多数(哺乳动物)信息素为多组分混合物。基于挥发性分子混合物的信号可能极为多样化，可能针对某些信息和物种具有特异性。但是，因其可用于不同的信息和不同的种属，仅基于一个分子的信号存在严重缺陷，即可能具有冗余。猪睾丸中产生的雄烯酮、雄烯醇和雄烯二酮[122]均可诱导发情期雌性猪的交配姿势[123]。如果这些物质对雌猪和对人类女性的效果相同，则雌猪也应该被人类男性吸引，而人类女性则应该被雄猪吸引。据此 Doty[24]批判性的得出一些虽然仅是冰山一角，但很有说服力的推论，具体为：如果雄甾烯作为信息素在猪和人中同样起作用，那么在养猪场的人类出生率应该较高[24,141]。

外部和内部环境 目前，在信息素研究中似乎存在着共识，即社交信号的意义随着其背景而变化。因此，在各种研究中，由异性试验者呈现推定的信息素，例如文献[94,95,98,121]。此外，作为信息素效应的背景条件，还引入了色情电影[97]场景[101]。但是，根据 Pause[76]的研究，在研究人类化学交流时，不仅应考虑信号感知者的外部，还应考虑信号感知者的内部背景。

内部背景与感知者的动机和内分泌状态相关。众所周知，感知者的动机状态会影响食物线索[124]和社交信号[125]的感知。更具体地说，在女性中，性刺激的神经元处理随着性激素水平的变化而变化[126,127]，还表明女性对雄烯二酮的敏感性可能随着生殖状态而变化[128]。因此，适当的背景应增加引起感知者适当反应的可能性。只要感知者的生理系统做好了最佳刺激处理和刺激反应的准备，就有可能实现这一点。

最后，应该考虑到 16-雄甾烯的反应可能受到用药次数的影响[129,130]。在重复暴露于雄烯酮或雄烯二酮后，之前是嗅觉丧失的受试者变得敏感并且能够嗅出该物质。致敏过程归因于外周[131]以及中枢神经元塑型[132]。致敏之后，气味的偏好发生变化[133]。因此，假定行为反应的改变可能伴随着气味情绪的变化。

不同雄烯二酮相同受体 4,16-雄烯二酮是 5α-雄烯酮的前体，两者均出现在不同的人体体液中，包括汗液[38]。人类大约有 400 个功能性嗅觉受体基因[134]，每个基因表达的受体都对单一或非常少的配体高度敏感。研究表明，一种人类嗅觉受体(OR7D4，与其他334 种人类气味受体相比)对雄烯酮和雄烯二酮高度敏感[135]。在 OR7D4 位点，两个等位基因变异体(RT 和 WM)对雄烯酮和雄烯二酮的感知不同。携带 RT 等位基因的纯合子个体对雄烯酮和雄烯二酮更敏感，并判断气味相当难闻，而编码 WM 等位基因的纯合子个体对这两种物质的敏感度要低得多，发现它们不那么令人不快。由于两种物质均通过相同的受体处理，并且两种物质的感知质量取决于相同的等位基因变异，仍不清楚为什么这些物质中仅有一种会被称为假定信息素(雄烯二酮)，而另一种(雄烯二酮)则不会[136]。

2. 实验和统计方法

大多数信息素研究是基于实验设计进行的。在实验设计中，独立变量的数量不受限制，但是，只要实验人员选择使用单变量统计检验(如 t 检验或 ANOVA)，独立变量的数量不应超过 1。使用多个相关变量将导致 α 错误膨胀。例如，如果研究推定的信息素是否通过四种不同的独立情绪量表影响情绪，经验 α 误差从 0.05 增加至 0.19；如果进行 40次独立检验，实验错误率甚至能超过 0.87。因此，只要相关变量的引入不是基于每个特定假设,就有必要进行所谓的 Bonferoni 校正。然而,许多信息素研究没有遵循这一建议,因此报告的结果或多或少意外地达到了显著性水平(雄烯醇[83,84];雄烯酮[75,78,79];雄烯二酮[92,97];雌四烯醇[97])。

除了关于 α-错误膨胀的方法学问题外,雄烯二酮的情绪研究在情绪量表方面存在固有的方法学缺陷。几乎所有研究中都没有使用可靠和经验证的测量来评估情绪(例如,通过问卷或情绪量表),而是融合了不同项目数量和范围,并采用不同的统计分析(例如,因素分析或集群分析)重新分组和整合问卷。因此,仅对单一研究中出现的不同情绪维度进行了研究(如文献[91]:积极刺激的情绪、警觉性、负性混淆的情绪,通过因子分析从 14 个情绪描述中提取;文献[94]:警觉性、双相情绪、放松/开放,通过因子分析从 17 个情绪描述中提取;文献[96]:两个情绪维度——积极情绪和负面情绪,通过主成分分析从 16 个情绪描述中提取;文献[121]:三个情绪维度——积极情绪、高兴奋负面情绪和低兴奋负面情绪,通过主成分分析从 16 个情绪描述中提取;文献[95]:两个情绪维度——积极情绪和消极情绪,通过集群分析从 10 个情绪描述中提取)。未对这些情绪维度的有效性和可靠性进行评估,研究不具有可比性。

3. 理论背景

对人体推定信息素的研究从未建立在能够解释单一物质(如雄甾烯和雌四烯醇)会如何影响人体情绪、生理和行为的理论上。如上所述(47.4.1 节)。对雄烯酮的关注明显源于其在雌猪中作为性信息素的有效性观察结果。经历长达 20~30 年的研究,才发现雄烯酮不会诱导女性交配姿势[25,76,77,89,90,137]。由于雄烯二酮和雌四烯醇激活(不存在)VNO 的结果尚未得到验证,因此有了第二批有关人信息素的研究成果出版。然而,尽管成人明显不具有功能性 VNO[25,65,66],信息素研究仍然活跃。然而,16-雄甾烯或者可能在人体化学感受交流中没任何作用,或者有着与性信息素非常不同的功能。例如,16-雄甾烯可以传送有关发送者性别或睾酮水平的信息。

在寻找一种理论来解释雄甾烯相关分子如何以及为什么会影响人类行为的过程中,有必要具体说明雄甾烯产生的条件。在动物中,雄烯酮的产生和分泌与循环睾酮水平紧密相关[138-140]。同样,人体中,男性的腋下雄烯酮检出率高于女性[141],其来源似乎主要位于睾丸[34,36]。因此,雄烯酮和睾酮在人体中的关联似乎与动物中相同。男性体内较高的睾酮水平似乎与某些个性(特征)相关,例如攻击性、主导性和竞争性[142-145]。因此,如果 16-雄甾烯随着内源性睾酮的变化而变化,可将其用作社交警告信号[76],并激活退缩而不是趋向行为。近期研究显示,睾酮水平较高的男性对雄烯酮更敏感,且不喜欢其气味[146]。作者认为该结果与雄烯酮指示男性已做好竞争准备的可能性相关。此外,雌二醇水平较高的女性也不喜欢雄烯酮的气味。因此,在有生育能力的女性中,雄烯酮似乎也可诱发相关逃避行为。但是,该理论包含以下假设:特定信息可通过单分子传达。

如上所述(47.4.3 节),特定的社交化学信号通常需要多组分信号。如果雄甾烯携带显著的社交信息,预计这些物质会携带相对多余的非特异性信息,例如有关物质释放者的性别。2 份出版物指出雄甾烯可能携带针对男性的信息。在第一项研究中[147],雄烯酮特异性嗅觉丧失的女性成功致敏,在致敏前后记录了针对男性和女性(自身相关)汗液样本的脑电位(化学感受事件相关电位，CSERP)。除了对男汗液样本应答的致敏女性外，第一次至第二次处理期间，CSERP 显示振幅普遍降低。可以得出结论，雄烯酮可能携带关于性别的特定信息[147]136。这些结论与最近一项关于雄烯二酮研究的结论相似[100]。该研究中，对动态光点显示屏上性别模糊的路人进行分类。暴露于雄烯二酮的女性，与嗅闻对照溶液的女性相比，更倾向于判定路人为男性。因此，作为分子混合物的一部分，16-雄甾烯可以添加发出者性别相关信息(可能通过与睾酮水平相关间接添加)至由其他物质传达的更具体信息中。

47.5　通过复合体液的化学感受交流

在下文中，将审查使用天然、复杂体液作为刺激的研究。大多数情况下，腋下出汗量高于或低于嗅觉觉察阈值。在这些研究中，刺激产生的特征被系统地改变，从而传递信息。因此，这些研究不是集中在信号的化学特征，而是集中在感知者中特定类型的信息、化学传递和相关效应。根据 Lübke 和 Pause[148]以及 Stevenson[149]的研究，迄今为止研究的两个主要的人类化学交流领域可分为与生殖相关的领域和与避免危害相关的领域。

47.5.1　与生殖相关的化学交流

1. 人类伴侣选择和性欲

主要组织相容性复合体(MHC)是一种高度多态性基因复合体，编码调节 T 细胞活性的细胞结合糖蛋白。因此，MHC 为免疫系统创造了组织相容性或自我识别的功能。已在几种脊椎动物种属中证实，个体 MHC 类型与个体体味特征相关，可用于同种物种间的化学感受区分。有生育能力的个体偏好选择带有与自身 MHC 类型相对不同体味的伴侣[150,151]。有人提出这种差异交配有助于保持物种内 MHC 的高度多态性。高 MHC 多态性能够使种属成员抵抗更广泛的病原体，这对生存至关重要。

关于人体 MHC 的免疫功能，它被称为人类白细胞抗原(HLA)。人类对 HLA 不同的个体具有体味偏好，但也会优先选择具有相对不同 HLA 类型的伴侣[152,153]。CSERP 分析显示，HLA 类型与感知者相似的供体的体味处理速度比 HLA 类型与感知者不同的供体的体味更快，并可激活更多的神经元资源[154]。该结果表明，与 HLA 相似性相关的化学感受信号的行为影响可能比与 HLA 差异相关的信号更强。因此，如果把 MHC 相似性作为信号激活回避行为传输，则可成功实现近亲交配回避。因此，在人类中，HLA 相关信号似乎与交配行为中的负选择偏倚相关[155]。最近，fMRI 表明，与感知者的 HLA 系统的等位基因变异体选择性结合的肽配体在右中额叶皮层中处理[156-158]。

2. 性激素的内分泌状态

一般而言，女性的体味随性激素的内分泌状态而变化。男性认为排卵前后女性的腋窝和阴道气味是最愉悦和最性感的[159,160]。有些作者认为这些结果倾向于人类女性的排卵并非完全隐蔽，因此体味有助于成功生育。

一项研究间接调查了女性大脑是否可以通过化学感受检测到男性性激素水平的增加[161]。采集男性在看色情视频时的腋汗。女性受试者的脑成像显示，与在情绪中立状态下采集的腋汗相比，与性相关的汗主要在眶额皮层、梭状皮层和下丘脑内处理。下丘脑和眶额皮层的激活可能与刺激的情绪意义处理有关，而梭状皮层的激活可能与刺激的社交属性有关。

人体化学感受交流的另一研究领域与月经现象同步相关。住在一起或共度时光的女性月经周期同步[162]。这种现象似乎是与月经周期相关的化学信号的传达引发的[163]：而处于卵泡周期阶段的女性无气味的腋汗样本缩短了女性接受者的月经周期，来自排卵周期阶段女性汗样本的化学信号延长了信号接收者的月经周期。这项研究首次显示，人的内分泌状态容易受到人化学信号的影响。但是，女性同步月经周期的进化意义仍存在争议[164,165]。

3. 性取向

性取向通过视觉[166-168]和听觉社交信号[169]在个体间传达，性取向影响对这些信号的反应，如视觉社交信号所示[170]。众所周知，个体的性别可通过化学感受传播[171,172]。此外，性化学感受交流会随着发送者和感知者的性取向而变化：根据他们的性取向，男性和女性会对从同性和异性中获得的体味表现出特定的偏好模式[173,174]。这些偏好可能基于人类对这些体味的中枢神经反应的差异。根据 CSERP 分析[175]，个体对构成潜在伴侣个体产生的体味的处理速度相当快（例如，男性同性恋对其他男性同性恋的体味）。此外，特别是同性恋个体对不构成其潜在伴侣的异性个体体味的应答（男性同性恋对异性恋男性的体味）显示与 HLA 相似个体对体味应答的显著相似性[154]。因此，来自性取向不一致个体的相关体味也可用作社交警告信号。

47.5.2　与避免危害相关的化学交流

1. 近亲确认

在许多不同的物种中，近亲确认对建立社交关系最重要[176]。为了促进广义适合度，可以理解为将自己和亲属的基因成功传递给下一代，亲社交行为在家庭成员中受到欢迎[177]。但是，无关个体，例如组外成员更容易招致厌恶[178]和更容易受到攻击[179]。在灵长类动物中，作为群体内成员与亲属（和朋友）在一起可能是最重要的策略，以避免来自群体外成员或非灵长类动物的掠夺[9]。

大量研究表明，可以通过化学感受感知近亲关系：新生儿能够通过化学感受识别母亲，母亲和父亲能够通过化学感受识别孩子，兄弟姐妹能通过气味识别彼此，无血缘关系的个体能够通过气味识别家庭成员[180,181]。可在非同居个体中观察到化学感受的亲属关系传递[182]，大鼠甚至能够通过嗅觉线索区分人类血缘相关性程度[183]。到目前为止，一项脑成像研究调查了亲属的体味是否与非亲属的体味的处理方式不同[184]。在近亲识别过程中，额颞叶结、脑岛和背内侧前额皮层区域脑血流量较高。研究者认为背内侧前额皮层的激活与近亲识别中的自我参照刺激过程有关[184,185]。

与通过嗅觉线索识别近亲的能力一致，人类也可以通过化学信号区分自身和他人[186]。关于自身的化学感受信息有助于在反应时间任务中进行自我面部识别[187]，并且比人类大脑处理他人信息的速度更快[147]。根据共同出现的假设，自我认知和同理心的高级表达在个体发展和种系发展中同时出现[188]。

2. 母婴交流

新生儿的存活完全依赖于成年人(通常是其母亲)的保护。保护覆盖新生儿的所有需求，特别是食物(母乳)的摄入。大量研究已经证明，新生儿能够检测到其母亲乳房皮肤的气味、乳汁气味和腋下气味[181,189]。最早在出生后 10 分钟，婴儿就表现出对母体乳房气味的偏好[190]。

重要的是，新生儿会察觉母体的气味，调整自己的行为。当出现哺乳期女性的乳房气味时，2 周龄的熟睡婴儿表现出吸吮动作[191]。此外，母体乳房气味引发新生儿定向爬行[192]。哺乳期女性的乳房气味能进一步调节母乳喂养和人工喂养的新生婴儿的觉醒状态。哭闹的婴儿接到其母亲或不熟悉母亲穿过的睡衣后安静下来[193]。母亲体味也会影响婴儿的社交感知：与非社交气味相比，存在母亲体味的情况下，4 月龄婴儿注视人眼的时间显著增长[194]。

另一方面，母亲同样能够识别其后代独特的体味[195]。即使检测前与婴儿接触有限的女性也能识别出婴儿的体味[196,197]。此外，为了促使成年女性照料婴儿，婴儿化学感受信号似乎会吸引她们：当暴露于不熟悉新生儿的身体气味时，初产妇和未产妇的神经元活动在奖励系统下做出同样的反应[198]。然而，与未产妇相反，只有母亲显示了针对婴儿气味的眶额皮层活性[199]。该结果可能反映了婴儿气味对母亲的吸引力。

3. 应激和焦虑交流

应激是指身体系统的体内平衡紊乱[200]，从而导致生理信使系统(例如神经递质、神经肽、激素、细胞因子等)失衡。慢性应激的后果将包括器官功能的衰竭，并在长期内不可避免地导致机体死亡[201]。因此，应激保护是个体发育存活的最重要先决条件之一。一种高效应激保护机制是有关潜在危害的信息在所有潜在受影响的小组成员中迅速传播。应激信号应能快速分配，告知潜在危险的具体特征，在白天和夜间同样保持高效，最好留在存在潜在危险的地方，直至所有小组成员都收到通知。化学感受信号满足强效警报信号的所有上述标准。因此，毫不奇怪，绝大多数动物种属中进化出化学感受警报信号[19]。与最初的应激动物相似，感知者显示运动活动增加，并立即从高信号强度区域逃离[202-204]。此外，化学感受警报信号感知还导致哺乳动物生理应激系统激活[205,206]。

最近，许多研究证实了人体中化学感受应激交流现象。在这些研究中，从出现应激相关情绪的个体中采集腋汗，然后测量汗液感知的影响。在一些研究中[207,208]，汗液供体暴露于极端的应激条件下(例如首次跳伞或高空绳索课程)。这些条件可在供汗者中引起强烈的生理唤起，并激活与不同积极情绪(例如，惊讶、快乐)和消极情绪(例如，厌恶、恐惧)混合在一起的一组不同生理系统。在其他研究中，呈现了诱导情绪的电影(与快乐、焦虑或厌恶相关)，因此诱导的感觉相对较弱，但是能诱导的情绪是特定的[209-211]。另一种方法是，在等待获得学位的最终考试结果时，采集大学学生的汗液[212,213]。根据自我评定，汗液供体出现焦虑，但无其他情绪，生理应激水平(皮质醇)升高。该程序可诱发一种特殊的、相对强烈的情绪。下文将使用非特异性术语应激描述在不同研究中观察到的效应。更为具体的术语焦虑将仅适用于研究这种具体情绪的研究。

人类在识别汗液供体的情绪方面存在困难[207,209,210,214]，据报告，与室内空气相比，汗刺激的化学感受难以检测出来[212,213,215]。因此，应激相关化学信号的影响似乎主要发生在无意识经验的情况下。

在各项研究中对三种效应系统进行了一致描述：首先，在化学感受应激信号的背景下，对社交知觉进行敏感调节以检测与危害或危险相关的信号。具体而言，对社交安全信号(快乐面部)的知觉敏锐度降低[208,212]，对社交威胁信号(恐惧和愤怒面部)的知觉敏锐度和注意力分配增加[207,214,216]。此外，增强了对无明确意义的无关社交信号(歧义和中性面部表达)的警觉性[217]。

化学感受应激信号变化的第二个系统是运动系统。在化学感受焦虑信号的背景下，人类对突然响亮的声调的反应会导致惊跳反射增强[218,219]。这类似于大鼠在化学感受警报信号应激条件下对惊吓噪声的运动反应[220,221]。由于惊跳反射是退缩行为相关运动系统激活的指标，因此可以得出结论，与信号回避相关的运动系统能通过同物种间的应激相关化学信号的知觉自动致敏。

在化学感受应激信号背景下改变其活性的第三个系统是人类大脑：一项基于化学感受事件相关电位(CSERP)的研究显示，处理几乎无味的化学感受焦虑信号需要来自额内侧脑区的增强神经元能量(P_3，振幅)[213]。第一项脑成像研究中显示，在焦虑经历期间收集的汗液样本可激活涉及处理社交情绪刺激(梭状回)和调节情感(脑岛、楔前叶、扣带回皮层[215])的大脑区域。可以得出结论，化学感受焦虑信号的生理调整似乎主要与感觉的自动传染相关。情绪传染假设通过以下发现得到证实：恐惧化学信号产生恐惧的面部表达[211]，并诱导感知者的状态焦虑[222]增加。与焦虑研究相反，应激相关的汗液(来自首次跳伞者)主要在杏仁核内进行处理[207]。可以合理地假设，应激相关化学信号的感知只能激活会引起非特异性自主神经调节的较不具体的结构(例如杏仁核)，不能激活情绪和特异性移情神经元网络。

因此，总的来说，由潜在的威胁或危险引起并与压力、恐惧或焦虑感觉相关的情绪状态激活了化学感受信号的释放。这些信号在大脑中由社交恐惧感知和情绪传染相关的区域处理，准备退缩行为并调节视觉社交感知，以敏感地检测危害。

47.6　展　　望

使用天然体液作为刺激的人体化学感受交流研究显示，许多不同类型的信息通过化学信号传递。已经概述了化学感受交流领域与群体存活(与生殖相关的行为)和个体存活(避免危害)相关。因此，在人体中的化学感受交流可触及具有高度生物学意义的社交行为。在这里，有人提出，我们只是刚开始了解人类化学感受交流，许多化学交流领域仍有待发现。例如，除了应激和焦虑，其他情绪也可能会在个体之间传递。此类情绪状态的交流应支持该物种的适合度。最初的结果表明,人类之间的交往具有社交主导力[11]。与其他哺乳动物相同,信号的传递可能有助于保持组别层级,并降低组别成员之间状态冲突的可能性。通过化学信号传输的另一信息领域与健康和年龄相关。迄今为止,已有证据表明体味包含个体饮食[223]和年龄[224]的信息。在大鼠中,身体气味传递关于疾病状态的信息[225]。由于犬能够通过嗅觉检测人类的特定疾病[226],因此可以预料,人类也会通过化学感受交流其健康状况。

此外,人类化学交流的科学可能有助于理解甚至治愈与社交交流障碍相关的精神疾病。研究显示,惊恐障碍患者表现出额下回化学感受应激信号处理强化[227],而社交焦虑个体表现出对化学感受焦虑信号处理和反应强化[213,216,218]。由于社交恐惧是随后抑郁性疾病和物质滥用的一个强大风险因素[228],对其发病机制的解释具有特别重要的意义。为治疗社交焦虑行为,了解社交焦虑与化学感受威胁信号的敏感性增强之间的关系至关重要。孤独症是另一种严重影响社交的疾病。孤独症谱系障碍儿童表现出的运动模仿技能下降,可能是镜像神经元系统功能障碍的指示器。最近,可以证明暴露于其母亲气味中的孤独症儿童,对他人行为的模仿得到了极大改善[229,230]。因此,在心理治疗中引入身体气味将改善孤独症个体的社交行为。

另一方面,具有高度社交智力的个体可能高度有效地使用社交化学信号,以成功地适应其社交环境。与此观点相符的是,社交开放程度评分较高的个体(高度社交和自信,能够建立和维持社交联系),可在其大脑奖励系统(尾状核[231])内处理身体气味。此外,在通过体味识别熟悉的人方面,高度具备情感能力的个体(可能也会表现出社交能力较强)的表现优于不具备较好情感能力的个体[214]。本章开始时即强调了同一种属和不同性别的类人灵长类动物(包括人类)之间建立长期友好关系对于新皮层的增加至关重要。最初的数据被公布,表明化学感受实际上可能在人类友谊纽带中发挥了一定作用,因为朋友之间共享的嗅觉受体基因比偶然情况下预期的要更相似[232]。平均而言,两个不同个体30%以上的气味受体等位基因具有功能差异,从而在每个个体中产生独特的嗅觉感觉[233]。因此,朋友之间感受到的气味(社交)环境可能比陌生人更具相似性。

致　谢

作者对 Sabine Schlösser 和 Katrin Lübke 在编辑手稿方面提供的帮助表示感谢。

参 考 文 献

[1] J.S. House, K.R. Landis, D. Umberson: Social relationships and health, Science 241 (4865), 540-545 (1988)

[2] A. Steptoe, A. Shankar, P. Demakakos, J. Wardle: Social isolation, loneliness, and all-cause mortality in older men and women, Proc. Natl. Acad. Sci. U.S.A. 110 (15), 5797-5801 (2013)

[3] J.T. Cacioppo, W. Patrick: Loneliness: Human Nature and the Need for Social Connection (W. W. Norton & Co., New York 2008)

[4] R.F. Baumeister, J.M. Twenge, C.K. Nuss: Effects of social exclusion on cognitive processes: Anticipated aloneness reduces intelligent thought, J. Pers. Soc. Psychol. 83 (4), 817-827 (2002)

[5] N.I. Eisenberger: The pain of social disconnection: Examining the shared neural underpinnings of physical and social pain, Nat. Rev. Neurosci. 13 (6), 421-434 (2012)

[6] N.I. Eisenberger, M.D. Lieberman, K.D. Williams: Does rejection hurt? An fMRI study of social exclusion, Science 302 (5643), 290-292 (2003)

[7] E. Kross, M.G. Berman, W. Mischel, E.E. Smith, T.D. Wager: Social rejection shares somatosensory representations with physical pain, Proc. Natl. Acad. Sci. U.S.A. 108 (15), 6270-6275 (2011)

[8] J. Liu, K. Dietz, D.M. Loyht, X. Pedre, D. Kelkar, J. Kaur, V. Vialou, M.K. Lobo, D.M. Dietz, E.J. Nestler, J. Dupree, P. Casaccia: Impaired adult myelination in the prefrontal cortex of socially isolated mice, Nat. Neurosci. 15 (12), 1621-1623 (2012)

[9] R.I.M. Dunbar, S. Shultz: Evolution in the social brain, Science 317 (5843), 1344-1347 (2007)

[10] R.I.M. Dunbar: The social brain hypothesis, Evol. Anthropol. 6 (5), 178-190 (1998)

[11] R. Adolphs: Conceptual challenges and directions for social neuroscience, Neuron 65 (6), 752-767 (2010)

[12] N. Kanwisher, J. McDermott, M.M. Chun: The fusiform face area: A module in human extrastriate cortex specialized for face perception, J. Neurosci. 17 (11), 4302-4311 (1997)

[13] C. Rezlescu, J.J.S. Barton, D. Pitcher, B. Duchaine: Normal acquisition of expertise with greebles in two cases of acquired prosopagnosia, Proc. Natl. Acad. Sci. U.S.A 111 (14), 5123-5128 (2014)

[14] C.N. Smith, A. Jeneson, J.C. Frascino, C.B. Kirwan, R.O. Hopkins, L.R. Squire: When recognition memory is independent of hippocampal function, Proc. Natl. Acad. Sci. U.S.A. 111 (27), 9935-9940 (2014)

[15] R.I.M. Dunbar: The social role of touch in humans and primates: Behavioural function and neurobiological mechanisms, Neurosci. Biobehav. Rev. 34 (2), 260-268 (2010)

[16] I. Morrison, L.S. Löken, H. Olausson: The skin as a social organ, Exp. Brain Res. 204 (3), 305-314 (2010)

[17] T. Singer, C. Lamm: The social neuroscience of empathy, Ann. N.Y. Acad. Sci. 1156, 81-96 (2009)

[18] C. Bushdid, M.O. Magnasco, L.B. Vosshall, A. Keller: Humans can discriminate more than 1 trillion olfactory stimuli, Science 343 (6177), 1370-1372 (2014)

[19] T.D. Wyatt: Pheromones and Animal Behavior, 2nd edn. (Cambridge Univ. Press, Cambridge 2014)

[20] B.M. Pause, K. Haberkorn, F. Eggert, W. Müller-Ruchholtz, H.J. Bestmann, R. Ferstl: Fractionation and bioassay of human odor types, Physiol. Behav. 61 (6), 957-961 (1997)

[21] E. Callaway: Mammalian brain followed a scented evolutionary trail, Nature (2011), doi:10.1038/news.2011.302

[22] T.B. Rowe, T.E. Macrini, Z.X. Luo: Fossil evidence on origin of the mammalian brain, Science 332 (6032), 955-957 (2011)

[23] M. Bastir, A. Rosas, P. Gunz, A. Pena-Melian, G. Manzi, K. Harvati, R. Kruszynski, C. Stringer, J.J. Hublin: Evolution of the base of the brain in highly encephalized human species, Nat. Commun. (2011), doi:10.1038/Ncomms1593

[24] R.L. Doty: The Great Pheromone Myth (Johns Hopkins Univ. Press, Baltimore 2010)

[25] C.J. Wysocki, G. Preti: Facts, fallacies, fears, and frustrations with human pheromones, Anat. Rec. A Discov. Mol. Cell. Evol. Biol. 281 (1), 1201-1211 (2004)

[26] B. Nicholson: Does kissing aid human bonding by semiochemical addiction, Brit. J. Dermatol. 111 (5), 621-627 (1984)

[27] M.G. Adams: Odour-producing organs of mammals, Symp. Zool. Soc. Lond. 45, 57-86 (1980)

[28] M. Heckmann, B. Teichmann, B.M. Pause, G. Plewig: Amelioration of body odor after intracutaneous axillary injection of botulinum toxin, A. Arch. Dermatol. 139 (1), 57-59 (2003)

[29] X.N. Zeng, J.J. Leyden, H.J. Lawley, K. Sawano, I. Nohara, G. Preti: Analysis of characteristic odors from human male axillae, J. Chem. Ecol. 17 (7), 1469-1492 (1991)

[30] A.I. Spielman, X.N. Zeng, J.J. Leyden, G. Preti: Proteinaceous precursors of human axillary odor -Isolation of 2 novel odor-binding proteins, Experientia 51 (1), 40-47 (1995)

[31] Y. Hasegawa, M. Yabuki, M. Matsukane: Identification of new odoriferous compounds in human axillary sweat, Chem. Biodivers. 1 (12), 2042-2050 (2004)

[32] A. Natsch, J. Schmid, F. Flachsmann: Identification of odoriferous sulfanylalkanols in human axilla secretions and their formation through cleavage of cysteine precursors by a C-S lyase isolated from axilla bacteria, Chem. Biodivers. 1(7), 1058-1072 (2004)

[33] M. Troccaz, C. Starkenmann, Y. Niclass, M. Van de Waal, A.J. Clark: 3-methyl-3-sulfanylhexan-1-ol as a major descriptor for the human axilla-sweat odour profile, Chem. Biodivers. 1(7), 1022-1035 (2004)

[34] D.B. Gower, B.A. Ruparelia: Olfaction in humans with special reference to odorous 16-androstenes- Their occurrence, perception and possible social, psychological and sexual impact, J. Endocrinol. 137(2), 167-187 (1993)

[35] J.L. Leyden: Bacteriology of the human axilla: Relationship to axillary odor. In: Antperspirands and Deodorants, Cosmetic Science and Technology Series, Vol. 7, ed. by K. Laden, C.B. Felger (Marcel Dekker, New York 1988) pp. 311-320

[36] T.K. Kwan, M.A. Kraevskaya, H.L. Makin, D.J. Trafford, D.B. Gower: Use of gas chromatographic-mass spectrometric techniques in studies of androst-16-ene and androgen biosynthesis in human testis; cytosolic specific binding of 5alpha-androst-16-en-3-one, J. Steroid Biochem. Mol. Biol. 60(1/2), 137-146 (1997)

[37] A.I. Mallet, K.T. Holland, P.J. Rennie, W.J. Watkins, D.B. Gower: Applications of gas chromatography-mass spectrometry in the study of androgen and odorous 16-androstene metabolism by human axillary bacteria, J. Chromatogr. Biomed. Appl. 562(1/2), 647-658 (1991)

[38] A. Nixon, A.I. Mallet, D.B. Gower: Simultaneous quantification of five odorous steroids (16-androstenes) in the axillary hair of men, J. Steroid Biochem. 29(5), 505-510 (1988)

[39] J.N. Labows: Odor detection, generation, and etiology in the axilla. In: Antiperspirands and Deodorands, Cosmetic Science and Technology Series, Vol. 7, ed. by K. Laden, C.B. Felger (Marcel Dekker, New York 1988) pp. 321-343

[40] G. Preti, J.J. Leyden: Genetic influences on human body odor: From genes to the axillae, J. Invest. Dermatol. 130(2), 344-346 (2010), doi:10.1038/Jid.2009.396

[41] A. Martin, M. Saathoff, F. Kuhn, H. Max, L. Terstegen, A. Natsch: A functional ABCC11 allele is essential in the biochemical formation of human axillary odor, J. Invest. Dermatol. 130(2), 529-540 (2010)

[42] B.M. Pause, K. Krauel, B. Sojka, R. Ferstl: Body odor evoked potentials: A new method to study the chemosensory perception of self and non-self in humans, Genetica 104(3), 285-294 (1998)

[43] R. Zernecke, A.M. Kleemann, K. Haegler, J. Albrecht, B. Vollmer, J. Linn, H. Brückmann, M. Wiesmann: Chemosensory properties of human sweat, Chem. Senses 35(2), 101-108 (2010)

[44] R.C. Araneda, A.D. Kini, S. Firestein: The molecular receptive range of an odorant receptor, Nat. Neurosci. 3(12), 1248-1255 (2000)

[45] S.T. Carmichael, M.C. Clugnet, J.L. Price: Central olfactory connections in the macaque monkey, J. Comp. Neurol. 346(3), 403-434 (1994)

[46] T.A. Cleland, C. Linster: Central olfactory structures. In: Handbook of Olfaction and Gustation, ed. by R.L. Doty (Marcel Dekker, New York 2003) pp. 165-180

[47] A. Mackay-Sim, J.P. Royet: Structure and function of the olfactory system. In: Olfaction and the Brain, ed. by W. Brewer, D. Castle, C. Pantelis (Cambridge Univ. Press, New York 2006) pp. 3-27

[48] G.M. Arisi, M.L. Foresti, S. Mukherjee, L.A. Shapiro: The role of olfactory stimulus in adult mammalian neurogenesis, Behav. Brain Res. 227(2), 356-362 (2012)

[49] P.M. Lledo, M. Alonso, M.S. Grubb: Adult neurogenesis and functional plasticity in neuronal circuits, Nat. Rev. Neurosci. 7(3), 179-193 (2006)

[50] M. Sakamoto, N. Ieki, G. Miyoshi, D. Mochimaru, H. Miyachi, T. Imura, M. Yamaguchi, G. Fishell, K. Mori, R. Kageyama, I. Imayoshi: Continuous postnatal neurogenesis contributes to formation of the olfactory bulb neural circuits and flexible olfactory associative learning, J. Neurosci. 34(17), 5788-5799 (2014)

[51] K. Kobayakawa, R. Kobayakawa, H. Matsumoto, Y. Oka, T. Imai, M. Ikawa, M. Okabe, T. Ikeda, S. Itohara, T. Kikusui, K. Mori, H. Sakano: Innate versus learned odour processing in the mouse olfactory bulb, Nature 450(7169), 503-508 (2007)

[52] M. Sakamoto, I. Imayoshi, T. Ohtsuka, M. Yamaguchi, K. Mori, R. Kageyama: Continuous neurogenesis in the adult forebrain is required for innate olfactory responses, Proc. Natl. Acad. Sci. U.S.A. 108(20), 8479-8484 (2011)

[53] D.S. Koos, S.E. Fraser: The Grueneberg ganglion projects to the olfactory bulb, Neuroreport 16(17), 1929-1932 (2005)

[54] J. Brechbühl, F. Moine, M. Klaey, M. Nenniger-Tosato, N. Hurni, F. Sporkert, C. Giroud, M.-C. Broillet: Mouse alarm pheromone shares structural similarity with predator scents, Proc. Natl. Acad. Sci. U.S.A. 110(12), 4762-4767 (2013)

[55] S.D. Liberles, L.B. Buck: A second class of chemosensory receptors in the olfactory epithelium, Nature 442(7103), 645-650 (2006)

[56] V. Carnicelli, A. Santoro, S. Sellari-Franceschini, S. Berrettini, R. Zucchi: Expression of trace amine-associated receptors in human nasal mucosa, Chemosens. Percept. 3(2), 99-107 (2010)

[57] I. Wallrabenstein, J. Kuklan, L. Weber, S. Zborala, M.Werner, J. Altmüller, C. Becker, A. Schmidt, H. Hatt, T. Hummel, G. Gisselmann: Human trace amine-associated receptor TAAR5 can be activated by trimethylamine, PLos One 8(2), e54950 (2013)

[58] J. Fleischer, K. Schwarzenbacher, H. Breer: Expression of trace amine-associated receptors in the Grueneberg Ganglion, Chem. Senses 32(6), 623-631 (2007)

[59] A. Dewan, R. Pacifico, R. Zhan, D. Rinberg, T. Bozza: Non-redundant coding of aversive odours in the main olfactory pathway, Nature 497(7450), 486-489 (2013)

[60] P. Chamero, T. Leinders-Zufall, F. Zufall: From genes to social communication: Molecular sensing by the vomeronasal organ, Trends Neurosci. 35(10), 597-606 (2012)

[61] L. Monti-Bloch, B.I. Grosser: Effect of putative pheromones on the electrical activity of the human vomeronasal organ and olfactory epithelium, J. Steroid Biochem. Mol. Biol. 39(4B), 573-582 (1991)

[62] L. Monti-Bloch, C. Jennings-White, D.S. Dolberg, D.L. Berliner: The human vomeronasal system, Psychoneuroendocrinology 19(5/7), 673-686 (1994)

[63] B.I. Grosser, L. Monti-Bloch, C. Jennings-White, D.L. Berliner: Behavioral and electrophysiological effects of androstadienone, a human pheromone, Psychoneuroendocrinology 25(3), 289-299 (2000)

[64] N. Sobel, W.M. Brown: The scented brain: Pheromonal responses in humans, Neuron 31(4), 512-514 (2001)

[65] J. Frasnelli, J.N. Lundström, J.A. Boyle, A. Katsarkas, M. Jones-Gotman: The vomeronasal organ is not involved in the perception of endogenous odors, Hum. Brain. Mapp. 32(3), 450-460 (2011)

[66] M. Meredith: Human vomeronasal organ function: A critical review of best and worst cases, Chem. Senses 26(4), 433-445 (2001)

[67] I. Rodriguez, C.A. Greer, M.Y. Mok, P. Mombaerts: A putative pheromone receptor gene expressed in human olfactory mucosa, Nat. Genetics 26(1), 18-19 (2000)

[68] K.M. Dorries, E. Adkins-Regan, B.P. Halpern: Sensitivity and behavioral responses to the pheromone androstenone are not mediated by the vomeronasal organ in domestic pigs, Brain. Behav. Evol. 49(1), 53-62 (1997)

[69] B. Schaal, G. Coureaud, D. Langlois, C. Giniès, E. Sémon, G. Perrier: Chemical and behavioural characterization of the rabbit mammary pheromone, Nature 424(6944), 68-72 (2003)

[70] M. Sam, S. Vora, B. Malnic, W.D. Ma, M.V. Novotny, L.B. Buck: Neuropharmacology - Odorants may arouse instinctive behaviours, Nature 412(6843), 142 (2001)

[71] K.N. Baxi, K.M. Dorries, H.L. Eisthen: Is the vomeronasal system really specialized for detecting pheromones?, Trends Neurosci. 29(1), 1-7 (2006)

[72] P. Karlson, M. Lüscher: "Pheromones": A new term for a class of biologically active substances, Nature 183(4653), 55-56 (1959)

[73] K.M. Dorries, E. Adkins-Regan, B.P. Halpern: Olfactory sensitivity to the pheromone, androstenone, is sexually dimorphic in the pig, Physiol. Behav. 57(2), 255-259 (1995)

[74] G.P. Pearce, P.E. Hughes: An investigation of the roles of boar-component stimuli in the expression of proceptivity in the female pig, Appl. Anim. Behav. Sci. 18(3), 287-299 (1987)

[75] M.D. Kirk-Smith, D.A. Booth: Effects of androstenone on choice of location in other's presence, Olfaction Taste 7, 397-400 (1980)

[76] B.M. Pause: Are androgen steroids acting as pheromones in humans?, Physiol. Behav. 83(1), 21-29 (2004)

[77] M.D. Kirk-Smith, D.A. Booth: Chemoreception in human behaviour: Experimental analysis of the social effects of fragrances, Chem. Senses 12(1), 159-166 (1987)

[78] E.E. Filsinger, J.J. Braun, W.C. Monte, D.E. Linder: Human (homo sapiens) responses to the pig (sus scrofa) sex pheromone 5-alpha-androst-16-en-3-one, J. Comp. Psychol. 98(2), 219-222 (1984)

[79] E.E. Filsinger, J.J. Braun, W.C. Monte: An examination of the effects of putative pheromones on human judgments, Ethol. Sociobiol. 6(4), 227-236 (1985)

[80] K. Grammer: 5-alpha-androst-16en-3-alpha-on: A male pheromone? A brief report, Ethol. Sociobiol. 14(3), 201-207 (1993)

[81] V. Treyer, H. Koch, H.R. Briner, N.S. Jones, A. Buck, D.B. Simmen: Male subjects who could not perceive the pheromone 5α-Androst-16-en-3-one, produced similar orbitofrontal changes on PET compared with perceptible phenylethyl alcohol (rose), Rhinology 44(4), 278-282 (2006)

[82] A.R. Gustavson, M.E. Dawson, D.G. Bonett: Androstenol, a putative human pheromone, affects human (homo sapiens) male choice performance, J. Comp. Psychol. 101(2), 210-212 (1987)

[83] J.J. Cowley, B.W. Brooksbank: Human exposure to putative pheromones and changes in aspects of social behaviour, J. Steroid Biochem. Mol. Biol. 39(4B), 647-659 (1991)

[84] D. Benton: The influence of androstenol-A putative human pheromone-On mood throughout the menstrual cycle, Biol. Psychol. 15(3/4), 249-256 (1982)

[85] D. Benton, V. Wastell: Effects of androstenol on human sexual arousal, Biol. Psychol. 22(2), 141-147 (1986)

[86] S. Jacob, S. Garcia, D. Hayreh, M.K. McClintock: Psychological effects of musky compounds: Comparison of androstadienone with androstanol and muscone, Horm. Behav. 42(3), 274-283 (2002)

[87] I. Savic, H. Berglund: Androstenol - A steroid derived odor activates the hypothalamus in women, PLos One 5(2), e8651 (2010)

[88] G.K. Beauchamp, R.L. Doty, D.G. Moulton, R.A. Mugford: The pheromone concept in mammalian chemical communication: A critique. In: Mammalian Olfaction, Reproductive Processes, and Behavior, ed. by R.L. Doty (Academic Press, New York 1976) pp. 143-160

[89] R.L. Doty: Mammalian pheromones: Fact or fantasy? In: Handbook of Olfaction and Gustation, ed. by R.L. Doty (Marcel Dekker, New York 2003) pp. 345-383

[90] M.D. Kirk-Smith: Culture and olfactory communication. In: The Ethological Roots of Culture, Vol. 78, ed. by R.A. Gardner (Kluwer Academic, Dordrecht 1995) pp. 385-406

[91] S. Jacob, M.K. McClintock: Psychological state and mood effects of steroidal chemosignals in women and men, Horm. Behav. 37(1), 57-78 (2000)

[92] J.N. Lundström, M. Goncalves, F. Esteves, M.J. Olsson: Psychological effects of subthreshold exposure to the putative human pheromone 4,16-androstadien-3-one, Horm. Behav. 44(5), 395-401 (2003)

[93] T.A. Hummer, M.K. McClintock: Putative human pheromone androstadienone attunes the mind specifically to emotional information, Horm. Behav. 55(4), 548-559 (2009)

[94] S. Jacob, D.J. Hayreh, M.K. McClintock: Context-dependent effects of steroid chemosignals on human physiology and mood, Physiol. Behav. 74(1/2), 15-27 (2001)

[95] J.N. Lundström, M.J. Olsson: Subthreshold amounts of social odorant affect mood, but not behavior, in heterosexual women when tested by a male, but not a female, experimenter, Biol. Psychol. 70(3), 197-204 (2005)

[96] M. Bensafi, W.M. Brown, T. Tsutsui, J.D. Mainland, B.N. Johnson, E.A. Bremner, N. Young, I. Mauss, B. Ray, J. Gross, J. Richards, I. Stappen, R.W. Levenson, N. Sobel: Sex-steroid derived compounds induce sex-specific effects on autonomic nervous system function in humans, Behav. Neurosci. 117 (6), 1125-1134 (2003)

[97] M. Bensafi, W.M. Brown, R. Khan, B. Levenson, N. Sobel: Sniffing human sex-steroid derived compounds modulates mood, memory and autonomic nervous system function in specific behavioral contexts, Behav. Brain Res. 152 (1), 11-22 (2004)

[98] C. Wyart, W.W. Webster, J.H. Chen, S.R. Wilson, A. McClary, R.M. Khan, N. Sobel: Smelling a single component of male sweat alters levels of cortisol in women, J. Neurosci. 27 (6), 1261-1265 (2007)

[99] P. Huoviala, M.J. Rantala: A putative human pheromone, androstadienone, increases cooperation between men, PLos One 8 (5), e62499 (2013)

[100] W. Zhou, X. Yang, K. Chen, P. Cai, S. He, Y. Jiang: Chemosensory communication of gender through two human steroids in a sexually dimorphic manner, Curr. Biol. 24 (10), 1091-1095 (2014)

[101] T.K. Saxton, A. Lyndon, A.C. Little, S.C. Roberts: Evidence that androstadienone, a putative human chemosignal, modulates women's attributions of men's attractiveness, Horm. Behav. 54 (5), 597-601 (2008)

[102] S. Jacob, L.H. Kinnunen, J. Metz, M. Cooper, M.K. McClintock: Sustained human chemosignal unconsciously alters brain function, Neuroreport 12 (11), 2391-2394 (2001)

[103] I. Savic, H. Berglund, B. Gulyas, P. Roland: Smelling of odorous sex hormone-like compounds causes sex-differentiated hypothalamic activations in humans, Neuron 31 (4), 661-668 (2001)

[104] B. Gulyas, S. Keri, B.T. O'Sullivan, J. Decety, P.E. Roland: The putative pheromone androstadienone activates cortical fields in the human brain related to social cognition, Neurochem. Int. 44 (8), 595-600 (2004)

[105] R.P. Michael, E.B. Keverne: Primate sex pheromones of vaginal origin, Nature 225 (5227), 84-85 (1970)

[106] R.P. Michael, E.B. Keverne, R.W. Bonsall: Pheromones: Isolation of male sex attractants from a female primate, Science 172 (3986), 964-966 (1971)

[107] R.P. Michael, R.W. Bonsall, P. Warner: Human vaginal secretions: Volatile fatty acid content, Science 186 (4170), 1217-1219 (1974)

[108] R.P. Michael, R.W. Bonsall, M. Kutner: Volatile fatty acids, "copulins", in human vaginal secretions, Psychoneuroendocrinology 1 (2), 153-163 (1975)

[109] D.A. Goldfoot, R.W. Goy, M.A. Kravetz, S.K. Freeman: Lack of effects of vaginal fatty-acids, etc. -Reply to Michael, Bonsall, and Zumpe, Horm. Behav. 7 (3), 373-378 (1976)

[110] D.A. Goldfoot, M.A. Kravetz, R.W. Goy, S.K. Freeman: Lack of effect of vaginal lavages and aliphatic acids on ejaculatory responses in rhesus monkeys: Behavioral and chemical analyses, Horm. Behav. 7 (1), 1-27 (1976)

[111] E.E. Filsinger, R.A. Fabes: Odor communication, pheromones, and human families, J. Marriage Fam. 47 (2), 349-359 (1985)

[112] M.J. Rogel: A critical evaluation of the possibility of higher primate reproductive and sexual pheromones, Psychol. Bull. 85 (4), 810-830 (1978)

[113] B. Thysen, W.H. Elliott, P.A. Katzman: Identification of estra-1,3,5 (10),16-tetraen-3-ol (estratetraenol) from urine of pregnant women, Steroids 11 (1), 73-87 (1968)

[114] M.J. Olsson, J.N. Lundström, S. Diamantopoulou, F. Esteves: A putative female pheromone affects mood in men differently depending on social context, Eur. Rev. Appl. Psychol. 56 (4), 279-284 (2006)

[115] N. Sobel, V. Prabhakaran, C.A. Hartley, J.E. Desmond, G.H. Glover, E.V. Sullivan, J.D. Gabrieli: Blind smell: Brain activation induced by an undetected air-borne chemical, Brain 122 (Pt 2), 209-217 (1999)

[116] M.I. Posner, S.J. Boies: Components of attention, Psychol. Rev. 78 (5), 391-408 (1971)

[117] A.M. Treisman: Selective attention in man, Br. Med. Bull. 20, 12-16 (1964)

[118] R.W. Guillery, S.M. Sherman: Thalamic relay functions and their role in corticocortical communication: Generalizations from the visual system, Neuron 33 (2), 163-175 (2002)

[119] B. Hölldobler, E.O. Wilson: The Ants (Springer, Berlin 1990)

[120] G. Coureaud, D. Langlois, G. Sicard, B. Schaal: Newborn rabbit responsiveness to the mammary pheromone is concentration-dependent, Chem. Senses 29(4), 341-350 (2004)

[121] M. Bensafi, T. Tsutsui, R. Khan, R.W. Levenson, N. Sobel: Sniffing a human sex-steroid derived compound affects mood and autonomic arousal in a dose-dependent manner, Psychoneuroendocrinology 29(10), 1290-1299 (2004)

[122] T. Katkov, D.B. Gower: Biosynthesis of androst-16-enes in boar testis tissue, Biochem. J. 117(3), 533-538 (1970)

[123] R.I. Brooks, A.M. Pearson: Steroid-hormone pathways in the pig, with special emphasis on boar odor - A review, J. Anim. Sci. 62(3), 632-645 (1986)

[124] T. Jiang, R. Soussignan, B. Schaal, J.P. Royet: Reward for food odors: An fMRI study of liking and wanting as a function of metabolic state and BMI, Soc. Cogn. Affect. Neurosci. (2014), doi:10.1093/scan/nsu086

[125] R. Adolphs: The neurobiology of social cognition, Curr. Opin. Neurobiol. 11(2), 231-239 (2001)

[126] B. Abler, D. Kumpfmüller, G. Grön, M. Walter, J. Stingl, A. Seeringer: Neural correlates of erotic stimulation under different levels of female sexual hormones, Plos One 8(2), e54447 (2013)

[127] X. Zhu, X.Y. Wang, C. Parkinson, C.X. Cai, S. Gao, P.C. Hu: Brain activation evoked by erotic films varies with different menstrual phases: An fMRI study, Behav. Brain Res. 206(2), 279-285 (2010)

[128] J.N. Lundström, M.K. McClintock, M.J. Olsson: Effects of reproductive state on olfactory sensitivity suggest odor specificity, Biol. Psychol. 71(3), 244-247 (2006)

[129] A. Knaapila, H. Tuorila, E. Vuoksimaa, K. Keskitalo-Vuokko, R.J. Rose, J. Kaprio, K. Silventoinen: Pleasantness of the odor of androstenone as a function of sexual intercourse experience in women and men, Arch. Sex. Behav. 41(6), 1403-1408 (2012)

[130] C.J. Wysocki, G.K. Beauchamp: Individual differences in human olfaction. In: Chemical Senses, Vol. 3, ed. by C.J. Wysocki, M.R. Kare (Marcel Dekker, New York 1991) pp. 353-373

[131] H.W. Wang, C.J. Wysocki, G.H. Gold: Induction of olfactory receptor sensitivity in mice, Science 260(5110), 998-1000 (1993)

[132] J.D. Mainland, E.A. Bremner, N. Young, B.N. Johnson, R.M. Khan, M. Bensafi, N. Sobel: Olfactory plasticity - One nostril knows what the other learns, Nature 419(6909), 802 (2002)

[133] T.J. Jacob, L. Wang, S. Jaffer, S. McPhee: Changes in the odor quality of androstadienone during exposure-induced sensitization, Chem. Senses 31(1), 3-8 (2006)

[134] T. Olender, D. Lancet, D.W. Nebert: Update on the olfactory receptor (OR) gene superfamily, Hum. Genom. 3(1), 87-97 (2008)

[135] A. Keller, H. Zhuang, Q. Chi, L.B. Vosshall, H. Matsunami: Genetic variation in a human odorant receptor alters odour perception, Nature 449(7161), 468-472 (2007)

[136] J.N. Lundström, M.J. Olsson, B. Schaal, T. Hummel: A putative social chemosignal elicits faster cortical responses than perceptually similar odorants, Neuroimage 30(4), 1340-1346 (2006)

[137] T.D. Wyatt: Fifty years of pheromones, Nature 457(7227), 262-263 (2009)

[138] O. Andresen: Concentrations of fat and plasma 5-alpha-androstenone and plasma testosterone in boars selected for rate of body-weight gain and thickness of back fat during growth, sexual-maturation and after mating, J. Reprod. Fert. 48(1), 51-59 (1976)

[139] M. Bonneau: Compounds responsible for boar taint, with special emphasis on androstenone -A review, Livest. Prod. Sci. 9(6), 687-705 (1982)

[140] G. Zamaratskaia, J. Babol, H. Andersson, K. Lundstrom: Plasma skatole and androstenone levels in entire male pigs and relationship between boar taint compounds, sex steroids and thyroxine at various ages, Livest. Prod. Sci. 87(2/3), 91-98 (2004)

[141] D.B. Gower, S. Bird, P. Sharma, F.R. House: Axillary 5-alpha-androst-16-en-3-one in men and women - Relationships with olfactory acuity to odorous 16-androstenes, Experientia 41(9), 1134-1136 (1985)

[142] J. Archer: Testosterone and human aggression: An evaluation of the challenge hypothesis, Neurosci. Biobehav. Rev. 30(3), 319-345 (2006)

[143] C. Eisenegger, J. Haushofer, E. Fehr: The role of testosterone in social interaction, Trends Cogn. Sci. 15(6), 263-271 (2011)

[144] B. Schaal, R.E. Tremblay, R. Soussignan, E.J. Susman: Male testosterone linked to high social dominance but low physical aggression in early adolescence, J. Am. Acad. Child Adolesc. Psychiatry. 35(10), 1322-1330 (1996)

[145] I. van Bokhoven, S.H. van Goozen, H. van Engeland, B. Schaal, L. Arseneault, J.R. Seguin, J.M. Assaad, D.S. Nagin, F. Vitaro, R.E. Tremblay: Salivary testosterone and aggression, delinquency, and social dominance in a population-based longitudinal study of adolescent males, Horm. Behav. 50(1), 118-125 (2006)

[146] K.T. Lübke, B.M. Pause: Sex-hormone dependent perception of androstenone suggests its involvement in communicating competition and aggression, Physiol. Behav. 123, 136-141 (2014)

[147] B.M. Pause, K.P. Rogalski, B. Sojka, R. Ferstl: Sensitivity to androstenone in female subjects is associated with an altered brain response to male body odor, Physiol. Behav. 68(1/2), 129-137 (1999)

[148] K.T. Lübke, B.M. Pause: Always follow your nose: The functional significance of social chemosignals in human reproduction and survival, Horm. Behav. 68C, 134-144 (2015)

[149] R.J. Stevenson: An initial evaluation of the functions of human olfaction, Chem. Senses 35(1), 3-20 (2010)

[150] T. Boehm, F. Zufall: MHC peptides and the sensory evaluation of genotype, Trends Neurosci. 29(2), 100-107 (2006)

[151] D. Restrepo, W.H. Lin, E. Salcedo, K. Yarnazaki, G. Beauchamp: Odortypes and MHC peptides: Complementary chemosignals of MHC haplotype?, Trends Neurosci. 29(11), 604-609 (2006)

[152] J. Havlicek, S.C. Roberts: MHC-correlated mate choice in humans: A review, Psychoneuroendocrinology 34(4), 497-512 (2009)

[153] S. Jacob, M.K. McClintock, B. Zelano, C. Ober: Paternally inherited HLA alleles are associated with women's choice of male odor, Nat. Genet. 30(2), 175-179 (2002)

[154] B.M. Pause, K. Krauel, C. Schraders, B. Sojka, E. Westphal, W. Müller-Ruchholtz, R. Ferstl: The human brain is a detector of chemosensorily transmitted HLA-class I-similarity in same- and opposite-sex relations, Proc. R. Soc. B 273(1585), 471-478 (2006)

[155] B.M. Pause: Processing of body odor signals by the human brain, Chemosens. Percept. 5(1), 55-63 (2012)

[156] M. Milinski, I. Croy, T. Hummel, T. Boehm: Major histocompatibility complex peptide ligands as olfactory cues in human body odour assessment, Proc. R. Soc. B (1755), doi:10.1098/Rspb.2012.2889

[157] A. Natsch: A human chemosensory modality to detect peptides in the nose?, Proc. R. Soc. B 281(1776), 20131678 (2013)

[158] M. Milinski, I. Croy, T. Hummel, T. Boehm: Reply to A human chemo-sensory modality to detect peptides in the nose? by A. Natsch, Proc, R. Soc. B (2014), doi:10.1098/Rspb.2013.2816

[159] R.L. Doty, M. Ford, G. Preti, G.R. Huggins: Changes in the intensity and pleasantness of human vaginal odors during the menstrual cycle, Science 190(4221), 1316-1318 (1975)

[160] D. Singh, P.M. Bronstad: Female body odour is a potential cue to ovulation, Proc. R. Soc. B 268(1469), 797-801 (2001)

[161] W. Zhou, D. Chen: Encoding human sexual chemosensory cues in the orbitofrontal and fusiform cortices, J. Neurosci. 28(53), 14416-14421 (2008)

[162] M.K. Clintock: Menstrual synchrony and suppression, Nature 229(5282), 244-245 (1971)

[163] K. Stern, M.K. McClintock: Regulation of ovulation by human pheromones, Nature 392(6672), 177-179 (1998)

[164] M.K. McClintock: Pheromones, Odors and Vasanas: The neuroendocrinology of social chemosignals in humans and animal. In: Hormones, Brain and Behavior, Vol. 1, ed. by D.W. Pfaff, A.P. Arnold, A.M. Etgen, S.E. Fahrbach, R.T. Rubin (Academic Press, San Diego 2002) pp. 797-870

[165] J.C. Schank: Measurement and cycle variability: Reexamining the case for ovarian-cycle synchrony in primates, Behav. Process. 56(3), 131-146 (2001)

[166] N.O. Rule, N. Ambady, R.B. Adams, C.N. Macrae: Accuracy and awareness in the perception and categorization of male sexual orientation, J. Pers. Soc. Psychol. 95(5), 1019-1028 (2008)

[167] N.O. Rule, N. Ambady, K.C. Hallett: Female sexual orientation is perceived accurately, rapidly, and automatically from the face and its features, J. Exp. Soc. Psychol. 45(6), 1245-1251 (2009)

[168] J. Valentova, G. Rieger, J. Havlicek, J.A.W. Linsenmeier, J.M. Bailey: Judgments of sexual orientation and masculinity-femininity based on thin slices of behavior: A cross-cultural comparison, Arch. Sex. Behav. 40(6), 1145-1152 (2011)

[169] J.V. Valentova, J. Havlicek: Perceived sexual orientation based on vocal and facial stimuli is linked to self-rated sexual orientation in czech men, Plos One 8(12), e82417 (2013)

[170] F. Kranz, A. Ishai: Face perception is modulated by sexual preference, Curr. Biol. 16(1), 63-68 (2006)

[171] R.L. Doty, M.M. Orndorff, J. Leyden, A. Kligman: Communication of gender from human axillary odors - relationship to perceived intensity and hedonicity, Behav. Biol. 23(3), 373-380 (1978)

[172] R.L. Doty, P.A. Green, C. Ram, S.L. Yankell: Communication of gender from human breath odors- relationship to perceived intensity and pleasantness, Horm. Behav. 16(1), 13-22 (1982)

[173] Y. Martins, G. Preti, C.R. Crabtree, T. Runyan, A.A. Vainius, C.J. Wysocki: Preference for human body odors is influenced by gender and sexual orientation, Psychol. Sci. 16(9), 694-701 (2005)

[174] M.J.T. Sergeant, T.E. Dickins, M.N.O. Davies, M.D. Griffiths: Women's hedonic ratings of body odor of heterosexual and homosexual men, Arch. Sex. Behav. 36(3), 395-401 (2007)

[175] K.T. Lübke, M. Hoenen, B.M. Pause: Differential processing of social chemosignals obtained from potential partners in regards to gender and sexual orientation, Behav. Brain Res. 228(2), 375-387 (2012)

[176] N.J. Mehdiabadi, C.N. Jack, T.T. Farnham, T.G. Platt, S.E. Kalla, G. Shaulsky, D.C. Queller, J.E. Strassmann: Kin preference in a social microbe - Given the right circumstances, even an amoeba chooses to be altruistic towards its relatives, Nature 442(7105), 881-882 (2006)

[177] W.D. Hamilton: The genetical evolution of social behaviour I & II, J. Theor. Biol. 7(1), 1-52 (1964)

[178] A. Olsson, J.P. Ebert, M.R. Banaji, E.A. Phelps: The role of social groups in the persistence of learned fear, Science 309(5735), 785-787 (2005)

[179] C.K.W. De Dreu, L.L. Greer, M.J.J. Handgraaf, S. Shalvi, G.A. Van Kleef, M. Baas, F.S. Ten Velden, E. Van Dijk, S.W.W. Feith: The neuropeptide oxytocin regulates parochial altruism in intergroup conflict among humans, Science 328(5984), 1408-1411 (2010)

[180] R.H. Porter: Olfaction and human kin recognition, Genetica 104(3), 259-263 (1999)

[181] R.H. Porter, B. Schaal: Olfaction and the development of social behavior in neonatal mammals. In: Handbook of Olfaction and Gustation, ed. by R.L. Doty (Marcel Dekker, New York 2003) pp. 309-327

[182] S.C. Roberts, L.M. Gosling, T.D. Spector, P. Miller, D.J. Penn, M. Petrie: Body odor similarity in noncohabiting twins, Chem. Senses 30(8), 651-656 (2005)

[183] E.M. Ables, L.M. Kay, J.M. Mateo: Rats assess degree of relatedness from human odors, Physiol. Behav. 90(5), 726-732 (2007)

[184] J.N. Lundström, J.A. Boyle, R.J. Zatorre, M. Jones-Gotman: The neuronal substrates of human olfactory based kin recognition, Hum. Brain. Mapp. 30(8), 2571-2580 (2009)

[185] J.N. Lundström, M.J. Olsson: Functional neuronal processing of human body odors, Vitam. Horm. 83, 1-23 (2010)

[186] T. Lord, M. Kasprzak: Identification of self through olfaction, Percept. Motor Skill. 69(1), 219-224 (1989)

[187] S.M. Platek, J.W. Thomson, G.G. Gallup: Crossmodal self-recognition: The role of visual, auditory, and olfactory primes, Conscious. Cogn. 13(1), 197-210 (2004)

[188] F.B.M. de Waal: Putting the altruism back into altruism: The evolution of empathy, Annu. Rev. Psychol. 59, 279-300 (2008)

[189] B. Schaal, T. Hummel, R. Soussignan: Olfaction in the fetal and premature infant: Functional status and clinical implications, Clin. Perinatol. 31 (2), 261-285 (2004)

[190] H. Varendi, R.H. Porter, J. Winberg: Does the newborn baby find the nipple by smell?, Lancet 344 (8928), 989-990 (1994)

[191] M.J. Russell: Human olfactory communication, Nature 260 (5551), 520-522 (1976)

[192] H. Varendi, R.H. Porter: Breast odour as the only maternal stimulus elicits crawling towards the odour source, Acta Paediatr. 90 (4), 372-375 (2001)

[193] R.M. Sullivan, P. Toubas: Clinical usefulness of maternal odor in newborns: Soothing and feeding preparatory responses, Biol. Neonate 74 (6), 402-408 (1998)

[194] K. Durand, J.Y. Baudouin, D.J. Lewkowicz, N. Goubet, B. Schaal: Eye-catching odors: Olfaction elicits sustained gazing to faces and eyes in 4-month-old infants, Plos One 8 (8), e70677 (2013)

[195] R.H. Porter, J.M. Cernoch: Maternal recognition of neonates through olfactory cues, Physiol. Behav. 30 (1), 151-154 (1983)

[196] M. Kaitz, A. Good, A.M. Rokem, A.I. Eidelman: Mothers recognition of their newborns by olfactory cues, Dev. Psychobiol. 20 (6), 587-591 (1987)

[197] M.J. Russell, T. Mendelson, H.V.S. Peeke: Mother's identification of their infant's odors, Ethol. Sociobiol. 4 (1), 29-31 (1983)

[198] J.N. Lundström, A. Mathe, B. Schaal, J. Frasnelli, K. Nitzsche, J. Gerber, T. Hummel: Maternal status regulates cortical responses to the body odor of newborns, Front. Psychol. (2013), doi:10.3389/Fpsyg. 2013.00597

[199] S. Nishitani, S. Kuwamoto, A. Takahira, T. Miyamura, K. Shinohara: Maternal prefrontal cortex activation by newborn infant odors, Chem. Senses 39 (3), 195-202 (2014)

[200] B.S. McEwen: Physiology and neurobiology of stress and adaptation: Central role of the brain, Physiol. Rev. 87 (3), 873-904 (2007)

[201] H. Selye: Stress in Health and Disease (Butterworths, Boston 1976)

[202] G.S.B. Suh, A.M.Wong, A.C. Hergarden, J.W.Wang, A.F. Simon, S. Benzer, R. Axel, D.J. Anderson: A single population of olfactory sensory neurons mediates an innate avoidance behaviour in Drosophila, Nature 431 (7010), 854-859 (2004)

[203] K. von Frisch: Über einen Schreckstoff der Fischhaut und seine biologische Bedeutung, Z. Vgl. Physiol. 29 (1/2), 46-145 (1942)

[204] C. Zalaquett, D. Thiessen: The effects of odors from stressed mice on conspecific behavior, Physiol. Behav. 50 (1), 221-227 (1991)

[205] M.S. Fanselow: Odors released by stressed rats produce opioid analgesia in unstressed rats, Behav. Neurosci. 99 (3), 589-592 (1985)

[206] J.A. Moynihan, J.D. Karp, N. Cohen, R. Ader: Immune deviation following stress odor exposure: Role of endogenous opioids, J. Neuroimmunol. 102 (2), 145-153 (2000)

[207] L.R. Mujica-Parodi, H.H. Strey, B. Frederick, R. Savoy, D. Cox, Y. Botanov, D. Tolkunov, D. Rubin, J. Weber: Chemosensory cues to conspecific emotional stress activate amygdala in humans, Plos One 4 (7), e6415 (2009)

[208] R. Zernecke, K. Haegler, A.M. Kleemann, J. Albrecht, T. Frank, J. Linn, H. Bruckmann, M. Wiesmann: Effects of male anxiety chemosignals on the evaluation of happy facial expressions, J Psychophysiol 25 (3), 116-123 (2011)

[209] K. Ackerl, M. Atzmueller, K. Grammer: The scent of fear, Neuroendocrinol. Lett. 23 (2), 79-84 (2002)

[210] D. Chen, J. Haviland-Jones: Human olfactory communication of emotion, Percept. Motor Skill. 91 (3), 771-781 (2000)

[211] J.H.B. de Groot, M.A.M. Smeets, A. Kaldewaij, M.J.A. Duijndam, G.R. Semin: Chemosignals communicate human emotions, Psychol. Sci. 23 (11), 1417-1424 (2012)

[212] B.M. Pause, A. Ohrt, A. Prehn, R. Ferstl: Positive emotional priming of facial affect perception in females is diminished by chemosensory anxiety signals, Chem. Senses 29 (9), 797-805 (2004)

[213] B.M. Pause, K. Lübke, J.H. Laudien, R. Ferstl: Intensified neuronal investment in the processing of chemosensory anxiety signals in non-socially anxious and socially anxious individuals, PLos One 5 (4), e10342 (2010)

[214] W. Zhou, D. Chen: Sociochemosensory and emotional functions: Behavioral evidence for shared mechanisms, Psychol. Sci. 20 (9), 1118-1124 (2009)

[215] A. Prehn-Kristensen, C. Wiesner, T.O. Bergmann, S. Wolff, O. Jansen, H.M. Mehdorn, R. Ferstl, B.M. Pause: Induction of empathy by the smell of anxiety, Plos One 4 (6), e5987 (2009)

[216] D. Adolph, L. Meister, B.M. Pause: Context counts! Social anxiety modulates the processing of fearful faces in the context of chemosensory anxiety signals, Front. Hum. Neurosci. (2013), doi:10.3389/Fnhum.2013.00283

[217] D. Rubin, Y. Botanov, G. Hajcak, L.R. Mujica-Parodi: Second-hand stress: Inhalation of stress sweat enhances neural response to neutral faces, Soc. Cogn. Affect. Neurosci. 7 (2), 208-212 (2012)

[218] B.M. Pause, D. Adolph, A. Prehn-Kristensen, R. Ferstl: Startle response potentiation to chemosensory anxiety signals in socially anxious individuals, Int. J. Psychophysiol. 74 (2), 88-92 (2009)

[219] A. Prehn, A. Ohrt, B. Sojka, R. Ferstl, B.M. Pause: Chemosensory anxiety signals augment the startle reflex in humans, Neurosci. Lett. 394 (2), 127-130 (2006)

[220] H. Inagaki, Y. Kiyokawa, T. Kikusui, Y. Takeuchi, Y. Mori: Enhancement of the acoustic startle reflex by an alarm pheromone in male rats, Physiol. Behav. 93 (3), 606-611 (2008)

[221] H. Inagaki, K. Nakamura, Y. Kiyokawa, T. Kikusui, Y. Takeuchi, Y. Mori: The volatility of an alarm pheromone in male rats, Physiol. Behav. 96 (4/5), 749-752 (2009)

[222] J. Albrecht, M. Demmel, V. Schöpf, A.M. Kleemann, R. Kopietz, J. May, T. Schreder, R. Zernecke, H. Brückmann, M. Wiesmann: Smelling chemosensory signals of males in anxious versus nonanxious condition increases state anxiety of female subjects, Chem. Senses 36 (1), 19-27 (2011)

[223] J. Havlicek, P. Lenochova: The effect of meat consumption on body odor attractiveness, Chem. Senses 31 (8), 747-752 (2006)

[224] S. Mitro, A.R. Gordon, M.J. Olsson, J.N. Lundstrom: The smell of age: Perception and discrimination of body odors of different ages, PLos One 7 (5), e38110 (2012)

[225] H. Arakawa, S. Cruz, T. Deak: From models to mechanisms: Odorant communication as a key determinant of social behavior in rodents during illness-associated states, Neurosci. Biobehav. Rev. 35 (9), 1916-1928 (2011)

[226] E. Moser, M. McCulloch: Canine scent detection of human cancers: A review of methods and accuracy, J. Vet. Behav. 5 (3), 145-152 (2010)

[227] G.B. Wintermann, M. Donix, P. Joraschky, J. Gerber, K. Petrowski: Altered olfactory processing of stress-related body odors and artificial odors in patients with panic disorder, PLos One 8 (9), e74655 (2013)

[228] M.B. Stein, D.J. Stein: Social anxiety disorder, Lancet 371 (9618), 1115-1125 (2008)

[229] V. Parma, M. Bulgheroni, R. Tirindelli, U. Castiello: Body odors promote automatic imitation in autism, Biol. Psychiat. 74 (3), 220-226 (2013)

[230] V. Parma, M. Bulgheroni, R. Tirindelli, U. Castiello: Facilitation of action planning in children with autism: The contribution of the maternal body odor, Brain Cogn. 88, 73-82 (2014)

[231] K.T. Lübke, I. Croy, M. Hoenen, J. Gerber, B.M. Pause, T. Hummel: Does human body odor represent a significant and rewarding social signal to individuals high in social openness?, PLos One 9 (4), e94314 (2014)

[232] N.A. Christakis, J.H. Fowler: Friendship and natural selection, Proc. Natl. Acad. Sci. U.S.A. 111, 10796-10801 (2014), Suppl. 3

[233] J.D. Mainland, A. Keller, Y.R. Li, T. Zhou, C. Trimmer, L.L. Snyder, A.H. Moberly, K.A. Adipietro, W.L. LiuL: H.Y. Zhuang, S.M. Zhan, S.S. Lee, A. Lin, H. Matsunami: The missense of smell: Functional variability in the human odorant receptor repertoire, Nat. Neurosci. 17 (1), 114-120 (2014)

彩　　图

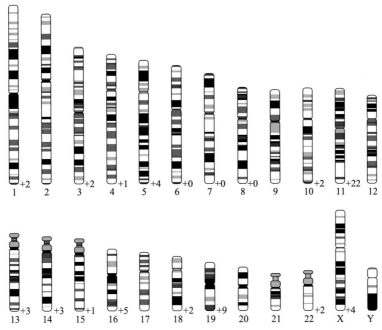

彩图 28　人类基因组中编码 OR 的基因分布

OR 基因成簇存在(以红色标记)，分布在近中心体周围和亚端粒区域

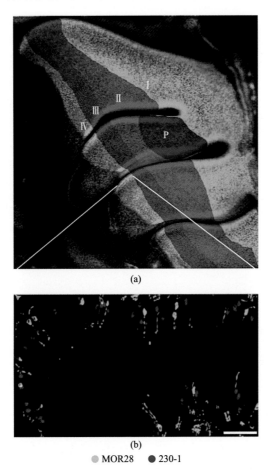

(a)

● MOR28　● 230-1

彩图 29　OR 的空间表达方式

(a)表达相同类型受体的神经元被分隔在从背侧至腹侧的不同区域，沿鼻腔的前后轴延伸。每个区域表达一组不同的受体基因。P 表示斑片区域，不同于其他细长的平行区域；(b)在给定区域内，表达不同类型受体的神经元随机分布，如 MOR28 和 MOR230-1

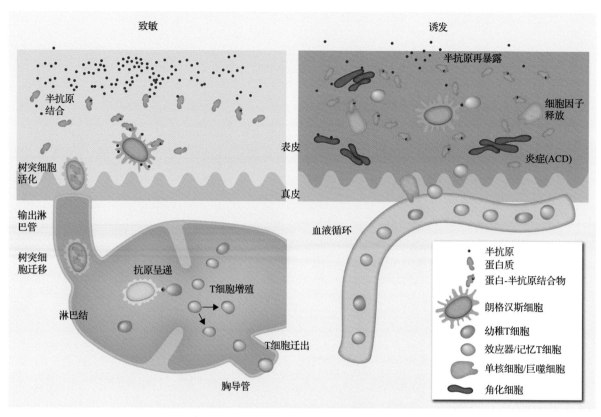

彩图 30　导致变应性接触性皮炎的机制步骤

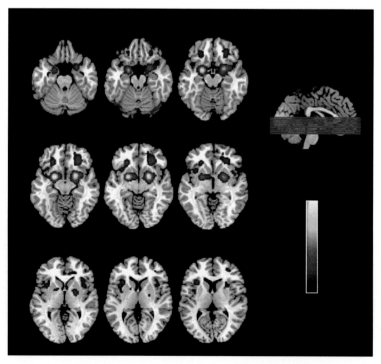

彩图 31　嗅觉刺激时大脑活动的典型功能磁共振图像

这里描述了 45 项功能成像研究中嗅觉大脑激活的荟萃分析结果。图中可见双侧梨状皮层(pirC)、
嗅觉皮层(OFC)以及前脑岛激活(由 Elsevier 提供)

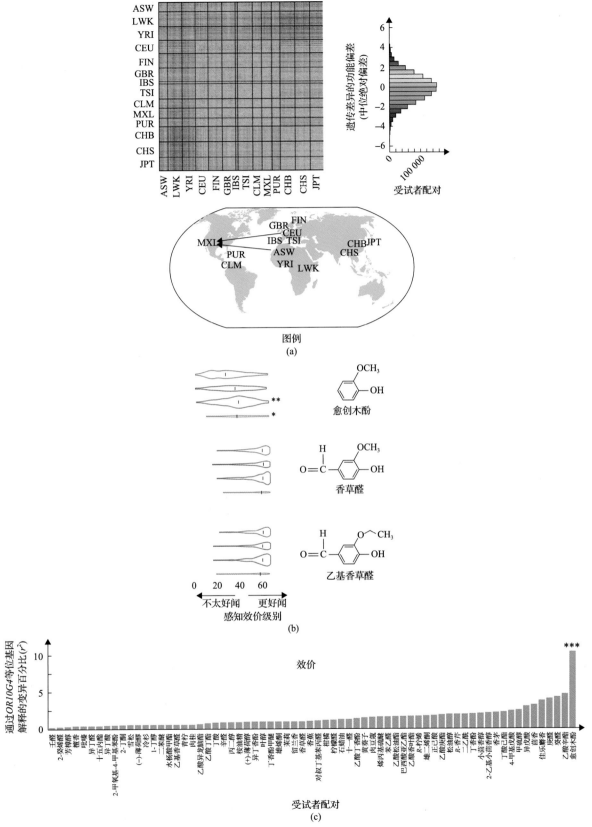

彩图 32　人类气味受体的功能多样性对气味效价感知的影响(根据第 34 章文献[58]修改，经自然出版集团许可)

(a)在来自 1000 个基因组计划的 1092 名参与者的 27 种气味受体中，z 评分的功能差异减去 z 评分的核酸差异。在轴上标记参与者人群，并用黑色网格线隔开；(b)按 OR10G4 受体变体列出的三种体外 OR10G4 激活剂的感知强度和效价级别；(c)由 OR10G4 等位基因类型解释的效价排序中感知效价的百分比(r^2)

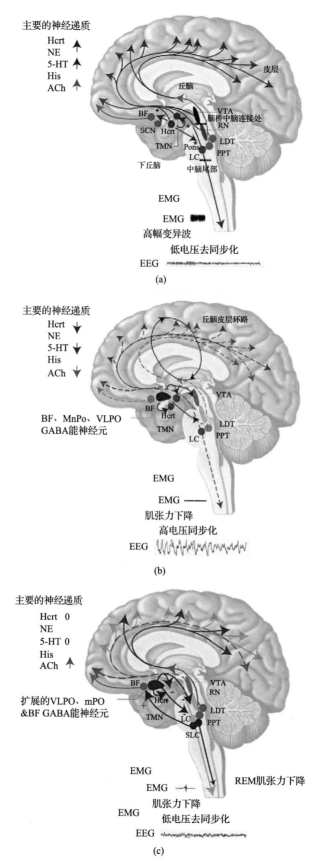

彩图 33　清醒、NREM 睡眠和 REM 睡眠期间主要神经网络的活动

(a)觉醒；(b)NREM 期 SWS 睡眠；(c)REM 期睡眠

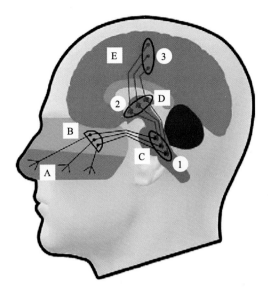

彩图 34　三叉神经通路

A：三叉神经(神经元)的纤维遍布于鼻腔的上皮(灰色)。B：三叉神经神经元的细胞体位于三叉神经节内。然而，在这一级的神经元之间没有信息传输。C：第一级(1)中继站位于脑干(蓝色)。D：第二级(2)中继站位于丘脑(绿色)。E：第三级神经元(3)从丘脑投射至皮层的躯体感觉区域(橙色)。注意：在整个通路中保存着躯体感觉信息。紫色：小脑；浅橙色：胼胝体

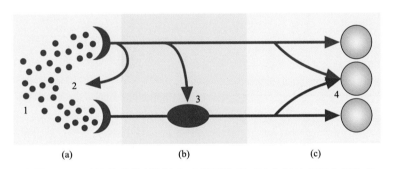

彩图 35　三叉神经系统(蓝色)和嗅觉系统(红色)之间的相互作用位点

(a)黏膜层：1. 同一分子对嗅觉系统和三叉神经系统均有刺激作用；2. 三叉神经反射可能改变鼻腔通畅度；(b)嗅球：3. 一些三叉神经末梢终止于嗅球；(c)中枢神经系统：4. 三叉神经系统和嗅觉系统共用中枢处理单元

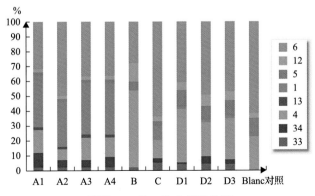

彩图 36　从 T 恤中提取的酸

运动俱乐部的志愿者们在 2 小时的锻炼中穿上棉质 T 恤，这些 T 恤之前都是用无香洗涤剂洗过，然后用乙醇和氯仿提取。剪开 T 恤腋下区域。经过酸碱提取，重氮甲烷甲基化，并通过 Likens-Nickerson 萃取清洗，将酸的 GC-FID 峰面积归一化至 100

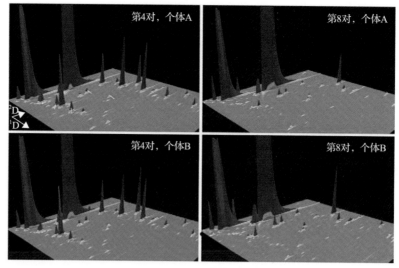

彩图 37　两对单卵双生双胞胎中的羧酸类型

通过细菌 N_α-酰基-谷氨酰胺氨基酰化酶释放汗液样品中的酸，并以甲基酯形式进行二维气相色谱分析

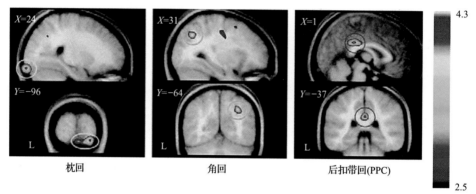

彩图 38　将每组在体味/假体味处理过程中引起的区域脑血流(rCBF)量的平均值进行比较,得到在两组平均的解剖学磁共振成像(MRI)数据上叠加的阈值为 2.5 的 t 值统计参数图。上面一行为侧视图,下面一行为相同区域的冠状视图。坐标是指按照蒙特利尔神经研究所(MNI)坐标系统表示的活化中心和截面。由左至右,彩色圆圈代表右枕叶皮层(黄色)、左侧角回(绿色)和后扣带回皮层(蓝色)出现的 rCBF 反应的增强